复合材料手册 3

共6卷

CMH-17协调委员会 编著
汪 海 沈 真 等译

聚合物基复合材料

—— 材料应用、设计和分析

Polymer Matrix Composites

Materials Usage，Design and Analysis

内容提要

《复合材料手册》第 3 卷提供了用于纤维增强聚合物基复合材料结构设计、分析、制造和外场支持的方法与得到的经验教训，还给出了有关材料与工艺规范，以及如何使用第 2 卷中列出数据的指南。所提供的信息与第 1 卷中给出的指南一致，并详尽地汇总了活跃在复合材料领域，来自工业界、政府机构和学术界的工程师与科学家的最新知识与经验。

图书在版编目(CIP)数据

复合材料手册：聚合物基复合材料. 第 3 卷，材料应用、设计和分析/美国 CMH - 17 协调委员会编著：汪海等译. —上海：上海交通大学出版社，2015(2017 重印)

ISBN 978 - 7 - 313 - 12205 - 6

Ⅰ. ①复… Ⅱ. ①美…②汪… Ⅲ. ①聚合物—复合材料—手册 Ⅳ. ①TB33 - 62

中国版本图书馆 CIP 数据核字(2014)第 281788 号

复合材料手册　第 3 卷

聚合物基复合材料

——材料应用、设计和分析

编　　著：CMH - 17 编制协调委员会
译　　者：汪　海　沈　真　等
出版发行：上海交通大学出版社
地　　址：上海市番禺路 951 号
邮政编码：200030
电　　话：021 - 64071208
出 版 人：郑益慧
印　　制：上海盛通时代印刷有限公司
经　　销：全国新华书店
开　　本：787mm×1092mm　1/16
印　　张：55.25
字　　数：1107 千字
版　　次：2015 年 1 月第 1 版
印　　次：2017 年 4 月第 2 次印刷
书　　号：ISBN 978 - 7 - 313 - 12205 - 6/TB
定　　价：348.00 元

《复合材料手册》(CMH－17G)
译校工作委员会

顾　问　林忠钦　姜丽萍　郭延生

主　任　汪　海　沈　真

成　员（按姓氏笔画排列）

丁惠梁　白嘉模　朱　珊　杨楠楠

李新祥　沈　真　汪　海　宋恩鹏

张开达　陈普会　徐继南　梁中全

童贤鑫　谢鸣九

《复合材料手册》第 3 卷
译校人员

1 总论
翻译 沈 真 校对 梁中全

2 复合材料研制概述
翻译 朱 珊 校对 宋恩鹏

3 飞机结构适航取证和符合性
翻译 沈 真 夏琴琴 校对 沈 真

4 复合材料结构的积木式方法
翻译 丁惠梁 校对 徐继南 沈 真

5 材料和工艺——变异性影响
翻译 赵学莹 王志刚 校对 杨楠楠 岳云江 沈 真

6 生产材料和工艺的质量控制
翻译 佟淑慧 赵学莹 校对 杨楠楠 王志刚

7 复合材料设计
翻译 朱 珊 校对 宋恩鹏

8 层压板分析
翻译 张开达 校对 徐继南

9 结构稳定性分析
翻译 童贤鑫 校对 李新祥

10 胶接连接设计与分析
翻译 谢鸣九 校对 张开达

11 螺接连接设计和分析
翻译 谢鸣九 校对 张开达

12 损伤阻抗、耐久性和损伤容限
翻译 范海涛 范 寅 陈 杰 校对 汪 海 沈 真 陈普会

13 缺陷、损伤和检测
翻译 徐继南 校对 张开达

14 支持性、维护和修理
翻译 丁惠梁 校对 徐继南

15 厚截面复合材料
翻译 张开达 校对 徐继南

16 抗坠毁和能量管理
翻译 徐继南 校对 张开达

17 结构安全性管理
翻译 刘湘云 校对 陈普会

18 环境管理
翻译 徐继南 校对 张开达

译 者 序

1971年1月，《美国军用手册》第17分册(MIL-HDBK-17)第一版MIL-HDBK-17A《航空飞行器用塑料》(*Plastics for Air Vehicles*)正式颁布。当时，手册中几乎没有关于复合材料的内容。随着先进复合材料在美国军用飞机上的用量迅速增大，美国于1978年在国防部内成立了《美国军用手册》第17分册协调委员会。1988年，该委员会颁布了MIL-HDBK-17B，并把手册名称改为《复合材料手册》(*Composite Materials Handbook*)。近年来，先进复合材料在结构上的应用重心开始从最初的军用为主向民用领域转变，用量也迅速增加。为了适应这种变化，该委员会的归口管理机构于2006年从美国国防部改为美国联邦航空局，并退出军用手册系列，改为CMH-17(Composite Materials Handbook-17)，但协调委员会的组成保持不变，继续不断地将新的材料性能和相关研究成果纳入手册。2012年3月起，该委员会陆续颁布了最新的CMH-17G版，用以替代2002年6月颁布的MIL-HDBK-17F。

在过去的四十多年里，大量来自工业界、学术界和其他政府机构的专家参与了该手册的编制和维护工作。他们在手册中建立和规范化了复合材料性能表征标准，总结了复合材料和结构在设计、制造和使用维护方面的工程实践经验。这些持续的改进最终都体现在了MIL-HDBK-17(或CMH-17)的多次改版和维护上，并极大地推动了先进复合材料(特别是碳纤维增强树脂基复合材料)在美国和欧洲航空航天及相关工业领域的广泛应用。

由于手册中收录的数据在测试、处理和使用等各个环节上完全符合相关规范和标准，收录的设计、分析、试验、制造和取证等方法均经过严格验证，因此，该手册在权威性和实用性方面超越了其他所有手册，成为美国联邦航空局(Federal Aviation Administration, FAA)适航审查部门认可的具有重要指导意义的文件，在国际航空航天和复合材料工业界得到广泛应用，甚至被誉为“复合材料界的圣经”。

最新版 CMH - 17G 共分为 6 卷。名称如下：

第 1 卷 《聚合物基复合材料——结构材料表征指南》

第 2 卷 《聚合物基复合材料——材料性能》

第 3 卷 《聚合物基复合材料——材料应用、设计和分析》

第 4 卷 《金属基复合材料》

第 5 卷 《陶瓷基复合材料》

第 6 卷 《复合材料夹层结构》

相比 MIL - HDBK - 17F 版，CMH - 17G 无论在内容完整性还是在对工程设计的具体指导方面，都有较大变化。特别是在聚合物基复合材料性能表征、结构设计与应用等方面，增加了大量最新研究成果，还特别对原来的 MIL - HDBK - 23(复合材料夹层结构)进行了更新，并纳入为 CMH - 17G 版的第 6 卷。

CMH - 17G 是对美国和欧洲过去四十多年复合材料及其结构设计与应用研究经验的全面总结，也是美国陆海空三军、NASA(美国国家航空航天局)、FAA 及工业部门应用复合材料及其结构最具权威性的手册。虽然手册中多数信息和内容来自航空航天领域研究成果，但其他所有使用复合材料及其结构的工业领域，无论是军用还是民用，都会发现本手册是非常有价值的。

鉴于本手册对我国研发和广泛应用先进复合材料结构具有重要意义，在上海市科学技术委员会的支持下，上海航空材料与结构检测中心与上海交通大学航空航天学院民机结构强度综合实验室联合组织国内长期从事先进复合材料研究和应用的专家翻译了本手册。

本手册经原著版权持有者——美国 Wichita 州立大学国家航空研究院(National Institute of Aviation Research, NIAR)授权，经与 SAE International 签订手册中文版版权转让协议后，在其 2012 年 3 月陆续出版的 CMH - 17G 英文版基础上翻译完成。

本手册的翻译出版得到了上海交通大学出版社和江苏恒神纤维材料有限公司的大力支持，在此一并表示感谢。同时，也对南京航空航天大学乔新教授为本手册做出的贡献表示感谢。

译校工作委员会

2014 年 4 月

序

《复合材料手册》(CMH－17)为复合材料结构件的设计和制造提供了必要的资讯和指南。其主要作用是:①规范与现在和未来复合材料性能测试、数据处理和数据发布相关的工程数据生成方法,并使之标准化。②指导用户正确使用本手册中提供的材料数据,并为材料和工艺规范的编制提供指南。③提供复合材料结构设计、分析、取证、制造和售后技术支持的通用方法。为实现上述目标,手册中还特别收录了一些满足某些特殊要求的复合材料性能数据。总之,手册是对快速发展变化的复合材料技术和工程领域最新研究进展的总结。随着有关章节的增补或修改,相关文件也将处于不断修订之中。

CMH－17 组织机构

《复合材料手册》协调委员会通过深入总结技术成果,创建、颁布并维护经过验证的、可靠的工程资讯和标准,支撑复合材料和结构的发展与应用。

CMH－17 的愿景

《复合材料手册》成为世界复合材料和结构技术资讯的权威宝典。

CMH－17 组织机构工作目标

● 定期约见相关领域专家,讨论复合材料结构应用方面的重要技术条款,尤其关注那些可在总体上提升生产效率、质量和安全性的条款。

● 提供已被证明是可靠的复合材料和结构设计、制造、表征、测试和维护综合操作工程指南。

● 提供与工艺控制和原材料相关的可靠数据,进而建立一个可被工业部门使用的完整的材料性能基础值和设计信息的来源库。

● 为复合材料和结构教育提供一个包含大量案例、应用和具体工程工作参考方案的来源库。

- 建立手册资讯使用指南,明确数据和方法使用限制。
- 为如何参考使用那些经过验证的标准和工程实践提供指南。
- 提供定期更新服务,以维持手册资讯的完整性。
- 提供最适合使用者需要的手册资讯格式。
- 通过会议和工业界成员交流方式,为国际复合材料团体的各类需求提供服务。与此同时,也可以使用这些团队和单个工业界成员的工程技能为手册提供资讯。

注释

(1) 已尽最大努力反映聚合物(有机)、金属和陶瓷基复合材料的最新资讯,并将不断对手册进行审查和修改,以确保手册完整反映最新内容。

(2) CMH - 17 为聚合物(有机)、金属和陶瓷基复合材料提供了指导原则和材料性能数据。手册的前三卷目前关注(但不限于)的主要是用于飞机和航天飞行器的聚合物基复合材料,第 4,5 和 6 卷则相应覆盖了金属基复合材料(MMC)、包括碳-碳复合材料(C - C)在内的陶瓷基复合材料(CMC)及复合材料夹层结构。

(3) 本手册中所包含的资讯来自材料制造商、工业公司和专家、政府资助的研究报告、公开发表的文献,以及参加 CMH - 17 协调委员会活动的成员与研究实验室签订的合同。手册中的资讯已经经过充分的技术审查,并在发布前通过了全体委员会成员的表决。

(4) 任何可能推动本手册使用的有益的建议(推荐、增补、删除)和相关的数据可通过信函邮寄到:

CMH - 17 Secretariat, MaterialsSciences Corporation, 135 Rock Road, Horsham, PA 19044,

或通过电子邮件发送到:handbook@materials-sciences. com.

致谢

来自政府、工业界和学术团体的自愿者委员会成员帮助完成了本手册中全部资讯的协调和审查工作。正是由于这些志愿者花费了大量时间和不懈的努力,以及他们所在的部门、公司和大学的鼎力支持,才确保了本手册能够准确、完整地体现当前复合材料界的最高水平。

《复合材料手册》的发展和维护还得到了材料科学公司手册秘书处的大力支持,美国联邦航空局为该秘书处提供了主要资金。

目　录

第1章　总　　论

1.1　手册介绍

以统计为基础的标准化材料性能数据是进行复合材料结构研制的基础;材料供应商、设计工程师、制造部门和结构最终用户都需要这样的数据。此外,复合材料结构的高效研制和应用,必须要有可靠且经验证过的设计与分析方法。本手册的目的是要在下列领域提供全面的标准化做法:

(1) 用于研制、分析和颁布复合材料性能数据的方法。

(2) 基于统计基础的复合材料性能数据组。

(3) 对采用本手册颁布的性能数据的复合材料结构,进行设计、分析、试验和支持的通用程序。

在很多情况下,这种标准化做法的目的是阐明管理机构的要求,同时为研制满足客户需求的结构提供有效的工程实践经验。

复合材料是一个正在成长和发展的领域,随着其变得成熟并经验证可行,手册协调委员会正在不断地将新的信息和新的材料性能纳入手册。虽然多数信息的来源和内容来自于航宇应用,但所有使用复合材料及其结构的工业领域,不管是军用还是民用,都会发现本手册是有用的。本手册的最新修订版包括了更多与非航宇领域应用有关的信息,随着本手册的进一步修订,将会增加非航宇领域使用的数据。

Composite Materials Handbook - 17(CMH - 17)一直是由国防部和FAA共同编制和维护的,包括了大量来自工业界、学术界和其他政府机构的参与者。虽然最初复合材料在结构上的应用主要是军用,但最近的发展趋势表明,这些材料在民用领域的应用越来越多。这种趋势促使本手册的正式管理机构于2006年已从国防部改为FAA,手册的名称也由Military Handbook - 17改为Composite Materials Handbook - 17,但手册的协调委员会和目的保持不变。

1.2　手册内容概述

Composite Materials Handbook - 17由6卷本的系列丛书构成。

第 1 卷 聚合物基复合材料——结构材料表征指南(Volume 1: Polymer Matrix Composites—Guidelines for Characterization of Structural Materials)

第 1 卷包括了用于确定聚合物基复合材料体系及其组分，以及一般结构元件性能的指南，包括试验计划、试验矩阵、取样、浸润处理、选取试验方法、数据报告、数据处理、统计分析以及其他相关的专题。对数据的统计处理和分析给予了特别的关注。第 1 卷包括了产生材料表征数据的一般**指南**和将材料数据在 CMH - 17 中发布的**特殊要求**。

第 2 卷 聚合物基复合材料——材料性能(Volume 2: Polymer Matrix Composites—Material Properties)

第 2 卷中包含了以统计为基础的聚合物基复合材料数据，它们满足 CMH - 17 特定的母体取样要求与数据文件要求，涵盖了普遍感兴趣的材料体系。由于 G 修订版的出版，在第 2 卷中发布的数据归数据审查工作组管辖，并且由总的 CMH - 17 **协调组**批准。随着数据成熟并得到批准，新的材料体系和现有材料体系的附加材料数据也将会被收录进去。尽管不符合当前的数据取样、试验方法或文件的要求，本卷仍收入一些从原版本中选出，且工业界感兴趣的数据。

第 3 卷 聚合物基复合材料——材料应用、设计和分析(Volume 3: Polymer Matrix Composites—Material Usage, Design, and Analysis)

第 3 卷提供了用于纤维增强聚合物基复合材料结构设计、分析、制造和外场支持的方法与得到的经验教训，还给出了有关材料与工艺规范，以及如何使用第 2 卷中列出数据的指南。所提供的信息与第 1 卷中给出的指南一致，并详尽地汇总了活跃在复合材料领域，来自工业界、政府机构和学术界的工程师与科学家的最新知识与经验。

第 4 卷 金属基复合材料(Volume 4: Metal Matrix Composites)

第 4 卷公布了有关金属基复合材料体系的性能，这些数据满足本手册的要求，并能获取。还给出了经挑选出与这类复合材料有关其他技术专题的指南，包括典型金属基复合材料的材料选择、材料规范、工艺、表征试验、数据处理、设计、分析、质量控制和修理。

第 5 卷 陶瓷基复合材料(Volume 5: Ceramic Matrix Composites)

第 5 卷公布了有关陶瓷基复合材料体系的性能，这些数据满足本手册的要求，并能获取。还给出了经挑选出与这类复合材料有关其他技术专题的指南，包括典型陶瓷基复合材料的材料选择、材料规范、工艺、表征试验、数据处理、设计、分析、质量控制和修理。

第 6 卷 复合材料夹层结构(Volume 6: Structrural Sandwich Composites)

第 6 卷是对已撤销 Military Handbook 23 的更新，它的编撰目的是用于结构夹层聚合物基复合材料的设计，这种材料主要用于飞行器。给出的信息包括军用和民用飞行器中夹层结构的试验方法、材料性能、设计和分析技术、制造方法、质量控制和检测方法，以及修理技术。

1.3 第3卷的目的和范围

CMH－17第3卷给出了聚合物基复合材料结构设计、制造和支持领域的指南。它是在所涉及领域最活跃的工程师和科学家最新知识与经验的广泛汇编，并由来自工业界、政府和学术界的一些顶级技术人员来维护和定期更新。对此作出贡献的多数人员来自飞机工业界，因此给出的信息主要反映当前飞机工业的经验，但提出的很多关键问题和讨论的技术同样适用于复合材料结构的非航空应用。

第3卷主要为那些刚刚接触聚合物基复合材料应用的技术人员编写，并为帮助这些新人能安全有效地在结构中使用这些材料提供指南。它为第1卷和第2卷补充了有关复合材料性能及其在设计中应用的知识。第3卷对复合材料结构的设计、制造、维护和使用提供了经同行评议过的信息，给出了大量用于结构安全性的方法，包括了下列信息：

- 在设计时要考虑的问题。
- 材料和工艺考虑。
- 设计和研制方法。
- 在制造时的质量控制问题。
- 预期寿命期用于维护、检测和修理的指南。

虽然第3卷对所有这些议题提供了一般的指南，但它并不想成为对复合材料结构如何进行设计、制造和维护的独立的手册。只要有公开文献覆盖的某些主题，就要为读者给出这些文件，但第3卷还包含了有关的重要技术话题，且通常在其他公开文献中所没有的信息。虽然第3卷想要成为聚合物基复合材料应用的顶级指南，但给出的信息和经验无法包容全部，只能给出某些成功进行复合材料结构设计、制造和维护的途径。

1.4 材料取向编码

1.4.1 层压板取向编码

层压板取向编码的目的是提供简单明了的方法来描述层压板的铺层情况。下面的段落描述了在书面文件中常用的两种不同的取向编码。

1.4.1.1 铺层顺序记号

图1.4.1.1所示的例子给出了最常用的记号，这里用文件给出的方法以ASTM操作规程D6507（见文献1.4.1.1(a)）为基础，该层压板取向编码主要基于Advanced Composites Design Guide（见文献1.4.1.1(b)）中所有的编码。

说明：

(1) 用纤维方向和x轴之间的夹角来说明每个单层相对于x轴的取向。面向铺层面时从x轴逆时针测量的角度定义为正角（右手准则）。

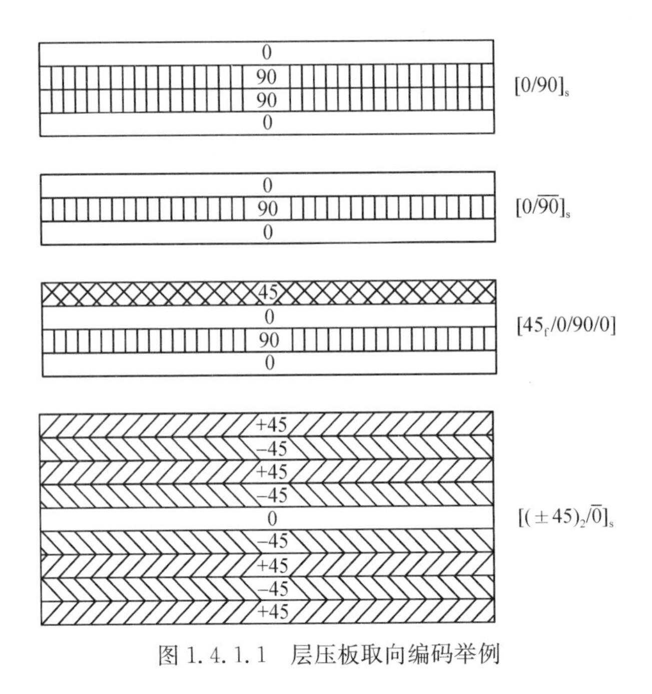

图 1.4.1.1 层压板取向编码举例

(2) 当描述织物铺层时,测量经向与 x 轴之间的角度。

(3) 在具有不同绝对值的相继单层取向之间,用斜线/隔开。

(4) 对具有相同取向的两个或多个单层,在其第一层的角度后用附加的下标来表示,该下标等于在这个取向下重复的单层数。

(5) 各单层按照贴的先后列出,从第 1 层到最后一层,用括号来表示编码的起止。

(6) 若描述了铺层的前一半,而后一半与前一半对称,则用下标"s"加以说明;若该铺层的单层数为奇数,则在未重复单层的角度上面加一横线予以说明。

(7) 将一组重复的单层用括号标出,将重复的层数用下标注明。

(8) 表明材料所用的约定是:对单向带的单层没有下标,对织物则用下标"f"。

(9) 混杂层压板,其层压板编码用单层的下标来标明其中不同的材料。

(10) 由于大多数计算机程序不允许使用上标和下标,推荐进行以下修改:

- 在下标信息前面用冒号(:),例如,[90/0:2/45]:s。
- 用单层后面的反斜线符号(\),来代替单层上面的横线(表示对称层压板中的未重复单层),例如,[0/45/90\]:s。

1.4.1.2 铺层百分比记号

在各种复合材料结构中通常只使用 0°, ±45°和 90°铺层方向,因为用这些铺层角能构建出大多数感兴趣的结构特性,从而产生了第 2 种在工业界广泛使用的铺层方位编码:

(A/B/C)

式中 A，B，C 分别是 0°，±45°和 90°铺层方向的百分比。

说明：

(1) 这种记号通常用于区分不同的层压板铺层，有时用曲线或毯式曲线来绘制层压板强度数据与纤维含量百分比的图。

(2) 这种记号并不能识别铺层的编号或铺贴的顺序，但对给出层压板的总厚度是很好的做法，因为它已提供给用户足够的信息来进行最常用的分析(平板屈曲、层压板分析等)。

(3) 把+45°和−45°方向的纤维百分数加在一起来得到"B"值。在读编码时，由于没有任何信息来区分两个方向的百分比，通常假设+45°纤维的百分数等于−45°纤维的百分数。

(4) 假设织物铺层等同于这样的层，即该层的一半纤维在一个方向，而另一半纤维垂直于第一个方向。

(5) 这种记号不适用于含不同材料或厚度的铺层。

1.4.2　编织物取向编码

编织物取向编码的目的是给出简单、易于理解的描述二维编织预成形件的方法，这种方法来自 ASTM 操作规程 D 6507(见文献 1.4.1.1(a))，编织取向编码主要基于文献 1.4.2。

用编织取向编码来描述纤维方向、纱束大小和层数：

$$[0_{m_1}/\pm\theta_{m_2}\cdots]_n N$$

式中：θ 为编织角；m_1 为轴向纱束中的纤维数量(k 表示一千)；m_2 为编织向纱束中的纤维数量(k 表示一千)；n 为层压板中编织层的数量；N 为预成形件中轴向纱的体积百分数。

表 1.4.2 中的例子说明了编织取向编码的应用，文献 1.4.1.1(a)给出了更多的信息。

表 1.4.2　编织取向编码的例子

编织编码	轴向纱的大小	编织角/(°)	编织纱的大小	层数	轴向纱的含量/%
$[0_{30k}/\pm 70_{6k}]_3$ 63%	30k	±70	6k	3	63
$[0_{12k}/\pm 60_{6k}]_5$ 33%	12k	±60	6k	5	33

1.5　符号、缩写及单位制

本节定义 CMH－17 中采用的符号和缩写，并说明了所沿用的单位制。只要可能，都保留了通常的用法。这些资料主要来源于文献 1.5(a)-(c)。

1.5.1 符号及缩写

本节定义本手册中采用(除了统计学的符号以外)的所有符号和缩写;关于统计学的符号在第8章进行定义。单层/层压板的坐标轴适用于所有的性能;力学性能的符号则汇总在图1.5.1中。

- 当用作为上标或下标时,符号 f 和 m 分别表示纤维和基体。
- 表示应力类型的符号(如 cy 为压缩屈服)总在上标位置。
- 方向标示符(如 x, y, z, 1, 2, 3 等)总在下标位置。
- 铺层序号的顺序标示符(如 1, 2, 3 等)在上标位置,且必须用括号括起来,以区别于数学的幂指数。
- 其他标示符,只要明确清楚,可在下标位置,也可在上标位置。
- 由上述规则导出的复合符号(例如基本符号加标示符),如下面列出的特定形式所示。

在使用 CMH-17 时,认为下列通用符号和缩写是标准的。当有例外时,将在正文或表格中予以注明。

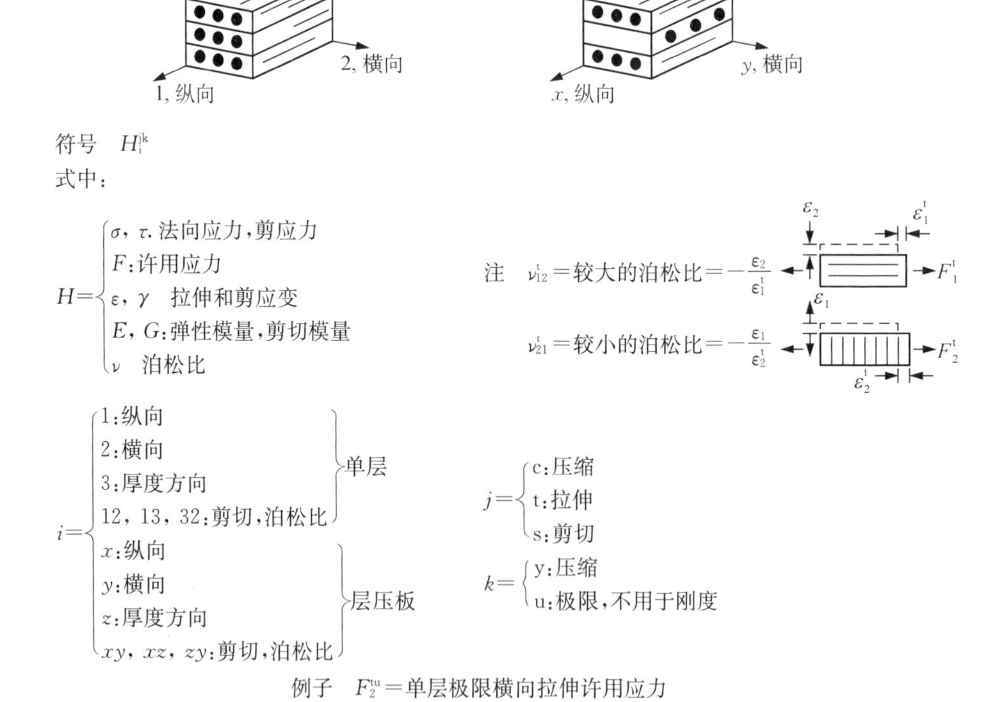

图1.5.1 力学性能的符号

A (1) 面积(m^2, in^2)
(2) 交变应力与平均应力之比
(3) 力学性能的 A-基准值

a (1) 长度(mm, in)
(2) 加速度(m/s^2, ft/s^2)
(3) 振幅
(4) 裂纹或缺陷的尺寸(mm, in)

B (1) 力学性能的 B 基准值
(2) 双轴比率

Btu 英制热单位

b 宽度(mm, in),例如与载荷垂直的挤压面或受压板宽度,或梁截面宽度

C 比热(kJ/kg・℃, Btu/lb・℉)

C 摄氏

CF 地心引力(N, lbf)

CPF 正交铺层系数

CPT 固化的单层厚度(mm, in)

CG (1) 质心;"重心"
(2) 面积或体积质心

℄ 中心线

c 柱屈曲的根部固定系数

$\bar{c}$ 蜂窝夹芯高度(mm, in)

cpm 每分钟周数

D (1) 直径(mm, in)
(2) 孔或紧固件的直径(mm, in)
(3) 板的刚度(N・m, lbf・in)

d 表示微分的算子

E 拉伸弹性模量,应力低于比例极限时应力与应变的平均比值(GPa, Msi)

E' 储能模量(GPa, Msi)

E'' 损耗模量(GPa, Msi)

E_c 压缩弹性模量,应力低于比例极限时应力与应变的平均比值(GPa, Msi)

E'_c 垂直于夹层平面的蜂窝芯弹性模量(GPa, Msi)

E^{sec} 割线模量(GPa, Msi)

E^{tan} 切线模量(GPa, Msi)

e 端距,从孔中心到板边的最小距离(mm, in)

e/D 端距与孔直径之比(挤压强度)

F 应力(MPa, ksi)

F	华氏
F^{b}	弯曲应力(MPa，ksi)
F^{ccr}	压损应力或折损应力(破坏时柱应力的上限)(MPa，ksi)
F^{su}	纯剪极限应力(此值表示该横截面的平均剪应力)(MPa，ksi)
FAW	纤维的面积重量(质量)*(g/m^2，lb/in^2)
FV	纤维体积含量(%)
f	(1) 内(或计算)应力(MPa，ksi) (2) 在有裂纹的毛截面上作用的应力(MPa，ksi) (3) 蠕变应力(MPa，ksi)
f^{c}	压缩内应力(或计算压缩应力)(MPa，ksi)
f_{c}	(1) 断裂时的最大应力(MPa，ksi) (2) 毛应力限(筛选弹性断裂数据用)(MPa，ksi)
ft	英尺
G	刚性模量、剪切模量(MPa，Msi)
GPa	千兆帕斯卡(gigapascal)
g	克
g	重力加速度(m/s^2，ft/s^2)
H/C	蜂窝(夹芯)
h	高度(mm，in)，如梁截面高度。
hr	小时
I	面积惯性矩(mm^4，in^4)
i	梁的中性面(由于弯曲)斜度，弧度
in	英寸
J	扭转常数(=I_p 对圆管)(m^4，in^4)
J	焦耳
K	绝对温标，开氏温标
K	(1) 应力强度因子(MPa/m，ksi/in) (2) 导热系数(W/m℃，Btu/ft^2/hr/in/℉) (3) 修正系数 (4) 介电常数，电容率
K_{app}	表观平面应变断裂韧度或剩余强度(MPa/m，ksi/in)
K_{c}	平面应变断裂韧度，对裂纹扩展失稳点断裂韧度的度量(MPa/m，ksi/in)
K_{Ic}	平面应变断裂韧度(MPa/m，ksi/ in)
K_{N}	按经验计算的疲劳缺口因子

* 工程上常习惯把质量称为重量。——编注

K_s　板或圆筒的剪切屈曲系数
K_t　(1) 理论的弹性应力集中因子
　(2) 蜂窝夹芯板的 t_w/c 比
K_v　电介质强度,绝缘强度(kV/ mm, V/mil)
K_x, K_y　板或圆筒的压缩屈曲系数
k　单位应力的应变
L　圆筒、梁,或柱的长度(mm, in)
L'　柱的有效长度(mm, in)
lb　磅
M　外力矩或力偶(N·m, in·lbf)
Mg　百万克(兆克)
MPa　兆帕斯卡
MS　军用标准
M. S.　安全裕度、安全系数
MW　分子量
MWD　分子量分布
m　(1) 质量(kg, lb)
　(2) 半波数
　(3) 斜率
m　米
N　(1) 破坏时的疲劳循环数
　(2) 层压板中的层数
　(3) 板的面内分布力(lbf/in)
N　(1) 牛顿
　(2) 正则化
NA　中性轴
n　(1) 在一个集内的次数
　(2) 半波数或全波数
　(3) 经受的疲劳循环数
P　(1) 作用的载荷(N, lbf)
　(2) 暴露参数
　(3) 概率
　(4) 比电阻、电阻系数(Ω)
P^u　试验的极限载荷(N, lbf/每个紧固件)
P^y　试验屈服限载荷(N, lbf/每个紧固件)
p　法向压力(Pa, psi)

psi 磅/平方英寸
Q 横截面的静面积矩(mm^3，in^3)
q 剪流(N/m，lbf/in)
R (1) 循环载荷中最小与最大载荷之代数比
(2) 减缩比
RA 面积的减缩
RH 相对湿度
RMS 均方根
RT 室温
r (1) 半径(mm，in)
(2) 根部半径(mm，in)
(3) 减缩比(回归分析)
S (1) 剪力(N，lbf)
(2) 疲劳中的名义应力(MPa，ksi)
(3) 力学性能的 S 基准值
S_a 疲劳中的应力幅值(MPa，ksi)
S_e 疲劳限(MPa，ksi)
S_m 疲劳中的平均应力(MPa，ksi)
S_{max} 应力循环中应力的最大代数值(MPa，ksi)
S_{min} 应力循环中应力的最小代数值(MPa，ksi)
S_R 应力循环中最小与最大应力的代数差值(MPa，ksi)
S. F. 安全系数
s (1) 弧长(mm，in)
(2) 蜂窝夹层芯格尺寸(mm，in)
T (1) 温度(℃，℉)
(2) 作用的扭矩(N·m，in·lbf)
T_d 热解温度(℃，℉)
T_F 暴露的温度(℃，℉)
T_g 玻璃化转变温度(℃，℉)
T_m 熔融温度(℃，℉)
t (1) 厚度(mm，in)
(2) 暴露时间(s)
(3) 持续时间(s)
V (1) 体积(mm^3，in^3)
(2) 剪力(N，lbf)
W (1) 重量(N，lbf)

(2) 宽度(mm, in)

W 瓦特

x 沿坐标轴的距离

Y 关联构件几何学特性与裂纹尺寸的无因次系数

y (1) 受弯梁弹性变形曲线的挠度(mm, in)

(2) 由中性轴到给定点的距离

(3) 沿坐标轴的距离

Z 截面模量,I/y(mm^3, in^3)

α 热膨胀系数(m/m·℃, in/(in·℉))

γ 剪应变(m/m, in/in)

Δ 差分(用于数量符号之前)

δ 伸长量或挠度(mm, in)

ε 应变(m/m, in/in)

ε^e 弹性应变(m/m, in/in)

ε^p 塑性应变(m/m, in/in)

μ 渗透性

η 塑性折减因子

$[\eta]$ 本征黏度

η^* 动态复黏度

ν 泊松比

ρ (1) 密度(kg/m^3, lb/in^3)

(2) 回转半径(mm, in)

ρ'_c 蜂窝夹芯密度(kg/m^3, lb/in^3)

$\sum$ 总计、总和

σ 标准差

σ_{ij}, τ_{ij} 外法线朝 i 的平面上沿 j 方向的应力

T 作用剪应力(MPa, ksi)

ω 角速度(弧度/s)

∞ 无穷大

1.5.1.1 组分的性能

下列符号专用于典型复合材料组分的性能:

E^f 纤维材料弹性模量(MPa, ksi)

E^m 基体材料弹性模量(MPa, ksi)

E_x^g 预浸玻璃细纱布沿纤维方向或沿织物经向的弹性模量(MPa, ksi)

E_y^g 预浸玻璃细纱布在垂直于纤维方向或织物经向的弹性模量(MPa, ksi)

G^f 纤维材料剪切模量(MPa, ksi)

G^m 基体材料剪切模量(MPa, ksi)

G^g_{xy} 预浸玻璃细纱布剪切模量(MPa, ksi)

G'_{cx} 夹芯沿 x 轴的剪切模量(MPa, ksi)

G'_{cy} 夹芯沿 y 轴的剪切模量(MPa, ksi)

l 纤维长度(mm, in)

α^f 纤维材料热膨胀系数(m/m℃, in/(in·℉))

α^m 基体材料热膨胀系数(m/m℃, in/(in·℉))

α^g_x 预浸玻璃细纱布沿纤维方向或织物经向的热膨胀系数(m/m℃, in/in/℉)

α^g_y 预浸玻璃细纱布垂直纤维方向或织物经向的热膨胀系数(m/m℃, in/in/℉)

ν^f 纤维材料泊松比

ν^m 基体材料泊松比

ν^g_{xy} 由纵向(经向)伸长引起横向(纬向)收缩时玻璃细纱布的泊松比

ν^g_{yx} 由横向(经向)伸长引起纵向(纬向)收缩时玻璃细纱布的泊松比

σ 作用于某点的轴向应力,用于细观力学分析(MPa, ksi)

τ 作用于某点的剪切应力,用于细观力学分析(MPa, ksi)

1.5.1.2 单层与层压板

下列符号、缩写及记号适用于复合材料单层及层压板。目前,CMH-17 的重点放在单层性能上,但这里给出了适用于单层及层压板的常用符号表,以避免可能的混淆。

$A_{ij}(i, j=1, 2, 6)$ (面内)拉伸刚度(N/m, lbf/in)

$B_{ij}(i, j=1, 2, 6)$ 耦合矩阵(N, lbf)

$C_{ij}(i, j=1, 2, 6)$ 刚度矩阵元素(Pa, psi)

D_x, D_y 弯曲刚度(N·m, lbf·in)

D_{xy} 扭转刚度(N·m, lbf·in)

$D_{ij}(i, j=1, 2, 6)$ 弯曲刚度(N·m, lbf·in)

E_1 平行于纤维或经向的单层弹性模量(MPa, Msi)

E_2 垂直于纤维或经向的单层弹性模量(MPa, Msi)

E_x 沿参考轴 x 的层压板弹性模量(MPa, Msi)

E_y 沿参考轴 y 的层压板弹性模量(MPa, Msi)

G_{12} 在 12 平面内的单层剪切模量(MPa, Msi)

G_{xy} 在参考平面 xy 内的层压板剪切模量(MPa, Msi)

h_i 第 i 铺层或单层的厚度(mm, in)

M_x, M_y, M_{xy} (板壳分析中的)弯矩及扭矩分量(N·m/m, in·lbf/in)

n_f 每个单层在单位长度上的纤维数

Q_x, Q_y 分别垂直于 x 及 y 轴的板截面上,与 z 平行的剪力(N/m, lbf/in)

Q_{ij} (I, $j=1, 2, 6$)	折算刚度矩阵(Pa, psi)
u_x, u_y, u_z	位移向量的分量(mm, in)
u_x^0, u_y^0, u_z^0	层压板中面的位移向量分量(mm, in)
V_V	空隙含量(用体积百分数表示)
V_f	纤维含量或纤维体积含量(用体积百分数表示)
V_g	玻璃细纱布含量(用体积百分数表示)
V_m	基体含量(用体积百分数表示)
V_x, V_y	边缘剪力或支承剪力(N/m, lbf/in)
W_f	纤维含量(用质量分数表示)
W_g	玻璃细纱布含量(用质量分数表示)
W_m	基体含量(用质量分数表示)
W_s	单位表面积的层压板重量(N/m^2, lbf/in^2)
α_1	沿 1 轴的单层热膨胀系数(m/(m・℃), in/(in・℉))
α_2	沿 2 轴的单层热膨胀系数(m/(m・℃), in/(in・℉))
α_x	层压板沿广义参考轴 x 的热膨胀系数(m/(m・℃), in/(in・℉))
α_y	层压板沿广义参考轴 y 的热膨胀系数(m/(m・℃), in/(in・℉))
α_{xy}	层压板的热膨胀剪切畸变系数(m/(m・℃), in/(in・℉))
θ	单层在层压板中的方位角,即 1 轴与 x 轴间的夹角(°)
λ_{xy}	等于 ν_{xy} 与 ν_{yx} 之积
ν_{12}	由 1 方向伸长引起 2 方向收缩的泊松比*
ν_{21}	由 2 方向伸长引起 1 方向收缩的泊松比*
ν_{xy}	由 x 方向伸长引起 y 方向收缩的泊松比*
ν_{yx}	由 y 方向伸长引起 x 方向收缩的泊松比*
ρ_c	单层的密度(kg/m^3, lb/in^3)
$\bar{\rho}_c$	层压板的密度(kg/m^3, lb/in^3)
ϕ	(1) 广义角坐标(°) (2) 偏轴加载中,x 轴与载荷方向之间的夹角(°)

1.5.1.3 下标

认为下列下标记号是 CMH-17 的标准记号:

1, 2, 3	单层的自然直角坐标(1 是纤维方向或经向)
A	轴
a	(1) 胶黏的

* 因为使用了不同的定义,在对比不同来源的泊松比以前,应当检查其定义。

	(2) 交变的
app	表观的
byp	旁路的
c	(1) 复合材料体系,特定的纤维/基体组合
	(2) 复合材料作为一个整体,区别于单一的组分
	(3) 当与上标撇号(′)连用时,指夹层芯子
	(4) 临界的
cf	离心力
e	疲劳或耐久性
eff	有效的
eq	等效的
f	纤维
g	玻璃细纱布
H	圈
i	顺序中的第 i 位置
L	横向
m	(1) 基体
	(2) 平均
max	最大
min	最小
n	序列中的第 n 个(最后)位置
n	法向的
p	极的、极性的
s	对称
st	加筋条
T	横向
t	在 t 时刻的参量值
x, y, z	广义坐标系
$\sum$	总和,或求和
o	初始点数据或参考数据
( )	表示括号内的项相应于特定温度的格式。RT 为室温(21℃,70℉);除非另有说明,所有温度以华氏温度(℉)表示[①]。

1.5.1.4　上标

在 CMH－17 中,认为下列上标记号是标准的。

① 原文采用英制单位,翻译稿中所有含单位有国际单位制,括号内的数字为原文的数字。——译者注

b　　弯曲
br　　挤压
c　　(1) 压缩
　　(2) 蠕变
cc　　压损
cr　　压缩屈曲
e　　弹性
f　　纤维
flex　　弯曲
g　　玻璃细纱布
is　　层间剪切
(*i*)　　第 *i* 铺层或单层
lim　　限制,指限制载荷
m　　基体
ohc　　开孔压缩
oht　　开孔拉伸
p　　塑性
pl　　比例极限
rup　　破断
s　　剪切
scr　　剪切屈曲
sec　　割线(模量)
so　　偏轴剪切
T　　温度或热
t　　拉伸
tan　　切线(模量)
u　　极限的
y　　屈服
′　　二次(模量),与下标 c 连用时指蜂窝夹芯的性能。
CAI　　冲击后压缩

1.5.1.5　缩写词

在 CMH-17 中,使用下列缩写词。

AA　　atomic absorption(原子吸收)
AES　　Auger electron spectroscopy(Auger 电子能谱术)
AIA　　Aerospace Industries Association(航宇工业协会)
ANOVA　　analysis of variance(变异分析)

ARL US Army Research Laboratory(美国陆军研究所)
ASTM American Society for Testing and Materials(美国材料试验学会)
BMI bismaleimide(双马来酰亚胺)
BVID barely visible impact damage(目视勉强可见冲击损伤)
CAI compression after impact(冲击后压缩)
CCA composite cylinder assemblage(复合材料圆柱组合)
CFRP carbon fiber reinforced plastic(碳纤维增强塑料)
CLS crack lap shear(裂纹搭接剪切)
CMCS Composite Motorcase Subcommittee (JANNAF)(复合材料发动机箱小组委员会(JANNAF))
CPT cured ply thickness(固化后单层厚度)
CTA cold temperature ambient(低温环境)
CTD cold temperature dry(低温干态)
CTE coefficient of thermal expansion(热膨胀系数)
CV coefficient of variation(变异系数)
CVD chemical vapor deposition(化学气相沉积)
DCB double cantilever beam(双悬臂梁)
DDA dynamic dielectric analysis(动态电介质分析)
DLL design limit load(设计限制载荷)
DMA dynamic mechanical analysis(动态力学分析)
DoD Department of Defense(国防部)
DSC differential scanning calorimetry(差示扫描量热法)
DTA differential thermal analysis(示差热分析)
DTRC David Taylor Research Center(David Taylor 研究中心)
ENF end notched flexure(端部缺口弯曲)
EOL end-of-life(寿命结束)
ESCA electron spectroscopy for chemical analysis(化学分析的电子能谱术)
ESR electron sp in resonance(顺磁共振、电子自旋共振)
ETW elevated temperature wet(高温湿态)
FAA Federal Aviation Adm Inistration(联邦航空管理局)
FFF field flow fractionation(场溢分馏法)
FGRP fiberglass re inforced plastic(玻璃纤维增强塑料)
FMECA Failure Modes Effects Criticality Analysis(失效模式影响的危险度分析)
FOD foreign object damage(外来物损伤)

FTIR Fourier transform infrared spectroscopy(傅里叶变换红外光谱法)
FWC finite width correction factor(有限宽修正系数)
GC gas chromatography(气相色谱分析)
GSCS Generalized Self Consistent Scheme(广义自相容方案)
HDT heat distortion temperature(热扭变温度)
HPLC high performance liquid chromatography(高精度液相色层分离法)
ICAP inductively coupled plasma emission(感应耦合等离子体发射)
IITRI Illinois Institute of Technology Research Institute(伊利诺斯理工研究所)
IR infrared spectroscopy(红外光谱学)
ISS ion scattering spectroscopy(离子散射光谱学)
JANNAF Jo int Army, Navy, NASA and Air Force(陆、海军、NASA及空军联合体)
LC liquid chromatography(液相色层分离法)
Li lithium(锂)
LPT laminate plate theory(层压板理论)
LSS laminate stacking sequence(层压板铺层顺序)
MMB mixed mode bending(混合型弯曲)
MOL material operational limit(材料工作极限)
MS mass spectroscopy(质谱(分析)法)
MSDS material safety data sheet(材料安全数据单)
MTBF mean time between failure(破坏间的平均时间)
NAS National Aerospace Standard(国家航宇标准)
NASA National Aeronautics and Space Administration(国家航空航天局)
NDI nondestructive inspection(无损检测)
NMR nuclear magnetic resonance(核磁共振)
PEEK polyether ether ketone(聚醚醚酮)
RDS rheological dynamic spectroscopy(流变动态波谱学)
RH relative humidity(相对湿度)
RT room temperature(室温)
RTA room temperature ambient(室温大气环境)
RTD room temperature dry(室温干态)
RTM resin transfer molding(树脂转移模塑)
SACMA Suppliers of Advanced Composite Materials Association(先进复合材料供应商协会)
SAE Society of Automotive Engineers(汽车工程师协会)

SANS	small-angle neutron scattering spectroscopy(小角度中子散射光谱学)
SEC	size-exclusion chromatography(尺度筛析色谱法)
SEM	scanning electron microscopy(扫描电子显微镜)
SFC	supercritical fluid chromatography(超临界流体色谱法)
SI	International System of Units(Le Système International d'Unités)(国际单位制)
SIMS	secondary ion mass spectroscopy(次级离子质谱(法))
TBA	torsional braid analysis(扭转编织分析)
TEM	transmission electron microscopy(发射电子显微镜)
TGA	thermogravimetric analysis(热解重量分析)
TLC	thin-layer chromatography(薄层色谱法)
TMA	thermal mechanical analysis(热量力学分析)
TOS	thermal oxidative stability(热氧化稳定性)
TPES	thermoplastic polyester(热塑性聚酯)
TVM	transverse microcrack(横向微裂纹)
UDC	unidirectional fiber composite(单向纤维复合材料)
VNB	V-notched beam(V 缺口梁)
XPS	X-ray photoelectron spectroscopy(X 射线光电光谱学)

1.5.2 单位制

遵照 1991 年 2 月 23 日的国防部指示 5000.2，Part 6，Section M“使用公制体系”的规定，通常，CMH－17 中的数据同时使用国际单位制(SI 制)和美国习惯单位制(英制)。ASTM E－380《度量制实施标准》则提供了准备作为世界标准度量单位的 SI 制(文献 1.5.2(a))的应用指南。下列出版物(文献 1.5.2(b)-(e))提供了使用 SI 制及换算因子的进一步指南：

(1) DARCOM P 706 － 470，Engineering Design Handbook：Metric Conversion Guide，July 1976.

(2) NBS Special Publication 330，The International System of Units (SI)，National Bureau of Standards，1986 edition.

(3) NBS Letter Circular LC 1035，Units and Systems of Weights and Measures，Their Origin，Development，and Present Status，National Bureau of Standards，November 1985.

(4) NASA Special Publication 7012，The International System of Units Physical Constants and Conversion Factors，1964.

表 1.5.2 列出了与 CMH－17 数据有关的、由英制与 SI 制换算的因子。

表 1.5.2 英制与 SI 制换算因子

由	换算为	乘 以
$Btu/in^2 \cdot s$	W/m^2	1.634246×10^6
$But\text{-}in(s\text{-}ft^2 \cdot {}^\circ F)$	$W/(m \cdot K)$	5.192204×10^2
华氏度(℉)	摄氏度(℃)	$T_c = (T_F - 32)/1.8$
华氏度(℉)	开氏度(K)	$T_K = (T_F + 459.67)/1.8$
ft	m	3.048000×10^{-1}
ft^2	m^2	9.290304×10^{-2}
ft/s	m/s	3.048000×10^{-1}
ft/s^2	m/s^2	3.048000×10^{-1}
in	m	2.540000×10^{-2}
in^2	m^2	6.451600×10^{-4}
in^3	m^3	1.638706×10^{-5}
kgf	牛顿(N)	9.806650×10^0
kgf/m^2	帕斯卡(Pa)	9.806650×10^0
kip(1000 lbf)	牛顿(N)	4.448222×10^3
$ksi(kip/in^2)$	MPa	6.894757×10^0
$lbf \cdot in$	$N \cdot m$	1.129848×10^{-1}
$lbf \cdot ft$	$N \cdot m$	1.355818×10^0
lbf/in^2(psi)	帕斯卡(Pa)	6.894757×10^3
lb/in^3	kg/m^3	2.767990×10^4
Msi(10^6 psi)	GPa	6.894757×10^0
磅力(lbf)	牛顿(N)	4.48222×10^0
磅质量(lb)	千克(kg)	4.535924×10^{-1}
Torr(乇)	帕斯卡(Pa)	1.33322×10^2

1.6 定义

在 CMH-17 中使用下列的定义。这个术语表还不很完备，但它给出了几乎所有的常用术语。当术语有其他意义时，将在正文和表格中予以说明。为了便于查找，这些定义按照英文术语的字母顺序排列。

A 基准值(A-basis)或 A 值(A-value)——建立在统计基础上的材料性能。指定测量值母体的第一百分位数上的 95%下置信限，也是对指定母体中 99%较高值的 95%下容许限。

A 阶段(A-stage)——热固性树脂反应的早期阶段，在该阶段中，树脂仍可溶于一定液体，并可能为液态，或受热时能变成液态(有时也称为**甲阶段(resol)**)。

吸收(absorption)——某种材料(吸收剂)吸收另一种材料(被吸收物质)的过程。

促进剂(accelerator)——一种材料，当其与某种催化的树脂相混合时，将加速催化剂与树脂之间的化学反应。

验收(acceptance)(见材料验收 material acceptance)。

准确度(accuracy)——指测量值或计算值与已被认可的一些标准或规定值之间的吻合程度。准确度中包括了操作的系统误差。

加成聚合反应(addition polymerization)——用重复添加的方法,使单体链接起来形成聚合物的聚合反应;反应中不脱除水分子或其他简单分子。

黏合(adhesion)——通过加力或连锁作用,或者通过两者同时作用,使得两个表面在界面处结合在一起的状态。

胶黏剂、定型剂(adhesive)——能通过表面黏合,把两种材料结合在一起的物质。本手册里,专指所生成的连接部位能传递大结构载荷的那些结构胶黏剂。

ADK——表示 k 样本 Anderson-Darling 统计量,用于检验 k 批数据具有相同分布的假设。

代表性样本(aliquot)——较大样本中一个小的代表性样本。

老化(aging)——在大气环境下暴露一段时间对材料产生的影响;将材料在某个环境下暴露一段时间间隔的处理过程

大气环境(ambient)——周围的环境情况,例如压力与温度。

滞弹性(anelasticity)——某些材料所显示的一种特性,其应变是应力与时间两者的函数。这样,虽然没有永久变形存在,在载荷增加以及载荷减少的过程中,都需要有一定的时间,才达到应力与应变之间的平衡。

角铺层(angleply)——任何由正、负 θ 铺层构成的均衡层压板,其中 θ 与某个参考方向成锐角。

各向异性(anisotropic)——非各向同性;即随着(相对于材料固有自然参考轴系的)取向的变化,材料的力学及/或物理性能不同。

芳纶(aramid)——一种人造纤维,其纤维的构成物质是一种长链的合成芳族聚酰胺,其中至少有 85%的酰胺基(—CONH—)是直接与两个芳基环链接的。

纤维面积重量(areal weight of fiber)——单位面积预浸料中的纤维重量,常用 g/m^2 表示,换算因子见表 1.5.2。

人工老化(artificial weathering)——指暴露在某些实验室条件下;这些条件可能是循环改变的,包括在各种地理区域内的温度、相对湿度、辐照能的变化,以及其大气环境中其他任何因素的变化。

纵横比、长径比(aspect ratio)——对于基本上为二维矩形形状的结构(如壁板),指其长向尺寸与短向尺寸之比。但在压缩加载下,有时是指其沿载荷方向的尺寸与横向尺寸之比。另外,在纤维的细观力学里,则指纤维长度与其直径之比。

热压罐(autoclave)——一种封闭的容器,用于对在容器内进行化学反应或其他作业的物体,提供一个加热的或不加热的流体压力环境。

热压罐模压(autoclave molding)——一种类似袋压成形的工艺技术。将压力袋覆盖在铺贴件上,然后,把整个组合放入一个可提供热量和压力以进行零件固化的热压罐中。这个压力袋通常与外界相通。

编织轴(axis of braiding)——编织的构型沿其伸展的方向。

B基准值(B-basis)或B值(B-value)——建立在统计基础上的材料性能。指定测量值母体的第十百分位数上的95%下置信限，也是对指定母体中90%较高值的95%下容许限(见第1卷，8.1.4节)。

B阶段(B-stage)——热固性树脂反应过程的一个中间阶段；在该阶段，当材料受热时变软，同时，当与某些液体接触时，材料会出现溶胀但并不完全熔化或溶解。在最后固化前，为了操作和处理方便，通常将材料预固化至这一阶段(有时也称为乙阶段(resitol))。

袋压成形(bag molding)——一种模压或层压成形的方法；通过对一种柔性材料施加流体压力，将压力传到被模压或胶接的材料上。通常使用空气、蒸汽、水，或者用抽真空的手段，来提供流体压力。

均衡层压板(balanced laminate)——一种复合材料层压板，其所有非0°和非90°的其他相同角度单层，均只正、负成对出现(但未必相邻)。

批次(batch)或批组(lot)——取自定义明晰的原材料集合体中，在相同条件下基本上同时生产的一些材料。

讨论：批次/批组的具体定义取决于材料预期的用途。更多与纤维、织物、树脂、预浸材料和为生产应用的混合工艺有关的特定定义在第3卷5.5.3节中进行了讨论。在第1卷2.5.3.1节中描述了欲将数据提交收入本手册第2卷的专门的预浸料批次要求。

挤压面积(bearing area)——销子直径与试件厚度之积。

挤压载荷(bearing load)——作用于接触表面上的压缩载荷。

挤压屈服强度(bearing yield strength)——指当材料中挤压应力与挤压应变的比例关系出现偏离并达某一规定限值时，其所对应的挤压应力值。

弯曲试验(bend test)——用弯曲或折叠来测量材料延性的一种试验方法；通常是用持续加力的办法。在某些情况下，试验中可能包括对试件进行敲击；这个试件的截面沿一定长度是基本均匀的，而该长度则是截面最大尺寸的几倍。

胶黏剂(binder)——在制造模压制件过程中，为使毡子或预成形件中的纱束黏在一起而使用的一种胶接树脂。

二项随机变量(binomial random variable)——指一些独立试验中的成功次数，其中每次试验的成功概率是相同的。

双折射率(birefringence)——指(纤维的)两个主折射率之差，或指在材料给定点上其光程差与厚度之比。

吸胶布(bleeder cloth)——一层非结构的材料，以便在复合材料零件制造时，排出固化过程中的多余气体和树脂。吸胶布在完成固化后被除去，因而并不构成复合材料制件的一部分。

线筒(子架去掉)(bobbin)——一种圆筒状或略带锥形的桶体，带凸缘或无凸缘,用于缠绕无捻纱、粗纱或有捻纱。

胶接(bond)——用胶作胶黏剂或不用胶,把一个表面黏着到另一个表面上。

编织物(braid)——由三根或多根纱线所构成的体系,其中的纱彼此交织,但没有任何两根纱线是相互缠绕的。

编织角(braid angle)——与编织轴之间的锐角。

双轴编织(braid, biaxial)——具有两个纱线系统的编织织物,其中一个纱线系统沿着$+\theta$方向,而另一个纱线系统沿着$-\theta$方向,角度由编织轴开始计量。

编织数(braid count)——沿编织织物轴线计算,每英寸上的编织纱数量。

菱形编织物(braid, diamond)——织物图案为一上一下(1×1)的编织织物。1×1P。

窄幅织物(braid, flat)——一种窄的斜纹机织带;其每根纱线都是连续的,并与这个机织带的其他纱相互交织,但自身无交织。

Hercules 编织物(braid, hercules)——图案为三上三下(3×3)的编织织物。3×3T。

提花编织物(braid, jacquard)——借助于提花机进行的编织图案设计;提花机是个脱落机构,可用它独立地控制大量纱束,产生复杂的图案。

规则编织物(braid, regular)——织物图案为二上二下(2×2)的编织织物。2×2T。

正方形编织物(braid, square)——其纱线构成一个正方形图案的编织织物。

两维编织物(braid, two-dimensional)——沿厚度方向没有编织纱的编织织物。

三维编织物(braid, three-dimensional)——沿厚度方向有一或多根编织纱的编织织物。

三轴编织物(braid, triaxial)——在编织轴方向上设置有衬垫纱的双轴编织织物。

编织(braiding)——一种纺织的工艺方法;它将两个或多个纱束、有捻纱或带子沿斜向缠绕,形成一个整体的结构。

宽幅(broadgoods)——一个不太严格的术语,指宽度大于约 305 mm(12 in)的预浸料,它们通常由供货商以连续卷提供。这个术语通常用于指经过校准的单向带预浸料及织物预浸料。

(复合材料)屈曲(buckling(composite))——一种结构响应的模式,其特征是:由于对结构元件的压缩作用,导致材料的面外挠曲变形。在先进复合材料里,屈曲不仅可能是常规的总体或局部失稳形式,同时也可能是单独纤维的细观失稳。

纤维束(bundle)——普通术语,指一束基本平行的长丝或纤维。

C 阶段(C-stage)——热固性树脂固化反应的最后阶段,在该阶段,材料成为几乎既不可溶解又不可熔化的固态(通常认为已充分固化,有时称为**丙阶段(resite)**)。

绞盘(capstan)——一种摩擦型提取装置,用以将编织物由折缝移开,其移动速度决定了编织角。

碳纤维(carbon fibers)——将有机原丝纤维(如人造纤维、聚丙烯腈(PAN))进行高温分解,再置于一种惰性气体内,从而生产出的纤维。这个术语通常可与"石墨"纤维(graphite)互相通用;然而,碳纤维与石墨纤维的差别在于:其纤维制造和热处理的温度不同,以及所形成纤维的碳含量不同。典型情况是,碳纤维在大约1300℃(2400℉)时进行碳化,经检验含有93%~95%的碳;而石墨纤维则在1900~3000℃(3450~5450℉)进行石墨化,经检验含有99%以上的元素碳。

载体(carrier)——通过编织物的编织动作来输送有捻纱的机械装置,典型的载体包括筒子架纺锤、迹径跟随器和拉紧装置。

均压板(caul plates)——一种无表面缺陷的平滑金属板,与复合材料铺层具有相同尺寸和形状。在固化过程中,均压板与铺贴层直接接触,以传递垂直压力,并使层压板制件的表面平滑。

检查(censoring)——若每当观测值小于或等于M(大于或等于M)时,记录其实际观测值,则称数据在M处是右(左)检查的。若观测值超过(小于)M,则观测值记为M。

链增长聚合反应(chain-growth polymerization)——两种主要聚合反应机制之一。在这种链锁聚合反应中,这些反应基在增长过程中不断地重建。一旦反应开始,通过由某个特殊反应引发源(可以是游离基、阳离子或阴离子)所开始的反应链,使聚合物的分子迅速增长。

层析图(chromatogram)——混合物溶液体系中的洗出溶液(洗出液)经色谱仪分离后,各组分峰值的色谱仪响应图。

缠绕循环(circuit)——缠绕机中纤维进给机构的一个完整往返运动。缠绕段的一个完整往返运动,是从任意一点开始,到缠绕路径中、通过该起点并到与轴相垂直的平面上的另外一点为止。

共固化(cocuring)——指在同一固化周期中,在将一个复合材料层压板固化的同时,将其胶接到其他已经准备的表面上(见**二次胶接 secondary bonding**)。

线性热膨胀系数(coefficient of linear thermal expansion)——温度升高一度,每单位长度上所产生的长度改变。

变异系数(coefficient of variation)——母体(或样本)标准差与母体(或样本)平均值之比。

准直(collimated)——使平行。

相容(compatible)——指不同树脂体系能够彼此在一起处理,且不致使最终产品性能下降的能力。

复合材料分类(composite class)——本手册中指复合材料的一种主要分类方式,其分类按纤维体系和基体类型定义,如有机基纤维复合材料层压板。

复合材料(composite material)——复合材料是由成分或形式在宏观尺度都不

同的材料构成的复合物。各组分在复合材料中保持原有的特性，即各组分尽管变形一致，但它们彼此完全不溶解或者相互不合并。通常，各组分能够从物理上区别，并且相互间存在界面。

混合料(compound)——具有最终成品所需各种材料的一种或多种聚合物的混合物。

缩聚反应(condensation polymerization)——一种特殊形式的逐步聚合反应，其特点是，在反应基的逐级加成过程中，有水或其他简单分子的生成。

置信系数 (confidence coefficient)——见**置信区间 confidence interval。**

置信区间(confidence interval)——置信区间按下列三者之一进行定义：

$$p\{a<\theta\}\leqslant 1-a \tag{1}$$

$$p\{\theta<b\}\leqslant 1-a \tag{2}$$

$$p\{a<\theta<b\}\leqslant 1-a \tag{3}$$

式中：$1-\alpha$ 称为置信系数。称类型(1)或(2)的描述为单侧置信区间，而称类型(3)的描述为双侧置信区间。对于式(1)，α 为下置信限；对于式(2)，b 为上置信限。置信区间内包含参数 θ 的概率，至少为 $1-\alpha$。

组分(constituent)——通常指一个大组合的元素。在先进复合材料中，主要的组分是纤维和基体。

长丝(continuous filament)——指其纱线与纱束的长度基本相同的纱束。

耦联剂(coupling agent)——一种与复合材料的增强体或基体发生作用的化学物质，用以形成或提供较强的界面胶接。耦合剂通过水溶液或有机溶液或由气体相加到增强体中，或作为添加剂加到基体中。

覆盖率(coverage)——对表面上被编织物所覆盖部分的量度。

龟裂(crazing)——在有机基体表面或表面下的可见细裂纹。

筒子架(creel)——一个用来支持无捻纱、粗纱或纱线的构架，以便能平稳而均匀地拉动很多丝束而不会搞乱。

蠕变(creep)——外加应力所引起应变中与时间有关的那部分应变。

蠕变率(ratio of creep)——蠕变(应变)-时间曲线上，在给定时刻处的曲线斜率。

卷曲(crimp)——编织过程中在编织织物内产生的波纹。

卷曲角(crimp angle)——从丝束的平均轴量起、单个编织纱的最大锐角。

卷曲转换(crimp exchange)——使编织纱体系在受拉或受压时达到平衡的工艺。

临界值(critical values)——当检验单侧统计假设时，其临界值是指：若该检验的统计大于(小于)此临界值时，这个假设将被拒绝。当检验双侧统计假设时，要决定两个临界值，若该检验的统计小于较小的临界值时，或大于较大的临界值时，这个假设将被拒绝。在以上这两种情况下，所选取的临界值取决于所希望的风险，即当此假设为真实但却被拒绝的风险(通常取 0.05)。

正交铺层(crossply)——指任何非单向的长纤维层压板,与角铺层的意义相同。在某些文献中,术语“正交铺层”只指各铺层间彼此成直角的层压板,而“角铺层”则指除此之外的所有其他铺层方式。在本手册中,这两个术语被作为同义词使用。由于使用了层压板铺层方向代码,因而没有必要只为其中某种基本铺层方向而保留单独的术语。

累积分布函数(cumulative distribution function)——见第 1 卷,8.1.4 节。

固化(cure)——指通过化学反应,即缩合反应、闭环反应或加成反应等,使热固性树脂的性能发生不可逆的变化。可以在添加或不加催化剂、在加热或者不加热的情况下,通过添加固化(交联)剂来实现固化。同时,也可通过加成反应实现固化,如环氧树脂体系的酐固化过程。

固化周期(cure cycle)——指为了达到规定的性能,将反应的热固性材料置于规定的条件下进行处理的时间进程。

固化应力(cure stress)——复合材料结构在固化过程中所产生的残余内应力。一般情况下,当不同的铺层具有不同的热膨胀系数时,会产生固化应力。

去胶(debond)——指有意将胶接接头或胶接界面剥离*,通常用于修理或重新加工情况(见**脱粘 disbond**,**未粘住 unbond**)。

变形(deformation)——由于施加载荷或外力所引起的试件形状变化。

退化(degradation)——指在化学结构、物理特性或外观等方面出现的有害变化。

分层(delamination)——指层压板中铺层之间的材料分离。分层可能出现在层压板中的局部区域,也可能覆盖很大的区域。在层压板固化过程或在随后使用过程的任何时刻,都可能因各种原因出现分层。

旦(denier)——一种表示线性密度的直接计量体系,等于 9000 m 长的纱、长丝、纤维或其他纺织纱线所具有的质量(克)。

密度(density)——单位体积的质量。

解吸(desorption)——指从另一种材料中释放出所吸收或所吸附材料的过程。解吸是吸收、吸附的逆过程,或者,是这两者的逆过程。

偏差(deviation)——相对于规定尺度或要求的差异,通常规定其上限或下限。

介电常数(dielectric constant)——板极之间具有某一介电常数的电容器,当以真空取代电解质时,两者电容之比即其介电常数,这是对单位电压下每单位体积所储存电荷的一个度量。

介电强度、抗电强度、绝缘强度(dielectric strength)——当电解质材料破坏时,

---

* 译者注:原文为 A deliberate separation of a bonded joint or interface。
编辑注:在广大的复合材料界对此定义有争议和不同意见,有些人严格坚持本手册给出的定义,而另一些则认为是可以互换的(如 FAA AC 20-107)。读者要注意,在其他文件中该定义可能是其中之一。

单位厚度的平均电压。

脱胶(disbond)——在两个被胶接体间的胶接界面内出现胶接破坏或分离情况的区域。在结构寿命的任何时间，都可能由于各种原因发生脱胶。另外，用通俗的话来说，脱胶还指在层压板制品两个铺层间的分离区域(这时，通常更多使用“分层”一词)，(见**脱胶 debond，未粘住 unbond，分层 delamination**)。

编辑注：在广大的复合材料界对此定义有争议和不同意见，有些人严格坚持本手册给出的定义，而另一些则认为是可以互换的(如 FAA AC 20-107)。读者要注意，在其他文件中该定义可能是其中之一。

分布(distribution)——一个公式，给出某个数值落入指定范围内的概率(见**正态分布，Weibull 分布和对数正态分布**)。

干态(dry)——在相对湿度为5%或更低的周围环境下，材料达到湿度平衡的一种状态。

干纤维区(dry fiber area)——指纤维未完全被树脂包覆的纤维区域。

延展性(ductility)——材料在出现断裂之前的塑性变形能力。

弹性(elasticity)——在卸除引起变形的作用力之后，材料能立即恢复到其初始尺寸及形状的特性。

伸长(率)(elongation)——在拉伸试验中，试件标距长度的增加或伸长，通常用初始标距的百分数来表示。

洗出液(eluate)——(液相层析分析中)由分离塔析出的液体。

洗提剂(洗脱剂)(eluent)——对进入、通过以及流出分离塔的标本(溶质)成分，进行净化或洗提所使用的液体(流动相)。

丝束(end)——指正被织入或已被织入到产品中的单根纤维、纱束、无捻纱或有捻纱，丝束可以是机织织物中的一支经纱或细线。对于芳纶和玻璃纤维，丝束通常是未加捻的连续长丝纱束。

环氧当量(epoxy equivalent weight)——含有一个化学当量环氧基树脂所相应的重量，用克数表示。

环氧树脂(epoxy resin)——指具有如右图所示环氧基特征的一些树脂，但其结构形式可能是多样的(环氧基或环氧化物基通常表现为环氧丙基醚、环氧丙基胺，或作为脂环族系的一部分。通常复合材料应用芳族型环氧树脂)。

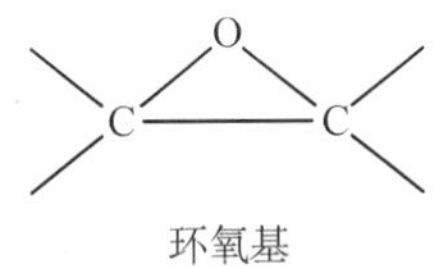

环氧基

引伸计(extensometer)——用于测量线性应变的一种装置。

F-分布(F-distribution)——见第1卷，8.1.4节。

织物(非机织)(fabric, nonwoven)——通过机械、化学、加热或溶解的手段以及这些手段的组合，实现纤维的胶接、连锁或胶接加连锁，从而形成的一种纺织结构。

织物(机织)(fabric, woven)——由交织的纱或纤维所构成的一种普通材料结构，通常为平面结构。在本手册中，专指用先进纤维纱按规定的编织花纹所织成的布，用作为先进复合材料单层中的纤维组分。在这个织物单层中，其经向被取为纵向，类似于长丝单层中的长丝纤维方向。

折缝(fell)——在编织形式中的某种点，其定义为编织体系的纱线终止彼此相对运动的点。

纤维(fiber)——长丝材料的一般术语。通常把纤维用作为长丝的同义词，把纤维作为一般术语，表示有限长度的长丝。天然或人造材料的一个单元，它构成了织物或其他纺织结构的基本要素。

纤维含量(fiber content)——复合材料中含有的纤维数量。通常，用复合材料的体积百分数或质量分数来表示。

纤维支数(fiber count)——复合材料的规定截面上，单位铺层宽度上的纤维数目。

纤维方向(fiber direction)——纤维纵轴在给定参考轴系中的取向或排列方向。

纤维体系(fiber system)——构成先进复合材料的纤维组分中，纤维材料的类型及排列方式。纤维体系的例子有，校准平行的长纤维或纤维纱、机织织物、随机取向的短纤维带、随机纤维毡、晶须等。

纤维体积含量(fiber volume(fraction))——见**纤维含量(fiber content)**。

单丝、长丝(filament)——纤维材料的最小单元。这是在抽丝过程中形成的基本单元，把它们聚集构成纤维束(以用于复合材料)。通常长丝的长度很长直径很小，长丝一般不单独使用。当某些纺织长丝具有足够的强度和韧性时，可以用作为纱线。

长丝复合材料(filamentary composites)——用连续纤维进行增强的一种复合材料。

纤维缠绕(filament winding)——见**缠绕(winding)**。

纤维缠绕的(filament wound)——指与用纤维缠绕加工方法所制成产品有关的。

纬纱(fill)(filling)——机织织物中与经纱成直角、从布的织边到织边布置的纱线。

填料(filler)——添加到材料中的一种相对惰性的物质，用以改变材料的物理、力学、热力学、电学性能以及其他的性能，或用以降低材料的成本。有时，这个术语专指颗粒状添加物。

表面处理剂(finish)或浸润材料(size system)——一种用于处理纤维(表面)的材料，其中含有耦联剂，以改善复合材料中纤维表面与树脂基体之间的结合。此外，在表面处理剂中还经常含有一些成分，它们可对纤维表面提供润滑，防止操作过程中的纤维表面擦伤；同时，还含有黏合剂，以增进纱束的整体性，及便于纤维的包装。

确定性影响(fixed effect)——由于处理或条件有一特定改变，使测定量出现的某个系统移位(见第1卷，8.1.4节)。

溢料(flash)——指从模具或模子分离面溢出的,或从封闭模具中挤出的多余材料。

仿型样板(former plate)——附着在编织机上,用于帮助进行折缝定位的一种硬模。

断裂延性(fracture ductility)——断裂时的真实塑性应变。

标距(gage length)——在试件上需要确定应变或长度变化的某一段初始长度。

凝胶(gel)——树脂固化过程中,由液态逐步发展成的初始胶冻状固态。另外,也指由含有液体的固体聚集物所组成的半固态体系。

凝胶涂层(gel coat)——一种快速固化的树脂,用于模压成形过程中改善复合材料的表面状态,它是在脱模剂之后,最先涂在模具上的树脂。

凝胶点(gel point)——指液体开始呈现准弹性性能的阶段(可由黏度-时间曲线上的拐点发现这个凝胶点)。

凝胶时间(gel time)——指从预定的起始点到凝胶开始(凝胶点)的时间周期,由具体的试验方法确定。

玻璃(glass)——一种熔融物的无机产品,它在冷却成固体状态时没有产生结晶。在本手册中,凡说到玻璃,均指其(用作为长丝、机织织物、纱、毡以及短切纤维等情况的)纤维形态。

玻纤布(glass cloth)——按照常规机织的玻璃纤维材料(见**细纱布 scrim**)。

玻璃纤维(glass fibers)——一种由熔融物抽丝、冷却后成为非晶刚性体的无机纤维。

玻璃化转变(glass transition)——指非晶态聚合物,或处于无定形阶段的部分晶态聚合物的可逆变化过程;或者由其黏性状态或橡胶状态转变成硬而相对脆性的状态,或由其硬而相对脆性的状态转变为黏性状态或橡胶状态。

玻璃化转变温度(glass transition temperature)——在发生玻璃化转变的温度范围内,其近似的中点温度值。

石墨纤维(graphite fibers)——见**碳纤维(carbon fibers)**。

坯布(greige)——指未经表面处理的织物。

手工铺贴(hand lay-up)——一种工艺过程,即把构件放到模具上或工作台面上,然后用手工将随后的铺层铺叠起来。

硬度(hardness)——抵抗变形的能力;通常通过压痕来测定硬度。标准试验形式有布氏(Brinell)试验、洛氏(Rockwell)试验、努普(Knoop)试验以及维克(Vickers)试验。

热清洁(heat cleaned)——指将玻璃纤维或其他纤维暴露在高温中,以除去其表面上与所用树脂体系不相容的上浆剂或胶黏剂。

多相性(heterogeneous)——说明性术语,表示材料是由各自单独可辨的各种不相似成分组成;也指由内部边界分开且性能不同的区域所组成的介质(注意,非均质材料不一定是多相的)。

均质性(homogeneous)——说明性术语,指其成分处处均匀的材料;也指无内部物理边界的介质;还指其性能在内部每一点处均相同的材料,即材料性能相对于空间坐标为常数(但对方向坐标则不一定)。

水平剪切(horizontal shear)——有时用于指层间剪切。在本手册中这是一个未经认可的术语。

相对湿度(humidity, relative)——指当前水蒸气压与相同温度下标准水蒸气压之比。

混杂(hybrid)——指由两种或两种以上复合材料体系的单层所构成的复合材料层压板,或指由两种或两种以上不同的纤维(如碳纤维与玻璃纤维,或碳纤维与芳纶纤维)相组合而构成的结构(单向带、织物及其他可能组合成的结构形式)。

吸湿的(hygroscopic)——指能够吸纳并保存大气的湿气。

滞后(hysteresis)——指在一个完整的加载及卸载循环中所吸收的能量。

夹杂(inclusion)——在材料或部件内部中出现的物理的或机械的不连续体,一般由夹带的外来固态材料构成。夹杂物通常可以传递一些结构应力和能量场,但其传递方式明显不同于母体材料。

整体复合材料结构(integral composite structure)——铺贴和固化成单个复杂连续的复合材料结构,而该结构的常规制造方法是将几个结构元件分别制造后,用胶接或机械紧固件将其装配起来,例如,把机翼盒段的梁、肋以及加筋蒙皮制造成一个整体的零件。有时,也不太严格地用该术语泛指任何不用机械紧固件进行装配的复合材料结构。

界面(interface)——指复合材料中物理上可区别的不同组分之间的边界。

层间的(interlaminar)——指在层压板单层之间的,用于描述物体(如空隙)、事件(如断裂)或场(如应力)。

讨论:用于描述物体(如空隙)、事件(如断裂)或场(如应力)。

层间剪切(interlaminar shear)——使层压板中两个铺层沿其界面产生相对位移的剪切力。

中间挤压应力(intermediate bearing stress)——指挤压的载荷-变形曲线上某点所对应的挤压应力,在该点处的切线斜率等于挤压应力除以初始孔径后的某个给定百分数(通常为4%)。

层内的(intralaminar)——指在层压板的单层之内的。

讨论:用于描述物体(如空隙)、事件(如断裂)或场(如应力)。

各向同性(isotropic)——指所有方向均具有一致的性能。各向同性材料中,性能的测量值与测试轴的方向无关。

挤卡状态(jammed state)——编织织物在受拉伸或压缩时,其织物变形情况取决于纱的变形性能的一种状态。

针织(knitting)——将单根或多根纱的一系列线圈相互连锁以形成织物的一种方法。

转折区域(knuckle area)——在纤维缠绕部件不同几何形状截面之间的过渡区域。

***k* 样本数据(k-sample data)**——从 k 批样本中取样时，由这些观测值所构成的数据集。

衬垫纱(laid-in yarns)——在三轴编织物中，夹在斜纱之间的一个纵向纱体系。

单层(lamina)——指层压板中一个单一的铺层或层片。

讨论：在缠绕时，一个单层就是一个层片。

单层(laminae)——**单层(lamina)**的复数形式。

层压板(laminate)——对于纤维增强的复合材料，指经过压实的一组单层(铺层)，这些单层关于某一参考轴取同一方向角或多个方向角。

层压板取向(laminate orientation)——复合材料交叉铺设层压板的结构形态，包括交叉铺层的角度、每个角度的单层数目以及准确的单层铺设顺序。

格子花纹(lattice pattern)——纤维缠绕的一种花纹，具有固定的开孔排列方式。

铺贴(lay-up)——按照规定的顺序和取向，将材料的单层进行逐层叠合。

对数正态分布(Log normal distribution)——一种概率分布。在该分布中，从母体中随机选取的观测值落入 a 和 b($0<a<b<B$)之间的概率，由正态分布曲线下面在 $\log a$ 和 $\log b$ 之间的面积给出。可以采用常用对数(底数 10)或自然对数(底数 e)(见第 1 卷，8.1.4 节)。

批(lot)——**见批次(batch)。**

下置信限(lower confidence bound)——见**置信区间(confidence interval)**。

宏观(性能)(macro)——当涉及复合材料时，表示复合材料作为结构元素的总体特性，而不考虑其个体的特性(即组分的特性)。

宏观应变(macro strain)——指任何有限测量标距范围内的平均应变；与材料的原子间距相比，这个标距是个大值。

芯模(mandrel)——在用铺贴、纤维缠绕或编织方法生产零件的过程中，用作基准的一种成形装置或阳模。

毡子(mat)——用胶黏剂把随机取向的短切纤维或卷曲纤维松散地黏合在一起所构成的纤维材料。

材料验收(material acceptance)——对特定批次的材料，通过试验和/或检测确定其是否满足适用采购规范要求的过程("材料验收"在符合美国 DOD MIL - STD - 490/961 操作规程的规范中，也称为"质量符合性")。

讨论：通常选择一组材料验收试验，并命名为"验收试验"(或"质量符合性"试验)。这些试验理论上应代表关键的材料/工艺特征，使得试验结果出现的重大变化能指出材料的变化。材料规范给出了这些验收试验的抽样要求和限制值，用鉴定数据和随后的产品批次数据，通过统计方法来确定材料规范要求。验收试验的抽样要求通常与工艺的成熟度和信任度而变——当变化的可能性较大时，抽样就越多且更频繁；反之，当工艺更成熟且性能的稳定性已被证实，则抽样就可少一些且频率可低一些。现代的生产实践强调，用验收试验数据作为统计质量控制的工具来监控产品的趋势，并进行实时（或近实时）工艺修正。

材料等同性（material equivalency）——确定两种材料或工艺在它们的特性与性能方面是否足够相似，从而在使用时可以不必区分并无需进行附加的评估（见材料互换性）。

讨论：用统计检验确定来自两种材料，或来自同一种材料用两种不同方式加工得到的数据是否有重大差别。等同性仅限于评估材料组分有微小差别或该材料所用制造工艺（如固化）变更的情况，满足同一材料规范最低要求，但平均性能统计上不同的两种材料，不认为是“等同”的。第1卷8.4.1节“确定同一材料现有数据库与新数据组之间等同性的检验”，给出了可用于确定来自两种材料或制造工艺数据是否等同的统计检验程序。对真正等同的两种材料，每一个重要性能的母体和分布必须基本上是相同的，但实际上几乎无法实现，所以当必须确定等同性时，要求进行工程上的判断。CMH－17将只发布特殊材料和工艺的性能，等同性的结论则留待材料的终端用户去确定和判断。

材料互换性（material interchangeability）——确定替代材料或工艺是否被特定结构接受的过程（见材料等同性）。

讨论：例如，通过验证两种材料的性能与许用值能满足所有的形式、配合与功能要求，就能确定两种非等同的材料或制造工艺均能被接受用于特定结构，则认为在特定结构中这两种材料或工艺是可互换的。

材料鉴定（material qualification）——用一系列规定的试验评估按基准制造工艺生产的材料，来建立其特征值的过程。与此同时，要将评估的结果与原有的材料规范要求进行比较，或建立新材料规范的要求。

讨论：材料鉴定最初是对新材料进行的，当需要对制造工艺进行重新评估，或材料规范要求发生变化时，要部分或全部重复进行材料鉴定。当现有的结构需要增加对性能的要求，或要将该材料用于新结构应用时，还可能需要扩大原有鉴定的范围。对从未鉴定过的材料性能，通常需要包含“目标”值以代替要求，在这种情况下，基于评估结果的要求，鉴定后需要更新目标值。此外评估结果需说明，材料满足和/或超过了所有的规范要求（因此，该材料可以认为已由关注的机构按该规范通过了“鉴定”），或不满足规范要求。

材料体系（material system）——指一种特定的复合材料，它由按规定的几何比例和排列方式的特定组分构成，并具有用数值定义的材料性能。

材料体系类别（material system class）——用于本手册时，指具有相同类型组分材料、但并不唯一定义其具体组分的一组材料体系；如石墨/环氧类材料。

材料变异性（material variability）——由于材料本身在空间与一致性方面的变化以及材料处理上的差异，而形成的一种变异源（见第1卷，8.1.4节）。

基体（matrix）——基本上是均质的材料；复合材料的纤维体系被嵌入其中。

基体含量（matrix content）——复合材料中的基体数量，用重量百分比或体积百分比来表示。

讨论:对聚合物基复合材料称为树脂含量,通常用质量分数表示。

平均值(mean)——见**样本平均值(sample mean)**和**母体平均值(population mean)**。

力学性能(mechanical properties)——材料在受力作用时与其弹性和非弹性反应相关的材料性能,或者关于其应力与应变之间关系的性能。

中位数(median)——见**样本中位数(sample median)**和**母体中位数(population median)**。

细观(micro)——当涉及复合材料时,仅指组分(即基体与增强材料)和界面的性能,以及这些性能对复合材料性能的影响。

微应变(microstrain)——在标距的长度可与材料的原子间距相比时的应变。

弦线模量(modulus, chord)——应力-应变曲线任意两点之间所引弦线的斜率。

初始模量(modulus, initial)——应力-应变曲线初始直线段的斜率。

割线模量(modulus, secant)——从原点到应力-应变曲线任何特定点所引割线的斜率。

切线模量(modulus, tangent)——由应力-应变曲线上任一点切线所导出的应力差与应变差之比。

弹性模量(modulus, Young's)——在材料弹性极限以内其应力差与应变差之比(适用于拉伸与压缩情况)。

刚性模量(modulus of rigidity),剪切模量或扭转模量(shear modulus or torsional modulus)——剪切应力或扭转应力低于比例极限时,其应力与应变之比值。

弯曲破断模量(modulus of rupture, in bending)——指梁受载到弯曲破坏时,该梁最外层纤维(导致破坏的)最大拉伸或压缩应力值。该值由弯曲公式计算:

$$F^{\mathrm{b}} = \frac{Mc}{I} \tag{1.6(a)}$$

式中:M 为由最大载荷与初始力臂计算得到的最大弯矩;c 为从中性轴到破坏的最外层纤维之间的初始距离;I 为梁截面关于其中性轴的初始惯性矩。

扭转破断模量(modulus of rupture, in torsion)——圆形截面构件受扭转载荷到达破坏时,其最外层纤维的最大剪切应力。最大剪切应力由下列公式计算:

$$F^{\mathrm{s}} = \frac{Tr}{J} \tag{1.6(b)}$$

式中:T 为最大扭矩;r 为初始外径;J 为初始截面的极惯性矩。

吸湿量(moisture content)——在规定条件下测定的材料含水量,用潮湿试件质量(即干物件质量加水分质量)的百分数来表示。

吸湿平衡(moisture equilibrium)——当试件不再从周围环境吸收水分,或不再向周围环境释放水分时,试件所达到的状态。

脱模剂(mold release agent)——涂在模具表面上、有助于从模具中取出模制件的润滑剂。

模制边(molded edge)——在模压后实际不再改变而用于最终成形工件的边沿,特别是沿其长向没有纤维丝束的边沿。

模压(molding)——通过加压和加热,使聚合物或复合材料成形为具有规定形状和尺寸的实体。

单层(monolayer)——基本的层压板单元,由它构成交叉铺设或其他形式的层压板。

单体(monomer)——一种由分子组成的化合物,其中每个分子能提供一个或更多构成的单元。

NDE(nondestructive evaluation)——无损评定,一般认为是NDI(无损检测)的同义词。

NDI(nondestructive inspection)——无损检测。用以确定材料、零件或组合件的质量和特性,而又不致永久改变对象或其性能的一种技术或方法。

NDT(nondestructive testing)——无损试验,一般作为NDI(无损检测)的同义词。

颈缩(necking)——一种局部的横截面面积减缩,这现象可能出现在材料受拉伸应力作用下的情况下。

负向偏斜(negatively skewed)——若一个分布不对称且其最长的尾端位于左侧,则称该分布是负向偏斜的。

试件名义厚度(nominal specimen thickness)——铺层的名义厚度乘以铺层数所得的厚度。

名义值(nominal value)——为方便设计而规定的值,名义值仅在名义上存在。

正态分布(normal distribution)——一种双参数(μ, σ)的概率分布族,观测值落入a和b之间的概率,由下列分布曲线在a和b之间所围面积给出:

$$f(x)=\frac{1}{\sigma\sqrt{2\pi}}\mathrm{e}^{-(x-\mu)^2/2\sigma^2} \tag{1.6(c)}$$

(见第1卷,8.1.4节)。

正则化(normalization)——将纤维控制性能的原始测试值,按单一(规定)的纤维体积含量进行修正的数学方法。

正则化应力(normalized stress)——把测量的应力值乘以试件纤维体积与规定纤维体积之比,修正后得到的相对规定纤维体积含量的应力值;可以用实验测量纤维体积,也可以用试件厚度与纤维面积重量间接计算得到这个比值。

观测显著性水平(observed significance level, OSL)——当零假设(null

hypotheses)成立时,观测到一个较极端的试验统计量的概率。

偏移剪切强度(offset shear strength)——(由正确实施的材料性能剪切响应试验),弦线剪切弹性模量的平行线与剪切应力-应变曲线交点处对应的剪切应力值,在该点,这个平行线已经从原点沿剪切应变轴偏移了一个规定的应变偏置值。

低聚物(oligomer)——只由几种单体单元构成的聚合物,如二聚物、三聚物等,或者是它们的混合物。

单侧容限系数(one-side tolerance limit factor)——见**容限系数(tolerance limit factor)**。

正交各向异性(orthotropic)——具有三个相互垂直的弹性对称面(的材料)。

烘干(oven dry)——材料在规定的温度和湿度条件下加热,直到其质量不再有明显变化时的状态。

PAN 纤维(PAN fibers)——由聚丙烯腈纤维经过受控高温分解而得到的增强纤维。

平行层压板(parallel laminate)——由机织织物制成的层压板,其铺层均沿织物卷中原先排向的位置铺设。

平行缠绕(parallel wound)——描述将纱或其他材料绕到带凸缘绕轴上的术语。

剥离层(peel ply)——一种不含可迁移化学脱模剂的布材,并设计得与层压板表面层共固化。它通常用于保护胶接表面,胶接操作前用剥离的方法将其从层压板上完全揭掉。揭掉可能很难,但可得到清洁且具有清晰织纹的断裂表面。它可以经过处理(如机械压光),但不得含脱模剂成分。

pH 值(pH)——对于溶液酸碱度的度量,中性时数值为 7,其值随酸度增加而逐渐减小,随碱度增加而逐渐提高。

纬纱密度(pick count)——机织织物每单位英寸或每厘米长度的纬纱数目。

沥青纤维(pitch fibers)——由石油沥青或煤焦油沥青所制成的增强纤维。

塑料(plastic)——一种含有一种或多种高分子量有机聚合物的材料,其成品为固态,但在其生产或加工为成品的某阶段,可以流动成形。

增塑剂(plasticizer)——一种低分子量材料,加到聚合物中以使分子链分离,其结果是:降低了玻璃化转变温度,减小了刚度和脆性,同时改善工艺性(注意:许多聚合物材料不需要使用增塑剂)。

合股纱(plied yarn)——由两股或两股以上的单支纱经一次操作加捻而成的纱。

层数(ply count)——在层压复合材料中,指用于构成该复合材料的铺层数或单层数。

泊松比(Poisson's ratio)——在材料的比例极限以内,均布轴向应力所引起横向应变与其相应轴向应变的比值(绝对值)。

聚合物(polymer)——一种有机材料,其分子的构成特征是,重复一种或多种类型的单体单元。

聚合反应(polymerization)——通过两个主要的反应机制,使单体分子链接一起而构成聚合物的化学反应。增聚合是通过链增进行,而大多数缩聚合则通过跃增来实现。

母体(population)——指要对其进行推论的一组测量值,或者指在规定的试验条件下有可能得到的测量值全体。例如,“在相对湿度 95%和室温条件下,碳/环氧树脂体系 A 所有可能的极限拉伸强度测量值”。为了对母体进行推论,通常有必要对其分布形式作假设,所假设的分布形式也可称为母体(见第 1 卷,8.1.4 节)。

母体平均值(population mean)——在按母体内出现的相对频率对测量值进行加权后,给定母体内所有可能测量值的平均值。

母体中位数(population median)——指母体中测量值大于和小于它的概率均为 0.5 的值(见第 1 卷,8.1.4 节)。

母体方差(population variance)——母体离差的一种度量。

孔隙率(porosity)——指实体材料中截留多团空气、气体或空腔的一种状态,通常,用单位材料中全部空洞体积所占总体积(实体加空洞)的百分比来表示。

正向偏斜(positively skewed)——若是一个不对称分布,且最长的尾端位于右侧,则称该分布是正向偏斜。

后固化(postcure)——补充的高温固化,通常不再加压,用以提高玻璃化转变温度,并改善最终性能或完善固化过程。

适用期(pot life)——在与反应引发剂混合以后,起反应的热固性合成物仍然适合预期加工处理的时间周期。

精度(precision)——所得一组观测值或试验结果相一致的程度,精度包括了重复性和再现性。

(碳或石墨纤维的)原丝(precursor)——用以制备碳纤维和石墨纤维的 PAN(聚丙烯腈)纤维或沥青纤维。

预成形件(preform)——干织物与纤维的组合体,准备提供某一种湿树脂注射工艺方法使用。可以对预成形件缝合,或者用其他方法加以稳定,以保持其 A 形态。一个混合的预成形件可以包含热塑性的纤维,并可用高温和加压来压实,而无需注射树脂。

预铺层(preply)——预浸材料的铺层,它已经按照客户规定的铺层顺序进行了铺贴。

预浸料(prepreg)——准备好可供模压或固化的片状材料,它可能是用树脂浸渍过的丝束、单向带、布或毡子,它可存放待用。

压力(pressure)——单位面积上的力或载荷。

概率密度函数(probability density function)——见第 1 卷,8.1.4 节。

比例极限(proportional limit)——与应力应变的比例关系不存在任何偏离的情况(所谓胡克定律)下,材料所能承受的最大应力。

鉴定(qualification)——见**材料鉴定(material qualification)**。

准各向同性层压板(quasi-isotropic laminate)——一种均衡而对称的层压板，在这层压板的某个给定点上，所关心的本构关系特性在层压板平面内呈现各向同性。

讨论：通常的准各向同性层压板为$[0/\pm60]_s$及$[0/\pm45/90]_s$。

随机影响(random effect)——由于某个外部(通常不可控)因素有特定量级的改变，测量值出现的变化(见第1卷，8.1.4节)。

随机误差(random error)——数据变异中，由未知或不可控的因素造成，并且独立而不可预见地影响着每一观察值的那一部分(见第1卷，8.1.4节)。

断面收缩[率](reduction of area)——拉伸试验试件的初始截面积与其最小横截面积之差，通常表示为初始面积的百分数。

折射率(refractive index)——空气中的光速(具有确定波长)与在被检物质中的光速之比，也可定义为：当光线由空气穿入该物质时其入射角正弦与反射角正弦之比。

增强塑料(reinforced plastic)——其中埋置了大刚度或高强度纤维的一种塑料，这样可以改善基本树脂的某些力学性能。

脱模剂(release agent)——见**脱模剂(mold release agent)**。

脱模织物(release fabric)——一种含可迁移化学脱模剂的布材，设计用于与层压板表面层共固化，通常用于使层压板更易从模具上取出的目的。打算通过剥离来更易于完整地从层压板上取下，它在层压板上留下无织纹、比较光滑的表面效果和化学残留物。

隔离膜(release film)——设计用于与层压板表面层共固化的片状薄膜。目的通常是使层压板更易于从模具上取出。薄膜材料通常是聚四氟乙烯，PTFE(teflon)的衍生物，打算通过剥离来更易于完整地从层压板上取下，它在层压板上留下只带少量印迹的光滑表面剂和化学残留物。

回弹(resilience)——从变形状态恢复的过程中，材料能抵抗约束力而做功的性能。

树脂(resin)——一种有机聚合物或有机预聚合物，用作为复合材料的基体以包容纤维增强物，或用作为一种胶黏剂。这种有机基体可以是热固性或热塑性的，同时，可能含有多种成分或添加剂，以影响其可控性、工艺性能和最终的性能。

树脂含量(resin content)——见**基体含量(matrix content)**。

贫脂区(resin starve area)——指复合材料构件中其树脂未能连续平滑地包覆纤维的区域。

树脂体系(resin system)——指树脂与一些成分的混合物，这些成分是为满足预定工艺和最终成品的要求所需要的，例如催化剂、引发剂、稀释剂等成分。

室温大气环境(room tempreture ambient, RTA)——①实验室大气相对湿度，23±3℃(73±5℉)的环境条件；②在压实/固化后，立即储存在23±3℃(73±5℉)和

最大相对湿度60%条件下的一种材料状态。

粗纱(roving)——由略微加捻或不经加捻的若干原丝、丝束或纱束所汇成的平行纤维束。在细纱生产中,指处于梳条和纱之间的一种中间状态。

S基准值(S-basis)或S值(S-value)——力学性能值,通常为有关的政府规范或SAE(美国汽车工程师学会)宇航材料规范中对此材料所规定的最小力学性能值。

样本(sample)——准备用来代表所有全部材料或产品的一小部分材料或产品。从统计学上讲,一个样本就是取自指定母体的一组测量值(见第1卷,8.1.4节)。

样本平均值(sample mean)——样本中所有测量值的算术平均值。样本平均值是对母体均值的一个估计量(见第1卷,8.1.4节)。

样本中位数(sample median)——将观测值从小到大排序,当样本大小为奇数时,居中的观测值为样本中位数;当样本大小n为偶数时,中间两个观测值的平均值为样本中位数。若母体关于其平均值是对称的,则样本中位数也就是母体平均值的估计量(见第1卷,8.1.4节)。

样本标准差(sample standard deviation)——即样本方差的平方根(见第1卷,8.1.4节)。

样本方差(sample variance)——等于样本中观测值与样本平均值之差的平方和除以$n-1$(见第1卷,8.1.4节)。

夹层结构(sandwich construction)——一种结构壁板的概念,其最简单的形式是:在两块较薄而且相互平行的结构板材中间,胶接一块较厚的轻型芯子。

饱和[状态](saturation)——一种平衡状态,此时,在所指定条件下的吸收率基本上降为零。

细纱布(scrim),亦称玻纤布(glass cloth)、载体(carrier)——一种低成本、织成网状结构的机织织物,用于单向带或其他B阶段的材料的加工处理,以便操作。

二次胶接(secondary bonding)——通过胶黏剂胶接工艺,将两件或多件已固化的复合材料零件结合在一起,这个过程中发生的唯一化学反应或热反应,是胶黏剂自身的固化。

织边(selvage或selvedge)——织物中与经纱平行的织物边缘部分。

残留应变(set)——当完全卸除产生变形的作用力后,物体中仍然残留的应变。

剪切断裂(shear fracture)(对结晶类材料)——沿滑移面平移所导致的断裂模式,滑移面的取向主要沿剪切应力的方向。

贮存期(shelf life)——材料、物质、产品或试剂在规定的环境条件下贮存,并能够继续满足全部有关的规范要求和/或保持其适用性的情况下,其能够存放的时间长度。

短梁强度(short beam strength, SBS)——正确执行ASTM试验方法D2344所得的试验结果。

显著性(significant)——若某检验统计值的概率最大值小于或等于某个被称为

检验显著性水平的预定值，则从统计意义上讲该检验统计值是显著的。

有效位数(significant digit)——定义一个数值或数量所必需的位数。

浸润材料(size system)——见**表面处理剂(finish)**。

上浆剂(sizing)——一个专业术语，指用于处理纱的一些化合物，使得纤维能胶接在一起，并使纱变硬，防止其在机织过程被磨损。浆粉、凝胶、油脂、腊以及一些人造聚合物如聚乙烯醇、聚苯乙烯、聚丙烯酸和多醋酸盐等都可用作为上浆剂。

偏斜(skewness)——见**正向偏斜(positively skewed)**、**负向偏斜(negatively Skewed)**。

管状织物(sleeving)——管状编织织物的一般名称。

长细比(slenderness ratio)——均匀柱的有效自由长度与柱截面最小回旋半径之比。

梳条(sliver)——由松散纤维组合而成的连续纱束，其截面近似均匀、未经过加捻。

溶质(solute)——被溶解的材料。

比重(specific gravity)——在一个恒温或给定的温度下，任何体积某种物质的重量，与同样体积的另一种物质的重量之比。固体与流体通常是与4℃(39℉)时的水进行比较。

比热(specific heat)——在规定条件下，使单位质量的某种物质温度升高一度所需要的热量。

试件(specimen)——从待测试的样品或其他材料上取下的一片或一部分。试件通常按有关的试验方法要求进行准备。

纺锤(spindle)——纺纱机、三道粗纺机、缠绕机或相似机器上的一种细长而垂直转动的杆件。

标准差(standard deviation)——见**样本标准差(sample standard deviation)**。

短切纤维(staple)——指自然形成的纤维，或指由长纤维上剪切成的短纤维段。

逐步聚合(step-growth polymerization)——两种主要聚合机制之一。在逐步聚合中，是通过单体、低聚物或聚合物分子的联合，由消耗反应基而进行反应。因为平均分子量随着单体的消耗而增大，只有在高度转化时，才会形成高分子量的聚合物。

应变(strain)——由于力的作用，物体尺寸或形状相对于其初始尺寸或形状每单位尺寸的变化量，应变是无量纲量，但经常用in/in，m/m或百分数来表示。

股(strand)——一般指作为单位使用的单束未加捻连续长纤维，包括梳条、丝束、纱束、纱等。有时，也称单根纤维或长丝为股。

强度(strength)——材料能够承受的最大应力。

应力(stress)——物体内某点处，在通过该点的给定平面上作用的内力或内力分量的烈度。应力用单位面积上的力(lbf/in^2，MPa等)来表示。

应力松弛(stress relaxation)——指在规定约束条件下固体中应力随时间的

衰减。

应力-应变曲线(stress-strain curve(diagram))——一种图形表示方法,表示应力作用方向上试件的尺寸变化与作用应力的幅值之间的相互关系。一般取应力值作为纵坐标(垂直方向),而取应变值为横坐标(水平方向)。

结构元件(structural element)——一个专业术语,用于较复杂的结构成分(如蒙皮、长桁、剪力板、夹层板、连接件或接头)。

结构型数据(structured data)——(见第1卷,8.1.4节)。

覆面毡片(surfacing mat)——由细纤维制成的薄毡,主要用于形成有机基复合材料的光滑表面。

对称层压板(symmetrical laminate)——一种复合材料层压板,其在中面下部的铺层顺序与中面上部者呈镜面对称。

加强片(tab)——用于在试验夹头或夹具中抓住层压板试件的一片材料,以免层压板受损坏,并使其得到适当的支承。

黏性(tack)——预浸料的黏附性。

[单向]带(tape)——指制成的预浸料,对碳纤维可宽达305mm(12in),对硼纤维宽达76mm(3in)。在某些场合,也有宽达1524mm(60in)的横向缝合碳纤维带的商品。

韧度(tenacity)——用无应变试件上每单位线密度的力来表示的拉伸应力,即克(力)/旦尼尔,或克(力)/特克斯。

特克斯(tex)——表示线密度的单位,等于每1000m长丝、纤维、纱或其他纺织纱的质量或重量(用克表示)。

导热性(thermal conductivity)——材料传导热的能力,物理常数,表示当物体两个表面的温度差为一度时,在单位时间内通过单位立方体物质的热量。

热塑性(thermoplastic)——一种塑料,在该材料特定的温度范围内,可以将其重复加温软化、冷却固化;而在其软化阶段,可以通过将其流入物体并通过模压或挤压而成形。

热固性(thermoset)——一种聚合物,经过加热、化学或其他的方式进行固化以后,就成为基本不融和不溶的材料。

容限(tolerance)——允许参量变化的总量。

容许限(tolerance limit)——对某一分布所规定百分位的下(上)置信限。例如,B基值是对分布的百分数10取95%的下置信限。

容限系数(tolerance limit factor)——指在计算容许限时,与变异性估计量相乘的系数值。

韧度(toughness)——对材料吸功能力的度量,或对单位体积或单位质量的材料,使其断裂实际需要做的功。韧度正比于原点到断裂点间载荷-伸长量曲线下所包围的面积。

丝束(tow)——未经加捻的连续长纤维束。在复合材料行业,通常指人造纤维,特别是碳纤维和石墨纤维。

变换(transformation)——数值变换,是对所有数值用数学函数实现的计量单位变换。例如,给定数据 x,则 $y = x + 1$, x^2, $1/x$, $\log x$ 以及 $\cos x$ 都是 x 的变换。

一级转变(transition, first order)——聚合物中与结晶或熔融有关的状态变化。

横观各向同性(transversely isotropic)——说明性术语,指一种呈现特殊的正交各向异性的材料,其中在两个正交方向,性能是相同的,而在第三个方向性能就不相同;在两个横向具有相同的性能,而在纵向则非如此。

伴随件(traveller)——一小片与试件相同的产品(板、管等),用于例如测量浸润调节效果的吸湿量。

捻度(twist)——纱或其他纺织丝线单位长度沿其轴线扭转的圈数,可表示为每英寸的圈数(tpi),或每厘米的圈数(tpcm)。

加捻方向(direction of twist)——对纱或其他纺织原丝加捻的方向,用大写字母S和Z表示。当把纱吊置起来后,若纱围绕其中心轴的可见螺旋纹与字母S中段的偏斜方向一致,则称其为S加捻,若方向相反,则称为Z加捻。

加捻增量(twist multiplier)——每英寸的加捻圈数与纱线支数平方根之比值。

典型基准值(typical Basis)——典型性能值是一种样本平均值。注意:典型值定义为简单的算术平均值,其统计含义是在50%置信水平下可靠性为50%。

未粘住(unbond)——指两胶接件的界面间准备胶接而未被胶接的区域。也用来指一些为模拟胶接缺陷,而有意防止其胶接的区域,例如在质量标准试件制备中的未胶接区(参见**脱粘 disbond**、**脱胶 debond**)。

单向纤维增强复合材料(unidirectional fiber-reinforced composite)——其所有纤维均沿相同方向排列的任何纤维增强复合材料。

单胞(unit cell)——这个术语用于编织织物的纱线轨迹,表示其重复几何图案的一个格子单元。

非结构型数据(unstructured data)——见第1卷,8.1.4节。

上置信限(upper confidence limit)——见**置信区间(confidence interval)**。

真空袋模压(vacuum bag molding)——对铺贴层进行固化的一种工艺,即用软质布盖在铺贴层上且沿四周密封,然后在铺贴层与软布之间抽真空,使其在压力下进行固化。

均方差(variance)——见**样本方差(sample variance)**。

黏度(viscosity)——材料体内抵抗流动的一种性能。

空隙(void)——复合材料内部所包容的任何小气泡或接近真空的空穴。

空隙含量(void content)——复合材料内部所含空隙的体积百分比。

经纱(warp)——机织织物中,沿纵向的纱(见**纬纱(fill)**),本身很长并近似平行。

经纱面(warp surface)——经纱面积大于纬纱面积的表面层。

讨论:对经纱与纬纱表面均相等的织物,不存在经纱面。

[双参数]Weibull 分布(Weibull distribution(Two-parameter))——一种概率分布,随机取自该母体的一个观测值,落入值 a 和 b($0<a<b<\infty$)之间的概率由式1.6(d)给出,式中:α 称为尺度参数,β 称为形状参数(见第 1 卷,8.1.4 节)。

$$\exp\left[-\left(\frac{a}{\alpha}\right)^{\beta}\right]-\exp\left[-\left(\frac{b}{a}\right)^{\beta}\right] \quad (1.6(d))$$

湿铺贴(wet lay-up)——在把增强材料铺放就位的同时或之后,加入液态树脂体系的增强制品制作方法。

湿强度(wet strength)——在其基体树脂吸湿饱和时有机基复合材料的强度(见**饱和(saturation)**)。

湿法缠绕(wet winding)——一种纤维缠绕方法,这种方法是,在将纤维增强材料缠到芯模上的同时用液体树脂对其浸渍。

晶须(whisker)——一种短的单晶纤维或细丝。晶须的直径范围是 1～25 μm,其长径比在 100～15000 之间。

缠绕(winding)——一种工艺过程,指在受控的张力下,把连续材料绕到有预定几何关系的外形上,以制作结构。

讨论:可以在缠绕之前、在缠绕过程中以及在缠绕之后,加上胶接纤维用的树脂材料。纤维缠绕是最普通的一种形式。

使用寿命(work life)——在与催化剂、溶剂或其他组合成分混合以后,化合物仍然适合于其预期用途的时间周期。

机织织物复合材料(woven fabric composite)——先进复合材料的一种主要形式,其纤维组分由机织织物构成。机织织物复合材料一般是由若干单层组成的层压板,而每个单层则由埋置于所选基体材料中的一层织物构成。单个的织物单层是有方向取向性的,由其组合成特定的多向层压板,以满足规定的强度和刚度要求包线。

纱(yarn)——表示连续长丝束或纤维束的专业术语;它们通常是加捻的因而适于制成纺织物。

合股纱(yarn, plied)——由两股或多股有捻纱合成的纱束。通常,将这几股纱加捻合到一起,有时不用加捻。

屈服强度(yield strength)——指当某材料偏离应力-应变比例关系达到某规定限值时,其所对应的应力值(这个偏移用应变表示,如在偏量法中为 0.2%,在受载总伸长法中为 0.5%)。

***X* 轴(*X*-axis)**——复合材料层压板中,在层压板面内作为 0°基准,用以标明铺层角度的轴。

***X*-*Y* 平面(*X*-*Y* plane)**——复合材料层压板中,与层压板平面相平行的基准面。

***Y* 轴(*Y*-axis)**——复合材料层压板中,位于层压板平面内与 *X* 轴相垂直的轴。

Z轴(Z-axis)——复合材料层压板中，与层压板平面相垂直的基准轴。

参考文献

1.4.1.1(a) ASTM Practice D6507 - 00(2005), Standard Practice for Fiber Reinforcement Orientation Codes for Composite Materials [S]. Annual Book of ASTM Standards, Vol.15.03, American Society for Testing and Materials, West Conshohocken, PA.

1.4.1.1(b) DoD/NASA Advanced Composites Design Guide, Vol. 4, Section 4.0.5[M]. Air Force Wright Aeronautical Laboratories, Dayton, OH, prepared by Rockwell International Corporation, 1983 (distribution limited).

1.4.2 Masters J E, Portanova M A. Standard Test Methods for Textile Composites [S]. NASA Langley Research Center, NASA CR-4751, 1996.

1.5(a) Metallic Materials Properties Development and Standardization (MMPDS) [S]. formerly MIL-HDBK-5D, Revision/Edition:6 April 2011.

1.5(b) DoD/NASA Advanced Composites Design Guide [M]. Air Force Wright Aeronautical Laboratories, Dayton, OH, prepared by Rockwell International Corporation, 1983 (distribution limited).

1.5(c) IEEE/ASTM SI 10 - 02, American National Standard for Use of the International System of Units(SI): The Modern Metric System [S]. 1984 Annual Book of ASTM Standards, Vol.14.04, ASTM, West Conshohocken, PA.

1.5.2(a) ASTM E380, Standard for Metric Practice [S]. 1984 Annual Book of ASTM Standards, Vol. 14.01, ASTM, Philadelphia, PA, 1984 [Note: Replaced by ASTM E43.]

1.5.2(b) Engineering Design Handbook: Metric Conversion Guide [S]. DARCOM P 706 - 470, July 1976.

1.5.2(c) The International System of Units (SI) [S]. NBS Special Publication 330, National Bureau of Standards, 1986 edition.

1.5.2(d) Units and Systems of Weights and Measures, Their Origin, Development, and Present Status [S]. NBS Letter Circular LC 1035, National Bureau of Standards, November 1985.

1.5.2(e) The International System of Units Physical Constants and Conversion Factors [G]. NASA Special Publication 7012, 1964.

第 2 章　复合材料结构研制概述

2.1　引言

本章介绍了聚合物基复合材料结构设计与研制内容，叙述了在设计和研制过程中需要考虑的主要因素和普遍遵循的步骤。由于作者背景的缘故，这些信息是从飞机结构角度展现的；然而，这里所叙述的许多考虑因素与步骤也适用于其他复合材料结构的研发。本章假定读者熟悉金属结构的设计和研制，特别是飞机金属结构的设计和研制，重点研究复合材料结构的不同设计要点和方法。

本章目的只是为该主题作一简要的介绍，更详细的信息将在手册的其他部分以及其他资料中补充。还提供其他广泛使用的参考文献，以便读者可以去形成可靠的参考材料图书馆。如：参考文献 2.1(a)综合介绍了复合材料飞机结构设计内容，参考文献 2.1(b)综合介绍了复合材料及其设计和应用内容。然而应提醒读者，复合材料领域仍在不断的发展中，尽管已经以论文和教科书形式发表了大量技术资料，但其中有些是矛盾的，有些已经随材料、加工技术和工程方法的进展而被取代。以下章节以及 CMH-17(复合材料手册)第 3 卷其他部分的目的是为读者提供本领域已被广泛接受、已臻成熟的设计和研制方法的概要。

2.1.1　复合材料的特点

通常，飞机结构使用的复合材料是由处于聚合物树脂(又名基体)中的高强度纤维组成的。基体的目的是保持结构的形状，以及纤维载荷的传递(如纤维层即铺层，又名单层之间)，或结构零件之间如连接处出现的载荷传递。基体也有助于保护纤维，使其免受使用中的不利影响，如磨损和冲击。

聚合物基复合材料(PMC)性能不同于各向同性的均质材料，如金属，因为复合材料的主刚度和主强度在纤维方向，结构由按特定方向排列的纤维铺层组成。纤维非常强，某些纤维，如碳纤维在纤维方向很刚硬，但导致单层的横向性能(即垂直于纤维方向，无论在铺层内或厚度方向)通常要低 5～50 倍。这种很高力学性能、高定向纤维和低力学性能树脂构成的复合材料呈现出称之为“各向异性”的行为，这意味着当不同方向加载时，材料的反应是不同的。特别值得注意的是厚度方向，因为在该方向通常没有排列纤维，所有的载荷必须由基体传递。复合材料随性能而变的方向性与金属材料有很大差异，金属在所有的方向都具有相对均匀的性能。虽然某些金属形式(如挤压件)有一定程度的方向性，但与复合材料相比，其影响相当小。

复合材料与金属之间的另一个重要区别是环境的影响。典型聚合物基复合材料的强度和刚度(即模量)因高、低温而显著变化，这样的温度环境是大多数结构需要承受的(飞机外部结构通常需要承受－54℃(－65℉)和71℃或82℃(160℉或180℉)之间的温度变化)。这些性能的变化比那些在飞机结构上常见的金属材料(如铝合金)大得多。聚合物基复合材料性能也会由于吸收高温潮湿空气中的水分而降低。基于这些原因，复合材料结构对载荷和环境的表现不同于金属结构，设计师必须了解和考虑这些差异。

设计师还必须明白，其他因素也会影响结构设计和性能，其中最重要的是制造零件的成形工艺和模具。当聚合物基复合材料在模具上铺贴、压实和固化时，该工艺在制造最终形式零件的同时，才真正生产出最终形式的材料。在这一系列事件中有许多变量，能使最终零件的性能引起微妙但重大的变化。不同批次的纤维和树脂有微小但重要的性能差异；制造工艺每次运行的温度-时间曲线和压力-时间曲线都有一些变化。因此过程中，明显可见压实压力不同的区域，如某些特别厚的区域或内部拐角处，每个零件的材料性能可能会不同。这些效应意味着复合材料结构比金属结构在性能方面具有更高的变异性，因此，设计师/研发人员必须考虑到这一点。

总之，设计师必须了解，对于复合材料结构，其材料性能和制造工艺的影响要比金属结构大得多。要实现最优的产品，设计师必须对所有这些问题进行考虑，在结构可以合格生产之前，研制计划必须全面探索这些影响。通常，这需要从设计工作一开始就采取多学科方法，以便识别和处理所有可能影响最终产品性能的因素。

2.1.2 不同的研制方法

聚合物基复合材料结构通常使用的研制方法包括探索材料、工艺、环境和最终应用对结构性能影响的一系列步骤。如上所述，这许多考虑因素都可能对设计产生一定程度的变化，因此带来风险，所以必须在研制期间进行探索和表征。这就意味着，复合材料结构的研制计划通常需要比金属结构计划更多的试验，往往时间更长，费用更多。但是，得到的好处是：在许多应用中，复合材料结构的重量比金属结构轻，同时，这些结构通常会提供更好的抗疲劳性和耐腐蚀性。有了材料和工艺选择时的良好决策和精心设计，复合材料结构的生产成本就可以与金属相同或比金属更低，还可以提供比金属更高的设计灵活性。

因为各种各样的原因，设计师必须做出的复合材料结构研制计划的决策顺序不同于金属结构。表2.1.2为典型层压复合材料零件的决策顺序。这并不是唯一可用的顺序或研制方法，计划进度的约束经常要求一些步骤并行开展，而不是这里给出的系列方法。然而，经验表明，该决策决定的基本顺序，都应作为任何新复合材料结构研制计划的“基准”。

表 2.1.2　典型复合材料结构研制决策顺序

	决　策	主要考虑因素
1	选择材料	纤维：基于性能、成本、可用性 树脂：基于环境、性能、成本、可用性
2	选择零件制造工艺	基于特性(即对性能的影响)、成本、零件几何形状/设计适应性、可用性
3	设计零件，选择层压板(铺层数、取向)	基于结构性能、几何形状和工艺限制、成本
4	选择工装方法	基于材料和工艺选择、成本、可用性

对于所有的这些决策，典型的途径是建立一个简短的候选方案表，随后可以根据分析或试验，或两者的结果减少考虑因素。而且，这许多决策有着密切的相互联系，如材料和工艺通常是作为一对选择，因为有许多材料只适用特定工艺。但是，这里重点要强调的是，设计师需要用不同于金属结构的顺序做出决策，特别是在研制计划的早期，就需要对材料和工艺做出抉择和验证。这部分内容将在第 2.8 节中进一步探讨。

2.1.3　本章的局限性

本章目的是提供有关典型复合材料结构设计和研制新课题的概述。然而，复合材料是一个非常广大的领域，有数千种材料和数十种制造工艺可供选择。同时，复合材料结构已开始在极端环境下使用，这就引起了它们自身对有关材料选择和结构行为的考虑。然而，鉴于介绍该领域的目的，本章中提供的信息仅限于连续纤维增强、传统的聚合物基复合材料层压板，以客观、正确地用于典型飞机环境的典型飞机结构研制，其中多数也适用于其他类型的复合材料以及其他应用。但是，本章仅作为该领域高层次的概述，并鼓励读者去阅读其他来源的更详细的信息(如参见本卷其他章节以及本手册的其他部分，也可参见列在本章末尾的参考文献)。

2.2　复合材料的力学行为

以下部分介绍复合材料结构的行为以及影响其行为的最重要因素。为了有助于讨论，还介绍了基本术语以及复合材料工程中常用的参考体系。

2.2.1　材料术语和坐标系

复合材料结构的基本模块是复合材料铺层，也被称为单层(单层板)，它可以是单向纤维的单一铺层(又名单向纤维或单向带)，也可以是机织纤维的织物。但是，要形成最终结构，需要一层一层地铺贴；完成铺贴并经固化后称为层压板。树脂可以由材料供应商预先浸渍到纤维上(称为预浸料形式)，也可以引入到铺放在模具中的纤维里(使用各种树脂传递或树脂渗透工艺)。

由于许多结构使用织物形式的材料，在这一点上，定义一些织物专用的术语是有益的。结构设计师重点关注纤维方向，沿织物卷绕的纤维方向（即成卷织物展开时的长度方向）称为“经向”，与织物卷绕方向垂直的称为“纬纱”或“纬向”。对相关结构用织物形式和术语有兴趣的读者，可以参照本章第 2.3.1 节以及本卷第 5 章，了解更多的细节内容。

在复合材料结构设计与分析中，需要有一个基准方向的坐标系，尤其是要识别纤维的方向。最常见的坐标系用 1，2，3 定义单层（或铺层）的纤维方向、平面内与纤维垂直的方向、平面外与纤维垂直的方向；用 x，y，z 定义层压板坐标系，如图 2.2.1 所示。对织物，用 1 方向定义经向。

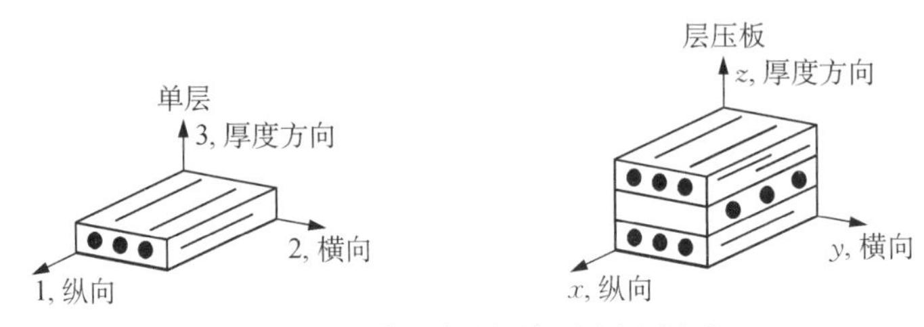

图 2.2.1　单层与层压板常用坐标系

应当指出，有些设计师、公司、教科书和分析软件使用与上述相反的坐标系：换句话说，1，2，3 是应用于整体层压板的坐标系，而 x，y，z 则应用于单层的坐标系。因此，在阅读不同的参考文献时必须注意。

铺层方向是与坐标系相关的一个问题。在设计层压板时，设计师需要确定每一个铺层的方向，每一层的方向都与外部坐标系有关。典型的方法是用结构层压板的坐标系作为参照（如 x，y，z），并由此识别每一个铺层的旋转角度（主纤维方向的旋转角度，即 1 方向）。定义为 45°的铺层是指铺贴的主纤维方向与层压板主方向（通常是 x）成 45°。常用的方法是在零件详图以及铺贴模具边缘上作出一个“坐标标记”，标出 0°，+45°，90°方向。

对坐标系的进一步细节以及对复合材料与结构术语有兴趣的读者，可参考本手册的第 1 卷，特别是第 1.6 节和第 1.7 节。

2.2.2　材料级力学性能

材料的力学性能是设计师用于预测其强度和刚度性能的重要数据。复合材料与强度相关的属性用与各向同性材料（即金属）相同的度量来表征，也就是拉伸、压缩、剪切强度。然而，不同于许多金属材料，复合材料单层的拉伸强度和压缩强度有明显差异，单层的剪切强度通常远小于拉伸强度或压缩强度值。复合材料与刚度相关的属性，即弹性性能，明显不同于金属材料。各向同性材料只需要两个属性来描述它们的弹性特性：弹性模量和泊松比。在单层级上大多数连续纤维复合材料是正交各向异性的，需要 4 个属性来描述其面内弹性特性：

E_1：平行于纤维的弹性模量（或经向）；

E_2：垂直于纤维弹性模量(或纬向)；

G_{12}：剪切模量；

ν_{12}：主泊松比。

尽管大多数结构分析不需要 3 方向的弹性模量和泊松比(因为大部分复合材料结构被设计成面内承载)，但对于充分表征复合材料的性能是需要的。

复合材料的泊松效应一般与金属材料相差很大，这需要一些更深入的讨论。当材料在一个方向上延伸时，在其垂直方向上产生收缩，收缩率等于纵向应变和泊松比的乘积。对于金属材料，无论在哪个方向伸长，横向收缩率是相同的。在复合材料中，纵向(即纤维方向)伸长产生横向收缩，收缩率等于纵向伸长率和“主”泊松比 ν_{12} 的乘积。然而，若相反，横向的伸长因纤维的高刚度在纵向引起的收缩低得多。一个极端的例子出现在织物中，横向纤维的高刚度常常导致泊松比远小于 0.1。

沿纤维方向加载时，大多数常用聚合物基复合材料的应力-应变响应通常一直到失效都是线性的(特别是碳纤维增强复合材料)，这一点与金属完全不同，在屈服点之上，金属会表现出非线性响应和塑性变形。许多复合材料纤维控制的性能上显示出的屈服，若有，也是非常小的。然而，当加载方向要求基体承受大部分载荷时，如面内剪切，复合材料呈现出非线性响应。

以纤维控制的复合材料性能普遍屈服不足，这意味着必须对有应力升高的结构细节，即应力集中(开孔、切口、缝隙、圆角、楔形等)给予特殊考虑。在金属零件中，由于存在局部屈服(尽管它们在耐久性即疲劳和损伤容限方面起较大作用)，这类应力升高对静强度影响较小，但在复合材料静强度分析时必须给予考虑。一般来说，若在静强度设计时，对这些应力升高给予适当的考虑，复合材料结构就有足够的强度裕度，疲劳强度就不会成为关键因素。

如上所述，复合材料对载荷的响应明显不同于金属材料。对一些载荷及加载方向，性能是受纤维控制的；对其他载荷及加载方向，性能是受基体控制的。但这只是在材料层面上的响应，它对理解结构层面上的响应以及影响其性能的因素也同样重要。本章的其他章节介绍了这个问题，对复合材料力学性能和行为的更详细讨论，有兴趣的读者可参考本卷第 8 章，参考文献 2.2.2 对这一问题也有很好的论述。

2.2.3　铺层顺序问题

通常设计复合材料零件时必须用不同的铺层进行铺叠(即层压板)，各层的纤维沿不同的方向排列。一般零件会承受多个方向的载荷(如来自零件不同时期的加载历程、泊松效应或热膨胀效应)，因此需要纤维分布在不同的方向。经验也表明，还有一些其他原因导致层压板包含各种纤维方向：

● 所有的纤维都在一个方向上的层压板，是脆弱的，易于遭受操作引起的损伤。小小的裂纹很容易沿与纤维平行方向扩展，穿透没有横向纤维抑制的层压板。对拉伸和压缩试样，这是众所周知的问题，因为它们所有的纤维都在一个方向上。

● 连接在层压板内产生应力场，需要有多个方向的强度，这对于胶接连接(通常是剪应力场)和机械紧固件连接(通常是挤压和剪应力场)都是正确的。

● 适当选择纤维方向的分布可以显著改善层压板的结构损伤阻抗和损伤容限。即使受到"真实环境"的影响,如粗暴操作和使用中的冲击(冰雹、工具掉落、维护操作等),也会因强度的多方位分布而更容易存活下来。

值得注意的是,在规定的织物中,纤维至少沿两个方向分布,因此,可避免以上列举的许多问题。然而,对于许多零件,整个层压板仍然需要避免所有的铺层都沿同一方向,如0°方向铺贴;少数点缀分布的45°方向铺层将大大有助于零件生存的"真实环境"(值得注意的是,一些刚度关键以及受保护的零件,可以都用0°层铺贴,但这些零部件必须仔细选择)。

一个重要的和常用的层压板类型是"准各向同性"层压板。该层压板的弹性性能(弹性模量和泊松比)在平面内的所有方向上大致相等,并且每个纤维方向的强度也大致相等(注意,非纤维方向的强度可能较低)。该层压板通常采用同等数量的0°,+45°,−45°和90°铺层形成(也可以使用相同数量的0°,60°和−60°铺层形成)。显然,如此设计层压板对于平面内不同纤维方向承受相似载荷是有用的,对于损伤阻抗以及处理紧固件孔边载荷,也被证明是一种有效的设计。这对使用中可能承受冲击载荷的零件、必须采用机械紧固连接的零件区域以及那些需要用螺接补片进行修理的零件,都是一个不错的选择。

层压板中铺层的铺贴顺序与每个方向上的铺层数一样重要。在这方面有许多相互冲突的考虑因素,但其中一个最重要的问题是控制层压板的"耦合"效应。层压板中独立铺层各向异性的弹性特性可能产生耦合行为,即在一个方向施加的载荷引起不同方向上的多余变形。如设想一件由相同数量的0°和90°单向碳纤维/环氧树脂铺层组成的层压板,把所有的0°层都放在顶部,所有的90°层都在底部(即0/0/0/0/90/90/90/90;或者,按本卷第1.6节材料取向编码一节中所述层压板标记:$[0_4/90_4]$)。当载荷施加在0°方向时,层压板向上弯曲,因为90°铺层在载荷方向上比0°层"柔软"。在这个例子中,层压板的耦合行为表现为x方向的加载引起z方向的变形,如图2.2.3(a)所示。

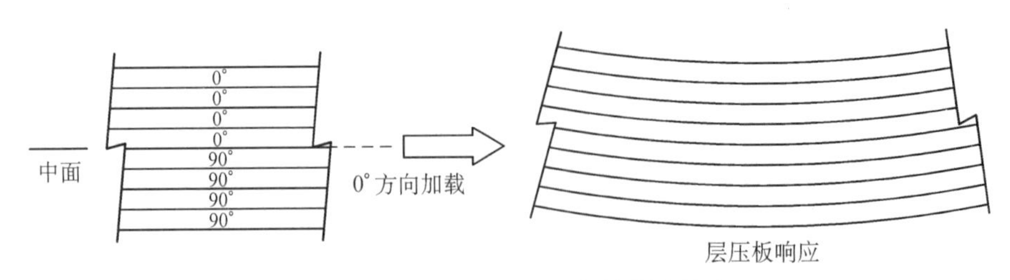

图 2.2.3(a) 非对称层压板的耦合效应

对铺贴顺序进一步考虑的细节在本卷第7章中给出。这里介绍耦合响应问题是为了突出复合材料结构设计中新出现的其他两个重要问题:层压板的对称与均衡。对称指的是铺层相对层压板的中面对称,换句话说,在层压板中面上、下等距离

处都有 θ 角度的铺层。在上述 8 层 0°，90°层压板中，重新排序使它们对称（如 0/90/90/0/0/90/90/0；或按层压板标记：$[0/90_2/0]_s$），这样，就可以消除平面外的弯曲效应（拉伸-弯曲耦合）。均衡指的是层压板应包含相同数量的 $+\theta$ 铺层和 $-\theta$ 铺层。具有均衡可以确保层压板没有面内的拉伸-剪切耦合响应。均衡的重要性如图 2.2.3(b)所示。

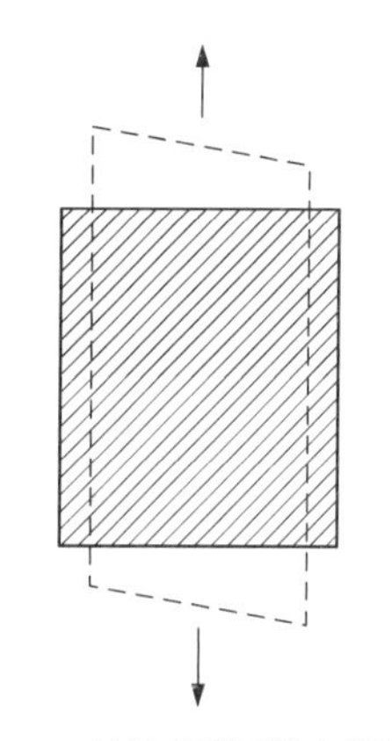

图 2.2.3(b)　非均衡层压板的耦合效应

为了避免耦合行为，层压板应设计成均衡和对称的。由于设计师必须面对许多相互冲突的因素，这一点并不总是能够实现。但是，一般来说，重要的是尽可能使层压板达到均衡和对称，以减少层压板受载时产生多余的应力和变形（即应变）。同时，结构设计时必须考虑这些多余的应力和应变，因为它们可以显著减少部件可能承受的最大载荷以及引起不可接受的结构行为。此外，不均衡和不对称的层压板，在固化后的冷却阶段，由于不同方向热收缩率的不同而产生翘曲。这种变形可以大到足以对将零件装配到最终结构产生麻烦。

预测复合材料层压板的行为比预测金属薄板或金属梁的行为更为复杂。铺贴中每一个铺层相互关联的行为，加上较多的弹性常数，意味着不能用简单的"手工计算"来准确预测层压板对不同载荷的响应。解决这些复杂问题的最主要工具是层压板理论（LPT）。该分析方法关注铺叠层压板的单点，使用封闭形式的矩阵方程来确定，在任意方向由于所施加的载荷和铺层之间的耦合影响引起的每一层的应力和应变。各种基于计算机的商业软件可用于这样的分析。复杂的版本包括环境因素的影响，如每一层不同方向上不同的热膨胀特性、渐进的失效分析，其中相邻层的逐层失效和应力退化可以预测层压板的总载荷。常用的有限元分析软件中的复合材料分析模块（如 NASTRAN）在元素对元素基准上应用层压板理论以确定材料/元件的刚度。本卷第 8 章更详细地描述了层压板理论基础及其应用。了解层压板理论的另一个很好来源参见参考文献 2.1(b)的第 3 章。这里介绍的目的是帮助读者了解复合材料的复杂行为，使它们在结构设计时可以很容易地解决层压板的问题。

2.2.4　环境影响

复合材料结构使用中遭受的环境对其性能有显著影响，这在设计时必须予以考虑。存在有大量的环境因素，但对聚合物基复合材料最重要的因素是温度和湿度。了解这些影响以及在设计中如何考虑它们，对于这些新的复合材料结构设计领域是至关重要的。

温度对聚合物基体的模量和强度有显著影响，因而影响单层和层压板的力学性能。高温会降低基体的模量和强度，而非常寒冷的条件可能引起一些树脂体系的脆性行为。这些影响随树脂改变而变化，因此在设计时必须明确所用的每种材料。温度对玻璃纤维或碳纤维的性能影响较小，但是对某些有机纤维如芳纶纤维则表现出一定的影响。复合材料的最高使用温度，或所谓的“最大使用限制（MOL）”，通常是考虑基体的玻璃化转变温度（T_g）确定的，即在此温度时，基体由“玻璃态”转变到“橡胶态”。该主题在第1卷第2.2.8段中详细讨论过。值得注意的是，在一般情况下，T_g与材料的最大固化温度是不同的（同时，水分含量影响T_g，见下述）。必须指出，测量T_g有多种方法，它们给出的结果都稍有不同。在比较不同材料的T_g时，设计师必须确保所有的测量都使用相同的技术。

常见聚合物基体的热膨胀系数（CTE）也比常见纤维的更高，当基体承受与所谓的“零应力温度”差别较大的温度时，在单层内产生应力。大多数典型的飞机复合材料都是在高温下固化，125℃和175℃（250℉和350℉）是最常见的温度值。当树脂凝胶（即开始变成固体）然后在固化温度下充分交联，这就是材料的“零应力状态”。固化后，“零应力温度”会由固化温度缓慢下降几十度。但设计师需要意识到，即使处于室温也会在层压板内产生残余应力。大多数现代的层压板理论分析软件允许设计师输入材料的“零应力温度”，然后计算残余应力。设计师必须知道涉及单向材料热膨胀系数的其他影响：因为纤维性能控制1方向，树脂性能控制2方向，在这两个方向上，热膨胀系数影响的差异是很大的。按不同方向铺贴的层压板中包含单向材料时，每一层的膨胀/收缩将受到相邻铺层中纤维的约束并产生残余应力。再说，这种影响用普通的LPT程序很容易预测，对结构形状和强度的影响可以在设计期间确定和考虑。

当复合材料在高温固化时，几乎没有水分留在材料中。在室温条件下，高分子材料吸收空气中的水分，直至达到与周围相对湿度的平衡状态。对典型室温条件（温度＝18～32℃（65～90℉）；RH＝50％～90％）下的环氧基材料，薄层压板一天就可达到平衡，中等厚度层压板一周达到平衡，厚层压板（厚度大于6.5 mm（0.25 in））一月达到平衡；更厚的层压板可能需要一年或更多的时间才能达到平衡。最大湿度条件下，环氧树脂复合材料的典型增重在1％～2％的范围内。湿气的影响与温度类似：吸湿量的增加降低树脂的模量和强度，吸湿量的增加也降低材料的T_g。此外，也降低基体性能，吸湿会导致基体膨胀，类似热膨胀系数的影响，在层压板中形成残余应力。吸湿膨胀影响比温度影响小，在大多数结构设计期间（许多航天飞行器除外）常常被忽视。然而，对弹性模量、强度和T_g的影响并不小，是不可忽视的。这些影响随树脂改变而变化，必须在设计中明确所用的每种材料。常见的LPT程序提供考虑吸湿的方式，以确定对结构形状和强度的这些影响并在设计中给予考虑。

2.2.5　损伤的影响

损伤是可能显著影响材料性能和结构行为的另一个因素。虽然损伤有许多不同的类型，但最有影响的是分层和基体裂纹。分层是“平面内”的层间瑕疵，一般被定义为一个铺层未与其相邻铺层胶接在一起的区域，因此层间不能承受载荷。裂纹一般被定义为基体穿透厚度的破裂，即可以平行于纤维或垂直于纤维，也可以通过一个或多个铺层。裂纹可以在纤维和基体之间(即纤维与基体的界面)，也可以仅在基体内，在高载荷情况下，可能包括纤维的断裂。

虽然损伤有许多不同的原因，也许最令人关注的原因是冲击。低速冲击(即非弹击事件)在层压板内产生厚度方向的应力波，引起分层和裂纹。在一定环境下，在发生损伤事件处出现很小或没有目视可见表面痕迹的情况下也可能产生这些影响。正是因为没有这种结构损伤的痕迹，才引起了一些有关复合材料结构在飞机上使用的最大顾虑。这导致了更韧环氧树脂的研发和种种技术的发展，以表征材料的冲击敏感性并在设计期间给予说明。对复合材料结构的损伤阻抗、耐久性和损伤容限等进一步细节有兴趣的读者，请参见本章第2.6节，以及本卷第12章。

但需要牢记的重要一点是：因为复合材料易受冲击损伤，就说它们比金属结构对冲击损伤更敏感并不正确。事实上，对于现代增韧环氧树脂材料，往往呈现出相反的结果：对于精心设计的承受相同载荷和环境的结构，现代复合材料层压结构承受多次较大的冲击事件而没有超过金属结构的损伤。然而，问题是当越过门槛值时，损伤开始发生：复合材料结构外表可能没有损伤的迹象，而金属结构将有一个凹坑或孔产生(应当指出的是，复合材料夹层结构对冲击损伤更敏感，特别是只有5层或5层以下的薄面板)。

2.2.6　变异性问题

与金属材料相比，复合材料和层压板的力学性能往往有较高的变异性。纤维控制性能的典型变异系数(CV[①])在3%～8%的范围内，而基体控制性能的典型*CV*值在6%～12%的范围内，并有可能高达20%(见第2卷)，(飞机级铝合金薄板的典型*CV*值为2%～4%(见参考文献2.2.6))。复合材料中出现的变异有多种因素：纤维具有某些固有的变异性，主要来源是批次影响；树脂(如环氧树脂)是具有同样复杂变异来源的复杂分子，批次影响是主要来源；树脂含量可能随材料的批次发生显著的变化，即使在零件内的不同区域也有较大变化；铺贴和固化工艺也是同批零件产生某些变异的原因。所有的这些变异，都必须在任何新结构研制计划期间进行探索和了解，设计中所用的性能必须考虑这一点。以下的第2.2.7段叙述了通常用于解决这些问题的方法。

用于测试复合材料性能的试验方法比金属材料复杂，它们也是变异的来源。强烈推荐本手册第1卷中确定的试验方法作为选择的方法，因为这些试验方法已经通过充分的审查，确保它们产生的性能误差是可以接受的。

对变异来源的详细讨论，可以参见本卷第5章，用具体的子节分别描述了不同纤维、树脂和工艺产生变异的来源。由于性能变异性会对结构性能有影响，关键是要控制其实际的最大范围。为做到这一点，在生产过程中要通过详细的规范，并进

① 变异系数(CV)是性能的标准偏差对平均值的比，以百分数表示。

行定期检测来控制材料质量和制造零件所用的工艺。一般采用100%或大样本的无损检测(NDI)来验证最终结构的完整性。本章第2.4.3节总结了常用的质量控制方法,深入的叙述参见本卷第6章。

2.2.7 设计用力学性能

虽然有各种设计师必须考虑的重要环境、损伤以及变异性影响等问题,但它们都可以通过仔细确定设计用的力学性能来轻松地解决。材料的刚度特性和许用强度值应考虑所有使用中的退化和制造中的变异影响,对于飞机结构设计中所应用的每个不同复合材料和工艺,都必须是可用的或者通过试验确定是可用的。请注意:材料和工艺影响力学性能,因此必须采用与真实零件相同的材料和相同的工艺来确定设计用性能。

为了解决温度和湿度的影响,需要通过试样在预期最极端温度和湿度条件下的试验以确定材料性能和许用强度。这有助于在设计中考虑到这两个因素造成的最大退化程度。对于大多数复合材料,许多重要的力学性能都有在极端温度和湿度条件下的最小值。对于大多数亚声速飞机的典型使用环境,已经进行了世界各地的调查(参考文献2.2.7(a)),结果已表明,涂浅色油漆的零件普遍适用于承受71~82℃(160~180℉)最极端高温情况的结构,结果显示最极端的相对湿度是85%,这适合大多数的应用(更多的细节参见第1卷第2.2.7节)。试样测试还经常在寒冷/干态极端条件下进行,因为有些复合材料的特定性能在这种条件下显示出最小值。用于这种情况的典型温度是−54℃(−65℉),因为这代表了海拔9000~12000m(30000~40000ft)时所出现的最严重情况。对此有兴趣的读者,本手册第1卷提供了有关确定复合材料性能的试验方法和试验条件的详细信息,同时第2卷给出了各种不同材料在不同环境条件下的性能。

由于损伤发生在层压板级而不是材料级,因此损伤的影响更难说清楚。但是在这里,典型方法是对具有代表性退化的试件进行试验,得出可直接用于结构设计的许用值。一旦决定将在结构中使用不同的层压板设计(即铺贴或堆叠顺序),就需要采用选定的材料和制造工艺去制备层压板试件。用于该级别试验的试件(即复杂性高于单向板试样的级别)称之为元件。有很多种试验方法都可以用于研究损伤影响。试验的细节与结构类型和采取的研究方法有关,这在本卷第4章和第12章进一步讨论。常用的试验方法包括:冲击后压缩(CAI);开孔拉伸(OHT);开孔压缩(OHC);充填孔拉伸和充填孔压缩。有关适用这类研究试验方法的详述参见本手册第1卷。在某些商业飞机的研究计划中,设计用材料性能仅仅基于"含损伤试样"的试验,以确保对某一冲击事件范围,结构状态良好,并可以进行简单的螺接修理。有兴趣的读者会注意到,包括这类试验的一些性能数据放在第2卷数据集中。但由于试件设计和测试条件的细节是专用的,产生的这些性能通常作为每一种新结构研究计划的一部分。

为了解决不同变异来源对各项力学性能的影响,必须进行大量的试件试验,这些试件必须使用多个批次的纤维和树脂,并使用多个生产周期。每个数据点 20～30 个试件数是常用的数字,这取决于结构的关键程度和所需的精度。由于所有的力学性能都必须测试,必须探索许多不同的环境条件,加上对损伤影响和连接设计的元件级研究,由此产生的试件数量可能非常大。在一架新商用飞机几个主结构应用复合材料的项目中,为得出全套的材料性能和许用强度数据,需要单向板试样数量超过 3300 件,层压板试件超过 1400 件,连接元件试件超过 3200 件(见参考文献 2.2.7(b))。此试验规模凸显本手册第 2 卷所公布的数据集的重要性。虽然某些性能试验一直是任何新应用所要求的,但第 2 卷中材料和数据的使用可以大大减少试验工作量。

2.3 材料的选择

供设计师可用的复合材料有很广的范围。以下部分对此进行了简短的介绍,此外还讨论了特殊应用时选择材料需考虑的主要因素。

必须记住,作为一个群体,复合材料提供的性能比其他任何工程材料的范围更宽。不同的纤维和不同的树脂有好几百种,有数千个可能的材料组合可供设计师选择;更不用说还有大量的胶黏剂、夹芯材料,加上解决具体应用问题所需的附属材料(表面修饰、防雷击、特殊流体屏障等)。范围从其结构性能与木材相当的材料,一直到强度和刚度比最好的钢还要高的材料。这种广泛的选择允许设计师剪裁选择最终使用的材料,但也意味着,他或她必须对这一巨大的材料阵列有充分的了解,以做出正确的选择。

以下部分并没有涵盖所有的这些材料,仅介绍用于飞机结构的主要材料。对于进一步的信息,有兴趣的读者可直接参见本卷第 5 章以及参考文献 2.1(a)和(b)。有关信息也可从材料供应商处获得,但是对不同的供应商和不同的材料,详细的程度经常会有很大的差别。

2.3.1 结构材料

2.3.1.1 纤维类型

3 种最常见的纤维是玻璃纤维、芳纶纤维(如 Kevlar)和碳纤维。结构常用的玻璃纤维有两种类型:E 玻璃纤维和 S 玻璃纤维。E 玻璃纤维是目前比较常用的;S 玻璃纤维提供的强度和模量更高,但成本也较高。芳纶纤维由于其具有适度的高刚度和高拉伸强度,但主要是因为其低密度(即高比刚度和高比强度)于 20 世纪 70 年代进入航空航天结构应用。然而,由于芳纶纤维对环境的敏感性(湿度和紫外线引起的退化),并因为碳纤维以同等或更低的成本提供了优异的结构性能(较高的比刚度和比强度),自 20 世纪 90 年代中期以来,在所设计的复合材料结构中已不太使用芳纶纤维。20 世纪 80 年代末和 90 年代初,随着许多新的高性能、合理成本纤维的开发,碳纤维已声名鹊起。现在碳纤维的可用性能从玻璃纤维的典型性能延伸到比最好的钢还高的数值。在性能范围上限的纤维更恰当的名称应为石墨纤维而不是碳纤维,但区别的细节就不在此概述中介绍;本章将使用通用术语碳纤维。

用于制造这些材料的过程中产生非常细的纤维(又称长丝),典型的玻璃纤维直径为 5～20 μm,典型的碳纤维直径为 5～10 μm。大量的纤维聚集成粗纱(对玻璃纤维)或丝束(对碳纤维)。碳纤维的典型计数是每束 3000 根(3K),6K,12K 和 48K。自 20 世纪 90 年代后期起的一个趋势是:新飞机项目已经从 3K 丝束改变到选用更大的丝束,以降低最终材料成本。

2.3.1.2 复合材料的形式

飞机结构最常用的未固化复合材料最常见的形式(即纤维+树脂)称为预浸料。这是由供应商预浸渍树脂的带或织物,且树脂预固化到称为“B 阶段”的状态。这个过程确保树脂已经彻底浸透所有的单丝纤维,树脂的黏度已增加,但不会在操作期间从预浸带或预浸织物中流失。对于最常用的树脂(即环氧树脂),该固化阶段也应控制材料所具有的“黏性”幅度,这对于在铺贴期间的易操作性非常重要(黏性是当预浸料被压在一起时自我保留的程度)。铺贴前,预浸料需要冷冻以阻止固化进展太快,并有一个有限的贮存期。预浸料已成为飞机结构中最常用的形式,因为浸渍工艺可以控制材料中的树脂含量,而且以这种形式使用的树脂通常提供最高质量、最高强度的层压板。直到 20 世纪 80 年代中期,大多数预浸料有意识地让树脂超量,这些超量的树脂在固化期间被去除或“溢出”。树脂溢出出现在固化周期的开始,零件加热后但在高分子开始交联前。在这个阶段,树脂受热后的黏度相当低,而真空/热压罐压力促使它流动。树脂的流动有助于去除任何残留的空气和挥发性气体,真空袋下的“吸胶”层可以从零件吸出多余的树脂。自 20 世纪 90 年代中期,为了更好地控制树脂含量并具有更好的化学组成,引导大多数预浸料制备成“无吸胶”体系。然而,一些低成本的预浸料和一些特种树脂仍然提供过量的树脂,这些树脂必须在固化期间排出。

任何复合材料的力学性能随纤维含量的增加而增加,这取决于有足够的基体来传递载荷并支持纤维。树脂含量限制是由于纤维大致的圆柱形状(这将导致纤维的最大填充密度稍低于 100%),以及由于需要有足够的树脂将载荷由纤维有效地传入、传出。为了有利于铺贴并尽量减少固化层压板中可能的空隙(即小气泡),也需要有足够的树脂以确保工艺过程中有适当的黏性并压实。空隙作为应力集中,可以显著降低力学性能;对大多数航空航天级层压板,容许的最大空隙率一般为 2%(体积比)。固化层压板的结构性能有三项重要的物理属性:纤维含量、树脂含量和空隙含量。按照惯例,这些属性通常表示为:纤维体积含量 V_f、树脂或基体重量含量 W_m(有时用 R_C)和空隙体积含量 V_v。对于航空航天级复合材料,典型的纤维体积含量范围从 50%～60%,这与材料有关,通常织物在这个范围的下限而单向带在上限。

2.3.1.3 树脂类型

对设计师而言,有大量不同的聚合物基体可供选用,这里仅能对主题作一个非常简短的介绍。对更多细节感兴趣的读者可参见本卷第 5 章以及参考文献 2.1(a)

和 2.1(b)。聚合物总共有两种类型:热固性和热塑性树脂。热固性树脂通过一个不可逆的固化反应形成刚性的固体。热塑性树脂通过在熔融温度以上的加热、成形,然后在熔融温度以下冷却,形成有效零件;这个过程是可逆的。现已发现热塑性树脂在汽车结构中得到广泛使用,但尚未在飞机结构中普遍应用。因此,下面的讨论局限于热固性树脂。

聚酯是海上和地面交通应用中最常见的热固性树脂,但没有足够的力学性能而未能应用于飞机结构。飞机结构最常用的树脂是环氧树脂,有数百种不同的环氧树脂可用。对于飞机结构用层压板,通常有两种类型的环氧树脂:低温固化(约 125℃(250℉));高温固化(约 175℃(350℉))。还有相当多非常有用的环氧树脂,其固化温度不同于这两类,但这两类树脂是最常用的。低温固化的环氧树脂往往成本较低(包括树脂和固化过程),通常用于次重要结构,最大工作温度低于最炎热天气的最高水平(70～80℃(160～180℉))。高温固化的环氧树脂用于需要有较高的最大工作温度(125～150℃(250～300℉))处,以及有较高力学性能或优越的损伤容限需求处。有一些其他的树脂,用于有耐较高温度要求的飞机结构,最著名的双马来酰亚胺树脂(BMI)已应用到 230℃(450℉),而聚酰亚胺树脂(PI)已应用到约 315℃(600℉)。这些树脂的加工温度大大高于环氧树脂,成本也相当高。还发现有另一类有限地用于飞机结构、而普遍地用于飞船结构的氰酸酯树脂。这些树脂基体的高温性能略高于环氧树脂的温度性能,但最值得注意的是其在太空中的低释气特性。这些树脂的工艺与环氧树脂非常相似。

制备大多数环氧树脂的最后一步是两个组分的混合,基本的(A 组分)和催化剂或固化剂(B 组分)(催化剂和固化剂之间有明确的区分,本章节的介绍中不予讨论)。也有少数几个单组分的环氧树脂可用,但大多数环氧树脂是双组分的。若复合材料是预浸料,则先将环氧树脂混合好,再由材料供应商施加到纤维上。由于树脂已被催化,预浸料必须保持在冷冻状态下,以阻滞固化反应。然而,固化反应仍将缓慢地进行,预浸料通常只有 6 至 12 个月的冷冻贮存期。此外,一旦预浸料被解冻使用,它会有一个有限的"适用寿命"(即出冷冻室后的总的使用时间),因为在室温条件下固化反应会进行得更快。普通飞机用预浸料的典型适用寿命是 10～40 天。对于非预浸料的设计和加工,如 RTM 工艺,通常购买环氧树脂的两个单独组分,在零件制造之前混合。在这种形式下,典型树脂有比较长的贮存期,许多树脂不需要冷藏,从而成本更低。当使用两组分形式的环氧树脂时,有许多不同的催化剂/固化剂可供选择,这取决于固化反应的速度和所需的类型(即长期或短期的"贮存期"/"适用期",室温固化或高温固化)。

2.3.1.4　纤维形式

飞机结构用纤维的典型形式是单向预浸料(也被称为轴向或单向带)和机织物。单向预浸料收成卷,常用宽度范围从 76～1 220 mm(3～48 in),而常用的单层厚度范围从 0.1～0.2 mm(0.004～0.008 in)。单向带中,纤维纱或丝束应仔细并排对准,没有间隙或重叠，并且对于任意一个卷筒，厚度都是比较均匀的。卷筒间和批次间的变化通常要高一点。织物常用宽度范围从 914～1 520 mm(36～60 in)，而常用的单层厚度范围从 0.13～0.38 mm(0.005～0.015 in)。在描述织物时，沿卷筒的纤维方向(即材料铺开时的长度方向)称为“经向”，垂直于该方向称为“纬向”。机织物采用的组织结构形式有很多，最常见的组织是平纹和缎纹。平纹组织是每个方向的纤维数量大致相等，每束纤维(粗纱，丝束等)在横向纤维束上下交替编织。缎纹组织的经向和纬向的纤维数量可能相等或不相等，纤维束向上通过一定数量的横向纤维束，然后向下通过一束纤维。重复序列被称为“综缎”，5 综缎和 8 综缎是常见的式样(在 5 综缎里，纤维束先从上面通过 4 束横向纤维，再向下穿过第 5 束纤维；在 8 综缎里，纤维束先从上面通过 7 束横向纤维，再向下穿过第 8 束纤维)。缎纹织物主要用于具有明显复合曲率的零件，因为降低了纤维的“牵连纠缠”水平，使其能够伸展并符合零件的形状，这比平纹织物更好。已经有机织物的识别体系，如 7781 是一种常用的 8 综缎玻璃纤维织物类型。令人遗憾的是，该体系因纤维类型(玻璃纤维、芳纶纤维和碳纤维等)不同而不同，对某些纤维类型(如芳纶纤维和碳纤维)因不同的供应商也不同。对更多细节感兴趣的读者可参见本卷第 5 章。

对给定纤维决定选用单向带还是织物形式时，结构设计师需要记住两个重要的考虑：首先，对于任何给定的纤维，织物的结构性能(强度和刚度)较低，因为织物中的纤维并不是完全笔直的，而是在横向纤维束上下弯曲；其次，织物的价格比纤维更昂贵，这是因为机织增加的费用。另一方面，织物通常比单向带厚，因此，在制备给定厚度的层压板时，只需较少的铺层数和较低的铺贴劳动力/成本；生产中，织物比单向带更容易操作，因为在铺贴过程中，一旦铺层被切断，纤维束的交织有助于铺层铺贴中保持织物的形状；由于纤维束的交织作用，导致织物制备的层压板的损伤阻抗和损伤容限比单向带制备的层压板高。还应指出的是，对零件制造工艺的考虑会影响对纤维形式的选择，如自动铺带设备一般只适用单向材料。

值得注意的是，可供设计师从中选择的其他纤维形式还有许多，包括编织物、二维机织物(不同于 0°/90°织物)、三维机织物、无皱褶织物(NCF)以及更多。实际纤维的供应商数量较少，都是大公司。较小的公司全都建立了从原料纤维“转换”成有用形式，如纺织物、编织物和机织物的业务。对复合材料领域有些创新的重要一点是要意识到，你不应该只想用“二维”或简单地逐层铺贴来制造层压板，还要认识到，由产量支配的地方，可以想到的任何纤维形式都是可用的。

2.3.1.5　胶黏剂类型

到目前为止，飞机结构最常用的胶黏剂是环氧树脂，这归咎于其优越的力学性能、良好的操作特性，以及与复合材料结构材料的化学相容性。胶黏剂通常有两种形式：膜状和糊状。膜状胶黏剂是混合的尚未固化的环氧树脂薄片，通常以成卷形式提供，并带有一张或两张背衬纸；典型厚度范围从 0.1～0.4 mm(0.004～0.015 in)。胶膜既可以有载体也可以无载体，载体是由放在胶膜内侧的一张非常薄的纱布或织物提供的。载体可以提供一些有用的功能：大大有助于胶膜在铺贴期间的操作处理；保证在固化压力下的最小胶层厚度；提供胶接时电位不协调材料的隔离，如碳纤维复合材料和铝。胶膜必须冷冻储存，和预浸料一样，在贮存期和使用期方面有着相同的问题。通常，胶膜的化学作用选择在 125℃或 175℃(250°F或 350°F)固化，然而，也有少数类型的胶膜可以在任何温度固化。一般来说，胶膜提供的连接强度比糊状胶黏剂高，但是，糊状胶黏剂最近的一些进展已开始挑战胶膜。糊状环氧胶黏剂通常包含两个组分，必须在使用前混合。这就使糊状胶黏剂比胶膜的成本低，但生产过程中需要更多的密集劳动。大多数糊状胶黏剂在室温下固化，然而，也有一些要求在较高温度下固化；所有的糊状胶黏剂都可以通过加热来加快固化速度，但是也有许多类型的糊状胶黏剂只能在适度的温度下(50～70℃(120～160°F))固化。

2.3.1.6　夹层材料类型

夹层结构由薄面板胶接在轻质夹芯(详情参见本手册第 6 卷)的任一侧形成。胶接操作通常需要在夹芯的任一侧铺放一层胶膜，但是，有少数低温固化的环氧预浸料，可以提供可接受的无胶膜胶接，被称之为“自黏性”材料。夹芯材料一般有三类：木材、泡沫和蜂窝。最常用的木质夹芯是巴沙木，通常是以“端纹”方向提供(纹路垂直于板的平面，即 Z 方向)，因为这样可以提供更大的剪切强度和压损强度；巴沙木芯材通常是以板的形式提供的。多种聚合物可以用气压发泡形成有用的夹芯，具有的力学性能充分依赖于聚合物类型和最终密度，而耐环境性能(尤其是温度)主要取决于聚合物类型。一个值得注意、不同类型的泡沫是通过在合适的聚合物中混合空心微珠(又名微球)形成的复合泡沫，通常是环氧树脂。复合泡沫比气体填充的泡沫具有更高的强度(和密度)，并提供各种各样的工艺选项，因为复合泡沫可用于固化和未固化的两种形式中。泡沫芯材通常以片状或块状形式提供。

尽管木质芯材和泡沫芯材有许多有用的特性，但飞机夹层结构中最常用的芯材是蜂窝。蜂窝芯材一般比木质芯材或泡沫芯材更昂贵一些，蜂窝芯材在比其他芯材重量更低的情况下，提供优越的力学性能。蜂窝结构可用于各种各样的材料，金属材料和非金属材料，并具有各种各样的优势。

蜂窝芯材最常用的材料是铝和涂覆酚醛的对位芳纶纸，众所周知的商品名称叫 Nomex®。蜂窝芯材可以是片状或块状形式，通常指定材料的类型(如铝，Nomex®等)、重量(kg/m³ 或 lb/ft³)以及芯格宽度(通常是 3.2 mm，4.8 mm，6.4 mm，9.5 mm 或 1/8″，3/16″，1/4″，3/8″)。

2.3.2　附属材料

虽然飞机复合材料零部件的结构要求由上述纤维、树脂和芯材来满足，但还有一些对设计提出，并必须使用附属材料来满足的其他要求。本节简要介绍最常见的 3 个要求(表面光洁度、电导率和飞机液体防护)，以及通常用于解决这些要求的附属材料。

对形成飞机空气动力表面的零件，表面光洁度是一个重要的考虑因素。为控制空气动力外形，通常将这些零件的空气动力表面紧贴模具面进行固化。在较高压力下固化的复合材料，如层压板热压罐成形工艺常用的 590～690 kPa(85～100 psi)压力水平，只要模具的表面光洁度很好，就能提供一个光滑的成形表面。然而，在较低压力下固化的零件，如夹层结构零件热压罐成形工艺常用的 210～310 kPa(30～45 psi)压力水平，模具一侧可能和零件表面不完全贴合，留下了粗糙区域和称为“针孔”的微小表面凹陷。对于要求较高的最终表面零件，一般都会采用环氧树脂基材料通过喷涂填充或用抹子刮平这些不平整区域，在室温固化，然后用砂纸磨光。涉及这些“砂纸磨光和填充”操作的劳动力和成本通常是很明显的。为了避免这些不平整，自20 世纪 80 年代后期开始，采用表面薄膜作为第一层铺贴的方法已蔚然成风。表面薄膜是一种被设计成在固化过程中流动性很低的未固化环氧树脂的专用膜，它与模具表面保持接触，与复合材料的第一层胶接。设计过程中，必须解决表面涂装材料的选择问题，这意味着要在膜的小重量代价与磨砂和填充操作的较高成本之间进行选择。

对于形成飞机外表面的复合材料零部件，电导率是一个重要的设计考虑因素。有 3 个不同的电导率问题：静电放电、电磁干扰防护和雷击防护；它们需要按所列顺序增加电导率水平。复合材料是绝缘体，碳/环氧材料也是有效的绝缘体，因为导电的碳纤维被绝缘的树脂完全包覆。为了消除飞行中因空气摩擦产生的静电，需提供足够的导电性，一种常用的方法是在用底漆和涂料之前，对零部件空气动力表面涂导电涂料。为了释放静电荷，有必要提供一条由零部件接地的通路，既可以通过与导电涂料接触的金属紧固件，也可以通过连接的导线实现合适的接地。若内部有电气系统，需要对可能受到电磁能量影响的零部件进行电磁干扰(EMI)的防护。一种常用的防电磁干扰途径是在层压板中包含轻质金属网，通过紧固件或接地导线的方法，连接成一条合适的接地通路。这张网可以位于层压板的外表面或者是层压板的内表面，通常在铺贴期间形成一体。防雷击通常采用与防电磁干扰相同的金属网途径解决，但金属网必须位于零部件的空气动力表面。同时，非常高的雷击电流要求金属网和接地通路(紧固件或导线)具有比防电磁干扰更高的电导率。

飞机结构可能短期或长期暴露于多种液体中，其中很多对树脂体系是有害的。与飞机有关的典型液体有：燃油、液压液(尤其是磷酸酯——通常的商业名称为 Solutia 的 Skydrol®)和除冰液。暴露时间很短(如意外泄漏在几分钟内擦去，或除冰液在起飞 30 min 内被吹干净)的外表面，通常是由表面涂层(即漆)提供充分的防护。然而，由于内表面的泄漏或飞溅可能停留较长时间，因此内表面需要隔离层。为此目的的典型材料是 PVC 薄膜(聚氟乙烯——常用的商品名称为 DuPont 的 Tedlar®)。这种薄膜的厚度范围为 0.013～0.050 mm(0.000 5～0.002 0 in)，可作为最后一层直接纳入铺贴。

任何这些附属材料，其重要的一点在于要确保附属材料在固化期间与底层复合材料化学成分的兼容性。还有一点是必不可少的，即附属材料应能承受固化温度以及零部件使用中将经历的热环境。一种有时被忽略的考虑是可修复性。设计师必须确保,附属材料能够在使用期内修复,而且不会影响底层复合材料零部件的维修。

2.3.3　材料选择考虑的因素

对特定的应用选择复合材料时,需要考虑许多问题。这些问题中有很多是显而易见的,但有些不是。下面的列举并非详尽无遗,但打算给出复合材料领域中一些新想法的考虑范围,这些想法需要在进行材料选择时给予解决。

性能　结构选用的复合材料必须能满足该应用的力学性能要求,同时要考虑在适用于飞机零部件的极端环境下产生的性能退化。对多数飞机复合材料结构非常重要的另一个考虑是损伤容限。材料选择同时必须考虑这些不同性能的退化。

重量　当然,必须选择能使飞机结构满足严格重量目标的材料。现代复合材料的高比强度和高比刚度在这方面是一个主要优势。然而,一旦要考虑诸如连接、吸湿增重和损伤容限这些"真实结构"因素时,设计师必须确保所选材料仍将满足所有的结构和重量要求。飞机复合材料结构的历史,特别是在早期,包含了许多结构能满足所有的飞行载荷要求,但不足以承受使用中损伤影响的实例。

性能数据　如上所述,用于结构的每种复合材料都应有详细的材料性能和许用强度数据。数据的可用性可能是限制设计师选择材料的一个非常重要的因素。本手册第 2 卷提供了许多复合材料的数据。同时,进入新千年以来,一些材料供应商已经开始为特定材料提供详细的材料性能数据集(感谢联邦航空局/美国国家航空航天局(FAA/NASA)赞助的 AGATE 计划)。但对于大多数可用的材料,设计师必须找到获取必要数据的途径(如从飞机 OEM),否则,要进行广泛的测试程序以获得必需的设计值。

工艺性　特定的制造工艺需要采用不同的材料,甚至许多特定形式的材料。许多预浸料既可通过热压罐固化,也可通过真空袋-烘箱工艺固化,虽然有些是专门用于一种或另一种工艺的。无论什么工艺,"工艺窗口"的限制是选择材料中应考虑的因素。一些复合材料固化时的温度/压力/时间的范围宽,而有些材料则有非常具体的要求。

工装　项目所需/选择的工装对最终零部件的性能和成本有很大的影响。根据制造零件所用的材料、制造工艺、零件形状以及所要求的尺寸精度,可能需要选择不同的工艺装备。选材问题在于:因考虑成本或生产车间的喜好而对选择工艺装备产生的约束会是材料选择的限制因素。

操作　不同复合材料的操作性能有很大的不同,最重要的两个特性是一致性和黏性。一致性是由纤维类型和纤维形式控制的(单向带或织物,若是织物,则是编织形式),它决定了材料形成复合曲面和内角的能力。树脂的选择控制黏性,可用材料涵盖的范围十分广泛,从刚硬和"僵硬的"到稀软和黏的。黏性决定铺层可以轻易地铺贴并压入/滚压到合适的地方,尤其是在垂直表面上。材料的黏性太低,后续铺层将很难铺贴到位。材料的黏性太高,将很难去除背膜,若需要调整铺层的位置,将难从铺层上剥离出来。设计师在选择材料时，头脑中一定要考虑这些问题，因为制造成本可能受到这些因素的显著影响。

成本 按单价而论，宇航级复合材料的原材料价格要比薄铝板和现有的铝型材昂贵得多，然而，这并不意味着复合材料的最终结构也将更加昂贵。精心设计和创新的制造工艺可以产生与金属件极具竞争力的复合材料零件。而且，对复合材料设计而言，由于其较低的重量和随之而来较低的运行成本(低燃油消耗)，零件的全寿命期成本可能很低。设计师在选择材料和制造工艺时，必须关注成本问题，否则由此产生的零件可能成本高昂。

贮存寿命/储存 飞机复合材料用的大多数树脂都有一个有限的贮存寿命和特定的储存要求。以完全催化形式提供的这些材料(如预浸料)，一般只有6～12个月的贮存寿命，还必须在冷冻条件下。一旦达到这个截止期限，有些材料可以通过测试化学性能和工艺性能试样，延长贮存寿命，但大多数材料不可以。设计师在选择复合材料时应考虑这些问题，尤其是项目生产率偏低的情况。

外置时间 预浸料在打开包装袋之前必须先解冻，材料才可使用。材料从冷冻室取出到开始固化的时间称为“外置时间”。每卷预浸料都可以解冻、切下若干、再放回冷冻室，重复数次，但时间应累积，直至达到规定的外置时间。常见的飞机预浸料的典型外置时间是10～40天。一旦达到该期限，有些材料可以通过性能测试延长其外置时间，但大多数材料不可以。这是选择复合材料时必须考虑的另一个问题，特别是对于那些在固化前可能需要铺贴许多天的大型复杂零件。

规范/认证 飞机复合材料结构的认证要求：除设计认证外，材料和制造工艺这两项也必须作为认证过程的一部分获得批准。事实上，材料的批准涉及控制材料成分及其质量的详细材料规范，也涉及用于结构证实用材料性能数据库的批准。设计师在选择复合材料时应考虑是否有已获批准的详细材料规范，还是需要新的文件和审批工作。

本节简要讨论了为新设计项目选择复合材料时需要考虑的许多最重要的因素。必须承认，材料选择不能单独考虑；材料和工艺的选择是密切相关的，不能指定一个不指定另一个。制造工艺(铺贴、真空袋封装、固化等)对层压板的最终性能有极大影响。因此，当设计师选择材料并希望其在最终结构中实现力学性能时，他/她实际上同时选择了生产结构必须采用的材料和工艺。

这其中一个重要的例子是材料的基准性能。本手册第2卷包含了许多复合材料的设计数据。但是，需提醒读者，第2卷中包含的每种材料，在列举的材料性能和生成这些数据的层压板所用制造工艺之间存在着“绝对链接”。对决定用于产生第2卷中数据的试件制备工艺有兴趣的读者必须与CMH-17秘书处联系，这是一家材料科学公司。

对设计师可能选择用于结构研发项目的任意新材料，同样的关联也同样存在；材料和制造工艺必须同时选择，在性能测试、设计验证、规范编写和认证的整个过程中这些选择必须同时进行。

2.4　制造工艺的选择

有许多不同的工艺可以用来制造复合材料零件。以下章节并不意味着是一个全面的探讨，但提供了用于生产飞机复合材料结构的主要方法的概述，仅限于最常用的热固性材料的生产工艺。其目的是，为复合材料领域的新人提供一个工艺选择对许多其他设计决策影响的评估，这是在典型结构研究计划阶段必须进行的。对复合材料制造工艺更详细的描述有兴趣的读者可参见本卷第 5 章以及参考文献 2.1(a)，(b)和参考文献 2.4。

2.4.1　工艺步骤和方法

所有典型复合材料零件常用的生产工艺有几个主要的步骤：

- 模具预备。
- 材料预备。
- 零件构型。
- 零件固化。
- 零件修剪/加工到最终形状。
- 零件装配成更大的结构部件。

当然，为确保最终零件符合批准的设计要求所开展的质量保证行动需要覆盖所有的这些步骤。

在此情况下，模具预备指的是为一个独立零件制造周期制备模具所必需的工作。在下面的 2.4.2 节里，简要讨论了模具的设计与构造问题。模具预备是检测模具确认它未受损的一个简单过程，若存在任何污染物就应清洗，并涂覆脱模剂使固化后的零件可以顺利脱模。

材料预备包括从冷冻室取出材料，若是冷冻的预浸料应使之解冻，然后，切割成所需的不同形状的铺层。切割铺层一般通过由零件图样生成的样板，或是利用零件 CAD 数据设定程序的数控切割设备进行切割。对设计师的一个重要提示是，零件图样必须包括所需详细定义的每一层。生产计划/数控编程人员必须能够接受该定义并生成用于切割的铺层平面图。若零件的形状复杂，平面图的生成可能是一个艰难的过程，自动创建这些图形的 CAD 工具可能是非常有帮助的。对夹层结构零件，材料预备步骤还将包括切割夹芯形状和所有具备细节特征的夹芯，如边缘倒角。

有各种各样的工艺可以用来构造或建立一个连续纤维增强和热固性树脂的零件，然后再固化。每一个工艺都带有一些与可用材料有关的限制，以及可能制造的零件形状、尺寸或厚度的限制。换句话说，工艺的选择可以是零件设计中需要考虑的一个非常重要的因素/约束。以下段落简要介绍航空航天零件最常用的工艺。

模压成形　复合材料平板零件可以在热压机中通过对未固化材料加热和加压

来成形。这是一个简单、廉价的工艺,虽然零件受压板大小以及必须等厚度的限制。经常使用这种工艺的飞机零件是民用运输机的地板。

拉挤成形 等截面零件可以用拉纤维缓慢地通过加热模具,向模具内注入树脂并固化成形。遗憾的是,纤维含量较低(与典型的宇航级相比较),树脂的选择也有限,而且纤维在 y 向和 z 向的定位能力有限。该工艺通常用于制造工业构型零件,但在航空零件上只有有限的应用。

长丝缠绕 各种截面的管形零件可以通过绕旋转轴缠绕浸渍的纤维来成形。纤维可以沿环向(90°)缠绕,也可以沿较低的“螺旋”角度方向缠绕,这为设计师提供了很大的、创造高效结构的自由度。采用专用工装应加以注意,纤维甚至可以沿接近于0°角(即沿芯轴)缠绕。螺旋的纤维模仿“连锁”缠绕前进,在这些层产生少量的纽结。每次完成所有的缠绕方式,零件被真空袋封装,在烘箱或热压罐中固化成形。之后,芯模必须通过切割、拆卸(对于分段的芯模),或者通过溶解(如石膏、砂或盐芯模)才能拆下。长丝缠绕可以生产很重的有效结构,具有很高的材料铺放率。然而,仅限于具有封闭截面形状的零件,且沿轴向呈直线或近似直线。长丝缠绕是制造火箭发动机壳体及压力容器非常普通的一种工艺。

编织 封闭截面的管状零件也可以通过编织工艺生产。在此过程中,大量的纤维卷轴夹在一个围绕芯模的圆形输送架上;卷轴围绕输送架以交织方式移动并输送纤维,这在纤维之间形成了高度的互锁。完成编织操作后,其余的工艺过程与纤维缠绕类似。传统的编织工艺不能在非常低的角度(近0°)下输送纤维,但是,已经开发了含轴向丝束的三轴编织工艺。由互锁方式引起纤维的纽结程度略微降低了最终层压板的强度和刚度。然而,这种互锁程度可能对损伤容限有利。编织工艺目前没有在航空航天零件的制造中普遍应用,但是已被下述RTM工艺用于生产干态的预成形件。

手工铺贴 几乎任何形状、尺寸和材料的零件都可以采用手工铺贴工艺成形。工人每次将一层预浸料铺层铺在模具上,用手压滚筒或塑料刮板向下施压,把每一个铺层压紧到前一层上。单向预浸料和织物预浸料都可以铺贴。对于大多数材料,每铺放几层必须“压实”,即在进一步铺贴操作之前,在零件上放置一个临时的真空袋,保持几分钟的真空,以达到充分的压紧铺层。每一个铺层的位置可以用样板来确定,或通过使用许多铺贴间最近增加的高架激光投影仪。这些投影仪使用CAD数据在模具表面显示出每一个铺层所要求的位置。设计师需要认识到,零件图样必须明确地确定每一个铺层的位置和方向,使样板或激光投影系统能够正常工作。设计师还需要注意铺层的容差,通常情况下,独立铺层的边缘手工定位的容差只能在2.54～6.35 mm(0.10～0.25 in)内。对于仔细手工铺贴工艺的简单形状,铺层方向只能保证大约在3°以内,对于复杂形状,大约在5°以内。在设计分析和图样公差中应考虑铺层的位置和方向误差。制造高质量零件所需铺贴技术的熟练程度直接取决于零件的复杂性(在形状和不同的细节数量上)以及与所选材料相关的操作难度。

设计师在做出设计决策时,需要承受这些因素。手工铺贴零件通常采用单面模具制造(零件铺放在坚硬的模具表面,然后用真空袋封装),可以采用热压罐的加压和加热进行固化,也可以在烘箱中用真空袋加压和加热固化。若技能熟练(设计和生产中),手工铺贴工艺几乎可以生产能想象的任何零件。手工铺贴工艺因其灵活性以及设备要求低,已成为生产飞机复合材料结构最常用的方法。

自动铺贴　几乎任何形状和尺寸的零件都可以采用自动铺带(ATL)或自动纤维铺放(AFP)设备制造。这些工艺采用计算机控制自动铺带头把预浸料铺贴在模具表面,通过压辊或传送材料的装置把表面预浸料压实到模具和先前铺放的预浸料上。铺带头还包括一个切割机构,到达零件边缘时切断材料。由于预浸料的黏性和直接压实,这些机器可以把预浸料铺放到垂直表面或者凹形表面上,与手工铺贴工艺相比,减少了压实步骤。零件形状仅受自动铺带头尺寸(不能进入内部的尖角)以及铺带头自由度数量的限制。由于控制定位水平的需要,这些工艺迄今已不限于选择环氧树脂和一些特定的热塑性聚合物。在铺带头通过模具的每一次"移动"中,自动铺带工艺铺贴 76 mm, 152 mm(3 in, 6 in)宽的单向预浸带,最大的机器可以铺贴 305 mm(12 in)宽的单向预浸带。自动铺带机供应商声称它们机器的铺放速度可以达到手工铺贴工艺最大速度的 100 倍。自动纤维铺放工艺采用了类似的技术和铺放机,但将几个细的预浸带(即丝束或粗纱)整理在自动铺放头中,形成材料带,然后在模具上压实。这些丝束/粗纱的典型宽度是 3.18 mm 和 3.99 mm(0.125 in 和 0.157 in),更大的丝束宽度正在研发中。最大的机器可以将 32 条细带整理成铺放材料带,一些机器的铺放头具有切割能力和重新单独启动每束丝/粗纱的能力,所以带宽可以在铺贴过程中裁剪。自动纤维铺放机供应商声称它们机器的铺放速度高达手工铺贴工艺最大速度的 10 倍。自动纤维铺放机的铺放头往往更小,具有的控制程度比自动铺带头更高,因此可以达到较小的角度,制造形状更复杂的零件。由于这种设备更复杂,所有自动纤维铺放系统也比自动铺带系统更昂贵。

树脂传递模塑(及派生)　通过树脂传递模塑(RTM)及其许多派生工艺,可以低成本生产出从简单的平板到带有许多整体凸缘和加强筋的非常复杂形状的复合材料零件。在这些工艺中,有些使用闭合的双面模具,有些使用单面模具,用真空袋来确定零件的形状。但它们都有一个共同的特征,即将干的增强纤维铺放在模具中,每次模具闭合或真空袋封装后,注入液体树脂浸渍纤维。传统的 RTM 工艺采用闭合的双面模具,在适度压力下通过一个或多个注入口注入树脂,润湿纤维并充满型腔。航空航天应用的一个重要派生工艺是 VARTM(真空辅助 RTM),采用真空技术,将树脂从一个或多个注入口注入,这将有助于树脂分布和减少截留空气气泡的机会。航空航天已应用的另一个派生工艺是树脂膜渗透(RFI)工艺,在铺放干纤维之前,先将一层或多层树脂膜铺放到模具上。整个铺层用真空袋包覆并加热,有助于真空压力通过纤维层加到树脂上。一旦纤维完全饱和,零件可以在室温固化或者加热固化,这取决于所使用的树脂。使用单面模具和真空袋工艺是否需要附加热压罐压力以充分压实零件，取决于所使用的材料和零件的形状。RTM类工艺的主要优点是：能够一次注胶生产出具有许多不同特征（加强筋、凸缘，甚至金属镶嵌物）的高度整体化结构，因此非常经济；这是复合材料最基本因而是最便宜的使用形式（干纤维和非混合树脂）；能够制造不受热压罐成本和尺寸限制的零件。从航空航天角度看这些工艺的主要缺点是：需要低黏度类型的树脂，这通常意味着最终零件的韧性比预浸料树脂低；一般需要最终零件中的树脂含量高于预浸料（即每单位强度的重量较高）；以及树脂流动过程中夹带空气或纤维移动（即各批零件的高变异）的概率比预浸料大。

固化后工艺　固化后，航空航天零件通常需要修剪和加工操作以达到其最终形式。这些操作通常包括修剪零件周边，去除多余的材料和钻制紧固件孔。对设计师和车间人员的一个重要提示是，复合材料零件加工所需切割刀具与金属零件加工刀具类型不同，进刀量和转速也不同。复合材料一般要求使用硬质合金或金刚石刀具，采用较高速度（较高转速）和较低的进刀量。复合材料钻孔时，层压板背面必须有支撑物（如用木块），否则，层压板背面可能会发生纤维的崩裂和分层。玻璃纤维和碳纤维基本上属于陶瓷，往往采用钝的刀具快速切割。若刀具不是非常锋利或者切削速度太低，芳纶纤维难以切干净，往往留下一个“毛茸茸”的边缘。当试图配合钻制复合材料和金属零件装配用孔时，进刀量和转速问题就可能是一个特别的挑战，需告诫新设计师，应尽可能避免这种情况。无论修边或钻孔，层压板的加工边缘都可能是提供水分侵入零件的位置，特别是沿纤维/基体的界面。存在这个问题的地方，在涂底漆和面漆之前，可以在加工边缘刷涂低黏度、室温固化的树脂（如层压的环氧树脂）并使其固化，以便填补任何小空隙或微裂纹。

通常情况下，下一步操作是零件装配制成更复杂的结构组件。这可以依次安装附加的结构特征（如加强筋）、安装小零件（如舱口盖），或者安装其他零件形成一个较大的装配件（如机体结构）。复合材料结构常用的两种不同装配工艺是：胶接连接和螺栓连接。在某些情况下，两者都使用相同的接头，但这些不会在本章进行讨论。

由于胶接或螺接装配的选择对零件设计和工艺要求有重要影响，因此必须在研发早期做出决定（在复合材料装配的背景下，术语“螺接”一般是指所有的机械紧固方法）。不管对哪种装配方法，与配合零件重叠的复合材料零件的表面必须具有平滑和准确的外形。对单面模压工艺（如真空袋模压成形工艺），这种表面的最佳选择是称为“贴模面”（即由模具形成的表面）的一侧，因为贴袋的表面是粗糙的和不控制的。若装配件的表面不可避免地使用真空袋，则在制备固化复合材料层压板时，可以在真空袋内放置橡胶压垫以形成一个相当光滑的表面。若选择胶接装配工艺，固化的复合材料零件的配合区（又名搭接面）则必须是适宜的粗糙表面，为胶接作准备。常用的一项技术是在“搭接面”上加一层被称为“剥离层”的材料，铺贴时作为层压板的表面层，固化后，只是在胶接前才从表面撕去剥离层，留下粗糙、龟裂的环氧树脂表面。在某些情况下（如某些应用和一些复合材料），这已为胶接提供了适当的表面;在其他情况下,需在去除剥离层之后进行额外的工序,如喷砂和清洗,才能实现高强度胶接。有关复合材料胶接和螺接连接技术的进一步细节,在本章第2.5.2节给出。对工艺选择而言,另一个与接头相关的重要问题是:厚度控制。在单面模压工艺中,固化层压板的厚度只能由铺层数和单层厚度控制。由于铺层数一般是由强度和/或刚度影响而确定的,复合材料随不同的批次,可以很容易产生±5%或更大的厚度变异,固化后的层压板厚度不是一个很容易控制的参数。若厚度对配合零件的装配很重要,那么,设计师可以考虑采用双面模压成形工艺,如RTM。一个备用方案,已成功地应用于一些采用单面模压成形工艺的项目,即在搭接面上放置几层牺牲层,固化后加工层压板至所需的厚度和外形。设计师在考虑选择不同的设计和工艺时,需要考虑因附加材料和加工操作引起的成本。

2.4.2 模具成形方法

模具设计是早期设计和研发过程中必须考虑的一个重要问题,因为模具影响最终零件的质量和性能。大多数飞机复合材料零件是在高温下固化的,在固化期间,模具和层压板之间有许多与温度相关的相互作用,影响最终零件的力学性能和尺寸精度。第2.2.4节简要提到的“零应力温度“和残余应力问题与高温固化相关。模具的设计对这些问题可能会有显著的影响。以下段落提供了通常用于制造这些模具的材料及其构型工艺的介绍,并给出了用于解决设计问题的方法的概述。这里的重点是用预浸料在单面模具上制造零件,因为这是最常见的工艺。

模具可以用各种不同的材料制成。最常用的有:玻璃纤维/环氧树脂复合材料;碳纤维/环氧树脂复合材料;铝合金;殷钢和镍(通常镀在钢上)。用于模具制造的复合材料与零件用复合材料不同,因为模具用材料一般采用很重的织物和针对低固化温度制造工艺定制的树脂。可以选择内部的复合材料工厂来制造复合材料模具,也可以选择一些专注于一个或多个材料类型和施工工艺的“模具公司”来制造,他们的专门知识或技能对新设计师是非常宝贵的。然而,由于模具影响最终零件的性能,因此,模具设计的许多方面仍然需要由零件设计师考虑。

推动模具材料选择的主要问题是零件的固化温度(125℃或175℃(250°F或350°F))、零件的曲度以及零件所需型面的精度水平。若模具是由复合材料制造的,那么,零件的固化温度对于选择模具用树脂就是重要的问题。但是,选择模具材料的最大因素是模具与零件之间热膨胀系数(CTE)不匹配引起的潜在影响。当固化温度从室温升高到所需的固化点时,由具有高热膨胀系数材料(如铝合金)制造的模具将显著伸长(并可能翘曲),当温度回到室温时显著收缩,从而影响最终固化状态零件的尺寸精度。由具有非常低的热膨胀系数材料(如碳纤维/环氧树脂或芳纶纤维/环氧树脂,两者的热膨胀系数近似为零)制造的高曲度零件,在冷却循环期间,因热膨胀系数较大的不匹配引起的应力,足以导致零件结构失效。基于这个原因,铝合金模具一般只用于平面的或适度弯曲的零件。这种影响对玻璃纤维/环氧树脂零件不太明显,因为这些材料具有更高的热膨胀系数,然而对尺寸精度的影响仍然是显著的，特别是在较高温度的固化周期。为了尽可能减少模具的热膨胀问题，高曲度或有严格公差特性的碳纤维/环氧树脂零件通常在碳纤维/环氧树脂或殷钢模具上制造，因为这些模具材料的热膨胀系数很低。镀镍钢模具的热膨胀系数也相当低，可以在许多情况下使用。

选择模具材料时应考虑的其他问题是：寿命、成本和热容量。复合材料模具寿命一般只有200～500个零件的制造周期，但是，这强烈地依赖于材料的选择和使用的固化周期。另一方面，金属模具的寿命几乎无限。在一般情况下，金属模具的成本比复合材料（尤其是殷钢或镍）高，确定材料的成本考虑需要根据零件的总生产运行成本，而不只是初期的模具成本。术语“热容量”是用来描述模具的总热容量。由于金属模具的热容量较高，需要获得比复合材料模具更多的热量和时间来提升热压罐或烤箱内的温度，冷却也要花更多的时间，这对于殷钢和镍镀模具也是特别正确的。大型模具的升温和降温问题能显著增加每个零件的总循环时间和能量成本。

复合材料模具通常采用两步法工艺制造。首先，选用一种合适的材料，如木材、聚合物“工装板”或铝合金等加工制成“主模型”，这取决于长寿命和模具加工处理的考虑。主模型必须提供一个准确、真实表现最终零件的模制表面，包括所有的“模压”特征。然后，在主模型上铺贴所选的模具用复合材料并固化，制成阴模。复合材料模具上通常要添加结构支撑材料，以增加其刚性并帮助搬动（如脚或脚轮，叉车槽）。若在将来的某个时间，可能需要从主模型上翻制另一个模具，如由于第一个模具已达到其寿命，因此，主模型应由实心稳定的材料制造，并应小心保存。金属模具一般都是跳过主模型的步骤，直接加工金属毛坯成所需零件表面的阴模（但是，有一个模具镀镍的过程，采用真空室沉积法将镍镀到主模型上）。无论何种模具制造工艺，现代CAD技术大大改善了模具生产的进度和准确性。一旦设计师完成了零件的CAD模型，表面几何形状就可以直接转移成主模型或模具所需的表面，用于主模型或模具的加工。模具制造完成后，同样的CAD几何模型可以通过和数字检测数据的比较来检查模具，那些数据是由一个坐标测量机获得。

大多数复合材料零件的制造过程涉及一些额外，或“辅助的”工装，如修整操作或制孔用的夹具。若主模型作为模具制造过程的一部分，这些辅助工装可以通过在主模型上铺贴模具用复合材料，很容易制成。若采用低温固化的工装材料，如钻套这样的硬点就可以直接插入到铺层中。若主模型不可用，辅助工装就可以通过机械加工制造，使用与模具定义相同的CAD数据集。

2.4.3　质量保证过程

复合材料结构制造过程中，通常采取一系列质量保证过程，以确保最终产品的性能。这些措施包括：材料采购控制（即材料规范），材料的验收检验，模具准备和铺贴操作的质量控制，固化过程的质量控制以及最终产品的检验。

飞机用复合材料总是采购有详细规范的材料，以保证严格的质量控制。与金属材料不同，很少有政府颁发的、充分覆盖现代航空航天复合材料的规范（如军用规范)。结果是所有的飞机制造商甚至许多零件设计公司都编制了它们自己的材料规范,而这些规范在质量和测试要求方面往往存在很大的差异。但有一些共同的特点值得一提。所有这些规范都要求材料供应商在批次基础上完成详尽的化学和力学性能试验,以确保一致性。对于预浸料,则被经常要求逐卷进行测试。许多客户还要求在它们自己(或其分包商)的设备上进行产品接受检验时,完成附加的逐批/逐卷的测试。材料规范和所有这些测试的目的是在进行结构初始鉴定/认证时,确保材料性能持续满足性能标准系列。

从2002年开始,CMH-17和汽车工程师协会(SAE)组成一个称为AMS P-17(在SAE的主持下)的团队,以解决航空航天级复合材料用工业标准材料规范的缺乏问题。凭借来自材料供应商、OEM、零件制造商、感兴趣的政府机构(如美国联邦航空局,国防部,美国国家航空航天局)和学术界的广泛代表性,该团队正在努力工作,以形成可广泛用于采购始终如一、高质量复合材料的规范。鼓励新设计师在他们认为可用的地方使用这些规范,以适应他的需要。

航空航天复合材料零件和组件的生产一直是由详细的工艺规范来控制的。这些规范通常由飞机制造商或零件设计公司制备,用以控制制造过程中所有的重要步骤。这些规范的目的是确保所有零件在结构初始鉴定/认证过程中满足性能标准系列。为了实现这一目标,工艺规范必须控制生产过程中可能影响最终零件质量的所有方面,包括:材料处理、模具准备、铺贴操作、固化过程、检验和精加工操作(如修剪、涂漆)。材料处理控制对于贮存寿命有限的材料特别重要,如预浸料和胶黏剂。模具质量通常是通过定期检查和再次认证要求来控制的。铺贴模具的准备(如去除涂层)通常是通过检查工艺记录以及铺贴操作人员在使用该模具之前的目视检查。铺贴操作是确定零件最终质量的关键一步,从质量控制角度来讲也是有难度的一步。铺贴期间可能发生的典型质量问题有:压实度不足、铺层错位、夹杂异物材料(如未完全去除的预浸料背衬膜)、遗忘铺层、胶接表面的污染、材料的切断/纤维断裂。为了避免这些问题,大多数公司要求对铺贴操作人员进行专门培训并颁发证书。通常有两种方法用于验证铺贴操作的质量:①由质量评估人员按规定的工艺步骤进行检查;②由铺贴操作人员自己检查和核实铺贴操作。近年来的总趋势是把责任放在铺贴操作人员身上。

有一些用于验证固化工艺质量的常用方法:审查固化记录、测试与零件同时固化的随炉试件。若结构已经生产了一段时间,材料/工艺也有很好的控制,并对工艺变化的全范围和影响都了解,那么,固化工艺质量就可以简单地通过固化记录的持续审查得到充分控制。然而,对于较新的零件和知之不多的材料/工艺,有一个相当普遍的做法,每个零件,或者进行固化零件的每个载荷(如每个烘箱的载荷或每个热压罐的载荷)都带有随炉试件。固化后,随炉试件经受工艺规范中规定的一系列试验,以验证层压板的质量。

大量技术可用于有效检测最终零件可能存在的缺陷或损伤。这些在生产中经常使用的技术有：目视法、脉冲回波法（单面接入）、透射超声波（双面接入）、热敏成像法、错位散斑干涉法和X射线法。按归类，这些检测通常简称为NDI（无损检测）。一般的做法是：在完成全部修剪和制孔操作后，但在涂覆任何防护涂层（如底漆，涂料）前，采用选定的技术对零件进行检测。对于玻璃纤维/环氧树脂层压板零件，所有零件通常都需要目视检查，因为采用明亮的背光透过零件，目视就可以很容易验证层压板的质量。这种技术适合发现夹杂、分层、裂纹，如微裂纹和孔隙这种基体缺陷的明显积累。对碳纤维或芳纶纤维零件，通常采用超声波检测层压板的质量。常用的超声波技术适用于发现分层、密集的夹杂物和如微裂纹和孔隙这种基体缺陷的明显积累。但是，超声波很难发现与树脂密度类似的夹杂（如预浸料背衬膜，若与层压板很好地胶接到一起），通常也无法发现裂纹。X射线可以成功地发现裂纹，也经常用于检测蜂窝夹层结构，检查蜂窝夹芯中是否有水。

本节仅提供了飞机复合材料结构生产中质量控制问题要点的简要概述。对更深入的信息有兴趣的读者可参考本卷第6章。

2.4.4　工艺选择的考虑因素

如上所述，有大量可用于制造复合材料零件的工艺，但选择的工艺对制成的复合材料零件质量和性能会有显著影响，设计师需要了解这些影响，并应直接带到最后决策中。许多问题都涉及工艺选择，但最重要的一些问题如下所述：

- 可用性：特定工艺是内部可用的吗？是分包制造的一个选项吗？若是的话，有没有首选的供应商？

- 零件构型：零件几何形状是否约束或提示需要采用特定的制造方法？若零件是管状的，可建议采用纤维缠绕或编织。若零件几何形状复杂，各面都要求模具表面控制，可建议采用RTM工艺。若零件更类似平板或曲板，那么，采用单面模具手工铺贴成形工艺具有明显的可能性。

- 模具：制造人员有采用特定模具的偏好，这些是否限制工艺的选择？如若他们因操作便利或低热容量而喜欢采用复合材料模具的话，就可能排除某些RTM和自动铺贴工艺，因为这些工艺需要金属模具。

- 成本：项目经济状况是否不宜采用资本密集的工艺，如自动铺贴？或者项目是否有足够大的生产量，是关注高劳动力成本的手工铺贴成形，还是投资自动化设备？

- 质量：质量是否是高于一切的要素，或是该零件需要非常高精度的铺贴？若是的话，应考虑具有高可重复性的自动铺贴工艺。

- 资质要求：由于具有可用的设计许用值数据，设计师是否想要使用某个特定的复合材料？这些数据将针对特定的制造工艺形成，这显然限制了工艺的选择。

上面的两节（2.3和2.4节）应该已经清楚地表明，材料选择、工艺选择和模具设计都是互相关联的，并且都对最终复合材料零件的质量和性能有显著影响。在任何新零件设计方案中，这些决定需要以一体化方式靠近，设计师需要了解所进行的选择的影响。这些章节只对该主题提供了一个简要的介绍，鼓励读者评论本卷第 5 章以及参考文献 2.1(a)和(b)的相应章节。

2.5　结构概念

大量可用的复合材料及其固有的设计灵活性，与许多可使用的不同制造工艺相结合，能够产生各种各样的结构方案供设计师选用。以下章节提供了有关飞机复合材料结构常用的主结构类型(如层压板与夹层结构，胶接连接与螺栓连接；高度整体化部件与分别装配的部件等)的简要概述。其目的是为那些对复合材料新领域相对陌生的人提供充足的信息以了解基本的优点和缺点。

不同结构类型的优缺点与材料自身和制造工艺的固有利弊之间有着高度的交叉。因此，本节中的信息必定会覆盖本章其他节的某些信息。在此告诫读者，不要只阅读本节的内容，还需要去理解本章所讨论的所有工程问题的背景。它们在一起构成范围广泛的、设计师作设计决策时需要重视考虑的因素、优点和缺点。

2.5.1　基本结构类型

飞机复合材料结构中常用的基本构型有三种：层压板，夹层结构和加筋蒙皮。层压板是仅由纤维增强铺层铺贴成零件最终形状而制成的一种构型。对主要关注面内强度或刚度，或零件形状可提供足够刚度(如飞机垂尾翼尖整流罩)的情况，这是重量效率很高的设计和制造简单的结构。遗憾的是，飞机结构的许多地方还需要关注面外强度和/或刚度，对这些情况，无论是夹层结构或加筋蒙皮构型都可使用。

夹层结构制造与层压板制造几乎一样简单，将一层夹芯材料(如巴沙木、泡沫或蜂窝)放置在铺层之间。对于受载小的结构，夹层结构可以制成能有效提供抗弯刚度的结构。夹层结构的一个范例是多数大型商用飞机的机翼-机身整流罩。夹层结构主要关注其耐水性和抗损伤性的问题。若载荷低，夹芯任一侧的薄面板会很薄(2 层铺层以下)，但只要夹芯足够厚，仍可以提供较高的刚度。遗憾的是，经验表明，随着时间的推移，这些轻的薄面板倾向于产生微裂纹，使水分进入夹芯区，增加了重量并削弱了薄面板和夹芯的胶接。为避免此问题，已形成了飞机总体设计的一条“规则”，薄面板不应少于 3 层或 0.36mm(0.014in)厚(以较高者为准)。经验还表明，轻的夹层结构非常易于遭受冲击损伤。如下面第 2.6 节将讨论的，夹层结构上会存在严重损伤，却只有很小的表面迹象，这是一个问题。

加筋蒙皮构型描述了一种由成排或网格状加强件抵抗面外弯曲的实心层压板蒙皮结构。加强筋可以是金属的或是复合材料的，若是复合材料的，可以通过固化、胶接或螺接定位。若加强筋是用于蒙皮材料相容的树脂制成的，则可以与蒙皮直接固化，用模具保证加强筋的定位，并采用同一个固化周期以制造完整的结构，这就是共固化工艺。若这两个零件(蒙皮或加强筋)其中之一在组合之前是预固化的，那时，通常要用胶黏剂进行连接，通过固化周期形成组合结构。这就是共胶接工艺。若被组合在一起的两个零件都是预固化的，则要用胶黏剂实现连接，这就是二次胶接工艺(“二次”是因为胶接过程是在零件固化后的第二次固化过程中完成的)。无论采用何种制造工艺组装结构,加筋蒙皮结构对强度和抗弯刚度具有重量效率高的优势,同时也具有良好的耐水性和耐损伤性。损伤容限来自提供局部“载荷降低”的加筋元件,它能在局部降低蒙皮应力,有助于抑制损伤增长。但加筋蒙皮构型涉及的模具比层压板或夹层结构的更复杂,因为既需要成形蒙皮的模具,又需要成形加强筋并把加强筋安装到蒙皮上的模具。对于共固化或共胶接结构,这附加的模具还必须能够承受层压板的固化周期。此外,加筋蒙皮设计要求的极限强度和损伤容限的分析方法要比层压板或夹层结构的更复杂。

2.5.2 连接类型

无论何种构型,复合材料结构零件通常都需要通过连接形成更大的组件,通常采用胶接或螺栓连接方式。这两类连接,都被设计成通过面内剪切而不是面外拉伸或压缩传递载荷;复合材料层压板的主强度在面内方向,利用这点可以得到有效连接。胶接连接一般用于较薄的层压板和承受较小载荷的组合件,它们的减重效率较高;螺栓连接一般用于较厚的、承受较高载荷的组合件以及需要拆卸的组合件。以下段落总结了与胶接和螺栓连接有关的重要设计和工艺问题,并提供工程中常用的典型解决方案。但是,对连接设计和分析的进一步细节有兴趣的读者,可参考本卷第 10 章和第 11 章,以及参考文献 2.1(b)中的“胶接和螺栓连接”章节。

胶接连接 在热压罐固化过程中,未固化层压板之间可以形成很强的胶接。以下的讨论将假设要胶接的零件已固化。胶黏剂胶接是连接薄板与中等厚度复合材料层压板(层压板厚度小于 6.4 mm(0.25 in))结构有效的方法,这是因为胶接连接将载荷分散,避免了紧固件孔引起的应力集中。为了得到强有力的胶接,关键在于零件之间预装配的准确性,这可以确保胶黏剂完全填补两个零件(被粘物)在整个搭接区域(接触面)之间的间隙并形成胶接。若胶接是用胶膜而不是糊状胶形成的,填补就显得尤为重要,因为胶膜调整连接各处不同胶层厚度的能力相当有限。

无论胶接是由糊状胶还是胶膜来实现,需要明确指定两个工艺条件:温度和压力。对于许多糊状胶,固化温度范围可以从室温到较低高温(~67℃(150°F))。对于大多数胶膜,需要高温固化(125℃或 175℃(250°F或 350°F))。但在所有情况下,固化过程中必须至少保持中等压力。一旦固化完成,胶接是好是差很难判定。因此,精心选材和工艺控制至关重要。

工艺控制的一个关键是胶接前接触面的制备。有几种可用于制备接触面的工艺方法,包括溶剂擦拭和手工打磨,随后真空除尘;喷砂处理后抽真空;剥离层。剥离层是铺贴层压板时放置在接触面上,用于在固化过程中吸收相邻铺层少量树脂的任何一种干布。剥离层在胶接前从表面剥离,留下粗糙龟裂的树脂表面,从而获得良好的胶接性能。然而,必须精心选择剥离层,因为某些看上去像剥离层(甚至其供应商也这样称谓)的织物都涂有会弄脏胶接表面的脱模剂。在一些应用中,已发现为形成具有一致性高强度的胶接,去除剥离层必须进行喷砂和真空除尘。

一旦形成了高质量的连接，设计师必须考虑，对结构加载时，胶接接头内的应力分布呈现明显的非线性。被胶接体的正常弹性响应，连同胶黏剂的非线性剪切响应，在连接边缘引起胶黏剂的剪应力要比在连接中心的剪应力高出许多倍。而且，在连接边缘胶黏剂中的剪应力也比连接内部的平均剪应力高很多。这些剪应力一般应采用非线性方法分析，不能在胶黏剂平均剪切强度乘面积的基础上分析。本卷第 10 章介绍了胶接连接的分析方法。这种非线性导致的另一个后果是，设计用胶黏剂剪切性能很难由任何简单的搭接剪切试验(如 ASTM D1002)来确定。本手册第 1 卷第 7.6 节提供了确定胶接强度性能推荐方法的指导。

螺栓连接　机械紧固件(螺栓)一般用于连接厚度大于 6.4 mm(0.25 in)的层压板，或用于需要拆卸的零件，或用于改善损伤容限(如阻止分层扩展)。复合材料领域的新人需要认识到复合材料的机械紧固件连接行为不同于金属结构，设计师必须牢记以下的主要差异。一个重要的设计问题是复合材料缺乏屈服特性。在多钉连接中没有屈服意味着施加载荷时，若一个紧固件在其他紧固件之前“底部拉脱”，层压板的局部变形不足以将载荷重新分配到其他紧固件上去，这个紧固件将承受大部分载荷，直到这一点发生局部失效。这种效应在碳纤维增强层压板中因其高刚度而显得尤为突出。解决这个问题的方案可能有几种，首先选择的方案通常是精心选择紧固件孔尺寸和位置公差。另一个螺接的设计问题是复合材料独特的失效模式。这导致了复合材料中紧固件孔的最小边距为 $2.5D\sim3D$(金属材料为 $1.5D\sim2D$)加位置公差，多钉连接中，标准钉间距为 $5D\sim6D$(金属材料为 $4D$)加位置公差(注意：若设计的层压板不是准各向同性(见第 2.2.3 节)，或想要的失效模式不是层压板挤压，或载荷情况复杂，则边距和间距的最佳值可能发生较大变化)。

设计师还必须知道，螺栓安装力矩对挤压和旁路强度有重大影响，因为在压缩/挤压载荷作用下，螺栓头下的夹持力能抑制纤维的局部屈曲。在剪切载荷作用下，夹持力对抵抗紧固件旋转/弯曲也很重要，因为它会引起孔边缘的局部挤压损伤。不管怎样，对复合材料层压板而言，安装紧固件时不能采用与金属结构一样高的最大夹持力，因为这可能造成局部破碎损伤。还必须指出，随着时间的推移，层压板中环氧树脂的黏弹性特性会使安装的夹持力产生一定的松弛。螺接的设计和试验都必须考虑这些影响。

与金属不同，复合材料通常不采用干涉配合紧固件，因为干涉产生的侧向力可能会引起分层；出于同样的原因，通常不建议复合材料采用膨胀铆钉。

为了解决这许多问题，紧固件供应商已经开发了多种复合材料专用紧固件。为解决夹持和旋转问题，通常选用大底角紧固件，底角比金属装配中使用的紧固件更大(即在头部和尾部/螺母下保持较大的区域)。对碳纤维复合材料部件，紧固件通常是由钛合金或不锈钢制成的，以尽可能减少电偶腐蚀问题(参见以下第 2.5.3 节)。同时，复合材料通常只用抗拉头紧固件。另外，值得注意的是，虽然有一些盲紧固件适用于复合材料与金属的连接，但因其尾部成形方法，可能不适用于复合材料与复合材料的连接。对于复合材料领域的新人，与紧固件选择有关的问题，建议向专用紧固件供应商进行咨询，因为有很多不同类型的紧固件可供选用。

显然，复合材料和金属材料的螺栓连接设计明显不同。虽然很高强度的连接是可能的，但设计师需要考虑许多独特的因素。出于认证目的，必须对螺接进行预期使用条件下的全方位试验。本手册第1卷第7.5节提供了有关确定螺接强度性能推荐方法的指南。

2.5.3 零件的装配

在设计包含一个或多个复合材料零件的装配件时，设计师除了考虑对零件连接选择胶接或螺接之外，还必须考虑一些其他的问题，最明显的问题就是确保装配件可以承受预计载荷引起的应力和应变。若包含的零件在连接区附近的刚度有着明显差异时，这就不是一个简单的问题，如在组装碳纤维/环氧树脂和铝合金零件时可能产生这个问题。在这里飞机设计要特别注意的是，复合材料和铝合金结构疲劳性能和寿命的验证/试验要求明显不同；对有关这个主题的进一步细节有兴趣的读者可参考本卷第3章。

在任何包含复合材料零件的装配设计过程中，一个主要考虑因素是不同零件热膨胀系数(CTE)的差异。特别值得关注的是碳纤维增强零件与金属零件连接处，因为大多数碳纤维复合材料的CTE非常低(有些甚至是较小的负数)，而普通飞机金属材料(如铝合金)的CTE比较高。芳纶纤维增强复合材料的CTE也较低，虽然玻璃纤维增强材料的CTE稍高一点，但仍比铝合金的CTE低得多。当装配件在室温下最初放在一起时，可以很好地控制零件的预装配。但是，设计师必须校核在极端温度下的应力状态，以确保装配件有足够的裕度来承受所有预期的载荷。对于简单的结构和分析，可以用层压板理论来确定复合材料层压板“散装件”热膨胀/收缩的影响，这可以用于评估连接的总体应力状态。但对于复杂几何形状和更详细的分析，通常需要采用有限元方法。对更多细节有兴趣的读者应参见本卷第7章和第8章。

凡是碳纤维复合材料零件与金属零件接触的部位，设计师都必须考虑电偶腐蚀问题，因为碳纤维具有足够的电导率来促进这类反应。玻璃纤维和芳纶纤维增强复合材料是绝缘体，不存在这个问题。为了避免碳纤维复合材料和金属零件在装配件中的电偶腐蚀，在界面区域内包含一层绝缘层是很重要的。若装配是胶接连接，常用的解决方案是使用带载体的胶膜，在胶黏剂上的纱布载体专门选择用于提供复合材料和金属零件之间的适当隔离。若装配是螺栓连接，常用的解决方案是在复合材料层压板表面上铺放一层隔离层(如玻璃纤维铺层)。还有一个选择是确保与碳纤维复合材料接触的金属零件是由与碳电位相似的材料制成的，通常的选择是钛合金、不锈钢和蒙乃尔合金。

在考虑装配选项时，设计师需要注意材料/工艺对零件几何形状的重大影响：厚度的变化。设计图样需要准确定义在零件的每个区域有多少层、什么材料在一起固化。但是，由于多数航空航天制造工艺使用单面模具，零件的最终厚度由固化后铺层的组合厚度确定，不取决于模具。不同批次的预浸料往往在厚度上有明显的差异，有时甚至同一批的各卷之间也有差异，通常变化高达±5%，有的可能变化较小，这都取决于材料的形式和供应商。这种变化产生两个设计问题。首先，图样应标注厚度，用作固化条件下零件的参考尺寸。其次，若整个零件需要更精确的厚度控制，应考虑采用 RTM 工艺（即双面模具）。或若仅零件的部分区域需要厚度控制，应考虑在该区域加入牺牲层，固化后再加工到最终形状。玻璃纤维织物预浸料铺层已以这种方式成功地用于碳纤维复合材料（当然，应确保玻璃纤维织物预浸料的树脂与碳纤维预浸料相同）。

在设计采用机械紧固件的复合材料装配件时，需要仔细考虑的另一个问题是夹紧间隙。因为除了最薄的层压板，所有的复合材料层压板都相当刚硬，使配合零件相当紧密地安装在一起，而不是依靠螺栓夹持力安装在一起。典型的"经验法则"是：大于 0.13 mm（0.005 in）的间隙必须在安装螺栓之前加垫片（对金属零件，间隙是 0.76 mm（0.030 in）左右）。若不这样做，层压板中的局部弯曲应力可能会导致局部分层。这种影响在碳纤维增强层压板中因其高刚度而尤为突出。

设计师在研发更大的结构，并考虑选择将较小的复合材料零件装配在一起，还是模压大型整体成形件时，模具和成本问题可能是至关重要的因素（有关大型整体结构也可参见以下第 2.5.4 节）。当选择许多零件的装配时，若装配件是由一些简单的形状（如平面、直线段）组成的，简单的平板件或块状件可能适合采用模压模具，并能提供低成本的解决方案。该方法将在一定程度上抵消由多个零部件装配成最终结构所需的附加劳动。若采用螺栓连接，并要求航空航天用高强紧固件，则装配所需紧固件增加的成本可能特别显著。此外，若复合材料包括高性能的石墨纤维或高性能树脂，在很多零件连接区域所需额外材料的成本可能比单一整体结构使用的材料成本大得多。

由许多零件装配而成的结构关注的最后一个问题是可修理性。一个零件在制造过程中或在使用期间会受到损伤，在这种情况下，若设计考虑了可能的拆卸，则更换、拆卸并修理部分结构会较修理大型整体结构更为简单。设计师在决定要制造的结构类型和要使用的连接类型时必须考虑这些问题。整个修理和维护问题经常被称为"保障性"，有兴趣的读者可在本卷第 15 章全面地了解。

2.5.4　整体化的大型复合材料结构

应用复合材料，有可能一次模压制造出大型整体结构。对小型到中等尺寸的飞机，已用这个方式成功制造出了整个机身。在游艇制造中已模压出超过 30 m（100 ft）长的整个船身。这种方式提供了一些非常有吸引力的经济规模，可以让设计师去研究减重效率高的结构。但也有一些重要的问题，需要在考虑使用大型整体结构时牢记。

值得关注的一个重要方面是风险。大型整体零件意味着需要大型复杂模具，若模具不能胜任制造的话，项目进度以及预算风险是相当大的。若结构需要在一个大型共固化组合件中包括许多复杂的特征，如在一个大型加筋蒙皮结构中，会有很多元件的成套模具，所有这些模具都必须组合在一起成形和压实零件，这就加大了模具的风险。若模具是可接受的，依然存在卸除第一个固化成形零件的风险。若模具准备(去除涂层等)未按计划进行，项目进度和预算都将产生问题。一旦模具证明合适，大型整体结构的生产仍然是一个相当大的金融风险。每一个生产周期都涉及大量的昂贵材料和铺贴劳动，固化过程中发生任何问题的代价将是昂贵的，如真空袋的失效。

一些"简单"的制造也可能引起大型结构的严重问题。若零件是手工铺贴的，设计师需要考虑到铺贴技术人员手的最大触及区大约在0.76～0.91m(2.5～3ft)范围内。这就限制了模具的最大宽度约为1.8m(6ft)，包括周边真空袋密封区域，除非对铺贴技术人员有特殊规定。对某些复合材料，可以在铺层上放置专用护垫，从而允许铺贴技术人员爬上模具。很显然，这不可能用于较轻的夹层结构区域。甚至还有一种情况，技术人员用保护带悬挂在高架吊车上来到达大型铺贴模具的中间，但这种情况一直是个例外。另一个"简单"的制造关注的是材料的外置时间。若结构是铺贴预浸料制造成形的，那么，结构需要考虑尺寸规模和选择劳动力的需求，以便使整个零件可以在材料的正常外置时间内完成铺贴。

在这里关于大型整体结构将提出的最后一个问题是可修理性。若这是结构长期使用寿命的一个重要问题，那么，设计师就必须在修复可能受损的结构时，考虑与可能入选材料和工艺有关的强度、刚度和重量问题，因为更换这样的大型结构，对用户是一个不可接受的选择。

2.5.5 装配成完整的结构

无论是诸如检查口盖这样的小零件，还是譬如机翼这样的大型结构，复合材料零件的设计师都需要了解和解决与将这个结构组装成下一级结构，如完整的飞机相关的问题。完整结构的这些装配操作和性能要求可能会对要采用的构型形成重要的约束。例如，若装配操作本身要求在与配合零件贴合时要将零件弯曲，则非常刚硬的夹层结构或加筋蒙皮这样的构型，至少在连接区域是不适当的。一般情况下，与上述连接、装配和整体化发现的所有相同问题均适用此处，总结如下。

- 应力：零件必须控制与配合结构装配前以及装配中引起的装配应力。在装配过程中，零件必须控制因装配操作以及与配合结构的连接传递来的应力。

- 刚度：与确保组装结构不会有不可接受的挠曲或使用变形一样，由于会引起显著的厚度方向应力效应，设计师还应该仔细分析所有的刚度突变区域，包括与配合结构的连接。

- 热膨胀系数：必须仔细分析两个极端温度下零件和配合结构之间因热膨胀系数不匹配引起的应力，以确保所有零件都仍有足够的强度去承受工作载荷。

- 电偶：若复合材料零件有碳纤维增强体，且配合零件是金属，则连接设计必须考虑电偶腐蚀,如在复合材料零件的配合面加入玻璃纤维织物隔离层。

● 胶接:若与配合零件的连接是由胶接形成的,必须精心选择胶黏剂,胶黏剂应与最终装配件使用中遇到的环境(如流体接触)相容,并在所有预期的极端环境下(如热/湿)具有足够的强度以实现其功能。还必须精心选择胶接工艺,以确保零件性能不受影响(如通过高温固化)。

● 紧固件:若与配合零件的连接通过机械紧固件,紧固件必须与涉及的所有零件相容。若连接工艺涉及配合制孔,此时的操作必须格外小心,以避免损伤复合材料零件,尤其是其中零件之一是金属材料的,因为金属材料和复合材料需要不同的刀具类型以及不同的进给量和转速。

● 配合:配合零件之间的间隙会影响由装配引起的应力。对于机械紧固连接,虽然连接部位配合零件的刚度会对最大间隙有影响,不加垫允许的最大间隙通常是 0.13 mm(0.005 in)。

● 工装:若一个或两个配合零件是柔性的或大型的,则可能需要专用工装来确保精确的装配。该工装需求会限制复合材料结构的设计方案,并可能需要在设计过程的早期加以考虑。

● 成本:若装配涉及特殊紧固件、专业化工艺或昂贵的工装,最终装配过程的成本就可能是一个重要的设计问题,这些问题可能会限制可供设计师选择的构型。

● 可修理性:复合材料零件的设计师必须将与结构相关的寿命问题牢记在心,这也适用于完整的装配件。与配合零件的连接必须能够实现产品整个预期寿命的功能。

以上的简要讨论覆盖了设计师在选择不同的结构概念和构型时必须考虑的众多问题。对这些设计决策关键问题的更多信息,鼓励有兴趣的读者参见本卷第 13 章和第 15 章。

2.6　缺陷和损伤问题

自 20 世纪 70 年代以来,复合材料已用于多种重要的飞机结构。其中多数性能都很好,表明复合材料具有显著的优势。然而,也有一些例外。随着复合材料使用经验的增长,设计师已经意识到,因诸如冲击损伤这样的“真实环境”影响导致结构退化的重要性。因此损伤阻抗和损伤容限已成为飞机复合材料结构的主要设计问题(使用经验的更多回顾在本卷第 14.3 节中给出)。

以下部分叙述了设计师必须考虑结构的缺陷和损伤问题,以及在获得生产资质之前必须进行的结构发展计划。本卷第 13 章提供了本主题的深入处理方法。

术语缺陷通常用来描述由于制造过程直至固化中的一些过失导致零件中质量不合格的局部区域。典型的缺陷类型有夹杂、空隙、脱胶、丢层等。术语损伤通常用来描述固化后零件因某些意外事件导致零件中质量不合格的局部区域。典型的损伤类型有分层、微裂纹、纤维断裂、表面沟槽、孔扩大等。

2.6.1 一般缺陷和损伤的考虑

复合材料结构中的缺陷和损伤可以有各种来源，并有许多不同的形式。特别令人关注的问题是，一些常见的缺陷和损伤对检查零件或使用结构的人员可能不易察觉。这方面的一个例子是，有一片预浸料背衬在铺贴时无意中遗留在铺层之间，并可能很好地胶接到层压板中，因此有些检测技术不容易检测到。另一个例子是因冲击引起的层压板内部的分层区，但层压板表面却没有损伤的迹象。

由于缺陷/损伤及其检测是关系到复合材料结构性能的关键问题，以下部分提供了缺陷和损伤来源及类型的一般性介绍，以及通常用来发现和表征损伤的检测方法。第 2.2 节介绍了与缺陷和损伤相关的材料级别和许用强度问题，以下部分提供了如何通过设计和研究计划解决结构级别的这些问题。

2.6.2 缺陷和损伤来源

2.6.2.1 制造来源

制造异常可能导致缺陷和损伤，如孔隙率、微裂纹和分层，除此之外，还有类似不经意的边缘切口、表面沟槽和擦痕、受损的紧固件孔以及冲击损伤这样的问题。制造过程中的缺陷和损伤来源包括：

- 不合格的材料。
- 不适当的工装。
- 不恰当的铺贴顺序。
- 夹杂。
- 不正确的固化。
- 不适当的加工。
- 违反操作规程。
- 不正确的装配。
- 工具的掉落。
- 污染。

对复合材料结构需要特别注意装配不正确的问题。典型的飞机复合材料相当刚硬，一般不会在失效之前出现屈服。而金属零件可能会在静态失效前屈服，使预应力在某些情况下低于临界值，必须分析复合材料装配件中因装配产生的预应力，并在验收前与静强度要求比较。允许的装配公差取决于材料厚度和结构的几何形状，但一般都远小于金属结构允许的装配公差(如与典型金属结构的装配公差 0.76 mm (0.030 in)相比，某些复合材料应用中采用的最大装配间隙为 0.13 mm(0.005 in))。装配中经常采用像玻璃纤维/环氧树脂层压板制造的这种硬质垫片，以使装配间隙减少到可接受的水平。

通常采用各种技术来尽量减少可能的制造缺陷。通过详细的采购规范和验收检验来控制来料质量，用详细的工艺规范和程序来控制模具、铺贴、固化和随后的操作。而用各种检验技术来检测最终零件质量(见第 2.6.4 节)。然而，目前的质量检验方法不能检测出所有的缺陷类型(如超声波检验不可能检测到无意中遗留在铺贴铺层中间的一片预浸料背衬膜)。因此,设计时必须考虑采用所选检验方法不能发现的、和/或按相关工艺规范是可接受的缺陷大小、类型和位置。注意,还有一些创新的方法来增加某些缺陷的可检性,如使用无损检测可检出预浸料背衬膜。

2.6.2.2 使用损伤来源

使用中损伤有多种来源,都有可能会影响不同的结构区域。最常见的使用损伤来源于冲击事件。使用中损伤威胁(通常影响飞机结构区域)的来源包括:

- 工具的掉落(水平结构的上表面)。
- 冰雹(上表面、前缘和侧面)。
- 跑道碎石(起落架附近及其后面的下表面,尾部)。
- 地面车辆和设备(几乎所有的外表面)。
- 化学暴露(暴露于燃油、液压油、除冰液等液体中的结构)。
- 维护操作(可拆卸的壁板和结构)。
- 磨损(活动面)。
- 雷击(机头和尾部、前缘和后缘;参见第 2.6.2.2)。
- 火焰(舱内及发动机周边结构)。
- 鸟撞(机头和前缘)。
- 涡轮发动机叶片脱落(靠近发动机的结构)。
- 弹伤(军机)。
- 雨蚀(机头和前缘)。
- 湿热循环(所有的结构,特别是靠近热源的结构)。
- 氧化退化(靠近热源的结构)。

来自于这些来源的损伤可能通过重复载荷被加剧。必须根据所用的损伤容限的方法(见本卷第 12 章),评估损伤部位的裂纹扩展,保证在结构寿命期间不会发生裂纹增长或者在定期检查发现之前不会达到临界值。关注的两个特殊领域是:因重复压缩或剪切载荷可能导致的分层扩展,以及铺层削减和胶层这样的应力集中处可能导致的分层和脱胶的扩展。另一个潜在的耐久性问题是螺栓连接孔的磨损和增大。

2.6.3 缺陷和损伤特性

缺陷和损伤可能以多个尺度出现在结构内,从树脂或纤维内的高度局限区域,到胶接或螺接接头失效这样的破损元件。损伤的类型和程度将决定其对结构性能和可检性的影响。由于上面提到的对缺陷和损伤可能漏检的关注,损伤容限对飞机复合材料结构是至关重要的,即含目前特定的损伤水平时,能持续实现其预期功能。要做到这一点,重要的是了解复合材料结构中可能出现的不同类型缺陷和损伤。下面段落介绍了缺陷和损伤的主要类型。本卷第 13 章更深入地涵盖了这个主题。

分层和脱胶 分层出现在层压板内的层间界面。可能形成分层的来源有多种,包括扩展到层间的基体裂纹，以及低能量冲击。两个结构元件之间的脱胶可能因冲击事件引起，也可能是由于胶层的超载或生产过程中沿胶层的非黏附引起。分层和脱胶的危险程度取决于：

● 尺寸——分层或脱胶的尺寸。

● 数量——在一个给定位置的分层数量。

● 位置——在层压板厚度内的位置；在结构中的位置；到自由边缘和应力集中的距离。

● 载荷——分层和脱胶行为取决于载荷类型。大多数情况下，层压板面内拉伸载荷（铺层削减和胶接搭接接头除外）对分层和脱胶的影响不大。然而，在面内压缩或剪切载荷下，因分层或脱胶元件形成的两个子层压板会屈曲，这可能会导致静态或疲劳的分层/脱胶的扩展或局部材料失效。本卷第 12.2.3 节给出了对分层和脱胶临界值的估算方法。

基体缺陷 裂纹、孔隙率、气泡等。这些缺陷一般发生在基体-纤维界面处，或者是在与纤维平行的基体中。这些缺陷可以降低材料的某些性能，但除缺陷分布很广的情况外对结构危险性很小。如小基体裂纹（也被称为微裂纹）的累积可以引起基体控制性能的严重退化，如层间剪切强度和压缩强度。基体裂纹可以使水分或其他液体侵入并可能导致结构退化是重要的二次效应，这是蜂窝夹层结构特别关注的问题。基体损伤对拉伸强度影响的讨论可以在参考文献 2.6.3 中找到。基体缺陷可能会发展成分层，这是一个更为关键的损伤类型。

纤维断裂 这类缺陷可能是至关重要的，因为结构通常设计成以纤维为主（即纤维承受大部分载荷）。最常见的原因是冲击。幸亏纤维的失效一般局限于撞击点附近的区域，并受冲击物大小和冲击能量的约束。只有前一部分中列举的使用中的少数事件才可能导致大面积的纤维损伤。

冲击损伤的组合 在一般情况下，冲击事件造成组合损伤。大型物体（如涡轮叶片）的高能量冲击可能导致元件破损和附件故障。造成的损伤可能有大量的纤维断裂、基体开裂、分层、紧固件破损和元件脱胶。低能量冲击造成的损害较温和，但也可能包括纤维断裂、基体开裂和多分层的组合。

有缺陷的紧固件孔 在制造过程中，可能发生制孔不当、安装低劣的紧固件和漏装紧固件。我们必须认识到，复合材料的制孔技术与金属不同，复合材料制孔（对加工有影响）需要不同的工具、不同的切削刀刃、不同的进刀量和转速。层压板制孔过程中必须在背面有支撑，否则背面可能发生分层。制造规范和程序必须关注这些问题，否则将导致损伤。另一种类型的孔损伤是因使用中重复载荷的循环作用可能引起孔的伸长，特别是间隙配合的紧固件或是不适当的选材和/或层压板铺层取向。

2.6.4 使用中缺陷和损伤的检测

生产和使用中经常采用各种检验方法来发现和表征复合材料结构中的缺陷和损伤。第 2.4.3 中描述了制造检验技术。使用中也采用检验技术来保证结构满足飞机的持续适航要求。下面段落概述了飞机复合材料结构常用的在役检验方法和程序。

在役检验程序通常涉及多种检测方法，按适当的计划定期进行检查，并必须在损伤使性能退化到不可接受的程度前就能可靠地检出。由于经济上的原因，在役检验程序往往依赖于频繁的简单检查（一般是大范围），以及不太频繁但更集中的检查（一般是局部区域）相结合。历史上，飞机的在役检验主要依赖对零件表面的目视检查。典型的飞机定期检查如下：

● 巡回检查——远距离目视检查以发现孔洞和大面积凹陷或纤维断裂，即易于检出的损伤。

● 一般目视检查——对有冲击损伤迹象（如凹痕、纤维断裂）或其他结构异常的内部和/或外部结构，在较大范围内进行细致的目视检查。目视检查需要充足的照明和适当的通路靠近目标（如拆卸整流罩和舱门，使用梯子和工作台）。目视检查还可能需要辅助检查设备，如镜子以及表面清理。

● 详细的目视检查——对有冲击损伤迹象或其他结构异常的内部和/或外部结构，在相对局部范围内进行严格的近距离目视检查。目视检查需要充足的光照和适当的通路靠近目标。目视检查还可能需要更高级的辅助检查设备和技术（如透镜、用光线在清洁元件上扫掠）以及表面清理。

● 特别详细检查——采用无损检测方法（如超声、X 射线、错位散斑干涉法等）。对不可见损伤的特定位置进行检查。

考虑到在结构整个表面应用其他无损检验方法牵扯到成本和时间问题，对初始损伤的检测还会继续使用目视检查方法。光学技术的进展（如激光超声）能大面积快速对结构进行损伤检测，然而，这些检测用设备的高成本对大多数飞机运营商而言，仍然是实施的障碍。

初始检出损伤后，通常用更为详细的目视测量和各种无损检测技术来量化损伤的程度。损伤位置、凹坑深度或裂纹长度通常都需要进行表面测量。经常使用敲击测试（如“硬币敲击”）来粗略测量表面层下的损伤程度。在役时用脉冲回波超声法进行检测，来更精确地测量表面层下的损伤程度，此方法要求有专业知识并经过一些培训，且只能单面检测时应用。这些方法应用简单，不必拆卸结构，但会得出主观的结果。当飞机结构修理手册（SRM）为结构的不同部位提供最佳检验技术的操作指南，以及为结构的不同部位提供各种损伤类型严重性的指导时，检查是最有用的。第 2.6.5.1 提供了在研发计划中如何编制飞机结构修理手册的指导。

2.6.5　设计和开发过程中缺陷和损伤的处理

2.6.5.1　总体设计和研发的考虑

设计师必须确定第 2.6.2 节讨论的哪些缺陷和损伤源与正在研发的结构有关，并在设计与开发计划中包含这些因素。虽然冲击损伤是主要的设计问题，但重要的是要指出，损伤容限是必须满足复合材料结构寿命期内会产生的所有可能差异的更广泛的要求。无论是制造中或服役期产生的差异，设计程序都需要制定所有可能重大缺陷和损伤类型的接受/拒绝标准。验收范围的缺陷和损伤必须用设计分析来支持，而对于主结构，通常需要有试验计划来证明存在这些差异结构的极限强度。此外，根据所用的损伤容限方法（参见本卷第 12 章），循环载荷下的试验可以要求任何损伤或缺陷都不会在结构寿命期间发生扩展，也不会在定期检查发现之前达到临界值。

对于在役损伤，设计师通常需要进行使用环境下损伤威胁的详细评估，包括威胁类型、强度等级（如能量）和估计发生的频率，所有这些都作为结构位置的函数。必须确定由各种威胁造成的损伤水平，通常是通过冲击评估（在第 2.6.5.3 中讨论）。

对冲击威胁特别值得关注的是，结构性能的严重退化有可能发生在表面很少或没有损伤迹象的结构中。由于在役检查主要依赖目视方法，复合材料工程界已经制定出“目视勉强可见冲击损伤”（BVID）的概念作为损伤容限的准则。为了执行这个准则，复合材料飞机结构设计师必须进行详细的冲击评估，并确定可能引起目视勉强可见冲击损伤水平退化的那些最严重威胁。

对所有在役损伤威胁，具有不同损伤程度的飞机结构必须能承受不同的载荷水平（极限、限制、安全飞行载荷），这取决于损伤是否或何时被发现（参见第 2.6.5.1）。若结构中存在损伤（实际的损伤威胁），且可能在飞机寿命期内都会漏检，如直至目视勉强可见的损伤，该结构在其全寿命期内必须仍能承受极限载荷。带有更多可检损伤的结构通常要求在几个检测周期内能承受限制载荷。飞行人员已知在飞行期间发生损伤的结构（如鸟撞）需要能承受“持续安全飞行”载荷。对主结构，认证机构通常要求用试验验证带有不同程度损伤的结构具备足够的承受性能。这些细节要求已在适用的法规中给出，也在本卷第 3 章和第 12 章进行深入探讨。

对影响飞机安全性关键结构（如机翼、机身和尾翼结构），设计师还必须考虑罕见的（也被称为“无赖”）制造缺陷。为保证飞机安全，带有这样缺陷的结构必须具有限制载荷承受能力。这一类的缺陷超越了工艺规范的限制，用选择的检测方法无法检出。必须确定这些缺陷的尺寸，作为设计准则研发计划的一部分。典型实例包括严重污染的胶层表面和夹杂，类似铺贴时无意中遗留在铺层之间的大片预浸料背衬纸。更多的信息参见本卷第 3 章和第 12 章。

2.6.5.2 具体的设计思路和方法

有一些设计方法可用于解决损伤容限问题。常用方法之一是所谓的“无扩展方法”。该方法要求所选用的材料和层压板以及采用的成形方法，应能使结构中的缺陷和损伤不会在服役使用期间出现任何有害的扩展。值得关注的特殊区域是由于重复压缩载荷或剪切载荷作用下分层可能快速扩展的区域。为了支持这个方法，尤其重要的是评估可能未被发现的缺陷和损伤，确保不发生有害的扩展。对于商用飞机，“无扩展方法”的具体要求应通过试验验证（见参考文献 2.6.5.1）。

在必须是抗损伤的结构（即抗损伤萌生）设计过程中，另一个常用的方法是采用层压板或加筋蒙皮结构而不是夹层结构。人们已经发现，层压板和加筋蒙皮通常更耐冲击损伤，尤其是相对受载较小刚度主导的结构（见参考文献 2.6.5.2(a)）。通常情况下，加筋蒙皮的设计制造要比夹层结构更为复杂。但对于那些抗损伤是主要设计考虑的结构，设计师可以为夹层结构设计增添额外的材料或采用其他的设计特征，以解决损伤问题，但这可能抵消使用夹层结构方法的制造收益。

必须解决与特定损伤相关的设计考虑是，可能发生不合格的制孔（超大）以及间隙配合或紧固件丢失等问题。认证机构一般要求任何高载荷紧固件方案的设计验证应包括一些开孔假设（或填充但未夹紧，都会导致更大的缺口敏感性）。这通常是通过采用半经验分析和试验的方法来处理。

由于在役检查很大程度上依赖于目视方法，BVID 准则必须保守地定义通过在役检查不可能确定发现的损伤限制值，因此这就要求结构必须满足极限承载要求。然而，对于 BVID 而言，指定什么是“目视勉强可见”是一个重要的问题。过去对可见门槛值的解释有些主观，不同的商业和军事应用一致定义的最小目视可见凹痕深度为 0.25～2.5 mm(0.01～0.10 in)。法国宇航公司表明，详细的目视检查发现 0.3～0.5 mm(0.01～0.02 in)凹坑深度的概率超过 0.90（见参考文献 2.6.5.2(B)）。然而，凹坑深度的使用存在几个缺点。首先，凹痕深度并不总是能很好地表征潜在损伤程度；这可以在第 2.6.5.3 中找到。第二，已经表明，凹坑深度可以随时间衰减（由于凹坑“松弛”作用）为初始深度的三分之一（见参考文献 2.6.5.2(c)和(d)）。因此，检验准则和 BVID 门槛值应基于衰减的凹痕深度建立。详见本卷第 12 章第 4 部分。

一个重要且经常强调的设计问题是需要考虑对使用的支持。飞行关键结构的主要例子是需要解决检查的可达性和修理设计。这些问题都应在设计过程的早期给予考虑，不能只是在准备制订在役检查指令和结构修理手册时才考虑。本卷第 14 章提供了对这一问题很好的叙述。

2.6.5.3　飞机检查程序的制定：冲击评估

对冲击损伤问题常用且切实可行的方法是进行冲击的评估，这涉及对不同结构元件施加一系列冲击损伤。这些努力必须小心地运用有代表性的冲击事件，并应采用无损检测方法（如透波法超声）和破坏性手段（如显微镜检测）准确测量造成的损伤。涉及的冲击变量和结构元件的范围应涵盖所有预期的在役损伤威胁。冲击评估应在研究早期进行，因为结果可能会显著影响到材料和结构概念的选择。任何重大设计更改应在后面的程序中进行补充评估。

冲击评估的首要目标是确定详细设计的临界损伤情况，还必须提供所推荐的在役检查方法的可检门槛值和检出概率。这通过运用在役检查技术检验遭受的损伤并与更复杂的实验室方法的结果进行比较来实现，这些数据对编制在役飞机检查使用说明有很大帮助。

冲击评估的另一个重要目标是建立典型损伤（不同类型、尺寸、位置）和相应结构退化(剩余刚度和剩余强度)之间的关系。这信息是通过对受损结构进行加载试验来产生的。这些关系在编制结构修理手册过程中非常有用,因为它们为确定不同损伤的危险程度提供了基础。请注意,结构最小重量往往与结构修理手册中大的许用损伤尺寸和修复尺寸是不相容的。因为飞机结构重量直接影响航程和有效载荷等性能,目前的大趋势是为尽量减少重量必然要增加维修成本。对已表明容易受损并需经常维修的零件,应考虑增加结构厚度以提高损伤阻抗。为确定适当的最小厚度,冲击评估会是有价值的数据来源。

进一步的冲击评估信息以及与损伤容限相关的设计问题参见本卷第 12 章。

2.7 寿命的考虑

工程结构必须在指定的寿命期内履行其预期的功能。在使用期限内,复合材料零件需承受结构载荷、外部环境暴露、损伤、维护操作等,这一系列事件通常被称为工作环境或使用条件。为了确保结构在使用期限内始终保持良好状态,设计师必须考虑使用条件参数,即使是初步的,但必须估计到其中的一些可能。维护及检查大纲必须基于这些参数和所需寿命来编制。事实上,一旦飞机服役,使用环境甚至指定寿命是频繁变化的。为结构制订的维护和检查大纲必须具有足够的灵活性来考虑这些变化。本节重点列举了一些有关使用条件参数、检验大纲和结构寿命的经验教训。

2.7.1 环境退化

复合材料零件对环境敏感,水分渗入、紫外光降解和使用温度都会影响结构性能,工作环境可以大大地改变零件的寿命。如已转变用于水上救援任务的商业运输直升机,大多数时间将在海边环境下飞行。这种环境的变化将增加海水暴露的机会并可能急剧地增加结构的退化速度,超出初始的基准情况。若在研发过程中没有考虑这种可能性,那么检查和维护计划,甚至结构的规定寿命都应改变以适应新的使用环境。

2.7.2 维护问题

制订检查和维护大纲必须与结构的初始研发同时进行。这个程序必须通过对可能出现的超载、环境恶化、冲击损伤等事件的影响进行评估,确保结构的持续适航性;也应该评估因自身维护检查可能产生的损伤。如对带螺纹紧固件的反复拆卸和更换,若螺纹擦伤了边缘或者紧固件没有拧紧到合适的水平,就可能对复合材料结构的孔边缘处造成损伤。

修理和检测技术的进步可以完全改变零件的寿命。在结构保障中吸收新技术,将会减少维护负担并增加寿命。初始检查和维修计划应该有足够的灵活性,以易于吸收有用的技术变化。

2.7.3 与“任务谱”变化有关的问题

飞行任务谱是军用飞机结构工作环境的重要组成部分。设计的结构应满足往往是基于预期飞行剖面、有一定假设的任务要求。在任务谱中甚至一个相对较小的变化，也可能会导致结构耐久性的显著变化。如若最初设想小型战斗机携带的武器在着陆之前被消耗掉或被弹出，那么，携带完整无缺的外挂武器正常返回基地就是一个变化。另一个看似微小的任务剖面的变化可能是喷气式战斗机例行携带外挂执行漫长的战斗巡航任务，若这不是最初假定的任务谱的一部分。由于这些“次要”的工作环境的变化，需要考虑疲劳载荷的增加引起检查大纲的变化和结构许用寿命的随之下降。

虽然新的结构设计和研发计划不可能考虑到预期使用条件的每一个可能变化，但至少要谨慎考虑放宽工作环境参数，这将增加结构的可用性和寿命，以及限制任务谱的变化对飞机维修计划的影响。

2.7.4　环境管理

制造废物流程的管理和使用后回收的问题已开始成为复合材料结构寿命周期中的重要因素。特别是欧洲，已经开始对许多类型的产品制造商施加监管压力，以减少对环境的影响。没有明确的建议可以提供给读者，因为在写这篇文章的时候，还没有出现明确的监管要求信息。然而，读者应该确保认识和了解政府的相关法规，并尽早考虑相关法规对开发与生产的影响。当有可用的指导信息时，将添加到本部分。

2.8　发展规划纲要

前面的章节已经表明，与金属结构相比较，复合材料结构研发时必须要考虑许多不同的因素。为了解决这些问题，设计师必须按不同的顺序做决策，研发计划必须遵循不同的路径来支持这些决策。表 2.8 为高层次典型的设计/研发顺序。当然，这不是唯一可以遵循的顺序，为了节省时间，其中有一些步骤经常是并行进行的。同时，还可以有各种各样的因素约束设计师做出决策。提供此表的目的是给新进入复合材料领域的人们一个必须遵循的“特色”步骤。

表 2.8　典型复合材料结构设计/研发顺序

研发步骤	设计决策
了解需求(环境、几何形状、载荷、重量、成本等)	
了解可供选择的材料和典型材料的性能	初步选择材料*
了解可供选择的工艺(公司内部、可获得的新工艺、转包等)及其对性能(特性、重量、成本等)的影响	初步选择工艺*(热压罐固化、烘箱固化、加压固化、RTM 等)和构型(层压板、加筋蒙皮、夹层结构等)。
进行初步设计分析	初步选择层压板*(铺层数、铺层取向)和模具类型(单面或双面，复合材料或金属等)
为确定最终的材料/设计性能，制造和测试试样	最终确定材料与工艺的选择以及构型

（续表）

研发步骤	设计决策
进行详细设计分析	最终确定层压板和辅助的设计选择（紧固件、胶黏剂、密封剂、防护材料等）
制造和测试原型件（元件或小零件）	完善优化设计（对重量、成本、耐久性等）
制造和测试全尺寸零件	比较分析结果并决定是否接受
完成文件（设计定义、工艺文件、设计验证等）	

* 可能会导致一个单一的选择或简短的备选表。

至今为止，应该清楚复合材料结构存在有大量不同于金属材料应用需要考虑的设计因素和不同的研究方法。然而，经过验证的方法已经发展用于解决本卷提到的所有这些问题。第 4 章介绍了成熟的结构研发用“积木式”方法，通过采用一步一步的方法从单向板级试样进展到最终结构验证，提供了设计数据和信心。有关变异性的来源、影响及其控制方法，在第 5 章和第 6 章中进行了详细讨论。在第 12 章中对涉及损伤的许多设计方面进行了深入探讨。鼓励复合材料结构设计领域的新人在启动研发工作之前去回顾这些信息。

大多数研发计划的最终结果是新结构的正式鉴定（又名认证）。对于飞机复合材料结构，认证是一个多步骤的复杂过程，覆盖了研发计划，在许多情况下，要求接受认证机构的监控，使其目击见证表 2.8 中列出的研发步骤。通常，认证需要对所用复合材料和生产工艺以及结构设计的批准。由于影响复合材料结构完整性的因素与金属材料结构不同，因此，复合材料的认证要求在许多方面和细节上也是不同的。第 3 章提供了这个问题的论述，重点强调了对复合材料结构认证独特的方面。

参考文献

2.1(a) Baker A. Dutton S. Kelly D. (Editors), Composite Materials for Aircraft Structures [M]. Second Edition, American Institute of Aeronautics and Astronautics, Reston, VA, 2004.

2.1(b) Miracle D, Donaldson S. (Chairs), ASM Handbook Volume 21: Composites [S]. ASM International, Material Park, OH, 2001.

2.2.2 Hashin Z, Rosen B, Humphreys E, et al. S., Fiber Composite Analysis and Design: Composite Materials and Laminates, Volume 1 [S]. Materials Sciences Corporation, Fort Washington, PA, DOT/FAA/AR - 95/29, 1997. (Available from actlibrary.tc.faa.gov)

2.2.6 MMPDS Rev B(formerly Mil-Handbook - 5) Metallic Materials and Elements for Aerospace Vehicle Structures [M]. Federal Aviation Administration/Battelle Laboratories, 2005.

2.2.7(a) Whiteside J B, et. al., Environmental Sensitivity of Advanced Composites [C]. Volume 1, Environmental Definition, AFWAL - TR - 80 - 3076.

2.2.7(b) Fawcett A, Trostle J, Ward S. 777 Empennage Certification Approach [C]. Proceedings of ICCM-11, Gold Coast, Australia, 1997.

2.4 Price T. Handbook: Manufacturing Advanced Composite Components for Airframes [C]. Cerritos College, Norwalk, CA, DOT/FAA/AR-96/75, 1997. (Available from actlibrary.tc.faa.gov)

2.4.1 Bardis J, Kedward K. Effects of Surface Preparation on the Long-Term Durability of Adhesively Bonded Composite Joints [C]. University of California Santa Barbara, Santa Barbara, CA, DOT/FAA/AR-03/53, 2004. (Available from actlibrary.tc.faa.gov)

2.6.2.2 Fisher F, Plumer J, Perala R. Aircraft Lightning Protection Handbook [C]. Lightning Technologies Inc., Pittsfield, MA, DOT/FAA/CT-89/22, 1989. (Available from actlibrary. tc.faa.gov)

2.6.3 Gottesman T, Mickulinski M. Influence of Matrix Degradation on Composite Properties in Fiber Direction [J]. Engineering Fracture Mechanics, 1984, 20,(4): 667-674.

2.6.5.1 FAA Advisory Circular 20-107A, Composite Aircraft Structure [S]. April 25, 1984.

2.6.5.2(a) SAE AE-27, Design of Durable, Repairable, and Maintainable Aircraft Composites [S]. SAE International, Warrendale, PA, 1997.

2.6.5.2(b) Substantiation of Composite Parts-Impact Detectability Criteria [R]. Aerospatiale Report No. 440 225/91

2.6.5.2(c) Thomas M. Study of the Evolution of the Dent Depth Due to Impact on Carbon/Epoxy Laminates, Consequences on Impact Damage Visibility and on in Service Inspection Requirements for Civil Aircraft Composite Structures [M]. presented at MIL-HDBK 17 meeting, March 1994, Monterey, CA

2.6.5.2(d) Komorowski J P, Gould R W, Simpson D L. Synergy Between Advanced Composites and New NDI Methods [S]. Advanced Performance Materials, 1998,5(1-2):137-151.

第3章　飞机结构取证和符合性

3.1　引言

3.1.1　概述(背景)

民用航空的安全性取决于国家航空适航管理部门对所颁布的飞机设计、制造、维护和使用规章的执行与管理水平。这些规章的制订主要根据多年来的航空经验和对当前技术状态的认识。

希望对飞机进行认证的机构必须遵从所有适用的要求,且必须对所制造的飞机是否符合所批准的设计(型号设计)进行验证。一旦投入使用,飞机必须进行适当的维护,保持适航且处于安全使用状态。

目前所给出的取证要求主要是由以金属作为结构材料获得的使用经验演变形成的。复合材料在飞机结构中的应用在不断增长,而有关复合材料的专门规章又非常缺乏,因此必须阐明复合材料的使用不会降低其安全水平,这对需要在设计、生产和维护职能方面有合格人员的一些机构带来新的挑战。

将设计、生产和维护职能整合在一起工作始终是保证安全和有效取证的关键。对复合材料结构而言,复合材料性能与生产/修理工艺密切相关的特点使得这一问题更重要。因此,必须从规章层面将所有的职能捆绑在一起。FAA 内部正在试图将这一理念用作安全管理体系,该体系不仅提供有效的安全监管,还为增强持续安全创造机会。认证机构正在努力工作提供有关安全管理体系概念的要求和指导文件。

为适应复合材料在航空工业的扩大应用和与结构用复合材料相关的独特技术内容,需要增加国际航空界的合作,包括对关键议题(如材料共享数据库、胶接结构和连接、损伤容限和维护)的国际研讨和编制指导文件方面的交流。

在过去工作的基础上,国际上的认证机构(即美国联邦航空管理局 FAA、欧洲航空安全局 EASA 和加拿大民航运输局 TCCA)正在合作编制 CMH-17 手册中有关复合材料飞机结构取证和符合性方法的章节。本章希望成为介绍与复合材料飞机结构有关规章观点本质的通用指南。虽然不同机构的认证方法不同,但这些方法的目的和本质是相同的，这些机构为促进复合材料在飞机中的安全与有效使用方面具有共同的目标。

3.1.2　目的和范围

本章的编写是为在证明与复合材料民用飞机结构有关认证要求的符合性时，给出阐明规章和技术内容所需的一般信息。

为实现航空安全，认证机构需要在飞机研发程序的不同阶段对设计、生产和维护进行认证。对设计和生产的认证是为了保证飞机的初始适航，为保证飞机的持续适航从而安全使用，需要满足与维护要求的符合性。

为有效实现航空安全，对设计、制造和维护的通盘考虑很重要。由于复合材料的固有特性，它们的通盘考虑比金属更复杂。按这一思路，本章分为下列各节：

- 3.2 节介绍一般的认证讨论，包括：①产品研发(初始适航)，②持续适航(维护/修理)，③产品改型(更改的产品)和④具有资质的人员和团队。
- 3.3 节介绍与此相关的航空规章：①结构、设计和构型，②批准生产，③持续适航(维护/修理)。
- 3.4 节概述了与证实复合材料设计相关的关键技术问题，目的是根据迄今所获得的认证经验，提供为解决每一技术问题需考虑的细节。
- 3.5 节概述了与复合材料零件和结构件制造相关的技术问题，包括生产的实施、制造质量控制、缺陷处置和制造记录，以及生产工艺的变更。
- 3.6 节概述了与复合材料维护和修理相关的技术要点，包括修理设计和工艺验证、协调管理和处置、损伤检测和表征，以及修理工艺(胶接或螺接)。
- 3.7 节提供了支持本章目标的指导文件与技术报告清单。

3.2　认证考虑

3.2.1　产品研发(初始适航)

飞机的安全使用始于飞机适航。认证机构建立所需的程序/要求和有关实施方法的指导文件，保证研发项目设计与生产阶段的(初始)适航。在飞机投入使用前，认证机构还要建立必要的维护程序以确保后续的适航。允许使用的任何飞机通过型号合格证证明符合所批准的设计，通过适航合格证对每架飞机单独予以批准。

在 FAA，通常由飞机认证服务部(AIR)负责飞机的初始适航，在 AIR 的工程支持下，飞行标准服务部(AFS)负责飞机的持续适航。在 EASA，认证理事会对初始适航承担类似的责任，与批准和标准化理事会和国家航空当局一起负责持续适航工作。在加拿大，飞机认证的成员负责航空产品的型号认证。国家飞机认证部的持续适航分部，和民用航空标准部合作，共同负责航空产品的持续适航。

复合材料飞机结构的研发和验证需要设计、制造和维护人员之间密切合作，在型号认证和批准生产期间进行的相关工作用于整合结构与制造细节，以得到保证性能可靠且可重复的产品质量控制过程。在结构验证时需要考虑制造缺陷、环境暴露、使用损伤和检测与修理方法，来支持后续的产品生产与使用。对某些复合材料结构提出挑战的特殊问题包括阻燃性、闪电防护、耐坠损性和损伤容限。

产品验证通常涉及不同尺度研究试验与分析的组合，研究范围从试样到典型结构件直至全尺寸飞机结构，验证通常采用积木式方法。这种对复合材料很平常的方法通过较低尺度的重复试验来获取材料与工艺变异性，并用大尺寸试验来证实载荷路径和结构设计。用于具体结构的积木式分析与试验工作量，对不同计划是不同的，取决于产品性能目标(如减重)和具体结构设计与制造细节。但在静强度和损伤容限验证时通常需要结构试验对分析进行补充，特别是对新设计和/或工艺考虑独特的复合材料。已证明了验证其抗闪电和火焰能力时含设计和制造细节的试验是很关键的。

成功取得型号合格证意味着飞机设计满足适航要求(见3.3.1节)，并通过型号合格证的颁发得到证明。认为由取得有效生产许可证的厂房设施，并符合经批准的型号设计所制造的单架飞机是符合适航的，且处于安全使用状态，这样就能颁发标准的适航合格证，用术语表示，此时常称这架飞机为“初始适航”。

从复合材料制造研发到产品取证和生产实施的过渡需要有专门的考虑。对特定的零件或组件，通过这一过渡过程，新材料工艺和相关质量控制将变得成熟。在此过程中，可能会产生这样的问题，即产品生产工艺不是结构验证用积木块多数零件使用的典型生产工艺，完善的取证程序可免去对影响结构性能的所有工艺步骤、模具及设备变量的全面研究。已发现复合材料和工艺某些细微的差别会有显著影响，为降低这样的风险，在团队生产实施中必须要有不同的学科参与。

3.2.2 持续适航

当飞机投入使用时通常要用到术语“持续适航”，有若干因素影响复合材料结构的持续适航。金属结构中疲劳开裂可能是对结构完整性的主要威胁，不同的是，对复合材料，意外损伤(如外来物冲击)是主要威胁。制造过程或维护修理程序中的误操作也需要考虑，例如检测方法可能检不出表面玷污引起的弱胶接，因此需要有其他的质量控制程序和冗余特性来保证胶接结构的持续适航。

对静强度、颤振和损伤容限的结构验证，必须考虑可能会出现的不同程度退化和损伤。这会始于对特定复合材料环境影响和液体相容性的评估；基体控制的复合材料性能，如压缩强度，对长期吸湿和高温最敏感。静强度和损伤容限验证要考虑生产或维护检测时无法检出的较小损伤，以及一旦发现需要进行修理的较大损伤。此外为满足静强度和损伤容限要求，需要建立足够的数据，以便为生产与使用中发现的制造缺陷或损伤的适航评定和修理提供及时的工程支持。

在使用文件，包括维护手册的验收部分和/或持续适航说明书中，必须提供修理与持续适航程序。必须证明所引起的修理和维护程序使结构能持续满足型号取证时验证过的工艺标准和结构性能，这些程序包括材料验收、修理制作、质量控制、耐环境性、闪电防护、静强度、损伤容限/疲劳、刚度、重量和平衡。

修理分为“较大”和“较小”，较大的修理意味着：①若制作不当，会对重量、平衡、结构强度、性能、动力运行、飞行特性或影响适航的其他品质有一定的影响，或②未按可接受的操作方法或不能按基本操作程序制作。不属于较大修理的是较小的修理，一般来说为获批准，较小的修理不涉及仅为很小的工程操作，而较大的修理则需要进行工程验证。

应把识别所有关键检测项目的文件放在一起来支持维护。例如，需要标识含复合材料部件固定面和活动面之间的控制面间隙，其复合材料部件影响尺寸变异性的因素与金属结构不同，有关控制面重量与平衡的信息也应用文件记录。维护说明书需要包括胶接修理的材料与工艺控制、制造步骤、固化后零件容差、无损检测(NDI)和其他质量控制检查。

目前为提高飞机机队利用率，延长使用寿命和提高安全的需求指出，需要补充结构检测程序(supplemental structural inspection program, SSIP)来保证所有飞机具有高水平的结构完整性。对金属和复合材料飞机结构都需要通常由原始设备制造商(original equipment manufacturer, OEM)编制的 SSIP。构成 SSIP 的检测和其他评估，是要保证持续的结构评定来确定关键部位的意外损伤和缺陷的位置。对复合材料，SSIP 提供了发现损伤的机会，这些损伤源于对设计细节的工作载荷和其他意外冲击的认识误区、磨蚀、腐蚀或其他在使用中可能出现的环境与意外损伤，SSIP 应包括在每个操作人员的维护程序中。

3.2.3　产品改型(变更的产品)

投入使用后，常常需要对产品进行改变来适应飞机应用的变化。认证机构对产品的变更颁布了一组程序性要求，以便进行认证来持续保证飞机适航和安全使用。这些程序对不同的认证机构可能会有少许差别，但它们的意图/目标是相同的。

型号设计的变更通常分为“较大”和“较小”两类。“较小变更”是对重量、平衡、结构强度可靠性、使用性能或其他影响产品(飞机)适航的特性没有明显的变更。所有其他的变更认为是“较大变更”。

对不同的认证机构其具体的批准过程可能不同，一般来说，对较小的变更，不需验证或仅描述数据即可获得认证机构批准，但预期要有数据供适航机构研究。较大变更的批准必须要有包括型号设计在内的数据或描述数据来验证。要颁发补充型号合格证与产品原来颁发的型号合格证一起予以批准。

当认证机构发现在设计、动力、推力或重量的变更如此之大，以致认为有必要对与适用规章的符合性进行完整的研究，则申请人必须申请新的型号合格证。

通过多年来的国际合作已对有关产品设计变更适用规章命名的条例达成了一致，该条例称为“变更的产品条例”，对 FAA 命名为 14 CFR 21.101，对 EASA 为 IR Part 21.101，对 TCCA 为 CAR 的 Part 5 (511.14 节和 513.14 节)。该规章要求对已获型号取证产品的所有变更，都必须证明在变更申请有效期内该产品符合适用于产品类别的适航要求。对较大的变更，可能要求对指定的适用规章进行研究。为简化起见，对某些情况采用规章较早的修正案，这种例外是允许的。经过与EASA和TCCA的联合努力，FAA在2003年颁发了“AC21－101－1”来支持这一实施。

上述设计变更是按飞机修订目标进行，且为自主提出的。但当认证机构发现设计变更是为消除飞机不安全状态，或来源于使用经验认为有益于飞机安全性时，可能要求强制性的设计变更。适航指令（airworthiness directive，AD）是为阐明这些强制性要求发布的，对FAA这些程序包含在14 CFR Part39，对EASA包含在IR 21A.3B，以及对TCCA为CAR593中。

在规章术语中，“较大”和“较小”已用于对“设计变更”和“修理”两者功能的分类。虽然对这两种过程可能都涉及（工程）批准，但有一个明显的差别，“修理”是使结构恢复到它的原始强度和完整性，设计基础是不变的；而“设计变更”可能要修订原来的取证基础。

3.2.4　具有资质的工作人员和团队

成功的设计、生产和持续适航取证依赖于有资质的工作人员，他们不仅在各自的技术工作中很熟练，而且在相关的工作中有良好的意识。但对缺乏标准的复合材料工程操作规程，为保证安全性和尽量降低相关的成本，必须有好的团队，因此需对新工程师、技术员和检测人员进行辅导与培训。

复合材料飞机结构的取证要求申请人在其机构内拥有对复合材料设计和制造有足够经验的工程师，工程师需要有良好的教育背景，包括工程结构/材料原理的熏陶和应用，机构应当具备对能力有待开发领域的工程师进行培训的资源和能力。

在复合材料飞机结构领域工作的工程师和技术人员，必须具有处理复合材料、工艺和设计细节方面独特特性的经验。复合材料零件的结构完整性对工艺有高度依赖性，结构和制造工程师应充分意识到设计的可生产性、制造缺陷和使用损伤威胁；复合材料制造和维护技术人员必须在他们的工作领域（如材料试验、胶接、铺贴、固化、表面制备等）受过培训，这些工作与金属的经验完全不同。缺乏工程经验和工作人员不经培训会使得研发周期大大延迟并增加成本。

为保证复合材料零件生产符合设计，就必须依赖于检测工艺和有资质的检测人员，这些过程应在机构的质量控制措施中明确规定。机构要制订培训计划来使专门从事复合材料和制造的检测人员（如针对复合材料零件制造鉴别产品异常）具有资质，检测人员必须证明其严格遵循复合材料零件制造指令步骤的职业水平。

需要具有工程经验的复合材料设计、分析、制造和维护操作方面团队成员的良好合作与沟通，来共同完成产品研发和取证。必须协调好每一学科要完成的任务，来避免为满足时间节点而增加成本和风险。例如，为保证结构试验件与飞行试验件的一致性，需要一体化的设计和具有完备质量控制的制造工艺定义，工程团队还应拥有为解决所出现问题所用特定复合材料和工艺方面的专家。

必须要有复合材料维护的团队，特别是与飞机结构检测、处置和修理相关的团队。团队的每个成员必须意识到他们个人的技能有局限性，并要知道出现问题时去哪里才能解决问题，后者要求团队成员意识到为成功完成每一步骤需要不同的技能。复合材料维护中出现问题的解决常常需要与具有独特技能的其他团队成员合作，使得他们的专业知识能融入该过程中。为在这方面给予帮助，团队的工作必须限定在公认的数据和文件范围内，有任何偏离则必须遵循规章所批准的程序。包含在特定飞机结构所用公认文件中，通过检测、处置和修理的各个步骤用于指导外场工作人员的信息，应有必需的支持数据库和足够的细节。

使用中复合材料产品持续适航管理所涉及的各工程学科之间必须有良好的沟通，维护和使用人员应了解影响复合材料性能的各种因素，这对结构工程师在处置异常事件和使用中发现的损伤时非常重要。

对飞机取证的复杂性要求公司具有进行这项工作的技术和取证经验，为此公司常常会采用授权的方法。适航当局通过多数认证机构在它们的规章框架内建立的方法，授予公司或个人来代表该机构进行认证服务，目的是要拥有更多更广、与机构对安全具有同样责任的有资质人员。

3.3　规章

虽然有一些规章对复合材料应用很有意义，但只有很少几个专门用于复合材料的规章。必须证明，针对原来适用于金属结构的规章，使用复合材料并未降低安全水平。

3.3.1　结构、设计和构型

世界上多数管理机构对飞机均采用等同(若不是极其相似)的设计要求，这些要求汇集在 CFR 14(Title 14 Code of Federal Regulations)中。通常这些要求分为 4 类：①第 23 部正常、实用、特技和通勤类飞机；②第 25 部运输类飞机；③第 27 部正常类旋翼机；④第 29 部运输类旋翼机。EASA 要求称为 CS(certification specification)；TCCA 要求称为 AWM(airworthiness manual)。

多数针对飞机结构、设计和构型的规章又分为 2 个分部：①C 分部“结构”，在某种程度上包括对载荷、静强度、疲劳和损伤容限，以及闪电防护(对 25 部)的要求；②D 分部“设计与构型”，在某种程度上包括对材料性能、设计值、制造方法、防火和(所有各部)闪电防护的要求。

还有其他影响飞机设计并需要考虑的分部，如：①F 分部“动力装置”，包括影响发动机安装和燃油系统的结构要求；②G 分部“使用限制和信息”，包括对持续适航的要求。

在认证机构之间这些规章的编号是类似的，每个规章都是用飞机类型标识，随后是具体的要求。例如 14 CFR 25.613(FAA)，CS-25.613(EASA)，AWM 525.613(TCCA)意味着它是运输类飞机(25 部)，命名为“材料强度性能和设计值”(见 6.13 节)的要求。

作为概述，表 3.3.1 汇集了共同主题标题下的一些要求，这些要求对使用复合材料的各类飞机都适用。应指出，除 § 23.573(a)属例外，这些规章本质上是通用的，对金属和复合材料均适用。§ 23. 573(a)阐明专门用于小飞机复合材料机体结构的规定。§ 23. 573(a)于 1993 年首次增补到 14 CFR 的 23 部(Amdt. 23-45)，然后在 1996 进行了修订(Amdt. 23-48)。若认证机构发现现有的适航规章没有包含足够适当、因创新或独特的设计特性(如新的复合材料体系)引起的安全性要求，则要颁布专用条件来确保与规章中已达安全水平等同的状态。

表 3.3.1　对复合材料飞机适用的适航规章

主题/规章	23 部	25 部	27 部	29 部
材料和制造	603	603	603	603
	613	613	613	613
	619	619	619	619
结构验证——静力	305	305	305	305
	307	307	307	307
结构验证——疲劳/损伤容限	573	571	571	571
检测	575			
结构验证——颤振	629	629	629	629
附加考虑				
冲击动力学	561	561	561	561
	562	562	562	562
	601	601	601	601
		631		
	721	721		
	783	783	783	783
	785	785	785	785
	787	787	787	787
	807	789	801	801
	965	801	807	803
	967	809	965	809
		963		963
		967		967
		981	1413	
阻燃	609	609	609	609
	787	853	853	853
	853	855	855	855
	855	859	859	859
	859	863	861	861
	863	865	1183	863

(续表)

主题/规章	23 部	25 部	27 部	29 部
	865	867	1185	903
	867	903	1191	967
	954	967	1193	
	1121	1121	1194	1013
	1182	1181		1121
	1183	1182		1183
	1189	1183		1185
	1191	1185		1189
	1193	1189		1191
	1359	1191		1193
	1365	1193		1194
闪电防护	609	581	609	609
	867	609		
结构防护	609	609	609	609
生产规范	603	603	603	603
	605	605	605	605
持续适航	1529	1529	1529	1529

注:(1) 本表可能并未列入所有的规章,不同认证机构之间可能有差别;
(2) EASA 在 AMC 20-29 中提出了类似的要求,但要注意,在编号和内容方面有一些差别,特别是有关阻燃和闪电防护的要求。

欧洲和加拿大有覆盖飞机重量小于 750 kg 甚轻型飞机(VLA)的专项要求,它包括一些针对复合材料的规定。因认为这些规定没有 23 部规定严格,不一定被 US 完全认可。EASA 和 TCCA 有覆盖滑翔机和动力滑翔机审定的 22 部。

对 FAA,在 14 CFR 的 33 部和 35 部中分别规定了飞机发动机和推进装置的设计要求;对 EASA 相应的法典是 CS-E 和 CS-P;对 TCCA 相应的法典分别是 AWM 533 章和 535 章。

证明与某个要求的符合性方法可能并不总是很明确,为对申请人给予帮助,适航机构已编制了提供验证手段(但非唯一的手段),称为“咨询通报”(advisory circular, AC)的指南,AC 20-107A(以及协商一致的咨询文件,EASA AMC to CS25.603 和 TCCA AC 500-009)专门提供了有关使用复合材料要求说明的重要指南,该咨询通报在 1984 年首次颁布[①],于 2009 年修订成为 AC 20-107B(与此类似,EASA AMC to CS25.603 于 2010 年变为 AMC 20-29)。3.7 节中给出了相关咨询通报(AC)的列表,在 FAA 的网站上可以找到这些咨询通报(见 3.7 节)。注意其中一些已与欧洲协商,可能作为 EASA 法典的 AMC(Acceptable Means of

① 译者注:首次颁布时间应为 1978 年,编号为 AC 20-107。

Compliance)存在。

除咨询通报外,FAA还形成了有关在飞机上使用复合材料的政策声明(policy statement, PS)(列于3.7节),在FAA的网站上也可以找到这些政策声明(PS)。

不管飞机使用什么材料体系,规定的设计要求通常是相同的。无论飞机采用金属还是复合材料,对飞机载荷的导出处理方法是相同的。但对复合材料结构,全面理解与规章设计要求有关的独特技术问题很重要,3.4节讨论了这一认识的关键因素。

3.3.2 产品批准

通过型号和生产的审查实现初始适航,型号审查按适航要求进行设计验证,生产审查则为生产满足设计要求的制件,保证制造厂房设施具有合适的质量控制。虽然生产批准程序本质上是通用的,但复合材料质量控制体系的目标应与其他材料体系(如金属)相同。

为对飞机进行生产批准,每个认证机构可能有不同的程序。对FAA,这些程序主要包含在14 CFR Part 21"产品和零件的审定程序"G分部"生产合格证"中。

类似地,对EASA J分部阐述了设计机构的批准,而G分部覆盖了生产批准;对TCCA,程序要求主要包含在标准561"航空产品的制造"中。

虽然这些执行程序和术语在各认证机构间有些差别,但它们的意图/目的是一样的,其要素包括:

- 生产批准要求有恰当的质量控制程序,该程序要对构成高质量产品的所有工程方面,即设计和生产有充分了解。对复合材料,要包括但不限于图纸构型控制、尺寸和构型一致性、工程要求(如工艺规范与验收判据)、模具和计划的批准、培训、关键工艺控制、工艺说明书、无损评估等。
- 生产批准要求厂房设施具有全面的质量控制体系,来对整个制造阶段进行控制,包括对供应商完成的制件制造全过程的控制。
- 生产批准要求厂房设施具有检测和试验程序,来保证生产的每一制件与型号设计一致,并处于安全使用状态。在这些程序中要包含的基本要素包括:

——包含下列内容的质量程序:①授予机构的责任和代理的权限;②机构内部的权利与责任链;③质量控制部门与管理及其他部门的职能关系。

——对下述项目的检测程序:①原材料;②采购的物品和由供应商生产的零件与组件,包括当运送到主制造商工厂时,其一致性与质量无法完全检测的零件和组件,为保证其质量可接受要采用的方法。

——用于单个零件和完整组件生产检测的方法,包括对所涉及的任何专用制造工艺的鉴定、控制该工艺所用的手段和完整产品的最终试验程序。

——材料评审体系,包括记录评审组决定和处置报废零件的程序。

——将工程图纸、规范、质量控制程序的最新变更通知公司检测人员的体系,和给出检查站点位置与类型的列表或图示。

● 主制造商把由其负责的零件或组件的主要检测任务授权给供应商时，它们应把该信息通知认证机构。

需要关注与复合材料有关的细节，3.5 节介绍了与复合材料制造细节相关的讨论。

3.3.3　持续适航(维护)

设计、生产、维护和使用的审定，对认证机构实现航空安全监督始终是至关重要的。如前所述，设计和生产的审定用于保证飞机的初始适航；为保证飞机的持续适航从而安全使用，与维护要求的符合性是必需的。

FAA 已制定了一组与维护相关的规章，与维护有关的规定要包括可能适用于不同飞机类别和使用的一般要求，以及可能认为专门针对使用条款的附加要求。

一般的维护规定可以包括：

● 14 CFR Part 43——维护、预防性维护、修复和更换。

● 14 CFR Part 65[审定：飞行机组人员以外的机组成员]。

D 分部——机械师，E 分部——修理人员。

● 14 CFR Part 145——修理站。

● 14 CFR Part 183——管理代表。

针对维护的规定包括：

● 14 CFR Part 91[一般操作和飞行规定]。

E 分部——维护、预防性维护和更换。

● 14 CFR Part 121[操作要求：国内，旗帜，和补充操作]。

L 分部——维护、预防性维护和更换。

● 14 CFR Part 125[审定和操作：乘客座位不少于 20 个或有效荷载不少于 6 000 lbf 的飞机]。

G 分部——维护。

● 14 CFR Part 135[操作要求：通勤和按需操作，和管理人员登上这种飞机的规章]。

L 分部——维护、预防性维护和更换。

FAA 颁布了为证明与规章要求符合性提供支持信息的指南，在 FAA 的网站上可以找到这些与维护相关的指南，3.7 节列出了相关的指南文件。

其他的机构可以用一组不同的规章来实现持续适航监管，作为例证，EASA 和 TCCA 的规章概述如下：

● EASA(欧洲航空安全局)：

——欧盟委员会(EC)提供了基本规章[basic regulation(EC)216/2008]，它涉及执行规则(implementing rules, IR)的需求。覆盖所有设计、生产、审定、适航和维护的执行规则[(EC)1702/2003 和(EC)2042/2003]由 EASA 维护和执行。

——(EC)1702/2003 的 Part 21 规定了审定的要求、生产与设计机构的批准、修理和持续适航，Part 21 的 M 分部专门阐述了修理。

——EASA 还通过 EC 规章(EC)2042/2003(Part M, 66, 145, 147)说明了持续适航和维护工艺。

● TCCA(加拿大民用航空运输)：

——TCCA 提供了加拿大航空规章(CAR)，它涵盖了航空的所有问题，包括航空产品的生产、审定和维护。

——TCCA CAR 571 规定了有关对飞机要进行的维护和基础工作。

——TCCA CAR 403 规定了对“航空维护工程”许可证与等级证持有人和申请人的要求，以及对得到正式批准培训机构的要求。

——TCCA CAR 573 规定了航空产品的维护或维护服务的条款。

——TCCA 通过 CAR Part VI“一般操作和飞行规则”和 CAR Part VII“民用航空服务”说明了持续适航过程。

为支持持续适航，颁布了适航指令(AD)来说明与飞机安全使用有关的强制性规章。注意，该适航指令(AD)程序与“型号设计变更”有关，而与“维护(修理)”无关。

一般来说，在规章级别上复合材料与金属之间没有区别，为证明与这些规则的符合性，要求满足所有针对复合材料的适当需求。因为复合材料结构的特性明显不同于金属，如复合材料性能部分取决于制造工艺，因此在执行维护，特别是“修理”要求时，要更加注意。3.6 节给出了这些考虑的细节。

3.4 设计验证

用于飞机取证的规章要求同样适用于飞机上所用的任何材料。但与金属不同，复合材料的使用引入了要求专门考虑的复杂性级别。例如，材料体系响应与制造工艺关系更密切，并必须考虑环境和液体暴露的影响；像胶接这样的连接方法通常更关注工艺细节；对含固有制造缺陷或使用中引入冲击损伤的复合材料结构的疲劳响应，要用不同的方法来考察。因为用于金属的传统方法不一定适用，对复合材料飞机的检测程序和准则提出了挑战。最后对热(火焰)、闪电的结构防护和耐坠损性(对乘客的保护)，在实现乘客安全时要关注复合材料的独特行为。本节讨论这些关键问题是因为对飞机复合材料结构的设计验证有影响。

3.4.1 设计和工艺文件

复合材料结构的型号设计要用工程数据来描述。为符合设计要求，通常采用分析与试验来证实取证过程中建立的数据。形成该数据组部分内容的图纸，通过像铺层顺序、铺层方向、尺寸、容差和限制这样的关键几何特征来定义该结构的设计。

影响结构完整性的关键材料和工艺必须可追溯到经批准的材料和工艺规范，这适用于复合材料零件的层压板、夹层结构和胶接涉及的材料与工艺。

预期申请人会建立完整的构型控制体系来跟踪设计更改(即赋予合适的图纸修

改级别来体现影响零件形式、配合与功能的结构更改)，在阐明结构取证试验件的一致性检测和处置识别出的偏差时特别重要。

还必须建立设计与生产之间的联系。由设计产生的图纸常常要由制造说明书和计划加以补充，使得生产能制造出满足型号设计的零件，这在考虑从研发阶段放大到生产阶段过程时很关键。为保证再现性和使生产复合材料零件时尽量减少引入的材料变异性，生产应具有文件记载的程序/说明书，来给出生产复合材料零件必需的详细工艺步骤。

应尽快形成由质量保证和质量控制体系构成的质量程序，以进入审定过程。必须将质量保证体系形成文件，来阐明设计与制造程序；必须形成文件记载的质量控制体系，并必须包括经批准的工艺文件，来阐明材料验收、工艺方法的控制或验证，和要进行的质量控制试验，包括用于定义制造异常的无损检测方法标准与损伤判据。

要考虑的问题可以包括：

- 试验件与设计规范的符合性。
- 鉴定关键材料和工艺规范。
- 用适当的文件记载的构型控制体系。
- 证明图纸代表该设计型号。
- 建立健全的质量程序。

3.4.2　材料/胶黏剂鉴定

必须对制造飞机零件时使用的所有材料体系(如预浸料、胶黏剂、芯材等)和组分(如纤维、树脂等)进行鉴定，有助于保证对材料和可重复工艺的控制。材料的原始鉴定(首次鉴定)提供关键性能的代表性数据母体，这些关键性能用作材料与工艺持续控制的基准。还需要对材料与工艺随后的较小变更进行附加试验，来确定与原来材料的等同；对材料和工艺的较大变更或使用替换材料则需要进行新的鉴定。

在进行材料鉴定和建立许用值的研究前，应进行的工作包括选材、建立与供应商的工作关系和确定基准制造工艺。复合材料的选择，目的是相信能在使用环境中实现所需的功能，包括耐可能受到暴露液体的能力，有一些筛选试验的指南有助于做出这样的判断(如湿态玻璃化转变温度 $T_{g\ wet}$ 与飞机零件最高工作温度 MOT 之间应有足够的余量)。

把复合材料从原材料提升到结构应用所需的固化状态进程中，飞机零件制造商起了重要的作用，因此基准的制造工艺会直接影响材料性能和许用值。重要的是在进行大量试验以前，要定义制造工艺和建立适当的控制。在根据鉴定试验最后确认材料要求前，初步的材料与工艺规范草案有助于与供应商建立所需的工作关系。

通常用小试样试验确定材料的 A 和 B 基准许用强度值和其他的基本材料性能，用于复合材料许用值的统计方法已涉及一些特别的问题(如批次间的变异性、小样本)。常通过对每种所选材料体系进行预浸润试验，来考虑温度和吸湿的影响。

在试样级别上确定的基本材料许用值和附加的点设计细节件试验，有助于确定在应力分析中所用的许用值。低级别试样性能通常并不直接用作设计许用值，它们通常是在更有用的级别，如开孔、充填孔数据上建立的。与较简单的材料形式（如预浸料）相比，更复杂的材料形式（如机织 VARTM（vacuum assisted resin trasfer molding——真空辅助树脂传递模塑））倾向于在试验金字塔中的设计细节件和更高级别上进行更多的试验，对这样的材料采用简单试样可能价值很有限。在试验金字塔中较高级别的试验比较昂贵，使得比通常在试验金字塔较低级别进行统计处理所需的试验要少。要求按经批准的材料与工艺规范购买和加工材料，来建立可接受的材料与结构许用值。

认证机构通常不对材料直接进行认证，一般来说，型号认证（如 TC，STC 等）的申请人需要证明所用的所有材料是符合规章的。

要考虑的问题可以包括：

- 选材判据和作为小飞机通用指南的指南（如（T_g-MOT）≥28℃[①][50℉]）。
- 基本的制造工艺定义（如固化周期）。
- 关键材料性能的试样级试验。
- 等同性和质量控制试验的验收判据。
- 现有数据母体新用户的首次鉴定和取样。
- 用于取证程序的许用值建立。
- 处理工艺和材料变更。

3.4.3 环境暴露和液体相容性

需要阐明会引起结构性能变化的环境暴露影响。长期暴露会引起复合材料静强度的降低。会降低像压缩强度这样基体控制性能的典型环境暴露包括高温和在大气潮湿条件下的长期暴露（常称为湿热条件）。两者的影响取决于服役时间，前者与经历最恶劣情况温度的概率有关，后者与吸湿所需时间有关，因此静强度和损伤容限评估必须考虑这些环境影响。

在材料鉴定和许用值试验时需要考虑环境影响。如前面讨论过的，在选材时需要考虑某些环境。结构细节件和组合件试验还可以评估对较复杂失效模式的环境影响。在全尺寸级别上，只要经证实并得到认证机构认可，可以直接对环境影响进行试验，也可以在进行静力和损伤容限试验时，采用包括超载系数（若适用），也可以采用把极限载荷下得到的应变与考虑了环境影响，并由金字塔较低级别试验得到的许用值进行比较的方法来考虑。需要确定特定飞机结构的最高工作温度（MOT）以便于结构验证，*MOT* 可由热分析、试验、公开发表的数据，或上述三者的组合来确定。该评估应考虑会产生最高温度允许的涂漆颜色。

应对暴露在各种液体或它们组合下的影响进行评估，这些液体在使用中可能与

① 原文为 10℃——译者注。

复合材料零件接触，并会引起强度退化。选材时应审查有关候选基体材料液体相容性的一些信息，并用后续的材料鉴定试验来完成对它的评定。

要考虑的问题可以包括：

- 对最高工作温度的热分析。
- 超载系数。
- 确定极端的湿度极限。
- 热/湿/标准天数。
- 涂漆颜色限制如何影响温度极限。
- 紫外线辐射和涂漆要求。
- 相连结构热失配考虑。
- 金属/复合材料界面（如电化学腐蚀和热应力）。
- 要考虑的液体。
- 流体对胶接的影响。
- 化学相互作用。

3.4.4　结构胶接

飞机结构中搭接接头、连接接头和修理所用二次胶接[①]的成功应用取决于若干材料、工艺和设计考虑，每一方面都要予以适当关注，并应了解这些关系。胶黏剂、被胶接件和胶接工艺的具体组合要经鉴定，以便表征其独特的性能。对结构胶接必须要有严格的工艺控制。对结构胶接材料和工艺的鉴定应包括对所有关键性能的评定，包括对已证明是长期耐久性的可靠度量和对结构静强度进行设计与验证的评定。设计必须包括足够的冗余度来考虑质量控制程序可能漏检的制造缺陷。

在胶接结构中被胶接件的表面制备起着关键作用。表面粗糙度不当、胶接前吸湿、化学污染、防冰液和其他机械和化学因素都能使得胶黏剂无法与复合材料很好地胶接。表面制备不当的一个后果就是界面失效，它是无法预测且不可接受的失效模式，已知会随长期环境暴露而出现这样的失效。遗憾的是，传统用于质量控制的检测方法（如超声法）无法可靠地检出表面制备不当引起的弱胶接。作为替代，必须对健全的工艺进行鉴定，它包括严格的制造方法和其他质量控制手段来保证表面制备恰当。过去的经验已经证明，某些胶层劈裂试验（如双悬臂梁或楔形试验）对胶接材料和工艺的鉴定与质量控制是有用的。

对胶接结构，其他一些工艺和设计考虑也很重要。胶层厚度对其表观强度起关键作用，胶层很厚或厚度变化大通常会导致较低的强度；通过加垫或隔离片来控制厚度变化，这取决于匹配零件固化后的几何尺寸，以及避免干涉配合的设计容差。糊状或膜状胶黏剂的用户对应用材料与控制胶层厚度有不同的方法。胶黏剂的充分固化对结构完整性非常重要，特别是要考虑使用环境时。用于结构验证的设计细

① 一个或多个已固化复合材料零件（称为被胶接件）用胶黏剂胶接工艺连接在一起。

节件和数据应认同胶接工艺，目标是要包含冗余结构细节和确定生产基准（如控制用于认证试验的细节件内的容差）。

要考虑的问题可以包括：

- 胶黏剂、被胶接件和工艺特定组合的鉴定。
- 长期耐久性和结构验证。
- 用于在 OEM 生产胶接或修理的表面制备方法。
- 外场修理前对表面的清洁（如防冰液）。
- 在外场修理前采用高温固化烘干复合材料表面（特别是泡沫和蜂窝芯）。
- 胶层厚度验证。
- 胶接环境和工艺控制。
- 胶接结构设计细节和冗余度。
- 胶层使用温度（如涂漆颜色限制）。

3.4.5 模具和零件固化

制造时用模具来帮助确定复合材料零件的形状，模具必须要在整个可用寿命期内得到可重复的效果，在每个制造周期结束时赋予零件所需的形状。用于零件铺贴和固化的模具要经受模具校验和鉴定程序，以证明模具能生产出符合图纸和规范要求的零件。该模具构型通常由出现在具体工程图纸或其他适当文件注释节的数据组来规定，数据组是型号设计数据的一部分。必须要定期检验来保证模具构型符合型号设计。

零件几何尺寸和质量取决于其他一些模具考虑，以及零件铺贴和装袋考虑。由于与制造模具用的材料类型有关，模具材料和复合材料零件热膨胀系数的差别对零件的几何形状和外形有影响。零件外形还取决于零件和模具间的摩擦，它与固化前模具表面和处理方法有关，铺贴和装袋时实施的制造步骤对零件与模具间的摩擦，以及其他的零件尺寸和容差（如厚度、铺层方向或皱褶）有影响。需要质量控制步骤来保证铺贴与装袋的一致性与可重复性。用样板和/或可测量的装置这样的模具辅助装置来校验能否保持零件外形和尺寸。

为监控整个固化周期的温度、真空度和压力，制造方法要固定。当用烘箱或热压罐来实现固化时，必须要用热电偶来保证烘箱/热压罐达到所需的温度，以及模具能均匀地对零件进行固化。通常要将热电偶的导线和真空袋管线与自动控制和/或记录设备连接，热压罐的固化还要监控压力。固化不当会导致力学性能退化，零件尺寸超差。

要考虑的问题可以包括：

- 模具设计。
- 模具数据组。
- 模具构型校验和持续质量控制。
- 畸变问题和气动外形控制。

- 模具表面处理和持续质量控制。
- 层压板铺贴和装袋方法。
- 零件固化周期控制和监控方法。
- 确定快速编制新工艺(如编织)的关键变量。

3.4.6 生产中出现的缺陷

复合材料结构会遭遇制造和服役期间产生的缺陷(如由于环境、意外等)。必须要确定和了解这些缺陷的来源、形式、类型和对静强度、疲劳与损伤容限的影响,这些考虑不应局限于原始设计和制造考虑,还要包括修理和比正常情况更恶劣的环境。

以下列出了常出现于复合材料零件制造过程中的缺陷,这些缺陷对结构完整性的影响取决于严重程度和设计细节。应通过一系列试样、组合件和/或部件级试验与分析来评估可能出现缺陷的影响。必须要有用适当检测方法检出所有严重缺陷的手段,和用于制造处置的工程方法。

工程、制造和质量人员应共同研究缺陷的影响,并对具体的材料体系、部件、层压板设计、细节零件或组件确定具体的许用缺陷。应建立、验证和批准相关的质量控制与检出缺陷的检测程序。每个关键的工程设计应考虑制造工艺的变异性,来确定状态最差时的影响(如最大波纹度、脱胶、分层等)。若取证期间在这方面没有仔细规划,预期在生产期间的工程分析和数据建立会使制造延期。

瑕疵和缺陷可能包括:

- 孔隙率/空隙。
- 贫脂区。
- 富脂或缺乏纤维区。
- 脱胶或分层。
- 方向偏斜或缺层。
- 皱褶和局部纤维弯曲。
- 铺层搭接或间隙。
- 污染和嵌入外来夹杂。
- 外来物冲击损伤。
- 固化不当。
- 固化后零件尺寸和翘曲超差。
- 孔、开口和边缘的机加缺陷。
- 紧固件安装不当。
- 操作中引起的划伤、纤维断裂、损伤。
- 对制造缺陷的规范允许量。

3.4.7 结构一致性工艺

复合材料零件构型与工艺有关,故要求实现过程一致性(如在中间工艺阶段能观察到层压板铺贴细节和模拟缺陷的定位)。一致性始于来料检测级别,然后试样级试验件直至全尺寸部件。在一致性检测得到认可前制造工艺还不能推广到典型的结构细节件,则应会遇到一些模具、工艺和设计变更问题。

在复合材料鉴定期间,规范的材料性能要求部分可能会出现"TBD"(待定),此时规范中的"TBD"看作是非一致性。然而,为最终确定规范中定义的要求,通常需要完成鉴定试验。类似,可以将初步的许用值用于设计研发,直至有足够的数据来确定设计许用值。根据使用材料的不同,在制造出具有一致性的零件前,必须固定控制制造缺陷所需的适当检测方法(即目视、超声无损检测(NDI))。要用具有一致性零件的试验来验证任何建议的许用缺陷限制值。

要考虑的问题可以包括:

- 试样到部件级。
- 过程一致性。
- 如何处理初步许用值和规范中的"TBD"。
- 设计/制造一体化和工程化。
- 原型机研制中的操作处置工作。
- NDI原理证实。

3.4.8　结构验证(静强度和损伤容限)

复合材料设计的结构静强度,考虑关键的载荷情况和相关的失效模式、环境影响、重复载荷、制造容差和材料与工艺变异性。作为静强度评估的一部分,可以用试样、元件或组合件级的积木式试验与分析,来阐明变异性、环境、结构不连续、损伤和制造缺陷的问题。试验件应包含用预期的检测方法检测不出的制造缺陷或使用损伤,以及经产品质量控制或维护文件所允许的制造缺陷或使用损伤。缺陷和损伤应引入到试验件应变水平最高的区域,试验件还应包括希望的修理项目。

当在特殊条件(如全尺寸结构在湿热条件下的试验)下完成试验无法实现时,可以采用超载系数的方法来完成静力试验,以考虑环境影响(温度和吸湿量)及材料与工艺变异性。需要对每种材料体系和失效模式来确定超载系数。对较大飞机的结构验证,通常在构成合理的积木式试验金字塔研制全过程,均涉及与分析的相关性。试验金字塔包括很多试样、元件、结构细节件和组合件,这样的方法减少了程序的风险,并提供了对材料和结构的深入了解。较小的飞机倾向于使用较小的试验金字塔(即包含较少积木块试验和与分析相关性的金字塔),并可对接近完整飞机的结构进行试验,而只有很少基本试样级以上的试验。这种情况下,应包括阐明材料与工艺变异性的超载试验系数,以补充由于较少分析相关性和较短积木式试验产生的更大不确定性。注意,该静力超载系数与为验证疲劳与损伤容限试验可靠性所用的载荷放大系数不同。在确定计划用于结构验证的方法时,OEM应与项目认证机构讨论超载系数。

除非分析方法被组合件或加载到适当载荷水平的部件试验验证,静强度验证应包括对每个主要结构部件的极限载荷试验。试验件还应在关键部位粘贴应变计来证实分析结果。为证实分析结果，应在试验件的所有关键部位粘贴应变计。对分析的验证还可以包括原来采用类似设计、材料体系和载荷情况进行过的部件试验。若没有适当的分析方法，或得出的结果过于保守，可以用点设计试验对特定的细节进行试验。这样的试验也有助于证实具体的分析方法。为取证目的，特别重要的是要保证有适当数量的载荷情况被阐明，这应与认证机构达成一致。

当在使用寿命期间受到可能的损伤事件和预期的疲劳载荷时，损伤容限和疲劳评估有助于确定允许复合材料结构保持所需极限载荷能力的方法，这些评估假设，基准极限强度能力可以与损伤综合考虑，该损伤是由疲劳、环境影响、固有/离散缺陷、制造失误（如弱胶接）或意外损伤（如外来物冲击损伤）引起的。再一次作为对分析方法的替代或补充的是，对损伤容限和疲劳评估可能需要进行点设计试验（point design tests）。

为表明复合材料疲劳和损伤容限要求已得到满足，传统上程序要验证在适当的试验周期期间无有害的损伤扩展。当对不可检损伤应用“无扩展”复合材料方法时，结构必须可靠地证明，在飞机寿命期内能承受重复载荷而无损伤扩展。若对较大的可检损伤应用同样的方法，则要求能可靠地证明，在规定的检查间隔（通常还要增加出现一次漏检的假设）内“无扩展”。由于复合材料损伤扩展数据的估算和可重复性不可信，从而无法得到与金属裂纹扩展曲线等效的方法。最新的复合材料旋翼机结构指南（如 AC29 2C MG8）包含了要通过证明缓慢损伤扩展和/或阻止损伤扩展以及更传统的“无扩展”方法，来验证疲劳和损伤容限要求的内容。认为这些方法的组合也是可用的，这取决于具体的损伤事件。旋翼机复合材料结构指南还阐述了与损伤威胁评定、静强度、剩余强度、部件更换和检测间隔相关的问题。与金属一样，用于复合材料的缓慢损伤扩展和阻止损伤扩展的方法，要求由支持性试验和分析导出的可重复特性是可信的。

当损伤包括可能出现在制造和维护过程，按所选检测方案会漏检的故障或缺陷（如目视勉强可见冲击损伤（BVID））时，重复载荷和剩余强度载荷要求分别与一倍寿命期的循环数和极限载荷相关，对高能量大尺寸钝物冲击（如由地面车辆冲击）引起的目视不可见损伤的风险要特别关注，它可能隐含很难表征的大损伤，要特别考虑产生这种损伤的可能性，同时也需要明确定义临界损伤的度量与目视可见标准。必须优化损伤成功检测的概率，从而必须尽可能降低漏报这种损伤的风险（如凭借对地面维护人员适当的培训）。

当考虑按所选检测方案可检的损伤（如目视可见冲击损伤（VID））时，重复载荷和剩余强度载荷要求分别与一倍检测间隔的循环数和限制载荷相关，若不能高置信度（即由于自身明显的损伤事件本质（如使用车辆碰撞），或对损伤特征的研究）地发现 VID 级损伤，则应归类为 BVID。与更明显的 VID 相关的是较短的检测间隔，需要对少量飞行次数可能漏检的明显损伤（如大的脱胶和严重的意外损伤）进行剩余强度评估。

损伤容限和疲劳评估时要研究的试验、分析和损伤事件有几种考虑。对维护检测程序能发现的损伤(如 VID),其最小剩余强度是限制载荷。检测的目的是要保证能检测出所有强度退化到低于极限载荷的损伤,使得在安全的时间间隔内能更换结构件或将结构修复达到极限载荷。作为该战略的一部分,使强度退化到限制载荷的任何可检损伤必须足够明显,并在少量几次飞行期间可以检出。试验件还应包括一些修理,以便在损伤容限和静强度试验时进行验证。损伤容限和疲劳评估确定的程序包括部件更换时间、检测间隔或为避免灾难性破坏必须采取的其他程序。

对损伤容限的试验与分析验证应证明结构能承受机组人员能明显感受到的离散源损伤(14 CFR/CS25.5719(e)),且能承受完成本次飞行必需的载荷。对 25 部适用的飞机,这通常需要研究叶片爆裂、轮胎爆裂(包括起落架舱中的轮胎爆裂)、鸟撞和飞行时的冰雹损伤,要对油箱的防护予以特别关注。至于复合材料的热和闪电损伤,特别重要的是确定当作离散源损伤的损伤范围。由于与复合材料结构冲击和损伤累积相关的复杂性,在离散源事件后,应采用适当的方法来检测碎片轨迹及相邻区域内所有受影响的重要复合材料结构。必须避免或在疲劳和损伤容限验证中适当地阐明,离散源损伤事件后检测不充分,带有未检出损伤持续飞行的风险。

考虑冲击损伤时,夹层结构的特性与其他的复合材料加筋结构不同。首先对夹层壁板,即使损伤很小,也要求进行装饰性修理来防止水的侵入;其次,虽然会产生很严重的损伤,并会使剩余强度降低,但某些较低冲击能量水平下的钝头冲击损伤事件可能是目视不可见的,这需要在编制设计和检测程序时予以说明。任何时候都应用硬币敲击或等效方法辅助目视检测来确定损伤范围,但要知道,这样的检测会低估隐含的损伤。虽然冲击损伤的危险性一直与压缩载荷相关,但也应了解拉伸、剪切和复合载荷情况下的强度裕度。DOT/FAA/AR－02/121 中给出了对夹层结构受压缩载荷下的试验、检测和分析的指南。

对完整结构和/或主结构段所需分析和试验的性质与范围,可以类似结构原有适用的疲劳/损伤容限设计、结构、试验和使用经验为基础。缺乏类似设计的经验时,应完成部件、组合件和元件试验。施加的重复载荷应基于代表飞机预期使用情况可接受的疲劳谱。可以忽略(截除)已证明对疲劳损伤没有影响的低幅载荷水平,降低最大载荷水平(截除)对复合材料是不可接受的。

在疲劳和损伤容限评定时需要考虑复合材料重复载荷特性的分散性。若没有时,应确定对所用特定材料体系和已知关键失效模式的寿命或载荷放大因子。这些因子的目的是在重复载荷试验时增加循环次数或对结构施加超载,来达到所需的可靠性水平(如对 B 基准为 90%)。例如,载荷放大因子用较短的持续时间来达到所需的可靠性。DOT/FAA/CT－86/39 对 350°F 固化材料纤维控制疲劳失效模式,DOT/FAA/AR－96/111 对共固化与胶接结构,介绍了寿命与载荷放大因子的推导与如何使用的问题。不能盲目地使用由这些文献确定的因子,对给定的情况应确定公开发布的因子的适用性，或应采用试样的常幅疲劳试验来确定该因子。DOT/FAA/CT－86/39 给出了如何确定这些因子的指南。

应与认证机构协调对包含复合材料与金属结构的设计进行适当试验。适合复合材料结构件的载荷放大因子可能并不适用于对金属结构的试验。

工程特性和生产/修理工艺间的一体化连接要求对修理需特别考虑。OEM 在疲劳和损伤容限(F 和 DT)验证过程中应包含适当的修理，以便编制所颁发操作手册(如 SRM)的修理内容。这些修理对操作环境(如设施、设备、材料、操作人员等)应有代表性。非原始设备制造商工程设施将需要联系原始设备制造商(OEM)以获得修理数据和/或对主结构(和/或主结构元件)修理的批准，因为非原始设备制造商不可能有充分的验证数据。

由于没有足够的信心能检出弱胶接及贴合在一起的脱胶，通常要把胶接修理设计得一旦修理失效，结构仍能承受限制载荷，该条件要求在少数几次飞行中就能很容易地检测出修理失效。

要考虑的结构验证问题可以包括：

- 一般的静力试验程序。
- 用于静力试验的仪器。
- 超载系数(环境和材料变异性)。
- 分析方法。
- 分析方法的证实(载荷路径，许用值/设计值)。
- 关键结构部位的鉴别(缺陷/损伤布置和细节件试验)。
- 关键载荷情况和面外载荷。
- 全尺寸试验。
- 获得设计值的点设计试验。
- 二次胶接验证。
- 积木式方法(传统的和反向的)。
- 损伤容限和疲劳的通用试验程序。
- 用于损伤容限和疲劳试验的仪器。
- 环境考虑。
- 载荷谱编制。
- 寿命和载荷放大因子。
- 截除水平验证。
- 剩余强度评定。
- 层压板/胶层损伤和缺陷定义。
- 严重意外损伤和大的脱胶。
- 离散源损伤。
- 损伤扩展/无扩展。

- 检测要求。
- 建立目视勉强可见冲击损伤(BVID)、目视可见冲击损伤(VID)和制造引起损伤的判据。
- 建立目视勉强可见冲击损伤(BVID)、目视可见冲击损伤(VID)和制造引起损伤的检测方法。
- 修理验证。
- 发动机和轮胎碎片。
- 鸟撞,冰雹和从螺旋桨或其他表面脱落的冰块。

在第12章中讨论了关于疲劳和损伤容限符合性的其他技术细节。专用于军用飞机符合性的具体细节可参见 Joint Department of Defense Joint Service Specification Guide for Aircraft Structures Requirements, JSSG-2006 和 Commercial Derivative Aircraft Used in Military Operations。

3.4.9 颤振验证(气动弹性稳定性)

必须确定振动和共振频率,还需要对影响颤振的量(如速度、阻尼、质量平衡和控制系统刚度)确定适当的容差。要识别和验证关键零件、位置、激励模态和容差。验证应由经试验支持的分析或试验构成。复合材料结构的评估需要考虑重复载荷、环境暴露和使用损伤情况(如大的脱胶、水的侵入)对关键性能如刚度,质量和阻尼的影响。

要考虑的问题可以包括:

- 可能的刚度变化。
- 可能的质量变化。
- 制造缺陷和控制面间隙的关系。
- 与使用损伤事件的关系。

3.4.10 防火,阻燃和热问题

历史上,在防护乘客安全方面,客舱内饰件一直关注阻燃问题。随着复合材料在其他主结构(在飞行着火和紧急着陆后可能伴随发生燃油着火情况下,这些结构会危及乘客安全)的扩大应用,额外的问题已变得很重要。最近复合材料在主结构中的推广应用也已凸现对受高温部件(如靠近发动机或其他飞机系统失效)热暴露管理问题的重要性。必须了解相关热损伤对要求的结构完整性的影响,以便适当处置暴露于火焰或高温下的结构。

根据相应的规章要求,需对内部零件进行阻燃试验,它们要设计得使可燃液体或蒸气导致的燃烧时给乘员带来的危害尽可能小。在此情形中,由复合材料制成的内部零件不得增强对乘客安全有威胁的火焰或增加有毒气体的释放,通常用试验来证明符合性。复合材料的阻燃试验结果指出了与总体设计和工艺细节的关系,例如,机身结构可能是飞机内部零件的一部分,但是在评估阻燃性能时,座舱内着火和着陆坠撞后机身外着火造成的总体影响可能大不相同。

与机身结构有关的外部防火问题必须包括可存活着陆坠撞后外部火焰池的影响。在这种情况下，需要给乘客疏散提供充足的时间，以保证火焰不会烧穿进入机身，或不会释放出对逃逸乘客有毒或会加大火势的气体和/或材料。显然，对有大量乘客逃逸且需更长时间进行疏散的大型运输机而言，防火问题是最突出的。应证明当暴露于火源时，特定的复合材料机身结构设计的防火能力至少与铝合金相当。复合材料结构的使用不应降低现有的安全等级。

对发动机架和防火墙还有特殊的考虑。发动机架设计成在 1100℃(2000℉)下暴露 15 min 后是破损-安全的。防火墙也必须特殊设计以符合阻燃要求。

在机翼油箱燃油起火情景下复合材料机翼结构必须散热，以保持其承载能力和延迟结构垮塌的时间，使其超出疏散所有乘客和机组人员所需的时间，保证他们有足够的时间撤离至与飞机保持安全距离。

不管是在飞行着火还是在坠撞后着火，应特别关注对复合材料油箱的防护，也就是说，考虑的方面需包括预防油箱渗漏、燃油泄漏和减少燃油蒸气。

对暴露于火焰的复合材料结构考虑要超出直接燃烧和防火问题，因为很多复合材料都有固有的 T_g 值，它低于金属结构产生同样损伤所需温度，可能会在起火时导致其强度或刚度降得很低，或在其他高温暴露(如发动机或其他系统故障)后的不可逆性损伤。这种不可逆热损伤往往可能很难检出。因此为适当处置热损伤，暴露于已知系统故障的复合材料结构可能需要专门的检测，从而所有适当的损伤度量都需识别、验证并纳入损伤容限分析。应对确定会被长期漏检的最大可能损伤予以特别关注。

要考虑的问题可以包括：

- 确定需要进行内部阻燃试验的零件。
- 防止油箱着火和爆炸。
- 确定试样尺寸。
- 发动机架的阻燃性和验证。
- 防火墙的阻燃性和验证。
- 烟雾和毒性。
- 环境。
- 着火过程中和着火后的威胁。
- 高温暴露(系统故障、闪电等)后的健康服役。
- 损伤容限。

3.4.11　闪电防护

碳纤维复合材料结构的电阻比铝结构高得多。在未提供适当的导电路径时，这种结构受到雷击对结构和与其相连的电气系统、液压系统、航电系统和燃油系统都构成了威胁，这样的雷击会导致结构发生灾难性失效。所以在设计关键结构(如机翼、机身、燃油系统)和相关修理时，不论是内部(如在油箱内)还是外部，都需特别注意。

对复合材料结构中带整体油箱的飞机，需特别注意对燃油系统的闪电防护。由闪电引发可能出现在油箱和燃油系统管道上的高电压和高电流，会产生火星或其他起火源。燃油系统起火防护的规定要求闪电防护容许故障，从而为确保适当的防护，需要起火源有冗余防护。相关问题往往会超出具体的复合材料油箱设计和工艺细节，以包括对闪电防护系统完整解决方案的其他方面。

复合材料结构设计应包含在飞机每个区域对闪电的适当防护。应通过试验或由试验支持的分析验证结构在需要的区域能提供电磁防护，同时也能提供可接受的方式转移由闪电产生的电流而不会危及飞机。闪电直接影响到所有主结构部件，间接影响到所有的内部组件(如燃油系统、电子设备和线路)。对复合材料零件的闪电试验结果表明了与设计和工艺细节的相关性。特别地，结构组件和附件的容差对可能的损伤有显著的影响。

注意，应对任何预期可能发生的闪电损伤予以表征，且纳入损伤容限分析和试验过程，这要包括在飞机特定区域未能识别的潜在闪电损伤影响，同时也包括仍会发生的罕见和异常事件。

要考虑的问题可以包括：

- 直接和间接闪电防护。
- 结构保护。
- 燃油系统的保护。
- 机组人员和乘员保护。
- 电子设备保护。
- 损伤容限。

3.4.12 耐坠损性

飞机机体设计应确保在现实且可存活的冲击条件下，乘员能抓住每一个可能的机会免受严重的伤害，可通过试验或有试验证据支持的分析进行评估，使用经验也可以提供验证支持。相比于传统金属材料构成的结构，设计应考虑复合材料机体结构的独特特性。应认识到每个飞机产品型号都有控制特定飞机结构耐坠撞性的独特规章。在概述产品耐坠损性验证细节时，应考虑这些规章。

必须评估对复合材料运输机机身结构的冲击响应特征，来保证与传统金属制造的类似尺寸飞机相比，其可存活耐坠损性特征没有明显差别。在进行该评估时，应考虑4个主要领域的问题。第一，必须保护乘员(也就是乘客、飞行乘务员和飞行机组成员)，不会受到在冲击事件中因冲击载荷造成的座椅、头顶行李舱和其他重物松开，和支持机体与地板结构产生的结构变形带来的伤害；第二，必须保证在可存活坠损后的紧急逃离通道畅通(即机身不能产生阻碍乘员快速撤离的变形)；第三，在可存活坠损中，乘员经受的加速度和载荷不得超过临界门槛值；最后，在冲击事件后必须保证乘员有足够的存活空间。要注意所考虑的这4个领域的重要程度取决于具体的坠损条件。例如,在结构失效还没开始发生处较低的冲击速度下,乘客经受的加速度和载荷可能比较高。所以,可能需要经证实的分析来实际回答这 4 个领域耐坠损性评估的所有问题。

在考虑任何结构的耐坠损性时,需要处理局部强度、能量管理以及多种可能出现的失效模式。对由复合材料这样准脆性材料制成的机体结构,这不是简单能实现的。为获得有效的试验和分析结果,必须包括具体的复合材料设计和工艺细节。局部应变率和载荷情况在整个结构内可能差别很大,这取决于结构动力学考虑和渐进失效。

要考虑的问题可以包括:

- 特定飞机型号的耐坠损性规章。
- 生存空间。
- 逃逸路线。
- 座椅动力学。
- 重物的释放。
- 与油箱安全性的关系。

3.5　生产——必需的

为生产出一架安全的飞机产品,必须研制出首件并进行验证(见 3.4 节)。其次,至关重要的是鉴别并控制能确保连续且可重复生产的关键制造步骤。还必须检出、记录与管理缺陷,以及确定、验证与记录产品改型和工艺变更。

生产验证是确保设计师的意图,按与设计验证一起所定义的,已正确转变为产品的过程。随着时间的推移,生产体系必须确保飞机产品始终按所批准的规范和其他经批准的设计数据,并满足所定义的公差范围进行生产。在整个生产运行中,设计改型和工艺变更需通过其他经批准的数据和相关文件修订来验证。初始定义和验证过程是为了定义关键制造参数且确定其最终公差,还应定义其他的制造限制和敏感度。作为研制工作的一部分,任何工艺问题和糟糕的设计细节,都应被记录归档,以便今后不再出现。生产验证应使用有代表性的生产方法和人员来完成。在生产验证过程中,关键步骤的控制和对工作人员的适当培训都是基本要素。

3.5.1　生产实施

复合材料和部件制造是同时出现的,也就是说,性能是在生产和修理过程中获得的,使得良好的质量控制非常重要,为确保生产和型号设计的一致性,要予以特别考虑。在整个复合材料铺贴、固化和组装过程中都必须证实其一致性,这对减少了零件数量的大型整体复合材料结构来说尤为重要。例如,一个厚的胶接结构,在完成了最初的胶接组装步骤后,其大部分区域可能就变得不可接近。

对产品选择的具体复合材料形式和工艺(如预浸料、编织 VARTM、热塑膜片成形)将会决定对不同验证试验金字塔和试验方法的需求。一般来说,与较简单的形式(如预浸料)相比,较复杂的复合材料形式(例如编织结构)要求在金字塔较高层次进行较多的试验,而试样级的用处很有限。为细化这些工作,应提供一套完整的工艺研发和结构试验计划。对复合材料,在大尺寸试验前,努力将制造工艺变得成熟是更为明智之举。在生产实施前,必须消除取证用试验件与按制造标准预期获得的结构性能间的任何显著差异。

多个厂房设施生产类似零件,要求适当考虑它们之间材料、模具和设备方面可能存在的任何差异,如 AC 20-107B/AMC 20-29 的附录 3 所述。即使不同厂房设施用同样的材料和设备生产同样的零件也要求生产验证。另外,为考虑不同厂房设施间生产操作方面的差异,需要确定从简单试样级到较高的组件级适当的试验“桥接计划”。最后,原来在小规模(就生产率和按现有模具、设备和经培训过的劳动力生产出的零件数量而言)基础上采用的工艺,可能会受为满足更大量需求而扩大生产的影响。

虽然产品研制和验证达到生产标准,但必须要严格控制材料、工艺文件和制造记录,这可能很难实现,特别是当涉及很多机构时,然而必须自始至终建立良好的生产记录。每当使用中出现结构完整性问题时,可能就需要良好的生产记录,以避免采取像机群停飞这样的极端措施。还必须健全材料控制、制造和组装更改的批准程序,且确保所有需要的团队都要涉及。生产修理和可接受的缺陷也必须定义、记录且经 OEM 和供应商协商认可。

当生产要求都已满足且产品可被证明能按规范重复生产,则可颁发生产许可证/正式批准,这是正式的记录,表明产品已经从设计正确地过渡到了生产。在型号设计层面,生产许可证由保证产品正确生产的质量程序所支持。在单件级别时,质量控制记录提供了证明每个单件均正确生产的证据。

要考虑的问题可以包括:

- 鉴别关键制造步骤。
- 确定制造容限、所有的工艺限制和敏感度。
- 编制能证实用于生产的制造工艺试验计划。
- 制订最适合于材料形式和相关工艺的试验金字塔。
- 所有生产产品的完整制造记录。

3.5.2 制造质量控制

必要的制造控制步骤明显与所用的生产方法有关,而且将通过工程和生产计划过程来定义,由质量程序来监控。目前已形成的技术基于预浸料,然而新的方法(如 VARTM、编织技术、液体复合材料模塑,热塑成形)正在不断快速涌现。随着这些新技术的出现,需鉴别出适当的关键制造控制步骤。例如,编织 VARTM 要求特别关注零件的厚度、局部纤维体积含量和空隙含量。为实现连续生产,需要明确定义每一步骤中可接受的容限、限制值和敏感度。该信息必须由 OEM 进行控制,且对任何供应商透明以支持其质量控制需求。对典型的预浸料,重要的制造控制步骤需遵循 AC 21 - 26 的意图，该步骤中有很多也适用于新兴的技术。

对制造控制，无论是为确定关键生产步骤制订工程或生产计划，还是现场操作，必须要有受过适当培训有资质的人员（见 3.2.4 节）。有必要对所有员工进行更新培训，就像为新设备和新技术进行培训一样。

不管是用模具制造的每个零件还是制造模具本身，模具（见 3.4.5 节）在生产控制过程中是很重要的一部分。为使零件在固化时具有适当的热特性和摩擦特性必须正确地选择模具材料。因此，从理念上模具生产工艺应遵从制造控制程序。尽管生产不当的模具在下游使用时，很容易在制造控制过程中发现，但从安全和成本的角度考虑，明智的的方法是从一开始就要正确地对模具进行设计和研制。一旦生产出来，需要对模具适当地鉴定、维护和存放。另外，热电偶安装需要认真设计。

很多复合材料原材料容易腐坏，而且一般对储存温度和湿度条件比金属敏感。这些材料的运输和储存必须有温度控制，该过程也必须有适当的文件来支持。一般而言，大部分原材料在运输时应随同放置温度计，并存放在设有报警装置的冷库里，或受等同温度水平的连续控制。还应记录材料生产日期、储藏寿命和外置时间且随时都可以获得。任何配套过程都应严格管理，配套材料可清晰识别且材料批次可追溯。从冷库取出使用或回到冷库的任何材料，都要求有明确的解冻管理和装袋程序。解冻说明应对解冻给出清晰的时间和温度指南（例如，在开封前要求的解冻时间、完整的装袋密封和储存说明）。

原材料要按作为源文件一部分的规范来控制。材料采购规范中列出的要求一般包括未固化和固化状态材料的化学、物理和力学性能。材料供应商要对其生产的复合材料进行试验，以证明符合规定的要求。根据为指定材料供应商建立的质量控制程序，用户也可以对来料进行验证试验。通过规定的再次试验程序能说明有关材料环境控制和老化方面的问题。

铺贴环境应清洁且温度和湿度受控，生产车间要能显示何时超出了温度和/或湿度限制值，包括反映操作正确的文字记录（如工作卡或其他记录）。洁净间应保持正压。此外洁净间还要有定期的清洁日程表。

生产车间需证明工作人员遵照正确的材料操作规程。例如，这通常包括使用绒布和无滑石粉手套、佩戴头套、禁止食物和其他污染物进入室内，和暴露胶接表面的防护。铺贴间还应能够展现对背衬材料、铺层数、铺层方向和模板标识的正确管理。注意，还要求复合材料生产机构强制执行与员工健康（如使用合适的防尘面具和在处置危险材料时通风良好）和环境（如合理的废水处理）有关的良好安全操作规程。

在复合材料工艺中需要混合所用的某些树脂和胶黏剂。在这种情况下，有必要确定所有的混合方法、重量含量、工作时间和应用方式，且附有使用说明。错误的混合可能使得材料无法适当地固化。

材料放置、装袋和在固化前会立即发生的其他过程都很重要，在执行一些关键步骤时要求由训练有素的工作人员来操作。为比对与规定公差的精度，必须检查铺贴所用的方法，同时还必须控制铺层的皱褶和其他的畸变。为获得必要的堆积密度并确保材料保持其固化前预期的状态，应仔细遵守所有的铺层压实和预装袋说明。不同型号的辅助材料（例如隔离层、吸胶层、透气布和真空袋）、均压板、辅助模具和热电偶的放置必须遵循专门的说明。适当的装袋定位、桥联控制和泄漏检查都有助于确保复合材料零件的适当固化。

复合材料零件必须按规定的固化周期在受控的容差范围内进行制造。关键的控制变量包括温度、压力和抽真空的水平和时间序列，有很多方法可以记录和审核这些参数。热压罐和烘箱可以在参数偏离设定的容差时报警，还要按定义明确且经证实的热压罐或烘箱加压程序施压。此外，放在关键位置的热电偶提供了证实零件固化正确的局部温度测量，零件固化超出公差的任何指示都要报告至工程部门以便处置。只要有问题，都应使用规定的力学或化学方法来确认零件固化。当零件固化脱离仪器监控时，通常都要对随炉件或从固化零件取样进行力学和/或化学试验来实现质量控制。

从炉内取出零件和拆除真空袋时要小心。一旦移出并冷却一段适当的时间后，任何裁边、切割和钻孔都应使用正确的设备按规定的加工说明来完成。复合材料要使用专门的切割和钻孔工具，其给进量和速度不同于金属。零件运输或储存也要特别注意，很多复合材料零件会在固化后因不正确的操作而受损或毁坏，大型零件应使用专用拖车运输。零件存放时不应用边缘支持或因工作人员通行而受到踩踏。

3.4.4节讨论了将二次胶接用于结构连接和搭接的关键设计和工艺问题。合格的胶接表面制备程序必须要对胶接表面进行化学处理，可把防水试验用作胶接前对已制备表面的过程控制检查。胶接组装步骤可包括操作、包装和在生产设施间的运输，为避免已制备好表面暴露受污染或胶接前受潮，必须仔细控制生产过程。为控制胶层厚度偏差在规定的范围内，必须采取工厂制订的程序。有些胶黏剂从涂上组件开始，可能要有严格的时间限制。良好的胶接取决于严格的过程控制，这是因为传统的无损检测（NDI）方法无法检出弱胶接。

对复合材料进行螺栓组装，必须按图纸、工艺说明和规范执行，以防由于机加和紧固件安装导致的缺陷。为实现和紧固件尺寸相匹配的孔径公差，需要技能娴熟的技术人员、模具和钻孔设备。必须采用特定复合材料设计应用规定的紧固件和安装程序，来满足连接的性能要求。零件螺栓组装前，需要按设计文件规定进行间隙测量和加垫片。过大间隙产生的拉脱力会在复合材料比较薄弱的方向引起损伤。

复合材料零件制造的全过程所用的检测方法，必须由经过必要培训的检测人员进行。零件尺寸公差、组合件的装配和缺陷或损伤表面痕迹的测量和目视检测应该由视力达标的检测人员在光线充足的条件下进行。一般使用专用工具、设备和装置，来增强检测人员在进行必要目测时的能力。为评估复合材料制造或装配过程中可能出现的目视不可见缺陷或损伤，使用无损检测（NDI）可进一步证明进行了正确的操作。已用于此类检测的例子包括若干超声波技术、阻抗测量、敲击试验、胶接试验器、热像和剪切散斑干涉法。通常每一种无损检测(NDI)方法都要求专门针对具体零件细节的专业培训。因为带仪器的无损检测(NDI)要在单个零件生产后进行,工厂的程序也必须到位,以避免在后续的零件加工、运输和装配过程中产生严重的目视不可见损伤。在零件运输或者最终装配前的工厂程序中,只要可能发生损伤事件,都应使用便携式的无损检测(NDI)技术(类似于在外场维护中使用的技术)。检测人员都应能方便地得到无损检测(NDI)设备所用的标准(标定和培训)和源文件中定义的缺陷拒收标准。最后,对超出源文件的缺陷必须有适当的工厂处理程序。

制造步骤的控制应由独立的检查体系支持,它是质量控制程序的一个完整部分。使用该程序有助于确认产品是按经批准的图纸、程序和规范生产的,并与要求的设计标准一致。通常用工程、生产计划、制造和质量控制功能的相互作用,来确定制造控制、检测程序和为确保产品符合型号设计的正确操作方法。这样一个团队同样也要介入制订可接受的报废率、管理不符合性和编制、审查与批准在工厂中用到的源文件。

要考虑的问题可以包括:

- 工程输入和生产计划。
- 模具研发和维护。
- 原材料储存、操作、运输、接受和验证。
- 原材料解冻说明、贮藏寿命和外置时间控制。
- 铺贴清洁度和环境控制。
- 材料称重和混合。
- 层铺贴公差(如尺寸、方向、拼接、间隙和搭接)。
- 辅助设备和材料(如吸胶材料)。
- 压实和其他预装袋工艺步骤。
- 真空袋和泄漏率。
- 热压罐和烘箱管理。
- 热电偶和真空袋的连接和定位。
- 在公差范围内进行固化控制。
- 零件冷却和真空袋拆除。
- 固化验证和部件检测。
- 无损检测(NDI)技术的实施。
- 专用的切割、裁边和钻孔工具。
- 胶接表面制备。
- 胶层厚度控制。
- 螺接连接间隙公差和装配。
- 零件运输和储存。
- 质量保证程序。

- 操作人员培训和指导。

3.5.3 缺陷处理和制造记录

生产验证要求定义和了解可能出现的制造缺陷(结构、几何尺寸和外表)及其原因,还必须了解工厂用检测方法的选择及其敏感度。例如,通过后面的过程检测可能无法检出所有的缺陷类型(如弱胶接和铺层方向错误),因此需采用其他的过程控制、检测技术和制造步骤来确保质量。例如,在完成所有的胶接工艺步骤前,必须保护适当制备的胶接表面。

生产过程中发现的任何超出限制值的缺陷都应记录,且通过通知单和处理程序向工程部门报告。在生产周期内,任何含未处置缺陷的零件都应该通过工厂处置程序解决。为此,任何有疑似缺陷的零件都应可清晰识别且最好与合格零件分开储存,从而尽可能降低使用风险。

为编制可靠的质量控制程序和处置程序,需要 OEM 和供应商保持密切联系,特别是在初始生产研发阶段,源文件里只有很少的拒收判据时。一旦产品投入使用,预期还需要维护厂家和生产人员间的交流(例如,在使用过程中发现,而在工厂处置过程中认为是可接受的缺陷报告)。这就强调对每一零件和组件需要有完整且可接受的生产记录。随着产业全球化分散程度的不断增加,OEM 离它的设计和生产供应商越来越远,这种趋势对复合材料设计和生产一体化来说是个挑战,这与过去相比大不相同,过去多数 OEM 的设计和生产活动通常都是集中于同一地方,便于更好地分享信息。因此,各组织间清晰的职责交流相当重要,因为这涉及源文件的实用性,包括规范、制造公差、缺陷限制值和修理设计数据的源文件。任何处理程序都应包含有关当局的批准且成为正式文档。

所有可接受的缺陷和认为很重要且经批准的修理都应构成制造记录的一部分,并且由 OEM 和/或供应商保存。缺陷记录还应发送给生产人员,这部分信息可能对今后修理或变更很重要。

要考虑的问题可以包括:

- 缺陷定义、检测程序和相关的设计数据。
- 处理程序,包括向工程人员报告。
- OEM 及其供应商之间清晰的职责交流。
- 制造和缺陷记录以及记录的保存。
- 将可接受的缺陷和修理信息发送给生产人员。

3.5.4 生产过程变更

就不同级别的较小到重大变更的分类,供应商应与 OEM 达成一致。凡是重大变更都要求进行附加的结构设计验证。在较小变更级别对结构性能影响不确定的情况下,需要 OEM 介入。重大生产变更协议应明确界定所有的变更步骤和对产品从生产对使用可能产生影响的联合评定(例如,对维护检查、修理和有关设计数据需求的影响)。该过程应当标明何时需要更详细的首件检测(first article inspection,

FAI)。FAI的范围取决于变更的级别(如能想象从简单的尺寸检查直至切开和显微图像检测的任何事情)。注意,FAI可能用途有限,不要以为可以替代健全的材料和工艺变更控制及等同性试验验证。

修订批准程序必须健全,包含文件编制和过程记录。该过程还必须确保所有必需的团队都已介入(即机构和技术层面)。这些内容对保持型号设计适当的构型控制来说非常重要。因此,管理机构可以要求OEM提供有关它们如何控制工程变更、新图纸发布、更新材料和工艺规范以及生产计划的相应文件。

要考虑的问题可以包括:

- 变更分类的级别(概述OEM和供应商间必要的工作)。
- 考虑对所有生产步骤和使用的影响(如检测)。
- 定义首件检测(FAI)的标准。
- 健全的修订批准程序。
- 文件编制和记录。

3.6 维护——技术问题

必须编制维护程序并予以验证,来保证复合材料飞机结构在其整个使用期内的持续适航性,总目标是要持续满足在初始型号取证时由OEM验证过的结构性能标准。外场维修程序必须考虑操作人员在时间、设施和成本方面受到的限制。在解决复合材料维护问题时,往往需要设计和使用人员的良好沟通,总的目的是要解决复合材料问题,它通常涉及很多维护团队的专有技能,需要的技能取决于给定的结构设计和经批准的工艺规范、质量控制程序、工装、检查方法和修理。

本节的焦点是对4个主要领域复合材料维护的关键技术问题制订文件。第一个领域重点是修理设计和工艺验证中需考虑的因素;第二个领域涵盖在复合材料维护步骤中,包括结构检测、损伤处置和修理及对团队合作的需求;第三个领域讨论了复合材料损伤类型、各自的检出方法和表征;最后一部分覆盖了螺接和胶接修理工艺的关键要素。

3.6.1 修理设计和工艺验证

经验证的修理设计和工艺满足与基准飞机结构同样的性能要求,因此,复合材料飞机结构的修理验证需阐明在3.4节和3.5节中涵盖的很多内容。为建立经验证的修理文件,需要支持性的数据,文件内容包括损伤限制值、图纸、通过鉴定的材料、规范、工艺说明、工装、设备和质量控制程序,OEM最有能力实施此项验证。其他一些问题使得适于外场应用的复合材料修理变得复杂(如损伤零件的环境退化和进行修理的通道),建议要与用户接触。

修理设计和工艺验证的工作取决于损伤尺寸、所在位置和对结构性能的影响。对于某些零件,可能还需阐明火焰的安全性、防雷击和飞机系统性能。在飞机产品取证时,OEM会获得一些关于损伤威胁、类型和位置方面的经验,有价值的见解来自操作人员的密切协作。在初始结构验证工作中应包含所有可能的损伤和典型的外场修理(见 3.4.8 节)。这些初步的工作通常会建立修理限制值,并形成可接受的修理文件,如结构修理手册(Structural Repair Manual, SRM)。根据过去验证进行过的分析和试验,OEM 还可能给出未包括在操作手册(SRM)内的修理内容。当损伤修理超出了经批准的分析和试验数据所覆盖的范围,需要附加的修理验证工作。

可以证明,除 OEM 之外的任何机构,很难提供适当的复合材料修理设计和工艺验证数据。然而,有些操作人员和维护结构在修理设计方面是有一些权威的,但只有当在其能力限定范围内工作的机构建立了必要的验证数据并获得批准,才可以采用超出 OEM 范围的修理。目前复合材料中的逆向工程技术还没有成熟到可获信任的水平,意识到这一点非常重要。尽管主结构最重要,但对不太关键结构的修理也应仔细,因为它们的破坏能导致零件分离、冲击到飞逸路径上的主结构和/或发动机吸入碎片。

作为单独修理验证过程的一部分,所有的修理应全部记载于修理记录中。对特定零件的修理,其大小与位置都应清晰可鉴别。每一修理记录还应包含有关设施、工装、材料、工艺数据、和检查结果的细节。修理设计和工艺验证工作可能要考虑外场修理工艺的限制。因此,为避免修理性能的进一步降低,应完全遵循详述修理步骤的源文件。应报告任何修理工艺缺陷或需要处置的不一致处。

操作人员和修理机构需充分了解修理说明的局限性,并避免进行超出原来结构验证范围之外的修理。一般来说,如果操作人员或修理机构对现已公布数据的适用性有疑问,要与 OEM 联系。为尽可能降低风险,并阐明在实施修理时与时间有关的局限性,操作人员要使用 OEM 的设计数据。通常情况下,当记入文件的修理超出了设计验证数据的限制, OEM 通常要及时获得验证新修理需要的支持。

要考虑的问题可以包括:

- 考虑外场修理条件经批准的修理数据。
- 经验证的修理限制。
- 单个修理记录。
- 为保持飞机产品处于使用状态的操作时间压力。

3.6.2 团队合作和处置

把 3.2 节中所述问题推广开来,团队合作对复合材料维护工作也很重要。每位团队成员都应意识到各自专长的限制,同时也要知道在出现问题时应如何应对。对特定的飞机结构所接收文件中的信息应包含必要的支持数据库和足够的细节,在外场通过检查、处理和修理的步骤来指导团队。与已获批准的数据和文件的偏离必须遵循规章批准的程序。

团队成员主要有三大类。为完成工程任务的团队成员,要求至少具有被正式认可学术机构的工程学位或同等学力,包括在飞机复合材料结构设计和分析方面的某种培训，尽管只是获得来自实践的行业经验，但后者最被看好。若损伤和/或修理超出源文件给定范围时，某些工程师需要对需遵循的规章文件和程序有较好的理解。从事检测的团队成员必须对所用各种复合材料检测技术受过培训。无损检测(NDI)方面的检测人员要具备不同等级的资质以便胜任规定的方法。此外，检测人员必须具备良好的视力和听力。团队的修理技术员必须受过复合材料修理工艺的培训，包括使用相关的模具和设备。常常还需要接受一些实际操作和针对产品的培训。一般情况下，要求技术员具备良好的手眼协调能力。

所有的团队成员需对结构定义、材料和 OEM 支持文件(如 SRM、规范、图纸、检查程序和修理工艺)有一定的了解。对具体结构损伤处置、检查和修理所需的产品知识和某些操作技能，可直接从 OEM 的培训中获得。

一旦发现复合材料损伤后，就需要有完整的处置程序。操作人员(或者飞行员)通常都最先觉察到可能使飞机损伤的事件。无论外部损伤是否目视可见，任何异常事件都必须报告至维护或工程人员。操作人员在巡回检测过程中也可能会发现明显目视可见的损伤，包括设计没有考虑的损伤，如①高能量服务车辆碰撞；②超出设计包线的飞行飘移；③严重的着陆载荷；④其他超出设计考虑的异常飞行、着陆或地面事件。维护人员应了解用于处置复合材料损伤检查方法的限制。初始的外场报告可能由不具备复合材料检测技能的人员给出，操作人员必须采取措施以确保地面人员给出异常事件的报告，并避免让复合材料结构严重受损的飞机返回使用。对不熟悉复合材料的人员进行教育(即了解复合材料结构遇到异常损伤威胁的响应及其对安全的重要性)会减轻对飞机的威胁。

OEM 熟悉损伤情景，并基于在产品研发和取证过程中获得的疲劳和损伤容限知识(见 3.4 节和 3.6.3 节)编制适当的检测和维护程序，因此有责任为在外场对复合材料飞机结构进行维护和操作的团队提供指导。

复合材料结构件的 OEM 损伤容限验证也用于证实在定期维护程序(见第 12 章)中用于发现损伤的检测方法和检查间隔。多数情况下，复合材料结构要设计得用目视检测方法来检出损伤(见 3.6.3 节)，因此，可能永远也不会发现直至目视检测门槛值的冲击损伤(即 BVID)。相应的设计准则是使得含 BVID 的复合材料结构在飞机寿命期内必须保持极限载荷能力，目视检出大于 BVID 损伤的概率应非常高。这类损伤是有资质的检测人员定期检测的重点，可能发生，并可在少数几次飞行中被无特殊技能的操作人员或维护人员发现明显可见的大损伤，都要求在较短的时间期间承受重复载荷并满足剩余强度要求。

用目视检测方法能可靠检出的复合材料损伤，通常都要求有附加的无损检测方法(NDI)来确定损伤的全部范围。复合材料检测人员必须经过培训，知道目视可见小凹坑和其他表面破坏征兆往往伴随有需要 NDI 进行处理的其他隐含损伤。要仔细阅读源文件来确定推荐用于指定结构细节的 NDI 方法。

一旦损伤得到完整的表征，工程团队成员就需要查询源文件，以确定该损伤是否在许用损伤限制值(allowable damage limit，ADL)范围内。还应查阅部件记录寻找损伤附近先前的修理和现有的*ADL*,源文件通常对复合材料修理和 ADL 的距离有限制。若给定位置的损伤在*ADL*范围内,可能仍然需要进行维护来更换保护层和对损伤进行密封;超出*ADL*的损伤则必须要修理。源文件还提供了在外场无需咨询 OEM 即可进行修理的限制值。使用 ADL 和修理限制值强调了对正确处置损伤程序的需求。

在源文件中应明确列出为经批准的修理所用的设计细节、材料类型、工装和工艺说明书,进行维护工作的技术人员必须遵循这些步骤。鉴于结构性能高度取决于工艺细节,任何偏离都需批准,定义和遵循适当的修理检测程序很重要。修理防护、表面层、闪电防护和重新喷漆都应按 OEM 的说明书执行。

复合材料通常都不能互换,也很少能作为商品进行销售,这与金属合金不同,对金属而言,同样的材料可以有多个供应商。替代的复合材料虽可能有类似的(或"更好的")材料性能,但在明显可见的结构性能方面(如缺口强度和损伤容限)仍有差异。不同的材料可能与复合材料零件和胶接修理选用的胶黏剂在化学上不相容,因此任何材料变更都必须获得批准。

OEM 维护文件应根据对飞行安全性的重要性将所有的结构进行分类。用于检测的所有关键检测项目、方法及频率都应记录在提交给操作人员或维护机构的文件中(见 3.4.1 节),该文件应包括适航限制、任务假设,和明确定义若超出则应与和 OEM 进一步沟通的准则(如修理限制值、改变用途)。此外,应有要求向操作人员发送持续适航文件的程序(如 SB 和 AD)。

修理机构也必须产生类似于设计和生产文件(见 3.4.1 节和 3.5.3 节)的必要文件。修理文件应强调:①(若已知)损伤的范围和原因;②参照源修理文件;③鉴定通过修理引进的任何新结构、材料、工艺和支持文件(如修理图纸、应力分析和验证试验)。因为一旦有证据表明所有适当的要求(如疲劳和损伤容限),包括适航指令(AD)的考虑都已满足,修理分类和相关的理由都应记录于文件中。还应报告批准当局的权限(如某机构的审批范围)。

要考虑的问题可以包括:

- 功能学科的特殊培训需求。
- 适当的损伤检出和检测措施。
- 经认可的维护数据。
- 超出经批准限制值的损伤或缺陷的处置程序。
- 为批准新的修理设计和工艺需采取的步骤。
- 对复合材料损伤特征的操作安全意识。

3.6.3 损伤检出和表征

要求修理的复合材料缺陷和损伤可能产生于制造过程和使用外场。3.4.6 节中讨论了制造缺陷。在取证试验时证明了不要求修理的小损伤和缺陷,在飞机寿命期内对使用载荷和环境是容许的。由外场检测和修理措施控制的较大损伤包括脱胶、目视可见冲击损伤(VID)和环境损伤(如流体侵入、热损伤、腐蚀和雷击损伤),必须证明含这些损伤的复合材料结构在使用中被检出以前,可保持足够的剩余强度。复合材料的外来物冲击损伤通常都非常重要,因为其对压缩和剪切强度的影响至少等同于对拉伸强度的影响。一些损伤的组合(如夹层壁板的外来物冲击和环境退化)已证明是最复杂的,因为其对实时使用暴露的影响很难在实验室试验时模拟。

安全的维护程序取决于成功的损伤检出,然而,复合材料的损伤检出可能很难。其损伤形式不同于金属结构所看到的,且在冲击点和其他目视不可见的损伤可能看不到(如 BVID),这样的损伤可能只有在受冲击表面的反面或在远处(如连接)才可能比较明显,材料松弛(即表面在经过很短的时间后,其原来的轮廓得以恢复)还会使损伤更难检出。表面颜色、表面处理、光线、清洁度及检测角度都对发现微小的损伤痕迹有至关重要的作用。还要知道操作人员不会对很多"非常讨厌"的发现付出努力。操作人员和 OEM 需通力协作,以确保不会因这些令人厌烦的发现所引发的"过滤"过程而危及安全性,因此必须在这些方面对检测人员进行培训。

在飞机检测中,目视检测占80%~90%,所以应由视力达标的检测人员来完成。OEM 设计假设多半基于目视检测的定义(如一般目检、详细目检和相关的条件,如在良好光线下 1.5m(5ft)处检测)。目视检测应和相应的后续措施(如检测结构、连接的背面,并在另一侧类似结构的对称检查)联合使用。规定的目视检测可以包括使用放大镜和/或内窥镜。虽然这些设备有助于有指向的详细检测,但对大面积使用价值有限,而且可能会遇到关于灯光、阴影和深度感知的问题,对复合材料结构来说,这是更大的问题,因为在结构面积很大时任何地方都可能发生意外损伤。

特别关注的威胁是高能量钝头冲击(如地面车辆冲击),这种情况下严重的损伤可能不会清晰目视可见。类似地,硬着陆和超过正常值的突风事件也会产生目视不可见的损伤。要特别关注地面冲击,它们占飞机损伤的30%~40%。随着复合材料在外露主结构(如机身受压结构)中应用的增加,地面损伤也逐渐成了常见的威胁,地面工作人员和检测人员必须意识到这一威胁,任何异常冲击事件都必须报告至工程人员。注意,与复合材料中可见损伤检出相关的困难可能使检测人员更容易相信,在一系列严重的地面冲击事件后,可能没有引起损伤。通过尽量减少"怪罪文化"的压力,必须鼓励操作人员报告异常事件。

一旦目视检测对损伤定位后,通常需要使用有指向的无损检测(NDI)来确定损伤的全部范围。用于复合材料维护最常用的 NDI 方法包括敲击试验、超声波和胶接试验器。自动或手动敲击试验以及胶接试验器仅限于检出冲击损伤、分层或薄层压板和夹层结构中的脱胶。超声波方法可用来检测厚复合材料结构中的这种损伤,但需要专门的技能和层内结构细节的知识给出精确的损伤分布。湿度计可用于检出玻璃纤维和芳纶纤维复合材料中的流体侵入,但它不能用于碳纤维复合材料。在这方面热像法应用更普遍，同时也可用于有效地检出大范围内复合材料的损伤类型。

在定期或事件引发的检测，并有损伤迹象后，有必要确定损伤类型和记录损伤大小及引发原因(若已知)。应去除损伤以免引发进一步的损伤(即遵循 OEM 关于接近、除漆、用千斤顶顶起、拆卸、机加的数据)，并应再次检测来确定原损伤已被去除，且未因去除过程而产生新损伤。应记录最终的过程细节，从而完成修理设计。

要考虑到的问题可以包括：

- 目视检出严重的钝头冲击事件。
- 复合材料的操作意识和报告可能引起损伤事件的责任感。
- 对各种结构细节复合材料损伤威胁的类型。
- 热损伤和雷击损伤的检出和可靠的处置方法。
- NDI 标准和培训要求。
- 与安全相关用一些检测方案进行大面积检测的问题。

3.6.4 修理工艺(螺接和胶接)

有两种主要的修理类型：胶接和螺接。胶接修理要求严格的环境控制(如专门的厂房设施)；螺接修理倾向用于不易从机体拆除的大型和/或厚的主结构，“因为很难靠近这些结构去进行清洁和胶接表面制备工艺步骤，以及解决固化过程中的加热不均匀问题。”

通常有两种复合材料胶接修理，第一种称为预浸料修理，第二种称为湿铺贴修理。预浸料修理可使用原零件预浸料也可用经批准专用于预浸料修理的替代预浸料。由于其易腐坏，必须对预浸料运输、操作和储存进行控制。对只需少量材料且很难由供应商直接供货的操作人员来说，这可能是个大问题，因此，可能会要求分销商参与附加的材料控制(如增加运输步骤、需要健全的寿命重新计算程序)。若受损零件易于从飞机上拆卸，则可以用热压罐进行预浸料修理。对在机修理，获批使用的预浸料修理可以采用真空袋和局地热源，但无法实现热压罐工艺提供的修理层压实，由此产生的孔隙率降低了材料强度。

湿铺贴修理属于胶接修理，常采用双组分环氧树脂和干纤维织物。在按照需求混合之前，树脂组分在室温下保存在分别的密封容器中；干态织物，类似于织物预浸料的机织物，保存在室温下。当批准用于具体结构时，湿铺贴修理具有储存优势。在湿铺贴修理中，技术员必须精确地对树脂成分进行混合并浸渍干织物层。

在复合材料胶接修理时，正确的程序和工艺对消除缺陷至关重要，因为使用环境的控制远不如专用生产厂房，这要特别注意。制备适于化学黏合表面的胶接表面制备非常必要。此外，除了生产环境下采用的步骤外，在外场完成的胶接修理还要求其他的步骤，如修理可能要在暴露于像液压油这样的石油产品处进行，为避免胶接失效必须要更加清洁和干燥。

对结构完整性要求的检测，胶接修理比螺接修理更难。不良的胶接修理对飞行安全比原始损伤危害更大，这是因为在零件胶接表面制备过程中，损伤材料和好材料都被去除了。严格遵守修理胶接程序和过程质量控制对成功的胶接修理是性命交关的。目前的修理后NDI方法是必需的，但不足以证明胶接良好。在胶接修理中使用的所有复合材料和胶接材料都必须有经过批准的规范，以供材料采购、控制和加工。

螺接修理不要求进行对胶接修理所需严格的胶接表面制备和控制，但也必须非常仔细地设计和安装。尽管复合材料和金属螺接修理很相似，但在完成复合材料结构螺接修理所需的钻孔和装紧固件的步骤方面还是有差异的。对复合材料要采用高的钻速与缓慢的控制进给速率以及零加压，复合材料用钻头通常是整体硬质合金或金刚石喷涂的。对复合材料螺接修理，尤其是碳纤维复合材料，也可以规定不同的紧固件类型，螺接修理设计的细节特别重要。用未经批准的数据验证的修理设计在满足部件安全裕度方面可能会存在问题。

要考虑的问题可以包括：

- 材料和胶接表面制备的相容性。
- 原材料处理、储存和外置时间记录。
- 严格的胶接工艺控制和详细的记录。
- 正确使用固化、机加、和紧固件安装工装夹具及设备。

3.7　指南和报告

认证机构(如FAA)颁布指南，来提供证明与规章要求符合性的支持性信息。指南可以包含“咨询通报(AC)”和“政策声明(PS)”。一般来说，咨询通报(AC)给出了有关遵从规章可接受的方法，但不是仅有的方法。

为供参考，这里列出的清单还包括FAA技术中心和其他机构颁布的报告。一般来说，FAA技术报告包含由其赞助的研发项目得出的技术数据。

认为下面列出的指南和报告对本章是有支持力的，这些文件可通过适当的机构网站查找：

(1) FAA指南(AS和PS)：http://www.airweb.faa.gov.

(2) FAA技术报告：http://actlibrary.tc.faa.gov.

(3) EASA AMC：http://www.easa.europa.eu.

(4) TCCA AC：http://www.tc.gc.ca/air/.

(5) SAE AIR报告：http://www.sae.org.

3.7.1　咨询通报

- AC 20-53A　“Protection of Airplane Fuel Systems against Fuel Vapor Ignition due to Lighting”[4/85].
- AC 20-77　“Use of Manufacturers' Maintennance Manuuals”[3/72].
- AC 20-66A　“Vibration and Fatigue Evaluation of Airplane Propellers”[9/01].

- AC 20-107A "Composite Aircraft Structures"[4/84].
- AC 20-114 "Manufacturers' Service Documents"[10/81].
- AC 20-135 "Powerplant Installation and Propulsion System Component Fire Protection Test Methods, Standards, and Criteria"[2/90].
- AC 20-136 "Protection of Aircraft Electrical/Electronic Systems Against the Indirect Effects of Lightning"[3/90].
- AC 21-1B "Production Certification"[5/76].
- AC 21-26 "Quality Control for the Manufacture of Composite Structures"[6/89].
- AC 21-31 "Quality Control for the Manufacture of Non-Metallic Compartment Interior Components"[11/91].
- AC 21-40 "Application Guide for Obtaining a Supplement Type Certificate"[5/98].
- AC 21-101-1 "Establishing the Certification Basis of Changed Aeronautical Products"[4/03].
- AC 23-2 "Flammability Tests"[8/84].
- AC 23-13A "Fatigue, Fail-safe, Damage Tolerance Evaluation of Metallic Structure for Normal, Utility, Aerobatic, and Commuter Category Airplanes"[9/05].
- AC 23-15A "Small Airplane Certification Compliance Program"[12/03].
- AC 23-1 "Airframe Guide for Certification of Part 23 Airplanes"[1/03].
- AC 23-20 "Acceptance Guidance on Material Procurement and Process Specifications for Polymer Matrix Composite System"[9/03].
- AC 23.562-1 "Dynamic Testing of Part 23 Airplane Seat & Restraint Systems and Occupant Protection"[6/89].
- AC 23.629-1B "Means of Complince with Title 14 CFR, Part 23, § 23.629, Flutter"[9/04].
- AC 25-17 "Transport Airplane Cabin Interior Crashworthiness Handbook"[7/91].
- AC 25-19 "Certification Maintenance Requirements"[11/94].
- AC 25-21 "Certification of Transport Airplane Structure"[9/99].
- AC 25.571-1C "Damage Tolerance and Fatigue Evaluation of Structure"[4/98].
- AC 25.613-1 "Material Strength Properties and Material Design Values"[8/03].
- AC 25.629-1A "Aeroelastic Stability Substantiation of Transport

Category Airplanes"[7/98].

- AC 25.1529-1 "Instructions for Continued Airworthiness of Structural Repairs on Transport Airplanes"[8/91].
- AC 27-1B "Certification of Normal Category Rotorcraft"[4/06].
- AC 29-2C "Certification of Transport Category Rotorcraft"[4/06].
- AC 29 MG 8 "Substantiation of Composite Rotorcraft Structure"[4/06] [Note: AC 29 MG 8 is contained in AC-29-2C].
- AC 33-2B "Aircraft Engine Type Certification Handbook"[6/93].
- AC 33.4-1 "Instructions for Continued Airworthiness"[8/99].
- AC 35.4-1 "Propellers Instructions for Continued Airworthiness"[11/03].
- AC 35.37-1A "Guidance Material for Fatigue Limit Tests and Composite Blade Fatigue Substantiation"[9/01].
- AC 39-7C "Airworthiness Directives"[11/95].
- AC 43-9C "Maintenance Records"[6/98].
- AC 43.13-1B "Acceptable Methods, Techniques, and Practices—Aircraft Inspection and Repair"[9/01].
- AC 65-2D "Airframe and Powerplant Mechanics Certification Guide"[1/87].
- AC 65-9A "Airframe and Powerplant Mechanics General Handbook"[1/76].
- AC 65-15A "Airframe and Powerplant Mechanics Airframe Handbook"[1/76].
- AC 65-24 "Certification of a Repairman(General)"[2/83].
- AC 65-30A "Overview of the Aviation Maintenance Profession"[11/01].
- AC 65-31A "Training, Qualification, and Certification of Nondestructive Inspection(NDI) Personnel"[4/03].
- AC 91-56A "Continuing Structural Integrity Program for Large Transport Category Airplanes".
- AC 121-22A "Maintenance Review Board"[3/97].
- AC 145-6 "Repair Stations for Composite and Bonded Aircraft Structure".
- AC 145-9 "Guide for Developing and Evaluating Repair Station and Quality Control Manuals"[7/03].
- AC 145-10 "Repair Station Training Program"[7/05].
- AC 183-35K "Airworthiness Designee Information"[1/04].

- AC 183 - 29 - 1HH "Designated Engineering Representatives"[3/00].
- TCCA AC 500 - 009 "Composite Aircraft Structure"[12/04].
- TCCA AC 500 - 016 "Establishing the Certification Basis of Changed Aeronautical Products"[12/04].
- EASA AMC 20 - 29 "Composite Aircraft Structure"[07/10].

3.7.2 政策声明

- "Fatigue Evaluation of Empennage, Forward Wing, and Winglets/Tip Fins" [ACE - 100 - 01, February 1994].
- "Rotorcraft Directorate Policy: Certification Secondary Composite Structure"[ASW - 100 Policy Memorandum, October 1998].
- "Policy on Acceptability of Temperature Differential between Wet Glass Transition Temperature(T_g wet) and Maximum Operating Temperature(MOT) for Epoxy Matrix Composite Structure"[PS - ACE100 - 2 - 18 - 1999, February 1999].
- "Revised Policy on Compliance of 14 CFR 14 Part 23.865 at Amendment Level 48 for Structures in Adjacent Areas Subjected to Effects of Designated Fire Zones"[ACE - 100Policy Statement, April 2000].
- "Static Strength Substantiation of Composite Airplane Structure"[PS - ACE100 - 2001 - 006, December 2001].
- "Final Policy for Flammability Testing per 14 CFR Part 23, Sections 23.853, 23.855 & 23.1359"[PS - ACE100 - 2001 - 002, January 2002].
- "Material Qualification and Equivalency for Polymer Matrix Composite Material Systems"[PS - ACE100 - 2002 - 006, September 2003].
- "Substantiation of Secondary Composite Structures"[PS - ACE100 - 2004 - 10030, April 2005].
- "Bonded Joints and Structures—Technical Issues and Certification Considerations" [PS - ACE100 - 2005 - 10038, September 2005].

3.7.3 技术报告

- "Fatigue Evaluation of Wing and Associated Structure on Small Airplanes" [AFS - 120 - 73 - 2, May 1973].
- "Certification Testing Methodology for Composite Structures, Volues I and II"[DOT/FAA/CT - 86/39, October 1986].
- "General Aviation Aircraft——Normal Acceleration Data Analysis and Collection Project"[DOT/FAA/CT - 91/20, February 1993].
- "Handbook : Manufacturing Advanced Composite Components for Airframes" [DOT/FAA/AR - 96/75, April 1997].

- “Advanced Certification Methodology for Composite Structures” [DOT/FAA/AR-96/111, April 1997].
- “Aircraft Materials For Test Handbook” [DOT/FAA/AR-00/12, April 2000].
- “Material Qualification and Equivalency for Polymer Matrix Composite Material Systems” [DOT/FAA/AR-03/19, September 2003].
- “Guidelines and Recommended Criteria for the Development of Material Specification for Carbon Fiber/Epoxy Unidirectional Prepreg” [DOT/FAA/AR-02/109, March 2003].
- “Guidelines for the Development of Process Specifications, Instructions, and Controls for the Fabrication of Fiber-Reinforced Polymer Composites” [DOT/FAA/AR-02/110, March 2003].
- “Guidelines for Analysis, Testing, and Nondestructive Inspection of Impact-Damaged Composite Sandwich Structures” [DOT/FAA/AR-02/121, March 2003].
- “Effects of Surface Preparation on the Long-Term Durability of Adhesively Bonded Composite Joints” [DOT/FAA/AR-03/53, July 2003].
- “Bonded Repair of Aircraft Composite Sandwich Structures” [DOT/FAA/AR-03/74, February 2004].
- “Assessment of Industry Practices for Aircraft Bonded Joints and Structures” [DOT/FAA/AR-05, July 2005].
- “Teaching Points for an Awareness Class on ‘Critical Issues in Composite Maintenance and Repair’” [SAE Airspace Information Report (AIR) 5717, XXX 2008][Note: This document is accepted by FAA/EASA/TCCA.].

第4章　复合材料结构的积木式方法

4.1　引言与原理

将复合材料用于结构部件时，通常要启动一个设计研发计划，来事先评估结构的性能。这个证实复合材料构件结构性能与耐久性的过程，通常包含一个复杂的试验和分析矩阵。由于验证每种几何特征、载荷、环境和失效模式所需的试件数目巨大，只采用试验手段其费用可能无法承受；只使用分析手段通常又不能足够精确地适当预计每组情况的结果。把试验和分析相结合，用试验来验证分析的结果，用分析来指导试验的计划，这样就可降低整个证实工作的费用同时又提高了可靠性。

将这种分析/试验相互协同的方法推广，用于进行不同结构复杂程度的分析与相关试验。通常从小试样开始，经过结构元件和细节件、组合件、部件，最后达到完整的全尺寸产品。每个层次都基于先前各较简单层次所积累的知识。这种按照复杂程度渐增的计划，同时利用试验和分析进行结构证实的过程，就称为“积木式”方法。按照支持技术和设计考虑将这些积木块加以集成，如图4.1(a)所示。正如第1卷2.1.1节所指出的，采用这种方法的主要目的之一，就是要在满足所有技术、适航规章和用户要求的同时，降低研发计划的费用与风险。其原理是，使设计研发过程能在计划进程的早期更有效地评定技术风险。通过在制订计划时采用大量低成本的小试件试验，而只需要少量较贵的部件和全尺寸试验件，这样就可达到投资的高效。在可能之处，用分析来替代试验，这也会降低费用。

虽然积木式方法的概念在复合材料工业界得到广泛的认可，但其应用的严格程度各异，而其细节也远非普遍通用。其最简单的形式代表了一种在不同层次试验中具有低(技术与财政)风险的方法，该方法降低了在临近计划终结时出现重大风险的概率。在一个精心准备的实施计划中，这可能是一项高度结构化并经过仔细计划的工作，其中详细考虑了各种因素，同时也试图将与此过程相关的统计可靠性加以定量化。

这种积木式方法提供了一个系统而逐步的试验与分析推进顺序，从单层级直到全尺寸结构验证级。可以在不同积木块级别采用不同的试验和分析组合，来获得全

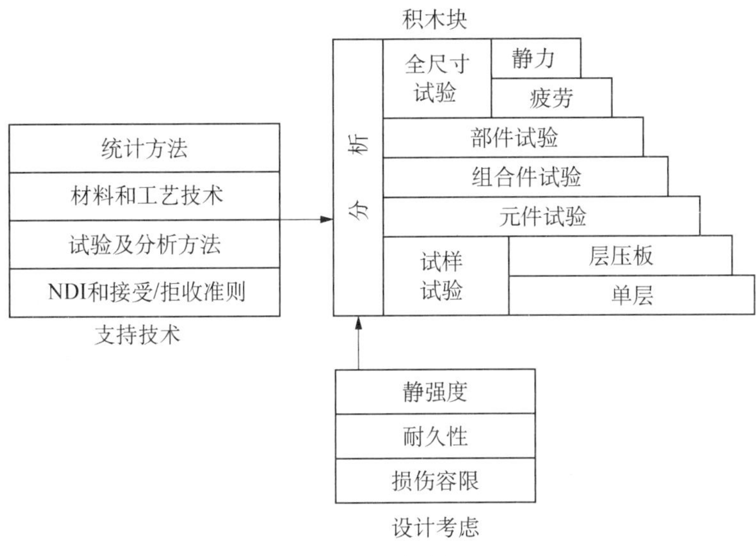

图 4.1(a)　积木块的集成

尺寸结构的安全余量，同时在选择所采用的试验级别时也可以有很大的灵活性。这个选择将取决于计划的规模、风险容忍能力以及适用的规章或合同条款。在积木块方法中常用的级别如图 4.1(b)所示，并将在 4.3 节中加以讨论。

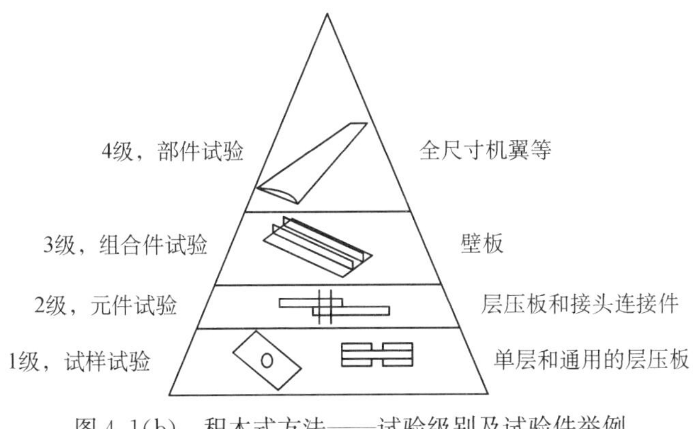

图 4.1(b)　积木式方法——试验级别及试验件举例

不管具体积木块计划的细节如何，每个层次或块(除了最低层)均取图 4.1(c)的一般理想化形式。前一层次分析和试验所积累的知识将与结构的要求相结合，用来确定和实施下一级的设计和分析。如果没有得到可以接受的分析结果，则进行结构重设计和/或分析修正，直至得到满意的结果。一旦得到了可以接受的分析结果，则用试验来加以验证。在试验结果不符合分析的预期情况时，若发现失效模式不对，则需重新设计试验；否则也许要修改设计和/或分析方法。此外，可能要重复前一级的试验或分析以进行验证。要采取一些适当的措施，直到试验证实了可接受的分析

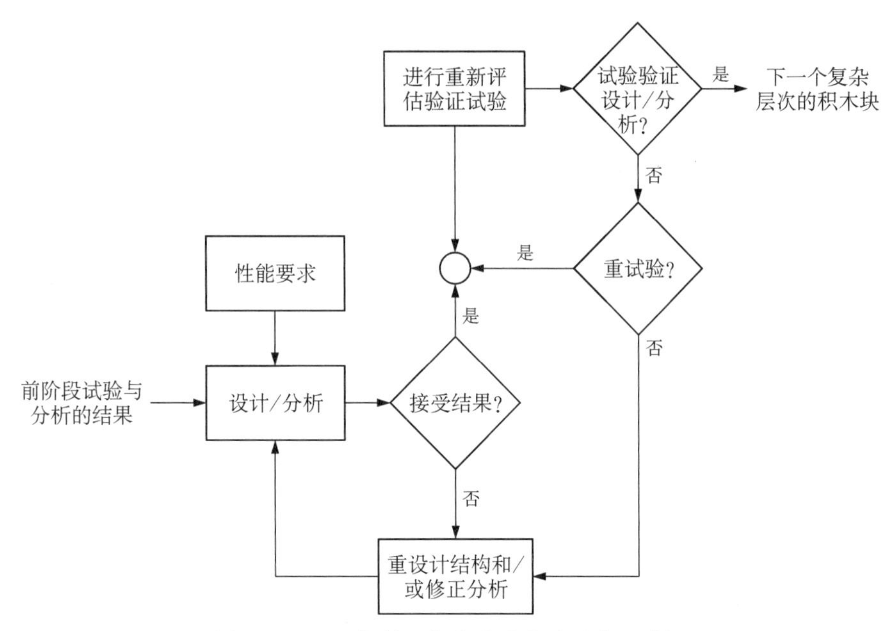

图 4.1(c) 理想的一般积木式方法示意(一层)

预计结果。完成这个任务后,就进入到下一个复杂级别的计划。重要的是要认识到,因为不同计划有不同的需要、要求和约束,并非所有积木式方法都采用相同的复杂级数,或用同样的方法来定义这些等级。

图 4.1(a)~(b)以及相关的讨论其所表述的概念是,积木式过程是一系列从一块灵活地进展到下一块的步骤。虽然这是一个对积木块概念进行理想化描述的方便办法,但在实践中这个过程并不是这样笔直的。实际上,由于计划的进度和资源的可能性,可能出现有部分不同的块在时间上重叠,甚至同时并行的情况。图 4.1(d)为典型的积木块计划流程。为了简单起见,以下对积木块级别的讨论将针对这个理想化的模型。

在最低的积木块层级,广泛使用小试样和元件试验来表征基本的材料无缺口静力性能、一般的缺口敏感性、环境因子、材料工作极限(MOL,见第 1 卷第 2 章 2.2.8 节)以及层压板的疲劳响应。在这第一层,用试验为第 1 轮设计和分析提供数据,开始这积木式过程。这一层的分析通常包括:建立材料分散系数和材料许用值,评价试样失效模式以及初步的层压板分析。与此同时,结构的外载正在确定并正在进行初始尺寸设计。

在第 2 层的分析中,使用从第 1 层获得的基本信息计算内力,识别关键的区域,并预计关键的失效模式。设计较为复杂的元件和组合件试验,来凸显一些单独的失效模式并验证分析预计的结果。在随后的各层中,将分析并验证更加复杂的静力与疲劳载荷情况,把特别的关注点集中于面外载荷的评估和意外失效模式的识别,还将研究处理因尺寸放大效应引起的变化以及结构作为一个整体的响应问题。最后

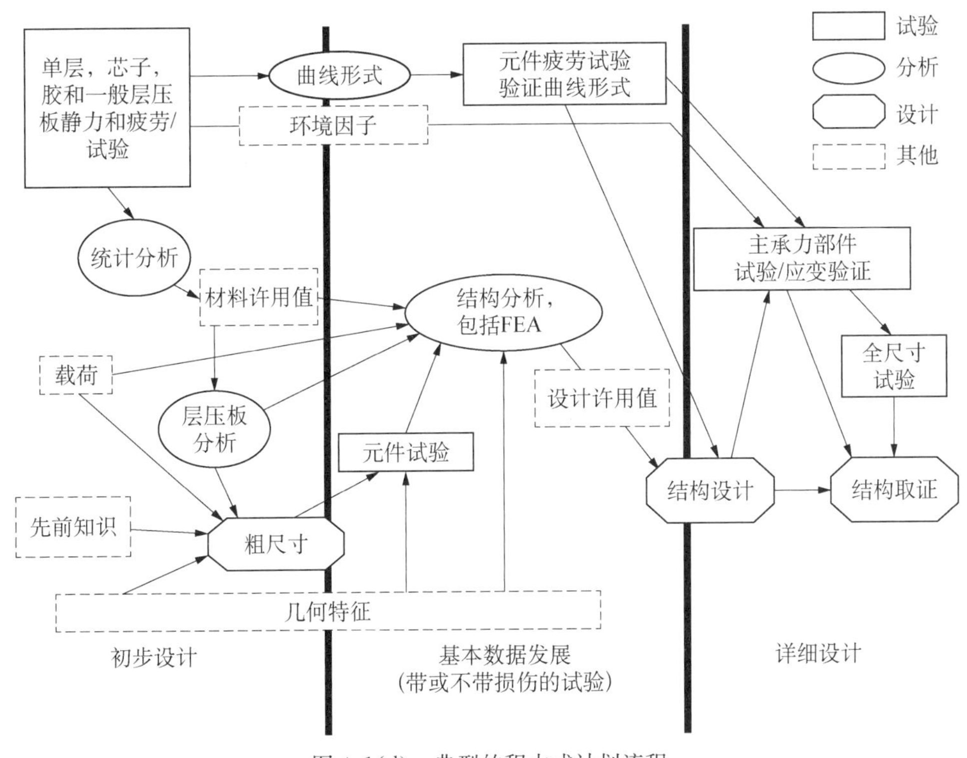

图 4.1(d)　典型的积木式计划流程

一级的积木块包括全尺寸的静力与疲劳试验(按需要)。这个试验用来对整个结构的预计内力、变形和失效模式进行证实;还要证实没有出现重大的未预计到的二次载荷(secondary loads)。

在整个积木式过程中,不断地监测制造的质量,以保证在计划早期所建立的性能数据仍然有效。这个行动可能会包括对工艺过程的周期巡检,以核实较大部件所经历的工艺历程与小元件及试样是相似的。此外,通常采用无损检查如超声波探伤,来评定层压板的质量(孔隙率和空隙)。也可能用破坏性试验检验纤维体积含量、纤维排列等。

正如前面所指出的,积木式方法的实施细节并没有达到标准化。虽然已对最底层的试样试验明确定义了试样数量与材料基准值之间的关系(见第 1 卷第 2 章 2.2.5 节),但在各个复杂性较高层次的积木块,其所用的试件数量则多少有些随意性,且大多基于历史上的经验、结构的关键性、工程判断以及经济的情况。因而,尽管已经做出某些努力来建立试件数量与全局可靠性之间的关系模型(见文献 4.1),但目前对这过程的各个层级,还没有标准化的方法原理可供统计验证。此外,对分析或试验的种类也缺乏普遍通用的方法,因为它们对具体的设计细节、载荷和结构的关键程度有很高的依赖性。

虽然人们无疑希望把积木式方法标准化，并建立一些方法来评估这个过程的统计可靠性，但面对当前大量的工作和各种方法的多样性，这些目标看起来是很长远的。本章的目的是汇总最流行并得到广泛认可的方法，同时针对不同应用情况和材料形式，给出一些积木式计划的例子。

本节初步介绍了积木式方法的概念。在 4.2 节将介绍建立积木式方法所需的基本原理和假设。在 4.3 节介绍这种过程的一般方法。在 4.4 节给出一个例子，详细介绍了积木式方法对工程技术发展(EMD)型和生产型飞机的应用，其制造采用热压罐固化的预浸料。在 4.5 节中包括了积木式方法对其他情况的应用例子，并给出了一般说明和详细例子的参考文献。在最后一节讨论了使用其他类型工艺和材料形式的问题。

4.2 基本原理与假设

远在采用复合材料以前，积木式方法早就被用于飞机结构的研发计划。然而，由于对面外载荷的敏感性、失效模式的多样性以及对工作环境的敏感性等问题，这个方法对复合材料结构的取证更为重要。由于这些问题和复合材料(最好将其归为准脆性材料)对固有缺陷的敏感性的联合作用，导致还缺乏利用最底层的材料性能来预计全尺寸结构行为的分析工具。

潜在失效模式的多样性，这可能是使得积木式方法成为复合材料结构证实过程中必不可少手段的主要原因。复合材料结构的很多失效模式，主要是由于其材料对缺陷、环境和面外载荷的敏感性。

复合材料的低层间强度使得其对面外载荷敏感。面外载荷可能是直接产生的，也可能是由面内载荷所引发。对设计和分析最困难的载荷，是全尺寸组合结构中隐藏难料的那些载荷。目前结构工程师能够使用的分析工具通常假定这些载荷是次要载荷，因而常常模拟的精度比较低。因此，模拟所有可能的面外失效模式，并通过精心策划的积木式试验计划来获得其试验数据就是非常重要的。

在积木式试验计划中，模拟正确的失效模式是一个重要的任务。因为失效模式常常与试验的环境及缺陷的存在(制造缺陷、差的设计细节或者意外损伤)有关，因此重要的是要仔细选择能够模拟所希望失效模式的正确试件。应当特别注意对基体敏感的失效模式。在选择了关键的失效模式之后，就设计一系列的试件，每种试件模拟某个单一的失效模式；它们通常是不太复杂的试件。

理想情况下，如果拥有发展完善的结构分析手段，同时完全确定失效准则，就能从组分的性能预计出结构的行为。可惜目前的分析方法能力有限；这样就并不总能使用较低层次的试验数据来精确预计较复杂结构元件及部件的行为。由于材料性能的变异、含有缺陷和结构的尺寸放大效应，分析结果的精度就变得更加复杂难定。因此，需要用逐级的积木式试验，以便：

- 揭示在低层次试验中未出现的那些失效模式。

- 验证或修正已经在低层次试验中验证过的那些分析方法。
- 允许在装配成形的结构中包含一些缺陷，其缺陷的形式常常不同于试样和元件中的情况（例如由冲击引起的意外损伤）。

这个方法所根据的假设是，由复杂程度低的试件所得到的结构/材料对外载的响应特性，可直接转换到复杂程度较高的试件。例如，试样级与部件级的纤维强度相同。这也意味着，它们的变异性是可以向上传递的。因此，由试样试验所确定的统计折减系数（许用值），在结构部件级上有同样的置信度。

因此，在成功的积木式试验计划中可以这样设计试件，即用验证过的设计/分析方法，将能在较复杂的试件中消除那些较低结构复杂度时出现的失效模式。这样，在下个结构复杂程度较高的层次上就可凸显出新的失效模式；从而就能用更复杂的试验结果进一步修正/验证分析的方法。最后，验证一个适当的分析方法并得到最终的设计。

4.2.1　降低风险

降低风险是采用积木块方法的一个主要理由。降低费用也是一个原因，因为采用一个由较少试验来支持分析的计划，可以减少全尺寸试验的考核范围。工业界有一些正式的风险评估方法，这里不再赘述。然而，积木块方法的优点可以用一般语言表述为：解决计划推迟和其相应费用的问题。

当一个主要的飞机设计、制造和取证计划接近完成，且初始的交付单位正在准备之时，沉积的资金已达到若干亿万之数。此外，存货的费用和继续的耗费将以每周数百万的速率进一步累积付出款项。时间就是金钱，当价值达到一定程度时，因之后发现结构不适当而导致的延误在财政上可能是灾难性的。

下面是一些因在计划中发现结构问题晚，而导致取证和交付延误的例子：

- 生产单位所用材料的性能不同于结构分析中所假定的性能。
- 机身结构在全尺寸静力试验中，在一个分析不正确的失效模式下破坏。
- 机翼上蒙皮在全尺寸静力试验中由于在长桁结束处的缺口敏感性而破坏。
- 机身增强层对于损伤情况还不足够。

在设计冻结以前缺乏全面的试验将导致延误，这又将招致可能数额极高的额外费用。

在开始生产后发现的另外一个还存在某些知识缺口的领域就是验收准则，因而制造审查委员会（Manufacturing Review Board, MRB）开始行动。只要采用模拟了制造固有变异与潜在损伤限的元件试验，就可确定合理的接受与返工标准。结构修理手册也需要分析和试验数据来证实允许损伤和验证修理。

4.3　方法

在 4.1 节的引言与原理中，介绍了积木式方法，并讨论了其后的哲学基础；而 4.2 节的基本原理与假设则提供了其逻辑框架以指导这个方法的使用，同时提供了所用的关键假设。然而,实施一个积木式复合材料结构研发计划时所采用的方法本身,却有可能招致这努力的成功或失败。本节就将讨论这个方法,提供选择及使用方法的指南。下面的讨论中,将说明并讨论不同运载工具的"积木式复合材料结构研发"中所采用的方法。虽然在这些类型运载工具中所用的方法有某些差异,但其中很多是类似的。

通常按逻辑和时间顺序来给出所用的方法,但在实际运载工具的"积木式复合材料结构研发"计划过程中,这种方法各阶段的开始和结束有可能会重叠,或者并未按这里所讨论的顺序。在实际的研发计划中,可能会采用初步的或估计的性能(刚度、强度值等等),来完成零件、元件以及组合件的初步设计/分析。并可能在得到设计用性能以前,就已经开始或完成了元件和/或组合件的试验。然而,在开始全尺寸的部件试验以前,就应当确定设计用的性能。

第一步是对准备使用的每种复合材料,拟订并开始实施一个适当的复合材料的材料设计许用值试件试验计划。每种类型和环境所需要的材料批数和重复试样数,将取决于要研发的运载工具是原型产品、中试阶段(工程技术发展——EMD)产品、还是生产型的产品。此外,运载工具的类别(例如飞机、宇宙飞船、直升机、地面车辆等)的结构关键程度,将影响到每种试验类型和环境所需要的材料批数和重复试样数。

来料检验、验收要求以及材料与工艺规范的要求,与所选运载工具不同部分的结构关键程度有关。对于复合材料的物理、力学、热力、化学、电力以及工艺性能,其试验的数量与类型也都与这个结构关键程度有关。

试验元件、组合件以及运载工具真实部件所需质量保证的数量和等级,与那些部件的结构关键程度,以及在结构证实和维护时对缺陷的考虑有关。此外,除了所选择的试验类型,所需的试样重复数和检测装置也与部件的结构关键程度有关。

出于用户要求、对成本以及对安全性与耐久性的关注,可能会在分析预计验证之外,还要规定全尺寸试验的要求。这种全尺寸试验可能是在RTD(室温干态)条件下验证临界设计限制载荷,在各种环境情况下的验证载荷试验,在室温下(使用或不用模拟高温的载荷放大系数)静力试验到设计限制载荷(DLL)与设计极限载荷(DUL),当然在某些情况下还进行静力试验直到破坏。此外,常常需要损伤容限试验以保证飞行关键结构的安全。有时,需要在严重环境下的耐久性(疲劳)试验,并可能需要证明其有可接受的长期经济寿命。

在很多情况下,上面讨论的一些单独的方法只在进行该项研发工作的各公司内才能够实现,或者易于由专业的子承包方实现。要达到可接受的复合材料运载工具结构积木式研发计划,应以合理的方式来组织这些方法。在下列各单独运载工具的相关节内,将更详细地定义并组织了这种方法的有关内容。

4.3.1 失效模式

在一个积木块试验计划中,模拟正确的失效模式起着重要的作用。重要的是要仔细选择或设计能模拟所希望失效模式的试验件。通常选择低层级的试验件来模拟某个单一的模式；高层级的试验常常不能避免多个潜在的失效模式。特别要关注与基体有关的那些失效模式。可以用单层性能和层压板分析方法预计基于强度的一些失效模式，例如无缺口的拉伸破坏等。其他的失效模式如压缩和剪切破坏，很可能受制于某个稳定性失效模式而不是某个单纯的强度模式，特别是对于薄壁型结构或者对于带有损伤的结构。

4.3.2　分析

为了从积木式方法中获得最大的好处，应当在从元件试验到全尺寸的验证的每个层级，进行分析预计、比较和证实确认。通过由各个积木块级别试验所支持的分析来取证时，其流程图如图 4.3.2 所示。

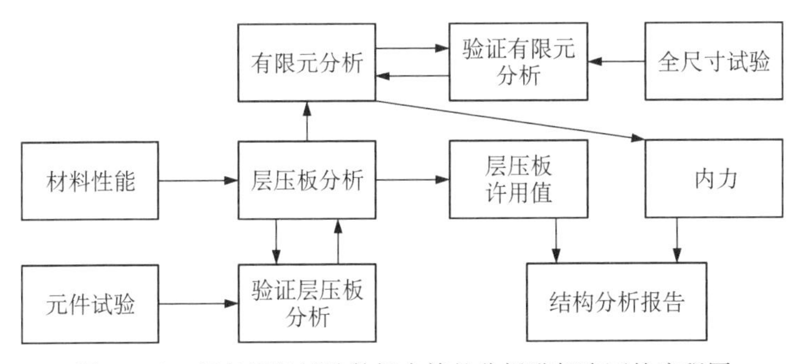

图 4.3.2　用各层级试验数据支持的分析进行取证的流程图

即使在积木块的元件级（见图 4.1(b)），也有不止一个确定层压板许用值的方法是可接受的。层压板许用值可以是纯粹以试验为基础的，只要能确信选择了关键的层压板，并覆盖所有失效模式与环境条件的组合，产生了足够的试验数据。这个方法称为点方法。其他通常使用的方法是如上面提到的，即用单层的输入数据和经足够层压板试验证实的失效准则。

也可以用分析来计算结构在带有不同程度损伤时的剩余强度，只要在积木块的某个层级包含有这些损伤状态的例子（关于剩余强度的其他讨论见第 12.8 节）。已经将这个方法用于 FAA 认证计划的例子包括：

- 勉强可检冲击损伤。
- 可检损伤或明显损伤。
- 在裂纹扩展试验后的损伤程度。
- 由于发动机或 APU 转子爆裂产生的离散损伤。

仅仅用分析还不足以用于损伤情况的取证；分析通常靠一些适当的试验来证实。此外，即使已经公布了很多关于这个问题的研究和分析结果，传统上还没有认可将分析用于进行损伤扩展（或者无扩展）的取证。由于在损伤扩展和载荷循环曲线图上有一个陡坡，金属断裂力学的方法即基于计算扩展速率的检测间隔可能并不有用。有关在循环载荷下缺陷扩展的讨论，见第 12.7 节。

用相似的方式可以对组合件或全尺寸部件进行分析和试验，对比两者所得的应变结果，来验证确认有限元分析所预计的内力分布。这样，利用已经确认的有限元结果，就可确定极限载荷情况。这对于确认环境组合及限制与极限载荷情况特别有价值。有关在各个积木块层级利用由试验支持的分析进行取证的流程，如图 4.3.2 所示。

4.3.3 材料评定与许用值(试样级)

积木块金字塔的第一级用于试样级的力学、物理和化学试验以表征材料，建立采购和验收规范，并建立材料许用值。可以在两个级别水平建立材料的许用值：

(1) 单层水平。

(2) 层压板水平。

从所有铺层均沿着同一方向的固化板件上截取单层的试样。因此，取决于从板上截取试样的方式，这个试样可以代表，例如，所有的 0°或 90°铺层。

层压板试样通常从固化的多方向铺层板件上截取。利用这些试样的开孔拉伸和压缩试验或冲击后压缩试验等，来产生层压板级别的强度和刚度性能。

4.3.4 设计细节许用值(元件试验级)

积木块金字塔的第二级用于确立对设计中所出现关键细节的许用值。其试验件仍然相对比较简单。其中可能包括承受最严重拉、压和剪切载荷的层压板或夹层板，蒙皮/长桁组合，长桁收尾，增强层中断，以及胶接或螺接的结合处。这些试验件应当在 RTA 和极端环境下进行试验。为确定损伤容限和检测准则，应当对带有目视可见损伤和带有易见损伤的试验件，进行静力和循环载荷试验。循环载荷的环境组合应当与服役要求相适应，不一定与静力试验中所用的极端情况一致。

对于一个新设计，这些组合可能导致一个由数百试验件组成的试验矩阵。元件级试验的一个重要特色是，必须按照生产过程的方法和可接受的规范来制造试验件。在改变制造过程(例如从热压罐固化预浸料到带的铺贴，纤维布置或者树脂传递模塑)时，这点特别重要。

4.3.5 关键结构的预生产保证(组合件试验级)

可能要求在冻结设计细节以前必须对控制设计的结构或结构特征进行试验，同时对分析方法仔细验证确认。因此，例如当采用新材料和新工艺过程及新构型时，应当谨慎地对试验件进行试验；这些试验件本身是全尺寸的，但是小于完整的构件如机翼、机身，或安定面。此外，可以假设简化的情况，例如机翼壁板不带有气动外形，以及主要接头仅用 2D 形式来表示。近年来已经试验的关键组合件有：

- 重大冲击后的驾驶舱风挡。
- 机翼金属耳片接头到复合材料梁的载荷传递试验。
- 树脂传递模塑的襟翼预生产件极限载荷试验。

- 碳纤维机翼梁极限载荷试验。
- 碳纤维水平安定门预认证载荷试验。
- 碳纤维机翼盒段工装验证件极限载荷试验。
- 纤维铺放的压力舱段极限载荷试验。

4.3.6　全尺寸结构验证——部件级试验

所需要的全尺寸部件试验规模将取决于适用的规章、合同条件，以及可能的较低层级试验数据总量和分析能力。

4.3.6.1　全尺寸静力试验

如前所述，在选择所用积木块每个层级的规模时，可有相当大的灵活性。全尺寸部件试验可以进行到放大的载荷水平以考虑环境条件，同时可以试验所有的关键载荷情况，在此情况下元件试验就变得不那么重要。有几种不同的途径来进行全尺寸试验和认证，这取决于对相似设计所具有的经验、费用问题、风险考虑、尺寸规模以及其他一些因素。

1）无全尺寸试验

可能有低层级的试验数据提供环境极端条件和损伤情况下的层压板许用值。考虑到低层级的试验数据及通过数据比较确认的分析方法，以及对相似结构的充分的经验，认证机构可能会认可全尺寸试验只限于确认用有限元分析所预计的内力。于是，可基于用有限元分析所预计的内力和适当的许用值，来确认安全余量。

2）在室温大气环境 RTA 下进行全尺寸试验加上分析

利用足够的低层级下的环境数据，也可采用有所选全尺寸静载荷试验的应变计数据来证明，即使使用因环境极端条件而降低的许用值，关键结构也将能承受名义的极限载荷。

3）在环境条件下进行全尺寸试验加上分析

在没有低层级试验数据支持时，一种替代的办法是只依靠全尺寸试验，来证明在室温大气环境 RTA 下和在环境极端条件下的结构载荷能力。此外，可能要在全尺寸试验件上引入必要的目视可见损伤或预计的冲击损伤，以证明其在具有这些损伤时的极限载荷能力。已经在大气条件下的静力试验中采用了载荷放大系数。这些系数是从单层或层压板性能中导出的；这些系数表示，即使采用在适用的极端环境下降低的许用值，为证明关键结构所能够承受名义极限载荷而存活所需增大的静载荷。

4）全尺寸试验，没有分析

没有分析时就可能需要进行更多的静载荷试验情况。假若有限元分析通过两个或三个最关键载荷情况的对比而得到认可，则也许可以确定一些未试验情况的内力。然而，也还需要从某个来源得到层压板的许用值，以便完成认证的安全余量表。此外，没有结构分析也将难于证明应变计事实上记录了最关键部位的应变值。

4.3.6.2 全尺寸飞机的耐久性和损伤容限试验

与铝飞机结构相比，复合材料结构通常不易于在重复的服役载荷循环下引发损伤，其所关注的问题是在服役中的损伤或固有的制造变异（接受的或检测中遗漏的）。对于 FAA 的取证，具有可接受或潜在被遗漏损伤的结构必须能够承受极限载荷以及至少两倍寿命服役载荷的。带有可检损伤的结构，必须能够服役载荷至少两个检测间隔，而不会使剩余强度低于规定的载荷水平。

此外，对于 FAA 认证还有第三类损伤称为离散源损伤，其中包括某些（对飞行机组可能很明显的）事件所导致的那些极端情况。这些损伤包括鸟撞、雷击、发动机起火，以及发动机或辅助动力装置 APU 转子爆裂。在这些情况下，假设机组成员会采取措施来限制这种载荷情况的出现，并将尽快终止这个飞行任务。这些降低的载荷情况称为“返回载荷”，通常作为剩余强度要求处理。

一个典型的全尺寸耐久性与损伤容限试验将包含两倍寿命的试验，其中带有一开始就引入的结构制造损伤和在第二个寿命期引入的可检损伤，或者稍后引入供随后损伤扩展试验用的可检损伤。剩余强度试验通常将在两倍寿命试验之后进行。当从元件试验得知具体材料和层压板的缺陷扩展门槛值后，就可将一个寿命期的载荷循环数显著降低。关于耐久性和损伤容限的更多信息，参见第 12 章。

4.4 具体应用考虑

4.4.1 飞机原型

在以下各节中，对风险与成本可接受的 DoD/NASA 原型复合材料飞机结构，详细说明了所需的许用值及积木式试验工作。4.4.1.1 节给出了 DoD/NASA 原型飞机结构得出聚合物基复合材料（PMC）许用值的方法。在 4.4.1.2 节中详细说明了 DoD/NASA 原型飞机的聚合物基复合材料结构积木式研发方法。在 4.4.1.3 节归纳了 DoD/NASA 原型复合材料飞机结构的许用值和积木式试验工作。

4.4.1.1 对 DoD/NASA 原型飞机结构生成的聚合物基复合材料许用值

为了支持图 4.4.1.1 所述的积木式试验计划，必须生成许用值；其中的 Part A 由 5 个步骤组成：

(1) 最大限度利用 ASTM D 3039，D 3410① 和 D 3518，利用应力/应变曲线，试验得到单层级的静强度及刚度性能，包括对 0°或 1 轴方向的拉伸和压缩，90°或 2 轴方向的拉伸和压缩，以及 0°或 12 轴的面内剪切试件试验。

(2) 试验得到准各向同性层压板级的静强度与刚度性能，包括对 x 轴的无孔及开孔拉伸、压缩和面内剪切试件，以及承受拉伸和压缩载荷的双剪挤压试件试验；对拉伸按照 ASTM D 3039，对压缩与挤压按照由 ASTM D－30 委员会分别制订的其他标准。

---

① 目前推荐 ASTM D6641，不建议使用 ASTM D3410——译者注。

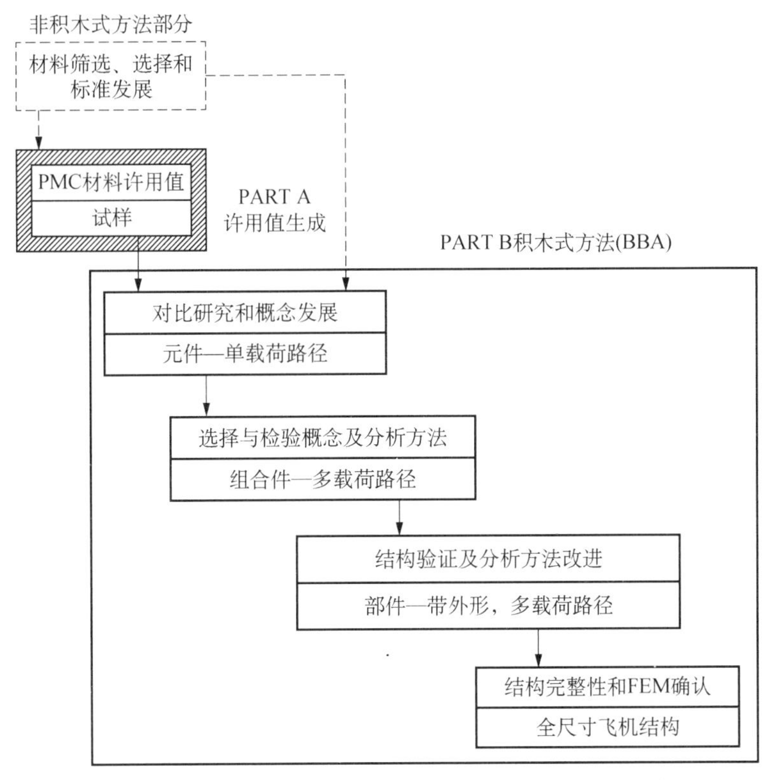

图 4.4.1.1　使用积木式方法(BBA)的飞机结构研发目标

(3) 对试验得出的数据进行统计处理，用 B 基准值(90%概率，95%置信度)方法，如果试验的分散性太大，就用取平均值的 85%的方法得到许用值的数值；应当取两者中的较大值。**这种方法是 Grimes 在文献 4.4.1.1 中首先提出的。**

(4) 对设计/分析所用分析方法建立所需输入的单层许用值。通常，应当以极限强度或 1.5×屈服强度中的较小值作为拉伸、压缩和面内剪切强度的临界许用值。当面内剪切强度不关键时，应当使用降低的极限剪切强度(高值)。

(5) 按规定，层压板的设计应当是由纤维控制的，即在 0°，+45°，−45°和 90°各方向上至少要有 10%的铺层。对于单向带和织物层压板，在分析方法的 1 轴和 2 轴位置，对拉伸和压缩载荷输入 0°或 1 轴的强度许用值。对于剪切的输入则如上所述。这个方法将保证纤维控制的破坏，这是由 Grimes 在文献 4.4.1.1 中首先提出的。所有层压板应当是均衡和对称的。

表 4.4.1.1(a)中给出了一个结构类别/许用值表，表中对原型结构规定了飞机结构关键程度与许用值要求之间的关系。表 4.4.1.1(b)中给出了结构 1 类别及其最大物理缺陷要求，使得可接受的物理缺陷尺寸参数间接地随着飞机结构关键程度而改变。这样，飞机结构的关键程度就控制了数据的可靠性(许用值)以及为保证结构关键性所必需的材料和零件质量。

表 4.4.1.1(a) 原型机 DoD/NASA 飞机结构类别及所对应的 PMC 许用值数据要求(见文献 4.4.1.1)PART A(取自图 4.4.1.1)

飞机结构类别		原型设计的许用值数据要求	
类 别	说 明	初始(单向带/织物)	最终(单向带/织物)
主结构 ● 断裂关键的(F/C)	**承受主要的气动载荷** ● 破坏将引起运载工具的损失	**基 于** 1. 用类似材料数据和经验作估计	1 批材料试验:每种试验类型 5～8 个重复试样(静力)
● 非关键的(N/C)	● 破坏不会引起运载工具的损失	2. 销售方的数据 3. 期刊、杂志和书籍	1 批材料试验:每种试验类型 4～6 个重复试样(静力)
次结构 ● 疲劳关键(FA/C)和经济寿命关键的(EL/C)	**承受次要的气动及其他载荷** ● 破坏不会引起运载工具的损失但将造成昂贵的关键件更换	**基 于** 1. 用相同或类似材料数据作估计	1 批材料试验:每种试验类型 3～4 个重复试样(静力)再加上疲劳试验
● 非关键的(N/C)	● 破坏不会引起运载工具的损失 ● 不是成本或疲劳关键的部件	2. 销售方的数据 3. 期刊、杂志、和书籍	使用合法、经过验证的数据库
非结构部分 ● 非关键的(N/C)	**不承载或承受较小载荷** ● 零件破坏更换引起小的不便,但费用不大	**基 于** 1. 利用类似材料的数据作估计,或 2. 销售方数据,或 3. 期刊、杂志、和书籍	1. 用类似材料的数据作估计或 2. 销售方数据,或 3. 期刊、杂志、和书籍

表 4.4.1.1(b) 原型机 DoD/NASA 飞机结构类别及所对应的 PMC 物理缺陷的最低要求(见文献 4.4.1.1)PART A 和 B(取自图 4.4.1.1)

飞机结构类别		对零件的最大物理缺陷要求: 碳或玻璃增强的聚合物基复合材料例子	
类 别	说 明	单向带	织 物
主结构 ● 断裂关键的(F/C)	**承受主要的气动载荷** ● 破坏将引起运载工具的损失	在≤10%的面积上有≤3%的孔隙率 ≤1%面积的分层 不允许边缘分层(包括孔)	在≤10%的面积上≤5%的孔隙率 ≤1%面积的分层 不允许边缘分层(包括孔)
● 非关键的(N/C)	● 破坏不会引起运载工具的损失		

(续表)

飞机结构类别		对零件的最大物理缺陷要求：碳或玻璃增强的聚合物基复合材料例子	
类 别	说 明	单向带	织 物
次结构 ● 疲劳关键(FA/C)和经济寿命关键的(EL/C)	**承受次要的气动及其他载荷** ● 破坏不会引起运载工具的损失，但将造成昂贵的关键件更换	在≤15%的面积上有≤3%的孔隙率 ≤2%面积的分层 不允许边缘分层(包括孔)	在≤15%的面积上≤5%的孔隙率 ≤2%面积的分层 不允许边缘分层(包括孔)
● 非关键的(N/C)	● 破坏不会引起运载工具的损失 ● 不是成本或疲劳关键的部件		
非结构部分 ● 非关键的(N/C)	**不承载或承受较小载荷** ● 零件破坏更换引起小的不便，但费用不大	在≤20%的面积上有≤4%的孔隙率 ≤3%面积的分层 允许≤10%边缘长度或孔边缘有经修理过的分层	在≤20%的面积上≤4%的孔隙率 ≤3%面积的分层 允许≤10%边缘长度或孔边缘有经修理过的分层

4.4.1.2 DoD/NASA 原型飞机的 PMC 复合材料积木式结构研发

图 4.4.1.1 流程图中的 Part B 定义了以下一般类别的积木式试验工作：

- 比较研究与概念发展(元件——单载荷路径)。
- 选择、检验概念和验证分析的方法(组合件——多载荷路径)。
- 结构验证与改进分析方法(具有轮廓外形的复合材料——多载荷路径)。
- 结构完整性和有限元(FEM)确认(全尺寸飞机结构试验)。

图 4.4.1.1 Part A 和表 4.4.1.1(a)所示的许用值，合乎逻辑地流入 Part B 积木式试验。表 4.4.1.1(b)有关物理缺陷的要求适用于 Part A 和 Part B。Part B 的积木式试验任务则在表 4.4.1.2(a)中按照该部件的结构类别做了说明。在表中，按结构类别详细定义了上面的四类问题；结构类别越高，需要的试验和分析就越多。这里的关键是，它们都是进行结构研发试验的指南。对于一个具体的结构类别，真实需要的结构试验可能多少取决于运载工具的任务以及是有人操纵或是无人操纵的。知道了结构部件的类别、飞机目的与任务，就可进行风险分析，使得试验成本与风险为最小。在进行的每一步，复合材料的分析将需要 FEM 及封闭解的方法，这些方法以适当的力学与物理性能以及许用值作为其输入数据。必须监控失效模式、载荷(应力)以及应变与变形的读数，并与预计数据对比，以保证低风险。仅仅使用 FEM 或其他分析方法而不做试验，或者采用了不适当的试验——不能适当地提供失效模式、应力(应变)及变形以便与预计情况比较，这些都将造成不可容忍的高风

险状态。

另一有关复合材料结构风险的事项是其质量保证(QA)问题;这问题同时适用于 Part A 和 Part B。表 4.4.1.2(b)对以下各类情况给出了标准的 QA 要求:

- 材料与工艺过程的选择、筛选和材料规范的取证。
- 来料检验/验收试验。
- 过程中的检验。
- 无损检验(NDI)。
- 破坏试验(DT)。
- 可跟踪性。

其中每类的 QA 要求均随着结构类别而改变,类别越高,需要的质量保证就更多。按照这个表所列的程序,就可确定为使风险保持在可接受的水平所需的 QA 数量。所需的 QA 数量及所具有的风险,将随飞机的类型与任务以及其是有人驾驶或无人驾驶等情况而变化。对各个类别的复合材料结构部件,其风险和费用是彼此成反比的,所以,对于原型机的这个积木式试验计划,有必要确定其可接受的风险。

表 4.4.1.2(a) 原型机 DoD/NASA 飞机结构类别与目标及其所对应的 PMC 积木式研发试验(见文献 4.4.1.1)PART B(取自图 4.4.1.1)

飞机结构		积木式结构研发试验任务	
飞机结构研发目标		比较研究和概念发展分析	概念选择与检验试验及分析方法的开发
类 别	说 明	元件——单载荷路径	组合件——多载荷路径(包括接头)
主结构	**承受主要的气动载荷**	概念和分析方法发展——静力与疲劳试验(可选)	检验概念和分析方法——静力与疲劳试验(剩余强度)
● 断裂关键的(F/C)	● 破坏将引起运载工具的损失	每种加筋结构 3 件 每种接头形式 3 件	1 个盒形梁/圆筒:静力,极限 1 个盒形梁/圆筒:疲劳和剩余强度
● 非关键的(N/C)	● 破坏不会引起运载工具的损失	每种加筋结构 1 件 每种接头形式 1 件	1 个盒形梁/圆筒:静力,极限
次结构	**承受次要的气动及其他载荷**	概念和分析方法发展——静力与疲劳试验	检验概念和分析方法——静力(DLL/疲劳/剩余强度试验)
● 疲劳关键(FA/C)和经济寿命关键的(EL/C)	● 破坏不会引起运载工具的损失,但将造成昂贵的关键件更换	每种加筋结构 2 件 每种接头形式 2 件	2 个盒形梁/圆筒:静力(DLL/疲劳/剩余强度试验)

（续表）

飞机结构		积木式结构研发试验任务	
飞机结构研发目标		比较研究和概念发展分析	概念选择与检验试验及分析方法的开发
类　别	说　明	元件——单载荷路径	组合件——多载荷路径(包括接头)
● 非关键的(N/C)	● 破坏不会引起运载工具的损失 ● 不是成本或疲劳关键的部件	每种加筋结构 1 件 每种接头形式 1 件	不需要试验——用元件试验证实
非结构部分	**不承载或承受较小载荷**	概念发展/静力试验/分析方法检查	检验概念：元件试验加分析
● 非关键的(N/C)	● 零件破坏更换引起小的不便，但费用不大	每种最关键的结构 1 件	不需要试验——用元件试验和分析来证实

表 4.4.1.2(a)　(续)

飞机结构		积木式结构研发试验任务	
飞机结构研发目标		用于分析方法的结构验证试验	确认 FEM 的结构完整性试验
类　别	说　明	有真实轮廓外形的构件——多载荷路径	全尺寸飞机结构：模拟气动载荷和载荷路径
主结构	**承受主要的气动载荷**	结构验证：静力、耐久性与损伤容限试验	结构完整性验证——静力应变测量与验证试验；静力试验到 DUL/破坏或疲劳试验，取决于预算和进度要求
● 断裂关键的(F/C)	● 破坏将引起运载工具的损失	1 个大结构段：静力损伤容限到 DUL/破坏 1 个大结构段：损伤容限与耐久性加剩余强度	1 件验证试验——最大飞行载荷情况；应变/变形测量以及疲劳与剩余强度到 DLL，如果需要，到 DUL 和破坏
● 非关键的(N/C)	● 破坏不会引起运载工具的损失	1 个大结构段：静力和耐久性临界损伤容限到 DLL，然后，剩余强度试验到 DUL/破坏	1 件验证试验——最大飞行载荷情况；应变/变形测量以及静力试验到 DLL，如果需要，耐久性试验和静力剩余强度到 DUL 和破坏
次结构	**承受次要的气动及其他载荷**	结构验证和改进分析方法：静力和耐久性与损伤容限试验(DUL/破坏)	结构完整性验证——静力应变测量和验证试验；如果需要，静力试验到 DUL 和破坏

(续表)

飞机结构		积木式结构研发试验任务	
飞机结构研发目标		用于分析方法的结构验证试验	确认 FEM 的结构完整性试验
类　别	说　明	有真实轮廓外形的构件——多载荷路径	全尺寸飞机结构：模拟气动载荷和载荷路径
● 疲劳关键(FA/C)和经济寿命关键的(EL/C)	● 破坏不会引起运载工具的损失，但将造成昂贵的关键件更换	1 个大结构段：静力损伤容限到 DUL/破坏	1 件验证试验：——极限飞行载荷情况；应变/变形测量以及静力试验到 DLL，如果需要，到 DUL
● 非关键的(N/C)	● 破坏不会引起运载工具的损失 ● 不是成本或疲劳关键的部件	不需要试验——用元件试验和分析来证实	不需要试验——用元件试验来证实
非结构部分	**不承载或承受较小载荷**	用验证试验/分析进行结构验证	用以前的试验和分析验证结构完整性

表 4.4.1.2(b)　原型机 DoD/NASA 的飞机结构类别及所对应的 PMC 质量保证要求(见文献 4.4.1.1)PART A 和 B(取自图 4.4.1.1)

飞机结构类别		质量保证要求		
类　别	说　明	材料、工艺选择、筛选和取证	来料检验/验收试验*	过程中检查
主结构 ● 断裂关键的(F/C)	**承受主要的气动载荷** ● 破坏将引起运载工具的损失	物理、力学和工艺变量初步评估，编制 1 张规范表；记录评估、选择和存储试验数据	按初步的 1 张材料工艺规范表——物理、力学和工艺性能最低要求——验收试验；工程接收/拒收决定；存储试验数据	按初步的 1 张工艺规范表和图纸—符合性检验/记录，对接收/拒收决定的工程判断；存储试验数据
● 非关键的(N/C)	● 破坏不会引起运载工具的损失			
次结构 ● 疲劳关键(FA/C)和经济寿命关键的(EL/C)	**承受次要的气动及其他载荷** ● 破坏不会引起运载工具的损失，但将造成昂贵的关键件更换	初步、但有限的物理、力学和工艺变量评估，编制 1 张规范；记录、评估、选择和存储试验数据	按初步、但有限的 1 张材料和工艺规范表——物理、力学和工艺性能最低要求——最低限度的验收试验；工程接收/拒收决定；存储试验数据	按初步、但有限的 1 张工艺规范表和图纸——符合性检验/记录和对接收/拒收决定做出工程判断；存储试验数据
● 非关键的(N/C)	● 破坏不会引起运载工具的损失 ● 不是成本或疲劳关键的部件			

（续表）

飞机结构类别		质量保证要求		
类　别	说　明	材料、工艺选择、筛选和取证	来料检验/验收试验*	过程中检查
非结构部分 ● 非关键的(N/C)	**不承载或承受较小载荷** ● 零件破坏更换引起小的不便，但费用不大	有限的物理性能试验；用卖方推荐的工艺；存储数据	卖方的证明	按卖方的工艺由工人自检

* 在材料和工艺获得批准后可以在材料卖方的工厂按 1 张规范表进行。

表 4.4.1.2(b)　(续)

飞机结构类别		质量保证要求		
类　别	说　明	无损检验(NDI)	破坏试验(DI)	跟踪性
主结构 ● 断裂关键的(F/C)	**承受主要的气动载荷** ● 破坏将引起运载工具的损失	100%区域；根据缺陷标准(缺陷样板或导带)工程上接收/拒收决定；存储数据	对非整体的工艺控制板做初步的物理和力学性能试验；工程接收/拒收决定；存储试验数据	对每个运载工具，保存所有接收、过程中、无损检验和破坏试验的记录文件
● 非关键的(N/C)	● 破坏不会引起运载工具的损失			
次结构 ● 疲劳关键(FA/C)和经济寿命关键的(EL/C)	**承受次要的气动及其他载荷** ● 破坏不会引起运载工具的损失，但将造成昂贵的关键件更换	90% 区域 工程接收/拒收决定基于　缺陷标准(缺陷板或导带)；存储数据	对非整体的工艺控制板作初步、但有限的物理和力学性能试验；工程接受/拒绝决定；存储试验数据	对每个运载工具，保存所有接收、过程中、无损检验和破坏试验的记录文件
● 非关键的(N/C)	● 破坏不会引起运载工具的损失 ● 不是成本或疲劳关键的部件			
非结构部分 ● 非关键的(N/C)	**不承载或承受较小载荷** ● 零件破坏更换引起小的不便，但费用不大	无	无	无

4.4.1.3　DoD/NASA 原型复合材料飞机结构的许用值和积木式试验任务小结

以上各节详细说明了原型飞机所需复合材料材料许用值的建立，以及为这结构研发所需的积木式试验工作。对许用值的要求和对积木式结构试验的要求，均与飞机结构部件的关键度类别有关；同时，它们又与各自的试验/评估/分析类别有关，需要调查这些类别来研究所涉及的风险。在各类别中，其许用值有初始值和最终值，并且有物理缺陷的最低要求。对于积木式结构研发试验任务的这些类别，所采取方法是逐步递加试验部件的尺寸，并同时由单载荷路径转入多载荷路径，且在试验的结构增大后加上接头。最后，关于所需建造的各结构部件的各个类别，给出了从平板设计许用值到较大的结构部件直到全尺寸结构所需的 6 类相应质量保证要求。

Part A 许用值的确定工作，将以可接受的风险与有效的费用成本，为复合材料结构原型提供有效的许用值。Part B 的积木式结构试验研发工作将满足以下目标：

- 发展适当的概念。
- 检验概念和发展分析方法。
- 对分析方法进行的结构验证试验。
- 结构完整性试验和有限元 FEM 验证。

一旦达到了这些目标，用户就会得到风险可接受的、低成本复合材料原型飞机结构；结构将具有所研发具体飞机必需的完整性和可靠性。

4.4.2 工程制造发展型(EMD)飞机和生产型飞机

在以下各节中，针对低风险和低成本的 DoD/NASA 工程制造发展(EMD)型及生产型复合材料飞机结构，详细介绍了所需的许用值与积木式试验工作。4.4.2.1 节针对 DoD/NASA 的 EMD 和生产型飞机结构，介绍了聚合物基复合材料(PMC)的许用值生成问题。在 4.4.2.2 节中，详细说明了 DoD/NASA 的 EMD 和生产型飞机的 PMC 复合材料积木式结构研发过程。最后，在 4.4.2.3 节中，小结了 DoD/NASA 的 EMD 和生产型复合材料飞机结构的许用值和积木式试验任务。

4.4.2.1 DoD/NASA 工程制造发展型和生产型飞机结构 PMC 复合材料许用值的生成

必须生成许用值以支持图 4.4.1.1 所述的积木式试验计划；Part A 由 5 个步骤组成：

(1) 试验得到单层级的静强度及刚度性能；包括对 0°或 1 轴方向的拉伸和压缩，90°或 2 轴方向的拉伸和压缩，以及 0°/90°或 12 轴的面内剪切试件。用应力/应变曲线，尽可能利用 ASTM D 3039，D 3410① 和 D 3518。

(2) 试验得到准各向同性层压板级的静强度与刚度性能，包括对 x 轴无孔及开孔拉伸与压缩试件试验、按 ASTM D 3039 进行的承受拉伸和双剪挤压的试件试验，以及按照目前正由 ASTM D－30 委员会制订的其他标准分别进行压缩和挤压试件试验。

(3) 对试验得出的数据进行统计处理，用 B 基准值(90%概率，95%置信度)方

① 目前推荐 ASTM D6641，不建议使用 ASTM D3410。——译者注

法得到许用值的数值。对于 EMD 的原型机,使用 4.4.1.1 节的指南。

(4) 为设计/分析用的分析方法建立其所需要输入的单层许用值。通常,对拉伸和压缩应当采用极限强度或 1.5×屈服强度中的较小值。当边缘剪切强度不关键时,应当使用剪切的极限强度值为许用值。当剪切强度是关键情况时,应当取处理过的(1.5×屈服强度)剪切极限强度值为许用值。

(5) 按规定层压板的设计应当是由纤维控制的,即在 0°, +45°, −45°和 90°各方向上至少要有 10%的铺层。对于单向带和织物的层压板,对拉伸和压缩载荷在分析方法的 1 轴和 2 轴位置上输入 0°或 1 轴的强度许用值。对于剪切的输入则如上所述。这方法由 Grimes 在文献 4.4.1.1 中首先提出。所有层压板应当是均衡和对称的。

表 4.4.2.1(a)的结构类别/许用值表,对 EMD 与生产型结构定义了飞机结构关键程度及其所对应的许用值要求。在表 4.4.2.1(b)中,给出了各结构类别及其所对应的最大物理缺陷要求,以使物理缺陷尺度参数间接地随着飞机结构的关键程度变化。这样,飞机结构的关键性就控制了为保证其关键性所需的数据(许用值)可靠性和材料的质量。

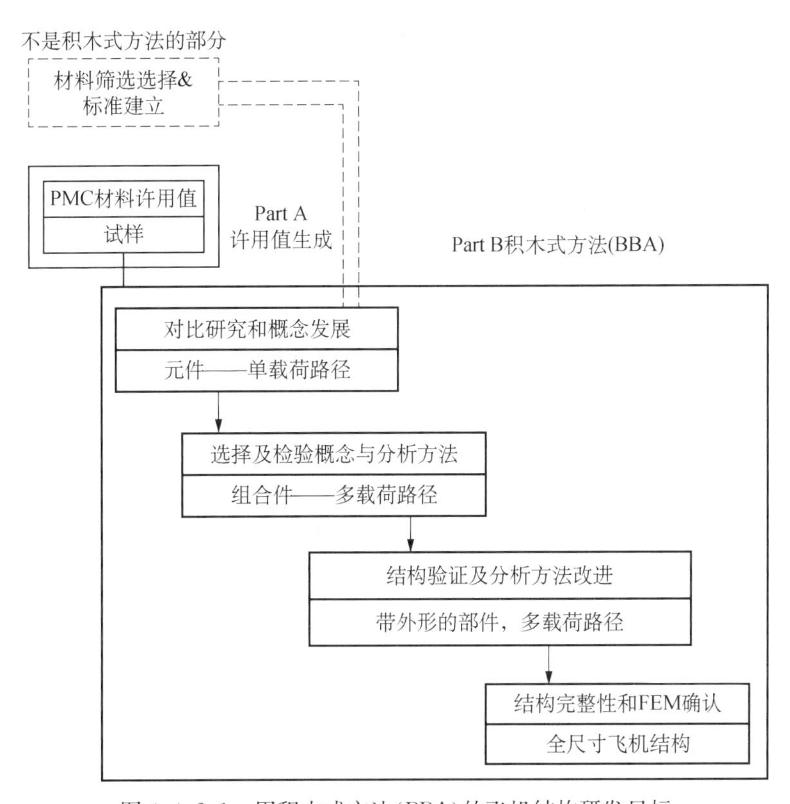

图 4.4.2.1　用积木式方法(BBA)的飞机结构研发目标

表 4.4.2.1(a) EMD* 和生产型 DoD/NASA 飞机结构类别及所对应的 PMC 许用值数据要求,PART A(参考图 4.4.2.1)

飞机结构类别		EMD* 和生产型设计的许用值数据要求	
类　别	说　明	EMD*(单向带/织物)	生产型(单向带/织物)
主结构 ● 断裂关键的(F/C)	**承受主要的气动载荷** ● 破坏将引起运载工具的损失	**基　于** 1 批材料试验 每种试验类型 8 个重复试样	**基于** 5 批材料试验 每种试验类型 8 个重复试样
● 非关键的(N/C)	● 破坏不会引起运载工具的损失、昂贵的更换或修理	1 批材料试验 每种试验类型 6 个重复试样	4 批材料试验 每种试验类型 6 个重复试样
次结构 ● 疲劳关键(FA/C)&经济寿命关键的(EL/C)	**承受次要的气动及其他载荷** ● 破坏不会引起运载工具的损失,昂贵的关键件更换	1 批材料试验 每种试验类型 4 个重复试样,再加上疲劳试验	3 批材料试验 每种试验类型 5 个重复试样再加上疲劳试验
● 非关键的(N/C)	● 破坏不会引起运载工具的损失 ● 不是成本或疲劳关键的部件	N/A	2 批材料试验 每种试验类型 4 个重复试样
非结构部分 ● 非关键的(N/C)	**不承载或承受较小载荷** ● 零件破坏更换引起小的不便,但费用不大	**基　于** 1. 利用类似材料的数据估计,或 2. 销售方数据,或 3. 期刊、杂志、和书籍	1 批材料试验 每种试验类型 3 个重复试样

* 对 EMD,使用 4.4.1 节对原型机给出的程序

表 4.4.2.1(b) EMD* 和生产型 DoD/NASA 飞机结构类别及所对应的 PMC 物理缺陷最低要求 PARTS A 和 B(参考图 4.4.2.1)

飞机结构类别		对零件的最大物理缺陷要求: 碳或玻璃增强聚合物基复合材料的例子	
类　别	说　明	单向带	织　物
主结构 ● 断裂关键的(F/C)	**承受主要的气动载荷** ● 破坏将引起运载工具的损失	● 在≤5%的面积上有≤2%的孔隙率 ● 不允许分层 ● 不允许边缘分层(包括孔)	● 在≤5%的面积上≤3%的孔隙率 ● 不允许分层 ● 不允许边缘分层(包括孔)
● 非关键的(N/C)	● 破坏不会引起运载工具的损失、昂贵的更换或修理		

（续表）

飞机结构类别		对零件的最大物理缺陷要求： 碳或玻璃增强聚合物基复合材料的例子	
类　别	说　明	单向带	织　物
次结构 ● 疲劳关键(FA/C)	**承受次要的气动及其他载荷** ● 破坏不会引起运载工具的损失，昂贵的关键件更换	● 在≤10%的面积上有≤2%的孔隙率 ● 无分层 ● 不允许边缘分层(包括孔)	● 在≤10%的面积上≤3%的孔隙率 ● 无分层 ● 不允许边缘分层(包括孔)
● 非关键的(N/C)	● 破坏不会引起运载工具的损失 ● 不是成本或疲劳关键的部件		
非结构部分 ● 非关键的(N/C)	**不承载或承受较小载荷** ● 零件破坏更换引起小的不便，但费用不大	● 在≤10%的面积上有≤3%的孔隙率 ● ≤2%面积的分层 ● 允许≤4%边缘长度或孔边缘有经修理过的分层	● 在≤15%的面积上≤4%的孔隙率 ● ≤2%面积的分层 ● 允许≤4%边缘长度或孔边缘有经修理过的分层

* 对 EMD，使用 4.4.1 节对原型机给出的程序。

4.4.2.2　DoD/NASA 工程制造发展型 EMD 和生产型飞机的 PMC 复合材料积木式结构研发

图 4.4.2.1 流程图的 Part B 定义了以下一般类型的积木式试验任务，包括：

- 比较研究(元件——单载荷路径)。
- 选择、检验概念和分析方法(组合件——多载荷路径)。
- 结构验证与分析方法的改进(具有轮廓外形的复合材料件——多载荷路径)。
- 确认结构完整性与 FEM(全尺寸飞机结构试验)。

图 4.4.2.1 Part A 和表 4.4.2.1(a)所示的许用值，逻辑地汇入 Part B 积木式试验。表 4.4.2.1(b)的物理缺陷要求同时适用于 Part A 和 Part B。在表 4.4.2.2(a)中按照该部件的结构类别说明了 Part B 的积木式试验任务。在表中，按结构类别详细定义了上面的四类问题；结构类别越高，需要的试验和分析就越多。这里的关键是，它们都是进行结构发展试验的指南。对于一个具体的结构类别，真实需要的结构试验可能多少取决于运载工具的任务以及其是有人操纵或是无人操纵的。知道了结构部件的类别、飞机目的与任务，就可进行风险分析，使得试验成本与风险为最小。在每一步中将需要 FEM 及封闭形式的复合材料分析方法，以适当的力学与物理性能以及许用值作为这些方法的输入数据。必须监控失效模式、载荷(应力)以及应变与变形的读数，并和预计的情况作对比，以保证低风险。仅仅使用 FEM 或

其他分析方法(不做试验),或者采用了不适当的试验而不能适当地提供失效模式、应力(应变)及变形来与预计情况比较,都将造成不可容忍的高风险状态。

另一有关复合材料结构风险的事项是质量保证(QA)问题,这同时适用于 Part A 和 Part B。表 4.4.2.2(b)对以下各类情况给出了标准的 QA 要求:

- 材料与工艺的选择、筛选和材料标准的取证。
- 来料检验/验收试验。
- 过程中的检验。
- 无损检验(NDI)。
- 破坏试验(DT)。
- 可跟踪性。

其中每类的 QA 要求均随着结构类别而改变,类别越高,需要的质量保证就更多。按照这个表所列的程序,就可确定使风险保持在可接受的水平所需的 QA 数量。同样,所需的 QA 数量及其风险,将随飞机的类型与任务以及是有人驾驶或无人驾驶等情况而变化。对各个类别的复合材料结构部件,其风险和费用是彼此成反比的,所以,有必要对这个 EMD 和生产型的积木式试验计划,确定其可接受的风险。

表 4.4.2.2(a) EMD* 和生产型 DoD/NASA 飞机结构类别与目标及所对应的 PMC 积木式研发试验 PART B(取自图 4.4.2.1)

飞机结构		积木式结构研发试验任务	
飞机结构研发目标		比较研究和概念研发分析	概念选择与检验试验及分析方法的研发
类　别	说　明	元件——单载荷路径	组合件——多载荷路径(包括接头)
主结构	**承受主要的气动载荷**	概念和分析方法研发——静力与疲劳试验(指令性的)	检验概念和分析方法——静力与疲劳试验(剩余强度)
● 断裂关键的(F/C)	● 破坏将引起运载工具的损失	每种加筋结构 6 件 每种接头形式 6 件	4 个盒形梁/圆筒:静力,极限 6 个盒形梁/圆筒:疲劳和剩余强度
● 非关键的(N/C)	● 破坏不会引起运载工具的损失,昂贵的关键件更换或修理	每种加筋结构 4 件 每种接头形式 4 件	3 个盒形梁/圆筒:静力,极限 1 个疲劳,剩余强度
次结构	**承受次要的气动及其他载荷**	概念和分析方法发展——静力与疲劳试验(指令性的)	检验概念和分析方法——静力(DLL/疲劳/剩余强度试验)
● 疲劳关键(FA/C)和经济寿命关键的(EL/C)	● 破坏不会引起运载工具的损失,昂贵的关键件更换	每种加筋结构 3 件 每种接头形式 3 件	3 个盒形梁/圆筒:静力(DLL/疲劳/剩余强度试验)

（续表）

飞机结构		积木式结构研发试验任务	
飞机结构研发目标		比较研究和概念研发分析	概念选择与检验试验及分析方法的研发
类 别	说 明	元件——单载荷路径	组合件——多载荷路径（包括接头）
● 非关键的(N/C)	● 破坏不会引起运载工具的损失 ● 不是成本或疲劳关键的部件	每种加筋结构2件 每种接头形式2件	需要2个疲劳/剩余强度试验
非结构部分	**不承载或承受较小载荷**	概念研发/静力试验/分析方法检查	检验概念:元件试验加分析
● 非关键的(N/C)	● 破坏/更换引起小的不便,但费用不大	每种最关键的结构1件	1个疲劳/剩余强度试验

* 对EMD,使用4.4.1节对原型机给出的程序。

表 4.4.2.2(a) （续）

飞机结构		积木式结构研发试验任务	
飞机结构研发目标		用于分析方法的结构验证试验	确认FEM的结构完整性试验
类 别	说 明	有真实轮廓外形的构件——多载荷路径	全尺寸飞机结构:模拟气动载荷&载荷路径
主结构	**承受主要的气动载荷**	结构验证:静力、耐久性与损伤容限试验	结构完整性验证——静力应变测量与验证试验;静力试验到DUL/破坏或疲劳试验,取决于预算和进度要求
● 断裂关键的(F/C)	● 破坏将引起运载工具的损失	3个不同的大结构段:静力损伤容限到DUL/破坏 6个大结构段:损伤容限与耐久性加剩余强度(3个构型)	3件不同的验证试验——最大飞行载荷情况;应变/变形测量以及疲劳与剩余强度到DLL,如果需要,到DUL和破坏
● 非关键的(N/C)	● 破坏不会引起运载工具的损失,修理或昂贵的关键件更换	2个大结构段:静力和耐久性临界损伤容限到DLL,然后,剩余强度试验到DUL/破坏	2件验证试验——最大飞行载荷情况;应变/变形测量以及静力试验到DLL,如果需要,耐久性试验和静力剩余强度到DUL和破坏

（续表）

飞机结构		积木式结构研发试验任务	
飞机结构研发目标		用于分析方法的结构验证试验	确认 FEM 的结构完整性试验
类　别	说　明	有真实轮廓外形的构件——多载荷路径	全尺寸飞机结构：模拟气动载荷和载荷路径
次结构	**承受次要的气动及其他载荷**	结构验证和改进分析方法：静力和耐久性与损伤容限试验(DUL/破坏)	结构完整性验证——静力应变测量和验证试验；如果需要，静力试验到 DUL 和破坏
● 疲劳关键(FA/C)和经济寿命关键的(EL/C)	● 破坏不会引起运载工具的损失，昂贵的关键件更换	3 个大结构段：静力损伤容限到 DUL/破坏	1 件验证试验——极限飞行载荷情况；应变/变形测量以及静力试验到 DLL，如果需要，到 DUL
● 非关键的(N/C)	● 破坏不会引起运载工具的损失 ● 不是成本或疲劳关键的部件	不需要试验——用元件试验和分析来证实	不需要试验——用元件试验来证实
非结构部分	**不承载或承受较小载荷**	用验证试验/分析进行结构验证	用以前的试验和分析验证结构完整性
● 非关键的(N/C)	● 破坏/更换不方便，不是成本关键的	不需要试验——用元件试验来证实	不需要试验——用组合件试验来证实

表 4.4.2.2(b)　EMD* 和生产型 DoD/NASA 飞机结构类别及所对应的 PMC 质量保证要求 PART A 和 Part B(参考图 4.4.2.1)

飞机结构类别		质量保证要求		
类　别	说　明	材料和工艺选择、筛选和取证	来料检验/验收试验*	过程中检查
主结构 ● 断裂关键的(F/C)	**承受主要的气动载荷** ● 破坏将引起运载工具的损失	物理、力学和工艺变量评估，编制完整的规范；记录、评估、选择和存储试验数据	按完整的材料工艺规范——物理、力学和工艺性能最低要求验收试验；工程接收/拒收决定；存储试验数据	按完整的工艺规范和图纸——符合性和检验/记录，对接收/拒收决定做出工程判断；存储试验数据
● 非关键的(N/C)	● 破坏不会引起运载工具的损失，修理和昂贵的更换			

（续表）

飞机结构类别		质量保证要求		
类　别	说　明	材料和工艺选择、筛选和取证	来料检验/验收试验*	过程中检查
次结构 ● 疲劳关键(FA/C)和经济寿命关键的(EL/C)	**承受次要的气动及其他载荷** ● 破坏不会引起运载工具的损失，昂贵的关键件更换	完整的物理、力学和工艺变量评估，编制完整的规范；记录、评估、选择和存储试验数据	按完整的材料和工艺规范——物理、力学和工艺性能最低要求——最大限度的验收试验；工程接收/拒收决定；存储试验数据	按完整的工艺规范和图纸——符合性检验/记录，接收/拒收决定的工程判断；存储试验数据
● 非关键的(N/C)	● 破坏不会引起运载工具的损失 ● 不是成本或疲劳关键的部件			
非结构部分 ● 非关键的(N/C)	**不承载或承受较小载荷** ● 零件破坏/更换引起小的不便，但费用不大	有限的物理性能试验；用卖方推荐的工艺；存储数据	卖方的证明	按卖方的工艺由工人自检

* 对 EMD：使用 4.4.1 节对原型机给出的程序。

表 4.4.2.2(b)　(续)

飞机结构类别		质量保证要求		
类　别	说　明	无损检验(NDI)	破坏试验(DI)	跟踪性
主结构 ● 断裂关键的(F/C)	**承受主要的气动载荷** ● 破坏将引起运载工具的损失	100%区域； 根据缺陷标准(缺陷板)做出工程接收/拒收决定； 存储数据	对整体工艺控制板作物理和力学性能试验；工程接收/拒收决定； 存储试验数据	对每个运载工具，保存所有接收、过程中、无损检验和破坏试验记录文件
● 非关键的(N/C)	● 破坏不会引起运载工具的损失和昂贵的更换			
次结构 ● 疲劳关键(FA/C)和经济寿命关键的(EL/C)	**承受次要的气动及其他载荷** ● 破坏不会引起运载工具的损失，昂贵的关键件更换	100%区域； 工程接收/拒收决定基于缺陷标准(缺陷板)； 存储数据	对非整体工艺控制板做物理和力学性能试验；工程接受/拒绝决定；存储试验数据	对每个运载工具，保存所有接收、过程中、无损检验和破坏试验记录文件
● 非关键的(N/C)	● 破坏不会引起运载工具的损失 ● 不是成本或疲劳关键的部件			

(续表)

飞机结构类别		质量保证要求		
类　别	说　明	无损检验(NDI)	破坏试验(DI)	跟踪性
非结构部分 ● 非关键的(N/C)	**不承载或承受较小载荷** ● 零件破坏/更换引起小的不便,但费用不大	目视、尺寸检测	无	保存来料检测记录

* 对 EMD:使用 4.4.1 节对原型给出的程序。

4.4.2.3 DoD/NASA 工程制造发展型 EMD 和生产型复合材料飞机结构许用值和积木式试验任务小结

以上各节详细说明了 EMD 和生产型飞机所需的复合材料材料许用值确定任务,以及为这种结构研发所需的积木式试验工作。许用值的要求和积木式结构试验要求均与飞机结构部件的关键程度类别有关;因而它们又与各自的试验/评估/分析类别有关;需要调查这些类别以研究所涉及的风险。许用值有初始值和最终值以及各类别中的物理缺陷最低要求。在积木式结构研发试验任务的类别中,所用的方法是逐步递加试验部件的尺寸,同时由单载荷路径转入多载荷路径,并在试验结构增大后加上接头。最后,对于所需建造的各结构部件的各个类别,给出了从平板设计许用值到较大的结构部件直到全尺寸结构所需的 6 类相应质量保证要求。

Part A 的许用值确定工作,以可接受的风险与低成本为工程制造发展型 EMD 和生产型复合材料结构提供有效的许用值。Part B 的积木式结构试验研发工作将满足以下目标:

- 适当的概念发展。
- 检验概念和分析方法的发展。
- 对于分析方法的结构验证试验。
- 结构完整性试验和 FEM 验证。

一旦达到了这些目标,用户就会得到低风险、低成本的工程制造发展型 EMD 和生产型的复合材料飞机结构,并具有所研发飞机必需的完整性和可靠性。

4.4.3 商用飞机

4.4.3.1 引言

本节介绍了一种(商业的)途径,用于确定并验证商业飞机复合材料结构的材料许用值与设计值。这个途径提供了系统的方法来处理复合材料,从初始的材料筛选直到最终对真实结构适航取证。

本节集中介绍用积木式方法来导出并验证材料许用值与设计值,用于采用先进复合材料层压板制造的结构。作为例子,在 4.4.3.8 节介绍了如何将积木式方法应用于 B777 商业飞机的情况。

4.4.3.2　积木式方法

为了适应复合材料独特的性能，已设计出一种确定其相关设计性能的方法；这就是“积木式方法”。这方法提供系统的手段来处理复合材料，以获得设计的信息。把复合材料结构的全寿命循环，从最初筛选备选的材料到最终生产部件，分解为很多不同的块。为完成一个结构，需要构造各个块并理解每块的基本信息。图 4.4.3.2 中介绍了这个方法，并在 4.4.3.8 节介绍了其对 B777 的应用。

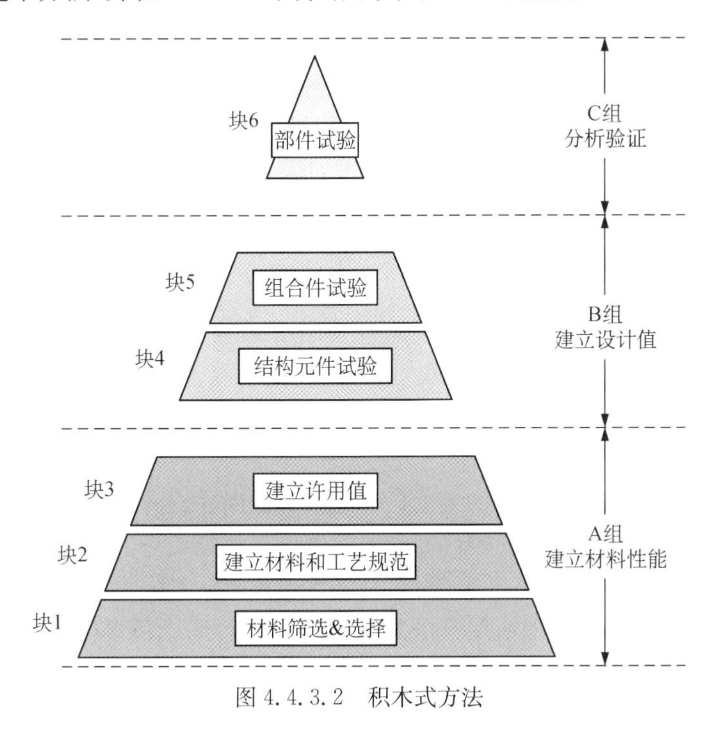

图 4.4.3.2　积木式方法

这方法是很多不同结构取证所所累积广泛经验的成果。典型情况下，商业飞机结构是通过由试验支持的分析来取证的。应当指出，这个方法并不意味着只有完成了下面一块以后才能执行上面的一块；事实上，应在设计周期中尽早进行某些结构元件和组合件试验，以降低风险并证实设计概念。

4.4.3.2.1　取证的方法

结构取证的方法影响着所用的分析方法和对许用值的要求。可供选择的方法有两类：通过试验来取证，或通过分析来取证。虽然这两者有很多共同的特征，要强调的是他们在设计过程中的不同处。也还可能使用将它们相组合的方法，来满足单独飞机的独特需要。

对于用试验来取证的方法（点设计试验），取证的最终基础是试验完整的结构。许用值和分析方法被用于进行尺寸设计，而最终的检验则是通过全尺寸结构的试验。建立材料性能和检验分析方法的工作量，取决于所选计划设想的风险度。虽然这个方法可以显著降低计划的成本，但可能要在计划的后期才能揭示出设计的缺陷，或可能要以增加重量为代价来降低这个风险。此外，进行单独复杂试验的费用要高得多，而且应用范围极其有限。同时，在整个计划中积累的信息可能对其他计划没有什么实际的用处；因此，下一个项目将不会从其经验中得到好处。

另一个验证的方法是通过分析取证，这个方法假定，可以通过分析来预计结构的行为。这个方法采用经核准的许用值和分析方法。这方法的初始费用可能高于通过试验取证的方法，但其结果可能适用于其他计划，因而可以极大降低长期的投资。这方法还能在计划中较好地分析一些相关的问题，如联络工作、设计更改、机群支援和飞机改型等。

不管采用哪个方法或采用组合的方法，必须对代表性的结构进行充分试验以验证该方法。在使用分析取证方法的情况下，可能从过去同样设计中或从研究与发展工作得到的足够信息，以减少该计划特有的元件试验。然而，这要求采用经证实的结构构型与分析方法。

4.4.3.2.2 许用值与设计值

在通常的实践中，“许用值”和“设计值”的术语常常被误解为可以互相交换使用的，虽然两者互相关联但并非同义词。在这里使用了以下的定义：

● 许用值——由试验数据经统计所导出的材料性能值（例如：模量、最大应力水平、最大应变水平）。

● 设计值——考虑了项目的要求（例如：接头及尺寸放大系数、截止水平），并经批准用于结构设计和分析的材料性能或载荷值。

4.4.3.2.3 由单层与层压板导出、供强度预计的许用值

航空航天工业界有两种通用方法来分析复合材料层压板强度。这两种方法都采用层压板理论按单层的模量进行刚度计算。它们都按照作用在结构上的载荷，计算层压板某点处单层的应变；对层压板的各层使用失效准则。这些方法的差别在于其破坏理论和与失效准则有关的试验数据。

第一种方法是单层（或铺层）破坏理论法。这个方法使用材料的单层许用值；许用值由单向层压板或正交铺层的层压板试验得出。已按照单层失效理论模型的输入要求，对这些数值进行了处理。在多数情况下，必须对单层的设计值使用修正系数，或者在分析中使用修正系数。通过修正来考虑叠层效应或载荷路径影响；因为在获取单层的许用值时，所用的单层试件试验中没有反映出这些影响。为了得到这些修正系数，必须进行真实层压板和结构的试验。

使用这个方法的好处是，一开始只需要单层级的许用值。这意味着，可以用少量试件进行许用值的试验，同时可以把材料取证时的试验数据作为许用值数据库的一部分，可惜还没能证明采用单层级试验数据的失效理论在可能的失效模式范围内有良好的符合性。因此，除非使用很保守的单层值，否则就需要进行层压板级的试验来验证所预计的破坏或用试验来确定修正系数值。还可能需要一些附加的试验或系数，来考虑制造部件时所用的生产方法。

第二种方法使用由代表性层压板试验所导出的许用值和设计值。所收集的单层信息只用于得到模量。许用值基于线性的层压板破坏应变(用名义模量和单层厚度进行计算)。将其用于最大应变失效准则，用于对层压板的给定点进行逐层评价。这个方法与单层破坏方法的关键区别是：其应变许用值是与特定层压板铺层百分数及所分析层的铺贴顺序有关的。这个方法的优点是其考虑到可能影响真实结构性能的那些变量。在统计地导出许用值时，在所进行的试验中可以包括铺层顺序和处理工艺不规则等变量，而不需要有附加系数来考虑层压效应的影响。其缺点包括：为包含结构中有代表性的众多铺层形式需要增多试件的数量，以及可能要对设计作出某些限制。为了减少变量数，需要建立一些准则来限制允许的纤维取向和铺层顺序。这个方法的优点之一是：层压板试验已经证明试件对试验的变量及不规则性不太敏感，从而，降低了数据的分散性，导致了更精确的材料性能。

这两种方法都有其独特的要求，并影响了积木式方法的实施。在建立一个许用值/设计值计划时，工程师需要清楚了解这个结构准备使用什么分析方法、所取方法的数据要求，以及对确认所选分析方法时的要求。无论是哪种方法，必须仔细考虑因制造方法和该结构所用基础制造材料所带来的变异性。

4.4.3.2.4　产品的开发

需要进行足够的工作，了解具体产品所考虑使用材料的要求与限制，从而保证在开始建立许用值和设计值以前就有所认识和理解。多数情况下，因素的调查将在独立研究和开发(IR 和 D)、早期产品开发，或者其他某些考察结构可能用途并鉴别其关键材料和几何考虑的类似计划中进行。只有知道了这些关键的考虑以后，才能够规定适当的筛选试验、许用值试验和设计值试验。

4.4.3.3　复合材料路线图

许用值和设计值的确定和验证并不是一个独立的行动，而是更大产品研发过程的一个组成部分。只有采用共同的设计和分析惯例方法，所产生的信息才不致仅适用于某个具体的应用情况。即使这样，还必须特别注意考虑到该具体结构的独有特征。工程师必须清楚，积木式方法仅仅是整个系统中的一部分。图 4.4.3.3 中说明了影响许用值建立的那些因素。

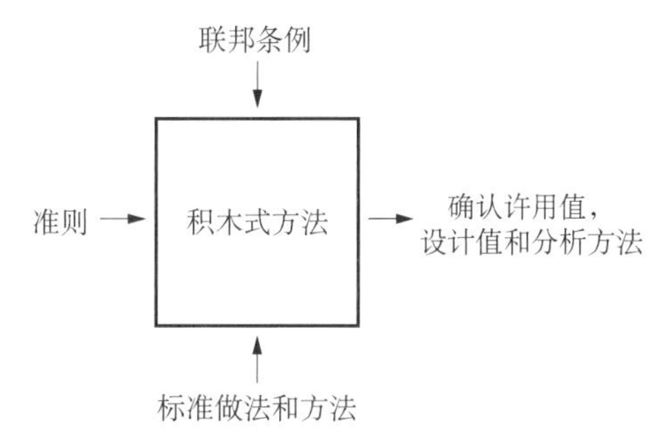

图 4.4.3.3　影响积木式方法的因素

4.4.3.3.1　准则

在开始任何许用值计划以前，工程师必须了解所要用的准则。这个准则规定了项目的结构要求、工作环境要求、耐久性与损伤容限要求，以及在结构设计时必须考虑的很多其他因素。正是通过这些准则，对工程师规定了制造商、用户和认证机构的要求。

4.4.3.3.1.1 一般准则

需要规定一般的准则，使各项目之间具有通用性并促进在团组内的标准化过程。在这个应用中，“一般准则”是指适用于多个项目的准则。至关重要的是，要使一个项目所产生的信息能够适用于下个项目。

虽然在各团组之间确实可能有些细节的变化，但有一组基本问题是任何准则都必定会涉及的：

● 设计原理——必须了解关于如何分析结构和对结构取证的一般概念。这对于要与其他公司组成团队来实施的那些项目显得尤为重要。设计结构时有很多种不同的方法，各自需要其特有的许用值。

● 取证的方法——对结构进行取证的方法影响到试验的要求。符合性方法通常由认证管理机构指导，并通常反映了当前的规则和章程。取证的方法可能还规定了管理机构和/或用户在试验项目发展和执行过程的介入问题。

● 设计要求和目标——所应用的准则必须清楚定义产品的运行要求和目标，它们必须反映用户预期的使用和运行环境。

4.4.3.3.1.2 项目准则问题

虽然一般准则能够将共同过程与程序用于一个产品系列的结构，但始终要求有一个针对该项目的特殊准则，通过这种项目准则，把对该结构性能的特殊详细要求传达给设计工程师。这个项目准则还提供一种方法来包括一些新的发展内容——这些内容在项目开始时可能没有被列入一般准则，或者，由于这是该结构特有的项目而未能列入一般准则之中。只要可能，所建立的项目准则不应当超越取代一般准则，而应当是其补充。一个项目越依赖于特殊的准则，就越难把由一个项目得到的经验教训用到下一项目之中。由于这个原因，应当不断评估在具体项目层次上发展的这些准则，并评估将其包括到一般准则文件中的可能性。

4.4.3.3.2 规章

根据结构的最终用途，很多规章定了如何以及在何时将设计值用于设计。在大多情况下，被规章包含在准则之中。

必须遵照联邦航空管理局(FAA)和美国以外其他机构的规章，进行商业飞机结构的设计。虽然一般已将这些规章包含在准则中，但工程师还必须直接使用这些规章。

FAA 的各种规章以“联邦航空规章(FAR)”标题作为系列出版物出版，并附以咨询通报提供附加的指南。来自 FAA 的官方备忘录将进一步阐明规章的特殊问题。除了 FAA，可能还会涉及其他的认证机构(例如欧洲的 JAA 和俄罗斯的适航机构)。在建立许用值和设计值时，工程师必须知道与结构有关的所有规章。

4.4.3.4 商用的积木式方法

商用的积木式方法可以分为图 4.4.3.2 所示的三组。

商业计划中所包含的复杂结构细节强度估计及取证要求，需要有一个综合的试验计划来满足。这个计划将由小试件开始，经过复杂程度不同的试件，最后进展到全尺寸的结构。试验计划中的各级都对复合材料结构的设计响应进行其独特的检查。然而，要精确地解释任何级别的数据，通常都要依赖得自其他级的结果。

应该强调的是一旦得到了任何给定材料的数据，对材料或工艺的任何变更，都可能需要对积木式计划的不同级别进行重复试验，以维持取证的有效。

在这个复合材料材料的积木式方法中，共确定了七个块。根据本节的目的，把这七块组合成三大组：即材料性能评定(A 组)、建立设计值(B 组)和分析验证(C 组)。

无论采取什么方法，必须对每一个积木块进行研究。每个项目所愿承担的风险度，决定了准备使用哪些积木块和跳过哪些块。对于目前已有的材料和方法，可能已经完成了全部的积木块；而对新材料，则需要按每一积木块进行评价。

4.4.3.5　A 组，材料性能的确定

这一组处理主要用于确定材料一般性能的各块，如图 4.4.3.5 所示。因为一般要包含数量众多的试验，常常采用小且不太复杂的试件进行试验。项目的要求可能规定进行数量有限的较大、较复杂的试验，以确定在材料筛选过程中需要研究的关键性能；这样将保证在材料选择时做出正确的选择。

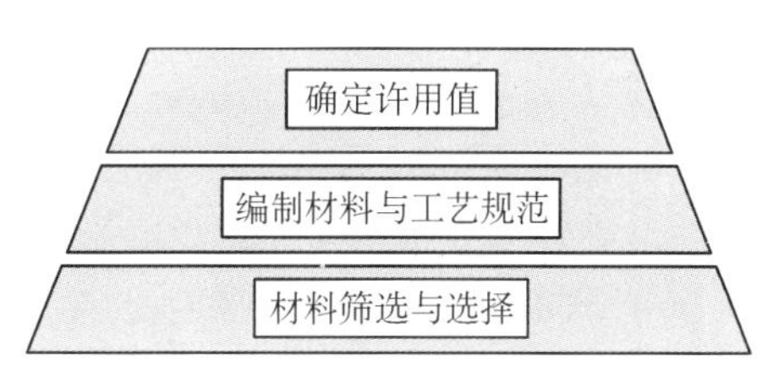

图 4.4.3.5　材料性能评定的积木块

4.4.3.5.1　第 1 块——材料筛选与选择

第 1 块的目的是搜集备选材料的数据，并对给定的项目决定将要选择哪种(些)材料。在这个阶段，材料与工艺过程可能还未用规范很好地定义或加以控制。因为涉及大量的备选材料，这个早期的试验通常局限于基本的试件。另外，如果必须基于有特定构型的试验进行最终的选材，则项目中可能还需要有较复杂的试验。因为此时对材料仅有很有限的控制(没有规范)，因此就不能只依据这数据建立稳定的许用值。可以对基本的材料许用值提供其估计值，用于比较研究和初步设计。随着对材料体系的认识趋于成熟，很有可能要对这些值进行调整。

4.4.3.5.2　第 2 块——材料与工艺规范的制定

进行第 2 块时假定对所选的材料体系已有了初步的材料与工艺规范。这阶段的试验目的是验证规范，从而对工艺变量如何影响材料行为有进一步的认识。这就使得能够进行材料的鉴定。重要的是，要通过这阶段识别出支持设计所需要的关键力学性能，以便在很多生产批次中经济地检验这些性能。这将增进对材料行为的了解。因为有了初步的规范，可以用这一层级的试验导出初步的许用值；然而，由于还没有研究所有的材料变量，所以还不能得出稳定的许用值。对于计算稳定的许用值时所需的数据库，所得数据可能是有用的，但材料和工艺规范则不可修改。试验件制造以后出现的规范变化，则可能使得试验结果和由其导出的许用值变得无效。

4.4.3.5.3 第3块——确定许用值

在第3块中材料受到材料规范和工艺规范的充分控制。其目标是提供适合于设计使用的"稳定的"材料许用值。通常,对准备使用的新材料,所作的大多数试验是在这个研发阶段进行的。如果从鉴定试验以后没有改变过材料规范,则所产生的鉴定用数据可以作为这个许用值数据库的一部分。只有用按照现规范采购和制造的材料,其得出试验数据才可被认证机构认可,用以确定许用值。

这些试验的主要特点和目的归结如下:

a. 建立统计有效的数据——所建立的数据库应能足以确定"A"或"B"基准许用值。所获得的所需数据集中,包含由几个原材料生产过程(批次)和由几个代表性的零件制造过程所得出的信息。

b. 确定环境的影响——试验数据应当覆盖所设计结构必需的全部环境范围,其中包括吸湿试件试验。这个数据库将提供相对于室温大气条件(RTA)环境的"补偿"系数。这将有助于用来解释组合件级试件及更复杂试件情况的RTA试验结果。

c. 确定缺口的影响——通过充填孔和开孔试件的试验,在许用值中包括缺口敏感性。还必须考察紧固件扭矩的影响。

d. 确定由于铺层效应产生的性能变化——应当用那些覆盖了结构中所用全部层压板构型的试件导出这些数据。构型中包括铺层取向的比例、铺层顺序、层压板厚度、单向带/织物混杂等情况。

e. 了解因制造所引起异常对结构的影响("缺陷影响")——对允许缺陷进行评估需要在结构元件级进行,以便建立工艺规范,并为维修审查委员会(MRB)作出有关拒收缺陷的决定提供数据。

f. 了解结构对制造工艺的敏感程度。需要用结构元件的试验,来评估任何工艺变化对结构响应的影响。

应当用单向受载的试件,获得为确定面内拉伸、压缩许用值所需的性能。试验矩阵中所使用的层压板,应当覆盖设计中所包含的全部结构构型。应当对无缺口和带缺口两种类型得出许用值。带缺口的试验可能包括开孔和/或充填孔试验所用的试样,这取决于具体项目的设计准则。推荐用真实结构的典型紧固件和/或类型。虽然不是经典意义上的材料性能,但是从与几何特征相关的一些特性(开孔和充填孔试件)所导出的许用值常常是设计所需的。

因为许用值试验用的是小试样,这样来得到统计有效的足够试验是经济的。基本材料性能就是在这一级得到的。工程师要明白,所得到的数值事实上是与构型有关的。在结构设计使用的分析方法中,常常直接使用了开孔压缩、充填孔拉伸、挤压和某些面外试验(短梁剪切和其他的层间试验)的数值;构型对这些试验会有很大影响。设计了一些标准的试件构型,以提供可以直接用于波音分析方法的数据。

4.4.3.6 B组,确定设计值

如图4.4.3.6所示,B组的目标是建立反映真实结构的设计值。如4.4.3.5.3

节所述，这种试验可能与确定材料许用值的试验有所重叠；所不同的是，在确定设计值的试验中需要具有一般尺寸的初步构型。设计值的试验可能变得很特殊，因而，除非所设计的结构相似，否则不能适用于其他的项目。当使用其他项目所建立的设计值时，工程师必须小心从事。

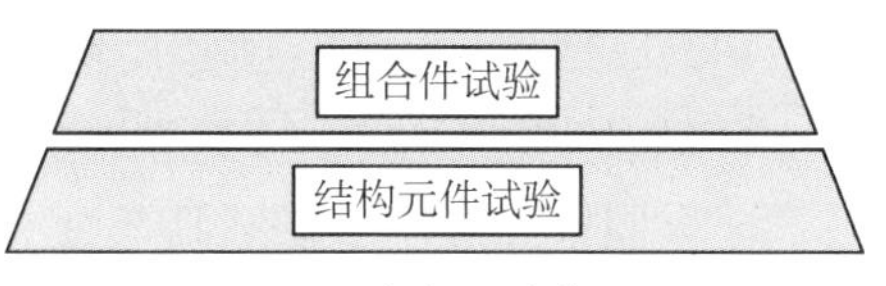

图 4.4.3.6　确定设计值的积木块

4.4.3.6.1　第 4 块——结构元件试验

第 4 块包含了结构内重复出现的一些局部结构细节。目的是确定设计值，与按 4.4.3.5.3 节建立的基本材料许用值相比，其与结构的关系更密切。例如，挤压被看成是个结构性能而不是材料的性能。典型的元件有接头、框架截面（例如，圆弧件）以及标准的加筋条截面。

这些试验的主要特征和目标归结如下：

● 确定与结构构型相关的设计值，这不同于在第 3 块所确定的、适用于大多数构型的基本材料许用值。

● 了解制造异常对结构的影响（“缺陷影响”）——需要在结构元件级了解对允许缺陷的评估，以便建立工艺规范，并为维修审查大纲（MRB）对有关拒收缺陷的决定提供数据。

● 了解结构对制造工艺的敏感程度。需要用结构元件的试验，来评估任何工艺变化对结构响应的影响。

通常，这些因素与典型的局部结构细节密切相关，同时是由积木式计划中被称为“元件”的这些细节件试验得出的。所建立的数据本质上可以是通用的，并且常常用来支持各种分析技术；这些技术用于确定复合材料结构的安全余度，而且通常有着很强的半经验性质。以下的几节说明了典型的例子。

4.4.3.6.1.1　螺接接头

确定螺接接头强度所需性能有：

● 挤压——这个性能是很多潜在失效模式（压缩挤压、剪切、劈裂、净截面、紧固件拉脱等）的组合，它与接头几何特征与构型、铺层百分比、铺层顺序、紧固件类型以及其他变量密切相关。在挤压设计值中，必须考虑所有这些因素。目前的分析能力不能考虑螺栓接头中的紧固件转动（倾斜）。必须用实际接头构型（通常是稳定的单剪接头）试验得到挤压设计的数据。

● 旁路——材料相关的许用值数据库包括了基本的开孔和充填孔强度。这些是用真实结构中典型的紧固件和孔尺寸得出的。可以用它们来表示净旁路强度，然而，常常有必要得到其他紧固件的数据，以及评估紧固件样式的影响。应当特别注意紧固件的拧紧问题。对充填孔拉伸的细节情况，通常按完全拧紧进行试验；而充填孔的压缩则按不完全拧紧的情况进行较保守的试验。

● 挤压-旁路——这个交互作用的强度是个可预计的性能。然而，目前的分析技术还需要依赖一些由真实接头构型试验所获得的交互作用试验曲线。

- 紧固件拉脱——为了可靠地验证结构完整性，必须对实际的结构细节进行试验。
- 紧固件强度——虽然其本身不是一个复合材料的性能。但紧固件强度将影响到所连接复合材料的行为，因而在螺栓接头的分析和确定设计值时必须加以考虑。紧固件本身的强度受到接头构型和搭接板材料的影响。相对金属材料，典型复合材料层压板具有较低的层间刚度与强度，使得复合材料接头中出现紧固件失效模式的概率大得多。已经开发了利用经验紧固件系数的分析方法，来预计复合材料搭接板接头中的紧固件失效模式强度。

4.4.3.6.1.2 加筋条截面

加筋条是整个结构中重复使用的标准零件，需要能支持加筋条强度分析的数据。典型失效模式需要的数据如下：

a. 压损性能——对大多数承受任何形式压缩和/或剪切载荷的结构，需要建立压损强度数据库。可以用这个数据库来支持后屈曲的强度方法。

b. 加筋条拉脱——当设计中使用了任何共胶接或共固化形式的加筋条时就涉及这个失效模式。目前的分析能力还不能可靠地预计这种失效模式，因而，很有必要建立细节件的试验数据。

4.4.3.6.1.3 梁与夹式凸缘

需要分析曲梁面外破坏的数据。可以在线性基础上用材料许用值数据库来预计其性能。面外方向的强度预计需要由典型零件试验得到的破坏数据。通常用曲层压板截面的弯曲试验建立数据。所得到的数据应当与层间剪切数据一道，归类到面外性能栏下。这些性能对工艺特别敏感，可以用来评价工艺敏感性。

4.4.3.6.1.4 夹层结构

分析夹层结构强度时通常需要试验数据。这数据计及了各种影响，诸如共固化、芯子和面板厚度、袋侧边波纹度及在层压板试验件中未发现的冲击损伤等。

4.4.3.6.2 第 5 块——组合件试验

第 5 块的构型要比第 4 块更复杂。它们通常是一段结构，用这些试验能评定由于局部损伤带来的载荷重新分配。比起元件试验，其试件的边界条件和载荷的引入状态更能代表真实结构情况；可以施加双向载荷；试件的复杂程度允许加入典型的结构细节。组合件构型的典型例子包括对角拉伸剪切、深梁剪切，以及单向拉伸和压缩的壁板。试件的复杂程度允许进行具有多筋条的壁板、含大开口壁板以及带损伤壁板的试验。组合件必须具有足够尺度，以允许在缺陷和损伤周围有适当的载荷重新分配。

在这种复杂程度的试件上应当能发现二次载荷效应；所形成的载荷分布和局部弯曲效应变得明显可见，同时，面外失效模式也更能代表全尺寸的结构。

在这些试验中，环境试验可能仍然是有意义的。当存在重大的多轴加载及可能的不同失效模式时，将使试验结果的解释变得复杂。各种失效模式的不同环境敏感度其根源就在这里。例如，与 RTA 条件相比，高温湿态（ETW）环境增大了其对受压缩控制失效模式的敏感度，但同时可能降低了其对受拉伸控制失效模式的敏感度。应当调整用 RTA 试验得到的结果，以考虑所得失效模式的环境敏感度。其特征与目标可归结如下：

a. 设计值和分析的适用性——评估结构复杂程度和比例放大对基本许用值数据和数据分析方法的影响。

b. 损伤的影响(静力)——通过确定构型特有的设计值来考虑损伤。

c. 损伤的影响(疲劳)——证实在使用疲劳载荷下"无有害损伤扩展"。

4.4.3.7　C 组，分析验证

代表取证过程最后阶段的静力及疲劳试验如图 4.4.3.7 所示。其成功与否对于项目/用户的准则极其敏感。在这一层次上，希望进行广泛的分析和计算机建模验证。由于典型复合材料结构的静力缺口敏感性，不具有与典型金属结构同样的载荷重新分配能力，必须有这个要求。这些试验的主要目标是：

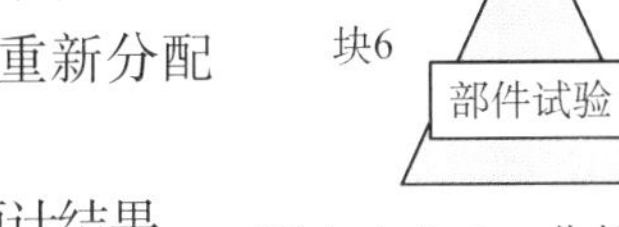

图 4.4.3.7　分析验证涉及的积木块

a. 验证内力模型及所得到的应力、应变和变形预计结果。

b. 大尺度验证设计和分析的方法。

4.4.3.7.1　第 6 块——部件试验

第 6 块的试验包括一些在真实结构中有代表性的大型复杂试件构型。很多情况下，这些试验只进行到设计限制载荷，以验证由分析得出的应变与变形预计值。

某些情况下，用户或适航管理当局可能要求把试验进行到破坏。在这些情况下，由于破坏试验仅产生与特定失效模式有关的数据，而该失效模式可能不是在所有环境范围内都是最关键的，所以仔细选择载荷情况就很重要。例如，拉伸控制的破坏通常不像压缩破坏那样对环境敏感(即拉伸环境补偿系数一般小于压缩时的系数)。其结果，用系数放大拉伸控制的破坏载荷，有可能得不出结构在全部环境范围的最小或最大承载能力。

为了成功验证对部件结构行为的分析预计，必须在部件上充分敷设应变计和位移传感器。因此必须仔细考虑选取应变计类型、仪器设备和应变计布片位置。必须对照所采集的数据与分析方法的预计结果，解释其偏差的原因。

4.4.3.8　波音 777 飞机复合材料主结构的积木式方法

4.4.3.8.1　引言

本节概要说明商业飞机大型主结构部件所用的积木式方法。这里给出的方法，概括了支持 B777－200 碳纤维增强塑料(CFRP)尾翼设计与取证所用的方法(见文献 4.4.3.8.1)。这个尾翼的水平和垂直安定面采用 CFRP 的主扭力盒结构。扭力盒是双梁多肋结构，主要的连接使用了机械紧固件。B777－200 尾翼的结构设计环境温度范围从－54～71℃(－65～160℉)。

在此情况下，取证采用试验证据支持的结构分析来完成，而试验证据则由一系列不同尺度的试验件得出。正如 4.4.3.4 节所述，这种"积木块"的方法包括了对试

样、元件、组合件和部件级的试验。虽然组合件和部件的试验结果在数量上少得多，但在确认分析方法和验证结构达到所需静强度与损伤容限水平方面，构成了试验证据的重要部分。

取证时需要验证结构达到所需的静强度、耐久性与损伤容限水平，以及能够达到预计的刚度性能。复合材料结构符合性的证实包括，当带有目视可见门槛值的损伤(目视勉强可见冲击损伤 BVID)条件下能够承受设计极限载荷，并在带有明显可见损伤时能够承受设计限制载荷。此外，还必须证实，当损伤水平小于使剩余强度低于设计限制载荷能力的损伤程度时，结构在使用载荷条件下不会出现有害的损伤扩展。

在 FAR 25 部和 JAR 25 部中，规定了适用于商业运输飞机的规章要求。除了这些规章，FAA 和 JAA 已经确定了复合材料结构取证时可接受的符合性方法：FAA 咨询通报 AC 20－107A 和 JAA ACJ 25.603“复合材料飞机结构”。该咨询通报包括了以下方面可接受的符合性方法：①环境影响(包括设计许用值和冲击损伤)；②静强度(包括重复载荷、试验环境、工艺控制、材料变异和冲击损伤)；③疲劳与损伤容限评估；④其他项目——诸如颤振、阻燃性、雷击防护、维护与修理。

典型的复合材料结构取证方法，主要是在试验证据支持下的分析方法，试验证据包括：试样、元件、组合件和部件级试验，以及大气环境下的全尺寸限制载荷试验。复合材料结构的环境影响，则在试样、元件和组合件级加以表征，并在结构分析予以考虑。支持的证据包括通过“积木式”方法得到试验结果，其中包括材料表征、许用值和分析方法发展、设计概念验证和最后的结构验证。图 4.4.3.8.1 说明了这个方法。

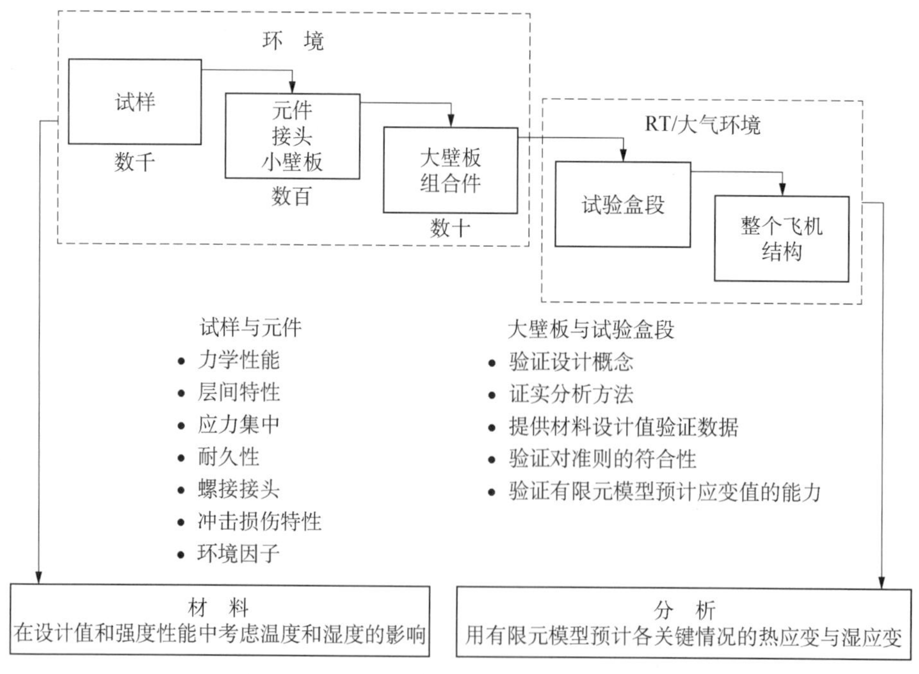

图 4.4.3.8.1 商业飞机主结构的积木式方法

在编制 B777 取证计划中相似结构的经验是很重要的。用于 B7J7 水平安定面和 B777 的预生产水平安定面项目，确认了用于 B777 尾翼结构的分析方法、设计许用值、制造和装配工艺。其在表征复合材料飞机结构的特性方面，积累了重要的额外知识与经验。B737 复合材料安定面的机群经验，和在控制面、固定的次结构、整流罩和舱门等方面的其他众多生产应用，扩充了这个经验数据库。

4.4.3.8.2　试样和元件

用一系列覆盖设计空间铺层情况的试样和元件级试验，得出包含了每个失效模式和环境条件的层压板级许用设计应变值。按照 CMH－17 第 1 卷第 8 章的统计分析方法，对这些值进行了材料变异性的修正。采用考虑了环境影响的代表性组合件试验，验证结构细节的设计值。

进行无缺口、开孔和充填孔构型的试样级试验，确定层压板的面内许用值。用回归分析和室温试验数据，导出了统计的许用值曲线。用较少的数据确定了考虑环境影响的系数。用附加的试样级试验确定层间性能，并评定耐久性、制造异常、胶接修理和环境影响。用元件级的试验，如螺接接头、圆弧细节件和局部失稳试件，对所试验的构型范围导出专用的设计值。将这些值以及统计的许用值用于结构能力的分析预计。

为支持新的 B777 复合材料结构应用，实施了一个广泛的试样和元件级试验计划。进行这些试验以建立材料刚度性能、统计的许用值和强度设计值，并验证确认分析方法。按照 CMH－17 推荐的方法，对无缺口和带缺口的情况，建立了层压板级的统计许用值。在统计许用值中，包括多达 16 个不同批次的材料。这些批次中，包括来自两条碳纤维生产线和 3 个预浸料生产设施的预浸材料。在许用值数据库中，包括大约 25 种不同的层压板铺层，其 0°纤维百分比从 10％～70％，而±45°纤维的百分比从 20％～80％。

试验中包括了 B777 尾翼中典型的层压板、接头和结构构型，温度由－54 到 71℃(－65～160℉)，包括经过吸湿的层压板，以及工艺规范中所允许制造变化与缺陷的影响。在元件级，进行了数量有限的冲击损伤试验。试验件的构型范围，从简单的矩形试样到螺接接头、角形截面零件、I 截面和剪切板的元件试验。

4.4.3.8.3　组合件

进行了组合件试验以建立点设计值，并确认一些设计细节的分析方法；这些细节包括蒙皮面板、梁、肋、水平安定面的中心线连接接头或垂直安定面的根部连接结构。这些设计值考虑了环境影响，带有目视勉强可见的冲击损伤以及大损伤情况。设计值考虑了冲击损伤的影响，主要是从组合件试验得出的。这是因为：关键的冲击损伤位置通常不在简单的平坦部位，而在应力集中的地方(例如检查孔的边沿)或在骨架元件的上面(例如在加筋条中线上面的蒙皮处)。组合件的试验结果构成了试验证据的重要部分，这些试验证据是确认分析方法和证实 B777 尾翼能达到所需静强度和损伤容限水平所需的。

在试验以前对很多组合件试验件进行了吸湿处理。吸湿处理在一个 60℃(140°F)和 85%相对湿度的环境箱内进行;把试验件放在箱内,直至其至少达到平衡吸湿量的 90%为止。

用组合件试验的结果,验证确认以下的关键设计值和分析方法:

a. 加筋蒙皮壁板的极限压缩强度设计值曲线。

b. 加筋蒙皮壁板的极限剪切-压缩强度相关曲线。

c. 加筋蒙皮壁板的压缩及拉伸损伤容限分析。

d. 加筋蒙皮壁板螺接和胶接修理设计的强度。

e. 蒙皮壁板与后缘肋接头的螺接接头分析与设计值。

f. 水平安定面中心线接头的静力压缩与拉伸强度,以及拉伸疲劳性能。

g. 梁应变分布、腹板和弦稳定性,以及开口处峰值应变的分析方法。

h. 肋剪切带和弦的强度与刚度分析方法。

i. 肋剪切带开口处的峰值应变设计值。

采用数种类型的试验验证小损伤在使用的重复载荷下无扩展的情况。这些试验补充了全尺寸部件疲劳试验的结果,包括:

a. 轴向受载的平板。

b. 剪切受载的带开口平板。

c. 有胶接修理的加筋板。

d. 有腹板开口的剪切梁。

e. 中心线拼合接头的加筋板。

表 4.4.3.8.3 B777 尾翼组合件试验汇总

试验类型	试验数量
螺接接头(主要接头)	110
肋细节件	90
梁弦局部失稳	50
蒙皮/桁条压缩壁板	26
蒙皮/桁条拉伸壁板	4
蒙皮/桁条剪切/压缩	6
蒙皮/桁条修理壁板	6
蒙皮接头壁板	2
桁条结束段	4
剪切梁	6
总计	304

4.4.3.8.4 部件

FAR 和 JAR 25.571 以及咨询通报中说明了两类主要的损伤容限要求:损伤扩展特性和剩余强度能力。如同静强度情况那样,对损伤容限的验证基于由元件和组合件级试验所支持的分析。考虑到作用的应变、材料和设计概念，对B777的尾翼选择了损伤容限的无扩展方法，这与在先前的复合材料结构中采用的方法相似。这个方法的基础是，验证任何目视不可见损伤在使用载荷下都不会扩展。带有不可见损伤的结构，必须能承受飞机使用寿命期间的极限载荷。

已在很多组合件试验中，并在B7J7水平安定面及B777的预生产水平安定面等两个全尺寸循环载荷试验中，验证了CFRP结构的这种无扩展行为。在每种情况下，都在承受重复谱载荷的试验件上制造了目视可见的损伤。在试验过程中，检查损伤处的扩展情况。此外，这些全尺寸的试验还证实了损伤容限符合性所需的以下特征：

a. 在相当于两倍设计使用寿命期间或以后，工艺规范所允许的制造异常不会扩展。

b. 在两倍主检查周期（认为是两个"C"检，对B777，每个"C"检为4000次飞行）之内，因为外来物冲击造成的目视可见损伤将不会扩展。

c. 在带有使用中可以合理预期的损伤时，结构能承受规定的剩余强度载荷。

d. 遭受飞行中的离散源损伤后，结构能承受规定的静力载荷（"持续安全飞行载荷"）。

4.4.3.8.5　B777预生产型水平安定面试验

启动了B777 CFRP预生产型安定面试验计划，以提供早期试验证据来支持B777尾翼结构构型。这个试验件是个带有部分翼展的翼盒，几乎与生产型的部件一样。出于成本考虑，去掉了最小尺寸的外侧盒段，代之以加载夹具。试验件中包括了典型、规范允许的制造异常，以及达到并超过目视门槛值的低速冲击损伤。这个试验计划的目的如下：

a. 验证"无有害损伤扩展"的设计原理。

b. 证实结构的强度、耐久性和损伤容限能力。

c. 验证CFRP安定面设计和分析所使用的分析方法和材料性能。

d. 评定在飞行中尾翼结构可能经历的剪切、弯曲和扭转联合载荷作用的影响。

e. 证实进行应变分布预计的能力。

f. 证实机械修理。

g. 对这类结构的制造提供成本验证数据。

这个预生产型安定面试验计划包括12个试验顺序，如表4.4.3.8.5所示。

表4.4.3.8.5　预生产试验盒段的载荷与损伤顺序

试验顺序	损伤类型和试验载荷
1	制造所有的小(BVID)损伤
2	设计限制载荷静应变测量
3	一倍寿命疲劳谱，50000次飞行，包括1.15LEF(载荷放大系数)

（续表）

试验顺序	损伤类型和试验载荷
4	设计限制载荷静应变测量
5	一倍寿命疲劳谱，50000次飞行，包括1.15LEF(载荷放大系数)
6	设计限制载荷静应变测量
7	设计极限载荷静应变测量(选择情况)
8	两倍“C”检疲劳谱(8000次飞行)，带目视可见的小损伤，包括1.15LEF
9	“破损-安全”试验；100%设计限制载荷静应变测量，带目视可见的小损伤
10	“继续安全飞行”载荷试验；70%设计限制载荷静应变测量，带目视可见的小损伤和元件损伤
11	修理过的目视可见损伤与元件损伤。设计极限载荷静应变测量
12	破坏试验，直到破坏的应变测量

试验目的之一是要证实损伤“无扩展”的设计原理。为此，在试验盒段上制造了目视勉强可见的冲击损伤。按代表两倍设计使用寿命的载荷循环进行了疲劳试验。定期的超声检查并没有发现有害的损伤扩展。这个试验包括了15%LEF(载荷放大系数)，考虑典型复合材料平坦 $S-N$ 曲线中可能的疲劳分散性。

限制载荷应变测量和初始的极限载荷试验结果，证明了FEA内力模型进行预计的能力。

为了验证剩余强度能力，再对试验盒段进行冲击，制造目视可见损伤(即在定期维护检查中能够容易发现的损伤)。再次进行代表两倍检查间隔的疲劳试验，验证无扩展方法。用限制载荷试验，验证结构带有这些损伤时仍然能承受所需的载荷(FAR 25.571b)。然后，进一步在试验盒段上制造大损伤，在前梁和后梁的弦上锯出口子，并锯掉一个完整的桁条/蒙皮段；证明其承受持续安全飞行载荷(对安定面结构，约为70%的限制载荷)的能力(FAR 25.571e)。再次对故意制造的损伤进行超声检查，并证明无有害的损伤扩展。剩余强度试验证实了分析预计的结果，并证实了根据组合件试验表征所得到的经验性结果。

完成损伤容限试验后，用螺接钛金属板，对切割的元件损伤和穿透性大冲击损伤进行修理。所选择的构型代表了B777-200结构修理手册中所计划的机械修理。所有的修理都设计成将结构恢复到具有承受设计极限载荷的能力。进行修理时模拟使用中的修理条件，只从外部接近。对修理后的试验件加载到设计极限载荷(DUL)。

按对称的下弯载荷情况将试件加载到破坏，最终破坏载荷高于所需的载荷水平。采用解析方法和按5-桁条压缩壁板组合件试验所导出的设计值，预计了蒙皮壁板的破坏值。

4.4.3.8.6 安定面根部接头试验

进行了两个大组合件的试验，来评价B777垂直安定面与机身的根部接头。试验目的如下：

a. 对垂直安定面 CFRP 蒙皮壁板和钛接头，检验其传递设计极限拉伸和压缩载荷的能力。

b. 检验接头的耐久性，并确定其疲劳敏感的细节部位。

c. 证实设计此结构所使用的分析方法。

这两个试验件包括四跨 CFRP 蒙皮壁板和两个根部钛接头。对第一个试验件进行一系列限制载荷与极限载荷情况下的拉伸和压缩静力试验，最终在拉伸载荷下做破坏试验。

疲劳试验的目的，是找出潜在的疲劳关键区，并研究损伤扩展行为。对第二个试验件做等幅循环载荷试验，接着做拉伸剩余强度试验。按 4 倍最大 B777－200 垂直安定面疲劳载荷进行疲劳试验。疲劳试验后再做剩余强度试验，压缩至限制载荷，并拉伸到破坏。

4.4.3.8.7　B777 水平安定面试验

用 B777 水平安定面和升降舵试验证实其限制载荷能力，并检验应变和变形分析的计算精度。因为其与机身的连接是静定的，试验与飞机分开进行。试验件是结构上完整的生产件，略去了对结构性能或对安定面传载并不重要的非结构件和系统。试验中包括了三种关键的静载荷情况：向上、向下弯曲和非对称弯曲；加载的顺序与预生产型的翼盒相似。用限制载荷时的应变测量结果，检验了 FEA 模型的分析预计能力。

还进行了一些取证时并不要求的附加试验，包括疲劳、极限载荷和破坏试验。为满足项目目标，对水平安定面施加了 120000 次飞行的疲劳谱载荷，没有任何载荷放大系数。主要试验目的是验证安定面金属部分的疲劳特性。其复合材料结构则已在前面介绍的预生产型试验盒段中进行了验证。极限载荷试验和破坏试验则意在作为取证计划的一部分补充收集试验数据，并用于证实检验进一步发展的能力。施加了三种代表性载荷：向上、向下和非对称弯曲。用临界的向下弯曲载荷情况进行破坏试验；试验盒段带有目视可见的冲击损伤，一直试验到破坏。

4.4.3.8.8　B777 垂直安定面试验

B777 垂直安定面(包括方向舵)试验是飞机全尺寸试验的一部分。其目的也是证实其限制载荷能力，并检验对应变和变形的分析计算精度。在室内大气条件下进行；试验了三种关键情况，包括最大弯曲(发动机停车)、最大扭转(铰链力矩)和最大剪切(侧向阵风)。

利用另外一个生产型机体结构，进行了完全独立的试验，以检验 B777 的疲劳行为。作为试验的一部分，对垂直安定面和方向舵施加了 120000 次飞行(认为是 3 倍设计使用目标)的疲劳谱载荷。因为试验的主要目的是检验结构金属零件的疲劳性能，没有使用载荷放大系数。

4.4.3.8.9　今后的项目

今后的项目所采用的积木式方法将考虑从 B777 所得的经验教训。除非材料和构型的重大改变而有必要，下个项目将不再使用预生产的试验盒段。“无损伤扩展”的原理将在组合件级并包括载荷放大系数的情况下得到满足。全尺寸试验将不采用载荷放大系数，因为其金属接头和连接等是所关心的关键件。今后的设想是，仍将用复合材料和金属的混合结构设计。也许需要、也许不需要把结构盒段试验到破坏，这取决于比过去的试验相比其所产生变化的程度。如果计划进一步的改型，可能要试验到破坏，以了解机体结构进一步发展的潜力。

4.4.4 公务飞机和私人飞机

4.4.4.1 高性能飞机

此节留待以后补充。

4.4.4.1.1 引言

此节留待以后补充。

4.4.4.1.1.1 背景

通用航空市场包括了价格低于 20 万美元的 4 座私人机或教练机，直到售价接近 4 千万美元的洲际喷气飞机。起飞重量超过 5 680 kg(12 500 lb)或 10 个乘员以上的飞机，都必须按照 FAR 25 的规章进行取证，换句话说，要按照宽体飞机同样的规章进行。较小的通勤飞机仍可按照 FAR 23，即起飞重量小于 8 600 kg(19 000 lb)并少于 19 个旅客的通勤类飞机进行取证。虽然预期大多数通用航空飞机每年不会有繁重的飞行，但有些服役的通勤飞机已经超过了 50 000 次飞行。通用航空(GA)市场的另一些子类飞机是教练机、通用交通机和军用特殊任务飞机，其中包括监视和空中救护作业。这些飞机通常是按 FAA 的规章取证，以便向用户提供非发展型的飞机。军用教练机通常按每年 1 000 小时使用。

4.4.4.1.1.2 积木式方法的基本原理

历来，尤其是 20 世纪 70 年代 FAR 25 中引入损伤容限要求以后，就将元件和组合件的试验用于金属飞机，来识别其关键接头和细节的疲劳和裂纹扩展特性。另外，在 20 世纪 70 年代后期首次将碳纤维增强环氧树脂(CFRE)构件引入商业飞机。这些构件往往表现为各向异性，对缺口静力敏感(与铝合金的疲劳缺口敏感相反)，对工艺过程密切相关，并且还是工装密集型的。这些特征增加了项目的风险。这样，要在研发周期后期才有全尺寸的试验件，到那个时候，由试验揭露出来的材料或工艺不适当或不可接受问题，其所造成的项目风险是巨大的。

使用积木式方法的主要理由是降低风险。降低成本也是因素之一：用材料试验可允许指定不同的材料；通过元件试验可识别出允许的内在制造缺陷；在元件试验中还能够证实维修大纲(MRB)和可接受的重新加工；最后，项目中采用由小试验支持的分析，还能减少全尺寸静力与疲劳试验的范围。

4.4.4.1.2 典型的积木式计划

4.4.4.1.2.1 材料单层试验

进行这些试验是为了检验新材料和/或供应商的资格，建立来料检验标准，并提供用于确定单层许用值的原始数据(见表 4.4.4.1.2.1)。这些试验通常由材料供应商进行,由使用材料的公司见证并认可。

表 4.4.4.1.2.1　典型的矩阵——材料的单层试验

性　能	批　数(每批 6 个试验)		
	CTD	RTD	ETW
0°拉伸,强度,模量和泊松比	1	3	3
0°压缩,强度和模量	1	3	3
90°拉伸,强度和模量	1	3	3
90°压缩,强度和模量	1	3	3
面内剪切,强度和模量	1	3	3

4.4.4.1.2.2　材料层压板试验

这些试验用来对比新材料与基准材料的性能,并对不易由单层性能算出的性能提供设计指南。通常也是由材料供应商进行这些试验(见表 4.4.4.1.2.2),经使用材料的公司见证并认可。

表 4.4.4.1.2.2　典型的矩阵——材料的层压板试验

性　能	批　数(每批 6 个试验)		
	CTD	RTD	ETW
挤压强度	1	1	1
冲击后压缩	1	1	1
开孔拉伸强度	1	1	1
开孔压缩强度	1	1	1
流体暴露			
燃油		1	
除冰液		1	
液压油		1	
清洁剂		1	

4.4.4.1.2.3　元件试验——关键的层压板

进行这些最简单的试验是要证实,当以材料试验计划中得到的单层性能为输入时,能用经典的层压板分析来预计关键层压板的强度与刚度(见表 4.4.4.1.2.3)。

还要进行一些试验,对尚不能用当前接受的分析方法加以预计的失效模式,提供取证的数据。例如:带有目视可见冲击损伤时的强度,即带有 FAA 咨询通报中称为可检门槛值(TOD)冲击损伤时的强度;TOD 冲击损伤的缺陷扩展;带可检损伤后的强度;可检损伤的缺陷扩展速率;雷击阻抗能力以及阻燃性等。

表 4.4.4.1.2.3 典型的元件试验矩阵——关键层压板

性能	试验数量		
	CTD	RTD	ETW
拉伸强度			
原始状态	3	3	3
冲击损伤	3	3	3
可检损伤	3	3	3
压缩强度			
原始状态	3	3	3
冲击损伤	3	3	3
可检损伤	3	3	3
剪切强度			
原始状态	3	3	3
冲击损伤	3	3	3
可检损伤	3	3	3
拉伸缺陷扩展			
从冲击损伤		3	
从可检损伤		3	
压缩缺陷扩展			
从冲击损伤		3	
从可检损伤		3	
剪切缺陷扩展			
从冲击损伤		3	
从可检损伤		3	

在制造上述试验的试件时，考虑包含一些制造过程固有、但又不会显著降低结构性能的缺陷，这对制造者将是有利的。因此，可能要特意制造一些含孔隙率、空隙和小分层的层压板，由此可以验证车间检验能力和 NDI 标准。

可能还由于有些用户的经济/维护问题，需要对一些典型但未必关键的元件进行试验。其中可能包括舱门台阶和地板的损伤阻抗能力、跑道碎片可能引起的损伤、冰雹损伤、对行李冲击的阻抗能力，以及外表面可踩踏或不可踩踏的准则等。

4.4.4.1.2.4 元件试验——关键接头与细节件

复合材料结构可能遍布一些接头和连接，必须证明这些接头和连接在使用环境条件下能够传递极限载荷，并在遭到损伤或部分破坏后具有所需的剩余强度。这些关键的细节还可能受到制造工艺变异性的影响；例如螺栓扭矩载荷、胶接压力、胶层的最大和最小厚度、车间的大气条件、固化周期的变化、装配中未对准等等。这些连接和细节部位多半还要经受使用中的载荷并出现损伤情况；其中可能包括：由于突风载荷、机动飞行和着陆形成的循环载荷，冲击损伤，直接雷击或由于别处雷击所引起的内电流传输等。

除了接头和连接以外的其他关键细节件可能包括:环绕舱门、窗户和挡风玻璃的加强框,铺层的增添和削减,以及系统和装备的增强件或连接。

为验证连接和关键细节件,其所施加的载荷将取决于受载结构的内力,这通常用有限元分析得出。以下表4.4.4.1.2.4中典型矩阵中的例子,假定螺接和胶接的接头在全尺寸结构中受到拉伸和弯曲,同时,螺栓在该处必须能单独承受某个需要的剩余强度载荷。

表4.4.4.1.2.4　典型的试验矩阵——接头和关键细节件

性　能	试验数量		
	CTD	RTD	ETW
拉伸强度			
原始状态	3	3	3
最大胶层	3	3	3
胶接空隙	3	3	3
雷击损伤		1	
弯曲强度			
原始状态	3	3	3
最大胶层	3	3	3
胶接空隙	3	3	3
雷击损伤		1	
螺栓单独的强度			
原始状态	3	3	3
最大间隙	3	3	3
最小 e/d	3	3	3
未对准	3	3	3
拉伸缺陷扩展			
最大胶层		3	
胶接空隙		3	
弯曲缺陷扩展			
最大胶层		3	
胶接空隙		3	

4.4.4.1.2.5　组合件试验

组合件试验是对部件(机翼、机身或尾翼)关键部分的试验。组合件本身是全尺寸的,并通常是三维的,但其仅是部件的一部分而不是整个部件。为了在研发计划的早期制造这试验件,常常要做些小的简化。这类简化的例子有:不带气动外形和斜削的机翼盒段;不带锥度的圆筒形机身段;当作平板制造和试验、并忽略外形曲率的窗框或检查孔壁板框。

当引入新材料、新制造方法或新结构构型时，需要进行组合件试验；其例子包括：RTM 树脂与工艺、共固化零件、纤维缠绕或纤维自动铺设，以及金属加强件或接头。

4.4.4.1.2.6 全尺寸试验——静力

积木式方法的好处之一是，可根据低层次试验的试验结果减少全尺寸试验的范围，并通过与试验结果的比较来验证分析的方法。基于这个方法原理，将只进行有限的全尺寸试验载荷情况的试验，并且，只在大气温度/湿度环境下进行试验。可通过分析或将应变数据与元件试验结果直接比较的办法，剔除其他的温度/湿度情况。相似地，可以通过分析的办法，剔除其他载荷情况。

用户和认证机构方面可能有兴趣将全尺寸试验进行到破坏。这种试验有可能在试验件已完成所有其他使命后再进行(见表 4.4.4.1.2.6)，同时，这试验将对关键结构、失效模式和安全余度加以确认。

表 4.4.4.1.2.6 典型的组合件试验

组合件	试验类型	载　荷	环　境
机翼或安定面翼盒	静力	弯曲/扭转	RTD 和 ETW
	耐久性及损伤容限	2 倍寿命	RTD
	剩余强度	弯曲/扭转	RTD
机翼或安定面翼盒	静力	弯曲/扭转	RTD
压力隔框装置	静力	工作压力和极限压力	RTD
	耐久性及损伤容限	2 倍寿命	RTD
	剩余强度	工作压力和极限压力	RTD

4.4.4.1.2.7 全尺寸试验——耐久性和损伤容限试验

航空工业界的通常做法是，用复合材料结构的全尺寸试验，对制造状态下的结构和引入损伤后的结构，验证其对使用重复载荷的耐受性。通常按基于缺陷扩展变异性的 B 基准关系，采用 1.15 的载荷放大系数，以用两倍试验寿命来代表一倍使用寿命。

4.4.4.2 轻型飞机和微型机

此节留待以后补充。

4.4.5 旋翼飞机

和前面的应用例子一样，旋翼飞机的积木式方法(BBA)分为设计许用值、设计研发和全尺寸验证试验。和以前例子不同的是，本节中对于军用和民用飞机验证方法的讨论是可互换的。之所以这样联合处理，是因为其除了攻击直升机以外的多用途军用和民用旋翼飞机，在尺寸、成本、任务包线等方面事实上都是相似的，这不同于固定翼飞机情况。

用户或认证机构的验证要求只适于保证结构完整性，而未考虑经济/项目的风险。虽然如此，因为减低项目的风险是很多这种积木式试验/分析过程的追求目标，所以也讨论了这些类型的试验。最后，在本节结束时还列出了有关的一般参考文献（见文献 4.4.5(a)-(i)）。

迄今为止，旋翼飞机和固定翼飞机在设计与验证上的最大差别是，旋翼飞机存在复杂的动力部件系统；与固定翼飞机的机体结构相比，它们通常具有燃气涡轮发动机系统（桨叶、转轴、齿轮箱、高周疲劳载荷等）。因为某些旋翼系统部件如桨叶和桨毂首选的设计品质是柔性以及大的惯性，所以通常的旋翼系统复合材料包括玻璃纤维/环氧树脂和碳纤维/环氧树脂。碳纤维/环氧树脂的大刚度和低重量，则适合于其他构件，例如根套、桨柄夹和某些大的桨叶梁。碳-玻璃纤维的混杂结构也是较常见的。还需要指出的是，在旋翼系统（和很少的多载荷路径系统）中还有些次结构件或非结构件（例如整流罩和检查孔口盖）。主旋翼和尾部旋翼驱动系统（其中包括传动、齿轮箱和传动轴）是分别进行设计及分析的（通常由另外一组工程师进行）。与旋翼及机体结构不同，驱动系统几乎没有重要的复合材料应用；虽然已研究了连续纤维的齿轮箱和传动箱和短纤维挤压的骨架和轴承座圈，但仍主要局限于碳纤维/环氧树脂的轴。表 4.4.5 综述了结构的关键程度或非正式的类别。

表 4.4.5　旋翼飞机(复合材料)结构的关键程度

结构类型	部件类型		
	机体结构	旋翼系统	驱动系统
非冗余，主结构	全硬壳式结构尾梁，吊挂支架	单耳接头，桨叶，桨柄袖套，桨毂，桨柄夹	传动轴
多传力路径，主结构	隔框，纵梁，肋，梁，蒙皮	多耳接头，某些桨毂和桨柄夹	无
飞行关键的，次结构[①,②]	某些外舱门和整流罩	无	无
非飞行关键的，次结构（例如前表中的“非结构”）[①]	所有其他舱门和整流罩等	无	无

注：① FAR 29.613 中没有区分主结构与次结构，只区分单传力路径和多传力路径。
② 当次结构破坏导致系统（而不是结构）破坏时就是飞行关键的，例如，一个舱门在飞行中脱离机体结构，严重地损伤了旋翼或操纵系统。

与动力系统不同，旋翼飞机机体结构与固定翼机体结构有很多共同之处，例如碳纤维/环氧树脂半硬壳结构，因而处理也一样。事实上，旋翼飞机公司有单独的机体结构、旋翼和驱动系统设计和应力分析组，它们由共同的空气动力、结构动力、外载和内力以及疲劳组提供支持。因此，下面分成结构、旋翼和驱动系统等单独小节进行讨论。

对于机体结构、旋翼和驱动系统，其主、次结构及非结构类别的最大物理缺陷尺寸要求，类似于前面各节所列的 DoD 及运输类民用固定翼飞机的要求（见表 4.4.2.

1(a)和表 4.4.2.1(b))。其主要的差别是由于缺陷尺寸应当“与制造和使用过程所用检测技术一致”(文献 4.4.5(a),7.a.(2)节)而造成的,通常民用旋翼飞机运营商所具有的 NDI 能力有限,可能导致较大的允许缺陷尺寸要求(而这可能随着民用项目不同而变)。这样,尽管在本节中对这些要求本身讨论不多,而且即使对旋翼飞机允许的缺陷尺寸可能大些,但旋翼飞机在制造水平方面质量保证标准(从试样到全尺寸试验件)仍与表 4.4.2.1(a)和表 4.4.3.8.3 所指出的大型/复杂固定翼飞机情况相同。

在每个小节中,分别讨论了有关静力、疲劳和损伤容限的验证要求。虽然在机体结构验证的所有级别中讨论了这些要求,但只在积木式过程的全尺寸部件试验级才处理旋翼和驱动系统的损伤容限要求,因为一般只在积木式过程的这个级别上才涉及这个问题。

4.4.5.1　设计许用值试验

设计许用值试验通常是积木式过程最基础的一级。将从这一级得到的数据,作为确定强度、刚度以及环境/工艺影响折减系数的输入数据。通常,用小的单向加载试样可获得大量的统计保证,但却很少或没有进行分析验证或结构证实。在这方面,旋翼飞机与在先前考虑的三个积木例子中讨论的大型/复杂固定翼飞机,没有明显的区别。

4.4.5.1.1　机体结构

军用 EMD/生产型及 FAR Part 25 固定翼飞机的复合材料机体结构设计许用值试验,和军用及民用旋翼飞机的情况没有明显差别。在所有情况下,机体结构被分为主结构、次结构和非结构(或者按照 FAR 29.613 的说法,分为“单传力路径”或“多传力路径”,而不是“主结构”和“次结构”);它们具有各自不同的机械强度统计保证等级和不同的可接受材料质量等级。可以在第 1 卷的表 2.3.1.1,表 2.3.2.3 及表 2.3.5.2 以及本章的表 4.4.2.1(a)和表 4.4.2.1(b)中,找到所建议的旋翼飞机机体结构设计许用值数据指南。在这些指南中,应当对所有适用的材料类型与形式,考虑应力集中(开孔)、统计(基准值)和环境(温度、湿度和流体浸泡)的影响,提供进行层压板(强度与刚度)和简单接头(例如机械紧固件连接的挤压/旁路)点设计分析所需的所有数据。

像固定翼飞机一样,通常采用保守的静力设计许用值,来满足对机体结构的疲劳寿命要求。然而,当认为某些部件(特别是尾梁和顶部梁/吊挂支架)是疲劳关键部件时,则通过下面各节所述的设计研发和全尺寸验证试验,来满足其耐久性要求。

对机体结构的损伤阻抗/容限要求,是通过确定开孔(OHT 和 OHC)层压板级的 B 基准设计许用值,和组合件级的冲击后静强度试验(通常为压缩,即冲击后压缩(CAI))来加以满足的。关于损伤阻抗/容限要求和方法的详细说明,见第 3 卷第 12 章。进一步的损伤阻抗/容限确认在全尺寸试验件级别进行,这将在下面和在第 3

卷第 12 章进行讨论。

4.4.5.1.2　旋翼系统

旋翼系统的设计许用值试验没有机体结构那样广泛，因为通常要通过全尺寸疲劳试验来验证其部件，而不像机体结构那样用试验和分析相联合的办法验证。旋翼部件的应力分析用于静力尺寸设计，并对减轻全尺寸部件疲劳试验以前的项目风险有关键的作用（例如，工程和管理方面有信心不会在全尺寸试验中出现意外）。这样，就必须有 B 基准（按第 1 卷 2.3.2.3 节的指南确定）的单层强度（但不是机体结构用的大量带缺口强度的许用值）。

在设计许用值试验阶段，采用诸如短梁强度（SBS）或无缺口拉伸等几何特征的试件，对统计有效的若干个试样进行疲劳试验，建立相应于不同环境影响和应力比影响的 $S-N$ 曲线，作为以后部件级的平均 $S-N$ 数据。有时，还用这试样级的数据进行初步疲劳耐久极限的校核。然而，除非部件的耐久极限比材料的耐久极限低很多，还必须用部件级疲劳试验作更详细的寿命预计。和金属不同，通常不用试样级的 $S-N$ 曲线来预计低于耐久极限的复合材料部件疲劳寿命，因为试样试验中还没有发现分层和局部几何效应是复合材料结构疲劳破坏的主导原因。

表 4.4.5.1.2　除第 1 卷表 2.3.2.3(b)以外对旋翼系统附加的设计许用值试验指南举例

试验类型	静力				疲劳			
	CTD	RTA	ETW	目的	CTD	RTA	ETW	目的
无缺口拉伸①,②	(2)	(2)	(2)		—	12	9	环境和统计的 K
OHT①	6	6	—	点设计许用值	9	12	—	环境和统计的 K
OHC	—	6	6	点设计许用值	—	—	—	
SBS②,③	(2)	(2)	(2)		—	12	9	环境和统计的 K
芯子剪切	—	12	9	一般许用值	—	—	—	
芯子压塌	—	12	9	一般许用值	—	—	—	

注：对每个重大的材料形式、工艺和/或铺层变化，通常都要重复这些试验。
① 做 $R=0.1$ 或 $R=-1$ 的疲劳试验（取决于对应的部件）。
② 静力数据包括在表 2.3.2.3(b)中。
③ 对疲劳试验，$R=0.4$。

不同于疲劳关键的金属结构，由于缺乏经过确认的基于损伤容限的复合材料疲劳寿命分析预计方法，所以排除了基于损伤容限方法、采用试样级断裂韧性或应变能释放率许用值（相当于金属的 da/dN 与 ΔK 试验）来预计寿命的办法。

除了第 1 卷的表 2.3.2.3(b)外，对旋翼系统部件所推荐的设计许用值要求见表 4.4.5.1.2。

4.4.5.1.3　驱动系统

驱动系统的设计许用值试验，既不如机体结构也不如旋翼系统那样广泛，原因是(1)部件完全用全尺寸疲劳试验进行验证,而不是像机体结构那样采用试验和分析结合的办法;以及(2)至少对于传动轴,几何特征与载荷都比旋翼系统或机体结构部件简单。对于B基准单层强度和由试样导出的环境及应力比折减系数,其要求和旋翼系统相似。

除了第1卷的表2.3.2.3(b)外,对驱动系统部件建议的设计许用值要求如表4.4.5.1.3所示。

表4.4.5.1.3 驱动系统附加设计许用值试验指南的例子,除了第1卷表2.3.2.3(b)以外

试验类型	静力				疲劳			
	CTD	RTA	ETW	目的	CTD	RTA	ETW	目的
±45拉伸①,②	(2)	(2)	(2)		9	12	9	环境和统计的 K
SBS②,③	(2)	(2)	(2)		—	12	9	环境和统计的 K
螺栓挤压	—	12	9	一般许用值	—	12	9	环境和统计的 K

注:① 对疲劳试验,$R=0.1$。
② 静力数据包括在表2.3.2.3(b)中。
③ 对疲劳试验,$R=0.4$。

4.4.5.2 设计研发试验

设计研发试验分成以下3类:

- 元件——单载荷路径。
- 组合件——多载荷路径,但规模小或为部件的一部分。
- 部件——多载荷路径/全尺寸部件(但不是结构验证目的)。

这些试验的目的不同,并包括特殊的强度许用值(例如损伤容限)、设计选型研究、分析方法的发展和证实,以及降低成本/进度风险等。在以下三小节中讨论旋翼飞机中这些类别所特有的细节。

4.4.5.2.1 机体结构

旋翼飞机的机体结构研发试验与固定翼飞机相似,主要包括关键接头和自由边(例如tabouts、检查孔等)的风险减缓与对分析方法的确认。对旋翼飞机的机体结构,更多是做疲劳和静力试验以验证对疲劳寿命的预计,并在全尺寸的机体结构疲劳验证试验以前(或在现场)降低风险。与固定翼飞机不同的是,受载较轻的旋翼飞机机体结构,其壳体更多使用夹层板设计(即使主结构);因为它们常常是弯曲刚度的关键件而不是强度关键件。其面板可能薄到只取一层织物布。因此,也常常在元件和组合件级进行壁板的屈曲试验。

只限于针对前面提到的接头和/或检查开口的疲劳问题进行疲劳试验。常常在设计研发阶段,并通常采取形成特定元件级许用值的方式,利用带冲击损伤的结构元件(例如,3桁条壁板、曲蜂窝夹层板等),来进行损伤容限试验。表4.4.5.2.1给出了旋翼飞机机体结构可能的设计研发试验要求。

表 4.4.5.2.1　机体结构设计研发试验指南举例

试验类型	静力			疲劳[3]		
	RTA	ETW	目的	RTA	ETW	目的
加筋条拉脱	12	5	特定的许用值[1]	3	—	降低设计风险
CAI 加筋板	12	5	特定的许用值[1]	—	—	
CAI 夹层板	12	5	特定的许用值[1]	—	—	
螺栓连接接头	6	3	比较研究，分析确认	3	—	降低设计风险
剪切板 w/开口	3	—	降低设计风险，分析确认	3	—	降低设计风险
剪切加筋板	3	—	分析确认	—	—	
剪切夹层板	3	—	分析确认	—	—	
压缩加筋板	3	—	分析确认	—	—	
压缩夹层板	3	—	分析确认	—	—	
复杂的组合件	5	3	降低设计风险	3	—	降低设计风险
尾梁部件	3[2]	—	比较研究	1	—	降低设计风险

注：① 对于特定的许用值，试件数量变化很大，反映了针对具体情况在试验费用和统计处理严格性之间折中的结果。

② 通常加载到 DUL×LEF 而不是到破坏，随后将试验件用于疲劳和/或损伤容限试验。有时把冲击损伤包括在早期的静力试验件中。

③ 除非在设计过程早期可能得到载荷情况的简单组合，通常是等幅的。

4.4.5.2.2　旋翼系统

旋翼系统的设计研发试验主要采取单载荷路径下的耳片元件静力和疲劳试验，以减轻风险，用一般的组合件试验来筛选多轴疲劳条件下的旋翼桨毂材料，并用针对设计的组合件试验来减轻设计风险。表 4.4.5.2.2 给出了旋翼系统可能的设计研发试验要求。

表 4.4.5.2.2　旋翼系统设计研发试验指南例子

试验类型	静力			疲劳[1]		
	RTA	ETW	目　的	RTA	ETW	目　的
[0/45]层压板，弯曲	12	5	特定的许用值	12	12	许用 $S-N$ 曲线
[0/45]层压板，扭转	12	5	特定的许用值	12	12	许用 $S-N$ 曲线
一般拉-弯，柔性梁元件	—	—		12	—	材料筛选，缺陷影响
主桨/尾桨桨叶耳片元件	3	—	降低设计风险	6	—	降低设计风险
一般拉伸-扭转柔性元件	3	—	降低设计风险	6	—	降低设计风险
主桨/尾桨桨叶柄套组合件	3	—	降低设计风险，分析确认	6	—	降低设计风险

(续表)

试验类型	静力			疲劳[①]		
	RTA	ETW	目的	RTA	ETW	目的
主桨/尾桨桨柄夹构件	3	—	降低设计风险，分析确认	6	—	降低设计风险
主桨/尾桨主桨/尾桨弯曲或桨毂部件	3	—	降低设计风险，分析确认	6	—	降低设计风险

注:① 除非在设计过程早期可能得到载荷情况的简单组合,通常是等幅的。

4.4.5.2.3 驱动系统

驱动系统的设计研发试验,主要采取针对设计的端部接头元件静力和疲劳试验,以降低风险。表 4.4.5.2.3 给出了驱动系统可能的设计研发试验要求。

表 4.4.5.2.3 驱动系统设计研发试验指南举例

试验类型	静力			疲劳[①]		
	RTA	ETW	目的	RTA	ETW	目的
[0/45]层压板,扭转	12	5	特定的许用值	12	12	许用 $S-N$ 曲线
一般多钉连接元件	12	5	特定的许用值	12	12	许用 $S-N$ 曲线
设计特有的连接元件	12	5	特定的许用值	12	12	许用 $S-N$ 曲线
塑模风轮整体叶盘旋转试验	—	—		3	—	降低设计风险
传动轴部件	3	—	比较研究	3	—	降低设计风险

注:① 除非在设计过程早期可能得到载荷情况的简单组合,通常是等幅的。

4.4.5.3 全尺寸验证试验

与设计研发试验不同,全尺寸验证试验是在采购或认证机构见证下,对完全合格(即按照生产型的标准制造和检查)的全尺寸部件或系统进行的试验,以便满足具体的采购/认证要求。

4.4.5.3.1 机体结构

除非与先前的生产型飞机极其相似,否则,总需要对新设计的整个机体结构进行静力试验。通常(出于复杂性和成本考虑)只在室温大气条件下验证有限的载荷情况,直到设计极限载荷(DUL),载荷中包括了从低级别试验得到的环境影响和强度分散系数。并不总是要求进行全尺寸的机体结构疲劳试验(与静力试验件不同);但因为像座舱或尾梁这样的主要部件正开始由金属改为复合材料结构,则日益通行要求进行疲劳试验。表 4.4.5.3.1 给出了机体结构的全尺寸验证试验要求。

表 4.4.5.3.1　机体结构全尺寸验证试验指南举例

试验类型	静　力			疲　劳		
	RTA	ETW	目　的	RTA	ETW	目　的
倾斜旋翼机翼 STA	1①	—	取证/鉴定	—	—	
倾斜旋翼机身 STA	1①	—	取证/鉴定	—	—	
倾斜旋翼尾翼 STA/FTA	1①	—	取证/鉴定	1②	—	取证/鉴定
倾斜旋翼机翼/机身 FTA	—	—		1②	—	取证/鉴定
尾梁部件	1①	—	取证/鉴定	1②	—	取证/鉴定

注:① 加载到 DUL×LEF,在某些情况下引入损伤(取决于用户),然后试验到破坏。
② 谱疲劳加载到 2 倍寿命,引入损伤,谱疲劳加载 1 倍寿命,然后(有时)静力试验到破坏。更详细情况见第 12 章。

如果使用全尺寸机体结构疲劳试验,这就提供了对结构寿命的最终证实,否则,就用全尺寸的部件级试验来实现。通过分析(用 CAI 和 OH 许用值)和引入损伤的全尺寸验证试验,来满足损伤容限要求。通常通过嵌入和/或冲击分层的方法,在部件和机体结构系统静力试验件的几个关键位置引入损伤,带损伤的试验件必须能承受 DUL 载荷(包括环境系数和分散系数(更多细节详见第 3 卷第 12 章))。某些认证要求还包括,要证实其具有两倍检查间隔或两倍疲劳寿命的损伤容限,这样试验件就要在带损伤的情况下进行疲劳试验。如果不使用预埋损伤,则常常对无损伤的试验中经历两倍部件寿命后的试验件引入冲击,则利用所得的谱载荷寿命并考虑适当分散系数,就可确定所需要的检查间隔。

4.4.5.3.2　旋翼系统

要对所有新设计的旋翼系统部件做全尺寸疲劳验证试验,或单独进行,或作为一个系统进行。通常对主旋翼桨叶的根部和尖部单独进行试验。对其他复合材料件,例如桨毂/柔性梁、桨柄套和桨柄夹,则用完整的部件来进行。因为旋翼部件更易受环境条件的影响,可能常常要在潮湿环境(例如 80%~85%RH 条件下达到平衡)下进行试验,而不是用载荷系数来近似考虑环境影响。通常在多种等幅振动载荷水平下进行 4~6 个部件的试验,以得到部件级的 $S-N$ 曲线。采用一种安全寿命/缺陷容限方法,来预计多种载荷谱下的寿命。用 Miner 法则,建立等幅 $S-N$ 曲线数据与谱载荷情况数据之间的联系。表 4.4.5.3.2 给出了旋翼系统的全尺寸验证试验要求。

表 4.4.5.3.2　旋翼系统全尺寸验证试验指南举例

试验类型	静　力			疲　劳		
	RTA	ETW	目　的	RTA	ETW	目　的
主桨/尾桨桨叶接头和桨柄套部件	1	1	取证/鉴定	4~6① 2②	1① 1②	取证/鉴定 损伤容限

(续表)

试验类型	静力			疲劳		
	RTA	ETW	目的	RTA	ETW	目的
主桨/尾桨桨柄夹部件	1	1	取证/鉴定	4～6①	1①	取证/鉴定
				2②	1②	损伤容限
桨叶尖部/根部接头和桨柄套部件	1	1	取证/鉴定	4～6①	1①	取证/鉴定
				2②	1②	损伤容限
主桨/尾桨弯曲或桨毂部件	1	1	取证/鉴定	4～6①	1①	取证/鉴定
				2②	1②	损伤容限
尖部/根部弯曲或桨毂部件	1	1	取证/鉴定	4～6①	1①	取证/鉴定
				2②	1②	损伤容限

注:① 等幅(无损伤)取证试验。
② 谱疲劳加载 2 倍寿命或检查间隔,带埋入的制造裂纹(仅此);引入冲击损伤;然后谱疲劳加载 1 倍寿命或检查间隔。常常使用等幅与谱载荷的组合办法。

进行全尺寸等幅试验以确定制造状态结构是否适当,并识别出疲劳关键区域,以便将来在损伤容限验证的全尺寸疲劳试验件中预埋制造缺陷和引入冲击损伤。在典型的谱载荷下进行这些带缺陷/损伤的全尺寸部件试验,以便确定疲劳寿命和/或设定检查间隔。通过分析其风险和可检性来确定初始损伤/缺陷的尺寸。另外,按照某些考虑损伤/缺陷的风险、其可检性以及因损伤/缺陷所导致失效模式的关键程度所得到的系数,将试验结果进行折减,导出推荐的疲劳寿命和/或检查间隔。在第 3 卷第 12 章对旋翼系统的损伤容限给出了详细的要求。

4.4.5.3.3 驱动系统

对所有新设计的动力系统部件进行全尺寸的疲劳验证试验,或单独进行,或作为一个系统进行。通常对复合材料传动轴单独进行试验,而对齿轮箱则作为完整的机械系统进行试验。因为诸如传动轴等部件更容易受环境条件的影响,可能常常要在潮湿环境(例如 80%～85%RH 条件下达到平衡)下进行试验,而不是用载荷系数来近似考虑环境影响。通常在多种等幅振动载荷水平下试验 4～6 个部件,以得到部件级的 $S-N$ 曲线。在多种载荷谱下,采用一种安全寿命/缺陷容限寿命预计方法。用 Miner 法则,建立等幅 $S-N$ 曲线数据与谱载荷情况数据之间的联系。表 4.4.5.3.3

表 4.4.5.3.3 驱动系统全尺寸验证试验指南举例

试验类型	静力			疲劳		
	RTA	ETW	目的	RTA	ETW	目的
转动轴部件	1	—	取证/鉴定	4～6①	1①	取证/鉴定
				2②	1②	损伤容限
风机组件	—	—		4～6①	—	取证/鉴定

注:① 等幅(无损伤)取证试验。
② 谱疲劳加载 2 倍寿命或检查间隔,带埋入的制造裂纹(仅此);引入冲击损伤;然后谱疲劳加载 1 倍寿命或检查间隔。常常使用等幅与谱载荷的组合办法。

给出了驱动系统的全尺寸验证试验要求。

进行全尺寸等幅试验以确定制造状态结构是否适当，并识别出疲劳关键区域，以便将来在损伤容限验证的全尺寸疲劳试验件中预埋制造缺陷和引入冲击损伤。这些带含缺陷/损伤的全尺寸部件，其缺陷尺寸、损伤容限及试验要求，与上面4.4.5.3.2节旋翼系统的情况基本相同。

4.4.6　运载火箭和宇宙飞船

对于运载火箭和宇宙飞船的专门定义如下。

运载火箭(launch vehicles)　将物体送入空间的运载工具，通常为火箭。

宇宙飞船(spacecraft)　能够穿越外空间的航天器。

对运载火箭和宇宙飞船所用复合材料的很多基本要求与其他航空航天应用情况相同。例如，应当在规定的置信度限制范围内确定所需要的材料性能和许用值。需要规定支持数据库的材料和工艺过程控制。需要确立用于保证合理安全度的折减系数。关于这些信息可参阅本手册的其他章节。

对于运载火箭和宇宙飞船，常常得不到满足其任务要求材料统计数据。如果不要求持续应用该材料，就不必需要多批次统计的合格条件。空间计划通常使用数量很少的材料，可以容易地用1～2个批次的材料供应加以满足。在各次材料购买之间通常有长时间周期，此时可能出现货源和生产方法的变化，这危及数据的合并。此外，对一些独特的要求可能没有预先规定的试验方法程序，因而，应当在将数据合并以前加以评定。这些限制不应当约束协作的想法，因为将几个项目数据合并可以建立信心，并最终导致一个统计的数据库。

科学基于材料的鉴定，亦即，应当考虑对加工过程中的复合及材料状态的认识和了解，以保证在很长周期内使用这些批次时，材料是相同的。细致了解这材料的情况，就能够在发射后出现意外情况时用已知的材料响应进行推测。

在空间应用的结构要求中，有很多与预计应用相关的独特要求。对刚度和热性能将常常是设计最关心的要求，而不是强度。与地面应用显著不同的空间应用因素是：缺乏大气，强烈的太阳辐射，原子氧，极端的温度变化，微流星体和轨道碎片(MMOD)，以及在发射后接近系统的能力极其有限。下面一些(分别标以标题)段落将详细讨论对宇宙飞船和运载火箭所特有的设计环节：

注：对运载火箭(运载系统)，其支配设计的环节与宇宙飞船(有效载荷)相比有重大差别。例如，运载火箭通常并不经历持续的空间真空暴露、太阳辐射、原子氧和微流星体与轨道碎片(MMOD)。

缺乏大气　空间的真空条件导致低分子量部分(moieties)逸出，如果其为可冷凝的则可能随后再沉积到敏感元件上。对地球范围内固化后的复合材料，几乎毫不介意挥发性有机化合物(VOC)，但是在空间，这成为关键的关切点，因为其可能使得关键光学部件的性能退化。蜂窝芯和相似的材料必须包含排气或其他手段，以排除所截留的气体而不损伤结构。在第1卷6.6.13节“排气”中，介绍了对挥发性材料真空稳定性和污染问题所需要的试验类型。

辐射与原子氧 强烈的紫外线辐射与原子氧可能使得层压板表面的有机基体显著退化。通常，部分地使用毯子和涂层来遮蔽，以防止这种退化。太阳能板和天线特别容易受影响，此处，使用毯子和隔离涂层将阻碍系统的功能。在第1卷2.2.10.2节讨论了原子氧的影响，2.2.10.4节紫外线辐射问题。高能带电离子辐射，包括捕获的质子和电子、太阳粒子，以及银河宇宙射线（重离子）在内，会穿透金属和金属材料，并可能造成有机材料结构的明显退化。第1卷2.2.10.5节讨论了带电粒子对宇宙飞船中聚合物基复合材料的影响。

极端温度变化 冷冻的推进剂、上升段的气动加热，以及在空间真空中的辐射换热，可能引起结构的极端温度变化。对碳纤维/聚合物基复合材料，其碳纤维沿纵向具有负的热膨胀系数（CTE）而在横向具有正的热膨胀系数；而其聚合物基体则沿所有方向具有正的热膨胀系数。在复合材料单层中，高刚度的纤维支配了CTE性能，使得层内沿纵向有总体为负的而横向为正的CTE。这种CTE不匹配和材料胶接到一起时的温度（无应力温度）与当前温度之温度差，就造成了热应力。这些热应力可能大到足以在结构内造成横向微裂纹。第1卷6.16节讨论了不同形式的微裂纹。这个热膨胀的差异启发人们设计要求铺层顺序均衡的结构，或者设计诸如圆柱管的对称结构以平衡诱生的载荷。可以选择层压板分析来平衡单层中负的轴向CTE和正的横向CTE，利用这些差异来设计其沿长度方向热膨胀几乎为零的结构，从而，当暴露在热梯度下时沿其长度的热变形很小。关于（热和湿）尺寸稳定的更多信息，见第1卷6.6.9节。

另一个设计关注点是热循环所引起的裂纹，在寿命期内将如何影响这个结构。一个惯例做法是将结构受到深度的低温循环作用，使得基体开裂并稳定其力学与物理特性。这种稳定化是重要的，以便在结构的寿命期中没有性能的剧烈变化。关于热循环/热冲击的进一步信息，参见第1卷6.6.15节。

微流星体和轨道碎片 人造的碎片和自然微流星体，其轨道围绕地球空间环境，以平均为10 km/s（22 000 min）的超高速度运行。与这些粒子碰撞可能对宇宙飞船造成严峻的损伤或灾难性的破坏。因此，可能需要表征复合材料构件的弹道性能（ballistic performance），以量化其对于因微流星体和轨道碎片（MMOD）所致损伤的容限。

发射后无法接近 大多数空间结构的整个任务寿命（performance life）都处于不易检测或无法接近的环境。设计中必须考虑这种无法接近的情况。在模拟的任务环境下进行全面试验就很关键。其试验通常与航空所需要的并不相同。

运载火箭使用的复合材料是特别的，既有很多宇宙飞船的结构要求，但是又不会经受其所运载货物的独特的空间环境。很多运载火箭的构件主要为承受重载的结构，因此，如果准备构造很多运载火箭，则可能要保证不同批次材料的统计质量。下面一节讨论运载火箭寿命中，复合材料用于这些运载火箭时有别于用于飞机时的一些方面。

第一个考虑是运载火箭部件是否准备重新使用。用于很多运载火箭的部件是一次发射的构件(可消耗的),该复合材料结构的寿命就是几分钟的样子,而与民用飞机的数千小时不同。显然,如果复合材料构件是准备重新使用的,就需要一组新要求,主要检查部件的复原情况。

另一个考虑是运载火箭是否有人操纵。对有人操纵运载火箭规定的要求,就比任何无人的情况严格得多。

比之飞机,运载火箭的优点是:在每次飞行以前可以对复合材料结构进行彻底的检测,包括采用无损评估技术。对飞机是不可能在每次飞行之间和在每次飞行前获得这个好处的。

关于损伤容限考虑,其对运载火箭的威胁比飞机小,并可以较好地防护。一个飞机(特别是商业飞机)始终受到服务车辆、行李搬运、冰雹、跑道碎片、鸟撞和工具掉落所带来的外来物冲击威胁;但是对运载火箭和宇宙飞船结构其损伤威胁是不同的,并且主要是由于搬运的疏忽、工具掉落,或者在部件运输过程中的"碰撞";虽然运载火箭可能受到上升碎片的影响,而宇宙飞船可能受到在轨时微流星体与轨道碎片 MMOD 的影响。

在某些情况下,如果运载火箭位于发射台上时也有可能暴露在冰雹之中。另外,如果出现了雹击就要关注其复合材料部件(例如宇宙飞船外部燃料箱的头锥),然后要对该部件进行彻底的无损评估,以保证未出现有害的损伤。此外,可以在直到使用以前采用泡沫、冲击指示纸和/或橡胶来保护运载火箭和宇宙飞船的部件,这是飞机无法获得的好处。由于在发射以前可以采用无损评估技术,运载火箭构件不需要受制于可见损伤,因此,并不适用第 3 卷 12.2.2 节中说明的五类冲击水平。

4.5　特定工艺和材料形式的特殊考虑和变化

4.5.1　室温

此节留待以后补充。

参 考 文 献

4.1　Whitehead R S, Kan H P, Cordero R, et al. Certification Testing Methodology for Composite Structures [S]. NADC-87042-60, Vol 2, Section 2, 1987.

4.4.1.1　Grimes G C, Dusablon E G, Malone R L, et al. Tape Composite Materials Allowables Application in Airframe Design/Analysis [M]. Composites Engineering, Vol 3, Nos. 7-8, Pergamon Press Ltd, 1993, pp. 777-804.

4.4.3.8.1　Fawcett A, Trostle J, Ward S. 777 Empennage Certification Approach [M]. presented at the 11th International Conference for Composite Materials, Australia, 1997.

4.4.5(a) FAA Advisory Circular 20 - 107A, Composite Aircraft Structure [S]. 25 April 1984.

4.4.5(b) Adams D O. Composites Qualification Criteria [C]. Proc., American Helicopter Society 51st Annual Forum, Fort Worth, TX, 9 - 11 May, 1995.

4.4.5(c) Aeronautical Design Standard ADS - 35, Composite Materials for Helicopters [S]. United States Army Aviation Systems Command, St. Louis, MO, Directorate for Engineering, February, 1990.

4.4.5(d) AIA Materials and Structures Committee Proposed Standard, Standardization of Composite Damage Criteria for Military Rotary Wing Aircraft [M]. Aerospace Industries Association, Washington, DC, 20 December, 1994.

4.4.5(e) JSGS - 87221A(draft), Air Force Guide Specification, General Specification for Aircraft Structures [S]. 8 June 1990.

4.4.5(f) Kan H P, Cordero R, Whitehead R S. Advanced Certification Testing Methodology for Composite Structure [S]. DOT/FAA/CT - 93/94, Northrup Corp. for FAA Tech Center and NADC, April, 1997.

4.4.5(g) Whitehead, R S, Kan H P, Cordero R, Saether E S. Certification Testing Methodology for Composite Structure [S]. NADC - 87042 - 60, Northrup Corp. for NADC, Warminster, PA, 1986.

4.4.5(h) Sanger K B. Certification Testing Methodology for Composite Structures [S]. NADC - 86132 - 60, McDonnell Douglas Corp. for NADC, Warminster, PA, 1986.

4.4.5(i) Shah C, Kan H P, Mahler M. Certification Methodology for Stiffener Terminations [S]. DOT/FAA/AR - 95/10, Northrup Grumman Corp. for FAA Tech Center and NASA LaRC, April, 1996.

第 5 章　材料和工艺——变异性对复合材料性能的影响

5.1　引言

通常,有机基复合材料的性能与固化和工艺相关。这可以导致玻璃化转变(使用温度)、耐蚀性、对微裂纹的敏感性、常规强度、疲劳及使用寿命的变化。此外,在多数情况下,这些材料或由其构成的结构元件是复杂多步骤的材料工艺产品。图 5.1(a)和图 5.1(b)说明从原材料到复合材料终端产品的工艺流程。图 5.1(b)中每个矩形代表有可能将附加变异性引入到材料的一个工艺过程。合格的复合材料

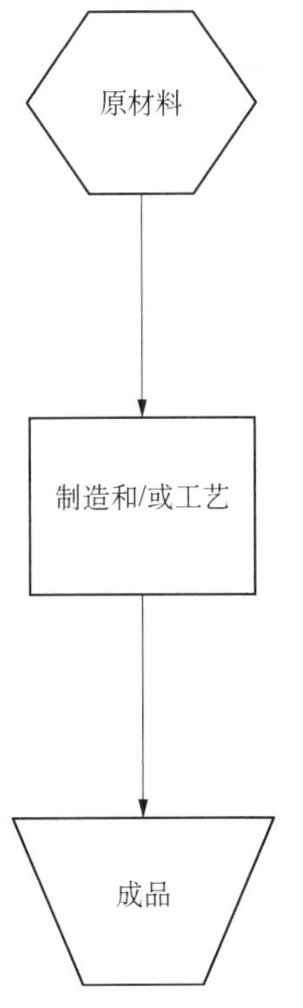

不论处于哪个工作阶段，均将所有产品看作是原材料。这些可以是用于树脂的化学品、或是待加工成玻璃制品的砂石、或是长丝产品原丝、或是织物、或是加工成的扁平片材及许多其他尚待加工为成品的物品。

然后加工每种原始产品、或与其他原始产品混合、或改变成流程中仍是尚待经历其他加工步骤的另一种原始产品。每种接收的原始产品在其加工步骤中必须按这样的方式加工，即在下一个流程操作中将变异性减至最小。工艺操作可以是复杂的如基体浸渍；或是比较简单的如运输。无论如何，每一步骤必须是有效的，即在每一步骤内均不应引入改变后续使用产品或成品性能的不可控制的变化。

留下一个加工操作印迹的成品，在交付下道工序时通常仍认为是半成品。在正完成的加工步骤中，必须确认和注意该产品一致性的责任。在成品未按要求进行全部操作之前，材料流程不算完成。

图 5.1(a)　复合材料及其工艺,通用于所有材料与工艺的基本流程

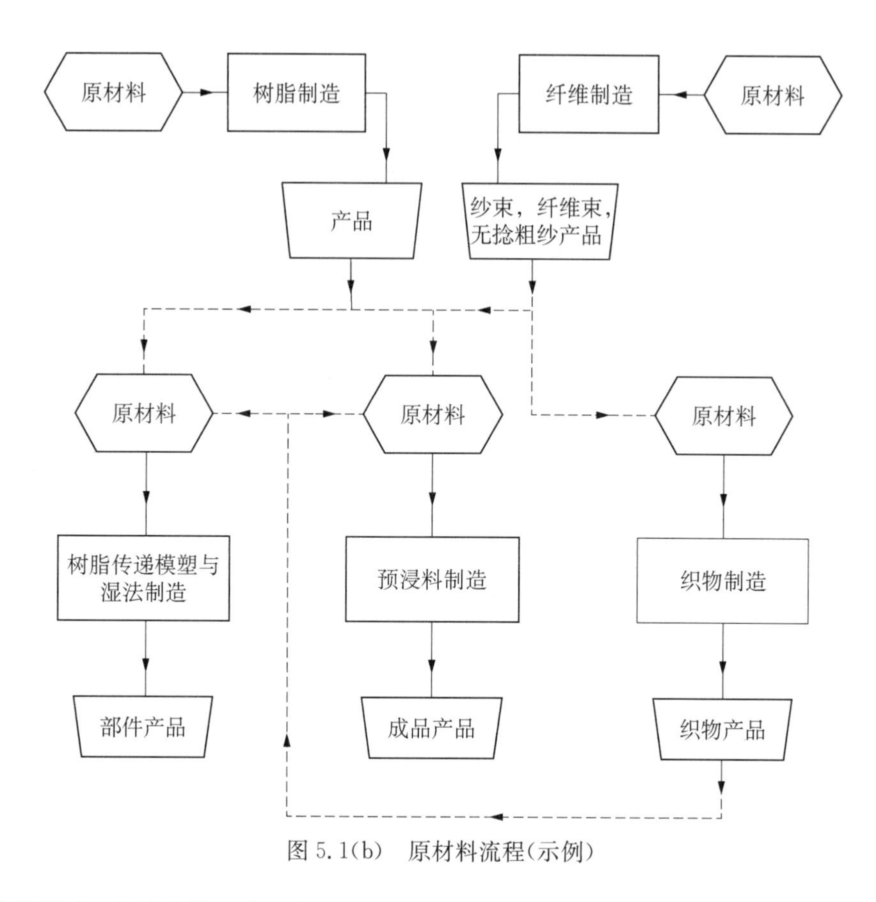

图 5.1(b) 原材料流程(示例)

性能数据库，应能让使用者了解测得的材料性能与用于终端产品的组分材料和工艺顺序有关的特性及变异性的依赖关系。因此，为获得满足力学和物理性能的复合材料结构，最重要的是对材料研发工艺过程的控制。

5.2 目的

本章的目的是通过复合材料类型和相关材料工艺方法概述，提供对这些材料中工艺导致变异性的起因和性质的了解。此外还寻求将变异性减至最小的各种方法，包括实施工艺过程控制以及材料和工艺规范的使用。

5.3 范围

本章包括复合材料的说明，从作为原材料组分引入材料流程的前景开始，随后将原材料转变成中间产品形式如预浸料，至最后制造商利用这些中间产品进一步加工成形为完整的复合材料结果。重点放在流程中每一工艺阶段对终端产品的总质量以及物理、化学和力学性能的累积影响上。最后包括一个普通工艺过程控制方案概述和讨论材料和工艺规范的制订。

5.4 组分材料

5.4.1 纤维

5.4.1.1 碳和石墨纤维

碳和石墨具有实际用作增强纤维的能力,其可提供的性能变化可以很大。在聚合物基复合材料中,增强纤维的主要特性是高刚度和强度。在险恶环境中,如高温、暴露于常用溶剂和液体以及潮湿环境中。为用作主结构材料的一部分,纤维应是以连续纤维形式提供(见参考文献5.4.1.1)。这些特性和要求实质上意味着对纤维的物理、化学和力学性能的要求,它又转换成工艺和验收参数。

5.4.1.1.1 碳与石墨比较

对用于结构材料的碳纤维产生兴趣是在20世纪50年代后期开始的,当时以纺织品形式的合成人造丝被碳化制造成了用于高温导弹的碳纤维(见参考文献5.4.1.1.1)。虽然碳和石墨纤维这两个术语使用时经常可互换,但首先要区分的是碳和石墨纤维之间的差别,这些差别的背景资料包含于下列几节里。本文指出这些区别的主要目的是提醒读者:在涉及石墨与碳纤维时,用户可能指的是不同的东西。

碳和石墨纤维两者均基于以碳形式存在的石墨(六方)片层网状结构。若石墨片层或平面堆叠是三维有序的,称该材料为石墨(见参考文献5.4.1.1.1)。形成这种有序结构通常要求延长加工时间和温度,因而使石墨纤维更为昂贵。因为平面之间的键合力是微弱的,经常出现无序,这样仅在片层的内部存在二维有序,定义这种材料为碳(见参考文献5.4.1.1.1)。对这种区分,应知道虽然有某些差异,但没有严格区分碳与石墨的单一条件,甚至在石墨纤维的结构中还保留一些无序。

5.4.1.1.2 一般材料说明

目前,通常用3种不同的原丝材料制造碳纤维:人造丝、聚丙烯腈(PAN),及各向同性和液晶沥青(见参考文献5.4.1.1.1)。碳纤维主要是由PAN(聚丙烯腈)碳化制造的。该纤维由石墨片层基面沿纤维轴取向排列的混合纤维丝组成。这种形成使人想起洋葱皮的内部结构。沥青纤维也许有一种不同的内部结构,更像束或辐条(见参考文献5.4.1.1)。

高度各向异性结构导致平行于纤维长轴的模量在200～750 GPa范围内,以及在垂直方向的模量大约为20 GPa。对比起来,石墨的单晶(晶须)分别约为1 060和3 GPa,但以纤维形式不可能得到这样的性能。超高模量纤维可由液晶中间相沥青制备;原丝中较高程度的定向完全转化至最后的碳化纤维,导致更大和更多的定向石墨微晶。

5.4.1.1.3 工艺

高刚度和强度表示原子间与分子间强结合和很少的限制强度的缺陷(见参考文

献 5.4.1.1)。碳纤维性能取决于与工艺密切相关的纤维微结构,如具有相同原丝、但不同工艺的纤维性能可能会有显著差异。原丝本身也能改变这些性能。可以按高模量或高强度,或按经济性考虑对工艺进行优化。

5.4.1.1.3.1 制造

如下所述,最普通的一种碳纤维制造工艺是采用 PAN(聚丙烯腈)变体。在 PAN(聚丙烯腈)和沥青以及人造丝原丝工艺之间的一些差异将在以后叙述。PAN(聚丙烯腈)基碳纤维的制造可以分成白色纤维和黑色纤维阶段。大多数制造商关心这些工艺专利的细节。

5.4.1.1.3.1.1 白纤维

PAN(聚丙烯腈)原丝,或白纤维的生产本身就是一项工艺技术,相当传统的纤维工艺是:聚合、纺丝、牵引和洗涤。工艺过程中可能加入补充的牵引阶段。白纤维的特性影响黑纤维的工艺和结果。

5.4.1.1.3.1.2 黑纤维

黑纤维工艺由若干步骤组成:氧化(或热固)、高温热解(或碳化)、表面处理和涂上浆剂。在氧化过程中 PAN(聚丙烯腈)纤维从热塑性塑料变为热固性的。对该氧化过程,纤维直径受到废气扩散的限制。在热解过程(此过程是在惰性气体气氛中进行的)中,大部分非碳材料被去除,形成与纤维轴方向一致的碳带。

在表面处理步骤中,纤维在气体或液相中受到氧化剂如氯、溴、硝酸或者氯酸盐刻蚀,这样改善了与树脂的浸润性,并有助于形成强的持久胶接。一些额外的改善可通过除去表面缺陷来实现,该工艺可能是电解的。碳纤维经常用未改性环氧树脂和/或其他用作上浆剂的产品溶液处理。上浆剂防止纤维磨损、改善操作,并且可提供与环氧树脂基体相容的表面。

5.4.1.1.3.1.3 沥青/PAN(聚丙烯腈)/人造丝原丝产生的碳纤维差异

通常 PAN 原丝能够提供较高强度的碳纤维,而沥青能够提供较高模量的碳纤维。人造丝基纤维价格比较低廉,但性能较低。已经制备出弹性模量优于钢和导电性高于铜导体的沥青纤维复合材料,但剪切强度和冲击阻抗降低了(见参考文献 5.4.1.1.3.1.3)。PAN 的产率大约是 50%,但沥青能够高达 90%。

5.4.1.1.3.2 工艺对微结构的影响

碳纤维性能由缺陷的类型和范围、纤维的取向和结晶度控制。原丝的制作和热处理可能影响结晶度和取向,缺陷含量可能由于污染物和工艺引起,取向也深受牵引工艺的影响,在纤维的加工过程中可能多次重复牵引。

5.4.1.1.3.3 微结构对性能的影响

脆性材料的强度经常是由有无缺陷、缺陷数量和大小所控制。发现缺陷的概率与体积相关,因此单位长度体积较小的纤维似乎更强一些。消除缺陷使拉伸强度提高,并改善导热和导电性及抗氧化性。但是,过分提高结晶度可能会降低纤维的强度和模量。

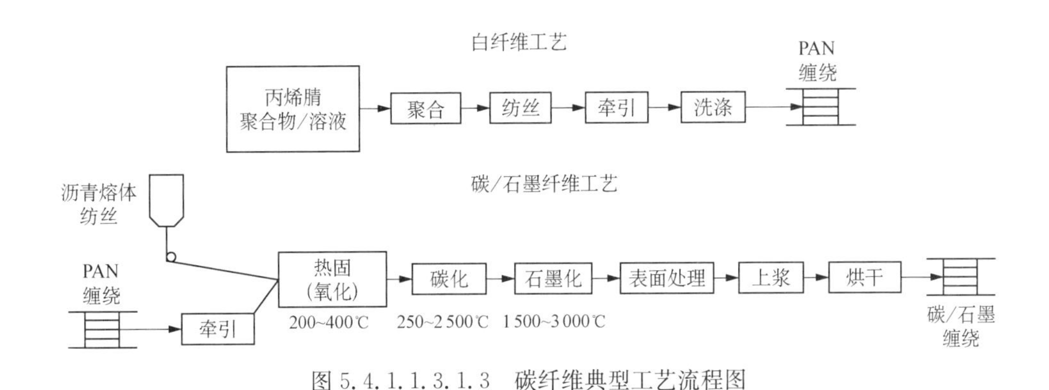

图5.4.1.1.3.1.3　碳纤维典型工艺流程图

5.4.1.1.3.4　试验

同大多数复合材料性能一样，得到的值主要取决于所做的试验，纤维模量的测定尤其具有争议。应力/应变响应可能是非线性的，因此在何处及如何进行测量会极大地影响到结果。因而，文献中似乎差别很大的纤维在模量方面几乎没有差异。报告的差异可能完全是试验和计算差异的结果。欲知纤维试验方法的更多信息，可以参见第1卷第3章。

5.4.1.1.4　典型性能

复合材料结构中碳纤维在最终用途方面的一般限制更多取决树脂基体而非纤维。但存在某些必须考虑纤维抗氧化稳定性、导热性、热膨胀系数或其他性能的例外。碳纤维的一些主要性能，包括成本，列于表5.4.1.1.4中。为进行比较列出了玻璃、芳纶和硼的典型值。虽然某些碳纤维性能是通用的，但不同厂商的不同产品可能具有显著不同的性能。对美国来说，三个主要制造商是Amoco，Hercules和Toray。应该指出，除混合规则之外，纤维性能转化成复合材料性能取决于许多因素。

表5.4.1.1.4　碳与其他纤维性能的比较

	拉伸模量 /(GPa/Msi)	拉伸强度 /(MPa/ksi)	密度 /(g/cm^3)	纤维直径 /μm	价格 /$/#
碳(PAN)	207～345/30～50	2413～6895/350～1000	1.75～1.90	4～8	20～100
碳(沥青)	172～758/25～110	1379～3103/200～450	1.90～2.15	8～11	40～200
碳(人造丝)	41/6	1034/150	1.6	8～9	5～25
玻璃	69～86/10～12.5	3034～4620/440～670	2.48～2.62	30	5～40
芳纶	138/20	2827/410	1.44	—	25～75
硼	400/58	5033～6895/730～1000	2.3～2.6	100～200	100～250

5.4.1.2　芳纶

20世纪70年代初期杜邦公司推出了Kevlar芳纶，一种具有高比拉伸模量和强度的有机纤维，这是在先进复合材料中用作增强材料的第一种有机纤维。今天，这种纤维已用于各种各样的结构部件，包括增强塑料、防弹制品、轮胎、绳索、电缆、石棉替代品、涂层织物和防护服。芳纶纤维是通过喷丝头挤压聚合物溶液而制造的。杜邦供货的主要形式有连续长丝纱、无捻粗纱、短切纤维、浆粕、射流喷网法片材、湿法成网纸、热塑性树脂浸渍纤维束和可热成形的复合材料片材。

芳纶纤维重要的一般性能是：低密度、高拉伸强度、高拉伸刚度、低压缩性能（非线性的）和优良的韧性特性。芳纶的密度为 1.44 g/cm^3（0.052 lb/in^3），这比玻璃纤维大约低 40%，并比常用碳纤维大约低 20%。芳纶不会融熔，而在大约 500℃（900℉）下分解。选择不同类型芳纶，加捻结构纱的拉伸强度可以在 3.4～4.1 GPa（500～600 ksi）范围内变化，轴向名义热膨胀系数是 -5×10^{-6} m/m/℃（3×10^{-6} in/in・℉）。芳纶纤维是芳香族聚酰胺聚合物，具有高的热稳定性、介电性和化学性能。极好的防弹性能以及一般的损伤容限源自于纤维韧性。芳纶以织物或复合材料形式使用，以实现用于人体、装甲车、军用飞机等防弹保护。

用芳纶增强的复合材料体系，具有优良的振动-阻尼特性。它们在受冲击时不会碎裂。聚合物基复合材料形式的使用温度范围为－36～200℃（－33～390℉），热固性树脂基体（见参考文献 5.4.1.2(a)）以及热塑性树脂基体（见参考文献 5.4.1.2(b)）芳纶增强复合材料的名义拉伸性能列于表 5.4.1.2(a)。在 60%纤维体积含量条件下，芳纶增强环氧树脂复合材料的名义拉伸强度（室温）为 1.4 GPa（200 ksi），名义拉伸模量为 76 GPa（11 Msi）。在受压缩和弯曲时，这些复合材料是韧性的，压缩或弯曲极限强度比玻璃或碳纤维复合材料低。芳纶增强复合材料体系耐疲劳和应力断裂。芳纶增强环氧树脂体系的拉/拉疲劳，在 50%极限应力条件下，单向试样（体积含量 V_f 约 60%）经受得住 3000000 次循环（见参考文献 5.4.1.2(a)）。近来，已经开发了芳纶增强热塑性树脂复合材料，并显示出这些热塑性复合材料体系的力学性能与类似的热固性体系相当（见参考文献 5.4.1.2(b)）。此外，在低成本加工、胶接和修理方面，热塑性塑料体系具有潜在优势（见参考文献 5.4.1.2(c)）。独特的、可热成形的芳纶纤维增强热塑性塑料基体片材产品已有供应（见参考文献 5.4.1.2(d)）。用这些复合材料体系实现低热膨胀系数或高耐磨性，它们是非导电的并且与金属不产生电化学反应。芳纶纤维以数种具有不同纤维模量的形式供货（见表 5.4.1.2(b)）。Kevlar 29 的模量最低和韧性最高（破坏应变约 4%），这些纤维主要用于防弹及其他软复合材料体系，如抗切割和斩砍的防护服、绳、涂层织物、石棉替代品、充气轮胎等，这些纤维也主要用作耐冲击和损伤容限，而刚度不关键的复合材料。Kevlar 49 主要用于增强塑料，包括用于热塑性和热固树脂两种体系。Kevlar 49 也用于软复合材料，像纤维光缆芯和橡胶工业制品（例如高压软管、散热器软管、电力传输带、传送带等）。已经制成一种 149 型超高模量的纤维，最近已有供货，其模量比 Kevlar 49 高 40%。Kevlar 29 以纤维纱线支数和两种无捻粗纱支数供货，Kevlar 49 以六种纱和两种无捻粗纱支数供货，Kevlar 149 以三种纱支数供货。纱支数范围从非常细的55旦尼尔(30根长丝)到3000旦尼尔(1300根长丝),无捻粗纱为4560旦尼尔(3072根长丝)和7100旦尼尔(5000根长丝)。复合材料热塑性塑料纤维束,用不同旦尼尔不同Kevlar纱增强的几种类型熔融浸渍热塑性塑料也有供货。

表5.4.1.2(a) 芳纶纤维增强的复合材料名义性能(V_f约60%)

拉伸性能	单位	热固性(环氧树脂)		热塑性(J2)	
		单向	织物[1]	单向	织物[1]
模量	GPa(Msi)	68.5(11)	41(6)	73～79(10.5～11.5)	35～40(5.1～5.8)
强度	GPa(ksi)	1.4(200)	0.56(82)	1.2～1.4(180～200)	0.53～0.57(77～83)

① 按V_f=40%正则化,织物类型S285。

表5.4.1.2(b) 芳纶纤维的名义性能

拉伸性能	单位	Kevlar类型		
		29	49	149
模量	GPa(Msi)	83(12)	124(18)	173(25)
强度	GPa(ksi)	3.6(525)	3.6～4.1(525～600)	3.4(500)

芳纶复合材料首先应用于减重为关键之处,例如:飞机部件、直升机、宇宙飞行器和导弹。由于具有优越的防弹和结构性能,使其可应用于装甲。在海洋休闲工业中,重量轻、刚性好、振动阻尼和损伤容限是很重要的,芳纶增强复合材料已用于游艇、皮艇、帆船和汽艇的船体。由于上述的复合材料属性已使其用于运动器材。随着对体系其他性能方面的利用发展,芳纶复合材料应用持续增长。高温下芳纶的稳定性和摩擦性已能使其用于刹车、离合器和垫圈;其低热膨胀系数用于印刷电路板;而优良的耐磨性使其正发展成为采用注射模塑热塑性塑料的工业部件。芳纶增强熔融浸渍的热塑性复合材料提供了独特的工艺优势,例如长丝缠绕的部件现场压实。利用这些可使其用于制造其他方式很难加工的厚部件(见参考文献5.4.1.2(e))。

芳纶纤维比较柔软和坚韧,因此它能与用于玻璃纤维的树脂复合,并用大多数为玻璃纤维建立的方法加工成复合材料。纱和无捻粗纱用于长丝缠绕、预浸料带和拉挤成形。机织物预浸料是用于热固性复合材料的主要形式。芳纶纤维以各种重量、编织式样和构造供货:从非常薄(0.005mm(0.0002in))轻质的(2.8g/m^2)到厚(0.66mm(0.026in))为(275g/m^2)的粗纱布均有。热塑性塑料浸渍纤维束可以编织成各种形式的织物以形成预浸料。这些复合材料在湿热条件下显示出良好的性能保持率(见参考文献5.4.1.2(f))。长度从6～100mm的短切芳纶纤维均有供货。在汽车制动器和离合器衬片、垫圈和电气元件中,用较短的纤维来增强热固性、热塑性和弹性树脂。针刺毡和替代石棉应用的短纤纱由较长的切段纤维制成。一种独特的具有许多附着纤丝的非常短的纤维[2～4 mm(0.08～0.16 in)]也有供应(芳纶纸浆)。在石棉替代应用中,它可提供有效的增强。芳纶短纤维可加工成射流喷网纸和湿法成网纸,这些对表面网、薄印刷电路板和衬垫材料是很有用的。经由专门的混合方法和设备,可实现在树脂组分中均匀分散芳纶短纤维。由于芳纶纤维固有的韧性,需要特种工具切割纤维和加工芳纶复合材料。

5.4.1.3 玻璃

从早期伊特鲁里亚文明时代开始,已经制造出用于商业目的的各种形式玻璃。在17世纪初玻璃已作为结构材料推出;在20世纪,由于平板窗玻璃的技术完善而得到广泛应用。增强用途的玻璃纤维是替代金属的先驱,随着配方控制和熔融材料模制或坩埚拉成连续长丝技术的出现,使其既可民用也能军用。这些情况导致现今在航空航天和商业的高性能结构方面仍能大范围应用。

5.4.1.3.1 化学方面的说明

玻璃用最丰富自然资源之一——砂子为原料制取。或许除运输和熔化过程之外,它不依赖石油化学。对本手册而言,典型玻璃组成为:对电气/"E"级玻璃,成分是碱含量小于2%的钙铝硼硅酸盐;对耐化学的C玻璃,由钠钙-硼硅酸盐组成;对高强度S-2玻璃,成分是低碱镁铝硅酸盐(见表5.4.1.3.1)。在拉制工序过程中,表面处理(胶黏剂/上浆剂)可以直接涂敷于长丝上。在织造织物或"坯布成品"期间有机胶黏剂如淀粉油,用来提供最适宜的织造和纱束保护。然后洗涤和加热清除这些类型的胶黏剂,以便用偶联剂对织物表面进行处理或上浆来改善与树脂的相容性。(见图5.4.1.3.1)用于织物的这种工艺例外情况是在热处理或"焦糖化"时,淀粉转化成碳(0.2%～0.5%)。在长丝制造工序期间,玻璃纤维无捻粗纱产品(退捻的)类型纱经常用最终偶联剂直接表面处理。所以,产品将通过玻璃制造商的制品代号识别,而作为普通织物"坯布成品"形式的则不需要退浆工序。加热清除的产品也有供货,该产品实质上是纯玻璃。这些产品易遭受损伤,通常用于硅树脂层压板。另一种表面处理剂适用于加热清除、随后采用去除矿物质的水洗涤(中性pH)的产品上。对结构应用更通用的是偶联剂,这些偶联剂供标准有机聚合物使用。20世纪40年代推出了Volan① 表面处理剂。其后,出现了许多由各个公司指定的变种/改良产品。或许最认可的是Volan A。该表面处理剂用于聚酯、环氧和酚醛树脂,可提供良好的湿态和干态强度性能。在应用该表面处理剂之前,清洁(已洁化)的玻璃纤维用甲基丙烯酸氯化铬浸透,使表面处理剂的含铬量在0.03%～0.06%。该添加物在固化期间提高树脂的润湿能力。或许,已用于(然而并非限于)环氧更典型的是硅烷表面处理剂。制定配方首先是提高层压板润湿能力,有些还产生高的层压板透明度或在含水环境中有良好的复合材料性能。其他还可改善高压铺叠,或耐有害环境或化学试剂侵蚀。虽然其他的表面处理剂用于与除环氧外的基体材料结合,但

① E. I. Du Pont的命名。

表 5.4.1.3.1　玻璃纤维典型化学成分

	%(wt)	E-玻璃	S-2 玻璃(名义值)	H_R 玻璃(B)
二氧化硅(SiO_2)		52～56(A)	65	63.5～65.0
氧化铝(Al_2O_3)		12～16(A)	25	24.0～25.5
氧化硼(B_2O_3)		5～10(A)		
氧化钙(CaO)		16～25(A)		<0.5
氧化镁(MgO)		0～5(A)	10	9.5～10.5
氧化锂(Li_2O)				
氧化钾(K_2O)	O.C.	0.0～0.2		
氧化钠(Na_2O)	O.C.	0～2		
氧化钛(TiO_2)	O.C.	0～1.5		
氧化铈(CeO_2)				
氧化锆(Zr_2O_2)				
氧化铍(BeO)				
氧化铁(Fe_2O_3)	O.C.	0.0～0.8		
氟(F_2)	O.C.	0.0～0.1		
二氧化硫(SO_2)				
碱性氧化物	PPG	0.5～1.5		
氟化钙(CaF)	PPG	0.0～0.8		
表面处理剂/胶黏剂		0.5/3.0		

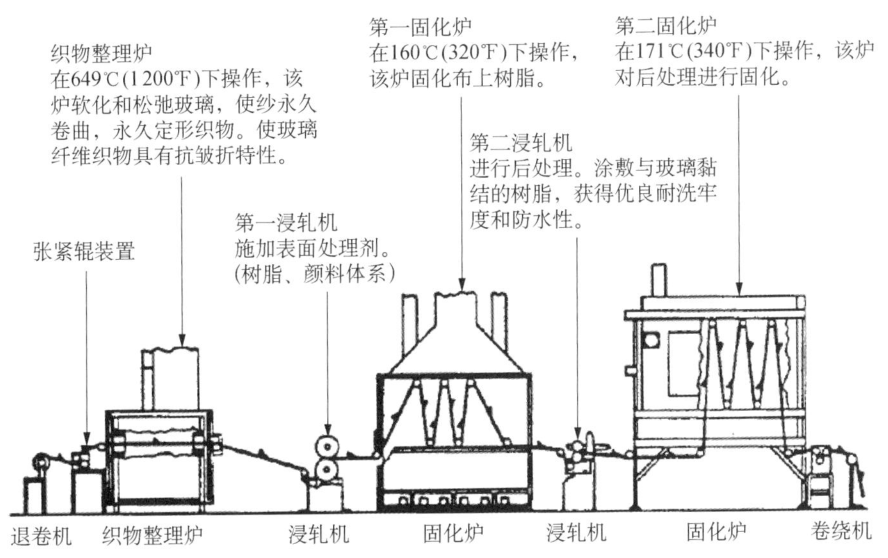

图 5.4.1.3.1　织物表面处理(见文献 5.4.1.3.1(c))

表面处理剂或许有专利配方或许是针对特殊玻璃制造商或织造商的不同名称，相信这些处理剂对树脂配料员（预浸料制造商）是容易得到的、并可判定相容性和最终使用目的。注意，非相容的表面处理剂特用于装饰用途。

5.4.1.3.2 能得到的物理形式

由于玻璃制品商业上大量应用，因而有许多适用的产品形式。就本手册的玻璃形式而言，将限于连续长丝产品形式。这些形式分成四大类，它们为连续无捻粗纱、织物或编织物用纱、毡和短切原丝（有关玻璃织物的信息见图 5.4.1.3.2 和 ASTM D 579，文献 5.4.1.3.2(a)，对织物的进一步讨论可在有关织物和预成形件的 5.5.1 节中查到）。各种物理表面处理和表面处理剂均有供货。大多数结构应用采用织物、无捻粗纱或转化成单向带的无捻粗纱。或许用于生产玻璃纤维产品的最通用纤维类型是“E”玻璃，“E”玻璃被确定为电气方面应用，该类型或等级的玻璃有八种以上标准的长丝直径供货，其范围从 3.5～13 μm(1.4～5.1 mil)（见参考文献 5.4.1.3.2(b)表 I，ASTM 规范 D 578）。这使得易于制造非常薄的产品形式。“S”玻璃表示高强度，S-2 玻璃只有一种长丝直径可供货，然而，这并不限制 S-2 玻璃基本结构织物形式的供货。虽然有更多“E”粗纱产品按支数供货，这没有明显地限制 S-2 型无捻粗纱产品或单向带的无捻粗纱使用。S-2 型无捻粗纱成品按照 500，1500 和 2500 m/kg(250，750 和 1250 yard/lb)支数供货。尽管粗纱布可认为是织物产品形式，应当指出它很重要的是军事应用。此外，还有应用于先进结构而受到称赞的玻璃纤维产品形式，这些应包括磨碎纤维和短切原丝。

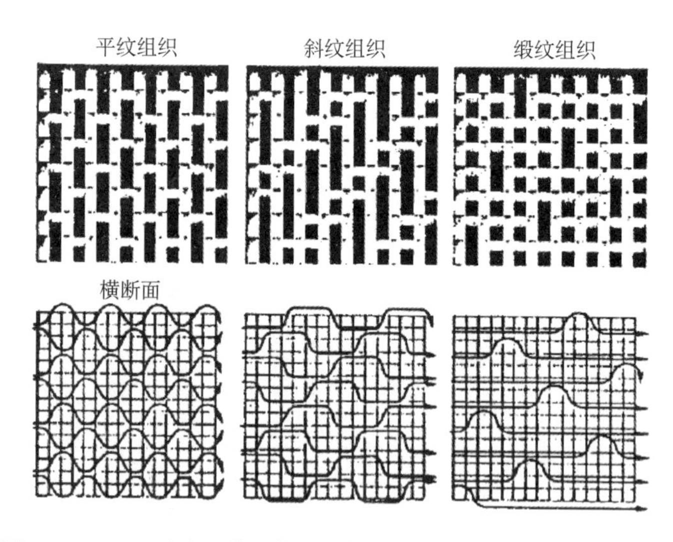

图 5.4.1.3.2 玻璃纤维织物的一般类型(参考文献 5.4.1.3.1(c))

5.4.1.3.3 优点和缺点

多年以来，玻璃纤维复合材料有显著的强度-重量比的优势。虽然快速发展的碳和芳纶纤维有着更强的优势，但是玻璃纤维复合材料产品在某些应用领域仍然占优势，例如单位重量或体积的成本、某些武器应用、耐化学试剂或电化腐蚀、电气性能和有许多产品形式供货等。与碳纤维复合材料相比，可能认为热膨胀系数和模量性能是典型的缺点。当与芳纶复合材料相比时，拉伸性能低是玻璃纤维复合材料的缺点，但极限压缩、剪切和吸湿性能是优势。

商用玻璃纤维制品是多种多样的，包括过滤装置、隔热和电绝缘、压力和液体容器、汽车的结构产品和游乐车。许多还用于军事以及航空航天工业产品，部分用途包括：石棉替代品、电路系统、光学装置、雷达天线罩、直升机旋翼桨叶和防弹应用。由于有许多产品形式，对制造结构的应用是没有限制的。与其他纤维相比如果有局限性的话，可以包括热和电传导率低，当与碳纤维相比时或许还包括熔化温度低。

玻璃纤维和用连续玻璃纤维增强的复合材料典型性能示于表 5.4.1.3.3(a)～(d)。

表 5.4.1.3.3(a)　典型的玻璃纤维电性能

	E	S-2	H_R
密度，g/cm^3 (lb/in^3)	2.59(0.094)	2.46(0.089)	2.49(0.090)
拉伸强度，MPa(ksi)	34450(500)	45818(665)	45818(665)
弹性模量，GPa(Msi)	72.35(10.5)	86.81(12.6)	86.81(12.6)
%极限伸长率	4.8	5.4	5.4
介电常数(23℃(73℉)1MHz 条件下)	6.3～6.7	4.9～5.3	无数据

表 5.4.1.3.3(b)　典型玻璃纤维热性能

	E	S-2	S_R
热膨胀系数，10^6 in/in/℉(m/m/℃)	2.8(5.1)	1.3(2.6)	
软化点℃(℉)	832(1530)	988(1810)	970(1778)
退火温度℃(℉)	654(1210)	821(1510)	810(1490)

表 5.4.1.3.3(c)　典型玻璃纤维耐腐蚀性(质量分数损失%)

液　体	E	S-2	S_R
10% H_2SO_4	42	6.8	无数据
10% HCL	43	4.4	无数据
10% HNO_3	43	3.8	无数据
H_2O(蒸馏水)	0.7	0.7	无数据
10% NaOH	29	66	无数据
10% KOH	23	66	无数据

条件：96℃(200℉)——浸一周

表 5.4.1.3.3(d) 典型固化的环氧/玻璃力学性能

E玻璃,织物7781类型	标准结构	两种目的结构/胶接
拉伸强度,MPa(ksi)	430(63)	330(48)
拉伸模量,GPa(Msi)	36(3.8)	19(2.8)
压缩强度,MPa(ksi)	410(60)	340(50)
压缩模量,GPa(Msi)	25(3.6)	22(3.2)
弯曲强度,MPa(ksi)	550(80)	450(65)
弯曲模量,GPa(Msi)	26(3.7)	23(3.3)
层间剪切,MPa(ksi)	18(2.6)	26(3.8)
夹层结构剥离,N/m(lbf/in)	N.A.(无数据)	3.4(30)
金属与金属剥离,N/m(lbf/in)	N.A.(无数据)	6.3(55)
密度,g/cm^3(lb/in^3)	1.8(0.065)	1.6(0.058)
固化后树脂含量,%(质量分数)	33	48

参考:织物 MIL-C-9084, VIIIB;
树脂 MIL-R-9300, TyI MIL-A-25463, TyI, C12。

卸货价格因产品形式和玻璃类型而不同。验证合格的一般支数"E"玻璃纤维无捻粗纱价格为每磅1.40美元。而验证合格的S-2型750支无捻粗纱平均每磅6.30美元。根据经验,以铁路车皮购买的无捻粗纱价格较低。根据织物和纤维类型,一般卸货织物价格也不同。"E"玻璃纤维120型织物平均每磅13.10美元。7781织物平均每磅4.35美元。S-2型6781类织物每磅为8.40美元。

5.4.1.3.4 普通制造方法与变量

常常把原始产品(和/添加剂)混合并预熔融成玻璃球。这种形式易于取样分析,但更重要的是提供一种给单个熔化炉自动化进料的原始产品形式。另一种方法是经由进料斗将干燥的原料直接送入配料罐。不论原始形式如何,物料送入炉内后,在约1500℃(2800℉)下变成熔融态。熔融物流到底板上,底板含具有许多小漏嘴的漏板,由这些漏嘴拉出单根长丝。某些情况下,对单个漏板加热,温度控制在0.6℃(<1℉)范围内。长丝的直径由熔融玻璃的黏度和拉出速度控制。当玻璃在周围环境条件下以长丝形式离开漏嘴时,迅速冷却或凝固,经常通过喷水及施加胶黏剂来加速冷却。聚集单根退捻长丝,并高速卷在管或"丝饼"上。有时纱束卷在管上后再施加表面处理剂,然后调态(干燥)。对本手册通用产品而言,纱束是C(连续)纤维,非"S"(短切)纤维。为了生产无捻粗纱,纱束要上线轴架、退绕和再集束形成丝束或多根退捻纱束(见表5.4.1.3.4(a))。重复集束或组合过程以形成所要求支数(码/每磅)的无捻粗纱。为了织物的纺织与编织,加捻纱束以形成纱(见表5.4.1.3.4(b))。单股纱由单纱束通过自捻制成,两股(以此类推)结构是两束纱束一起加捻产生单股纱,合股纱是将两股或多股纱捻在一起制成。常称加捻和合股为"捻丝工艺"。在许多的产品形式制造期间,在加工"C"纤维产品过程中的一个变量是所需的重复张力。使用的张力装置如:圆盘形或"锭盘式"、门式、张力杆或"S"

杆，以及由线轴架输送的调整辊。在加捻、合股、编织、整经、浆纱、截断和纺织区域，湿度是另一个需要控制的变量。保持相对湿度在 60%～70%的范围，这些操作变得更为方便。在玻璃纤维加工操作中，表面磨损是一个必须监控的因素。许多装置如：导纱眼、隔杆、辊筒等易受磨损件必须维护。磨损还会影响张力。这些接触装置是用不锈钢、镀铬物和陶瓷等材料制造的。

可在文献 5.4.1.3.4(a)-(c)中查到更多的信息。

表 5.4.1.3.4(a)　基本纱束纤维名称和纤维支数(参考文献 5.4.1.3(c))

长丝直径名称		纤维支数(号数)		
			英制单位	
SI/μm	英制单位(字母)	号数(TEX)/(g/km)	100 码克特支数/(cut/lb)	码/磅/(yd/lb)
5	D	11	450	45000
7	E	22	225	22500
9	G	733	150	15000
10	H	45	110	11000
13	K	66	75	7500

表 5.4.1.3.4(b)　典型纱名称(参考文献 5.4.1.3.1(c))

长丝名称	长丝名义直径/mm(in)	原丝支数/g/km(×100=yd/lb)	长丝大约根数
D	0.053(0.00021)	2.8(1800)	51
D	0.053(0.00021)	5.5(900)	102
B	0.0038(0.00015)	11(450)	408
D	0.053(0.00021)	11(450)	204
D	0.053(0.00021)	22(225)	408
E	0.0074(0.00029)	22(225)	204
B	0.0038(0.00015)	33(150)	1224
C	0.0048(0.00019)	33(150)	750
DE	0.0064(0.00025)	33(150)	408
G	0.0091(0.00036)	33(150)	204
H	0.011(0.00043)	45(110)	204
C	0.0048(0.00019)	66(75)	1500
DE	0.0064(0.00025)	66(75)	816
G	0.0091(0.00036)	66(75)	408
K	0.014(0.00053)	66(75)	204
H	0.011(0.00043)	90(55)	408
DE	0.0064(0.00025)	130(37)	1632
G	0.0091(0.00036)	130(37)	816

（续表）

长丝名称	长丝名义直径 /mm(in)	原丝支数 /g/km(×100=yd/lb)	长丝大约根数
K	0.014(0.00053)	130(37)	408
H	0.011(0.00043)	200(25)	816
K	0.014(0.00053)	275(18)	816
G	0.0091(0.00036)	330(15)	2052

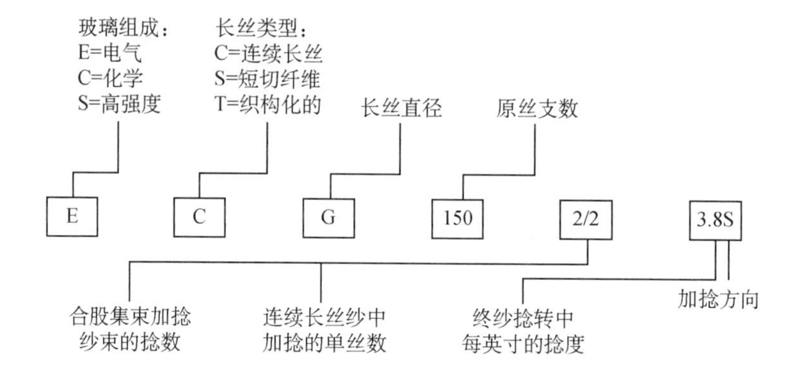

5.4.1.4　硼

基本的硼纤维是在炽热钨丝上沉积反应形成的，炽热钨丝通过一个含有 BCl_3 与 H_2 的反应装置连续拉出。钨丝载体也起反应在芯子中形成钨的硼化物。由于沉积硼的晶体结构尺寸小(20Å)，所以认为它是无定形的。硼纤维作为圆截面纤维以两种名义直径供货，即 0.10 和 0.14 mm(4 和 5.6 mil)，这两种纤维密度分别为 2.57 和 2.49 g/cm^3(0.0929 和 0.0900 lb/in^3)。纤维表面采用化学蚀刻可产生较高的强度，但该工艺未取得商业上应用。

硼纤维的强度、刚度和密度相结合起来是独一无二的。硼纤维的拉伸模量和强度为 40 GPa 和 3600 MPa(60×10^6 psi 和 0.52×10^6 psi)。导热性和热膨胀均较低，其热膨胀系数为 4.5～5.4×10^{-6}/℃(2.5～3.0×10^{-6}/℉)。典型的最终使用性能示于表 5.4.1.4。目前，硼纤维的成本比标准碳纤维大约高一个数量级。

表 5.4.1.4　单向硼/环氧层压板最终使用的典型性能(V_f=0.5)

		数　值/MPa(ksi)
模量		
	拉伸，纵向	207(30)
	拉伸，横向	19(2.7)
强度		
	拉伸，纵向	1323(192)
	拉伸，横向	72(10.4)
	压缩，横向	2432(353)

硼纤维几乎只以长丝或环氧基体预浸料形式供货，它已用作要求高强度及刚度的航空航天应用和体育用品中可供选择的增强材料。该纤维的使用最值得注意的是F-14和F-15军用飞机安定面盒段、B-1B轰炸机的机背纵梁和金属机体结构的修理。高模量(HM)或高强度(HS)碳/环氧的复合材料能够以更经济的价格与硼复合材料的拉伸模量或拉伸强度相当，但硼/环氧复合材料强度为碳复合材料的两倍。更多信息可在文献5.4.1.4(a)-(g)中查到。

5.4.1.5 氧化铝

连续多晶的氧化铝纤维是适合于包括塑料、金属和陶瓷等各种材料的理想增强材料。氧化铝纤维以含名义值200根长丝的连续纱形式制备。它以连续长丝纱线轴，和氧化铝/铝及氧化铝/镁板形式供应。氧化铝短切纤维也有供货，用作短纤维增强材料。

纯度超过99%的α氧化铝纤维具有极好的耐化学性，并且比含二氧化硅的陶瓷纤维具有更高的模量和耐温能力。其380 GPa(55 Msi)的高模量可与硼和碳纤维相比。其平均长丝拉伸强度最低为1.4 GPa(200 ksi)。氧化铝是一种良好的绝缘体，它可用于导电纤维不能应用之处。氧化铝的名义性能列于表5.4.1.5(a)，氧化铝的价格可与碳相竞争。

表5.4.1.5(a) 氧化铝的名义性能

成　分	>99%α-Al_2O_3	纤维/纱	200，名义
熔　点	2045℃(3713℉)	拉伸模量	385 GPa(55 Msi)
长丝直径	20 μm(0.8×10^{-3} in)	拉伸强度	1.4 GPa(200 ksi)最小
长度/质量	(约4.7 m/g)	密　度	3.9 g/cm^3(0.14 lb/in^3)

连续形式的氧化铝纤维对复合材料制造有许多优点，这些优点包括容易处理、能够按要求方向定位纤维，及能进行长丝缠绕等。氧化铝是一种电绝缘体并同时具有高模量和高压缩强度，使人们对将其用于聚合物基复合材料产生兴趣。例如：已经制成用氧化铝纤维增强的氧化铝/环氧和用芳纶纤维增强的芳纶/环氧混杂复合材料，并可考虑用于雷达透波结构、电路板和天线罩。单向复合材料的典型性能列于表5.4.1.5(b)。

表5.4.1.5(b) 氧化铝复合材料的名义性能(V_f为50%~55%)

模　量	
拉伸，轴向	210~220 GPa(30~32 Msi)
拉伸，横向	140~150 GPa(20~22 Msi)
剪　切	50 GPa(7 Msi)
强　度	

(续表)

拉伸，轴向		600 MPa(80 ksi)
拉伸，横向		130～210 MPa(26～30 ksi)
剪　切		85～120 GPa(12～17 ksi)
疲劳-轴向持久极限		在 75%极限静强度下 10^7 次(拉-拉，R=0.1，旋转弯曲)
平均热膨胀系数		20～400℃(68～750℉)
轴　向		7.2 μm/m·℃(4.0 μin/(in·℉))
横　向		20 μm/m·℃(11 μin/(in·℉))
导热系数	20～400℃(68～750℉)	38～50 J/m-s-℃(22～29 Btu/(h·ft·℉))
比热容	20～400℃(68～750℉)	0.8～0.5 J/g·℃(0.19～0.12 Btu/(lb·℉))
密　度		3.3 gm/cm^3(30.12 lb/in^3)

5.4.1.6 碳化硅

在 20 世纪 50 年代初期 Arthur D. Little 公司通过不同的生产方式首先生产了各种超级耐火纤维。这些方法主要基于：

(1) 用于多晶纤维工艺的蒸发法。

(2) 用于多晶纤维的 HITCO 连续工艺。

(3) 氧化铝单晶的气相沉积法(见参考文献 5.4.1.6(a))。

AVCO 公司在化学气相沉积法(CVD)类工艺方面的最新进展是：在高温下，载体丝经由玻璃管式反应器拉制。

碳化硅纤维以名义值为 140 μm(0.0055 in)直径的长丝形式生产，并表征发现具有高强度、模量和密度。纤维形式朝着增强铝或钛合金的纵向与横向两方面性能方向定向。也生产具有不同长度和直径的其他形式多晶纤维晶须(见参考文献 5.4.1.6(b))。

有几种描述材料形态的体系，由 Thibault 和 Lindquist 命名的 α 和 β 形式是最普遍的(参考文献 5.4.1.6(c))。

事实上目前生产的全部碳化硅单丝纤维均用作金属复合材料增强材料，也已生产了使用铝、钛和钼的合金(见参考文献 5.4.1.6(b))。

用于环氧、双酰亚胺和聚酰亚胺树脂的一般工艺可以是借助于溶剂或无溶剂的胶膜浸渍工艺，其固化周期与碳或玻璃纤维增强产品相当。有机基体碳化硅浸渍产品可用压机、热压罐或真空袋固化炉固化。在模具上进行铺贴的过程同碳或玻璃纤维复合材料产品一样，按部件制造要求采用吸胶、围挡和排气。采用为固化碳化硅产品中所选基体树脂的通用温度和压力范围，不会对纤维形态产生不利影响。

工程上提供高工作温度(超过 1450℃或 2640℉)的碳化硅陶瓷复合材料，有若干独特的热性能。总的耐热性由热导率、热膨胀、热冲击和蠕变阻抗确定。碳化硅陶瓷的热导率范围是：由室温下的 60 W/(m·K)到 800℃下的 48 W/(m·K)(室温下 0.12 Btu·in/(s·ft²·°F)～1470°F下的 0.09 Btu·in/(s·ft²·°F))。膨胀值范围以原来尺寸的百分数表示：从 200℃(390°F)下的 0.05[①] 到 800℃(1470°F)下的 0.30%。碳化硅陶瓷的蠕变阻抗将随晶粒内硅相百分数的增加而变化。通常，与氧化铝或氧化锆材料相比，其蠕变率极低。

碳化硅材料的力学性能示于表 5.4.1.6(a)。已有文献报道，用双扭转分析测得的断裂韧性 K_{Ic} 值范围，从单晶 SiC/Si 的 0.6 MPa·Jm[②](0.55 ksi Jm)到热压 SiC 陶瓷的 6.0 MPa Jm(5.5 ksi Jm)(见参考文献 5.4.1.6(g))。先进结构材料设计中应考虑耐腐蚀性，用各种无机酸进行基于腐蚀重量损失的评估，如表 5.4.1.6(b)所示。

目前，CVD 工艺纤维通常价格范围在每磅 100.00 美元左右，控制晶形需要增加费用(见参考文献 5.4.1.6(e))。

表 5.4.1.6(a)　碳化硅材料的性能

性　能	报告值		文献信息
	MPa	ksi	
弯曲强度	700～7000	100～1000	单晶，纯度 99%～+%[①]
	70～400	10～60	多晶材料，纯度 78%～99%，具有<12%的游离硅，烧结的[①]
	30～60	5～8	烧结的 SiC——石墨复合材料——环氧、酰亚胺、聚酰亚胺基体[②]
压缩强度	3000～7000	500～1000	单晶，纯度 99%～+%[①]
	70～170	10～25	多晶材料，纯度 78%～99%，具有<12%的游离硅，烧结的[②]
	97～400	14～60	烧结的 SiC——石墨复合材料——环氧、酰亚胺、聚酰亚胺基体[②]
拉伸强度	－140	－20	单晶，纯度 99%～+%[①]
	30～140	5～20	多晶材料，纯度 78%～99%，具有<12%的游离硅，烧结的[②]
	17～170	2.5～25	烧结的 SiC——石墨复合材料——环氧、酰亚胺、聚酰亚胺基体[②]
弹性模量	～66	～9.5	单晶，纯度 99%～+%[①]
	～48	～7.0	多晶材料，纯度 78%～99%，具有<12%的游离硅，烧结的[②]

① 参考文献 2.4.1.6(b)。
② 参考文献 2.4.1.6(d)。

---

① 疑为 0.05%——译者注。
② 单位有误——译者注。

表 5.4.1.6(b) 在 100℃(212℉)条件下腐蚀质量损失(参考文献 5.4.1.6(e))

试验试剂	Si/SiC 复合材料,12%Si mg/(cm² · yr)	SiC-无游离 Si mg/(cm² · yr)
98%硫酸	55	1.8
50%氢氧化钠	数天内完全	2.5
53%氢氟酸	7.9	<0.2
70%硝酸	0.5	<0.2
25%盐酸	0.9	<0.2

5.4.1.7 石英

石英纤维是非常纯的(99.95%)熔凝硅石玻璃纤维。典型的纤维性能示于表 5.4.1.7(a)。石英纤维连续纱束由名义直径 9 μm 的 120 或 240 根单丝组成。将这些单股纱束加捻与合股形成更粗的纱。石英纤维通常涂有含硅烷偶联剂的有机胶黏剂,该硅烷偶联剂与许多树脂体系是相容的。无捻粗纱的纱束被合并成多股未加捻纱束。这些纱束表面用与许多树脂相容的“直接上浆剂”涂敷。机织织物可能用作织物或可能被“净化”(洗涤)以除去不起作用的胶黏剂和某些(但并非全部)硅烷偶联剂的成分。在净化后,织物可用与具体树脂相容的各种硅烷偶联剂表面处理剂处理。

表 5.4.1.7(a) 石英纤维的性能

比　重	2.20
密　度,g/cm³(lb/in³)	2.20(0.0795)
拉伸强度	
单　丝,GPa(ksi)	6.0(870)
无捻粗纱,ASTM D2343 浸渍的纱束试验—宇航石英 II 9779,GPa(ksi)	3.6(530.5)
模　量,GPa(Msi)	72.0(10.0)
伸长率,%,单丝拉伸强度×100/模量	8.7
热	
膨胀系数,10^{-6}cm/(cm · ℃)(10^{-6}in/(in · ℉))	0.54(0.3)
热导率,W/m · K(Btu/(h · ft · ℉))(Btu/(h · ft² · in/℉))	1.362(0.80)(9.5)
比热容,J/kg · K(Btu/(lb · ℉))	7500(1.8)
电	
介电常数,10GHz, 24℃(75℉)	3.78
损耗因数,10GHz, 24℃(75℉)	0.0001

除了玻璃成分用字母 Q 标明外,石英纤维命名法与 E 或 S 玻璃纤维相同,如表 5.4.1.7(b)所示。一般用途的石英织物列于表 5.4.1.7(c)。石英无捻粗纱为连续增强材料,是由若干 3002/0 的零捻度纱束组合形成。8, 12 和 20 的单丝支数是有供货的,其支数为 264~660 g/km(750~1875 yard/lb)。以短切纤维形式、切段

表 5.4.1.7(b)　石英连续纱束

纱束号数	长丝数	纱束支数		长丝直径	
		g/km	yd/lb	μm	10^{-5} in
QCG300 1/0	119(a)	6.5	30000	1.1	45
QCG300 2/0	240(b)	33	15000	0.89	35
QCG300 1/2	240(a)	33	15000	0.89	35
QCG300 2/2	480(a)	66	7500	0.89	35
QCG300 2/8	1920(a)	264	1875	0.89	35

(a) 用作织物纱
(b) 用作无捻粗纱与织物纱。

表 5.4.1.7(c)　航空航天应用的机织织物结构

类型	支数	经纬	纬纱	织纹	重量 Oz/Sq. Yd.
503	50×50	300 1/2	300 1/2	平纹	3.5
507	27×25	300 1/2	300 1/2	平纹	2.0
525	50×50	300 1/0	300 1/0	平纹	2.0
527	42×32	300 2/2	300 2/2	平纹	5.6
531	68×65	300 1/2	300 1/2	8HS	5.1
557	57×31	300 2/2	300 1/0	四经破缎纹	5.0
570	38×24	300 2/8	300 2/8	5HS	19.3
572	17×16	300 2/8	300 2/8	平纹	9.9
581	57×54	300 2/2	300 2/2	8HS	8.4
593	49×46	300 2/2	300 2/2	5HS	7.5

长度 3～50 mm($\frac{1}{8}$～2 in)的石英纤维也是有供货的。

长丝拉伸强度为 5900 MPa(850 ksi)的石英纤维具有最高的强度-重量比，几乎超过所有其他的高温材料。石英纤维能在比“E”玻璃或“S”玻璃纤维高得多的温度条件下使用，其工作温度高达 1050℃(1920℉)。除非温度超过 1650℃(3000℉)，石英纤维是不会熔融或蒸发，有可能用作烧蚀材料。此外，这些纤维几乎保持固体石英的全部特点与性能。

石英纤维在化学上是稳定的。除氢氟酸和热磷酸外，石英纤维不受卤素或液态或气态普通酸的影响。石英纤维不应在高浓度强碱的环境下使用。

在与某些基体体系复合时，由于石英纤维的高电阻性能，在隐身应用方面具有潜在的优势。石英不会形成顺磁中心，在高能应用中也不会俘获中子。这些纤维具有低的介电常数和损耗因数，作为电绝缘材料提供极好性能。石英纤维与三种不同聚合物基体体系相复合的典型性能示于表 5.4.1.7(d)～(f)。与“E”或“S-2”玻璃产品相比，石英产品比较昂贵，其价格范围从每磅 \$45～\$150。更多的信息可在文献 5.4.1.7 中查到。

表 5.4.1.7(d) 石英/环氧的典型性能

性 能	室 温		在 180℃(350℉)下 $\frac{1}{2}$ h	
	国际单位	英制单位	国际单位	英制单位
拉伸强度(MPa, ksi)	516～717	74.9～104	451～636	65.4～92.2
拉伸模量(GPa, Msi)	21.7～28.2	3.14～4.09	19.5～25.3	2.83～3.67
弯曲强度(MPa, ksi)	658～682	95.5～98.9	372～523	53.9～75.9
弯曲模量(GPa, Msi)	22.5～23.8	3.27～3.46	19.2～21.2	2.78～3.08
压缩强度(MPa, ksi)	458～499	66.4～72.4	294～344	42.6～49.9
压缩模量(GPa, Msi)	23.6～25.9	3.43～3.75	21.4～23.4	3.10～3.40
层压板树脂含量(%质量分数)	33.5～32.0			
密度(g/cm^3)	1.73～1.77			

表 5.4.1.7(e) 石英/增韧环氧的典型性能

性 能	室 温		82℃(180℉)	
	国际单位	英制单位	国际单位	英制单位
弯曲强度(MPa, ksi)	889	129.0	770	111.7
弯曲模量(GPa, Msi)	27.6	4.0	26.9	3.9
压缩强度(MPa, ksi)	608	88.2	534	77.5
压缩强度,湿态(MPa, ksi)	528	76.6	488	70.8
压缩模量(GPa, Msi)	29.0	4.2	26.2	3.8
压缩模量,湿态(GPa, Msi)	25.5	3.7	27.6	4.0
短梁强度(MPa, ksi)	91.0	13.2	81.4	11.8
短梁强度,湿态(MPa, ksi)	63.4	9.2	64.1	9.3
树脂含量(%质量分数)	32.0			
铺层厚度(mm,in)	0.23	0.009		

表 5.4.1.7(f) 石英/聚酰亚胺的典型性能

性 能	室 温		在 177℃(350℉)下 $\frac{1}{2}$ h	
	国际单位	英制单位	国际单位	英制单位
拉伸强度(MPa, ksi)	545～724	79.1～105		
拉伸模量(GPa, Msi)	27	3.9		
弯曲强度(MPa, ksi)	646～703	93.7～102	430～471	62.4～68.3
弯曲模量(GPa, Msi)	22	3.2	18～19	2.6～2.8
压缩强度(MPa, ksi)	462～465	67.0～67.4	266～312	38.6～45.2
压缩模量(GPa, Msi)	24～26	3.5～3.7	19	2.8
层压板树脂含量(%质量分数)	36.2～36.2			

5.4.1.8　超高分子量聚乙烯

材料说明

超高分子量聚乙烯纤维(UHMWPE)是一种高性能纤维的通用名称,今天众所周知的名称是 Spectra,是由 UHMWPE 的主要销售者 Allied Signal Inc 命名的。非定向 UHMWPE 在 20 世纪 50 年代中期首次人工合成。美国和欧洲的若干学术和商业机构研究开发了定向 UHMWPE 纤维。Allied 在 70 年代开发了 Spectra 纤维,1985 年首次作为一种商业产品提供。

"超高分子量"普遍可接受的定义是分子量大于 3 000 000。聚乙烯的性能强烈地依赖分子量和支化程度。UHMWPE 纤维是一种线性聚合物,分子量一般在 3 000 000 和 6 000 000 之间变化。该纤维高度轴向定向,并且是链形成的高度晶体结构(在 95%~99%之间),但结晶性不是热塑性塑料中一般具有的折叠链形式,其链是全部伸展的(见图 5.4.1.8(a))。

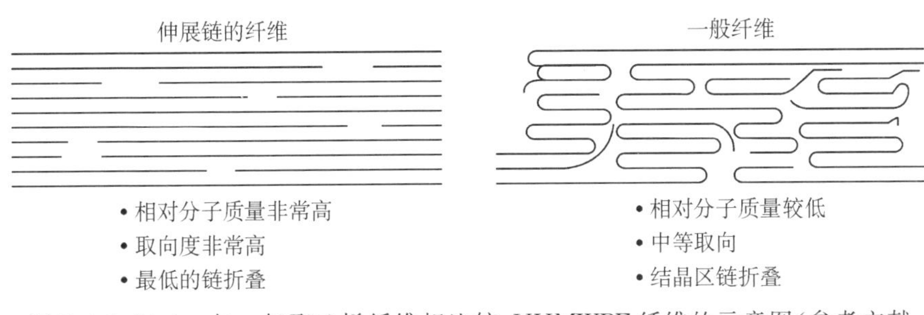

图 5.4.1.8(a)　与一般聚乙烯纤维相比较,UHMWPE 纤维的示意图(参考文献 5.4.1.8(a))

纤维通过为解开聚合物链而溶解聚合物的凝胶纺丝工艺形成。由溶液拉伸出纤维,纤维分子沿轴向极其高度取向。与其他高性能纤维相比(一般芳纶直径为 12 μm; S-2 玻璃为 7 μm;碳纤维为 7 μm),所生产的纤维直径相当大,为 27 μm (对 Spectra® 1000)。

与其他高性能纤维相比,UHMWPE 的成本是有竞争能力的,范围从低性能、高旦尼尔的 Spectra® 900 产品的 $16/lb 到高性能、低旦尼尔的 Spectra® 1000 的 $80/lb。

优点和局限性

UHMWPE 的主要缺点是温度性能较差,该纤维熔点是 149℃(300℉),一般最高使用温度为 110℃(230℉)。把 UHMWPE 与热固性基体复合,通过固化、后固化及模压形成复合材料时必须考虑温度因素。UHMWPE 加工极限上限(121℃(250℉))与许多商用结构树脂体系的推荐固化温度相一致,但不能用于 177℃(350℉)固化。由于加工温度高,实际上在高性能热塑性基体中不能使用 UHMWPE。

即使在室温下,蠕变也是一个问题[见图 5.4.1.8(b)]。由于这个缘故,对长期恒载应用的设计应仔细考虑,高温下承载会导致严重的蠕变问题。

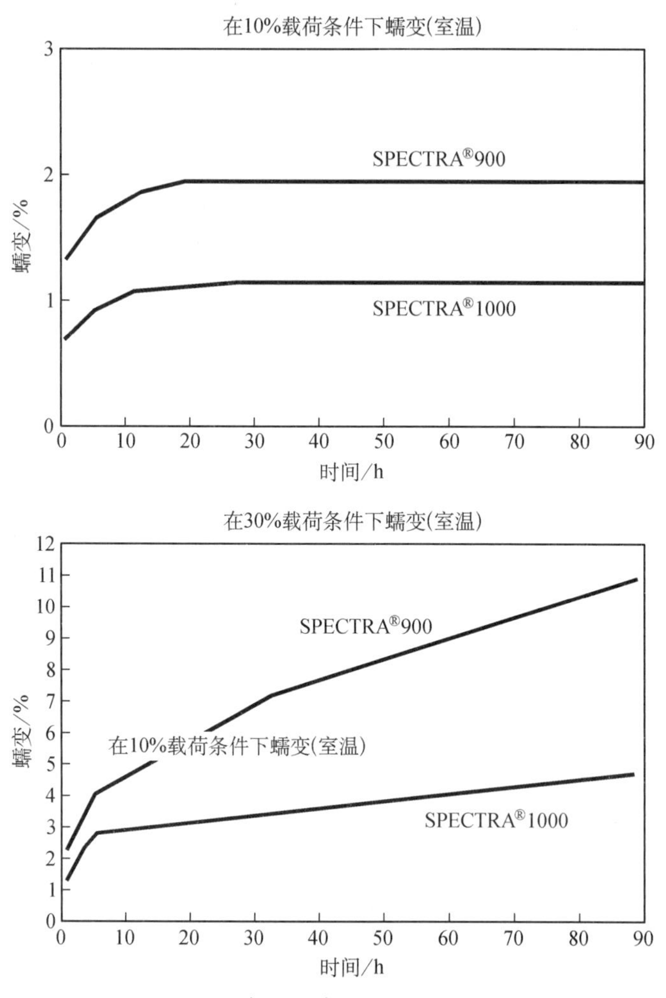

图 5.4.1.8(b) 在 10%与 30%载荷条件下，Spectra 纤维的室温蠕变性能(见参考文献 5.4.1.8(a))

在用于复合材料时，UHMWPE 与大多数基体树脂胶接性能差。这是由于它的化学惰性和不良的润湿性(低表面能)。为了改善胶接，常用气体等离子处理来改进纤维表面以使其与各种树脂相容。

虽然 UHMWPE 有严重的温度和蠕变局限性，但是仍然有许多应用。即使在低温下仍有优良的冲击强度，再加上比芳纶减重 33%，使其在温度要求不高的应用中是一种不错的选择。

防弹是它的主要用途之一。在防弹应用方面，这种纤维在商业上是成功的，尤其是在军队和执法人员的轻质护身装甲和防暴盾牌方面的应用。美国军队正研究把 UHMWPE 作为芳纶替代物来制造标准的士兵头盔。其他两种防弹应用是陆上车辆防地雷装甲和飞机的超轻质装甲。例如，按空军特殊作战指令飞行的AC-130H幽灵武装直升机，使用UHMWPE装甲作为低空(150 m(500 ft))飞行攻击模式要求。

UHMWPE也用于雷达天线罩，这类部件利用其低介电常数(2.2)和低损耗因数(0.0002)方面的优点。其他应用包括抗割裂的织物、重型起动设备荷重电缆、雪和水滑板及其他体育用品，以及高耐磨性应用。

用UHMWPE纤维增强的复合材料，其力学性能通常是非常良好的。拉伸强度与模量、伸长率和韧性比其他类型纤维要好，尤其是在以重量为基准时(虽然压缩和剪切性能不可这样去比较)。

UHMWPE是一种疏水材料，并且非常耐湿。事实上，除其不良的高温性能外，UHMWPE能很好经受住长时间日光暴晒的环境。UHMWPE具有优越的耐溶剂性(化学惰性)，甚至耐强酸和碱。在普通溶剂如水、汽油、液压油和清洗溶剂中，其稳定性是杰出的。该纤维也显示出良好的耐磨性和自润滑的性能。

在高性能纤维之中，只有UHMWPE才能浮在水上。迄今为止在4种普通高性能纤维中，密度为0.97 g/cm^3(0.035 lb/in^3)的UHMWPE是最轻的(芳纶密度是1.4 g/cm^3(0.051 lb/in^3))；碳是1.8 g/cm^3(0.065 lb/in^3)；S-2玻璃是2.5 g/cm^3(0.091 lb/in^3))。UHMWPE经常与芳纶纤维相比较，该纤维的强度和模量与芳纶大约相同，但由于较低的密度使其比强度和比模量更高，以重量为基准几乎与今天的高模量碳纤维一样。

若无专用设备，对UHMWPE很难进行机械加工。通常，除了由于它的低熔融温度，UHMWPE可以用热切刀切割之外，UHMWPE机加要求与芳纶相同。表5.4.1.8列出两个等级Spectra纤维的一些主要性能。在文献5.4.1.8(b)-(e)中可以查到更多的信息。

表5.4.1.8 Spectra® 900和Spectra® 1000纤维的性能(参考文献5.4.1.8(a))

性 能	Spectra® 900	Spectra® 1000
纤维直径/μm(mil)	38(1.5)	27(1.1)
密度/[g/cm^3(lb/in^3)]	0.97(0.035)	0.97(0.035)
拉伸强度/MPa(ksi)	2.58(375)	3.00(435)
拉伸模量/MPa(Msi)	120(17.4)	171(24.8)
比拉伸强度/M·m(M·in)	0.272(10.7)	0.315(12.4)
比拉伸模量/M·m(M·in)	12.3(486)	18.1(714)
伸长率/%	3.5	2.7
介电常数	2.2	2.2
损耗因数	0.0002	0.0002

5.4.2 树脂

5.4.2.1 概述

树脂是一个通用术语，用于表示聚合物、聚合物原丝材料和/或混合物或其中含有各种添加剂或化学反应成分的配方。树脂的化学组成和物理性能从根本上影响着复合材料的工艺、制造和最终性能。树脂化学组成、物理状态或形态方面的变化，以及树脂中存在杂质或污染物会影响操作及加工性能、单层/层压板性能和复合材料性能与长期耐久性。本节描述用于聚合物基复合材料和胶黏剂中的树脂材料，并且考虑树脂化学和组分变化可能的来源和后果，以及杂质与污染物对树脂加工性能和树脂及复合材料性能的影响。

5.4.2.2 环氧

术语环氧是对分子含有环氧基团的聚合物族的概括描述。一个环氧基团是一个环氧乙烷结构，具有一个氧原子和两个碳原子的三元环。环氧是含一个或多个环氧基团，可通过与胺、酸、酰胺、醇、酚、酸酐或硫醇等反应固化的可聚合的热固性树脂。该聚合物以各种黏度从液体到固体都有供货。

环氧树脂广泛用作预浸料的树脂和结构胶黏剂。环氧树脂的优点是强度和模量高、挥发分低、优良的胶接性、低收缩率、良好的耐化学性和易于加工成形。其主要缺点是脆性和吸湿后性能下降。环氧树脂的加工或固化比聚酯树脂慢，该树脂的价格也高于聚酯树脂。加工成形技术包括热压罐成形、长丝缠绕、压机成形、真空袋成形、树脂传递模塑和拉挤。固化温度从室温至180℃(350℉)。最常用的固化温度范围在120℃与180℃(250℉与350℉)之间。固化后结构的使用温度也随固化温度而变。固化温度高通常耐温性也较高。一般考虑固化压力为低压成形，压力从真空到大约700 kPa(100 psi)。

5.4.2.3 聚酯(热固性)

热固性聚酯树脂是指邻苯二甲酸聚酯树脂或间苯二甲酸聚酯树脂的通用术语。聚酯树脂是比较便宜和快速成形的树脂，一般用于低成本应用。与某些填料复合，在电弧和漏电条件下呈现抗击穿性。间苯二甲酸聚酯树脂呈现较高的热稳定性、尺寸稳定性和抗蠕变性。通常，对纤维增强树脂体系，聚酯的优点是成本低和能快速成形。

纤维增强聚酯可用许多方法成形。普通的成形方法包括金属对模成形、湿法铺贴、压制(真空袋)成形、注射成形、长丝缠绕、拉挤和热压罐成形。在热固性成形过程中，聚酯比酚醛更快固化。例如，酚醛成形取决于时间/温度关系，而聚酯成形主要取决于温度。根据配方不同，聚酯可在室温至180℃(350℉)条件下成形。若采用适合的温度，将发生快速固化。无足够热量，该树脂/催化剂体系会保持塑性状态。与环氧相比，聚酯成形较易且韧性较高；而酚醛则较难成形且脆，但具有较高的使用温度。

5.4.2.4 酚醛

20世纪初苯酚-甲醛树脂及其直系前驱体首次商业化生产投入市场。在20世纪20—30年代脲甲醛和三聚氰胺-甲醛作为低温度使用的更便宜的替代品问世。通常,酚醛树脂通过缩聚方法固化,伴随有水气排出。所得基体的特点在于耐化学和耐热性以及高硬度、低烟和低毒性降解产物。

酚醛聚合物经常称作可熔(甲阶)酚醛树脂或线性酚醛树脂,其取决于在碱性催化剂时过量甲醛与酚反应的缩聚物(可熔酚醛树脂),或在酸性催化剂时过量酚与甲醛反应的缩聚物(线性酚醛树脂)。可熔酚醛树脂与线性酚醛树脂之间基本区别是:在线性酚醛树脂中没有羟甲基基团,由此需要延伸剂,如多聚甲醛、六亚甲基四胺或补充的甲醛作为固化剂。这些树脂比任何一种母体材料都具有较高分子量和黏度,因此,它们是成形独特构造和复杂曲率零件的最理想的材料。该树脂允许压制或热压罐固化,并允许自由状态较高温度的后固化。

5.4.2.4.1 可熔酚醛树脂

苯酚和过量甲醛在碱性条件下的反应,生成低分子量预聚物,这种预聚物可溶于碱并含有大量羟甲基($—CH_2OH$)。这些预聚物加工到可使用的黏度(已凝酚醛树脂),然后固化成高交联密度难加工的固体,水分作为挥发物损失(按重量计算差不多是树脂的10%~12%)。

5.4.2.4.2 线性酚醛树脂

第二种酚醛树脂是存在酸催化剂时由过量苯酚与甲醛反应生成。这些预聚物树脂是低分子量材料的复杂混合物,微溶于酸并在芳环的邻位、对位和邻-对位位置上显示无规的亚甲基($—CH_2$)。除非大量过剩的苯酚存在,该材料将形成不熔的树脂。用于调节加工黏度的过量苯酚能够按照应用需求变化。水和甲醛都是挥发性产物。

5.4.2.5 双马来酰亚胺

双马来酰亚胺是一种热固性树脂,仅最近才有以预浸带、织物、粗纱和片状模塑料(SMC)等形式供货。如同术语所表示的,双马来酰亚胺树脂是由二胺和顺丁烯二酸酐生成的马来酰亚胺。典型的二胺是芳香族胺,到目前为止最普遍的是二苯氨基甲烷(MDA)。

双马来酰亚胺通过均聚合或通过与二胺、环氧或单一的或混合的不饱和化合物聚合形成有用的聚合物。各类材料像烯丙基、乙烯基、丙烯酸酯、环氧、聚酯及酚醛类活性稀释剂和树脂可用于改进双马来酰亚胺体系的性能。然而,为了得到有用的聚合物,需注意特定的组分。

双马来酰亚胺树脂的物理形态取决于最终应用的要求。其形态能从固体变化到室温下可浇注的液体。用于航空航天预浸料,需要黏性树脂来得到有专利的特殊配方。

对双马来酰亚胺树脂(BMI树脂)谈论最多的是与环氧树脂相比的优点。新出现的数据表明 BMI 是在电子和航空工业方面广泛应用的多用途树脂。与环氧树脂相比的主要优点是其较高的玻璃化转变温度，可高达 260～320℃(500～600℉)。高温环氧树脂的玻璃化转变温度通常低于 260℃(500℉)。BMI 树脂的第二个优点是高使用温度下的高伸长率。用氨苯砜(DDS)固化的高温环氧树脂具有大约 1%的伸长率，而 BMI 可能具有 2%～3%的伸长率。因此，双马来酰亚胺树脂具有更高的耐温能力和更高的韧性，能在大气环境和高温条件下提供优良的性能。

双马来酰亚胺树脂成形工艺基本上与环氧树脂类似。BMI 树脂还适合于标准的热压罐成形法、注射模塑法、树脂传递模塑和 SMC(片状模塑料)。除了更高使用温度时需要进行自由状态后固化外，BMI 的成形时间类似于环氧。仅有的局限性是尚未开发出室温固化的 BMI。

目前，BMI 的成本一般比高温环氧要高。双马来酰亚胺树脂的主要缺点是它们近来才有商业推介，使得很少有文献来源或权威性评述。另外，与 BMI 的种类一样，供应商很少。后面的缺点可通过其广泛适用的共聚单体进行部分补偿。

5.4.2.6 聚酰亚胺

聚酰亚胺树脂系列包括多种聚合物，所有这些聚合物都含有芳香杂环结构。5.4.2.5 节中讨论的双马来酰亚胺是该系列的一个分支。其他聚酰亚胺是由各种环酐或其二酸衍生物通过与二胺反应合成的。此反应生成聚酰胺酸，该聚酰胺酸通过除去水和/或乙醇进行缩聚。

在高温环境下，聚酰亚胺基复合材料性能优异，其耐热性、氧化稳定性、低热膨胀系数和耐溶剂性对设计十分有用。其主要用途是电路板和工作温度高的发动机和航空航天结构。

聚酰亚胺可以是热固性树脂也可以是热塑性树脂。热塑性树脂品种在 5.4.2.7.2 节中讨论。热固性聚酰亚胺特性是具有可交联的封端和/或刚性聚合物主链。在零件成形过程中若后固化温度足够高，一些热塑性聚酰亚胺可能变成热固性聚合物。另一方面，含残余增塑溶剂部分固化的热固性聚酰亚胺可能显示出热塑性行为。因此，很难肯定地说一种具体的聚酰亚胺确实是热固性的还是热塑性树脂。所以，聚酰亚胺代表这两类聚合物之间的过渡。

聚酰亚胺性能，如韧性和耐热性受交联和链延长程度影响。分子量和交联密度由具体的封端基团和酸酐:胺混合物的化学计量法确定，该混合物通过逐步链增长产生聚酰胺酸，然后通过连续热固化循环形成最终聚合物结构。树脂配方中所选溶剂对交联和链延长有重要影响。如 *N*-甲基 2-吡咯烷酮(NMP)这样的溶剂，在形成相当大的交联网络之前，通过提高树脂流动、链迁移率和相对分子质量促进链延长。从实际出发，这些溶剂有益于聚合作用，但由于它们有引起分层的趋势，对零件制造是有害的。

大多数聚酰亚胺树脂单体是粉末状的，但某些双马来酰亚胺是例外。因而也将溶剂加到树脂中，使其能够浸渍单向纤维和机织织物。通常，按重量计算 50∶50 的混合物用于织物，按重量计算 90∶10 高含固量的混合物用来生产单向纤维和低单位面积重量预浸织物用的薄膜。溶剂进一步用于控制预浸料质量，如黏性和铺覆性。浸渍期间，通过干燥过程除去大多数溶剂，但预浸料总挥发分含量按重量计算一般介于 2%～8%之间。该含量包括所有的挥发分，其中包括缩聚固化反应所产生的挥发分。

聚酰亚胺需要很高的固化温度，通常超过 290℃（550℉）。因此，不能使用环氧树脂复合材料常用的耗材，并且必须使用钢模具。聚酰亚胺采用真空袋材料和隔离薄膜，如 Kapton 和 Upilex，以替代环氧复合材料成形常用的低成本尼龙真空袋材料和聚四氟乙烯（PTFE）隔离薄膜，并必须用玻璃纤维织物代替聚酯毡作为吸胶和透气材料。

5.4.2.7　热塑性材料

5.4.2.7.1　半结晶

半结晶热塑性塑料之所以如此取名，是因为它们体内含有一定数量的晶体形态。剩余的体积具有无规分子定向称为无定形，此名赋予不含晶体结构的热塑性塑料。变成晶体的体积含量取决于聚合物，例如低密度聚乙烯，晶体可能高达 70%（见参考文献 5.4.2.7.1(a)）。半结晶热塑性塑料通过其分子形成三维有序排列的能力来表征（见参考文献 5.4.2.7.1(b)）。这与无定形聚合物相反，无定形聚合物不含有序结晶结构的分子。部分半结晶热塑性塑料包括：聚乙烯、聚丙烯、聚酰胺、聚苯硫醚、聚醚醚酮、（聚醚酮）和聚芳酮。

半结晶热塑性塑料可转变成几种物理形式，包括薄膜、粉末和长丝。与增强纤维结合，可以注塑混合物、可压塑无规片材、单向带、纱预浸料和织物预浸料供货。浸渍的纤维包括碳、镀镍碳、芳纶、玻璃、石英及其他纤维。

在注射模塑工业中，短纤维增强半结晶热塑性塑料的应用已超过二十多年。固有的加工速度、生产复杂精细零件的能力、优良的热稳定性和耐腐蚀性使它们在汽车、电子和化学制造工业中确立了地位（见参考文献 5.4.2.7.1(c)）。

连续长纤维与高性能半结晶热塑性塑料结合是一项最新的进展，这些复合材料与现有材料相比已显示出了若干优点。材料的化学稳定性提供了无限储存期，避免了适用期及需要冷贮存的问题。半结晶材料通常比无定形聚合物具有更好的耐腐蚀性和耐溶剂性，在某些情况下超过了热固性材料（见参考文献 5.4.2.7.1(c)），其耐腐蚀性在化学加工工业设备方面得到了利用。结晶结构的另一个优点是在高于材料玻璃化转变温度（T_g）时的性能保持率，这些材料可以在高于 T_g 的温度下应用，但取决于加载要求，应用实例如油田井下抽油杆导杆（见参考文献 5.4.2.7.1(d)）。

某些半结晶热塑性塑料具有固有的阻燃性、优越的韧性、在高温下与冲击后良好的力学性能及低吸湿性，这些使其在航空航天的次要和主结构件中获得应用（见参考文献 5.4.2.7.1(e)-(f)）。固有的阻燃性使这些材料成为飞机内部、船舶和潜艇应用的理想候选材料；优越的韧性使其成为对冲击损伤阻抗有要求的飞机前缘和舱门的候选材料(见参考文献 5.4.2.7.1(g));低吸湿性与低渗气性已在空间结构上引起了兴趣,而湿膨胀是它的一个问题(见参考文献 5.4.2.7.1(h));另外,镀镍碳纤维/热塑性塑料体系正在 EMI(电磁干扰)屏蔽应用方面找到应用。

半结晶热塑性复合材料的主要缺点是缺少设计数据库、0°压缩性能比 180℃(350℉)环氧体系低和抗蠕变性能(见参考文献 5.4.2.7.1(c))。半结晶热塑性塑料的抗蠕变性优于无定形热塑性塑料,层压板纤维方向上的抗蠕变性并不是问题。

成形速度是热塑性塑料材料的主要优点。在成形过程中不会发生材料的化学固化,因此,与热固性复合材料相比经历的周期时间少(见参考文献 5.4.2.7.1(i)和(j))。然而,热塑性预浸料通常比较僵硬,不具有热固性预浸料的黏性与铺覆性。供货形式包括交织在一起的热塑性塑料与增强纤维,称为可铺覆的混合片。目前高性能工程热塑性塑料的价格略高于同样性能的环氧材料,而且模具成本更高。但是,由于减少成形时间,可以降低最终零件成本。成形后或再加工模塑零件的能力也可节约成本。

有许多方法和技术适用于半结晶热塑性塑料的成形,包括冲压模塑、热成形、热压罐成形、隔膜法成形、滚压成形、纤维缠绕和拉挤成形。半结晶热塑性塑料与无定形热塑性塑料的不同在于,根据成形过程中材料的时间/温度历程其形态会变化,因此,可以通过控制冷却速度控制结晶度。为了得到更高的性能,该材料必须在高于其熔融温度下加工成形,要求温度范围为 260～370℃(500～700℉)。由于成形温度高,应该解决模具和热塑性材料之间的热膨胀差异问题。实际需要的压力随工艺而变,但对冲压模制可能高达 34 MPa(5000 psi),而对热成形则可低至 0.7 MPa(100 psi)。一旦成形,半结晶热塑性塑料能采用各种方法接合,包括超声波焊接、红外线加热、振动、热空气和气体、电阻加热和传统的胶黏剂。

5.4.2.7.2 无定形

大多数热塑性聚合物由无规取向的分子组成,并称为无定形。因为分子是不均衡的或由具有大侧基的单元组成,所以分子本身不能按有序方式排列。相反,半结晶热塑性塑料含有形成有序三维排列的分子(见参考文献 5.4.2.7.1(b))。一些无定形热塑性塑料包括聚砜、聚酰胺-酰亚胺、聚苯砜、聚苯基硫醚砜、聚醚砜、聚苯乙烯、聚醚酰亚胺和聚芳酯。

无定形热塑性塑料以几种物理形式供货,包括薄膜、长丝和粉料。在与增强纤维结合时,它们也是以注塑混合物、压缩的可模制的无规片材、单向带、织物预浸料等供货的。所用的纤维主要是碳、芳纶和玻璃。

无定形热塑性塑料用于许多领域,具体的用途取决于聚合物,在医疗、通信、运输、化工、电子和航空航天工业方面已得到了很好的应用,大多数应用采用无填料和短纤维形式。无填料聚合物的一些应用包括:厨具、动力工具、商业机器、耐腐蚀管道、诊疗器械和飞机座舱盖;短纤维增强形式的用途包括:印刷电路板、传输零件、在汽车发动机罩下应用、电气连接和喷气发动机部件(见参考文献 5.4.2.7.2(a))。

无定形热塑性塑料作为连续纤维增强复合材料的基体材料应用是最新开发的。复合材料的性能使得已经考虑将它们用于主要和次要的飞机结构件，包括内部部件、地板、整流罩、机翼蒙皮和机身段（见参考文献 5.4.2.7.2(b)和(c)）。

无定形热塑性塑料的特有优势取决于聚合物。通常，为了便于快速成形、高温性能、良好的力学性能、优良的韧性和冲击强度及化学稳定性，这种树脂受到了关注。稳定性使其有无限的储存期，从而无需热固性预浸料所要求的冷冻贮存。一些无定形热塑性塑料还具有良好的电气性能、阻燃性和低烟释放、长期热稳定性和水解稳定性（见参考文献 5.4.2.7.2(a)）。

无定形热塑性塑料一般比半结晶热塑性塑料具有更高的耐温能力。玻璃化转变温度高达 260℃(500℉)的聚合物是有供货的。此外，因为避免了晶体结构的形成，简化了工艺，导致因其较低的熔融黏度而减小收缩。一般无定形聚合物耐溶剂性和抗蠕变性较低，且在高于玻璃化转变温度时比半结晶热塑性塑料的性能保持率低（见参考文献 5.4.2.7.1(f)）。

连续纤维增强无定形热塑性塑料复合材料的主要优点是：高生产率下的潜在的低成本工艺、高温稳定性、冲击前后良好的力学性能和化学稳定性。高温稳定性和冲击后力学性能的保持率使无定形热塑性塑料对航空航天工业颇具吸引力。其特征是 180℃(350℉)的使用温度和韧性为传统热固性聚合物的 2～3 倍（见参考文献 5.4.2.7.1(f)）。热塑性塑料最值得注意的优点是成形工艺速度，使得成本较低。因为在成形过程中无化学反应发生，其生产周期比热固性材料短（见参考文献 5.4.2.7.1(i)和(j)）。

无定形热塑性塑料与半结晶热塑性塑料有许多共同的缺点，如数据库数据很少，与 180℃(350℉)固化热固性材料相比其 0°压缩性能低。半结晶热塑性塑料所具有的良好耐溶剂性，对大多数无定形热塑性塑料却是一个忧虑。基于所选用的聚合物和溶剂各不相同，它们可能受到不同程度的腐蚀。聚合物的抗蠕变性是受关切的事，但对沿纤维方向受载的复合材料形式应该是良好的。不像热固性材料，其没有黏性和铺覆性，然而某些以混合片方式供货的无定形热塑性塑料是可铺覆的。

用作先进复合材料的无定形热塑性塑料预浸料的成本比相等性能的环氧材料高，但由于上述的工艺优点，所以成品成本可能较低。材料的再加工性可降低废料率，可转化成额外的节省费用。例如：可对同一张片材层压板热成形几次直至达到所需的构型。此外，可以重复利用某些形式。

使用连续增强复合材料的工艺包括：冲压模塑、热成形、热压罐成形、隔膜法成形、滚压成形、纤维缠绕和拉挤成形。高熔融温度要求成形温度范围为 260～370℃(500～700℉)。由于成形温度高，应该解决模具和热塑性材料之间的热膨胀差异问题。成形压力范围，从热成形的 0.7 MPa(100 psi)到冲压模塑的 35 MPa(5 000 psi)。几种吸湿的无定形热塑性塑料，在成形之前必须干燥。此外，推荐用热模以提高材料流动性。材料可采用几种方法接合，包括普通的胶黏剂，或熔焊如超声波焊接、红外线加热、热空气和气体及电阻加热；使用胶黏剂的表面处理技术会与热固性材料不同；连接无定形热塑性塑料能使用溶剂胶接技术，但却不适于多数半结晶热塑性塑料。

一类重要的无定形热塑性塑料基体是缩聚固化的聚酰亚胺。实例包括聚酰胺酰亚胺，如 Torlon；具有更柔性主链的聚酰亚胺，如由 NASA 开发的 AvimidR K3B，NR 150B2 和 LaRC 聚合物。如 5.4.2.1.6 节中所述，聚酰亚胺代表热固性和热塑性聚合物之间的过渡。因此，这些热塑性塑料还具有许多环氧和酚醛热固性聚合物的典型特性（例如：优良的耐溶剂性和高的最高工作温度极限）。

由于可以忽略的交联密度，这些聚合物赋予复合材料层压板一些韧性，使得在成形过程中可能具有有限的流动，但是这种流动更像超塑性的金属显示的高蠕变率。与其他热塑性塑料不同，即使在高的压实压力下，这些聚合物也不产生液态流动。缩聚固化热塑性塑料的典型成形条件是 290℃（550℉），在起始值为 1.4 MPa（200 psi）压实压力下温度更高。

已经开发了许多以低成本快速冲压，或模压结构复合材料为目的的这类热塑性聚合物，但是，由于生产批量小、固定设备和模具成本高以及成形零件中过度的纤维变形，这种可能尚待实现。这些聚合物最成功的结构应用是采用热压罐成形法来减少模具成本和纤维变形。由于介电常数低、吸湿性低和热膨胀系数低，已经将此类型中的其他聚合物用作电路板。在这些应用里，发现模压是有优势的和有经济性的。

与其他的热塑性聚合物相比，缩聚固化热塑性塑料尚未得到广泛应用。它们的成形能力与热固性聚酰亚胺非常相似，这成为一个限制因素。由于缩聚反应产生挥发物，除非压实压力足够高可以抑制空隙集结与增长，否则会导致层压板的孔隙率高。零件成形还需要昂贵的高温模具和辅助材料（如真空袋和隔离膜）。虽然这些缩聚固化的热塑性聚酰亚胺的韧性和成形性能比那些有竞争力的热固性聚酰亚胺略强一些，但它们的最高工作温度极限却稍微低一些。暂时，这些热塑性聚合物尚限于专门利用它们独特性能的不大的特殊市场。

5.4.2.8 特种与新型树脂体系

5.4.2.8.1 *硅树脂*

硅树脂是一种合成树脂，主要由有机硅组成。术语有机硅树脂是用于高温聚甲基硅氧烷的泛称。有机硅树脂从低黏度液体到易碎的固体树脂均有供货。

有机硅树脂用于要求高温稳定性、耐候性、良好电气性质和耐湿性之处。这些优良的性能已使有机硅树脂用于层压板、树脂浸润、矿物填充模塑复合材料和长玻璃纤维模塑复合材料。有机硅树脂已用作云母纸、柔性玻璃带、玻璃布和云母产品的浸渍剂。模塑可用传统的方法成形：如注射、压力和传递模塑。其固化温度在 120～230℃（250～450℉）之间。固化时间取决于固化温度、模制零件的壁厚和所要求的固化后性能，其范围从 30 分钟到 24 小时。在某些应用中，需要额外的后固化。

5.5　产品成形工艺

5.5.1　织物和预成形件

5.5.1.1　机织物

机织物或针织物产品形式不同于带和无捻粗纱，大多数情况是在树脂浸渍工序之前生产的。因此，在浸渍工序之前、期间和之后，在大多数零件中这些产品形式提供了产品连续性或纤维位置保持性。对复杂形状的铺贴，大多数织物结构比直的单向带提供更多的适应性。织物为采用溶液或热熔工艺进行树脂浸渍提供了选择。通常，结构用的织物在经向（纵向）和纬向（横向）采用同样重量或支数的纤维或纱束。但是，这不是一个固定的原则；因为对定制的应用，增强纤维和织物类型结合的数目基本上是没有限制的。还有一些织物生产时交织热塑性树脂纱束，当织物成形到最终状态时，热塑性纱束成为树脂基体。

结构用机织织物的选择具有若干可以考虑的参数，这些变量是纱束重量、纤维束或纱束支数、织纹和织物表面上浆剂。由于有更多种类的纱重量，玻璃纤维织物的变化种类远多于碳纤维织物。比较起来，可用的碳纤维束重量或长丝支数纤维束很少。通常，织物越轻或越薄，成本也越高。包含成本的因子还有织纹复杂性或厚重织物机器产量。对航空航天结构，因为考虑单位面积重量、尽可能减少树脂空隙尺寸和制造工艺过程中纤维方向的保持，通常选择密的机织织物。

5.5.1.1.1　传统的机织物

在织造工艺过程中，机织结构织物通常用增强纤维束、纱束或纱上下联锁而成。较常用的织物是平纹或缎纹组织。平纹组织结构由每根纤维在每一交叉纱束（纤维束、束纤或纱）上下交替穿越织成。通用缎纹组织，如 5 综或 8 综缎纹，纤维束在经线和纬线上下反转穿越次数较少（见图 5.5.1.1.1(a)和(b)）。

这些缎纹组织卷曲比平纹组织少，并较易变形。对平纹组织织物和大多数 5 或 8 综缎机织物，经向和纬向纤维纱束支数是相等的。

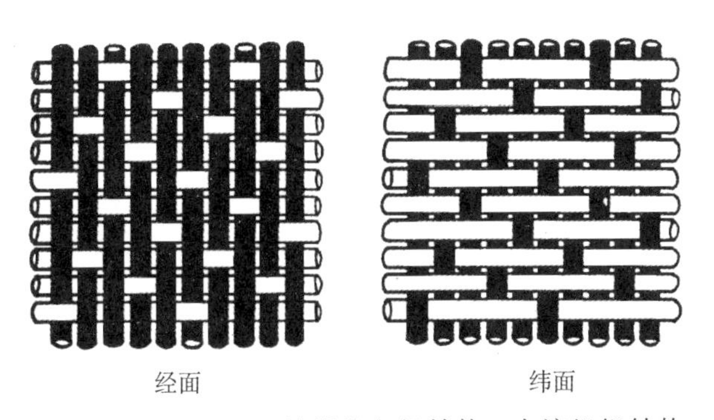

图 5.5.1.1.1(a)　5 综缎纹组织结构。在该组织结构中，两个方向的每根纱都是 4 上 1 下

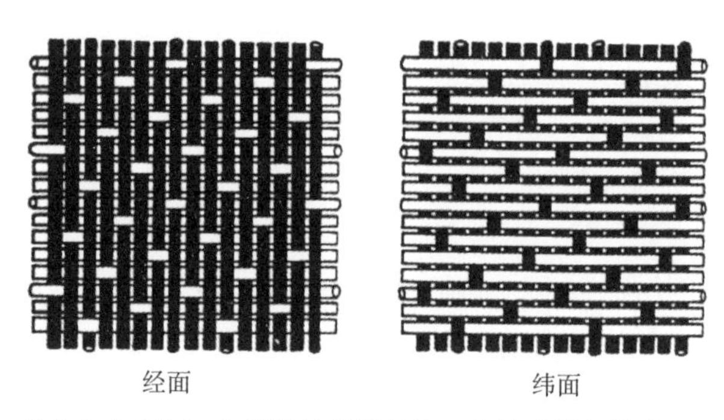

5.5.1.1.1(b)　8综缎纹组织结构。在该组织结构中，两个方向的每根纱都是7上1下

例如：3K平纹组织经常具有附加的名称，12×12表示在每一方向上每英寸有12个纤维束。可以改变支数命名来增加或减少织物单位面积重量，或按重量变化选用不同的纤维。

5.5.1.1.2　缝编或针织织物

这些织物能提供单向带的许多力学优点。纤维排布可以是直的或单向的，无需机织物的上/下转向。在预先选定的方向铺一层或多层干铺层后，通过用细支纱或线缝合将纤维固定就位。这种很像预铺层的单向带产品形式可提供多种多层取向，虽然可能有一些额外的重量增加或损失一些增强纤维强度性能，但可提高层间剪切和韧性性能。一些常用的缝合纱是聚酯、芳纶或热塑性树脂。

5.5.1.1.3　特种织物和预成形件

要列出所有可能的机织或针织物形式是本文篇幅所容纳不下的。举例来说，一本标准织造商手册中列出的玻璃纤维织物超过一百种。这些织物的重量变化范围从18.65～1 796 g/m^2(0.55～53 oz/yd^2)，厚度变化范围从0.030 5～1.143 mm (0.0012～0.0450 in)。这样一个工业列表还只限于少数几种基本织纹，如平纹、席纹、纱罗、综絖和斜纹组织。有许多其他的织物如三轴的、正交的、针织双向的、缝编多层的和角连锁组织，在此仅举几个例子。由这些还可以产生新的组合和三维组织。

典型的二维和三维预成形件是依赖于结构应用而根据给定强度和刚度设计生产的一种特殊形式。预成形件由针织，编织，相互联结的纤维束或通过连续工艺生产的在$X-Y-Z$方向上有其他排列的纤维束组成。为了使结构性能在公差范围内以确保可重复的结构特性和最优的重量，预成形件由在每个方向上都带有可控角度互锁的特殊纤维束定义或由其他纤维束排列形式定义。其他特殊织物预成形件包括螺旋织物和管状织物。为了建立符合应用要求的结构性能，所设计的预成形件编织结构要有特定的方向性。

5.5.2 预浸渍的形式

5.5.2.1 预浸无捻粗纱

这种浸渍产品形式通常应用于单组长丝或纤维丝束，如20丝束或60丝束玻璃纤维无捻粗纱。碳纤维无捻粗纱通常为3k，6k或12k无捻粗纱，也可提供其他支数。在树脂浸渍工序期间，可结合两种或多种支数的长丝或丝束，以增加单位长度无捻粗纱的重量、宽度等。为进行力学试验，单根无捻粗纱通常并排缠绕形成单层带，工艺也如此。在零件制造期间，用包装在单个卷筒上的无捻粗纱产品形式提供自动铺丝方法。无捻粗纱可以按单向织纹(类似带)铺设或产生交叉连锁效果。无捻粗纱产品的多数应用于单丝缠绕芯模，然后树脂固化成最终构型。此外，这种产品形式用于取向长丝有效组合以制造预成形体。预成形体与其他的铺贴组合或在闭合模内单独成形，而不是惯用的芯模固化工艺。大多数无捻粗纱是退捻供应，接近扁平连续带。在浸渍工序期间，带宽在一定程度上是可以控制的。与带或织物相比，单层或包缠无捻粗纱的单位面积重量更依赖缠绕工艺而不是浸渍工序。但是，预浸渍无捻粗纱的树脂控制具有同样准确度。

5.5.2.2 预浸带

全部产品形式通常从以连续纱束包装绕在卷筒上的单向纤维原料开始。正常情况下，对单向的产品形式，规定用退捻纤维束或丝束来得到纤维的极限强度。为了使单向带在进入固化工序前能保持正确的纤维排布，该特殊的产品形式取决于合适的纤维浸润性和未固化树脂的韧度。

5.5.2.2.1 传统的单向带

多年来这种特殊形式已经在用户行业内标准化，且在热固性树脂中普遍使用。最通用的制造方法是将平行的原纱束(干燥的)拉入浸胶机中，在浸胶机中加热和加压使热熔的树脂与纱束结合。纤维和树脂的结合体通常是在易于剥离的带涂层载体纸或薄膜中间穿过机器。单向带通常在生产线中剪裁成规定宽度。载体的一面通常在到达卷起位置之前除去以便于连续地目视检查。剩余的载体通常与单向带一起留在原处，用作卷上的隔离物和用于制造过程中的操作辅助。在上纱架的原纱束到机器直线范围内或规定批量或树脂的可用性范围内，单向带制作过程是连续的。大多数浸渍机设计成能允许机上不中断地改换新的卷(采取不间断收卷)。调节原纱束平行性以控制规定的单位面积重量(干重量/面积)。对单向带机器操作，经常以单独控制的操作来制造树脂膜。某些机器提供在线成膜，可在浸渍工艺期间调整树脂含量。宽达1.5m(60in)的单向带有商业供货。

5.5.2.2.2 两步法单向带

虽然此法在预浸料行业内不是通用的做法，但是可用预浸渍的无捻粗纱制成的单向带。制造单向带的这些无捻粗纱的平行性允许使用溶液浸渍树脂，而不是热熔体系。虽然产品形式可能类似于普通的单向带，但是可能难以生产薄的均匀扁平带。

5.5.2.2.3 有载体的单向带

为了增强特定的力学性能或零件制造的可操作性，有时在制造单向带时增加产品结构是有好处的。通常，在正常的单向带制造时，这些增加的纤维结构是可容纳的轻质物。在生产单向带之前，增加的产品结构可以在机器内组合、干燥或预浸渍。较常用的增加的结构是相同或不同纤维的轻质毡或稀纱布。与无载体材料的带相比，增加的产品结构将影响材料性能。

5.5.2.2.4 带涂层的单向带

某些单向带供货商提供在单向带表面附加涂层的选择。这些薄膜树脂涂层通常具有与纤维浸渍树脂不同的流变性或黏度，以保持固化的单向带的层之间有明晰的边界。和有载体单向带一样，附加的涂层可在制造单向带时结合进来。

5.5.2.2.5 预铺层的单向带

这些预铺层带起源于上述单向带单层形式中任何一种。然后通过叠层工艺，将两层或多层单向带按预先规定的角度定向，该角度相对于新的逐步形成的带或宽幅结构的中心线而定。起始的单层单向带按每一角度铺层边对边定位，以形成连续线性形式。起始的单向层带通常按与新产品结构边缘相应的角度预剪裁成段。通常在一个连续载体(纸或薄膜)平面上进行逐渐叠层顺序，类似于制造工艺。利用带有定好位的预铺层结构的载体，在运送/处理芯子上卷取预铺层带。预铺层带的宽度通常由预先确定的单独预剪裁段长度控制。但是，为了控制宽度，在卷取工序时会把对两个边缘进行最后修整包括在内。为降低成本，通常用大约 0.6 m(24 in)或更宽的宽度进行预铺层。若需要窄幅，可以通过二次纵向切分来得到。在一定程度上，像单层单向带一样，保持产品结构的连续性取决于未固化的树脂的黏性或韧度。

5.5.2.3 预浸织物和预成形件

通过热熔法或溶剂法使得树脂浸入宽幅织物中来生产预浸织物，如 5.5.1 节中所述。预浸过程的参数要适当调整以适应特定形式——8 综缎预浸织物和平纹织物相比，有不同的工艺参数。纤维上浆剂对确保树脂恰当浸渍和纤维形式浸润是关键成分，并是能获得充分压实复合材料部件的关键因素。纤维上浆剂用于在纤维和树脂化合物之间创造最佳的相互作用，因此与环氧树脂相配的碳纤维上浆剂与玻璃纤维上浆剂是不同的。在使纤维适应机织工艺时，上浆剂是非常重要的。

预浸织物的幅宽是基于织机尺寸，按通常织物幅宽而制备的，例如 36 in, 49 in, 52 in 幅宽。宽幅织物的织边，即织物的最终边缘通常不包括在材料的规定幅宽之内。预浸织物一般是成卷提供，材料数量是通过码数或磅数(基于材料名义面积重量)规定。为使材料从卷轴上取下不受损就可直接使用，通常预浸织物材料是以不起反应的隔离衬纸作为支撑层，以不起反应的隔离膜作为层和层之间的隔离层。

如 5.5.1.1.3 节中所述，预浸渍的预成形件产品通过特定的预浸工艺制造，该工艺设计得能确保足够的树脂渗入到预成形件中，从而使纤维能够浸透纤维并压实树脂-预成形件结构,预浸料预浸的一般方法是将树脂膜放到预成形件的特定表面上,采用专门设计的热压工艺,使树脂全部或部分浸入到干预成形件中,这取决怎样才能使复合材料成形件能最有效地加工成固化的复合材料。

5.5.2.4　预压实热塑性塑料片材

预压实热塑性塑料片材是连续纤维复合材料的平层压板,它按为特定应用规定的铺层取向来制造。制造的片材是低孔隙率和统一的层数。纤维增强体分成 2 个基本类别:①单向带(窄和宽)和②织物。纤维类型主要是碳纤维、玻璃纤维和一些用于特定用途,例如弹道装甲的芳纶纤维。单向带可通过各种工艺制造,例如干粉末、水泥浆和熔融浸渍。单向带是被充分浸渍的碳纤维,其纤维面积重量为 100～220 g/m^2,树脂含量为 32%～40%,宽度随对铺层定向的方法而变化。单向带/纤维铺放用单向带能够制造成幅宽范围从 0.318～30 cm(0.123～12 in)的窄带。在用压机和热压罐压实前,铺层取向通过手工铺贴(人工)并用烙铁把铺层粘到一起,或使用能把铺层铺放并胶接成叠层块的专用机器人铺放头把层粘在一起。所有的标准编织类型都能够形成织物材料成形件。纤维面积重量通常是 100～380 g/m^2,可以是完全浸渍或部分浸渍的成形件。增强体可以是玻璃纤维、碳纤维或芳纶。这些热塑性塑料片材可在市场上获取,各种各样使用热塑性塑料片材的最终产品形式正在不断发展。一些制造技术包括模压、热压罐成形、气囊成形、隔膜成形、连续模压成形、冲压成形和原位压实。

5.5.3　定义生产使用时材料的“批料”或“批次”的详细指南

批料或批次的基本定义(见第 3 卷 1.8 节)“基本上在同一时间,同样条件下用明确规定的原材料集合生产出的一定量材料”,对涉及纤维、织物、树脂、预浸材料和混合工艺的特定情况没有提供足够的细节,而且,由于行业内认识不一致,对某些定义细节没有统一看法,因此,给出了下面的指南,但还不能认为是正式,且被一致接受的“定义”。对为产生包含在本手册中数据的试验计划的材料批次要求,见第 1 卷 2.5.3.1 节。

批次(或批)(batch, lot)(专指纤维)——对纤维,在一次基本上连续不间断的生产过程中,在同样的工艺条件下用 1～3 批原丝形成的一些材料。只要生产设备设置没有变化,并在间歇期内没有生产过其他材料,允许有一次不超过 72 h 的间歇。

批次(或批)(batch, lot)(专指织物)——对织物,在每一方向上,用多批(最好不多于 3 批)纤维机织成的一些材料。若织机设置没有变化,并在间歇期内没有生产过其他材料,允许机织过程有一次不超过 72 h(若 PCD 允许,可更长)的间歇。

批次(或批)(batch, lot)(专指树脂)——对 1 批树脂,其定义取决于具体的混合过程:

在一批混合工艺中,用所需种类和数量的原料组分装入一个大的容器,完成混合后将容器排空,由这单次混合过程制得的材料定义为一批树脂(混合批)。

生产树脂的连续混合工艺通常涉及把原料组分逐渐输入到搅拌装置,使它们混合成树脂流。用这种工艺制造的一批树脂定义为，在相同的工艺条件下用相同的原料组分在一次基本上连续不间断的生产运行期间形成的一些材料。因为启动和关闭常常要清洗设备，关闭时会对具体的批次结束发出信号，在开启后制造的材料定义为新的批次。若过程结束不需要清洗，只要生产设备设置没有变化，并在间歇期内没有生产过其他材料，允许有一次不超过 72 h(若 PCD 允许，可更长)的间歇。

在一种半连续混合工艺中，用一部分原料组分(预混物)装入一个大的容器，混合后会从容器中取出分装到几个用作后续混合步骤的较小容器，把其余的原料组分添加到这些较小的容器中进一步混合形成最终的树脂组成。在大容器中生产的预混物被认为是一批原料组分，认为在小容器中最终混合期间生产的材料是一批，只要它是用相同的原料组分批生产得到，没有超过 72 h(若 PCD 允许，可更长)的间歇，且在间歇期间没有生产过其他的材料，直至将预混物消耗尽。

在另一种半连续混合工艺中，进行小量原料组分的完全混合，而没有预混阶段。若是由同批原料组分制成，生产运行期内没有超过 72 h 的间歇，且间歇期间没有生产过其他的材料，则任何数量的这些小量混合物组成为一批树脂。

对所有的混合工艺，只要在该批次所有树脂中有同样的混合比，允许有多批原料组分。必须保持所用组分批的可追溯性。对所有的混合工艺，对每种原料化学组分，单个批次树脂最多可以含有三批。

对树脂制膜操作，膜的批次要对应于制膜所用树脂混合物的批次命名，只要生产设备设置没有变化，并在间歇期内没有生产过其他薄膜，制膜过程中允许有一次不超过 72 h 的间歇，否则应认为在间歇期前后生产的树脂膜是不同的批次。

批次(或批)(batch, lot)(专指预浸料)——对预浸料，是由 1～3 批次(批)纤维或织物和 1 批树脂，或一个可追溯单个组分批次的均匀(或连续)混合树脂批(最多 6 批混合树脂)制成的材料。预浸料连续生产过程不得有超过 72 h 的间歇，同时在间歇期间该预浸机不应用于生产其他的预浸料。

批次(或批)(batch, lot)(专指单层和层压板)——对单层和层压板，是按下列状态条件制成的材料：

一批次预浸料；

或一批次纤维和一批次树脂；

或一批次织物和一批次树脂。

固化的零件应该标记上零件号，可追溯制造记录。注意：这种定义适用液体成形和湿法铺贴工艺。

讨论(通用)——上述指南通常适用于材料验收过程，包括验收试验的取样计划。对材料鉴定和许用值试验计划，为控制在试验程序中要评定材料变异性的量，通常规定更为严格的“批次”定义。例如，一特定批次的预浸料要限定一单独批次的纤维或织物和单独混合的树脂。对要提交给本手册的数据，具体的批次要求见第 1 卷 2.5.3.1 节。

5.6　装运和贮存过程

复合材料原丝材料和胶黏剂对如何贮存与装运会非常敏感。必须避免污染，因为污染必定会降低其性能。已经预浸渍的材料(预浸料)、胶膜及其他树脂对温度变化很敏感，这些材料在固化之前，对水分和湿度也很敏感。因而，为了提供所要求的结果，这些材料需要特殊处理和贮存。

5.6.1　包装

预浸渍材料(预浸料)和胶膜应该在硬纸板卷上，或以其他方式支承。这些材料应密封在防潮袋中，若可能的话使用干燥剂。一旦完成包装，应将其保存在厂家推荐的条件下，通常在等于或低于－18℃(0℉)下贮存六个月或更长时间。因为热固性材料在室温，甚至更低的贮存温度下会继续固化，必须保存记录其暴露于室温和贮存温度条件下的时间，此记录将用于确立材料的使用寿命以及确定何时需要重新试验。材料放置在室温下并仍可使用的时间，被称为外置时间，其范围为数分钟至三十天或更长。对某些材料而言，其工艺特性可能会显著变化，取决于所经历的贮存及外置时间有多长。

5.6.2　运输

因为这些材料要求谨慎地控制环境，保持运输产品时的环境是艰巨的任务。通常，将仍在防潮密封袋中的材料放在一个经批准使用、带有干冰的运输容器中。容器中放置足够的干冰，使得按预定的到达时间再加大约 24 h 仍有一些干冰剩余。可以在容器内放置化学基温敏材料或电子温度记录装置，以保证在到货时的材料完整性。

5.6.3　打开包装与贮存

收到的材料应放入冷库中以保持推荐的贮存温度。在运输期间，材料温度超过贮存温度的时间要从材料的外置时间中扣除。需要使用材料时，在打开防潮袋之前需使其达到室温。若未做到这点，水分将凝结在冷材料上，并可能产生水分与材料预结合的问题。

5.7　制造工艺

制造工艺是将各种形式的纤维以及织物增强件放在一起，以生产给定复合材料零件或终端产品所要求的增强构型。在铺设增强体时，树脂可以或也可以不处于其最后的化学或物理的形式。制作工艺包括手工和自动化的纤维铺设方法，以及胶黏剂胶接和夹层结构制造。

5.7.1　手工铺贴

手工铺贴是通过手工方式将布层铺放到工装或模具上的一种工艺。在手工铺贴预浸料时，将逐层铺放使其光滑，以排除裹入的空气，并使材料与模具外形一致。

在“湿法”铺贴时，一般是将干的布层，通常是织物铺放在模具或工装上，然后用树脂浸渍。参考文献 5.7.1 描述了湿法铺贴的技术，特别是适用于现有结构的修理。

与单向带铺放或纤维缠绕技术这样的自动化制造技术相比，手工铺贴需要资金投入较少。某些，例如需要阴模的零件几何形状，用手工铺贴可能比其他方法更容易生产。然而，手工铺贴属于劳动密集型工艺方法。

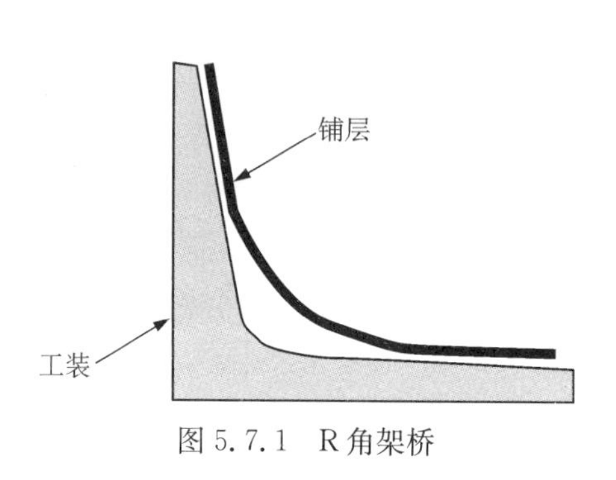

图 5.7.1 R 角架桥

由于是一个手工过程，手工铺贴对操作者技术尤其敏感。在图 5.7.1 中描述的 R 角架桥是一个要特别注意的问题。布层一定要铺贴到拐角以确保与工装接触和固化中有较好的压紧。否则，布层过度伸展能够引起零件在固化中歪曲。

布层的切割、铺放和取向一定要精确以确保达到需要的铺层。一定要控制接合区域的搭接或间隙。工艺过程中的样板或激光投影都可以用于改进精确性。

布层铺放、平滑方法以及湿法铺层过程中的树脂施加方式都能导致裹入空气，若在铺放和固化时没有通过压实去除裹入的空气，会引起层压板的孔隙率。压实方法和频率可以依赖于所使用的材料和零件的复杂性。对手工铺层，在规定的铺层间隔进行压实是一种很普遍的方式，例如每 3～6 层。在低吸胶树脂体系中层压零件固化前的压实尤为重要。

多种技术可用于层压复合材料的压实。室温或高温真空是排除空气的一种有效方式，但是铺层中需要大量热负压来完全压实达到固化的厚度，尤其是厚的层压壁板或零件。温度和负压水平都会影响到压实的成功性。对一些零件可以使用真空平台或一个隔离的真空袋来施加负压。

超声压实是在铺层期间可应用于热塑性和热固性层压板的另一种压实技术，可作为真空压实的一种替代。它是超声焊接的一种变体，经常用于非增强热塑性塑料的连接。超声压实中，对层压板以小于 45°的角度 kHz 范围内的角共振施加振动载荷。在高频循环载荷下，通过黏弹性和摩擦生热的联合作用使 B 阶段树脂软化，消除裹入的空气，并且增强相邻层的嵌套。可控制铺贴时的超声压实来生产接近固化厚度的层压板。

材料性能，例如铺覆性、黏性和黏度都可能影响最终产品。铺覆性影响预浸料与复杂外形的一致性能力。预浸料必须足够黏使得铺贴时布层能固定到位，同样，湿法铺层中使用的树脂黏度会影响对干纤维的浸润能力。必须控制材料的外置时间，因为预浸料最终会失去黏性并且变得刚硬，很难铺贴。超过外置时间也会降低固化后层压板的性能。

在一定湿度和温度下的暴露对材料性能有重要影响，污染，如灰尘和油污会使层压板的质量很差。由于这些因素，手工铺层经常是在有环境控制的洁净间内进行。

通常建议手工铺贴的操作人员戴手套，有可能时穿防护靴或其他的防护服。当铺贴预浸料或有黏性的预成形件时，手套可以防止操作者与树脂接触。手套也被用作一种预防措施来防止皮肤上的油污和其他杂质影响零件，这种杂质已被证明会影响固化零件的胶接，是否会影响由预浸料或湿法铺层制造的层压板的完整性不太清楚。

模具、修饰和打真空袋也是重要的，模具上的划痕能导致袋泄漏以及低质量的层压板。粗糙的模具表面会妨碍零件固化后的脱模，并导致较差的表面光洁度。零件的组装方式，如吸胶布和透气材料的选取，通过提供或阻塞树脂、挥发物和裹入的空气的逸出路径，会影响层压板的质量。若铺贴和铺真空袋之间时间间隔过长，拐角区域的预浸料可能会松弛。还必须要在零件拐角处堆叠打袋材料来防止袋的架桥，并且使固化过程中的压力均匀。

5.7.2　自动铺带/单向带自动铺叠

5.7.2.1　背景

复合材料单向带铺叠机械在工业界已用了大约 20 年。早期开发的机械通常是在研发工程师指导下由用户定制适用于航空航天工业的小规模机加车间。一旦该技术在实验室中得到证实，商用机器工具制造商开始生产并将其进一步研发成工业用的铺带机。

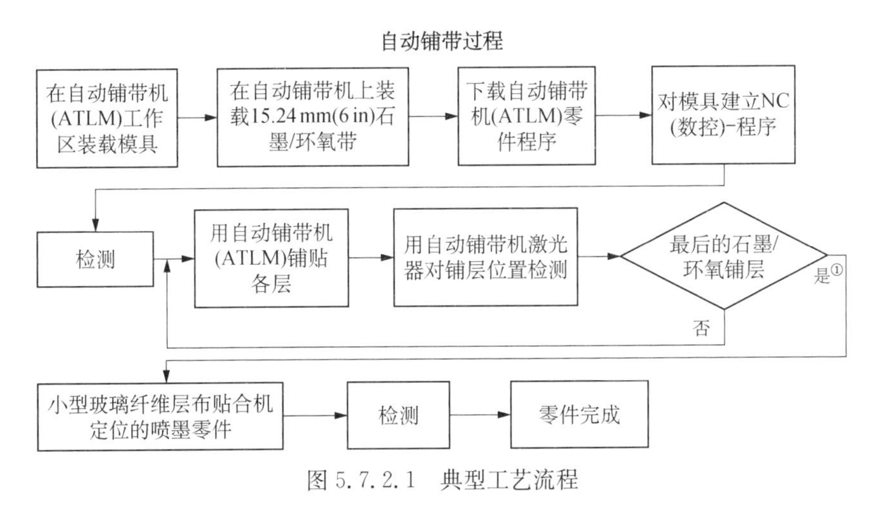

图 5.7.2.1　典型工艺流程

5.7.2.2　效益/能力

利用单向带自动铺叠机，能铺贴 7.62 cm，15.24 cm 以及 30.48 cm(3 in，6 in 以

① 译者注：原文似乎有误。

及 12in)带宽的复合材料单向带。与典型手工铺贴的 2～3lb/h 相比,机器能以 10～20lb/h 的速率铺贴。单向带自动铺贴能够用最少的人工劳动来制造大的复合材料部件,不存在与人员爬到高大模具上铺贴零件有关的人类环境工程学问题。与已有的手工铺贴数据相比,材料利用率至少增加 50%。该工艺能用于平的或有外形的零件,目前供应的铺贴头限制角度不能超出水平面 30°。在航空航天工业中的典型应用是曲度不大的机翼、尾翼部件和控制面,若要求更大的曲度,将需要定制机器。

5.7.2.3 变异性来源

材料黏性 力学性能取决于正在铺设的复合材料特性。材料的研发必须包括在单向带铺叠机上的制造试验。预浸料对背衬纸的黏性和预浸料本身胶接性之间的关系是用机器有效铺叠的关键。铺叠机具有背衬纸的连续路径,也就是说供应的卷有预浸料和背衬纸,而卷起的将仅是背衬纸。机器依靠背衬纸/预浸料黏着力传送预浸料到铺贴头处,而预浸料/预浸料黏性将其铺叠成零件和由背衬纸上取下预浸料。在洁净间环境中出现的温度和湿度变化范围内,这些关系需要始终如一。黏性也受材料外置时间的影响。在制造环境中,材料的外置时间需要严格地监控。对机器铺贴,预浸料操作寿命一般为手工铺贴材料的一半。

背衬纸 用作预浸料的背衬纸,其表面涂有脱模剂以确保对预浸料的黏着水平是始终如一的。厚度也必须是一致的,当用刀刻划时没有割裂倾向。材料厚度成为关键的理由是由于使用了触针或超声波刀具。在切刀倚着平台切割预浸料时,有背衬纸位于其间,为了总能切穿预浸料但不切割背衬纸,必须设置切割深度。切刀深度被设定,因此背衬纸在切割期间受到刻划以及处于来自机器的张力中,所以要求隔离纸是高缺口敏感性的。

浸渍水平 预浸料的浸渍水平必须足以使预浸料能从具有所需刚度的背衬纸上分离以便铺放。另外,浸渍水平将使预浸料能被切割而无纤维束分离,并具备要求的表面黏性。

幅宽公差 必须保持预浸料幅宽公差以达到为工艺/应用建立的间隙和搭接要求。

自然路径零件编程 单向带铺叠机使用自然路径部件编程来规定单向带的路径。规定单向带路径以使与零件外形有关的搭接和间隙尽可能小。在曲度很大的零件上,自然路径可能导致要求工程覆盖的搭接和间隙过多。

已证明单向带自动铺叠对大的有外形的复合材料零件是一种很有效率和经济合算的制造工艺。为了使机器效率最高,工程技术人员要按机器能力来对零件设计进行剪裁。这种努力导致降低铺贴的废料、减少人工操作和确保低成本的制造工艺。

5.7.3 自动铺丝/纤维铺放

5.7.3.1 背景

纤维铺放是使用取自多个卷筒的复合材料窄带(预浸渍的纤维束或纵向切割的

预浸料带)的自动化机器工艺。机器使材料平行排成可至15.24 mm(6 in)的带宽,此宽度为单个纤维束宽度的函数,是特定的机器可能加工的纤维束数,和/或零件几何形状可能提供的及在工作面(模具)上层压材料的宽度有关。随着每一条带的铺放,某些铺贴头能够添加或去掉单个纤维束以适当地加宽或收窄该带的宽度。这种在有外形的表面保持真实纤维取向的能力,是只有该纤维铺放工艺才具有的。该工艺使材料仅铺放在需要之处,从而极大地减少材料废品系数。这种机器工艺的独特性要求独特的制造和设计方法。除机器操作和纤维铺放专业知识之外,制造人员必须严密注意在工作单元内部的机外准备工序,而且设计者必须将机器实际的作业限制条件引入部件设计。这些因素是保持一个有效率的工艺、最佳化机器能力和保证部件满足工程技术要求的关键。

自动纤维束铺放或纤维铺放在20世纪80年代初期开始构思。早期机器是由Hercules Aerospace(现在的Alliant Techsystems)和Cincinnati Milacron(现在的Cincinnati Machine)开发的。在1990年代初期,为了制造复合材料零件,主要是军用飞机体系如V-22 Osprey(鱼鹰),F/A-18E/F Super Hornet(超大黄蜂)和F-22 Raptor(肉食鸟)的生产过程中开始使用纤维铺放。大约在90年代中期,商业喷气式飞机制造商(最著名的Raytheon)开始对机身段使用纤维铺放。今天,为制造许多中度复杂有外形的复合材料零件,纤维铺放是可接受的生产工艺和优先选择的方法。在世界范围可提供超过20种生产能力的机器,在大多数主要的航空航天承包商和复合材料零件供应商的工厂场地上,都能发现纤维铺放操作。

5.7.3.2 纤维铺放工艺流程

纤维铺放的典型作业流程如图5.7.3.2所示,通常包含:①对要铺放材料的模

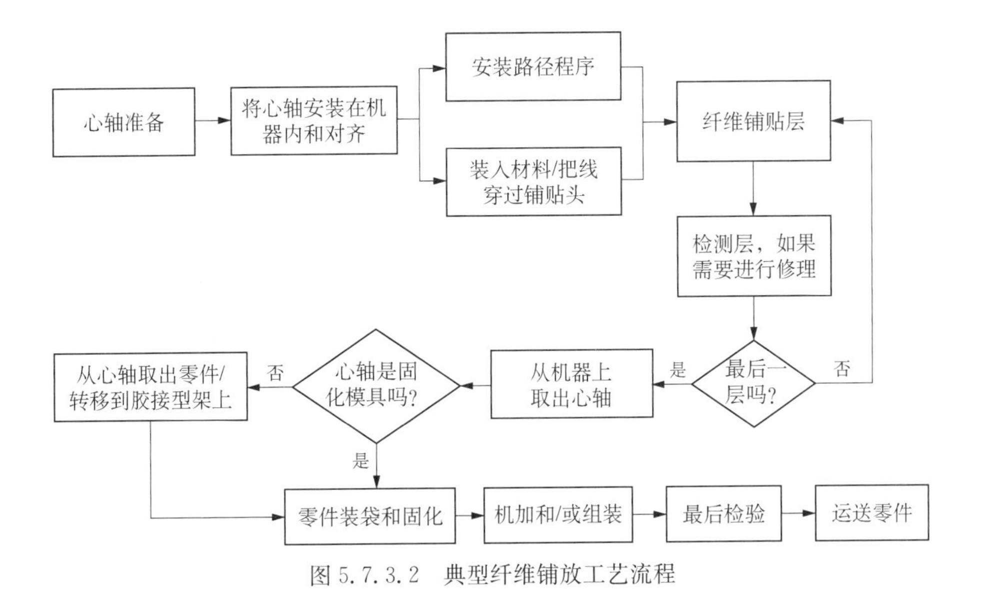

图5.7.3.2 典型纤维铺放工艺流程

具或心轴表面做准备;②将心轴安装在纤维铺放机器内并对齐;③对机器进行准备,包括放入材料,把纤维束(单向带)穿过传输系统,和将要制造的零件的计算机路径程序载入机器,其不是在生产线上编制的;④操作机器,或对包括对特定铺层或层内的纤维束(单向带)自动纤维铺放;⑤在每一层铺放之后,检查/处理缺陷;⑥继续操作机器,直到全部铺层铺放完毕;⑦准备用于固化的零件;⑧将零件糊制真空袋/固化。有些零件直接在铺放模具上固化,而另一些则要求把零件转移到固化模具上固化。

固化后,除去零件上的袋子将其从模具上取出。糊制真空袋、固化、零件启模和表面精修工序与手工制造零件的要求是一致的。此工艺流程可随应用而变,例如:一些部件在要制造时引入其他材料,如芯子或替代纤维,可能会出现临时的压实工序。

5.7.3.3 效益/能力

通过利用纤维铺放机能精确控制单个单向复合材料纤维束。控制速度、供料和每一单纤维束张力的能力使得复合材料能够在复杂外形上受到控制,令其进入预定位置处铺设。纤维铺放机铺贴头可向任何地方提供1～32根单纤维束。一般纤维束的宽度是0.317cm(0.125in)(虽然也使用其他纤维束尺寸0.325cm,0.398cm和0.462cm(0.128in,0.157in和0.182in)),这样导致铺放宽度介于0.317cm和15.24cm(0.125in和6in)之间。在铺放一层的同时还能够通过去掉和增加纤维束改变材料带宽度。通过纤维铺放来整理和压实材料,也使中间压实操作的需要减至最小,一般情况下,对手工铺贴织物每铺3～5层、对手工铺贴预浸带每铺5～10层就需进行一次压实,而对纤维铺放每铺10+层才进行一次。

采用自动铺丝,实现的铺设率和成本节省与零件密切相关。对复杂外形的零件,人力节约能高达50%,而对平的或中等曲度的表面仅少10%。对多数宜采用纤维铺放的零件,人力节约接近25%。通过降低材料废品系数,可能还能节约更多。通常纤维铺放得到的材料利用率因子为1.05～1.20,远小于高达2.25的人工操作。材料利用率因子的降低,能稍微抵消纤维铺放用单向纤维束/纵向切割单向带材料的成本增加,后者成本能比普通预浸料高10%～15%。然而,随着纤维束/纵向切割单向带材料应用的增加,该价格差正在减少。在航空航天工业中典型应用是:进气道、有外形的机身壁板、全机身舱段、有外形的整流罩、发动机短舱蒙皮、仪表舱罩盖/转接器和结构轴(直的和有外形的)。

5.7.3.4 材料产品形式

纤维铺放材料以两种产品形式供货,纵向切割单向带和预浸料纤维束(纤维束预浸料)。两种产品形式都是缠绕在长为27.94cm(11in)、直径在7.62～15.24cm(3～6in)之间的芯子上的。纤维束预浸料通常是按开式螺旋形缠绕形式,不带任何隔离膜。纵向切割单向带通常按密螺旋形式,并用隔离膜来防止单向带与下层粘接。

预浸料纤维束或纤维束预浸料制作工艺包括退绕干纤维卷筒，浸渍使其具有适合的树脂含量、加工成形至规定的宽度和厚度，和重新缠绕成为预浸料纤维束或纤维束预浸料卷筒。浸渍可以采用热熔工艺或溶剂法工艺。该工艺经常包括：首先制造母体单向带，通常为 15.24～30.48 cm(6～12 in)宽，采用一般的单向带技术浸渍树脂；然后将其分离再变成单个纤维束，其宽度是根据纤维铺放机的托盘尺寸预先确定的。因为宽度设定为规定的尺寸，纤维束预浸料的厚度取决于制作预浸料时所用纤维束尺寸。纤维束预浸料重新缠绕时一般不使用任何背衬纸或隔离膜。从退绕干燥纤维到把纤维束预浸料绕在卷筒上成为最终状态的工艺是连续的。对预浸料纤维束供应商来说，宽度的精确控制是最大的挑战。因为不使用隔离膜和不要求二次纵向切割工艺，预浸料纤维束有可能比较便宜。

首先纵向切分 15～122 cm(6～48 in)宽的单向带(宽幅)，将其切割成多段的卷。然后将这些多段的卷纵向切割至最终的宽度，该宽度由每台纤维铺放机规定(最常用的是 0.317 cm(0.125 in))。为了便于缠绕和退绕，且不损伤材料，纵向切割单向带一般带有 0.005 cm(0.002 in)厚的聚乙烯夹层或背衬片，其宽度为 1.27 cm(0.5 in)并在纤维束上定中心。在纤维铺放工艺期间用真空管除去背衬片，管是纤维铺放机的一个部件。一旦对纵向切割多段的卷设定刀片，该工艺可得到沿纤维束长度上宽度非常精确的纤维束。纵向切分单向带的优点之一是对各种厚度能提供与现有纤维铺放机匹配的纤维束宽度。纵向切分单向带的厚度主要取决于原来母卷上未纵向切分单向带的单位面积纤维重量和未固化的树脂含量。在使用能提高纤维铺放效率的较厚材料时，母卷可由多层预铺层的单向带组成。

产品形式之间的另一种区别是材料横截面形状。纤维束预浸料操作通常需要从母带上剥去单纤维束，会产生具有锥形横截面形状的纤维束。一些预浸料纤维束供应商在缠绕卷筒之前使用压模对纤维束加工成形，但在转向处仍然会有一些展宽的纤维束。纵向切割单向带会具有更似长方形的形状，图 2.7.3.4 说明了这一区别。若纤维束预浸料的宽度略微超过名义尺寸，锥形允许单纤维束在一层宽带内搭接。这些单束搭接减少了带与带重叠的概率和严重性。纵向切割单向带的长方形形状及更精确的宽度使其能很好地叠在一起，但若纤维束尺寸过大，则不利于带内单纤维束搭接。若纤维束尺寸过大，在全部宽带厚度上，宽带内每一纤维束与相邻的纤维束拼接，或是叠合在与其相邻的一层上；若左右拼接，会增大总带宽，并会增加在零件内带与带搭接的机会。

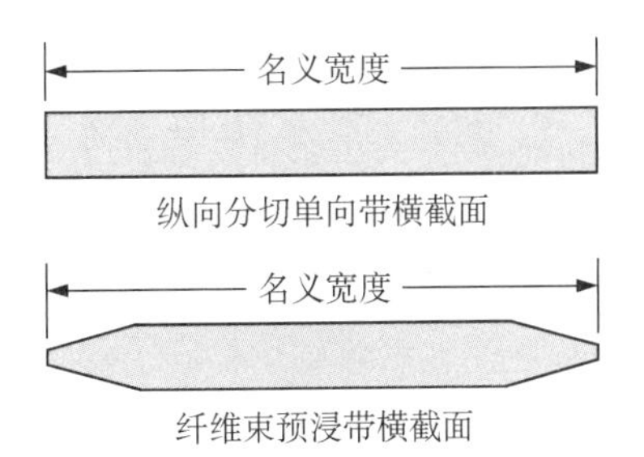

图 5.7.3.4　纤维铺放材料的横截面形状

5.7.3.5　专门考虑的问题

机器性能取决于要铺放的复合材料特性。材料的研发必须包括在纤维铺放机上的制造试验。对纤维铺放材料研制与鉴定，要考虑的若干因素是：

材料黏性　预浸料对背衬纸的黏性(在纵向切割单向带的情况下)和预浸料本身的黏合性(预浸料纤维束和一般胶黏剂黏结的情况下)之间的关系是机器有效铺叠的关键。在洁净间环境出现的温度和湿度变化范围内，这些关系必须是不变的。虽然"CTLM(曲面单向带铺叠机)级"材料一般对纤维铺放最好用，但工艺对黏性的敏感性要比曲面单向带铺叠机低，而黏性太高的材料将往往使机器粘上胶并极大地降低效率。黏性也受材料外置时间的影响。虽然纤维铺放机具有整理材料时环境控制用的粗纱架，外置时间始终是重要的并必须监控的。重要的是冷却时材料变硬和黏性极低，(冷却输送机头部件以减少树脂聚集和使材料滑动，几乎没有摩擦，虽然同时使纤维束刚挺，使得硬度增加时可以反馈出来)，并当在铺设点慢慢加热时会具有良好的自身黏性。

浸渍水平　若纤维束材料未完全浸渍树脂，干纤维往往引起磨损，并且纤维束的边缘会起毛，该问题主要出现在纵向切割单向带中。在纵向切割单向带产品形式的研制初期，人们认为能简单地将手工铺贴制造的预浸料纵向切分并用作纤维铺放。但是，手工铺贴制造的宽幅通常中心(整个厚度上)完全是干的，使得预浸料表面树脂较多，这会增加黏性，并有助于减小体积。在这些手工铺贴宽幅卷纵向切割后，露出干的中心部分。因为纤维束开始磨损，毛团将沿纤维路径积聚。只要使用极能起毛的纤维束材料，就要求增加维护以保持该纤维路径清洁。起毛将堆积，最后足以阻止纤维束自由移动通过机头，而机器操作人员必须停机和清洁机头。保证母带纤维在整个厚度上完全浸渍，就可以大大减少此问题。手工整理制造的宽幅的起毛比专门用于纵向切割的单向带要多，推荐购买专门用于纵向切割单向带的预浸料，并且对纤维铺放不用标准的手工铺贴材料。

幅宽公差　材料的幅宽控制和公差被认为是最重要的参数之一。必须保持幅宽公差以达到工艺/应用确定的间隙和搭接要求。纵向切割单向带的纤维束幅宽变化要比纤维束预浸料小。当纤维束幅宽偏离名义值时，用该材料制造的零件会有间隙或搭接。必须逐层修理间隙和搭接，这是花费和劳动强度都很大的工作。在纤维铺放机里因为纤维束导辊托盘设置为恒定幅宽，也就是说过宽的材料(超差)将不会顺利通过机头。有时纤维束在机头中会被卡住，而必须停机才能除去纤维束。因为零件质量及可能影响到力学性能，幅宽标准差是一项需控制的重要参数。纵向切割单向带的标准差一般比纤维束预浸料低。为了得到好的零件，纵向切割单向带和纤维束预浸料典型期望值如下(见表 5.7.3.5)。

表 5.7.3.5　预浸料典型期望值

纤维束宽度	纵向切割单向带公差	纤维束预浸料公差
3.18～3.25 mm(0.125～0.128 in)	±0.127 mm(±0.005 in)	±0.178 mm(±0.007 in)
3.98 mm(0.157 in)	±0.127 mm(±0.005 in)	±0.178 mm(±0.007 in)
4.62 mm(0.182 in)	±0.178 mm(±0.007 in)	±0.228 mm(±0.009 in)

已经成功地使用了超出这些规格的材料，但通常涉及更多的停工期和/或降低零件质量，并必须充分评估对力学性能潜在影响。使用成本较低的低标准的材料仍然是可以接受的，但这取决于应用。

材料处理　在使用纵向切割单向带时，材料的卷筒能按宽幅的相同技术规范进行贮存和处理；但是某些纤维束预浸料体系要求特殊的处理程序。因为若纤维束预浸料卷搁置不用并达到室温，树脂会蠕变和流动从而引起纤维束在卷上相互融合，因此在室温下需要这些特殊处理程序。在退绕过程中，由卷筒拉出的纤维束会黏住，材料缠在卷筒周围使纤维束弯回来。然后纤维弯折与断裂或无咬合，引起不期望的张力峰值。即使(已经暴露于室温太长时间的)纤维束预浸料再冷冻或在环境控制的纱架中退绕，此黏着作用仍会发生。应该将累积的室温暴露减至最少——对多数的环氧产品来说应限于 8 小时。纤维束预浸料卷筒贮存时决不应在预浸料上带有它们的重量(不要把卷筒侧放)。只要可能，带重量的卷筒应贮存在硬纸板芯子上。若材料处于−18℃(0℉)条件下，这不重要；但当它升温时，增加的接触压力(即使升温较快和缠绕较紧)仍会引起纤维束融合。

除纤维束黏着之外，在使用纤维束预浸料时可能形成桁条状物。当部分纤维束磨损和退绕期间仍缠绕在卷筒上时会产生桁条状物。它终将造成圆环和会把纤维束切成两半或脱开机器上的张力装置。在纵向切割单向带里一般看不到纤维束黏着和桁条状物，因为卷筒具有一个背衬片。

力学性能　多数情况下，在设计纤维铺放零件时，最好是利用现有材料数据库/许用值。这些许用值一般是用手工铺贴试样/元件得到的。用纤维铺放工艺生产的层压板能够提供等效于手工铺贴的力学性能。但是，能够这样做取决于谨慎地设置和控制若干参数，其中最重要的是搭接/间隙准则。搭接/间隙的频率、位置和尺寸是受若干因素影响的，包括原材料幅宽变异性、路径编制程序的设置(在去掉/增加纤维束、收卷安装时)和零件几何形状。推荐进行旨在证明纤维铺放与手工铺贴层压板等效性的少量试验系列。

芯模设计　成功制造纤维铺放零件必不可少的是模具协调。因为在所有模具程序中，在“设计状态”零件、“制造状态”零件、NC(数控)程序、硬模、软模和检测装置之间必须有妥当的协调。模具与机器界面是纤维放置准确度的关键。直线不重合度、浮动或不可复制性的引入，尤其在机头端，可能转化为在模具表面上定位误差。纤维铺放整理模具必须满足强度和刚度最低要求。模具尺寸、模具重量、零件重量和机头压实力均影响模具设计。应该把纤维铺放模具结构设计得尽可能轻和有良好的刚度,它不得抵抗任何由零件重量和压实力引起的永久变形,这些变形可能是弯曲和扭转。扭转刚度是一项重要的设计考虑,经常会被忽视,必须记住这些力的作用点可能在空间上远离旋转轴,而且尾架是不旋转的。

零件路径编程 纤维铺放机能够有若干路径编程方案,包括固定纤维角度、带子偏移量和受限制的平行(其他两项的结合)。最好的选择方法取决于零件的几何形状、期望的纤维取向公差控制和允许的搭接/间隙量。机器控制在线零件和离线零件运动的离线程序软件有许多特点,在离线程序中花费得当的时间,将在纤维铺放期间得到收益。

5.7.4 编织

编织工艺在生产机织形式的同时制造预成形体或最终形状件。该产品形式是一种独特的纤维增强体,这种增强体可以用预浸渍纱也可用干纤维。编织工艺的主要优点是:与单向和层压制品相比,在得到高损伤容限同时具有适应奇特形状和保持纤维连续性的能力。其产品可以是正方形、椭圆形及其他固定截面形状的形式。三维编织物已经发展到这样一种程度,即在保持按三个坐标面编织同时可制造非均匀的横截面。

在其发展的过程中,编织用途已经发生变化。最著名的编织结构实例是 20 世纪 80 年代风靡的玻璃纤维和碳纤维鱼竿,编织也已在增压管道和复杂管路方面获得应用。其多功能性的一个典范是用编织制造的敞式轮赛车车身,该工艺还用于发动机机匣和发射器等火箭方面。

在双轴和三轴编织中,通常用芯模来成形编织物,该芯模还用作终端产品的模具。编织机控制芯模的进给速率和导纱器的转动速度。这些参数的组合与芯模的尺寸控制编织角。编织角连同有效纱、单向带或纤维束宽度(通过编织工艺铺放在芯模上的特定尺寸纱、单向带或纤维束宽度)一起最终控制制造结构表面上编织的覆盖率。随着编织角增大,覆盖芯模的最大尺寸随具体的纱、单向带或纤维束尺寸的减小而减小。对复杂的形式,可以使用一次性的芯模,包括用低熔点合金和可溶于水的浇注材料制造的芯模和可拆卸芯模。

在三维(3D)编织中,用编织工艺本身来控制加工制品的形状。典型的三维编织工艺涉及以系统的方式移动的管纱床或编织环,这种系统的移动造成在 $X-Y$ 平面中的交织产品。由于纱、带或纤维束被拉入编织过程,Z 方向也被缠结。由于在三个方向交织,所以导致产品基本上是自相支持的。为了得到精确的外部尺寸,在树脂基体固化过程中可以使用匹配的金属模。下面是编织工艺包括的一般步骤:

(1) 设置进给速度、管纱速度和编织图案(3D 编织)。

(2) 运转编织机直至完成产品。

(3) 若使用的不是预浸渍材料,则要使用适宜的树脂浸渍工艺——RTM,湿树脂浸渍等。

(4) 按照由浸渍方法确定的适当的工艺固化，固化工艺有热压罐固化、真空袋、RTM 等。

(5) 从模具或芯模上取下零件。

5.7.5　纤维缠绕

纤维缠绕是一种自动化工艺。在该工艺中，预浸渍的或用树脂湿浸渍的连续纤维束(或单向带)按一定的线型缠绕在一个可拆卸的芯模上。缠绕工艺过程包含在阳模上缠绕，当绕丝头沿芯模移动时芯模也旋转。由于绕丝头沿芯模移动与芯模的转动有关，所以其速度控制纤维增强材料的角度方位。纤维缠绕成形可采用湿树脂缠绕法、预浸纱和预浸带进行。

芯模的结构是工艺的关键，所选的材料则取决于最终产品的用途和几何形状。芯模必须能承受施加的缠绕张力，并能在中间真空压实过程中保持足够的强度。此外，若零件的外表面尺寸是关键，该零件通常要从缠绕阳模换到阴模上固化。若零件的内表面尺寸是关键，通常要使用缠绕阳模作为固化模。金属用于分段拆卸芯模，或用于移开封头以取出圆筒零件的情况。其他可供选择的芯模材料是低熔点合金、可溶解或易碎的石膏、低熔共晶盐、砂子和可膨胀材料。

纤维缠绕成形的一般步骤如下：

(1) 编制缠绕机程序以提供正确的缠绕线型。

(2) 在缠绕机上安装所需数量的干纤维或规定带宽的预浸料无捻粗纱/纵向切割单向带卷筒。

(3) 湿法缠绕时，牵拉纤维束通过树脂槽。

(4) 牵拉纤维束通过纱孔附着于芯模上、设置缠绕张力和启动缠绕程序。

(5) 缠绕完成时，若零件是在阴模中固化的，则按要求分解芯模并取出零件，否则修整零件和准备在阳芯模上固化。

(6) 通常在固化炉里或热压罐中对热固性树脂零件进行升温固化，通常将室温固化的树脂零件置于真空下以便在固化过程中压实。固化期间，要经常转动阳芯模或阴模以保持树脂的分布。

(7) 固化后从零件上取出芯模(对阳模零件)。

固化产品特性可能既受缠绕工艺过程也受设计特点的影响，如：

- 纤维与树脂比例的均匀性(主要是湿法缠绕)。
- 缠绕角。
- 叠层顺序。
- 有效纤维带宽(密纤维组织或稀松/开式的纤维组织样式)。
- 端盖。

固化周期和压实程序影响这种固化产品的特性，如在适用的固化和压实工艺章节中描述的那样，见 5.8.1 节(适用于室温固化树脂的真空袋模具成形)、5.8.2 节(适用于固化炉固化)或 5.8.3 节(适用于热压罐固化)。

5.7.6 拉挤

拉挤工艺包括连续树脂浸渍纤维束穿过具有零件形状的加热模具并固化。该工艺限于固定截面如杆、管、工字梁和槽等。拉挤成形工艺适用快速固化树脂，并适用于具有固定截面、高生产率零件的低成本制造。有关拉挤成形时固化与压实的讨论见下面的 5.8.6 节。

5.7.7 夹层结构

应用于聚合物基复合材料的夹层结构是一种结构壁板概念，它最简单的形式是两片比较薄的平行结构层压材料，胶接到一块比较厚的轻质芯子上并被其分隔。下列信息仅适用于非金属夹层结构。与层压板结构相比，夹层结构提供一种以最小重量获得高弯曲刚度的方法。与层压结构相比，必须将这一优点与增加工艺难度和产品成本的风险相权衡。在对夹层结构壁板或层压结构做选择时，还应考虑损伤容限和便于修理。好的结构要求在选择蒙皮、芯子和胶黏剂材料时应基于整个零件质量的战略考虑，包括：

- 表面质量(针孔、痕迹等)。
- 蒙皮质量(孔隙率、压实、波纹、贫胶)。
- 胶黏剂胶接和倒角质量(强度、倒角尺寸)。
- 芯子强度、芯格尺寸、胶接制备。
- 抗湿汽进入性。

聚合物基复合材料夹层结构最常用热压罐固化、模压固化或真空袋固化来制造。蒙皮层压板可以预固化并随后与芯子胶接，并在同一作业中与芯子共固化，或这两种方法结合在一起。夹层结构的预固化蒙皮须确保高质量表面，但必须进行与芯子的适合装配。共固化经常导致不良的壁板表面质量，可通过在标准固化周期中使用一种辅助表面材料共固化或在随后的“填充与修整”操作来防止。共固化蒙皮的力学性能有可能比较差，并且这会要求降低设计值。

可制订出能可靠生产良好质量夹层结构板的固化周期。对共固化夹层结构，这是重要的。固化周期的某些主要考虑是挥发物的逸出、芯子排气和/或加压、胶黏剂和预浸料树脂黏度曲线，以及层压板与夹层结构共固化的相容性。

适合于共固化工艺蒙皮的材料是具有“低流动性”的树脂材料体系，这种树脂体系防止树脂沿芯格壁流下进入芯子内。必须选择相容的胶黏剂，无论是共固化或二次胶接时，胶黏剂应与所选芯子形成足够的倒角胶接。对共固化结构，必须证实预浸料树脂与胶黏剂的相容性。

应按照应用要求的特性选择芯子，常包括表面质量、剪切刚度和强度、压缩强度、重量、吸水率和损伤容限。当前可用的芯子材料包括金属与非金属蜂窝芯和各种非金属泡沫塑料。蜂窝芯选择可在以下范围内进行：普通的碳、玻璃或芳纶纤维增强，包括酚醛、环氧、聚酰亚胺或热塑性树脂在内的基体材料。

可在文献 5.7.7(a)-(d)中查到更多信息。

5.7.8　胶黏剂胶接

对复合材料结构通常使用三种胶黏剂胶接类型，它们是共固化、二次胶接和共胶接。典型的共固化应用是加强筋和蒙皮同时固化，经常将胶膜放置于加强筋和蒙皮之间，以提高抗疲劳和抗剥离性能。共固化工艺获得的主要好处是胶接部件之间具有极好的贴合性与良好的表面清洁度。

二次胶接利用预固化的复合材料细节零件。蜂窝夹层结构装配件通常用二次胶接工艺来保证最佳的结构性能。在蜂窝芯子上共固化的层压板可能有陷入芯子蜂格内的畸变层，从而其压缩刚度和强度可能分别降低 10%～20%。虽然二次胶接可避免这种性能损失，但为了保证适当的配合和表面清洁度，在胶接前必须小心操作。在某些应用里，把铝箔层或夹在两层聚酯隔离膜之间的胶黏剂放入胶接结合面；然后把组件装入袋内，并用与实际胶接周期相同的温度和压力运行一个模拟的胶接周期；除去箔或薄膜，并测量其厚度。基于这些测量，可以把附加的胶黏剂加到胶层中以保证适当配合，或可以修整细节零件以消除干扰配合。

经历二次胶接的预固化层压板上通常有一层固化在胶接表面上的薄尼龙或玻璃纤维可剥布。虽然可剥布有时妨碍预固化层压板的无损检验，但认为这种方法是在胶接前保证表面清洁度的有效手段。除去可剥布，得到了洁净的表面。用砂纸轻轻打磨除去由于可剥布织物产生的隆起树脂峰印迹，若可剥布破裂会在胶层中造成裂纹。

剥离层一般不用于热塑性复合材料层压板，而用等离子体技术如火焰喷射代替，以除去微量的污染物和提高表面活性。热固性胶黏剂有时用于热塑性复合材料的预压实，但更普遍使用的是可熔融的热塑性树脂薄膜。由于加工范围比较宽，胶膜的首选是无定形热塑性树脂（如聚醚酰亚胺）。在有些情况下，将镍铬合金丝或铁磁粉放入薄膜里，在胶层内用电阻加热薄膜并影响其流动性。文献 5.7.8(a)出色地综述了这一技术。

共胶接是二次胶接与共固化的组合，在共胶接过程中要对细节零件，通常是蒙皮或梁腹板进行预固化。把胶黏剂放入胶缝，再把另一个细节零件的附加复合材料铺层（如 π 形或帽形桁条）铺贴在胶黏剂上，然后把胶黏剂和复合材料层同时固化在一起。共胶接工艺的优点是不用昂贵的匹配金属模具，有相同几何形状的整体加筋复合材料零件可能需要这种模具。

共胶接与共固化连接是否得到相同的结构性能水平只是一种推测。匹配金属模的高成本已经使得结论性试验受阻，目前没有证据表明共胶接不如共固化。

根据经验，二次胶接对清洁不当和污染（例如硅树脂）引起的胶层破坏非常敏感。已证明共固化连接对工作场所污染的敏感性小得多，可以预料，共胶接对不适当表面处理的敏感性比二次胶接要稍微低些。

在许多应用中，复合材料与金属二次胶接或共固化。常见的实例是阶梯形搭接接头和闭合肋和梁。必须特别注意尽量减少复合材料与金属胶接的热失配。碳纤维/环氧树脂与铝已成功地用 121℃(250℉)或更低温度固化的胶黏剂进行了胶接。对 177℃(350℉)固化的胶黏剂，推荐用钛合金，这是因为钛的热膨胀系数更接近碳纤维复合材料。

在胶接组件中，金属的表面清洁比复合材料更为关键。铝、不锈钢和钛细节零件需要用溶剂蒸气除油脂、碱清洗和酸蚀刻以产生具有厚度和活性可控的氧化层。通常采用林产研究所(FPL)蚀刻、磷酸阳极化和铬酸阳极化工艺作为铝表面预处理。钛预处理包括铬酸阳极化或铬酸盐氢氟酸蚀刻工艺。已证明磷酸盐溶液在预处理不锈钢表面方面是成功的。

在所有的情况下，在预处理的几小时之内，金属表面必须喷一薄层胶黏剂底胶。为了获得最好的耐环境性能和胶层耐久性，推荐含铬酸盐的环氧底胶。但是，环境保护法规将限定使用含铬化合物和应用具有高挥发性溶剂含量的底胶。下一个十年的挑战将是研发保护环境的预处理工艺和底胶，同时在有害的环境条件和循环载荷下保持或改善胶层耐久性。

关于连接设计、胶黏剂材料选择过程、试验方法和质量保证方面的更多信息，可以在 MIL - HDBK - 691，胶黏剂胶接(见参考文献 5.7.8(b))中查到。

5.7.9 预结合水分

使用中的二次胶接破坏通常在界面上，表现为全部胶黏剂在界面的一边，而全部树脂在另一边。出现此情况的一个众所周知的原因是来自已除去可剥布的硅树脂迁移，另一个原因是超声波检测不能发现的薄弱处预结合了水分。胶接性取决于高于未固化胶黏剂的基材表面能。界面处的水降低基材的表面能，使得胶的胶接很难或甚至不可能。已经发现，在未烘干的增强环氧层压板中仅仅 0.2%的预结合水分就能降低胶接的剪切强度达 80%。水分被用于固化胶黏剂的加热驱赶到界面，并由于除去的可剥布留下的凹凸不平纹理无法逸出。由于放在周围环境太长时间的胶膜的吸湿性，也会存在预结合水分。冷藏库密封袋中存放不当的胶黏剂冷凝物，也会形成由于剥离强度接近于零而分离的“吻合胶接(kissing bond)”，通过填充可剥布表面的空隙实现的机械咬合形成了“搭扣(velcro)”型胶接，这种胶接有足够的强度，已通过初步检测，但不具备使用中可持续的耐久性。

在一系列特殊说明的试验中，使用一个已知没有脱模剂的可剥布，因为没有适当储存而在胶膜上产生冷凝物，试验的第一块板提前失效。进行除了胶黏剂适当储存没有其他变化的重复试验，试验试样会在最接近顶层的纤维层和界面之间的树脂产生层间失效。在任何一种情况下胶黏剂都没有磨损。这种变化显然是界面间存在预结合水分和没有预结合水分的结果。与这些试验相关的生产程序对被胶接件在固化和胶接间的外置时间有严格要求，仅是几个小时而不是几天或几周，并且不得出现使用失效。制造过程中的间歇会要求固化的零件在胶接之前需彻底干燥。

另一个相关情况是在胶膜胶接之前存在冷凝水的金属胶接。在一个工装上，胶接组装件一侧成形的橡胶袋防止任何水分逸出;加强筋的胶黏剂仅是在沿着边缘的倒角处被挤出。有紧密接触但在接触面绝对没有胶接。在另一个工装上,使用珠球来简化打袋,水分很容易在珠球之间通过空隙逸出,尽管明知道胶接之前有水分的存在,但是这些胶接没有发现任何缺陷。这两种情况的不同之处是固化期间挥发物扩散时期完全相反的能谱。当水分移动少于 2.5 cm(1 in)就能够到达一个大的扩散路径时,水分就能够逸出,但是当需要移动 91 cm(3 ft)的距离时水分就不能够逸出,可通过尽可能多的六角橡胶密封条逸出。

吹砂用于移除可剥布织纹以利于排放,同时故意引进水分来确定水分是否会在固化周期中逸出,对这样的复合材料胶接表面还没有任何试验,然而这些尚在计划中。

通过复合材料胶接的经验已经确定不能够在固化期间轻易逸出的预结合水分对胶接的强度和耐久性有重大影响。在胶接之前使用足够长时间干燥复合材料层压板是非常重要的,因为即使少量水分也能被吸收。使未固化的胶膜远离湿气也很重要。对偶然引入的预结合水分,好的扩散通道能够增加胶接的可接受性。

5.7.10　胶接质量

在复合材料制造方面大量问题集中在胶层或邻近胶层存在的各种异常上。使问题更复杂的是,对可能在结构胶接时出现的多数异常并没有一组行业可接受的术语或可接受的准则。另外如图 5.7.10(a)所示,很多存疑的异常与任何其他重要的准则相比其范围差别更大。在本讨论中使用图 5.7.10(a)中的术语,但同样的问题是,似乎不存在这些以及其他相关术语的行业标准用法。在胶层与涂胶区域之间有一条分割线,如图 5.7.10(a)所示。尽管本图显示了一条基线有终端,但是在一些情况下两条基线都有终端,例如在零件边缘处。

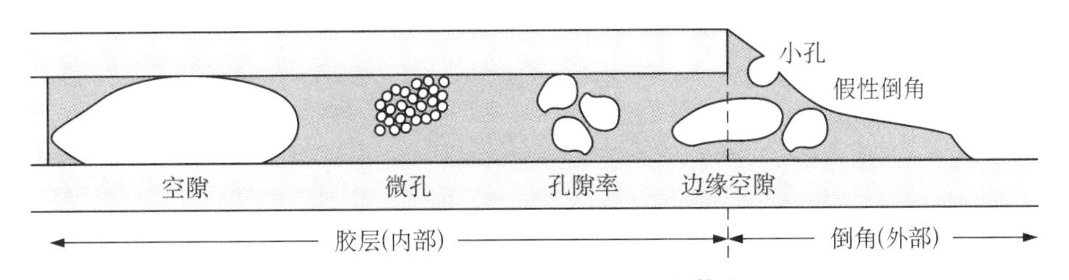

图 5.7.10(a)　胶接质量异常的气体位置

下面并不是胶接质量现象的一个完全讨论,假定已制备好用于胶接的基材,并且已选择了适于应用的配套胶黏剂。本讨论着眼于一种胶接质量缺陷,本缺陷中气体占据了胶层内或邻近胶层处胶黏剂的一部分空间。本讨论也聚焦于使用胶膜的金属或预固化非金属基材的结构胶接。然而本讨论主要适用于复合材料共胶接和共固化,也可能会引入一些其他问题。

其他胶接质量类别包括固体污染物、不充分固化和界面问题。典型的固体污染物是外来物,例如衬纸或衬膜。不充分固化指的是阻止获得全部胶接性能的化学问题，例如固化不完全或预结合水分暴露。界面问题是由于某些原因胶黏剂没有浸湿基材，原因有基材硅污染或者固化中胶黏剂未充分流动。跨越于基材之间的空隙有时称为未粘接(没有胶接)，这与胶黏剂/基材界面的界面失效不同，界面失效被称为弱胶接或基于失效的脱粘。

另外，结构胶接几乎一直要求多少有些倒角，或者延伸到胶层之外的连续胶黏剂带。所有的倒角并不可能都如图 5.7.10(a)中所示，但是它们需要延伸至超过基材边缘以用于装配。最有争议的问题之一是边缘空隙，其横跨在胶层和涂胶区域之间。

图 5.7.10(a)中所示的所有胶接质量异常都会被归入到空气置换胶黏剂(gas displacing adhesive, GDA)范畴中。它们仅仅是在相对尺寸、分布和位置上有不同，其位置是在胶层内(基材间)，或延展到胶层外(至少超出一种基材)。如上所述，虽然存在其他胶接质量异常，但 GDA 范畴包括了很多在连续生产过程中发生的最常见情况。由于 GDA 表示在需要连续胶黏剂层内的中断，其所描述的不连续性可能比异常更严重。

当针织稀纱布用于胶黏剂载体和/或胶层厚度控制时，稀纱布内的空隙区常常变成确定这些 GDA 胶层质量异常尺寸的大致分割线。与稀纱布图案(通常是 1.6mm (1/16in))尺寸大致相当的 GDA 通常认为是孔隙率。远小于这个尺寸的 GDA 通常认为是微孔，远大于这个尺寸的认为是空隙。任何最大尺寸远小于胶层厚度的几乎总认为是微孔。任何胶层 GDA 异常，即使是一群较小密布的 GDA，只要大到足以满足无损检测方法最小可检限制值的要求，通常就认为是空隙。而且，必须强调这是一个连续范围，有无限多种可能的排列。

倒角处异常的尺寸更是多变的。小孔的最大尺寸通常是 0.25～0.76mm(0.01～0.03in)，并且延伸到倒角表面。假性倒角要比小孔大，但不超过基材边缘，可以延展到倒角表面或不到倒角表面。随着假性倒角尺寸的增大，问题就会从倒角处异常的表征变为倒角处的一般质量。

与 GDA 胶接质量异常相关的大多数问题都显示在图 5.7.10(b)中，这些问题包括气体来源、帮助气体转移出胶层的推动力和其他可能阻止转换的因素。基于胶黏剂树脂的凝胶性，GDA 不连续的位置和范围是固定的。固化后胶层和倒角处要进行检验，结果要与已经建立的判据进行比较，决定零件可被接受或拒收。对每个问题的讨论如下。

至少有一些形成 GDA 不连续性的气体来源。裹入空气或其他气体的小气泡通常产生于胶膜内，尽管已经试图减小它们的存在。装配中更大体积的气体可能被裹入到已胶接基材的胶黏剂内。若使用多层胶黏剂，更容易在胶层之间裹入气体。装配中典型的制造工艺是在气泡中心扎一个小孔并压出尽可能多的气体。当胶黏剂随着洁净间温度的升高而黏性增加时这个问题更加突出。黏性增加会使得很难进行高质量的装配，或由于制造工艺的复杂性甚至无法装配。

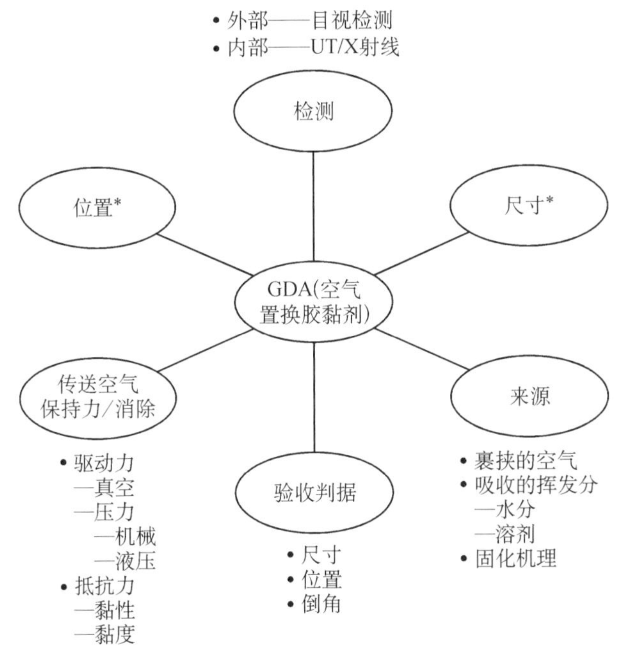

图 5.7.10(b)　与 GDA 胶接质量异常有关的问题

* 见图 5.7.10(a)

制造状态的胶膜中也包含一些液态形式的挥发物,量级从测不出到重量或体积的百分之几。挥发物可以是被用作制造工艺的一部分但没有完全去除的溶剂、简单的水分或微小的污染物。胶黏剂树脂成分由于疏忽会在发生原本要进行化学反应前变成挥发物,若固化周期允许它们沸腾,例如在过高的温度下保持真空时就是这种情况。若允许胶黏剂中的液体达到沸腾所需的温度和压力,重量百分比维持不变但体积会增加超过 20 倍。这就是为什么要在制造过程中控制挥发物含量以及胶膜验收时要进行检验的一个原因,因为挥发物含量的微小差别都可能对胶接质量有非常大的影响。

未固化胶膜暴露于任何溶剂都是问题。包括在固化前将其他溶剂引入到胶层,例如涂抹胶膜前用手擦拭的溶剂尚未完全从基材上挥发时。胶接操作时唯一会进入胶黏剂中产生危险的溶剂应该是环境中的水分,可用很多方法来对其控制。在胶黏剂制造、运输、储存或外置暴露在洁净间潮湿环境时,胶黏剂都可能吸收水分,即使在洁净间允许的湿度范围内,也能观察到胶黏剂操作(例如黏性)和胶接质量(例如微孔隙率)的差别。

由于典型储存温度是－18℃(0℉),必须在一个密封容器内将胶膜解冻至室温以防止水分在胶黏剂上冷凝。在胶黏剂从容器中取出之后水分仍然存在。这就是洁净间内要控制湿度和温度的原因之一。即便如此,对简单的胶接结构件可接受的较大温度和湿度范围并不总是能够生产出相同质量的复杂胶接件。

即使在洁净间控制范围之内，天气的变化以及引起的环境湿度变化，都能够产生胶接质量的轻微周期性变化。另外，大量预结合水分暴露会导致一些对胶黏剂敏感的固化性能变化，对会快速吸收水分的材料，例如蜂窝芯进行胶接时，更是问题。

一些早期的胶黏剂在固化化学反应中会产生气体，除了高温条件下，现今很少使用。若在胶层内产生过多的气体，这些胶黏剂通常需要特定的固化周期。这些周期包括延长恒温时间，使气体散出并且有机会在胶黏剂凝胶前逸出胶层。

有一些气体几乎一直存在于胶黏剂内，要关心所施加的力使气体在胶黏剂凝胶之前逸出胶层和抵抗所施加力的因素。通常尝试使用负压抽出裹入的气体，但是这会被胶黏剂软化前的黏性以及软化后凝胶前的黏度阻止。有时用薄的干稀纱布或玻璃纤维丝提供真空通道以便排除树脂软化前裹入的气体。

在胶黏剂固化期间，需要施加机械力压挤基材使其贴合在一起。为此，要求零件和工装互相贴合，接触密切。当零件符合性和/或工装贴合不好时，要求胶接零件和工装公差接近要求的胶层厚度。胶层内的树脂压力可能较低，尤其是在开放边缘区，但是一般设计选用的胶黏剂会容许这种情况。某些胶黏剂可以调整配方得到一些抗流变性(剪切增稠)，随着胶层(有效胶线)厚度的减少其有效黏性会有所增加。胶接质量的较大变化仅发生在被大量胶黏剂填充的结合面间间隙的上界面和下界面。

在树脂凝胶时裹入剩余气体的量依赖于气体最初的体积和分布，和排除或分散残留物的成功与否。邻近低压力区域的较小体积会融合在一起形成一个较大体积。当气体移动到低压力区时较大的体积会分离成较小的体积。气体要从一个进入点到达一些低气压区可能要经过胶层，例如一个泄漏的真空袋或者空气从蜂窝芯格扩散到邻近胶层。得到的 GDA 有特有的外观，有时称之为“树枝形空隙(tree-like voids)”或“鸡爪(chicken-tracks)”。

至于位置，GDA 间的差别仍然是在胶层内，而不是气体排出需要的时间，虽然树脂黏度较低。对一组给定的胶接条件，大量气体在树脂凝胶之前有一个最大跨越距离。若超过这个距离，可能需要备用的排出路径，例如钻孔。一旦树脂凝胶，剩余的气体就会按其位置和构型固定不变。

固化之后需要检验胶层，若胶黏剂透明或足够薄，则涂胶区可全部目视可见，否则仅表面可检。在涂胶区可能扩展到胶层的任何不连续都可用无损的方法进一步检验，例如超声或射线。涂胶区缺陷的最小目视可检尺寸通常比大多数应用所要求的小。必须对每一种检测胶层的无损方法确定最小可检尺寸。同样体积以不同方式分布的气体会有不同的检测结果。孔隙率在较大区域分布的同样体积气体比较小的连续空隙更难检出。任何复合材料结构内任何不能被无损检出的胶接缺陷要以某种其他方式排除或假定一定存在。

一旦通过检测确定了这些缺陷的尺寸、位置和特性，就需为每个零件建立检验验收判据。依据材料、设计和应用，这些验收判据可以是不同的。

5.8　固化和压实工艺

要用树脂压实和固化工艺来保证复合材料的单个段或层适当胶接，并保证基体完整无损和能保持用以在零件上承载的纤维增强材料的位置。在材料加工流程中，这些工艺过程是最敏感的。热固性复合材料零件固化成形时，材料经历大量的化学和形态变化，因此有许多作用同时发生。一些作用能够直接控制，另一些仅能间接控制，并且其中有些是相互作用的。在基体流动过程中，这种作用（如空隙形成或增强纤维偏移）可以使固化的复合材料性能发生很大变化。

热塑性复合材料的压固期间基体不需经历化学变化，而是可能偶尔会出现像产生挥发物的断链这样的变化。此外，压固需要树脂流动，特别是在纤维/基体中间相里，半结晶热塑性树脂可以经历形态变化，如因熔融、流动和再结晶在结晶度方面的变化，这些变化能引起压固复合材料力学和物理性能的显著变化。在无定形热塑性树脂中，中间相里不同相对分子质量材料的离析也可能导致复合材料的性能变化。

5.8.1　真空袋成形

真空袋模压是一种将铺贴件在压力下固化的工艺方法，压力由铺贴件和放置于其上并在边缘处密封的柔性膜之间抽真空产生。在真空袋成形工艺中，通常使用预浸料或湿树脂通过手铺贴把增强材料铺放于模具中。高流动性树脂是真空袋成形的首选。真空袋成形采用下列步骤：

（1）将零件用复合材料铺放入模具中。

（2）安置吸胶和透气材料。

（3）在零件上铺放真空袋。

（4）密封袋和检查是否漏气。

（5）将模具和零件放于固化炉中并按要求的高温下进行固化。

（6）从模具中取出零件。

采用真空袋固化炉固化制造的零件其纤维体积含量较低且空隙含量较高。真空袋成形是一种低成本制造方法，使用低成本模具，且生产过程短。

5.8.2　固化炉固化

复合材料能够使用各种各样的加压方法在固化炉内固化。如上节所述，真空袋法可用于除去挥发物和夹裹的空气，并且利用大气压力压实。另一种固化炉固化加压方法是利用收缩袋或收缩带。因为有一些相同的操作应用规则，该方法通常用于纤维缠绕的零件。收缩带卷绕在完成的铺贴件上，在带和铺贴件之间通常仅用一层隔离材料。通常使用一个热吹风对收缩带加热，使带收缩，对铺贴件施加相当大的压力。收缩后，将零件置于固化炉中固化。用收缩带可廉价地生产高质量零件，但有几点注意事项：首先，该零件必须具有收缩带能对所有点加压的形状；其次，在固化期间必须限制树脂的流动，因为受缩带在固化炉中不会继续收缩，若树脂过度地流动，通过收缩带施加的压力将大大降低。

5.8.3 热压罐固化工艺

5.8.3.1 一般说明

热压罐固化是在热压罐中用较高温度和较高压力来固化材料的一种工艺。热压罐是一个加热加压的容器，一般内压能达到 2 MPa(300 psi)，温度能达到 370℃(700℉)。热固性复合材料通常在低于 0.7 MPa(100 psi)和 120～200℃(250～400℉)的温度范围内成形，热塑性复合材料可能要求更高的温度和压力。由于在加工成形期间热压罐内为高温，容器内的气体通常要除氧，而用惰性气体如氮气替换氧气来防止正在固化的材料热燃烧或炭化。

把热压罐内待固化材料放置在提供固化材料最终形状的模具上。经常称为成形模的模具可以由适应复杂几何形状使用的芯模组件或模具细节件组成。模具也可以包括如定位装置、模具加强片或净模压细节件来增强终端产品或材料的后续加工。一般把袋膜的防渗层或可重复使用的弹性囊放置在要固化的材料上并密封住模具。在袋膜材料和要固化的材料之间抽真空，因此材料的铺层在靠着模具的厚度方向上受压。有些情况下，热压罐或固化炉只对一部分要固化的材料加热和加压作为中间的压实步骤，通过改善压实来提高成品质量。随着热压罐内温度升高，待固化材料的黏度通常降低到流体状态，并且在层内和在层间的气体会随材料压实逸出。在袋膜材料下面，可以使用多孔的“吸胶”层和/或片、条或纱束形式的“透气”材料来帮助排空气体。贴模面还可以包覆表面膜或模具涂层以改善固化材料的表面光洁度。在袋膜材料下，也可以装刚性均压板或加厚件以局部地控制成品的厚度和质量。有时，预固化或阶段固化部件可以用热压罐内的待固化材料来共固化或共胶接。对特殊树脂所关心的问题，见第 3 卷 5.4.2 节。此外对热压罐固化过程的工艺控制，见第 3 卷 5.10 节。

5.8.3.2 变异性来源

在热压罐固化工艺中，变异性的主要来源如下：

- 模具或型面光洁度；不良的表面光洁度将转移到成品上。
- 模具材料、密度和模具在热压罐中间隔；较多、较密的模具挤在一起将充当吸热器的作用并影响固化度。
- 零件几何形状；几何形状越复杂，越难以实现匀压实和避免褶皱。
- 铺贴层对称性；非对称几何形状和/或铺贴层引起零件翘曲或回弹。
- 材料定位和调整公差；非对称铺贴层引起零件翘曲。
- 真空袋技术和制袋材料，包括吸胶材料和均压板等；真空袋材料移动或因对固化材料完全接触的限制(即架桥)，引起材料压实和树脂流动的不均匀性从而影响成品质量。
- 中间过程的压实次数和压实时间、温度和压力(真空)；压实不充分引起成品厚度和表面光洁度变异以及褶皱。
- 原材料变异性(包括逐批质量变异性)和材料储存期；材料一般与时间和温度

相关。

- 待固化或加工的材料吸湿量；因为在固化期间材料中的水分变成蒸汽产生孔隙率影响层压板质量。
- 真空嘴数、真空嘴的位置，和在固化周期中真空完整性；在固化期间由于树脂流动和凝胶材料在厚度方向被压实。真空完整性影响压实水平。
- 热压罐温度、压力和时间；固化周期中的变化影响固化前的树脂流动、固化水平和成品厚度。
- 零件厚度变化；厚度变化可以影响压实和固化均匀性。

欲知厚复合材料方面的专门问题，见第 3 卷第 12 章。欲知有关夹层结构的工艺问题，见第 3 卷的 5.7.7 和 5.7.8 节。

5.8.4　模压成形

模压固化采用加热的压板对零件加压和加热。通常，模压机在 140～7 000 kPa (20～1 000 psi)和高达 320℃(600℉)条件下操作。对平面和高生产率零件模压固化是非常经济的。对有外形要求的零件，模具要求匹配的封闭对模。模压成形采用下列步骤：

(1) 将复合材料放入模腔中。

(2) 安装固化监控装置。

(3) 将零件放入模压机中并进行固化。在固化周期内，监控压力、温度和时间以保证符合固化参数要求。

模压固化用于生产高质量、低空隙含量的零件。

5.8.5　整体加热模具

整体加热模具固化所需热量是由模具自身提供，而不是在固化炉或热压罐中通过由表及里的外部加热提供的。若使用匹配的压模，可以不用热压罐来制造高质量零件，热量通常由模具内的埋入电阻元件或热油循环通道提供，这在模具内会产生冷热部位。为保证模具所有的零件按加热曲线运行，以使零件固化完全和具有高质量，温度巡检是必需的。

5.8.6　拉挤型模固化和压实

拉挤成形是一种自动化工艺，用于具有恒定截面复合材料件的连续制造。对工艺过程和产品，连续增强的纤维都是整体的。拉挤成形可以是采用热固性或热塑性预浸料的干法，或连续纤维束在树脂槽里浸渍树脂的湿法。虽然树脂和固化剂体系的进展使得该工艺通常采用环氧树脂体系，但围绕着由热固性聚酯树脂展现的快速加成反应化学作用而发展了湿法树脂工艺。

在拉挤成形中，材料在连续工艺过程中固化，所以能够提供大量高质量固化型材，材料通过专门为制造型材设计的加热型模拉出。模具是这样设计的，固化模腔的体积引起树脂压力增加使材料压实。该固化模腔压力是挤压下游固化材料而产生的，也由被连续拉进模腔的上游新材料引起，因而此工艺对用于拉挤成形的纱和速率变化非常敏感。

用于拉挤成形的树脂也是完全专用的。这种工艺几乎没有时间除去挥发物、压实及其他工作，而其他的固化工艺却可以用相当长的时间进行这些操作。树脂必须能快速固化，当暴露于适当温度时，有时不到一秒。树脂还必须均匀一致，中断该工艺会是非常费时又费钱的。像大多数连续工艺过程一样，许多的操作费用与生产线开机和停机相联系。

该工艺中的关键单元包括：增强材料传送台架、树脂槽（用于湿法拉挤成形）、预成形模、加热固化模、牵拉系统和切割台架。采用此工艺可以生产各式各样实心和空心异形产品，该工艺能使用缝编织物、无定向毡和双向增强材料。型模采用敞开式的喇叭口截面以助降低型模中聚集的液压树脂压力。型模还要电镀以利消除模壁黏附，以及增加硬度来消除纤维的磨蚀。

通常采用下列工艺过程：

（1）将增强材料穿过增强材料传送台架。

（2）将纤维束牵拉通过树脂槽（若采用湿法）和预成形模。

（3）通过牵拉树脂浸渍纤维束穿过预热型模，用形成的带束来启动工艺过程。

（4）随浸渍纤维束牵拉穿过加热型模，控制型模温度和牵拉速率使产品（热固性）在退出加热型模之前完成固化。

（5）随连续拉挤的产品退出加热型模，按要求长度用锯切断复合材料零件。

拉挤成形中最关键的工艺变量是产品的温度控制，它随加热型模的温度分布曲线和线速度而变。因为产品在退出拉挤型模之前必须达到完全固化，所以温度控制是关键。其他影响固化后性能的变量是纤维张力和槽中树脂黏度，纤维张力直接影响终端产品的纤维排列，黏度影响纤维完全浸透和终端产品中纤维与树脂比例的均匀性。

5.8.7　树脂传递模塑(RTM)

在模压工艺过程中，RTM是在模塑过程中一种把干纤维增强材料或材料混合物（通常称为“预成形体”）与液态树脂结合在一起的工艺，并借此将这些结合在一起的材料固化制造三维部件。RTM是一个术语，该术语广泛用于描述这种遍及航空航天和非航空航天工业的一般制造方法的若干派生工艺，这些工艺在终端产品质量上具有极其不同的结果。传统的RTM工艺采用闭合的“硬”模具，类似于注射模塑法所用的，完全封装预成形体并精确控制所有的部件表面。传统RTM工艺的一种派生工艺是真空辅助RTM（VARTM）；VARTM采用单面模方法，由柔性膜隔层（真空袋）来确定“非模具”表面。同样，某些派生工艺可以宽松地将预成形体定义为简单铺层形状，对铺放在模压模具表面的预成形体，几乎不考虑其方向或位置控制；而其他的采用附加的材料、模具和中间加工步骤以精确控制这些预成形体的特性。为了获得可重复和可靠的终端产品，用于关键结构应用的部件通常要保证使用更先进的和很好控制的RTM派生工艺。因为RTM材料综合形成的材料许用值的适用范围或有效性，从而“证实”关键应用部件的能力受部件制造中采用的控制程度或先进技术的极大影响，所以重要的是RTM部件的设计者或最终用户对这些派生工艺的评价。

RTM是一种控制复合材料生产成本的有效方法，生产商使用简单的组分材料，以最便宜的形式来生产复合材料构件。而且，由于该工艺的特性，在传统的封闭式模具的RTM中能够获得极其复杂的形状和三维受力路线，使设计者能够把用替换工艺生产的许多独立部件组合在一起，从而降低总的零件数量，并因此将终端产品的成本减到最少。与能生产很复杂细节零件的传统RTM不同，因为使用类似的单面模具，VARTM生产类似于敞式模压技术生产的细节零件。因为VARTM工艺通常不要求高压或加热高于93℃(200℉)，模具制造成本远低于热压罐固化的敞式模压或传统RTM。或许最著名的VARTM工艺是SCRIMP(Seemann复合材料树脂熔浸模塑工艺)，该工艺已成功地用于许多的海上结构，主要是游艇船体。其他的专利VARTM工艺包括Marco方法，Paddle Lite，Prestovac，树脂注射再循环模塑(RIRM)和紫外线(UV)VARTM。但是，当设计部件或指定RTM工艺时必须仔细考虑，在替换方法或派生工艺可能成本更低时，确定这些特点是应用所需，以免误用。

传统的RTM工艺从预成形体的制造开始，从而对纤维增强材料或材料成形及组装来产生适于应用的几何形状和载荷途径。这些纤维材料可以机织成宽幅、编织成管材或直接铺放在模具上，或与附加材料如胶黏剂或增黏剂结合和/或在一起加工，这类附加材料将确定产品中增强材料的几何形状。同样，三维增强材料可以作为织物或编织工艺的一部分，或用于二次工艺如缝合或替换纤维嵌入技术结合进预成形体中。然后把预成形体安置在模具上或放进模内并用液态树脂浸渍，并同时包含在模具内随后固化，以生产具有与模具同样几何形状的终端产品。固化周期可能要求施加高温以产生最后固化状态的产品，这取决于所用树脂和所要终端产品材料的性质。然后必须从模具上取出固化部件，以按使用要求进行修边、加工、表面处理和最终检查。以下是RTM工艺采用的一般步骤：

(1) 生产纤维增强材料预成形体(机织、编织、切割、成形、组装)。

(2) 将预成形体放置在模具上或放入模具内(这可能还需要进一步组合预成形体或增强材料)。

(3) 用液态树脂浸渍预成形体(这可以要求组装的模具和预成形体预热、加热树脂、抽真空和/或加压)。

(4) 固化(室温、高温，或替代固化技术)。

(5) 从模具上取出固化的部件作进一步加工。

(6) 后固化(如要求)。

RTM工艺(或类似工艺)的派生工艺是真空辅助RTM(VARTM)和树脂膜熔浸(RFI)，这类派生工艺的基本原理是在生产最后固化部件几何形状的模压工艺过程中，把干的增强材料预成形件和树脂结合在一起。在RTM工艺中可以使用几乎无限多种增强材料、树脂和结合方式，给设计师提供了很大的自由度。

在VARTM工艺里，通常直接在模具上制造预成形体。舖敷每层增强材料并用胶黏剂或增黏剂固定就位。树脂入口管设在零件上面的最佳位置，以使在树脂凝胶之前，能够完全浸湿零件。环绕零件周边配置连接到真空除尘歧管的真空管。用传统的尼龙真空袋压薄膜和密封带把零件装进真空袋，允许树脂和真空管线穿过袋的边缘。对零件抽真空，袋的放置要防止架桥，并进行漏气检验防止空气沿着密封边缘进入。检查泄露方法包括沿着密封边缘使用听诊器和热成像听声音，取决于零件尺寸(见文献5.8.7(a))。树脂管路插入敞开的混合液态树脂容器中。当管路开启时，通过树脂和真空袋之间压力差使树脂流经零件。在零件完全浸透后，使零件在室温或在对流固化炉中的高温下开始固化。也采用包括紫外线、电子束和微波等固化的替代方法。然后零件从模具上脱除，除去工艺材料，对零件后固化(如要求)和最后修整。

作为传统热压罐成形的低成本替代工艺，VARTM的多功能性已经在近期完成的DoD“复合材料供应能力开端(composites affordability initiative, CAI)”项目中进行了验证，在这个项目中用性能类似于Fiberite 977－3树脂的增韧环氧树脂生产了一系列由小到大(5.4 m^2(58 ft^2))的各种整体化飞机结构，和验证了作为准备用于航空工业生产工艺的VARTM。

RFI是RTM的一种，在RFI中通过把树脂靠着预成形体放置实现树脂熔浸。树脂形式和铺放随树脂和模具而变。用放在预成形体上面或下面，瓦片状、薄膜和液体形式的树脂来制造零件。在固化的时候树脂流过整个预成形体，并且排气孔位于模具的高点处。模具中任何间隙会使树脂渗漏，从而将产生局部的干区域。通常，用类似于热压罐固化工艺的程序将零件装入袋内并固化。

RFI相比其他树脂传递工艺的优点是因为不需要匹配的金属模具而使模具制造成本较低。此外，树脂传递距离比较短(基本上只通过厚度)，因此零件尺寸不取决于树脂流动能力，并能够生产非常大的零件。传递距离短也增加了可能应用的树脂种类，包括更高性能的树脂。由于用缝合预成形体生产整体化结构的能力，该工艺的另一个潜在优点是提高损伤容限。按重量计算的连续纤维体积含量一般为55%～60%，因此其他的力学性能比如拉伸和压缩，接近用手工铺贴所达到的水平。

已经证明RFI工艺可用各种各样树脂，包括环氧(Hexcel 3501－6，Fiberite 977－3)，双马来酰亚胺(Cytec 5250－4 RTM)和Dupont K3B树脂改型。用上述树脂已经成功地制造了带有π形、“J”和帽形加强件的整体壁板。已经由NASA制造和试验了550 kg(1220 lb)和3.7 m(12 ft)长的机翼盒段，并证实了该工艺。

下面给出了RTM工艺中下列变量的控制程度和对终端产品的影响：

(1) 来自供应商的组分材料——影响层压板强度、刚度、加工性能、孔隙率、表面光洁度。

(2) 增强材料的制造(机织、编织等)——由于纤维取向、纤维损伤、单位面积重量/纤维体积含量会影响层压板强度、刚度。

(3) 增强材料加工(应用胶黏剂或增黏剂及其他材料)——影响对材料成形/确定形状的能力、多层同时成形的能力,会对预成形体浸渍能力有影响的渗透性变化,如材料彼此不相容会影响层压板结构性能。

(4) 铺层切割和堆叠——对决定结构性能的材料方向或铺贴顺序,和规定局部纤维体积含量的部件内丢层有影响。

(5) 形状形成/预成形——影响铺层方向、丢层、局部纤维体积含量。

(6) 预成形件的组合/模具——影响铺层/纤维取向和准直、丢层、纤维体积含量、零件几何形状、树脂流动和浸渍预成形件的能力。

(7) 液态树脂成形/固化参数(时间/温度曲线、真空、压力、流量、树脂的黏度)——影响层压板孔隙率水平、玻璃化转变温度(T_g)、层压板表面光洁度。

(8) 脱模和模具清理(从模具脱除零件)——影响可能分层引起的层压板完整性、表面光洁度(划痕、凿印)。

(9) 模具设计和模具材料选择(热膨胀系数(CTE)考虑)——影响模具寿命、零件表面光洁度、零件完整性(会由 CTE 失配的影响引起层压板损伤)和加工性。

5.8.8　热成形

热成形纤维增强热塑性复合材料。作为应用于热塑性复合材料的热成形工艺,通常分成两类:熔相成形(MPF)和固相成形(SPF)。热成形利用热塑性复合材料的快速加工的特性。复合材料热成形工艺可以划分为4个基本步骤:

(1) 加热材料至成形模具表面的加工温度,这可以用辐射加热完成。

(2) 将烘箱加热的材料快速精确地转移到成形模具上。

(3) 使用匹配的压模预加工已加热的材料至要求的形状。

(4) 冷却成形的层压板,并通过传入模具的热量固定其形状。

在热塑性基体的熔点进行 MPF(熔相成形),并要求在成形过程中施加足够的压力和/或真空以完全压实。MPF 工艺最适合用于零件几何形状的特征是外形急剧变化并要求一定的树脂流动性。

固相成形(SPF)通常在开始结晶化和低于熔点峰值之间的温度下进行。此温度范围提供足够的可成形性,而材料依然保持固态。SPF 允许预压实片材成形,无需压实阶段,但限于变化平缓的零件几何形状。

热成形的加工时间由给材料增加热量和除去热量的速率决定。主要与材料热性能、材料厚度、成形温度和模具温度有关。成形材料所需的压力取决于各种因素,包括零件几何形状、材料厚度和可成形性。热塑性复合材料的一般可变形特性还取决于在成形期间使用的应变速率和热塑性基体的热经历。成形过程可以影响下列这些最终性能,如:

(1) 结晶度。

(2) 玻璃化转变温度。

(3) 纤维方向/排列。

(4) 纤维与树脂比例的均匀性。

(5) 残余应力。

(6) 尺寸公差。

(7) 力学性能。

成形工艺过程对成品零件的质量有重要影响。具有可预测工程性能的高质量零件要求采用为专门应用开发的控制良好的热成形工艺。

5.9　装配工艺

复合材料表征通常不包括装配工艺,但是在使用中对使用中获得的性能会有明显的影响。正如试验试样所看到那样,边缘和孔的质量对所得的结果有显著影响。虽然这些影响通常不作为材料性能被涵盖,但应注意在零件性能与对边缘和孔质量所消耗的时间及努力之间要作工程比较评定。这些影响需要与基本材料性能一起考虑。

5.10　工艺过程控制

在许多应用中,复合材料结构有可能提供更高的性能。为了实现此潜力,必须能够制造低成本高质量,一致性好的零件。在复合材料零件固化时,与零件制造同时也在制造材料,结果,同时有许多操作步骤在进行。一些操作是能够直接控制的,其他的只能间接控制,并且其中有些是相互作用的。工艺过程控制是用于管理与复合材料有关变异性的方法之一。

5.10.1　通用工艺过程控制方案

使用工艺过程控制来试图指导固化时的众多变化以达到多种目标。制造高质量零件是目标之一。其他目标包括避免过热、尽量减少固化时间和处理零件特有的制造问题。对工艺过程控制可以采用几个不同的方法:经验法、主动法和被动法。最常用的是经验法或试错法,尝试许多不同固化条件的组合,选出提供最好结果的固化条件用于制造。第二种是主动法,或实时工艺过程控制:此时采集所讨论零件固化时的数据,能够获得的数据包括温度、压力、树脂黏度、树脂化学特性(固化度)和单层平均厚度;用一个专家系统来分析固化信息,并且指导热压罐如何去进行固化。第三种是被动法,或离线工艺过程控制:这时用数学模型来预测固化过程中零件的响应;可以模拟许多不同的固化方法,并且采用已取得的最满足需要的那一个。

这些工艺过程控制方法中的每一种均得益于对树脂固化过程出现的效应和相互关系的了解,这种了解称为工艺过程控制模型。对特定应用,无论尝试哪一种特定类型工艺过程控制,模型仍旧相同。

5.10.1.1　经验方法

用经验或试错的方法来尝试多种固化方案。通过成功和失败的记录来选择随后的固化方案，但要求这些方案的关联性最小，选择最好的方案用于生产。建立固化曲线，通常在出现新问题以前该曲线保持不变。

通常建立一个用升温速率、保温时间和温度以及真空和压力曲线表示的很窄的工艺窗口，对此必须要严格控制，因为无法了解超出边界后的材料响应。

因为所知甚少，对固化超出这些边界的零件处置是个问题。要经常对取自随后需进行修理零件的材料进行试验，来确定零件的固化状态和质量，这些材料来自该零件的多余部分，甚至是其备用段。切削可能不平整，并很可能与常规实验室试样的铺层不同，所以通常还必须建立一个可比较的基准值。

5.10.1.2　基于传感器的主动控制

主动控制也被称为实时控制。对这种方法，要收集并分析固化过程中的数据，通常会在运行过程中，基于预先设定的最优准则按每分钟进行适当调整。已有的传感器能直接或间接地用于确定温度、压力(树脂液压和机械)、树脂黏性、固化度甚至物理性能，例如厚度。

这些信息通过专家系统进行分析，然后改变热压罐状态或固化路径。由于批次或外置时间的变化引起的树脂初始状态的变化会产生不同的固化路径，或许会使得每次零件运行的固化周期都不同。

虽然这种方法已被证明在工艺和产品研发阶段是非常宝贵的，但是要过渡到生产，会因缺少生产定型传感器而受到阻碍。另外，当认为热电偶成为生产的负担时，很难采用多个昂贵的传感器。

5.10.1.3　基于模型的被动控制

复合材料固化周期的被动或离线工艺控制，使用数学模型来预测可能的固化路径变化结果。可提前通过模拟开发和优化可选的固化周期，并实施最能满足需求的固化周期。对特定的树脂体系至少必须对这些模型进行剪裁。这些模型还要验证单个复合材料体系的固化稳定性，表明对固化周期有意或无意出现变化的敏感性。事实上，目前复合材料筛选时正在开发这些模型，来去除最优性能可能只在经常达不到的固化条件下实现的材料，而选用或许用性能略低但非常稳定的材料。在6.4.6.2节实验设计中给出了方法和典型模型。

5.10.2　实例——热固性复合材料的热压罐固化

一种通用工艺过程控制模型可用于评估和开发生产高质量零件的复合材料固化。当树脂受热并开始流动时，该体系可区分成气体(挥发物或夹裹的空气)、液体(树脂)和固体(增强材料)相。所有产生空隙的气相材料应被排除或为液相所吸收；液相应均匀分布于整个零件，保持或产生所要求的树脂含量；固相应该保持其选定的方向。为了固化零件，有几个必须确定的初始因素，用作工艺过程模型的输入。这些初始因素已经分解为以下类别：树脂、时间、加热、施加的压力、工艺材料、设计和增强材料。众所周知，不同的，即使在相同通用材料系列内的树脂，以同样方式加工时，并不总是提供相同的结果。通常用固化时间和温度，包括保温保压(多次)和升温速率控制热流。对厚结构件，来自树脂放热的热量是起控制作用的。必须确定固化过程中应用的压力，它在固化期间可以变化很大。可以用真空袋或其他的工艺材料来进行某些操作，如树脂吸胶，但还会有其他的影响，尤其当它们失效时。设计选择，如夹层结构使用和半径将影响到用固化得到的结果。最后，虽然通常希望增强材料保持其方向，但增强材料确实影响气体和液体流动，还吸收一些外加压力。

初始因素的数量仅使得复合材料很难加工。使其更复杂的是这些初始因素影响所需结果，并彼此以复杂的非线性关系相互作用。因此，以似乎合理的方式调整一个因素经常得不到所需结果。这种工艺模型的示意图如图 5.10.2 所示。此特定模型设计用于热固性复合材料的热压罐固化，但是略加修改后，此模型还将大大适用于多数其他复合材料和胶黏剂的固化工艺。初始因素显示在图的上方，期望输出位于底部。在初始因素和期望输出之间的中心区域代表工艺相互作用。这些工艺过程相互作用是：固化度、黏度、树脂压力、空隙预防措施和流动。通过使用此模型，能够以合理的进程而不是毫无目的地改变和优化固化工艺。将依次讨论这些工艺过程相互作用中的每一项。

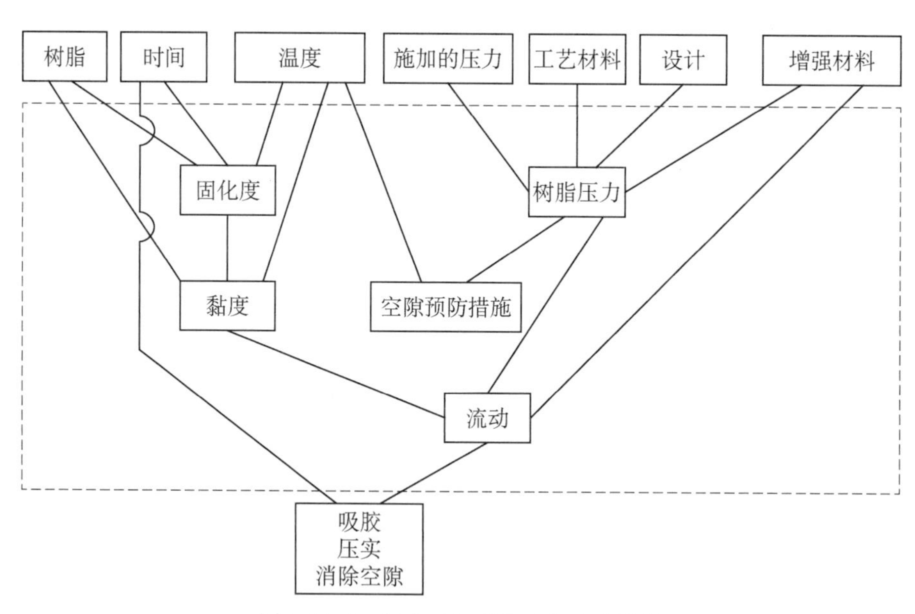

图 5.10.2　复合材料固化工艺过程模型

5.10.2.1　固化度

树脂固化度主要用作对黏度相互影响的输入。树脂固化度变化率的确定需要了解单个树脂的特定响应和树脂的温度历程，用树脂反应热作为固化度的指标，计算固化度变化率则与当前固化度和温度有关。固化度变化率经常是非线性的，这就是为什么很难离开模型去评估树脂对新温度分布曲线的响应。此外，厚结构件中反应热可以显著地提高树脂的温度，也影响固化度和黏度。树脂凝胶后，经常用玻璃化转变温度作为固化度的指标。

5.10.2.2　黏度

树脂黏度是树脂固化度和温度的函数，树脂黏度响应函数随树脂而变。在制造工艺（“固化”）过程中，热塑性树脂不发生化学反应，但在树脂熔融时是要流动的。因为树脂的化学成分不变化，热塑性树脂的黏度严格与温度有关。换句话说，黏滞效应完全是物理的，并无化学相互作用参与影响。但是，由于链长或其他的化学区别，两种不同的热塑性树脂在相同温度下可能具有不同的黏度。

热固性树脂会发生反应，因此它的化学成分在固化过程中不断变化。由于链长和交联密度增加，在给定温度下树脂的黏度将随时间而增加。这是因为在链之间相互作用增强，并且链逐渐地变成彼此缠结在一起。一旦链增长和交联充分地扩展，热固性树脂将凝胶。预测热固性树脂的黏度效应比热塑性塑料困难得多，原因为热固性树脂体系的化学成分会连续，有时甚至迅速地变化。

5.10.2.3　树脂压力

施加于层压板的压力通常与树脂受到的压力不同，后者称为树脂压力。树脂压力的概念经常用弹簧与阻尼器型模型概念化，以树脂为流体，纤维堆为弹簧。若弹簧完全由流体包裹，它不能获得任何所施加的载荷。若没有足够的树脂包裹弹簧（也许是由于树脂溢出），弹簧（纤维堆）受到的载荷会增加，树脂就失去了相应的压力。此模型的示意图如图 5.10.2.3 所示。

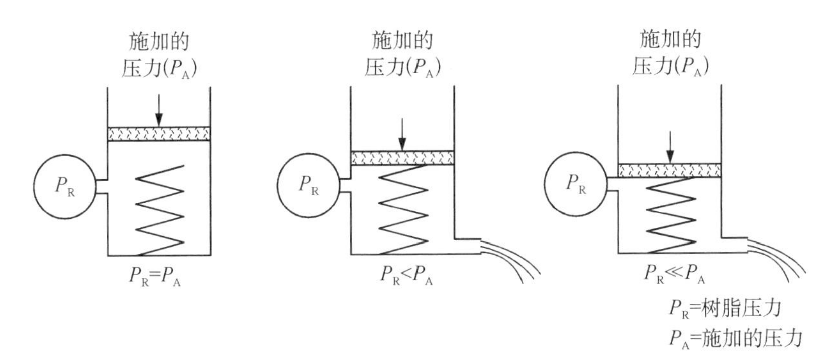

图 5.10.2.3　树脂压力的弹簧与阻尼器模型

树脂压力很重要，因为树脂压力是树脂和气相材料从一处到另一处移动的驱动力，并有助于防止空隙形成。树脂压力是施加的压力、如何和什么样的工艺材料用于固化、设计和增强材料的函数。若没有足够的树脂完全地包裹增强材料，则增强材料会受到部分或全部载荷。

与增强材料能受到施加的压力一样，其他工艺材料尤其透气和吸胶材料也能受到。在阻尼器/弹簧模型中，这些项起附加弹簧的作用，并且能够吸收大量的外加压力，尤其是对较低的压力固化。影响树脂压力的设计因素之一是像蜂窝和某些类型泡沫芯子之类材料的使用。对共固化蒙皮，若外力施加于模具或蒙皮的真空袋面，会形成树脂压力，但所有的树脂一定会略微流动进入孔格内以减轻此压力，带蜂窝芯零件就会产生质量问题，尤其是蒙皮非常薄的，比如少于 5 层。若蒙皮非常厚，那么厚度方向上树脂压力是变化的，这将使得在模具面的零件表面处于适当的树脂压力之下，而在蜂窝芯一侧树脂压力会接近零。若能给予无限量的时间，这些压力将相等，然而在许多固化期限内并非能如此。当蒙皮很薄时，树脂压力接近零，因此在薄蒙皮蜂窝上的蒙皮固化时树脂压力接近零，基本上为接触铺贴，蒙皮的质量常常很低。由于增强材料提供的阻力，能够注意到某些重要的树脂压力作用以及其对零件质量产生的后果。正如厚度方向上能够形成树脂压力变化一样，其变化也能存在于增强材料的平面中。这有助于解释为什么同时固化的相同零件层压板质量能够迥然不同。考虑一下在闭角处纤维增强材料的架桥现象。根据定义，增强材料受到由热压罐施加的全部压力，而树脂压力为零，除非铺层能够交互滑过在该角落中与模具接触。在架桥的位置经常能够看到孔隙率增加，在模具界面存在空隙及积聚过量树脂。这些完全是由于在该位置树脂压力接近零的事实。

架桥周围区域也许有足够树脂压力。一系列对蜂窝壁板进行的实验揭示，当蒙皮（共固化）中树脂压力接近零时，在边缘带（层压板）中树脂压力显著较高。在边缘带区域中的层压板质量是明显地更高，即使这两点仅相距数英寸。这非常接近于证明树脂压力不一致的概念。

5.10.2.4　空隙预防措施

某些树脂体系，特别是高温体系比如聚酰亚胺和酚醛，会产生作为固化化学反应一部分的挥发物。当这些副产物析出时，外加压力应是最小的，并要施加真空。一旦全部挥发物已经产生，则树脂压力可用于逐出凝胶前剩余的任何挥发成分。一旦树脂已经凝胶，树脂的流动已完成，而像这种树脂含量、流胶、挥发成分含量等结果均已固定。继续固化只是进一步提高树脂的固化，但树脂的物理形状已锁定。

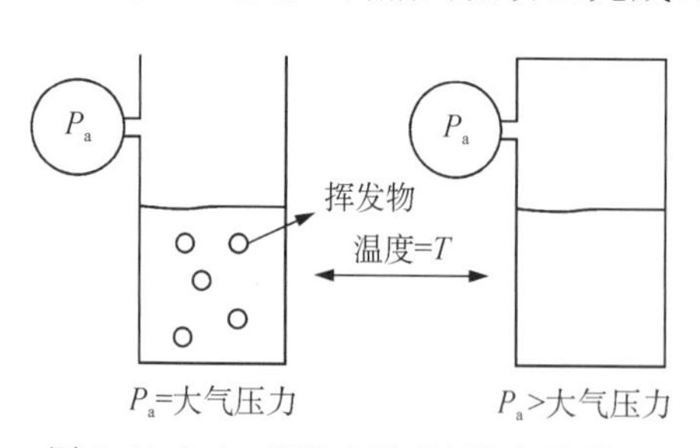

图 5.10.2.4　预防空隙的树脂压力模型

某些挥发物可能存在于预浸料中，最常见的是吸收的水分。若凝胶之前，树脂压力保持高于挥发物的蒸气压，这些化合物不能挥发，它们的体积增加许多倍，并且形成额外的空隙和/或孔隙率，其作用与汽车散热器方式相同，如图 5.10.2.4 所示。

5.10.2.5　流动

黏度、树脂压力和增强材料因素输入流动系数，可以认为黏度和增强材料是流动的阻力，同时认为树脂压力是流动的驱动力。由于这些因素出现的流动量随时间而变，这与经验是一致的。若树脂较黏稠，在相同树脂压力和增强材料情况下，预期有较低流动。若把增强材料变成较密的织物，则对树脂和气相流动的阻力增加。一旦确定了这些流动特性，则它们和可用的流动时间确定层压板怎样吸胶，层压板如何压实、和消除铺贴中存在的或在固化期间形成的空隙。

5.11　制订材料与工艺规范

对材料和工艺的要求经常是具体和广泛的，为此制订了专用的工程图纸格式。材料和工艺规范是一种用来控制复合材料变异性的方法。规范通常是电子大型(E-sized)工程图纸格式(见 MIL - STD - 961D(见文献 5.11))。不论是飞机还是高尔夫球杆，规范均是规定特定产品的工程合同包的一部分。

5.11.1　规范的类型

材料规范与工艺规范相似，但确实有一些不同的要求。

5.11.1.1　材料规范

材料规范的主要目的是控制关键材料的采购。列明于规范中的性能和数值将涉及，然而并非必须与用于设计和结构试验工作的性能相同。列明于规范中的性能和数值用来保证材料不随时间显著变化，这对用于主结构和经历昂贵的鉴定过程的材料是至关重要的。材料规范包括在相关的合同中，并且是订货单对采购材料要求的一部分。

5.11.1.2　工艺规范——控制终端产品

工艺规范确立控制终端产品需要的程序。材料及终端产品越是依赖工艺过程，工艺要求越详细和复杂。另一方面，若该工艺过程为生产合格产品打开了一扇宽阔的窗口，要求可能极低。由于材料对工艺过程的变化非常敏感，并且航空航天成品要求往往非常严格，复合材料和胶黏剂胶接工艺规范通常很详细。

5.11.2　规范的格式

大多数规范遵循基于文件如 MIL - STD - 961D 中包含的指南的类似格式(见文献 5.11)。材料或工艺规范的章节通常如下：范围、适用文件、技术要求或工艺控制、验收检验和质量控制、交付、附注、经批准的来源及其他。在以下章节中将比较详细地介绍每一节的内容。

5.11.2.1　范围

第 1 章是范围，该节通常用几句话说明规范覆盖的材料或工艺。第 1 章中还包括规范控制的材料类型、类别或形式。另一个处理不同材料构型的方法是使用简明表格，这些简明表格属于基础文件，但提供特定材料具体的补充信息。例如，一个材料规范可以包括同一胶膜的几个不同厚度，每一厚度属于不同的级别。范围章建立在其他的工程和采购文件中用于标识材料的简明术语或命名。工艺规范可以包括多个工艺过程，如对要加工的合金类型工艺过程变化最小的阳极化处理。

5.11.2.2　适用文件

第 2 章确定规范中引用的全部其他文件，可以引用试验方法及其他材料和工艺规范。对自含规范，和多个类似材料或工艺规范间重复内容进行比较评定。例如，若要改变试验方法，仅需改变参见的试验规范。若规范全部是自含的，必须修订每一规范内的试验方法。变为通用材料和方法相关的时间和费用会相当大，但是，当仅需要极少数的信息时，模块化方法会带来大量未用的信息。下节将更详细地讨论这些结构管理问题。

5.11.2.3 技术要求/工艺过程控制

第3章包括对材料的技术要求或对工艺过程的控制。对材料规范，这些要求可以包括物理、化学、力学、储存期和使用寿命、毒性、环境稳定性和许多其他特性，要求可以是最小值、最大值和/或范围，有时仅要求提交试验中获得的数据。本节中仅列明试验结果要求，用于得到该结果的试验方法在下一节中介绍。对工艺规范，则规定保证生产产品一致性所需的控制。

5.11.2.4 验收检验和鉴定试验

第4章覆盖试验。来料检验试验是在每次购买一些材料，或一批产品时要进行的试验。虽然需要满足规范的全部要求，但通常仅进行一小部分试验。鉴定试验通常涉及对规范的全部要求进行的试验，以确保供货方或加工者能够满足这些要求，并且除非另有原因一般仅进行一次。

还说明所要求试验的责任。制造商可以进行全部来料检验试验，或用户收到材料时可以进行补充试验。对所要求的报告进行了规定，若某项要求初次检测不合格，还规定了再取样和重新试验的要求。

用于确定技术要求符合性的取样和具体试验程序均列在本章，试验方法是关键。多数情况下不能使用所得到的数值，除非用于产生数值的具体试验有文件为证。即使所试验的材料本身未曾改变，当试验程序变动时试验结果也可能变化。试验件的制备也同样重要。试验结果可能变化很大，这取决于试验件的构型和状态。进行试验的条件会显著地改变试验结果。试验前对试件的预处理也很重要，例如试验之前暴露于高温和潮湿环境中。

5.11.2.5 交付

第5章覆盖交付要求。必须确定如包装和识别、贮存、运输和文件等问题。对温度敏感的材料，如预浸料和胶膜，包装是特别关键的。

5.11.2.6 说明

虽然第6和其后各章的格式可能变化很大，但第6章通常是说明。说明是供参考的补充信息，除非在要求章中特别声明，否则可以不含此项。

5.11.2.7 批准的来源及其他

第7和补充的各章可包括如什么材料按本规范通过了鉴定这方面的信息。本章可以参见列出合格材料清单的独立文件。由于进行鉴定可能需要相当大的费用，通常对产品应用，仅使用已鉴定合格的材料。

5.11.3 规范示例

通用规范一般由行业协会或军方发布。通常复合材料和胶黏剂胶接结构方面的行业协会是 SAE，ASTM 和 SACMA。此外，对行业/军用规范未充分覆盖的材料或工艺，各公司可以制订自己的内部材料/工艺规范，或保护专利信息。公司规范在格式和内容方面可以类似于行业和军用规范，但在方法和控制水平会有很大变化。每一种都有优点和缺点。

5.11.3.1　行业规范

行业规范的实例如下：

AMS 3897　布、碳纤维、预浸渍用树脂。

AMS 3894　碳纤维单向带和片材，预浸渍用环氧树脂。

AMS 规范可由 SAE 获得，地址为：400 Commonwealth Drive，Warrendale，PA 15096 - 001。

5.11.3.2　军用规范

军用规范的实例如下：

MIL - A - 83377　航空航天及其他系统用胶黏剂胶接(结构用)要求。

MIL - P - 9400　塑性层压板和夹层结构零件及装配件，飞机结构，工艺规范要求。

MIL - T - 29586　热固性聚合物基体、单向碳纤维增强预浸带(宽度达 15.24 m (60 in))通用规范。

军用规范可由 DoDSSP(国防部标准资料管理中心)标准化文件订货部获得。地址：700 Robbins Ave.，Bldg. 4D，Philadelphia，PA 19111 5094。

5.11.4　结构管理

大多数主要的航空航天公司使用许多材料和工艺规范来控制和限定它们自己及由转包方制造的产品。对某些材料和工艺，即使有等效的行业或军用规范，许多公司也宁愿拥有公司控制的规范。根据定义，行业和军用规范是一致同意的文件，但得到一致同意需要大量时间，并且会与公司的具体目标相冲突。由公司控制，按公司要求剪裁的规范可能比较容易实现。公司规范确实允许剪裁，但是以标准化为代价的。公司特定试验和方法带来附加费用。可能有许多规范对本质上是同一材料进行控制，有时这是因为不同规范提供不同的控制(试验)水平。采购材料需要试验的数量和复杂性会占材料总成本的很大比例。若仅对规范做微小改变，可以发布更改单或补遗。有些规范更改可以仅在有限的时段内实行，或局限于某些设备。现行和较早规范版本的控制是一项重要议题。规范变更会对制造作业有很大影响，并且若修订版的变化会增加费用，则必须要协商价格和执行时间，并非所有的业务和转包商可以同时执行新版本。此外，不同部门无意中使用同一规范的不同修订版或版本，也经常会引起混乱。

5.12　确定复合材料鉴定时的变异源

5.12.1　引言

复合材料拥有广泛应用所需的诸多性能，尽管航空航天仍是要求最迫切的应用领域，复合材料的应用范围已扩展至民用、船舶、工业和休闲类产品。虽然复合材料展现了其高比强度，但与金属材料相比，这些性能也显示出更大的变异性。基于相当大的变异性(或其真实变异性的不确定性)必须采用较大的可靠性降低系数，复合材料的优势会大大减少。

CMH－17 致力于复合材料的表征及应用，最初是作为主要关心军用飞机性能的政府组织，但现在研究范围已扩展到商业飞机和其他领域。为表征复合材料变异性，已在确定合适的批次数及每批次取样数量方面进行了大量工作，多数是制订通常可接受的“批次”变异性方法方面的工作。

虽然批次变异性通常用作复合材料变异性的包罗万象的术语，但很多的性能变化是在该批次生产过程中产生的。固化周期对最终的复合材料性能影响极大；无法实现最佳试验常常成为平均性能值较低或变异性过大的原因；即使尽可能优化每一环节，使试验与其他方法标准化，并严格控制制造工艺范围，但性能的变异性依然存在。

通常对给定的试验和给定的环境条件，一批复合材料只制造一块试板。不管实际的变异源怎样，只用一块试板也只能明确确定该批次的变异源。为确定同批材料制造过程中的其他变异源，需进行同批次材料的单独复制，利用复制试板的数值差别来表征这些变异源。

对复合材料使用上述方法时，每批材料至少在不同的时间制造两个试板。任何下料、铺层、制真空袋和固化的变化可反映在同批次复制试板的不同结果上。若固化后切割试板，每一半试板在不同时间进行试样准备和试验，两部分之间不同的结果反映试验源的变异性。从每一半试板上切割的试样之间不同的结果反映了之前过程未解释的变异性。

可对前面所述的工作按嵌套式实验(nested experiment)进行统计分析，嵌套式实验是一种特定形式的设计性实验(designed experiment, DX)，也被称为实验设计(design of experiment, DOE)。为了讨论方便，独立制造的试板称为工艺批，独立制备和试验的试样称为试验批。由于给定材料批次制造的试板仅代表该批次，而不是另外一批，该工艺批的结果被描述为该材料批次下的嵌套(nested)。同样，从一块工艺批试板上分切的两个或更多子试板称为试验批(覆盖独立制备和试验的试样)，并是该工艺批下面的嵌套(nested)。

由于复合材料中已知的变异性，标准方法是使用多个试验试样来描述给定的性能。对试验批中多个复制的试样可用同样的方法来确定，在排除了(真实)材料批、工艺批和试验批后还存在哪些变异性。可以用取自同一试验批试样间的差异来对剩下的变异性进行量化，统计学上称它为残值。

若对给定的试验仅用一批次材料制造一个工艺批试板，则工艺批的变异性与真实的材料批次变异性混淆(混合在一起)。若取自一个工艺批的试样在一起制备和试验，则试验批的变异性也会被混淆。

虽然这种嵌套式实验方法对复合材料变异性应用是最近的事，在过去十年中已数次应用于若干复合材料体系的鉴定工作，均取得了令人震惊的结果。工艺批和试验批对诸多性能的变异性有显著影响，而材料批通常对其影响很小或甚至统计学上可忽略不计。通常情况下，残值，即复制试样的变异性，代表由材料批次、工艺、试验批无法解释的变化，对变异性有最实质性的贡献。

5.12.1.1 除批次外来自其他来源的复合材料性能变异性

为便于讨论，假设本批次预浸料质量完全一致。为确定其性能，该完美批次预浸料将进行切割下料、铺贴、制真空袋及固化工序，而后进行试样加工和制备、吸湿浸润和试验。由于采用了优化的制造工艺和试验程序，所测性能的变化可以忽略不计，但仍存在的任何变异性均应归于层压板制造和试验，而不是理想预浸料的批次。现实中，我们试图表征真实的批次变异性，并回顾过去这些流程中的变异源。

下面我们回顾从预浸料到层压板的工艺步骤细节。即使使用质量完全一致的理想预浸料，在切割下料、铺贴期间铺层角度会有很小变化；制真空袋的小差异，可能对最终固化的复合材料质量产生实质影响；即使使用相同的固化容器，层压板单独固化，其固化周期每天也会略有不同；若其他零件与其一起固化，固化曲线可能有所变化。最终试验结果的变化不是由于预浸料本身的变异性，而是由于加工预浸料过程的变化。

类似的情况可发生在试样制备和试验时。同样，为便于讨论，假设对试验用预浸料的加工过程是理想的，用理想批次材料制造的理想层压板，性能上没有变化。然而，即使是理想层压板，不同的操作者、班次、试验夹具、湿度、试验温度、试验机器，试验结果的变异性均会被增大。在机加过程中，试验件与真实0°纤维方向的任何偏差，均降低测量的性能；试样间微小的表面光洁度，平行度，平面度的差异对某些性能(例如弯曲)的影响可能可以忽略不计，但对其他性能(例如压缩)有重要影响。

即使是这样，几乎仍普遍假设复合材料的变异性主要来源于材料批次生产的变化。当然，不同材料批次的试验结果常常有明显差异的普遍经验增强了这种看法。基于鉴定过程中使用的典型实验方法，铺层、制真空袋及固化，接着试样的机加、浸润调节及试验引入的复合材料变异性都是混合在一起的。即使可能想到了其他的变异源，它们也无法分离，因为通常在给定环境条件下对给定试验仅制造一个试板。统计学上只描述了这种条件，因为变化源互相混淆。

另一种普遍的经验是，起初似乎不同的材料批次，在重复试验的基础上变得极其相似。这意味着或是批次内实际的变异性(该批次内质量不一致)，或是批次后续流程附加的变异性。多数情况下更可能是后者，因为经重复试验该性能值通常会得到改进。

表明并非所有变异性均来自材料批次的一个常用例子是复合材料的批次验收。鉴定后，在规范中要确定最小性能来确保后续批次的质量。铺层并固化试验用试板，而后机加成试样，需要时吸湿浸润(预浸润)，进行试验。开始很多试验中一般有

一、两个可能会失败，重复制造试板再到试样试验的过程。但通常不是这样，试验会通过，该批次材料被接收使用。很难把这种司空见惯的现象总是归因于批次内固有的变异性。

最后，以上的讨论并不意味着否认存在批次变异性或批内变化，这两者显然是存在的。有一个极端的例子，用户接收了一批没有固化剂的胶膜，显然这批胶膜与以往批次相比存在显著差异（奇怪的是，用户接收该批材料时，同时收到了合格证，其力学性能试验值合格）。回顾的目的是通过批次变异性的讨论推翻历史上一直把所有变异源在“批次”标签下混在一起的做法。

5.12.1.2 常规鉴定方法和许用值计算

试图用多批次鉴定要做的是表征一个或多个复合材料性能的变异性。通常假设这种变异性是由于特定批次预浸料中组分材料的不一致性，以及制造该批预浸料所用工艺的轻微随机变化引入的。

从复合材料鉴定中想要的最终信息是一组会影响材料应用的性能（和它们的变化）。把该批材料制造后每个工艺过程想象成观看材料真实性能和批次变异性的镜头。若工艺是可靠的，对材料是最佳的，且控制严格，则镜头提供的影像非常清晰。若层压板制造和试验过程设计很差，不能充分适应材料，并允许操作范围很宽泛，则材料性能和批次变异性的影像可能非常模糊。

为确保某种材料安全应用，其性能降低系数会很大，特别是用很小的数据集来评估变异性时。随着时间的推移，将会发现应用这些降低系数后得到的低值，并不是由于平均值低，或甚至是变异性过大，而只是由于用小样本数得到的变异性估计值过于不确定。一开始通常只对用有限的批次数量，一般 3 到 5 批进行研究。若批间的变异性非常显著，则必须给出批次变异性的估计值。只有 3 到 5 批样本的变异性估计值有相当大的不确定性，从而导致相当大的降低系数，再加上实际存在的试验变异性，如对压缩强度的试验，平均值减去降低量后的“许用”强度有时是负数，这通常是与工程判断相矛盾的荒谬现象。避免这种情况的唯一方法是试验更多的批次（不论这是不是实际的变异源，往往是不切实际的），或忽略察觉到的批次影响并基于所有批次的全部试样来获得变异性估计值。

因此复合材料界会过于频繁地陷入表征批次变异性的难题，而为得到工程界所需有用（正）的许用值则不得不忽略鉴定数据中明显的批间变异性。只有极少数情况初始计算的许用值会过高，这通常是鉴定条件控制可能过于严格，使变异性很小的试验情况。

由于更多批次的试验花费极其昂贵且耗时过多，因此出于经济性考虑多数用户不愿为鉴定增加过多的批次。若批次是真正的变异源，即使 5 批次的样本数对批间变异性依然存在相当大的不确定性，虽然实际上远优于 3 批次，但从一般的 3 批次扩展到 5 批次很难被接受。即使用户保证鉴定更多数量的试验批次，项目进度也无法快速连续生产这些批次，多个独立批次的有效性也会受到质疑，它们可能会在同一个星期或同一个月内生产出来。

当要求统计学家们解决这个问题时，得到的答复是：若多数变异性来自批次，那么需要更多批次的试样；若多数变异性来自制造过程的其他来源，那么应研究和试验代表其他变异源的试样；若变异性是材料的固有属性，并与批次和其他来自制造过程的变异源无关，则简单地从任一批次材料中制备和试验更多试样是最佳方法。不幸的是，开始鉴定复合材料时，几乎不可能知道是哪种情况。

5.12.2　嵌套式鉴定方法的发展和应用

在下面的材料鉴定中采用了“通用航空”方法，它们假定大部分复合材料性能变异性源自单个试板的铺层和固化，每个试板代表一个工艺批。3 个鉴定批次中的每一批独立制造两个正交铺层的大试板，每个试板代表一个工艺批。此外，每个工艺批试板切割为两个子试板，每个子试板代表一个试验批，然后每个子试板独立机加成多个试样，吸湿浸润，进行试验。用这 3 个嵌套式实验级别，能将一般混为一谈的“批次”变异性分为实际批次变异性、层压板制造、试样试验和样本内(残值)变异性。用嵌套式实验设计对各种力学和物理性能来量化这些实际的变异源。结果表明，实际批次变异性对复合材料性能整体的变异性贡献可能相当小。

5.12.2.1　研发背景

这种复合材料的鉴定工作支持了旋转翼(直升机桨叶)的研发。因需获得 B 基准和 A 基准许用值，对 121℃(250℉)固化玻璃纤维/环氧树脂材料进行了 5 批次鉴定。批次定义为树脂和纤维批次的唯一组合。同时对从两个不同供应商购买的两种预浸料进行鉴定，以避免将来出现第二来源材料鉴定问题，而且可以在项目研发过程中体现双来源的优势。由于对数据设计和许用值计算使用回归方法，使其成本相当低，与过去的 3 批次鉴定方法相当。

随后的小节将讨论鉴定过程中使用的回归分析、正交层压板的试验和性能反推、计算许用值时用工艺批替代材料批的通用航空方法、单试板试验，和设计的嵌套式实验。随后章节对一个早期嵌套式实验进行了回顾，实验采用与玻璃纤维时相同的树脂，但用碳纤维增强。

5.12.2.1.1　回归方法

为更好评价复合材料变异性的其他方法包括回归分析。传统方法是生成给定环境条件下的试验数据，然后只用该条件下的数据计算许用值。如图 5.12.2.1.1(a)所示，在该条件下性能平均值的估计值只能使用在该条件下试验的数据估算。如使用传统的三批次鉴定，每批次在每个条件下试验 6 个试样，共 4 种环境条件，则该方法对每个性能使用 72 个试样。

若失效模式相似，可采用取自多种状态的变异性信息，并用回归分析来评定该性能的变异性，大大增加了估计可用的数据量，从而增加了与该估计值相关的确定性。图 5.12.2.1.1(b)中所示为这种方法在 A 基准许用值 5 批次鉴定的应用。变异性估计值准确性的增加使得降低系数大大减小。可惜，材料的 5 批次鉴定，每批

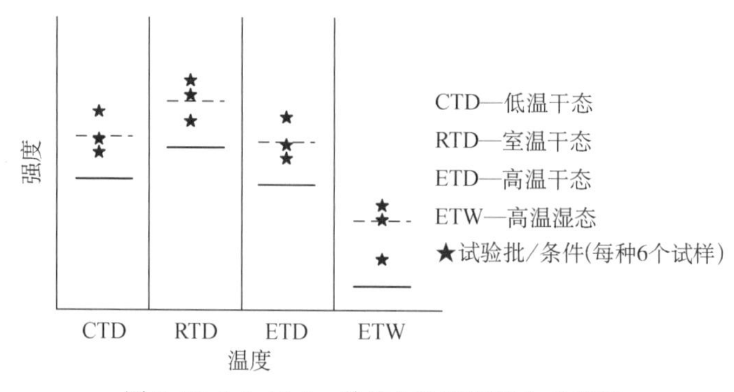

图 5.12.2.1.1(a)　传统方法许用值生成规划

次在每个条件下试验 6 个试样，共 4 种环境条件，每种性能总共要用 120 个试样。

对玻璃纤维/环氧树脂，两种数据结构规划（见图 5.12.2.1.1(a)和(b)）和材料许用值计算（见图 5.12.2.1.1(c)）使用回归分析的方法。对关键环境条件（通常是热/湿），所有都是 5 批次，每批次试验 6 个试样。对非关键性的条件，如室温干态(RTD)，仅进行两个批次。本方法图示见图 5.12.2.1.1(c)，表明对干态不进行 5 批次试验的影响。图 5.12.2.1.1(c)中虚线表示若干态进行全部五批次试验，得到的真实曲线；实线反映了仅进行两批次可能得到的潜在不准确性。相比对材料应用起主导作用、相当低的湿/热值，曲线之间的差异可以忽略不计。

假若干态变得关键（或备用试样变得必须），就要固化制造备用试板和将其用于进行更多试验。对玻璃纤维复合材料的鉴定，只有低温/干态拉伸需预留备用试板，所有 5 批试验最终都要在此条件下进行。由于试板已经制造完成，对这些新增的低温/干态拉伸批次没有吸湿浸润要求，不会明显增加完成鉴定所需的时间。对试验 5 批次高温/湿态的情况，通常干态均仅有 2 个样本批进行试验，每种条件下试验 6 个试样，使得每个性能总共 66 个试样。如出现第二种关键的干态，另增加 18 个试样，共试验 84 个试样。这仍然低于图 5.12.2.1.1(b)所示全部 120 个试样的矩阵，与传统的 3 批次鉴定方法相当。

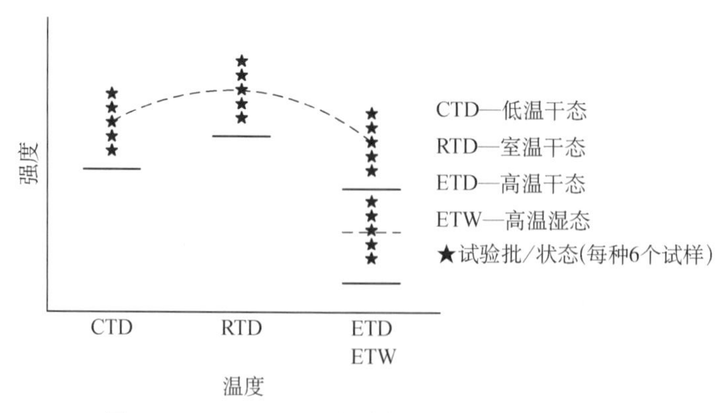

图 5.12.2.1.1(b)　回归分析鉴定方法（全部汇总）

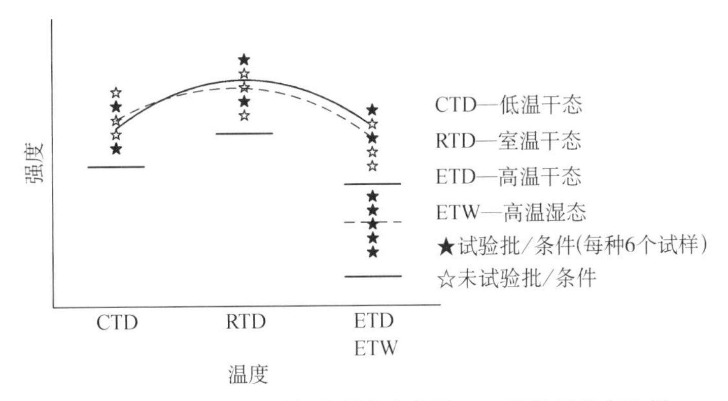

图 5.12.2.1.1(c)　回归分析鉴定方法——非关键状态取样

5.12.2.1.2　正交铺层试样试验

鉴定玻璃纤维材料所需的基本力学性能为 0°层压板的拉伸、压缩和面内剪切强度(IPS)。用水煮弯曲强度试验作为吸湿浸润的来料验收试验(见文献 5.12.2.1.1(a))。

按定义面内剪切试验采用正交铺层层压板,仅旋转 45°。压缩强度试验希望采用组合式加载压缩(CLC)夹具(见文献 5.12.2.1.2(a))对正交铺层的层压板(无加强片)进行试验,并用最佳压缩值反推得到单层强度。因为可以购买到±45°玻璃纤维预浸带,要求用正交铺层的层压板对其试验。通过采用一系列设计实验,解决了最初对使用正交铺层的层压板进行试验的困难。初始实验确定 CLC 夹具确实需要使用正交铺层层压板,而不是单向试板。对 8 层层压板,图 5.12.2.1.2(a)中压缩强度的响应面与铺层和螺栓扭矩有关,它表明对单向层压板试验得到的压缩强度初始结果大约是 931 MPa(135 ksi)(见图 5.12.2.1.2(a)星号所示),明显低于先前用 ASTM D695 得到的值。12 层层压板在实验设计空间内,如图 5.12.2.1.2(b)所示。用正交铺设 12 层的层压板,螺栓扭矩为 3.4 N・m(30 in・lbf)时得到的压缩强度性能最好。这个组合得到的平均压缩强度约 1276 MPa(185 ksi),已用经批准的试验反复确认。

还剩下拉伸,它是玻璃纤维复合材料鉴定时对正交层压板唯一还没有进行的力学性能试验。用碳纤维单向带进行简单的实验室评估后,显然正交舖层压板拉伸(见参考文献 5.12.2.1.2(b))和其压缩同样有效,也同样具有不使用加强片的优点。这意味着所有要做的基本无缺口静态试验(拉伸、压缩、面内剪切和弯曲)都可以不用加强片。使用加强片带来了与加强片和胶的材料、性能、尺寸、表面制备、胶接质量等有关的复合材料变异性评估工作。标准化复合材料不可能没有标准化的试验方法。因此,加强片使用所引入的各种因素的变化将影响标准化的材料性能试验结果。

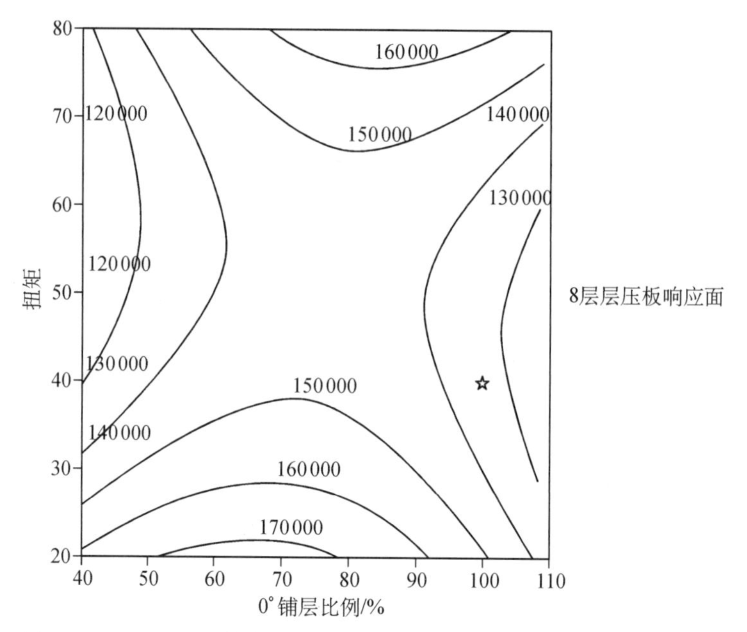

图 5.12.2.1.2(a) 与铺层(0°铺层%)和 CLC 试验夹具的螺栓扭矩(in·lbf)有关的室温干态压缩强度(psi)响应面

注:规定 8 层单向层压板试验的初始扭矩为 40 in·lbf

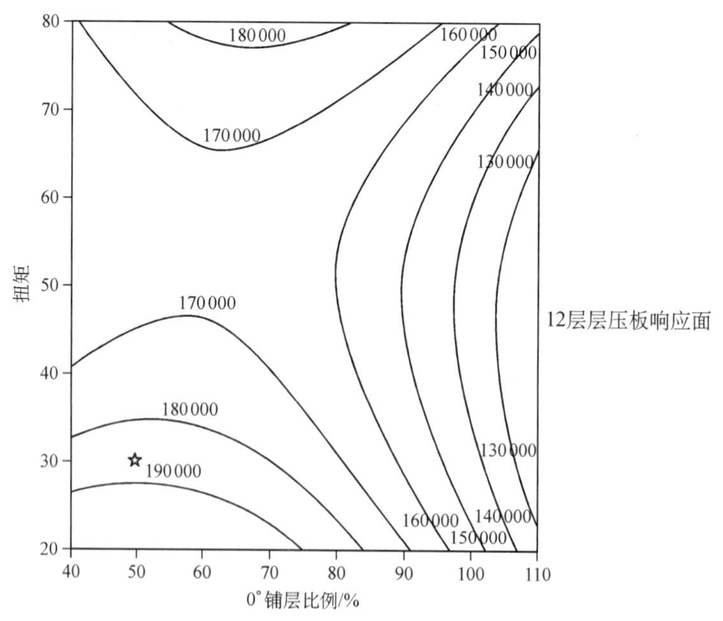

图 5.12.2.1.2(b) 与铺层(0°铺层%)和 CLC 试验夹具的螺栓扭矩(in·lbf)有关的室温干燥压缩强度(ksi)响应面

注:规定 12 层单向层压板试验的初始扭矩为 30 in·lbf

5.12.2.1.3　通用航空“AGATE”工艺批方法

“通用航空”工艺批方法由名为 AGATE(先进通用航空运输实验)的组织推进的。如前所述，若批次间的变异性十分显著，减少试验批数量经常会得到低的设计许用值。如图 5.12.2.1.3 所示，通过取自每批材料多个工艺批也能获得通常由“材料批次”获取大量变化的概念。以这种方式计算许用值时，把工艺批当作是材料批次。寻找证明 AGATE 方法正确的途径对嵌套式实验设计方法的应用有很大影响。

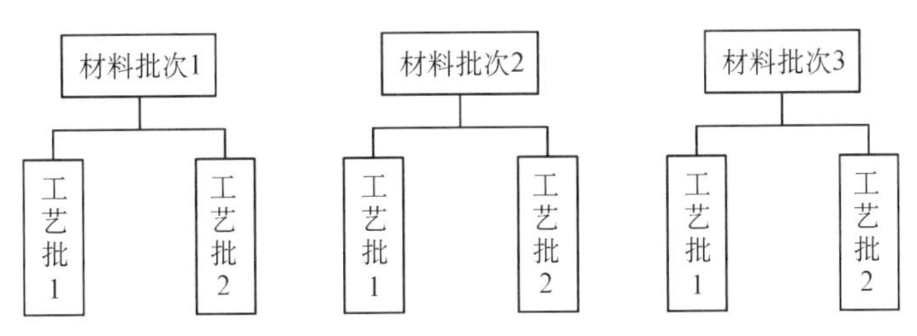

图 5.12.2.1.3　把工艺批当作材料批次计算许用值的 AGATE 方法

5.12.2.1.4　单试板试验

由于具有数据完整性和成本低的优点，已多次提出从单个试板上提取适用于多种环境条件或试验的子试板。由于进行面内剪切(IPS)和弯曲强度试验时已普遍不使用加强片，压缩和拉伸试验也可以不用加强片，目前所有多批次力学性能试样试验都可以用同样的铺层$[90, 0]_{4s}$，且不用加强片。把铺层统一意味着可以把用于不同试验的试板合并到一个试板上，如图 5.12.2.1.4 所示。对这个正交铺层的试板

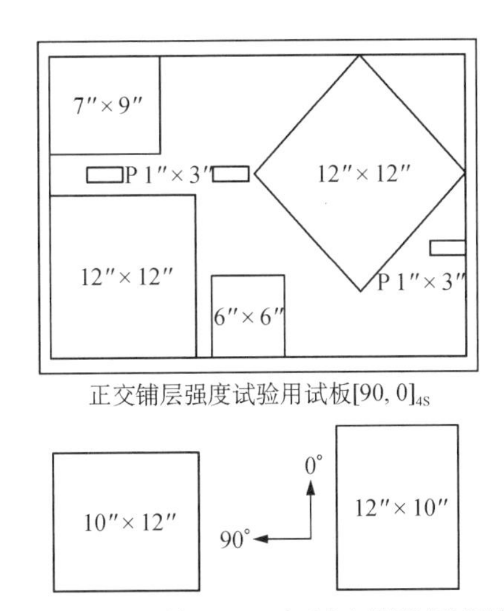

图 5.12.2.1.4　单个正交铺层试板(约 51 mm×76 mm (2′×3′)，P 为物理性能试验位置)和用于单向带弹性性能的单向试板

进行无损检测(NDI),然后在其上粗切割出用于拉伸、压缩、面内剪切和弯曲强度的子试板,理想方法是使用高压水切割机。若 NDI 显示该工艺批的试板是一致的,则一组物理性能(固化度、树脂含量、空隙体积等)可以代表所有的试验批次子试板,从而节省大量的时间和工作。对单向带形式,每批次材料至少要制造和试验一块单向试板来确定所需弹性性能和 90°强度性能,同样不需使用加强片。

5.12.2.1.5 嵌套式实验(nested experiments)

通用航空领域对有多个公司共同进行复合材料鉴定已经做了十分出色的工作(见参考文献 5.12.2.1.5(a))。它们所用方法是最有意义的内容之一,是基于下列假设来建立取自材料批次的多个工艺批,该假设是认为可在实验室重新建立通常与批次变异性相关的多数变化。在计算许用值时,把这些工艺批当作材料批次,就可由有限批次建立更稳定的许用值。

在前面讨论玻璃纤维单向带鉴定时,已计划研究在材料鉴定过程中测得观察到的批次变异源。规划了嵌套式的实验设计(见参考文献 5.12.2.1.5(b)),目的是要把变异性区分为:"真实"的批次变异性,试板铺层和固化过程中引进的变异性,和从试板上机加成试样然后进行吸湿浸润和试验引进的变异性。对这些工作做了计划并进行了赞助,但未达到进行鉴定的程度,由于现有的资源和项目进度的限制,未能实施。从而结论是,虽然嵌套式评估对变异源提供了有价值的信息,但只有当纳入鉴定工作时,它才产生经济效益。

5.12.2.2 碳纤维/环氧树脂鉴定方法

最好用例子来阐明嵌套式实验数据分析方法。在上面讨论的玻璃纤维单向带鉴定接近完成时,设计提出了新的需求,即玻璃纤维/环氧树脂预浸料的碳纤维增强材料替代方案,以使桨叶段获得更大刚度。对这些数据的需求非常迫切,但碳纤维的鉴定工作未列入计划,没有资金支持。除了设计想要得到与刚刚完成的玻璃纤维鉴定质量相当的 A 基准许用值外,无论是桨叶项目管理或是预浸料制造商,对再制造 5 批次材料进行鉴定所需的工作和时间都不感兴趣。

然后把前面讨论的不同鉴定内容归纳为:在满足项目技术、进度和资金要求的前提下,努力对 IM7 碳纤维/环氧树脂单向带和织物方案进行鉴定,它们包括 5 批次型 A 基准许用值的想法;对数据规划和许用值计算采用回归方法;对批次变异源进行研究,如用工艺批方法;和单试板试验。

同时对两种碳纤维/环氧树脂单向带采用了嵌套式方法。数据结构如图 5.12.2.1.3 所示,由于试样加工和试验引入新的变异性,另外增加一层称为试验批的嵌套,如图 5.12.2.2(a)所示。

设想每种碳纤维单向带进行 3 批次鉴定,如图 5.12.2.2(b)所示,由 3 批次树脂(1, 2 和 3)和 2 批次纤维(A 和 B)来形成该材料批次。每批次材料单独制造两个工艺批试板,编号从 1 到 6。每工艺批试板加工出两个子试板进行拉伸(T1 至 T12)和压缩试验(C1 至 C12)。图 5.12.2.2(b)中的工艺和试验批的编号是随机形成的。

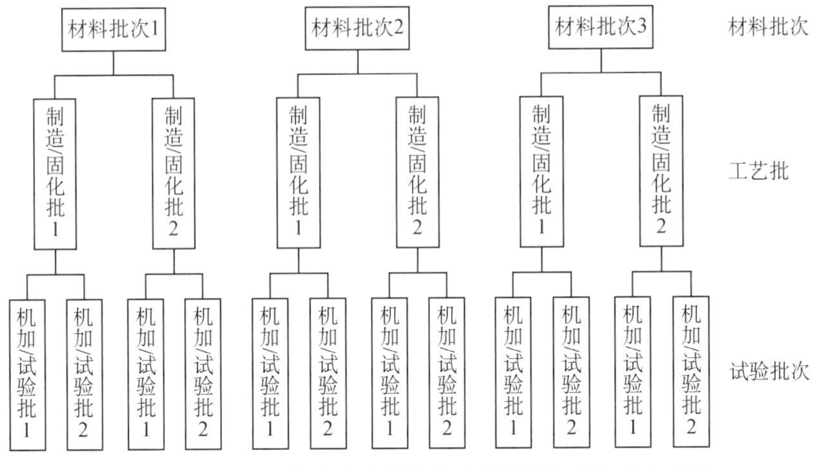

图 5.12.2.2(a)　嵌套式数据结构实例(仅用于 T，C 和 T_g)

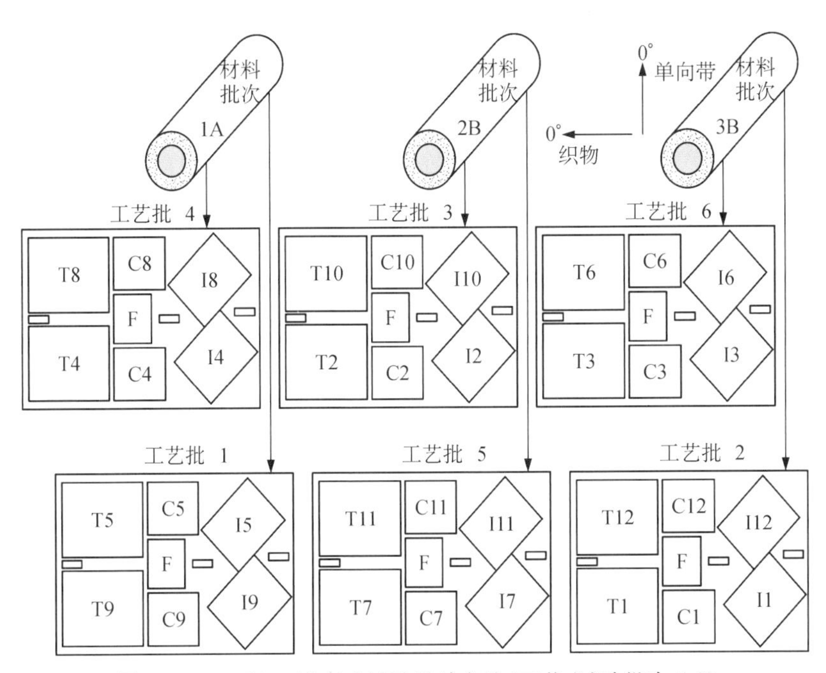

图 5.12.2.2(b)　嵌套式试验设计方法(工艺/试验批次＃S)

把这些试验批试板机加成试样，在不同的时间进行吸湿浸润和试验。每个试验批 3 个试样，在 71℃(160℉)，85％以上的相对湿度下放置 30 天进行吸湿浸润，然后在 71℃(160℉)下进行试验。玻璃化转变温度(T_g)试样取自压缩试板的边角余料。T_g 试验采用干试样和吸湿浸润的样品，吸湿浸润的方式与力学试验试样相同，每个试验批试验 2 个试样。

虽然希望批次间的时间至少间隔两到三天，但在某些情况下，它们出现在随后的几天。把所有要从每个工艺批试板上粗切割出的子试板送进高压水切割机，使得这项工作在几分钟内完成。由于工艺和试验批次的随机编号由实验设计进行，这成为整个鉴定的决定性因素。虽然需要提前做一些附加的计划，一旦鉴定开始，任何进度，跟踪和管理问题都是小事。这与以往鉴定经历的相当大的管理和计划任务重负相比差不多，至多为总工作量的三分之一。

试验批间几乎所有嵌套的拉伸、压缩和 T_g 试样都用实验室的设备进行机加、吸湿浸润和试验，使得在实验室工作条件下有一定的灵活性。因为圆盘锯设备是主要的花费，就可以从每个试验批子试板上切割出尽可能多的试样。这样就有了备用试样，若需重新试验和对新出现的关键条件增加试验时有现成的试样可用，以及在出现异常失效时可对相邻的试样进行目视检查。为了便于参考，在完成下面的工作后，可接着用剩余的备用试样研究超出初始环境包线之外的条件。

5.12.2.3 数据审查

一旦用正交铺层的拉伸和压缩试样试验得到层压板强度值，可按文献 5.12.2.1.2(a)所述，反推得到 0°单层板强度并进行正则化处理。所有碳纤维/环氧树脂单向带的嵌套式实验数据记录在表 5.12.2.3(a)和(b)中。两种碳纤维/环氧树脂单向带的拉伸数据绘制在图 5.12.2.3(a)中。

表 5.12.2.3(a) 供应商 A 的碳纤维/环氧树脂单向带层压板数据

材料批次	工艺批次	试验批次	重复数	71℃(160℉)湿态拉伸强度/MPa(ksi)	71℃(160℉)湿态压缩强度/MPa(ksi)	干态 T_g/℃(℉)	湿态 T_g/℃(℉)
1	1	1	1	2383(345.6)	1470(213.2)	147.5(297.52)	137.0(278.56)
1	1	1	2	2577(373.8)	1463(212.2)	145.0(293.07)	137.9(280.20)
1	1	1	3	2555(370.6)	1611(233.7)	—	—
1	1	2	1	2763(400.7)	1462(212.0)	144.8(292.71)	133.7(272.62)
1	1	2	2	2490(361.1)	1519(220.3)	143.5(290.32)	133.7(272.64)
1	1	2	3	2272(329.5)	1375(199.4)	—	—
1	2	1	1	2686(389.6)	1154(167.4)	150.7(303.19)	141.1(285.96)
1	2	1	2	2589(375.5)	1213(175.9)	151.7(305.08)	143.3(289.96)
1	2	1	3	2548(369.6)	1185(171.9)	—	—
1	2	2	1	2533(367.4)	1130(163.9)	147.7(297.82)	147.7(297.84)
1	2	2	2	2535(367.7)	1180(171.1)	146.2(295.18)	142.4(288.30)
1	2	2	3	2417(350.6)	1355(196.5)	—	—
2	1	1	1	2554(370.4)	1641(238.0)	151.7(305.04)	135.3(275.50)
2	1	1	2	2679(388.6)	1626(235.8)	150.5(302.86)	135.1(275.16)
2	1	1	3	2590(375.6)	1635(237.1)	—	—
2	1	2	1	2479(359.5)	1546(224.2)	150.2(302.38)	143.7(290.64)
2	1	2	2	2467(357.8)	1434(208.0)	150.8(303.35)	142.0(287.58)
2	1	2	3	2649(384.2)	1401(203.2)	—	—

（续表）

材料批次	工艺批次	试验批次	重复数	71℃(160℉)湿态拉伸强度/MPa(ksi)	71℃(160℉)湿态压缩强度/MPa(ksi)	干态 T_g/℃(℉)	湿态 T_g/℃(℉)
2	2	1	1	2531(367.1)	1328(192.6)	151.5(304.74)	136.4(277.54)
2	2	1	2	2663(386.2)	1476(214.1)	153.2(307.69)	139.8(283.59)
2	2	1	3	2630(381.4)	1433(207.8)	—	—
2	2	2	1	2642(383.2)	1292(187.4)	150.2(302.43)	142.0(287.60)
2	2	2	2	2717(394.1)	1552(225.1)	150.4(302.72)	143.3(289.89)
2	2	2	3	2806(407.0)	1460(211.8)	—	—
3	1	1	1	2683(389.1)	1388(201.3)	150.2(302.41)	130.0(265.96)
3	1	1	2	2626(380.9)	1381(200.3)	150.4(302.68)	132.4(270.28)
3	1	1	3	2476(359.1)	1441(209.0)	—	—
3	1	2	1	2594(376.2)	1558(226.0)	148.9(300.09)	142.3(288.09)
3	1	2	2	2591(375.8)	1664(241.3)	150.4(302.68)	146.3(295.38)
3	1	2	3	2681(388.8)	1361(197.4)	—	—
3	2	1	1	2510(364.0)	1526(221.3)	149.1(300.36)	135.1(275.11)
3	2	1	2	2528(366.7)	1418(205.7)	148.9(299.98)	135.0(275.07)
3	2	1	3	2696(391.0)	1485(215.4)	—	—
3	2	2	1	2584(374.8)	1644(238.4)	148.8(299.82)	142.1(287.69)
3	2	2	2	2335(338.7)	1490(216.1)	147.5(297.46)	142.0(287.64)
3	2	2	3	2597(376.7)	1516(219.9)	—	—

表 5.12.2.3(b) 供应商 B 的碳纤维/环氧树脂单向带层压板数据

材料批次	工艺批次	试验批次	重复数	71℃(160℉)湿态拉伸强度/MPa(ksi)	71℃(160℉)湿态压缩强度/MPa(ksi)	干态 T_g/℃(℉)	湿态 T_g/℃(℉)
1	1	1	1	2717(394.1)	1510(219.0)	157.6(315.73)	154.6(310.21)
1	1	1	2	2642(383.2)	1498(217.3)	159.9(319.87)	157.3(315.12)
1	1	1	3	3000(435.1)	1420(206.0)	—	—
1	1	2	1	2814(408.1)	1279(185.5)	159.1(318.42)	155.8(312.49)
1	1	2	2	2869(416.1)	1377(199.7)	157.4(315.34)	149.3(300.72)
1	1	2	3	2844(412.5)	1446(209.7)	—	—
1	2	1	1	2510(364.0)	1433(207.8)	157.5(315.52)	156.1(312.94)
1	2	1	2	2865(415.5)	930(134.9)	158.8(317.89)	153.7(308.73)
1	2	1	3	2843(412.3)	1399(202.9)	—	—
1	2	2	1	2625(380.7)	1388(201.3)	157.1(314.80)	153.5(308.35)
1	2	2	2	2786(404.1)	1262(183.0)	157.4(315.25)	157.2(314.92)
1	2	2	3	2577(373.8)	1283(186.1)	—	—
2	1	1	1	2851(413.5)	1274(184.8)	160.1(320.11)	150.3(302.58)
2	1	1	2	2935(425.7)	1498(217.3)	160.0(319.98)	150.7(303.22)

(续表)

材料批次	工艺批次	试验批次	重复数	71℃(160℉)湿态拉伸强度/MPa(ksi)	71℃(160℉)湿态压缩强度/MPa(ksi)	干态 T_g/℃(℉)	湿态 T_g/℃(℉)
2	1	1	3	2764(400.9)	1493(216.5)	—	—
2	1	2	1	2825(409.7)	1193(173.0)	160.1(320.18)	153.3(307.98)
2	1	2	2	2899(420.5)	1381(200.3)	157.4(315.27)	153.1(307.62)
2	1	2	3	2827(410.0)	1594(231.2)	—	—
2	2	1	1	2908(421.8)	1215(176.2)	158.8(317.88)	146.1(294.94)
2	2	1	2	2906(421.5)	1473(213.6)	160.9(321.55)	147.9(298.13)
2	2	1	3	2914(422.6)	1474(213.8)	—	—
2	2	2	1	2914(422.6)	1441(209.0)	158.8(317.77)	150.4(302.72)
2	2	2	2	2747(398.4)	1383(200.6)	158.8(317.80)	146.2(295.21)
2	2	2	3	2781(403.3)	1327(192.5)	—	—
3	1	1	1	2911(422.2)	1413(204.9)	160.1(320.16)	150.4(302.74)
3	1	1	2	2653(384.8)	1264(183.3)	158.5(317.21)	151.8(305.29)
3	1	1	3	2902(420.9)	1259(182.6)	—	—
3	1	2	1	2964(429.9)	1120(162.4)	162.8(325.11)	151.6(304.93)
3	1	2	2	2612(378.8)	1074(155.8)	160.0(320.04)	154.4(309.87)
3	1	2	3	2942(426.7)	1050(152.3)	—	—
3	2	1	1	2939(426.3)	1222(177.2)	160.5(320.88)	149.0(300.22)
3	2	1	2	2821(409.2)	1049(152.1)	161.4(322.45)	153.0(307.47)
3	2	1	3	2900(420.6)	1386(201.0)	—	—
3	2	2	1	2879(417.6)	1509(218.9)	159.9(319.89)	147.6(297.70)
3	2	2	2	2797(405.7)	1199(173.9)	159.1(318.40)	149.2(300.54)
3	2	2	3	2724(395.1)	1275(184.9)	—	—

在图 5.12.2.3(a)顶部，绘制示出两种材料 3 批次每批试验的平均拉伸强度值。从图 5.12.2.3(a)顶部开始，用水平线连接：依次是同一制造商的三批材料，同一批材料的两个工艺批，以及同一工艺批的两个试验批次。由一条垂直线连接每批材料平均值绘制的点，直至构成材料批次的工艺批线。用垂直线依次连接每个工艺批平均值，直至构成工艺批两个试验批次。绘制的试验批次点是单个试样值，包括稍低于水平线的是来自第一试验批的试样，以及稍高于水平线的是来自第二试验批的试样，总共 72 个试样。

从图中可以看出，两种材料的批次平均拉伸强度相差约 240 MPa(35 ksi)。虽然材料批次和工艺批平均值范围没有重叠，但是材料试验批次之间有相当大的重叠。这两种材料的跨越范围约 560 MPa(81 ksi)，导致比预期的标准偏离约 140 MPa(20 ksi)。平均值为 2700 MPa(390 ksi)，等同于变异系数约 5%，对拉伸试验看起来是合理的。

从图 5.12.2.3(b)绘制的压缩数据可以看出，材料批次、工艺批和试验批之间的范围有很大的重叠。每种材料压缩数据跨越范围约 560 MPa(81 ksi)。平均值为 1400 MPa(200 ksi)，等同于变异系数约 10%，对压缩试验看起来也是合理的。

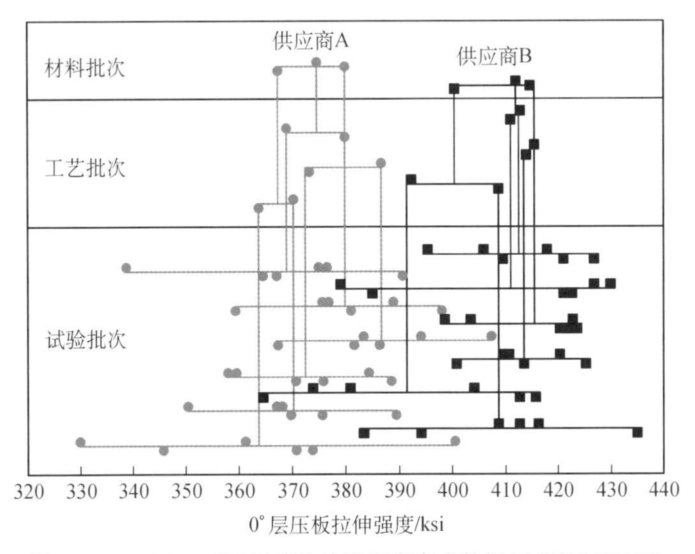

图 5.12.2.3(a) 0°层压板拉伸强度嵌套式数据(ASTM D3039)

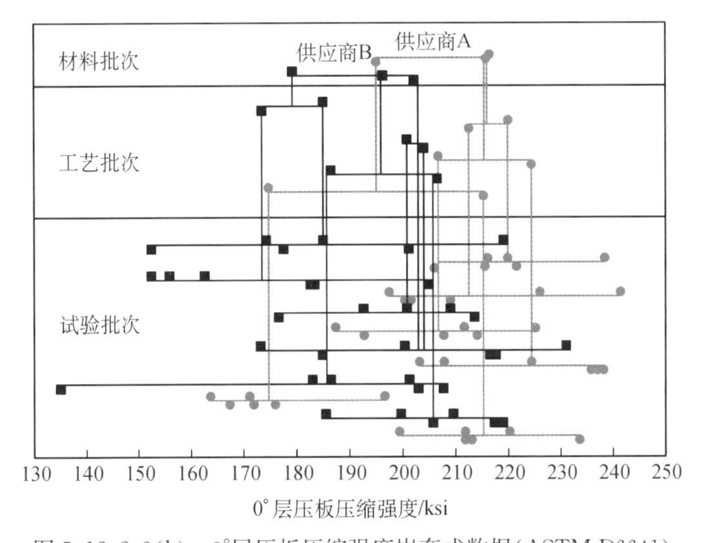

图 5.12.2.3(b) 0°层压板压缩强度嵌套式数据(ASTM D6641)

若所有给定的性能、试验和环境条件的试样都来自同一个试板，常常可以看到数据聚团(或统计上，自动相关)，形成了批次间变异性明显的印象。图 5.12.2.3(a)和(b)中的数据更加随机，并且是对数据进行统计处理常常假设的正态分布。

此外，值得指出的是供应商 B 的材料似乎给出了较高的拉伸强度值，而供应商 A 的材料压缩强度值更高。若两种材料有着相当的性能要求，则很难从中选择一个“最好的”材料。若对这两种材料使用同一材料规范，并进行这两个性能试验，每一种材料都非常有可能是有一个试验通不过。

从图 5.12.2.3(c)中可以看到干态玻璃化转变温度数据。尽管平均值之间的差

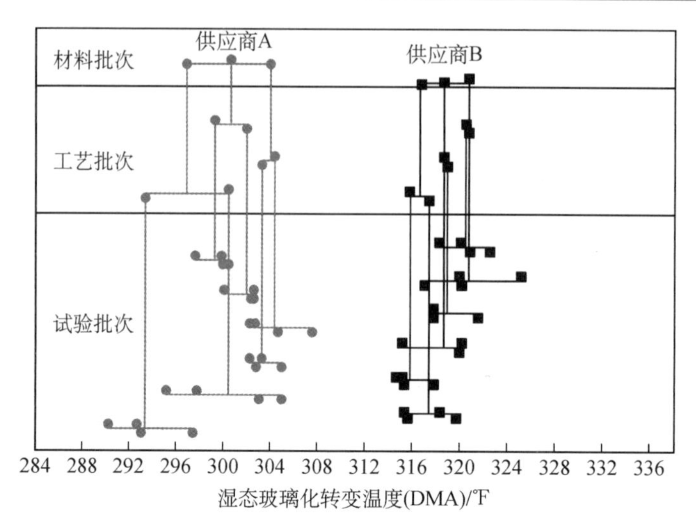

图 5.12.2.3(c)　干态玻璃化转变温度嵌套式数据(SACMA SRM 10R－94)

值小于 10℃(18℉),两种材料的单个值没有重叠。与之前的力学性能数据相比,试验批次之间的差异更明显。

从图 5.12.2.3(d)中可以看到湿态 T_g 数据。工艺和试验批平均值范围有所增加。虽然机加对 T_g 值没有可以想象到的影响,但试验批次还会包括吸湿浸润和试验的变异性问题。

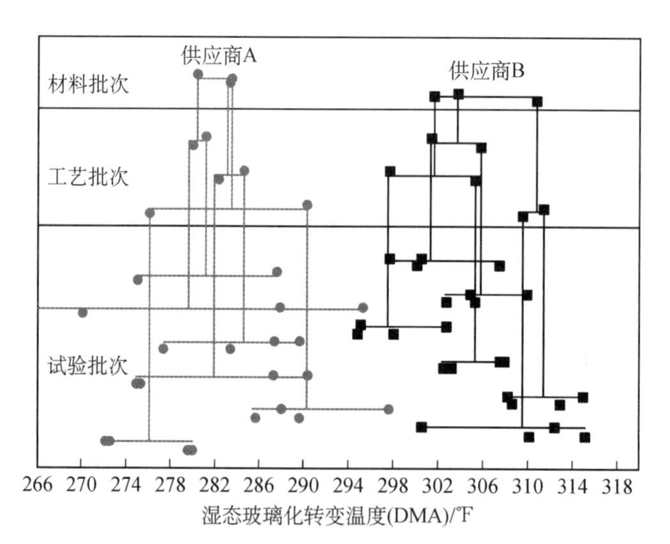

图 5.12.2.3(d)　湿态玻璃化转变温度嵌套式数据(SACMA SRM 10R－94)

5.12.2.4　数据分析

针对上面讨论的 4 组试验值(见参考文献 5.12.2.1.5(b)和参考文献 5.12.2.4(a))的每一组,对表 5.12.2.3(a)和(b)的嵌套式实验数据进行统计分析。基本的回归模型参数和方差分量估算值见表 5.12.2.4。残数检查和其他模型的校核,没有指出任何带假设的问题。

表 5.12.2.4　回归模型参数和估算

模型参数	71℃(160℉)拉伸强度 MPa/(ksi)	71℃(160℉)压缩强度 MPa/(ksi)	干态 T_g/℃(℉)	湿态 T_g/℃(℉)
R 平方	4.60(0.6672)	4.36(0.6322)	−17.23(0.9810)	−17.24(0.9651)
R 平方校正	3.50(0.5077)	3.14(0.4560)	−17.24(0.9629)	−17.26(0.9343)
均方差	117.90(17.1)	117.21(17.0)	−16.73(1.894)	−15.87(3.440)
平均值	2695.83(391.0)	1383.08(200.6)	154.22(309.6)	145.22(293.4)
源概率>F				
模型	<0.01(0.0001)	<0.01(0.0001)	<−17.78(0.0001)	<−17.78(0.0001)
供应商	0.02(0.0036)	1.21(0.1753)	−17.78(0.0015)	−17.78(0.0012)
材料批次	1.62(0.2352)	2.41(0.3496)	−17.73(0.0887)	−17.48(0.5313)
工艺批	1.09(0.1575)	0.21(0.0298)	−17.68(0.1730)	−17.56(0.3935)
试验批次	6.64(0.9633)	1.88(0.2731)	−17.77(0.0128)	<−17.78(0.0001)
标准差估计值	MPa(ksi)		℃(℉)	
材料批次	32.96(4.780)	42.82(6.211)	−16.45(2.39)	N/A
工艺批	34.68(5.030)	85.36(12.38)	−16.96(1.48)	−16.75(1.85)
试验批次	N/A	34.41(4.991)	−16.76(1.84)	−14.23(6.39)
残值	118.18(17.14)	117.00(16.97)	−16.73(1.89)	−15.87(3.44)

力学性能模型解释了大约三分之二的性能变化。分析提供的是实验中包括的每个随机因素：材料批次、工艺批和试验批的变异评估，同时还包括实验因素未解释的残值变化。

图 5.12.2.4 显示了由拉伸和压缩力学性能的变异源。所示分布的相对宽度代表每个随机因素估算的变异性，从图上方的材料批次到工艺批、试验批，然后是底部的残数。压缩和拉伸分布的尺度是相同的。图形代表的标准差值标注在每个分布的右侧。

5.12.2.4.1　拉伸

图 5.12.2.4 表明，对给定的供应商，实际的批次对所看到拉伸值变异性的贡献约为标准差 33 MPa(4.8 ksi)，在约两倍标准差内包含约 95%的数值变化，预计这个范围约为 132 MPa(19.1 ksi)。对任何给定批次的平均值(由材料批次分布底部的点所代表)，工艺批平均值的分布与材料批次变化幅度有大约相似的平均值。

试验批没有表现出与拉伸模型相同的统计显著性，因此没有给出标准差或分布。对任何给定工艺批的平均值，试验批中单个试样存在变化，用残值分布表示。可以看出，与材料批次或工艺批的贡献相比，残值变化更大。

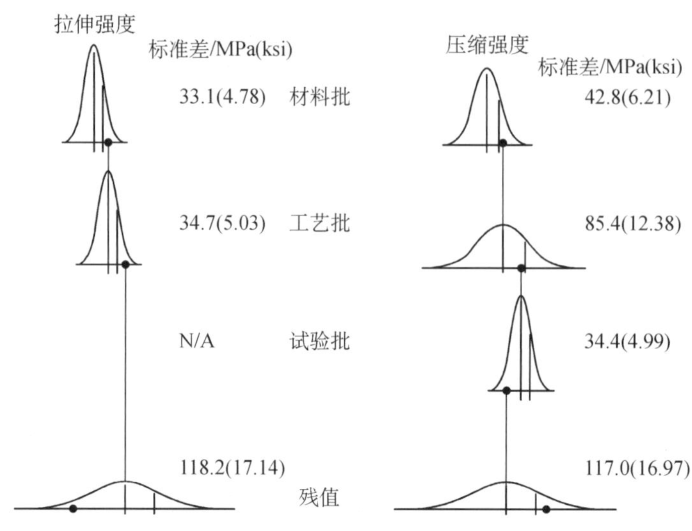

图 5.12.2.4.1 嵌套式实验统计模型方差估计——拉伸和压缩强度

综上所述，可以得出这样一个结论：虽然试验更多的材料批次和/或工艺批对材料变异性能提供稍好一些的评估，仅仅只是表明制造和试验更多的试样是有利的，而不管是材料批次、工艺批还是试验批。这些拉伸试验结果也证明，使用工艺批来代替试验更多批次材料的通用航空鉴定方法是合理的。

5.12.2.4.2 压缩

虽然有些重要的差别，对压缩强度有着与图 5.12.2.4 类似的情况。压缩与拉伸相比，估计的材料批次对变异性的贡献仅略高一些，但工艺批似乎引入更多的变化。由于试样来自同一块正交试板，或许纤维方向上的微小变化，对压缩的影响比拉伸大，看来试验批对压缩试验数据的影响统计上更显著，其标准差约为 34 MPa (5.0 ksi)。最后，其残值变异性很大，几乎同拉伸模型看到的一样。除了不考虑来源，简单地增加试样会改进变异性的评估外，同样似乎可用工艺批替代材料批次，试验批次对其也有贡献。

很重要也有点意外的是，这些力学性能模型会保留如此大的残值。残值代表变异性，用任何模型因素也无法解释。换句话说，考虑了材料批次（“实际”的批间变化）、工艺批（试板的铺贴和固化）和试验批（试样机加，吸湿浸润和试验）的影响后，仍有约三分之一的变异性是无法解释的。

5.12.2.4.3 玻璃化转变温度

对干态和湿态 T_g 数据，图 5.12.2.4.3 中包含了同样的数据分布图。湿态和干态分布的尺度是相同的（尽管在图 5.12.2.4 中为表述清晰，图形有所不同）。对干态 T_g，材料批次、工艺批和试验批对力学性能试验变异性的贡献差不多，量级大致相同。有趣的是，残值的量级也大致相同，表明动态力学分析（DMA）的试验比力学试验更具可重现性。

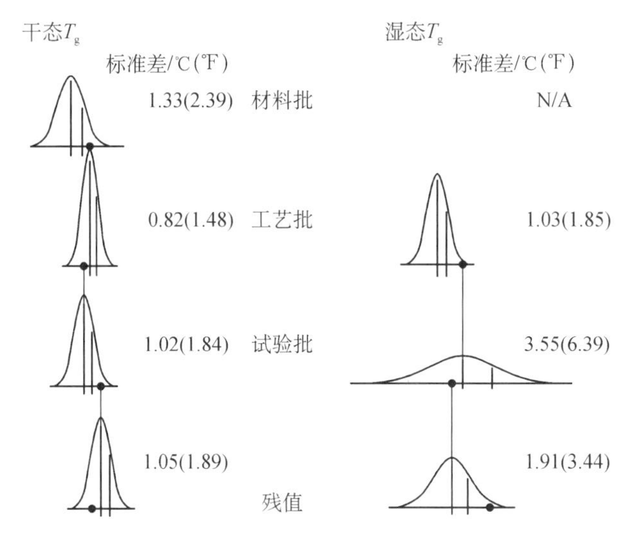

图 5.12.2.4.3　嵌套式实验统计模型方差估计——干态和湿态玻璃化转变温度

虽然湿态数据中工艺批和残值的变异性贡献和干态数据类似，材料批次的影响统计不显著，试验批的贡献实际上更大一些。看不出试样机加对 T_g 值的差别起主要作用；作为试验批变化的一部分，试样吸湿浸润和试验时的轻微差别对试验结果有重大影响。

还评估了拉伸、压缩和 T_g 之间的相关性。仅与干态 T_g 值有很强的相关性。对拉伸强度其相关系数为 0.75，湿态 T_g 的相关系数为 0.80。有趣的是，压缩强度值与其他三个试验值之间并没有很强的相关性。

5.12.2.5　嵌套式实验进展的回顾和结论

最初的嵌套式鉴定方法和评估实现了几个目标。该鉴定包含的嵌套式实验承认了有关变异源的假设，它们已用于鉴定体系，并被非常相同的鉴定数据证明是正确的。它使得通用航空鉴定方法可以进行“自我验证”，而不是一个未经试验的假设。嵌套式实验结构也要制订工作计划和时间表，只需很少干预或管理，并可在短短几个月的时间内完成鉴定。在随后的章节中将讨论这些问题。

仅通过六个正交试板和三个单向板的制造，就可试验多批次复合材料的基本性能并对变异性进行了很好的表征。由于大幅度减少试板数量，物理、化学和无损检测的工作量减少 80%，使得这种方法有很大的吸引力。

这种工作也很适合用回归方法来计算许用值。该方法可生成足够数量相接近，且需要时可立即用于试验或检查的备件。此外，可不用加强片完成整个工作，加强片引进了自身的因素和与此相关的变异性。有趣的是，不同的试验对材料变异源有不同的响应，对本项工作所考察的所有试验，真实的材料批次变异性只是其中很小的一部分。

以下结论概述了本项研究工作的结果：

(1) 与干态和湿态玻璃化转变温度的物理试验相比，压缩和拉伸力学试验对变异性分量的响应不同。

(2) 不管材料批次，工艺批或试验批次，对力学性能试验，简单地采用更多的试样，就可对变异性的表征提供最大的贡献。

(3) T_g 试验的残值分散性远小于力学性能试验，意味着 T_g 试验具有更好的重复性。

(4) 对所进行的力学和物理性能试验，真实的批次变异性只是所有变异源中很小一部分。

(5) 对许用值计算，已证实了用工艺批作为材料批次的通用航空(GA)方法是有效的。

5.12.3 用回归法进行嵌套式鉴定数据许用值计算实例

前面 5.12.2.1.1 节讨论了用回归法计算材料许用值，本手册第 1 卷第 8 章结构型数据集标题下也对此进行了阐述。用专用于回归法计算许用值的数据结构，鉴定了前面 5.12.2.2 节讨论的碳纤维单向带材料。作为一个例子在这里讨论其计算结果。湿/热状态的拉伸和压缩数据见表 5.12.2.3(a)和(b)。

用回归法计算许用值，首先需要建立回归模型或描述存疑的特性或性能的方程。基于碳纤维材料鉴定数据的结构，某些材料批次的贡献是存疑的，或至少因某些原因而必须明确地将其排除。还要包括温度的影响，以及吸湿饱和的影响。因为试样的吸湿饱和经常仅在高温条件下进行，必须假定湿态性能的曲线形状与干态性能曲线平行，是温度的函数，它随温度降低而趋于保守。对这些碳纤维单向带材料，由于嵌套式数据结构仅用于湿热状态下的拉伸和压缩力学数据，为计算要忽略嵌套结构。

回归模型适用于这两种单向带材料，每种包括拉伸、压缩和面内剪切，材料批次显著性筛选、温度和吸湿浸润。考虑曲率的温度二次项对面内剪切模型十分有用。一旦构建了合适的回归模型，要用原始数据和模型系数，并采用 RECIPE 程序来计算材料许用值，本手册统计章中结构型数据节中介绍了该程序(见第 1 卷，8.3.11.3～第 1 卷，8.3.11.5 节)。

结果汇总见表 5.12.3。回归栏列出了对给定供应商的材料在给定环境条件下给定性能的模型预测值。表中给出了使用 RECIPE 计算的 A 基准值和 B 基准值及用于参考的预测均值的百分比。同时列出了回归模型中包括的显著的影响，以及校正的 R 平方，它给出了用该模型解释的部分性能变异性的想法。变异性的剩余部分似乎是随机的(残值)。

在各种环境条件下测得的拉伸强度名义值及 B 基准值绘制在图 5.12.3(a)中。与碳纤维单向带拉伸值经常出现的情况一样，对供应商 B 提供的材料，干冷状态与湿热状态相当，甚至更低一些。实际上供应商 B 材料的拉伸值随吸湿浸润略有改善；而供应商 A 材料的拉伸值随吸湿浸润略有下降，所以湿热状态仍是关键状态。

表 5.12.3 碳纤维/环氧树脂单向带材料回归法计算的 A 基准和 B 基准材料许用值

供应商	性能	温度 ℃/℉	吸湿浸润 /%	回归值 MPa/ksi	B 基准 MPa/ksi	回归平均值/%	A 基准 MPa/ksi	回归平均值/%	显著影响	R 平方校正
A	T	−55(−67)	0	2595(376.4)	2358(342.0)	90.9	2199(319.0)	84.8		
A	T	21(70)	0	2658(385.5)	2424(351.6)	91.2	2264(328.3)	85.2		
A	T	71(160)	0	2699(391.5)	2449(355.2)	90.7	2295(332.8)	85.0		
A	T	71(160)	100	2588(375.4)	2357(341.8)	91.0	2195(318.4)	84.8	T, C, B	0.27
B	T	−55(−67)	0	2597(376.7)	2203(319.5)	84.8	1503(281.0)	74.6		
B	T	21(70)	0	2688(389.8)	2293(332.5)	85.3	2026(293.8)	75.4		
B	T	71(160)	0	2746(398.3)	2332(338.2)	84.9	2075(301.0)	75.6		
B	T	71(160)	100	2817(408.5)	2431(352.6)	86.3	2163(313.7)	76.8	T, C, B	0.43
A	C	−55(−67)	0	2070(300.2)	1671(242.4)	80.7	1440(208.9)	69.6		
A	C	21(70)	0	1814(263.1)	1460(211.8)	80.5	1218(176.6)	67.1		
A	C	71(160)	0	1646(238.8)	1258(182.4)	76.4	1025(148.6)	62.2		
A	C	71(160)	100	1433(207.8)	1080(156.6)	75.4	836(121.2)	58.3	T, C, B	0.91
B	C	−55(−67)	0	2130(308.9)	1779(258.0)	83.5	1571(227.9)	73.8		
B	C	21(70)	0	1881(272.8)	1568(227.4)	83.3	1351(196.0)	71.8		
B	C	71(160)	0	1717(249.1)	1376(199.5)	80.1	1166(169.1)	67.9		
B	C	71(160)	100	1334(193.5)	1021(148.1)	76.5	803(116.5)	60.2	T, C, B	0.90
A	IPS	−55(−67)	0	115(16.7)	108(15.7)	94.0	105(15.2)	90.7		
A	IPS	21(70)	0	126(18.3)	119(17.3)	94.6	115(16.7)	91.4		
A	IPS	71(160)	0	110(15.9)	103(14.9)	93.7	99(14.3)	90.2		
A	IPS	71(160)	100	94(13.6)	88(12.7)	93.6	83(12.1)	89.2	T, C, B, T2	0.98
B	IPS	−55(−67)	0	111(16.1)	103(14.9)	92.5	98(14.2)	88.1		
B	IPS	21(70)	0	123(17.8)	114(16.6)	93.2	110(15.9)	89.2		
B	IPS	71(160)	0	108(15.7)	100(14.5)	92.3	95(13.8)	87.8		
B	IPS	71(160)	100	81(11.8)	74(10.7)	91.0	69(10.0)	84.7	T, C, B, T2	0.98

性能：T—拉伸，C—压缩，IPS—面内剪切

影响：T—温度，C—吸湿浸润，B—材料批次，T2—温度的平方

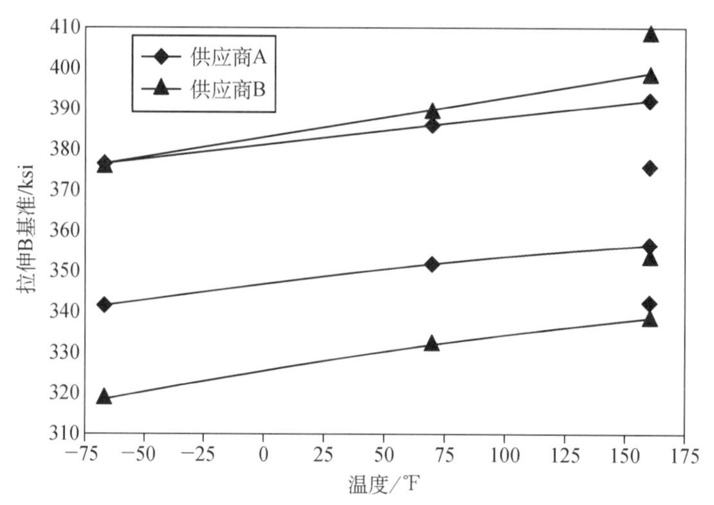

图 5.12.3(a) 名义值和回归法拟合拉伸强度 B 基准许用值

(供应商 A:平均值的 92%,供应商 B:平均值的 85%)

平均而言,供应商 A 的材料 B 基准大约是平均值的 91%,而对供应商 B 它是更典型的 85%。值得注意的是,若仍对关键的干冷状态应用有疑问,可以在此状态下对其余的备用试样进行试验,以提供额外的保证,即这个关键状态已被充分表征。

两种材料在所有环境状态下测得的压缩强度名义值及 B 基准值绘制在图 5.12.3(b)中。两种材料的基准值大约是平均压缩强度值的 75%~77%,这似乎是很典型的。对剩余的备用压缩试样进行试验在一定程度上可能会改善压缩许用值。湿热对两种材料的压缩值显然是关键状态。

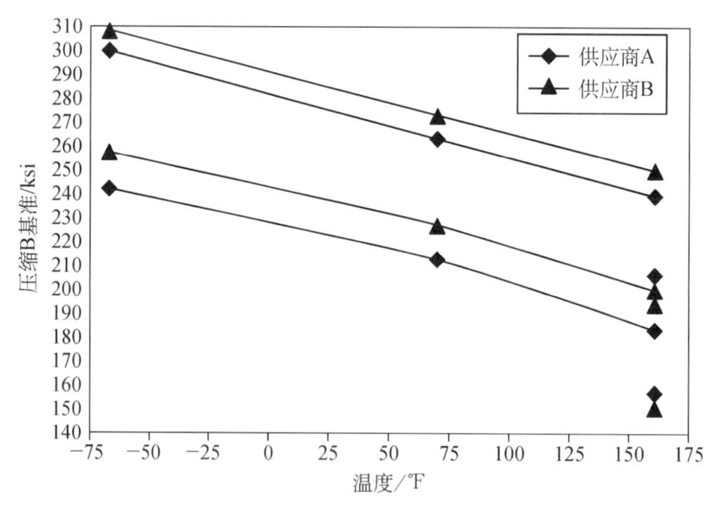

图 5.12.3(b) 名义值和回归法拟合压缩强度 B 基准许用值

(供应商 A:平均值的 75%,供应商 B:平均值的 77%)

两种材料相应的的面内剪切值见图 5.12.3(c)。数据中看到的曲率趋向产生了两种材料的温度二次项。湿热显然也是两种材料的关键状态，但它们的 B 基准值是平均值的 91%～94%。

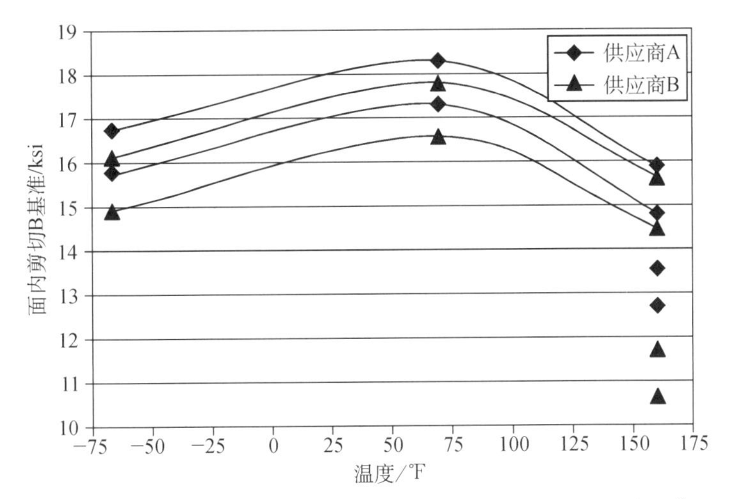

图 5.12.3(c)　名义值和回归法拟合面内剪切强度 B 基准许用值

(供应商 A：平均值的 94%，供应商 B：平均值的 91%)

拉伸和压缩强度的 B 基准值似乎是可用的，面内剪切值或许甚至比所需值要高一些。最初几次使用回归法，当基准值符合或略高于其历史上平均值的百分比时，一些用户干脆停止添加数据。虽然压缩值与平均值的比例最低，为更加放心计算时并没有删除图 5.12.2.3(b)中判断为异常值的 2 到 4 个数据点。不用回归法计算压缩许用值，把异常值包含在内会使得到的许用值不是负数，也是不能使用的。值得注意的是，本讨论与建立用于支持设计的基准值或许用值有关，而与用于控制材料质量的材料规范验收值无关。

5.12.4　供应商 C 制造供应商 A 材料的鉴定

在先前章节中描述的完成供应商 A 和 B 鉴定之后不久，供应商 A 决定退出复合材料领域，将自己的生产线卖给各个公司。因为这一事件仅强调保持两种复合材料来源项目目标的重要性，因此开始进行由供应商 C 制造的供应商 A 材料的鉴定。

5.12.4.1　引言

最初由供应商 C 提出对自己材料的表征是按生产线鉴定进行的。从供应商 A 转移到供应商 C 的设备或人员很少。因为供应商 C 计划使用完全不同的生产线，在不同的状态下制造材料，所以材料用户要求再次进行完整的材料鉴定。认为同时对玻璃纤维和碳纤维材料使用嵌套式鉴定方法是最有效的，它将最大限度地降低风险和成本。此外，对一些微小差异标准化后，两个不同项目将共享这些数据，从而可将用于每个项目生产线鉴定的资金汇总在一起。要求改变纤维表面处理剂和材料组分源来使生产线之间的材料标准化，该材料也用于通用航空。

由于供应商 C 将进行大部分试验，提供独立的反馈数据，这项工作允许由另外一家公司来实施嵌套式鉴定方法。这也迫使鉴定计划要做得十分详细，以便将涉及嵌套式鉴定的数据交接给另一家公司。

实际上，由于嵌套式方法获得的效率，使得初始鉴定时可用大量材料同时鉴定备用生产线。这种效率意味着充分表征同种材料完全不同制造工艺的成本可能不再是不可接受的。

5.12.4.2 鉴定计划

不同于仅应用于特定纤维和形式的早期嵌套式方法，供应商 C 的鉴定涵盖了先前由供应商 A 制造的所有材料形式和纤维。这创造了机会，可将嵌套式方法同时用于多种纤维和形式，并根据需要对某些变型应用不同的批次号。

图 5.12.4.2(a)概述了这一完整的鉴定过程。规划了玻璃纤维和碳纤维单向带的 3 批次鉴定工作；设计了面积重量较轻玻璃纤维单向带的单批次鉴定，以及 120 和 7781 玻璃纤维织物的单批次鉴定；构想了平纹机织碳纤维织物的两批次鉴定；同时也规划了较高重量(和较大体积含量)玻璃纤维和碳纤维单向带备用生产线的单批次鉴定。图 5.12.4.2(a)中表明，对每种要进行的力学试验用 ASTM 试验方法，对物理性能试验用 ASTM 或 SRM 试验方法。

图 5.12.4.2(b)所示为计划用于每批次材料，直至单个试样及其试验环境条件的工艺批试板。如图 5.12.4.2(a)左上角所示，单向带材料的试板是正交铺层的，层压板厚度尽可能接近 0.254～0.318 cm(0.100～0.125 in)。试板是平衡对称的，除面内剪切试样外，其他试样表面铺层与试验方向成 90°。织物试板要铺贴成拉伸和压缩试样可以在纬向进行机加和试验。增加一个织物试板，用于定量确定纬向与经向相比织物性能的降低幅度。

图 5.12.4.2(b)是用于所有 26 个 61 cm×91 cm(2 ft×3 ft)的工艺批试板的模板。正如上面所讨论的，对大多数试验，从每个工艺批试板上切割出两个试验批试板。例如，对图 5.12.4.2(a)中的拉伸试验，这些试验批试板中的一个涂以黑色，其他是灰色。压缩和面内剪切试验批试板也同样。弯曲试验用于玻璃纤维单向带的水煮验收试验，它与其他试验得到的湿热试验结果相关。

与每个正交铺层单向带试板配对的是测定弹性性能的单向试板，即从一个材料批次取出的一个工艺批的 0°试板，和另一个工艺批的 90°试板。从这些试板中可以测定 90°强度性能，以及弹性性能。单向试板的厚度约为正交层压板的一半。

由此，可以快速统计出图 5.12.4.2(a)中总共只有 44 个试板，用于项目所有 8 个增强体/重量/织物/生产线排列组合的鉴定，大多数提供 B 基准，有一些是 A 基准许用值。这虽然不是一个微不足道的数字，但它远少于对每种材料形式，为每种试验/状态组合用一个试板制造的数百个试板，如供应商 A 鉴定用的大多数做法。因为对每块试板通常都要进行超声检查和多个物理试验来保证质量，这样也使进行检验和试验的数量减少 85%以上。一旦无损检测是合格的，证明试板质量均一，就可用一组取样自工艺批试板的物理试验来确定取自该工艺批试板的所有高压水切割子试板的质量。

从每块试验批试板上切割的每个试样均按图 5.12.4.2(a)和图 5.12.4.2(b)中的方案标识和编号。最初试验的每个试样上也需标记该试验的环境条件。备用试样最初不标记环境条件试验代码。如图 5.12.4.2(b)所示，代码直接打印在试板模

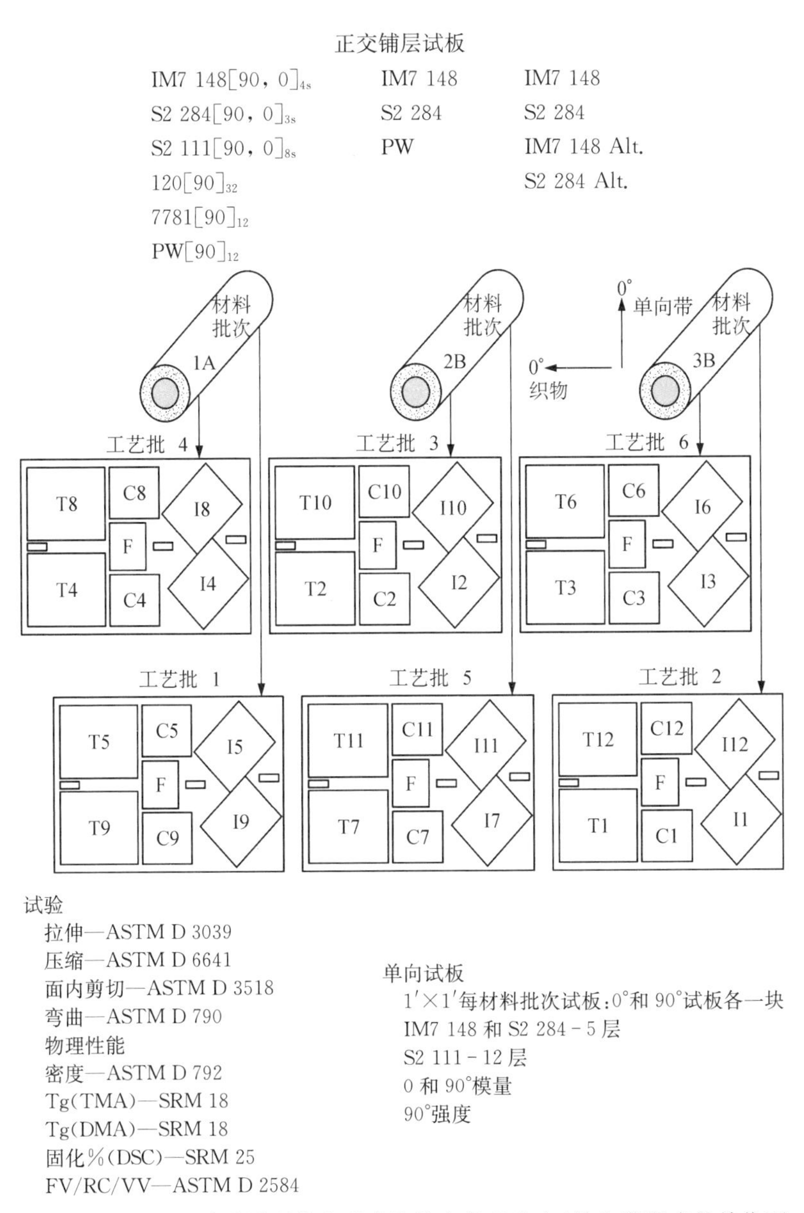

图 5.12.4.2(a)　多种增强体和形式的供应商 C 鉴定(单向带形式的单位面积重量单位：g/m^2)

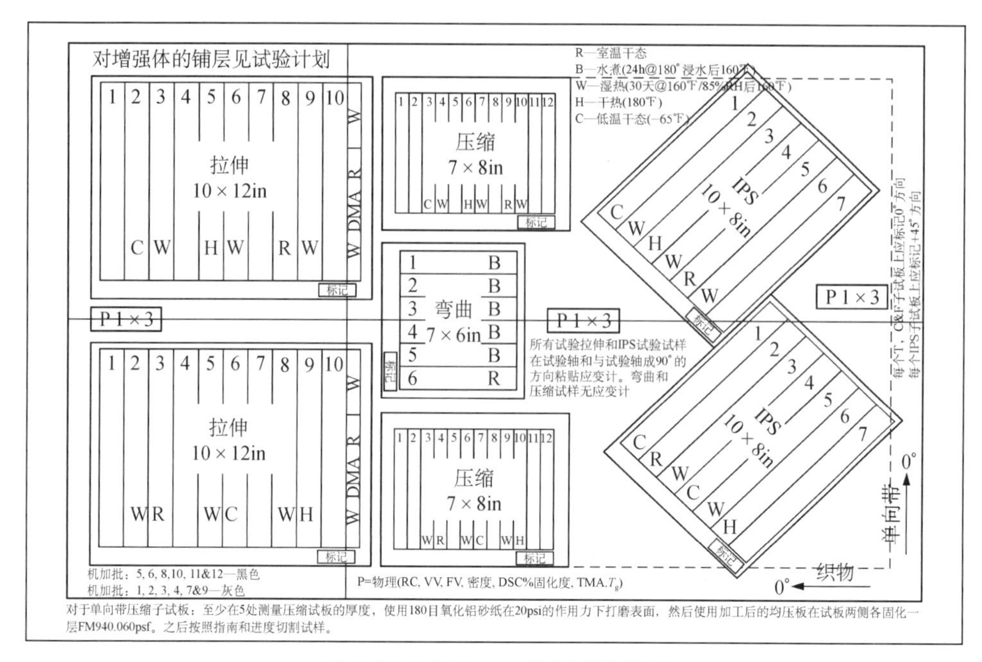

图 5.12.4.2(b)　工艺批试板模板

板上。每个最初试验的试样至少有一个相邻的备用试样。一旦出现试验失效或其他试验异常，可以对相邻试样进行更详细的检查，且可试验与异常试样制造历史标记相同的备用试样。

虽然备用试样的数量似乎过多且费用相当高，但实际上增加的成本很小，价值很大。可以从成本角度，以与其他任何制造过程相同的方式来回顾试样机加过程。对此过程，几乎所有的成本都与机加参数设置时间相关。一旦试样放置方向正确并已固定，从一块试板上多切割一个试样增加的费用几乎可以忽略不计。

值得注意的是，即使是单批次和两批次鉴定材料都在经受相同的工艺批法。同样，虽然看起来有些过分，但需进行 NDI 和物理试验的试板数量减少 85%，改进的数据质量，对所有材料形式处理的标准化，使这方面工作优于以往。对接着分为多个试验批的多个工艺批，即使单批次数据其“块状结构”也少得多(较少的自相关性)。当所有的试样有完全相同的生产历程时，试样的结果往往趋于非常相似。通过把试样分散成多个制造历程，得到的数据更能代表未来不同时期产品的批次试验结果。

图 5.12.4.2(b)中显示的备用试样数量与试验的难度水平、试验异常需要增加试样的概率大致对应。还要注意的是，除压缩试样外，如下面所讨论的，所有的试样除机加工和粘贴应变计以外无需更多的准备。所示的任何试样都不用加强片。因此，工艺批试板都必须在一对机加工程平板和均压板之间进行固化，每块板足够厚(3/8～1/2 in 的铝)以避免在固化过程中过度变形。若拉伸试样在夹具中出现滑移，可在试样和夹头之间放置摩擦材料，如石膏磨砂板。很少将拉伸结果作为结构设计控制因素，但最好的拉伸结果可能是必需的。如下面所讨论的，若按和压缩试板相

同的方法处理拉伸试板，也许数值可提高 3％或 4％。

对 CLC 压缩试样，一系列设计实验后发现某些额外的处理是有利的。要求取消加强片的同时，尽管使用了机加工程平板和均压板，也很难在压缩试样表面得到均匀(平行)的夹紧模式。在试样和火焰喷涂夹块之间要有一些调节余地，以适应平面度稍差的情况，使试样在夹具内均匀受载。在对 ASTM D790 压缩试验进行早期试验评估时，加强片间的工作区域存在胶膜，若胶膜残留在工作区域则试样试验得最好，在加强片和试样间形成了理想的圆角。分析试样结果时，即使假设加强片间整个测量区域的间隙都被胶填满了，因为胶的弹性模量比纤维增强复合材料低得多，也至多只有几个百分点的差异。

要提出的是在压缩试验批次试板的两个表面二次胶接一层胶膜，以提供所需的柔性。胶膜固化温度要比厚的机加平板间试板的固化温度至少低 28℃(50°F)。设计实验的结果表明，这比单独考虑任何其他因素更能产生积极的影响。均匀的夹紧模式，良好的失效模式和强度值，都能用这种方法获得。在图 5.12.4.2(b)底部简要描述了该过程。

如图 5.12.4.2(b)中部所示，若可能，应建立一种使用应变计的简单普适的规则且制订成文件；若不可能，则应将应变计的使用标注在模板所示的每个试样上(见图 5.12.4.2(c))。

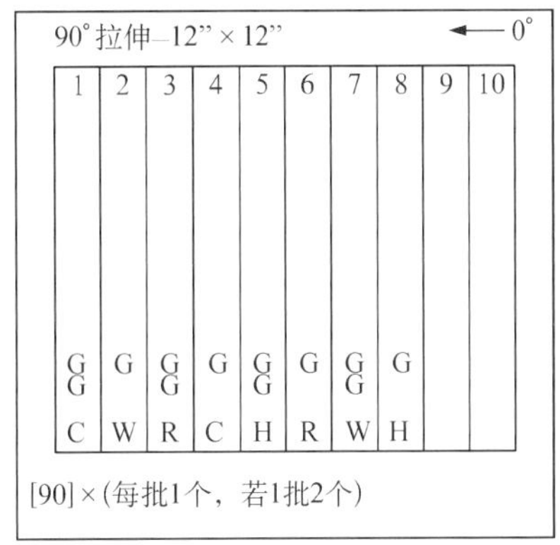

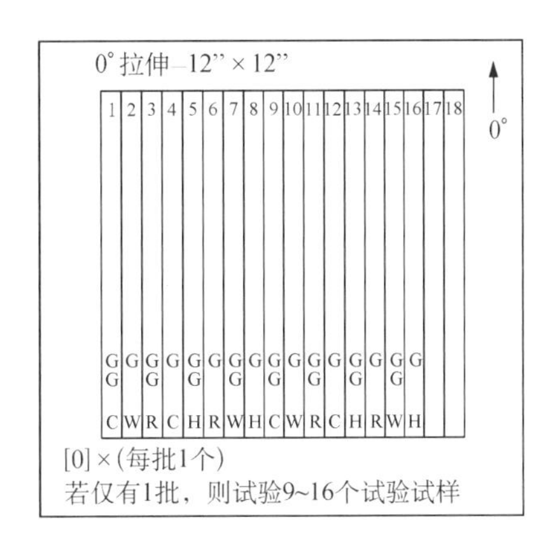

单向试板
IM7 148&S2 284-5层
S2 111-12层
0°&90°模量
90°强度

图 5.12.4.2(c)　用于弹性性能和 90°强度的单向试板

注：G—在试验试验轴方向粘贴应变计
GG—在试验试验轴和垂直于试验试验轴 90°方向粘贴应变计

图 5.12.4.2(b)标记“P”的小板(1 in×3 in)用于试验物理性能，树脂含量(RC)，空隙体积含量(VV)，纤维体积含量(FV)，DSC％固化度和 TMA T_g 的试验试样都取自此板，并用取自代表所有 7 个试验批试板该工艺批试板的一组试验进行。

伴随单向带工艺批试板的单向试板模板见图 5.12.4.2(C)，每个试样上均标识了试验条件，和需要一个还是两个应变计。

5.12.4.3　工艺批的热压罐固化程序

由于需要相当数量的工艺批试板(见图 5.12.4.3 有 26 块)，但只有两对机加的工程平板/均压板，有时需要试着用最好的方式来进行配对固化，使得对给定的材料，所有的工艺批都是独立的，同时给实验室安排进度留有足够的余地。对这项特殊的工作采用图 5.12.4.3 所示进度，但仅作为参考。图 5.12.4.3 热压罐固化进度给出了作为该嵌套式数据结构一部分的 26 块试板每一块的时间安排。对所有要鉴定的 8 种纤维/重量/机织/生产线材料组合，只需 14 次热压罐运行来固化所有的正交铺层试板。

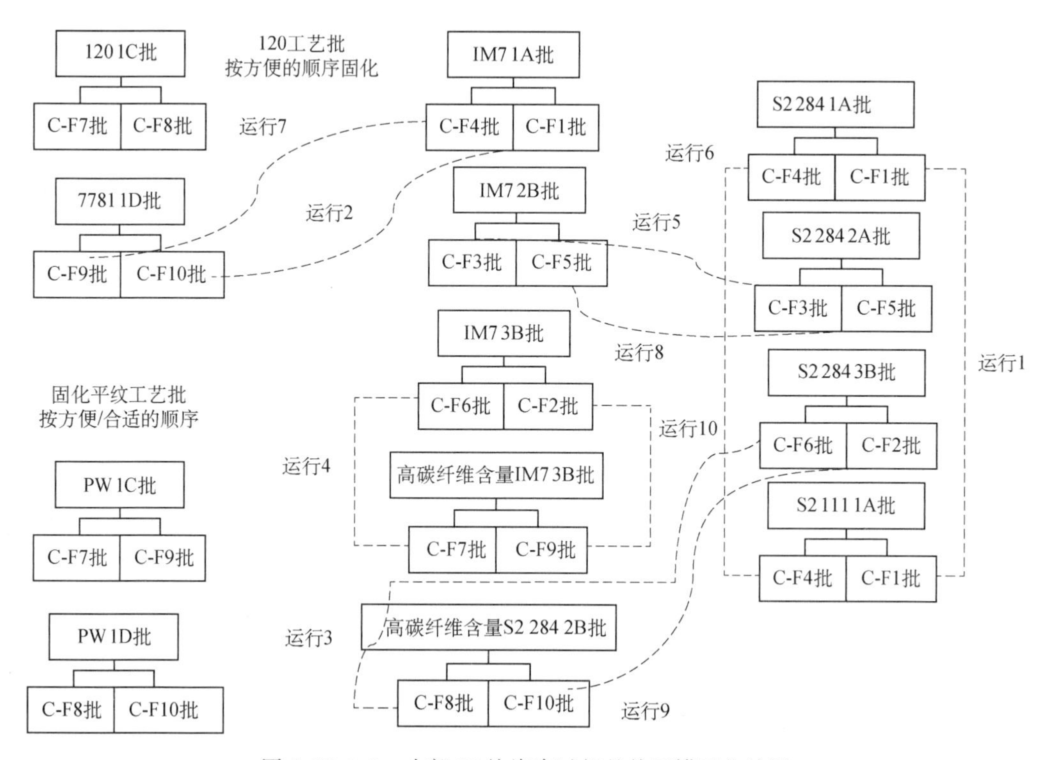

图 5.12.4.3　全部 26 块嵌套试板的热压罐固化计划

注：(1)对应于正交铺层工艺炉批试板的单向带试板可按方便的顺序固化
(2)热压罐运行 1 和 2 顺序可以对换，运行 6 和 7 也可以对换。

5.12.4.4　工艺和试验批进度

固化后每个工艺批试板要经过超声波检测来保证其质量完好一致。然后试板被高压水切割成如图 5.12.4.2(b)所示的子试板。然后试验批试板进入机加程序，用给定材料的每个试验批来独立完成试样加工、吸湿浸润、制备和试验。允许对不同的材料同时进行，使得多种材料的第一个试验批可以同时开始，如图 5.12.4.4(a)所示。由于 120 玻璃纤维材料只用于表面，允许用一批次试板由实验室用其自身的设备处置单向和弯曲试板。

碳纤维试板加工顺序

试板 ID＝1T，1C，&1IPS		基　准			需机加的试板		
嵌套循环工作日	加工开始/结束日期	试验批	工艺批	批	碳纤维单向带	备用碳纤维单向带（无序的）	平纹布（无序的）
1		M01	C-F2	3B	C/C-F2/X1		PWC/C-F9/X2
2		M02	C-F3	2B	C/C-F3/X2	C/C-F2A/X1	
3		M03	C-F6	3B	C/C-F6/X3		PWC/C-F8/X4
4		M04	C-F4	1A	C/C-F4/X4		PWC/C-F7/X5
5		M05	C-F1	1A	C/C-F1/X5		PWC/C-F10/X7
6		M06	C-F6	3B	C/C-F6/X6		PWC/C-F8/X8
7		M07	C-F5	2B	C/C-F5/X7	C/C-F6A/X3	
8		M08	C-F4	1A	C/C-F4/X8		PWC/C-F7/X9
9		M09	C-F1	1A	C/C-F1/X9		PWC/C-F9/X10
10		M010	C-F3	2B	C/C-F3/X10	C/C-F6A/X6	
11		M011	C-F5	2B	C/C-F5/X11	C/C-F2A/X12	
12		M012	C-F2	3B	C/C-F2/X12		PWC/C-F10/X11

试板 ID＝1T，1C，&1IPS		参　考			需机加的试板			
嵌套循环工作日	加工开始/结束日期	试验组	工艺组	批	玻璃纤维单向带	高玻璃纤维含量单向带	低玻璃纤维含量单向带	7781 织物
13		M01	C-F2	3B	G/C-F2/X1	G/C-F2A/X1		
14		M02	C-F3	2B	G/C-F3/X2			G/C-F9/X4
15		M03	C-F6	3B	G/C-F6/X3	G/C-F6A/X3		
16		M04	C-F4	1A	G/C-F4/X4		TG/C-F4/X4	
17		M05	C-F1	1A	G/C-F1/X5		TG/C-F1/X5	
18		M06	C-F6	3B	G/C-F6/X6	G/C-F6A/X6		
19		M07	C-F5	2B	G/C-F5/X7			G/C-F10/X5
20		M08	C-F4	1A	G/C-F4/X8		TG/C-F4/X8	
21		M09	C-F1	1A	G/C-F1/X9		TG/C-F1/X9	
22		M010	C-F3	2B	G/C-F3/X10			G/C-F9/X8
23		M011	C-F5	2B	G/C-F5/X11			G/C-F10/X9
24		M012	C-F2	3B	G/C-F2/X12	G/C-F2A/X12		

第 5 步：所有试板在进行机加前完成 NDI 检测
第 6 步
第 7 步：最后一步完成后方可开始新的嵌套循环工作日试验
第 8 步
第 9 步：给定的试验批试板加工完成后
第 10 步

第 5 步：1 天后—测量试样（尺寸—所有的，干态重量—试样 1＃T，IPS&F）
第 6 步：2 天后—在所有试验试样（非备用）上粘贴单个应变计。在所有 IPS 试样和剩下的单向试样上粘贴两个应变计（0°/90°）试验。
第 7 步：3 天后—把适用的试样进行浸润调节。前 5 天每天，之后每周，对 T，IPS 和 F 的＃1 试样记录重量增加值，之后按试验批的进度表开始进行干态试验。

第 12 步
第 13 步：在 30（＋5/－0）日历天浸润调节（约 22 个工作日）后，记录试样＃1 增加的重量，然后对取自给定试验批试板的热/湿和热态试样将按进度表进行力学性能试验。
第 14 步

图 5.12.4.4(a)　试验批试样机加计划

图5.12.4.4(a)中给出了整个嵌套式鉴定时间表的起始，它不是用特定的日期进行控制，而是通过工作日和操作的顺序进行控制。机加顺序是随机安排的，来防止外在的因素(操作者，圆盘锯磨损等)与嵌套因素混淆，在图5.12.4.4(a)所示第一个嵌套循环工作日，按照计划加工取自碳纤维工艺批2(见图5.12.4.2(a))的第一个试验批试板。根据图5.12.4.2(a)，用灰色表示的拉伸，压缩，和面内剪切试板构成了取自工艺批2的第一批试验试板。同时计划安排的是平纹机织材料的第一试验批试板。一旦由试验批次子试板机加成试样，机械工应该进入机加的开始日期和结束日期(几乎总是同一天)，那天要停止对嵌套试板进行加工，然后机械工把那天的试样交给实验室进行尺寸测量。

一些取自最早的第一批次得到的试验件，在放进湿热环境箱测定该体系的饱和质量增量前应进行干燥。对用于拉伸、面内剪切和弯曲的1#试样称重，完全干燥后再进行称重。烘干后，把试样放入71℃(160℉)/85%RH湿热环境箱，前5天，每天都要记录质量增量。然后每周，若30天后试样仍没达到平衡，推迟从湿热环境箱中拿出试样，直到经过足够的天数试样达到平衡后再进行试验。

实验室一旦开放运行，机械工就要开始对由碳纤维单向带组成的试验批试板进行加工，这次也是备用碳纤维生产线。在他加工第二试验批试样的同时，实验室完成第一试验批试样的尺寸测量。在第三次嵌套循环工作日，在他加工第三试验批试板的同时，实验室进行第二试验批试样的尺寸测量。实验室开始进行第一组试验试样的应力测量，第四天机械工把第四试验批试板加工为试样，实验室测量第三试验批试样的尺寸，并对第二试验批试样粘贴应变计，而且随后会把第一试验批试样放入71℃(160℉)/85%RH条件的环境箱中达30日历日。按照以下的讨论，由于要试验的试样是干态的，第一批试验的试样不必进行吸湿浸润，直至第16到20工作日，这些试样计划约在22个工作日后取出。

由于构建的计划对所需的操作要求不超过任何实验室能力的三分之一，到第二次和第三次工作日嵌套循环时，机械工和其他任何人在午餐前就可以完成。若出现生产的材料试验或其他与嵌套式鉴定工作相冲突的事件，可能时会完成任何给定的试验批，下一试验批在第二天立即开始。以这种方式损失不超过三天，尤为只需实验室能力的很小部分来继续进行嵌套式鉴定工作。

在所有12个碳纤维单向带的试验批加工完以后，同时备用碳纤维生产线和平纹机织试验批试样也加工完成后，对玻璃纤维和其他的玻璃纤维材料以同样的方式重复该机加循环。如图5.12.4.4(b)的第一页所示，在第16个工作日，与进行玻璃纤维试样加工同时，按计划进行玻璃纤维和碳纤维单向带第一试验批的低温和室温干态压缩试验(平纹机织碳布和7781玻璃纤维织物以同样的方式同时进行，但为更清晰此处省略)。如图5.12.4.2(b)所示，对每个试验批只有一个室温干态和一个低温干态试样。因此实验室白天的工作由三个室温和三个低温压缩试样构成，加起来他们可以在一天里完成所有的工作，到了第二天早上，他们就可以在该工作日以同样的方式进行17个压缩试样的试验。

低温和室温干态压缩试验

#＝要试验的压缩试样(1RT，1C)					需试验的试样					
嵌套循环工作日	放入湿热环境箱的日期	从湿热环境箱取出的日期	试验开始的日期	试验结束的日期	试验批	碳纤维单向带	备用碳纤维单向带	玻璃纤维单向带	备用玻璃纤维带相待	面积重量小的玻璃纤维单向带
16					M01	#		#	#	
17					M02	#	#	#		
18					M03	#		#	#	
19					M04	#		#		#
20					M05	#		#		#
21					M06	#		#	#	
22					M07	#	#	#		
23					M08	#		#		#
24					M09	#		#		#
25					M10	#	#	#		
26					M11	#	#	#		
27					M12	#		#	#	

低温和室温干态拉伸和面内剪切试验

@=T&IPS(1RT，1C)					需试验的试样					
嵌套循环工作日	放入环境的日期	从环境取出的日期	试验开始的日期	试验结束的日期	试验组	碳纤维单向带	高碳纤维含量单向带	玻璃纤维单向带	高玻璃纤维含量单向带	低玻璃纤维含量单向带
28					M01	@		@	@	
29					M02	@	@	@		
30					M03	@		@	@	
31					M04	@		@		@
32					M05	@		@		@
64					M06	@		@	@	
33					M07	@	@	@		
34					M08	@		@		@
35					M09	@		@		@
36					M10	@	@	@		
37					M11	@	@	@		
38					M12	@		@	@	

压缩试验：使用 CLC 螺栓扭矩的顺序(见图表)，最终扭矩(玻璃纤维 50 in·lb，碳纤维 30 in·lb)，按规定增加扭矩(手指拧紧，50%，100%)。

IPS 试验：按 SACMA SRM7 试验 0.25"/5 min 后速率可加倍。当轴向应变达到 1 000 和 3 000 $\mu\varepsilon$ 时，从设定数据点开始测量剪切模量。

记录强度数据原始，并正则化到 58%(碳纤维)或 50%(玻璃纤维)的体积含量。

图 5.12.4.4(b) 试验批进度表

热和热/湿压缩试验

♯=C(3HW，1H)					需试验的试样						
嵌套循环工作日	放入环境的日期	从环境取出的日期	试验开始的日期	试验结束的日期	试验组	碳纤维单向带	高碳纤维含量单向带	玻璃纤维单向带	高玻璃纤维含量单向带	低玻璃纤维含量单向带
42	20	42			M01	♯		♯	♯	
43	21	43			M02	♯	♯	♯		
44	22	44			M03	♯		♯	♯	
45	23	45			M04	♯		♯		♯
46	24	46			M05	♯		♯		♯
47	25	47			M06	♯		♯	♯	
48	26	48			M07	♯	♯	♯		
49	27	49			M08	♯		♯		♯
50	28	50			M09	♯		♯		♯
51	29	51			M10	♯	♯	♯		
52	30	52			M11	♯	♯	♯		
53	31	53			M12	♯		♯	♯	

热和热/湿拉伸和面内剪切试验

@＝T&IPS(3HW，1H)					需试验的试样					
嵌套循环工作日	放入环境的日期	从环境取出的日期	试验开始的日期	试验结束的日期	试验组	碳纤维单向带	高碳纤维含量单向带	玻璃纤维单向带	高玻璃纤维含量单向带	低玻璃纤维含量单向带
54	32	54			M01	@		@	@	
55	33	55			M02	@	@	@		
56	34	56			M03	@		@	@	
57	35	57			M04	@		@		@
58	36	58			M05	@		@		@
59	37	59			M06	@		@	@	
60	38	60			M07	@	@	@		
61	39	61			M08	@		@		@
62	40	62			M09	@		@		@
63	41	63			M10	@	@	@		
64	42	64			M11	@	@	@		
65	43	65			M12	@		@	@	

压缩试验：使用 CLC 螺栓扭矩的顺序(见图表)，最终扭矩(玻璃纤维 50 in・lb，碳纤维 30 in・lb)，按规定增加扭矩(手指拧紧，50%，100%)。

IPS 试验：按 SACMA SRM7 试验 0.25"/5min 后速率可加倍。当轴向应变达到 1000 和 3000 $\mu\varepsilon$ 时，从设定数据点开始测量剪切模量。

记录强度数据原始，并正则化到 58%(碳纤维)或 50%(玻璃纤维)的体积含量。

图 5.12.4.4(b) (续)

干态 DMA 和 TMA T_g 试验

＃＝干 T_g（1DMA 和 2TMA）					需试验的试样					
嵌套循环工作日	放入环境的日期	从环境取出的日期	试验开始的日期	试验结束的日期	试验组	碳纤维单向带	高碳纤维含量单向带	玻璃纤维单向带	高玻璃纤维含量单向带	低玻璃纤维含量单向带
16					M01	＃		＃	＃	
17					M02	＃	＃	＃		
18					M03	＃		＃	＃	
19					M04	＃		＃		＃
20					M05	＃		＃		＃
21					M06	＃		＃	＃	
22					M07	＃	＃	＃		
23					M08	＃		＃		＃
24					M09	＃		＃		＃
25					M10	＃	＃	＃		
26					M11	＃	＃	＃		
27					M12	＃		＃	＃	

湿态 DMA 和 TMA T_g 试验

#＝湿 T_g(2DMA)					需试验的试样					
嵌套循环工作日	放入环境的日期	从环境取出的日期	试验开始的日期	试验结束的日期	试验组	碳纤维单向带	高碳纤维含量单向带	玻璃纤维单向带	高玻璃纤维含量单向带	低玻璃纤维含量单向带
38	16	38			M01	#		#	#	
39	17	39			M02	#	#	#		
40	18	40			M03	#		#	#	
41	19	41			M04	#		#		#
42	20	42			M05	#		#		#
43	21	43			M06	#		#	#	
44	22	44			M07	#	#	#		
45	23	45			M08	#		#		#
46	24	46			M09	#		#		#
47	25	47			M10	#	#	#		
48	26	48			M11	#	#	#		
49	27	49			M12	#		#	#	

图 5.12.4.4(b) （续）

在图 5.12.4.4(b)的第二页，可以看出，按计划在第 20 个工作日把第一试验批的湿/热压缩试样放入湿热环境箱，并在第 42 个工作日按计划取出进行试验。在图 5.12.4.4(b)的第三页，可以看出，按计划把取自第一试验批的湿态 DMA 和 TMA T_g 试样放入湿热环境箱，并按计划在约 22 个工作日(30 个日历日)后从湿热环境箱中取出以便在化学实验室进行试验。

每个操作都以这种方式按计划进行，但由于不可避免的中断，设备的故障，休假和生病等可以有些灵活。如图 5.12.4.4(c)所示，在实验室自行处理的事项是弹性和物理性能试验，和嵌套式鉴定未构建的其他试验，如水煮弯曲。

碳纤维单向带拉伸模量数据

模量完成日期	批		
	1A	2B	3B
0°模量	7C	9C	11C
机加(试板 1)			
试验			
CTD(试样 1 和 4)			
RTD(3 和 6)			
ETD(5 和 8)			
ETW(7 和 2)			
90°强度和模量	8C	10C	12C
机加(试板 1)			
试验			
CTD(1 和 4)			
RTD(3 和 6)			
ETD(5 和 8)			
ETW(7 和 2)			

碳纤维单向带弯曲/物理性能数据

弯曲/物理性能完成日期	工艺组					
	1	2	3	4	5	6
弯曲	C/C-F1/F	C/C-F2F	C/C-F3/F	C/C-F4/F	C/C-F5/F	C/C-F6/F
机加试样						
试验 WB(1-5)						
试验 RTD(6)						
物理性能测试	C/C-F1/1-3	C/C-F2/1-3	C/C-F3/1-3	C/C-F4/1-3	C/C-F5/1-3	C/C-F6/1-3
RC						
VV						
FV						
密度						

—单向和弯曲试板在方便时机加，方便时进行试样浸润调节/试验。方便时进行物理性能试验。
—1000～3000 $\mu\varepsilon$ 时的 0 和 90°拉伸模量。

图 5.12.4.4(c)　碳纤维弹性和物理性能数据(对其他的增强体和形式使用同样的表格)

按计划整个计划的最后一个湿/热试样试验在开始加工第一个试样后仅仅 65 个工作日(大约 3 个月)后进行,实际上仅仅浪费了 3 天。

5.12.4.5 供应商 C S2 G/Ep 材料的变异源

用与先前讨论过的相同方式,分析了供应商 C 鉴定工作得到的数据变异性源,结论的一个样本如下:在图 5.12.4.5(a)中分析了供应商 C 制造的玻璃纤维单向带的拉伸强度数据,包括干/热和湿/热两种状态。对干态数据,无论材料批还是工艺批在统计上都不显著。试验批的标准差大约是残值标准差的一半,因此大多数的变异性可以只是通过拥有任意来源的更多试样来获得。

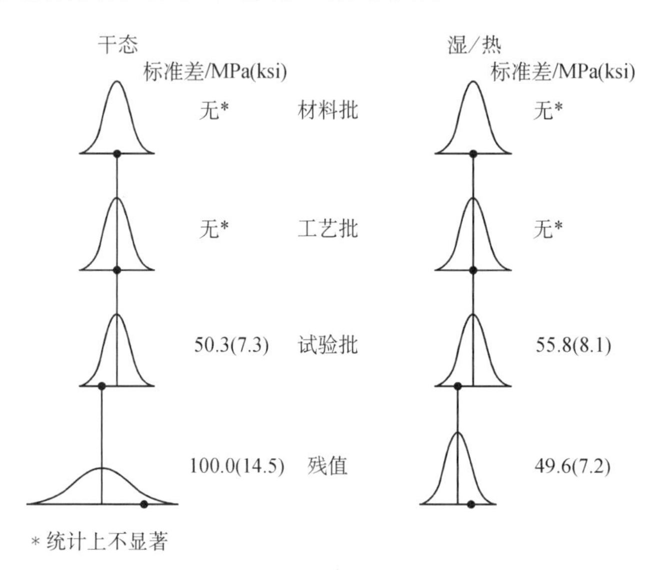

图 5.12.4.5(a) 供应商 C 制造的玻璃纤维单向带——干/热和湿/热拉伸

湿/热数据也表明,来自材料批和工艺批的变异性在统计上不显著,来自试验批的变异性与前相当;来自残值变异性的贡献实际上稍微小些,因此,通过来自多倍试验批次,成倍增加试样的方法可以获得更多的变异性。

在图 5.12.4.5(b)中可以看到玻璃纤维单向带干/热和湿/热状态下压缩强度的变异源。与拉伸结果相似,材料批和工艺批的贡献统计上不显著。干/热和湿/热两种状态下试验批对变异性的贡献比残值略小一些。所以,同样可以简单地采用取自更多试验批更多数量的试样来获得有关变异性的更多数据。

在图 5.12.4.5(c)中,可以看到 IM7 碳纤维和 S2 玻璃纤维单向带形式的室温干态面内剪切结果,结果类似。材料批次变异性统计上是显著的,但与这两种材料残值的贡献相比非常微小。

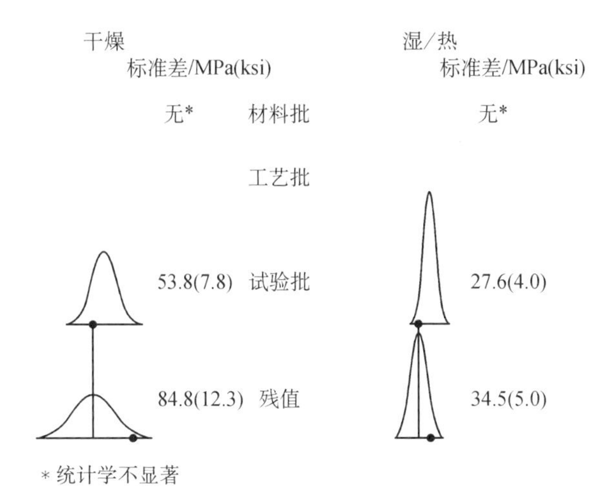

图 5.12.4.5(b)　供应商 C 制造的玻璃纤维单向带——干/热和湿/热压缩

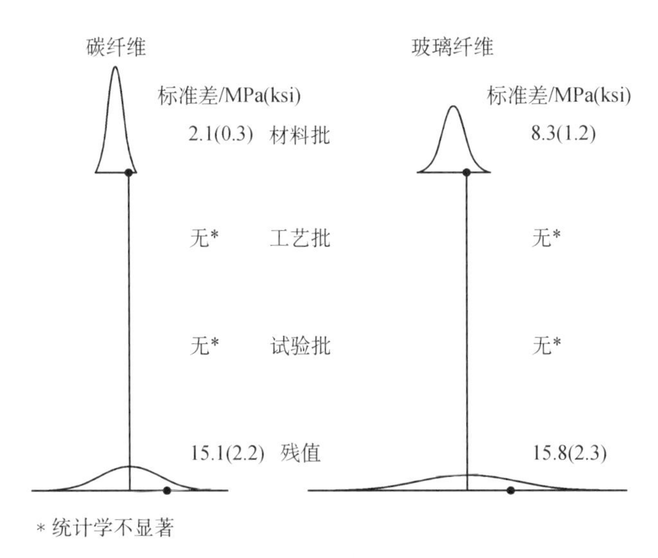

图 5.12.4.5(c)　供应商 C 的碳纤维和玻璃纤维单向带——室温干态面内剪切

碳纤维和玻璃纤维单向带湿/热状态面内剪切结果见图 5.12.4.5(d)。对碳纤维单向带材料，尽管变异性的总量很小，批次对材料变异性的贡献最大。而批次变异性对玻璃纤维单向带的贡献在统计学上不显著的，尽管同样变异性的总量不是很大，但工艺批的贡献最大。

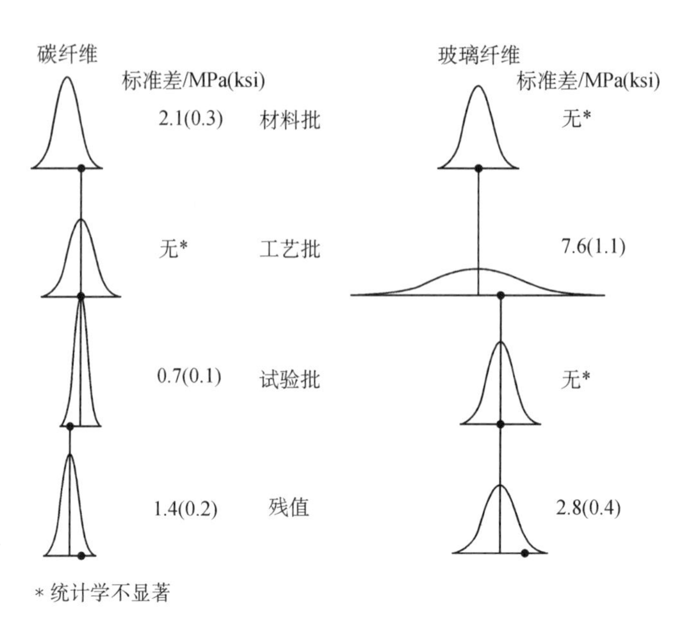

图 5.12.4.5(d) 供应商 C 的碳纤维和玻璃纤维单向带——湿/热状态下的面内剪切

5.12.4.6 总结

在表 5.12.4.6 中可以看出供应商 A 和 C(同一材料)变异源的分析总结，除了面内剪切，对来自材料批次材料变异性的贡献统计上显著的只有供应商 C 的干态压缩试验，虽然其对压缩变异性的总体贡献仍然非常小。

表 5.12.4.6 供应商 A 和 C 嵌套式模型总结

试验	状态	供应商	材料批 MPa(ksi)	工艺批 MPa(ksi)	试验批 MPa(ksi)	残值 MPa(ksi)	合计 MPa(ksi)	平均 MPa(ksi)
碳纤维								
拉伸	干	C	N/A	N/A	N/A	234.4(34.0)	234.4(34.0)	2593.2(376.1)
	湿	C	N/A	N/A	122.0(17.7)	154.4(22.4)	193.7(28.1)	2578.0(373.9)
		A	N/A	35.9(5.2)	N/A	115.8(16.8)	117.2(17.0)	2575.3(373.5)
压缩	干	C	32.4(4.7)	N/A	N/A	114.5(16.6)	114.5(16.6)	1948.5(282.6)
	湿	C	N/A	N/A	120.7(17.5)	151.0(21.9)	184.1(26.7)	1583.1(229.6)
		A	N/A	117.2(17.0)	47.6(6.9)	86.9(12.6)	149.6(21.7)	1439.0(208.7)
面内剪切	干	C	2.1(0.3)	N/A	N/A	15.2(2.2)	15.2(2.2)	110.3(16.0)
	湿	C	2.1(0.3)	N/A	0.7(0.1)	1.4(0.2)	2.8(0.4)	95.8(13.9)

（续表）

试验	状态	供应商	材料批 MPa(ksi)	工艺批 MPa(ksi)	试验批 MPa(ksi)	残值 MPa(ksi)	合计 MPa(ksi)	平均 MPa(ksi)
玻璃纤维								
拉伸	干	C	N/A	N/A	50.3(7.3)	100.0(14.5)	112.4(16.3)	1375.6(199.5)
	湿	C	N/A	N/A	55.8(8.1)	49.6(7.2)	69.6(10.1)	1035.6(150.2)
压缩	干	C	N/A	N/A	53.8(7.8)	84.8(12.3)	97.9(14.2)	1430.7(207.5)
	湿	C	N/A	N/A	27.6(4.0)	34.5(5.0)	49.6(7.2)	991.5(143.8)
面内剪切	干	C	8.3(1.2)	N/A	N/A	15.9(2.3)	17.9(2.6)	104.1(15.1)
	湿	C	N/A	7.6(1.1)	N/A	2.8(0.4)	7.6(1.1)	87.6(12.7)

虽然对供应商 A 的拉伸结果的变异性贡献在统计学上显著的是工艺批，但其总体贡献是较小的。虽然总体变异性相当小，但工艺批对供应商 C 面内剪切有重要贡献。工艺批对供应商 A 的湿/热压缩有重要贡献，而对供应商 C 的不是这样，可能是试板制造工艺持续改进和标准化的结果。

试验批对两个供应商大部分性能都有重要贡献，从而在复合材料评估中要强调试验件制备和试验的重要性。

在大多数情况下，残值对总体变异性如果不是最大贡献者，也是其重要组成部分。这也支持了多数原被解释为批次变异性的概念实际上可能只是材料内部固有变异性的随机样本。

碳纤维和玻璃纤维单向带之间的趋势惊人地相似，即使在考虑了材料批、工艺批和试验批对变异性影响之后，残值（未被解释）的变异性仍很重要。虽然在生产鉴定批料过程中发生过火灾和其他事故，对目视见证的鉴定批次而言，实际存在的批次间变异性不太可能有工程意义。

5.12.5　使用嵌套式方法的设计许用值

需要为准各向同性层压板的嵌套式方法增加基本的设计许用值。虽然大多数设计数据倾向于专门的具体应用，而准各向同性的性能几乎总是更有意义。可提供有限数量基本的准各向同性层压板和含缺口的数据作为无特定应用材料鉴定的一部分，以便更好地比较材料。

起决定作用的基本准各向同性性能是层压板拉伸和压缩、开孔压缩和挤压。多余的试样可以用于开孔拉伸，充填孔试验和层压板拉伸-拉伸疲劳。值得注意的是在 CMH-17（采用$[45, 0, -45, 90]_{xs}$）和 ASTM（采用$[45, -45, 0, 90]_{xs}$）之间准各向同性层压板的优先选择有微小的不同。准各向同性工艺批试板首选的层压板厚度比正交铺层层压板稍厚，为 0.138～0.460 cm（0.125～0.160 in）。无缺口试样使用与对应的正交铺层试样相同的尺寸和试验方法，而缺口试样是 3.8 cm（1.5 in）

宽，含 0.64 cm(0.25 in)的孔。缺口和疲劳试样的试验方法和长度如下：

- 开孔压缩——ASTM D6484，12 in
- 开孔拉伸——ASTM D5766，12 in
- 挤压——ASTM D963/5961 双剪，5.5 in
- 拉伸疲劳——ASTM D3479，12 in

把设计许用值工艺批包含在内的下一个嵌套式鉴定设计需要（由于程序原因）5 个完全不同的批次，每个材料批包括三个工艺批。这种方法的布置图见图 5.12.5(a)，任何一批的第一个工艺批都有一个用于所有弹性和 90 度强度性能的 0.3 m×0.6 m(1′×2′)单向大试板。对更常规的 3 材料批次，两工艺批鉴定会采用同样的方法。

虽然正交铺层试板的布置图与图 5.12.4.2(b)所示基本相同，准各向同性试板的布置图见图 5.12.5(b)。机加计划见图 5.12.5(c)。由于只有一种单向带形式的材料正在进行评估，这实际上比图 5.12.4.4(a)所示更简单。因为每个工艺批中有大批的试样在进行加工，一个图形一览表如图 5.12.5(d)所示。

试验进度表见图 5.12.5(e)和图 5.12.5(f)。首先对低温和室温干态试样进行试验，同时对湿/热试样进行浸润调节；然后对已经完成吸湿的湿/热试样进行试验。

5.12.6 嵌套式鉴定成本问题

即使只考虑成本，嵌套式鉴定方法也有明显的优势。通过将用于 CLC 压缩和面内剪切试验的正交铺层层压板试验扩展到几乎所有剩下的基本强度试验，产生了显著的效益。几乎消除了所有会带来费用和试验烦恼的试样加强片问题。剩余的仅是用在压缩试样表面的胶膜，和若进行疲劳试验，在备用拉伸准各向同性层压板上使用的加强片。

鉴定总成本的很大部分与无损检测和物理试验所需制造的试板数量相关。传统的 3 批次鉴定在 4 种环境条件下进行，每种试验 12 个试板（3 批×4 种条件）。对标准的拉伸、压缩和面内剪切需要总共 36 个试板。对比发现，对单向带形式，嵌套式鉴定需要 12 个试板（6 个正交铺层和 6 个单向板），而对织物形式仅需 6 个试板。随着材料形式鉴定数量的增加成本会成比例降低。如图 5.12.6(a)所示。

虽然通常只用总的试样数来估算复合材料鉴定，但更合理的制造方法是关注制造试样所需的套数，如表 5.12.6 所示。这有一个额外的好处，即突出了从同一试板/套要机加备用试样被忽略的费用。为检查、任何所需的重新试验或附加数据，要有与嵌套式方法所用试样相邻的备用试样。

统计嵌套式数据结构的统计要求导致了预先制订从试样机加到试验逐日安排的详细日程表，它们是灵活且可实现的。工艺批几乎总是能被当作用于许用值计算的材料批次，可得到的裕度要好得多。当然，嵌套式结构提供了真实的变异源，而不是把所有的来源都混为材料批次，如图 5.12.6(b)所示。

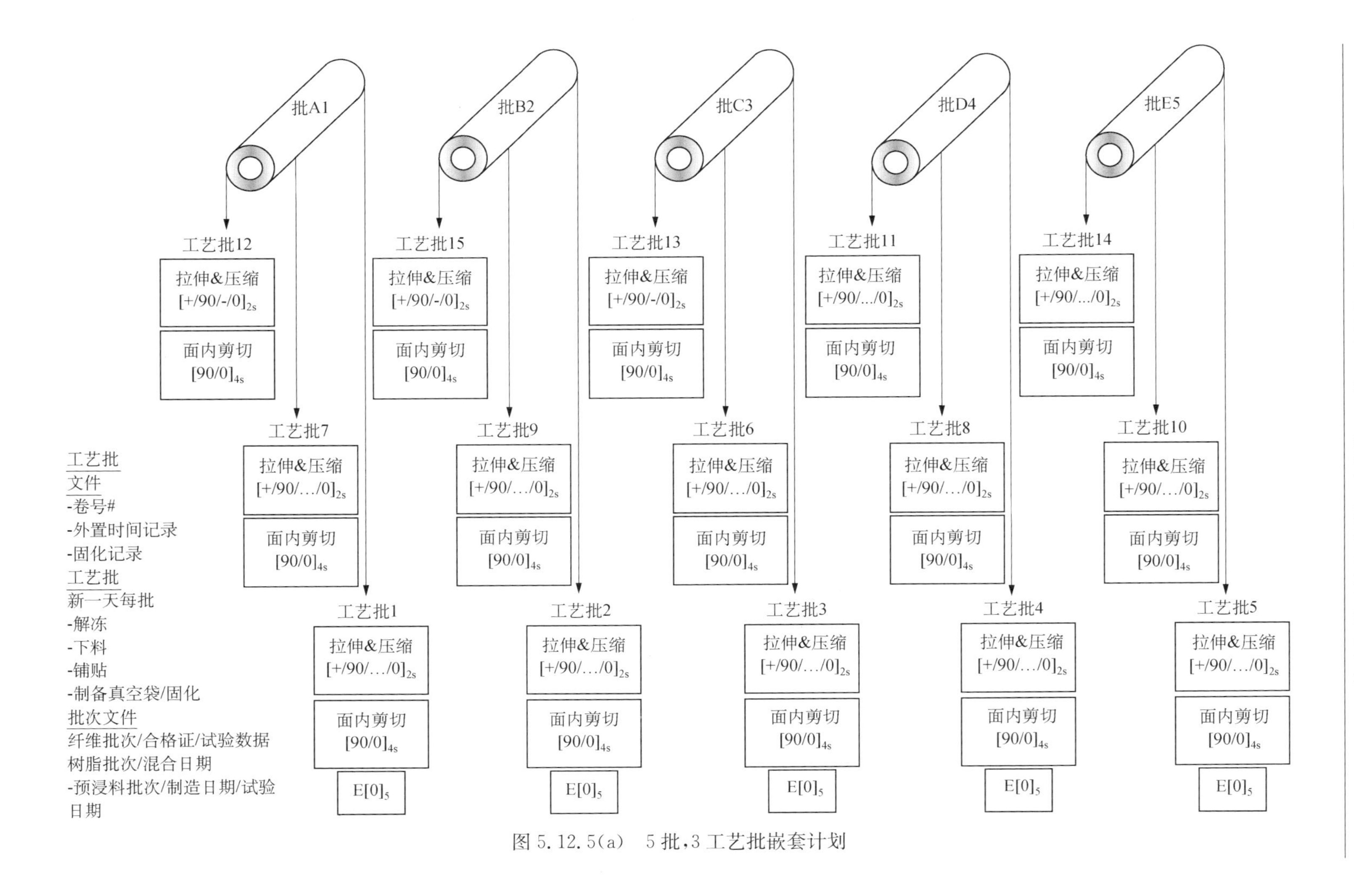

图 5.12.5(a)　5 批，3 工艺批嵌套计划

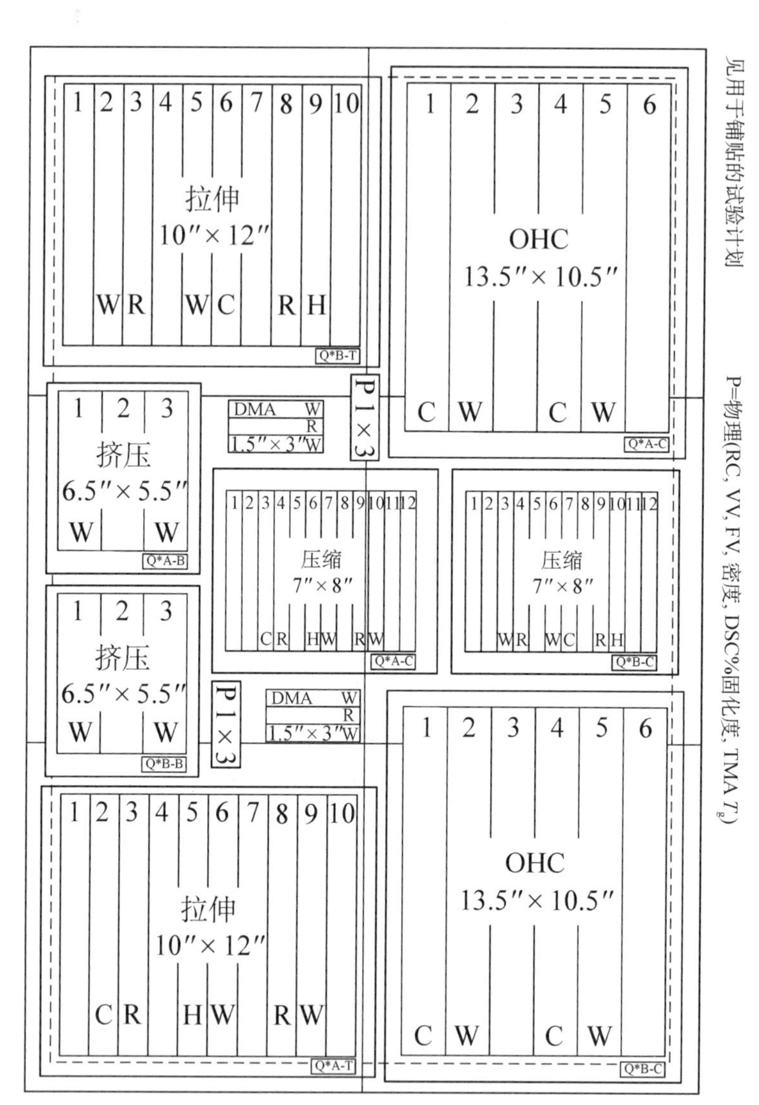

对于单向带压缩子试板：至少在 5 处测量厚度，使用 180 目氧化铝砂纸在 20 psi 的作用力下打磨表面，然后使用加工后的均压板在试板两侧各固化一层 FM940. 060psf。之后按照计划进度切割试样。

R—室温干态
W—湿/热(30 天@160°F /85%湿度后 180°F)
H—干热(180°F)
C—低温干态(−65°F)

机加批“A”—黑色
机加批“B”—灰色
＊子试板的标签(如 X＊A—C)是工艺批编号(1－15)

所有的拉伸和压缩试样都在室温(R)下试验并粘贴应变计

Rev. B
9/29/04
0° 单向带

图 5.12.5(b) 准各向同性层压板和含缺口性能工艺批试板布置

碳纤维试板机加顺序

嵌套循环工作日	机加开始/结束日期	工艺批	材料批	正交铺层（试板 ID = 1T，1C 和 1IPS）	准各向同性（试板 ID = 1T，1C，1OHC 和 1B）
1		1	A1	X1A	Q1A
2		2	B2	X2A	Q2A
3		3	C3	X3A	Q3A
4		4	D4	X4A	Q4A
5		5	E5	X5A	Q5A
6		6	C3	X6A	Q6A
7		7	A1	X7A	Q7A
8		8	D4	X8A	Q8A
9		9	B2	X9A	Q9A
10		10	E5	X10A	Q10A
11		11	D4	X11A	Q11A
12		12	A1	X12A	Q12A
13		13	C3	X13A	Q13A
14		14	E5	X14A	Q14A
15		15	B2	X15A	Q15A
16		1	A1	X1B	Q1B
17		2	B2	X2B	Q2B
18		3	C3	X3B	Q3B
19		4	D4	X4B	Q4B
20		5	E5	X5B	Q5B
21		6	C3	X6B	Q6B
22		7	A1	X7B	Q7B
23		8	D4	X8B	Q8B
24		9	B2	X9B	Q9B
25		10	E5	X10B	Q10B
26		11	D4	X11B	Q11B
27		12	A1	X12B	Q12B
28		13	C3	X13B	Q13B
29		14	E5	X14B	Q14B
30		15	B2	X15B	Q15B

图 5.12.5(c)　碳纤维试板机加日程表

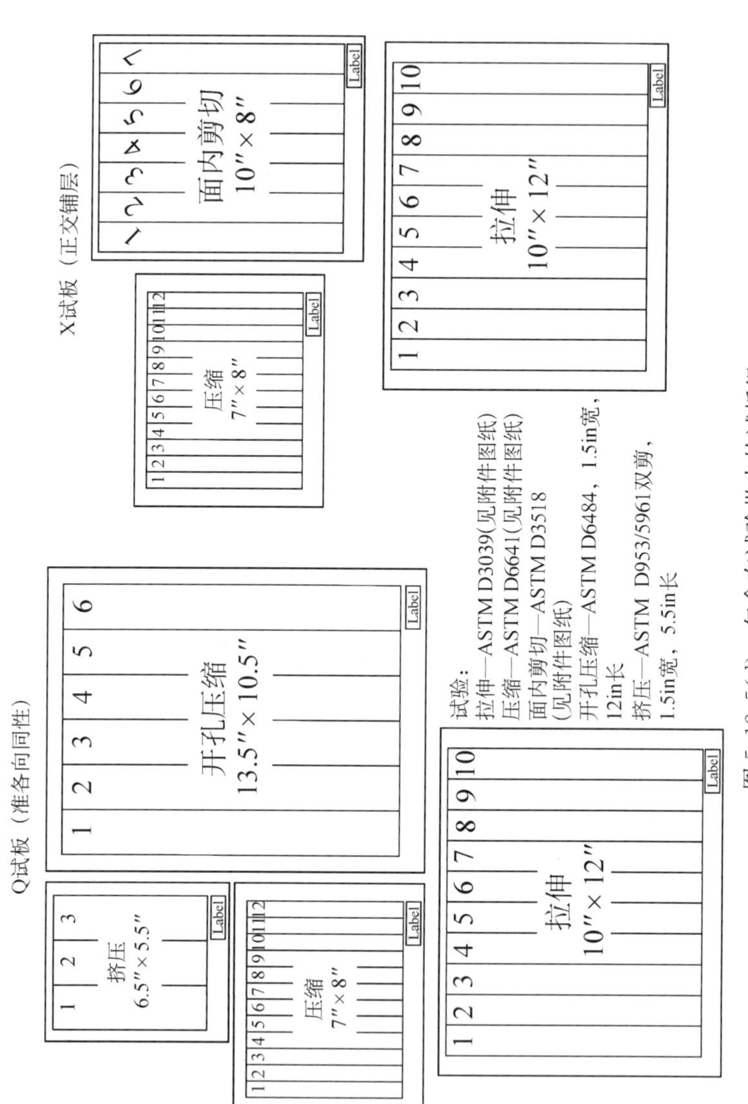

图 5.12.5(d) 包含在试验批中的试板组

低温干态(C=−55℃ −67℉)和室温干态(R)

工作日	试验批	进入吸湿浸润日期	停止吸湿浸润日期	试验开始日期	试验结束日期	X 向拉伸(2R，1C) $X^{**}-T^{*}$	准各向同性拉伸(2R，1C)$Q^{**}-T^{*}$	X 向面内剪切(2R，1C) $X^{**}-I^{*}$	准各向同性挤压	X 向压缩(2R，1C) $X^{**}-C^{*}$	准各向同性压缩(2R，1C) $Q^{**}-C^{*}$	准各向同性开孔压缩(2C) $Q^{**}-O^{*}$
						R =− T3 和 8，C =− T2		R =− I2&5，C =− I1		R =− C4 和 9，C =− C3		C=−O1&4
4	X1A，Q1A											
5	X2A，Q2A											
6	X3A，Q3A											
7	X4A，Q4A											
8	X5A，Q5A											
9	X6A，Q6A											
10	X7A，Q7A											
11	X8A，Q8A											
12	X9A，Q9A											
13	X10A，Q10A											
14	X11A，Q11A											
15	X12A，Q12A											
16	X13A，Q13A											
17	X14A，Q14A											
18	X15A，Q15A											
						R =− T3 和 8，C =− T6		R =− I2&5，C =− I4		R =− C4 和 9，C =− C7		C =− O1&4
19	X1B，Q1B											
20	X2B，Q2B											
21	X3B，Q3B											
22	X4B，Q4B											
23	X5B，Q5B											
24	X6B，Q6B											
25	X7B，Q7B											
26	X8B，Q8B											
27	X9B，Q9B											
28	X10B，Q10B											
29	X11B，Q11B											
30	X12B，Q12B											
31	X13B，Q13B											
32	X14B，Q14B											
33	X15B，Q15B											

图 5.12.5(e)　正交铺层和准各向同性试样在低温和室温干态状态下的试验计划

干热（$H = 82℃\ 180°F$）和湿热（$W = 82℃\ 180°F$）试验

工作日	试验批	进入吸湿浸润日期	停止吸湿浸润日期	试验开始日期	试验结束日期	X向拉伸(2W，1H) X**−T*	准各向同性拉伸(2W，1H)Q**−T*	X向面内剪切(2W，1H) X**−I*	准各向同性挤压(2W) Q**−B*	X向压缩(2W，1H) X**−C*	准各向同性压缩(2W，1H) Q**−C*	准各向同性开孔压缩(2W) Q**−O*
						W =−T6 和 9，H =−T5		R =−I4 和 6，H =−I3	W =−B1，3	W =−C7 和 10，C =−C6		C=−O2 和 5
4	X1A，Q1A	11										
5	X2A，Q2A	12										
6	X3A，Q3A	13										
7	X4A，Q4A	14										
8	X5A，Q5A	15										
9	X6A，Q6A	16										
10	X7A，Q7A	17										
11	X8A，Q8A	18										
12	X9A，Q9A	19										
13	X10A，Q10A	20										
14	X11A，Q11A	21										
15	X12A，Q12A	22										
16	X13A，Q13A	23										
17	X14A，Q14A	24										
18	X15A，Q15A	25										
						W =−T2 和 5，H =−T9		W =−I1 和 3，H =−I6	W =−B1，3	W =−C3 和 6，H =−C10		C =−O2 和 5
19	X1B，Q1B	26										
20	X2B，Q2B	27										
21	X3B，Q3B	28										
22	X4B，Q4B	29										
23	X5B，Q5B	30										
24	X6B，Q6B	31										
25	X7B，Q7B	32										
26	X8B，Q8B	33										
27	X9B，Q9B	34										
28	X10B，Q10B	35										
29	X11B，Q11B	36										
30	X12B，Q12B	37										
31	X13B，Q13B	38										
32	X14B，Q14B	39										
33	X15B，Q15B	40										

图 5.12.5(f)　正交铺层和准各向同性试样在干热和湿热状态下的试验计划

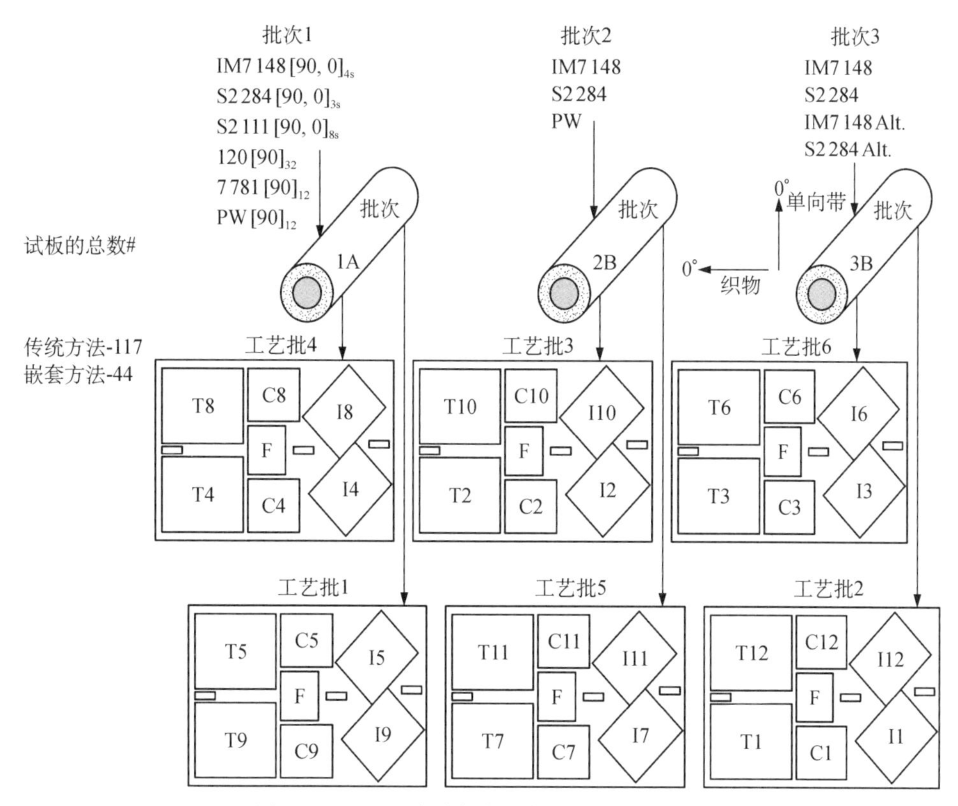

图 5.12.6(a)　多种复合材料形式的完全鉴定

表 5.12.6　3 批次鉴定的套数(1 种形式)

操　作	套　数		
	传统方法	嵌套式方法	
		单向带	织　物
铺层/固化	36	12	6
NDT	36	12	6
物理/化学测试	36	12	6
加强片准备/机加	36	0	0
加强片胶接	36	12	12
试样机加	36	42	36
总数	216	90	36

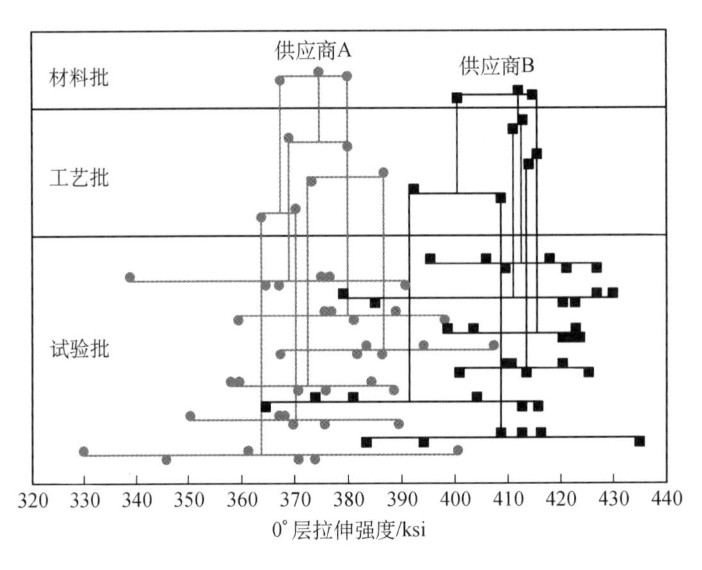

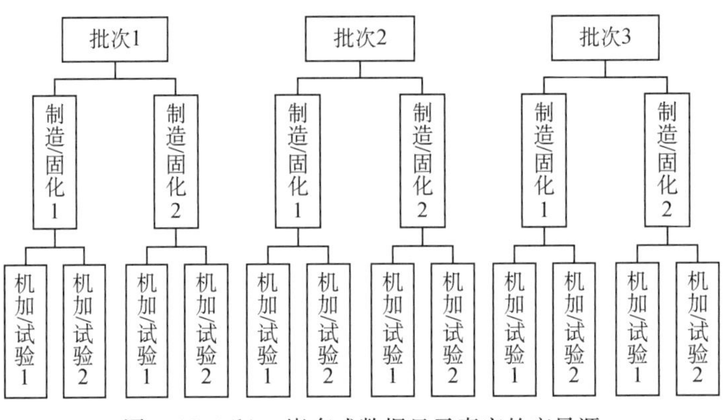

图 5.12.6(b) 嵌套式数据显示真实的变异源

5.12.7 总结

与传统方法相比，嵌套式复合材料鉴定法能提供某些实际的好处。一次基本的嵌套式材料鉴定可以在 9～13 周内完成，而不是传统鉴定法的数月（或数年），同时成本可成比例的降低。除了提供通常仍然能在传统方法中使用的多批次信息外，还可鉴别和鉴定变异性的真实来源。它为计算许用值时使用工艺批来替代材料批的通用航空方法提供了明确的合理性。当使用一些技术密集或新兴的加工方法，如树脂渗透或非热压罐工艺时，使用嵌套式方法可将各种因素对材料性能变异性的相对贡献进行量化。虽然即使是用更传统的方式计算许用值，也能看到一些改进，但仍对回归法提供了构建完善、稳定的高质量许用值。可能最重要的是，把做出改进和减小复合材料变异性的努力指向最重要的变异源，而不是仅仅把过多的变异性归结给复合材料制造商。

参 考 文 献

5.4.1.1 Miles I, Rostami S, et al. Multicomponent Polymer Systems [G], Longmore Scientific and Technical, 1992.

5.4.1.1.1 Engineered Material Handbook Volume 1: Composites [S]. ASM International, 1987.

5.4.1.1.3.1.3 Technology of Carbon and Graphite Fiber Composites [J]. J. Delmonte, Krieger, 1987.

5.4.1.2(a) Data Manual for Kevlar™ 49 Aramid, E. I. Du Pont de Nemours & Co. [G], Wilmington, DE 1989.

5.4.1.2(b) Krueger W H, et al. High Performance Composites of J2 Thermoplastic Matrix Reinforced with Kevlar™ Aramid Fiber [C]. Proceedings of the 33rd International SAMPE Symposium, March 1988, pp. 181 - 193.

5.4.1.2(c) Gruber M B. Thermoplastic Tape Laydown and Consolidation [C]. SME Technical Paper EM86 - 590.

5.4.1.2(d) Okine R K, et al. Properties and Formability of a Novel Advanced Thermoplastic Composite Sheet Product [C]. Proceedings of the 32nd International SAMPE Symposium, April 1987:1413 - 1425.

5.4.1.2(e) Egerton M W, Gruber M B. Thermoplastic Filament Winding Demonstrating Economics and Properties via In-Situ Consolidation [C]. Proceedings of the 33rd International SAMPE Symposium, March 1988, pp. 35 - 46.

5.4.1.2(f) Khan S. Environmental Effects on Woven Thermoplastic Composites [C]. Proceedings, Materials Week™, 87, ASM International, Cincinnati, OH, October 10 - 15, 1987.

5.4.1.3.1(a) PPG Fiber Glass Yarn Products/Handbook [S]. PPG Industries, Inc., 1984.

5.4.1.3.1(b) Engineered Materials Handbook [S]. ASM, International, Metals Park, Ohio, 1987, pp. 107 - 100.

5.4.1.3.1(c) Textile Fibers for Industry [M]. Owens-Corning Fiberglas Corporation, Pub. No. 5-TOD-8285-C, September 1985.

5.4.1.3.2(a) ASTM Specification D579, Greige Woven Glass Fabrics Fiber Yarns [S]. Annual Book of ASTM Standards, Vol. 7. 01, American Society for Testing and Materials, West Conshohocken, PA.

5.4.1.3.2(b) ASTM Specification D578, Glass Fiber Yarns [S]. Annual Book of ASTM Standards, Vol. 7. 01, American Society for Testing and Materials, West Conshohocken, PA.

5.4.1.3.4(a) Discover S - 2 Glass Fiber, Owens-Corning Fiberglas Corp. [S], Pub. No. 5-ASP-13101-A, 1986.

5.4.1.3.4(b) Industrial Fabrics [G]. Clark-Schwebel Fiber Glass Corp.

5.4.1.3.4(c) Product Bulletin [G]. Stratifils H_R/P109.

5.4.1.4(a) Shoenberg T. Boron and Silicon Carbide Fibers [S]. Engineered Materials Handbook, Volume 1, Composites, ASM International, Metals Park, Ohio, 1987, pp. 58 - 59.

5.4.1.4(b) Bascom W D. Other Continuous Fiber, Engineered Materials Handbook, Volume 1 [S]. Composites, ASM International, Metals Park, Ohio, 1987, pp. 117 - 118.

5.4.1.4(c) Krukonis V. Boron Filaments, Handbook of Fillers and Reinforcements for Plastics [S]. H. Katz and J. Milewski, eds., Van Nostrand Reinhold, Co., 1978.

5.4.1.4(d) DeBolt H E. Boron and Other High Strength, High Modulus Low-Density Filamentary Reinforcing Agents [S]. Handbook of Composites, G. Lubin, ed., Van Nostrand Reinhold Co., 1982, pp. 171 - 195.

5.4.1.4(e) MIL-HDBK-727, Design Guide for Producibility [C]. Chapter 6.

5.4.1.4(f) Boron Monofilament, Continuous, Vapor Deposited [C]. MIL-B-83353.

5.4.1.4(g) Filaments, Boron-Tungsten Substrate, Continuous [S]. AMS 3865B.

5.4.1.6(a) Advanced Materials, Carrol-Porczynski [M]. Chemical Publishing, 1962, pp. 117, 118.

5.4.1.6(b) Engineered Materials Handbook [S], ASM International, Vol. I, Metals Park, Ohio, 1987, p. 58 - 59.

5.4.1.6(c) Lynch, et al. Engineered Properties of Selected Ceramic Materials [J]. Journal of American Ceramic Society, 1966, pp. 5.2.3 - 5.2.6.

5.4.1.6(d) Advanced Materials and Processes Guide to Selected Engineered Materials [J]. 1987, 2(1):42 - 114.

5.4.1.6(e) BP Chemical, Advanced Materials Division [G]. Carborundum.

5.4.1.7 Quartz Yarn of High Purity [S]. AMS 3846A.

5.4.1.8(a) Spectra® fiber properties product data of Allied Signal Inc. [M]. Petersburg, VA, May 1996.

5.4.1.8(b) Strong AB. Fundamentals of Composites Manufacturing: Materials, Methods, and Applications, SME, Dearborn, Michigan, 1989.

5.4.1.8(c) Billmeyer Jr, F W. Textbook of Polymer Science [M]. 3rd Ed., John Wiley & Sons, New York, 1984.

5.4.1.8(d) Ladizesky NH, Ward IM. A Study of the Adhesion of Drawn Polyethylene Fibre/Polymeric Resin System [J]. Journal of Material Science, 1983, 18:533 - 544.

5.4.1.8(e) Adams D F, Zimmerman R S, Chang H-W. Properties of a Polymer-Matrix Composite Incorporating Allied A-900 Polyethylene Fiber [J]. SAMPE Journal, September/October 1985.

5.4.2.7.1(a) Hertzberg R W. Deformation and Fracture Mechanics of Engineering Materials [M]. John Wiley & Sons, New York, 1976 p. 190.

5.4.2.7.1(b) Kaufman HS. Introduction to Polymer Science and Technology [G]. Lecture Notes.

5.4.2.7.1(c) The Place for Thermoplastics in Structural Components [C]. Contract MDA 903-86-K0220, pp. 1 - 2, 20, 29.

5.4.2.7.1(d) Murtha T P, Pirtle J, Beaulieu W B. et al. New High Performance Field Installed Sucker Rod Guides [C]. 62 Annual Technical Conference and Exhibition of SPE, Dallas, Texas, September 1987, pp. 423 - 429.

5.4.2.7.1(e) Brown J E, Loftus J J, Dipert R A. Fire Characteristics of Composite Materials-a

Review of the Literature [C]. NAVSEA 05R25, Washington, DC, August 1986.

5.4.2.7.1(f) The Place for Thermoplastics in Structural Compounds [C]. contract MOA 903-86-K-0Z20, Table 3-5, p. 1.

5.4.2.7.1(g) Horton RE, McCarty JE. Damage Tolerance of Composites [S]. Engineered Materials Handbook, Volume 1, Composites, ASTM International, 1987, pp. 256-267.

5.4.2.7.1(h) Silverman EM, Griese RA, Wright WF. Graphite and Kevlar Thermoplastic Composites for Space Craft Applications [C]. Technical Proceedings, 34th International SAMPE Symposium, May 8-11, 1989, pp. 770-779.

5.4.2.7.1(i) Shahwan EJ, Fletcher PN, Sims DF. The Design, Manufacture, and Test of One-Piece Thermoplastic Wing Rib for a Tiltrotor Aircraft [C]. Seventh Industry/Government Review of Thermoplastic Matrix Composites, San Diego, California, February 26-March 2, 1991, pp. III-C-1-III-C-19.

5.4.2.7.1(j) Lower Leading Edge Fairing to AH-64A Apache Helicopter-Phillips 66-McDonnell Douglas Helicopter Prototype Program [CP].

5.4.2.7.2(a) Modern Plastics Encyclopedia, Materials [M]. McGraw-Hill, 1986-1987, p. 6-112.

5.4.2.7.2(b) Koch S, Bernal R. Design and Manufacture of Advanced Thermoplastic Structures [C]. Seventh Industry/Government Review of Thermoplastic Matrix Composites Review, San Diego, California, February 26-March 1, 1991, pp. II-F1-II-F-22.

5.4.2.7.2(c) Stone RH, Paul ML, Gersten HE. Manufacturing Science of Complex Shape Thermoplastics, Eighth Thermoplastic Matrix Composites Review [J]. San Diego, California, January 29-31, 1991, pp. I-B-1-I-B-20.

5.7.1 SAE ARP 5319, Aerospace Recommended Practice for Impregnation of Dry Fabric and Ply Lay-Up [S]. SAE International, Warrendale, PA, 2002.

5.7.7(a) Lubin, G. Handbook of Composites, Van Nostrand Reinholt [S]. 1982, Chapter 21, "Sandwich Construction".

5.7.7(b) MIL-P-9400C, Plastic Laminate and Sandwich Construction, Parts and Assembly [C]. Aircraft Structural, Process Specification Requirements.

5.7.7(c) MIL-HDBK-23 (Canceled), Structural Sandwich Construction [G].

5.7.7(d) MIL-STD-401, Sandwich Constructions and Core Materials [S]: General Test Methods.

5.7.8(a) Kinloch AJ, Kodokian GKA, Watts JF. The Adhesion of Thermoplastic Fiber Composites [J]. Phil. Trans. Royal Soc: London A, Vol. 338, pp. 83-112, 1992.

5.7.8(b) MIL-HDBK-691B, Adhesive Bonding, Defense Automation and Production Service [S]. Philadelphia, PA, 1987.

5.8.7(a) Alms J, et al., Thermal Detection of Air Leakage in Vacuum Infusion Processes [J]. SAMPE Journal, Vol. 43, No. 1, January/February 2007, pp. 56-59.

5.8.7(b) Russell J D. Composites Affordability Initiative: Transitioning Advanced Aerospace Technologies through Cost and Risk Reduction [J]. The AMMTIAC Quarterly, Vol. 1, No. 3, December 2006, pp. 3-6.

5.11 MIL-STD-961D(1). DoD Standard Practice, Defense Specification, Executive Agent for the Defense Standardization Program [C]. Falls Church, 1995.

5.12.2.1.1(a) Ruffner D, Jouin P. Qualification Using a Nested Experimental Design [S]. Composite Materials: Testing, Design, and Acceptance Criteria, ASTM STP 1416, A. T. Nettles and A. Zureick, Eds., American Society for Testing and Materials, West Conshohocken, PA, 2002.

5.12.2.1.1(b) Ruffner D, Jouin P. Material Qualification Methodology for a Helicopter Composite Main Rotor Blade [C]. American Helicopter Society 56th Annual Forum, Virginia Beach, Virginia, May 2 - 4, 2000.

5.12.2.1.1(c) Vangel M. Design Allowables from Regression Models Using Data from Several Batches [S]. Composite Materials: Testing and Design (Twelfth Volume), ASTM STP 1274, R.B. Deo and C.R. Saff, Eds., American Society for Testing and Materials, West Conshohocken, PA, 1996, pp. 358 - 370.

5.12.2.1.2(a) Wegner P. Adams D. Verification of the Wyoming Combined Loading Compression Test Method [C]. UW-CMRG-R-98-116 under FAA Grant No. 94-G-009, September 1998.

5.12.2.1.2(b) Rawlinson R. The Use of Crossply and Angleply Composite Test Specimens to Generate Improved Material Property Data [C]. 36th International SAMPE Symposium, San Diego, CA, April 15 - 18, 1991.

5.12.2.1.2(c) Zabora R. Allowables Assurance Plan for Composite Materials [S]. 36th International SAMPE Symposium, San Diego, CA, April 15 - 18, 1991.

5.12.2.1.2(d) Hart-Smith L J. Generation of Higher Composite Material Allowables Using Improved Test Coupons [C]. 36th International SAMPE Symposium, San Diego, CA, April 15 - 18, 1991.

5.12.2.1.5(a) Tomblin J, Ng Y, Bowman K, Hooper E, et al. Material Qualification Methodology for Epoxy-Based Prepreg Composite Material Systems [M]. Advanced General Aviation Transport Experiments (AGATE), February 1999.

5.12.2.1.5(b) Montgomery D. Design and Analysis of Experiments [M]. John Wiley and Sons, 1991.

5.12.2.4(a) Box G E P, Hunter W G, Hunter JS. Statistics for Experimenters [M]. John Wiley and Sons, 1978.

第 6 章　生产用材料与工艺的质量控制

6.1　引言

为保证以前表征过的材料体系具有持续的完整性，需要进行质量验收试验。所进行的试验必须能表征每一批/组的材料，从而可以对材料体系的关键性能做出正确评定。这些关键性能提供与材料体系完整性有关的材料性能、制造能力和使用的相关信息。另外，所设计的试验矩阵必须能经济且迅速地评估材料体系。

生产环境下的质量控制，涉及复合材料从预浸料生产到零件制造所有阶段的检验和试验。必须由材料供应方对纤维、树脂(作为单独材料)以及复合材料预浸料进行试验。预浸料的用户必须进行验收检验和复验试验、生产过程控制试验和对制成零件的无损检测试验。在随后几节里将说明这些试验，并讨论工业界的常规做法。

6.2　材料采购质量保证程序

6.2.1　规范和文件

材料、制造工艺和材料试验技术规范必须符合工程要求。

本手册第一卷的第 3 章 4 章和第 6 章中介绍了使用化学、物理和力学性能表征纤维、基体和纤维增强树脂基预浸料的验收试验方法。本卷的 6.3 节和 6.4 节介绍了基于 MIL-STD-414(见文献 6.2.1(a))变量统计采样计划的相关信息。用这些计划控制材料性能验证试验的频率和范围，以达到预定的质量水平。

在破坏和非破坏试验的设备与试验方法的有关规范中，应该包含试验与评定程序。这些程序需要说明使用何种设备校准方法来保持其具有要求的精度和可重复性，以及确定校准的频率。在本手册前面的章节中可以查到校准化学分析设备时所用标准的有关资料，这些资料涉及特定的试验技术。

在军用和联邦规范中可查到质量控制文件编写要求的标准，如联邦航空管理局生产认可持有者所使用的联邦航空条例第 21 段“产品和零件的认证方法”(见文献 6.2.1(b))。

6.2.2　供应商阶段的材料控制

复合材料的控制开始于供应商，没有供应商的合作不可能成功。工艺过程控制文件(PCD)用于管理和控制复合材料的生产，统计过程控制(SPC)对复合材料制造期间生成的数据进行监测，尽可能保持材料批次间的一致性。最终，复合材料制造商与用户达成一致，按照材料规范要求进行一系列测试，防止不符合要求的材料出厂。以上每一个环节都会在随后讨论。

6.2.2.1　工艺过程控制文件(PCD)

工艺过程控制文件(PCD)由材料供应商和材料用户发布。PCD 用于定义和控制制造复合材料所使用的原材料、工艺过程及设备，确保材料供应商和用户使用的材料符合材料最初鉴定所使用的测试方法。PCD 通常是由材料供应商的设施支撑但是由材料用户批准。单独的 PCD 用于制造给定材料的规范。PCD 建立的体系用于控制材料，以及若需要变更而批准的必要工艺过程。为预浸料创建的 PCD 指南包含在 NCAMP 文件号：NRP101“预浸料工艺过程控制文件(PCD)准备指南”中。

6.2.2.2　统计过程控制(SPC)

因为复合材料显示出明显的变异性，用于鉴别、评定和有望进行变异性控制的手段就成为关键的问题。统计过程控制(SPC)是用于将统计学几个不同内容与其他的质量方法相配合在一起的术语。

有几种构成 SPC 工作主体的方法，包括的范围从收集和评估数据的十分简单的方法，到回答极特殊问题的综合统计技术。不应把在下面几节里叙述的内容看作是全面的评估，还有许多其他技术或所讨论技术的变型，这些会在文献中评述。

在评估数据中，首个概念之一是要按严格的方式搜集数据。一旦收集了数据，通常总应按某种方式将数据绘制成曲线。用列表的数据很难识别出平坦和缓的趋势，即使只有少量的数据点也是如此。在很多情况下，可以也应该以几种不同的方式绘制相同数据的曲线图，找出在各因素之间的联系与关系或相对于时间的变化趋势。

绘制数据曲线图的具体方法之一，是将其作为控制图表的一部分。利用控制图表来度量工艺过程中产品的变异性。变异的来源分成偶然或常见的原因，以及可指明的变化。当工艺过程产生了数据，就绘制数据曲线图，同时若要追溯一个可指明的原因，则可用一组简单的规则加以确定。若合理应用它们，就能够在到达拒收水平以前，鉴别并处理存在的问题。

制造工艺过程的一个基本问题是，对于所出现的给定变异性，有多少百分率的产品能满足规范要求。将表示这个概念的数字称为工艺能力度量。采用由标准差表示的工艺过程变异性来确定容许限，容许限表明，若超出该限度则几乎所有的产品将失败。对于一个工艺能力的度量，是将其在这些限度之间的范围与规范的范围相比较。

生产中超出规范范围的产品数量越少，工艺能力越高。可用不同的比率来评定工艺能力。一个重要问题是这个工艺均值是否处于规范范围当中，若不这样，其含义又是什么。

很多情况下需要对一个新工艺进行表征和发展，或者说，改进已经是既有工艺过程的必然趋势。曾经一度在控制下的工艺过程，由于没有透彻地了解而可能不再适用。在诸如此类的情况中，对已确立工艺过程的故障排除和对于新的或已确立工艺过程进行改进就变得很重要。在 6.5 节中描述了 3 种通用方法。

6.2.2.3　交付试验

在制造出一批复合材料后，通常要对其进行一组试验来保证其与最初鉴定的材料是相当的。在材料规范中确定了这个试验，但材料供应商可以根据判断进行额外的试验。表 6.2.2.3（在生产验收——供应商栏目下）中定义了一组批次交付试验。这些试验数据随材料同时提供，或至少要提供合格证来证明已进行了试验并通过了设定的要求。材料供应商进行的试验可由用户重复进行，如 6.2.3.1 节中的讨论。

表 6.2.2.3　供应商与用户要求的典型验收和再确认试验

性　能	要求的试验			每个试验项目要求的试样数
	生产验收（供应商）③	生产验收（用户）③	再次确认（用户）③	
预浸料性能				
外观与尺寸	×	×		—
挥发分含量	×	×	×	3
吸湿量	×	×	×	3
凝胶时间	×	×	×	3
树脂流动性	×	×	×	2
黏性	×	×		1
树脂含量	×	×		3
纤维面积重量	×			3
红外分析	×	×		1
液相色谱法	×	×	×	2
差示扫描量热法	×		×	2
单层性能				
密度	×			3
纤维体积含量	×			3
树脂体积含量	×			3
空隙含量	×			3
单层厚度	×	×	×	1
玻璃化转变温度	×	×	×	3
SBS 或±45°拉伸	×②	×②	×②	6
90°/0°压缩强度	×①	×①	×②	6
90°/0°拉伸强度与模量	×②	×②	×②	6

① 试验应在 RT/大气环境与最高温度/大气环境条件下进行（见第 1 卷第 2.2.2 节）。
② 试验应在 RT/大气环境条件下进行。
③ 供应商定义为预浸料供应商。用户定义为复合材料零件制造商。生产验收试验定义为由供应商或用户进行的初始验收试验。再次确认试验是在保证的贮存期或室温外置时间结束时由用户进行的试验，以在材料正常贮存或外置时间到期后提供额外的使用时间。

表 6.2.2.3 中所示的批次交付试验是通常的要求，但进行表 6.2.2.3 中的所有试验的情况不是通常的要求。

6.2.3 用户阶段的材料控制

材料接收后通常用户进行附加的材料控制测试。即使材料供应商测试时材料可接收，但是运输过程中较差的温度控制会影响 B 阶段材料。一些情况下会采用取样的方法。用户和材料供应商之间有极其成熟和亲密的工作关系，用户会完全依赖于供应商而不进行任何测试。一旦被用户接收，一定要控制材料贮存期和外置时间，因为 B 阶段材料继续快速老化。

6.2.3.1 批次验收/来料检验

复合材料用户通常制订材料规范，规定来料检验程序和供应商管理原则来保证复合材料结构用的材料满足工程要求。这些规范基于确定许用值的程序中产生的材料许用值。必须规定力学试验的验收标准，以保证在零件制造时使用的材料与确定许用值时所用的材料具有等同的性能。

用户的材料规范一般要求供应商对每次交付的每一生产批次材料，均提供其满足材料规范要求的证据。该证据包括试验数据、合格证、保证书等，这取决于用户的质量保证计划和具体材料的采购合同要求。试验报告应包含能证明材料性能符合用户规范和验收标准的数据。

验收试验的要求可能因用户而异。但是，试验必须足以保证材料将满足或优于工程要求。典型的碳纤维/环氧树脂单向带要求的验收试验实例示于表 6.2.2.3。注意，表 6.2.2.3 分成两个部分。第一部分涉及未固化的预浸料性能，这些试验旨在确信树脂和纤维材料是在可接受的限制值范围内。第二部分涉及固化的层压板或单层试验，选择的力学性能试验应反映出重要的设计性能。它们可能是对某项性能的直接试验，或者是与关键设计性能关联的某个基础试验。90°/0°拉伸试验评估纤维的强度和模量，90°/0°压缩试验评估增强纤维/树脂组合的性能。压缩试验还包括了干热试验，因为依赖于树脂的力学性能应当包括高温试验，以确保材料耐温能力。在树脂评估时应进行剪切试验。根据最终产品突出层间性能或面内性能来确定应该采用短梁剪切试验或±45°拉伸试验。

验收检验试验的要求应说明测试频率，并说明在初次试验不能满足这些要求时重新试验的标准。测试频率随一批材料的数量(重量和卷数)而变。一般试验可以包括来自第一卷、最后一卷以及一些随机取样的卷的试样。固化的单层试验应包括重新试验的标准，以使不因试验异常而拒收材料。若一种材料在某个试验中不合格，应当用同一可疑的材料卷制造新的试板，重新进行该试验。若一批材料中有多个卷，为了隔离潜在的问题，应从可疑卷的前、后部分上取材料进行试验。若材料重新试验还不合格，材料工程师应进行整批材料的审查。随着使用增加和信心的提高，可以修改验收检验的程序，例如可以减少测试频率或停止某些试验。

6.2.3.2　贮存期和外置时间控制

材料一旦被用户接收并投入生产，在使用期间对材料仍然会进行额外的控制。当材料外置在室温下时，B 阶段材料会快速变化，因此要控制材料的外置时间。某些 B 阶段材料大约几天后会变得不可用，其他的可能会延长至数月后。一旦使用 B 阶段材料完成铺层，零件在开始固化之前在室温下允许放置一定的额外时间。在冷冻贮存期间材料也会继续变化，尤其是 B 阶段材料，因此一般要控制材料的贮存期。超过贮存期限后可以通过控制规范来延长材料使用时间，通常是在已进行与老化问题相关的试验之后。

6.3　零件制造检验

6.3.1　工艺过程检验

用户的质量保证部门通常负责检验制造过程是否按照工程工艺规范的要求进行。下面说明控制制造工艺过程的各种工作。

材料控制　用户的工艺规范至少必须规定下列的材料控制项目：

- 通过名称和规格能充分识别该材料。
- 材料的储藏和包装要防止损伤及污染。
- 易变质的材料、预浸料以及胶黏剂，在其出库时应在允许的贮存期之内，并应在允许使用寿命之内固化。
- 正确识别和检查预包装的配套材料。
- 确定验收和再确认试验。

材料贮存和处理　用户材料与工艺规范规定了贮存预浸料、树脂体系和胶黏剂的程序和要求，以保持接收的材料质量。在低温下(通常－18℃(0℉)或更低)贮存这些材料，以延缓树脂材料的反应并延长其使用寿命。用户与供应商之间通过谈判达成协定，规定在这些条件下贮存的这些易变质材料，供应商将保证的使用时间有多长。所协商确定的这个时间将作为用户材料规范中的一项要求。

通常将材料贮存在密封的塑料袋或容器中，以防止在将其从冷库中取出并使其加热到大气环境温度过程中，出现水分凝结在冷的材料上并转移到聚合物内。材料从冷库中取出到可以打开其密封袋或容器之间的时间间隔，通常根据经验确定。在确定时要考虑物理特性，如材料卷、叠层高度厚度或材料类型(例如带与宽幅材料)。因此，用户应当规定一些程序，防止在材料温度达到稳定之前过早将材料从贮存袋或容器中取出。

模具　铺贴用的工装(模具)要遵照工装检验/质量认证程序。这将证明，在使用规定材料铺贴和制造真空袋及使用固化曲线进行固化时，模具能够生产出符合图纸和技术规范要求的零件。此外，应测试由该模具制造的固化材料试件，以确保其符合规定的力学和物理性能。在每次使用之前必须检查模具表面，以确保其表面清洁，不可能污染或损伤零件。

设施与设备　用户将建立复合材料工作区的环境控制要求。这些要求是用户工艺规范的一部分。这些要求应与材料对车间环境污染的敏感性相适应。必须规定热压罐和固化炉的检测和校准要求。

环境控制区里的污染受限制，通常禁止使用不受控制的喷涂(例如硅污染)、防止暴露于灰尘中、触摸污染、烟雾、油蒸气，并不得存在其他可能影响制造过程的微粒或化学物质。也应规定操作者可在其中搬运材料的条件。应过滤铺贴和洁净间的空气，增压系统应能提供一个略高的微正压。

生产过程控制　在复合材料零件的铺贴过程中，必须严格控制某些关键的步骤或操作。对这些关键项的要求和限制应在用户的工艺规范中予以说明。下面列出某些需控制的步骤与操作：

(1) 检验脱模剂已涂覆并固化在洁净模具表面。

(2) 检验结合进零件的易变质的材料是否符合相应的材料规范。

(3) 检查预浸料的铺贴情况，确保层数和方向符合工程图纸的要求。

(4) 检查蜂窝芯子拼装，如适用，检验其位置是否符合工程图纸要求。

(5) 用户书面记录应包含下列资料：

a. 材料供应商、制造日期、批号、卷号和工作寿命的总累积小时。

b. 热压罐或固化炉的压力、零件温度和时间。

c. 热压罐或固化炉装载号。

d. 零件和产品序列号。

零件固化　用户工艺规范中必须规定固化零件时热压罐和固化炉的工作参数要求。其中包括加热速率、保温时间、冷却速率、温度与压力公差和热压罐或固化炉中温度均匀性测试。

随炉试片　许多制造商要求与生产零件一起铺贴和固化某些特殊的试板。固化后，将这些试板进行物理和力学性能试验，以证实其所代表的零件满足工程性能要求。

通常由图纸的标注规定这些物理和力学试验的要求，图纸指明每一零件的类型或类别。非关键的或次要结构可能不要求试验试片或进行试验，关键的或飞行安全的零件可能要求进行全部的物理和力学试验。

在早期复合材料生产过程中，大多数用户要求做0°弯曲强度与模量及短梁剪切强度试验。但是，近年来许多制造商已将以上试验改为要求取自生产零件指定区域试样上的玻璃化转变温度、单层厚度、纤维体积含量、空隙含量和铺层数。

6.3.2　无损检测(NDI)

在确保生产过程控制后，还必须检查复合材料零件的细节是否符合尺寸和制造质量要求，并对工艺过程导致的缺陷和损伤进行无损检测。

装配检验：若进行的机械加工和钻孔不适当，层压板易产生某些特别类型的缺陷。需要由制造商工艺规范要求制造质量标准，以控制修边和钻孔的质量。这些标准确定了下列典型缺陷的目视检测/拒收范围:开裂、分层、表面纤维裸露、过烧、表面光洁度、偏轴孔和表面凹坑。钻孔操作中的一般缺陷是分层和起始于孔边处的纤维断裂。因为这些缺陷本质上是内部的,仅通过目视检查不可能评定该缺陷的严重性,应该寻求无损检测技术的支持。必须确定用于无损检测的内部缺陷验收和拒收限值。

复合材料零件无损检测(NDI)的范围,取决于零件是主要的飞行安全结构,还是次要的非飞行安全结构。零件的类型或类别一般是在工程图纸中规定的。工程图纸也引用规定 NDI 试验和接收/拒收标准的工艺规范。NDI(无损检测)用于发现缺陷和损伤,如空隙、分层、夹杂物和基体中的微裂纹。

生产中常用的 NDI(无损检测)技术包括目视、超声波和 X 射线检测。其他方法,如红外、全息技术和声学检验尚在发展中,将来可能会用于生产。

目视检查是一项 NDI(无损检测)技术,包括核查以确保零件满足图纸要求,以及评定零件的表面与外观。目视检测包括检验气泡、凹陷、外来物材料夹杂、铺层变形和折叠、表面粗糙度、表面孔隙和折皱。在制造商的工艺规范中给出这种缺陷的接收/拒收标准。

复合材料生产中最广泛使用的无损检测技术是超声波透射 C 扫描检测,其次是超声波脉冲回波 A 扫描检测。因为该技术涉及范围太广,其工程要求和标准通常被包含在一个文件中,由用户的工艺规范加以引用。用超声方法进行评估的主要缺陷是内部空隙、分层和孔隙率。这些检测需要制造出具有已知内置缺陷的标准样件。其输出形式为显示整个零件上声衰减变化情况的曲线图。把曲线图与零件相比较,显示声衰减变化的位置。若发现缺陷超过了规范允许的范围,则拒收该零件并由工程部门进行处置。零件的处置可能有:①按现状接收;②经过进一步返工或返修使该零件可接收;③报废。

在 NDI(无损检测)中,经常用 X 射线检测评价层压板中镶嵌件的胶接,以及夹层板中蜂窝芯子与面板的胶接情况。所要求的试验范围由工程图纸按检测的类型或类别指定。这些类型或类别通常在一个独立的文件中规定,由制造商的工艺规范加以引用。如超声波检测一样,为了正确地评价 X 射线胶片,通常需要有内置缺陷的标准样件。

6.3.3　破坏性试验(DT)

6.3.3.1　背景

当仅用无损技术不能保证零件的结构完整性时,经常采用破坏性试验来加以确保。这些试验包括,周期性地解剖零件以检验复杂结构的内部,以及从零件的多余部分切下试样进行力学试验(见图 6.3.3.1)。

6.3.3.2　用途

当仅用无损技术不能保证零件的结构完整性时,经常采用破坏试验来加以确保。这些试验包括,周期性地解剖零件以检验复杂结构的内部,以及从零件的多余

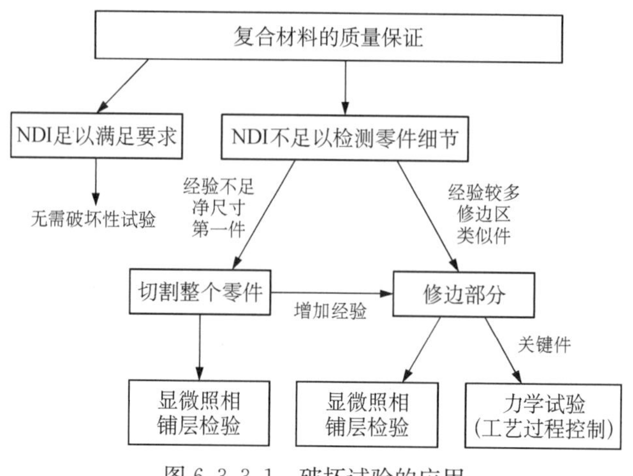

图 6.3.3.1　破坏试验的应用

部分切下试样进行力学试验。

6.3.3.3　破坏性试验方法

主要有两种破坏性试验:解剖整个零件或检验零件的修边余量段。一般对由新模具制造的首件使用完全解剖法,进行零件的完整检验,但实施起来十分昂贵。只要有可能,更可取的方法是检验多余的修边段。这样不会破坏零件并仍可检验结构细节,并可得到力学试验试样。

全零件解剖　当提到"破坏性试验"这个术语时,经常想到的是全零件解剖的方法。因为这个方法使零件无法继续使用,仅对满足下列标准的零件使用全零件解剖:

- 用 NDI(无损检测)不能充分检测的区域。
- 零件复杂并且对此结构形式或制造工艺的工作经验水平较低。
- 零件为净尺寸零件,无法用修边余量区或零件延长区来检验所关心的细节区。

修边段　检验和试验修边段可平衡质量保证和测试成本。修边段可以是零件中有意设计得超出修边线的延展段,也可以由零件内部开口区域截取的部分。从细节区切割的部分可以检查其差异。可由该部分机加出试样并进行力学试验,以确保零件的结构能力并检验制造工艺的质量。按照这种方法使用试样,可满足破坏性试验的要求和工艺过程控制的要求(见 6.2.3.1 节)。

6.3.3.4　实施指南

破坏性试验的频率视零件类型与经验而定。若生产者具有丰富的制造经验,可以不要求复杂零件的周期破坏性试验,而仅进行首件的解剖。对于经验较少的复杂零件,更可取的做法是加大周期性检测的时间间隔。对关键的(保证飞行安全的)零件必须考虑破坏性试验。

可以用低于全零件解剖的成本较频繁地进行修边段的检验和试验。可以用较频繁和简易的修边段检验,来增强质量保证工作。

破坏性试验应在零件出厂之前实施。用周期性破坏性试验监控制造工艺过程,以保证零件的质量。若确实出现了问题,周期检验可以界定可疑的零件数量。无需检验所有的零件系列。若许多零件都具有同样类型的结构和复杂度,可以将它们汇集在一起进行取样。由一个过渡模制造的模具所生产的零件,也可以合并在一起。

取样　典型的取样计划可以包括首件全零件解剖,以及随后的修边段周期检验。周期检验的时间间隔可视成功率而变化。在几次成功的破坏性试验以后,可以加大间隔。若在破坏性试验中发现不符合要求的区域,可以缩短检验的时间间隔。若在使用中发现问题,可以对相同生产系列的零件进行补充的解剖,以确保该问题是孤立的。

对于修边段的方法,因为成本很低,可用较小的时间间隔进行周期性破坏性试验。对于关键的零件,特别希望进行小间隔的检查。

对于首件检验,可以选定最初几件成品之一来代表首件,不规定必须检测第一个制造的结构件的理由是:①由于学到的经验和特种处理,其可能不代表生产运转的特征;②有工艺过程问题或差异的另一个零件可能揭示更多的信息。

潜在区域　检验的潜在区域和项目包括:

- 零件内的主承力路径。
- 无损检测中显示出迹象的区域。
- 接近共固化细节件的模具分界。
- 在斜坡段的丢层处。
- 铺层褶皱。
- 贫脂区和富脂区。
- 转角半径和共固化细节件。
- 芯子与面板充填。
- 带坡度的芯子区。

6.3.3.5　试验类型

全零件解剖和修边段均包括细节区检验。在对细节区进行机械加工后,可以进行显微照相以检查微观结构。另一破坏性试验的类型是铺层验证。为验证铺层是按正确的叠层顺序和方向铺贴,仅需要对一小部分进行揭层或磨削。对于机械铺贴的情况,在初始确认后就不再需要进行此程序。对于诸如铺层铺贴、可能的铺层褶皱和孔隙率等项目的检查,可以在紧固件孔位置处获取初始的芯塞,并且进行显微照相。

当从修边段机械加工得到力学试样时,应当按照零件或零件在该区的关键失效模式,对试样进行试验。涉及的典型失效模式的试验是无缺口压缩、开孔压缩以及层间拉伸和剪切。

6.4 材料和工艺过程变化的处理

6.4.1 引言

在任何项目中都有可能需要采用替代的材料或工艺过程。能够以系统的和节约成本的方式来处理这些变化，对一个项目的成功是至关重要的。虽然必须基于各个问题分别对待来处理材料和工艺过程的变化，但已经开发了一些普遍的方法或草案，可以用来指导这个过程。下面一节详细说明了材料和工艺变化的处理方法，确定并说明了必须处置和解决的关键问题。

6.4.2 新材料或工艺过程的鉴定

鉴定的评定从试样试验、到元件、构件、部件和最后到飞机，一般显示出费用的逐步上升。这个进程一般称为鉴定的"积木式"法。第3卷第4章将详细讨论这个问题。重要的是在鉴定工作的初期要进行初始的计划工作，以调整和协调多个来源、产品形式和工艺过程。通过结合试验项目的左/右或上/下各部的多方考虑，使该计划能较好地利用现有的大型昂贵试验。

可根据需要针对特定的应用评估其替代的材料或工艺，使其能部分替换原先的基本材料。应当注意的是，若考虑进行部分替换，必须考虑为保持区别两种材料而更改许多图纸所需的成本。此外，必须分配一些费用进行分析审查，以确定哪种应用允许使用与原始材料性能不相等的或更好的材料。

当确定了一种与材料或工艺过程有关变化时，或者当要求补救一个与材料或工艺过程有关的问题时，风险承担者可以使用这里所述的草案研究出解决的方法。在图6.4.2中说明了这个材料和工艺过程鉴定草案的要素和顺序步骤。对于成功的材料或工艺过程改变，有两个要素即差异和风险，以及生产准备状态是特别关键的，因此在下面将相当详细地加以概括。

6.4.2.1 问题说明

在问题说明中对所希望的结果和成功的标准提供清晰的说明，来界定这个鉴定计划。它描述了计划中材料供应商、制造商、主承包商、试验室或用户等各方面的责任，成为其他决定的基石，及该业务情况以及差异和风险分析的基础，在其基础上制定出技术可接受的试验矩阵。若发现问题说明存在：①缺乏特殊性；②过于具体以至限制了方法；③具有明显的技术错误，可以在鉴定的参与方与风险承担者取得协议后进行修改。

6.4.2.2 业务情况

问题说明后接着是开发业务情况，以①分清责任；②对全体参与者和风险承担者明确鉴定的好处；③为鉴定工作获取和分配资源。

6.4.2.3 差异与风险

利用相关数据、点设计鉴定等处理有关风险时，进行差异和风险分析以提供最节约和顺畅的鉴定计划。差异分析有助于鉴定的参与者确定新材料或工艺过程与

材料/工艺鉴定的要素和步骤	(A) 可行性/识别候选	(B) 基本性能和决定	(C) 鉴定性能	(D) 元件 次元件	(E) 部件生产验证	(F) 全尺寸试验
(1) 问题说明						
(2) 业务情况 ● 供应商 ● 购买方 ● 用户	● 产生可接受的业务 ● 所有的风险参与者同意该计划	● 签署保密协议 ● 了解并提供质量所需的资源性文件	● 确认业务情况并按需要修改	● 确认业务情况并按需要修改	● 确认业务情况并按需要修改	● 接受变化控制委员会批准的计划以实施。
(3) 差异问题/风险 ● 控制风险 ● 了解差异	● 提供差异的资料。 ● 起草风险说明/计划。 ● 优先需要。	● 实施降低风险计划	● 确认差异问题 ● 修改风险分析	● 确认差异问题 ● 修改风险分析	● 确认差异问题 ● 修改风险分析	● 证实对差异与风险的了解与控制
(4) 技术可接受性(设计强调) ● 新的 ● 第二来源	● 询问有信誉的供应商 ● 讨论对问题说明的选项	● 启动高风险、长期试验 ● 整个试验计划的组合	● 建立工艺过程参数	● 建立初步的设计指南	● 建立设计指南	● 核实设计符合要求
(5) 建立许用值和验证 ● 新的 ● 第二来源	● 汇编已有的数据。	● 建立基本的性能和目标	● 修改风险分析	● 建立统计的许用值	● 将结果与预测值进行比较	● 证实期望的结果
(6) 生产准备状态(制造/生产强调) ● 供应商生产准备 ● 用户生产准备	● 起草可行的生产转移计划	● 在生产转移计划中综合来自材料供应者、加工者、装配者和用户的输入	● 与供应者、加工者、用户和装配者一同起草材料和工艺/制造规范	● 批准材料和工艺/制造规范	● 确立模具指南	● 证明供应者、加工者和用户的生产已就绪
(7) 经验教训 ● 包括过去和现在的经验教训	● 验明计划成功所需专门技术	● 确立关键的联系 ● 提供进展评定文件	● 公布偏差与非预期的加工及试验结果	● 记录偏差和未预期的工艺与试验结果	● 记录偏差和未预期的工艺与试验结果	● 综合学到的经验

结束状态：总系统性能有效
√ 完整的数据库
√ 工艺过程与许用值正确有效

图 6.4.2　材料或工艺鉴定的因素和阶段

已知和已了解的材料或工艺过程有何相似或有何差异。进行风险分析以明确减少试验、改变试验顺序等将产生的后果。

6.4.2.4 技术上的可接受性

通过实现在问题说明中包括的目标，根据经验知识和实践回答技术难题，以及通过试验、分析与差异/风险分析的结果表明对材料或工艺体系的了解，从而达到技术上可接受。然后确定其强项和弱点，并通过设计与分析指南进行沟通。

6.4.2.5 许用值的建立和等同性确认

许用值的建立和等同性确认，其焦点是鉴定的定量方面。

6.4.2.6 生产准备状态

过去，因为鉴定计划的结束以设计数据库的数量为目标而常常显得不足。一个成功的鉴定计划还必须包括旨在保证生产准备状态所需要的过渡转变。生产准备状态涉及原材料供应商、配制者、纤维供应商、预成形件的供应商、制造商、质量符合性试验、适当的文件及其他方面。同样，这个草案的方法并不对特定的鉴定提供全部答案。相反，它提供鉴定参加者的讨论以促进思考，并基于有经验的风险承担者对特定情况所确立的问题说明、业务情况、差异或风险分析和技术可接受性试验进行提示，以制订合适的计划。

6.4.2.7 经验教训

最后，这个方法认为没有一个鉴定是完美的，因此一旦在差异或风险分析中发现了限制束缚，就应当尽快把过去的经验教训结合到计划中。此外，应当用文件记载当前鉴定中所学到的经验教训，并体现在整个鉴定过程中。

这个方法要求鉴定的参与者重新考察每个鉴定要素，并对整个鉴定的顺序阶段按需要进行修改。图 6.4.2.7 提供了复合材料材料与工艺过程的鉴定程序流程图。

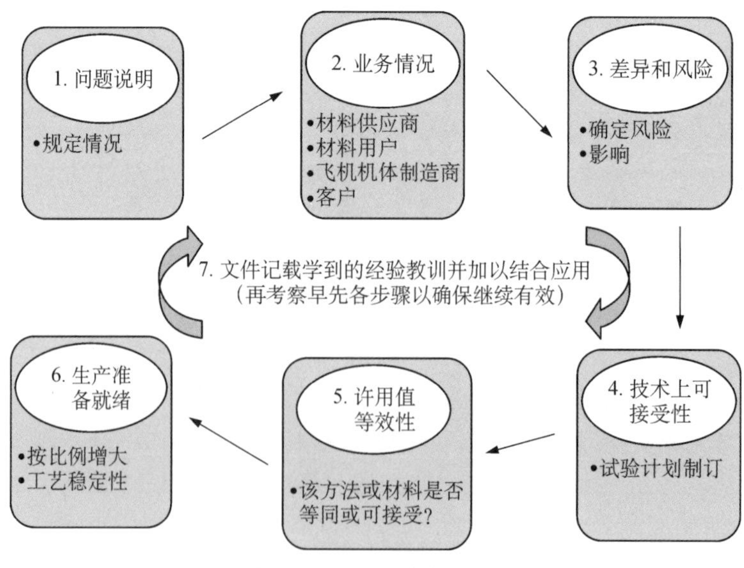

图 6.4.2.7 试验计划流程

6.4.3　差异和风险

利用相关数据、点设计鉴定等处理有关风险时，进行差异和风险分析以提供最节约和顺畅的鉴定计划。差异分析有助于鉴定的参与者确定新材料或工艺过程与已知和已了解的材料或工艺过程有何相似或有何差异，进行风险分析以明确减少试验、改变试验顺序等将产生的后果。

通过评定这个“新的”或“改进的”材料/工艺与基准的、已用过的，或与历史上通常使用的复合材料和工艺过程的相似或差异情况，确定鉴定计划的差异程度。这是对与共同知识类似的领域和与共同知识和经验偏离的领域所做的一个确认。

风险可定义为不希望的情况，这种情况有可能对工作成功具有负面的影响。在材料鉴定工作中，一个显然不希望的情况是使用替换材料时失败。失败的范围可能包括工艺过程困难、零件本身的结构失效，或任何对费用或计划进度有不利影响的其他任何情况或演变。

复合材料鉴定总相应伴随一定级别的风险。第二种或替代资源的风险级别，和原始材料或工艺及替代材料或工艺之间的差异相关。把新材料体系或工艺作为某个新生产项目的一部分进行鉴定，这是风险最高的情况。对于这种情况，不存在基准的材料或工艺，因而差异是最大的。尽管大多数同样适用，但是在此草案中不涉及这种情况。

本节讨论材料差异对鉴定试验计划的影响。对如何确立差异级别、评定风险、确立鉴定计划、确立试验样本大小，和选择试验方法等方面提供了指导。建议全部风险承担者参与规定差异级别的过程。

6.4.3.1　差异

确立风险级别的第一项工作是确定在基准和替换材料或工艺之间的差异程度。这就要列出基准复合材料和工艺相关的全部性能、特性、描述符合属性，然后评定清单中每项的差别。

清单可以是最高层的或详尽的。差异判据可以包括：①原材料来源的变化；②生产场所或设备的变化；③纤维上浆剂的变化；④织物类型的变化；⑤树脂的变化。差异还可以包括构件制造工艺过程的变化，例如从手工制造到纤维铺放，或从手工制造到树脂传递模塑。制造工艺过程变化时可能有相应的材料改变，也可以没有材料的改变。在制造工艺过程内还可能有设备的改变。各材料与工艺组合之间的差异程度确定了起始的风险级别。

例如，清单中可能有一项是“树脂”。在一种情况下，基准材料是 177℃(350°F)固化的环氧树脂。要被评定为“没有差异”，则仅需替换材料是 177℃(350°F)固化的环氧树脂。但是在另一种情况下，“没有差异”的定义则是在另一个地点混合，化学性质与基准树脂等效的替代树脂。

对清单中的每项做出评定，以确定基准材料和替代材料之间的差异级别。根据定义，会对某些项(如新预浸料生产线的鉴定)规定可接受的差异级别，同时不允许某些项存在差异(例如,用于鉴定已有许可证树脂的树脂配方)。

对于具有差异的方面定义并确定相关的试验要求。有时,用试验来确认存在的差异不会对材料或材料的最终用途产生负面影响;而在另外的一些场合,则用试验来确认不存在差异。

差异评定的一个关键要素是规定用于分析试验数据、审查发现的问题和工艺试运行的接收/拒收标准。标准的建立需要清楚了解差异的要求:等效还是相等、类似还是等同、基于统计值还是典型值等。

下面列出具有代表性的差异领域:

- 树脂
  — 原材料来源
  — 混合设备
  — 混合参数
  — 成膜设备
  — 成膜参数
- 预浸料制造
  — 浸渍生产线
  — 浸渍参数
  — 辅助工艺
- 纤维
  — 原丝来源
  — 纤维生产线
  — 纤维工艺参数
  — 上浆剂类型
  — 上浆剂来源
  — 纤维束纤度(长丝支数)
  — 纤维预成形体的织物类型
  — 纤维预成形体的编织来源(位置)
- 零件制造
  — 制造方法
  — 模具原理
  — 固化周期
  — 真空袋装袋程序

此清单的用意是作为指南而不是包括一切细节。所涉及的通常是在过去鉴定时见过的差异领域,但不包含今后鉴定时将出现的新的独特的差异领域。

差异评定清单中的实例

在此实例中,鉴定的目标是鉴定第二条浸渍生产线,该生产线经过改进以提高纤维浸透性,纤维或树脂(包括树脂混合)没有改变。

可能的浸渍生产线变化	生产线之间的差异
线宽度	相同
纤维线轴架排列	相同
纤维张力方法	相同
纤维路径	有变化
纤维铺展方法	有变化
树脂施加方法	相同

浸渍方法	有变化
浸渍参数	有变化
冷却板方法	相同
预浸料纵向分切	相同
预浸料卷起	相同
载体纸	相同

在此实例中，新浸渍生产线的考核目标是生产预浸料的合成设备更适于纵向分切出纤维铺放工艺用的窄带。改变将影响的两个关键方面是：①纤维铺展/准直；②浸渍。改变的意图是改善纤维准直性和提高纤维的浸透水平。

一旦确定了差异，下一步就是评定与每一个改变相关的风险。

6.4.3.2　风险评估

风险与源自差异级别的不定性直接有关。风险评估的目的是要通过有效地构造和实施鉴定计划，来控制风险并将其降低到可接受的程度。鉴定计划集中在替代材料的试验，但还通过其他努力，如审查、工艺试验和汲取以前的经验来降低风险。

风险评估可能是主观的，某个人认为是高风险的，可能另一个人则认为是中等风险的。过去的经验和对新材料或工艺的熟悉程度将影响一个人对风险级别的感知。为此，重要的是要将材料或工艺差异级别定量化，用文件规定一个系统的风险评定程序。

风险评估建立于所定义的差异基础上，这样就能够完全定义风险。当回答“会出什么错?”的问题时，重要的是在程序内部正确的层次上处置这个问题，并不意味着它是一个全局的问题(若新材料未鉴定，会出什么错?)。处于这个阶段将对每个单独的差异领域进行评定。

继续我们的鉴定实例，每个差异领域的风险评估如下：

- 纤维路径　纤维路径的改变有可能损伤纤维。鉴定计划应包括对纤维损伤敏感的试验。

- 纤维铺展方法　同改变纤维路径的情况一样，新的纤维铺展方法也有可能损伤纤维。若改变的目的是提高纤维张力，更可能损伤纤维。因此，鉴定试验计划中应当有对纤维损伤敏感的试验。

- 浸渍方法和参数　浸渍方法与其相关参数的改变，有可能改变树脂的浸润程度和预浸料的物理结构(表面上的树脂较少)。这些改变能够导致黏性损失、缩短外置时间、降低树脂流动性和消除挥发分的逸出通道，这些改变也会促进在纵向分切过程中形成整齐的边缘(这些改变的目的)。

因此，在鉴定计划中应包括一些试验或评定，处理纤维损伤、改变树脂浸润能力和操作性能等问题。计划还应包括评定在浸渍生产线中有哪些变化确实改善了纵向分切和纤维的铺放。

6.4.3.3　风险分析

在此步骤中，对风险进行分析以确定其程度。风险形成的可能性怎样？这个风险的可能后果是什么？风险属于何种类别：费用、进度计划或是技术风险？

风险形成的可能性或概率，其变动范围会从不大可能到接近于必然，取决于缓解风险所采用的方法。若形成风险，将造成不同程度的影响。需要确定的影响其程度从没有影响到不可接受，以便能够建立鉴定计划来处置所认定的风险，然后，通过实施鉴定计划将风险降至最低。

一种典型的风险分析棋盘表如图 6.4.3.3 所示。这个特定的棋盘表是按计划进行风险分析所通用的，可广泛用于其他风险分析。无论何处，当不适用时，用户必须对可能性的级别和后果规定新的定义。

风险发生的可能性如何？		
级别		计划的方法与工艺过程
1	不可能	● 基于标准操作会有效地避免或减缓此风险
2	低可能性	● 在相似情况下微小的失察一般导致减缓的风险
3	可能	● 可以减缓此风险，但要求有工作措施
4	高度可能	● 不能减缓此风险，但不同的方法或许能够
5	几乎必定	● 不能减缓此类型风险，没有已知工艺过程或工作措施是有效的

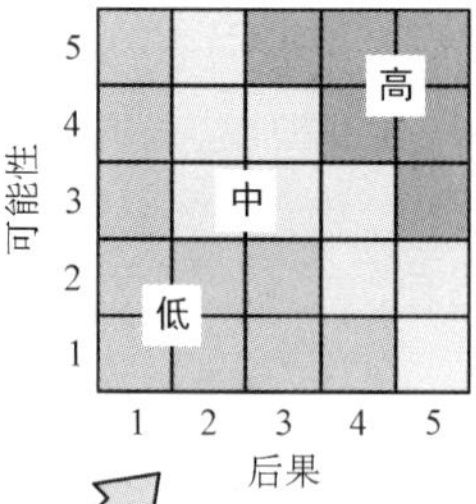

意识到的给定风险，其影响的程度将如何？			
级别	技术上的	计划进度	成本
1	● 微小或无影响	● 微小或无影响	● 微小或无影响
2	● 较小性能降低 ● 保持相同的方法	● 需要补充工作；能满足关键日期	● 预算增加或单位生产成本增加<1%
3	● 中等性能降低，但有工作措施可用	● 较少进度推迟；将错过所需日期	● 预算增加或单位生产成本增加<5%
4	● 不可接受，但有工作措施可用	● 计划的关键路径受影响	● 预算增加或单位生产成本增加<10%
5	● 不可接受，没有可用工作措施	● 不能达到关键计划里程碑	● 预算增加或单位生产成本增加>10%

图 6.4.3.3　风险分析棋盘表

6.4.4　生产准备状态

生产准备状态评定必须阐明以下每一方都遵循用适当文件规定的工艺过程并充分记录相关信息以便追踪：

- 组分材料的供应商。
- 配方者/工艺员/预浸料制造商。
- 零件制造商。
- 装配设施。
- 转包商、中间产物供应商、工艺员、检查员等。

在降低风险过程中,生产准备状态是保证控制成本、控制计划进度和控制最终产品的技术可接受性的一个关键要素。必须在变化的最初一刻开始这项工作,因为一个初始的改变常常会影响到直至最终产品的过程中随后各点的工艺和文件。必要的文件有两种形式:①描述程序所需要的;②用作追踪或说明实际发生的情况,尤其是对于特定的管理或最终零件。

鉴定试验往往是在试制环境下进行的。但传统意义上扩大生产必然对成本、计划进度或生产中的技术参数产生极大的影响。由于这个缘故,必须对批量、工艺管理和在全面定义及验证生产能力时代表的加工能力限度的零件验证进行计划。因为这些将成为该工艺的一部分历史文件,结果必须系统地记录在文件资料中。

当在生产率/用途方面有变化时,车间特性变得重要,有时要求进行更改。需要尽早了解并稳定这些方面。需求的主要设备和校准/合格证、人员培训以及工艺流程是必须投入的一些典型要素。

必须将下列书面文件放在生产加工的地方:采购文件、规范、工艺过程指令(计划包括工艺规程、流程卡等)、质量技术规范等。

彻底的生产准备状态检查应该评定原材料供应商、预浸料供应商、树脂供应商、织造商、预成形体和构件制造商(包括全部转包商)的能力/准备状态。只对生产准备就绪或具有清晰的生产途径的材料/工艺过程进行鉴定。

应按最低实际工作水准评估准备就绪状态。在鉴定期间或之后的任何更改均会产生影响,需要对照规程加以检验。

若将有几个制造商,务必在此时用生产的条件逐一加以评估。

整个鉴定过程应该使用 ISO 9000 的方法。重要的是建立产品可靠性程序。ISO 9000－4 解释了何为产品可靠性程序以及应如何进行管理。鉴定工作一开始是确定政策,解释产品可靠性的意思是什么,并规定可靠性的特征。通过研究用户的需要来规定产品可靠性要求。规定资源和机构的功能,工具设置到位,规定需要的文件,把信息追踪系统设置到位,并建立检查的程序。实施一个程序可靠性计划包括要求、行动、实际运作和资源。此工作中包括用于分析、预测和检查产品以及所购买材料可靠性的程序。对使用周期成本和成本节省的评估是重要的。应建立一个产品改进计划,并且必须将客户的反馈系统设置到位。一旦实现这点,则能够对购买的材料、设备和设施、程序和工艺过程以及质量建立要求,使得产品可靠性要求得到满足。

6.5 改进工艺的统计工具

虽然复合材料的控制和理解较复杂,但是有若干统计工具提供帮助。通过给出一个调整方法来尽可能减少变异性或达到其他的生产目标，将工艺反馈调整增加到SPC工具中。经验设计适用于复杂问题，此时工程判断和反复试验不能够提供所需的结果。Taguchi技术会简化这些经验设计技术，使其更适用于生产而不是工程状态。下面是对这些工具的介绍。

6.5.1 工艺反馈调整

引言

通过工艺过程监控和调整两方面来实现工艺过程的控制。工艺过程监控是通过统计工艺过程控制(SPC)来完成的，其中包括诸如工艺过程控制(或Shewhart)图表与累加和(Cusum)图表等工具。这些工具被用来查询工艺过程或系统以确定其稳定性。工艺调整用来使工艺过程从偏离的状态恢复正常，因而通常称之为工程过程控制(EPC)。SPC和EPC之间不是对抗而是彼此合作的关系。

它们能够适用于这样环境，其可估计成本与对系统所作的改变或采取的测量有关。这些工具着眼于将控制系统的总成本以及偏离工艺目标的成本最小化。EPC还实施有界的调整图表来规定一个工艺过程调整的必要性和程度。最后，其还适用于监控具有反馈控制的工艺过程。

传统的统计工艺过程控制(SPC)假定的稳定、不变状态的环境，实际上很难达到和保持。虽然更惯用的工艺过程监控技术通过使用控制图表来帮助达到这种控制，但工艺过程经常要求调整参数以达到期望的输出。虽然某些工具和程序与用于工艺过程监控的手段相类似，但目的和方法实际上是全然不同的。

工艺过程监控定义为利用控制图表，用以连续查询所调查工艺过程的稳定性。当发现异常情况时，寻找造成该情况的确定原因，若可能予以排除。如同SPC一样，该技术已被广泛应用于标准零件的制造业中。

工艺过程调整对与某些预期输出相关的变量进行反馈控制，以保持工艺过程尽可能接近预期目标。这个方法来源于加工制造业，称为工程过程控制(EPC)。

控制图表

观察频率和比例的控制图表在6.2.2.2节中进行介绍。

用不同类型的图表进行测量数据的监控。这些图表着眼于样本均值和范围，被称为X条形图和R图。对频率以及比例数据的某些有用的简化并不适合于测量类型的数据。除了另外注明的情况外，均使用同样的通用术语。

可以把几个规则用于这些控制图表，其中某些规则是产业界或甚至是公司所特有的。最广为闻名的一套规则是Western Electric规则，这些规则被用于控制图表，确定是否调查某个偏差，确定其有待排除的明确起因。

对于这些控制图表的应用，曾做出过一些假设。虽然适度违背这些假设通常不会有灾难性的后果，但一个不稳定的系统则可能导致不适当的警告和行动限制。

工艺过程调整

工艺过程调整的目标，不是对一组指明特定原因的数据进行可能性的推测检验，而是统计评估对其系统的干扰，然后以不同的方式进行补偿。

工艺过程监控与工艺过程调整两者的目标有差异，其标志之一是要等到工艺过程监控指出有统计上显著的偏差之后，才实行工艺过程调整，而作为一个控制策略而言，这通常会导致过度的工艺过程输出变异。

对于许多工艺过程，若不按某些间隔进行工艺过程调整，就不可能实现可接受的控制。为了获得始终如一的结果，不得以随意的方式进行这类调整。工艺过程调整实施中的重要概念是工艺过程对于改变具有阻抗（称惰性），以及利用模型来预测工艺过程的未来输出。

调整变量的单位变化大多不会导致工艺过程输出的单位变化。这些因子之间的关系称为系统增益。在预测工艺过程输出的努力中，将白噪声的各类响应与系统偏离加以区分是有益的。

应当指出，若听其自然，许多工艺过程就将不断地偏离目标值。由于此种偏离，一个低值很可能后接着另一个低值，这称为自相关性。这些变化可能表现为步进、尖峰或坡度变化的形式。采用工艺过程调整，试图判断工艺过程的变动方向，然后调整工艺过程进行补偿以使工艺过程保持趋向目标值。

引起此偏离的干扰类型可能是环境，如温度和湿度的变化，或是供应的材料成分有变化。不管是否已经鉴别出这些变量，可能需要某种反馈控制以补偿其影响，使工艺过程的输出恢复到目标值。这些反馈调整程序与制造工业所用自动控制方法的类型有直接的关系。

虽然经常采用基于 SPC 输入的一些工艺过程变更，但很少实施某个一贯的方法。通过使用某种反馈调整方案，许多应用情况的工艺过程输出变量可以降低数倍。

使得反馈调整有机会更广泛应用于传统化学工业之外其他行业的原因取决于系统建模的重要误差，即使使用反馈调整时仍存在很大误差，它们对工艺过程输出变量只有极小的影响。

某些工艺过程并不由于在一个间隔中进行工艺过程调整而受到全局影响，称这些工艺过程具有惰性。为了适应这些工艺过程的特性，需要修改工艺过程。

工艺过程调整的另一个目标，是将所需工艺过程调整的数量最小化。当进行过程调整相应的成本较大时，这点特别重要。虽然强制调整确有增大工艺过程输出变异性的效应，但经验表明仅适度增加工艺过程的输出变量使其超过理论的最低值，就能使工艺过程调整的频率明显地降低。

一些工艺过程中包含利用目标值附近的非灵敏区。在非灵敏区里的工艺过程输出预测并不导致任何工艺过程调整。另一个工艺过程是有界调整。

另一个关注点是不慎对已经处于完美控制状态的工艺过程进行了工艺过程调整。已经确定实施这种工艺过程仅会使工艺过程的输出变量增加约 5%。无法权衡这种潜在可能性的是有大多数工艺过程会违反要求其达到一个理想控制状态的假设。

反馈调整所关注的另一个方面是与观察和/或调整工艺过程相关的潜在成本，

与偏离目标值的成本进行权衡。对反馈调整工艺过程进行修正，以使与这些方面有关的总成本尽可能低。

应多长时间对某个工艺过程观测一次也仅与成本相关。可以将观察工艺过程有关的成本，与相对因调整工艺过程和增加工艺过程变量或偏离目标值而产生的费用进行权衡。

6.5.2 实验设计

背景

虽然对制造过程所产生的数据进行统计分析已成为平常的事，但所产生数据的布局或结构则在很大程度上违背了传统方法。虽然已经对复合材料螺栓连接进行了某些统计分析，但经验法则、历史判例或简单的可用性仍支配着数据收集工作。常常感到这种方法可能在某种程度上转移了技术工艺专家的控制，或与认可的先例相比几乎没有提供什么新增的内容。最为公认的原则之一，也是大多数项目所奉行的传统数据布局，是在一个试验计划中每次只有意地连续改变一个数据因子。即使在没有适当的方法时审慎操作，也会丢失信息。采用适当的方法每次改变一个以上的变量，就能够高效地运行并有效地提供信息，这些信息是每次只改变一个因素时不可能获得的。经常是这些未揭示的隐藏关系主宰着工艺过程结果。

这种方法的通称是实验设计(design of experiments, DOE)，另一个术语是有设计实验(designed experiments, DX)。通过 DOE，能够高效地筛选可能影响所关心输出的大量因素，用线性模型统计地确定，它们是否确实影响了工艺过程的输出。以该数据作基础，只要破除每次只改变一个因子的规则，就可以确定各重要因子之间的相互作用。

另一个技术基于 DOE 形成非线性模型，如二次模型，可进行工艺过程优化预处理。这种方法称为响应面方法(response surface method, RSM)。顾名思义，所希望的输出通常是一个多因子的非线性关系。

DOE 和 RSM 在工艺过程中被逐次连续使用就称为顺序试验法。在这个方法里，用初始试验对显著因子进行筛选。若被调整的因子实际上是非显著的，不要废弃而成为用于其他显著因子的复制品或副品，为工艺过程变量提供补充信息，可以增加补充数据以追踪显著相互作用的迹象。该模型还对是否应进一步追踪非线性关系提供有关信息。通过 RSM 增加一些补充点，来确立这些非线性的(二次的)特性。这些模型使用为一个或多个目的产生的所有数据，提供用于非常有效的试验方法。文献 6.5.2(a)-(c)提供了附加信息。

文献中有一些用于确定复合材料弹性性能的设计试验方法应用，还有一些用于确定复合材料力学性能如螺栓连接强度的文献。使用这个有效的方法能对工艺过程进行严格评估，而以前认为全面实验研究太复杂了。因此过去通常一直只对少数确定关心的领域才用择优方法进行试验。即使在“优胜者”与所放弃的选择之间存在统计上差别，也很少能确定，远低于任何种类优化所达到的水平。但应用 DOE 和

RSM 试验法就能够提供这些工具和选择。

单因子模型——线性的和二次的

将数据拟合成一个直线或线性方程是常规的处理方法，如图 6.5.2(a)所示。直线代表了数据的趋势，但很少有全部数据点都落在直线上的情况。在水平轴线或 x 轴线的给定值处，数据常常是相对该直线上点所代表平均值呈正态分布。在图中能看到这个点。直线上的所有点应当具有同样的分布。

在用方程拟合数据时，一个重要的考量是数据的间距。若准备将方程拟合成一个单因子的函数，数据间距可以很近，如图 6.5.2(b)和(c)所示。图 6.5.2(b)所示为在两个给定点之间数据的正态分布，代表了一个大的数据样本。在图 6.5.2(c)中给出了一组关系，但仅指出了一个小样本的数据(三个点)。图 6.5.2(c)表明采用两个相距不远点的小样本可能将漏掉重要的关系。数据越向所关心的边值或实际试验扩展，就越有可能以最少的数据发现显著统计关系，如图 6.5.2(d)所示。经常仅在端头处采集单个数据，尤其是在初期的筛选程序中。

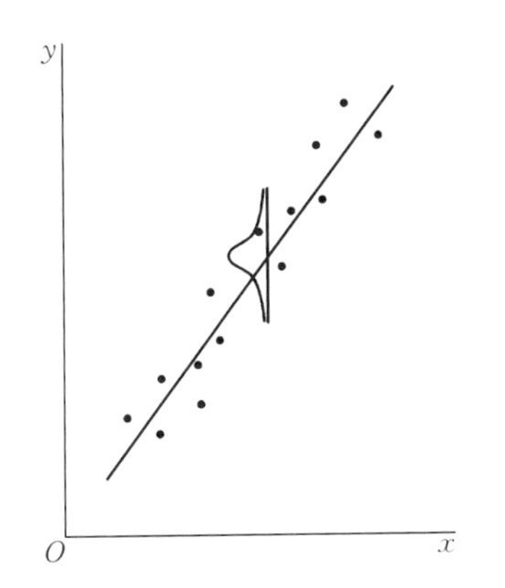

图 6.5.2(a)　数据的线性方程拟合(数据在所示直线附近呈正态分布)

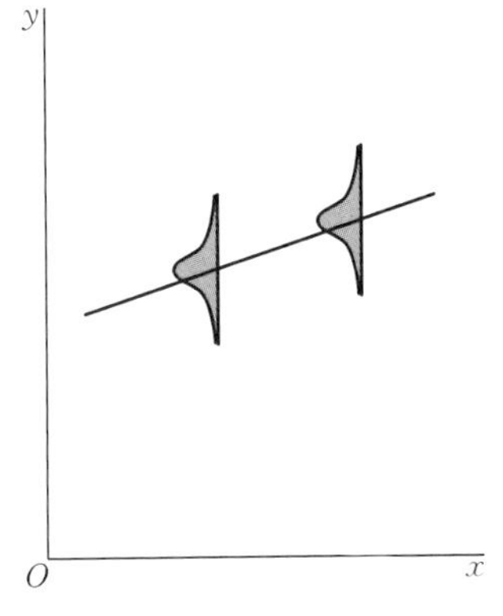

图 6.5.2(b)　采用大数据样本、数据样本和小间距点确立的真实关系

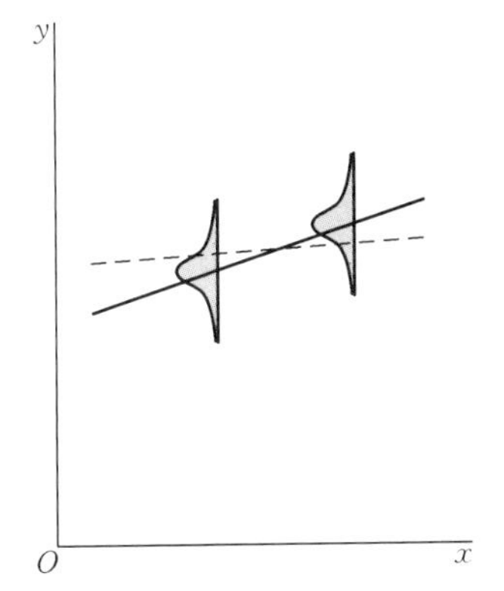

图 6.5.2(c)　采用小数据样本和小间距点漏掉了真实关系

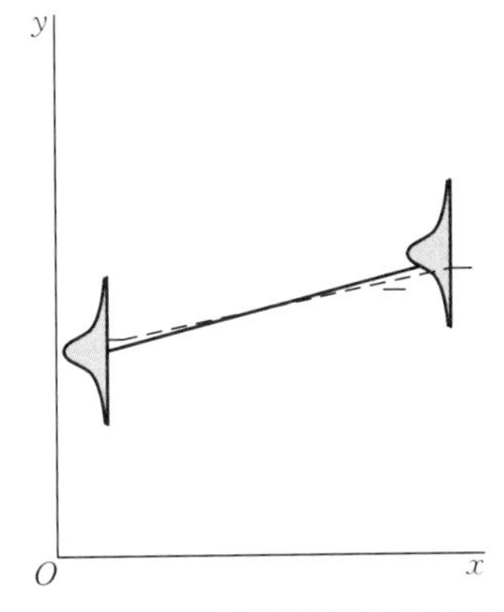

图 6.5.2(d)　用小数据样本和大间距点识别出真实关系

对于通常用来鉴别显著因子的线性模型,意味着尽量减少这些边值或端点之间的点数。可将某些数据点使用在这些边值之间的中点处以重复数据。重复数据导出的变量估计值用于判断,端点间所看到的差别在统计上是否显著。

线性方程式的形式是熟悉的"$y=a+bx$","x"代表可以可控的独立变量;与"x"相乘的"b"代表了直线的斜率。"a"是当"$x=0$"时"y"的截距值。若是非线性方程式,例如二次方程,则要增加一个补充项,则方程式的形式变为"$y=a+bx+cx^2$"。二次项使得其能与数据中所发现的曲率相匹配。

若是线性关系,则在中心点处的平均数据约是两端点之间数据的平均值,如图 6.5.2(e)所示。若中心点处的平均值显著地偏离端点的平均值,这就是非线性关系的迹象。

在关注区域内采用小间距点的一个理由,无疑是在此间距之内会呈现线性关系,它一般更适用。没有适当的试验技术将很难经济地表征一个非线性关系,因而,如有可能一般都尽量避免。但是,若这关系确实是非线性的,如图 6.5.2(f)所示,同时,若有可能超出当前所确定的极限值时,则将是十分有益和有价值的,不应忽略。

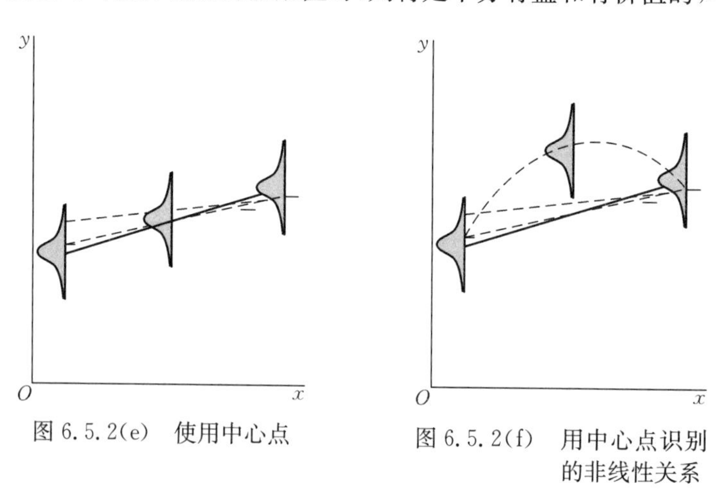

图 6.5.2(e) 使用中心点

图 6.5.2(f) 用中心点识别的非线性关系

若这关系足够强而且这些端点相隔足够远,则在每一端点处某个单一的数据点就可能足以识别出显著的关系。仍然必须对变量进行某些评定或假定。这多个数据点还可在中心点处形成,比在每一端点处重现的方法更加有效。而后假定该变异性在整个范围内是相当的。

双因子模型——线性的和二次的

可以把同样的基本原理和方法扩展,用于拟合某些工艺过程输出为多因子的函数关系。收集数据间隔程度的原则也仍然同样适用,如图 6.5.2(g)所示。这个原则是在不改变所关心基础测量值的基本关系前提下,将其尽可能远地覆盖到边值。同样中心点仍然保持其优势,而对于连续因子这些中心点可适用于两个因子。对两个因子情况,可以绘制导出的方程式来建立响应面,具有地形外貌的图,它可以看成是一系列按第二因子函数关系均匀分布的单因子方程线或曲线。

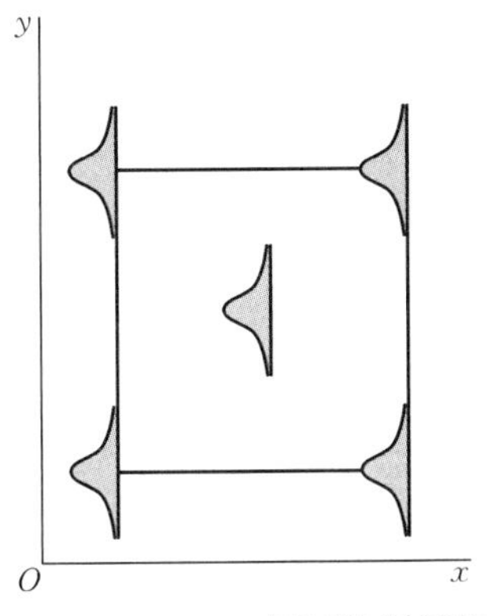

图 6.5.2(g)　双因子数据间距

若这关系足够强且这些端点相隔足够远，则在每一端点处某个单一数据点就可能足以识别出显著的关系。仍然必须对变量进行某些评定或假定。这些多数据点还可在中心点处形成，比在每一端点处重现的方法更加有效。而后假定该变异性在这个范围内是相当的。

对于线性模型，将形成通过正方形四角切出的平面。该方程式的形式是"$Y = ax + by + c$"。这是对单因子线性方程的自然延伸，尽管或许更难想象。一个实例示于图 6.5.2(h) 中。若在两因子之间存在相互作用，则可以使表面扭曲，显示出非线性方程的外貌。方程中的相互作用项是这两个独立变量的乘积再乘以某个系数，方程的形式则将是"$Y = ax + by + cxy + d$"。

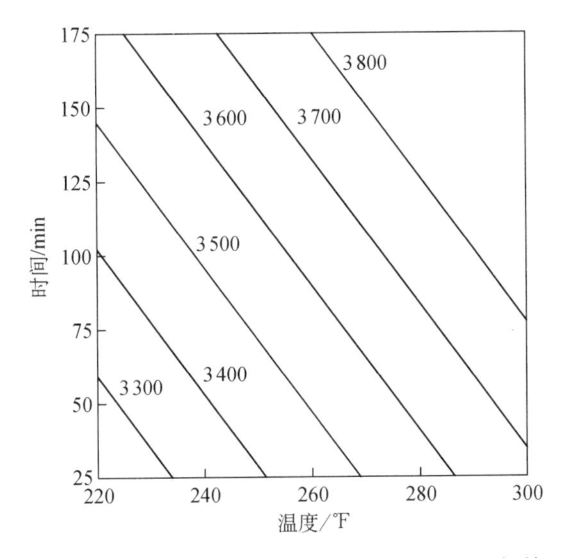

图 6.5.2(h)　线性响应面的实例(与固化最后保持时间与温度有关的胶黏剂搭接剪切强度，psi)

中心点函数与单因子形式相同。若中心点相当靠近平面的表面，则并没有非线性关系的迹象。若中心点没有恰当地靠近平面的表面，则出现了非线性关系的迹象。

此时可以引入响应面方法(RSM)来补充实验设计(DX)。RSM 基于数据和来自 DOE 的线性模型，并以最优方式补充了一些附加数据，允许形成非线性模型来拟合这关系。方程的形式将是"$Y = ax + by + c + dxy + ex^2 + fy^2$"，数据的布局示于图 6.5.2(i)中。

此时引入了一个相互作用的概念，相互作用是指某个因子的水平会影响第二个因子的作用。一个简单的实例是热固性塑料固化的一般制造经验。若塑料在163℃(325℉)下进行固化，则或许需要花费100 min来实现最优固化。若固化炉温度为180℃(350℉)，则或许仅用50 min。固化炉的温度会影响固化所需时间；其中的一个不可能脱离另一个因子而独立进行最优化设置。若在180℃(350℉)条件下让塑料固化100 min，则塑料就可能氧化、翘曲或性能下降。对塑料进行50 min固化的效应则要视固化炉的温度而定。

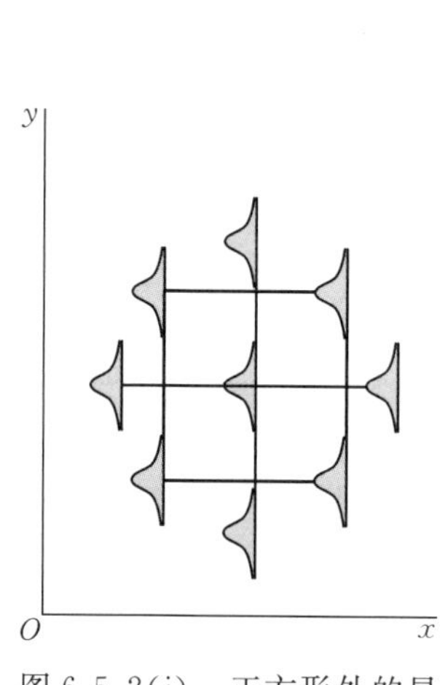

图 6.5.2(i) 正方形外的星形点布局

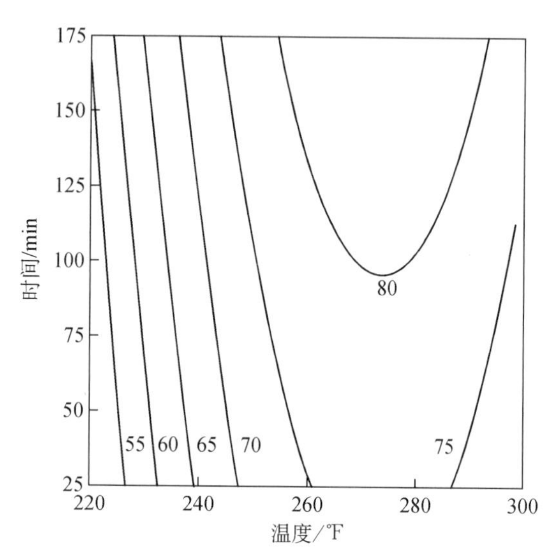

图 6.5.2(j) 二次响应面的例子(与固化最后保持时间与温度有关的胶黏剂剥离强度，单位 psi)

处理这类问题的常规方法是设法不改变温度。除一个因子以外，其余因子都保持固定不变。变化一个因子，测量其影响。虽然没有可能是唯一适用手段的DOE工具，使用这些工具可能建立更准确的关系。把这些补充的RSM点称为“星形点”，如图6.5.2(i)所示。可用它们进行非线性评定，同时仍然利用在尝试建立线性模型时所产生的全部数据。适当布局这些点是RSM方法的基础。图6.5.2(j)所示为用二次模型产生响应面的实例。

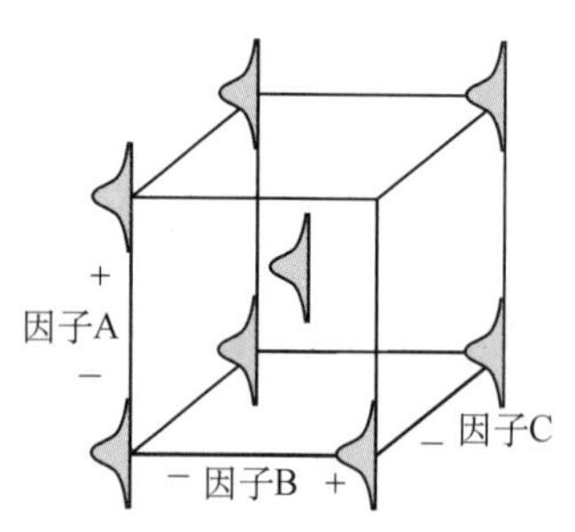

图6.5.2(k) 三因子实验设计

多因子模型——线性的和二次的

此方法能够再次扩展至三个或更多因子的情况。目前扩大到立方体来代替正方形点布局，其中立方体的顶角代表所评估三个不同因子的高值与低值的不同组合，如图6.5.2(k)所示。

虽然现在更难绘出全部三个因子的输出图，但方程的拟合仍然遵循完全相同的方法。将一个因子固定不变,能够用上面的双因子同样的方法绘制另两个因子的图形。也采用同样方式对所有三个连续的因子采用中心点。因为现在中心点是由三个因子共用的,其使用的效率增大很多。向非线性模型的扩展也遵循同样的基本图式,如图 6.5.2(l)所示。

DOE 的最好特征之一是其能够定义有效模型而无需全部点处的数据。对于三因子模型,这意味着只需要试验方盒形一半的区域点,尽管是以如图 6.5.2(m)所示的非常特殊的方式。这将允许形成线性模型,但没有相互作用。因为将有四个数据点,这就留下三个自由度,对每个因子线性分量或主要影响有一个。虽然最后能够产生替代的数据,但不能代表这些相互作用。这称为分数因子。也可以把分数因子的 DOE 按以上所示的同样方法用于 RSM,配置如图 6.5.2(l)所示的星形点。

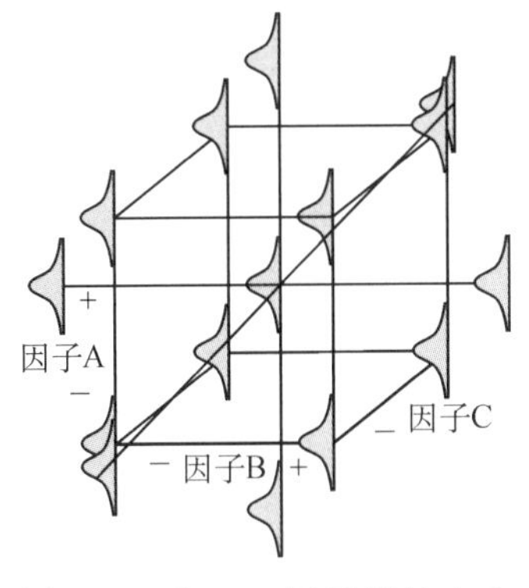

图 6.5.2(l)　三因子设计中立方体外的星形点

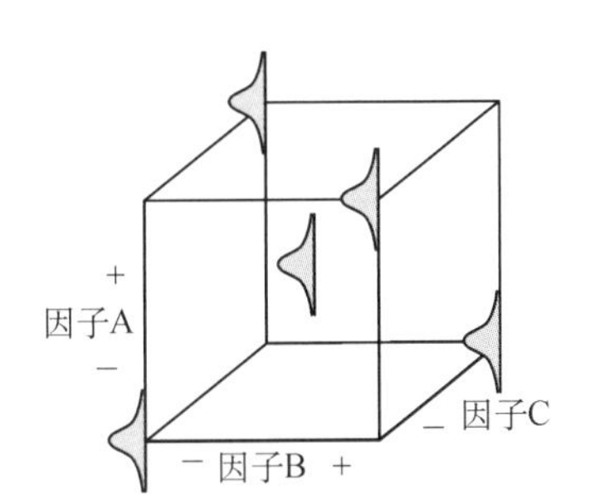

图 6.5.2(m)　三因子设计的半部分(2^{3-1})

顺序实验方法

顺序实验方法是实验设计的另一个重要方面。在实验计划开始时,对所涉及的有关关系可能知之甚少。可用 DOE 从大量可能的因子筛选出那些重要的因子。一旦发现了这些因子,就可以把代表非重要因子的数据处理为已定重要因子的重复。然后可以产生补充的数据,仍然利用较早的数据以确认线性模型并识别相互作用的关系。

若中心点指明是非线性的,则可以在所确定的星形点处产生补充的数据,来支持创建二次模型,同样,仍然利用以前生成的筛选数据和线性模型数据。这可能是创建复杂现象实验模型最有效的方法。

模型核查

一旦任何模型拟合成了一组数据,应当核查用于创建模型的每个假设,看其是否正确。可以核查的首个模型参数之一是 R^2,这个数值估计出在拟合数据的模型中究竟发现了多大的变异性。在方程式中增加更多的因子总能增大该数值,无论它们是否在统计上显著,因此,为考虑这问题还要计算一个调整项 R^2。若在模型中加入一个统计非显著因子,这个数值实际上将减小。

模型确认的另一方式是对该存在形式的残数检验。对每一数据点,残数是其实际值与模型预测值之间的差别。若一个模型已挑出数据中的全部非随机形式,则其残数应是随机的。因此,残数形式能对目前尚未包括在模型内的那些关系提供额外的有用信息。

利用回归方法来拟合模型时,其假设之一是数据为正态分布的。残数是否是正态分布,能够核查该假设。每一数据点的回归残数值通常应在两个标准误差之内,否则就确定其为异常点。这可能表明在产生或搜集数据中有某些错误,或者表明这个模型还没有很好描述某个效应。

Cook 距离是各个数据点对所评价模型相对影响一个度量。若计算的 Cook 距离数值大于 1,这表明该数据点在确定模型形式时影响重大。虽然本身不希望,但与其他比 1 小很多的数据点所引进的误差相比,该数据点的任何错误将导致模型中出现相应的更大误差。

6.5.3 Taguchi

在试图定量表示因质量不好导致成本损失的过程中创立了几个概念。Taguchi 建议对最优水平的偏离利用二次函数表示。此外,他提倡使用更易在生产环境下实施的实验设计。

参考文献

6.2.1(a) MIL-STD-414, Sampling Procedures and Tables for Inspection by Variables for Percent Defective [C]. Change Notice 1, 8 May 1968.

6.2.1(b) Federal Aviation Regulation Part 21 Certification Procedures for Products and Parts [C].

6.5.2(a) Montgomery D. Design and Analysis of Experiments [M]. John Wiley and Sons, 1991.

6.5.2(b) Box G E P, Hunter W G, Hunter J S. Statistics for Experimenters [M]. John Wiley and Sons, 1978.

6.5.2(c) Myers R H, Montgomery D C. Response Surface Methodology [M]. John Wiley and Sons, 1995.

第 7 章　复合材料设计

本章目的在于提供较第 3 卷第 2 章更多的细节，同时也提供更多细节分析、材料/工艺等与设计有关的章节(第 3 卷第 3～12 章)以外的内容。本章是 G 版本中新增的章节，结合了现有的内容[①]和新增的内容。本章分为以下几部分：复合材料独有的设计问题、设计过程、材料和工艺选择、结构概念、复合材料设计优化和设计经验教训。

7.1　与复合材料设计相关的特有问题

金属和复合材料结构设计的根本区别在于复合材料设计过程包括材料设计，这涉及基本纤维和基体材料结合的结构形式。结构是由一层层铺层材料形成的，或者是由纤维预成形件注射树脂材料制成的更新的复合材料形式。

相对金属结构设计的另一个根本区别是对环境影响的差异。复合材料的力学性能对温度的变化远比金属的力学性能敏感。虽然金属材料易受腐蚀，但不吸湿，而聚合物基复合材料正好相反。因此，复合材料设计在选择树脂和确定设计许用值时必须考虑热/湿的问题。

金属和复合材料在很多结构分析的细节上也不同。最根本的区别包括复合导致的材料正交各向异性、认识到复合材料尺度效应的重要性(不能仅使用纤维和基体组分特性在理论上预测结构响应)，并使用合适的结构分析方法和许用强度。虽然，特殊层压板的各向异性更为复杂，但设计师能够剪裁成所需的变形特性结构，这已被应用于机翼蒙皮的气动弹性剪裁。尺度效应通常被认为是由经验为主产生的各种长度-尺度(单层板、层压板、元件、全尺寸件等)的许用强度。在本手册几个不同的地方，非常详细地探讨了合适的结构分析方法和强度许用值。

复合材料必须在各种工程学科之间并行设计。设计的细节取决于模具加工以及装配和检测工艺。零件和工艺是密不可分的，难以按设计和制造阶段的次序来进行工作。

事实上，所有采用先进复合材料的产品，都包括金属以及复合材料结构。因此，

---

① 本章包含之前第 3 卷 D－F 版本第 12 章“经验教训”的内容。

必须关注复合材料与金属的兼容性问题，例如热膨胀系数的不匹配性、电偶腐蚀的防护和钻孔/去毛刺的工艺要求等。

复合材料在应用于大型、相对连续的结构时是最有效的，它们的成本与元件、零件的数量以及所需紧固件的数量有关，这两个因素推动设计师将具有整体特征的结构设计成大型共固化结构，复合材料的性质使这成为可能。良好的设计、高质量的模具将降低制造和检测成本及废品率，生产出高质量的零件。

7.2 设计过程

设计过程的理论流程如图 7.2 所示。这对航空航天(或许是地面车辆)设计是非常普遍和高层次的流程，不限定于复合材料，但不适用于政府或行业代码建设的建筑物，如桥梁和房屋。请注意，这一过程中所有的方块通常在时间上重叠。顶级产品的结构设计要求(如军用飞机的 JSSG - 2001 和民用飞机的 FAR23/25 部)、参数分类规则、总体结构要求，以及外载荷的发展一般不处理复合材料的具体问题(虽然有较低层次的、特别是对复合材料结构的要求，正如第 3 卷第 3 章所讨论的)。然而，随后方块的细节可能与复合材料差距很大、更复杂。当初步铺贴已得到改善，足以提供用于内部载荷模型的几何和材料特性时，必须做出与材料和工艺选择以及最初的元件、零件构型有关的决定。对于一个全新的设计，至少要通过 2～3 次的全面迭代，才能得到较好的传力路径、刚度和主要的连接构型。特别是在复合材料结构情况下，制造工艺、公差、质量保证/控制、可生产性和模具的选择是在迭代详细设计/定型阶段期间做的，而不是之后。显然，结构概念的权衡和优化是该过程这阶段的一部分。以下部分提供了全部设计过程中的详细设计阶段各个环节的更详细描述。

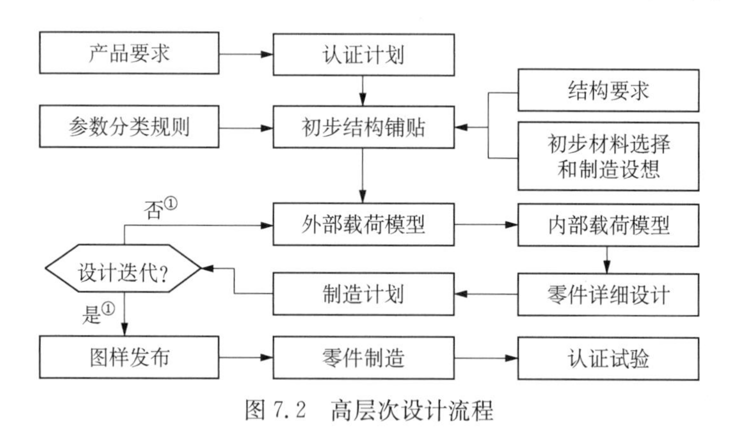

图 7.2 高层次设计流程

7.3 材料和工艺的选择

本节目的是帮助设计师理解与复合材料选择和制造工艺选择有关联的一般要

① 原文有误——译者注。

求。类似信息在第 3 卷第 2.3 节中提供。对材料和工艺更广泛的信息可参见第 3 卷第 5 章。

7.3.1　材料的选择

复合材料以多种纤维类型、纤维形式、树脂和预浸料种类出现，如表 7.3.1(a)～(d)所示。“单向带”预浸料通常是以比较薄的带材(0.13～0.38 mm(0.005～0.015 in))成卷形式存在。带材有各种宽度：7.6 cm，15 cm，30 cm，91 cm (3 in，6 in，12 in，36 in)等，这取决于制造工艺、产品形式的可利用性。“织物”预浸料通常比单向带厚(0.18～0.51 mm(0.007～0.020 in))，成卷宽度一般是 0.91m，1.2m 或 1.5m (36 in，48 in 或 60 in)。预浸丝束或预浸粗纱通常是 3k，6k，12k 或 24k 的丝束，预浸渍并卷绕在用于纤维缠绕的筒管上或自动纤维铺放机上。相类似，单向带预浸料被切成 3.175 mm(0.125 in)宽度(取决于设备)，再卷绕在用于自动纤维铺带机的筒管上。有关纤维、材料以及材料形式的更多细节可参见第 3 卷第 2.3 节、第 5.4 节和第 5.5 节，参考文献 7.3.1(a)和(b)。

表 7.3.1(a)　常用纤维类型

纤维类型	轴向模量		参考文献
	Msi	GPa	
标准模量碳纤维(PAN)	33～34	225～235	7.3.1(b)和 7.3.1(c)
中等模量碳纤维(PAN)	37～42	255～290	7.3.1(b)和 7.3.1(c)
高模石墨纤维(沥青)	57～120	390～830	7.3.1(b)和 7.3.1(c)
E-玻璃纤维	10～11	70～76	7.3.1(b)和 7.3.1(c)
S-玻璃纤维	12～13	83～90	7.3.1(b)和 7.3.1(c)
芳纶纤维	19～27	130～190	7.3.1(b)和 7.3.1(c)
石英纤维	10	69	7.3.1(c)和 7.3.1(d)
无定形碳化硅纤维	28	195	N/A
碳化硅长丝	58～62	400～430	7.3.1(c)和 7.3.1(d)
硼长丝	57～58	390～400	7.3.1(c)和 7.3.1(d)

表 7.3.1(b)　复合材料结构常用纤维形式

形　　态
单向带
单向丝束/粗纱
平纹织物
5 综缎- 8 综缎织物
5 经缎纹织物
无皱褶织物
双轴编织
三轴编织
3 维- n 维机织

表 7.3.1(c)　复合材料结构常用树脂类型

树　　脂
120℃(250℉)固化环氧树脂
180℃(350℉)固化环氧树脂
120℃和 180℃(250℉和 350℉)固化韧性环氧树脂
两步固化和后固化环氧树脂
双马来酰亚胺树脂
聚酰亚胺树脂
乙烯酯树脂
聚酯树脂
酚醛树脂

表 7.3.1(d) 复合材料结构常用预浸料类型

预浸料种类	预浸料种类
预浸带 预浸织物	预浸丝束/粗纱 预浸窄带

7.3.2 制造工艺的选择

关于这个问题的更多细节可以参见本章后的参考文献 7.3.2 和 CMH－17 第 3 卷第 2 章和第 5 章。

7.3.3 质量控制

关于这个问题的更多细节可以参见 CMH－17 第 3 卷第 2 章和第 6 章。

7.3.4 可生产性

关于这个问题的更多细节可以参见 CMH－17 第 3 卷第 2 章、第 5 章和第 6 章。

7.3.5 模具

关于这个问题的更多细节可以参见 CMH－17 第 3 卷第 2 章和第 5 章。

7.3.6 环境的影响

关于这个问题的更多细节可以参见 CMH－17 第 3 卷第 2 章、第 3 章、第 8 章、第 11 章、第 14 章和第 17 章。

7.4 结构概念

本节分为结构概念权衡、层压板铺贴顺序选择和结构剪裁等几部分。

7.4.1 层压板、夹层结构和加筋结构

这部分留待将来使用。

7.4.2 铺层选择

关于这个问题的更多细节可以参见 CMH－17 第 3 卷第 8 章到第 12 章。

7.4.3 剪裁特性

复合材料层压板的性能取决于各独立铺层的方向，这为工程师提供了剪裁材料形成满足特殊要求层压板结构的能力。对于以一个方向为主的高轴向载荷，层压板的大部分铺层取向应平行于载荷方向。如果层压板主要承受剪切载荷，则应该有高比例的±45°铺层。对于多方向载荷，层压板应是准各向同性的。全 0°铺层的层压板体现出最大的强度和刚度，这在任何给定的方向都可以达到，但对多数应用是不实际的，因为其横向性能过低，加工和操作时会造成损伤。在设计纤维控制的均衡对称层压板时，最常用的是 0°，＋45°，－45°和 90°，每个方向的铺层比例最低取 10％。

剪裁也意味着，在知道层压板每个方向上的铺层比例之前，工程师无法确定复合材料层压板的强度值和刚度值。对称均衡层压板通常采用各项性能与各方向铺层比例的毯式曲线。图 7.4.3 显示的是刚度毯式曲线的实例。也可以给出类似的强度毯式曲线。关于这个问题的更多细节可以参见本章后的参考文献 7.3.1(a)。

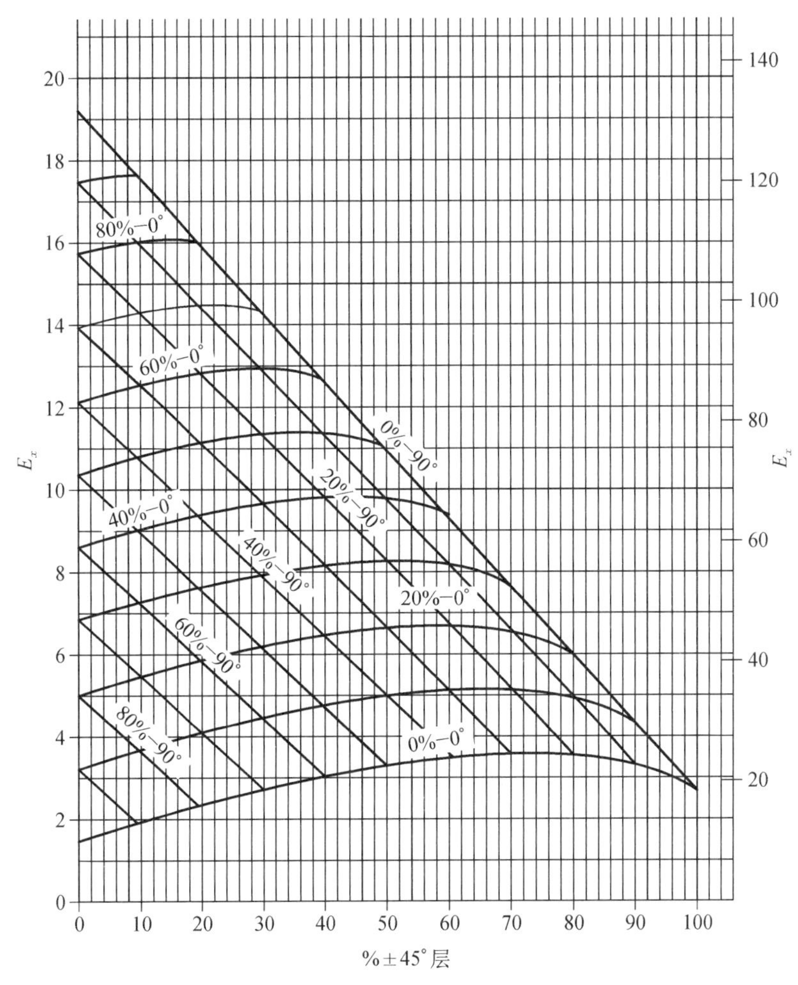

图 7.4.3　弹性模量毯式曲线实例

7.5　零件详细设计

零件详细设计一般使用商业的计算机辅助设计(CAD)软件，如 Daussalt 系统的 CATIA，UGS'ProEngineer 设计等。除了只定义实体几何外边界的基本 CAD 软件之外，像 VISTAGY 公司的 FiberSIM 等专业软件产品通常镶嵌在 CAD 工具中运行，以提供复合材料铺层设计、模具和制造的环境。所有的复合材料铺层和详细的组合件(例如夹芯元件)在专门的应用程序(如 FiberSIM 软件)中定义和管理。

在设计阶段,应定义大型零件的边界,将其分成不同的厚度和铺层取向区域。确定每个区的目标铺层数、取向和铺贴顺序,以及是否需要插进夹芯(通常采用应力分析)。使用 FiberSIM 或类似的软件工具来定义复合材料零件的实际(修整)边界、复合材料零件的延伸(像制造时的)边界、铺层边界、铺层材料、铺层纤维取向、铺层铺贴顺序、工程铺贴(模具名义)表面、实际的模具表面(如果不同于工程铺贴表面)、镶嵌夹芯的几何形状、花形板、工程数据集、每一层的平面图形(除非使用纤维铺放工艺),以及协助零件制造所需的一些激光投影数据。

以下章节进一步提供了有关复合材料的各种问题和/或具体现象的设计细节。

7.5.1 弹性特性

在初步设计阶段,这些特性需要设定总目标以提供合理的载荷路径。零件详细设计中,零件的弹性特性被相应修正,这是因加载路径的修正、补充的弹性设计要求,如非结构刚度要求(脚踏和手动载荷,接头和舱门的间隙/密封等)等所致。

7.5.2 层压板设计考虑的因素

多年来已形成了用于复合材料层压结构的一些通用的经验设计准则:

● 末端未延伸到零件边缘的铺层应铺在层压板内部(即该层铺在层压板里面,不是在表面),必须搭接连接的构型除外。铺层一般应成对削减,即层压板中面每边各减去一层,最小斜度比应保持在 10∶1。设计师应注意铺层削减对表面外形的影响,例如,在外形下面的台阶处加衬垫会妨碍正常的密封,应当避免。

● 凹形弯角的角度应大于 90°。

● 第 1 层结构削减层的位置应当远离任何配合面(取决于叠加时的公差)。

● 复合材料层压板的最小结构厚度的确定应满足譬如雷击、冲击(跑道砂石、维护、工具掉落等)等突发事件的损伤阻抗要求以及某些设计与制造考虑。

● 外蒙皮所要求增加的防雷击材料铺层,取决于飞机部位、蒙皮厚度以及其他因素。

● 碳纤维复合材料表面和铝合金或其他不同材料接触时,应在接触区铺一层玻璃纤维,以防止电偶腐蚀。

● 如果结构最外层材料是织物,则铺层取向应沿结构主承力方向(通常并不总是±45°)。如果结构最外层材料是单向带,表面层应由 2 层沿主承力方向取向(通常是 1 层+45°,1 层−45°)的单向带组成。

● 零件表面添加碳纤维织物或薄的玻璃纤维织物层以防止因车间操作和加工引起的损伤,减少制孔和修剪操作对单向带层压板造成的开裂。

● 为了避免单向层压板中的基体微裂纹,对增韧型基体树脂,建议限制铺贴在一起的同方向铺层数量,对蒙皮,腹板和腹板缘条:最大厚度 0.85 mm(0.0336 in)(4 层 0.21 mm/单层(0.0084 in/单层)材料或 6 层 0.13 mm/单层(0.0053 in/单层)材料)。

● 为防止承载复合材料结构在与接触零件相对运动时的磨损，应采用耐磨材料。

● 由于材料宽度的限制，一片材料并不总是大到足以制造一个完整的铺层。可能需要用两片或多片材料拼接，形成所需尺寸的铺层。拼接可以按两种方式：对接或搭接。不同方向的材料不能在同一层拼接。

● 由 45°斜纹织物代替传统非斜纹织物进行拼接可以使搭接最小化。45°斜纹织物比非斜纹织物更昂贵，因此，只应在可以增加成本的特殊情况下采用。

复合材料设计中另一个差异较大的因素是接头处厚度公差的调节。如果一个复合材料零件必须安装到两个其他零件之间或者是子结构和外形模线之间，厚度需要特殊公差。复合材料零件厚度是由铺层数量和单层厚度控制的，单层厚度可能因批次而显著不同。当这些材料被铺贴形成层压板时，在其他约束下可能会导致装配的可用空间不匹配。这种误差可以通过加垫片或加入“牺牲”层进行处理(后续加工可能更接近到与名义单层厚度变化一致的公差)。使用垫片使设计受载荷偏心的影响。另一种方法是在装配边缘使用闭合模具，模塑成形达到所需的精确厚度。

7.5.3　热相容性/低热膨胀系数(CTE)

复合材料设计中，由于复合材料轴向的低热膨胀系数(CTE)，必须经常考虑到复合材料和非复合材料零件的热相容性，尤其是碳纤维增强复合材料。通常，通过求出热变形相对于机械应变和/或设计许用应变的比例，单纯的热膨胀系数不匹配的应变计算($\Delta\alpha\Delta T$)结果足以筛选装配，进一步校核是考虑热膨胀系数不匹配对连续长度零件的影响(即使是在一段长度上施加不大的热应变，也可能对螺栓连接或胶接连接处产生较大的诱发力)。一个较好的原则是限制连续碳纤维/环氧树脂与铝合金的螺栓连接长度小于 152 mm(5 ft)，除非进行了热与载荷联合的计算。

7.5.4　复合材料/金属界面

碳纤维增强结构与铝合金构件或结构接触，很容易发生金属材料的电偶腐蚀。通过使用密封剂、涂料和玻璃纤维隔离层，可以使这种腐蚀减至最小(但并不是永远消除)。使用兼容的金属紧固件(如钛合金或不锈钢)和骨架(如钛合金)是消除该电偶作用的唯一可靠途径。关于这个问题的更多细节参见 CMH-17 第 3 卷第 2 章、第 3 章和第 14 章。

7.5.5　保障设计

关于这个问题的更多细节参见 CMH-17 第 3 卷第 14 章。

7.5.6　连接设计

本节分为机械紧固件连接和胶接连接两部分。

7.5.6.1　机械紧固件连接

成功的连接设计依赖于对潜在失效模式的了解。失效模式取决于给定材料的连接几何尺寸和层压板铺层。紧固件的类型也可能对某种特定失效模式的发生起作用。不同的材料会给出不同的失效模式。

当螺栓直径 D 与连接板宽度 w 之比足够大时，会产生净截面拉伸/压缩失效。最成功的设计是，这个比值 D/w 大于或等于四分之一，对于采用碳纤维/环氧树脂体系铺贴的准各向同性层压板，D/e 应小于或等于三分之一。

螺栓太靠近层压板边缘 e 时，发生剪切和剪切分层失效。只有当出现局部净截面拉伸或挤压失效时，才可能引发这样的失效。D/t 的比值应为 0.75 到 1.25(其中 t 是层压板厚度)。

在某些情况下，螺栓弯曲变形后，螺栓头可能被拉穿透层压板。这种失效模式常见于沉头紧固件，并与使用的具体紧固件密切相关。

挤压强度是接头几何尺寸、紧固件和元件刚度的函数。对于 0°铺层为 20%～40%，±45°铺层为 40%～60%，90°铺层不少于 10%的 0°/±45°/90°层压板族，挤压强度是相对恒定的。紧固件的夹持力和头部构型对挤压强度都有显著影响。然而，对于特定的层压板族和特定的紧固件，在被连接元件厚度相等时，影响最大的参数是 D/t。复合材料连接发生挤压失效时所要求的 D/w 和 D/e 应小于金属连接的 D/w 和 D/e。

由于复合材料连接强度受连接区周围旁路载荷的影响，其强度特性不同于金属。在两个或两个以上的紧固件沿直线排列并通过连接件传递载荷时，就会出现这种情况。因为不是所有的载荷都通过紧固件传递，有一部分载荷是通过旁路传递的。一旦旁路载荷与紧固件挤压载荷之比超过 20%，旁路效应就会突出。第 11 章中有关于螺栓连接设计实践的更多指南是可用的。

钛合金紧固件是碳纤维复合材料机械连接最常用的，这是因为钛合金在因不同材料产生的电偶环境中不腐蚀。钛的电位更接近碳。

关于这个问题的更多细节可以参见 CMH－17 第 3 卷第 2 章和第 11 章。

7.5.6.2　胶接连接

关于这个问题的更多细节可以参见 CMH－17 第 3 卷第 2 章和第 10 章。另外，以下分段详述了特殊的胶接连接设计/质量控制问题。此问题与胶接前的使用剥离层制备二次胶接表面有关。

7.5.6.2.1　与复合材料表面剥离层胶接连接有关的问题

关于纤维复合材料层压板的胶黏剂连接有两种考虑。一种考虑很容易做到，采用类似低压喷砂这样的机械打磨，因为只有这样，与完全干燥层压板打磨表面的胶接才不会提前失效。另一种考虑是允许与剥去剥离层后形成的表面直接胶接，可以要求也可以不要求干燥，其理由是这样具有“适当”的初始强度，尽管有一些连接在使用中过早地失效。同样重要的是，目前的超声波检测技术不能够分辨哪些胶接连接在使用中会失效，哪些不会失效。此外，大多数随炉试样代表不了与其经受相同固化条件的相近的大型零件，因此，它的力学试验也往往难以识别出胶接缺陷，必须依赖于在 100%时间内都可依赖的工艺控制技术，同时在把工艺用于生产之前应通过全面的证实。

设想有一个通过剥去剥离层后形成的表面，这个表面随后作为被胶黏剂连接的一部分。由此形成的胶接结合可以通过所有的检测；然而，在层压板和胶黏剂之间的界面处有可能提前失效。不同于未完全固化情况，所有的胶层提前破坏都出现在胶层和层压板树脂之间的界面处。对于完好的胶接结构，其失效既可以发生在连接区外，也可以发生胶层之间的内聚破坏，或者发生在纤维表面和胶层之间的树脂基体层间。未固化的胶黏剂和预固化的层压板胶接时，或者是未固化的预浸料与用于稳定蜂窝芯材以及与此类似的已固化胶膜一起固化时，就可能会发生提前失效。

以下几种用剥离层处理表面的方式无法获得可靠耐久的胶层。

- 涂覆有脱模剂（也称脱模布）的剥离层，在剥去剥离层时脱模剂会转移到固化后的层压板上。

- 剥离层的纤维表面必须具有足够的惰性，在该层被剥去时不会损伤层压板。剥离层剥去后留在层压板（或胶层）上的纹沟会保留足够的惰性表面，随后进入到该表面的树脂难以黏附。黏附力需要更高的清洁度，表面张力也是个关键因素。界面缺乏内聚力时，胶接连接只能依赖于机械锁紧，因为其抗剥离能力要比抗剪切能力弱得多。

- 层压板中剥离层的表面由无数尖锐边缘隔开的短纹沟组成，在这里，剥离层中长丝之间的树脂在剥离层被剥去时发生断裂。胶黏剂或层压板中的水分可能残留在这些纹沟内。如果这些水分不能在胶黏剂固化（或与薄面板共固化）时消除，就会发现残留的水分将形成华而不实的胶接，在失效后用显微镜可以观察到这种情况。

应当指出，后两种机理没有任何污染。

几十年来，在一个飞机公司的工艺规范中，要求任何被胶接的剥离层表面首先必须彻底打磨，以消除剥离层所有的织物网纹痕迹。可以认为，当凹槽之间不存在隆起时，除非零件太大、太不通风，水分可以在固化期间转变成蒸汽被排除。满足这些要求后，在那些胶接前进行喷砂处理的二次胶接复合材料结构中，该飞机公司还未出现过脱胶。对剥离层表面未打磨（或只有磨砂）的胶接，则得不到同样的结果。对不同型号的飞机，有两种情况产生的脱胶被追溯出是由于脱模剂从涂硅剥离层转移至胶接表面所致，目前在所有文件中已全面禁止使用这种涂硅剥离层，而不仅仅是被批准的材料清单。

对于另一种机型，剥离层表面上的界面失效似乎是预胶接水分影响的结果，确切的原因尚待确定。工艺鉴定期间，由供应商提供的测试平板的意外事件揭示了胶膜冷凝的后果（这卷胶膜在之前的使用后，送回冷藏间时没有进行妥善密封）。虽然搭接剪切的数值似乎是可以接受的，但是树脂和胶黏剂之间绝对没有胶接。对表面的显微镜检验清晰显示了在两侧表面上留有完整的剥离层织物网纹，所有的纹沟表面如玻璃一样光滑，所有的树脂都在一个表面上，所有的胶黏剂都在另一个表面上。然而，在与比名义厚度(3.12 mm(0.123 in))略厚、相同的单向碳纤维/环氧树脂胶接时，采用同样未剥去剥离层表面和同样的胶黏剂胶接，达到金属与金属胶接的相同强度水平(40 MPa(6000 psi)左右)，出现胶接内聚破坏。而与标准厚度的复合材料胶接，只能达到该强度的一半，因为表面纤维和胶层之间的树脂出现剥离破坏，剩余的树脂明显地覆盖了两个表面。尽管限制零件制造到将其胶接到一起所需的时间，如果超过时间限制，则要求所有的被粘物在胶接之前必须彻底干燥，就可以使出现这个问题的可能性降到最低。精心安排就可以避免这种额外的干燥步骤。另一个复合材料结构供应商采用向表面喷粗砂的方法，也达到了同样高强度的胶接内聚破坏，此单向层压板的厚度为 2 mm(0.080 in)。

在考虑胶层胶接强度时需要注意的是，试件试验证实的是工艺而非零件本身。因此，不要求试件与实际零件相像。事实上，一个设计正确的胶接连接结构，胶层不会首先失效。因此，使用与零件“相似”的试验件，并就与零件应力有关的承受载荷的“能力”进行充分的评估，还不足以保证胶接复合材料结构的完整性。这个问题很复杂，因为，只有单向带层压板才有可能产生足够的载荷使高强度胶黏剂胶接发生内聚破坏。因此，只有这样的试件才可以保证要证实的零件已经完全胶接。然而，在由织物层压板制造的真实零件中，与施加载荷成 90°方向的纤维束的破坏，在达到胶接强度之前就引起了层间失效。

在所有情况下，在试验件和相似失效的零件上目视可见这样一种状态，有胶接缺陷的失效显示出的是，所有树脂在一侧，所有胶黏剂在另一侧的界面失效，同时，在这两个表面上留有清晰的剥离层网纹。

7.5.7　损伤阻抗/损伤容限

与这个问题有关的更多细节可以参见 CMH-17 第 3 卷第 12 章和第 13 章。

7.5.8　耐久性

与这个问题有关的更多细节可以参见 CMH-17 第 3 卷第 12 章和第 13 章。

7.5.9　雷击

这一部分留待以后补充。

7.6　优化

与这个问题有关的更多细节可以参见本章后的参考文献 7.6(a)至 7.6(e)。

7.7　经验教训

如表 7.7(a)～表 7.7(m)所示。

表 7.7(a)　设计与分析

经验教训	理由或后果
A-1　并行工程，由设计师、应力分析、材料和工艺、制造、质量控制、后勤保障工程师(可靠性、维护性和生存性)以及成本估算师组成的团队联合、并行地研制新产品或新系统，现已成为公认的设计方法	为了提高质量和性能，并降低复杂系统的研制和生产成本
A-2　通常，设计成大型的共固化/共胶接组合件。但是，大型组合件必须考虑搬运和修理问题	由于减少零件数量和装配时间而降低了成本。但是，如果装配还需要考虑制造的复杂因素(物流，模具)，则可能提高成本
A-3　结构设计和相关的模具应能允许由于不可避免的设计载荷增大而造成的设计变更	为了避免修修补补的增强和类似的在最后一刻的失败
A-4　材料的选择应在对结构性能、环境、成本、进度和风险要求的全面评估基础上进行	材料类型对性能特性以及生产性等因素有重大影响
A-5　只有通过比较研究表明可行(降低制造成本)时，才应使用单向织物和双向织物。如果可行，可将织物用于45°层或0°/90°层	织物的强度和刚度性能有所降低，其预浸料成本高于预浸单向带。对复杂形状的制件可能需要使用织物，而某些制件可能需要利用织物的铺覆性
A-6　只要有可能，配合面应是模具表面，以便保持尺寸控制。若不可能，则应使用液体垫片补偿，如果间隙较大，也可联合使用预固化垫片和液体垫片进行补偿	为了避免将邻接面强迫到位时产生额外的面外载荷。超过0.13mm(0.005in)的间隙可能需要进行验证试验
A-7　只要有可能，零件厚度不应是一个决定性的/受控要素	厚度容差是铺层数量的函数，与每一层厚度的变化相关。批次间的厚度变化可以达到±10%
A-8　必须在接触面处使用胶层和/或薄的玻璃纤维层，将碳纤维与铝合金或钢隔离	碳和铝或钢之间的电化学反应会引起金属腐蚀
A-9　设计时必须考虑制造和使用时结构的可检性。如果没有可靠的检测方法，设计复合材料结构时必须假定存在大的缺陷或损伤尺寸	如果结构容易检查，发现问题的机会就要大得多
A-10　在进行有限元分析(FEA)时，在开口附近、蒙皮铺层削减和加筋条削减处的高应力梯度区，必须采用较细密的网格	不恰当的确定或处理不连续区附近的应力，会引起提前破坏
A-11　只要有可能，就要消除或降低应力集中	通常(纤维控制的)复合材料层压板到破坏以前一直呈线性。材料不会出现局部屈服和应力重新分配，因而应力集中降低了层压板的静强度

（续表）

经验教训	理由或后果
A-12 应避免或尽量减少会产生剥离应力的设计状态，例如过分突然的层压板收边或弯曲刚度相差悬殊（即 $EI_1 \gg EI_2$）的共固化结构	剥离应力在层压板的面外方向，因此是在最薄弱的方向
A-13 只要充分考虑了所有其他可能破坏模式，允许薄复合材料层压板出现结构屈曲。一般情况下，要避免厚层压板的失稳	用后屈曲设计有可能得到明显的减重
A-14 在很多情况下，把90°和45°层放在外表面可改善屈曲许用值。要把45°层放在对层压板局部屈曲最危险的外表面	增加结构的承载能力
A-15 增加局部铺层时，要保持均衡和对称。铺层应加在同一方向的连续层之间。外表面层应是连续的	尽量减少翘曲和层间剪切，提高铺层强度。连续表面层可尽量减少对铺层边缘的损伤，并有助于防止分层
A-16 决不能在紧固件分布区终止铺层	减少对骨架的仿形要求；避免制孔引起的分层；提高挤压强度
A-17 铺层顺序应当相对于层压板中面为均衡对称；任何不可避免的非均衡或非对称的铺层应放在层压板中面附近	避免固化后的翘曲，降低残余应力，消除“耦合”应力
A-18 只要可能，就采用纤维控制的层压板。对多数主要承载结构，推荐使用[0°/±45°/90°]取向的铺层；在每个方向上，最少应当铺设10%的纤维	纤维承载，树脂相对较弱。这会尽量减少基体和刚度的退化
A-19 对于承受多种载荷情况的层压板，不要只对最严重的载荷情况进行优化	只对单一载荷情况进行优化会使得其他载荷情况下树脂或基体应力过大
A-20 如果结构采用机械方式连接，任何方向的纤维超过40%都是不妥当的	层压板的挤压强度会受到不利影响
A-21 尽可能保持分散的铺层顺序，并避免成组铺叠相似的层。如果必须成组铺叠，应当避免4层以上的同向铺层叠在一起	增加强度并尽量减少分层趋势；得到较均衡的层压板；尽量减少层间应力；尽量减少使用中和使用后的基体微裂纹
A-22 如果可能，避免将90°层成组铺设。用0°或±45°层将90°层分开，其中0°是主要承载方向	最大限度地减小层间应力和正应力，尽量减少多重横向断裂；尽量减少成组的基体控制层
A-23 层压板中 $\pm\theta°$（例如±45°）的成对或分开铺设涉及两个相矛盾的要求；层压板结构应尽可能降低层间的层间剪切应力，并减少弯-扭耦合	将 $\pm\theta°$ 分开能降低层间的层间剪切应力，在层压板中将 $\pm\theta°$ 成组放在一起能减少弯-扭耦合
A-24 每个层压板表面最少要铺放一组±45°层；织物一层就足够	尽量减少制孔时的碎片，保护基本承载层，提高冲击损伤阻抗
A-25 避免铺层的突然终止；每次铺层递减数尽量不应超过2层；减掉的层在层压板中不应彼此相邻	铺层递减会引起应力集中和载荷路径的偏心，厚度的过渡会引起纤维的皱折并在受载时可能引起分层。削减不相邻的层能减小其他铺层的折曲

（续表）

经验教训	理由或后果
A-26　在主要载荷方向，在最小间距 5.1 mm (0.2 in) 内，单向带每次削减厚度不应超过 0.25 mm(0.01 in)，织物每次削减厚度不应超过 0.38 mm(0.15 in)；如果可能，递减的铺层应相对层压板中面对称，且把长度最短的层放在最靠近层压板外表面的部位。递减铺层的定位容差应为 1 mm(0.04 in)	最大限度地减小引入铺层递减产生层间剪应力的载荷。有助于获得光滑外形；尽量减小应力集中
A-27　蒙皮铺层递减不应跨越梁、肋或框凸缘	提供较佳的传力路线和零件之间的装配条件
A-28　在载荷引入区，应当在中面两侧铺设同等数量的+45°和-45°层	均衡对称成对的±45°层，对载荷引入点通常出现的面内剪切载荷有最强的抗力
A-29　铺贴时，连续层不应沿垂直载荷的方向拼接	在载荷路径上出现薄弱环节
A-30　铺设时，如果铺层的拼接被至少 4 层任意方向的铺层分开，连续层可以沿与载荷平行的方向进行拼接	消除了在铺层拼接处出现薄弱环节的可能性
A-31　如果隔开同一方向各铺层拼接点的其他方向铺层的层数少于 4 层，则拼接点至少必须交错 15 mm(0.6 in)	最大限度地减少在铺层拼接处出现的薄弱环节
A-32　在拼接处，不允许铺层与铺层搭接；拼接间隙不应超过 2 mm(0.08 in)	铺层会出现架桥间隙，但必须在搭接处拼接

表 7.7(b)　夹层结构设计

经验教训	理由或后果
B-1　夹层结构薄面板的设计应使人员在搬运和维护零件时引起的损伤减到最少	薄蒙皮蜂窝结构非常容易因粗暴操作产生损伤
B-2　夹层结构设计时，尽可能避免在层压板蜂窝夹层结构的夹芯一侧进行装配	尽可能减少对蜂窝夹芯的机械加工
B-3　夹芯边缘的倒角不应超过 20°(以水平面为基准；大的角度可能要求夹芯稳定性，柔性夹芯比刚性夹芯更敏感	防止夹芯在固化周期内塌陷
B-4　复合材料夹层结构中，只能使用非金属或耐腐蚀金属蜂窝夹芯，或泡沫夹芯	防止夹芯腐蚀，特别是采用碳纤维复合材料薄面板时
B-5　选择蜂窝夹芯密度时，应满足其热压罐胶接或共固化时所承受固化温度和压力的强度要求。对非行走表面，夹芯密度的最小值为 50 kg/m^3 (3.1 pcf)①	防止夹芯压塌

① 原文错为 50 g/m^3。

（续表）

经验教训	理由或后果
B-6　对用作行走表面的夹层结构，推荐使用的夹芯密度为 98 kg/m³(6.1 lb/ft³)①	在密度为 50 kg/m³(3.1 lb/ft³)的夹芯上行走时，鞋后跟会导致夹层结构表面损伤
B-7　对共固化夹层结构组件，不要使用芯格尺寸大于 4.8 mm(3/16 in)的蜂窝夹芯(优先选用 3.2 mm(1/8 in)的芯格)	防止薄面板出现凹坑
B-8　当需要在螺栓孔周围等处充填蜂窝夹芯时，应采用经批准的充填剂，充填范围距螺栓中心不小于 $2D$	防止安装螺栓时出现夹芯压塌和可能的层压板损伤
B-9　在芯子收边(边缘斜削)处的内模线上应额外加 2 层胶膜；胶膜长度从内蒙皮和斜坡交界处向上边缘应不小于 15 mm(0.6 in)，从这点到边缘带的距离不小于 5 mm(0.2 in)	固化压力会使内蒙皮在该区域引起"架桥"，从而在胶层(蒙皮和夹芯胶接)中产生空隙 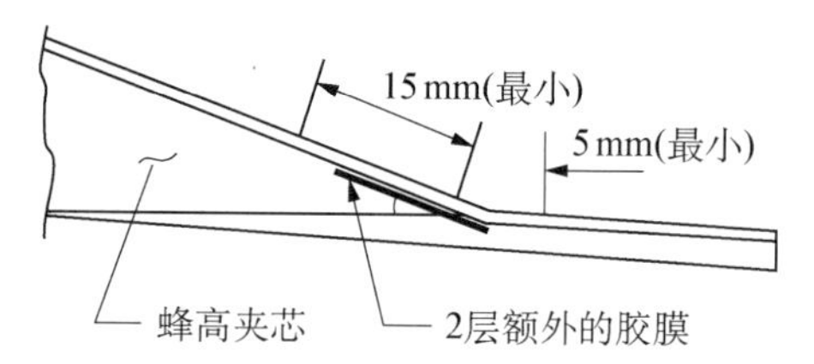
B-10　必须按预期的用途、环境、可检性、可修理性和用户能否接受这几方面，仔细地评定蜂窝夹层结构的应用	薄蒙皮蜂窝结构易于受到冲击损伤、结冰/融化循环引起的水分侵入，并且很难修理
B-11　在需要进行重要结构连接的所有范围内，夹层结构应逐渐变尖形成实心层压板	提高结构连接效率，降低需要在安装紧固件处充填蜂窝时所灌注的重量
B-12　夹层结构板周边应逐渐变尖形成实心层压板，形成一个边缘带	防止水分进入夹芯以及薄面板和夹芯间的胶层
B-13　设计夹层结构薄面板时，应至少具有 3 层复合材料，包括隔离膜	防止允许水分进入夹芯以及薄面板和夹芯间的胶层后引起微裂纹

表 7.7(c)　螺栓连接

经验教训	理由或后果
C-1　首先设计连接，然后扩展到基本结构	首先对"基本"结构进行优化，兼顾连接设计，会使总的结构效率比较低
C-2　连接分析应包括用垫片填补间隙到图样允许的限制尺寸的影响	用垫片填补间隙可能降低连接强度
C-3　螺栓连接设计要考虑容纳下一级较大的紧固件尺寸	要容许常规的维护修理大纲和修理工作
C-4　螺栓连接强度随纤维分布中 0°层百分数的变化，远小于无缺口层压板的强度	应力集中系数 K_t 与 0°层密切相关

① 原文错为 98 g/m³。

(续表)

经 验 教 训	理由或后果
C-5　最佳的单排螺栓连接强度大约是最佳四排连接强度的四分之三	最佳单排连接的工作挤压应力高于最佳多排连接中受载最高的一排
C-6　复合材料螺栓连接设计中常见的错误是采用的螺栓太少,间距过大,螺栓直径太小	不要使层压板强度达到最高
C-7　连接设计通常并不由紧固件的额定剪切强度控制	螺栓直径通常是由不超过层压板许用挤压应力的要求所控制
C-8　螺栓孔周围的环向峰值拉伸应力大致等于平均挤压应力	要保持层压板的高拉伸强度,就要求保持层压板的低挤压应力
C-9　应控制螺栓的最大拧紧力矩值,特别是对大直径紧固件	避免压损复合材料
C-10　复合材料中的螺栓弯曲比金属中的更重要	(对给定的载荷)复合材料要更厚些,并(由于其脆性破坏模式)对非均匀挤压应力更敏感
C-11　多排螺栓连接的最佳 W/d 比随连接长度而变。第一排的 $W/d=5$ 传载最小,最后一排的 $W/d=3$ 传载最大,对中间螺栓 $W/d=4$	使连接强度最高
C-12　紧固件应用密封剂或胶黏剂进行湿装配	避免水分渗入到复合材料。减少在含有碳纤维的复合材料处紧固件的电偶腐蚀
C-13　螺栓连接中,应在碳纤维/环氧树脂壁板与铝合金的接触面使用一层玻璃纤维或Kevlar(至少 0.13 mm(0.005 in)厚)或带织物载体的胶黏剂	避免铝合金的电偶腐蚀
C-14　应该仔细分析螺栓应力,特别是对允许的制造参数的影响,例如孔的垂直度(±10°)、填隙垫片、松配合孔	螺栓失效日益成为当前高强度复合材料应用的"薄弱环节"
C-15　螺栓连接试验数据库应包括所有允许的全方位的设计特性	确定破坏模式保持一致,并确定设计参数间没有不利的相互作用影响
C-16　设计数据库应该足以在设计所允许的全部范围内,证实所有的分析方法是有效的	为了适当地验证分析精度
C-17　机械连接试验数据库应包含有关耐久性问题的信息,如夹紧、界面之间的磨损和孔的伸长。也需要评定制造中允许的异常,如孔的质量、边缘光洁度和纤维撕裂	实际存在的问题会影响强度和耐久性
C-18　使用防止零件背面纤维撕裂的制孔方法	不适当的背面支持方法或制孔方法会损伤背面的表面层
C-19　螺栓连接中搭接板的应力应低于蒙皮的应力,以防止分层	由于螺栓弯曲,搭接板所受的夹紧要小于夹在中间的蒙皮
C-20　最好的螺栓连接强度刚好能超过无缺口层压板强度的一半	强度降是由紧固件孔周围的应力集中引起的

（续表）

经验教训	理由或后果
C-21 螺栓连接中传载有效的层压板百分比：0°＝30%～50%；±45°＝40%～60%；90°＝至少10%	挤压和旁路强度的最佳范围
C-22 螺栓连接复合材料，锪窝深度不应超过层压板厚度的70%	锪窝过深会使挤压性能退化，并增加孔的磨损
C-23 紧固件端距和间距：在主载荷方向采用端距3.0D；采用边距2.5D＋0.06（D是紧固件直径）	连接强度最高
C-24 对螺栓连接中的非结构填隙垫片使用要求是，相接触零件之间的间隙不应超过0.8mm(0.03in)	过大的加垫间隙引起螺栓的过度弯曲、非均匀挤压应力和载荷路线的偏心
C-25 对螺栓连接，任何超过0.13mm(0.005in)的间隙都应加垫片	使由夹紧引起的层间应力最小
C-26 在阳极化铝骨架外面的碳纤维/环氧树脂口盖上使用"定位成形"的垫圈，要求密封厚度至少为0.25mm±0.13mm(0.010in±0.005in)	防止铝合金的腐蚀
C-27 对碳纤维增强复合材料，只使用钛合金、A286、PH13-8 MO、蒙乃尔合金或PH17-4不锈钢紧固件	防止电偶腐蚀
C-28 不要锤击复合材料结构中的铆钉	锤击力能使层压板产生损伤
C-29 在复合材料结构设计允许采用干涉配合紧固件之前，应仔细核实	如果在装配干涉配合紧固件之前，不装上松配合的衬套，会使层压板产生损伤
C-30 必须评估和控制复合材料主结构连接紧固件与孔的尺寸公差	紧配合的紧固件促使单个紧固件孔中产生均匀的挤压应力，在多紧固件连接中容易得到合适的载荷分配
C-31 如在尾部一侧使用垫圈，可以采用压铆	垫圈有助于保护孔
C-32 当与复合材料骨架进行盲连接时，采用盲侧大底角紧固件	通过锁紧紧固件的环套，防止对复合材料骨架产生损伤
C-33 对大多数复合材料应用情况，最好使用抗拉头紧固件。抗剪头紧固件只可用在应力许可的特殊结构	抗剪头紧固件没有足够大的底角，不能防止紧固件在高剪切载荷下的旋转和弯曲
C-34 避免紧固件螺纹处于层压板内并受挤压	紧固件螺纹能使层压板出现沟槽或损伤
C-35 复合材料螺栓搭接连接应该采用斜削的搭接板，逐排对载荷传递进行剪裁，使最危险一排的挤压应力最小	等厚度元件之间的多排螺栓连接，会在最外排的紧固件处出现峰值挤压载荷

表 7.7(d)　胶接连接

经验教训	理由或后果
D-1　受载较小的薄复合材料结构广泛采用胶黏剂胶接连接方式，对较厚、受载较大的结构只能采用机械紧固件连接方式(厚度大于 6.4 mm(0.25 in))	降低成本；减少复合材料结构零件的钉孔数。通过消除为紧固件锪窝和为提高挤压强度所需的增强，达到减重
D-2　决不能使胶接设计成为结构中的薄弱环节。胶接接头应该总是强于所胶接的元件	使结构强度最高。胶接可能作为薄弱环节合并，也可能因局部缺陷而突然撕开
D-3　厚胶接结构需要复杂的阶梯搭接连接来获得足够的效果	大载荷需要很多台阶来传递载荷，并保证胶黏剂提供胶接强度
D-4　预先考虑到要通过降低应变水平(最大典型值 3 000 $\mu\varepsilon$～4 000 $\mu\varepsilon$，但取决于材料/设计。)来对厚的结构进行螺栓连接修理	除了一次性使用和用后抛弃的情况外，对厚的结构采用胶接修理是不实际的
D-5　对导弹和无人机等无需进行修理的情况，即使对厚的复合材料结构，也可采用胶接来获得极高的结构效率	传递载荷时不必制出紧固件孔
D-6　适当的表面处理是“必须”的。谨防“清洗”的溶剂和剥离层，因为其中一些含有污染物。机械打磨更可靠。选择的工艺需要通过试验来确认	保持连接强度与被胶接表面的状态密切相关
D-7　在进行胶接修理前，必须使层压板保持干燥	在修理时对层压板加热，会使任何存在的水分变成蒸汽并引起水泡
D-8　被胶接件的搭接不得低于规定的最小尺寸	胶接连接耐久性的关键是一些胶层必须是低应力，以抵抗蠕变
D-9　胶接搭接在湿/热环境条件下通常会改变尺寸	高温和潮湿会使胶黏剂的强度和刚度发生退化
D-10　胶接连接强度在寒冷环境下也会退化，此时胶黏剂呈脆性	胶的脆性限制了连接强度
D-11　胶接搭接的斜削端应以 1∶10 的斜率减至 0.51 mm(0.020 in)的最大厚度	尽可能降低会引起提前破坏的剥离应力
D-12　复合材料胶接连接设计必须使面外应力最小	胶黏剂工作最好受剪切，剥离很弱且不可预测，但复合材料的层间张力更弱
D-13　(对接近准各向同性的碳纤维复合材料)简单、等厚度胶接搭接是很简单的设计：对双剪连接采用搭接长度 30 t，对单搭接连接采用搭接长度 80 t，对斜面连接采用 1∶50 的斜率	提供一种具有良好强度性能的胶接连接
D-14　设计厚结构的阶梯搭接连接时，要采用非线性分析程序	阶梯搭接连接具有复杂的应力状态；具有非线性的胶黏剂特性
D-15　用厚的胶接件试样来充分表征胶层特性，得到完整的非线性剪切应力-应变曲线	这种试验为分析连接的剪切极限强度提供了丰富的数据
D-16　对受高载的胶接连接，最好采用共固化、多台阶、双侧搭接形式	非常有效的连接设计

(续表)

经验教训	理由或后果
D-17[①] 最好使用韧性胶黏剂,而不是脆性胶黏剂	韧性胶黏剂有更好的适应能力
D-18 大面积胶接最好使用胶膜,而不是糊状胶	提供更均匀的胶缝,较容易控制固化期间胶黏剂的流动
D-19 均衡的被胶接件的刚度可提高胶接连接强度	降低剥离应力
D-20 尽量减小胶接连接的偏心	降低剥离应力
D-21 胶接连接设计时,采用热膨胀系数相近的被胶接件	降低残余应力
D-22 保证胶接连接结构是100%目视可检的	提高可靠性和置信度。需要强调工艺控制

表 7.7(e) 复合材料与金属的搭接连接

经验教训	理由或后果
E-1 金属与复合材料胶接连接:钛合金最好,合金钢是可接受的,不推荐使用铝合金	尽量减少热膨胀系数的差异
E-2 在复合材料与金属胶接接头中,阶梯形搭接连接优于斜面搭接连接	配合好,强度较高
E-3 只要有可能,应将45°层(主载荷方向)放置在与胶缝相邻处;0°层也是可以接受的。决不能将90°层与胶缝相邻,除非它也是主载荷方向	尽量减小胶缝与承载层间的距离。防止表面层因"滚筒"机理出现的破坏
E-4 对复合材料与金属的阶梯搭接连接,端部台阶的金属厚度应该不小于0.76mm(0.030in),台阶不长于9.5mm(0.375in)	防止端部台阶的金属破坏
E-5 在复合材料与金属的阶梯搭接连接中,如果可能,应将±45°层铺放在阶梯台阶的第一层和最后一层	降低端部台阶处的层间剪应力峰值
E-6 在复合材料与金属的阶梯搭接连接中,如果可能,在任何一个台阶上,不要终止2层以上的0°层(最大厚度不大于0.36mm(0.014in))。对在最后一个台阶终止的0°层(最长的0°层),采用锯齿状的边缘是有益的	降低每一个台阶和连接端部的应力集中
E-7 在复合材料与金属的阶梯搭接连接中,应该用非结构楔形件或90°层紧贴在金属被粘物的第一个台阶(即顶端)处	降低传力路线中断的值
E-8 胶接连接中应避免拉伸应力和剥离应力	胶接强度最小的方向

① F版有D-17,G版删除,因此,改原文编号——译者注。

表 7.7(f)　复合材料与金属的连续连接

经验教训	理由或后果
F-1　除了耐腐蚀铝蜂窝夹芯和受载较小的次结构外，应避免碳纤维复合材料与铝合金结构的胶接连接	由于碳纤维复合材料和铝合金之间的热膨胀系数差异大，会产生高的层间剪应力

表 7.7(g)　复合材料与复合材料的斜削连接

经验教训	理由或后果
G-1　对于复合材料胶接连接，除了薄结构的修理外，首选搭接连接而不是斜削连接	搭接连接强度较斜削连接强度高
G-2　如果存在配合问题，最好采用共固化连接而不是预固化连接，其次是胶接连接	对配合容差不太敏感
G-3　对预固化的复合材料零件，最好采用机械加工成的斜面而不是铺叠成的斜面	为了改善配合
G-4　应该按照保障性要求评定大型共固化组合件的使用问题	减少了铺贴和装配时间，但增加了返修成本
G-5　对厚层压板，斜削胶接修理是不可接受的	斜削比要求使胶接修理无法实现

表 7.7(h)　材料和工艺

经验教训	理由或后果
H-1　复合材料的选材是结构研制、制造和保障性的基础	选择的材料会影响的一些关键因素，如零件将如何制造、检测和组装，以前的数据/经验有多少是可用的
H-2　复合材料选材必须基于充分的分析，并在整个过程的早期进行	不同材料有不同的优点。对于特定的用途，应选择最能满足其应用需求的材料
H-3　聚酰亚胺基复合材料应该考虑其电解退化问题。这不需要考虑金属零件的存在	某些这类材料会在盐水中发生电解腐蚀
H-4　净树脂(即“零吸胶”)预浸料与吸胶预浸料体系相比，能在降低成本的情况下提高质量	最大限度地减少/消除固化过程中预浸料的溢胶量，降低树脂含量的变异性，并减少铺贴时间以及与溢胶有关的材料
H-5　复合材料的应用必须在材料的湿态玻璃化转变温度 T_g 和结构最高使用温度之间保持一定的裕度(通常为 28℃(50℉)以上)	防止材料在其性能大幅度降低和分散性很大的环境中工作

表 7.7(i) 制造和装配

经验教训	理由或后果
I-1 高度整体共固化/共胶接结构对重量和成本是有效的，但加重了模具设计的负担	整体复合材料结构取消了零件和紧固件。但是，制造用模具很复杂，并对部件质量有很大影响
I-2 必须严格控制机械加工/制孔，包括进给量、转速、润滑及刀具更换	背面纤维撕裂和分层是主要问题。复合材料与金属重叠时的制孔必须避免金属碎片划伤复合材料；如果在复合材料与金属重叠制孔时，高度方向性的层压板容易出现沟槽
I-3 对于固化后的层压板，高压水切割修边是非常成功的。附加细金刚砂(例如，石榴石砂)的水流允许切割很厚的材料。但是，必须证实满足边缘质量和容差的能力	在许多类型材料切割中，能非常迅速地形成整齐而光滑的边缘，对芳纶纤维复合材料尤其有用
I-4 必须考虑砂纸打磨/修整时引起的面外损伤，切削/刀具旋转方向必须与层压板平面同	如果不认真控制，这些操作往往会在层压板最弱的方向(即，通过厚度)产生作用力
I-5① 铺贴间的温度/湿度直接影响到预浸料的可操作性。不同类型的材料影响不同	黏性和可铺覆性受预浸料温度和湿度的影响
I-6 铺贴员工使用未经许可的护手霜会导致复合材料的大范围孔隙和污染，使用手套可以防止这些风险	一些护手霜含有会产生污染物的成分
I-7 铺层定位和压实用的熨斗和热风机必须经过标定	避免过热引起铺层损伤
I-8 在铺贴间采取外来物(FOD)控制是绝对需要的	可能导致层压板内出现外来材料
I-9 在复合材料层压板上手工制孔会引起重大损伤	进给量和转速的精确度比数控设备低，孔的垂直度不好
I-10 铺层的位置公差必须满足设计要求	强度/刚度分析基于与铺层角度和位置有关的假设
I-11 装配夹具必须具有满足装配公差所需尺寸的刚度	复合材料不如金属能承受因装配不良或夹具变形所引起的拉脱应力
I-12 应该用有详图说明的设计文件或手册来补充工程图样和技术条件	复合材料的制造和装配操作往往很复杂，很精细。如果没有很好的说明，工厂不容易执行
I-13 在进行胶接和共固化时应考虑二步法固化工艺	可以缓解诸如夹芯滑移和压碎、蒙皮移动、铺层皱褶等问题。通过制造成更大结构之前的零件检验，降低风险
I-14 对于复合材料结构，紧固件的夹持长度应考虑紧固件区域的实际厚度(包括垫片)	复合材料层压板的厚度变异性明显高于钣金零件或机加零件。紧固件夹持长度过长不能提供合适的夹紧力，夹持长度太短会使螺纹处于挤压或者导致头部成形不当

① F版原有I-5.G版删除，因此，改原文编号——译者注。

（续表）

经验教训	理由或后果
I-15　复合材料结构的公差要求极大影响制造和加工工艺的选取，从而对成本有很大影响	不同的工艺有不同的公差控制
I-16　如果可能，配合表面应该是模具表面	保持最佳的尺寸控制
I-17　必须非常小心地选择/设计用于复合材料制造的模制填角橡胶和橡胶芯。橡胶可以成功地作为增压器用在局部区域，如共固化结构加筋条内侧的圆弧过渡区	橡胶芯模很难取出，易于留作残留物。橡胶不耐磨
I-18　可以通过分析以预计零件从模具中取出后的变形或"回弹"，这一问题也可用修改模具的试凑法来解决。金属模具较复合材料模具更容易出现"回弹"问题	在成形为不同形状的复合材料层压板中积聚着残余应力或固化应力，当结构从模具中取出后，残余应力会释放出来产生"回弹"
I-19　包括模具选材在内的模具设计，必须是复合材料零件整个设计过程中的一个不可或缺的组成部分	模具设计取决于零件尺寸和几何形状、生产速度和数量，还取决于公司的经验
I-20　铝合金模具已经成功地应用于小而平的复合材料零件，但要避免用于大零件和高曲度阴模	模具和零件之间热膨胀系数的不匹配将危及零件的形状或在复合材料零件中留下过多的残余应力。对碳纤维复合材料而言更是如此
I-21　殷钢是制造碳纤维复合材料零件用模具的良好选择	殷钢具有良好的耐久性和低热膨胀系数，但价格昂贵
I-22　对复合材料零件，也可用电铸镍来制造耐用、高质量的模具	比其他选择更昂贵
I-23　钢、殷钢或高温复合材料模具用于固化高温树脂，如聚酰亚胺和双马来酰亚胺	这些树脂在较高温度固化时，会增大与其他材料的热失配性
I-24　硅橡胶模具中的气泡会导致固化后的层压板中出现鼓泡现象	模具不能对层压板提供支持和施加均匀的压力
I-25　树脂含量是控制复合材料零件厚度的基本要素	无法控制树脂的流动会引起富脂和贫脂区域
I-26　制孔过程中，必须在复合材料层压板最靠近孔区域的背面垫有支持物	最大限度地减少背面纤维的崩裂和分层

表 7.7(j)　质量控制

经验教训	理由或后果
J-1　复合材料零件生产过程中要求连续的过程监测和工艺控制	确保批产零件的变异最小
J-2　超声 C 扫描是最常用的复合材料零件无损检测（NDI）技术。也可辅以其他技术，如 X 射线、剪切干涉法和热像法	超声波技术对于检测孔隙率、夹杂、脱胶和分层是很有用的
J-3　复合材料零件的研发计划，需要确定和了解缺陷对零件性能的影响	最大限度地减少生产过程中，维护修理工作的成本

（续表）

经验教训	理由或后果
J-4 在研制阶段，对复杂的复合材料部件进行破坏性的、拆毁检测是不可替代的。在生产阶段，关键零件可能需要进行抽样的破坏性试验	并非所有的差异都可用无损检测（NDI）方法检测出来

表 7.7(k) 试 验

经验教训	理由或后果
K-1 复合材料结构连接试验和损伤容限的验证应包含足够的研究，以对结构细节和尺寸效应进行充分的评估	小的细节和尺寸效应可能对复合材料结构的响应有重大影响。复合材料的损伤容限通常具有尺寸效应；而如果设计合适，螺栓和胶接连接则不会有尺寸效应
K-2 安排得当的试验计划必须包含加速试验方法以确定湿度、温度、冲击损伤等对结构性能的影响，以便在设计阶段对它们进行考虑	对于大多数部件，在全尺寸试验中包含实时的湿度和高温是不现实的，因此，它们必须附加在试样和元件级试验上
K-3 实施全尺寸试验前应进行有限元分析。分析中应准确地模拟试验件、试验夹具的边界条件以及所施加的试验载荷	为了准确地估计试验件内力和破坏预计，同样，试验也可以用来验证设计阶段使用的分析方法
K-4 在材料性能试验数据分析中，复合材料试验样本的材料批次、组分材料的批次、热压罐运行、平板、在板中的位置和技术人员的追溯性是很重要的	如果不能保持和记录完整的追溯性，将难于鉴别产生异常数据点或意外破坏模式的原因。因此，导致原可以合理抛弃的“坏”数据可能仍然被保留下来，从而增加了该数据组不应有的变异性
K-5 对所有的设计/研制或概念验证试验，可以满足要求的仪器是必不可少的。应基于分析结果布置应变片、位移传感器等	对局部破坏模式以及与试验结果分析相关的认识有助于设计过程

表 7.7(l) 验 证

经验教训	理由或后果
L-1 对于复合材料结构设计细节的研究和验证，积木式方法是一种极好的途径	能提高对各种各样的问题和设计细节进行评价的成本效率。试验数据用于双重目的——结构设计和生产质量控制
L-2 部件的鉴定/验证很复杂，因为严酷的设计条件包括湿热环境。通常，采取在大气环境条件下对试验件进行超载试验的方法来实现；或通过分析带有测量应变的试样失效模式来实现，试样的测量应变与次组合件湿热试验有联系	试图对全尺寸试验件进行吸湿或加热试验通常是不切实际的

表 7.7(m) 保障和修理

经验教训	理由或后果
M-1 尽管非常关注复合材料对损伤的敏感性,但使用经历表明良好。应用了重要复合材料结构的多型飞机在使用中还未出现过任何破坏,大多数损伤出现在进行飞机装配或日常使用过程中	现有的复合材料、设计方法、制造工艺和验证程序已足以能够开发出能在预期环境下使用的结构
M-2 位于发动机尾喷口附近的复合材料部件会受到热损伤。目前尚无可接受的无损检测方法能检测基体材料的热损伤	应该对暴露在发动机尾喷口或其他热源区的复合材料部件进行防护或隔离,使其温度降低到可接受的水平
M-3 蜂窝夹层结构的最大问题是水分的侵入。使蜂窝夹层结构有效的稳定的薄蒙皮,也是其易于受损的原因。这些蒙皮很容易受损,于是,水分可以侵入到零件内部	必须明智地使用轻重量的蜂窝结构设计。修理中必须考虑水分侵入夹芯的可能性
M-4 经常要对飞机涂漆和重新涂漆,对复合材料结构除漆必须非常小心地使用溶剂,因为许多溶剂会损伤树脂基体	多用水基漆,并希望用无溶剂的除漆方法 塑料介质喷射(PMB)是解决某些应用的方法
M-5 负责使用维护复合材料结构的人员应该尽快得到与复合材料零件维护修理工作和厂内修理有关的记录	服役中的日常维护检查时,场站维护人员有时能发现缺陷和异常;对有的情况,他们已经能够确定在交付时就存在这种“缺陷”,而且认为是可接受的
M-6 复合材料结构的保障性设计和修理设计必须考虑使用环境	必须考虑使用期间设备、设施和操作人员能力的有效性

参考文献

7.3.1(a) Miracle D, Donaldson S. (Chairs), ASM Handbook Volume 21: Composites [S]. ASM International, Material Park, Ohio, 2001.

7.3.1(b) Baker A, Dutton S, Kelly D. (Editors), Composite Materials for Aircraft Structures [M]. Second Edition, American Institute of Aeronautics and Astronautics, Reston, Virginia, 2004.

7.3.1(c) Daniel I M, Ishai O. Engineering Mechanics of Composite Materials (2nd Ed) [M]. c2006 Oxford University Press, New York.

7.3.1(d) Peters S T. Handbook of Composites (2nd Ed) [M]. c1998 Springer Verlag.

7.3.2 Dave R S, Loos A C. Processing of Composites [M]. © 2000 Hanser Publishers, Cincinnati, OH.

7.6(a) Lerner E. The Application of Practical Optimization Techniques in the Preliminary Structural Design of a Forward-Swept Wing [C]. Collected Papers of the Second International Symposium on Aeroelasticity and Structural Dynamics, DGLR Bericht 85-02 Aachen, West Germany, pp. 381-393, 1985.

7.6(b) Shirk M, Hertz T, Weisshaar T. Aeroelastic Tailoring — Theory, Practice, and

Promise [J]. Journal of Aircraft 1986,23,(1);6 - 18.

7.6(c) Hunten K, Blair M. The Application of the MISTC Framework to Structural Design Optimization [C]. Proceedings 46th AIAA/ASME/ASCE/AHS/ASC Structures, Structural Dynamics and Materials Conference, Austin, Texas, 2005.

7.6(d) Engelstad S, Barker D, Ellsworth C. Optimization Strategies for [a] Horizontal Stabilator [C]. Proceedings 44th AIAA/ASME/ASCE/AHS/ASC Structures, Structural Dynamics and Materials Conference, Norfolk, VA, 2003.

7.6(e) Taylor R, Weisshaar T. Merging Computational Structural Tools into Multidisciplinary Team-Based Design [C]. Proceedings 8th AIAA/USAF/NASA/ISSMO Symposium on Multidisciplinary Analysis and Optimization, Long Beach, CA, 2000.

第 8 章　层压板分析

8.1　引言

本章概括介绍复合材料层压板的分析方法，参照相关资料，主要讨论了单层中纤维和基体的细观力学分析方法、单层性能、层压板分析、层压板性能与施加在层压板上的载荷引起的单层应力和应变等。还详细介绍了复合材料强度预估，因为这一问题在其他教科书中介绍得不够充分，特别是对航空工业的实际应用。

定义和讨论了几种无缺口和带缺口的破坏理论，着重考虑如何根据各单层性能预估层压板的性能，也包括层间应力和失效预测。

本手册还讨论了其他的分析，包括结构稳定性(第 9 章)、胶接接头(第 10 章)、螺接接头(第 11 章)、疲劳和损伤容限(第 12 章)、修理和夹层结构(第 6 卷)等。

8.2　单层的基本性能和细观力学

连续纤维增强复合材料由嵌入在基体中成行排列的纤维组成。其物理性能是纤维和基体的物理性能和体积含量的函数，或许还与纤维分布的统计参数有关。一般来说，纤维横剖面为圆形或椭圆形，直径大小变化很小。显然，单向纤维复合材料是各向异性的，因沿纤维方向的性能与沿纤维横向的性能差别很大。

计算应力和应变时要用到的性能有：

- 弹性性能。
- 黏弹性性能——静力和动力的黏弹性性能。
- 热膨胀系数。
- 湿膨(泡)胀系数。
- 热传导性。
- 湿扩散率。

细观力学研究的是复合材料组分性能与复合材料宏观有效性能之间的关系。通过分析，可依据每种组分体积比和纤维及基体的性能来确定单向(单层)复合材料的有效性能，这些分析的推导可在参考文献 8.2(a)和(b)中找到。

8.2.1 假设

对单层性能作了如下假设。

8.2.1.1 材料的均质性假设

按定义,复合材料是由不同组分组成的多相材料。其力学分析是根据材料为均质的假设进行的。这种明显的差异可按细观和宏观尺度的均质性加以解决。细观上讲,复合材料的确属多相材料,然而,按宏观上度量,它却显示出均质性,进行试验测试时,呈均质响应,故在对复合材料作分析时,可以采用根据平均应力和平均应变表示的有效性能。

8.2.1.2 材料的正交各向异性假设

正交各向异性是把材料的力学性能表示为方向函数之变量。单层板因其0°和90°方向上的性能差别最大而呈正交各向异性。如果一种材料是正交各向异性的,它就存在(性能)对称面,其力学性能可由四个独立的面内弹性常数和五个独立的面外弹性常数表征。

8.2.1.3 材料的线性假设

有些复合材料呈非线性,其非线性的程度取决于其本身性能、测试试件的类型及试验环境。为了简化分析,通常把复合材料的应力-应变曲线假设成线性的。

8.2.1.4 残余应力

固化后引起的残余应变。通常假设与残余应变相对应的残余应力对复合材料的刚度及其应变的均匀性没有影响。

8.2.2 纤维(增强)复合材料:应力-应变性能

8.2.2.1 弹性性能

材料的弹性性能是其刚度的度量,是确定其受载时的变形所必需的数据。复合材料刚度由纤维提供,基体的作用是在纤维间传递载荷和防止纤维产生侧向挠曲变形。工程应用中必须确定的弹性性能是:沿纤维方向的杨氏弹性模量、纤维横向杨氏弹性模量、沿纤维的剪切模量、纤维面内横向剪切模量以及泊松比。

这些性能可由简单的分析表达式确定。因为在方程中要输入细观水平上的纤维和基体性能(不同于单层或层压板水平),属于典型的细观力学关系。参考文献8.2.2.1给出了计算单层弹性性能的详细方程式,但因缺乏精确的纤维和基体性能及适用的计算单层性能的细观力学方程,航宇工业部门通常不采用单层性能的计算值而由试验直接测量单层性能。

8.2.2.2 黏弹性性能

材料性能随时间变化的最简单表述是线性黏弹性。所有塑料黏弹性性质表现为它既有类固态的材料性能如弹性、强度和稳定形态,也表现出类液态的材料性能,其流动性依赖于时间、温度、加载速率和大小。在应力作用下既有黏性又有弹性响应的材料称为黏弹性材料。

树脂的黏弹性特性主要出现在受剪时,对于各向同性的应力和应变情况,可忽

略黏弹性，这意味着下面的弹性应力-应变关系

$$\sigma_{11} + \sigma_{22} + \sigma_{33} = 3K(\varepsilon_{11} + \varepsilon_{22} + \varepsilon_{33}) \qquad (8.2.2.2(a))$$

对于树脂仍是正确的，其中 K 为三维容积模量。当树脂试件承受不随时间改变的剪应变 γ_{12}^0 时，维持该剪应变所需要的应力为

$$\sigma_{12}(t) = G(t)\gamma_{12}^0 \qquad (8.2.2.2(b))$$

式中：$G(t)$ 可定义为剪切松弛模量。当试件承受不随时间改变的剪应力 σ_{12}^0 时，所引起的剪应变为

$$\gamma_{12}(t) = g(t)\sigma_{12}^0 \qquad (8.2.2.2(c))$$

式中：$g(t)$ 可定义为剪切蠕变柔度。

树脂基体的所有黏弹性性能，如蠕变和松弛函数（模量）都很受温度的影响。如果温度已知，用该温度下的基体性能，通过本节的方法可求得在此温度不变情况下所有的结果。高温时，基体的黏弹性可能变成非线性的。当然，确定非线性性能的分析要比线性问题困难得多（见文献 8.2.2.2(d) 中线弹性情况）。

有关复合材料典型黏弹性响应的详细介绍可见文献 8.2.2.1，由于难于获得准确的黏弹性特性和相应分析方法的难度，航宇工业部门通常避免在设计情况中考虑黏弹性影响。典型的做法是确保由纤维承受主要的结构载荷及选择在设计和使用环境中合适的材料。

8.2.3　纤维（增强）复合材料：物理性能

8.2.3.1　热膨胀和湿膨（泡）胀

在 8.2.2.1 节中只讨论了与作用外载荷和变形有关的复合材料弹性性能，温度变化和吸湿也会引起变形，这是两种相似的现象。在自由体中，温度改变会产生热应变，吸湿时会产生湿膨胀应变。定量表征这种现象的相关物理参数是热膨胀系数和湿膨（泡）胀系数。

纤维的热膨胀系数比树脂基体小得多。玻璃纤维的热膨胀系数为 5.0×10^{-6} m/(m·℃)（2.8×10^{-6} in/(in·℉)），而典型的环氧树脂为 54×10^{-6} m/(m·℃)（30×10^{-6} in/(in·℉)）。碳纤维和石墨纤维热膨胀时呈各向异性，沿纤维方向的热膨胀系数极其小，其量级为 $\pm0.9\times10^{-6}$ m/(m·℃)。计算热膨胀应力时必须知道各层的热膨胀系数。参考文献 8.2.2.2 给出了由各种组分纤维和基体的膨胀系数及其弹性性能确定复合材料膨胀系数的方法。

层压板吸湿时，发生与加热时相似的现象，纤维的湿膨胀系数同样也比基体小得多。由于层压板中各层不能自由膨胀因而就产生了内应力。如果已知单向纤维复合材料的湿膨胀系数，就可以计算这种湿膨胀应力。

当树脂基复合材料置于湿环境中时，基体将开始吸湿，实用中大多数纤维的吸湿量是可以忽略的，唯独芳纶当其暴露在高湿度环境下时，吸湿量很大。然而，芳

纶/环氧复合材料的总吸湿量与其他的环氧复合材料相比也许并不十分大。

8.2.3.2 热传导和湿扩散

热传导的分析与湿扩散、电传导、绝缘以及磁性等的分析有许多相似之处。因为这类传导问题都由类似的方程控制(描述),其分析结果可适用于这些方面的每一个问题。参考文献 8.2.2.1 给出了计算这些性能的方程。

8.2.4 厚板复合材料三维单层性能

见第 15 章厚板复合材料。

8.3 层压板刚度分析

8.3.1 层压板理论

推导层压板应力和变形的方法,主要根据板的厚度比板的平面尺寸小得多这一事实进行。单层的典型厚度值范围在 0.13～0.25 mm 之间,因此,常用的 8～50 层的层压板一般仍为薄板,故可按通常的薄板理论作简化分析。

在各向同性薄板的分析中,习惯上将面内载荷和弯曲载荷分别处理。采用平面应力的弹性理论描述面内载荷情况,采用经典的板弯曲理论描述弯曲载荷情况。对于对称层压板来说,由于这两种载荷不耦合,故可以分别处理,当两种载荷同时作用时则可将分析结果进行叠加。

薄板理论的经典假设为:

(1) 板厚比板的平面尺寸小得多。

(2) 不计板表面形状的改变。

(3) 垂直于未变形板面的法线仍垂直于变形后的板面。

(4) 板的法向挠度沿板厚不变。

(5) 忽略垂直于板面方向的应力。

由上述假设,层压板理论分析按下面步骤进行:

(1) 建立层压板中每一个单层面内应力刚度矩阵。

(2) 把单层面内应力刚度矩阵转换成层压板主坐标系的刚度矩阵。

(3) 把已转换的各单层面内应力刚度沿厚度积分得到层压板刚度矩阵。

(4) 刚度矩阵求逆得到层压板柔度矩阵。

(5) 层压板柔度矩阵乘合力和合力矩矢量得到中面应变和曲率矢量。

(6) 由中面应变和曲率计算层压板主坐标系内每个单层中面应变。

(7) 把各单层中面应变转换为该层纤维方向坐标系上的应变。

(8) 单层应变乘单层刚度矩阵得单层应力。

有关这些计算的详细方程可见文献 8.3.1(a)和(b)。

层压板合力与应变(刚度)间的关系可写成:

$$\boldsymbol{N} = \boldsymbol{A}\boldsymbol{\varepsilon}^{\circ} + \boldsymbol{B}\boldsymbol{\kappa} \tag{8.3.1(a)}$$

$$\boldsymbol{M} = \boldsymbol{B}\boldsymbol{\varepsilon}^{\circ} + \boldsymbol{D}\boldsymbol{\kappa} \tag{8.3.1(b)}$$

式中：$\boldsymbol{N}$ 为载荷合力；$\boldsymbol{M}$ 为力矩；$\boldsymbol{\varepsilon}^{\circ}$为应变；$\boldsymbol{\kappa}$ 为曲率；A_{ij} 为拉伸和剪切刚度矩阵元；B_{ij} 为拉弯耦合刚度矩阵元；D_{ij} 为弯扭耦合刚度矩阵元。

可得出一些有关铺层和铺层顺序(LSS)方面的结论，它们是：

(1) 刚度矩阵元 A_{ij} 与铺层顺序(LSS)无关。对刚度矩阵 $\boldsymbol{ABD}$ 的转置产生柔度矩阵 $\boldsymbol{A}'\boldsymbol{B}'\boldsymbol{D}'$。由载荷和力矩计算应变和曲率时，需要进行这种转置。转置可得出铺层顺序(LSS)和拉/剪柔度间的关系，但是，如果铺层是对称的，就得不出这种关系。

(2) A_{16} 和 A_{26} 不等于零，表示存在拉/剪耦合(即纵向载荷既引起拉伸应变又引起剪应变)。如果铺层是均衡的，A_{16} 和 A_{26} 变为零，消除了拉/剪耦合项。

(3) B_{ij} 不等于零，表示在弯/扭曲率和拉/剪载荷间存在耦合。在大多数实际应用中，习惯上通过选择铺层顺序尽量减小 B_{ij}，来消除这种耦合现象。对称铺层的层压板，所有的 B_{ij} 为零。采用对称层压板设计的原因包括：结构尺寸稳定性的要求(即屈曲、环境因素引起的翘曲等)、结构元件连接处的相容以及 B_{ij} 很大的试件不能做强度许用值试验等。

(4) 一般来说，D_{ij} 的值不为零，且与铺层顺序有很大关系。由柔度矩阵 $\boldsymbol{A}'\boldsymbol{B}'\boldsymbol{D}'$ 中各分量，可以计算板单位宽度上的平均弯曲刚度、扭转刚度和挠曲泊松比。

- $1/D'_{11}$——对 y 轴的弯曲刚度；
- $1/D'_{22}$——对 x 轴的弯曲刚度；
- $1/D'_{66}$——对 x 轴或 y 轴的扭转刚度；
- $-D'_{12}/D'_{11}$——挠曲泊松比。

除了特殊种类的均衡非对称层压板外，在计算中面曲率与力矩间的关系时，都应计及 D'_{16} 和 D'_{26} 项。

(5) D_{16} 和 D_{26} 不为零表示弯/扭耦合，只有当层压板铺层是均衡的，并在相对于板的中面上方的每一个 $+\theta$ 方向的铺层，在距中面等距离的下方有一个相同的(材料和厚度相同的)$-\theta$ 方向的铺层时，层压板的 D_{16} 和 D_{26} 才会变为零。这种层压板不可能是对称的，除非它仅含有 0°和 90°铺层。通过交替布置 $+\theta$ 和 $-\theta$ 层的铺层顺序可以使弯/扭耦合变得最小。对某些气动弹性剪裁情况，要求 D_{16} 和 D_{26} 不为零。

8.3.2　层压板的性能

结构分析中，通常要计算板的弯曲和拉伸刚度，中面应变和曲率与薄膜合力和合力矩之间的关系被用来计算板的弯曲和拉伸刚度。也要考虑铺层方向变量对板性能的影响。除处理机械载荷状态外，尚需了解温度变化对层压板性能的影响。对树脂基复合材料，还需用有效湿膨胀系数描述在高吸湿量下引起的尺寸变化。

8.3.2.1　薄膜应力

对称层压板的 $\boldsymbol{B}$ 矩阵为零，拉伸和弯曲行为不耦合，合应力和中面应变的关系

式变为

$$\boldsymbol{\varepsilon}^{\circ} = \mathbf{A}^{-1}\mathbf{N} = \boldsymbol{a}\mathbf{N} \tag{8.3.2.1(a)}$$

由这个关系弹性常数可写为

$$E_x = \frac{1}{ha_{11}} \qquad G_{xy} = \frac{1}{ha_{66}}$$

$$E_y = \frac{1}{ha_{22}} \qquad \nu_{xy} = -\frac{a_{12}}{a_{11}} \tag{8.3.2.1(b)}$$

式中:h 为层压板厚度。

显然,层压板的弹性性能是铺层方向角的函数。图 8.3.2.1 中列举了铺层角对典型高模量碳/环氧体系层压板性能的影响,各单层以 $\pm\theta$ 方向铺设成均衡对称结构,这种层压板可称之为角铺设层压板。

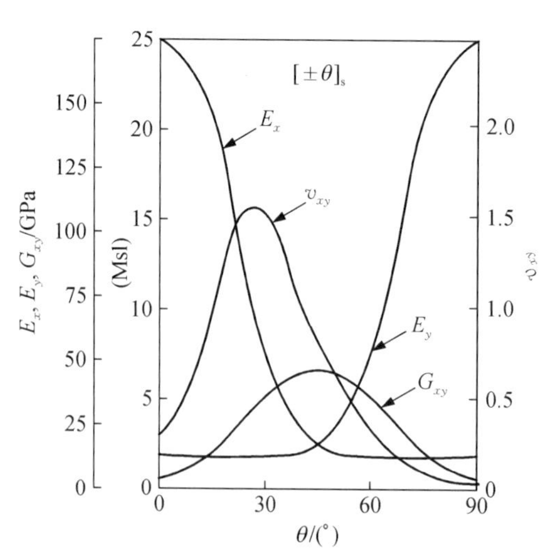

图 8.3.2.1 高模量碳/环氧层压板的弹性模量

在图 8.3.2.1 中,剪切模量和泊松比的变化值得注意,在 0°和 90°,剪切模量值等于单向值,在 45°处突然升高至最大值,45°处的峰值可以用剪切等价于在 45°方向的拉、压载荷的组合状态加以解释。于是,作用在$[\pm 45]_s$ 层压板上的剪力相当于作用在$[0/90]_s$ 层压板上的拉力和压力,因此,纤维取向与载荷方向一致时,层压板有较大的剪切刚度。

泊松比的变化甚至更加引人注意,在本例中,其峰值可大于 1.5,这在各向同性材料中是绝不可能的。在正交各向异性材料中,各向同性约束不成立,泊松比大于 1 是合理和现实的。事实上,由铺层方向约为 30°的单向带构成的层压板具有大的泊松比是典型的。

由于单层铺层角的变化不受限制,可以设想,通过采用许多小而等差值布置各层的铺层角,则可构成一种刚度在面内具有各向同性性能的层压板。铺层为$[0/\pm 60]_s$,层数至少六层的层压板可构成一个对称的准各向同性的层压板。描述准各向同性层压板状态的一般规则是,对称层压板各层之间的角度等于 π/N,N 为大于或等于 3 的一个整数,在每个方向上的层数应相等。对于给定材料的各层,这样构成的所有准各向同性层压板都具有相同的弹性性能,而不管 N 是多少。

准各向同性层压板的面内刚度具有如下各向同性关系

$$E_x = E_y = E_\theta \tag{8.3.2.1(c)}$$

式中:下标 θ 表示任意角度,另外

$$G_{xy} = \frac{E_x}{2(1+\nu_{xy})} \quad (8.3.2.1(d))$$

关于准各向同性层压板,有两点必须要记住,第一点也是最重要的一点是,仅面内弹性性能是各向同性的,而强度性能一般将随方向而改变。第二点是,如表 8.3.2.1(b)中的例子所示,两个相等的模量 $E_x = E_y$,未必表示准各向同性。表 8.3.2.1(b)中的前两个层压板实际上是一样的($[0/90]_s$ 的层压板旋转 45°就是 $[\pm45]_s$ 的层压板)。值得注意的是,这两个层压板的拉伸模量并不相同,而且每个层压板的剪切模量与拉伸模量及泊松比无关。由于这种层压板没有满足 π/N 的关系,因此不是准各向同性的。表中第三个层压板各铺层彼此成 45°,但每种铺层角的铺层数不等,这种层压板也不是准各向同性的。

表 8.3.2.1　几种碳纤维/环氧层压板的弹性性能

	$E_x = E_y$ /GPa(Msi)	υ_{xy}	G_{xy} /GPa(Msi)
$[0°/90°]_s$	92.5(13.4)	0.038	4.5(0.65)
$[\pm45°]_s$	16.4(2.38)	0.829	44.5(6.46)
$[0°/90°\pm45°/-45°/90°/0°]_s$	75.6(11.0)	0.213	17.9(2.59)

8.3.2.2　弯曲

与对拉伸分析一样,已导出了对称层压板弯曲分析的公式。在处理板的弯曲问题中,出现的第一个复杂问题是关于拉伸刚度 A 和弯曲刚度 D 间的关系。复合材料层压板的拉伸刚度和弯曲刚度之间不存在直接的关系,不像均匀材料有如下关系:

$$D = \frac{A(h)^2}{12} \quad (8.3.2.2(a))$$

薄膜刚度 A 与铺层沿板厚方向的位置无关,而对于弯曲刚度,它是铺层距层压板中面距离的三次方的函数,所以,铺层相对于中面的位置是十分关键的。表 8.3.2.2(a)中给出了铺层位置对单位厚度层压板刚度的影响。

表 8.3.2.2(a)　拉伸和弯曲刚度

	$[0/\pm60]_s$	$[\pm60/0]_s$	$[60/0/-60]_s$	均质层压板
A_{11}	7.30×10^{10} (1.05×10^{7})	7.30×10^{10} (1.05×10^{7})	7.30×10^{10} (1.05×10^{7})	7.30×10^{10} (1.05×10^{7})

（续表）

	$[0/\pm 60]_s$	$[\pm 60/0]_s$	$[60/0/-60]_s$	均质层压板
A_{12}	2.38×10^{10} (3.42×10^{6})	2.38×10^{10} (3.42×10^{6})	2.38×10^{10} (3.42×10^{6})	2.38×10^{10} (3.42×10^{6})
A_{22}	7.30×10^{10} (1.05×10^{7})	7.30×10^{10} (1.05×10^{7})	7.30×10^{10} (1.05×10^{7})	7.30×10^{10} (1.05×10^{7})
A_{66}	2.47×10^{10} (3.55×10^{6})	2.47×10^{10} (3.55×10^{6})	2.47×10^{10} (3.55×10^{6})	2.47×10^{10} (3.55×10^{6})
D_{11}	1.08×10^{10} (1.55×10^{6})	2.34×10^{9} (3.36×10^{5})	5.16×10^{9} (7.42×10^{5})	6.09×10^{9} (8.75×10^{5})
D_{12}	1.04×10^{9} (1.50×10^{5})	2.73×10^{9} (3.92×10^{5})	2.17×10^{9} (3.12×10^{5})	1.98×10^{8} (2.85×10^{5})
D_{16}	3.30×10^{8} (4.47×10^{4})	6.61×10^{8} (9.50×10^{4})	9.88×10^{8} (1.42×10^{5})	0.0 (0.0)
D_{22}	3.26×10^{9} (4.69×10^{5})	8.35×10^{9} (1.20×10^{6})	6.67×10^{9} (9.59×10^{5})	6.09×10^{9} (8.75×10^{5})
D_{26}	9.88×10^{8} (1.42×10^{5})	1.95×10^{9} (2.81×10^{5})	2.94×10^{9} (4.22×10^{5})	0.0 (0.0)
D_{66}	1.13×10^{9} (1.63×10^{5})	2.81×10^{9} (4.04×10^{5})	2.25×10^{9} (3.23×10^{5})	2.06×10^{9} (2.96×10^{5})

单位厚度层压板　$[A]$N/m(b/in)，$[D]$N・m(in・lb)

表中所示的三种层压板均为准各向同性的，每一种层压板的薄膜性能是各向同性并且相同。可以看出，单层沿板厚的位置在弯曲刚度中起很大作用。另外，按均匀材料计算的弯曲刚度（见式 8.3.2.2）与按层压板理论计算的弯曲刚度之间没有对应关系。因此，拉伸刚度和弯曲刚度间也不存在简单的关系，必须采用层压板理论分析弯曲性能。表 8.3.2.2(a)中还表明，准各向同性仅是对板的面内刚度而言的。

表 8.3.2.2(a)出现的另一个复杂问题是，存在弯-扭耦合项 D_{16} 和 D_{26}。由于有 $\pm 60°$ 的成对铺层，相应的拉-剪耦合项为零。值得注意的是，弯-扭耦合项与主要的弯曲刚度项 D_{11}，D_{22} 和 D_{66} 有同等量级的大小，弯-扭耦合效应可能较严重。选择恰当的铺层顺序可以降低这种效应。

另一个可说明铺层顺序如何严重影响层压板性能的例子是矩形剖面层压梁的弯曲刚度（h 为层压板厚度），为此，沿梁轴线方向的有效面内模量和有效弯曲模量分别定义为

$$E_x = \frac{1}{A'_{11}h} \tag{8.3.2.2(b)}$$

$$E_x^{b} = \frac{12}{D'_{11}h^3} \tag{8.3.2.2(c)}$$

它们之间的相对偏差为

$$\Delta = \frac{E_x^b - E_x}{E_x} \times 100 \qquad (8.3.2.2(d))$$

用 Δ 给出了铺层顺序对梁的弯曲刚度影响的相对量。假如不存在沿板厚优先铺层顺序的话，随着铺层层数的增加，层压梁的弯曲刚度逐渐接近均匀梁的弯曲刚度。

表 8.3.2.2(b)给出了采用层压板理论对七种不同铺层顺序梁的面内模量和有效弯曲模量的计算值，层压梁有 16 层，碳/环氧材料，为准各向同性铺设*。由于所有的铺设是对称的，故面内模量与铺层顺序无关，面内模量值相等，而弯曲模量有很大变化，这分别取决于 0°铺层是优先铺设在靠近层压梁的表面还是在层压梁的中心轴附近。

表 8.3.2.2(b)　16 层碳/环氧准各向同性层压梁的 7 种不同铺层顺序下的刚度

铺层顺序	面内模量 E_x		弯曲模量 E_x^b		偏差 Δ
	/Msi	/GPa	/Msi	/GPa	/%
[02/(±45)2/902]$_s$	7.67	52.9	12.8	88.2	67
[0/±45/90]2$_s$	7.67	52.9	10.1	69.6	32
[±45/02/±45/902]$_s$	7.67	52.9	7.80	53.8	1.7
[±45/0/90]2$_s$	7.67	52.9	6.51	44.9	−15
[(±45)2/02/902]$_s$	7.67	52.9	4.45	30.7	−42
[(±45)2/902/02]$_s$	7.67	52.9	3.42	23.6	−55
[902/(±45)2/02]$_s$	7.67	52.9	3.25	22.4	−58

T300/934 材料的性能($\nu_f = 0.63$)：$E_{11} = 138\,\text{GPa}(20.0\,\text{Msi})$，$E_{22} = 9.7\,\text{GPa}(1.4\,\text{Msi})$
$G_{12} = 4.5\,\text{GPa}(0.65\,\text{Msi})$，$\nu_{12} = 0.31$，单层厚度 = 0.14 mm(0.0056 in)

一般来说，有效弯曲模量与铺层顺序间的关系可能比表 8.3.2.2(b)中所表示的更复杂。表中的计算是根据基本单层的模量为常数(即线弹性的)的假设做出的，这种假设也许会得不出令人满意的结果，这随材料种类和所要求的计算精度而定。石墨/环氧材料的单层模量，已显示出与环境和应变水平有关，梁弯曲时沿其厚度既有拉又有压应变的分布，因此，用非线弹性的层压板理论计算也许会更合适。

由表 8.3.2.2(b)中例子可见，铺层顺序对层压梁的弯曲模量有显著影响。类似地，可以用计算说明铺层顺序对层压板的弯曲性能有很大影响。然而，结构的抗弯性能更多地依赖于惯性矩，给定几何尺寸结构的抗弯性能，它与惯性矩 I 的关系比与铺层顺序的关系要大，这对于在宇航结构中，选用复合材料加筋板中典型桁条几何尺寸特别有用。

图 8.3.2.2 中用例子说明梁的剖面几何尺寸对弯曲的影响，是如何使铺层顺序对弯曲的影响相形见绌的。图 8.3.2.2 的插图示出了每种工字梁的腹板和凸缘的

* 表 8.3.2.2(b)中采用的铺层顺序仅作举例说明之用，不代表所给例子的最佳铺层顺序。

几何尺寸*，铺层顺序与表 8.3.2.2(b)中的相同。图中纵坐标表示层压梁和均匀梁计算结果的相对百分偏差。如图 8.3.2.2 所示，铺层顺序对工字梁的弯曲刚度 EI 的影响随梁腹板高度的增加迅速衰减。

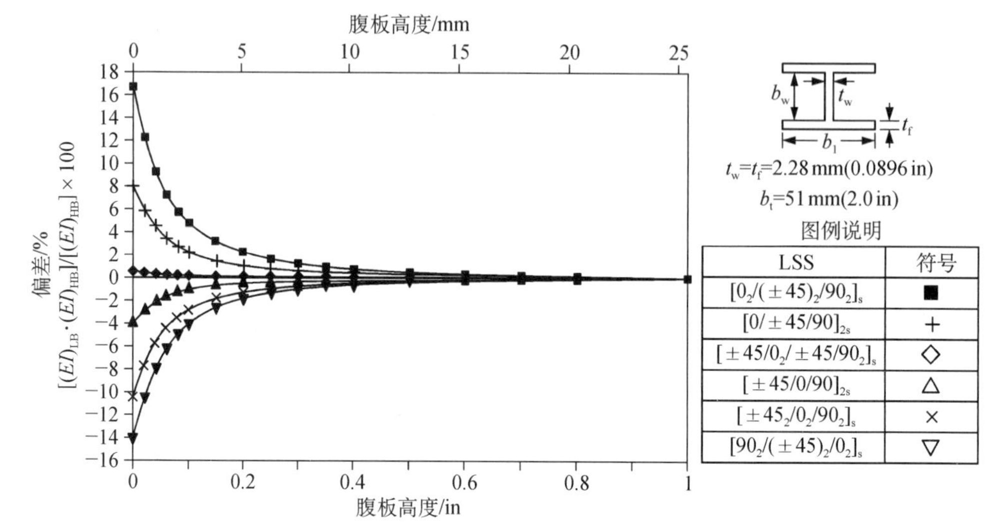

蜂窝梁(HB)：$(EI)_{HB}=E_x[2(b_f t_f^3/12+b_f t_f(b_w+t_f)^2/4)+b_w t_w^3/12]$

层压梁(LB)：$(EI)_{LB}=2[E_x^b b_f t_f^3/12+E_x b_f t_f(b_w+t_f)^2/4]+E_x b_w t_w^3/12$

E_x，E_{xb}列于表 4.3.3.2(b)中。

图 8.3.2.2　梁腹板高度变化时，工字形层压梁和均匀梁的 EI

8.3.2.3　热膨胀

随着复合材料的应用越来越普遍，它承受的机械载荷和环境载荷也越来越严苛。由于高温材料体系的出现，复合材料体系可以使用的温度范围扩大了，必须了解层压板对温度和湿度，以及作用载荷的响应。

参考文献 8.3.1(a)中给出了确定层压板纵向热膨胀系数和热应力的方程，图 8.3.2.3 中所示出的对称角交层压板纵向热膨胀系数的变化情况作例子可说明单层方向角的影响，0°时，α_x 简单地为单层轴向的热膨胀系数；90°时，α_x 为单层横向的热膨胀系数。曲线中一个引人注意的特点是在 30°附近 α_x 为大负值。参照图 8.3.2.1，泊松比的值也在 30°区也出现奇异性。热膨胀系数和泊松比的奇异变化是由于单个薄层中拉-剪耦合大小和符号的变化引起的。

前已给出具有面内各向同性刚度的一类层压板，相似地，也可以指定层压板面内的热膨胀为各向同性的。对热膨胀系数为各向同性的要求比对弹性常数为各向同性的要求要松得多。事实上，任何在两正交方向具有相同热膨胀系数而且剪切热膨胀系数为零的层压板，其热膨胀就是各向同性的。所以，$[0/90]_s$ 和$[\pm 45]_s$ 的层

* 表 8.3.3.2 中采用的铺层顺序仅作举例说明之用，不代表所给例子的最佳铺层顺序。

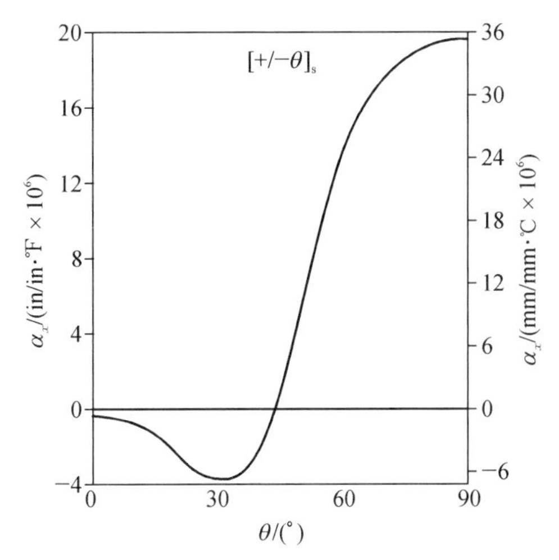

图 8.3.2.3　高模量碳/环氧复合材料的热膨胀系数

压板，虽然它们的弹性刚度不是准各向同性的，但其热膨胀是各向同性的。

8.3.2.4　湿膨胀

湿弹性是指树脂基复合材料中基体向周围环境吸收和散失湿气的现象。湿度的主要影响是使单层的体积发生改变。当铺层吸湿时，它膨胀，当散失湿气时，它就收缩。因此，其影响与热膨胀十分相似。参考文献 8.3.1(a)中给出了确定层压板湿膨胀系数和湿应力的方程。

8.3.2.5　传导

层压板在垂直于板表面方向的传导性(湿或热)与单向纤维复合材料的横向传导性是相同的。由这一事实可得出，所有铺层的法向传导性是相同的，并且不受铺层方向的影响对于某些涉及温度和湿度空间(三维)变化的问题，要求确定面内的传导性。对于给定的均布温度状态的层压板，其 x 和 y 方向的有效热传导系数可由参考文献 8.3.1(a)中处理刚度完全类似的方法求得。

8.3.3　模量值在分析中的应用

为建立应变基础上的强度值计算，在结构分析中经常采用单层均衡模量 E_1 值(见 8.6.2 节)(对织物材料还需单层均衡模量 E_2 值)，均衡模量是室温(21℃(70°F))大气环境(RTA)条件下拉伸模量和压缩模量平均值。在 RTA 条件下均衡模量值几乎用在所有结构分析中，包括有限元分析中的内部载荷、强度裕度计算以及由试验数据计算应变设计值。此外，在实际使用中还包括：

(1) 工作环境下的压缩和剪切模量用于屈曲分析。

(2) 估算真实应变计响应的相关分析。

压缩稳定性(屈曲)分析中，对单向带材料推荐采用工作环境下的压缩模量 E_1 以及 E_2、G_{12} 和 υ_{12}，对织物材料，推荐采用工作环境下的压缩模量 E_1 和 E_2 以及 G_{12}

和 v_{12}。碳/环氧材料的关键环境通常是湿热环境(最低模量)。

碳/环氧材料纤维方向压缩模量常常小于拉伸模量,用压缩模量估算临界屈曲值更准确(保守)。因为碳纤维模量从加载开始直至破坏线性度相当好,用初始线性模量计算稳定性没有显著的偏差,除非在主要加载方向铺设了无纤维层或者在高温条件下(如超过材料玻璃化转变温度 T_g 值),这时模量/应变曲线有明显的非线性。

玻纤材料纤维方向压缩模量有时高于拉伸模量,用均衡模量计算可得到保守的稳定性裕度,但典型情况是玻纤材料模量值随应变水平增大而明显减小,因此稳定性计算时应采用失稳点时的割线模量,需进行迭代分析。

剪切屈曲分析推荐采用工作环境下的均衡模量,剪切加载时+45°方向纤维承受压缩,−45°方向纤维承受拉伸(或反过来)。关键环境通常是湿热环境(最低模量)。从技术上讲,纤维受压时应该用压缩模量,受拉时用拉伸模量,但用均衡模量是可接受的近似处理。

试验相关分析中,为使应变计数据与分析估算相关性更好,也许需要采用与工作应变水平和试验环境相对应的模量值,分析时需提供单层模量应变曲线。

8.3.4　湿热分析

温度和湿度沿板厚的分布会影响层压板的性能,这两种现象的数学描述相同,物理效应也类似。

在不受约束的单层中,温度变化或湿膨胀会引起不产生应力的变形。在层压板中,一个单层的无应力变形会受到相邻单层的约束而产生内应力。除了引起内应力外,温度和吸湿量还会影响材料的性能,这些效应主要涉及基体控制的强度性能。

强度退化主要与基体材料的玻璃化转变温度有关。吸湿时,基体从玻璃态变为黏稠态的温度下降,于是,其高温强度性能随吸湿量增加而下降。有限数据表明这一过程是可逆的,即当复合材料的吸湿量减小时,其玻璃化转变温度增高,并可恢复到材料原来的强度性能。

对于温度升高也可进行同样的分析。当温度升高时,基体、继而单层的强度和刚度下降,而这种效应主要影响基体控制的性能。

参考文献 8.3.1(a)中给出了确定层压板湿膨胀系数与时间相关的方程,这一问题的求解是容易做到的,在吸湿方面已做了相当多的工作(见文献 8.3.4)。求解中最令人关注的项是系数 D_z 的数值。这个系数是对所发生的湿扩散速度的度量,典型的环氧基体系的 D_z 大约为 10^{-8}～10^{-10} cm^2/s 的数量级。树脂基复合材料的湿扩散系数非常小,当它处于相对湿度 100%的环境中时,吸湿达到全饱和状态可能需要几个月甚至几年。

设计中采用的典型办法是假设一种最恶劣的情况。如假设材料处于全饱和状态,则可以计算其减缩许用强度。这是一种保守的办法,因为典型的使用环境达不到全饱和。采用这种办法是因为可以相当简单地考虑吸湿的影响。复合材料手册(HandBook-17)协调小组同意在飞机设计使用中合理的相对湿度上限值为 85%

(见第 1 卷第 2 章 2.2.7 节)。

对于热传导,达到稳定的或与时间无关的状态所需要的时间极少,所以,与时间相关的瞬时状态对于层压板来说,一般没有实际意义。

8.3.4.1　对称层压板

可以通过选择铺层顺序来控制环境对层压板的刚度和尺寸稳定性的影响。当对称层压板处于规定的均匀分布的恒温和恒吸湿量情况下时,这种环境对层压板面内刚度的影响与所选择的铺层方向相对百分数有关。例如,0°铺层为主铺层顺序层压板的纵向模量几乎与环境无关。值得注意的是,提高层压板的一种面内模量的耐环境性时,可能降低其他性能的耐环境性。

层压板的弯曲和扭转刚度既受铺层顺序又受到环境的影响。有较高拉伸或剪切模量的外部铺层组的优先铺层顺序,也会相应地提高层压板的弯曲刚度或扭转刚度。与面内模量一样,弯曲刚度或扭转刚度越高,相应的耐环境性就越好。对层压板耐环境的能力进行优化时,必须考虑环境和铺层顺序的相互影响,对板的纵向弯曲、横向弯曲和扭转作折中选择。

非对称的温度和吸湿量分布对层压板的刚度矩阵 ***ABD*** 中各分量的影响不同,这取决于铺层顺序。一般来说,对于具有对称温度和吸湿量分布的对称层压板,其耦合刚度分量为零,而对于具有非对称温度和吸湿量分布的对称层压板,其耦合刚度分量不为零。这种影响可以很小或很大,取决于铺层顺序、材料类别、板厚和温度/吸湿量梯度变化的程度。

在对称层压板中,相对于其中面出现了不对称的残余应力分布时,将使板产生由环境诱导出的翘曲,这可能是固化过程中沿板厚加热不均匀或晶化不均匀引起的。非对称的温度和吸湿量分布也可能使对称层压板翘曲,这是由于沿板厚的不对称收缩和膨胀引起。

8.3.4.2　非对称层压板

非对称层压板在任何环境条件下(即定常的,对称和非对称温度和湿度分布下)的面内湿热的膨胀与铺层顺序有关(见文献 8.3.4.2(a))。一般来说,非对称层压板都会受环境影响而发生翘曲。

非对称层压板的翘曲与铺层顺序有关,其变形大小是温度和吸湿量的函数。只有在温度分布和吸湿量分布不引起残余应力,或所引起的残余应力是对称分布的情况下,非对称层压板才不会产生翘曲。不引起残余应力的均衡状态可称作无应力条件(见文献 8.3.2(e))。

由于非对称铺层顺序的层压板受温度和湿度影响会产生翘曲,在工程结构中一般尽可能避免使用。业已发现,非对称层压板的翘曲形状与铺层顺序及板厚与面内尺寸的比值有关(见文献 8.3.4.2(c)和(d))。较薄的层压板倾向于产生柱状变形而不是经典层压板理论所预计的马鞍形,采用非线性理论已对这种影响进行了精确的模拟。

8.3.5 厚板复合材料三维单层性能

见第 15 章厚板复合材料。

8.4 层压板面内应力分析

结构分析中，按 8.2 节中定义的任一层压板特性，都能表示成等价的均匀各向异性板元或壳元。分析的结果是确定板表面上任一点的合应力、合力矩、温度和吸湿量。根据这些状态下确定的局部值，就可完成对层压板的分析，即确定在每一种临界设计状态下，层压板各单层中的应力状态和强度裕度。

8.4.1 机械载荷引起的应力

为了确定各单层中的应力，要用到层压板的中面应变和中面曲率矢量。层压板的本构关系可写成

$$\begin{Bmatrix} \boldsymbol{N} \\ \vdots \\ \boldsymbol{M} \end{Bmatrix} = \begin{bmatrix} \boldsymbol{A} & | & \boldsymbol{B} \\ \vdots & | & \vdots \\ \boldsymbol{B} & | & \boldsymbol{D} \end{bmatrix} \begin{Bmatrix} \boldsymbol{\varepsilon}^{\circ} \\ \vdots \\ \boldsymbol{\kappa} \end{Bmatrix} \tag{8.4.1(a)}$$

经简单转换可得出关于 $\boldsymbol{\varepsilon}^{\circ}$和 $\boldsymbol{\kappa}$ 的关系式

$$\begin{Bmatrix} \boldsymbol{\varepsilon}^{\circ} \\ \vdots \\ \boldsymbol{\kappa} \end{Bmatrix} = \begin{bmatrix} \boldsymbol{A} & | & \boldsymbol{B} \\ \vdots & | & \vdots \\ \boldsymbol{B} & | & \boldsymbol{D} \end{bmatrix}^{-1} \begin{Bmatrix} \boldsymbol{N} \\ \vdots \\ \boldsymbol{M} \end{Bmatrix} \tag{8.4.1(b)}$$

当给定中面应变和曲率矢量时，层压板的总应变可写成为

$$\boldsymbol{\varepsilon}_x = \boldsymbol{\varepsilon}^{\circ} + z\boldsymbol{\kappa} \tag{8.4.1(c)}$$

层压板的厚度上任一点的应变现在已由板的中面应变和中面曲率乘以该点到中面的距离之和给出。层压板第 i 层中心的应变场为

$$\boldsymbol{\varepsilon}_x{}^{i} = \boldsymbol{\varepsilon}^{\circ} + \frac{1}{2}\boldsymbol{\kappa}(z^i + z^{i-1}) \tag{8.4.1(d)}$$

式中：$\frac{1}{2}(z^i + z^{i-1})$为中面到第 i 层中心的距离。因此，可以由层压板厚度上的指定点到中面的距离确定该点由曲率引起的应变。

式(8.4.1(c))所确定的应变是相对于层压板的任意坐标系。可采用由下式给出的应力-应变转换，将这些应变转化到沿单层的主方向坐标系：

$$\begin{Bmatrix} \sigma_{xx} \\ \sigma_{yy} \\ \sigma_{xy} \end{Bmatrix} = \begin{bmatrix} m^2 & n^2 & -2mn \\ n^2 & m^2 & 2mn \\ mn & -mn & m^2-n^2 \end{bmatrix} \begin{Bmatrix} \sigma_{11} \\ \sigma_{22} \\ \sigma_{12} \end{Bmatrix} \tag{8.4.1(e)}$$

或

$$\boldsymbol{\sigma}_x = \boldsymbol{\theta}\boldsymbol{\sigma}_l \tag{8.4.1(f)}$$

$$\begin{Bmatrix} \varepsilon_{xx} \\ \varepsilon_{yy} \\ 2\varepsilon_{xy} \end{Bmatrix} = \begin{bmatrix} m^2 & n^2 & -mn \\ n^2 & m^2 & mn \\ 2mn & -2mn & m^2-n^2 \end{bmatrix} \begin{Bmatrix} \varepsilon_{11} \\ \varepsilon_{22} \\ 2\varepsilon_{12} \end{Bmatrix} \tag{8.4.1(g)}$$

或

$$\boldsymbol{\varepsilon}_x = \boldsymbol{\psi}\boldsymbol{\varepsilon}_l \tag{8.4.1(h)}$$

式中：$m=\cos\theta$, $n=\sin\theta$。在此关系式中，下标 x 采用的是层压板坐标的简写形式。

于是有

$$\boldsymbol{\varepsilon}_l{}^i = \boldsymbol{\Psi}^{i-1}\boldsymbol{\varepsilon}_x{}^i \tag{8.4.1(i)}$$

式中上标 i 指某一层，同时也用于指它的铺层角。

由单层主方向坐标系中确定的应变，在同一坐标系中的应力可用单层减缩刚度矩阵表示为

$$\boldsymbol{\sigma}_l{}^i = \boldsymbol{Q}^i\boldsymbol{\varepsilon}_l{}^i \tag{8.4.1(j)}$$

另外，由于每一层的材料可能不相同，转换刚度矩阵必须是针对相应层的。

单层主方向坐标系中的应力也可以不用单层主方向坐标系中的应变确定，采用在层压板坐标系中确定的应变见式(8.4.1(d))和用单层转换刚度矩阵，层压板坐标系中的应力可写为

$$\boldsymbol{\sigma}_x{}^i = \overline{\boldsymbol{Q}}^i\boldsymbol{\varepsilon}_x{}^i \tag{8.4.1(k)}$$

然后，用关系式(8.4.1(f))将应力转换到材料主方向坐标系中去，于是有

$$\boldsymbol{\sigma}_l{}^i = \boldsymbol{\theta}^{i-1}\boldsymbol{\sigma}_x{}^i \tag{8.4.1(l)}$$

回顾这些关系，可以看出对于受面内载荷的对称层压板，其曲率矢量为零。这意味着在层压板坐标系中，每一层的应变是一样的，且等于层压板的中面应变，各层铺层角的不同只在各自的材料主方向坐标系中引起不同的应力和应变场。

8.4.2　由温度和湿度引起的应力

在 8.3.3 节中，讨论了复合材料层压板的热弹性响应方程。曾指出甚至在允许板自由膨胀时，热载也可能在层压板中引起应力。因为层压板中铺设方向不同的各单层间的热膨胀系数不协调会引起这种热应力。无论是前节讲的机械应力，还是热机械应力都要被用来估算层压板的强度。

计算热诱导应力时，要用到热弹性的本构关系，注意到由于热应力的效应，要求 $\boldsymbol{N}=\boldsymbol{M}=0$，这些关系可写为

$$\begin{Bmatrix} 0 \\ \vdots \\ 0 \end{Bmatrix} = \begin{bmatrix} \boldsymbol{A} & | & \boldsymbol{B} \\ \vdots & | & \vdots \\ \boldsymbol{B} & | & \boldsymbol{D} \end{bmatrix} \begin{Bmatrix} \boldsymbol{\varepsilon}^\circ \\ \vdots \\ \boldsymbol{\kappa} \end{Bmatrix} + \begin{Bmatrix} \boldsymbol{N}^{\mathrm{T}} \\ \vdots \\ \boldsymbol{M}^{\mathrm{T}} \end{Bmatrix} \tag{8.4.2(a)}$$

对此关系式求逆，则可得到层压板的自由热应变和曲率矢量，按照前面的处理方法，任一层中的应变场可写成为

$$\boldsymbol{\varepsilon}_x{}^i = \boldsymbol{\varepsilon}^{\circ} + \frac{1}{2}(z^i + z^{i-1})\boldsymbol{\kappa} \tag{8.4.2(b)}$$

在层压板坐标系中的应力为

$$\boldsymbol{\sigma}_x{}^i = \overline{\boldsymbol{Q}}^i\boldsymbol{\varepsilon}_x{}^i - \boldsymbol{\Gamma}_x{}^i\Delta T^i \tag{8.4.2(c)}$$

然后将其转换到材料主方向坐标系，于是

$$\boldsymbol{\sigma}_l{}^i = \boldsymbol{\theta}^{i-1}\boldsymbol{\sigma}_x{}^i \tag{8.4.2(d)}$$

采用把应变直接转换到材料主方向坐标，然后求材料主方向坐标系中应力的方法也可以得到这一应力。

对于处于均匀温度场中的对称层压板，其耦合刚度矩阵 $\boldsymbol{B}$ 和合热力矩矢量 $\boldsymbol{MT}$ 变为零，则

$$\boldsymbol{\varepsilon}^{\circ} = \boldsymbol{\alpha}_x\Delta T \tag{8.4.2(e)}$$

及

$$\boldsymbol{\kappa} = 0 \tag{8.4.2(f)}$$

在这种情况下，各单层在层压板坐标系中的应变相同，其值为

$$\boldsymbol{\varepsilon}_x{}^i = \boldsymbol{\varepsilon}^{\circ} = \boldsymbol{\alpha}_x\Delta T \tag{8.4.2(g)}$$

材料主方向坐标系中的应力为

$$\boldsymbol{\sigma}_x{}^i = \overline{\boldsymbol{Q}}^i(\boldsymbol{\alpha} - \boldsymbol{\alpha}_x{}^i)\Delta T \tag{8.4.2(h)}$$

这些关系式指出了由层压板自由热膨胀引起的应力，与层压板和单层热膨胀矢量之差值间的关系。所以，这些应力与单层的自由膨胀值和层压板允许单层膨胀值之差值成正比。

如果所研究的层压板的热膨胀呈各向同性，上述关系式可以进一步简化。可以看出，对于层压板经受温度均匀变化这类情况，在材料主方向坐标系中，每一个单层的应力都相同，应力矢量为

$$\boldsymbol{\sigma}_l = \frac{E_{11}(\alpha_{22} - \alpha_{11})\Delta T}{1 + 2\nu_{12} + \dfrac{E_{11}}{E_{22}}}\begin{Bmatrix} 1 \\ -1 \\ 0 \end{Bmatrix} \tag{8.4.2(i)}$$

由上式可见，横向应力与纤维向的应力相等，但符号相反。

关于吸湿引起的应力，可以作相似的推导，当用湿膨胀系数 β_1 代替热膨胀系数 α_1 时，可采用本节所有的结果。湿膨胀及其应力分析仅对有尺寸稳定性要求的航天

结构很重要。此外，湿膨胀系数是很难测量的(见第 1 卷第 6 章 6.6.9.2 节)。

8.4.3　网格分析

对于受面内载荷的层压板，有时可采用另一种方法计算它的单层应力。这种方法即是网格分析，顾名思义，它把层压板处理成网格，认为所有的载荷都由纤维承受，基体仅起保持纤维几何位置的作用。

在这种分析模型中，假设载荷仅由纤维承受，则在材料主方向坐标系中的应力-应变关系可表示为

$$\sigma_{11} = E_1 \varepsilon_{11} \tag{8.4.3(a)}$$

或

$$\varepsilon_{11} = \frac{1}{E_1}\sigma_{11} \tag{8.4.3(b)}$$

并且

$$E_2 = G_{12} = \sigma_{22} = \sigma_{12} = 0 \tag{5.3.5.3(c)}$$

由于排除了板的横向和剪切刚度，用网格分析计算的层压板刚度将比用层压板理论计算的小些。对高模量石墨/环氧复合材料的准各向同性层压板，表 8.4.3 给出了两种方法计算的结果。用网格分析预估的刚度性能大约比用层压板理论预估的小 10%。试验结果表明，层压板理论的预估值比网格分析的预估值更符合实际。

表 8.4.3　典型层压板的弹性常数

分析	E_x/GPa(Msi)	E_y/GPa(Msi)	G_{xy}/GPa(Msi)	α_{xy}
层压板理论	64.9　(9.42)	64.9　(9.42)	24.5　(3.55)	0.325
网格分析	57.4　(8.33)	57.4　(8.33)	21.6　(3.13)	0.333

虽然用网格分析方法预估出的刚度值有一定的局限性，但可以用来对带基体损伤的复合材料作近似估计，也可考虑当作对最严重情况的分析，因此，常常用于预估复合材料层压板的极限强度。

8.4.3.1　网格分析在长纤维缠绕压力容器设计中的应用

网格分析是近似分析长纤维缠绕压力容器中环向应力和轴向应力的一种简单办法。这种方法认为结构中引起的应力完全由增强纤维承受，而且所有纤维都处于均匀受拉状态；忽略基体所承受的载荷，基体仅起保持纤维几何位置的作用。网格分析不能用于确定板的弯曲应力、剪切应力或不连续的应力以及板的失稳。用“层”来分析长纤维缠绕压力容器时，容器完全由 $+\alpha$ 和 $-\alpha$ 螺旋形层缠绕，仅有一个单一的 90°环形层。

为了举例说明网格分析的原理，考虑一半径为 R 并受内压 P 的长纤维缠绕压

力容器。假设该容器仅用$\pm\alpha$缠绕角的纤维螺旋缠绕，纤维的许用应力为σ_f，容器壁厚为t_f，图8.4.3.1(a)中示出了作用在$\pm\alpha$螺旋层上沿环向的力，工作载荷N_x为轴向单位长度上的力。

对轴向力求和：

$$N_x = \frac{PR}{2} = \sigma_f t_f \cos^2\alpha \tag{8.4.3.1(a)}$$

求解t_f，则得到承受内压所需要的螺旋纤维层的厚度

$$t_f = \frac{PR}{2\sigma_f \cos^2\alpha} \tag{8.4.3.1(b)}$$

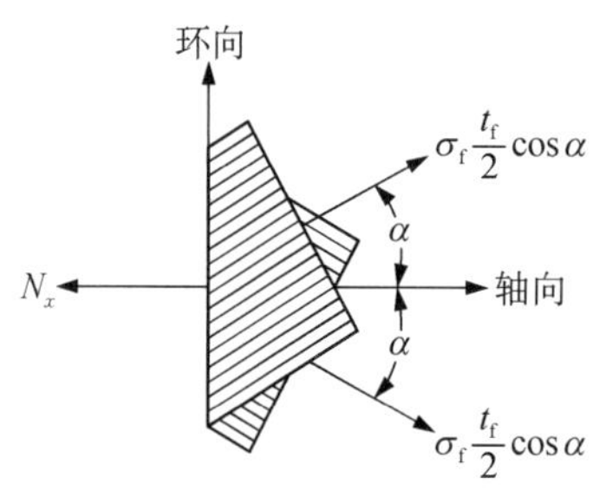

图8.4.3.1(a) 螺旋层元素(轴向)

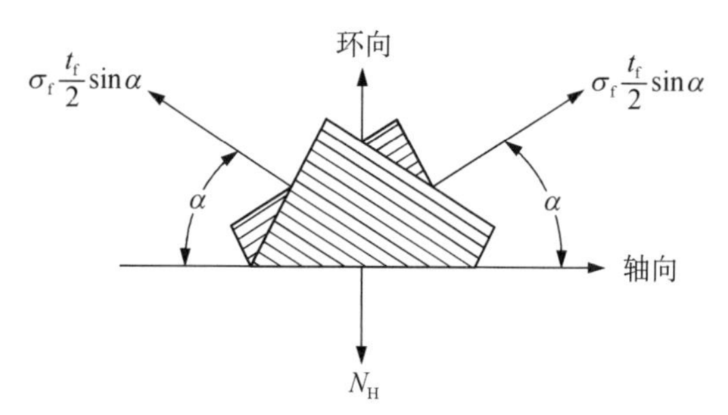

图8.4.3.1(b) 螺旋层元素(环向)

图8.4.3.1(b)中示出了作用在$\pm\alpha$螺旋层上沿环向的力，工作载荷N_h为环向单位长度上的力。

对环向力求和，得

$$N_h = PR = \sigma_f t_f \sin^2\alpha \tag{8.4.3.1(c)}$$

求解t_f，得

$$t_f = \frac{PR}{\sigma_f \sin^2\alpha} \tag{8.4.3.1(d)}$$

将式(8.4.3.1(b))的t_f代入式(8.4.3.1(c))得到$\tan 2\alpha = 2$，则可求出缠绕角$\alpha = \pm 54.7°$，此即仅采用螺旋层的压力容器所要求的缠绕角。

现在来考虑既用螺旋层又用环向层长纤维缠绕的压力容器，此时，螺旋层的缠绕角为$\pm\alpha$，环向层的缠绕角为90°，在图8.4.3.1(a)中示出了作用在$\pm\alpha$螺旋层轴向的力，对轴向力求和，求解t_f，得到式(8.4.3.1(b))，t_f即为承受内压所需的螺旋层的厚度。图8.4.3.1(c)中示出作用在$\pm\alpha$螺旋层和环向层中沿环向的力，对环向力求和，并代入式(8.4.3.1(b))的t_f，则得

$$t_h = \frac{PR}{2\sigma_f}(2 - \tan^2\alpha) \tag{8.4.3.1(e)}$$

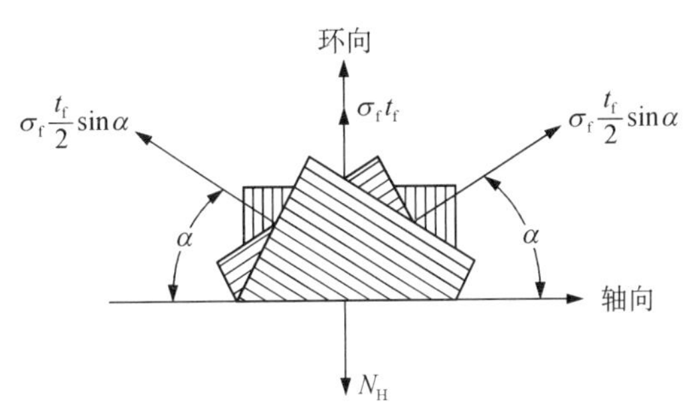

图 8.4.3.1(c)　螺旋层和环向层元素(环向)

式中:t_h 为承受内压时所需要的环向层厚度。

纤维厚 t_f 和纤维的许用应力 σ_f 还可以用如下标准纤维缠绕项表示:缠绕带密度 A 为每英寸带宽的增强纤维量,这里的带宽 W 为当其用作芯轴时增强纤维的宽度。(纤维)束抗拉能力 f 为一束增强纤维的承拉能力,层 L 为承受内压时所需的层数。把这些项代入式(8.4.3.1(b)),求解 L:

$$L_f = \frac{PR}{2Af_{\text{HELIX}}\cos^2\alpha} \qquad (8.4.3.1(f))$$

式中:L_f 为承受内压时所需要的螺旋层的数量。把这些项代入式(8.4.3.1(e)),求解 L,得

$$L_h = \frac{PR}{2Af_{\text{HOOP}}}(2-\tan^2\alpha) \qquad (8.4.3.1(g))$$

式中:L_h 为承受内压时所需要的环向层的数量。

纤维束的抗拉能力(f_{HELIX}和 f_{HOOP})可以由试验确定,标准的做法是,设计和制造出压力容器进行水压爆破试验,令其发生螺旋向或环向破坏。将各设计参数以及水压爆破试验结果代入式(8.4.3.1(f))和式(8.4.3.1(g)),并求解 f,便可得到给定的纤维束沿螺旋方向和环向的承拉能力。

网格分析是对长纤维缠绕的压力容器的环向和轴向应力作近似分析的一种有用方法,并是一种保守的分析方法,因其仅考虑增强纤维的强度。然而,当用试验确定纤维束的抗拉能力时,网格分析不失为一种很好的初步设计方法,因此仍被纤维缠绕工业普遍采用。

8.4.4　非线性应力分析

本章中前述所有涉及铺层的内容都是按线弹性来考虑的,由于内部损伤或基体材料的非线性特性可能使复合材料呈现非线性。基体非线性或微裂纹可能使铺层的横向应力或轴向剪应力的应力-应变曲线呈非线性。当出现这种情况时,8.4.1 节中关于层压板的弹性应力分析必须要用非线性分析代替。文献 8.4.4 中介绍了一种非线性分析的传统方法。

8.5 一般层压板强度估算

层压复合材料有许多种失效机理，在不同级别水平的细观结构中发生，影响了不同载荷条件下的强度，无缺口或无损伤层压板的基本强度远高于存在应力集中和损伤设计条件下的强度（如螺接、孔、胶接等）。尽管存在应力集中敏感性，复合材料层压板最好被认为是准脆性材料，因为它具有一定的应力集中释放机理，既没有玻璃那样的脆性，也不像金属那样的塑性，其响应范围落在上述两个极端情况之间，对损伤有阻抗和容限，导致复杂的失效机理。

复合材料层压板各向异性本质更加重了失效的复杂性，最明显的是面外载荷（层间剪切和法向应力）在厚度方向引起较低的强度。虽然好的设计有助于减小这类应力，但在层压板自由边界、孔和组装结构中常常存在这类面外响应。此外，冲击损伤造成复合材料局部区域分离成若干多层子结构，这种损伤在面内压缩或剪切载荷作用下引起局部屈曲，使载荷重新分配并引起面内和面外的应力集中。

无缺口或无损伤层压板强度是给定试样细结构内固有缺陷和制造瑕疵的函数，对有些载荷情况，在灾难性失效发生前细结构内损伤的累积比固有缺陷和制造瑕疵更危险。虽然原有的、制造的或累积损伤有较低的应力集中，但试样间各不相同，这就造成本质上较大的分散性，而金属材料局部屈服使缺陷或更小尺寸杂质的影响缓和。均匀应力场中，使无损伤层压板发生初始明显损伤的能量常足以引起灾难性的破坏，出现瞬时脆断。含设计细节的复合材料层压板，例如存在孔或螺接时，损伤区较高的局部应力引起失效前局部损伤累积到较大程度。此外，对一些特殊材料，已发现应力释放机理强烈依赖于厚度、铺层顺序、边界效应、载荷条件和其他设计细节，结构尺寸大小、外形和制造过程也有明显影响。

像其他准脆性材料一样，层压复合材料的强度难于由各组分的强度来估算。在许多情况，估算基本层压板（无孔或损伤）强度的方法不同于对带缺陷的试样，此外需要其他一些方法来估算分层起始和增长。因此强烈建议所有用于层压复合材料强度估算的方法必须由试验数据来验证，以量化对前节描述的相关结构的影响。评估已给定设计的复合材料层压板强度最有效方法将随应用条件不同而变化。以充分的结构试验为基础的某些模块式处理方法已被过去实践证明是成功的。

下面讨论复合材料失效模式，随后几节提供估算层压板强度的分析方法。第一节为无缺口层压板强度，不考虑损伤、缺口或其他设计细节（如螺接孔和边界影响等）。作为实例，这一节提供几个在一般面内载荷条件下估算层压板强度的理论。第二节给出了应力集中影响的概貌，包括一些过去已在用的半经验失效准则。第三节介绍分层影响并提供在简单加载条件时对分层影响的讨论。

8.5.1 单层强度和失效模式

材料强度与其组分性能间关系的分析方法研究要比 8.2 节中讨论的有关物理性能的研究薄弱。复合材料的失效很可能起始于某一局部区，受该区域几何尺寸和组分局部性能的影响。这种对于高度可变性的局部特性的依赖关系，使得对复合材料失效机理的分析比对其物理性能的分析复杂得多。

由于复合材料失效过程复杂，采用由试验测得的单向纤维复合材料在单一主应力分量下的强度值，而不采用由其组分性能推导值的做法是符合实际需要的。这也是处理复合材料疲劳破坏的一个实用办法。在复合材料的强度和失效分析中，确定哪些非均匀性是应该考虑的，考虑到什么程度，是不同观点间存在很大差别的原因。对于单向复合材料，已很好地研究了各个组分对失效的影响，得出了对可能的失效机理本质的理解，这个题目在下面各节中讨论。关于失效分析方法的一般问题，将在层压板的强度和失效中作进一步处理。

很明显，纤维复合材料的强度主要取决于载荷作用方向相对于纤维的取向，以及作用载荷是拉伸还是压缩。下面各节讨论在各种主轴加载情况下，复合材料组分性能和失效机理之间的关系。

8.5.1.1　轴向拉伸强度

先进纤维复合材料最吸引人的性能之一是它有很高的拉伸强度。单向纤维复合材料沿纤维方向受拉时，拉伸破坏的最简单模型可以用复合材料在均布轴向应变下的弹性解进行分析。一般来说，破坏时纤维的应变比基体破坏应变低，因此，复合材料的破坏只在达到纤维的破坏应变时发生。于是，复合材料的拉伸强度 F_1^{tu} 为

$$F_1^{tu} = (k)\varepsilon_f^{tu}E_1 = (k)\varepsilon_f^{tu}(V_fE_f + V_mE_m) \tag{8.5.1.1}$$

式中：ε_f^{tu} 为纤维极限拉伸应变；E_1 为单层轴向模量；k 为经验缩减系数；E_f 为纤维轴向模量；E_m 为基体轴向模量；V_f 为纤维体积含量；V_m 为基体体积含量。

这种处理方法存在的一个问题是纤维强度是变化的。目前，大多数高强度纤维的强度都具有非均匀性的特点，各个纤维的强度十分分散。这主要有两个原因，首先，所有的纤维受力不会同时达到最大值；其次，在加载过程中最先断裂的纤维将干扰断裂附近的应力场，引起高的纤维-基体界面剪应力，剪应力通过界面传递载荷，又引起相邻未断裂纤维产生应力集中。

纤维局部断裂时的应力分布可能引起几种破坏形式。剪应力会使裂纹沿界面扩展，如果界面很弱，这种扩展可能延伸，在这种情况下，复合材料的强度与未胶接的纤维束的强度差不多。这种不希望发生的破坏模式可以通过增强纤维-基体界面，或者通过采用柔韧的基体使高剪应力重新分配来加以防止。当胶接强度足以阻止界面破坏时，局部应力集中会引起纤维断裂并向基体扩展，到达并穿过相邻的纤维。另一种情况是，相邻纤维中的应力集中可能引起与之相邻的一个或几个纤维在其间的基体失效之前断裂。如果基体裂纹或纤维断裂继续扩展，复合材料的强度就不会比最弱的纤维的强度高。可以将这种破坏模式定义为“最弱链失效”(weakest link failure)。如果基体和界面性能具有足够的强度和韧性，能够阻止或防止这些破坏现象发生的话，则继续增加的载荷将在材料的其他部位引起新的纤维破坏，产生分散的内部损伤累积。

可以推测,所有这些影响都将在材料破坏之前发生,即局部损伤将沿着纤维方向和垂直于纤维方向扩展,在复合材料内部不同点产生断裂并增长。随载荷增加将产生一个累积的弥散损伤区,直至这个区的损伤累积数足够多,相互影响产生了弱表面时,就引起复合材料拉伸破坏。

识别单向复合材料的各种不同破坏模式可以提供物理上更真实、更简单的失效准则(见文献 8.5.1.1(e))。对聚酯基单向复合材料的试验发现,沿纤维方向的拉应力可引起参差不齐,不规则的破坏断面;而沿表面横向的拉应力,引起的失效表面是光滑和平直的(见图 8.5.1.1(a)和(b))。这是由于横向裂纹使纤维拉伸模式承载能力下降的缘故。而横向应力 σ_{22} 对这类裂纹没有影响,因此,可假设纤维平面拉伸模式仅仅与应力 σ_{11} 有关,或许与 σ_{12} 有关。

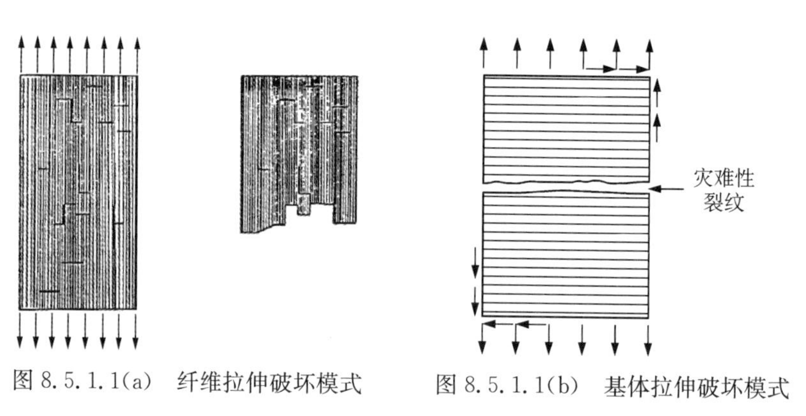

图 8.5.1.1(a) 纤维拉伸破坏模式　　图 8.5.1.1(b) 基体拉伸破坏模式

下面几节将描述复合材料单向板(UDC)在拉伸应力场中几种不同的破坏模式。

8.5.1.1.1 最弱链失效(weakest link failure)

最弱链拉伸失效模式假设灾难性破坏是由一个或少量孤立的纤维发生断裂引起的。发生这种形式破坏时的最低应力就是第一个纤维断裂时的应力,韦伯(Zweben)用统计样本(例如,见文献 8.5.1.1(a))中最弱的元素期望值的表达式来确定第一个纤维断裂时的期望应力(见文献 8.5.1.1(b))。对于真实结构中的实际材料,这样计算得出的最弱链失效的应力非常小,故一般不期望发生这种模式的失效。

8.5.1.1.2 累积弱失效(cumulative weakening failure)

若未发生最弱链失效,复合材料则可以继续承载,随应力增加,复合材料中的纤维将继续发生随机破坏。当纤维破坏时,断裂区附近的应力将重新分配。可将纤维处理为一个多环节的"链",这是合乎断裂是由局部缺陷引起这一假设的,分析中可认为"链"的强度统计分布与沿纤维的缺陷统计分布相当。文献 8.5.1.1.1(a)和文献8.5.1.1.2中给出了有关这个模型的附加补充说明。这种累积弱分析模型没有考虑相邻纤维承受的额外应力或相邻层的影响。

8.5.1.1.3 纤维断裂扩展失效(fiber break propagation failure)

已断纤维对相邻纤维应力变化的影响是很大的,与已断纤维相邻纤维中的载荷集中增加了下一个纤维断裂的可能性，结果又将引起另外纤维的破坏。韦伯(Zweben)研究了这种纤维断裂扩展失效模式(见文献 8.5.1.1.1(b))，他建议把受过载应力的纤维初始断裂发生作为纤维断裂扩展倾向的衡量，于是，可作为这种模式的失效准则。对于小体积材料，虽然这个初始多重失效准则可以给出与试验一致的结果，但是，对大体积的材料，这个准则预估的失效应力却非常低。有关这方面的补充工作可参见文献 8.5.1.1.3(a)。

8.5.1.1.4　累积群组模式失效(cumulative group mode failure)

随着多重失效纤维组的增多，局部轴向剪切应力值增加，可能产生轴向开裂。累积群组模式失效模型(见文献 8.5.1.1.4)中计及了纤维强度变异性、与断裂纤维相邻的纤维中的载荷集中以及能延缓裂纹扩展的基体剪切失效或界面脱粘等的影响。随着复合材料失效处开始的纤维断裂引起应力水平增加，材料中就形成了分布的断裂纤维群组，可以把这种状态当成累积弱模型生成了。在实践中，该模型的复杂性限制了它的应用。

对定量预计拉伸强度，这些模型中的每一个都有严重的局限性，但它们都表明了纤维强度的变异性和基体的应力-应变特性对复合材料拉伸强度的重要性。由于模型的局限性，单层的拉伸强度几乎都是由真实的单向或正交铺设的试件试验来确定的(见第 1 卷第 6 章第 6.8.2 节)。

8.5.1.2　轴向压缩强度

对压缩应力 σ_{11}，典型的失效模式是纤维屈曲。横向应力 σ_{22} 对压缩失效影响很小。对这种压缩纤维模式，失效开始主要依赖于 σ_{11}，而对 σ_{12} 依赖性不清楚，有人同意在失效准则中包含它，有人反对。

对于单向复合材料，必须考虑在平行于纤维方向受轴压时的强度破坏和稳定性破坏。微屈曲是人们提出的一种分析轴压破坏的机理(见文献8.5.1.2(a))。纤维小波长微失稳形式与弹性基础梁的屈曲相似，可以证明，即使脆性材料如玻璃也会发生这种形式的失稳。可以对此种失稳形式单独进行分析(见文献 8.5.1.2(b)和(c))，通常采用能量法计算这种模式的屈曲应力。其做法是，考虑受力达到屈曲载荷的复合材料，把受压时呈直线变形的应变能(伸长模型)与受相同载荷但假设为屈曲变形的应变能(剪切模型)作比较(见图 8.5.1.2)。把纤维和基体应变能的改变与纤维两端作用载荷间距离缩短相关的势能改变进行比较。由应变能改变等于外载在屈曲过程中所做的功可给出失稳条件。

对伸长模型，压缩强度 F_1^{cu} 为

$$F_1^{cu} = 2V_f\sqrt{\frac{V_f E_m E_f}{3(1-V_f)}} \tag{8.5.1.2(a)}$$

对剪切模型，压缩强度为

$$F_1^{cu} = \frac{G_m}{1-V_f} \tag{8.5.1.2(b)}$$

式中：E_f 为纤维轴向模量；E_m 为基体轴向模量；G 为基体剪切模量；V_f 为纤维体积含量。

图 8.5.1.2 中给出了在环氧树脂中埋入 E 玻璃纤维的复合材料压缩强度与纤维体积含量 v_f 的函数曲线。当纤维体积含量为 0.6～0.7 时，玻璃纤维增强塑料压缩强度的数量级为 3200～4100 MPa(460～600 ksi)。对于真实的试样来说，这样大的值是测不到的，而且，这类复合材料要达到 3400 MPa(500 ksi)的强度，要求相对缩短大于 5%。将这一计算用于环氧材料时，这样的缩短将会引起基体材料的有效剪切刚度下降，因为超过了基体的比例极限。因此，对这种分析必须作修正，以考虑基体非弹性变形。作为第一级近似，可以采用减缩模量代替式(8.5.1.2(a))和式(8.5.1.2(b))中的基体模量。更一般的结果可以将基体处理为弹性-全塑性材料得到。对于这种基体材料，可假设失稳由轴向应变的割线值控制。对于剪切模型，由这种假设可得到如下结果(见文献 8.5.1.2(d))：

$$F_1^{cu} = \sqrt{\frac{V_f E_f F^{cpl}}{3(1-V_f)}} \tag{8.5.1.2(c)}$$

式中：F^{cpl} 为基体的屈服应力。

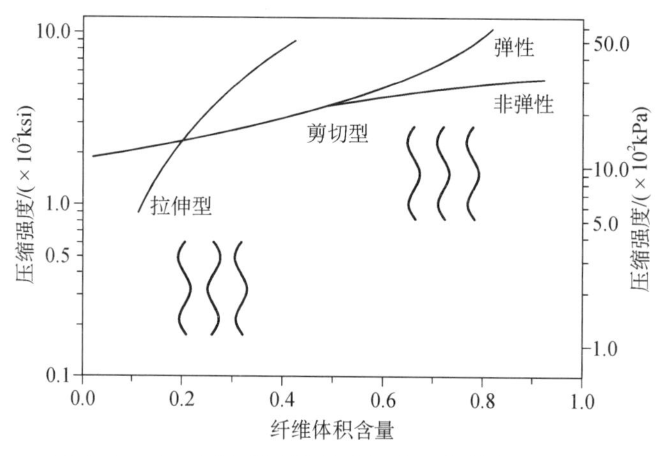

图 8.5.1.2 玻璃纤维增强环氧基复合材料的压缩强度

对于一般占支配地位的剪切型，式 8.5.1.2(b)的弹性解与纤维模量无关，然而硼/环氧复合材料的压缩强度却比玻璃/环氧复合材料大得多。对于这种矛盾的一种解释是，采用较刚硬的硼纤维时基体的应变较小，因而由非弹性效应引起的强度降低就少。因此，由式 8.5.1.2(c)的计算结果为，在基体相同时，硼纤维复合材料的强度与玻璃纤维复合材料的强度之比为$\sqrt{6}$或 2.4。

上面所有的分析结果指出，压缩强度与纤维的直径大小无关。然而，不同直径纤维的复合材料可能有不同的压缩强度，因为大直径纤维，如硼纤维的直径为 0.13mm (0.005 in)，比直径较小的纤维，如玻璃纤维(直径为 0.01 mm(0.0004 in))校直容易些。对于小直径的纤维，如芳纶和碳纤维，局部不平直会引起基体剪应力，使纤维脱黏(胶)，从而降低失稳应力水平(见文献 8.5.1.2(d)和文献 8.2.2.2)。碳纤维和芳

纶是各向异性的，其轴向剪切模量非常低，结果，剪切型的弹性屈曲应力减小为

$$F^{ccr}=\frac{G_m}{1-V_f(1-G_m/G_{lf})} \quad (8.5.1.2(d))$$

式中：G_{lf}为纤维的纵向剪切模量（见文献 8.5.1.2(e)[①]）。纤维剪切模量较高时，这个公式可简化为式(8.5.1.2(b))。

定向聚酯纤维，例如芳纶另一种失效机理为材料表面形成弯折带（见文献 8.5.1.2(e)），它与压应力方向成一特定角度。这种弯折带形式可归因于高度各向异性纤维的微纤化结构和低的纤维剪切强度。由于纤维碎断成为直径非常小的微纤，导致剪切刚度下降，从而降低了压缩强度。

压缩强度分析的结果表明，对于弹性情况，基体的杨氏模量是起主要作用的参数。然而，对于非弹性情况，纤维的模量和基体的强度两者对压缩强度都有限制。对于某些材料，其性能在给定纤维模量下受基体屈服强度的限制。对于另一些材料，可通过提高基体模量来增加压缩强度。

由于压缩强度模型的局限性，单层压缩强度几乎总是由单向或正交铺设层压板试样的实际试验确定（见第 1 卷第 6 章第 6.8.3 节）。

8.5.1.3　基体模式的强度

剩下仍值得关注的破坏模式是横向拉伸和压缩以及基体剪切。对于上述每一种载荷情况，材料破坏时纤维不断，因此可称之为"基体控制"或"基体破坏模式"。这种破坏模式的细观力学分析十分复杂，因为基体中的临界应力状态非常不均匀，而且强力依赖于局部几何尺寸。

对于这种基体控制的破坏，有两种类型剪切应力是值得关注的：①平行于纤维的面内剪切；②垂直于纤维的面内剪切。在第一种情形中，纤维对复合材料的增强作用非常小，故其剪切强度由基体材料的剪切强度决定。在第二种情形中，纤维有一些增强作用，在纤维体积含量很高时，纤维的增强作用可能是大的。重要的是应认识到纤维对平行于纤维的面内剪切不提供阻抗。

剪切失效的分析方法是把单向纤维复合材料看成是由弹性—脆性纤维埋入完全弹性—塑性基体中组成的。对于这种复合材料，可采用塑性力学的界限分析定理（见文献 8.5.1.3(a)和(b)），求得复合材料限制载荷的上界和下界（见文献 8.5.1.3(c)），可把变形不随载荷增加时的屈服应力定义为限制载荷，脆性基体的破坏强度也可由这个限制载荷近似确定。

基体拉伸模式为垂直纤维方向的拉伸（横向拉伸），因沿纤维方向裂纹突然起始和增长而失效，如图 8.5.1.1(b)。纤维方向的应力不影响沿纤维方向裂纹，故其失效模式只与 σ_{22} 和 σ_{12} 有关。

垂直纤维方向的压缩，失效发生在某个平行于纤维的面上，但不一定与 σ_{22} 垂直。基体压缩模式由失效面法向应力和剪切应力控制，与 σ_{11} 无关。

---

① 注：该文献似乎并不合适。

最近一个被工业界知晓的新的计算基体失效的理论，即应变不变量理论(SIFT)已公开出版(见文献 8.5.1.3(d)到(f))。

聚合物中嵌入玻璃或碳纤维的材料有三种可能的失效机理(剪切、脆断或压缩失稳)，上面的理论假设仅有两个机理——因此仅有两个物理特性——来描述有约束的聚合物材料失效的起始，即膨胀和畸变。这两个特征值各自都有普遍适用性，因为它们是固有的材料性质。断裂表面的取向被定义为最大主应变方向，但应变不是材料固有特性，需要引入补充特性以描述损伤的扩展，它们将在后面介绍。

膨胀：表征膨胀(体积增加)失效参数是第一应变不变量 J_1，它是三个应变值简单相加。对于任何三轴正交坐标系，参数值相等。第一应变不变量 J_1 定义为

$$J_1 = \varepsilon_1 + \varepsilon_2 + \varepsilon_3 \tag{8.5.1.3(a)}$$

如果基体的局部体积明显增大，平行于最大主应变方向的平面因开裂而失效。因为大多数纤维——聚合物复合材料在高温下固化，需要考虑残余热应力引起在基体内的细观水平应变，因为基体受纤维约束。方程(8.5.1.3(a))中的应变相对于基体内无(残余)应力状态。

畸变：受约束聚合物的另一个有效强度性能是第二应变偏移量或等效应变的函数(称为 von Mises 剪切应变)，它也是不变量，定义为

$$\varepsilon_{eqv} = \sqrt{[(\varepsilon_1' - \varepsilon_2')^2 + (\varepsilon_2' - \varepsilon_3')^2 + (\varepsilon_3' - \varepsilon_1')^2]/2} \tag{8.5.1.3(b)}$$

式中：ε_i' 是基体内三个主应变，包括残余热应力的当量应变。因为方程(8.5.1.3(b))中三个应变差都为剪切应变，这一不变量表征了聚合物没有任何体积改变时的畸变。

图 8.5.1.3 是两个基体失效准则的三维图，畸变条件表示为无限长圆柱体，膨

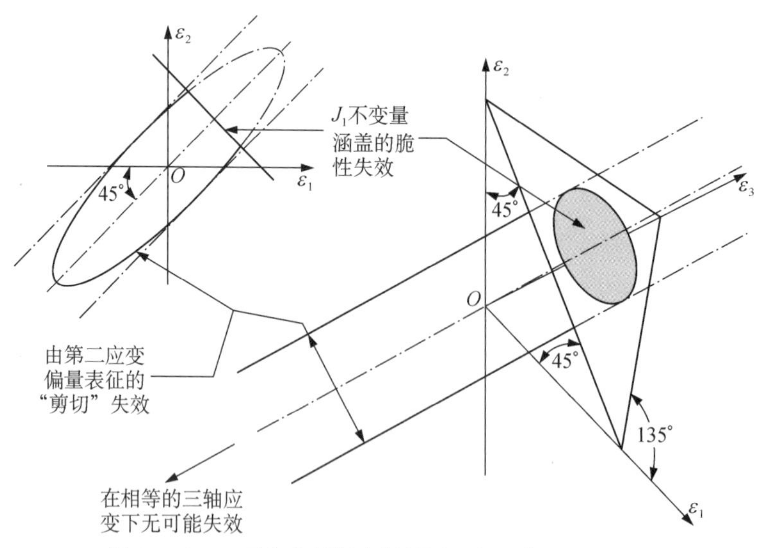

图 8.5.1.3　两个表征复合材料层压板基体失效的机理

畸变表示为长圆柱体，膨胀表示为垂直于圆柱体轴截取的平面

胀条件表示为垂直于圆柱体轴截取的平面,因存在很小的膨胀(体积增加),阻止了畸变失效。这一准则最重要的本质是两个基体失效模式不相互作用,这是容易理解的,因为畸变可在无膨胀时发生,反过来也一样。但是很多不同的应变状态都能满足临界畸变准则,这一准则还表示了三轴等应变压缩不可能发生失效。

对含约束的聚合物,从图 8.5.1.3 的失效包线上截取的零横向应力截面(=0)是截头椭圆失效模式,它已由 Stemstein 等人(见文献 8.5.1.3(g))和其他人报道过。但应注意单层水平上的零横向应力并不表示组分水平上没有应力,因为还存在热应力。图 8.5.1.3 表示了这一基体失效模式的应用,−45°斜线为组分水平上临界 J_1 值,可看出与单层应变表示的值有很大不同,因为高残余热应力存在,对 0/90 层压板,几乎是一个矩形。

J_1 和 ε_{eqv} 两个特性覆盖了所有组合应力状态基体失效的起始(不是扩展),并包含了因纤维与聚合物材料热胀失配引起的层间和层内残余热应力。可通过十分简单的试验得到这两个可靠的特性值,例如单向板横向拉伸和压缩试验。众所周知,聚合物特性对温度和其他环境都很敏感,试验需在一定温度范围内重复进行。聚合物基体内嵌入了纤维约束了初始基体损伤(单向板中平行纤维的起始裂纹会引起灾难性劈裂)。另一些影响层强度的特性也需用来表征损伤的扩展。显然层压板中多方向的纤维更易约束基体裂纹,层压板各单层不同方向铺设比成组铺设要好。

有关应变不变量理论(SIFT)用于层失效起始和发展的详细讨论见文献 8.5.1.3(d)-(f)及文献 8.5.1.3(h)。

8.5.2 层压板级失效模式

本节包含对层压复合材料试验所得常见失效模式的物理描述,为准确估算层压板强度必须了解这些模式。应用失效理论估算强度时要关注相应的失效模式,在单一的失效准则中没有不恰当的混合模式。

8.5.2.1 拉伸

正常情况下,多向铺层层压板在拉伸断裂时会有一系列的预先失效征兆,它既包含基体的损伤又包含纤维的局部断裂。无论何时,一旦超过层压板中任何一层的纵向拉伸强度,可以预期要发生灾难性破坏。然而,层压板可以在纤维不断的情况下由于各种形式的基体损伤而引起分层。例如具有少于三个明显不同铺层方向的层压板(受载方向为 0°的斜交层压板)可以由于基体损伤而导致失效。5.6.5.2.1 节中的推荐 2 就是要避免纤维不断裂而出现强度偏低的灾难性破坏的建议。

图 8.5.2.1 中示出了多向铺层的层压板受拉时细观级和单层级的各种失效机理。它们与载荷情况、材料性能、基体失效(即横向基体裂纹、分层)或应力水平低于静强度时单根纤维的断裂等有关。灾难性的纤维断裂失效与达到临界损伤水平前局部失效部位周围载荷重新分配的情况有关。树脂是次要的,因为它的作用是抵抗基体损伤和传递局部载荷(即在基体损伤和单根纤维断裂的附近区域),铺层顺序在影响损伤累积和载荷传递中所起的作用也是次要的。

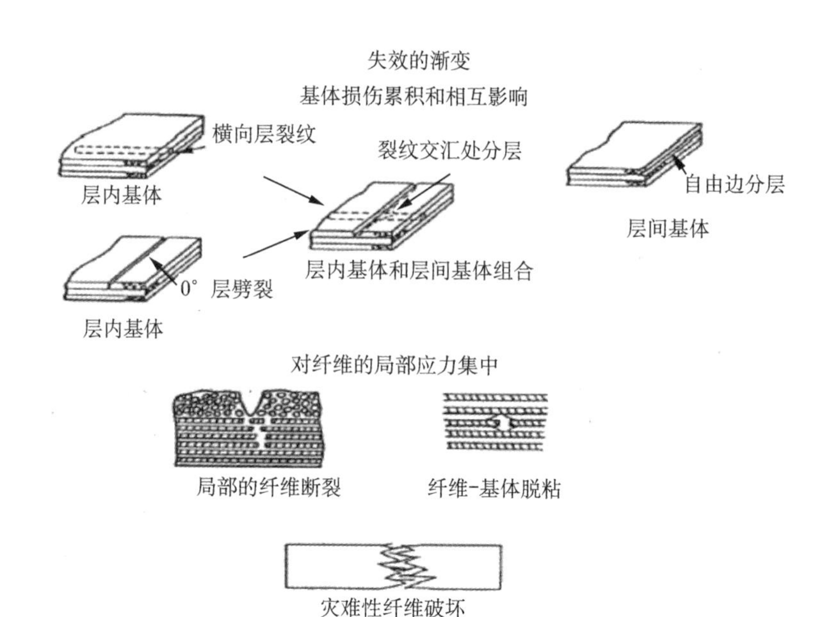

图 8.5.2.1 层压板受拉时的破坏机理

图 8.5.2.1 所示的关键细观失效机理包括局部区的纤维失效和纤维/基体界面开裂。这些机理大多发生在与拉应力主轴方向一致的铺层中。层压板发生这些失效的应力水平,取决于相邻铺层中特征损伤状态引起的载荷重新分配。在可能引起层压板灾难性破坏的所有单层失效之前,单层内有一定数量的纤维断裂是允许的。

图 8.5.2.1 中还示出了多向层压板单层基体的失效机理。层内的基体裂纹沿着纤维方向排列,以及穿越单层或同向层组的厚度。这些情况也可称之为穿透裂纹或层开裂,这取决于裂纹的方向与拉伸载荷方向是成一角度还是平行的。

层间基体的失效,常常称之为分层,可能在自由边附近或层内裂纹间的交汇处形成。分层是由于层间法向应力或剪应力过大引起的,层内和层间的基体失效累积与铺层顺序有很大的关系。

8.5.2.2 压缩

压缩强度最终与各层组的局部响应有关。假设冲击和前期的加载史未引起基体损伤,层压板的最终破坏将由各层沿加载轴线方向的强度和局部稳定性确定。在这种情况下,承载层相对于层压板表面的位置起作用。当起主要作用的层处于层压板的外层时,发生短波长屈曲的载荷减少;当基体有损伤时,各层组的组合局部响应会影响压缩强度,各个层组或子层压板中的载荷重新分配以及其稳定性对这种局部响应起决定作用。

图 8.5.2.2 示出了三种不同类型的局部压缩失效机理(分层,局部失稳和纤维细观屈曲),这些机理是根据对铺层为$(\pm\theta)_s$的层压板中θ的影响观察得出的(见文献 8.5.2.2(a)和(b))。发生分层时,这种铺层顺序层压板的压缩强度可由这三种失

效模式的组合共同确定。对铺层为$(\pm\theta)_s$的层压板，当θ为$15^\circ\leqslant\theta\leqslant 90^\circ$和$60^\circ\leqslant\theta\leqslant 90^\circ$时，可分别观察到发生基体面内剪切失效和压缩失效。对于复合材料来说，通常观察到的是纤维微屈曲的剪切模式，对于$(\pm\theta)_s$的层压板，当$0^\circ\leqslant\theta\leqslant 10^\circ$时，所显示的初始压缩失效就是这种模式。根据基体和纤维的组成情况，层压板的最终局部破坏包括：纤维失效（剪切、弯折或弯曲）和基体开裂或屈服的某种组合（见参考文献 8.5.2.2(c)和(d)）。

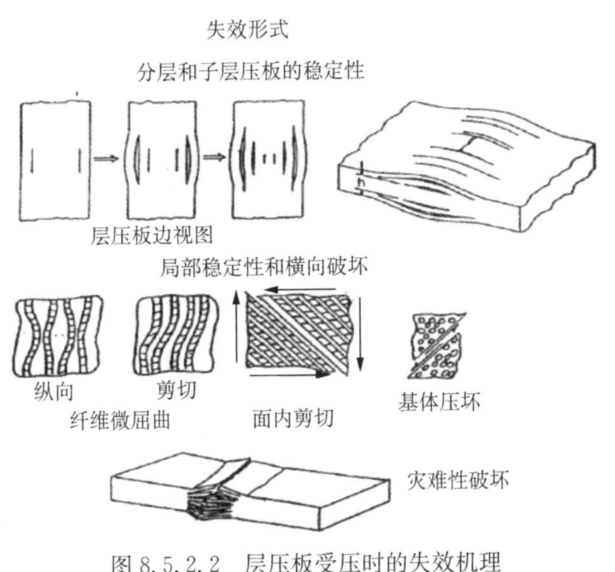

图 8.5.2.2　层压板受压时的失效机理

8.5.2.3　基体裂纹

复合材料层压板单层中的基体裂纹是由机械应力和环境应力引起的，这些横向裂纹沿纤维方向排列，而当其充分形成时穿越各单层或同向层组。这种基体裂纹使多向层压板中的局部应力重新分配，因此，可将在层组或单层中发展的裂纹密度视作载荷和环境史的函数。基体裂纹也可能是在使用之前由加工形成的。注意，基体裂纹通常被认为是“细观裂纹”。

对单轴拉伸试件的研究表明，0°层中初始纤维失效发生在相邻偏轴层内的基体裂纹附近（见文献 8.5.2.3(a)）。当基体裂纹穿过一个偏轴层时相邻 0°层中的应力集中一般来说很小，并局限于相邻层厚度的小范围内。还发现其对层压板失效的位置有影响，但对层压板的拉伸强度影响很小（见参考文献 8.5.2.3(b)和(c)）。

层内基体裂纹垂直穿透铺在一起的多个偏轴层的全部厚度，在相邻层中引起的应力集中随开裂了的层组厚度增加而增加。由于大量的 90°铺层组中发生基体裂纹而引起的 0°铺层中的应力集中将会大大地降低层压板的拉伸强度（见参考文献 8.5.2.3(c)和(d)）。

即使层压板的拉伸强度不因存在基体裂纹而改变，了解航宇中所用复合材料中的基体开裂机理也是很重要的，例如，基体裂纹在形成分层上可能起关键作用。由于网状的基体裂纹而增加了层压板的表面面积，也可能改变其物理性能，诸如复合材料的热膨胀性，液体渗透性和氧化稳定性等。

由于复合材料各组分湿热膨胀性能的差别所引起的残余应力，将对基体裂纹的生成产生影响。一般来说，当聚合物基多向复合材料冷却到低于无残余应力的温度(与固化温度十分接近)时，在单层中沿纤维的横向会出现残余拉应力，这发生在温度下降过程中，因为单向(层)带在纤维横向的无约束收缩要比沿纤维方向的收缩大得多的缘故。当层压板吸湿时，基体膨胀抵消了热收缩，从而降低沿纤维横向的拉伸应力。

在层压板单层中，引发基体裂纹的临界应力或应变，可称之为单层的横向在位强度，这个强度不是材料常数，因它与铺层顺序有关。试验和分析研究表明，单层的在位强度随相同方向铺在一起的层组厚度减小而增加(见文献 8.5.2.3(e)-(i))。这些研究还表明，相邻层可能对基体裂纹的形成产生不同约束，这取决于纤维方向。目前航宇工业中采用的许多材料都具有富脂层间层(RIL)，如果层间富脂层很厚，在位强化效应下降(见参考文献 8.5.2.3(j))，相对较软的富脂层可消除一些邻近层的约束。

8.5.3 单向带横向拉伸性能的影响

横向强度性能在确立正交层压板强度中仅起很小的作用。然而，大家都知道，横向层的有效“在位”横向强度要比由单层测得的强度大得多。这种影响曾在第一层失效后的分析方法中进行过处理。

单层的面内剪切试验显示破坏剪应变相当高(4%～5%)(见第 1 卷第 6 章 6.8.4 节)，而横向破坏应变却低得多(0.5%)，这表明在正交铺层层压板中，显著的缺口敏感性受到了抑制。由于使单层破坏失效的初始裂纹扩展受到了其他方向纤维的限制，因而，有微裂纹的单层仍可承载。残余热应力对单层裂纹起辅助作用。

8.5.4 铺层顺序对强度的影响

强度临界设计时发展层压板铺设顺序优化路径是一件困难的任务，必须考虑所有的失效机理，它们与材料、载荷类型(即拉伸或压缩)、环境(即温度和吸湿量)以及服役历程(即疲劳和蠕变)有关。此外需对载荷传递适当建模以考虑部件几何形状和边界的影响。即使是简单的单轴加载，层压板铺设顺序与强度的关系也是复杂的，如今有一些强度优化铺设顺序的定性规律，仅局限于有限的材料和载荷情况。

层压板铺设顺序与强度的关系依赖于许多条件。已经知道局部基体失效的起始和增长与铺层有关，当这些失效发生时，通过对局部刚度和尺寸稳定性的考虑，内部应力分布也依赖于铺设顺序强度。例如分层把基础层压板分成几个铺层不对称的子层压板，因边界分层使刚度减小，引起载荷重新分配并降低层压板的有效拉伸强度。同样，子层压板局部失稳也引起载荷重新分配并降低层压板的有效压缩强度，因此无论层压板的铺层顺序或子层压板铺层顺序都影响了层压板强度。

剪切应力分布在确定多向层压板力学特性和响应时起重要作用，在单层横向拉伸时，单层剪切强度依赖铺层顺序，均衡铺设顺序层压板(层板中相同铺层角单层不成组铺设)与成组铺设同铺层角层相比有较高的单层在位剪切强度。固有缺陷密度和层间应力是影响已给定铺设顺序层压板单层剪切强度分布的主要因素。

对弯曲刚度情况,复合材料层压板弯曲强度强烈依赖于铺层顺序,表征拉伸、剪切和压缩载荷条件的失效机理可以联合影响弯曲强度。表 8.3.2.2(b)指出在外层铺设优先层能增加弯曲刚度。无损伤层压板弯曲强度也有相似的倾向。但因冲击或服役中其他原因产生的表面损伤将使层压板严重退化。

对层压板铺设顺序设计的推荐见第 7 章。

8.5.5　由单层强度到层压板强度

制订复合材料强度特性(许用值)计划时,必须先确定单层或/和层压板的相应值,如只对单层特性给出了许用值,其余需用的性质相对简化,则仅需几个刚度和强度项。不幸的是单层特性本身对复合材料设计很不充分,在某些分析假设条件下单层数据能用来近似估算层压板强度(见 8.6.1 节),其结果可作为选材过程的第一步,但这种积木式试验方法(见第 4 章)也许可能或也许不可能得出所谓“层压板许用值”。

分析局限性:已有的估算重要失效模式的方法是把单层性能转移为实际层压板性能。主导设计的重要失效模式,例如螺接接头设计、冲击后压缩和缺口强度,还包括复杂的几何形状和复杂应力状态,用普通的分析计算极其困难,因此,对这些失效的实际处理是引入经验或半经验方法计算层压板设计许用值,再转为某个特殊的设计处理,然后在整个规定的设计空间获得准确的估算值,相关特性和许用值由此被确定。

基于刚度的失效是失效计算的子任务之一,这时由单层性能通过分析得到的数据是可靠的。失效模式如总体或局部屈曲、按挠度或刚度的设计需求都能从单层刚度性质进行充分预估。通用的实践是建立单层刚度特性,但应注意由于过分的刚度能改变载荷传递路径和造成不期望的高应力,因此对单层刚度特性往往要有上限和下限。常引入“线性化”技术处理 PMC 材料的非线性,即在涉及计算强度时用割线模量代替切线模量。近来已尝试发展以组分材料特性和层压板几何特性为基础的更一般化失效估算方法,期望获得覆盖更宽的材料和失效模式的准确实用的失效计算,这时许用值可能变成对层、单胞或组分水平,促进层压板许用值计算发展。

目前正在努力发展基于基本组分材料性能和层压板几何形状的通用失效预计方法。倘若这些努力能获得覆盖多数材料与失效模式,并得到精确鲁棒的失效预估,就能把建立许用值的工作转到单层、单胞或组分级,从而减少建立层压板许用值的工作(见参考文献 8.2(b))。

制造技术与组分形式:某些制造方法或组分形式颠覆了层或层压板概念,例如由三维编织加树脂注入工艺(即 RTM)生产的复合材料已不是传统意义的单层或层压板,另一实例是整体块状成形复合材料。这时应用单胞概念更符合逻辑,从单胞导出的许用值计算是一种有效的方法。

层压板许用值要求:因难以用单层性质估算层压板大多数失效模式的强度,故引入层压板许用值。一个重要的认识是层压板许用值通常针对某一特殊破坏模式发展的某种特殊分析技术，并被证明是准确的。试验件几何尺寸、试验程序、试验结果和破坏预估分析方法结合在一起，所得许用值仅适用于这种特殊分析方法，例如估算螺接接头强度的分析方法。对特定的几何尺寸和加载条件收集相应的试验数据，然后由半经验分析技术推广到其他几何尺寸和加载条件，如今已有几种分析技术在复合材料工业界用于估算螺接接头强度。每种分析技术都需收集特定试验件构形情况的试验数据。

设计许用值外推法：用超出已有适用试验数据点的强度值作为许用值，它可能导致严重的非保守结果。因能引起材料响应和失效模式不期望的变化，故从不应用外推法。层压板许用值应在真实工作载荷下建立，超过了设定点，失效模式可能有明显改变，例如层压板中 0°层比例增加时需考虑其横向拉伸强度，当 0°层比例增加到 100%时，横向拉伸强度显著降低。好的设计实践经验会防止发生这类绝端情况。对大多数失效模式，外推法存在这种危险。

内插法：两个或多个可接受的数据点之间，没有明显的非线性或不连续，内插法可用，这时失效模式也相同。某些失效模式可出现局部的最大或最小值，用内插法会出现问题，必须十分小心，对这样的响应可通过增加试验、分析处理及实践经验来解决。强度内插法变量实例包括温度和层百分比。

设计空间：引入一系列变量空间，包括铺设顺序、厚度、温度和其他设计或环境影响。对被选材料，层压板许用值必须在整个设计空间内建立，试验在层压板上执行，须覆盖层压板设计空间边界，并选取温度、吸湿量和其他环境影响的极限值，人们就能放心地把设计许用值用于所有容许的结构中。

失效模式：它是固有的细观结构特性(纤维、基体和界面)，然而对实际设计目的而言，要的是单层或层压板级的强度估算，并辅以经验性的特性调整手段。

掌握层压板级设计许用值的应用是很容易的，但一个主要问题是要得到一般性的压板级设计许用值需要比得到单层级许用值进行多得多的试验(见第 1 卷第 2 章第 2.3.5 节)，耗费很大。如果经费预算难以支持试验计划，可以有以下两种选择办法，一是限制设计空间，这时只需对较少的层压板组合和环境条件执行试验；二是应用统计手段来减少试验量。一个实例是设计者仅仅把准各向同性层压板(25/59/25)用于某一特殊设计中，这就明显减少试验范围，但也相应降低了用于其他结构材料的优越性。

8.6 层压板面内强度估算

8.4 节介绍了层压板在受机械载荷、温度变化和吸湿时的应力分析方法，这些方法利用每个单层性质来计算层压板的响应，在计算刚度、热传导以及湿或热膨胀等方面都是合理的，相似方法也被用来处理单层特性和层压板强度之间的关系，但是这些方法对层压板的强度分析并不像计算刚度、热传导等那样合理可靠。

本节介绍了另外一些确定层压板强度的方法。首先讨论了使用单层强度值的失效理论，其次，给出了简单的非相互影响的层压板级失效准则，这些层压板级失效准则数十年来已经被很多美国航宇工业界广泛应用。注意它不能估算螺栓连接孔的影响，除非预先给出某种特殊形式的经验系数，它也不能计算冲击损伤后的剩余强度，对这些问题需要另一些理论（见第 12 章）。这些理论对估算无缺口层压板基体失效有局限性，但即使适用它也特别依赖于基体面内剪切性能。这些理论特别适用于计算纤维失效模式和针对纤维承载设计的层压板。

经常采用层压板级应力或应变限制（或转换成单层级水平）来估算组合应力状态下层压板的失效。文献中也介绍了一些方法估算组分级失效起始（纤维和基体），目前不常使用，但对某些制造过程如三维编织用这些方法也许有好处。单层级应力或应变最常作为计算层压板强度的基础。

计算单层应变是为了识别以下几方面：首先是最危险层，其次是最危险的失效模式。仅计算单层应力不能做到这一点。受基体控制的单层强度经常具有高非线性，特别在剪切时。

无论何时当用基体控制切线模量代替割线模量计算应变时，将高估了基体应力，如图 8.6 所示，这会造成低估习惯上称为“首层失效”的结果。

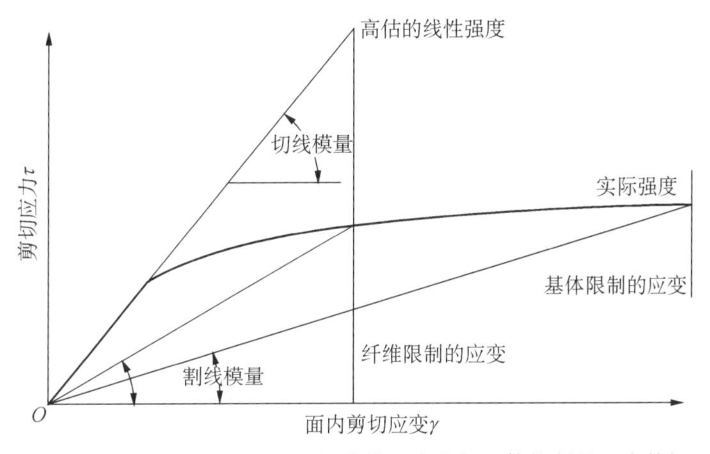

图 8.6　需用割线模量而不是切线模量来表征基体控制的面内剪切

被考核层的平均应力既可用来计算该层或一组相同铺层角层组的损伤起始（通常为基体损伤），常称之为“初始层失效”（最先层失效）；也可计算临界破坏（常为明显的纤维断裂），称为极限强度。在前一种情况下，还要计算导致层压板失效的后续损伤。后续损伤的计算有时采用“后续层失效”的方法进行，有时可采用“网格”分析，以后再讨论这些方法。对采用单层级应力进行失效计算的合理性进行评估时，应考虑 4 个影响因素。

第一个因素是应采用哪些试验（或分析）来定义单层强度值的问题，特别是，单向复合材料试件在横向拉伸试验中，平行纤维方向的裂纹可导致断裂破坏，而在层压板的试验中,同样的裂纹对结果没有影响。

第二个因素是关于单层内局部失效假设的问题,这个假设把单层的局部失效限制在该层内,失效是按这一层的应力/应变状态单独确定的。有明显的迹象表明,前面的假设在疲劳载荷作用下是不合理的。在疲劳试验中一层内的裂纹可能很快扩展到相邻层。在这种情况下,按逐层模型进行分析不是最好的办法。而且,在一个单层内的基体裂纹不能按该层的应力和应变单独确定,它要受相邻层的铺层方向及其厚度的影响(见文献 8.5.3(g))。

第三个因素是存在残余热应力,它是在加工过程中产生的,通常不知道它的大小(往往被忽略),在大多数失效理论中都不考虑。这里推荐的失效理论集中于纤维断裂,对确定为基体失效的情况,需考虑残余应力。

第四个因素是没有考虑产生分层可能性,特别是对板自由边可能产生分层的考虑,所以,这种方法只限于面内失效的情况。

8.6.1 从单层到层压板的分析方法

经典层压板理论被用来计算每个单层的应力和应变,然后与单层(板)强度(极限应力或应变)比较,后者已由单向复合材料试验事先确定。存在一些可能的问题,概述如下:

- 面内剪切时剪切应力/应变曲线通常有高度非线性,可采用非线性层压板分析方法,作为替换,可用剪切曲线中合适的割线模量来处理。
- 属于"基体控制"性质的单向板被测强度(即轴向剪切强度和横向拉伸强度)可能并不代表它的在位值,用正交铺设层压板试验确定这些性质是合适的。
- 层压板中每个单层一般处于组合应力状态,与测量单向强度的状态不同,建议采用那些相互作用的失效准则。
- 最重要的是真实的纤维失效强度可能是层压板铺设顺序的函数,尤其对压缩载荷情况。
- 均匀单层水平应力和应变被用作估算基本为不均匀的组分级的失效模式,特别相对于基体控制失效。

8.6.1.1 初始层失效

为了预估初始损伤,考虑远离受面内力和/或弯矩作用的层压板边缘处的应力。如果没有外部弯曲载荷,面内力沿板边为常数(均匀分布);如果层压板的铺层均衡对称时,第 i 层中的应力为常数而且是平面应力状态。取单层的材料轴为参考轴,纤维方向为 x_1,其横向为 x_2,则第 i 层中的应变可写成为 ε_{11}^{i},ε_{22}^{i} 和 γ_{12}^{i}。当满足包含计算所得的应力或应变所选用的半经验失效准则时,就发生了失效。

对于给定的加载情况,将每层的应变与这些准则进行比较。无论哪层的应变首先达到了它的极限值时就表明发生了这种模式的失效,并预示了在这种加载情况下的第一个失效层。一般来说,这些量是由单向层压板在单轴载荷下的试验数据按某种统计规律确定的。例如,在轴向应变 ε_{11} 的情况下,可采用单向试验的 B 基准许用应变。

已提出了许多计算初始损伤的准则，它们大致可分为两类：基于机械（模式）的准则和纯经验（曲线拟合）的准则。基于机械（模式）的准则可处理每一种可识别的物理失效模式，如分别为纤维方向的拉伸破坏和基体控制的横向失效。每个准则可依据精确的细观力学来建模或由试验数据给出一个经验特征值，它们能在层水平（细观力学）上建模。它们需要用层应变场表示，所以大多数有效的失效模式可能是一致的。

纯经验的准则一般是由单层的三个应力或应变分量组合而成的多项式，这类准则试图将几种不同的失效机理组合成一个函数，所以，它可能比基于物理模式准则的代表性差些。所有的准则都依赖于单层级的试验数据建立参数，所以，本质上至少部分是经验性的。

任何准则的合理性最好通过与层压板级试验数据的比较加以确定，这时的应力状态与用于表征单层的应力状态明显不同。典型的纤维-聚合物单向层横向刚度比轴向刚度低很多，使层压板在沿纤维方向加载时难于区分好和差的失效模式。有意义的评价要求失效发生时板内危险层为双轴应力，遗憾的是双轴试验比单轴试验困难得多，所以只有很少的数据适用于评价许多失效准则。

还没有工业界一致认同的合适失效准则，事实上最近一篇文章（见文献 8.6.1.1(a)）针对性地提出：①建立有关复合材料失效理论完备性的评价；②弥合理论工作者和设计者之间的知识分歧；③鼓励在失效估算方法方面的改进。结论是，为预计多向层压板的极限强度，现有的理论尚不够完善。一般情况下对主要受载情况，设计者期望预估发生多向层压板极限破坏的应力水平最好能达到精度±50%。用单层基础强度的相关失效理论与多向层压板试验数据间的不一致使一些公司采用以层压板级强度值为基础的失效理论，见第 8.6.2 节中的讨论。

尽管有上面讨论的问题和观点，作为例子，这里给出两个失效准则同时给出了对它们正反两方面的评价。对于工程师来说，重要的是在选择和使用失效准则时要考虑材料、使用情况和试验数据。

最大应变准则

最大应变准则可写成为

$$\begin{gathered}\varepsilon_{11}^{cu} \leqslant \varepsilon_{11}^{i} \leqslant \varepsilon_{11}^{tu} \\ \varepsilon_{22}^{cu} \leqslant \varepsilon_{22}^{i} \leqslant \varepsilon_{22}^{tu} \\ |\varepsilon_{12}^{i}| \leqslant \varepsilon_{22}^{su}\end{gathered} \tag{8.6.1.1(a)}$$

对于给定的加载情况，将每层的应变与这些准则进行比较。无论哪层的应变首先达到了它的极限值时就表明发生了这种模式的失效，并指出了在这种加载情况下的第一个失效层。极限应变 ε_{11}^{tu}、ε_{11}^{cu} 等是规定的单层允许最大应变，一般来说，这些量是由单向层压板在单轴载荷下的试验数据按某种统计规律确定的。例如，在轴向应变 ε_{11} 的情况下，可采用单向试验得到的 B 基准值，也可以再加上另外的限制。例如，在剪切应变的情况下，可以用等同的“屈服”应变代替极限剪应变。相应的层与许用应变关系项也可以用层与许用应力关系项来代替。

横向最大应变或应力用于估计单层内损伤起始存在以下问题，首先要注意 90°单向板拉伸试验的破坏应力不代表在位单层的临界应力，因为有相邻层的约束，也因为层内每一点横向强度是变化的；其次，在位应力状态中存在残余热应力问题。结果这一失效机理常常被忽略。可以设计带有四个铺设方向的层压板，0°/±45°/90°，进行调整。要注意的是对简单层压板或某些结构，如应力容器，细观开裂可以被认为是失效。

对于有四个铺设方向的层压板，0°/±45°/90°，单层水平最大应变准则容易转换到层压板水平最大应变准则，这一准则对某些材料估算纤维失效可被接受，只要层压板纤维失效应变不随铺设情况显著变化。

Hashin 相互作用失效准则

当基体损伤考虑为失效分析的一部分时，建议采用应力或应变相互作用失效准则，这些准则一般包含单层级应力或应变分量的相互作用项。例如文献 8.6.1.1(b)中对应于基体控制拉伸或压缩单层级失效模式的失效准则可写为

基体拉伸失效模式

$$\left(\frac{\sigma_{22}}{F_2^{\mathrm{tu}}}\right)^2+\left(\frac{\sigma_{12}}{F_{12}^{\mathrm{su}}}\right)^2=1 \tag{8.6.1.1(b)}$$

基体压缩失效模式

$$\left(\frac{\sigma_{22}}{2F_{23}^{\mathrm{su}}}\right)^2+\left[\left(\frac{F_2^{\mathrm{cu}}}{2F_{23}^{\mathrm{su}}}\right)^2-1\right]\left(\frac{\sigma_{22}}{F_2^{\mathrm{cu}}}\right)+\left(\frac{\sigma_{12}}{F_{12}^{\mathrm{su}}}\right)^2=1 \tag{8.6.1.1(c)}$$

Hashin 准则的多数使用者，为了反映剪切失稳模型对压缩破坏机理的贡献，附加了一个剪切项(见文献 8.6.1.1(c))。在这种情况下，修正的纤维拉伸 Hashin 失效准则为

纤维拉伸失效模式

$$\left(\frac{\sigma_{11}}{F_1^{\mathrm{tu}}}\right)^2+\left(\frac{\sigma_{12}}{F_{12}^{\mathrm{su}}}\right)^2=1 \tag{8.6.1.1(d)}$$

纤维压缩失效模式

$$\left(\frac{\sigma_{11}}{F_2^{\mathrm{tu}}}\right)^2+\left(\frac{\sigma_{12}}{F_{12}^{\mathrm{su}}}\right)^2=1 \tag{8.6.1.1(e)}$$

准则中限制应力 F_1^{cu}，F_{12}^{su}等为指定的单层允许最大应力。与应变情况一样，一般采用单向试验的统计数据确定这些量。作为需要小心的例子，应注意 90°单向复合材料试件受拉时的破坏应力，不一定就是多向层压板中单层的临界应力水平。由于单层中密集裂纹会降低有效刚度，作为代替，可对裂纹密集处选用一个特定的缩减刚度系数值估算应力水平，可通过断裂力学分析或正交层压板的试验确定这个应

力水平(见参考文献 8.5.2.3(g))。

初始单层失效处理方法的应用

初始损伤分析时,要针对层压板的每一层选用失效准则。将满足准则要求的那些单层中最低外载,定义为层压板的初始损伤载荷,对失效层及其失效特性(即纤维断裂或沿纤维裂纹扩展)进行鉴别。一般称其为第一层失效(或首层失效)。当第一层在均匀应力或应变场的失效是由纤维断裂引起时,层中产生的裂纹将使相邻层产生十分高的应力集中,在这种情况下,认为第一层失效等同于层压板失效是合理的。当第一层失效是由基体裂纹和/或纤维/基体间的界面分离引起时,则要采用不同的准则。存在大量基体模式损伤时,单层的承载能力将有明显的变化,对此要作合适的考虑。在下节中,将讨论处理这种情况的办法。

在初始失效或起始损伤分析中,另一值得关注的问题是对弯曲、边界应力和残余热应力的考虑。当存在外部的弯矩和/或扭矩,或当层压板不对称时,板会发生弯曲。在这些情况下,单层的 σ_{11}^{i},σ_{22}^{i} 和 σ_{12}^{i} 沿厚度是变化的。因而,可假设各层界面上的应力为最大值和最小值,对每层的这些部位必须用失效准则进行检查。可采用最大值或平均值等不同的方法对这些情况进行分析。

按边界应力的结果计算起始失效时,由于边缘应力变化急剧(由分析的奇异性呈现出的)使求解更加复杂。数值方法不能揭示边缘应力的奇异性,故只能采用分析处理的方法(见文献 8.6.1.1(b))。对层压板失效时边缘应力场的蕴涵难以评估,这会使人联想到断裂力学,在某种意义上讲,裂纹尖端的应力理论上是无限大的。断裂力学中用基于裂纹张开所需的能量作为裂纹扩展的准则或等价地采用应力密度矢量值作标准,克服了这个困难。对于层压板边缘的奇异情况也可做类似考虑。由于层压板边缘的裂纹要在各向异性的层间扩展,因此对于复合材料来说,这种情形更加复杂。在目前情况下,边缘失效问题只有交给试验或近似分析来解决。

在计算第一层失效时,还必须考虑残余热应力。分析中要包括残余热应力的原因十分明显,高温固化后在常温使用时就存在这种应力。基体有高的热膨胀系数,固化后冷却过程中有收缩倾向,但低热膨胀系数的刚硬纤维约束了这一倾向,因此基体内存在大的应力,从而降低了层压板的层间强度和每一层的横向拉伸强度。可以预料它们对第一层失效有影响。然而,基体材料存在黏弹性,或与时间相关的效应,其残余应力值经过应力松弛后会减小。另外,由于在基体中生成了横向微裂纹,也会减小加工过程中的应力。在分析中究竟要不要包括这种残余应力的问题,由于难以测量层压板中的这种应力而变得十分复杂,并且,由于在层压板试验过程中很难发现第一层失效,也使这个问题复杂化了。在单层失效计算中,普遍的做法是忽略这种残余热应力。

但是在分析中不包含残余应力时就很难准确估算真实的基体失效。精确估计基体开裂也需要考虑湿度、时间和循环条件,每一个都对这种失效模式有明显影响,但现有理论仅能作有限程度的考虑,甚至只按经验处理。新近发展的应变不变量理论包含了对纤维/基体水平残余应力的考虑。

8.6.1.2 后续失效

第一层失效后，层压板常常仍有很大的剩余强度，特别是当第一层失效是基体失效起主导作用时。分析后续失效的一个保守办法是假设第一个失效层的承载能力降低至零。若失效以纤维控制的模式发生，按照前面的讨论，可把它当做层压板的最终失效，否则，就令沿纤维方向的刚度 El 降低为零。若失效以基体控制的模式发生，则失效层的弹性性能 E_T 和 G_L 将减少至零。然后，重复进行分析直至所有层失效。一般来说，值得关注的逐步失效是基体失效模式中的初始失效和后续失效。在这种情况下，根据网格分析法的基本假设，由所有层的 E_T 和 G_L 为零为条件确定层压板的极限载荷。对于有些材料和/或对于某些性能来说，基体模式的失效也许不会有很大影响，但是对于另一些性能如热膨胀系数、铺层开裂，基体模式的失效可能有很大影响。

有些情况需进行后续层失效分析用以解释单调加载试件和某些结构的测量强度。例如，玻璃纤维增强塑料压力容器的初始失效通常出现在基体或界面而不是纤维，如果压力容器像罐或管，由柔性囊状或线状物加强，无损伤纤维仍能保持容器的体积一直到压力远高于初始失效值时才破坏。最终破坏分析需要基体刚度作选择性的退化以免过高估计强度值(这时刚度退化并不是一个越过初始层失效估计值的任意参数而是对真实现象的建模)。因为压力容器内贮存着惊人的能量，它的最大工作压力远低于纤维失效压力。基体实际失效的分析被用来确定密封衬套是否能防止泄漏。这一问题可通过用单层极限强度实测性能直接建模来解决。还因为基体刚度远低于纤维刚度，可用基体失效时的割线刚度而不是选择某些刚度性质为零合理地估算极限强度。

有些结构可能承受不同的变程载荷，此时不允许有超过最先层失效强度发生。基体失效可能在某些载荷条件下完全无害(如拉伸)，在随后另一些载荷条件下一层或多层中的纤维会出现不稳定(如压缩)，这时最先层失效强度成为设计极限强度。对每个载荷条件新的单调加载试验程序可能不会出现强度损失，这种情况必须准确预估最先层失效强度。

8.6.2 纤维失效分析方法(层压板级失效)

复合材料层压板强度计算时，要考虑两种代表性的应力或应变水平。一种是发生非灾难性第一层失效时的应力或应变状态，另一种是层压板可以承受的最大静应力或应变状态。在这两种情况下，材料中只有非常少的微裂纹，或者在使用处不需要考虑微裂纹的影响，故可以用基于纤维失效的失效准则进行分析。航宇工业界通常实际采用的是以纤维应变许用值为基础的失效准则，认为任一单层纤维的失效就是层压板的最终失效，因此，失效是单一事件的结果而不是一种过程。

8.6.2.1 用于玻璃纤维复合材料的最大应变理论

对玻纤复合材料推荐的层压板级失效准则是简单的最大应变模型，最先由

Waddoups 提出(见参考文献 8.6.2.1(a))。本质上它是经验公式,最近研究显示,在单层、纤维和基体中不同的横向应变条件下,它与单层级轴向常应力纤维失效模型结果十分接近(见参考文献 8.6.2.1(b))。这一准则能用于分离和嵌入的单向层,如图 8.6.2.1 所示。它由纤维拉伸和压缩强度无相互限制组成,正则化到单层级水平并考虑到基体提供的实际支撑,因为这一限制已被拟合到拉伸和压缩强度测量值中。

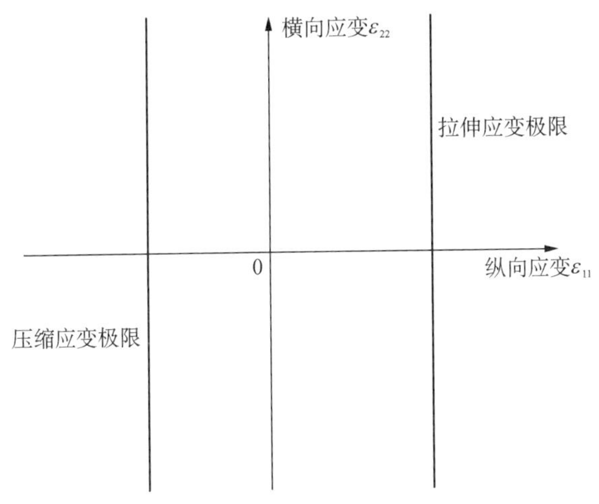

图 8.6.2.1　轴向受载纤维最大应变限制

纤维最大应变失效准则可写为

$$\varepsilon_{11}^{cu} \leqslant \varepsilon_{11}^{i} \leqslant \varepsilon_{11}^{tu} \tag{8.6.2.1(a)}$$

失效包线在横向无边界。实际上,因玻璃纤维是各向同性的,包线的横向应被横向强度极限闭合,数值上等于纵向强度极限。这些横向极限习惯上被忽略是因为它们远大于单层级基体强度极限。这一简单失效模型很好地用于玻璃纤维的主要原因是与基体刚度相比,它们有相对高的横向刚度,基体简化为很软的介质没有明显的横向应力作用在纤维上,在任何单层中大部分横向应变发生在软基体而不是硬纤维中。

单向层压缩强度实测值在细观力学水平上包含更多失效机理,但是对已给定的单层厚度不需作区分。应注意单层厚度的影响,单层厚度较大时压缩强度因纤维涂层(平面内纤维成波状,也称网格歪斜)而降低,试验已证实对好的稳定薄层和单独的纤维其强度明显增加,因此所用的参考强度来评价层压板是合理的。

拉伸时玻璃纤维失效通常由表面裂纹或个别纤维内缺陷所造成的。

8.6.2.2　用于碳纤维复合材料的缩减最大应变理论

对碳纤维复合材料层压板推荐使用修正的最大应变准则(见参考文献 8.6.2.1(b)和 8.6.2.2),首先假设沿板宽无外弯矩、薄膜力为常数以及均衡对称层压板。单层的失效包络线是拉伸和压缩载荷为主的传统最大应变的变量,在拉-压象限中对最大应变失效模型引入了截止线进行修正,典型的截止线如图 8.6.2.2 中所示。

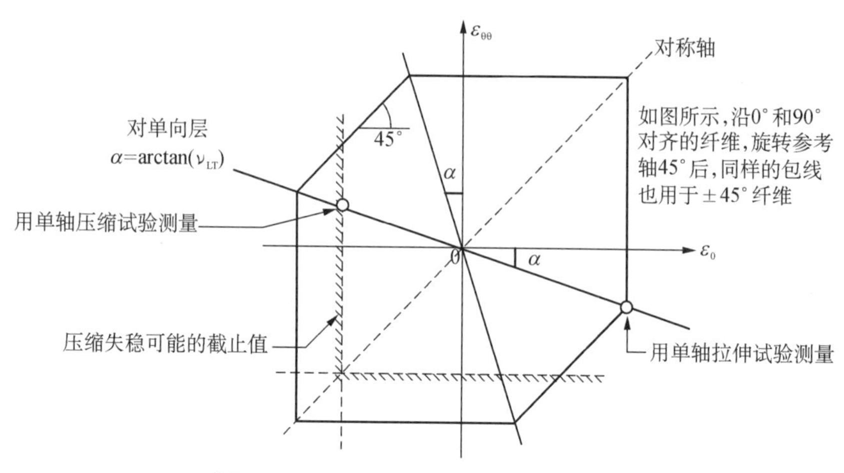

图 8.6.2.2 层压板级失效分析方法举例

两条平行截线分别通过代表单纯纵向拉伸或压缩强度应变状态点，截线斜率为 45°，对边界等距。考虑到层压板为平面应力状态，任何单层的应变极限变成层压板的应变极限。

通常认为层压板性能由纤维控制，这意味着在足够多方向上存在着纤维，应变受到纤维的限制，阻止了基体裂纹扩展。在大量的实际应用中，把这种在多方向存在纤维的情况转化成为至少在相对于主载荷的四个方向，0°，90°和±45°，每一个方向上都有纤维的典型情况。而且为阻止基体宏观裂纹扩展，铺层不采用成组铺设(即相同方向的几层不铺在一起)。根据这些假设，把最大应变准则直接转换到层压板级。对于由纤维起主导作用的层压板，把对横向的应变限制转化为纤维方向的应变限制，以反映出在多个方向上都有纤维的层压板，限制了面内任何方向应变这一事实。

有理由相信基体裂纹起重大作用时，基于纤维方向应变的 90°应变截止值可由经验确定的反映基体控制模式的拉伸限制所取代。这种限制最初表示为常应变限制，然而，如果这一限制是根据单层中一不变的 90°方向应力确定时，则在应变平面中将得出一条与单向层压板泊松比相关的斜线，其斜率为

$$\alpha = \arctan(\nu_{LT}^{lamina}) \tag{8.6.2.2(a)}$$

图 8.6.2.2 中所描绘的失效模型已由纤维增强聚合物基复合材料在亚声速飞机中的使用经验得到了发展，特别是对碳/环氧复合材料，单层横向泊松比 ν_{TL} 近似为零。不应把这种模型用于其他复合材料，例如晶须增强金属基材料。图 8.6.2.2 只描述了纤维控制的失效情况，因为在亚声速飞机上使用的纤维聚合物基复合材料，没有发现基体中的微裂纹会引起层压板的静强度下降。特别是，如果工作应变水平受到螺栓孔、损伤容限或修理条款规定限制时，基体中的微裂纹更不会降低层压板的静强度。然而，随着新型复合材料的出现，要在更高温度下固化，使其能承受超音速使用环境，这种方法可能不再合适了。因为固化温度与最低使用温度相差较

大，固化后冷却后产生的残余应力将很大。

按上面讨论的因素，结合原有的层压板级最大应变准则结果，可得到如下方程组，用于层压板级应变沿着垂直于纤维方向的情况。

$$
\begin{aligned}
&\varepsilon_{11}^{cu} \leqslant \varepsilon_{11}^{i} \leqslant \varepsilon_{11}^{tu} \\
&\varepsilon_{11}^{cu} \leqslant \varepsilon_{22}^{i} \leqslant \varepsilon_{11}^{tu} \qquad (8.6.2.2(b)) \\
&|\varepsilon_{11}^{i} - \varepsilon_{22}^{i}| \leqslant (1+\nu_{LT}^{lamina})\,|\varepsilon_{11}^{tu}\ \text{或}\ \varepsilon_{11}^{cu}|^{*}
\end{aligned}
$$

（* 表示取两者中较大者）

有必要强调，上述这些公式仅适用于纤维控制的层压板。需进一步指出的是，对每个单层横向应变 ε_{22}^{i} 的限制是由对该层横向的其他层纤维决定的，因此，不可能表征基体开裂的特性。如果用于混杂复合材料，必须对此小心考虑。而且，正如前面讨论的，如果从结构上考虑，基体开裂的影响很重要时，必须根据经验观察附加应力或应变的截止值。在此情况下，需要评估基体裂纹对层压板后续性能的影响。

需对层压板中每一层用方程 8.6.2.2(b) 所表示的准则来核算，对称层压板仅有面内载荷作用时应变沿板厚分布为常数，同一铺设方向的各层其强度裕度相同。当有外弯矩作用时，或者当层压板的铺层不对称时，层压板级应变沿板厚变化，每一层的裕度是不一样的。

8.6.2.3 用最大应变理论估算强度

用前面几节给出的最大应变准则，需要计算应变失效值（即 ε_{11}^{tu}、ε_{11}^{cu}）的安全裕度，有些使用者从单向板试验数据获得这些强度值（见第 1 卷第 6 章第 6.8 节）。但是有些公司已发现单向板数据不能适当估计多向层压板无缺口拉伸或压缩强度。图 8.6.2.3(a) 和 (b) 给出了一种碳纤维复合材料体系层压板单轴拉伸和压缩加载的

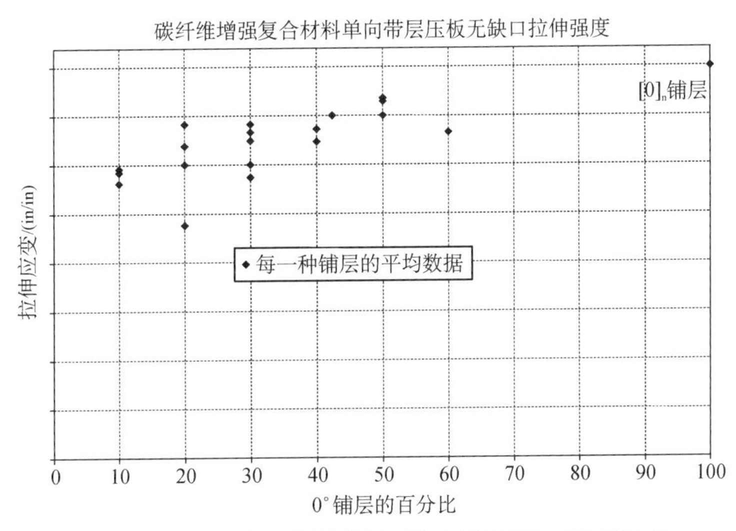

图 8.6.2.3(a)　层压板拉伸强度作为铺层参数函数的实例

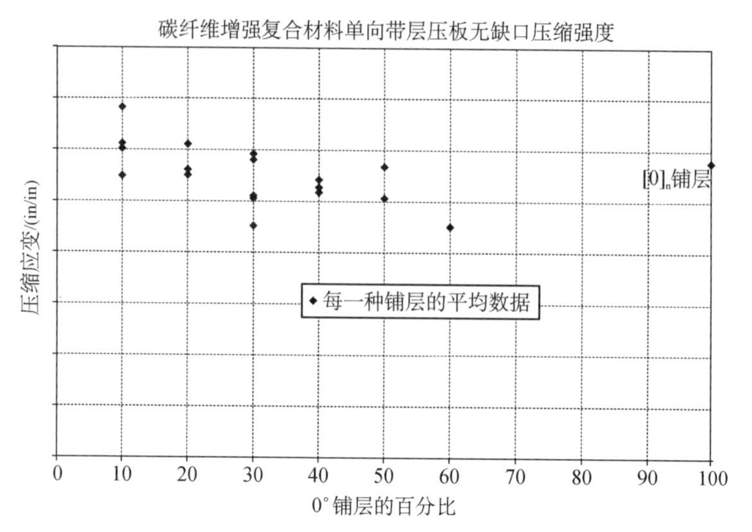

图 8.6.2.3(b) 层压板压缩强度作为铺层参数函数的实例

强度数据，没有一种情况出现单向板失效应变值与范围内多向层压板失效应变值相匹配。因此，这些公司应用从多向层压板试验得到的强度数据并建立起层压板铺层与最大应变失效准则间的函数关系(见第 1 卷第 2 章第 2.3.5 和第 1 卷第 7 章)。用这种方法分析层压板时必须确定每一个纤维铺向的铺层参数(即 0°%、±45°%等)，因不同铺向的强度值是不一样的。

基于层压板的强度用一般层压板理论分析软件很容易处理，先确定铺层参数再计算每一个不同方向铺层相应的强度，但用现有的商业有限元软件不易计算这种处理方法的安全裕度，因这些软件不能输入强度与铺层参数的关系曲线。为应用有限元结果，需要①编写后处理程序来计算裕度；或②在有限元代码中每个单一铺层的每个单一铺向必须处理为一种单一材料，并对每种材料输入修正的基于应变的强度值。

8.6.3 应力集中处层压板强度估算

结构中的孔或其他不连续会引起局部应力集中，这种高的局部应力会引起结构初始局部失效。对于复合材料来说，由裂纹或断裂引起失效的分析十分复杂，这是因为复合材料在细观上的多相性以及是由一层一层组成的缘故。

把均衡对称层压板处理为均匀正交各向异性板，采用正交各向异性弹性理论计算板中的孔边应力(见文献 8.6.3(a)和(b))。图 8.6.3(a)中示出了碳/环氧层压板中孔边应力集中的计算结果。由图可见，铺层方向的组合既影响孔附近的应力大小又影响应力分布，孔边的高应力可能引起初始断裂。

如果材料呈脆性破坏，当孔边的最大拉伸应力等于无缺口材料强度极限时，将开始发生断裂。以这种形式断裂的材料称为缺口敏感材料。相反，韧性或缺口不敏感材料将局部屈服，减轻了应力集中影响，净截面平均应力等于无缺口材料强度时

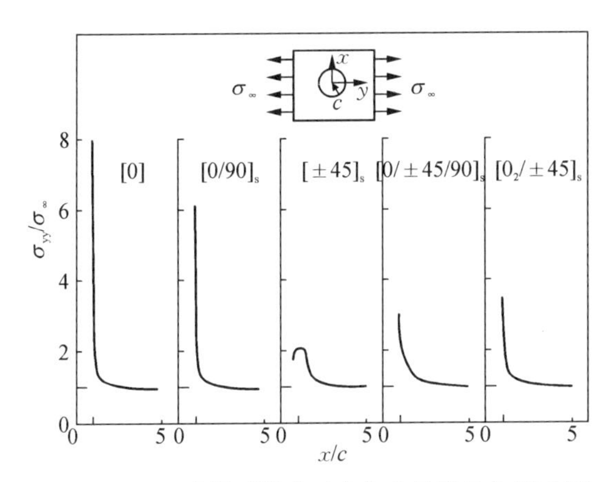

图 8.6.3(a)　脆性无限大正交各向异性均匀板中圆孔的应力集中系数

发生破坏。两类材料带孔时的强度降低见图 8.6.3(b)。但大多数复合材料呈现的缺口强度响应既不是缺口不敏感也不是纯脆性，在应力集中最大的孔边，基体损伤、分层和局部纤维断裂等多种形式降低了局部材料刚度，松弛了应力集中。发展了考虑应力集中降低的各种半经验方法，以下几节将介绍最常用的一些方法。现在还没有"最佳实用性"的特别方法，复合材料中应力集中的研究还在继续。第 11 章针对螺接接头应力集中，第 12 章讨论了冲击损伤和大缺口的应力集中影响。

点应力理论

"点应力理论"(见文献 8.6.3(c))建议采用弹性应力分布曲线，如图 8.6.3(a)所示，取距孔边距离为 d_0 处的应力进行计算。公式 8.6.3(a)中的分母取 $x=a/2+d_0$ 计算。其中特征距离 d_0 必须由试验确定。净剖面应力集中系数 k_n 为最大应力与平均应力之比。

$$k_n = \frac{\sigma(x,\ 0)/\sigma_\infty}{\left(1-\dfrac{a}{W}\right)} \tag{8.6.3(a)}$$

得到的应力集中定义的断裂应力为

$$\sigma_{fr} = F^u/k_n \tag{8.6.3(b)}$$

有些研究者建议特征距离为材料特性，在给定环境条件下对任何铺层情况都是常数。点应力方法已建模即螺接接头应力场模型(BJSFM)(见文献 8.6.3(d))。

但是，大多数宇航企业认为特征距离不是常数，随铺层和其他变量变化而改变，这意味着必须在所有设计铺层范围内进行带孔层压板试验(见第 1 卷第 2 章第 2.3.5 节和第 1 卷第 7 章)。一旦这些数据适用，它们可直接把最大应变失效理论用于单轴载荷情况。对多轴载荷情况，由单轴试验数据得到的点应力特征尺寸值用在一个电脑计算程式中，计算孔边应力集中以确定安全裕度。这种计算程式的一个实例为 BEARBY(见文献 8.6.3(e))。

平均应力理论

“平均应力理论”(见文献 8.6.3(c))取相似的途径,建议取距离为 a_0 范围内的弹性应力分布的平均值来计算应力集中,特征距离 a_0 必须由试验确定。与点应力理论特征距离值相似,距离值 a_0 也不是一个材料常数。

$$k_n = \frac{\int_{a/2}^{(a/2)+a_0} \sigma_y \mathrm{d}x}{\int_{a/2}^{w/2} \sigma_y \mathrm{d}x} \tag{8.6.3(c)}$$

贯穿断裂方法

贯穿(全厚度)断裂方法采用线性断裂力学(LEFM)解,得到的曲线与复合材料失效应力相对孔尺寸的曲线相似,这一结果由 Bowie(文献 8.6.3(f))处理含一个孔边界有对称边界裂纹的中心圆孔拉伸试件发展而来,该结果提供了函数 $f(a/r)$值,其中 a 为每个边界裂纹长度,r 为孔半径,K_1 为应力强度因子。($K_1 = \sigma\sqrt{\pi a}f(a/r)$)。

文献 8.6.3(g)指出带孔复合材料的弹性应力集中系数接近各向同性值 3.0,假设层压板孔边净截面上有对称小边界裂纹,像 Bowie 的结果一样,可由下面方程给出带裂纹强度为:

$$\sigma_c = \frac{F_{tu}}{f\left(\frac{a}{r}\right)} \tag{8.6.3(d)}$$

式中:σ_c 是带缺口破坏应力;F_{tu}是无缺口破坏应力;Bowie 函数 $f(a/r)$是有效应力集中系数,既反映孔尺寸 r 的影响,也可反映固有的有效缺陷尺寸 a 影响。

有效缺陷尺寸 a 类似于点应力理论中的特征长度,必须由试验确定。有关本方法的详细应用可见文献 8.6.3(h)。

C-系数法

按这一处理方法(见文献 8.6.3(i)和(j)),带一个通孔的复合材料层压板因应力松弛的缩减弹性应力由下式计算:

$$\sigma^{peak} = [1 + C(k_{tne} - 1)]\sigma^{net\_area} \tag{8.6.3(e)}$$

式中:C 是开孔应力释放系数(C 因子),由经验的开孔和无缺口层压板试验数据中得到;K_{tne}是弹性应力集中系数,由净面积应力计算得到。

铺层顺序影响

带孔、切口和穿透损伤(损伤容限考虑)层压板拉伸强度和铺层顺序之间的关系是复杂的(见文献 8.6.3(k)-(o))。缺口尖端发生层开裂和分层的组合作用有效地降低应力集中,从而能增加剩余强度。较大的分层易发生在没有纤维断裂情况下的单层破坏,从而降低了剩余强度。大多数现有估算带缺口拉伸强度分析方法都以带缺口层压板试验得到的参数为基础(即特征长度、断裂能参数)。铺层顺序的影响已包含在试验参数中。累积损伤分析的发展将提供研究铺层顺序影响更有效的处理方法。

8.7　层内与层间应力及失效分析

本节分为几个小节,分别介绍面外载荷、层间应力、分层和应变能释放速率分析。进一步的指导在第12～14章给出。

8.7.1　面外载荷

在应力分析中,经常有些结构细节是不能忽略层间拉伸载荷的,但是面外应力分析难度较大,失效准则不一样且不准确,层间许用值也没有适用的。某些常见面外受载情况的介绍见文献8.7.1(a)和(b)。几种处理方法被用来验证面外受载时的设计。

最常用的方法是进行简单的强度-材料分析(见参考文献8.7.1(b)和(c))和小的结构典型元件试验,然后根据结构典型元件载荷/宽度和层间应力计算安全裕度。这种处理的优点是分析和试验都相对简单且对给定结构细节很有效。因面外试验数据分散性大造成平均值/许用载荷降低很多,因此安全裕度相对较高;缺点是结果仅适用于特定结构细节。因此每个结构细节均需进行分析和试验,而且难于获得对有关失效模式、位置和敏感性的认识。

第二种处理方法是当结构的几何性有依据得到封闭形式解时,可应用弹性力学或能量法进行更详细的分析。曲梁是最明显的实例,因为各向异性曲梁在端部载荷或力矩作用时有弹性力学精确解(见文献8.7.1(d)和(e))。逐层计算层间应力后,可用各种失效准则,分析者必须应用经验证明失效准则并得出层间许用值。这种处理方法可极大地减少结构典型元件试验。

最后一种处理方法是用二维平面应变、二维平面应力或三维有限元方法(FEM)得到层间应力分布,计算强度很大,往往针对形状复杂、厚的主结构。同样必须使用适用的失效准则和许用值,但可大大减少试验工作量。

无论哪种方法,必须选择能抓住失效物理本质的分析方法,如果应用后两种改进的方法,必须建立试样级强度许用值。有关面外拉伸试验的信息可见第1卷第8.2.3节。一般情况下,面外试验数据分散性大使平均值/许用载荷降低很多。

现今在工业界主要应用层间拉伸强度许用值为结构典型元件级别的点设计值。因为曲梁问题最普遍,采用特殊层压顺序制造的90°角试件进行试验(即点设计)。虽然得到的许用值仅适用于给定的铺层、厚度和曲率。实践中希望试验最坏情况的点设计值,作为所有类似结构细节保守的许用值,但选择“最坏情况”很困难,这种近似难于抓住失效模式的细节和位置,也可能会漏掉失效模式的变化。

8.7.2　层间应力

可用已开发的分析程序来计算层压板中每一层的应力,平面应力状态的假设使所得的应力是面内的。有些情况平面应力假设不适用，这时需应用三维应力分析方法。

一个实例是层压板中的自由边界情况，这时必须引入应力自由边界条件。

8.7.2.1 边缘效应

必须考虑层压复合材料的边缘效应，因为在均匀材料的边缘观察不到这种效应。在层压板的自由边上，例如沿板的直边缘或孔的周边上，不同方向的铺层间存在着复杂的应力状态。承受机械应变或热应变的层压板中，被切断纤维的端头要把载荷传到相邻的纤维上，如果这些相邻纤维的方向不同，它们将提供一个局部的刚性路径承受传递来的载荷，对于这种载荷传递，基体是唯一的路径。由这种载荷引起的应力称为层间应力，可能足以引起局部微裂纹和边缘分层。一般来说，这种层间应力包括法向的剥离应力 σ_z 和剪应力（τ_{yz}，τ_{xz}），它们仅出现在自由边附近的很小范围内。图 8.7.2 示出了 xz 面层间剪切应力和面内应力的典型分布，这些应力变化梯度大，与层压板中各层组间存在的面内剪切刚度以及泊松比的差别有关。高温固化后冷却时产生的残余热应力也会引起这类应力。

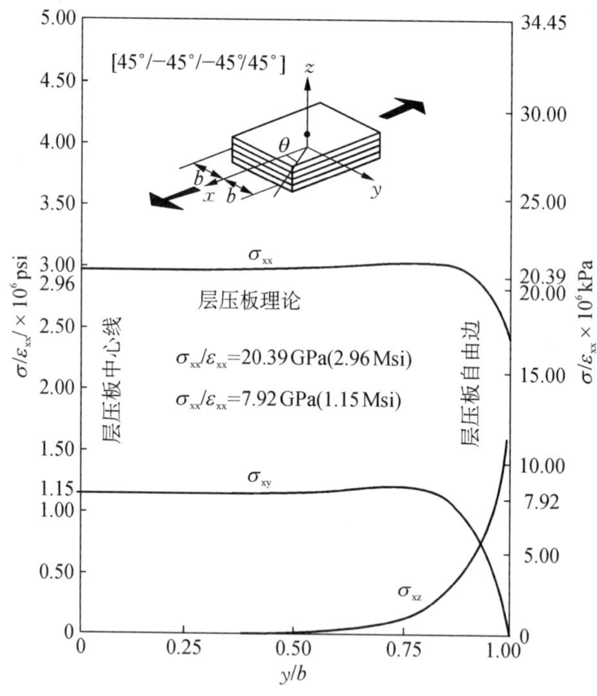

图 8.7.2.1 +45/−45 界面应力相对于作用应变的无量纲化(归一化)

(经允许从文献 8.7.2.1(e)复制)

由于层压板的层间强度较低，在层间应力较高的地方常常会发生分层失效，故自由边应力的影响足以显著降低某些试件的静力和疲劳强度。由于自由边失效模式的局部效应，这种过早的失效使得试样的数据很难被应用于大的元件。由于经典层压板理论假设层压板呈平面应力状态，故不能用于分析边缘应力。然而，按照高阶平面理论或通过有限元分析是可以确定这种应力的，所以，在层压板设计中能够考虑边缘层间应力。可以用如下办法减小这种应力的变化梯度：①改变层压板的铺层顺序；②使相邻层之间泊松比、相互有影响的系数和湿热膨胀系数的不匹配最小化；③通过在层之间嵌入一具有较低剪切模量的有限厚度的内部层片，以允许产生较大的局部应变（见文献 8.7.2.1(a)）。

边缘效应引起的损伤或基体失效可用断裂力学、材料力学或其他方法进行分析（见参考文献 8.7.2.1(a)-(d)），这些方法可对设计者提供指导以选择最适合具体应用的层压板构型和材料体系。

除单轴拉伸或压缩外，对于其他载荷情况下的自由边效应，迄今为止几乎没有做什么工作。某些分析指出，面内剪切、面外剪切/弯矩、面内弯矩、扭矩及其组合载荷情况下产生的层间应力比轴向载荷情况的高（见参考文献 8.7.2.1(e)）。例如，由弯矩引起的面外剪切使自由边的层间应力比由轴向拉伸引起的要高一个数量级。

8.7.2.2　层厚突变

层压结构部件经常存在层厚突变，面内薄膜和弯曲载荷会引起突变部位的层间剪切和法向应力。一般航宇工业界设计规则是忽略这类层间应力，只要层变化比（相继层变化与层厚间距离）大于 10∶1。如果层压板因层厚突变而急剧减弱的变化小于 10∶1，无论对材料强度计算或是细小网格有限元分析方法都需确定层间剪切和法向应力，用这些应力来计算强度裕度和合适的许用强度值。

8.7.2.3　弯曲层压板中的层间应力

高弯曲度层压板如完整的法兰，是层压结构部件的常见形状。如在弯曲层压板上有大的面外载荷作用，层间剪切和法向（径向）应力也很大，需进行合理的应力分析。这样的典型外形可理想化为承受弯曲的曲梁，利用确定层间法向（径向）应力的封闭解进行分析。应用简单的最大应力准则或包含有层间项的 Hashin 基体拉伸准则（见方程 8.6.1.1(b)）求得应力裕度，从典型的曲梁试验（ASTM D6415）或点设计试验获得许用强度值。

8.7.3　分层

分层的生成和扩展一般与铺层顺序有关，分层对拉伸强度性能可能有不同的影响，这取决于分层的部位和所关心的特性。到目前为止，大多数的研究都是针对带有明显自由边表面的试件，在该表面区域内已知存在着层间应力集中。虽然所有的结构都有自由边，重要的是要理解这种分析的局限性和用什么样的几何形状和尺寸的试件去完成试验。例如，当板的宽厚比等于或大于 30 时，对于边缘分层有决定性影响的层间拉应力将趋近于零（见参考文献 8.7.3(a)）。

如图 8.7.3 所示，当层压板试件受单轴拉伸时，易受边缘分层的影响，一般显示出较低的强度(极限应力)(见参考文献 8.7.3(b)-(f))。层压板的强度降低直接与刚度降相联系,对于层压板呈稳定分层扩展情况,随边缘分层面积增加,刚度下降(见参考文献 8.7.3(b)-(e))。已经表明,对于分层呈不稳定扩展并伴随产生基体裂纹的层压板,边缘分层的起始与拉伸强度有关(见参考文献 8.7.3(f))。

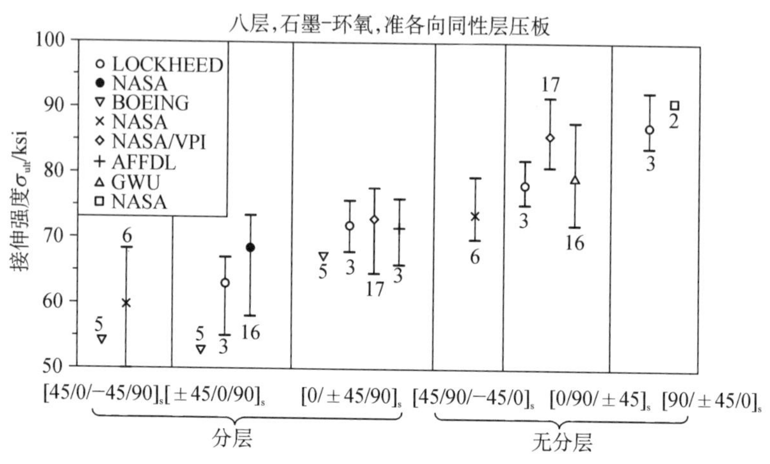

图 8.7.3 无缺口拉伸强度随铺层顺序的变化(取自参考文献 8.7.3(d))

边缘分层引起的层压板刚度下降可能以两种不同的方式影响其所测得的拉伸强度(见参考文献 8.7.3(e))。如果分层后所有各层仍可继续承载,层压板的极限应变就等于主要承载层的临界应变。在此情况下,层压板的强度随表观轴向模量成比例地下降。但是,如果偏轴层不再承载,这是因为它们被基体裂纹和分层的内连网络隔开了的缘故,则可能形成局部应变集中。发生这种情况时,层压板的整体破坏总应变可能比主要承载层的临界应变小。

自由边分层把一个层压板分开成几个子层压板,每个子层压板可继续承受拉伸载荷。此时层压板的表观模量取决于分层长度和子层压板的模量,子层压板的模量可用层压板理论计算。如果子层压板铺层是不对称的,存在严重的拉-弯耦合效应,则子层压板的模量与铺层顺序有关(见参考文献 8.7.3(g)和(h))。可采用一种简单的混合律精确地计算层压板边缘分层时的表观模量(见参考文献 8.7.3(e),(g)和(h))。

层内基体裂纹和分层间的局部耦合可能使层压板产生完全或部分分离,除非损伤扩展到整个板宽,否则不可能发生层的完全分离。当层完全分离时,可按一种因分离层组而缩减的修正混合律计算层压板的表观刚度和应变集中(见参考文献 8.7.3(e))。局部范围内刚度下降也会引起应变集中(见参考文献 8.6.3(b))。应变集中既与局部刚度降有关,又与层压板的总体刚度有关。例如,具有显著各向异性的硬层压板如以 0°铺层为主的层压板承受轴向载荷时,会有很大的应变集中系数,因而,硬层压板的局部损伤容限比软层压板(如准各向同性板)的小。

当存在高的层间剪应力时，边缘分层和基体裂纹扩展可能相互耦合从而导致灾难性失效。受偏轴载荷时，设计中通常采用的层压板边缘分层特性（即准各向同性的层压板）受层间剪应力控制。注意，这种层压板的铺层相对于载荷轴线一般是不均衡的，对于这种层压板，测量出的拉伸强度与边缘分层起始值一致（见参考文献 8.7.3(f)），因此，需要用考虑层间应力影响的失效准则来预估拉伸强度。

对复合材料层压板的边缘效应进行计算时，要采用合适的分析方法（见参考文献 8.7.3(d)，8.7.3(d)，8.7.3(g)-(k)）。在自由边分析中，应计及作用的机械载荷和环境的影响。有两种方法已成功地用于定量分析自由边应力和预估边缘分层：①基于应变能释放率的断裂力学方法（文献 8.7.3(d)，8.7.3(g)-(i)）；②基于平均应力失效准则的材料强度方法（见参考文献 8.7.3(j)和(k)）。

已发现，同时使用在层压板各层间夹树脂层和将试件边缘抛光的方法可有效抑制边缘分层（见参考文献 8.7.3(f)），高韧性的层间材料具有抵抗分层的能力。防止边缘分层的另外方法包括：沿层压板边缘危险界面上布置树脂层片（见参考文献 8.7.3(l)），危险层的终端偏离边缘（参考文献 8.7.3(m)），采用混杂材料（见参考文献 8.7.3(n)和(o)）以及采用锯齿状边缘（见参考文献 8.7.3(o)）等。

上面关于分层影响的大多数讨论都认为减小了拉伸性能。一般来说，对于容易产生边缘分层的无缺口试件是正确的。已经表明，远离层压板边缘发生的孤立分层（即制造缺陷）以及不与基体裂纹耦合的分层，对拉伸强度影响很小（见参考文献 8.7.3(p)）。理论上讲，当拉伸载荷考虑变形协调时，这种分层不降低层压板的局部刚度，远离板边处的多个分层仅引起很小的拉伸强度下降（见参考文献 8.7.3(p)）。这可以用加载过程中分层和其他基体损伤（例如铺层开裂）间的耦合只引起部分铺层分离，从而只局部降低刚度来加以解释。

8.7.3.1　压缩

分层对压缩强度的影响通常比对拉伸强度的影响大得多，因此，在选择铺层顺序时，经常要对层压板抵抗分层的能力进行考虑。计算中必须对由于制造缺陷和/或使用中发生的事件如冲击等引起的分层影响加以考虑。例如，避免试件边缘分层最好的铺层顺序，对抑制冲击在结构内部引起分层的效果不一定最好。

分层使层压板分离成子层压板，各子层压板有其自身相关的刚度、稳定性和强度特性。子层压板通常是不对称的，所以，所有子层压板的刚度将与铺层顺序有关。子层压板组的局部压缩性能和稳定性最终确定了灾难性失效载荷。

含分层复合材料层压板的压缩失效主要取决于子层压板的稳定性。因为层压板中的分层可能在许多不同界面上发生，所以子层压板的铺层顺序一般不会是对称和均衡的。正如早先讨论过的，这种铺层顺序产生的拉弯耦合效应会降低屈曲载荷。另外，子层压板的边界条件和形状对于稳定性与铺层顺序间的关系也是至关重要的。

有几种预估复合材料层压板中子层压板稳定性的方法（见参考文献 8.7.3.1(a)-

(e)),由于分析模型在弯曲刚度、边界条件和子层压板形状的假设上不同,需要用试验数据判定哪些假设适合于所给定的问题。屈曲子层压板引起的面内和面外应力重新分配对于层压板的压缩强度起着决定性的作用。

如果组合子层压板刚度耐环境的能力与原基础层压板差别很大,环境条件可能对分层扩展及载荷重新分配起显著作用。前面几节中已概述了环境和铺层顺序对层压板尺寸稳定性的综合影响。预计非对称子层压板的稳定性与其翘曲有关,翘曲变形既与它所处的环境条件又与铺层顺序有关。稳定分析中,可以把翘曲变形当成缺陷处理。

可采用类似于受拉层压板的方法对受压层压板自由边分层起始进行分析(见参考文献 8.7.3.1(a))。一旦开始分层,其扩展情况取决于子层压板的稳定性。所以,必须结合分层扩展情况建立恰当的子层压板稳定性分析模型(见参考文献 8.7.3.1(b)和(c))。分层扩展可能是稳定的,也可能是不稳定的,这取决于子层压板的铺层顺序、分层的几何尺寸、层压板的结构形状和边界条件。目前,对表征冲击损伤的多重分层扩展情况尚不很了解。

8.7.4 应变能释放率断裂力学计算

8.7.4.1 引言

聚合物基复合材料一般失效模式包括基体裂纹,它可在层厚内垂直纤维方向扩展、沿纤维方向劈裂、裂纹沿纤维走向扩展、层间开裂以及纤维断裂等。复合材料对层间裂纹尤其敏感,通常称为分层。同时,复合材料胶接接头对胶黏剂和/或胶接面失效很敏感,常称为脱粘。分层和脱粘是复合材料设计中的难点,特别在考虑疲劳时,由于存在高的层间应力,这些损伤可在材料相对较弱的界面内和几何不连续处扩展。在确定含分层损伤结构静强度、疲劳强度、稳定性和后屈曲响应损伤容限时,理论分析处理是有用的。本节概要介绍了以层间断裂力学为基础的分析方法,用以确定分层尺寸沿给定路径扩展时的能量,它是裂纹长度的函数,可用来估算在循环加载时分层起始和扩展(见 12.6.4 节)以及剩余强度(见 12.7.4 节)。一种以断裂力学为基础的分析和特征值用以计算含缺陷结构的分层行为,这里,应变能释放率参数 G 作为控制参数。注意本节讨论的确定复合材料分层时应变能释放率参数 G 的方法同样可用于胶接接头的脱粘。本节概述的分析假设胶接接头已预处理使其有充分的胶接强度。

线弹性断裂力学和应变能释放率处理用来研究聚合物基复合材料的断裂(见参考文献 8.7.4.1(a)),通常采用 Griffith 裂纹理论(见参考文献 8.7.4.1(b)),这一分析表述了物体位能的减少和裂纹表面生成时表面能增加相平衡,简述之,应变能释放率 G 是弹性物体产生裂纹的能量。G 由方程 8.7.4.1(a)给出,这里,U 是物体的应变能,A 是裂纹表面面积。总的 G 由张开型、滑开型(剪切型)和撕开型断裂模式组成,如图 8.7.4.1 所示,即应变能释放率 G 为这三个分量之和。在二维状态时闭合裂纹所需的能量由 Irwin(见文献 8.7.4.1(c))导出,张开型和滑开型(剪切型)断裂能分别由方程 8.7.4.1(b)和(c)给出，这里应力状态 σ_z 和 σ_{yz} 以及断裂表面位移 u_z 和 u_y 是沿闭合裂纹表面 dA 计算得到。

$$G = \frac{\partial W}{\partial A} - \frac{\partial U}{\partial A} \tag{8.7.4.1(a)}$$

$$G_{\mathrm{I}} = \lim_{2\Delta A \to 0} \int_A \sigma_z u_z \mathrm{d}A \tag{8.7.4.1(b)}$$

$$G_{\mathrm{II}} = \lim_{2\Delta A \to 0} \int_A \sigma_{yz} u_y \mathrm{d}A \tag{8.7.4.1(c)}$$

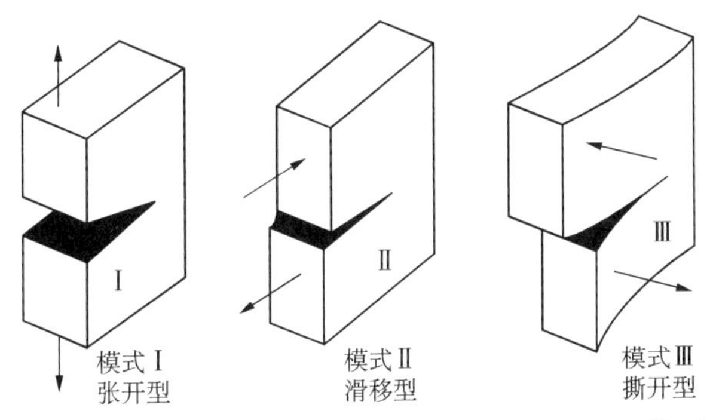

图 8.7.4.1　断裂模式示例：张开型、滑开型(剪切型)和撕开型

对先进复合材料结构分层起始和增长的预测，层间断裂力学处理方法优于应力基础方法。层间断裂力学计算结构应变能释放率并与评价分层行为而测得的材料断裂韧性值相比较。与考虑贯穿性断裂不同，层间断裂力学通过对层间分离不连续性的考虑捕捉到了分层的本质。分层的弹性分析会在这些宏观的、层水平上、不连续的裂纹尖端处出现应力奇异性，断裂力学分析和采用的特征值可避免分析应力奇异场时的不确定性，有量化作用的优越性，这一固有特性包含在应变能释放率参数 G 中。Ⅰ型分层是典型的膨胀控制脆性裂纹增长事件，Ⅱ型和Ⅲ型分层一般是基体内垂直主应力方向纤维-基体间小裂纹的组合，但裂纹增长就像在匀质层水平上观察到的单一控制的Ⅱ型或Ⅲ型裂纹(增长)。在最高层次，层间断裂力学方法可用来计算结构中各应变能释放率分量($G_1(a)$, $G_2(a)$和 $G_3(a)$)，它们是裂纹长度 a 的函数，计算值与复合材料固有的断裂韧性值相比较可预测分层的起始和扩展，后者由试件试验得到(见第 1 卷第 6.8.6～6.9 节)。层间断裂力学实际操作将涉及计算应变能释放率，可应用有限元建模(FEM)并结合另外一些方法如虚拟裂纹闭合技术(见参考文献 8.7.4.1(d))、裂纹尖端元处理(见文献 8.7.4.1(e)和(f))、J 积分和 $\beta = 0$ 处理等(见参考文献 8.7.4.1(g))，最常用的方法是有限元结合虚拟裂纹闭合技术(VCCT)。本节概要介绍了应变能释放率的计算，从有限元建模开始，确定应变能释放率的主要步骤为：①模型中分层的定义；②有限元解；③计算应变能释放率 G。表 8.7.4.1 给出了计算的各个步骤并在以下几节中一一说明。

表 8.7.4.1　计算应变能释放率的主要步骤

建模中分层定义	● 识别可能分层的单层界面 ● 选择有限元分析的单元形式 ● 定义网格几何尺寸和裂纹区细化策略 ● 由分离单元建立模型中分层表面 ● 按给定层铺向建构单元坐标系和分层走向的局部坐标系 ● 选择接触算法并对所需接触单元给出约束方程
有限元解	● 对接触和大变形问题给出非线性解参数 ● 在分层长度范围进行逐次求解并储存关键结果 ● 验证结果，特别是位移解是否满足接触条件
应变能释放率 G 计算	● 按沿分层路径定义的坐标系提取裂纹尖端区每个裂纹长度对应解 ● 对给定单元类型和非均匀单元尺寸的修正后用 VCCT 方法计算 $G_1(a)$、$G_2(a)$ 和 $G_3(a)$ ● 特殊考虑混合模式计算

8.7.4.2　确定应变能释放率的主要步骤

这一节介绍了确定应变能释放率的主要步骤，计算方法为虚拟裂纹闭合技术(VCCT)和有限元结构分析。第一步是包含分层的有限元建模分析，其次讨论了有限元解的重要特征，最后介绍了用虚拟裂纹闭合技术计算应变能释放率各分量的基本方程。

8.7.4.2.1　有限元建模中分层的定义

本节提供了有分层时确定应变能释放率的有限元建模最好实践经验，系统计算过程从识别危险界面开始并以结构分析结束。

8.7.4.2.1.1　分层位置选择

无论是试验或分析都需要优先识别危险界面，它可通过传统的应力分析方法得到，即预示层间失效的高层间拉伸和/或剪切应力区域(见参考文献 8.7.4.2.1(a)和(b))。经验表明，下列情况存在分层问题，如自由边界、变截面区域内层的末端、带曲率的加强条或带沟槽截面、夹芯结构封闭区以及蒙皮/加强条接触区。由于层间失效分离建模的复杂性，界面数必须有限制，它们可根据实验观察到失效位置、细节应力分析以及高层间拉伸和剪切应力区域来选择。开裂界面典型发生在层压板两层间，但在胶接接头中，危险裂纹界面可发生在层压板两层间(胶接)、胶黏剂间胶接面和胶黏剂内部。对于静加载时的裂纹扩展，下列指导意见可用于选择开裂界面。

● 通常保守假设复合材料层压板存在一个“清晰的开裂路径”，裂纹扩展过程中裂纹尖端在两层间或沿某层内纤维连续直线扩展，其他的基体开裂、层桥联和层跳跃式开裂行为在扩展时与自相似裂纹扩展相比需要更多能量。

● 因为胶黏剂一般比胶接件基体树脂韧性更好，静加载时胶接接头不会在胶黏剂内部断裂，若胶接处理正确(即没有“弱胶接”)，初始脱粘呈典型的跳变进入复合材料内部，表现出在胶接件处分层。

● 对复合材料胶接接头胶黏剂内部静态损伤扩展建模的保守做法是假设裂纹

将运动到胶接界面。应保守地应用合理的胶黏剂——胶接界面或胶接面韧性数据，因为胶黏剂韧性通常高于胶接件。

一旦分层界面被确定，有限元模型必须包含足够的层细节以得到 $G(a)$ 的详细关系。对复合材料结构模型，全厚度单元常常包含多层，其力学性质取平均值以获得有效解。对不同铺设方向两单层间含分层的二维或三维连续模型，在结构模型内，为从计算结果得到精确的模态比，取单层上界面和下界面这一最小值来建模而不是层平均值。对层压壳元间的 VCCT 分析，例如表面带凸缘的两壳间，不需要逐层建模。进行全尺寸结构模型运算时，建议在感兴趣的小区域内提供足够的层细节以便建立一些必需的子模块。

8.7.4.2.1.2 单元选择

对二维问题建议使用矩形元，与线性元相比，这些单元会引起严重的应力梯度行为并使剪切闭锁最小化，另外，在裂纹区域内需要好的线性元网格以提供与矩形元同样程度的精度。例如，一个研究表明成功使用矩形元可减少集成方案，如 ABAQUS 中的 CPS8R 和 ANSYS 中的 PLANE82 元（见参考文献 8.7.4.2.1.1(b)）。因为在二维建模中偏轴层的各向异性本质，建议使用广义平面应变条件。作为有限元软件中缺乏广义平面应变元的替代，本问题可界定在假设平面应变或平面应力两个结果之间。Krueger 等比较了在二维模型中近似模拟三维材料行为的几种方法，包括由 Minguet 建议的修正的广义平面应变处理和一单元厚度固体模型处理（见参考文献 8.7.4.2.1.2(a)），用于二维模型实例中的材料性质由本参考文献和参考文献 8.7.4.2.1.1(b)给出。

对三维问题，建议用线性元来求解，因为用它能使计算能量释放速率简单化和适于在分层区考虑采用不规则单元尺寸。三维结构网格中，不规则的网格会在分层区产生不均匀的网格尺寸，对较高阶三维有限元，简单的修正是不合适的。

有限元软件中合适的二维和三维连续元或壳元都能用于计算能量释放率 G，例如 ANSYS、ABAQUS、NASTRAN 和 MARC 软件。对一种复合材料斜梁的分析表明，由 ANSYS 和 ABAQUS 得到相似的结果（见参考文献 8.7.4.2.1.2(b)）。随着层间断裂力学日益成熟，商业有限元工业界发展了用 VCCT 计算的新有限元，2005 年，由 Mabson 等人开发了一个 VCCT 断裂界面元修正版（见文献 8.7.4.2.1.2(c)），附加在 ABAQUS v6.5 中。这种元允许在单一有限元运行中模拟分层扩展。断裂界面元能用在模型中任意两个表面间，也能用于二维和三维连续元、壳元或连续壳元，这种元不需要匹配的网格穿过表面并包括防止失效后贯穿（接触）。这种元能分离 G_1，G_2 和 G_3，也能用于混合模式失效准则。因此断裂界面元能自动应用于层间断裂力学静力分析中。

8.7.4.2.1.3 网格细化

裂纹尖端区有限元网格定义需小心考虑，相对于单层厚度的网格尺寸和网格形状比是定义网格策略中考虑的主要因素。图 8.7.4.2.1.3 显示了在二维模型中裂纹尖端附近的单元。最精确的是在裂纹尖端处单元保持均匀和近似正方形，即 $\Delta a=\Delta h$，单元高度 Δh 可以是单层厚度 t，或为单层厚度的分数值。建议从 $\Delta h/t=0.1$ 到 $\Delta h/t=1$ 选取几个裂纹尖端单元尺寸获得多个解答以进行网格细化研究。虽然 G 的总值不变，但能量释放率 G 分量和模式比对不同的层网格密度是敏感的，这一问题将在后面节次中详细讨论。研究目的是记录增加网格细化后能量释放率 G 分量和模式比的收敛性。一般讲，$\Delta h/t=0.5$ 是同时考虑精度和效率时好的选择。对三维问题，网格宽度和长度形状比，$b/\Delta a$，推荐在 8 到 12 之间，以减少出现有限元计算中的尺寸问题。在网格生成中，重要的是从几个不同的裂纹长度计算结果中得到 $G(a)$ 曲线。因此，在这些裂纹长度计算中不同的网格细化需依次定义。对二维问题的网格细化研究已由 Raju 等(见参考文献 8.7.4.2.1.3(a))和 Davidson 等(见参考文献 8.7.4.2.1.3(b))很好地论述，三维问题的网格细化见 Krueger 等的论文(见参考文献 8.7.4.2.1.3(c))。

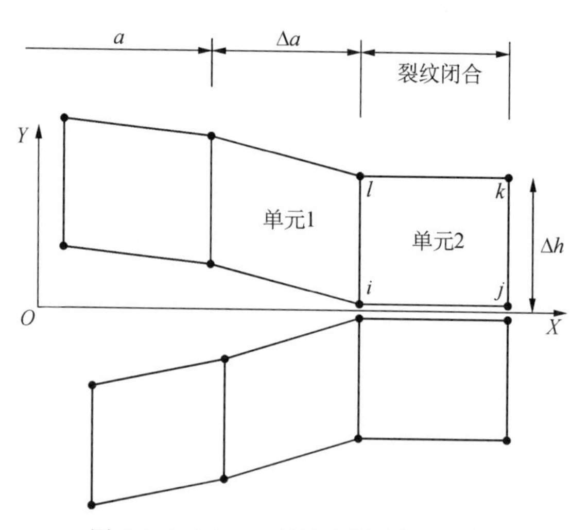

图 8.7.4.2.1.3 裂纹尖端区单元示例

8.7.4.2.1.4 单元坐标

复合材料结构分析中，为得到准确的能量释放率 G 值，定义正交各向异性材料性质和它们在单元中的分配起决定性的作用，对某些单元，它们的材料坐标可由节点连接知识确定。对图 8.7.4.2.1.3 所示的问题，应按纤维方向来定位并常常根据从节点 i 到节点 j 的方向描述。对 ABAQUS 模型，节点的偏置用确定单元坐标系的传统方法，对 ANSYS 模型和任何三维有限元，单元坐标系必须按构建的局部坐标系定义。局部的 G 值对单元定位和分层尖端处坐标系敏感，因为它们决定了局部刚度，而且分层前端局部坐标系定义需要分解力和位移分量，对某些情况，在分层前端生成新坐标系并补充到单元材料坐标中，它由分离层之间单元界面表示的分层表面走向来确定。例如图 8.7.4.2.1.3 中单元 2 局部分层走向可按单元 1 节点 i 和 j 来构建。走向必须按变形状态来修正，特别对大变形问题更应如此。

8.7.4.2.1.5　分层和接触的模拟

由有限元模型中的分离元在指定界面构建分层，在一种分离元处理中，对感兴趣的预计分层长度部位构建成对的节点，无论是单元上界面或下界面节点连续性被修正时分层就生成了。指定节点数和感兴趣的分层形态是重要的，理想情况是与特别的用户程序相联系，这时节点形态的轨迹和结果符合 ANSYS 指令。节点位移(u, v 和 w)和力(F_x, F_y 和 F_z)分量在计算能量释放率时是需要的，作为一个简化步骤，用约束方程使分层上下重合节点充分耦合，在变化分层长度条件下移动约束方程和节点耦合确定 G 的不同状态，给出预定的形态并求解方程。当节点不耦合时，构建接触条件是重要的以避免裂纹表面贯穿。接触条件由特殊的面对面、节点对面或节点对节点组成。一般讲，节点对节点接触被常规问题接受并忽略摩擦，但是面对面接触对大位移和大的相对节点位移优先考虑。后处理步骤是验证接触条件和贯穿很好的实际做法。

8.7.4.2.1.6　总体和局部坐标系

精确计算分层前端的能量释放率 G 时需要细化的有限元建模，在感兴趣区域，有代表性的精细网格通常至少每层一个单元。相反，通常用在部件应力分析中的有限元模型较粗糙，一个单元内包含有几层。因此，层间断裂分析常常在总体部件应力模型内构建一个局部细化网格模型。Krueger 等已描述了壳—固体建模技术用于分层断裂分析(见参考文献 8.7.4.2.1.6(a)和(b))。次级建模选择牵涉从总体模型位移边界条件转换到局部模型，这种选择导致两个有限元解。在这种情况分层必须足够小使其不会明显影响部件或总体模型的位移场，换言之，局部模型能集成在总体模型中，由约束方程连接，这种情况模型边界载荷传递需要小心检验以确保应变和应力场连续。

8.7.4.2.1.7　有限元解

计算能量释放率 G 时由于采用了接触元，为避免分层表面贯穿经常需要非线性解，位移解的有效性可通过垂直界面的位移比较来检验。如果在后处理结果中确定有过度贯穿发生，接触算法需改进，即增加法向接触元刚度。回想起分析者常常感兴趣分别对几个分层长度求得 G 的特征值以获得 $G(a)$ 曲线中的最大值，因此需对不同分层长度重复求解，在每个分层长度，记录分层区局部模型的位移和力分量。在一种处理中，可能在模型中有长分层时出现重叠的节点与约束方程连接，可由接触元替代约束方程使分层扩展。

8.7.4.3　计算 G

几种方法可用来计算复合材料结构能量释放率，其内容留待引申的训练。最引人注意的有虚拟裂纹闭合技术(VCCT)(见参考文献 8.7.4.1(d))、J 积分方法(见参考文献 8.7.4.3(a)和(b))、裂纹尖端元方法(见参考文献 8.7.4.1(e)和(f))和等价范畴积分方法(见参考文献 8.7.4.3(e))等。复合材料结构断裂力学的实际操作中，VCCT 的原理结合有限元方法通常用来计算 G 和模式。本节介绍了在有限元构架下 VCCT 的基本关系，包括二维线性矩形连续元、二维高价线性矩形连续元和三维线性连续元。G_{I}(a)，G_{II}(a)和 G_{III}(a)方程由位移及节点和裂纹尖端区单元的力来表示。有关 VCCT 方法的详细描述和应用可见 Krueger 的论文(见参考文献 8.7.4.3(d))。

8.7.4.3.1 虚拟裂纹闭合技术——二维线性连续元

Rybicki 和 Kanninen(见文献 8.7.4.1(d))对 G_1 和 G_2 分别给出了相应的方程作为闭合裂纹扩展 Δa 时所需能量的简化表达式。

$$G_{\mathrm{I}} = \frac{1}{2b\Delta a} Y'_1 \Delta v_1 \qquad (8.7.4.3.1(\mathrm{a}))$$

$$G_{\mathrm{II}} = \frac{1}{2b\Delta a} X'_1 \Delta u_1 \qquad (8.7.4.3.1(\mathrm{b}))$$

式中：X'_1和 Y'_1分别为闭合裂纹扩展时的节点力；Δa 分别用位移 Δu 和 Δv 表示。图 8.7.4.3.1 显现了方程(8.7.4.3.1(a))和式(8.7.4.3.1(b))的应用，通过对裂纹尖端附近二维矩形四节点元的检验得到。图 8.7.4.3.1 的坐标系定义为裂纹路径的走向，$x-y$ 的规定不同于图 8.7.4.1 中的 $x-z$。为便于用式 8.7.4.3.1(a)和式 8.7.4.3.1(b)建模，二维元坐标系典型定义在 $x-y$ 面内。在 y 方向的闭合位移用 Δv_1 表示，它等于上节点位移 n_a 和下节点位移 n_b 在 y 方向分量之差，相似地，在 x 方向的闭合位移用 Δu_1 表示，它等于同样的上节点位移 n_a 和下节点位移 n_b 在 x 方向分量之差。在 x 和 y 方向使裂纹闭合所需的力分别用 X'_1和 Y'_1表示，这些值容易从环绕裂纹尖端每个单元的节点力输出中获得，或者用多点约束(mpcs)条件从连接成对节点的反作用力得到。为满足力平衡条件，裂纹尖端节点每个方向上力的总和应等于零，这样，裂纹上、下的力 X'_1数值相等方向相反，图 8.7.4.3.1 与方程(8.7.4.3.1(a))和式(8.7.4.3.1(b))的 X'_1和 Y'_1可按上(或下)单元节点贡献的力之和计算。这一推导假设断裂区和未断裂区单元长度 Δa 相等，如不满足，随后须进行修

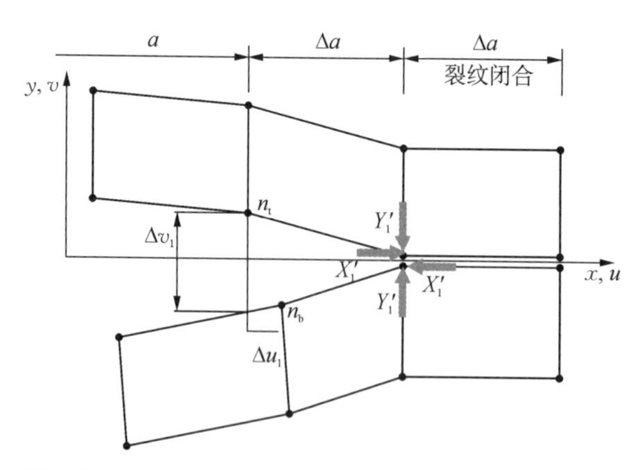

图 8.7.4.3.1 VEET 用于二维线性矩形连续元的实例
(见参考文献 8.7.4.3(d))

正。再次强调，节点位移和力只相对于局部分层走向确定。对几何非线性分析，位移和力必须转换到局部变形方向(见参考文献 8.7.4.3(d))。

8.7.4.3.2　虚拟裂纹闭合技术——二维高价线性矩形连续元

较高阶有限元适用于很多非线性问题，O'Brien(见参考文献 8.7.4.3(d))和 Raju(见参考文献 8.7.4.3(d))介绍了 VCCT 在二维较高阶矩形有限元的推广。对矩形元，由裂尖角点和边上中点决定了对虚功的贡献，如图 8.7.4.3.2 所示。下面给出了最终的 VCCT 方程：

$$G_{\mathrm{I}} = \frac{1}{2b\Delta a}(Y'_1\Delta v_1 + Y'_2\Delta v_2) \tag{8.7.4.3.2(a)}$$

$$G_{\mathrm{II}} = \frac{1}{2b\Delta a}(X'_1\Delta u_1 + X'_2\Delta u_2) \tag{8.7.4.3.2(b)}$$

式中：Δu 和 Δv 为节点位移；X' 和 Y' 为裂纹尖端力，由角点和边的中点确定，角点量由下标 1 表示，边的中点量由下标 2 表示。裂纹顶点附近单元长度 Δa 假设与开裂区和非开裂区相同。y 方向的闭合位移用 Δv_1 和 Δv_2 表示，由上角点和下角点位移之差确定，x 方向的闭合位移用 Δu_1 和 Δu_2 表示，由同样节点 x 位移分量之差确定，在 x 和 y 方向闭合裂纹所需节点力分别由 X'_1，Y'_1，X'_2 和 Y'_2 表示。位移和力直接通过在局部分层坐标系中已解得的模型和投影分量求出。

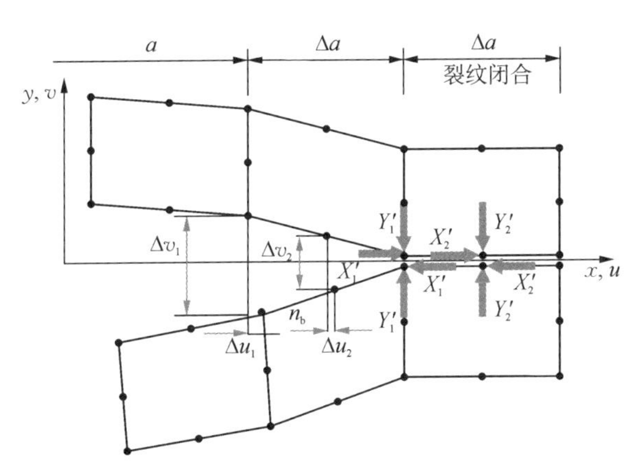

图 8.7.4.3.2　VEET 用于二维八节点矩形元的实例
(文献 8.7.4.3(d))

8.7.4.3.3　虚拟裂纹闭合技术——三维线性连续元

虽然这一技术的应用正在向三维问题挑战，经常需要用三维连续元建模方法实际应用 VCCT 技术。Shivakumar 等(见参考文献 8.7.4.3.3)和 Krueger 等(见参考文献 8.7.4.2.1.3(c))研究了 VCCT 技术推广到三维线性连续元情况。VCCT 一般推广到三维问题是在局部 $x-y$ 平面内引入一个分层表面，此时分层前端沿正 x 方向，如图 8.7.4.3.3 所示。通过方程 6.7.4.3.3(a)～(c)计算 G。

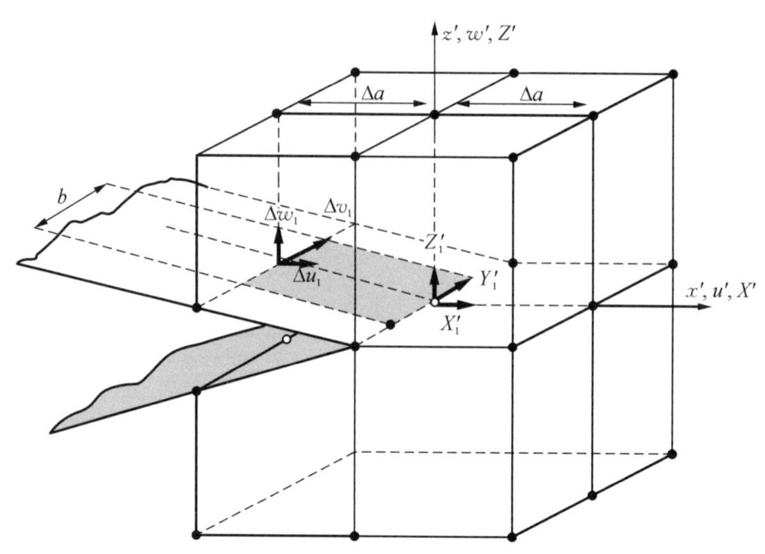

图 8.7.4.3.3　VEET 用于三维八节点线性元的实例(文献 8.7.4.3(d))

$$G_{\mathrm{I}} = \frac{1}{2b\Delta a} Z'_1 \Delta w_1 \qquad (8.7.4.3.3(a))$$

$$G_{\mathrm{II}} = \frac{1}{2b\Delta a} X'_1 \Delta u_1 \qquad (8.7.4.3.3(b))$$

$$G_{\mathrm{III}} = \frac{1}{2b\Delta a} Y'_1 \Delta v_1 \qquad (8.7.4.3.3(c))$$

式中:节点裂纹尖端力 X'_1，Y'_1和 Z'_1由裂纹顶端节点局部坐标系确定。

选择的坐标系与图 8.7.4.1 坐标系相同,易于用式(8.7.4.3.3(a))—式(8.7.4.3.3(c))进行三维有限元建模,这里 z 轴为厚度方向。与裂纹长度闭合相联系的位移矢量用 Δa 表示,位移分量用 Δu_1、Δv_1 和 Δw_1 表示。假设裂纹顶点附近单元长度 Δa 和宽度 b 在开裂区和非开裂区均相等。这种情况下位移面积 $\Delta A = b\Delta a$，这里 b 覆盖了沿宽度或沿分层区局部坐标 Y'方向每个单元的一半,对不规则形状单元,b_1 不等于 b_2,宽度可用 $b = (b_1 + b_2)$ 估算。

对高阶三维连续元及对板和壳,补充定义的 VCCT 关系可见 Krueger 的文章(见参考文献 8.7.4.3(d))。线性三维元用于细节结构分析时作了简化,保留节点力和位移并适用于分层区不规则单元尺寸。三维结构网格建构时,不规则网格会出现不相等的 Δa 和 b,一种修正适用线性元中的不均匀单元,但不是对高阶元。这里 VCCT 关系中略去了 20 节点三维连续元。

8.7.4.3.4　非均匀网格的修正

前面介绍的应变能释放率方程假设网格尺寸在长度和宽度方向是均匀的,对非均匀网格,需要进行修正以保证合理考量闭合面积并考虑裂纹尖端力和相邻单元节点位移的协调。当闭合单元长度为 Δa_2，张开单元长度为 Δa_1 时，位移的线性内插值定为张开单元长度为 Δa_2 时的位移典型值，修正后的位移值为 $\Delta u_1 \Delta a_2/\Delta a_1$，当相邻单元宽度不相等并分别以 b_1 和 b_2 表示时，闭合面积取每个单元的一半，这时面积为 $\Delta A = \Delta A_1 + \Delta A_2 = \Delta a_1 b_1/2 + \Delta a_2 b_2/2$。在 Rybicki 和 Kanninen 原先工作中，假设 $1/r$ 应力场用于推导修正关系（见文献 8.7.4.1(d)）。三维线性连续元 VCCT 修正方程见式(8.7.4.3.3(a))～式(8.7.4.3.3(c))。这些方程中的位移根据单元形状函数作出调整，与规则应力场假设无关。

$$G_{\mathrm{I}} = \frac{1}{2\left(\frac{\Delta a_2 b_1}{2} + \frac{\Delta a_2 b_2}{2}\right)} Z'_1 \Delta w_1 \frac{\Delta a_2}{\Delta a_1} \qquad (8.7.4.3.4(a))$$

$$G_{\mathrm{II}} = \frac{1}{2\left(\frac{\Delta a_2 b_1}{2} + \frac{\Delta a_2 b_2}{2}\right)} X'_1 \Delta u_1 \frac{\Delta a_2}{\Delta a_1} \qquad (8.7.4.3.4(b))$$

$$G_{\mathrm{III}} = \frac{1}{2\left(\frac{\Delta a_2 b_1}{2} + \frac{\Delta a_2 b_2}{2}\right)} Y'_1 \Delta v_1 \frac{\Delta a_2}{\Delta a_1} \qquad (8.7.4.3.4(c))$$

8.7.4.4　混合模式的确定

在一个双材料界面确定混合模式即 $G_{\mathrm{I}}/G_{\mathrm{T}}$ 或 $G_{\mathrm{II}}/G_{\mathrm{T}}$ 是复杂的，因为在裂纹尖端场和处理带存在振荡奇异性，它发生在两个不同铺设方向单层间的分层计算中，如 0°/45°或 45°/90°间界面，振荡奇异性出现在由连续力学表征双材料界面的裂纹中（见参考文献 8.7.4.2.1.3(a)和参考文献 8.7.4.4）。与临界尺寸和单层厚度相关的裂纹尖端区损伤或处理带决定了线弹性断裂力学可用性（见参考文献 8.7.4.2.1.3(b)）。本节概括了一些处理混合模式的方法。

当裂纹存在于各向同性材料中时，平面应变状态应变能释放率分量由下列公式计算：

$$G_{\mathrm{I}} = \frac{1-\nu^2}{E} K_{\mathrm{I}}^2 \qquad (8.7.4.4(a))$$

$$G_{\mathrm{II}} = \frac{1-\nu^2}{E} K_{\mathrm{II}}^2 \qquad (8.7.4.4(b))$$

$$G_{\mathrm{III}} = \frac{1-\nu^2}{E} K_{\mathrm{III}}^2 \qquad (8.7.4.4(c))$$

这里，模式比 $G_{\mathrm{I}}/G_{\mathrm{T}}$ 或 $G_{\mathrm{II}}+G_{\mathrm{III}}/G_{\mathrm{T}}$ 可直接计算。相似地，当界面被限制在裂纹上、下为同一正交各向异性材料时，应变能释放率与应力强度因子成正比。但对双材料界面，裂纹尖端区应力场振荡性引起非单一模式比，它会出现在两个不同铺设方向角单层间的分层，如 0/90、0/45 或−45/45 间界面。这意味着 VCCT 层间断裂计算结果中存在混合模式计算对网格尺寸的敏感性。换言之，当网格被细化后混合模式将发生变化并不收敛于单一值。连续力学对层水平分析的简化处理造成结果奇异性，不代表分层区物理特征。局部分层发生在层间树脂中并常常局限在基体或周期性基体/纤维界面。在这一尺度内细观力学建模是不现实的，因此问题变为如何应用层间断裂力学获得实际意义的模式比。本节中，讨论了作为获得实际意义模式比的候选处理方法。

8.7.4.4.1 有限裂纹进展

一种确定实际意义模式比的方法是对有限裂纹进展计算能量释放率，这时有限单元扩展，Δa，比奇异场区域更大。根据振荡奇异性发生区域一般小于单层厚度的事实，可确定稳定的模式比，它已被对较小单元尺寸（裂纹扩展 Δa）进行网格细化研究以获得收敛的模式比研究所验证。在网格细化研究中，两个最好的实际经验可采用，首先，虚拟裂纹闭合长度有限值与总裂纹长度之比，$\Delta a/a$，应该大于 0.05，Hwu 和 Hu 的结果（见参考文献 8.7.4.4.1）指出当 $\Delta a/a \gg 0.05$ 时，混合模式比近似为常数；其次，对不同的网格细化获得了一系列有限元结果和能量释放速率 G 的结果，单元高度 Δh 与单层厚度 t 的比值应该在 0.1～1 范围内，即 $\Delta h/t = 0.1 \sim 1.0$，单层厚度是单元长度和高度的实际上限，因为更大的单元将涉及不同的层特性。对碳纤维预浸材料，$\Delta h/t=0.1$ 相当于单元尺寸低于两倍纤维直径，建模的每个单层作为正交各向异性连续体的假设不再适用。模式比对 $\Delta h/t$ 的收敛性决定了 G 值的稳定性和误差。

在一些特例中，通过对两个不同分层扩展状态的有限元结果计算 $\mathrm{d}U/\mathrm{d}a$，G_{T} 可直接由方程 8.7.4.1(a)确定，这一分析对评价宏观分层扩展有用，近似解对保守的扩展临界值是充分的。

总之，在虚拟裂纹闭合技术中，应变能释放率定义为整个有限裂纹闭合长度中的虚拟裂纹闭合积分，单元长度，Δa，必须足够小以确保有限元计算结果的收敛性，也要足够大以避免振荡结果。当能量释放率定义用于断裂预示以及作为材料特征值时，所用的处理方法必须与其一致。

8.7.4.5 二维和三维的实际应用

断裂力学用于复合材料结构设计和分析中的一般性方法可见 O'Brien（见参考文献 8.7.4.5(a)）和 Martin（见参考文献 8.7.4.5(b)）的论文。发展了试件级模式 1 和模式 2 的基本元件断裂韧性数据，用有限元分析和 VCCT 计算了结构危险部位的 G_{I} 和 G_{II} 并通过对分析和失效准则试验结果的比较预示了分层的起始和扩展。本方法有特别吸引力的是用在高周疲劳动力学部件设计中。应变能释放率方法已用在某些级别的分层问题中，包括：自由边界（见参考文献 8.7.4.3.2(a)）和（见参考文献 8.7.4.5(c)）、带一个敞孔的复合材料层压板（见参考文献 8.7.4.5(d)）、复合材料层压板横向冲击（见参考文献 8.7.4.3.3）、复合材料层压板压缩下的屈曲（见参考文献 8.7.4.5(e)）、变截面梁拉伸-弯曲加载（见参考文献 8.7.4.5(f)和(g)）、复合材料飞机蒙皮/加强条结构（见参考文献 8.7.4.5(h)到(j)）以及胶接接头（见参考文献 8.7.4.3.2(a)）。

至今最广泛的工作是研究自由边界分层。以经典层压板理论计算出因分层引起刚度改变为依据，O'Brien 发展了一种针对边界分层试验的能量释放率 G 的封闭解(EDT)(见参考文献 8.7.4.3.2(a))。

参考文献

8.2(a) Hashin Z. Theory of Fiber Reinforced Materials [C]. NASA CR-1974, 1972.

8.2(b) Christensen RM. Mechanics of Composite Materials [M]. Wiley-Interscience, 1979.

8.2.2.1 "Micromechanics" ASM Handbook, Volume 21 [S].: Composites D Miracle and S. Donaldson, Chairs, ASM International, Materials Park, OH, 2001.

8.2.2.2 Hashin Z, Rosen B W. The Elastic Moduli of Fiber-Reinforced Materials [J]. J. Appl. Mech., 1964, 31:223.

8.3.1(a) "Macromechanics Analysis of Laminate Properties," ASM Handbook, Volume 21[S].: Composites, D. Miracle and S. Donaldson, Chairs, ASM International, Materials Park, OH, 2001.

8.3.1(b) Jones R M. Mechanics of Composite Materials [M]. Scripta Book Co., Washington, DC, 1975.

8.3.4 Shen C, Springer G S. Moisture Absorption and Desorption of Composite Materials [J]. J. Composite Materials, 1976, 10:1.

8.3.4.2(a) Chamis C C. A Theory for Predicting Composite Laminate Warpage Resulting From Fabrication [C]. 30th Anniversary Technical Conf., Reinforced Plastics/Composites Institute, The Society of Plastics Industry, Inc., Sec 18-C, 1975:1-9.

8.3.4.2(b) Tsai S W, Hahn H T. Introduction to Composite Materials [M]. Technomic Publishing Co., Inc., Westport, CT, 1980.

8.3.4.2(c) Hyer M W. Some Observations on the Cured Shape of Thin Unsymmetric Laminates [J]. J. Composite Materials, 1981, 15:175-194.

8.3.4.2(d) Hyer M W. Calculations of Room Temperature Shapes of Unsymmetric Laminates [J]. J. Composite Materials, 1981, 15:296-310.

8.4.4 Hashin Z, Bagchi D, Rosen B W. Nonlinear Behavior of Fiber Composite Laminates [C]. NASA CR-2313, April 1974.

8.5.1.1 Wu E M. Phenomenological Anisotropic Failure Criterion [M]. Mechanics of Composite Materials, ed. Sendeckyj, G. P., Academic Press, 1974.

8.5.1.1.1(a) Gucer D E, Gurland J. Comparison of the Statistics of Two Fracture Modes [J]. J. Mech. Phys. Solids, 1962, p.363.

8.5.1.1.1(b) Zweben, C. Tensile Failure Analysis of Composites [J]. AIAA Journal, Vol.2, 1968, p.2325.

8.5.1.1.2 Rosen B W. Tensile Failure Analysis of Fibrous Composites [J]. AIAA Journal, 1964, 2:1982.

8.5.1.1.3(a) Zweben C. A Bounding Approach to the Strength of Composite Materials [J].

Eng. Frac. Mech., 1970,4:1.

8.5.1.1.3(b) Harlow D G, Phoenix S L. The Chain-of-Bundles Probability Model for the Strength of Fibrous Materials. I. Analysis and Conjectures, II. A Numerical Study of Convergence [J]. J. Composite Materials, 1978,12:195,300.

8.5.1.1.4 Rosen B W, Zweben C H. Tensile Failure Criteria for Fiber Composite Materials [C]. NASA CR-2057, August 1972.

8.5.1.2(a) Dow N F, Grundfest I J. Determination of Most Needed Potentially Possible Improvements in Materials for Ballistic and Space Vehicles [G]. GE-TIS 60SD389, June 1960.

8.5.1.2(b) Rosen B W. Mechanics of Composite Strengthening [M]. Fiber Composite Materials, Am. Soc. for Metals, Metals Park, Ohio, 1965.

8.5.1.2(c) Schuerch H. Prediction of Compressive Strength in Uniaxial Boron Fiber-Metal Matrix Composite Materials [J]. AIAA Journal, Vol.4,1965.

8.5.1.2(d) Rosen B W. Strength of Uniaxial Fibrous Composites [M]. in Mechanics of Composite Materials, Pergamon Press, 1970.

8.5.1.2(e) Chen C H, Cheng S. Mechanical Properties of Fiber Reinforced Composites [J]. J. Composite Materials, 1967,1:30.

8.5.1.3(a) Drucker D C, Greenberg H J, Prager W. The Safety Factor of an Elastic-Plastic Body in Plane Strain [J]. J. Appl. Mech., 1951,18:371.

8.5.1.3(b) Koiter W T. General Theorems for Elastic-Plastic Solids [M]. Progress in Solid Mechanics, Sneddon and Hill, ed., North Holland, 1960.

8.5.1.3(c) Shu L S, Rosen B W. Strength of Fiber Reinforced Composites by Limit Analysis Method [J]. J. Composite Materials, 1967,1:365.

8.5.1.3(d) Hart-Smith J, Gosse J. Formulation of Fiber Failure Criteria for Fiber-Polymer Composites in Terms of Strain Invariants [G]. unpublished, copyright The Boeing Co., Nov.,2001.

8.5.1.3(e) Gosse J, Christensen S. Strain Invariant Failure Criteria for Polymers in Composite Materials [C]. Proceedings, 42nd Structural, Dynamics, & Materials Conference, Paper AIAA-2001-1184, March 2001:45-55.

8.5.1.3(f) Gosse J. Strain Invariant Failure Criteria for Fiber Reinforced Polymeric Composite Materials [C]. Proceedings, 13th International Conference on Composite Materials, Beijing, China, 2001.

8.5.1.3(g) Sternstein S, Ongchin L. Yield Criteria for Plastic Deformation of Glassy High Polymers in General Stress Fields [J]. Polymer Prepr., 1969,10(2):1117-1124.

8.5.1.3(h) Characterizing Strength from a Structural Design Perspective, ASM Handbook, Volume 21 [S]: Composites, D. Miracle and S. Donaldson, Chairs, ASM International, Materials Park, OH, 2001.

8.5.2.2(a) Shuart M J. Short-Wavelength Buckling and Shear Failures for Compression-Loaded Composite Laminates [C]. NASA TM-87640, Nov, 1985.

8.5.2.2(b) Shuart M J. Failure of Compression-Loaded Multi-Directional Composite Laminates [C]. Presented at the AIAA/ASME/ASCE/AHS 19th Structures, Structural Dynamics and Materials Conf, AIAA Paper No.88-2293,1988.

8.5.2.2(c) Hahn H T, Williams J G. Compression Failure Mechanisms in Unidirectional Composites, Composite Materials: Testing and Design (Seventh Conf.) [C]. ASTM STP 893, 1986, 115 - 139.

8.5.2.2(d) Hahn H T, Sohi M M. Buckling of a Fiber Bundle Embedded in Epoxy [J]. Composites Science and Technology, 1986, 27:25 - 41.

8.5.2.3(a) Jamison R D. On the Interrelationship Between Fiber Fracture and Ply Cracking in Graphite/Epoxy Laminates [C]. Composite Materials: Fatigue and Fracture, ASTM STP 907, 1986, 252 - 273.

8.5.2.3(b) Kim R Y. In-plane Tensile strength of Multidirectional Composite Laminates [C]. UDRI - TR - 81 - 84, University of Dayton Research Institute, Aug, 1981.

8.5.2.3(c) Ryder J T, Crossman F W. A Study of Stiffness, Residual Strength and Fatigue Life Relationships for Composite Laminates [C]. NASA CR - 172211, Oct, 1983.

8.5.2.3(d) Sun C T, Jen K C. On the Effect of Matrix Cracks on Laminate Strength [J]. J. Reinforced Plastics and Composites, 1987, 6:208 - 222.

8.5.2.3(e) Bailey J E, Curtis P T, Parvizi A. On the Transverse Cracking and Longitudinal Splitting Behavior of Glass and Carbon Fibre Reinforced Epoxy Cross Ply Laminates and the Effect of Poisson and Thermally Generated Strain [R]. Proc. R. Soc. London, series A, 366, 1979:599 - 623.

8.5.2.3(f) Crossman F W, Wang A S D. The Dependence of Transverse Cracking and Delamination on Ply Thickness in Graphite/Epoxy Laminates [C]. Damage in Composite Materials, ASTM STP 775, American Society for Testing and Materials, 1982:118 - 139.

8.5.2.3(g) Flaggs D L, Kural M H. Experimental Determination of the In situ Transverse Lamina Strength in Graphite/Epoxy Laminates [J]. J. of Composite Materials, 1982, 16:103 - 115.

8.5.2.3(h) Narin J A. The Initiation of Microcracking in Cross-Ply Laminates: A Variational Mechanics Analysis [C]. Proc. Am Soc for Composites: 3rd Tech. Conf., 1988:472 - 481.

8.5.2.3(i) Flaggs D L. Prediction of Tensile Matrix Failure in Composite Laminates [J]. J. Composite Materials, 19, 1985, pp. 29 - 50.

8.5.2.3(j) Ilcewicz L B, Dost E F, McCool J W, et al. Matrix Cracking in Composite Laminates With Resin-Rich Interlaminar Layers [S], Presented at 3rd Symposium on Composite Materials: Fatigue and Fracture, Nov. 6 - 7, Buena Vista, Fla., ASTM, 1989.

8.6.1.1(a) Hinton M J, Kaddour A S, Soden P D. A Comparison of the Predictive Capabilities of Current Failure Theories for Composite Laminates, Judged Against Experimental Evidence [J]. Composite Science and Technology, 2002, 62:1725 - 1797.

8.6.1.1(b) Hashin Z. Failure Criteria for Unidirectional Fiber Composites [J]. Journal of Applied Mechanics, 1980, 47:329 - 334.

8.6.1.1(c) Fiber Composite Analysis and Design, Federal Aviation Administration [C].

DOT/FAA/CT-85/6.

8.6.2.1(a) Waddoups M. Characterization and Design of Composite Materials [M]. Composite Materials Workshop, S. Tsai, J. Halpin, and N. Pagano, Eds., Technomic Publ Co, 1968, pp.254-308.

8.6.2.1(b) Hart-Smith J. Predictions of the Original and Truncated Maximum-Strain Failure Models for Certain Fibrous Composite Laminates [J]. Composite Science & Technology, 1998,58:1151-1178.

8.6.2.2 Hart-Smith J. Comparison Between Theories and Test Data Concerning the Strength of Various Fiber-Polymer Composites [J]. Composite Science and Technology, 2002,62:1591-1618.

8.6.3(a) Savin G N. Stress Distribution Around Holes [C]. NASA TT-F-607, November, 1970.

8.6.3(b) Lekhnitskii S G. Anisotropic Plates [M]. Gordon and Breach Science Publ., 1968.

8.6.3(c) Whitney J M, Nuismer R J. Stress Fracture Criteria for Laminated Composites Containing Stress Concentrations [J]. J. Composite Materials, 1974,8:253.

8.6.3(d) Garbo S, Ogonowski J. Effect of Variances and Manufacturing Tolerances on the Design Strength and Life of Mechanically Fastened Composite Joints. Volume 1: Methodology Development and Data Evaluation [C]. AFWAL-TR-81-3041, April, 1981.

8.6.3(e) Grant P, Sawicki A. Development of Design and Analysis Methodology for Composite Bolted Joints [R]. Proceedings, AHS National Technical Specialists Meeting on Rotorcraft Structures, Williamsburg, VA, October, 1991.

8.6.3(f) Bowie O. Analysis of an Infinite Plate Containing Radial Cracks Originating from the Boundary of an Internal Hole [J]. Journal of Mathematics and Physics, Vol. 35,1956.

8.6.3(g) Waddoups M, Eisenmann J, Kaminski B. Macroscopic Fracture Mechanics of Advanced Composite Materials [J]. Journal of Composite Materials, 1971,5:446-454.

8.6.3(h) Eisenmann J R, Rousseau C Q. IBOLT: A Composite Bolted Joint Static Strength Prediction Tool [S]. Joining and Repair of Composite Structures, ASTM STP 1455, K. T. Kedward and H. Kim, Eds., ASTM International, West Conshohocken, PA, 2004.

8.6.3(i) Hart-Smith L J. Mechanically Fastened Joints for Advanced Composites—Phenomenological Considerations and Simple Analyses [C]. in proceedings of Fourth Conference on Fibrous Composites in Structural Design, San Diego, CA, Nov. 1978.

8.6.3(j) Kropp Y, Voldman M. Automated Design and Analysis of Bolted Joints for a Composite Wing [C]. in proceedings of Eleventh Conference on Fibrous Composites in Structural Design[R]. Air Force Report WL-TR-97-3008, October 1996.

8.6.3(k) Daniel I M, Rowlands R E, Whiteside JB. Effects of Material and Stacking Sequence on Behavior of Composite Plates With Holes [J]. Experimental

Mechanics, 1974, 14: 1 - 9.

8.6.3(l)　Walter R W, Johnson R W, June R R, et al. Designing for Integrity in Long-Life Composite Aircraft Structures [C]. Fatigue of Filamentary Composite Materials, ASTM STP 636: 228 - 247, 1977.

8.6.3(m)　Aronsson C G. Stacking Sequence Effects on Fracture of Notched Carbon Fibre/Epoxy Composites [J]. Composites Science and Technology, 1985, 24: 179 - 198.

8.6.3(n)　Lagace P A. Notch Sensitivity and Stacking Sequence of Laminated Composites [C]. ASTM STP 893, pp. 161 - 176, 1985.

8.6.3(o)　Harris C E, Morris D H. A Fractographic Investigation of the Influence of Stacking Sequence on the Strength of Notched Laminated Composites [C]. ASTM STP 948, 1987: 131 - 153.

8.7.1(a)　Paul P C, Saff C R, et al. Analysis and Test Techniques for Composite Structures subjected to Out-of-Plane Loads [S]. ASTM STP 1120, American Society for Testing and Materials, West Conshohocken, PA, 1992, pp. 238 - 252.

8.7.1(b)　Kedward K T, Wilson R S, McLean S K. Flexure of Simply Curved Composite Shapes [M]. Composites, Vol. 20, No. 6, Butterworth & Co Ltd., 1989, pp. 527 - 536.

8.7.1(c)　Mabson G E, Neall E P III, Analysis and Testing of Composite Aircraft Frames for Interlaminar Tension Failure [C]. Proceeding of the National Specialist's Meeting on Rotary Wing Test Technology of the American Helicopter Society, Bridgeport, CT, 1988.

8.7.1(d)　Lekhnitskii S G. Anisotropic Plates [M]. Gordon and Breach Science Publishers, New York, 1968: 95 - 101.

8.7.1(e)　Ko L, Jackson R H. Multilayer Theory for Delamination Analysis of a Composite Curved Bar Subjected to End Forces and End Moments [C]. Composite Structures 5, Proceedings of the 5th International Conference, Paisley, Scotland, 1989, pp. 173 - 198.

8.7.2.1(a)　Chan W S, Rogers C, Aker S. Improvement of Edge Delamination Strength of Composite Laminates Using Adhesive Layers [S]. Composite Materials: Testing and Design, ASTM STP 893, J. M. Whitney, ed., American Society for Testing and Materials, 1985.

8.7.2.1(b)　Chan W S, Ochoa O O. An Integrated Finite Element Model of Edge-Delamination Analysis for Laminates due to Tension, Bending, and Torsion Loads [R]. Proceedings of the 28th Structures, Dynamics, and Materials Conference, AIAA - 87 - 0704, 1987.

8.7.2.1(c)　O'Brien T K, Raju I S. Strain Energy Release Rate Analysis of Delaminations Around an Open Hole in Composite Laminates [R]. Proceedings of the 25th Structures, Structural Dynamics, and Materials Conference, 1984: 526 - 536.

8.7.2.1(d)　Pagano N J, Soni S R. Global—Local Laminate Variational Method [J]. International Journal of Solids and Structures, 1983, 19: 207 - 228.

8.7.2.1(e)　Pipes R B, Pagano N J. Interlaminar Stresses in Composites Under Uniform

Axial Extension [J]. J. Composite Materials, 1970, 4:538.
8.7.3(a) Murthy P L N, Chamis C C. Free-Edge Delamination: Laminate Width and Loading Conditions Effects [J]. J. of Composites Technology and Research, JCTRER, 1989, 11(1):15-22.
8.7.3(b) O'Brien T K. The Effect of Delamination on the Tensile Strength of Unnotched, Quasiisotropic, Graphite/Epoxy Laminates [C]. Proc. of the SESA/JSME International Conf. on Experimental Mechanics, Honolulu, Hawaii, May, 1982.
8.7.3(c) Bjeletich J G, Crossman F W, Warren W J. The Influence of Stacking Sequence on Failure Modes in Quasi-isotropic Graphite-Epoxy Laminates [C]. Failure Modes in Composites IV, AIME, 1977:118.
8.7.3(d) Crossman F W. Analysis of Delamination [C]. Proc. of a Workshop on Failure Analysis and Mechanisms of Failure of Fibrous Composite Structures, NASA Conf. Publ. 2278, 1982:191-240.
8.7.3(e) O'Brien T K. Analysis of Local Delaminations and Their Influence on Composite Laminate Behavior [S]. Delamination and Debonding of Materials, ASTM STP 876, 1985:282-297.
8.7.3(f) Sun C T, Zhou S G. Failure of Quasi-Isotropic Composite Laminates with Free Edges [J]. J. Reinforced Plastics and Composites, 1988, 7:515-557.
8.7.3(g) O'Brien T K. Characterization of Delamination Onset and Growth in a Composite Laminate [S]. Damage in Composite Materials, ASTM STP 775, 1982: 140-167.
8.7.3(h) Whitcomb J D, Raju I S. Analysis of Free-Edge Stresses in Thick Composite Laminates [S]. Delamination and Debonding of Materials, ASTM STP 876, 1985:69-94.
8.7.3(i) Garg A C. Delamination-A Damage Mode In Composite Structures [J]. Eng. Fracture Mech., 1988, 29(5):557-584.
8.7.3(j) Lagace P A. Delamination in Composites: Is Toughness the Key? [J]. SAMPE J., Nov/Dec, 1986:53-60.
8.7.3(k) Soni S R, Kim R Y. Delamination of Composite Laminates Stimulated by Interlaminar Shear [J]. Composite Materials: Testing and Design (Seventh Conf.), ASTM STP 893, 1986:286-307.
8.7.3(l) Chan W S, Rogers C, Aker S. Improvement of Edge Delamination Strength of Composite Laminates Using Adhesive Layers [S]. Composite Materials: Testing and Design (Seventh Conf.), ASTM STP 893, 1986:266-285.
8.7.3(m) Chan W S, Ochoa O O. Suppression of Edge Delamination in Composite Laminates by Terminating a Critical Ply near the Edges [C]. Presented at the AIAA/ASMR/ASCE/AHS 29th Structures, Structural Dynamics and Materials Conf., AIAA Paper #88-2257, 1988:359-364.
8.7.3(n) Vizzini A J. Prevention of Free-Edge Delamination via Edge Alteration [C]. Presented at the AIAA/ASME/ASCE/AHS 29th Structures, Structural Dynamics and Materials Conference, AIAA Paper #88-2258, 1988:365-370.
8.7.3(o) Sun C T. Intelligent Tailoring of Composite Laminates [J]. Carbon, 1989, 27

(5):679 - 687.

8.7.3(p) Lagace P A, Cairns D S. Tensile Response of Laminates to Implanted Delaminations [C]. Proc. of 32nd Int. SAMPE Sym., April 6 - 9, 1987:720 - 729.

8.7.3.1(a) Shivakumar K N, Whitcomb J D. Buckling of a Sublaminate in a Quasi-Isotropic Composite Laminate [C]. NASA TM - 85755, Feb, 1984.

8.7.3.1(b) Chai H, Babcock C D. Two-Dimensional Modelling of Compressive Failure in Delaminated Laminates [J]. J. of Composite Materials, 1985, 19:67 - 98.

8.7.3.1(c) Vizzini A J, Lagace P A. The Buckling of a Delaminated Sublaminate on an Elastic Foundation [J]. J. of Composite Materials, 1987, 21:1106 - 1117.

8.7.3.1(d) Kassapoglou C. Buckling, Post-Buckling and Failure of Elliptical Delaminations in Laminates Under Compression [C]. Composite Structures, 9, 1988: 139 - 159.

8.7.3.1(e) Yin W L. Cylindrical Buckling of Laminated and Delaminated Plates [C]. Presented at the AIAA/ASMR/ASCE/AHS 27th Structures, Structural Dynamics and Materials Conference, AIAA Paper #86 - 0883, 1986:165 - 179.

8.7.4.1(a) Broek D. Elementary Engineering Fracture Mechanics, 4th revised version [M]. Kluwer Academic Publishers, 1991.

8.7.4.1(b) Griffith A A. The Phenomena of Rupture and Flow in Solids [M]. Philosophical Transactions, Royal Society of London, 1920, 211A, pp. 163 - 198.

8.7.4.1(c) Irwin G R. Relation of Stress Near a Crack to the Crack Extension Force [R]. Proceedings 9th international congress on applied mechanics, 1957, 8:245 - 251.

8.7.4.1(d) Rybicki E F, Kanninen M F. A Finite Element Calculation of Stress Intensity Factors by Modified Crack Closure Integral [J]. Engineering Fracture Mechanics, 1977, 9:931 - 938.

8.7.4.1(e) Davidson B D. A Prediction Methodology for Delamination Growth in Laminated Composites—Part I: Theoretical Development and Preliminary Experimental Results [C]. DOT/FAA/AR - 97/87.

8.7.4.1(f) Davidson B D. A Prediction Methodology for Delamination Growth in Laminated Composites—Part II [C]. DOT/FAA/AR - 01/56, 2001.

8.7.4.1(g) Davidson B D. Prediction of Energy Release Rate for Edge Delamination Using a Crack Tip Element Approach [S]. 5th ASTM Symposium on Composite Materials Fatigue and Fracture, R. Martin, ed., ASTM STP 1230, 1994.

8.7.4.2.1.1(a) Paris I L, Krueger R, O'Brien T K. Effect of Assumed Damage and Location on the Delamination Onset Predictions for Skin-Stiffener Debonding [R]. 58th Proceedings American Helicopter Society, 2002.

8.7.4.2.1.1(b) Hoyt D M, Ward S H, Minguet P J. Strength and Fatigue Life Modeling of Bonded Joints in Composite Structure [J]. Journal of Composites Technology & Research, JCTRER, 2002, 24(3):190 - 210.

8.7.4.2.1.2(a) Krueger R, Paris I, O'Brien T K, et al. Comparison of 2D Finite Element Modeling Assumptions with Results from 3D Analysis for Composite Skin-Stiffener Debonding [C]. Composite Structures 57, 2002, 161 - 168.

8.7.4.2.1.2(b) Murri G B, Schaff J R, Dobyns A L. Fatigue and Damage Tolerance Analysis of a Hybrid Composite Tapered Flexbeam [M]. American Helicopter Society, 57th Annual Forum, Wash. D.C., 2001.

8.7.4.2.1.2(c) Mabson G, Deobald L, Dopker B. Fracture Interface Elements [S]. FAA ASTM Workshop on Computational Fracture Mechanics for Composites, March 22, 2004.

8.7.4.2.1.3(a) Raju I S, Crews J H, Aminpour M A. Convergence of Strain Energy Release Rate Components for Edge-Delamination Composite Laminates [J]. Engineering Fracture Mechanics, 30(3:383-396). 1988.

8.7.4.2.1.3(b) Davidson B D, Hu H, Schapery R A. An Analytical Crack Tip Element for Layered Elastic Structures [J]. Journal of Applied Mechanics, Vol. 62, June, 1995.

8.7.4.2.1.3(c) Krueger R, König M, Schneider T. Computation of Local Energy Release Rates Along Straight and Curved Delamination Fronts of Unidirectionally Laminated DCB- and ENF-Specimens [R]. in Proceedings of the 34th AIAA/ASME/ASCE/AHS/ASC SSDM Conference, La Jolla, CA: American Institute of Aeronautics and Astronautics, Washington, 1993:1332-1342.

8.7.4.2.1.6(a) Krueger R, O'Brien T K. A Shell/3D Modeling Technique for the Analysis of Delaminated Composite Laminates [C]. Composites: Part A 32,2001:25-44.

8.7.4.2.1.6(b) Krueger R, Minguet P. Application of the Shell/3D Modeling Technique for the Analysis of Skin-Stiffener Debond Specimens [R]. Proceedings of the American Society for Composites 17th Technical Conference, Purdue University, October 2002, CRC Press LLC, ISBN 0-8493-1501-8.

8.7.4.3(a) Ishikawa H. A Finite Element Analysis of Stress Intensity Factors for Combined Tensile and Shear Loading by Only a Virtual Crack Extension [J]. Int. J. Fracture, Vol.16,1980, pp.R243-R246.

8.7.4.3(b) Sha G T. On the Virtual Crack Extension Technique for Stress Intensity Factors and Energy Release Rate Calculations for Mixed Fracture Mode [J]. Int. J. Fracture, 1984,25:R33-R42.

8.7.4.3(c) Shivakumar K N, Raju I S. An Equivalent Domain Integral Method for Three-Dimensional Mixed-Mode Fracture Problems [J]. Engineering Fracture Mechanics, 1992,42:935-959.

8.7.4.3(d) Krueger R. The Virtual Crack Closure Technique Summarized: History, Approach, and Application [C]. NASA NASA/CR-2002-211628.

8.7.4.3.2(a) O'Brien T K. Characterization of Delamination Onset and Growth in a Composite Laminate [C]. Damage in Composite Materials, ASTM STP 775,1982.

8.7.4.3.2(b) Raju I S. Calculation Of Strain-Energy Release Rates With Higher Order and Singular Finite Elements [J]. Eng. Fracture Mech., 1987,28:251-274.

8.7.4.3.3 Shivakumar KN, Tan PW, Newman JC. A Virtual Crack-Closure Technique for Calculating Stress Intensity Factors for Cracked Three Dimensional Bodies [J]. Int. J. Fracture, 1988,36:R43-R50.

8.7.4.4 Sun C T, Jih C J. On Strain Energy Release Rates for Interfacial Cracks in Bi—Material Media [J]. Engineering Fracture Mechanics, 1987,28:13-27.

8.7.4.4.1 Hwu C, Hu J. Stress Intensity Factors and Energy Release Rates of

Delaminations in Composite Laminates [J]. Engineering Fracture Mechanics, 1992, 42.

8.7.4.5(a) O'Brien T K. Towards a Damage Tolerance Philosophy for Composite Materials and Structures [S]. Composite Materials: Testing and Design, Vol. 9, ASTM STP 1059, S. P. Garbo, Ed., ASTM, Philadelphia, 1990:7 - 33.

8.7.4.5(b) Martin R H. Incorporating Interlaminar Fracture Mechanics into Design [C]. International Conference on Designing Cost-Effective Composites, ImechE Conference Transactions, London, Sep. 15 - 16, 1998:83 - 92.

8.7.4.5(c) O'Brien T K. Residual Thermal and Moisture Influences on the Strain Energy Release Rate Analysis of Edge Delamination [J]. Journal of Composites Technology and Research, 1992, 14(2):86 - 94.

8.7.4.5(d) O'Brien T K, Raju I S. Strain Energy Release Rate Analysis of Delamination Around an Open Hole in Composite Laminates [C]. AIAA - 84 - 0961, 25th AIAA - SDM Symposium, Palm Springs, CA, May, 1984.

8.7.4.5(e) Whitcomb J D, Shivakumar K N. Strain Energy Release Rate Analysis of Plate with Postbuckled Delaminations [J]. J. Composite Materials, 1989, 23:714 - 734.

8.7.4.5(f) Murri G B, Salpekar S A, O'Brien T K. Fatigue Delamination Onset Prediction in Tapered Composite Laminates [C]. Composite Materials: Fatigue and Fracture (3rd Volume), ASTM STP 1110, T. K. O'Brien, Ed., ASTM, Philadelphia, 1991, pp. 312 - 339.

8.7.4.5(g) Murri G B, Schaff J R, Dobyns A L. Fatigue and Damage Tolerance Analysis of a Hybrid Composite Tapered Flexbeam [M]. American Helicopter Society, 57th Annual Forum, Wash. D. C., 2001.

8.7.4.5(h) Minguet P J. Analysis of Composite Skin/Stiffener Bond Failures Using a Strain Energy Release Rate Approach [C]. Tenth International Conference on Composite Materials, Vol. 1, 1995.

8.7.4.5(i) Minguet P J, O'Brien T K. Analysis of Composite Skin/Stringer Bond Failures Using a Strain Energy Release Rate Approach [C]. 10th International Conference on Composite Materials, Vol. I, A. Poursartip and K. Street, Eds. 1995, pp. 245 - 252.

8.7.4.5(j) Krueger R, Cvitkovich M K, O'Brien T K, et al. Testing and Analysis of Composite Skin Stringer Debonding Under Multi-Axial Loading [J]. Journal of Composite Materials, 2000, 34:1263 - 1300.

第 9 章　结构稳定性分析

9.1　引言

本章的目的是为预测:①复合材料层压平板的屈曲特性和②受压窄板和加筋条的局部屈曲和后屈曲破坏(压损),提供设计和分析的方法。文中包括根据理论和特征值分析得出的平板屈曲的简单封闭解,包括对理论解与试验结果间相互关系的讨论,以指导屈曲预测(分析计算)。还对层压板的铺层顺序对其屈曲特性的影响进行了讨论,列举了工业界由试验得到的经验数据,说明了铺层顺序对受压窄板屈曲和压损影响的典型趋势。讨论了采用工业界的试验数据确定压损设计曲线的方法。

关于夹层板和夹层结构的稳定性分析见第 6 卷第 4 章。

9.2　压缩屈曲和压损

9.2.1　平板的屈曲

9.2.1.1　引言

在各种航宇结构中,无加筋的板和加筋壁板筋条之间的板,以及筋条的各组成板元都是矩形平板的常见形式。

在有关文献中,只有某些理想边界条件下的正交各向异性平板有经典的屈曲封闭解,理想边界条件可以为固支、简支或自由。工程师们为了方便,宁愿假设最合适的边界条件以获得问题的快速求解,而不愿采用诸如文献 9.2.1.1(a)中的屈曲计算程序求解。然而,正交各向异性层压板的封闭解仅适用于对称和均衡铺层的层压板,对称铺层是指相对于板的中面有对应的相同铺层,均衡铺层是指在板中面的两边,每一个正向的 θ 层对应有一个负向的 θ 层。对称均衡层压板的 B_{ij} 项为零,D_{16} 和 D_{26} 项实际上也应为零。而且,均衡铺层的($\pm\theta$)必须相邻铺设,否则 D_{16} 和 D_{26} 项可能变得很大,使采用正交各向异性分析的屈曲解无效。对于非均衡或非对称的薄板,这种屈曲解的结果可能是十分危险的(见文献 9.2.1.1(b))。注意,也不是所有的封闭解都能直接给出结果,有时,必须对公式中某些参数求极小值,这将在后面说明。

受压平板的特性包括:板的初始屈曲、后屈曲时板的离面位移和压损(极限破坏)。仅在破坏(压损)时才发生永久损伤,通常为由层间拉应力或层间剪应力引起的某些分层形式的损伤,并伴有纤维断裂。

在表 9.2.1.1 中给出了 9.2.1 节中描述复合材料层压板屈曲特性用的术语。

表 9.2.1.1　屈曲和压损符号

符号	定　义
a	长度
b	宽度
B_{ij}	层压板刚度耦合项
D_{ij}	层压板的弯曲/扭转刚度项
$F_{x,\,cl}^{cr}$	正交各向异性板的纵向经典屈曲应力
$F_{x,\,i}^{cr}$	由试验得到的纵向压缩初始屈曲应力
F_{x}^{cc}	由试验得到的纵向压损应力
F_{x}^{cu}	层压板的极限纵向压缩应力
$N_{x,\,cl}^{cr}$, $N_{y,\,cl}^{cr}$	分别为正交各向异性板的纵向和横向压缩的均布屈曲载荷
$N_{x,\,i}^{cr}$	由试验得到的纵向初始均布屈曲载荷
$N_{x,\,w}^{cr}$	按各向异性理论得到的计及横向剪切效应的纵向压缩均布屈曲载荷
N_x, N_y	分别为作用在板上的纵向和横向的均布载荷
$P_{x,\,i}^{cr}$	由试验得到的纵向初始屈曲总载荷
$P_{x,\,i}^{cc}$	由试验得到的纵向压损总载荷
t	厚度

9.2.1.2　初始屈曲

当加载到板刚产生离面位移时,定义板发生了初始屈曲。经典的平板屈曲公式为弹性的,并忽略了有限的横向剪切刚度的影响(见文献 9.2.1.2)。但是,如 9.2.1.3 节所介绍的,有限剪切刚度效应会对某些几何尺寸的平板的屈曲特性有影响。

9.2.1.3　单轴载荷——所有边简支的长平板

所有边简支(SS)的长平板 ($a/b > 4$),受单轴载荷的情况如图 9.2.1.3(a)所示,其屈曲载荷可由式(9.2.1.3)计算:

$$N_{x,\,cl}^{cr} = \frac{2\pi^2}{b^2}\left[(D_{11}D_{22})^{1/2} + D_{12} + 2D_{66}\right] \tag{9.2.1.3}$$

式(9.2.1.3)是最常用的平板屈曲公式。采用 STAGS 计算程序(见文献 9.2.1.1(a))计算表明,这个公式也适用于加载边为固支边界条件(FF)的情况,这很重要,因为为了阻止加载边界局部劈裂,所有的试验都是在加载边用固支边界条件做的。大量试验表明,除了非常窄的板以外,都可用这个公式。图 9.2.1.3(b)中给出了由文献 9.2.1.3(a)和(b)的经典理论的计算结果和试验结果间的比较,$N_{x,\,i}^{cr}/N_{x,\,cl}^{cr}$ 相对于比值 b/t 的曲线。注意,当比值 b/t 较小时(窄平板),计算和试验结果间的差别较大。因此,在 b/t 小于 35 时,使用此公式要小心。图 9.2.1.3(c)中用计算(预估)的屈曲载荷($N^{cr}_{x,w}$)对试验数据进行了归一化(无量纲)处理,预估的屈曲载荷中计及了横向剪切效应(取自参考文献 9.2.1.3(c)和(d))。注意,大多数屈曲计算程序没有考虑这种横向剪切效应。

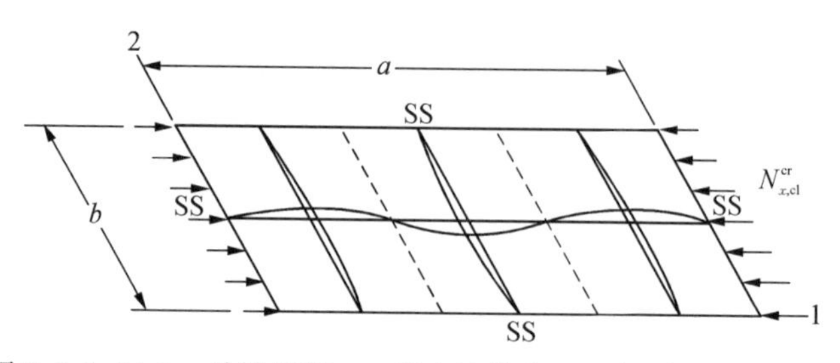

图 9.2.1.3(a) 单轴载荷——所有边简支(SS)长平板 ($a/b>4$)

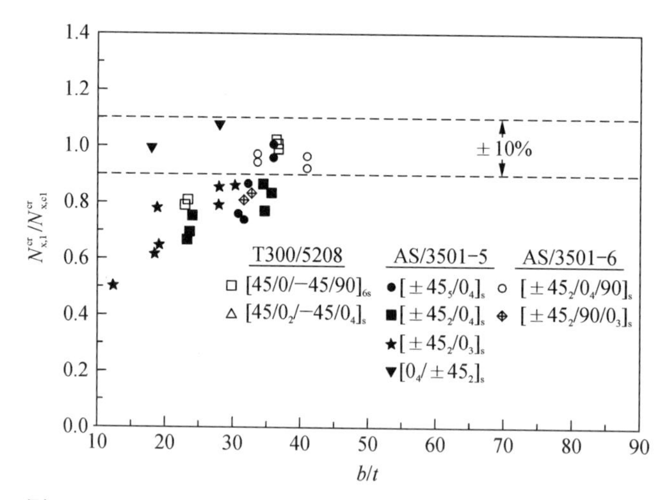

图 9.2.1.3(b) 计算(预估)的经典屈曲载荷与试验数据的比较(见参考文献 9.2.1.3(b))

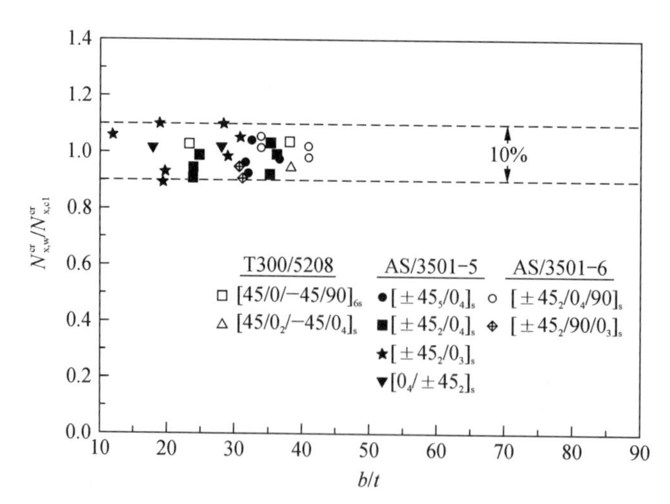

图 9.2.1.3(c) 由新近的理论(见参考文献 9.2.1.3(c)-(d))计算(预估)的屈曲载荷与试验数据的比较

9.2.1.4　单轴载荷——所有边固支的长平板

所有边固支(FF)的长平板 ($a/b > 4$)，受单轴载荷的情况如图 9.2.1.4 所示，其屈曲载荷可按式(9.2.1.4)计算：

$$N_{x,\,\mathrm{cl}}^{\mathrm{cr}} = \frac{\pi^2}{b^2}\left[4.6(D_{11}D_{22})^{1/2} + 2.67D_{12} + 5.33D_{66}\right] \tag{9.2.1.4}$$

对这个公式没有像式(9.2.1.3)那样做大量的试验研究，但是，据推测，横向剪切效应对于所有边固支的窄平板的影响可能与其对所有边为简支的窄平板的影响十分相似。

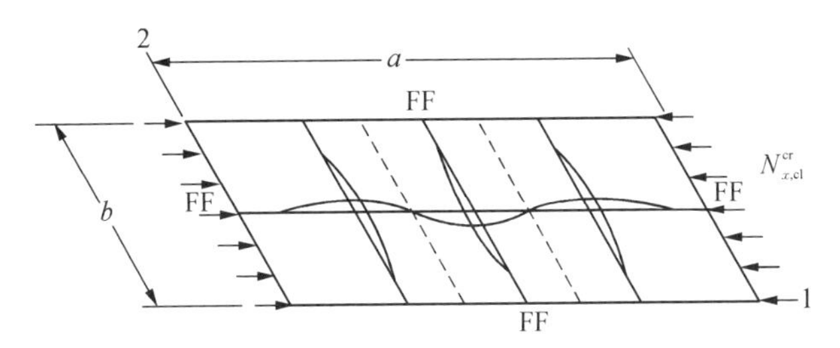

图 9.2.1.4　单轴载荷——所有边固支的长平板 ($a/b > 4$)

9.2.1.5　单轴载荷——三边简支、一非受载边自由的长平板

图 9.2.1.5 中示出了三边简支、一非受载边自由的长平板受单轴载荷的情况，其屈曲载荷可由式(9.2.1.5)计算：

$$N_{x,\,\mathrm{cl}}^{\mathrm{cr}} = \frac{12D_{66}}{b^2} + \frac{\pi^2 D_{11}}{a^2} \tag{9.2.1.5}$$

与 9.2.1.3 节所讨论的一样，由于横向剪切效应对窄平板的影响，b/t 必须大于 20 才能使用此公式。

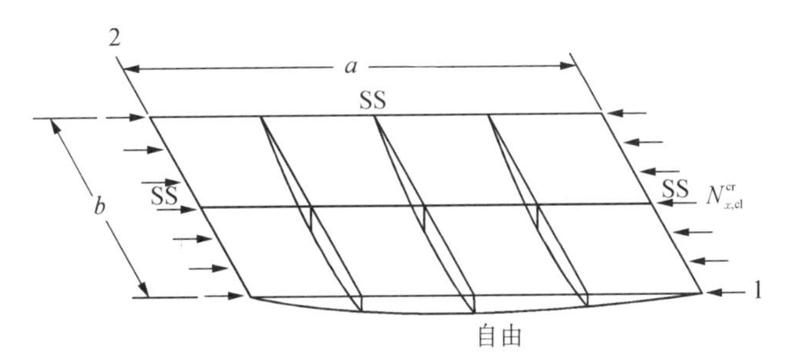

图 9.2.1.5　单轴载荷——三边简支、一非受载边自由的长平板

9.2.1.6　单轴和双轴载荷——所有边简支的平板

图 9.2.1.6 中示出了所有边简支的平板受单轴和双轴向载荷的情况，$1 < a/b < \infty$。可按下面的经典正交各向异性屈曲公式求解，求屈曲载荷时，必须对板的纵向和

横向半波数 m 和 n 求极小值。

$$N_{x,\,cl}^{cr}=\frac{\pi^2}{b^2}\frac{D_{11}m^4(b/a)^4+2(D_{12}+2D_{66})m^2n^2(b/a)^2+D_{22}n^4}{m^2(b/a)^2+\phi n^2} \tag{9.2.1.6(a)}$$

式中：

$$\phi=N_y/N_x \tag{9.2.1.6(b)}$$

ϕ 为作用的横向载荷与纵向载荷之比。相应的横向屈曲载荷为

$$N_{y,\,cl}^{cr}=\phi N_{x,\,cl}^{cr} \tag{9.2.1.6(c)}$$

对于单轴载荷情况，令 $\phi=0$。

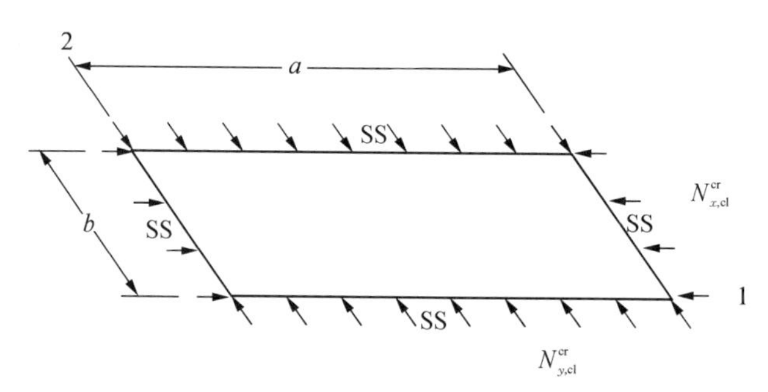

图 9.2.1.6 单轴和双轴载荷——所有边简支的平板

9.2.1.7 单轴载荷——加载边简支、非加载边固支的平板

对于加载边简支(SS)、非加载边固支(FF)的平板受单轴载荷情况，也可以按下面的经典正交各向异性屈曲公式计算，计算屈曲载荷时必须对板的纵向半波数 m 求极小值。

$$N_{x,\,cl}^{cr}=\frac{\pi^2}{b^2}\{D_{11}m^2(b/a)^2+2.67D_{12}+5.33[D_{22}(a/b)^2\cdot(1/m)^2+D_{66}]\} \tag{9.2.1.7}$$

9.2.1.8 铺层顺序对屈曲的影响

前面引用有关资料(见参考文献 9.2.1.8(a)-(c))介绍了精确计算层压板稳定性的方法。层压板的稳定性受铺层顺序(LSS)的影响很大。而且，板的几何尺寸、边界条件和载荷类型等因素对铺层顺序(LSS)和稳定性之间的关系也有影响。因此，对于板的稳定性而言，不存在确定最佳铺层顺序(LSS)的通用规则，只能针对特定的结构和载荷情况建立铺层顺序与稳定性之间的关系。本节给出三个例子说明这一点。对这些例子采用了两种不同的分析方法。第一种方法，采用文献 9.2.1.8(c)的设计方程，用层压板理论计算板的弯曲刚度，假设板的弯曲性能呈“特殊的正交各向异性”(D_{16}和 D_{26}项设为零)。第二种方法，采用波音公司的计算程序 LEOTHA(为

OTHA 的改进版，见文献 9.2.1.8(a))，该程序是采用伽辽金(Galerkin)法求解屈曲方程的。这个方法允许 D_{16} 和 D_{26} 项不为零。

图 9.2.1.8(a)～(c)中示出了一个早先例子(见表 8.3.3.2(b))中的 7 种铺层顺序(LSS)层压板屈曲载荷的计算值①。假设所有的板均为四边简支边界条件。图 9.2.1.8(a)和(b)分别为矩形板在长方向和短方向受单轴压缩的情况，图 9.2.1.8(c)为方板受剪切屈曲的情况。图 9.2.1.8(a)～(c)中的水平虚线代表采用 DOD/NASA 的设计方程和假设不考虑铺层顺序(LSS)影响时得到的结果(即当做匀质正

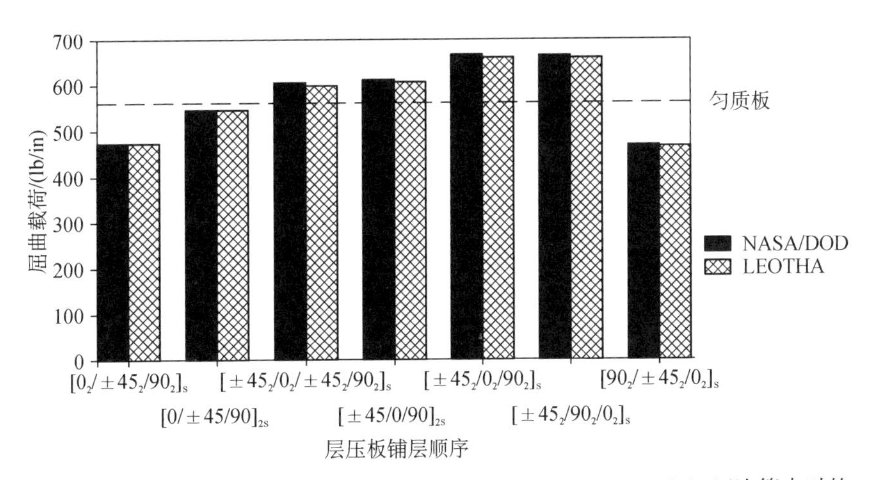

图 9.2.1.8(a)　长方向受载的层压板 608 mm×152 mm(24 in×6 in)，四边简支时的屈曲分析

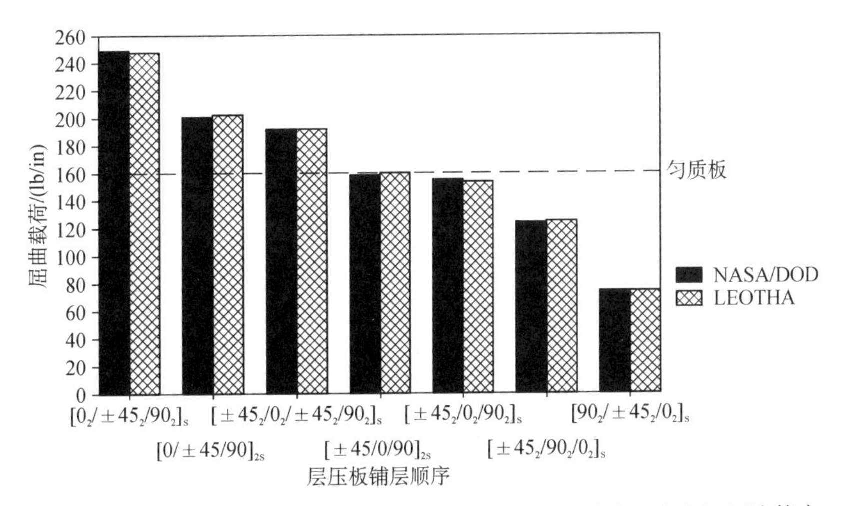

图 9.2.1.8(b)　短方向受载的层压板 152 mm×608 mm(6 in×24 in)，四边简支时的屈曲分析

① 图 9.2.1.9(a)，(b)和(c)中所采用的铺层顺序 LSS，仅用于举例说明的目的，不代表最佳铺层顺序。

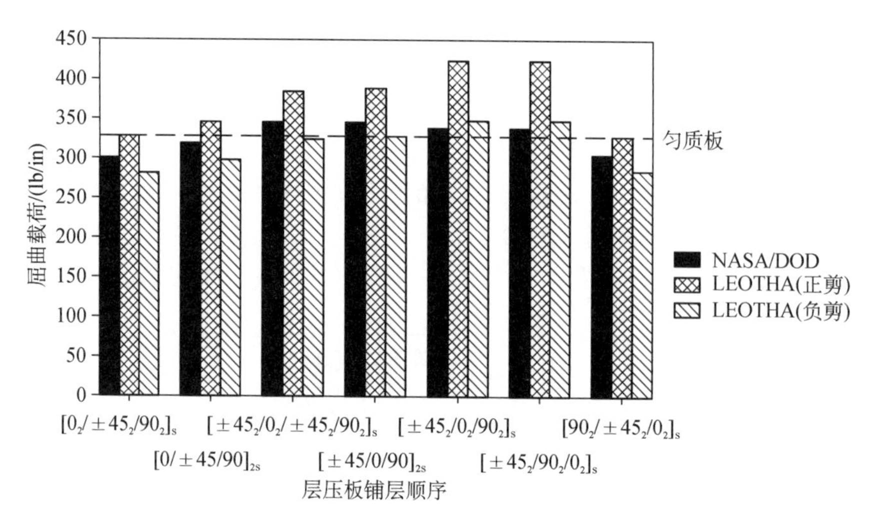

图 9.2.1.8(c) 受剪层压板 305 mm×305 mm(12 in×12 in),四边简支时的屈曲分析

交各向异性板)。由匀质板的假设得到的屈曲载荷粗略地为图中所有铺层顺序(LSS)板屈曲载荷的平均值。

对于长方向受载的矩形层压板,将±45°层组优先铺设在板表面时,可获得最高的屈曲载荷(见图 9.2.1.8(a))。对于在短方向受载的矩形板情况就不是如此,而是将 0°层优先铺设在板表面附近时,才会产生最高的屈曲载荷(文献 9.2.1.8(b))。注意,采用匀质板的假设预估屈曲载荷时可能偏保守或偏危险,这取决于板的铺层顺序(LSS),图 9.2.1.8(a)和(b)示出了用 DOD/NASA 的方程计算的结果与用 LEOTHA 程序计算的结果的比较,两者十分一致。

受剪方板的最高屈曲载荷出现在±45°层组优先铺设在板表面附近时(见文献 9.2.1.8(d))。采用 LEOTHA 程序计算的屈曲载荷,对于因+45°层和-45°层的相对位置不同而引起的受正剪和受负剪的情况是不同的。对于受正剪情况,由 DOD/NASA 设计方程的计算结果一般低于由 LEOTHA 的计算结果;对于受负剪的情况,正好相反。这种差别可能归因于 D_{16} 和 D_{26} 的影响,在 DOD/NASA 的设计方程中没有计及 D_{16} 和 D_{26} 的影响。

就弯曲情况而论,结构几何尺寸对稳定性的影响可能使铺层顺序的影响相形见绌(见对图 8.3.3.2 的相关讨论)。例如,层压工形剖面柱的欧拉屈曲载荷更取决于其腹板和凸缘的尺寸,而不是腹板和凸缘的铺层顺序(LSS)。实际上,铺层顺序对欧拉屈曲载荷的影响随工形剖面腹板高度的增加而迅速减小。

复合材料板的局部屈曲和压损设计主要依赖经验数据(见文献 9.2.1.8(e)),已发现局部屈曲和压损与铺层顺序有关。在单轴压缩下的局部屈曲和压损载荷的最低值出现在 0°铺层优先铺设在层压板外表面时。于是,考虑工形剖面柱时,其欧拉屈曲载荷也许与铺层顺序(LSS)无关,而其局部屈曲和压损才与铺层顺序有关。

铺层顺序(LSS)对加筋板稳定性的影响更加复杂。若不发生局部屈曲和压损,筋条的稳定性与铺层顺序没有直接关系。然而，蒙皮的铺层顺序却严重影响蒙皮后屈曲特性和载荷在筋条上的重新分配。结果，整个加筋板的稳定性将受到蒙皮铺层顺序的影响。

有关层压板铺层顺序影响的主要(基本)资料可在 8.3.2 节中找到。

9.2.2　压缩后屈曲和压损

先进复合材料在结构稳定性设计中的广泛开发应用，很大程度上取决于复合材料结构在初始屈曲后的承载能力。无疑，复合材料的高比刚度提供了这种诱人的潜力。而且，由于针对某些类型的常规金属结构的后屈曲设计方法历经数十年的研究已经建立，论证复合材料的类似能力应该是可以预期的。因此，本节着重介绍有关复合材料结构受压元件方面的重要研究成果。

后屈曲——是指受压元件或受压加筋板能够承受超过其初始屈曲载荷的能力。“后屈曲范围”是指在初始屈曲载荷和某一表征破坏的较高载荷之间的范围。破坏是指受压元件自由边处的分层，或指加筋板中筋条与蒙皮脱粘。当加筋板受压时，载荷按蒙皮和筋条的相对刚度比分配在蒙皮和筋条上。初始屈曲时，蒙皮的切线刚度急剧下降，结果使总载中的大部分由筋条承受。对于初始屈曲前具有线弹性性能的各向同性材料，屈曲时的切线刚度会降低至它原来值的一半。对于复合材料壁板，其切线刚度是材料性能和铺层情况的函数。组成筋条的一个或多个板元局部屈曲后，使受影响的那些板元的面内刚度类似地急剧下降，而使载荷向筋条未屈曲的部分转移。后屈曲范围的上限有时可称之为“局部压损”或简称为“压损”。

压损——是指筋条受压时，其横剖面仅在其自身平面产生了歪斜，而整个筋条柱体不产生横向移动或转动的一种破坏形式。于是，极限破坏(压损)是由其压块的强度或筋条剖面未屈曲部分的柱的压缩失稳引起的，而且破坏之前会出现由于后屈曲变形引起的分层。图 9.2.2(a)中示出了在压损试验中见到的角型和槽型剖面筋条典型变形形状。通常把角型或十字型的受压元件当作“一边自由”情况的压损试件。一般把受压槽形或简支板当做“无自由边”情况的试件，槽形件的中间腹板元可近似作为“无自由边”情况的简支板。

这里提供的复合材料平板后屈曲性能是由文献 9.2.2(a)-(h)中得到的石墨复合材料试件经验数据。对加载边固支、两非加载边简支或有一非加载边自由的比较窄的平板进行了试验和分析。非加载边的简支条件通过用安装在压缩试验装置上的 V 形钢块的夹具模拟。确切地说，将两个非加载边界简支的平板定义为“无自由边”的。将一个非加载边简支，另一个非加载边自由的平板定义为“一边自由”的。图 9.2.2(b)中示出一个典型的无自由边的试件在后屈曲范围的试验进行情况。另外，图 9.2.2(c)中示出了典型的一边自由的试件在发生压损时的试验情况。图 9.2.2(d)和(e)中分别绘出了无自由边和一边自由的试验的典型载荷-位移曲线。由图 9.2.2(d)明显可见，当初始屈曲时刚度下降，由该点的载荷位移曲线斜率的变化来表示。图 9.2.2(f)中举例示出了无自由边的复合材料平板后屈曲强度实用的曲线。其中 F_{11}^{cu} 为特定层压板的压缩强度极限。图 9.2.2(g)示出了一个典型的被破坏的试验件。图 9.2.2(h)图示说明了一边自由的试件的后屈曲强度。注意，这里给出的全部经验数据都是由高强度的碳/环氧复合材料试件的试验得到的。其他材料体系或其他形式的碳/环氧复合材料可能会得出不同的结果。

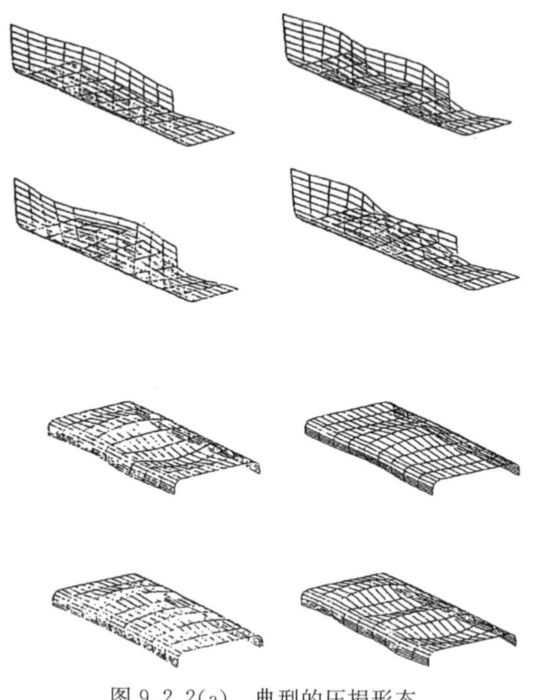

图 9.2.2(a)　典型的压损形态

图 9.2.2(b)　无自由边的碳/环氧复合材料试件后屈曲试验时的压损情况

图 9.2.2(c)　一边自由的碳/环氧复合材料试件的试验情况

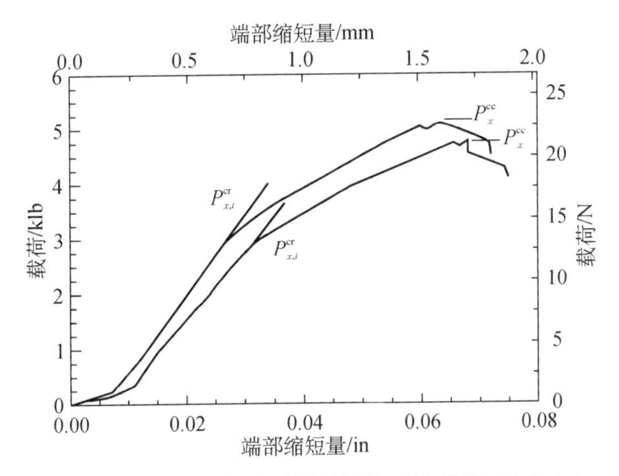

图 9.2.2(d) 无自由边平板的压损试验曲线(AS/3501-6,[±45/90/0_3]$_s$, b/t=32)

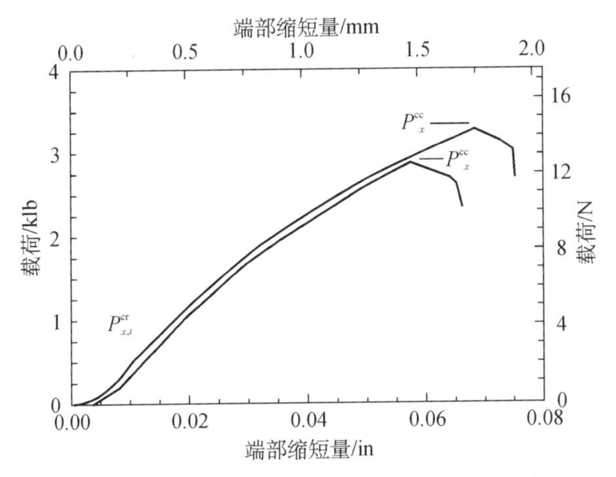

图 9.2.2(e) 一边自由平板的压损试验曲线(AS/3501-6,[±45/90/0_3]$_s$, b/t=30)

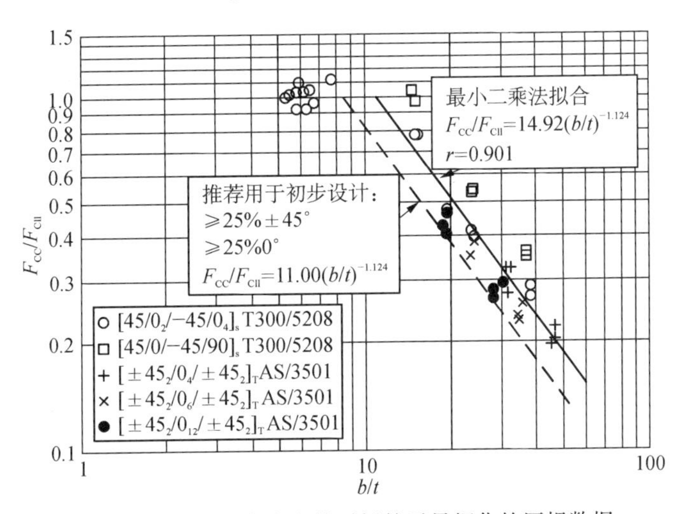

图 9.2.2(f) 无自由边的平板的无量纲化的压损数据

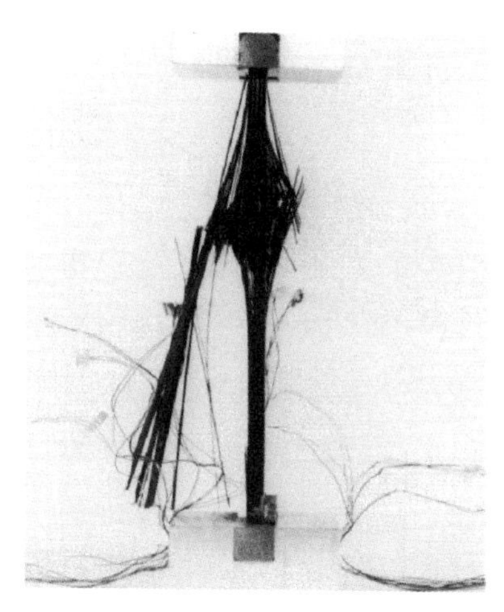

图 9.2.2(g) 碳/环氧复合材料试件典型的极限压缩破坏情况

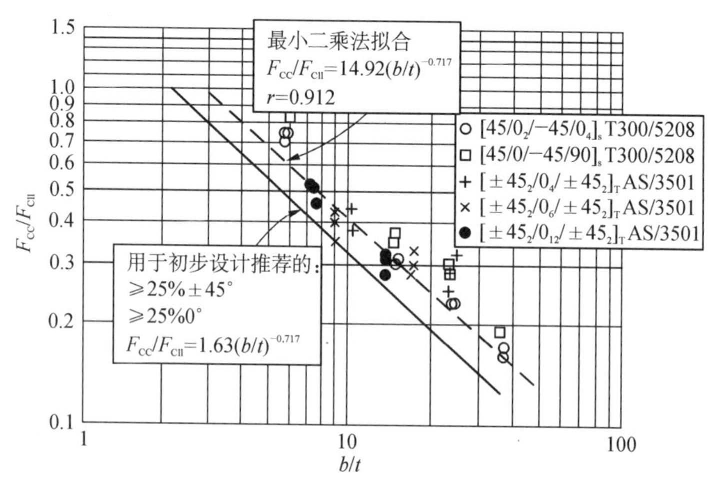

图 9.2.2(h) 一边自由平板的无量纲化压损数据

9.2.2.1 分析模型

如 9.2.1.2 节中所述，像文献 9.2.1.3(c)和(d)所做的，考虑横向剪切效应和材料非线性可以更准确地确定初始屈曲载荷。对于厚层压板（$b/t < 20$），横向剪切效应变得特别重要。±45°铺层比例较高的层压板，在初始屈曲之前，应力-应变曲线就会呈明显的材料非线性。当然，对于处在后屈曲范围受载的板，这些影响同样是重要的。图 9.2.2.1(a)和(b)中给出了试验结果与这些文献的理论计算对比的一些例子。不幸的是，目前可用的大多数计算程序都是根据线弹性理论编制的，没有考虑横向剪切效应，因此，必须按试验数据，对这种影响以及分析模型中其他的差别进行修正。

一边自由和无自由边正交各向异性平板的理论屈曲载荷由下式给出：

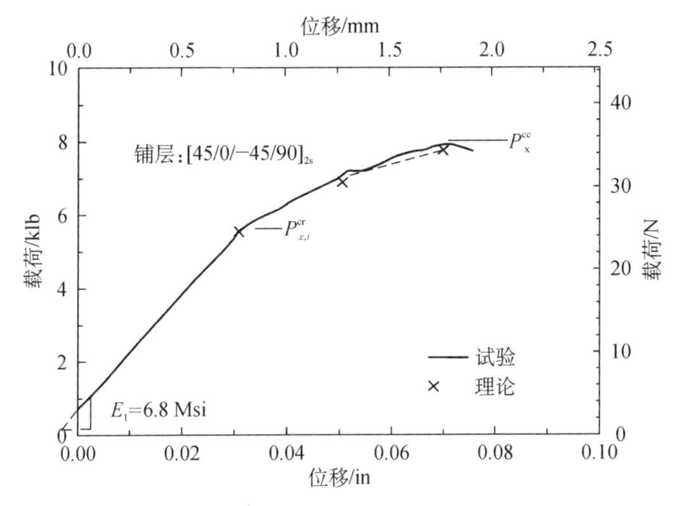

图 9.2.2.1(a)　文献 9.2.1.3(b)和(c)中的后屈曲曲线和压损强度的理论计算与试验结果的比较

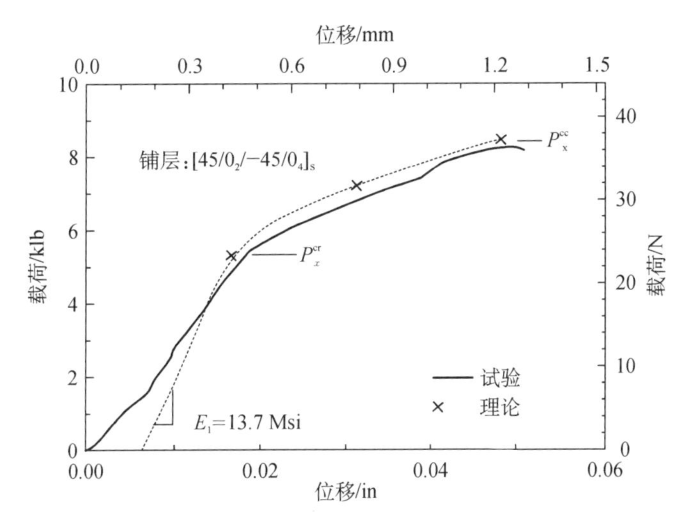

图 9.2.2.1(b)　文献 9.2.1.3(b)和(c)中的后屈曲曲线和压损强度的理论计算与试验结果的比较

$$N_x^{cr}(\text{一边自由}) = \frac{12D_{66}}{b^2} + \frac{\pi^2 D_{11}}{L^2}$$

$$N_x^{cr}(\text{无自由边}) = \frac{2\pi^2}{b^2}\left[\sqrt{D_{11}D_{22}} + D_{12} + 2D_{66}\right] \qquad (9.2.2.1(a))$$

这些公式中未包括弯-扭刚度项 D_{16} 和 D_{26}，在所有角铺层的层压板中都会出现这两项，但除了层数很少的角铺层层压板之外，这两项对初始屈曲载荷的影响一般不明显。因此，对于大多数实际应用的均衡对称层压板，上述公式是精确的。有关各向异性板的屈曲分析及各种参数对屈曲载荷影响的补充信息，可参见 Nemeth（见参考文献 9.2.2.1(a)）的研究。

可以看出，上述第一个公式中的欧拉项一般可以忽略，所以，一边自由平板的初始屈曲载荷主要受层压板扭转刚度 D_{66} 的制约。这就可以解释，为什么对于一个给定的铺层，当±45°层铺设在板的外表面时，其初始屈曲载荷会较高的原因。

对于铺层只稍有一些不平衡或不对称的层压板，可用下述“当量”弯曲刚度$\overline{D}_{ij}$代替屈曲公式中的 D_{ij}，来计算初始屈曲载荷的近似值。

$$[\overline{D}] = [D] - [B][A]^{-1}[B] \qquad (9.2.2.1(b))$$

板受载进入后屈曲范围的分析属几何非线性问题，所以“常规”的平板屈曲程序或其他线性分析软件不能用来准确地预估层压板的压损强度。图 9.2.2.1(c)中给出了一个例子，示出了一个准各向同性复合材料 T300/5208 层压板的压损试验曲线和理论屈曲曲线。（AS/3501 和 T300/5208 碳/环氧复合材料的压损数据取自文献 9.2.2(b)-(e)）。在 b/t 值高时，图 9.2.2.1(c)中所示的理论屈曲曲线十分保守，在 b/t 值低时十分危险。这可以用如下事实加以解释，薄平板在低应变水平时就屈曲了，于是很快进入后屈曲范围。另一方面，忽略横向剪切效应将使在低 b/t 值时的强度预估偏于危险。由于筋条角边或板的自由边处高的层间应力可能引发提前破坏，使得层压板的分析进一步复杂化。

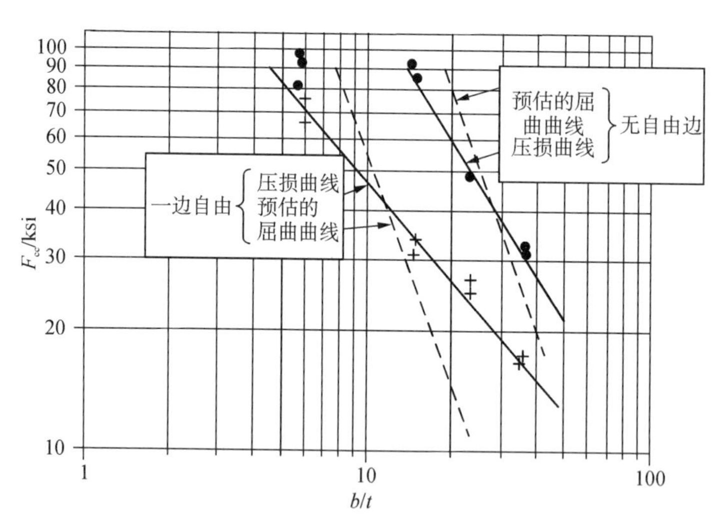

图 9.2.2.1(c) 预估（计算）的屈曲曲线和压损试验曲线的比较

在初步设计阶段，由于对大量的铺层情况和 b/t 比进行非线性分析是不现实的，因此较好的办法是可以用半经验的数据对初始屈曲计算进行修正。

9.2.2.2 压损曲线的确定

一边自由和无自由边复合材料板元的压损强度可用无量纲化的压损曲线确定。

对复合材料已提出了各种不同的无量纲化处理方法，大多数都是对当前飞机工业中用于金属结构的处理方法的修改。对于复合材料的压损数据表述和分析的最明显的修改，多半是建议采用压缩极限强度 F^{cu} 对其压损强度 F^{cc} 进行无量纲化处理，以代替对金属材料常采用的材料屈服应力 F^{cy} 进行无量纲化处理。

在文献 9.2.2(e)中，对一边自由和无自由边的碳/环氧复合材料平板给出了按无量纲化参数 F^{cc}/F^{cu} 和 $(b/t)[F^{cu}/(E_xE_y)^{1/2}]^{1/2}$ 的压损曲线。后面的参数 $[F^{cu}/(E_xE_y)^{1/2}]^{1/2}$ 是为了反映复合材料的正交各向异性特性。当按这种无量纲化参数表示试验数据时发现，一边自由板元的试验数据与所预期的性能非常一致，但无自由边板元的试验结果却低于所预期的值。

文献 9.2.2(e)中提供的方法的缺点是，仅仅根据层压板的拉伸模量对曲线作了无量纲化处理。在确定初始屈曲载荷和压损中弯曲刚度起着重要的作用，然而，不像金属板，复合材料层压板的拉伸刚度和弯曲刚度之间不存在直接的关系，所以面内(拉伸)刚度相同的层压板，如果它们的铺层顺序不同，可能在不同的载荷下屈曲。由洛克希德和麦道公司各自独立实施的研究和发展(IRAD)计划所进行的试验证实，当按照下面的无量纲化参数定义压损曲线时，可以更准确地预估屈曲和压损载荷。

$$\frac{F^{cc}}{F^{cu}}\frac{E_x}{\overline{E}} \text{ 和 } \frac{b}{t}\frac{\overline{E}}{E_x}\sqrt{\frac{F^{cu}}{\sqrt{E_xE_y}}} \tag{9.2.2.2(a)}$$

式中

$$\overline{E}=\frac{12D_{11}}{t^3}(1-\nu_{xy}\nu_{yx}) \tag{9.2.2.2(b)}$$

其中：$\overline{E}$ 是通过板的弯曲刚度 D_{11} 反映铺层顺序影响的有效弹性模量。

9.2.2.3　筋条压损强度的确定

通常预估由几个“一边自由”和“无自由边”板元所组成的金属筋条压损强度的方法是，计算各个板元压损强度的加权值之和(加权平均值)：

$$F_{ST}^{cc}=\frac{\sum_{i=1}^{N}F_i^{cc}b_it_i}{\sum_{i=1}^{N}b_it_i} \tag{9.2.2.3}$$

试验结果表明，如果借助于式(9.2.2.2(a))中的无量纲化参数确定复合材料各板元的压损强度，这个方法也可以成功地用于均匀厚度的复合材料筋条。洛克希德公司对热塑性复合材料(IM8/HTA)和热固性复合材料(IM7/5250-4)的角形和槽形件进行了压损试验。图 9.2.2.3(a)和图 9.2.2.3(b)中给出了一边自由和无自由边平板的试验结果。麦道公司也报道了采用这种方法对碳/环氧复合材料的筋条以及 AV-8B 前机身纵梁的预估结果，均表明与试验结果十分一致。

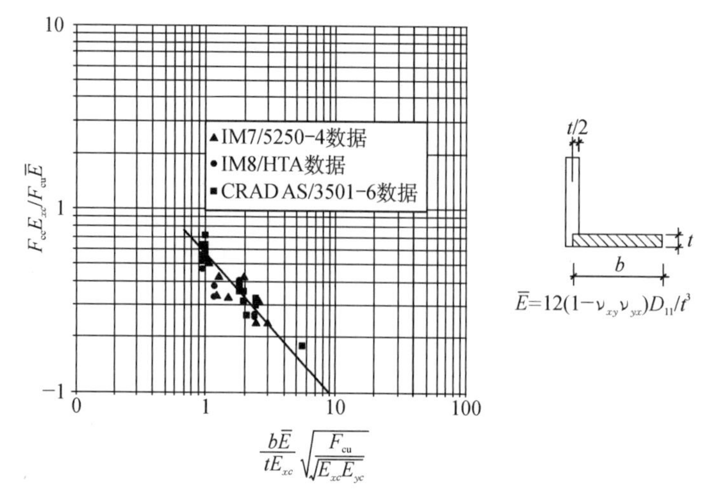

图 9.2.2.3(a) 一边自由平板的压损试验结果

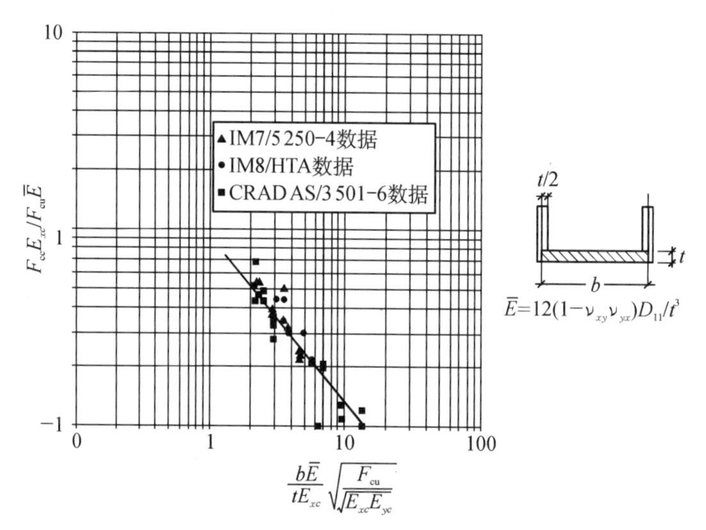

图 9.2.2.3(b) 无自由边平板的压损试验结果

在复合材料加筋板的优化设计中，可能要求采用不等厚度的筋条。图 9.2.2.3(c)中给出了常用筋条剖面形状的典型示例。目前还没有足够的试验数据可以用来精确地预估这类筋条的压损强度。当两个不同厚度的板元结合在一起时，较厚的板元对较薄的板元提供了附加约束，从而使较薄板元的屈曲载荷和压损强度都得以提高，而较厚板元的屈曲载荷和压损强度将会降低。最后的效果可能是筋条的许用应力升高或降低，这取决于两种板元中哪种更危险，因而推进了屈曲进程。可用式(9.2.2.3)预估筋条的压损强度，但是，如果筋条的压损强度是根据等厚度试件的试验数据获得的，那么对受影响的板元的压损强度应该做适当调整。

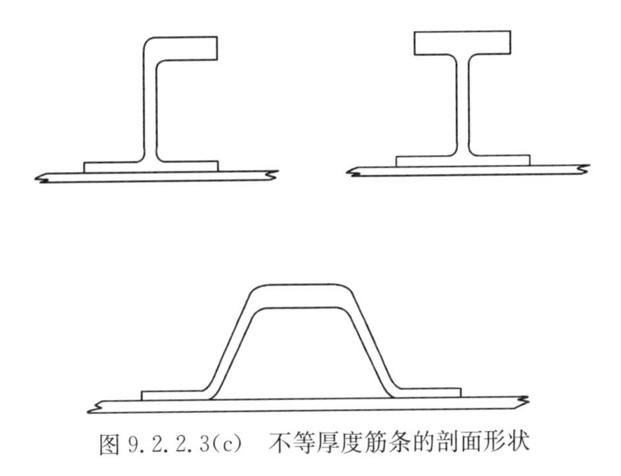

图 9.2.2.3(c)　不等厚度筋条的剖面形状

9.2.2.4 转角半径和填充料的影响

槽形、Z 型或角型剖面筋条的主要破坏形式是压损而不是分层，转角半径似乎对这类剖面筋条的极限强度没有明显的影响。然而，对于工形或 J 型剖面的筋条情况正相反，转角半径起重要的作用。如图 9.2.2.4 所示，实际中常用单向带材料填充这类筋条的转角。在转角处附加上这种非常刚硬的填料可以提高筋条的压损强度。因为填充料的横剖面面积，即 0°方向的材料数量与转角半径的平方成正比，因此，对于具有大转角半径的筋条来说，其压损强度的增加可能十分可观。可由下述公式对这种压损强度的增加作保守估算：

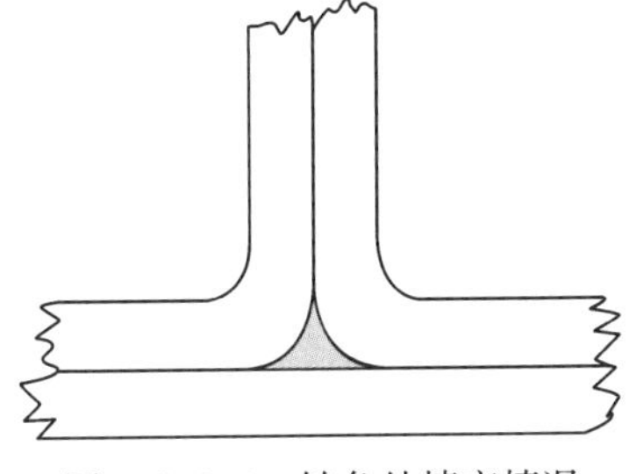

图 9.2.2.4　转角处填充情况

$$\overline{F}^{cc} = F^{cc} \frac{1 + \dfrac{E_f A_f}{\sum E_i b_i t_i}}{1 + \dfrac{A_f}{\sum b_i t_i}} \tag{9.2.2.4}$$

这个公式是根据筋条转角处的临界应变不大于不带附加填充料筋条的临界应变的假设得出的。

9.2.2.5 细长比修正

随着无支持长度的增加，筋条可能呈总体屈曲破坏模式，而不是局部压损破坏。考虑这种情况的通常办法是，基于筋条柱的细长比(L'/ρ)对压损强度 F^{cc} 乘一个修正系数，筋条的临界应力则变成为

$$F^{cr} \approx F^{cc}\left[1 - \frac{F^{cc}}{4\pi^2 E_x^c}\left(\frac{L'}{\rho}\right)^2\right] \tag{9.2.2.5(a)}$$

复合材料柱的横剖面惯性半径为

$$\rho=\sqrt{\frac{(EI)_{st}}{(EA)_{st}}} \tag{9.2.2.5(b)}$$

式中：$(EA)_{st}$和$(EI)_{st}$分别为筋条的拉伸刚度和弯曲刚度。

9.2.2.6 疲劳影响

在对板的结构完整性无危害的环境下，允许板后屈曲疲劳(见文献 9.2.2(b)，9.2.2(g)和 9.2.2(h))。在文献 9.2.2(h)中阐明了已经鉴别的重要结论："经验证明，相对于其蒙皮初始屈曲载荷，复合材料壁板有高的疲劳门槛值。与受压缩为主的疲劳载荷相比，复合材料壁板表现出对受剪切为主的疲劳载荷较大的敏感性。复合材料壁板的疲劳破坏模式是筋条和蒙皮之间发生分离"。

9.2.3 小结

复合材料平和曲蒙皮壁板的屈曲强度，或者说稳定性受几何尺寸、铺层顺序、边界条件和加载情况的影响很大。在许多情况下 ($r/t>100$)，可以采用现有的正交各向异性板的封闭解，如式(9.2.1.3)～式(9.2.1.7)估算其屈曲强度。

9.3 剪切屈曲

此节留待将来使用。

9.4 加筋壁板的稳定性

此节留待将来使用。

参 考 文 献

9.2.1.1(a) Almroth B O, Brogan F W, Stanley G W. User's Manual for STAGS [R]. NASA Contractor Report 165670, Volumes 1 and 2, March 1978.

9.2.1.1(b) Ashton J E, Whitney J M. Theory of Laminated Plates [M]. Technomic Publishers, 1970,125 - 128.

9.2.1.2 Advanced Composites Design Guide, Volume Ⅱ - Analysis [C]. Air Force Materials Laboratory, Advanced Development Division, Dayton, Ohio, January 1973, Table 2.2.2 - 1, pp. 2.2.2 - 12.

9.2.1.3(a) Spier E E. On Experimental Versus Theoretical Incipient Buckling of Narrow Graphite/Epoxy Plates in Compression [C]. AIAA - 80 - 0686 - Paper, published in Proceedings of AIAA/ASME/ASCE/AHS 21st Structures, Structural Dynamics, & Materials Conference, May 12 - 14, 1980, pp. 187 - 193.

9.2.1.3(b) Spier E E. Local Buckling, Postbuckling, and Crippling Behavior of Graphite-Epoxy Short Thin Walled Compression Members [R]. Naval Air Systems Command Report NASCN00019 - 80 - C - 0174, June 1981, p. 22.

9.2.1.3(c) Arnold R R. Buckling, Postbuckling, and Crippling of Materially Nonlinear Laminated Composite Plates [D]. Ph. D. Dissertation, Stanford University, March 1983, p. 65.

9.2.1.3(d) Arnold R R, Mayers J. Buckling, Postbuckling, and Crippling of Materially Nonlinear Laminated Composite Plates [J]. Internal Journal of Solids and Structures, Vol. 20, pp. 863 - 880. 82 - 0779 - CP, AIAA/ASME/ASCE/AHS, published in the Proceedings of the 23rd Structures, Structural Dynamics, and Materials Conference, New Orleans, Louisiana, May 1982, pp. 511 - 527.

9.2.1.8(a) Chamis C C. Buckling of Anisotropic Composites [J]. Journal of the Structural Division, Am. Soc. of Civil Engineers, 1969, 95(10): 2119 - 2139.

9.2.1.8(b) Whitney J M. Structural Analysis of Laminated Anisotropic Plates [M]. Technomic Publishing Co., Inc., Westport, CT, 1987.

9.2.1.8(c) DOD/NASA Advanced Composites Design Guide, Volume Ⅱ Analysis [C]. Structures/Dynamics Division, Flight Dynamics Laboratory, Air Force Wright Aeronautical Laboratories, Wright-Patterson Air Force Base, OH, 1983.

9.2.1.8(d) Davenport O B, Bert C W. Buckling of Orthotropic, Curved, Sandwich Panels Subjected to Edge Shear Loads [J]. Journal of Aircraft, 1972, 9, (7): 477 - 480.

9.2.1.8(e) Spier E E. Stability of Graphite/Epoxy Structures With Arbitrary Symmetrical Laminates [J]. Experimental Mechanics, 1978, 18(11): 401 - 408.

9.2.2(a) Spier E E. On Experimental Versus Theoretical Incipient Buckling of Narrow Graphite/Epoxy Plates in Compression [C]. AIAA - 80 - 0686 - Paper, published in Proceedings of AIAA/ASME/ASCE/AHS 21st Structures, Structural Dynamics, & Materials Conference, May 12 - 14, 1980, pp. 187 - 193.

9.2.2(b) Spier E E. Local Buckling, Postbuckling, and Crippling Behavior of Graphite-Epoxy Short Thin Walled Compression Members [R]. Naval Air Systems Command Report NASC - N0001980 - C - 0174, June 1981.

9.2.2(c) Spier E E. On Crippling and Short Column Buckling of Graphite/Epoxy Structure with Arbitrary Symmetrical Laminates [M]. Presented at SESA 1977 Spring Meeting, Dallas, TX, May 1977.

9.2.2(d) Spier E E, Klouman F K. Post Buckling Behavior of Graphite/Epoxy Laminated plates and Channels [C]. Presented at Army Symposium on Solid Mechanics, AMMRC MS 76 - 2, Sept. 1975.

9.2.2(e) Renieri M P, Garrett R A. Investigation of the Local Buckling, Postbuckling and Crippling Behavior of Graphite/Epoxy Short Thin-Walled Compression Members [R]. McDonnell Aircraft Report MDC A7091, NASC, July 1981.

9.2.2(f) Bonanni D L, Johnson E R, Starnes J H. Local Crippling of Thin-Walled Graphite-Epoxy Stiffeners [C]. AIAA Paper 88 - 2251.

9.2.2(g) Spier E E. Postbuckling Fatigue Behavior of Graphite-Epoxy Stiffeners [C]. AIAA Paper 82 - 0779 - CP, AIAA/ASME/ASCE/AHS, published in the Proceedings of the 23rd Structures, Structural Dynamics, & Materials Conference, New Orleans, LA, May 1982, pp. 511 - 527.

9.2.2(h) Deo R B, et al. Design Development and Durability Validation of Postbuckled Composite and Metal Panels [R]. Air Force Flight Dynamics Laboratory Report, WRDC - TR - 89 - 3030, 4 Volumes, November 1989.

9.2.2.1(a) Nemeth M P. Importance of Anisotropy in Buckling of Compression-Loaded Symmetric Composite Plates [J]. AIAA J., 1986, 24(11): 1831 - 1835.

第 10 章　胶接连接设计与分析

10.1　背景

很难设想一个结构不含有某种类型的连接。连接通常出现在复合材料主要部件与金属部件或零件的过渡区域。飞机中，在操纵面以及在机翼和尾翼部件上的铰链接头就是这种情况的代表，需要在各个操纵阶段旋转其元件。对与发动机的连接或需要改变方向处的铰链，发动机轴这样的管状元件通常采用金属端接元件。此外，由结构的各个组成部分装配成结构或者采用胶接或者采用机械连接或者兼而有之。

一般来说，在结构设计中连接是最富有挑战性的任务之一，在复合材料结构设计中尤其是这样。其理由是：除了某些理想化的胶接连接形式，比如相似材料间的斜面连接之外，连接必然引起结构几何形状的中断，通常是材料的不连续，这就几乎总是产生局部高应力区。机械紧固连接的应力集中是非常严重的，因为，连接元件间的载荷传递不得不发生在一小部分可利用区域上。在金属结构中，对于机械紧固连接随载荷的增加通常可以依靠局部屈服消除应力峰值的影响。在某种程度上这种连接可以采用 P/A 的方法设计，即假设载荷在载荷挤压面上是均匀分布的，所以，总载荷 P 除以挤压面积 A 就表示控制连接强度的应力。在有机基复合材料中，认为这种应力减少的影响只有很少的程度，而且必须考虑由弹性应力分析预计出现的峰值应力，特别是对于一次性单调加载。对于复合材料被胶接件的情况，除了对于各向同性被胶接件影响连接特性的各种不同的材料和尺寸参数以外，应力峰值的大小还随被胶接件的正交异性程度而变化。

原则上，胶接连接比机械紧固连接的结构更为有效，这是因为前者有更好的条件降低应力集中，例如，可以利用胶黏剂的塑性响应降低应力峰值。机械紧固连接材料利用率较低，紧固件附近的大部分区域材料几乎是不受载的，必须靠高应力区域来补偿以达到特定所需的平均载荷。正如上面所述，某些类型的胶接连接，即相近刚度元件之间的斜面连接在连接的整个区域能够达到几乎均匀的应力状态。

然而在许多情况下，机械紧固连接是不可避免的，因为对于损伤结构的更换，或者为了接近内部结构要求连接可以拆卸。此外，胶接连接往往缺少结构余度和对制造缺陷高度敏感，包括胶接的贫胶，表面粗糙部分的不良配合，以及胶黏剂对温度和环境影响，比如对湿度的敏感。确保胶接质量一直是胶接连接长期存在的问题；尽管超声和 X 射线检测可以发现胶接中的缺陷，但现时还没有一种技术能够保证看起来完好的胶层具有事实上足够的传载能力。虽然表面制备和胶接技术已相当发展，但是可能在胶接操作中不注意细节而产生某些缺陷，故需要装配工时刻警惕。因此在高要求和高安全特定的应用中，例如主要的飞机结构元件，特别是大型商用运输飞机，宁肯采用机械紧固连接而不采用胶接连接，因为机械紧固连接比较容易达到确保结构完整性所要求的水平。胶接结构在较小飞机中更为普遍。对于非航空器应用和非飞行关键的飞机部件里也还是常采用胶接连接。

10.2　引言

本章介绍复合材料结构在结构连接中确定应力和变形的设计方法和分析方法。在胶接连接中的设计考虑包括以下几点：被胶接件厚度的影响，它是确保被胶接件破坏而不是胶接破坏的手段；采用斜削的被胶接件以减小剥离应力；胶黏剂塑性的影响；关于复合材料被胶接件的特殊考虑；胶层缺陷，包括表面制备缺陷、孔隙率和厚度差异的影响；以及胶接连接与长期耐久性有关的考虑。除了设计考虑外，还描述了在胶层内控制应力和变形的连接特性的状况，包括剪应力和横向正应力，横向拉伸正应力通常称作“剥离”应力。最后，介绍了胶接连接有限元分析的一些原则。

胶接连接能够具有高的结构效率并且是减轻结构重量的一种措施，因为胶接连接有可能消除应力集中，这是机械紧固连接不可能做到的。不幸的是，因为缺少可靠的检测方法和在制造中要求精密的尺寸容差，飞机设计师一般避免在主要结构中采用胶接连接。一些著名的例外包括：F－14 和 F－15 水平安定面以及 F－18 机翼根部连接装配用作连接的阶梯形搭接胶接连接，和 Lear-fan 及 Beech-Starship 飞机的大多数结构部件。

在文献 10.2(a)－10.2(h)中列出的早期文献已经研究了与胶接连接设计有关的若干问题，现在复合材料结构胶接连接所使用的大多数方法基于 L. J. Hart-Smith 进行的一系列研究，研究是在 20 世纪 70 年代初期（见参考文献 10.2(i)－(n)）NASA/Langley 研究中心资助的合同以及 70 年代中期（见参考文献 10.2(o)－(r)）空军主胶接结构技术计划(PABST)的支持下完成的。这项工作最新的进展是在空军合同支持下研发了胶接连接和螺栓连接的三个计算机软件 A4EG，A4EI 和 A4EK（见参考文献 10.2(s)－(u)）。这些成果已经在一些文献中公开发表（见文献 10.2(v)－(z)）。此外，这些成果中的方法已经应用于 80 年代初中期 NASA 的 ACEE 计划（见参考文献 10.2(x)－(y)）。

根据这些研究成果得到的某些主要原则包括：①一般的复合材料连接尽可能采用简单的一维应力分析方法；②要使连接设计保证被胶接件破坏而不是胶层破坏，

因此胶层绝不是薄弱环节；③认识到航空航天胶黏剂的韧性有利于降低胶层中的应力峰值；④谨慎使用诸如被胶接件的斜削这样一些因素来减小或消除连接的剥离应力；⑤认识到缓慢的低周循环载荷，例如相应于飞机座舱增压这些现象，是控制胶接连接耐久性的主要因素。为了避免这类载荷最严重的影响，可通过提供足够长的搭接长度，来保证胶黏剂受载较小。确信部件在最严重的湿热极限值下使用时胶黏剂不会发生蠕变。

下面大多数论述仍将遵照 Hart-Smith 的分析原理，因为，它对复合材料和金属结构的胶接连接设计实践都作出重要的贡献。另一方面，一些修改也在此作了介绍。例如，在文献 10.2(k)中介绍的对 Goland-Reissner 单搭接连接分析的修正，已经按照文献 10.2(z)和 10.2(aa)提出的方法再次进行了修正。

在 Hart-Smith 研究成果中没有涉及的复合材料被胶接件的一些特殊问题将补充论述，其中最重要的就是有机复合材料被胶接件横向剪切变形的影响。

虽然论述的重点是简化的应力分析概念，允许用剪滞模型估算剪切应力和用弹性基础梁概念估算剥离应力，根据需要对胶接连接的有限元模型也作了简要的介绍。类似地，虽然主要从应力和应变能的观点研究连接破坏，但对胶接连接也包含了从断裂力学观点进行的讨论。

10.3 胶接连接设计

10.3.1 被胶接件厚度的影响：被胶接件破坏与胶接破坏的关系

图 10.3.1(a)示出了胶接连接一系列典型的连接形式。一般来说，胶接连接在胶层中有较高的应力集中。剪应力的应力集中是由于各被胶接件的轴向应变不相等而引起的，而剥离应力的应力集中，是由于载荷路径的偏心引起的。与剪切响应相关的典型胶黏剂良好的韧性有利于使剪应力对连接强度的影响降至最小。剥离应力与剪应力相比其响应倾向于更明显的脆性，因此为获得良好的连接性能，降低剥离应力是所期望的。

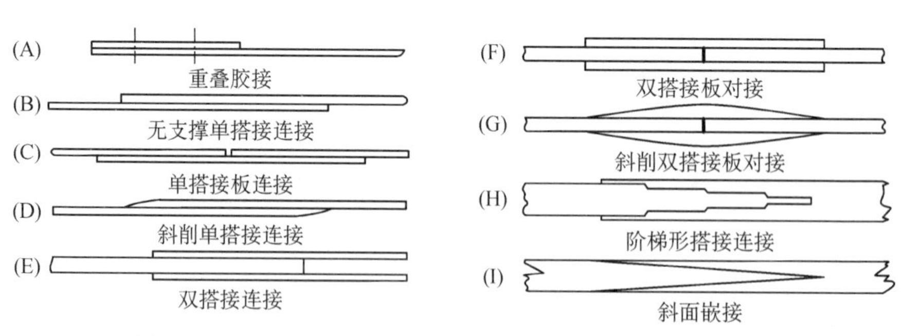

图 10.3.1(a) 胶接连接形式(见参考文献 10.2(n)和 10.3.1)

从连接可靠性的观点出发，最主要的是避免胶层成为连接的薄弱环节，这就意味着连接设计应尽可能保证被胶接件破坏发生在胶层破坏之前。这是因为被胶接件破坏是纤维控制的，而胶黏剂破坏是基体控制的，它易受空隙和其他缺陷、厚度变化、环境、加工偏差、表面制备中的缺陷及其他并不总是能充分控制因素的影响。这是一个极大的挑战，因为，胶黏剂本来就比被连接的复合材料或金属元件弱得多。然而只要弄清楚每种连接形式的应用范围及其合适的厚度限制，就可以达到这个目的。图 10.3.1(b)经常被 Hart-Smith(见参考文献 10.2(n)和 10.3.1)用来说明这一点，该图表明连接形式的发展过程，其承载能力逐渐从最小增加到最大。对于每一种连接形式，可以用增加被胶接件厚度的方法得到较高的承载能力。当被胶接件比较薄时，应力分析的结果表明，图 10.3.1(b)中所有的连接形式，胶接的应力小到足以保证被胶接件在胶层发生破坏之前就先达到其极限承载能力。随着被胶接件厚度的增加胶层应力变得较大，直到产生胶层破坏，这一点的载荷低于被胶接件破坏载荷。这就得到一般原则，对于给定的连接形式，被胶接件的厚度相对于胶层厚度应当限制在一个合适的范围。因为胶接工艺的考虑和胶接材料对缺陷的敏感性，胶层厚度一般限制在 0.125～0.39 mm(0.005～0.015 in)之间。于是，图 10.3.1(a)和(b)的每一种连接形式都有其相应的被胶接件厚度的适用范围和承载能力。如果需要较大的承载能力，宁肯改变连接形式，即改用连接效率较高的连接形式，而不是无限制地增加被胶接件的厚度。

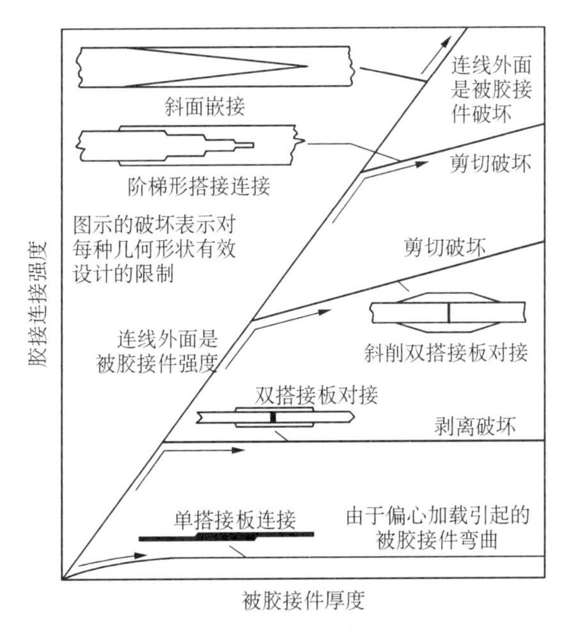

图 10.3.1 (b)　连接几何形状的影响(见参考文献 10.2(n))

10.3.2　连接几何形状的影响

等厚度被胶接件的单搭接和双搭接连接(见图 10.3.1(a)中的(B)，(E)和(F)

型连接)是效率最低的连接形式,主要用于承受较小分布载荷的薄结构(分布载荷指单位宽度的载荷,即应力乘以元件厚度)。其中单搭接连接的承载能力最小,因为其几何形状的偏心将使被胶接件产生明显的弯曲,导致剥离应力增大。剥离应力也存在于对称双搭接和双搭接板对接连接中,当被胶接件较厚时它成为对连接性能的一个限制因素。

可以采用斜削的被胶接件(见图 10.3.1(a))中的(D)和(G)型连接)降低连接区域的拉伸剥离应力,这是首要关心的情况。在被胶接件对接在一起的搭接区两端不需要斜削,该处横向正应力是压缩且相当小。同样,受压缩载荷的双搭接斜削板连接在任何位置均不关心剥离应力,因为胶层中产生的横向正应力实际上是压缩而不是拉伸。的确,对压缩载荷情况,在有间隙处内部的被胶接件直接相互挤压,没有应力集中存在。

对于等刚度被胶接件的连接,斜面嵌接(见图 10.3.1(a)中(I)型连接)理论上是最有效的,有可能完全消除应力集中(实际上,在斜削的被胶接件的末端还必须布置一个或两个单层的最小厚度,导致这个区域产生应力集中)。理论上,通过足够的连接长度和厚度,斜面嵌接可以达到任何所希望的承载能力;然而,由于剪应力沿连接长度均匀分布,有蠕变破坏趋势,实际斜面嵌接的耐久性较差,除非要仔细地使胶层不进入非线性范围。结果使得斜面嵌接仅限用于非常薄的结构的修理。不等刚度被胶接件的斜面嵌接达不到像等刚度被胶接件连接均匀剪应力分布的情况,而且因为在较厚被胶接件的薄端附近载荷迅速增大,结构的有效性降低。

阶梯形连接(见图 10.3.1(a))中的(H)型连接)是解决厚板元件胶接任务的切实可行的方法。这种形式的连接利用复合材料层压板层压构形的优点使得制造较为方便。此外,如果有足够多足够矮(即厚度增量)的台阶,提供了足够的连接长度,从而可以传递大的载荷。

10.3.3 被胶接件刚度不匹配的影响

被胶接件刚度不相等对所有几何形式的连接都带来不利的影响,刚度定义为轴向或面内剪切模量乘以被胶接件的厚度。只要有可能就应该保持刚度接近相等。例如,对于碳/环氧准各向同性层压板(杨氏模量=55 GPa(8 Msi))和钛合金板(杨氏模量=110 GPa(16 Msi))理想的阶梯形连接和斜面嵌接,复合材料和钛合金被胶接件最大厚度(连接区末端之外)的比值应是 110/55=2.0。

10.3.4 胶黏剂韧性响应的影响

胶黏剂韧性是降低胶层中的剪应力和剥离应力峰值不利影响的一个重要因素。取自文献 10.3.4(a)的图 10.3.4(a)表示在航宇工业中使用的典型胶黏剂的剪应力-应变响应特性,它是从厚板胶接试验得到的(见第 1 卷 7.3 节)。图 10.3.4(a)的图(A)代表较韧的膜状胶黏剂 FM73 在各种环境条件下的响应曲线。图 10.3.4(a)的图(B)代表较脆的膜状胶黏剂 FM400 在相同的环境条件下的响应曲线。在其他地方如文献 10.3.4(b)中也可找到类似的曲线。即使对于图 10.3.4(a)的图(B)这种韧性较差的材料，韧性对胶接连接的力学响应也有显著的影响，把设计局限于弹性响应就丧失了大量附加的结构承载能力的利用。除了温度、湿度外，胶层的多孔性也影响韧性响应。多孔性的影响示于图 10.3.4(b)(见参考文献 10.2(s))，图中比

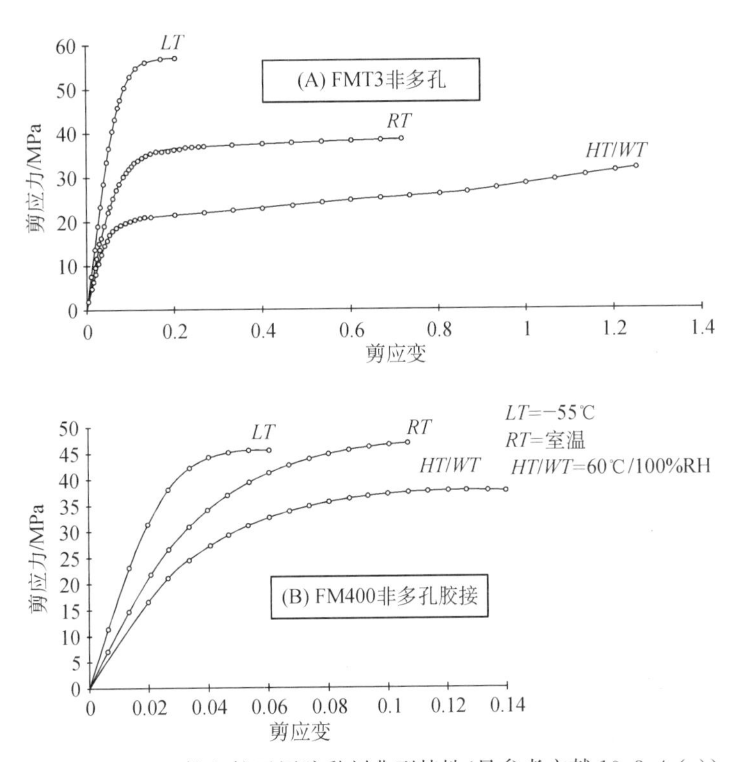

图 10.3.4(a)　航空航天用胶黏剂典型特性(见参考文献 10.3.4 (a))

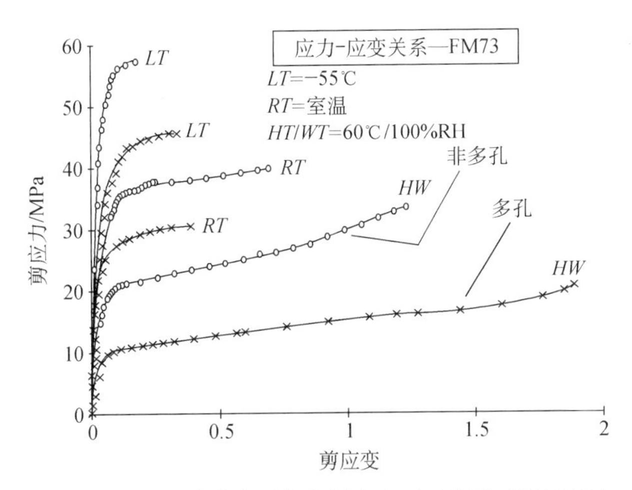

图 10.3.4(b)　多孔性对胶黏剂应力-应变特性的影响(见参考文献 10.2(s))

较了 FM73 各种环境条件下多孔(符号×)和非多孔(符号◇)胶层的响应。这一点在 10.3.6 节还要作进一步的讨论。

如果能用被胶接件斜削这样的方法降低剥离应力，Hart-Smith 已经指出(见文献 10.2(i))胶黏剂的剪切破坏应变能是控制连接强度的关键参数，于是胶黏剂破坏应变能密度的平方根就确定了连接能够承受的最大静载荷。Hart-Smith 的研究还指出，为了预计连接的力学响应，详细的胶黏剂应力-应变曲线可以用等价的曲线代替，该曲线由一个线性段和紧接的常应力平台构成(即弹性-理想塑性响应)，只要调整常应力值使得破坏应变能密度等于实际应力-应变曲线给出的值。胶黏剂试验方法(见第 1 卷 7.6 节)的目的在于提供这个参数的数据。一旦对所选的胶黏剂在所关心的最严酷环境(温度和湿度)条件下，确定出等价的弹性-理想塑性应力-应变曲线，连接设计就可以采用相对简单的一维应力分析方法，而不需要采用复杂的有限元计算。即使对于最复杂的连接，已采用这种方法成功设计了(见文献 10.2(t))F-18 和其他飞机的机翼根部以及尾翼的阶梯形连接，并被试验验证。这种分析方法的设计程序是在政府合同的资助下研发的，在 10.1 节提及的 A4EG，A4EL 和 A4EK 计算机软件已经公开发表，现在已是空军航空航天结构信息和分析中心(ASIAC)可利用的软件。请注意，A4EK 计算机程序允许分析用机械连接修补局部脱胶的胶接连接。

10.3.5 复合材料被胶接件的性能

聚合物基复合材料被胶接件受层间剪应力的影响要比金属大得多，因此在胶接复合材料应力分析中显然需要考虑这种影响。被胶接件的横向剪切变形影响类似于胶层加厚的影响，导致既降低剪应力又降低剥离应力的峰值(见 10.4.2.4 节)。

此外，因为被胶接件基体所用树脂的韧性往往比通常胶黏剂的要差，并由于纤维存在所产生的应力集中削弱了树脂，连接的限制性因素可能是被胶接件的层间剪切强度和横向拉伸强度，而不是胶接强度(见图 10.3.5)。对于单搭接连接情况(见图 10.3.5 的图(A))，有可能发生被胶接件的弯曲破坏，这是因为搭接处的末端有大的力矩。金属被胶接件弯曲破坏形式是塑性弯曲和塑性铰，而复合材料被胶接件弯曲破坏本质上是脆性的。对于双搭接连接情况，在较厚的被胶接件内的剥离应力增大可能引起被胶接件的层间破坏，如图 10.3.5 的图(B)所示。

在复合材料连接中构成被胶接件的层压板铺层顺序是很重要的。例如，紧靠胶层铺设的 90°层理论上起着大的作用，像是附加厚度的胶层材料，导致较低的峰值应力；而紧靠胶层的 0°层给出较刚硬的被胶接件响应，具有较高的峰值应力。实际上观察到 90°层紧靠胶层更严重削弱了连接，因为横向裂纹在这些层中扩展，而减少峰值应力的优点是不可取的。

金属和复合材料被胶接件热膨胀系数大的差异会产生严重的问题(见 10.4.2.2 节)。高固化温度的胶黏剂不适合用于某些低温应用场合，因为当连接从固化温度冷却下来会产生大的热应力。

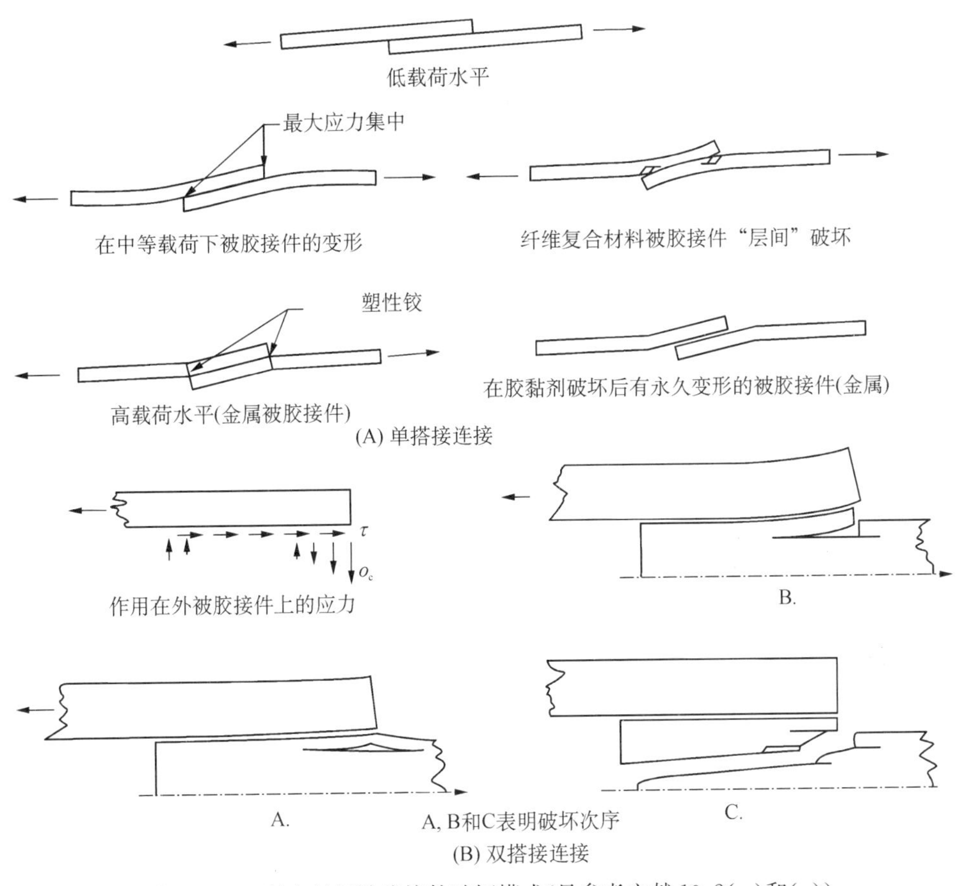

图 10.3.5　复合材料被胶接件破坏模式(见参考文献 10.2(w)和(x))

与金属被胶接件相反,复合材料被胶接件易受水分扩散的影响。结果,更有可能在大范围胶层上发现有吸湿的现象,与此相比,金属被胶接件吸湿仅限于连接被暴露的边沿附近,因此胶黏剂对吸湿的响应对复合材料连接比对金属被胶接件之间的连接会是更严重的问题。

10.3.6　胶接缺陷的影响

人们所关心的胶接连接缺陷包括表面制备缺陷、空隙和孔隙率,以及胶层的厚度偏差。

在感兴趣的各种缺陷中,最关心的或许是表面制备缺陷。这是个特别令人烦恼的问题,因为目前还没有无损评定技术能够检测出胶层和被胶接件之间低的界面强度。如果被胶接件和胶层之间的胶接很差,大多数连接设计原则都将是空谈。为了使胶接良好,对所关心的被胶接件和胶黏剂的组合情况相应地建立了一些原则(见参考文献 10.3.6(a)-(c))。Hart-Smith, Brown 和 Wong(见参考文献 10.3.6(a))阐述了表面制备过程最重要的特点。文献 10.3.6(a)的结果说明限于从被胶接件除去剥离层的表面制备是令人怀疑的，因为一些剥离层在胶接表面上遗留的残渣使粘附力变差（然而，某些制造商用只除去剥离层的表面制备也得到满意的结果）。用低压喷砂（见参考文献 10.3.6 (b)）而不用手工砂纸打磨的方法来清除这种残渣和机械修整胶接表面是更为可取的。

为了使所设计的连接确保被胶接件（而不是胶层）是危险元件，需要考虑存在孔隙率和其他缺陷的容限（见参考文献 10.2(t)）。孔隙率（见参考文献 10.2(z)）通常伴随着过厚的胶接区，它容易发生在远离通常传递大部分载荷的连接边缘，因而是一种比较有益的影响，特别是要靠斜削被胶接件使剥离应力降到最小时。文献 10.2(z)指出，孔隙率可以通过修正胶黏剂假定的应力-应变特性来表示，修正依据是由厚被胶接件试验得到数据，并允许用 A4EI 计算机软件直接分析孔隙率对连接强度的影响。如果剥离应力严重，如在被胶接件过厚的情况，孔隙率可能出现灾难性扩展，并导致没有损伤容限的连接性能。

对胶接厚度变化情况（见参考文献 10.2(aa)），通常发生因连接边缘树脂过多渗出而使树脂变薄，导致在边缘附近胶黏剂的应力过大，可以采用连接边缘被胶接件内侧的斜削来对此进行补偿，在文献 10.2(aa)中还讨论了其他补偿措施。胶层本身厚度应当限制在 0.12～0.24 mm(0.005～0.010 in)以防止明显孔隙率出现，虽然将全部周边挡起来或者采用高级的小黏度的糊状胶黏剂的话，较大的厚度还是可接受的。通常的实施包括采用含稀纱布及其他一些有助于保持胶层厚度形式的胶膜，也常采用短切纤维的垫状载体防止水分直接进入到胶层内部。

10.4　胶接连接的应力分析

10.4.1　胶黏剂的一般应力

胶接连接的应力分析方法涉及的范围很广，从仅考虑胶层平均剪应力的最简单的公式 P/A，到考虑细节的非常精细的弹性方法，即应用断裂力学概念计算应力的奇异性。这两个极端的折中方案是所希望的，因为满足结构连接的适当要求，通常并不依赖细观力学量级上的细节知识，而宁可是更依赖胶接厚度尺度范围上的知识。因为实际考虑胶接连接包括的被胶接件和胶层厚度相对于它在载荷方向上的尺寸是较薄的，所以沿被胶接件和胶层厚度上的应力变化比较缓和。对于聚合物基复合材料被胶接件，这种应力变化较为显著，因为相对于横向剪应力和厚度方向正应力，它们比较柔软。然而已经发展的大量的设计方法，都建立在忽略被胶接件沿厚度方向上应力变化的基础上，其中包括只考虑轴向变化的一维模型的方法。因此，本章包含的大量材料都是基于简化的一维方法，以 Hart-Smith 的工作为代表，而且之所以强调这些从那类成果得到的原则，是因为大多数已成功应用于实际的连接设计，特别是飞机构件中。Hart-Smith 的方法广泛采用闭合形式和经典的级数解，因为它们最适用于连接设计的参数研究，最突出的包括对 Volkersen（见参考文献 10.2(a)）和 Goland-Reissner（见文献 10.2(b)）解的修正，用以处理沿被胶接件长度方向等厚度连接中胶黏剂韧性影响，与经典的级数表达式一起处理斜削连接和斜面嵌接遇到的变厚度被胶接件。下面描述的单搭接连接的解计算在各种被胶接件刚度和不同作用载荷下胶黏剂中的剪应力。对于更为实用的阶梯形搭接连接也可以采用这些表达式处理，只需把连接看作一系列独立的具有等厚度被胶接件的连接。

10.4.1.1　胶黏剂剪应力

理想刚硬被胶接件的连接示于图 10.4.1.1(a)，当连接受载时在彼此相对水平滑动之前，上板和下板相互邻接的点是垂直对应的。受载后产生位移差 $\delta = U_U - U_L$，它与胶层剪应变的关系是 $\gamma_b = \delta/t_b$。相应的剪应力 τ_b 由 $\tau_b = G_b\gamma_b$ 得到。被胶接件刚性的假设意味着 δ，γ_b 和 τ_b 沿连接是均匀的。进一步，图 10.4.1.1(a)中图(C)所示的平衡方程说明要求剪应力与上被胶接板的合力分布有下列关系：

$$dT_U/dx = \tau_b \qquad (10.4.1.1(a))$$

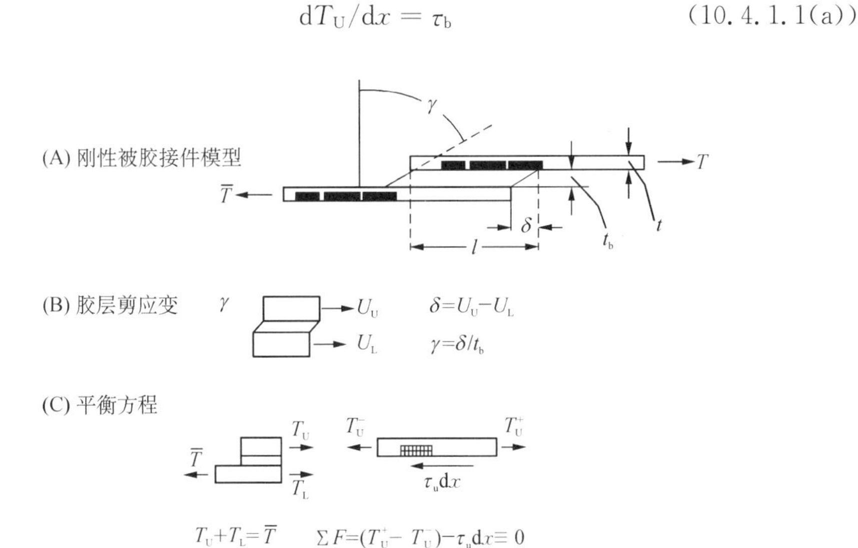

图 10.4.1.1(a)　基本的连接分析(刚性被胶接件模型)

得到线性分布的 T_U 和 T_L(上和下被胶接件的合力)以及被胶接件的轴向应力 σ_{xU} 和 σ_{xL}，如图 10.4.1.1(b)所示，这些分布用下列表达式描述：

$$T_u = \overline{T}\frac{x}{l}；T_L = \overline{T}\left(1-\frac{x}{l}\right)，即\ \sigma_{xU} = \bar{\sigma}_{xU} = \bar{\sigma}_x\frac{x}{l}；\sigma_{xL} = \bar{\sigma}_x\left(1-\frac{x}{l}\right) \qquad (10.4.1.1(b))$$

式中 $\bar{\sigma}_x = \overline{T}/t$。在实际连接中被胶接件的变形将引起胶层剪应变的变化，如图 10.4.1.1(c)所示。图 10.4.1.1(c)中图(A)示出一个可变形的上被胶接件和刚硬的下被胶接件相组合的情况(实际上 $E_LT_L \gg E_UT_U$)，上被胶接件的拉伸变形导致胶层右端剪应变的增加。对于图 10.4.1.1(c)中图(B)所示的被胶接件变形相等的情况，胶层剪应变在连接的两端增大。这是由于无论哪个被胶接件在连接的一端受载(注意只有一个被胶接件受载),轴向应变都增大。对于这两种情况,胶层剪应变的变化导致剪应力相应的变化,代入平衡方程(10.4.1.1(a))就得到胶层和被胶接件应力的非线性变化。对于可变形的被胶接件情况,Volkersen 剪滞分析(见参考文献 10.2(a))提供了计算这些应力的方法。

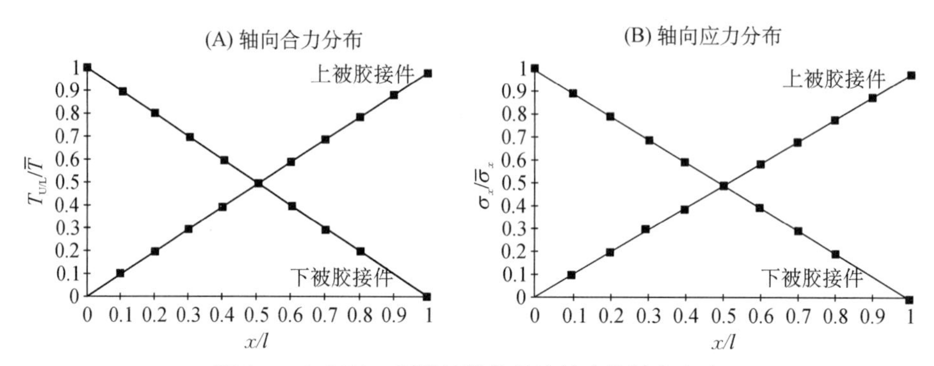

图 10.4.1.1(b)　刚性被胶接件连接中的轴向应力

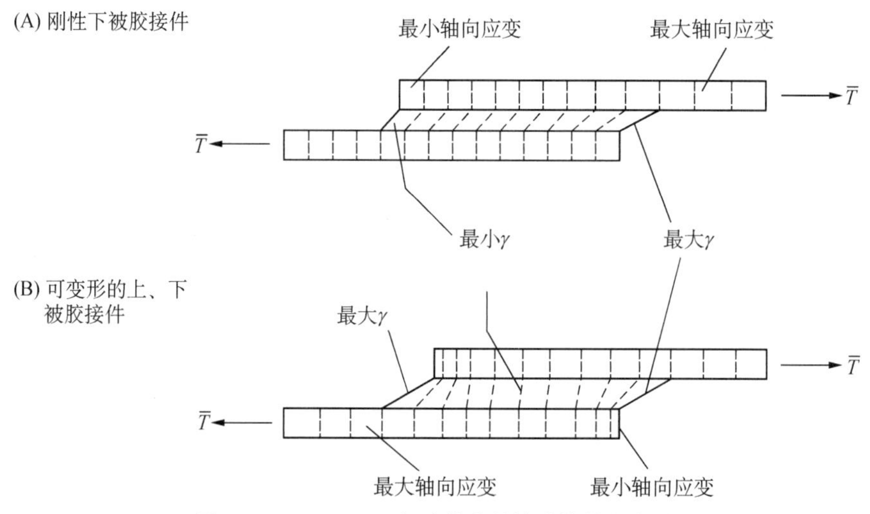

图 10.4.1.1(c)　理想连接中的被胶接件的变形

引进如下符号(见图 10.4.1.1(d))

E_U, E_L, t_U, t_L——上、下被胶接件的杨氏模量和厚度;

G_b, t_b——胶层剪切模量和厚度。

且有下列关系:

$$B_U = E_U t_U, \; B_L = E_L t_L$$

用$\overline{T}$表示施加的轴向合力:

$$\bar{\sigma}_{xU} = \overline{T}/t_U, \; \bar{\sigma}_{xL} = \overline{T}/t_L$$

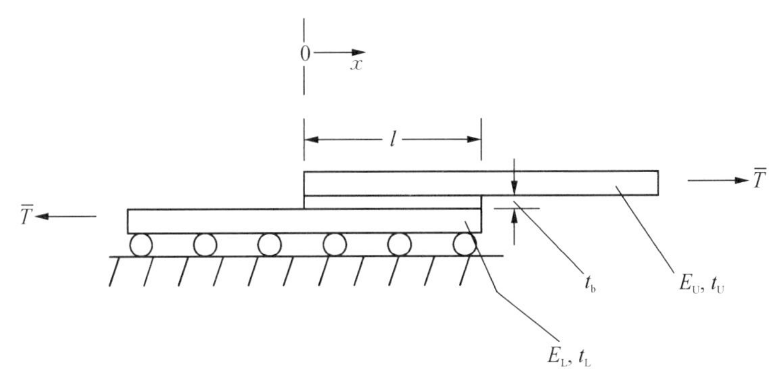

图 10.4.1.1(d)　Volkersen 解的几何图形

两个被胶接件加载端的应力表示为

$$\beta = \left[G_b \frac{\bar{t}^2}{t_b} \left(\frac{1}{B_U} + \frac{1}{B_L} \right) \right]^{1/2} \qquad \bar{t} = \frac{t_U + t_L}{2} \qquad \beta_B = B_L / B_{LU} \tag{10.4.1.1(c)}$$

于是，上被胶接件轴向应力$\bar{\sigma}_{xU}(x)$的分布可以从 Volkersen 分析得到：

$$\sigma_{xU} = \bar{\sigma}_{xU} \left\{ \frac{B_U}{B_U + B_L} \left[1 + \frac{\sinh \beta (x - l) / \bar{t}}{\sinh \beta l / \bar{t}} \right] + \frac{B_U}{B_U + B_L} \frac{\sinh \beta x / \bar{t}}{\sinh \beta l / \bar{t}} \right\} \tag{10.4.1.1(d)}$$

对两种被胶接件厚度相等情况轴向应力和胶层剪应力分布作了比较，一种情况是下被胶接件比较刚硬的情况（$E_L = 10E_U$），另一种情况是上、下被胶接件具有相同的变形（$E_L = E_U$）见图 10.4.1.1(e)的下方。图 10.4.1.1(e)的结果是在 $t_U = t_L$（所以被胶接件末端的应力相等）和胶层剪切模量和厚度选取使得 $\beta = 0.387$ 和 $l/t = 20$（得到 $\beta l/t = 7.74$）两种情况以及被胶接件名义应力 $\sigma_{xU} = \sigma_{xL} = 10$（无量纲）条件下得到的。最大剪应力可用下式很好地近似：

$$\begin{aligned} x &= 0 \qquad \tau_{bmax} \approx \overline{T} \frac{\beta}{\bar{t}} \frac{B_U}{B_U + B_L} \\ x &= l \qquad \tau_{bmax} \approx \overline{T} \frac{\beta}{\bar{t}} \frac{B_L}{B_U + B_L} \end{aligned} \tag{10.4.1.1(e)}$$

对于等变形被胶接件（$B_L = B_U$）情况，图 10.4.1.1(e)右方（图(B)和图(D)）示出其剪应力分布的典型特征，峰值应力发生在两端；对于下被胶接件较刚硬的情况（$B_L > B_U$），从式 10.4.1.1(e)得到的比前者更高的峰值应力发生在连接的右端 $x = l$ 处。这是因为如图 10.4.1.1(c)中的图(A)所示的剪应变的特点，较大的剪应力峰值一般发生在比较柔性的被胶接件的加载端。

从实际考虑，我们主要关心搭接区较长的连接，其 $\beta l/t \gg 1$，对于这种情况，式 10.4.1.1(e)简化为

$$\beta l/t \gg 1$$

$$B_{\mathrm{L}} \gg B_{\mathrm{U}} \qquad \tau_{\mathrm{bmax}} \approx \beta \bar{\sigma}_x \qquad B_{\mathrm{L}} = B_{\mathrm{U}} \qquad \tau_{\mathrm{bmax}} \approx \frac{1}{2}\beta \bar{\sigma}$$

(10.4.1.1(f))

即对于长搭接情况，刚硬被胶接件情况的最大剪应力约是被胶接件刚度相等情况的两倍，这就再次说明了被胶接件刚度不匹配对剪应力峰值不利的影响。

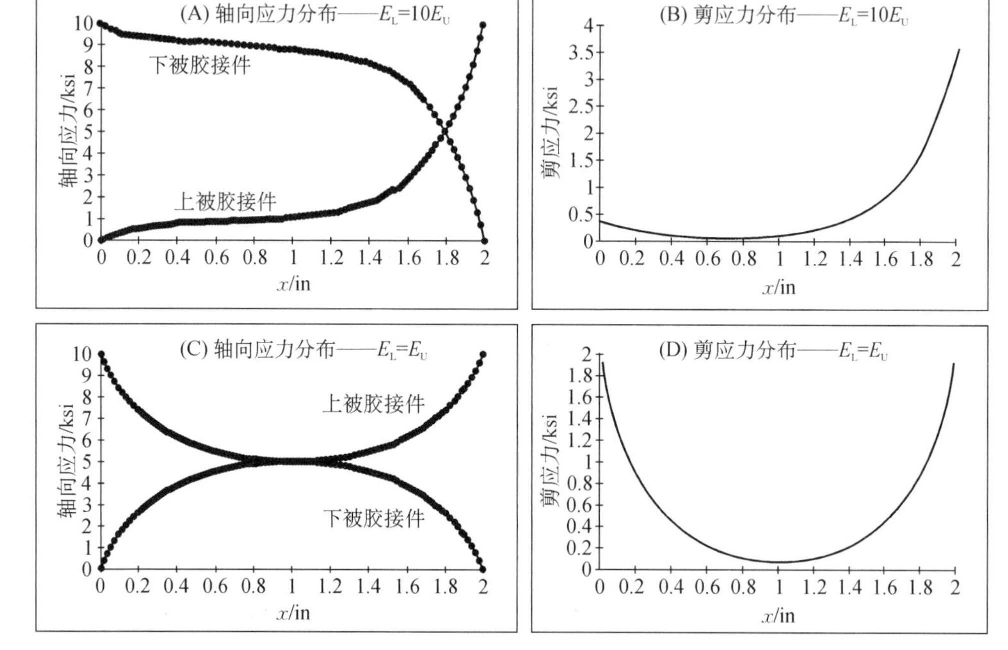

图 10.4.1.1(e) $E_{\mathrm{L}} = E_{\mathrm{U}}$ 及 $E_{\mathrm{L}} = 10E_{\mathrm{U}}$ 被胶接件应力和胶层剪应力的比较两种情况 β 和被胶接件厚度均相等

另一个关注点是关于等刚度被胶接件的胶接连接剪应力分布的典型特征，如图10.4.1.1(e)中图(D)所示，即胶黏剂的高应力集中发生在连接两端。大部分连接长度承受相当低的剪应力，这就意味着在某种意义上连接区域在结构上是低效率的，因为它并不提供大载荷的传递；然而低应力区域有助于改进连接的损伤容限，因为可以容忍像空隙和低胶接强度这类缺陷在剪应力低的区域存在，故大多数连接具有长的搭接区。正如在10.6节所讨论的那样，Hart-Smith 建议，当考虑塑性和蠕变时，一个好主意是最小的剪应力水平不应大于胶黏剂屈服强度的10%，这就需要按式(10.6(a))给出最小搭接长度。

其他关注点是胶层中最大剪应力与平均剪应力的比较，如图10.4.1.1(f)中以无量纲连接长度 l/t 的函数形式示出(对于等刚度被胶接件的特殊情况)。胶层中的平均剪应力总是与早先讨论假设的刚性被胶接件连接中的均匀剪应力一样，从平衡状态可得到下式：

$$\tau_{\text{bave}} = \frac{t}{l}\bar{\sigma}_x \quad (t_{\text{U}} = t_{\text{L}} \equiv t;\ \bar{\sigma}_{x\text{U}} = \bar{\sigma}_{x\text{L}} \equiv \bar{\sigma}_x)$$

这里要说明的一点是虽然平均剪应力随连接长度的增加持续降低，但是当 $\beta l/t \gg 2$ 时，对最大剪应力，随连接长度增加的影响减小。在胶层不破坏的情况下，最大剪应力控制可施加载荷的大小。连接设计有时仅被认为是选择连接长度的问题，长到足以按式 10.4.1.1(f)计算的平均剪应力减小到低于胶层许用剪应力的数值。显然，如果胶黏剂到破坏一直呈弹性响应且连接有足够的长度，那么连接两端的峰值应力将远大于平均应力，连接破坏载荷将远低于平均应力等于许用值的载荷。另一方面，塑性有助于控制结构胶黏剂的特性，因此以峰值应力等于许用值为基础的设计就过于保守。早先在 10.3.4 节已经讨论过的塑性影响，在下节还要再次论述。

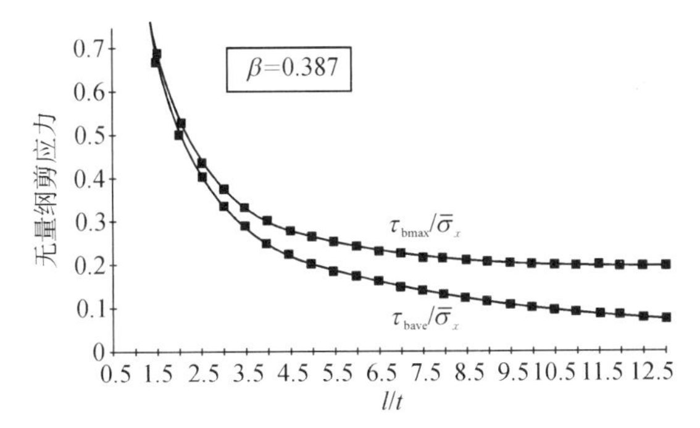

图 10.4.1.1(f)　平均和最大剪应力与 l/t 关系的比较

10.4.1.2　剥离应力

因为在大多数胶接连接几何构型中载荷路径是偏心的，故一般总是存在剥离应力即沿胶层厚度方向的拉伸应力。因为对等厚度被胶接件连接剥离应力最严重，比较等厚度被胶接件的单搭接和双搭接连接中剥离应力的影响是很有用的。单搭接连接(见图 10.4.1.2(a))传载路径的偏心相当明显，由于两个被胶接件的偏置，导致如图 10.4.1.2 (a)中图(B)所示的弯曲变形。如图 10.4.1.2(b)所示的构型的双搭接连接，载荷路径偏心没有那样明显，可以假设剥离应力不存在，由于这种结构形式侧向对称，没有总体弯曲变形。然而，需要关注一些反映的现象，在对称的双搭接连接中，传力路线通过中间的被胶接件在达到搭接区域之前分为两路，通过胶层剪应力的作用向两侧传递到两个外部的被胶接件上，于是在这类连接形式中载荷路径的偏心也是存在的。正如图 10.4.1.2(b)中图(C)所示出的那样，剪力符号用 F_{sh}，它表示连接一端 τ_{b} 累积的影响，产生一个相对于上被胶接件中线总力矩的分量，它等于 $F_{\text{sh}}t/2$(注意 $F_{\text{sh}} = \overline{T}/2$，因为剪应力反作用连接每端载荷值)。剥离应力等于如图 10.4.1.2(b)中图(B)和图(C)所示的约束弹簧中的力，由于 F_{sh} 偏离外部被胶接件的中轴线，所以必然产生一个反作用力矩。剥离应力是非常有害的。后面的讨论将指出塑性的影响，它可显著降低胶黏剂内与剪应力有关的破坏趋势。另一方面，当胶层在厚度方向受拉时，被胶接件趋于阻止面内方向的横向收缩，这就使塑性影响的有效性降低到最小，而这种塑性影响却能降低剥离应力的不利影响。图 10.4.1.2(c) 示出的对接拉伸试验说明这一点，紧邻胶层的两个被胶接件的表面彼此均匀拉开。在此处伴随剪应力产生的屈服仅局限于外部边缘附近一个很小的区域，其宽度大约等于胶层厚度；大部分区域的胶层很少产生屈服。对于聚合物基复合材料被胶接件，被胶接件可能在比胶层破坏更低的剥离应力水平发生破坏，这就甚至使得更不希望有剥离应力。

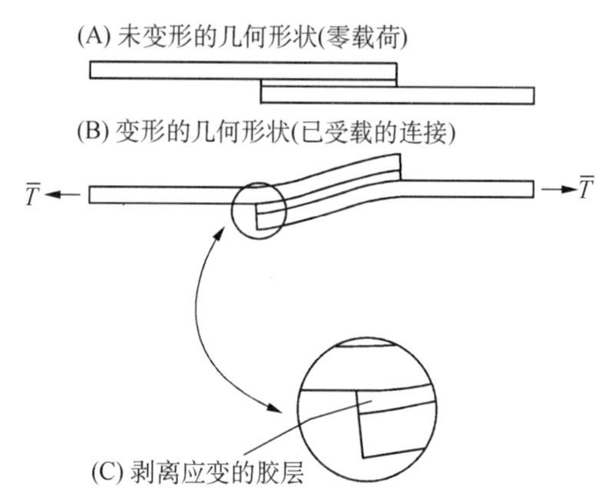

图 10.4.1.2(a)　单搭接连接中剥离应力的形成

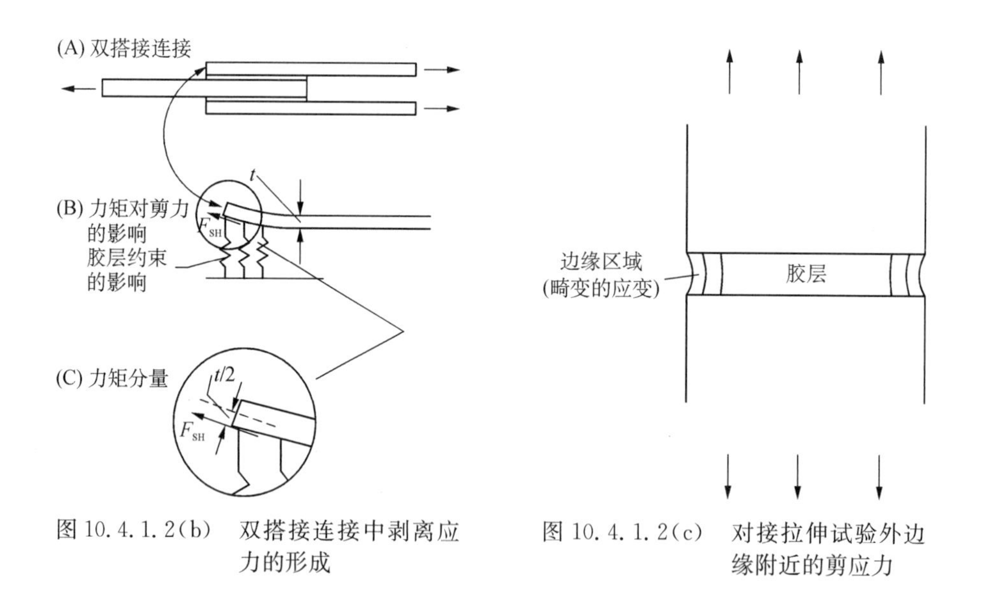

图 10.4.1.2(b)　双搭接连接中剥离应力的形成

图 10.4.1.2(c)　对接拉伸试验外边缘附近的剪应力

在大多数胶接连接形式中剥离应力是不可避免的，认识到这一点很重要。然而我们将要看到通过选择合适的被胶接件的几何形状，剥离应力通常可降低到可接受的水平。

10.4.2 等厚度被胶接件的单搭接和双搭接

本节考虑等厚度被胶接件的连接，因为这种情况阐明了胶接连接结构性能最重要的特点。10.4.2.1 节阐述只受结构载荷且胶层在弹性响应范围内的连接特性。热应力的影响在 10.4.2.2 节讨论，胶层中胶层的塑性影响和复合材料被胶接件横向剪切变形的影响分别在 10.4.2.3 节和 10.4.2.4 节讨论。

10.4.2.1 胶层在弹性响应范围内的连接特性

首先考虑双搭接连接，因为讨论它比单搭接连接较为简单，这是由于后者有侧向变形的影响。在讨论中引进下列符号作为参考(见图 10.4.2.1(a))：

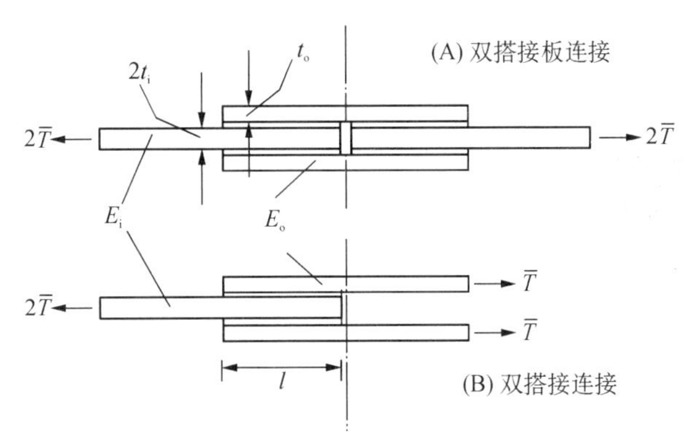

图 10.4.2.1(a)　对称双搭接板连接和双搭连接

E_i，$2t_i$，E_o，t_o——内、外被胶接件的轴向杨氏模量和厚度；

G_b，E_b，t_b——胶层剪切模量及剥离模量和厚度；

σ_{xo}，σ_{xi}——被胶接件轴向应力；

T——轴向合力，$T=\sigma_{xi}t_i$，$T_o=\sigma_{xo}t_o$；

τ_b，σ_b——胶层剪应力和剥离应力。

$$B_o = t_oE_o \qquad B_i = t_iE_i \qquad \beta = \left[G_b\frac{\bar{t}^2}{t_b}\left(\frac{1}{B_o}+\frac{1}{B_i}\right)\right]^{1/2} \qquad \bar{t} = \frac{t_o+t_i}{2} \qquad \rho_B = B_i/B_o$$

$$\hat{T}_{th} = \frac{B_oB_i}{B_o+B_i}(\alpha_o-\alpha_i)\Delta T \qquad \bar{\sigma}_x = \overline{T}/\bar{t} \qquad \hat{\sigma}_{th} = \hat{T}_{th}/\bar{t} \tag{10.4.2.1(a)}$$

(α_o，α_i—— 热膨胀系数；ΔT—— 温度变化范围)

已经有若干文献研究了等厚度被胶接件双搭接连接的剪应力和剥离应力，包括热失配的影响，特别是 Hart-Smith 在文献 10.2(i)中的研究。采用式(10.4.2.1 (a))的符号，既考虑胶层剪应力又考虑剥离应力影响的连接的结构响应可以采用 Volkersen 剪滞分析建模(见参考文献 10.2(a))给出：

$$\frac{d^2T_o}{dx^2} = \frac{G_b}{t_b}\left\{\left(\frac{1}{B_0}+\frac{1}{B_i}\right)T_o - \frac{1}{B_i}\overline{T} + \Delta T(\alpha_o-\alpha_i)\right\} \tag{10.4.2.1 (b)}$$

同时用考虑梁切向剪切载荷影响修正的弹性基础梁方程：

$$\frac{d^4\sigma_b}{dx^4}+4\frac{\gamma_d^4}{t^4}=\frac{1}{2}t_o\frac{d\tau_b}{dx}\cdot\frac{4\gamma_d^4}{t_0^4} \qquad (10.4.2.1\ (c))$$

$$\gamma_d=\left(3\frac{E_b t_o}{E_o t_b}\right)^{1/4} \qquad (10.4.2.1\ (d))$$

从这些方程首先得到在没有热应力影响情况下的结果。采用现在的符号将方程(10.4.2.1 (a))改为下式：

$$dT_o/dx=\tau_b \qquad (10.4.2.1\ (e))$$

在端部条件 $T_o|_x=0$，$T_o|_{x=l}=\overline{T}$ 下解方程(10.4.2.1(b))，并且 T_o 对 x 微分，得到 τ_b 的表达式为

$$\tau_b=\beta\bar{\sigma}_x\left[\frac{1}{1+\rho_B}\frac{\cosh\beta(x-l)/\bar{t}}{\sinh\beta l/\bar{t}}+\frac{\rho_B}{1+\rho_B}\frac{\cosh\beta x/\bar{t}}{\sinh\beta l/\bar{t}}\right]+$$

$$\beta\hat{\sigma}_{th}\left[\frac{\cosh\beta x/\bar{t}}{\sinh\beta l/\bar{t}}-\frac{\cosh\beta(l-x)/\bar{t}}{\sinh\beta l/\bar{t}}\right] \qquad (10.4.2.1\ (f))$$

对于通常的搭接区足够长的情况，$\beta l/\bar{t}$大于 3，连接末端的峰值剪应力可由下式很好地近似：

$$x=0:\quad \tau_{bo}=\beta\left(\frac{1}{1+\rho_B}\bar{\sigma}_x-\hat{\sigma}_{th}\right)$$

$$x=l:\quad \tau_{bl}=\beta\left(\frac{\rho_B}{1+\rho_B}\bar{\sigma}_x+\hat{\sigma}_{th}\right) \qquad (10.4.2.1\ (g))$$

对于等刚度被胶接件 ($B_i=B_o$) 的特殊情况，有

$$B_i=B_o(\rho_B=1);\ \tau_{bmax}=\beta\left(\frac{1}{2}\bar{\sigma}_x\pm\hat{\sigma}_{th}\right) \qquad (10.4.2.1\ (h))$$

在没有热影响 ($\overline{T}_{th}=0$) 和假设 $B_i\geqslant B_o$ 的情况下，正如先前指出的，剪应力的最大值发生在连接的两端(见图 10.4.1.1 (e))。

一旦确定了剪应力分布，从方程(10.4.2.1(c))也就得到了双搭接连接的剥离应力。方程解取决于(见图 10.4.1.1(a))所研究的是双搭接板对接(外被胶接件在 $x=l$ 处的旋转被约束)还是双搭接连接(外被胶接件在 $x=l$ 处力矩为零)。精确形式的解包含双曲函数和三角函数的乘积。但是对于实际的连接情况，连接长度大于 1 倍或 2 倍被胶接件的厚度，并且 $\beta\ll\gamma_d$ 时，得

双搭接连接 $\quad \sigma_b\approx\sigma_{bmax}\left(\cos\gamma_d\frac{x}{t_0}e^{-\gamma_d x/t}-\cos\gamma_d\frac{x-l}{t_0}e^{-\gamma_d(x-l)/t}\right)$

双搭接板连接

$$\sigma_{\mathrm{b}} \approx \sigma_{\mathrm{b|max}}\left(\cos\gamma_{\mathrm{d}}\,\frac{x}{t_0}\mathrm{e}^{-\gamma_{\mathrm{d}}x/t}-\left(\frac{1}{2}\cos\gamma_{\mathrm{d}}\,\frac{x-l}{t_0}\sin\gamma_{\mathrm{d}}\,\frac{x-L}{t_0}\mathrm{e}^{-\gamma_{\mathrm{d}}(x-l)/t}\right)\right)$$

(10.4.2.1 (i))

对于相同的被胶接件情况，最大剥离应力发生在 $x=0$ 处，由下式得到：

$$\begin{aligned}\sigma_{\mathrm{b|max}} &= t_{\mathrm{b|max}}\gamma_{\mathrm{d}}\\ \tau_{\mathrm{b|max}} &= \beta\bar{\sigma}_x/2 \quad \text{（相同的被胶接件）}\end{aligned}$$

(10.4.2.1 (j))

此处 $t_{\mathrm{b|max}}$ 代表连接件左端的峰值应力。注意，对于 $\overline{T}>0$（拉伸载荷），在 $x=l$ 处面外正应力是压缩的。对于 $\overline{T}<0$（压缩载荷），双搭接连接（见图 6.2.3.4.1(a)中的图(B)）情况正相反，在连接件的右端（$x=l$）有正的面外应力；在双搭接板对接情况（见图 10.4.2.1 (a)中的图(A)），面外应力的峰值在连接件左端是压缩的，且在 $x=l$ 处等于零（即内被胶接件之间有间隙），因为内被胶接件在此彼此对接，起到一个连续元件的作用。

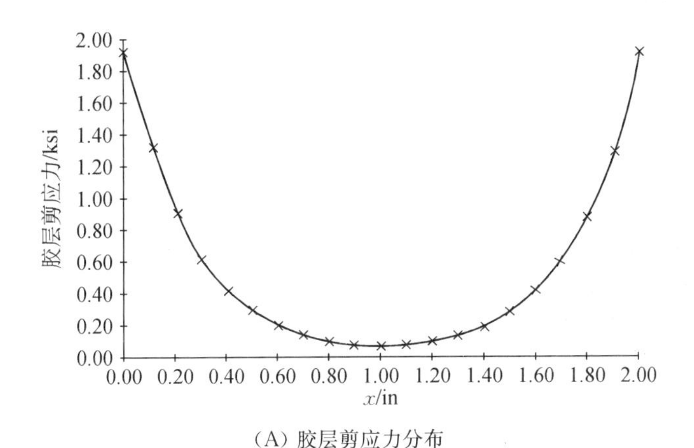

(A) 胶层剪应力分布

(B) 胶层剥离应力分布

图 10.4.2.1(b)　双搭接连接和双搭接板对接中的胶层应力

对于被胶接件具有平衡刚度的典型连接(外被胶接件的刚度之和等于内被胶接件的刚度),其参数列于图 10.4.2.1(b)的图(B),图 10.4.2.1(b)比较了 $\hat{\sigma}_{th}=0$ 时的剥离应力和剪应力的分布,上部的图表明 x 轴的原点在搭接部分的左端。注意剥离应力的分布比剪应力的分布更集中在端部附近,而且连接件右端的剥离应力是负的。此外还注意到右端的压缩峰值双搭接板对接是双搭接连接的一半大,这是在中间间隙基本为零的双搭接板对接其弯曲旋转受到约束的结果。如果载荷是压缩而不是拉伸,内被胶接件彼此直接挤压,在间隙处没有剪应力或剥离应力峰值出现。而在双搭接连接中,对于压缩载荷正如拉伸载荷的左端一样,右端出现相同的峰值应力。

由于侧向变形的影响(见图 10.4.2.1(d)),单搭接(见图 10.4.2.1(c))的解要复杂得多(单搭接的文献很多,除了文献 10.2(b)之外,与下面讨论单搭接的有关文献还有 10.2(k),10.4.2.1(a)和(b),其他来源见文献 10.4.2.1(a)和(b))。变形的影响与连接的载荷有关,利用量 $Ul/2(8)^{1/2}t_U$ 给出,式中:

$$U=t_U\sqrt{\frac{\overline{T}}{D_U}}=\sqrt{12\,\frac{\overline{\sigma}_x}{E_U}}\qquad D_U=\frac{1}{12}E_Ut_U^3\qquad(10.4.2.1(k))$$

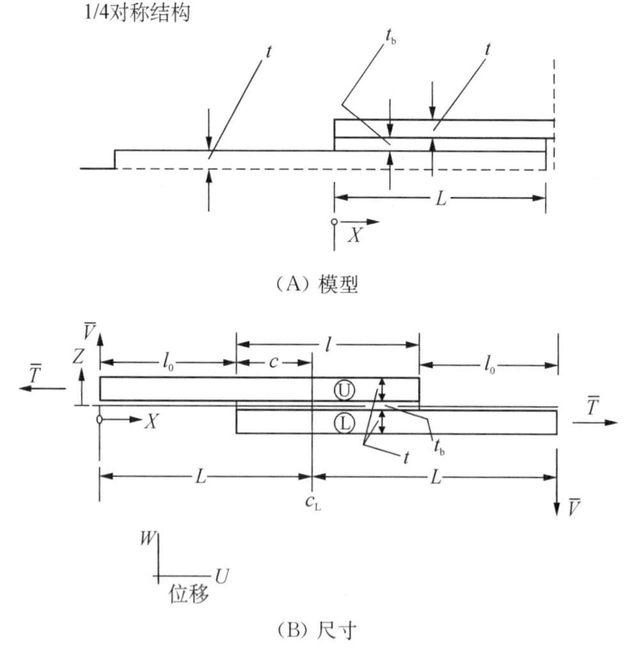

图 10.4.2.1(c) 单搭接几何形状

Goland 和 Reissner(GR)在文献 10.2(b)中首先评估了侧向变形对胶接应力的影响,GR 的分析仅限于等厚度被胶接件的情况,所以 t_U 和 t_L 是相等的,下面用 t 标记。于是侧向变形可以利用相对于被胶接件厚度的无量纲比值 k 表述,公式如下:

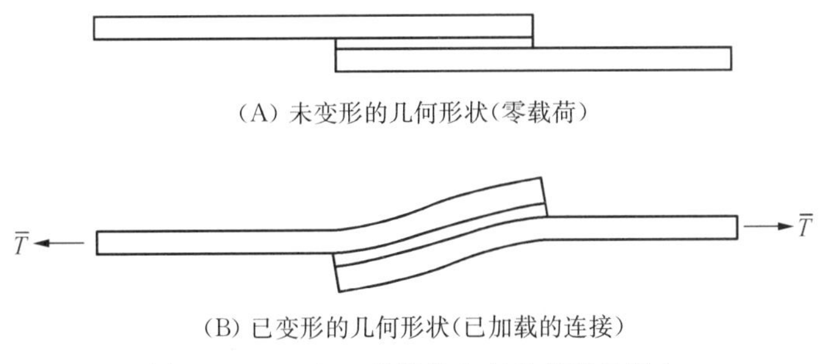

图 10.4.2.1(d)　单搭接中弯曲变形的影响

$$t_U = t_L = t$$

$$x \leqslant l_0: w = k\frac{t}{2}\frac{\sinh Ux/t}{\sinh Ul_0/t} - \frac{1}{2}\frac{t+t_b}{L}x \qquad (10.4.2.1(l))$$

$$l_0 \leqslant x \leqslant l + l_0: w = w_2\frac{\sinh[U/\sqrt{8}(x-l)/t]}{\sinh[Ul/\sqrt{8}t]} + \frac{t_U}{2} - \frac{1}{2}\frac{t+t_b}{L}x \quad w_2 = \frac{t}{2}(1-k)$$

文献 10.2(b)中参数 k 的 GR 表达式已经由 Hart-Smith 重新作了检验(见文献 10.2(k)),更近的研究有 Oplinger(见文献 10.4.2.1(a)和(b));根据文献 10.4.2.1(b)的讨论,GR 公式看来提供了足够的精度,除非被胶接件非常薄,即不远大于两倍的胶层厚度,在这种情况下文献 10.4.2.1(a)和(b))给出的表达式对被胶接件厚度的影响作了修正。文献 10.4.2.1(a)和(b))给出的 k 表达式提供了合理的近似:

$$k = \frac{\tanh U\lambda_0}{\tanh U\lambda_0 + \sqrt{8}C_\rho\tanh(U\lambda/2C_\rho\sqrt{8})} \qquad (10.4.2.1(m))$$

式中:

$$C_\rho = \left(1 + \frac{3}{2}\rho_t + \frac{3}{4}\rho_t^2\right)^{1/2}; \ \rho_t = \frac{t_b}{t}; \ \lambda = l/t; \ \lambda_0 = l_0/t \qquad (10.4.2.1(n))$$

如果令 $C_\rho = 1$ 相应于 $t \gg t_b$(即比较厚的被胶接件)的情况;并且也令 $\tanh U\lambda_0 = 1$,相应于外被胶接件很长的情况,于是参数 k 就恢复到最初的 GR 表达式。对于两种不同厚度的被胶接件,相当于胶层厚度与被胶接件厚度比[见方程(10.4.2.1(n))中的 ρ_t]为 0.5 和 0.1,图 10.4.2.1(e)给出了 k 与被胶接件作用应力 $\bar{\sigma}_x$ 的关系曲线。该图指出,一旦曲线开始下落,在作用应力很大的范围内 k 基本上是一个常数,其值大约为 0.25。胶层厚度与被胶接件厚度比的影响不是特别大,而且在很多情况下多半可以忽略。

连接的侧向变形对胶层剪应力有显著影响,对此通过表达式中的参数 k 可以说明。剪应力由下式给出:

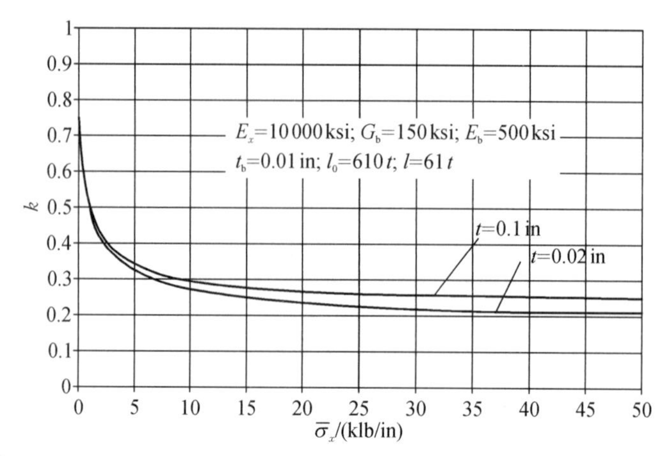

图 10.4.2.1(e)　参数 k 与被胶接板作用应力的关系

$$\tau_b = \bar{\sigma}_x \left\{ \frac{\beta_s}{4}(1+3k)\frac{\cosh[2\beta_s(x-L)/t]}{\sinh(\beta_s l/t)} + \frac{3}{8\sqrt{8}}U(1-k)\frac{\cosh[U(x-L)/\sqrt{8}t]}{\sinh(ul/2\sqrt{8})} \right\}$$

(10.4.2.1(o))

式中：$\beta_s \equiv (G_b t/E_x t_b)^{1/2}$；$E_x$ =被胶接件轴向模量；U 由公式(10.4.2.1(k))给出。方程(10.4.2.1(o))代表稍作修改的 GR 表达式，对于较小的 Ul/t 值，该式就简化为 GR 表达式。此外，对于搭接长度大于 1 倍或 2 倍被胶接件厚度的连接(基本上是实际关心的唯一情况)，剥离应力由下式给出：

$$\sigma_b = \bar{\sigma}_x \frac{k\gamma_s}{2}\left\{\left[\gamma_s\left(\cos\gamma_s \frac{l_0+l-x}{t} + \sin\gamma_s \frac{l_0+l-x}{t}\right) + U\cos\gamma_s \frac{l_0+l-x}{t}\right]\exp\gamma_s \frac{x-l_0-l}{t} + \left[\gamma_s\left(\cos\gamma_s \frac{x-l_0}{t} - \sin\gamma_s \frac{x-l_0}{t}\right) + U\cos\gamma_s \frac{x-l_0}{t}\right]\exp\gamma_s \frac{l_0-x}{t}\right\}$$

(10.4.2.1(p))

式中：

$$\gamma_s = (6E_b t/E_x t_b)^{1/4} \qquad (10.4.2.1(q))$$

胶层最大剪应力由下式给出：

$$\tau_{b|\max} = \bar{\sigma}_x \left[\frac{\beta_s}{4}(1+3k)/1/\tanh\beta_s\lambda + \frac{3}{8\sqrt{8}}U(1-k)/\tanh\left(\frac{U\lambda}{2\sqrt{8}}\right)\right]$$

(10.4.2.1(r))

胶层最大剥离应力为

$$\sigma_{\mathrm{bmax}} = \bar{\sigma}_x \frac{k\gamma_s}{2}(\gamma_s + U) \tag{10.4.2.1(s)}$$

对胶层厚度为 0.25 mm(0.01 in)的连接，图 10.4.2.1(f)比较了两种不同厚度被胶接件胶层最大应力与作用应力$\bar{\sigma}_x$ 的函数关系。有趣地注意到剥离应力和剪应力呈现十分相近的值。因为按照式(10.4.2.1(s))最大剥离应力近似按 γ_s^2 变化(U 的贡献相当小)，由式(10.4.2.1(q))给出的 γ_s 的公式又指出剥离应力应随$(t/t_b)^{1/2}$而变化，而由于 β_s 也包含因子$(t/t_b)^{1/2}$，故从式(10.4.2.1(r))看到最大剪应力有同样的变化。于是两个应力将随同样一个厚度比因子而变化。对于所有的作用应力，它们数字彼此接近的事实，部分是由于式(10.4.2.1(r))和式(10.4.2.1(s))中其他参数的影响，部分是由于当载荷$\bar{\sigma}_x$ 大于 5 时，k 的变化不是太大。对于较小的作用应力，可观察到图 10.4.2.1(f)中的曲线有轻微的非线性。

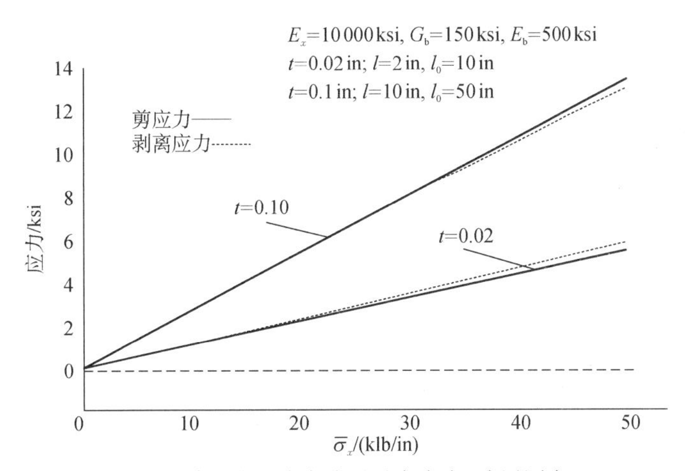

图 10.4.2.1(f)　单搭接连接中胶层最大应力，胶层厚度 $t = 0.01$ in

对于某个确定的作用应力 $\bar{\sigma}_x$，图 10.4.2.1(g)比较了单搭接和双搭接的最大胶层应力。当作用应力大于此值时，胶层应力基本上随载荷成正比例变化，即使对于单搭接也如此，像刚才讨论的那样。图中胶层应力作为被胶接件厚度的函数，被胶接件的轴向模量作为参数。正如 10.3 节中讨论的趋势，胶层应力随被胶接件厚度的增加而变大，因此胶层破坏的可能性增大，这可由曲线清楚地推断出，同样可注意到被胶接件模量的减少使胶接应力加剧。此外，在双搭接情况下剥离应力较小，剥离应力和剪应力曲线之间明显有相当大的差别。这就反映了剥离应力随式(10.4.2.1(d))定义的 γ_d 而线性变化，因此随$(t/t_b)^{1/4}$变化而不是像单搭接那样随$(t/t_b)^{1/2}$而变化。于是双搭接连接的剥离应力不会像单搭接连接破坏那样是一个重要的因素，虽然它们同剪应力相比仍然足够大，不可忽略。

在 10.3.5 节已经讨论了单搭接和双搭接连接的破坏特征。如果被胶接件足够薄，双搭接连接应当是被胶接件轴向(拉伸或压缩)破坏模式。由图 10.4.2.1(d)的图(B)所示的变形，单搭接连接被胶接件的弯曲应力在搭接的两端是很大的；对于式

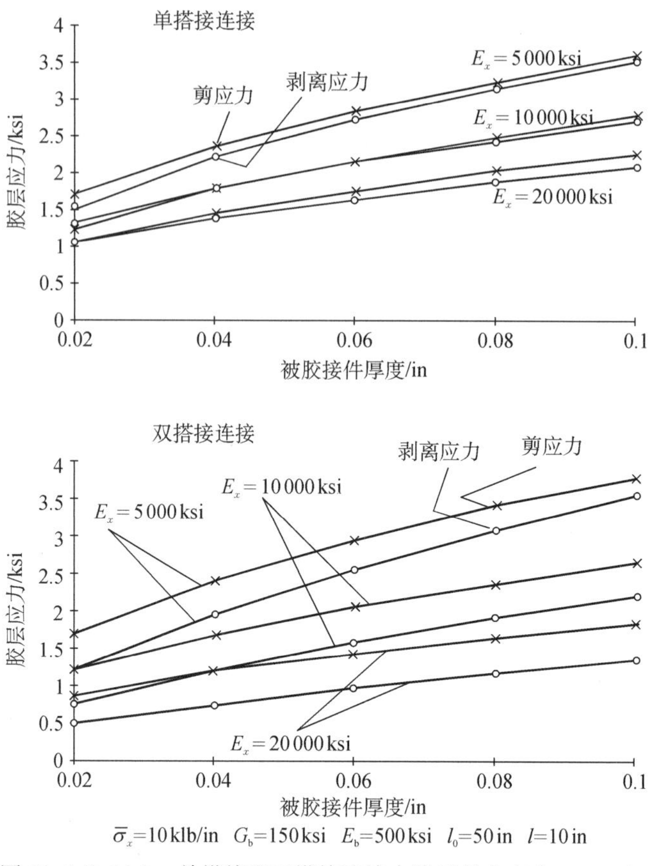

图 10.4.2.1(g) 单搭接和双搭接连接中胶层最大应力，$\bar{\sigma}_x = 10$

(10.4.2.1(l)))给出的弯曲变形，采用标准梁公式，由弯曲和拉伸(后者的应力相应于受拉伸载荷的单搭接连接)联合作用而产生的最大轴向应力可以表示为

$$\sigma_{x\max} = \bar{\sigma}_x(1 + 3(1 + t_b/t)k) \qquad (10.4.2.1(t))$$

对与胶层厚度相比特别薄的被胶接件，其最大轴向应力是最大的；对复合材料被胶接件将易产生脆性弯曲破坏，对金属被胶接件易产生伴随弯曲的屈服。Hart-Smith 在文献 10.2(w)中讨论了采用标准单搭接剪切试件的困难性。问题是这种试件可能发生被胶接件弯曲破坏而不是胶层破坏，于是这种情况所得试验结果往往是不恰当的并易于误导。还应该讨论单搭接和双搭接连接之间的另一个特性差别。通过剪应力和剥离应力曲线的比较，在沿连接一段长的距离内才能认识到侧向变形对单搭接性能的影响。图 10.4.2.1(h)表明对于被胶接件厚度 2.54 mm(0.1 in)和作用应力 70 MPa(10 ksi)的连接，直到搭接长度达到约 40～50 倍，即 100～120 mm (4～5 in)时，胶层应力才减小到最小值；双搭接连接与搭接长度有关的胶层应力降低到稳定水平也需要某个最小长度，但是这种情况只需要短得多的长度，应力就可

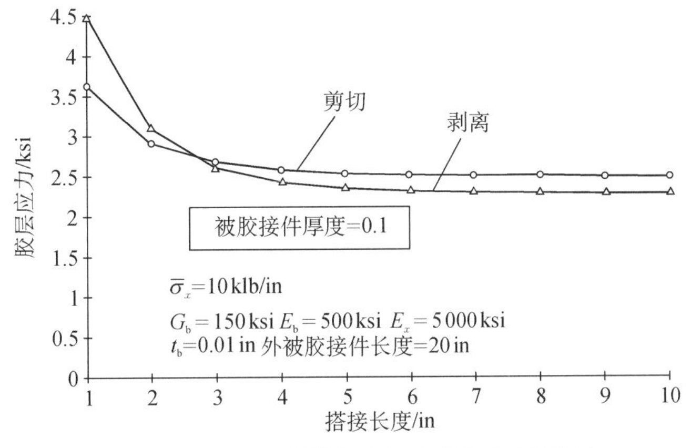

图 10.4.2.1(h)　单搭接连接中搭接长度的影响

达到最小值，大约 5～10 倍被胶接件厚度，对于目前的情况，需要 13～25 mm(0.5～1 in)的搭接长度。

10.4.2.2　热应力影响

对于具有不同热膨胀系数的被胶接件的连接，热应力是令人关注的。由公式(10.4.2.1(a)～(e))可以计算双搭接连接胶层的热应力，这些计算公式全部基于被胶接件弹性响应的假设。文献 10.2(i)-(l)对有热效应情况下的塑性响应进行了修正。对于复合材料与金属被胶接件一种具体的组合情况，在图 10.4.2.2(a)中考虑

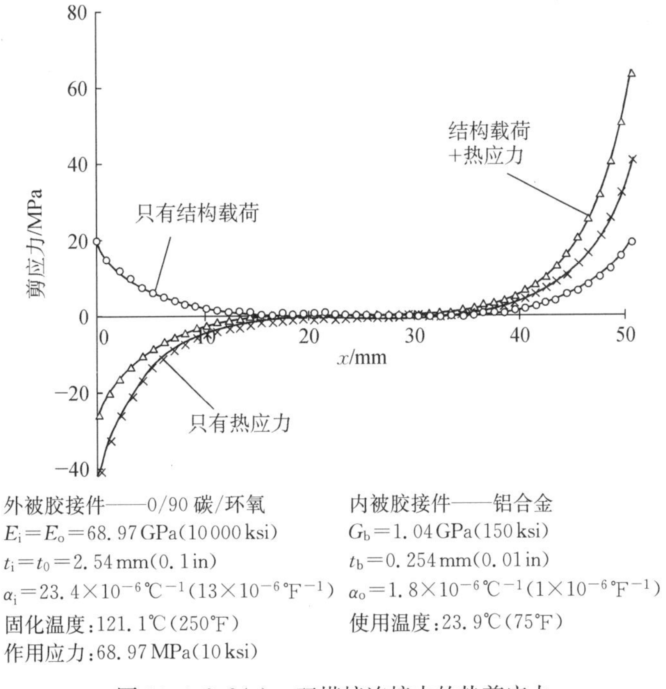

图 10.4.2.2(a)　双搭接连接中的热剪应力

了热影响。金属和复合材料被胶接件(力学性能见表 10.4.2.2(a)和(b))不同组合情况的剥离应力和剪应力的峰值在表 10.4.2.2(c)中给出。

表 10.4.2.2(a) 复合材料基本力学性能(见参考文献 10.4.2.2(a))

复合材料	单向层板					0/90 层压板	
	E_L /GPa (Msi)	E_T /GPa (Msi)	υ_{LT}	α_L /10^{-6}/℃ (10^{-6}/°F)	α_T /10^{-6}/℃ (10^{-6}/°F)	E_x /GPa (Msi)	α_x /10^{-6}/℃ (10^{-6}/°F)
硼/环氧	201(29.1)	20.1(2.91)	0.17	11.7(6.50)	30.4(16.9)	114(16.5)	8.6(4.8)
S-玻璃/环氧	60.7(8.80)	24.8(3.60)	0.23	3.78(2.10)	16.7(4.28)	43.7(6.34)	7.92(4.40)
碳/环氧	138(20.0)	6.90(1.00)	0.25	0.72(0.40)	29.5(16.4)	72.6(10.5)	2.34(1.30)

表 10.4.2.2(b) 金属基本力学性能(见参考文献 10.4.2.2(b))

	Ti-6-Al-4-4V	1025 钢	2014 铝合金
杨氏模量/GPa(Msi)	110.3(16.0)	206.9(30.0)	69.0(10.0)
泊松比	0.3	0.3	0.3
α/10^{-6}/℃(10^{-6}/°F)	8.82(4.90)	10.3(5.70)	23.4(13.0)

表 10.4.2.2(c) 双搭接连接胶层热应力(外被胶接件 0/90 复合材料,内被胶接件金属)

		硼/环氧	玻璃/环氧	碳/环氧
钛合金	剪应力/MPa(ksi)	0.419(0.061)	2.33(0.338)	15.64(2.27)
	剥离应力/MPa(ksi)	−0.465(−0.067)	−3.73(−0.541)	−19.43(−2.817)
钢	剪应力/MPa(ksi)	5.44(0.789)	7.99(1.16)	26.22(3.80)
铝合金	剥离应力/MPa(ksi)	−6.30(−0.914)	−15.0(−2.17)	−38.1(−5.52)
	剥离应力/MPa(ksi)	−24.4(−3.54)	−40.1(−5.82)	−44.6(−6.47)
铝合金	剪应力/MPa(ksi)	27.7(4.02)	28.2(4.08)	40.47(5.86)

t_i——5.08 mm(0.2 in);调整 t_0 使被胶接件刚度相等;t_b=0.253 mm(0.01 in);
胶黏剂性能:剪切模量——1.03 GPa(150 ksi),剥离模量——3.49 GPa(500 ksi),固化温度——121℃(250°F);使用温度——24℃(75°F)。

图 10.4.2.2(a)说明了铝合金和 0°/90°碳/环氧连接的热应力影响。如果胶接固化温度与连接的使用温度差别很大,由于铝合金和复合材料之间的热不匹配就会引起应力。此处所考虑的情况代表 121℃(250°F)胶黏剂的固化温度和室温应用状态,如果不存在胶接,温差−79℃(−175°F)(见表 10.4.2.2(a)和(b))将导致铝合金与复合材料之间的应变差有 0.002(这里考虑的铝合金与碳/环氧复合材料的组合情况,代表了复合材料结构连接中通常遇到的材料之间热不匹配为最大的极端情况)。

图 10.4.2.2(a)表明热应力怎样与结构应力相叠加来确定胶黏剂中实际的应力

分布。热应力在胶黏剂的极限应力中占有适当的比例,虽然在连接的左端热应力抵消了结构载荷引起的应力,但在右端却互相叠加,甚至在结构作用应力为 69 MPa (10 ksi)这样低的应力水平情况,总的剪应力也会稍微超出典型胶黏剂的屈服应力。类似的影响也发生在剥离应力,虽然由于热不匹配引起的剥离应力在连接的两端有同样的正或负号;对有复合材料的外被胶接件的连接,热诱导的剥离应力是负的,有益于连接的性能。对有铝合金的内被胶接件的连接,被胶接件之间的热膨胀系数的差别相当大,多半会产生相当高的热应力。此外,碳/环氧复合材料的热膨胀系数特别低,所以,碳/环氧被胶接件与金属被胶接件组合比与其他材料组合往往产生较高的热应力。例如,注意到在表 10.4.2.2(a)和表 10.4.2.2(b)中列出的硼/环氧与钛合金这两种材料的热膨胀系数相近,硼/环氧与钛合金组合时热应力非常低。正如早先讨论的那样,虽然剪应力不受这方面连接的影响,但因为复合材料位于连接的外侧,表 10.4.2.2(c)示出的剥离应力全是负值(即压缩)。在铝合金飞机结构上采用复合材料修理补丁就得益于这种连接形式的特点,如果使用温度低于固化温度,剥离应力不是问题。如果把金属而不是复合材料放在双搭接板连接的外侧将使剥离应力的符号反向,剥离应力为拉伸,这就加剧了被胶接件不同热膨胀的影响。

10.4.2.3　塑性对连接应力的影响

在 10.3.4 节讨论了典型的结构胶黏剂的韧性,并给出取自文献 10.3.4(a)的图 10.3.4(a)和(b)的曲线,在其他文献例如 10.3.4(b)中也可找到类似的曲线。温度与依赖应力-应变特性的应变率是重要的考虑因素,在文献 10.4.2.3 中也有叙述。即使是对于像 FM400(见图 10.3.4(a)中的图(B))这种韧性较差的胶黏剂,韧性对胶接连接的力学响应亦有明显的影响,于是把设计限制到弹性响应剥夺了大量附加的结构能力的应用。一般来说,胶黏剂的最大弹性应变提供达到连接的限制载荷能力,而应力-应变曲线塑性部分的最大应变提供极限载荷超过限制载荷的余地。

Hart-Smith 的工作(见参考文献 10.2(i)-(q))强调胶黏剂塑性响应的重要性,并且建立了胶黏剂到破坏的应变能与连接的承载能力之间的关系。在有胶黏剂塑性响应的情况,作为连接应力分析的简化方法,Hart-Smith 指出可以采用任何一个双线性应力-应变曲线,只要它与实际的应力-应变曲线有相同的极限剪应变和最大应变能,就会得到同样的连接总载荷。图 10.4.2.3(a)(见参考文献 10.3.4(a))给出一个用双线性应力-应变曲线拟合胶黏剂实际剪切应力-应变曲线作法的例子。胶黏剂的应变能由下式给出:

$$SE = \tau_p \gamma_{max} - \tau_p^2 / 2G_{b0} \qquad (10.4.2.3(a))$$

式中:G_{b0}, γ_{max}和 SE 分别是应力-应变曲线的初始模量、最大应变和胶黏剂在 γ_{max}时的应变能,于是等价的双线性曲线由初始斜率为 G_{b0} 的斜线和平行于横坐标的水平线组成,可从方程(10.4.2.3(a))对 τ_p 求解,用下列表达式可以得到:

$$\tau_p = G_{b0} \gamma_{max} - \sqrt{(G_{b0} \gamma_{max})^2 - 2G_{b0} SE} \qquad (10.4.2.3(b))$$

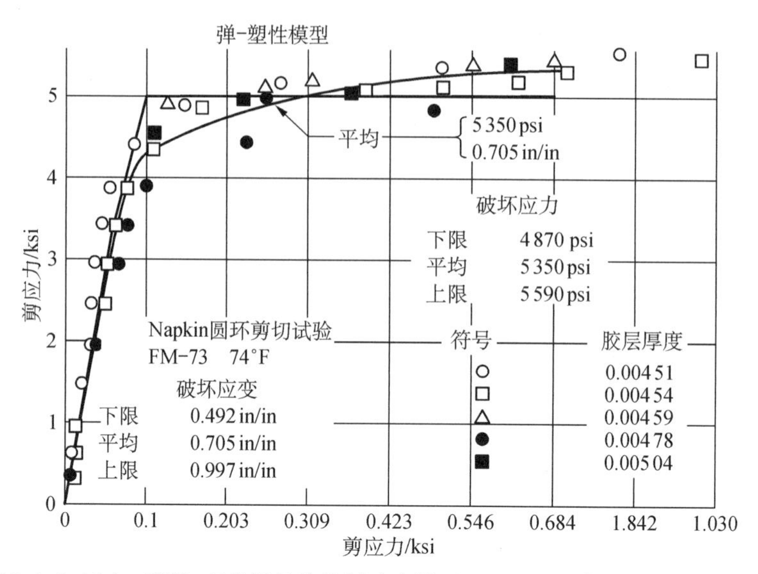

图 10.4.2.3(a) 弹性-理想塑性胶黏剂响应模型(FM73)(见参考文献 10.3.4(a))

Hart-Smith 也采用等价的双线性曲线表达式，其中曲线水平的部分令其等于 τ_{max}，即实际应力-应变曲线的最大剪应力，而且调整初始模量 G_{b0} 使其与应变能相匹配，采用表达式：

$$G_{b0} = \tau_{max}^2/2(\tau_{max}\gamma_{max} - SE) \qquad (10.4.2.3(c))$$

该式也是从式(10.4.2.3(a))得到的，此时用 τ_{max} 代替 τ_p。在任何一种情况下，用双线性描述胶黏剂剪切响应的应力-应变曲线，可直接得到各种连接几何形式考虑胶黏剂塑性影响的一维应力分布；文献 10.2(i)-(l)给出等厚度和斜削被胶接件单搭接和双搭接连接的解，以及更为复杂的连接的解，比如斜面和阶梯形连接设计。在前面 10.3.4 节已经提到，这些已经随后编入“A4EX”系列的计算机程序(见文献 10.2(s))。图 10.4.2.3(b)说明双线性应力-应变曲线近似应用于等刚度被胶接件的对称双搭接连接。图 10.4.2.3(b)中的图(A)给出上被胶接件轴向应力合力的分布，而图(B)给出胶层剪应力分布。图(A)中的合力分布两端的线性部分相应于图(B)中剪应力分布的两端，该处剪应力是常数，因为这是在应力-应变曲线双线性描述的平台部分。按照由 Hart-Smit 发展的分析方法，图 10.4.2.3(b)中的图(B)把塑性区域的长度定为 l_p，由下式表示：

$$l_p = (\bar{\sigma}_x/2\tau_p - 1/\beta_{bd})t_0 \qquad \beta_{bd} = [2G_{b0}t_0/E_0t_b]^{1/2} \qquad (10.4.2.3(d))$$

当限定为等刚度被胶接件情况时，这里的 β_{bd}(下标 bd 表示均衡双搭接)等价于式(10.4.2.3(a))中的 β，而 $\bar{\sigma}_x$ 是搭接部分任何一端的名义作用应力。式(10.4.2.3(d))给出的 l_p 表达式仅当它大于零时才是正确的，当然，塑性区长度为负值是没有任何

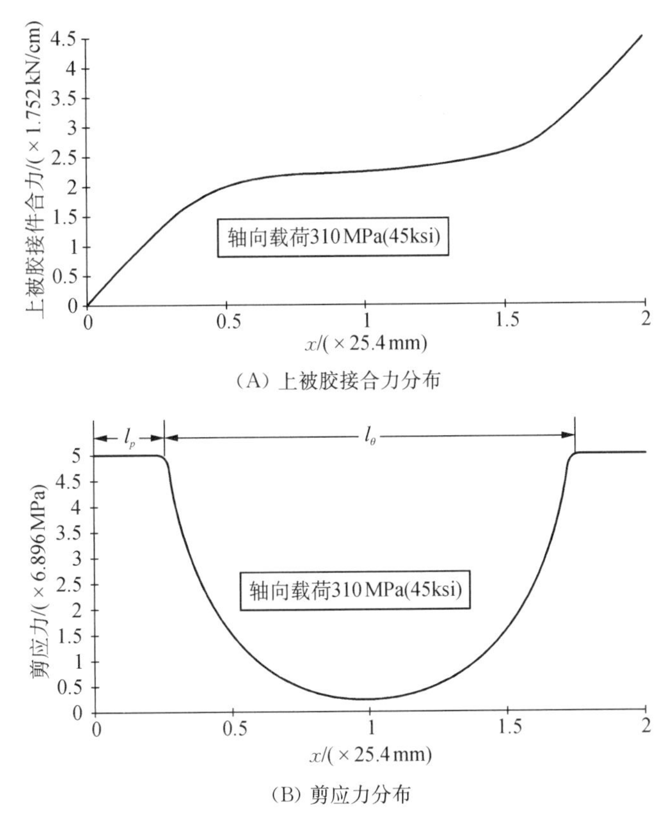

图 10.4.2.3(b)　双搭接连接中的应力分布——韧性胶黏剂响应

意义的。结果是如果 $\beta_{bd}\bar{\sigma}_x/2<\tau_p$，没有塑性区域，连接特性可以认为是纯弹性。对于这种情况，可以用等刚度被胶接件的剪应力表达式(10.4.2.1(f))的转换形式，并令 $\tau_{b\max}=\tau_p$ 来表示$\bar{\sigma}_x$ 的最大值。对于相应于胶黏剂塑性响应 $\beta_{bd}\bar{\sigma}_x/2\geqslant\tau_p$ 的情况，在文献 10.2(i)中给出的 Hart-Smith 分析方法提供了$\bar{\sigma}_x$ 所需的表达式，两种情况汇总如下：

$\beta_{bd}\bar{\sigma}_x/2<\tau_p$(弹性响应)：

$$\bar{\sigma}_{x\max}=2\tau_p/\beta_{bd}=\sigma_e \tag{10.4.2.3(e)}$$

$\beta_{bd}\bar{\sigma}_x/2\geqslant\tau_p$(塑性响应)：

$$\bar{\sigma}_{x\max}=\frac{2}{\beta_{bd}}\tau_p\sqrt{2\frac{G_{bo}\gamma_{\max}}{\tau_p}-1}\equiv\sigma_e\sqrt{2\frac{G_{bo}\gamma_{\max}}{\tau_p}-1} \tag{10.4.2.3(f)}$$

注意如果双线性描述弹性段的最大应变 $\gamma_{\max}=\tau_b/G_{b0}$，则式(10.4.2.3(e))和式(10.4.2.3(f))将给出同样的值。公式(10.4.2.3(f))中的系数 $\sqrt{2G_{bo}\gamma_{\max}/\tau_p-1}$ 起着载荷放大因子的作用，代表由于胶黏剂的塑性响应超过胶黏剂的弹性响应允许的最大载荷而产生的连接承载能力的增加。注意，可以重新整理式(10.4.2.3(f))，用胶黏剂的最大应变能来表达$\bar{\sigma}_{x\max}$：

$$SE = \tau_p^2/G_{b0} + \tau_p(\gamma_{\max} - \gamma_e)\text{，式中 } \gamma_e = \tau_p/G_{b0} \qquad (10.4.2.3(g))$$

于是式(10.4.2.3(f))可以写为

$$\bar{\sigma}_{x\max} = \frac{2}{\beta}\sqrt{2G_{b0}SE} \qquad (10.4.2.3(h))$$

文献 10.2(j)说明了基于等价双线性应力-应变规律的 Hart. Smit 分析给出连接承载能力，它与用胶黏剂实际应力-应变曲线的得到解是相同的。双线性应力-应变描述的方便性在于在允许情况下求解简便；一旦确定了每端塑性区的长度，就可把同样的解用于弹性区，像公式(10.4.2.3(f))对于剪应力分布给出的那样，在塑性区线性合力与常剪应力分布相组合。

胶黏剂塑性特性最明显的影响是降低剪应力的峰值。此外对于降低剥离应力也有有利的影响。对于图 10.4.2.3(b)的双搭接连接，最大剥离应力标记为$\bar{\sigma}_b|_{\max}$，它发生在连接的两端，由下式给出(见参考文献 10.2(l))：

$$\sigma_{b\max} = \gamma\tau_{b|\max}\text{；}\ \gamma = \left(3\,\frac{E_b}{E_0}\,\frac{t_0}{t_b}\right)^{1/4} \qquad (6.2.3.4.3(i))$$

式中：E_b 为胶的剥离模量；$\tau_{b\max}$是最大剪应力；不论对于弹性情况 $\beta\bar{\sigma}_x/2$ 或者对于塑性响应情况 τ_p，有胶黏剂塑性响应的情况下，最大剥离应力与最大剪应力减小的比值是相同的。

正如先前叙述的，胶黏剂的塑性响应提供了连接结构超过其限制载荷能力的附加承载能力。在正常使用中，对于遇到的随时间历程变化的大多数实际承载情况，建议保持连接的作用载荷要低到足以保证胶层处于纯弹性响应状态。胶黏剂的某些损伤很可能发生在塑性状态，并使长期响应退化。韧性特性的主要好处是提供了对峰值载荷增加的能力和对胶层中的缺陷——空隙、孔隙率等的损伤容限。

10.4.2.4　复合材料被胶接件横向剪切和铺层顺序的影响

经典分析方法，例如对于胶层中剪应力的 Volkersen 剪滞模型(见 10.4.1.1 节和 10.4.2.1 节)，是基于这样的假设：被胶接件只有明显的轴向变形，并且在被胶接件的整个厚度上均匀分布。对于金属被胶接件这是一个好的假设，因为相对于横向剪切而言金属相当刚硬；但是对于聚合物基复合材料被胶接件，它的横向剪切模量低，横向剪切变形更为明显，因而对胶层剪应力会有重要影响。有限元分析在常规的方法中考虑了这种影响，但是本章大多数的结果基于封闭形式的解，允许忽略横向剪切和厚度方向的法向变形。对经典 Volkersen 解有用的修正是考虑被胶接件的横向剪切变形，它可通过这样的初步假设来获得：轴向应力在被胶接件的整个厚度上是常数，(因为与轴向应力平衡)因此横向剪应力和应变是线性分布的。(对于非单向层压板，相应于层压板铺层轴向模量的跳跃，剪应力和应变将是分段线性的)。将整个厚度上的剪应变分布进行积分于是就得到轴向位移和应力分布的一个二次方的修正项，可以被吸收过来作为 Volkersen 剪滞分析的一个简单修正（见文献 10.4.2.4）。胶黏剂的剪切模量从它的实际值 G_b 修正到有效值 $G_{b\,elf}$，由下式给出：

$$G_{b\,eff} = G_b/K_{sh} \text{ 式中 } K_{sh} = 1 + \frac{1}{3}\left(\frac{G_b}{G_{xz0}}\frac{t_0}{t_b} + \frac{G_b}{G_{xzi}}\frac{t_i}{2t_b}\right) \qquad (10.4.2.4(a))$$

然后在式(10.4.2.4(a))中用 $G_{b|elf}$ 代替 G_b 就得到参数 β，利用 β 可由式(10.4.2.1(f))得到剪应力分布，注意式(10.4.2.4(a))中的 G_{xz0} 和 G_{xzi} 是被胶接件的横向剪切模量。文献 10.4.2.4 对单搭接连接分析也给出类似的修正，这里给出的修正就是把每个被胶接件厚度的 1/3 当做胶层的延伸，并对有效胶层的那一部分赋予被胶接件的剪切刚度。系数 1/3 相应于整个被胶接件厚度上的剪应力线性分布，如上所述，这与轴向变形在整个被胶接件厚度上近似均匀的假设相一致。

作为例子，考虑一双搭接连接，内、外被胶接件都是单向碳/环氧复合材料，厚度分别为 2.54 mm(0.1 in)和 5.06 mm(0.2 in)，胶层厚度 0.254 mm(0.01 in)，假设胶层的剪切模量为 1.06 GPa(150 ksi)，被胶接件的横向剪切模量为 4.82 GPa(700 ksi)。于是可由式(10.4.2.4(a))得到 $K_{sh}=2.48$，与其相关的 β 值和以及最大剪应力和剥离应力随之减少一个因子 $(K_{sh})^{1/2}$，本例即是 1.56。因此剪应力和剥离应力比由式(10.4.2.1(f))和式(10.4.2.1(i))用不修正的胶层剪切模量预计的值大约减少 36%。这种修正方法与有限元分析相比，看来对胶黏剂应力给出了比较好的预计值。在 10.4.5 节还将介绍一个例子（见图 10.4.5.2(b)），那里有限元分析预计的胶层剪应力分布与刚才讨论的用有效胶层剪切模量修正的 Volkersen 剪滞分析预计的精度惊人地一致。

上述提出的修正仅用于单向增强体的被胶接件，然而同样的方法也可用于具有一般铺层顺序的被胶接件，虽然在这种情况下仍然要再次初步假设轴向应变分布在整个厚度是均匀的，轴向的应力分布将是分段均匀的，随被胶接件铺层的轴向模量逐层变化。横向剪应力并因此剪应变分布也将是分段线性的，而不是连续线性的。可以通过对整个厚度积分得到常规剪滞分析的一种修正，类似于上面描述的对式(10.4.2.4(a))中给出的 K_{sh}，通过公式适当地修正。对胶黏剂塑性响应，Hart-Smith 分析方法的类似修正也是可能的。

20 世纪 70 年代初期已经建立了经典封闭形式解的修正方法（见文献 10.2(d)，(f)和(g)），该方法既考虑了被胶接件的弯曲变形又考虑了拉伸变形，这里介绍的修正方法仅是上述更完善方法的一种简化版本，但是对于大多数实际目的现在的修正看来是适当的。

10.4.3　斜削和多阶梯被胶接件

本节考虑被胶接件厚度沿连接长度变化的连接。这些连接包括外被胶接件斜削的双搭接板对接（见图 10.4.3(a)中的图(A)）、斜面连接（见图 10.4.3(a)中图(B)）和阶梯形搭接连接（见图 10.4.3(b)）。

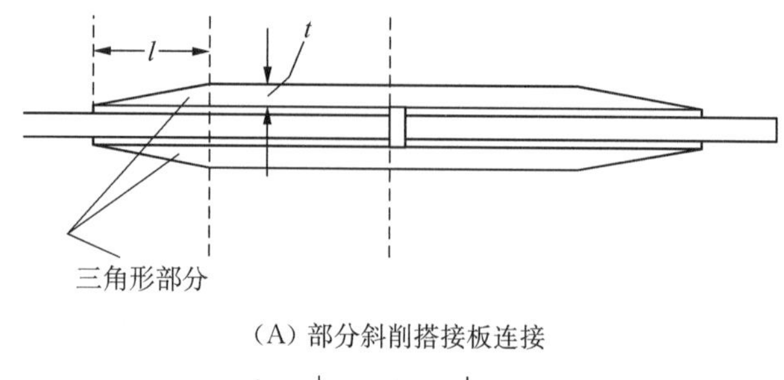

(A) 部分斜削搭接板连接

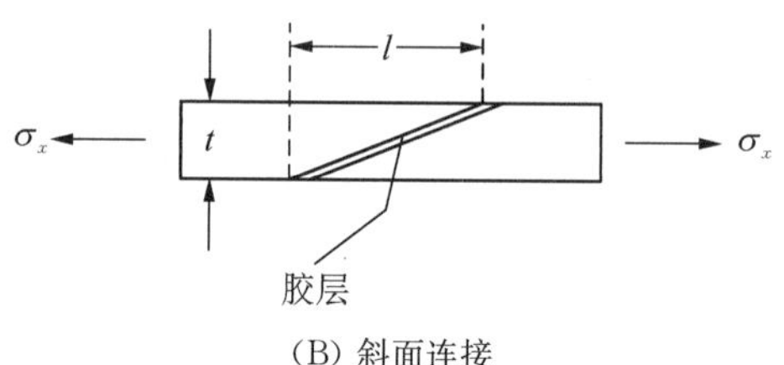

(B) 斜面连接

图 10.4.3(a) 斜削双搭接板对接和斜面连接

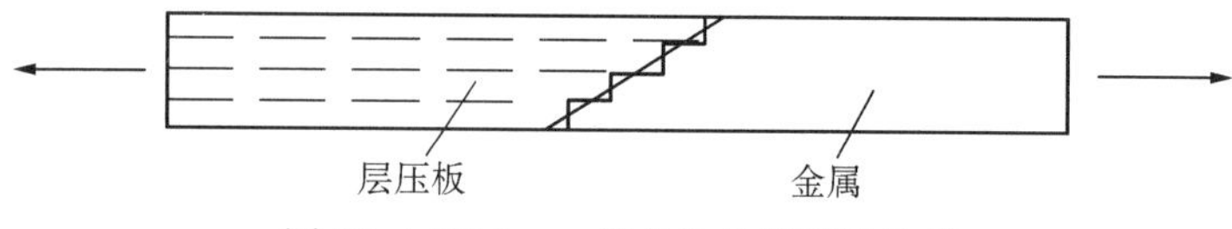

图 10.4.3(b) 一般的阶梯搭接形连接

正如 10.3.2 节所讨论的那样，图 10.4.3(a)中图(A)所示的外被胶接件斜削搭接板对接的主要优点是降低剥离应力，而斜面连接和阶梯搭接形连接(见图 10.4.3(a)中的图(B)和图 10.4.3(b))既可以降低剪应力的峰值又可以降低剥离应力的峰值。对于外被胶接件斜削的连接和斜面连接，从平衡考虑可以看出胶层应力与厚度 t 和斜削长度 l 的比值有关：

$$\tau_{\mathrm{b}} \approx \sigma_x t/l;\ \sigma_{\mathrm{b}} \approx \sigma_x t^2/l^2 \tag{10.4.3(a)}$$

对于斜面连接，当小斜角时，标准的应力传递关系给出被胶接件的轴向应力和相应于胶层在斜平面上分解的应力之间近似的关系。对于图 10.4.3(a)中图(A)所示的搭接板对接，它相应于连接件左端三角形部分应力之间的关系，在该段倾斜的上表面处于自由状态。对于每个被胶接件具有相同的最大刚度(轴向模量乘以最大厚度)的斜面连接，式(10.4.3(a))是十分精确的，虽然对于不等刚度情况，应力将沿连接变化，在连接的两端出现峰值(虽然不如未斜削连接那样严重)，这就会与式(10.4.2.1(a))产生偏差。对于斜削搭接板对接，如果斜削的长度短到足以避免引起胶层剪应变变化的拉伸效应，沿连接的斜削段方程式近似适用，正如 10.4.2.1 节对于等厚度被胶接件所讨论的那样。注意，公式(10.4.3(a))意味着胶层应力沿连接长度是常数，如果使 t/l 足够小，也就是连接与被胶接件的最大厚度相比足够长，胶层应力就可以减小到任意水平。还要注意 t/l 对剥离应力的影响也是特别大的，受厚度-长度比的平方控制，在搭接板对接和搭接连接中，当把外被胶接件斜削用作降低剥离应力的一种手段时这一点是特别重要的。

除了有限元方法之外，对被胶接件斜削的连接还有各种应力分析方法。在文献 10.2(k)中 Hart-Smith 介绍了有关这种连接的应力幂级数解。此外，文献 10.4.3(a)讨论了有限差分法，得到微机板软件 TJOINTNL，它考虑了沿斜削被胶接件胶层的韧性响应。这个软件构成了下面介绍的斜面连接和外被胶接件斜削的搭以及搭接板对接连接结果的基础。

以下的讨论将要谈到胶接连接中被胶接件斜削的特殊好处，目的是通过降低连接两端剪应力和剥离应力集中的影响来获得高的连接效率。理想上，我们喜欢得到由“P/A”的概念计算的连接强度，如 10.4.1.1 节对理想刚性被胶接件的情况那样(见图 10.4.1.1(a))，在这种连接中增加连接长度肯定可使胶接剪应力降低到所要求的水平，不管连接所承受的载荷大小。虽然对斜削的双搭接连接和双搭接板对接不行，但对斜面连接和阶梯形搭接连接这个目的可以达到。由下面的讨论看到的那样，斜削确实显著降低了这些连接形式中的剥离应力，但剪应力的峰值不可能完全避免，前面由图 10.4.1.1(f)对等厚度被胶接件示出的减小规律，还是优于相对于增加连接长度以获得较大承载能力这种极其缺乏效率的做法，虽然胶黏剂的塑性仍将增强超过弹性分析预计的强度值。

图 10.4.3(c)示出了外被胶接件斜削的搭接板对接的各种特点。图 10.4.3(d)

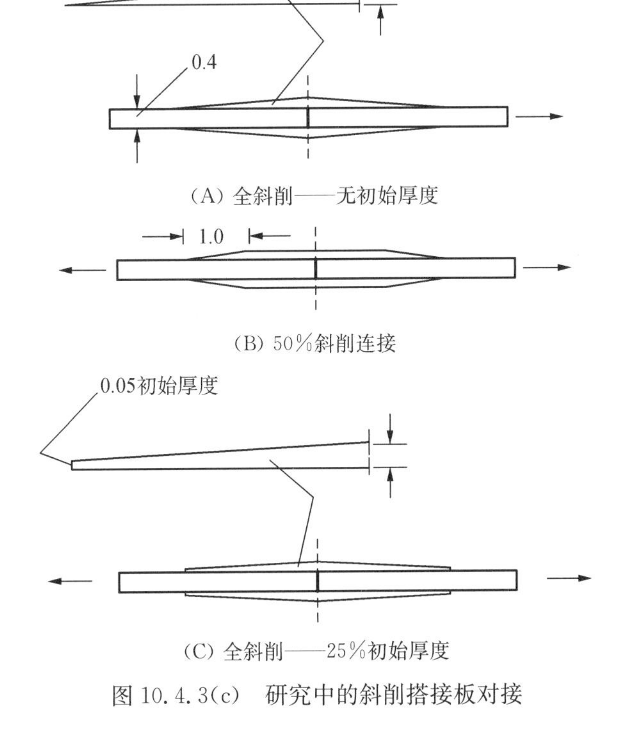

图 10.4.3(c)　研究中的斜削搭接板对接

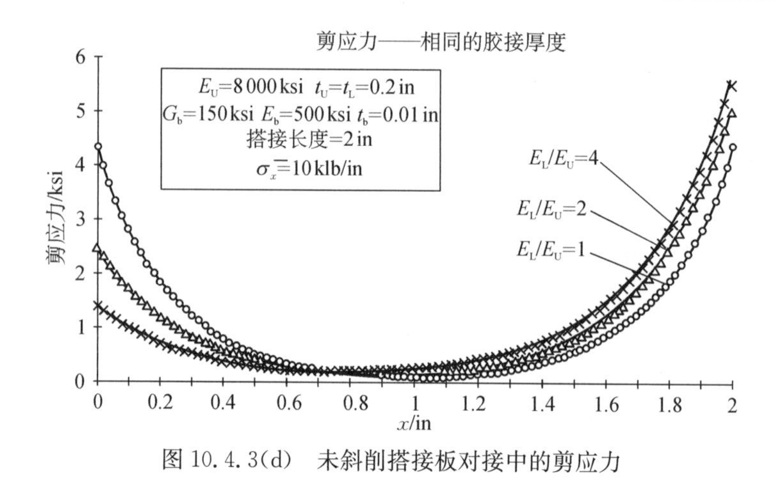

图 10.4.3(d) 未斜削搭接板对接中的剪应力

对于等厚度被胶接件连接预计的剪应力，以便对斜削情况提供一个比较的基础。在这里考虑的连接中已经包括了图 10.4.3(c)中的图(C)"初始厚度"特性，这是因为连接斜削端薄到刀刃可能削弱被胶接件并引起过早破坏。

图 10.4.3(e)示出了外被胶接件斜削的各种双搭接板对接的胶层应力，这些结果所基于的连接形式的有关尺寸在图 10.4.3(c)中给出。图 10.4.3(e)用的注释，即外被胶接件全斜削、部分斜削(斜削的长度表示为连接长度的百分比)和有初始厚度的斜削(在图 10.4.3(e)中表示为与被胶接件最大厚度的百分比)，在图 10.4.3(c)中也给出了。对没有初始厚度的状态，图 10.4.3(e)考虑了 50%斜削和全斜削这两种情况。对这两种情况连接左端的剪应力分布有明显的不同，峰值与式(10.4.3(a))近似预计值符合得相当好；而剥离应力太小以致在图中不能区分，连接左端的峰值，虽然明显地小于式(10.4.3(a))预计值，但发现它近似与斜削比的平方有关，对于全斜削，峰值是 0.2；对于 50%斜削，峰值是 0.1(左端剥离应力的实际值，全斜削峰值是 0.045，50%斜削峰值是 0.16)。对于全斜削和 50%斜削两种情况，次级拉伸剥离

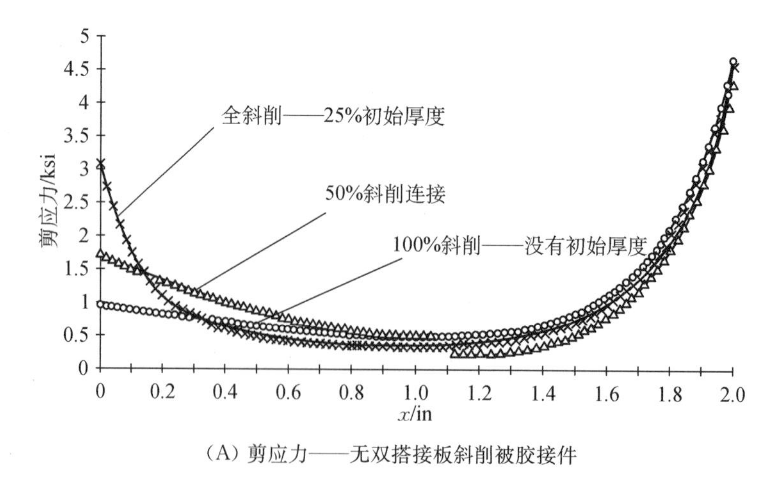

(A) 剪应力——无双搭接板斜削被胶接件

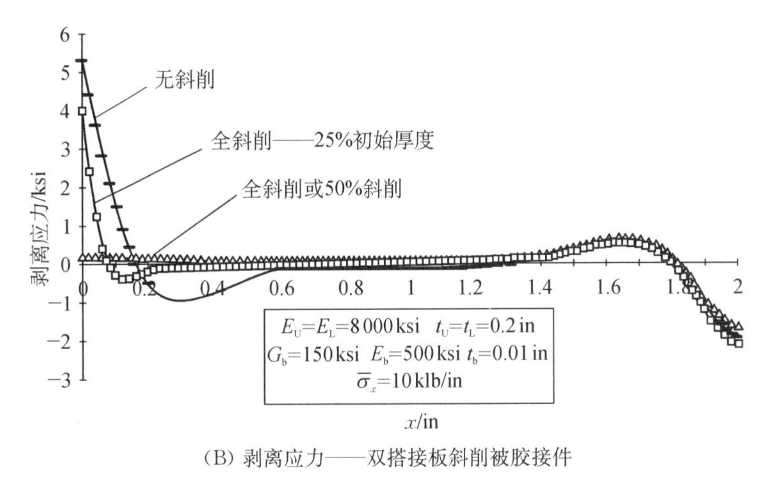

(B) 剥离应力——双搭接板斜削被胶接件

图 10.4.3(e)　斜削双搭接板对接中的应力

应力峰值出现在 10.4.3(e)中第二个图的右端，在连接中点附近。

对于初始厚度 25%的情况连接左端的剥离应力比全斜削连接情况大得多，大约是没有斜削情况(见 10.4.2.1 节所考虑的均匀厚度被胶接件情况)所产生剥离应力的 80%；与没有初始厚度的 50%斜削情况相比，初始厚度还使得连接左端的剪应力有较大增加。

主要作为降低双搭接板对接剥离应力影响的一种方法，斜削是有利的。一旦采用了斜削，通过利用胶黏剂的塑性就可以很大程度上控制剪应力峰值的影响。斜削的搭接板对接不可能达到斜面连接可能有的理想性能，但是如果被胶接件足够薄的话，他们确实提供了一种比较简单并具有良好连接性能的解决办法。

斜面嵌接(见图 10.4.3(f))剪应力的分布在图 10.4.3(g)中示出，注意如图 10.4.3(f)那样，实际的斜面嵌接能够布置成对称的双搭接形式，避免弯曲影响，以及对于不同的材料提供平衡的刚度设计。在图 10.4.3(f)中，通过在全部连接长度上连续改变总厚度(内被胶接件加外被胶接件)达到上述目的。斜面嵌接最重要的参数是被胶接件刚度不匹配的影响(见图 10.4.2.1(a)所示“o”和“i”分别表示外被胶接件和内被胶接件，$E_o \neq E_i$)。图 10.4.3(g)示出的结果是从文献 10.4.3(a)所讨论的有限差分分析得到的，该结果表明了刚度不匹配变化程度的影响，并可以与图 10.4.3(d)所示的等厚度被胶接件的结果进行比较。图 10.4.3(g)中剪应力峰值与平均应力值的比值与 Hart-Smith 在文献 10.2(l)和 10.4.3(b)中给出的值符合得很好，虽然 Hart-Smith 的分析没有给出应力沿连接长度的分布，这是由于 Hart-Smith 所采用的幂级数解方法的局限性。注意对于相当大的刚度不匹配，直至 4∶1，最大剪应力峰值不像在等厚度胶接情况的图 10.4.3(d)中观察到的那样大。但是，与刚度平衡的连接相比，刚度不匹配显然 将增加最大剪应力，并削弱连接性能。强调指出，对于等刚度情况，胶层中的剪应力是常数，并等于所有点上的平均应力。

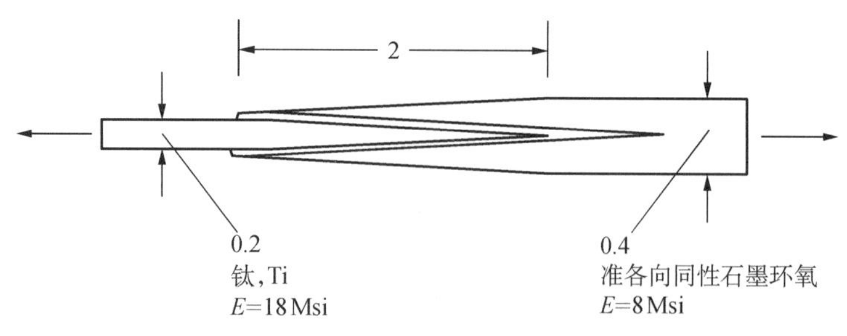

图 10.4.3(f) 刚度匹配的斜面嵌接形式

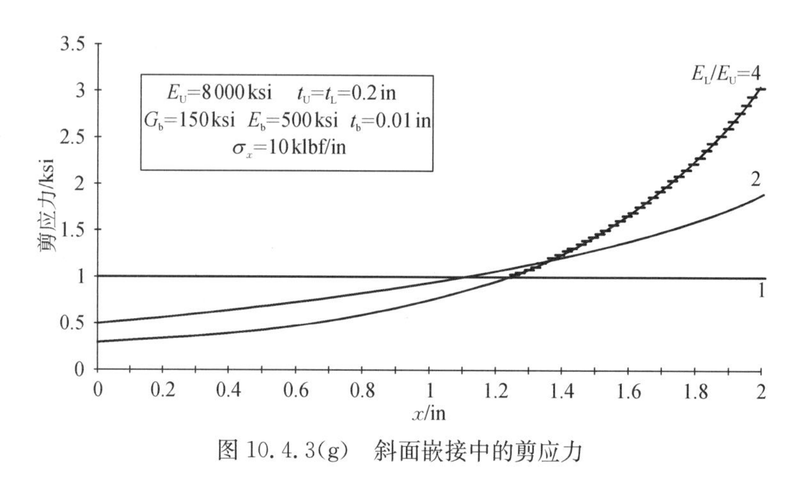

图 10.4.3(g) 斜面嵌接中的剪应力

看来大多数实际的斜面嵌接都可用不同的材料构成如图 10.4.3(f)所示的形式,以提供平衡的刚度。原则上为了获得任何情况下所需的最大承载能力,胶层又不承受过度应力,斜面嵌接提供了近于理想的解决办法。然而,对高承载的连接,其尺寸可能变得太长以至于不现实。此外,非常好的配合,例如,胶层厚度在长的胶粘区上的容差等级必须控制,以便保证连接在其全部长度上具有均匀的载荷传递能力。即使对于刚度匹配的结构构型,被胶接件材料不同而产生的热应力也会妨碍达到理想形式的性能。

阶梯形搭接连接(见图 10.4.3(b))可以近似地代表斜面连接,它能利用复合材料被胶接件的层压结构特点。在图 10.4.3(b)中,用通过各个台阶的直线代表连接区的平均斜率,该斜率往往控制胶层中的平均剪应力。在每个等于台阶宽度的水平段内,其特性类似于等厚度被胶接件的连接,并局部应用先前给出的式(10.4.2.1(b))的微分方程,此时,每个台阶内的 t_U 和 t_L 要调整到相匹配的情况。与式(10.4.2.1(f))相似的表达式如下:

$$\tau_{\mathrm{bj\,max}} = \beta_j \frac{\overline{T}}{\bar{t}}\left(\frac{1}{1+\rho_{Bj}} \frac{1}{\sinh \beta_j l_j/\bar{t}} + \frac{\rho_{Bj}}{1+\rho_{Bj}} \frac{1}{\tanh \beta_j l_j/\bar{t}}\right)$$

式中:

$$\beta_j = \left[G_b \frac{\bar{t}^2}{t_b}\left(\frac{1}{B_{Uj}} + \frac{1}{B_{Lj}}\right)\right]^{1/2};\ \bar{t} = \frac{t_{Uj} + t_{Lj}}{2};\ \rho_{Bj} = B_{Lj}/B_{Uj} \tag{10.4.3(b)}$$

上式给出第 j 个台阶的最大剪应力，并且整个解是一系列这种表达式，同时考虑了在邻近台阶连接点上剪应变与合力 T_{UJ} 和 T_{IJ} 的连续性。在连接的每个台阶，剪应力的分布与图 10.4.2.1(b)中图(A)相似，峰值的大小主要受台阶长度通过参数 $\eta_{sl} = \beta_j l_j/\bar{t}$ 来控制。采用大量的台阶并使每个台阶长度很小，使台阶的长度厚度比 $l_j/\bar{t}$ 原则上小到几乎足以完全避免出现任何尖突。实际上，台阶数目受层压板铺层数的控制；此外，如果用连接件来连接复合材料被胶接件和金属元件，选择台阶数时，要考虑金属零件的加工成本和容差要求。

图 10.4.3(h)示出一个一般的阶梯形搭接连接构型，该图说明设计参数对连接应力的某些影响。图 10.4.3(i)和图 10.4.3(j)介绍的结果是为这一讨论得到的，采用了胶黏剂线弹性响应模型。实际上，如果假设胶黏剂弹性响应，胶黏剂相当大的强度承载能力未被利用。文献 10.4.3(b)中 Hart-Smith 在讨论时所用的图 10.4.3(k)是连接设计采用胶黏剂弹-塑性响应的一个例子。然而，用于得到图 10.4.3(i)和图 10.4.3(j)的胶黏剂的弹性模型对于说明控制连接设计的某些参数是足够的。图中给出的结果都基于经典的 Volkersen 型分析，该分析构成了公式(10.4.3(b))的基础。

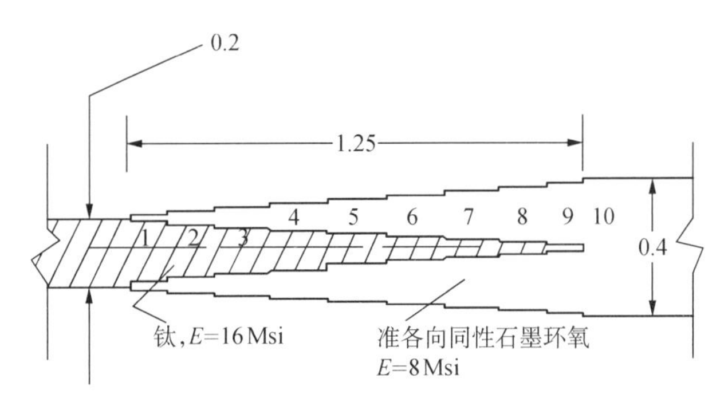

图 10.4.3(h)　阶梯形搭接连接构型

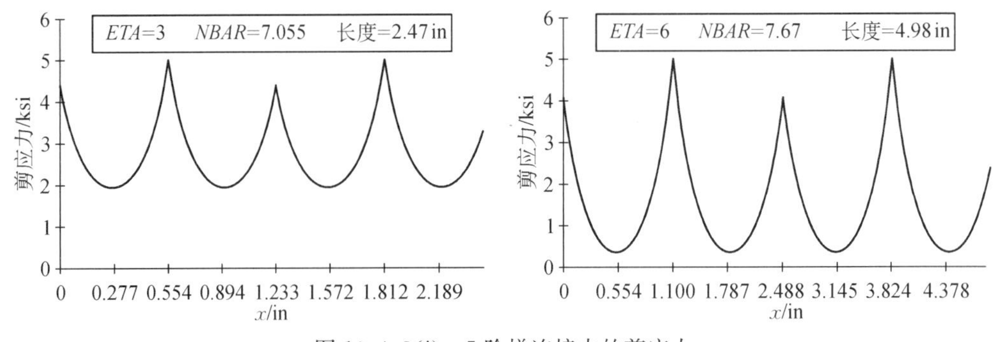

图 10.4.3(i)　5 阶梯连接中的剪应力

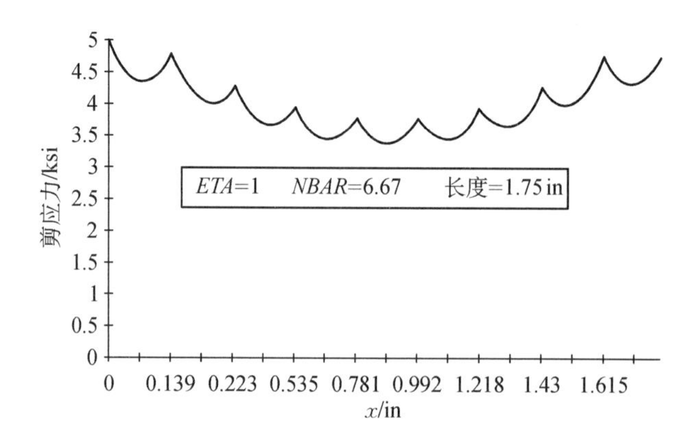

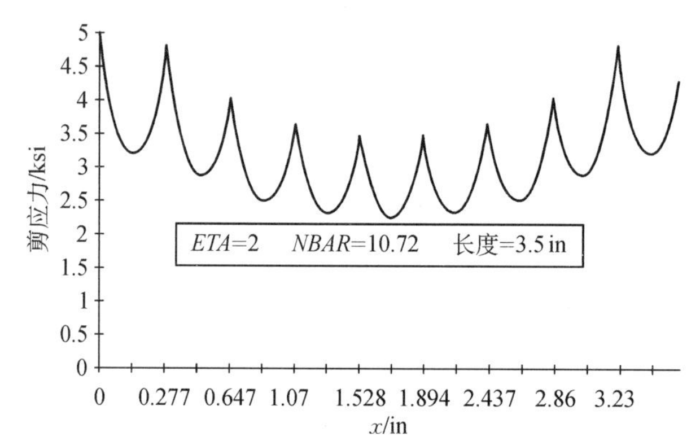

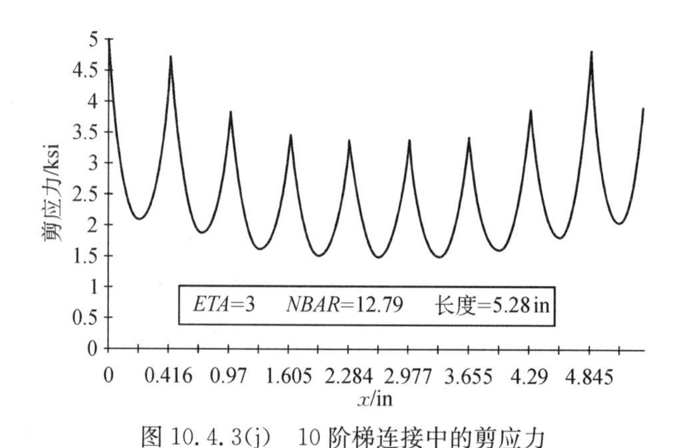

图 10.4.3(j) 10 阶梯连接中的剪应力

选择具有如下特性的 5 阶梯设计(见图 10.4.3(i))和 10 阶梯设计(见图 10.4.3(j)):

- 除第一个和最后一个台阶外,被胶接件厚度按各个台阶等厚度增加。
- 对于第一个和最后一个台阶,厚度增量是一般台阶厚度的 1/2。
- 选取每个台阶的长度使具有固定的参数值 $\eta_{sl}=\beta_j l_j/\bar{t}$,其中 l_j 等于第 j 个台阶的长度。

两端台阶一半的厚度增量比所有台阶相同的厚度增量给出更均匀的剪应力分

布。注意,对于图 10.4.3(h)和图 10.4.3(k)所示的对称连接形式,外被胶接件(复合材料)的厚度增量要大于内被胶接件的厚度增量,这是由于它们与模量比值成反比,以便对于不同的被胶接件达到刚度匹配。还要注意,图 10.4.3(i)和图 10.4.3(j)中列出的参数“*ETA*”指上面定义的 η_{s1},这个参数主要控制连接长度。图 10.4.3(i)和图 6.2.3.5(j)都示出连接长度随 η_{s1}(图中表示为“*ETA*”)而增加。更进一步注意到连接的承载能力用许用合力来表示,在图 10.4.3(i)和图 10.4.3(j)中标记为“*NBAR*”,相应于胶层剪应力限制为 34 MPa(5 ksi)的假设;许用载荷随连接长度增加总体上是增加的,但是当 $\eta_{s1} \gg 3$ 时增加变缓。表 10.4.3 给出两个图所示结果的汇总。正如上面讨论的那样,取自文献 10.2(l)和 10.4.3(b)的图 10.4.3(k)中所示的连接设计代表了一个实际的连接方法,该方法说明了对图 10.4.3(i)和图 10.4.3(j)所用简化弹性分析方法忽略一些考虑的因素。比如已经提到忽略了塑性影响。此外,如图 10.4.3(j)所示的采用多至 10 个台阶可能是不现实的。

图 10.4.3(k)示出的连接设计代表多年来阶梯形搭接连接设计的进展。Corvelli 和 Salene(见文献 10.4.3(c))进行了早期的分析工作,后来在 NASA 资助下由 Hart-Smith 进一步发展(见参考文献 10.2(l))以考虑弹塑性影响,最后由 10.2 节讨论的 A4EG 和 A4EI 程序(见参考文献 10.2(s))作为终结,程序允许考虑胶层中的厚度变异、孔隙率、缺陷含量和水分含量。Hart-Smith(见参考文献 10.4.3(b))注意到阶梯连接的数学处理中,所有性能在每个台阶内必须是常数;然而在实际连接中,如图 10.4.3(k)所示,可以插入人为的中断以便允许孔隙率或胶层厚度的变化。

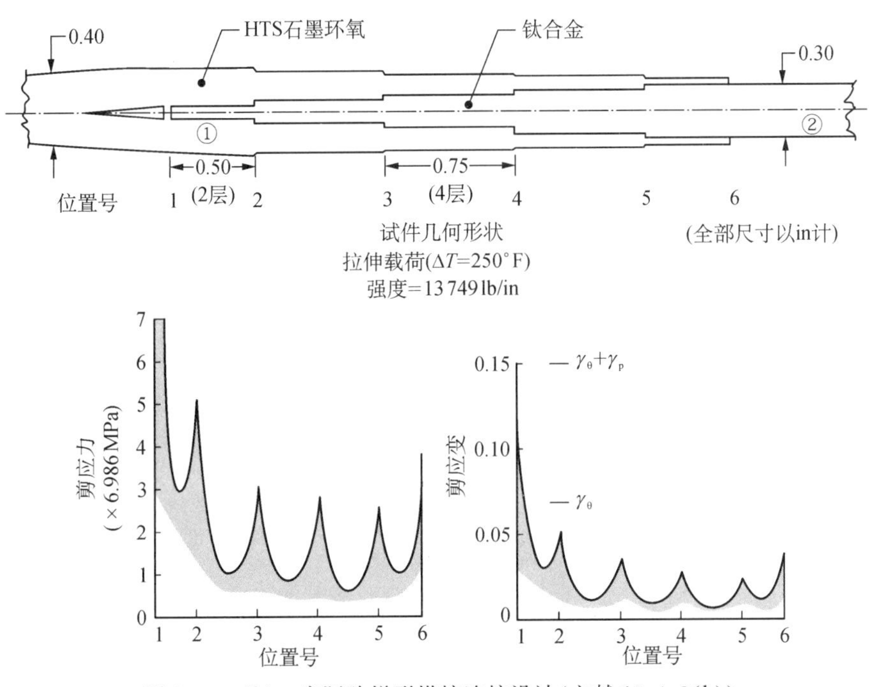

图 10.4.3(k) 实际阶梯形搭接连接设计(文献 10.4.3(b))

表 10.4.3 阶梯形搭接连接结果汇总(见图 10.4.3(i), 10.4.3(j))

台阶数	10	10	10	5	5
η_{s1}	1	2	3	3	6
连接长度/cm(in)	4.44(1.75)	8.89(3.5)	13.33(5.25)	6.05(2.47)	12.5(4.93)
许用合力/kN/cm(10^3 lbf/in)	12.03(6.87)	18.77(10.72)	22.05(12.59)	12.35(7.05)	13.43(7.67)

10.4.4 T 连接

此节留待以后补充。

10.4.5 有限元建模

有限元分析(FEA)是进行日常应力分析强有力的工具,有许多可用的商业软件,可以计算连接内任何位置的位移、应变和应力。也可用 FEA 进行断裂力学分析以便计算应变能释放速率。FEA 有多个明显的优点超过封闭形式的解析模型,由于建模的灵活性,FEA 几乎可以适应任何几何形状,有能力处理大变形和材料非线性。然而,FEA 的一些缺点是:要求运用 FEA 的实际的分析训练;为了得到重要模型精确的结果建立多重模拟迭代的潜在的时间;支配模型尺寸的计算限制;面向设计时研究各种连接参数影响(例如搭接长度,胶层厚度)时的不灵活性(相对于封闭形式的解析模型)等。本节的目的是提供一些基本信息和指南:①怎样用 FEA 进行胶接连接的应力分析;②结果的解释。

10.4.5.1 重要性和挑战

当采用 FEA 对胶接连接建模时,分析者面临几个重要的挑战,这些挑战主要与正确的网格划分有关,以便捕捉到应力的高梯度,并且保持适当的单元形状比。单元形状比是它的最长边与最短边的比值。比值接近 1∶1 且不畸变的元素(即,最佳的形状是二维 4 节点或 8 节点正方形单元)可以达到最好的精度。由于单元几何形状的较大畸变,反复的迭代过程使得计算单元的刚度矩阵更不精确。除了几乎没有应力梯度或者不关心精度的区域之外,应当避免长宽比大于 5∶1。

胶接连接面临重要的挑战是确定合适的网格,这是由于典型的胶层厚度相对于其他尺寸,例如被胶接件的厚度和搭接长度,太薄的缘故。结构连接通常采用的胶层厚度在 0.1～0.4 mm(0.004～0.016 in)之间,这比典型的被胶接件的厚度低一个量级,比典型的搭接长度低两个量级。因为,胶层中有大的应力梯度,特别是在搭接板两端贯穿胶层的厚度方向,沿厚度方向设置的网格多于一个单元是需要的,以便精确地捕捉到应力梯度。对于大尺寸的连接和需要采用三维元素模拟的特殊连接,计算成本的迅速飙升将成为限制因素。因此,胶接连接的细节分析通常并不纳入到整个结构的 FEA 模型中。只要可能,就要简化降低模型的尺寸,如采用对称性和二维模型以便允许在胶粘区域考虑更细密的网格。

一般来说,对任何结构用 FEA 建模是不能保障其精度的。分析者除了需正确定义边界条件和加载条件外，还必须关心感兴趣结果的(如剪应力和剥离应力)收敛性。网格尺寸是控制收敛性的主要参数，该尺寸定义为解不再随网格尺寸而变化(越细密的网格精度越高)。胶接连接分析的问题是在连接界面的拐角处存在数学上的奇异性，这个问题将在下节用分析的例子予以说明。然而，人们必须考虑最”现实“的胶接连接，它没有尖锐的胶层，而是有胶瘤填充和圆角(即不完全的几何形状)，这将缓和一些应力奇异性问题。

10.4.5.2　应力分析例子

图 10.4.5.2(a)示出一个双搭接连接精细网格的二维(2D)模型。采用 2D 平面应变 8 节点二次插值元素，其精度优于二维 4 节点线性元素。被胶接件是准各向同性的石墨/环氧材料。分析中所用的连接参数在表 10.4.5.2 中列出。本例子所有材料都按线弹性建模。边界条件如图 10.4.5.2(a)所示，它代表对称双搭接的一半，或者是有支撑的单搭接：沿底部和左端分别在 1 和 2 方向约束，右端施加均布力。注意，图 10.4.5.2(a)的模型是一个 2D 模拟的高精细网格的例子。如果连接用 3D 单元建模，为得到计算效率高的模型，需要采用较粗的网格划分。一般来说，合适的网格尺寸应当基于网格敏感度研究的结果通过分析来确定，敏感度的分析可以表明与网格无关的感兴趣的结果。

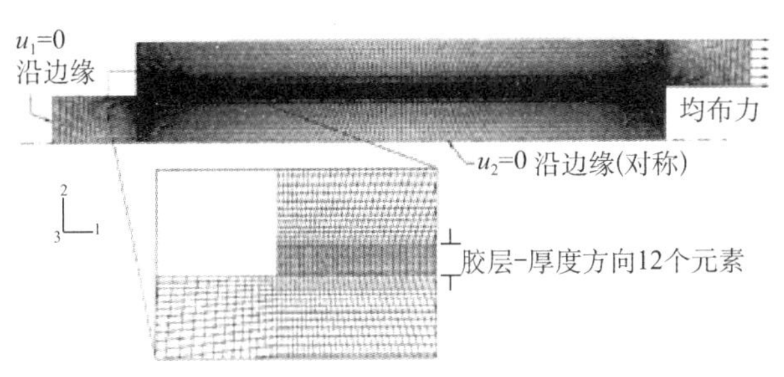

图 10.4.5.2(a)　双搭接胶接连接二维 FEA 细密网格模型，利用对称性，8 节点二次插值元素

表 10.4.5.2　实例计算的连接参数

参数	数值
被胶接件——准各向同性碳/环氧	
面内杨氏模量	50 GPa(7.5 Msi)
横向剪切模量	3.80 GPa(0.55 Msi)
厚度	1.0 mm(0.04 in)
胶接剂剪切模量	0.91 GPa(0.13 Msi)
胶接剂泊松比	0.4
胶层厚度	0.152 mm(0.006 in)
胶接段总长度 $2c$	12.7 mm(0.50 in)

图 10.4.5.2(b)示出连接左端(在 $x=-c$)处的剪应力和剥离应力等高线。注意,在贯穿厚度方向靠近下界面拐角处的剪应力和剥离应力有特别高的应力梯度,在那里剪应力和剥离应力都达到最大。由于这些梯度,计算贯穿厚度多个位置的应力是重要的。图 10.4.5.2(c)和(d)示出了沿三条路径的剪应力和剥离应力(用平均剪应力正则化):上部胶层-被胶接件界面、胶层厚度的中间位置和下部胶层-被胶接件界面。由这些图可知,仅在连接末端 $x=\pm c$ 附近,解是与厚度相关的。剪应力和剥离应力由于尖锐的拐角在 $x=-c$ 的下界面处都是奇异的。在上界面 $x=c$ 处得到同样的结果。

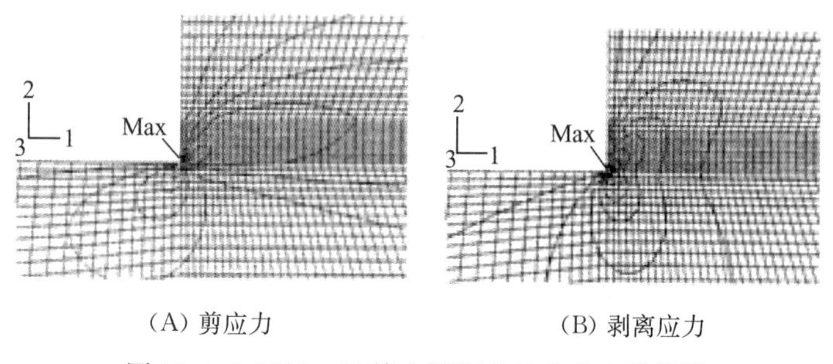

(A) 剪应力　　(B) 剥离应力

图 10.4.5.2(b)　连接左端拐角处的应力等值线

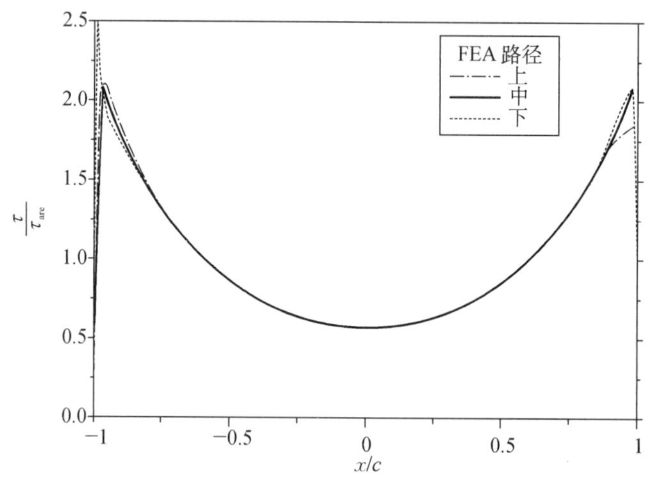

图 10.4.5.2(c)　沿三条路径的剪应力

基于力的平衡方程简单地校核剪应力和剥离应力总是可能的,剪应力轮廓线下的(见图 10.4.5.2(c))的积分必须与施加的外力平衡;因为在贯穿厚度方向没有施加的外力,剥离应力轮廓线下的(见图 10.4.5.2(d))的积分必须等于零。这就意味着剪应力轮廓线下的面积除以胶接长度将等于平均剪应力(作用力除以搭接面积),大于零的剥离应力合力必须等于小于零的剥离应力合力。

剥离和剪切是受拉伸载荷时连接产生的主要应力。可采用混合这两种应力分

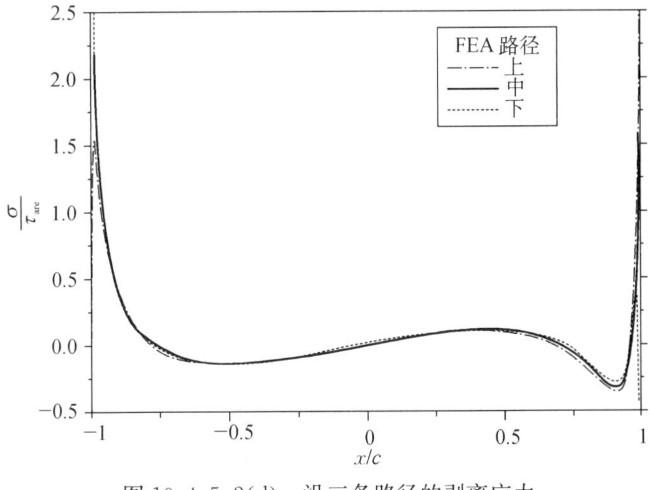

图 10.4.5.2(d)　沿三条路径的剥离应力

量的失效理论评估连接的破坏。此时,材料非线性性质在 FEA 模型中不予考虑,等价的塑性应变可作为一个参数进行监控,以估算连接的破坏。本例中复合材料被胶接件用均匀正交异性体建模,每一复合材料层的层-层表示可得到被胶接件内部的附加细节。注意,图 10.4.5.2(b)中最大剪切和剥离应力发生在胶层内,这些应力在紧邻界面的被胶接件内部也是很大的。因此,有若干位置可能引起复合材料被胶接件的分层破坏。

10.4.5.3　结论摘要

随着 FEA 作为应力分析方便易用的工具日益广泛的应用,为了得到胶接连接精确的计算结果,必须牢记以下几点:

- 靠近界面拐角附近需要细密的网格。应当进行网格灵敏度的研究,以证明结果是与网格无关的。然而,注意到在界面拐角处的应力奇异性,因此,在这些精确位置计算的应力从来不是与网格无关的。在实际连接中,尖锐的拐角几何形状是不存在的,因为良好制备的连接一般都有胶瘤的圆角。
- 通过剪切和剥离应力基本的力的平衡与现有的应力计算解,如果它们可以利用的话,可以校核你的结果。
- 由于 FEA 提供的大量信息,结果的解释会是更复杂的。胶层-被胶接件界面的应力和胶层中部的应力一般是最为关注的。被胶接件内部的应力也要关注,特别是复合材料被胶接件经常发生层间破坏作为连接初始的破坏模式。

10.5　胶接连接的断裂分析

见第 3 卷 8.7.4 节用于分层的一般应变能释放率分析方法。

10.6 胶接连接耐久性

Hart-Smith 连接设计原理中的两个主要考虑是：①限制被胶接件的厚度，或采用更为复杂的连接形式，比如斜面连接和阶梯形搭接，以便保证被胶接件的破坏发生在胶层破坏之前；②采用很薄的被胶接件，或对中等厚度的被胶接件采用斜削的形式（被胶接件斜削影响的讨论，见 10.3.2 节和 10.4.3 节），以便使剥离应力降到最小。此外保持良好的表面制备（见 10.3.6 节）对于保证胶层和被胶接件之间的胶接不发生破坏也是很重要的。当上述条件满足时，除了极端的环境即湿热条件外，对大多数情况，可以期待得到可靠的连接性能。Hart-Smith 的方法主要在于在湿热条件下低周加载（即几分钟到一个小时内完成一次循环）引起的蠕变破坏，例如飞机机身的压力舱就相应于这种情况。在 PABST 研究计划中，文献 10.2(n)-(q)（也可见文献 10.2(w)），总共 18 个厚的被胶接试件，当在高循环速率（30 Hz）试验时能够承受 10^7 次以上载荷循环不产生损伤，而在同样的载荷下，当以每小时一个循环的速率加载时，仅几百次循环就发生破坏。关于加载频率的影响，文献 10.4.2.3(a)中也得到类似的结论。另一方面，代表结构连接的试件具有非均匀的剪应力分布，连接的两端达到峰值，而中部基本为零（见 10.4.2.3 节连接的塑性响应和图 10.4.2.3(b)，特别是图(B)），如果胶层弹性响应区域的长度 l_e 足够长，即使是在低循环速率下，这样的试件也能承受湿热条件。根据 PABST 研究计划的经验，避免蠕变破坏的 Hart-Smith 准则要求胶接长度上的最小剪应力 $\tau_{b|min}$ 不大于胶黏剂屈服应力的十分之一。但是对相同被胶接件的双搭接连接，采用双线性胶黏剂响应模型进行的弹-塑性应力分析（见 10.4.2.3 节）得到最小剪应力的表达式如下（l_e 为弹性胶接区长度）：

$$\tau_{b\,min} = \frac{\tau_b}{\sinh \beta_{bd} l_e / 2t_0} \tag{10.6(a)}$$

式中：τ_p 是胶黏剂屈服应力；β_{bd} 由下式给出：

$$\beta_{bd} = [2G_{b0} t_0 / E_0 t_b]^{1/2}$$

式中：G_{b0} 是初始剪切模量；t_b 是胶层厚度；E_0 和 t_0 分别是被胶接件轴向模量和厚度。因为 $\sinh(3) \approx 10$，这就要求 $\beta_{bd} l_e / 2t_0$ 至少等于 3，即弹性区域的长度大于 $6t_0/\beta_{bd}$。因为 l_e 等于总的搭接长度 l 减去两倍的塑性区域长度 l_p，利用 10.4.2.3 节给出的 l_p 表达式

$$l_p = (\bar{\sigma}_x / 2\tau_p - 1/\beta_{bd}) t_0$$

式中：$\bar{\sigma}_x$ 是被胶接件承受的名义应力，弹性区长度准则简化为对应 l 下限的总搭接长度准则，可以表示为

$$l \geqslant \left(\frac{\bar{\sigma}_x}{\tau_p} + \frac{4}{\beta_{bd}} \right) t_0 \tag{10.6(b)}$$

对于在静载荷下强制被胶接件破坏而不是胶层破坏情况并通过连接设计消除了剥离应力，则连接搭接长度的公式(10.6(b))是 Hart-Smith 胶接连接耐久性方法的核心。有几个方面已经采用了这些要求。例如文献 10.2(s)，它成为可以接受的空隙体积要求的一部分，因为在这种情况下，实际上在胶层内起间隙作用的空隙，简化为搭接的有效长度。对于与等刚度被胶接件和均匀厚度对称双搭接不同的连接，必须对准则进行数字修改。对于更复杂的连接形式，比如阶梯形搭接，A4EI 计算机软件要求每一台阶的长度等于简单双搭接连接公式 10.6(b)要求的长度。

连接除了可以在湿热条件下发生蠕变破坏以外，还会由于胶层开裂而破坏。Johnson 和 Mall(见文献 10.6(a))提供了图 10.6(a)中的数据，这些数据表明了在 10^6 次疲劳加载循环时，被胶接件斜削角度对由复合材料板重叠胶接连接的试件两端裂纹扩展的影响，其中空心符号代表出现裂纹失效的最高载荷水平，实心符号代表刚刚出现裂纹的最低载荷水平。预估的曲线由施加的循环应力计算值组成，它是对给定的斜削角，在脱胶尖端产生总应变能释放率的门槛值 G_{th} 所需要的应力。对未斜削试样，实验确定了两种胶黏剂的门槛值 G_{th}。重叠连接板末端的斜削角用于控制受静力载荷时在试件内剥离应力的大小。注意到即使对于小到 5°的斜削角(见图 10.6(a)最左边的试验点)，此时在静载荷下基本不存在剥离应力，当交变载荷升到足够水平时也能观测到裂纹起始。在这些结果含义弄清楚之前，需要阐明若干因素。特别感兴趣的是在较少循环次数下确定胶接裂纹的出现，比如少于 3×10^5 循环，它相应于典型飞机的预期寿命。循环速率和环境暴露的影响也是所关心的。然而，文献 10.6(b)提交的数据指出需要考虑复合材料胶接连接中的裂纹扩展现象。的确，研究胶接连接耐久性课题的主要技术成果(见文献 10.6(b)-(g))是建立在基于断裂力学概念应用的基础上，断裂力学处理的论点是否有根据还需要进一步验

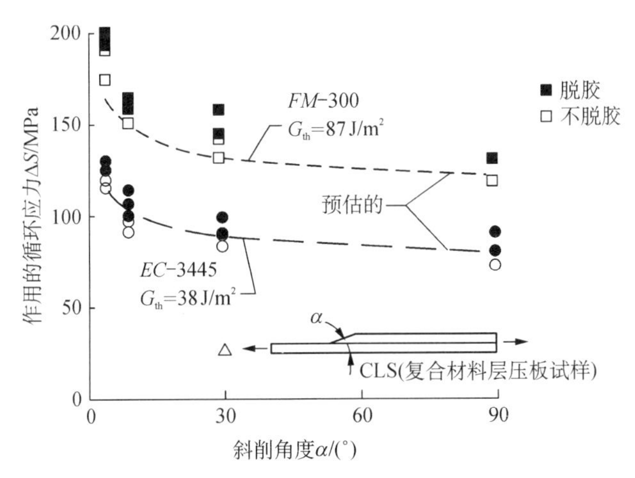

图 10.6(a)　复合材料斜削重叠胶接在 10^6 载荷循环时胶层中的裂纹扩展

证。显然，PABST 程序中没有出现类裂纹破坏，它是一个针对金属的胶接程序，甚至在考察低温下的脆性胶黏剂时也是如此。许多受尊敬的学者在发展胶接连接能量释放率计算方面耗费了大量精力，并肯定地认为该方法有某些合理之处，而且 Johnson 和 Mal 得到的结果看来似乎证实了是复合材料连接所特别需要的。

参考文献

10.2(a) Volkersen O. Die Nietkraftverteilung in Zugbeanspruchten Nietverbindungen mit Konstanten Laschenquerschnitten [J]. Luftfahrtforschung, Vol. 15, 1938, pp. 4 - 47.

10.2(b) Goland M, Reissner E. Stresses In Cemented Joints [J]. Journal of Applied Mechanics, Vol. 11, 1944, pp. A17 - A27.

10.2(c) Kutscha D, Hofer K. Feasibility of Joining Advanced Composite Flight Vehicle Structures [R]. Air Force Materials Laboratory Report AFML - TR - 68 - 391, 1968.

10.2(d) Dickson J N, Hsu T N, McSkinney J N. Development of an Understanding of the Fatigue Phenomena of Bonded and Bolted Joints In Advanced Filamentary Composite Materials, Volume I, Analysis Methods [R]. Lockheed Georgia Aircraft Company, USAF Contract Report AFFDL-TR - 72 - 64, Volume I, June 1972.

10.2(e) Grimes G C, Wah T, et al. The Development of Non-Linear Analysis Methods for Bonded Joints in Advanced Filamentary Composite Structures [R]. Southwest Research Institute, USAF Contract Report AFML-TR - 72 - 97, September 1972.

10.2(f) Renton W J. The Analysis and Design of Composite Materials Bonded Joints Under Static and Fatigue Loadings [D]. PhD Thesis, University of Delaware, 1973.

10.2(g) Renton, W J, Vinson, J R. The Analysis and Design of Composite Materials Bonded Joints under Static and Fatigue Loadings [R]. Air Force Office of Scientific Research Report TR - 73 - 1627, 1973

10.2(h) Oplinger D W. Stress Analysis of Composite Joints [C]. Proceedings of 4th Army Materials Technology Conference, Brook Hill Publishing Co., Newton MA, 1975, pp. 405 - 51.

10.2(i) Hart-Smith L J. AFFDL - TR - 72 - 130, pp. 813 - 856 [R].

10.2(j) Hart-Smith L J. Adhesive Bonded Double Lap Joints [R]. NASA Langley Contractor Report NASA CR - 112235, 1973.

10.2(k) Hart-Smith L J. Adhesive Bonded Single Lap Joints [R]. NASA Langley Contractor Report NASA CR - 112236, 1973.

10.2(l) Hart-Smith L J. Adhesive Bonded Scarf and Stepped-Lap Joints [R]. NASA Langley Contractor Report NASA CR - 112237, 1973.

10.2(m) Hart-Smith L J. Analysis and Design of Advanced Composite Bonded Joints [R]. NASA Langley Contractor Report NASA CR - 2218, 1973.

10.2(n) Hart-Smith, L. J. Advances in the Analysis and Design of Adhesive-Bonded Joints in Composite Aerospace Structures [C]. SAMPE Process Engineering Series, Vol. 19,

SAMPE, Azusa, 1974, pp.722 - 737.

10.2(o)　Primary Adhesively Bonded Structure (PABST) Technology [G]. Air Force Contract F33615 - 75 - C - 3016, 1975.

10.2(p)　Thrall E W. Primary Adhesively Bonded Structure Technology (PABST) Phase 1b: Preliminary Design [R]. Air Force Flight Dynamics Laboratory Report AFFDL-TR - 76 - 141, 1976.

10.2(q)　Shannon R W, et al. Primary Adhesively Bonded Structure Technology (PABST) General Material Property Data [R]. Air Force Flight Dynamics Laboratory Report AFFDL-TR - 77 - 101, 1977.

10.2(r)　Land K L, Lennert F B, et al. Primary Adhesively Bonded Structure Technology (PABST): Tooling, Fabrication and Quality Assurance Report [R]. USAF Technical Report AFFDL-TR - 79 - 3154, October 1979.

10.2(s)　Hart-Smith L J. Adhesive Bond Stresses and Strains at discontinuities and Cracks in Bonded Structures [J]. Transactions of the ASME, Journal of Engineering Materials and Technology, Vol.100, January 1978, pp.15 - 24.

10.2(t)　Hart-Smith L J. Differences Between Adhesive Behavior in Test coupons and Structural Joints [R]. Douglas Aircraft Company paper 7066, Presented to ASTM Adhesives Committee D - 14 Meeting, Phoenix, Arizona, 1981.

10.2(u)　Hart-Smith L J. Design Methodology for Bonded-Bolted Composite Joints [R]. Douglas Aircraft Company, USAF Contract Report AFWAL-TR - 81 - 3154, Vol.I and II, February 1982.

10.2(v)　Thrall E W, Jr. Failures in Adhesively Bonded Structures [G]. AGARD - NATO Lecture Series No. 102, "Bonded Joints and Preparation for Bonding," Oslo, Norway, and The Hague, Netherlands, April 1979 and Dayton, Ohio, October 1979.

10.2(w)　Hart-Smith L J. Further Developments in the Design and Analysis of Adhesive-Bonded Structural Joints [R]. Douglas Aircraft Co. Paper No. 6922, presented at the ASTM Symposium on Joining of Composite Materials, Minneapolis MN April 1980.

10.2(x)　Hart-Smith L J. Adhesive Bonding of Aircraft Primary Structures [R]. Douglas Aircraft Company Paper 6979, Presented to SAE Aerospace Congress and Exposition, Los Angeles, California, October 1980.

10.2(y)　Hart-Smith L J. Stress Analysis: A Continuum Analysis Approach [M]. In Developments in Adhesives - 2, ed. A. J. Kinloch, Applied Science Publishers, England, 1981, pp.1 - 44.

10.2(z)　Hart-Smith L J. Effects of Adhesive Layer Edge Thickness on Strength of Adhesive-Bonded Joints [R]. Quarterly Progress Report No.3, Air Force Contract F33615 - 80 - C - 5092, 1981.

10.2(aa)　Hart-Smith L J. Effects of Flaws and Porosity on Strength of Adhesive-Bonded Joints [R]. Quarterly Progress Report No.5, Air Force Contract F33615 - 80 - C - 5092, 1981.

10.3.1　Hart-Smith L J. Adhesively Bonded Joints in Fibrous Composite Structures [R]. Douglas Aircraft Paper 7740; presented to the International Symposium on Joining and Repair of Fibre-Reinforced Plastics, Imperial College, London, 1986.

10.3.4(a) DoD/NASA Advanced Composites Design Guide, 1983 [S].

10.3.4(b) Zobora R F, Clinton W W, Bell J E. Adhesive Propety Phenomana and Test Techniques [R]. Air Force Flight Dynamics Laboratory Technical Report AFFDL-TR-71-68,1971.

10.3.6(a) Hart-Smith L J, Brown D, Wong S. Surface Preparations for Ensuring that the Glue will Stick in Bonded Composite Structures [C]. 10th DoD/NASA/FAA Conference on Fibrous Composites in Structural Design, Hilton Head Is, SC, 1993.

10.3.6(b) Hart-Smith L J, Ochsner W, Radecky R L. Surface Preparation of Fibrous Composites for Adhesive Bonding or Painting [Z]. Douglas Service Magazine, First quarter 1984, pp.12-22.

10.3.6(c) Hart-Smith L J, Ochsner W, Radecky R L. Surface Preparation of Fibrous Composites for Adhesive Bonding or Painting [R]. Canadair Service News, Summer 1985,1985, pp.2-8.

10.4.2.1(a) Oplinger D W, A Layered Beam Theory for Single Lap Joints [R]. U.S. Army Materials Technology Laboratory Report MTL TR 91-23,1991.

10.4.2.1(b) Oplinger D W. Effects of Adherend Deflection on Single Lap Joints [J]. Int. J. Solids Structures, Vol.31,1994, pp.2565-2587.

10.4.2.2(a) Chamis C C. NASA Lewis Research Center Report, NASA TM-86909,1985[R].

10.4.2.2(b) MIL-HDBK-5F, 1990 [S].

10.4.2.3 Frazier T B, Lajoie A D. Durability of Adhesive Joints [R]. Air Force Materials Laboratory Report AFML TR-74-26, Bell Helicopter Company, 1974.

10.4.2.4 Tsai M, Oplinger D, Morton J. Improved Theoretical Solutions for Adhesive Lap Joints [J]. Int. J. Solids & Structures, Vol.35, No.12,1998, pp.1163-1185.

10.4.3(a) Oplinger D W. Effects of Adherend Tapering and Nonlinear Bond Response on Stresses in Adhesive Joints [R]. FAA Technical Report, to be published, 1996. (needs report number if available at FAA)

10.4.3(b) Hart-Smith L J. Fiber Composite Analysis and Design [R]. Federal Aviation Administration Technical Center Report DOT/FAA/CT-88/18 Vol. 2, Chapter 3,1988.

10.4.3(c) Corvelli N, Saleme E. Analysis of Bonded Joints [R]. Grumman Aerospace Corporation Report ADR 02-01-70.1,1970.

10.6(a) Johnson W S, Mall S. A Fracture Mechanics Approach for Designing Adhesively Bonded Joints [S]. In Delamination and Debonding of Materials, ASTM STP 876, W.S. Johnson, ed., American Society of Testing and Materials, West Conshohocken, PA, 1986.

10.6(b) Mostovoy S, Ripling E J, Bersch C F. Fracture Toughness of Adhesive Joints [J]. J. Adhesion, Vol.3,1971, pp.125-44.

10.6(c) DeVries K L, Williams M L, Chang M D. Adhesive Fracture of a Lap Shear Joint [J]. Experimental Mechanics, Vol.14,1966, pp.89-97.

10.6(d) Trantina G G. Fracture Mechanics Approach to Adhesive Joints [R]. University of Illinois Dept. of Theoretical and Applied Mechanics Report T&AM 350, Contract N00019-71-0323,1971.

10.6(e)　Trantina G G. Combined Mode Crack Extension in Adhesive Joints [R]. University of Illinois Dept. of Theoretical and Applied Mechanics Report T&AM 350, Contract N00019 - 71 - C - 0323, 1971.

10.6(f)　Keer L M. Stress Analysis of Bond Layers [J]. Trans. ASME J. Appl. Mech., Vol.41, 1974, pp.679 - 83.

10.6(g)　Knauss J F. Fatigue Life Prediction of Bonded Primary Joints [R], NASA Contractor Report NASA - CR - 159049, 1979.

For additional information, please refer to the following references.

Hart-Smith L J, Bunin B L. Selection of Taper Angles for Doublers, Splices and Thickness Transition in Fibrous Composite Structures [R]. Proceedings of 6th Conference On Fibrous Composites in Structural Design, Army Materials and Mechanics Research Center Manuscript Report AMMRC MS 83 - 8, 1983.

Nelson W D, Bunin B L, Hart-Smith L J. Critical Joints in Large Composite Aircraft Structure [C]. Proceedings of 6th Conference On Fibrous Composites in Structural Design, Army Materials and Mechanics Research Center Manuscript Report AMMRC MS 83 - 8, 1983.

Oplinger D W. Effects of Mesh Refinement on Finite Element Analysis of Bonded Joints [R]. U.S. Army Research Laboratory Study (Unpublished), 1983.

Becker E B, et al. Viscoelastic Stress Analysis Including Moisture Diffusion for Adhesively Bonded Joints [R]. Air Force Materials Laboratory Report AFWAL - TR - 84 - 4057, 1984.

Jurf R, Vinson J. Effects of Moisture on the Static and Viscoelastic Shear Properties of Adhesive Joints [R]. Dept. of Mechanical and Aerospace Engineering Report MAE TR 257, University of Delaware, 1984.

第 11 章　螺栓连接设计和分析

11.1　背景

很难设想一个结构不含有某种类型的连接。连接通常出现在复合材料主要部件与金属部件或零件的过渡区域。飞机中，在操纵面以及在机翼和尾翼部件上的铰链接头就是这种情况的代表，需要在各个操纵阶段旋转其元件。对与发动机的连接或需要改变方向处的铰链，发动机轴这样的管状元件通常采用金属端接元件。此外，由结构的各个组成部分装配成结构或采用胶接或采用机械连接或者兼而有之。

一般来说，在结构设计中连接是最富有挑战性的任务之一，在复合材料结构设计中尤其是这样。其理由是：除了某些理想化的胶接连接形式，比如相似材料间的斜面连接之外，连接必然引起结构几何形状的中断，通常是材料的不连续，这就几乎总是产生局部高应力区。机械紧固连接的应力集中是非常严重的，因为，连接元件间的载荷传递不得不发生在一小部分可利用区域上。在金属结构中，对于机械紧固连接随载荷的增加通常可以依靠局部屈服消除应力峰值的影响，在某种程度上这种连接可以采用 P/A 的方法设计，即假设载荷在载荷挤压面上是均匀分布的，所以，总载荷 P 除以挤压面积 A 就表示控制连接强度的应力。在有机基复合材料中，认为这种应力减少的影响只有很少的程度，必须考虑由弹性应力分析预计出现的峰值应力，特别是对于一次性单调加载。对于复合材料被胶接件的情况，除了在各向同性被胶接件中影响连接特性的各种不同的材料和尺寸参数以外，应力峰值的大小还随被胶接件的正交异性程度而变化。

原则上，胶接连接比机械紧固连接的结构更为有效，这是因为前者有更好的条件降低应力集中，例如，可以利用胶黏剂的塑性响应降低应力峰值。机械紧固连接材料利用率较低，紧固件附近的大部分区域材料几乎是不受载的，必须靠高应力区域来补偿以达到特定所需的平均载荷。正如上面所述，某些类型的胶接连接，即相近刚度元件之间的斜面连接在连接的整个区域能够达到几乎均匀的应力状态。

然而在许多情况下，机械紧固连接是不可避免的，因为对于损伤结构的更换，或者为了接近内部结构要求连接可以拆卸。此外，胶接连接往往缺少结构余度和对制造缺陷高度敏感,包括胶接的贫胶、表面粗糙部分的不良配合以及胶黏剂对温度和环境影响,比如对湿度的敏感。确保胶接质量一直是胶接连接长期存在的问题,尽管超声和 X-射线检测可以发现胶接中的缺陷,但现时还没有一种技术能够保证看起来完好的胶层具有事实上足够的传载能力。虽然表面制备和胶接技术已相当发展,但是可能在胶接操作中不注意细节而产生某些缺陷,故需要装配工时刻警惕。因此在高要求和高安全特定的应用中,例如主要的飞机结构元件,特别是大型商用运输飞机,宁肯采用机械紧固连接而不采用胶接连接,因为要确保结构完整性达到所要求的水平,机械紧固连接比较容易达到。胶接结构在较小飞机中更为普遍。对于非航空器应用和非飞行关键的飞机部件里也常采用胶接连接。

11.2　引言

本章介绍复合材料结构机械坚固(螺栓)连接中的设计步骤和应力及变形的分析方法。

自从 20 世纪 60 年代中期高模量高强度复合材料首次应用以来一直在研究复合材料结构的机械紧固连接。应用的早期发现复合材料螺栓连接特性与金属连接的特性有很大不同。复合材料的脆性性质要求更详细的分析,以便定量确定各种应力峰值的水平,因为复合材料的应力集中比金属在更大程度上限定了零件的静强度(没有局部屈服)。因此,复合材料连接设计对端距和孔间距比金属连接设计更敏感。复合材料层压板在厚度方向的低强度导致需要为复合材料设计专用的紧固件并排除使用铆钉。专用的紧固件较大底脚面积的特点改进了拉脱强度和挤压强度。碳和铝之间易于电化学腐蚀的敏感性几乎完全排除了使用铝紧固件。

机械紧固连接可以分为两种类型:单排和多排设计。典型的承载小的非关键性连接只需单排紧固件。机翼或控制面的根部连接是高承载连接的例子,气动表面上累积的全部载荷都会通过连接传载到另外的结构。螺栓排列方式的设计,包括螺栓的排数,使分配的载荷更有效地传递。

已有若干政府和私人基金计划用于发展复合材料机械紧固连接分析方法。这些计划大多数集中在发展二维分析方法预估连接内部单个紧固件的应力和强度,这是因为现有的确定多排紧固件连接载荷分配(金属中的)的分析技术已被证明是适合的。另外,在阶梯和斜面(即斜削厚度)连接中与复合材料有关的应力变化的分析方法(11.3 节)已经建立。

本章反映的主要是飞机工业使用的现状,目的是给读者对控制复合材料结构机械紧固连接特性关键因素的一些知识。以下的论述主要为达到这个目的而安排。

11.3　螺栓连接分析

11.3.1　连接中的载荷分配

在飞机结构中遇到的大多数机械连接具有多排紧固件,需要传递给定载荷所采用的紧固件数量和类型通常由结构设计人员根据可用空间的考虑、可制造性和装配来确定。虽然最终的连接设计通常可以满足最初的配置目的，在连接设计图纸交付制造以前仍需作进一步的结构分析。这些分析应由两类不同的计算组成：①计算每个紧固件的载荷和方向，尽可能优化以获得每个直径相等的紧固件传递近于相等的载荷；②采用上面分析得到的紧固件载荷对每个关键的紧固件进行载荷传递的应力分析。

图 11.3.1(a)示出一个连接的例子。为了得到这种或其他连接形式(包括成一直线的单排紧固件)中各个紧固件的载荷，必须知道总载荷、几何形状、板刚度和各个紧固件的柔度。在飞机工业中包含两种结构分析方法，第一种方法允许分析分两步进行，第一步计算各个螺栓的柔度，然后将紧固件的柔度作为输入数据进行有限元分析；第二种方法在总体有限元分析中包括计算连接柔度的特殊有限元。后者的一个实例是由空军部门发展的 SAMCJ 软件，见文献 11.3.1(a)。两种分析方法都用双线性近似描述图 11.3.1(b)中的非线性连接载荷-位移响应，这种简化允许总体

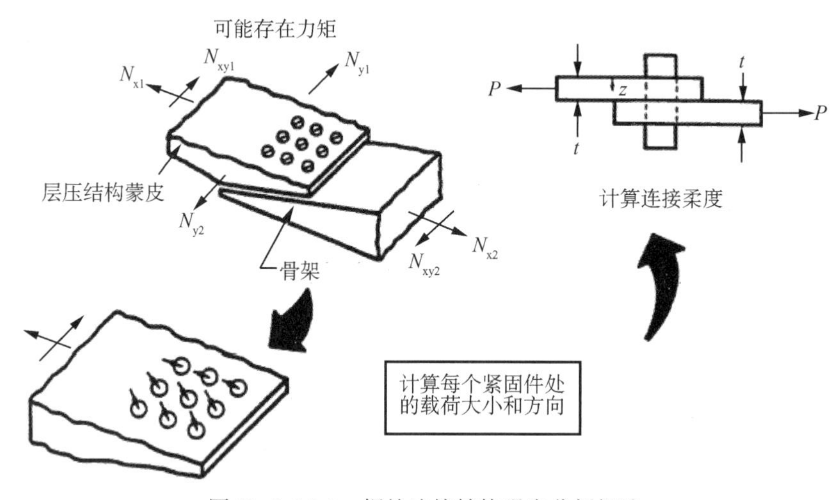

图 11.3.1(a) 螺栓连接结构强度分析概述

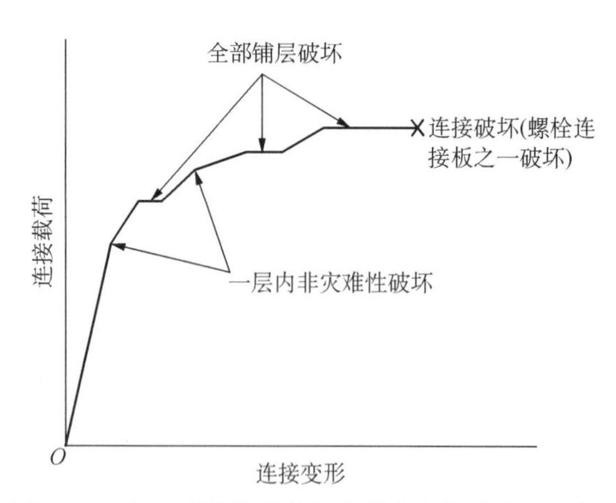

图 11.3.1(b) 连接总载荷与变形响应关系的图形表示

有限元分析是线性的。近来已经建立了一个封闭形式的分析模型并且在微机上编制程序来处理多钉连接强度问题(见参考文献 11.3.1(b))。

紧固件的柔度基于连接的位移,位移不仅由于连接板轴向伸长,而且还来源于不容易建模的其他因素影响,这些因素有紧固件的剪切和弯曲变形、局部挤压变形的连接平移与单剪连接中紧固件的刚体转动。另外,对于复合材料层压板连接柔度值应当反映被连接层压板的材料取向、铺层比例和铺层顺序。所考虑的其他变量有销与孔的配合、靠近孔的自由边的存在和螺栓头/尾约束。因为有许多变量,对于多钉连接总体有限元模型,最好输入连接柔度的试验数据,然而,对所有不同的设计情况,这些数据并不总是可用的。因此,已经建立了各种模拟方案以得到柔度值。如果连接包含多个叠加板并带有间隙,连接柔度的计算是很复杂的。求解连接柔度的解析模型包括把板表示为弹簧,到把紧固件理想化为由板或层压板提供的弹性基础上的柔性梁。

对厚板紧固件,柔度不是像对薄板那样重要的一个参数。文献 11.3.1(c)采用刚性核代表螺栓,已经表明钉载分配的试验和分析之间符合得很好。文献 11.3.1(c)还包含了有无间隙时接触问题对计算挤压应力分布的影响。

机械紧固连接中载荷分配与螺栓的数量、直径和材料以及被连接元件的刚度密切相关。对于单列钉的连接,如果板是等刚度的,则第一个和最后一个螺栓将承担较大的载荷。这种情况示于图 11.3.1(c)中,图中除了等刚度元件(构型 2)之外,还有钉径和板的其他组合形式,不同的连接形式能够明显改变钉载分配。

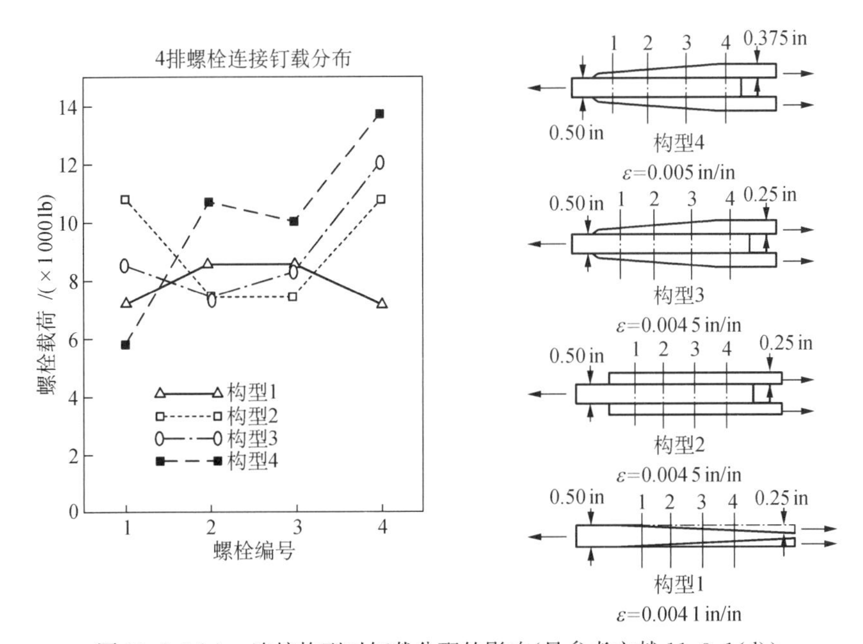

图 11.3.1(c)　连接构型对钉载分配的影响(见参考文献 11.3.1(d))

11.3.2 螺栓连接局部破坏分析

一旦完成了载荷分配分析，螺栓连接分析简化为对复合材料板中的单个螺栓的建模，如示于图 11.3.2(a)的分离体。对图 11.3.2(a)所示的问题，已经研发了一些分析软件来进行应力分析并提供有用的破坏预计。人们不能只依赖分析，复合材料螺栓连接的设计需要一个庞大的试验计划，包括各种连接形式、层压板和挤压/旁路载荷比。然而，在一个复杂结构中存在多种层压板和载荷情况，试验往往不可能覆盖所有关心的情况，因此，需要解析方法将试验数据的适用范围推广到更多的情况。

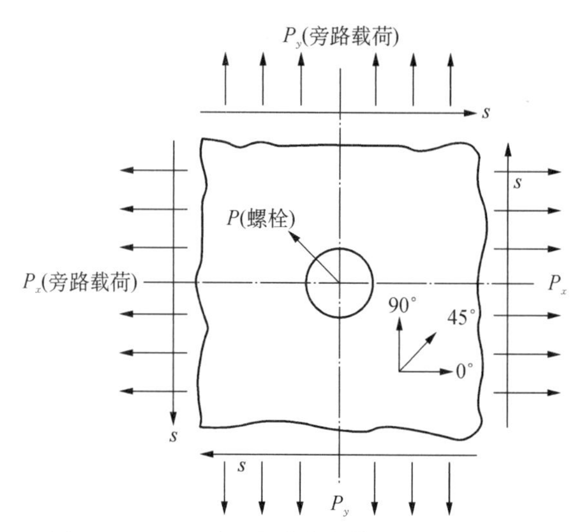

图 11.3.2(a) 在一般化载荷作用下的螺栓连接

必须考虑多个破坏模式。首先是复合材料净截面破坏模式；另外，由于螺栓挤压应力可以使挤压处的层压板瞬间破坏或者试件拉脱破坏；在出现挤压破坏之前，可能发生剪切破坏，这取决于孔距、边距或铺层。分层也可能存在，但不是破坏的主要原因。最后必须考虑紧固件的破坏。下节将讨论要对可能破坏模式做综合的描述。

对纤维控制的面内破坏模式，如净截面破坏模式的分析方法，通常采用修正的 Whitney 和 Nuismer 方法(见参考文献 11.3.2(a))或 Hart-Smith 的半经验模型(见参考文献 11.3.2(b))，该方法的基础是要评定距孔边的特征尺寸 d_0 处的铺层级失效准则。特征尺寸考虑了两种试验观测到的影响。第一，含孔层压板的强度要大于层压板的无缺口强度除以开孔理论应力集中系数所得值。第二，观测到上述强度是孔径的函数，随孔径增大强度降低。采用一个固定的 d_0 值模拟这些影响，如图 11.3.2(b)所示。

特征距离作为层压板的材料特性，通过把分析与层压板的无缺口强度和开孔强度的比值建立联系来确定。大量的关系可以揭示出 d_0 是层压板铺层的函数，d_0 的值也取决于所采用的铺层级失效准则。

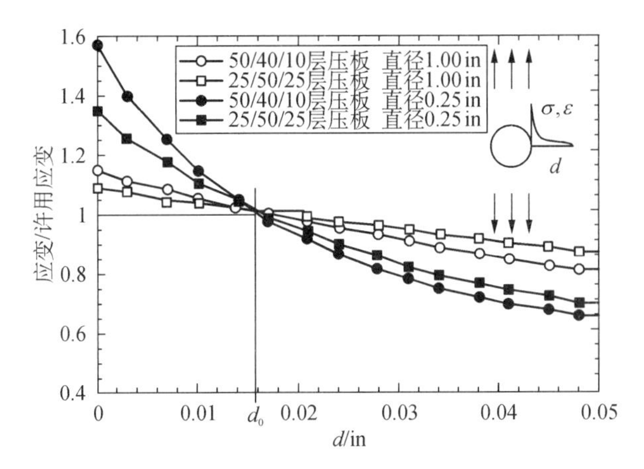

图 11.3.2(b)　不同孔径和层压板开孔附近的应变分布。作用的远场载荷等于预期的破坏载荷。层压板按照 0°/±45°/90°的比例给出。曲线的相交点定义为特征尺寸 d_0

用于破坏预计的层压板材料许用值的建立必须包括对材料变异性的考虑，还要计及现有失效理论是无能为力全面考虑层压板铺层顺序、连接几何形状和孔尺寸等变化。一种方法是针对基于无缺口铺层数据的铺层级失效准则确定 B 基准许用值。于是可这样选择 d_0：预计的破坏值等于缺口层压板试验的 B 基准值。如果作了足够多不同孔尺寸的不同层压板试验，d_0 的 B 基准值也可直接从缺口层压板的试验得到。

虽然 Whitney 和 Nuismer 的方法最初是为轴向拉伸破坏设想的，现该方法已经用于压缩和双轴载荷情况。压缩的 d_0 不同于拉伸的 d_0，也不同于沿边缘剪切的 d_0。文献 11.3.2(c)建议用一条光滑特征曲线连接拉伸和压缩的值。当承受双轴载荷时，人们必须搜寻孔周围最危险的位置。即使是对于单轴受载情况，也需要一种搜寻方法，正如所指出的那样，如果含±45°层的比例较大或者所研究的是偏轴层压板，最大周向应力可能不发生在与载荷方向成切线的那个点上。

采用这个失效准则预计破坏意味着孔周有精确的应力解可以利用。无限大各向异性板中含圆孔的解已经由 Lekhnitskii 给出(见参考文献 11.3.2(d))。这个解可以推广到对单个受载螺栓假设的某种压力分布的情况，与边界积分技术相结合还可以包括邻近边界和多孔的影响。一般的边界元方法和有限元方法也已经得到了应用。在运用有限元方法时要注意孔边的高应力梯度区。在孔边处有限元模型应当与理论应力集中相对照，以确保具有足够的网格精度。

虽然实际的特性受相应于螺栓的圆剖面挤压进入周围板中的位移情况控制，但受挤压载荷螺栓的连接特性通常用在孔周围假设一个压力分布来模拟。连接模拟的一个典型假设是由螺栓产生的径向压力按照余弦函数分布在 180°的接触区内(见图 11.3.2(c))，其他区域径向压力为零(在整个圆周上切向应力为零)。这一假设对临界应力峰值预计，如紧固件周围 90°位置上的净面积峰值应力，在许多情况下给出满意的结果。文献 11. 3. 2(e)中的图 11. 3. 2(c)比较了用“半余弦”径向压力分布假设与沿孔边的径向位移条件假设的预计的应力集中系数，后者的结果更精确。图的左侧列表给出的 K 值是峰值应力与毛面积应力之比 P/Wt（用下标“G”表示），包括 90°位置上的净截面峰值应力 K_{G}^{nt}，0°位置的挤压峰值应力 K_{G}^{b} 和 45°位置上的剪切峰值应力 K_{G}^{s}。这些结果是针对 $W/D=2$，$e/W=1$ 和滑配合紧固件预计的。对于上述情况，用两种方法得到的应力集中系数没有大的差别，说明相对于径向位移分布更精确的分析解，“半余弦”径向压力分布是一种合适的近似。

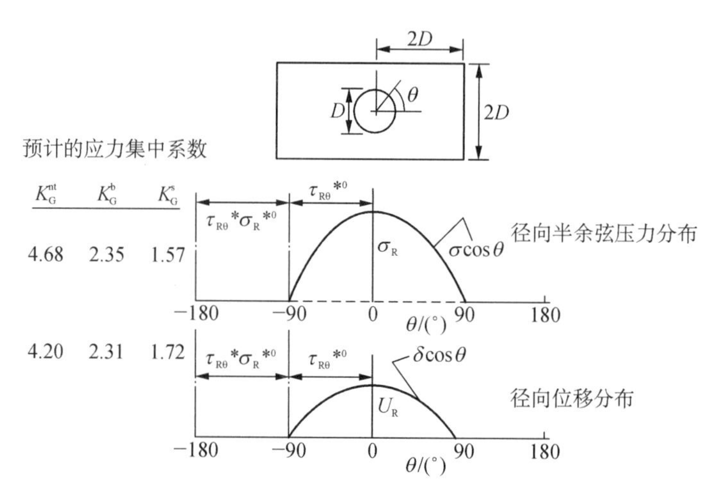

图 11. 3. 2(c) 对于假设的径向压力分布与径向位移分布预计的应力集中的比较(见参考文献 11. 3. 2(e))

然而有几种重要情况，“半余弦”径向压力分布将给出差的结果。图 11. 3. 2(d)比较了几种情况，其中一种情况为相对小的边距(方形符号，$e/W=0.375$，$W/D=2$)；径向压力分布在 $\theta=0°$附近压力明显下降，这相应于紧固件前方的板有产生变形的倾向，在小端距的情况下就好像梁弯曲变形(见图 11. 3. 2(e))，释放了紧固件前方

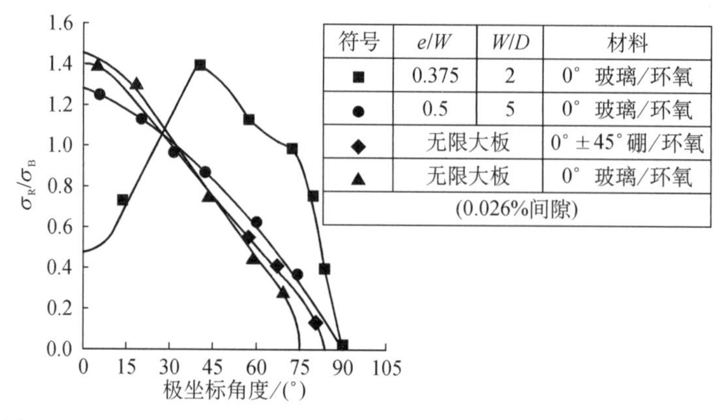

图 11. 3. 2(d) 几种连接布局的径向压力分布(见参考文献 11. 3. 2(e))

的压力，所以要考虑 $\theta=0°$ 附近径向压力的下降，如图 11.3.2(d)所示。

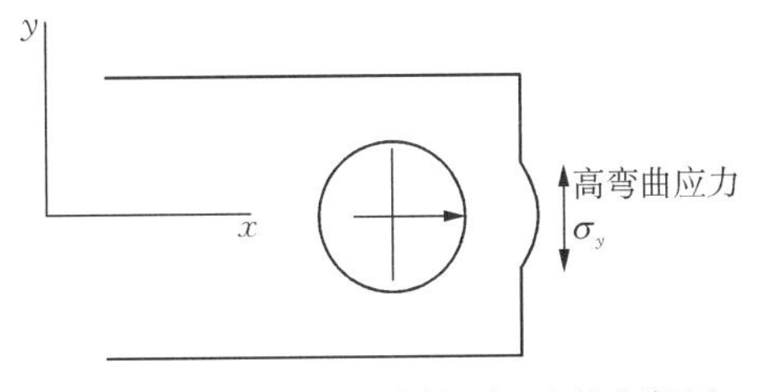

图 11.3.2(e)　对于小的 e/D 连接在紧固件前方弯曲变形的现象

除了小端距情况外，挤压和旁路载荷的组合也可导致径向压力分布过分偏离“半余弦”分布，可以用图 11.3.2(f)的位移特性来理解这一点，对于纯旁路载荷，板和紧固件之间有两处间隙，集中在 0°和 180°附近；对于纯挤压载荷，唯一的间隙在 $\theta=90°\sim270°$ 之间。因此对于小的旁路载荷，可以预料唯一的接触区中心在 $\theta=0°$ 附近；而对于大的旁路载荷预期有一个分离的接触区。利用图 11.3.2(g)定义的符号，用应力分析预计这种形式的连接特性，这种分析要正确模拟紧固件和板之间如图 11.3.2(h)所示的接触条件。注意在图 11.3.2(g)中 P_{TOT} 是连接左端的总载

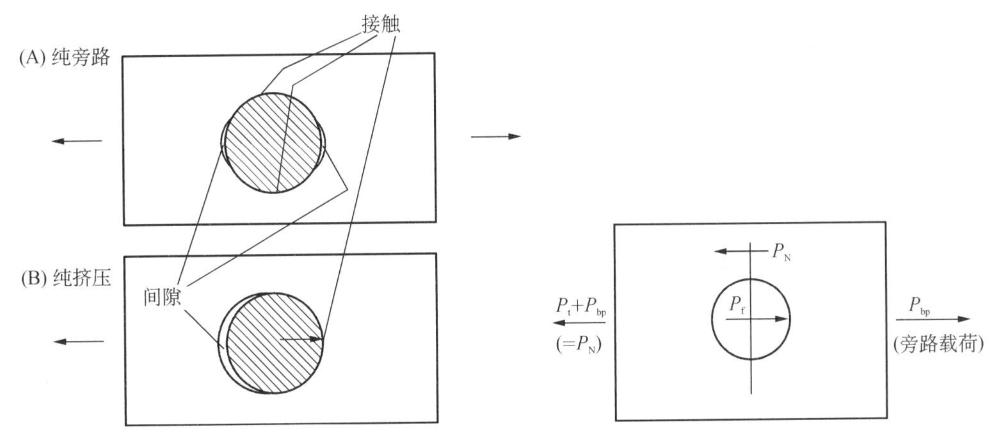

图 11.3.2(f)　在纯旁路与纯挤压载荷下钉杆/钉孔接触区

图 11.3.2(g)　挤压和旁路载荷组合情况的载荷定义

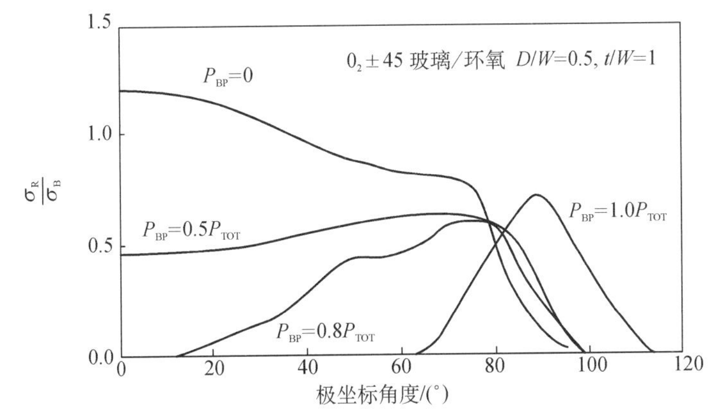

图 11.3.2(h)　挤压/旁路载荷比对径向压力分布的影响(见参考文献 11.3.2(e))

荷，它等于紧固件载荷 P_F 和旁路载荷 P_{BP}之和。

图 11. 3. 2(i)说明如何考虑孔边径向位移的影响，它能够影响净截面应力峰值的预计。在该图中 K_G^{nt} 的预计值(净截面峰值应力除以毛面积应力)用常规的叠加方法得到，即用纯挤压载荷和纯旁路载荷 K_G^{nt} 值的线性组合(见图 11. 3. 2(i)表示的“线性近似”)，并与考虑接触问题得到的相应结果(空心圆孔和方形符号)进行了比较。对于后一种情况在载荷比的大多数范围内曲线相当平缓，在高旁路末端附近迅速降低到稍大于 3 的水平，K_G^{nt} 等于 3 这一值是经典的无限大各向同性板开孔的 K_G^{nt} 值。在挤压和旁路载荷共同作用下连接的强度值与载荷比的关系应当遵循类似的趋势。

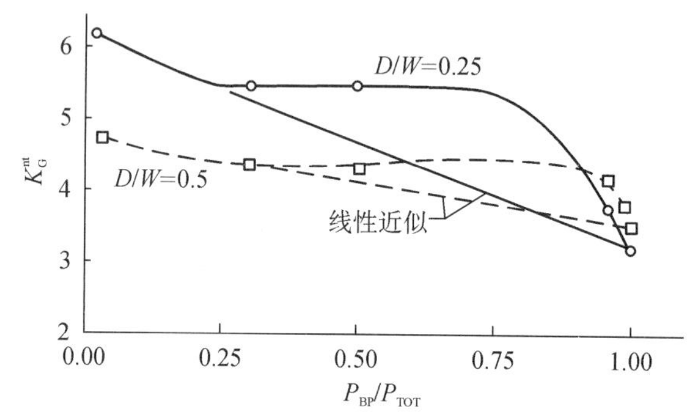

图 11. 3. 2(i) 挤压/旁路载荷比对净截面峰值应力的影响(滑配合紧固件)(文献 11. 3. 2(e))

上述结果适用于精密的紧固件配合情况。对于间隙配合，产生了附加的复杂性，间隙配合代表了相应于通用的机械加工的公差。Crews 和 Naik(见参考文献 11. 3. 2(f))对间隙配合情况已经进行了大量的分析，紧固件直径 6. 3 mm(0. 25 in)，间隙大约 0. 04 mm(0. 0025 in)，即间隙大约是钉径的 1%①。相应于精密配合情况，径向压力分布有显著变化。对于这种情况，接触区域所对应的角度成为载荷的函数。从起始载荷时接触区域为 0°开始，增大到典型的峰值载荷时为轴向每侧仅约 60°的接触范围。由于间隙的影响而引起接触角减小导致峰值挤压应力的显著增加。这再次说明“半余弦”载荷分布不能用来预计这种类型的连接特性。

Crews 和 Naik 还说明了在挤压和旁路载荷共同作用下用叠加方法估算连接破坏的适用性，在他们的分析结果基础上考虑了对 Nuismer 和 Whitney 方法的修正。他们观察到预估净截面拉伸破坏时叠加方法给出足够的精度，虽然预计的径向压力分布差别很大，以至于叠加方法不能用于处理挤压破坏。

上面描述的基本分析步骤已经被编制成几个计算机软件。在政府赞助下研发

① 注意，整个 11. 3 节提供的国际单位制(SI)等效尺度是“软”变换，即提供了紧固件尺寸的 SI 尺度，但不变换为 SI 标准尺寸。

的软件有 BJSFM(见文献 11.3.2(g)),SAMCJ(见文献 11.3.2(h)),BOLT(见参考文献 11.3.2(c)和参考文献 11.3.2(i)),SCAN(见参考文献 11.3.2(j))和 BREPAIR(见参考文献 11.3.2(k))。BREPAIR 软件是专门为复合材料螺接修理而开发的,也可由紧固件和板的柔度计算螺栓载荷。

原则上,如果所采用的应力分析方法包括了多孔和板边缘的影响,上述分析方法应该可以考虑剪切破坏模式。然而因为所采用的铺层级失效准则的多样性,和分析进行过程细节的处理,建议当这些方法用在涉及小端距或孔间距很小的情况前应进行附加的试验修正。

此外,不应当依靠现在的分析方法来预计基体控制的破坏模式,比如挤压破坏。分析软件一般能够用于预计净截面的破坏,而挤压破坏可直接将平均挤压应力(P/dt)与试验数据相比较来检验。

由螺栓引起的实际挤压应力在整个层压板厚度上变化很大。鉴于这个理由,试验的结构形式必须与实际连接的几何形状尽量相符,包括层压板厚度、间隙和垫片,以及连接形式(双剪或单剪)和紧固件的类型等。挤压强度取决于如下因素:沉头深度和角度、受载时连接的旋转和钉头的类型。通过把螺栓当作一个梁和层压板当作弹性基础来处理(见参考文献 11.3.2(l)),可以估计挤压应力在整个厚度上的分布。这些方法适用于估计由于间隙大小的变化或者层压板厚度的变化而引起挤压应力的变化。它们也可用于确定螺栓中的力矩和剪力分布来预计紧固件的破坏。

已经指出夹持力对层压板失效有显著影响,特别是疲劳载荷情况下。夹持可以抑制分层破坏模式和改变紧固件头部的约束。在上述的二维分析方法中不可能包括这种影响。在利用夹持的有益效果之前,应当考虑层压板应力长期松弛效应。由于这种影响,当进行螺栓挤压试验时应采用最小的夹持力(如果可能的话),即对于直径 6.4 mm(1/4 in)的螺栓用手拧紧或 1～2 N·m(10～20 in·lbf)力矩拧紧,这也许不是紧固件的标准安装扭矩值。

11.3.3　失效准则

机械紧固连接设计必须确保所有可能的连接失效模式均不会发生,失效模式如图 11.3.3 所示。可采用的设计实施是选择边距、板厚度和直径以使得在所有可能的破坏模式中尽可能发生净截面拉伸和挤压失效。不过连接将是净截面拉伸/压缩破坏还是挤压破坏还没有一致的意见。文献 11.3.3(a)建议高承载结构连接设计为挤压模式破坏,以避免伴随着净截面拉伸破坏而引起的灾难性破坏。虽然这是一个值得赞许的目标,特别是对于单钉连接。然而在大多数情况下这是不现实的,因为增加边距就增加了结构重量。对于常用的宽度-直径比为 6 的情况,净截面拉伸破坏或者挤压破坏都可能发生,如果应力工程师对螺栓连接的失效模式能够指明一个确定界限那么他也就满意了。对于净截面拉伸破坏不要试图得到比挤压破坏更高的安全系数。采用高的挤压许用值而发生挤压破坏的连接设计导致在使用中常出现许多问题,如钉孔磨损、燃油泄漏和紧固件疲劳破坏。况且对于多排钉连接,净截

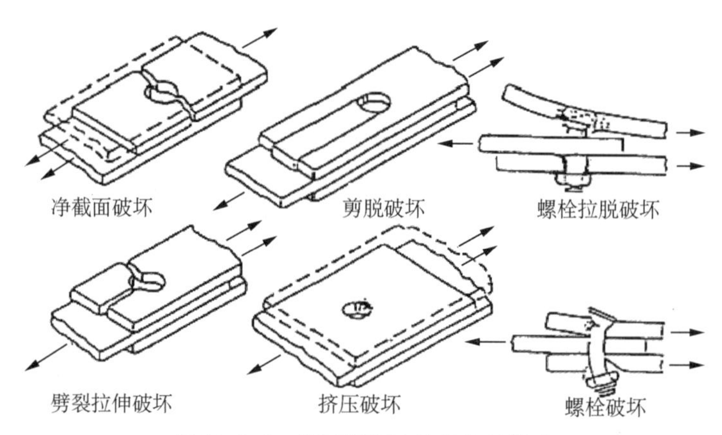

图 11.3.3 机械紧固连接的失效模式

面拉伸破坏是不可避免的。

与金属情况不同，不能够指望复合材料多钉连接具有载荷重新分配的能力，于是某一个紧固件的挤压破坏就构成了连接破坏。挤压失效准则，或者取挤压屈服载荷，或者根据实际的挤压载荷-位移曲线定义为挤压变形 $0.02D$ 或 $0.04D$，或者 B 基准极限载荷，应该取其中最低的。考虑到使用期间的松弛效应，必须评价夹持对挤压破坏有益影响的减少。

在 11.3.2 节已经讨论了单钉连接的失效准则。对于复合加载或者与其他紧固件相邻，其破坏位置或模式的鉴别不可能与单向载荷如图 6.2.2.3 所示的那样。对于厚的复合材料最近的研究(见参考文献 11.3.3(b))已经表明净截面拉伸破坏不是一定发生在与载荷方向成 90°的位置上，而是在孔周围的某些其他位置。

11.4 螺栓连接设计

11.4.1 几何形状

此节留待以后补充。

11.4.2 铺贴和铺层顺序

此节留待以后补充。

11.4.3 紧固件选择

非金属复合材料结构采用机械紧固件连接不能不受某些限制，这些限制在金属连接设计中是不存在的。换句话说，选择紧固件必须特别小心，要适合于聚合物基复合材料结构。因为这些特殊要求，紧固件制造商已经开发了专门用于复合材料的紧固件。这些紧固件充分发挥了复合材料的挤压能力(至少对于碳/环氧复合材料，挤压能力等于或优于铝合金)，不会发生局部失效模式，且对腐蚀不敏感。因此，应当采用这些紧固件或者那些具有这些特性的紧固件。不加鉴别地采用现成的紧固件将会导致连接的过早破坏。

机械紧固连接的设计总是被这样一个原则所指导:被连接的材料应当在紧固件之前破坏,而且这是复合材料的实际情况。虽然复合材料具有高的比强度和比刚度,且有良好的抗疲劳性能,但设计连接时必须非常小心地对待当今的复合材料,这是不争的事实。在这方面,主要的结构限制是层压板没有足够的厚度方向强度,这就产生术语"拉脱强度"。当紧固件受拉伸载荷时,为了降低层压板的法向应力有必要增加钉头(或钉尾)的挤压面积。

另外一个关心的方面是挤压应力,它会由于连接的二次弯曲引起紧固件轴旋转而被施加到复合材料层压板中孔边缘上,这种状态可以把一个严厉的限制强加到一个刚度有限的连接上。另一个问题是复合材料无力承受成形紧固件的装配应力,比如实心铆钉或者圆尾的抽钉。除了表面损伤外,比如进入复合材料内部,对层压板次表面层的损伤也可能发生,为此应避免采用这类紧固件。赞成采用两件式的紧固件和抽钉,在装配期间不会产生这种类型的加载。

由于上述原因,应当选用拉伸头 100°沉头钉而不采用剪切头的紧固件,这是因为拉伸头钉的突出面积大于剪切头钉的突出面积。较大的面积改进了复合材料抗拉脱和分层的能力,同时降低了由于螺栓弯曲引起的倾覆力。对于双剪连接也推荐采用这类紧固件。在使用 130°沉头钉时应该小心,虽然这种紧固件增加了紧固件的挤压面积,并允许用于薄层压板,但对拉脱强度和抗翘曲力矩的能力会有不利影响。

复合材料充分的挤压能力只能靠采用高固定性的(良好的夹持)紧固件才能获得。固定性是紧固件刚度、钉的配合、装配力、扭矩和钉头、垫圈或成形背面板抗旋转能力等因素的函数,然而因为使用过程中的松弛,标准的设计/分析实践要使用基于手拧紧或者小力矩拧紧安装紧固件试验的数据。作为许用值计划的一部分,试验也应该按照供应商推荐的方法安装每个紧固件。

随着复合材料的应用,虽然小公差的配合是合乎需要的,但由于存在钉孔层间分层的可能,不能采用干涉配合紧固件。对此规则也有例外,比如已用于生产的一些自动高冲击传动装置,已经表明并未引起复合材料的损伤。

金属紧固件和非金属复合材料层压板之间存在电化学腐蚀,已经排除了几种常用的合金。因为相容性问题,常用的镀层材料也不被采用。复合材料连接紧固件材料的选择已经局限于不产生电化学反应的合金。随着铝合金的被排除,目前设计所用的材料包括未镀层的钛合金和某些耐腐蚀的不锈钢(cres)。显然,这种选择受被连接的复合材料的成分、重量、成本和使用环境的控制。飞机的实践已将紧固件表面涂上防腐剂以进一步减缓电化学腐蚀。

11.5　螺栓连接疲劳

复合材料螺栓连接的疲劳性能与金属连接相比一般是很好的。已经观察到在最大循环载荷水平高达 70%静强度的作用下,复合材料螺栓连接可以经受非常长的疲劳寿命，而剩余强度减小甚微。在循环载荷下主要的损伤机理通常是以孔伸长形式出现的挤压破坏并在静力剩余强度试验时发生净截面拉伸破坏。

虽然复合材料螺栓连接疲劳特性的一般趋势已经很好地被证实，但是个别参数对疲劳性能的影响还需要进一步研究。对于复合材料螺栓连接，这些参数包括材料体系、几何形状、连接细节、载荷模式和环境等。已经实施了几项政府资助的计划，用来评估具体设计对复合材料螺栓连接的影响，文献 11.5(a)-(e)中给出了典型的例子。然而大量的设计变量使得很难全部弄清楚每个主要设计参数的具体影响。根据文献 11.5(a)-(e)的结果，后面的小节总结了关键设计参数对复合材料螺栓连接疲劳性能的重要影响。因为每个文献中研究的参数明显不同，很难对其结果直接比较，故仅讨论在试样试验基础上的数据的趋势。

11.5.1 载荷模式的影响

在常幅疲劳情况下最严重的加载情况是拉压交变载荷 ($R=-1$)。文献 11.5(a)的结果指出，如果最大循环挤压应力大于静挤压强度的 35%，疲劳破坏将在 10^6 循环以内发生。然而，文献 11.5(d)的结果表明，10^6 次循环疲劳的门槛值高于静强度的 67%。在试件受到拉压交变载荷时观测到的失效是由局部挤压和过分的孔伸长引起的。在试样大部分疲劳寿命期间孔伸长增加缓慢，但是邻近疲劳寿命后期时快速增加，即一旦挤压破坏模式突然发生，仅在几个循环内孔的伸长从很低的值(1%～2%初始孔径)增加到截止值(>10%)。对于拉-压疲劳，疲劳门槛值随比值 R 的减小而增加，拉-拉载荷是最不严重的常幅疲劳载荷。

文献 11.5(a)，11.5(c)和 11.5(d)用典型的飞机谱载荷研究了变幅疲劳载荷对复合材料螺栓连接疲劳性能的影响。文献 11.5(a)的结果说明试样经受住典型的垂直安定面谱载荷的两倍寿命而没有疲劳破坏。这些试验所用的最大谱载荷从静强度的 0.66～1.25 倍。文献 11.5(d)试验了 4 种载荷谱以研究谱分布图和载荷截取水平的影响，试验结果表明对所研究的谱载荷没有发生疲劳破坏，疲劳寿命也没有明显差别。谱的最大应力是静强度的 78%，谱的最小应力是静强度的−49%。

在文献 11.5(c)中建立了大量的复合材料螺栓连接谱敏感度的数据库。在该文献中所研究的谱参数包括加载频率、谱的截取、应力水平、外延寿命、温度和湿度以及试样尺寸等。在该文献中总共试验了约 600 件试样，在螺栓连接试样的复合材料部分没有观测到疲劳破坏。复合材料无疲劳破坏的事实证实了，复合材料螺栓连接在正常的使用载荷下对拉伸疲劳相当不敏感。这些结果还说明复合材料螺栓连接甚至在严重的环境下对疲劳也不敏感，例如实际飞行历程的载荷和温度，以及在 120℃(250℉)湿热条件，70%静强度载荷水平下加速疲劳 15 倍寿命。这并不意味紧固件不发生破坏，有时由于复合材料刚度或者装配原因会突然发生破坏。

11.5.2 连接几何形状的影响

文献 11.5(d)研究了紧固件直径和间距对复合材料螺栓连接疲劳性能的影响。研究中考虑了 3 种紧固件直径(6.4，9.5 和 13 mm(0.25，0.375 和 0.5 in))和 3 种紧固件间距-直径比(3.0，4.0 和 6.0)。结果表明间距-直径比大的试件，疲劳性能比小间距-直径比试件的低。文献中有限的数据不足以得出一般的结论。文献 11.5(d)的结果是利用毛面积应力给出的，较宽试样较低的疲劳性能可能是由于紧固件较高的载荷引起的，并导致紧固件或连接破坏。

文献 11.5(a)比较了单搭接与双搭接连接的疲劳性能。该文献的试验结果说明挤压应力门槛值不太受两种连接形式差别的影响。

文献 11.5(a)还研究了螺栓挤压/旁路应力相互作用对疲劳性能的影响。文中考虑了螺栓载荷与总载荷的比值为 0.0，0.2，0.33 和 1.0 的连接。这些试验结果说明失效模式随挤压/旁路应力比而变化。对于比值为 0.0(或开孔)的试样，试验观察到发生净截面拉伸破坏。当挤压载荷达到 20%总载荷时，半数试件发生净截面拉伸破坏，另外一半试件发生局部挤压破坏。当挤压载荷达到 33%总载荷时，观测到由孔过分伸长引起的局部挤压破坏，与全挤压情况的结果类似。

11.5.3　接头接触细节的影响

文献 11.5(a)和 11.5(d)研究了接头接触细节设计对复合材料螺栓连接疲劳性能的影响。文献 11.5(d)研究了钉配合的影响，共考虑了 4 种孔径情况，通过控制大于和小于名义尺寸来达到不同的配合，包括轻微的干涉配合。作用的循环载荷水平大于 50%静强度，对于不同钉配合情况，疲劳性能没有明显的差别。试件试验采用应力比 $R=-1.0$。

文献 11.5(a)研究了钉拧紧力矩对疲劳性能的影响。这些试验结果表明失效模式没有变化，而疲劳性能随拧紧力矩的增加而改善。结果还表明，在低拧紧力矩时孔的伸长随疲劳循环逐渐增加，在高拧紧力矩时孔的循环伸长速率突然急剧增加。

文献 11.5(a)还研究了沉头对连接性能的影响。当采用沉头(100°拉伸头)钢紧固件时近一半的试验结果发生钉破坏，紧固件为拉伸失效模式，破坏位置在钉头/钉杆交界处附近。将这些结果与凸头钢钉的结果进行比较可以看到，在常幅循环挤压应力作用下，沉头的影响是较早出现孔的伸长。还看到当采用沉头钉时疲劳门槛值较低。当用沉头钛合金紧固件代替钢紧固件时，每个试件都发生紧固件破坏。

11.5.4　层压板铺层比例的影响

文献 11.5(a)研究了层压板铺层比例对连接性能的影响，共研究了 3 种层压板铺层(50/40/10)，(70/20/10)和(30/60/10)。该研究结果说明，尽管这些层压板的静挤压强度不同，但是 10^6 次循环疲劳门槛值近似相等。

11.5.5　环境的影响

文献 11.5(a)和 11.5(c)实验评估了温度和湿度的影响。研究结果说明在热/湿(103℃/湿(218℉/湿))条件下疲劳门槛值可能比较低。

11.5.6　试件厚度的影响

文献 11.5(d)研究了层压板厚度对疲劳性能的影响，文献 11.5(c)评估了试件尺寸的影响。结果表明在6.4～13 mm(0.25～0.50 in)厚度范围内，厚度对疲劳门槛值的影响不明显。文献11.5(c)比较了小尺寸和大尺寸的连接疲劳性能，指出没有明显尺寸放大效应。

11.5.7　剩余强度

文献11.5(c)生成的大量剩余强度数据指出复合材料螺栓连接具有极好的静强度保持能力。其他研究结果也支持这种看法。文献11.5(c)观察到疲劳强度降低的最大百分比是静强度的8%，没有实时或环境对剩余强度减小的影响会比这还要大。因此，为了考虑在实际的使用环境下拉伸疲劳对复合材料螺栓连接疲劳性能的影响，用一个设计静拉伸强度降低因子是适当的。

11.6　试验验证

除了进行连接试样试验得到基本数据之外，还应当进行元件试验以便能验证连接分析、失效模式和破坏位置，这对于主要的连接和传载复杂的连接是特别重要的。试验的目的是使估算方法中的连接特性得以保证，或者知道在何处分析是不够的。

结构连接试验通常在设计过程的早期就要确定，如果采用积木式方法的话，它是验证过程的一部分，见第1卷的2.1.1节。试件按复杂性程度可划分为元件、组合件或部件。对于图11.6(a)和图11.6(b)中的战斗机机翼结构，示出了所试验的连接形式的几个例子。

螺栓连接元件或组合件试验通常是在大气环境下进行，使用足够的测量设备以充分表征载荷传递的细节：螺栓载荷和旁路载荷的方向及数值。万一在低温或高温又伴随吸湿量对载荷分布会产生显著变化时，其他环境条件下的试验也是需要的。

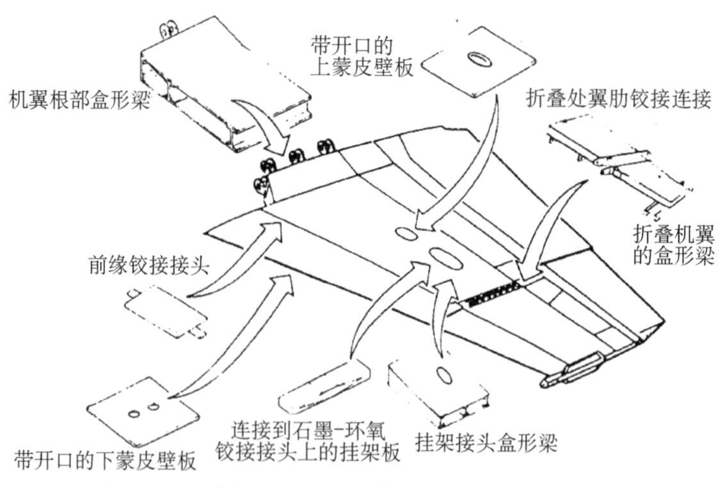

图11.6(a)　机翼组合件试验

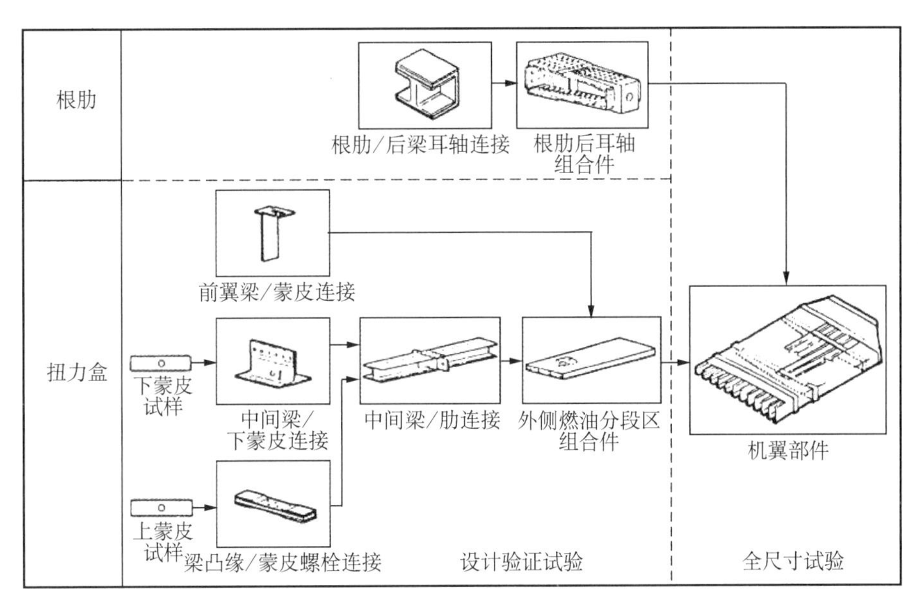

图 11.6(b)　复合材料机翼/机身计划中的机翼结构积木式验证方法(文献 11.6)

参 考 文 献

11.2　Whitman B, Shyprykevich P, Whiteside J B. Design of the B-1 Composite Horizontal Stabilizer Root Joint [C]. Third NASA/USAF Conference on Fibrous Composites in Flight Vehicles Design, Williamsburg, VA, November 4-6, 1976.

11.3.1(a)　Ramkumar R L, Saether E S, Appa K. Strength Analysis of Laminated and Metallic Plates Bolted Together by Many Fasteners [R]. AFWAL-TR-86-3034, July, 1986.

11.3.1(b)　Xiong Y, Poon C. A Design Model for Composite Joints with Multiple Fasteners. National Research Council, Canada, [R] IAR-AN-80, August 1994.

11.3.1(c)　Griffin O H, et. al. Analysis of Multifastener Composite Joints [J]. Journal of Spacecraft and Rockets, Vol 31, No. 2, March-April 1994.

11.3.1(d)　ACEE Composite Structures Technology, Papers by Douglas Aircraft Company, ed. M. Klotzsche [R]. NASA-CR-172359, August 1984.

11.3.2(a)　Whitney J M, Nuismer R J. Stress Fracture Criteria for Laminated Composites Containing Stress Concentrations [J]. J. Composite Materials, Vol 8, July, 1974, pp. 235-265.

11.3.2(b)　Hart-Smith J. Mechanically-Fastened Joints for Advanced Composites Phenomenological Considerations and Simple Analysis, Fibrous Composites in Structural Design, ed. Edward M. Lenoe, Donald W. Oplinger, John J. Burke, Plenum Press, 1980.

11.3.2(c)　Chang F, Scott R A. Springer G S. Strength of Mechanically Fastened Composite Joints [R]. Air Force Wright Aeronautical Laboratories Technical Report AFWAL-TR-82-4095.

11.3.2(d) Lekhnitskii S G. Anisotropic Plates, Gordon and Breach Science Publishers [M]. New York, 1968.

11.3.2(e) Oplinger D W. On the Structural Behavior of Mechanically Fastened Joints in Fibrous Composites in Structural Design [M]. ed. Edward M. Lenoe, Donald W. Oplinger, John J. Burke, Plenum Press, 1980.

11.3.2(f) Crews, J H, Naik, R A, Combined Bearing and Bypass Loading on a Graphite/Epoxy Laminate [J] Composite Structures, Vol 6, 1968, pp. 21 - 40.

11.3.2(g) Garbo S P, Ogonowski J M. Effect of Variances and Manufacturing Tolerances on the Design Strength and Life of Mechanically Fastened Composite Joints, Volume 3 - Bolted Joint Stress Field Model (BJSFM) Computer Program User's Manual [R]. Air Force Wright Aeronautical Laboratories Technical Report AFWAL-TR - 81 - 3041, April 1981.

11.3.2(h) Ramkumar R L, Saether E S, Appa K. Strength Analysis of Laminated and Metallic Plates Bolted Together by Many Fasteners [R]. Air Force Wright Aeronautical Laboratories Technical Report AFWAL-TR - 86 - 3034, July 1986.

11.3.2(i) Chang F, Scott R A, Springer G S. Strength of Bolted Joints in Laminated Composites [R]. Air Force Wright Aeronautical Laboratories Technical Report AFWAL-TR - 84 - 4029.

11.3.2(j) Hoehn G. Enhanced Analysis/Design Methodology Development for High Load Joints and Attachments for Composite Structures [R]. Naval Air Development Center Technical Report.

11.3.2(k) Bohlmann R E, Renieri G D, Horton D K. Bolted Repair Analysis Methodology [R]. Naval Air Development Center Technical Report NADC - 81063 - 60, Dec. 1982.

11.3.2(l) Harris H G, Ojalvo I U, Hooson R E. Stress and Deflection Analysis of Mechanically Fastened Joints [R]. Air Force Flight Dynamics Laboratory Technical Report AFFDL - TR - 70 - 49, May 1970.

11.3.3(a) Ramkumar R L, Saether E S, Cheng D. Design Guide for Bolted Joints in Composite Structures [R]. Air Force Wright Aeronautical Report AFWAL-TR - 86 - 3035, March 1986.

11.3.3(b) Cohen D, Hyer M W, Shuart M J, Griffin O H, Prasad C, Yalamanchili S R. Failure Criterion for Thick Multifastener Graphite-Epoxy Composite Joints [J]. Journal of Composites Technology & Research, JCTRER, Vol. 17, No. 3, July 1995, pp. 237 - 248.

11.5(a) Ramkumar R L, Tossavainen E W. Bolted Joints in Composite Structures: Design, Analysis and Verification, Task I Test Results—Single Fastener Joints [R]. AFWAL-TR - 84 - 3047, August 1984.

11.5(b) Garbo, S P, Ogonowski J M. Effects of Variances and Manufacturing Tolerances on the Design Strength and Life of Mechanically Fastened Composite Joints [R]. Vol 1, 2 and 3, AFWAL-TR - 81 - 3041, April 1981.

11.5(c) Jeans L L, Grimes G C, Kan H P. Fatigue Spectrum Sensitivity Study for Advanced Composite Materials, Volume I-Technical Summary [R]. AFWAL - TR - 80 - 3130, Vol I, December 1980.

11.5(d)　Walter R W, Tuttle M M. Investigation of Static and Cyclic Failure Mechanisms for GR/EP Laminates [C]. Proceedings of the Ninth DoD/NASA/FAA Conference on Fibrous Composites in Structural Design, DOT/FAA/CT-92-25, September 1992, p. I-167.

11.5(e)　Walter R W, Porter T R. Impact of Design Parameters on Static, Fatigue and Residual Strength of GR/EP Bolted Joints [C]. Proceedings of the Tenth DoD/NASA/FAA Conference on Fibrous Composites in Structural Design, NAWCADWAR-94096-60, p. III-75, April 1994.

11.6　Whitehead R S, et al. Composite Wing/Fuselage Program [C]. AFWAL-TR-883098, Vol 1-4., February, 1989.

第 12 章　损伤阻抗、耐久性和损伤容限

本章阐述了与复合材料结构损伤阻抗、耐久性和损伤容限相关的大量内容。讨论大多依赖于飞机工业界得到的经验，因为它代表了复合材料和损伤容限原理的主要应用领域。由于有关的复合材料技术还在继续发展，更多的应用和使用经历将会进一步更新，并更加完整地理解：①可能的损伤威胁；②在复合材料设计中达到所需可靠性的方法；③损伤容限的设计改进和维修方法。

12.1　概述

从生产加工直到退役的过程中，结构会遭受各种损伤。因此，在这些损伤被发现和修理前，必须采用一些安全措施来确保这些损伤不会引起结构灾难性的失效和可能与此相关的人员伤亡。

对于已知的损伤威胁，安全性是通过设计、生产、维护和使用各个相关部门与认证机构共同努力来实现的。长期以来，人们已经取得共识，这些机构的紧密合作是保证产品安全、高效地完成研发和认证的关键。由于复合材料的性能与其生产/维修过程紧密联系，因此，当我们考虑使用复合材料时，上述相关部门的密切合作便会显得尤为重要。复合材料的广泛应用要求其产品的最初制造商与任何使用该产品（相对于金属结构）的个体必须紧密联系，因为那些与修理相关的材料性能是由该修理环境下的质量控制、工人水平及其他若干相关修理条件决定的。此外，许多被认为是对复合材料结构造成重大威胁的损伤（如外来物冲击和环境暴露）大多发生在使用期间。因此，各职能部门之间的联系对于发展和理解复合材料损伤阻抗、耐久性和损伤容限具有重要意义。

安全管理系统（见第 3 卷，第 17 章）中明确规定，某产品的损伤阻抗、耐久性和损伤容限必须与相关的规章一起，在产品全寿命期内综合考虑。该系统不仅提供了有效的总体安全规范，而且还可基于使用经验，不断改进产品安全性。事实上，局方和工业部门一直在共同工作，致力于不断完善那些与安全管理系统中的概念相关的技术要求和指导文件。

12.1.1 原理

在规定的寿命期间内，工程结构必须具备实现其功能的能力，并满足安全性和经济性的目标。这些结构会遭遇各种事件的影响，包括载荷、环境和损伤威胁等。这些事件的单独或者组合作用会使结构性能退化，进而影响结构的完整性。

通常，结构完整性的保证主要依赖于检测和修理大纲。为了保证结构具有所需性能，一般还必须考虑以下因素的组合影响：①经济性因素；②与可能发生的损伤相关的不确定性。

经济性因素既包括一次性成本，也包括重复性成本。由于存在大量与结构状态、结构响应和事件历程密切相关的外部事件及其组合的影响，因此，验证结构在所有工况下的性能完整性就不可避免地产生高昂的一次性工程和/或试验成本。而为确保产品在全寿命期内都具有所需性能，采取简单且过于保守的研究方法将产生大量与重量相关的重复性成本。

大量与已知损伤及其强度降相关的不确定性问题也极大地依赖于检测和修理。预测制造缺陷和使用损伤的位置和/或其严重性是非常困难的。复杂加载和/或复杂结构构型会导致载荷产生二次传递路径，这在设计过程中是无法精确预测的。某些制造缺陷可能在结构完全分解暴露在使用环境下之前根本无法检出(例如，弱胶接接头)。只有在获得使用数据后，我们才有可能定义那些与损伤威胁(如严重性、出现频率和几何尺寸)有关的大量参数。目前，还不存在可以预测基于明确定义损伤事件损伤的工程方法。

编制检测计划的目标是在损伤使结构能力降低到要求的水平以前，以可接受的可靠性水平检出所有损伤。这往往与结构承受指定载荷的能力相关，但也可以与其他特定应用(例如燃油泄漏、热膨胀、气动力光滑性)的关键要求相关。为了实现这个目标，必须基于对损伤威胁、损伤扩展速率、检出概率和威胁结构安全的损伤尺寸的足够了解，选择每个结构位置所用的检测技术和检查间隔。为避免多余修理产生的额外成本，检测方法应能够对结构性能的退化进行量化，以支持精确的剩余强度评定。

按运输类飞机 FAA 咨询通报 25.571－1C 中的定义，损伤容限是指结构承受给定水平的疲劳、腐蚀、意外或离散损伤源的情况后，仍能在一段使用周期内保持所需结构强度的结构属性。通过对损伤容限结构在服役期的评估获得的损伤威胁、损伤扩展速率以及剩余强度认识，通常是保证飞机持续适航的检测或更换计划的基础。

耐久性通常与损伤容限一起考虑以满足经济性和功能性的目标。具体地说，耐久性是结构应用在其整个寿命期间能保持适当性能(强度、刚度和耐环境性)的能力，在此寿命期间任何退化是可控的，如果需要，能用经济上可接受的维修方法进行修理。正如这两个定义所表明的，耐久性主要涉及经济性内容，而损伤容限则关注安全性问题。例如，耐久性常常涉及由于使用环境引起的起始损伤。在损伤容限设计的原则下，与起始相应的小损伤可能很难检测，但不会威胁到结构的完整性。

12.1.2 复合材料相关条款

复合材料结构设计的首要目标是要满足或超过采用同样满足安全性要求的其他材料制造的类似结构的设计性能和可靠性指标，且不增加维修负担。虽然许多复合材料都具有抗疲劳、耐腐蚀特性，这些特性有助于满足上述目标，但是，复合材料独特的性能也为安全、耐久结构的研发提出了诸多挑战。

某些聚合物树脂的脆性性质引起了人们对其抵抗损伤能力的关注。同时被关注的还有，一旦这些树脂产生了损伤，在损伤被检测出以前，材料是否能承受要求的载荷并表现出其他必要功能。对于金属结构，人们主要关注的是拉伸产生的裂纹扩展和腐蚀问题，而对聚合物基复合材料来说，人们更关注的是其他类型的损伤，如因环境引起的性能退化和由冲击引起的分层和纤维断裂。此外，复合材料对压缩、剪切、面外加载及拉伸引起的损伤也特别敏感。

在复合材料结构中，由冲击事件引起的损伤通常会比金属更严重，且更不易被发现。由于上述损伤可使结构性能快速退化，对结构安全的威胁迅速增加，因此，在复合材料结构和材料的评定中通常使用另一种性能参数：损伤阻抗。损伤阻抗可用来度量一个事件或事件包线(例如：采用规定冲头和规定范围冲击能量或力所产生的冲击)的参数与其产生的损伤尺寸和类型之间的关系。

损伤阻抗和损伤容限的差别在于，前者定量描述了具体损伤事件产生的损伤，而后者阐明了结构抵御特定损伤的能力。损伤阻抗与耐久性一样，主要涉及经济性问题(如具体的部件需要多长时间进行修理)。而损伤容限则涉及部件的安全使用。

在具体的复合材料应用中，如果能够在设计过程的早期就对大量的技术和经济问题有所考虑，将可以使损伤阻抗和损伤容限问题达到更好的平衡。在设计过程中，常常要在材料和结构水平上对损伤阻抗和损伤容限进行权衡。此外，所选的材料与结构构型也会对材料和制造成本，以及与检测、修理、结构重量密切相关的使用成本产生严重影响。

为了描述上述诸多因素的相互作用，我们以如何平衡增韧与非增韧树脂体系为例加以简要说明。增韧树脂材料体系与非增韧树脂材料体系相比，显然更能抵抗冲击损伤。由于增韧树脂材料体系具有较低的冲击损伤敏感性，因此，产生需要检测和修理的损伤事件就会大大减少，从而直接降低了维修成本。但是，维修成本的降低还必须要与增韧材料较高的价格相平衡。此外，增韧材料也会降低含大型损伤或缺口结构的抗拉强度。于是，为了满足该结构的承载能力要求，就需要增加材料来降低应力水平。这些额外的材料和重量就会产生与材料采购、制造时的材料铺贴及油耗相关的附加成本。

12.1.3 飞机损伤容限

损伤容限提供了结构在含有一定损伤(或缺陷)时能够承受设计载荷并能实现使用功能的能力。因此损伤容限最终关心的是，在损伤能被定期维护检测出(或出现故障)并修理，或达到最终寿命以前，损伤结构具有适当的剩余强度和刚度，以保证飞机持续、安全使用。损伤的范围和可检性决定了结构可承受的载荷水平。因此，安全性是损伤容限的主要目标。

损伤容限方法在军用和民用飞机工业部门最为成熟。该方法最初在金属材料中得以发展和使用，最近被推广并应用于复合材料结构。1970 年以来，损伤容限原理被纳入适航条例。损伤容限原理由金属材料的“安全寿命”和“破损安全”方法发展而来（见文献 12.1.3）。

安全寿命方法通过限制许用使用寿命来保证结构成员具有适当的疲劳寿命。20 世纪 50 年代将此方法用于民用飞机时，发现其在达到可接受的安全性方面是不经济的，因为材料的分散性加上不当的疲劳分析方法使得许多完好的部件提前退役，该方法目前仍用于固定翼飞机高强钢起落架和旋翼机部件的结构设计。不过，旋翼机结构目前已改为依据含缺陷容限安全寿命设计方法进行设计，不再采用安全寿命设计方法了。由于复合材料的损伤敏感性和相对较平坦的疲劳曲线，因此，安全寿命方法被认为是不合适的。

破损安全方法假设有些零件会破坏，但要求结构含有多个载荷路径。假设有一个或多个结构零件发生破坏，结构仍具有规定的承载能力。这种方法比安全寿命方法可更经济地获得可接受的结构安全性。如果假设的零件破坏比较严重，该方法能够更加有效、及时地检出结构损伤。多传力路径方法还可有效地处理意外损伤和腐蚀。但是，该方法既不能对结构总体破坏做明确限制，也不能对任何因剩余强度不够而产生的局部破坏进行判断。另外，多传力路径方法在处理疲劳损伤问题时也并不总是有效的，例如对于类似零件在类似载荷作用下因疲劳引发的损伤预测问题等。

在金属结构中，损伤容限关心的主要问题通常是在损伤被检出以前的损伤扩展问题。因此，金属的很多研制试验将重点放在评定与缺陷和损伤相关的裂纹扩展速率，以及缺陷/损伤尺寸达到剩余强度临界值所需的时间。这时，主要载荷模式是拉伸，即使应力幅度比较低，裂纹扩展可能也非常明显。一般来说，金属的损伤扩展速率是不变的，因此，在获得损伤扩展速率的试验数据后，该数据可用于许多不同构型的飞机结构。因此，只要预知飞机的应力历程，就能确定裂纹的检查间隔，并可靠地检出裂纹。

相反，复合材料对拉伸和压缩载荷所产生的损伤特别敏感。在复合材料层压板中，纤维起着抑制拉伸裂纹扩展的作用，这种裂纹扩展只有在应力达到较高水平时才会出现。因此，可使复合材料沿厚度方向因纤维相继断裂而出现损伤扩展的问题通常已不再存在。在研究脱粘、分层或冲击损伤影响时，所关心的载荷就成为压缩、剪切和面外载荷，因为局部失稳或层间张力会促使损伤扩展。与金属中的裂纹不同，复合材料中的分层或冲击损伤扩展可能难以通过经济、常规的定期维修检测就能检测出来。在很多情况下，含冲击损伤复合材料的性能退化甚至不能得到准确预测。因此，评定循环载荷下的复合材料剩余强度和损伤扩展就更加依赖试验。在缺乏损伤扩展预测工具的情况下，为保证不会出现重复载荷下的损伤扩展，通常在确定设计值时要留有足够的裕度。这种避免可能的损伤扩展的设计/取证方法称为“损伤无扩展”方法。实际上，这种方法已被广泛应用于众多复合材料结构设计中。应用表明，在典型设计应力水平下，复合材料结构对疲劳是不敏感的。

12.1.4 通用指南

影响复合材料结构损伤阻抗、耐久性和损伤容限的因素众多。而且，这些因素之间还存在着复杂的相互影响，并导致无法直观判断的结果。通常，改变一个因素可能会提高损伤阻抗、耐久性和损伤容限三者之一，但却降低了另外两个方面的性能。为了研发出能经济地满足所有设计准则的均衡设计，复合材料结构研制人员必须认真了解这些影响因素及其相互作用，就像了解复合材料结构应用一样，这一点非常重要。

为此，本章给出了有关损伤阻抗、耐久性和损伤扩展、剩余强度等每个方面诸多影响因素的详细讨论和设计指南（见 12.5～12.7 节）。下面几段主要对一些具有重要相互作用的方面进行了概括，目的是为了对 12.5～12.7 节中讨论的多个主要议题相关条款进行强调。

● 结构研制计划的重要部分，是要确定结构能够承受的在不同载荷水平（极限载荷、限制载荷等）下的损伤，这一信息可用于建立适当的维护、检测和实时监控技术，以保证安全。损伤容限评估的着重点不应是仅针对可能出现的损伤，而应是在出现一些损伤事件时（包括“恶性”或者“意外”事件）能保证结构的安全。

● 损伤容限设计思想采用检测计划和结构设计概念来保证安全，与传统的极限载荷下静强度验证的安全系数法截然不同。整个结构损伤容限数据库应该包括剩余强度特性，对损伤扩展和环境退化的敏感性，维护、服役使用参数和损伤经历的全部信息。

● 纤维和基体材料、材料形式和制造工艺处于经常改变之中，新的材料和材料形式可能呈现与原有材料和结构明显不同的响应。因此不应盲目遵循基于原有研制工作得到的信息和指南。这就要求对耐久性和损伤容限原则、众多参数间的相互影响有透彻的了解，并能巧妙地、创造性地采用它们来达到耐久性和安全性的目的。

● 仅严格满足条例要求不能确保经济修理的实现。例如，如果对关键部位采用目视勉强可见损伤（BVID）设计方法来验证结构在极限载荷下的承载能力，就无法获得用于确定裕度较高区域许用损伤限制 *ADL* 的必要数据。类似地，离散源损伤要求的符合性验证，通常要证实在关键部位有大缺口时仍具有适当的结构能力。这些要求中没有一个能建立保证安全的维修检测方法来发现最小可检，然而是最严重的缺陷（即把结构能力降低至限制载荷的缺陷）。所以，不应把支持数据库只局限于这些条件，应该建立一个包括各种损伤变量和结构部位的剩余强度数据库，用于支持对结构修理手册中的 ADL 的深入理解。例如，在远离结构加强元件和受载较小的区域，明显可见损伤（当然，不能比 ADL 严重）可能是可以接受的。结构在每种特定损伤形式(冲击、孔等)下更加宽泛的剩余强度曲线表征方法,也将有助于定义与限制载荷相对应的强度降的损伤。

- 12.2.1 节讨论和定义了什么是好的检测计划,即:①能够对损伤进行充分量化描述,以评估许用损伤限制值 *ADL* 下的结构符合性;②能够可靠地发现达到临界损伤门槛值 *CDT* 的损伤。这样的检测计划将有助于提供与金属结构至少同样有效的维修操作。明确定义的损伤尺寸不仅有助于检测计划的量化,而且还被用于评估检出损伤对结构响应的影响。
- 由于具体结构件的内部损伤状态通常不能再用简单损伤度量的特定函数来描述,因此,需要建立一套完备的基于损伤和结构变量的表征方法。该方法是冲击变量(即冲头尺寸、能量水平、冲击角度等)的复杂函数。通过对这些变量及其变化的评估,分析理解变量之间的相互影响关系,从而确定导致最大剩余强度降的变量组合。
- 对于采用损伤可扩展方法设计和验证的结构,必须同时具备在损伤达到临界值前能够可靠地检出损伤的在线检测技术。这些检测方法在被用于形成验证技术之前,应被证实是经济的。此外,损伤扩展必须是可预计的,从而能可靠地确定检查间隔。

12.2 飞机条例、要求和符合性

"规章"(又称"条例")是民用飞机的要求,由规章管理部门制定。这些条例都是一些通用性条款,而满足符合性要求的具体方法通常包含在每个飞机型号的研发计划中。规章管理部门也发布指导性材料,提供符合条例要求的可接受的操作。那些没有在指导性材料中提及的方法也是可行的。

早期的设计研发过程中,每个项目通常会编制一套"设计要求与目标"(DR 和 O)和"设计准则",它们表述了用于实现成功设计的方法。"设计要求与目标"和"设计准则"之间并没有明显的界限,而且在不同工业界中也不一定一致。但是"设计要求与目标"比"设计准则"更为普遍通用。"设计要求与目标"通常详细规定了用于符合条例要求的方法,包括具体应用中特殊问题的考虑。项目认为这些附加要求和/目标对获得成功是必要的。这些附加问题可包括对经济、性能和客户的考虑。而设计准则则特指那些设计过程中为满足"设计要求与目标"所用的具体方法。

不同于民用飞机规章,军用飞机要求通常给出非常详细的规定,包括与符合性相关的很多内容。这是由于军方作为客户和认证机构,需要承担双重的职责。美国军方对固定翼飞机的指导文件是 JSSG－2006(见参考文献 12.2(a))。尽管存在一些差异,但总体上看,军用指南规定的符合性方法与咨询通报中确定的民用飞机方法是一致的。

航天器的损伤容限要求在规范中的规定也同样详细。NASA 通过规范,如 NASA STD 5019(见参考文献 12.2(b))对损伤容限提出了要求,这个文件专门针对与人体有关的结构，包含了金属和复合材料结构的要求。复合材料相关要求可参见MSFC-RQMI-3479(见参考文献12.2(c))和MIL-HDBK-6870(见参考文献12.2(d))。截至2009年3月，NASA正在修改文件NASA STD 5019以包括对复合材料的要求，并提及了一本新的手册，该手册将会提供满足要求的可接受的方法。

本节的其余部分将会重点讨论民用飞机的条例和符合性方法，若适合，也会提及一些军用方法。其他一些空间结构有一些适应其各自任务的不同要求。例如，与很多运载火箭和航天飞机有关会影响损伤容限的重大差别是短暂的任务和/或运载工具寿命期限、有限的检测/修理次数、不同的威胁环境(如发射碎片、闪电、冰雹、微流星体撞击)以及可接受较大的风险水平(见参考文献12.2(e))。

12.2.1　民航条例和指南

第3卷第3章(具体来说，分别是3.3节和3.7.1节)讨论了与飞机结构有关的民航条例和指南。正如在那些章节中讨论的，欧洲(EASA)和加拿大(TCCA)的条例和指南与美国的(FAA)十分相似。在美国，联邦法典14卷(14 CFR)中规定了这些条例。EASA的要求被称为认证规范(CS)，而TCCA的这些条例被称为适航手册(AWM)。这些要求通常归纳为以下四类：

- 23部——通用、公务、特技、通勤类飞机；
- 25部——运输类飞机；
- 27部——通用类旋翼机；
- 29部——运输类旋翼机。

在条例中与复合材料结构损伤容限最相关的部分在305和307节(静强度)以及571和573节(疲劳和损伤容限)。请注意，在下面的讨论中，称之为14 CFR 27.573和29.573。这些条例仍在不断发展(截至2009年)，本节讨论的是截至目前的最终内容。

在本章中与讨论最相关的咨询通报是：

- AC 20-107B(协调一致的EASA AMC 20-29)，“飞机复合材料结构”(见参考文献12.2.1(a))；
- AC 29-2C MG8，“旋翼机复合材料结构的验证”(见参考文献12.2.1(b))；
- AC 25.571-1C，“结构的损伤容限和疲劳评估”(见参考文献12.2.1(c))。

一方面，复合材料不断更新换代，其在飞机结构中的应用不断扩大。另一方面，符合性验证的具体方法一直无法实现标准化。人们对损伤威胁及由此引起的材料/结构响应和因此产生的损伤缺乏充分认识。指南虽然比条例更具体，但本质上还是比较通用的。最终都要由每个项目自己负责编制计划来实现飞机寿命期间的安全性验证和获得认证机构的许可。这包括对条例和指南的准确理解，而且要考虑到具体问题的方方面面。

除了提供可接受的符合性方法外，咨询通报还对那些规章管理部门认为结构通过验证非常重要的条款给出进一步的解释。同理，对一种飞机类别给出的指南(如

29 部)常常与其他飞机类别(如 23, 25, 27 部)是有关联的,这些都应该在制订符合性方法时加以参考。AC 20-107B 为所有类别的飞机提供了同步最新的指南。

(1) 任何可能含有损伤或缺陷的结构,无论是否在制造或使用中检测到或可接受,都必须能够承受极限载荷,并不得降低飞机在其寿命期(含适当的系数)内的安全性。

(2) 任何含有维护检查中发现的不可接受可检损伤的结构,但不包含后面第 3 和 4 条(即明显可见或离散源损伤),必须能够承受一倍寿命期出现一次的载荷(即限制载荷)。施加该载荷前,应施加相应检查间隔内的重复载荷。

(3) 任何含有机组或外场维护人员在飞行例行检查(由于损伤已可见、位置突出,或其对外形、配合或功能已产生明显影响)中明显可检损伤的结构,但是这类损伤不包含在下面第 4 条(即离散源损伤)中,必须能够承受限制或准限制载荷。

(4) 任何受到来自某飞行过程中机组人员明确知晓的离散源损伤的结构,必须能够承受确保持续安全飞行和着陆的载荷。

(5) 所有使结构强度降低到不能承受极限载荷的损伤,一旦发现,必须修理。

(6) 任何损伤修理后,结构必须能够承受极限载荷,并在其寿命期间内不影响飞行安全。

下面将重点讨论条例和指南中有关损伤容限的关键内容。

12.2.1.1 含损伤结构静强度

对静强度,条例中并没有专门描述损伤。例如,14 CFR 25.305(运输类飞机)要求结构应能够承受静态极限载荷三秒钟而不失效,并在限制载荷下不会发生有害的永久变形。

然而,指南(即 AC 20-107B §7f)直接描述了损伤:

> 应证明,由制造和使用中预计很可能出现,但不大于按所选检测方法确定的可检门槛值冲击损伤,不会使结构强度低于极限载荷能力,这可通过由试验证据支持的分析,或用试样、元件、组合件和部件级的试验组合来证明。

这个指南确保了结构带有勉强可检的冲击损伤和制造缺陷时仍能继续满足极限强度要求,与上述类似的描述也已增添到 14CFR23.573 中。

该指南明确定义了图 12.2.1.1 所示的能量截止值和检测门槛值。第一个截止门槛值是对用于检出损伤所用检测方法确定的可检性门槛值,第二个截止门槛值是结构制造和使用中实际可能遭受的最大冲击能量。这两个门槛值的假设描述了质量最差的新结构可能受到的意外损伤。

图 12.2.1.1 中的矩形区域表示结构在其服役期间必须能够承受极限载荷而无需修理的区域。假设超出图中矩形区域的损伤是可检的,并可用装饰性或结构性的方法加以修理,使结构承受极限载荷的剩余能力分别得以保持或恢复。不太可能出现超过矩形右边能量级别的损伤。对矩形上方和右边的区域将在 12.2.1.2 中讨论。

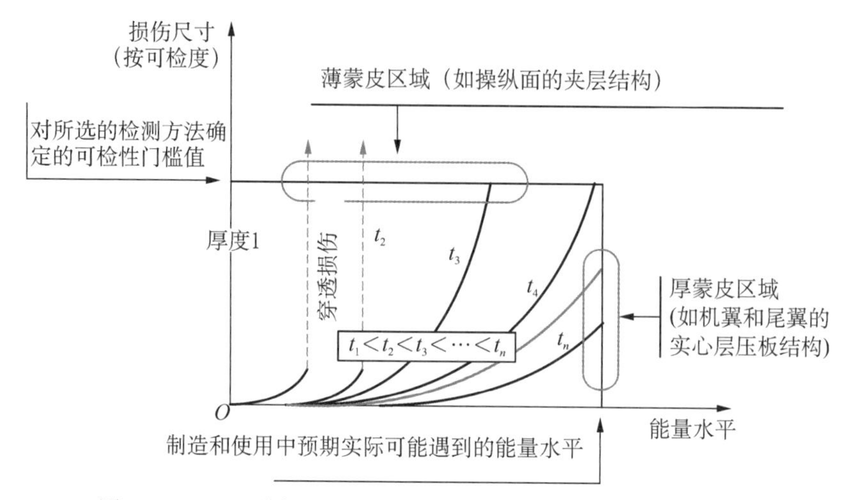

图 12.2.1.1 不同层压板厚度时的损伤尺寸和与冲击能量的关系

AC 20－107B § 7 提供了有关静强度评估的更多细节。具体写道：

复合材料设计的结构静强度验证，应考虑所有的关键载荷情况和相关的破坏模式，还应包括环境影响（包括制造过程中引起的结构残余应力）、材料和工艺的变异性、不可检缺陷或任何由质量控制、制造验收准则允许的任何缺陷，以及终端产品维护文件所允许的使用损伤。除非已有类似设计、材料体系和载荷状态的经验验证，并得到组合件、元件和试样试验所支持的分析方法，或可接受较低载荷水平下的部件试验是适用的，否则就应通过在适当环境下的部件极限载荷试验程序，来证实复合材料设计的静强度。证明分析所必需的经验，应包括先前用类似设计、材料体系和载荷情况进行过的部件极限载荷试验。

这样除了冲击损伤以外的缺陷，制造说明文件和使用维护文件中允许的损伤都已纳入了。也阐明为了避免部件级极限载荷的试验所需的已有经验。在 § 7(a)中，还明确了评估静强度时需要考虑重复载荷和环境暴露。

12.2.1.2 损伤容限和疲劳

损伤容限评估相关条例比静强度部分要复杂得多，但本质上是类似的。以运输类飞机条例为例，14 CFR 25.571(a)规定：

对强度，细节设计和制造的评估必须证明在飞机的服役期内要避免由疲劳、腐蚀、制造缺陷或意外损伤造成的灾难性失效。

每个评估必须识别会引起灾难性破坏的关键结构零件（即“主要结构元件”）和考虑使用时预计的载荷谱和环境。检测方法和时间也必须确定。尽管咨询通报表明，强度评估可以使用典型的材料性能（即 AC 25.571－1C § 5(d)），该观点基于金属设计思想。考虑到安全管理原则和剩余强度要求，这对复合材料结构可能不是一个有效的方法，必须与认证机构协商。

在§25.571(b)中定义了称为“损伤容限评估”的第一种评估。它要求由疲劳、腐蚀、制造缺陷或者意外损伤造成的可能的损伤，在检出和修理前，不会使强度低于规定的载荷条件。规定了一些限制载荷状态，以及对受内压结构的具体要求，必须包括重复载荷的影响。在欧洲条例(即 CS 25.571(b))中，包括了当验证含“易检”损伤的结构能力时，采用低于 25.571(b)中要求的载荷的条款。作为认证工作的一部分，细节内容通常要与认证机构协商。

在§25.571(c)中定义了称为“疲劳(安全寿命)评估”的第二种评估。仅当§25.571(b)定义的损伤容限评估方法对具体结构不能实现时，才进行这种评估。它要求结构在规定的服役期间内承受预期的疲劳载荷而没有产生可检裂纹，必须包含安全寿命的分散性因子。

在§25.571(e)中定义了称为“损伤容限(离散源)评估”的第三种评估。它要求离散源事件(即 4 lb 鸟撞，非包容风扇叶片的撞击，非包容发动机的破坏或非包容高能旋转机械的破坏)不会使强度降低到低于“持续安全飞行”载荷。

14 CFR 27.573 和 29.573(以及 AC 29 - 2C MG8)阐述了相关问题，特别是因为它们适用于旋翼机的损伤容限符合性。它要求强度和刚度在结构性修理或更换前，一直保持在“损伤容限安全寿命评估”或“损伤容限破损-安全评估”范围内。

“损伤容限安全寿命评估”基于“损伤无扩展”理论，它要求证明结构或部件在其寿命期间，能在重复的变幅载荷后承受极限载荷而仍能存活，且无损伤扩展。这里介绍了 $S-N$ 曲线和寿命试验两种方法。前者要求确定承受常幅或谱载荷结构危险部位出现损伤起始的位置(用飞行应变测量方法也许能部分确定该部位)，要建立平均曲线和要施加相应的环境因子和分散性因子。后者要求结构在其寿命期间承受疲劳载荷谱，包括环境(如果有的话)和分散性放大因子。

“损伤容限破损安全评估”要求所采用的检查间隔和方法能够确保局部失效在强度降低到限制载荷承载能力之前被检查出来。同样，要求进行带有适当环境因子和分散性因子的谱载荷或常幅载荷试验。本文概述了 3 种证明符合性的方法。“无扩展评估”方法要求证明结构损伤在经历了大量实测加载循环试验后没有扩展，并能继续承受限制载荷或更高载荷。对给定的损伤状态，剩余强度越接近限制载荷，检查周期就应越短。“缓慢扩展评估”可用于缓慢、稳定且可预测的损伤扩展情况。同样，该方法要求采用检查周期来确保损伤一旦变为可检就能够立刻被检查出来。“止裂扩展评估”要求在强度降到低于限制载荷之前，损伤扩展已被阻止或终止(比如改变几何路径、止裂紧固件等)，同样，也要完成大量实测加载循环试验，并表明阻止损伤扩展是易于检出的。类似地，剩余强度越接近限制载荷，检查间隔就应越短。

上述方法的组合，以及得到认证机构批准的间接评估方法(如振动测量)也可以被接受。所有的损伤都应修复，并使结构恢复到承受极限载荷的能力。

此外，14 CFR 27.573 和 29.573(分别适用于普通和运输类旋翼机)进一步定义了对每个主要结构元件“威胁评估”的要求。评估必须包括对损伤可能的部位、类型和尺寸的考虑,同时考虑疲劳、环境影响、固有/离散缺陷和冲击或其他意外损伤。威胁可分类为“固有缺陷”(例如瑕疵),“冲击损伤”(即在制造和使用期间出现的损伤,其范围可由冲击调查确认)和“离散源损伤”。该评估结果应有助于确定维护计划中的检查方法和频率。

咨询通报提供了与复合材料结构损伤有关的关键细节内容。AC 20 - 107B 在§8(a)(3)中说明:

应确定初始可检损伤的大小,并与制造和使用时所用检测技术相一致。应采用对固有缺陷或用机械方法引入的损伤施加重复载荷循环的办法,来获得缺陷/损伤扩展数据。

在§8(a)(4)中说明:

这一评定应验证结构的剩余强度可靠地等于或大于规定设计载荷(认为是极限载荷)下所需的强度,包括环境影响。

事实上,该指南确保了可检冲击损伤在强度降到低于限制载荷能力之前能被及时检出和修理。若可检损伤的发现不具有高统计置信度,则应认为它是不可检的,因此不会使其承载能力降到低于极限载荷。对少数几次飞行可能漏检的明显损伤需要进行剩余强度评估。因为不同类型的飞机有不同规范和指南,制造商必须意识到这些差异并采用适合于该情况的指南和规范。

在 AC 25.571 - 1C 中提供了与离散源损伤相关的指南。特别是在§8(b)中说明:

应确定由离散源产生的立即明显可见损伤的最大范围,并且证明剩余结构在可接受的置信度下仍具有能承受为完成此次飞行预期最大载荷(认为是极限载荷)的静强度。

指南阐明了离散源评估适用于机组人员能立即发现的损伤,使得他们能采取纠正措施来限制飞机的载荷。在 AC 25.571 - 1C§8.c.(2)中规定了与这些情景相关降低的载荷水平。条例规定的这一类事件包括 4 lb 鸟撞、非包容风扇叶片的撞击、非包容发动机的破坏或者非包容高能旋转机械的破坏。还可能归入这一类别的其他事件包括闪电、严重的冰雹、起火和爆胎。

损伤容限处理由于疲劳、腐蚀或意外事故以致结构无法维持极限载荷能力,并在损伤达到临界值以前需要修复的那些情况。关于涉及的意外冲击,有两种情况必须要解决:第一种情况中所涉及的那些损伤满足静强度要求,但在承受疲劳载荷时可能扩展,而用所选的检测程序仍然会漏检;第二种情况涉及的那些损伤超出了图 12.2.1.1 中所覆盖的范围,由于能量水平较高,仍会产生:

- 对薄层压板,较易检出的损伤伴随着附加强度降(可检性门槛值的情况);
- 在能量截止值的情况下 ($E > E_{\infty}$),增加了不具有目视可检性的强度降。

显然还有一个中间状态,原来不可检的损伤会变成可检的,AC29 - 2C MG8 包含的图 12.2.1.2(a)中给出了在损伤容限验证时要处理的损伤。落在区域 1 中的损伤是不可检的较低能量损伤，它必须在结构寿命期间能承受极限载荷。在区域 2 的损伤在定期检测间隔中是可检的，并必须要能承受限制载荷（认为是极限载荷）。区域 3 中的损伤是不可检的较高能量损伤（如高能量钝头地面车辆撞击）。通常，这些损伤必须能承受极限载荷，然而，采用合适的检测程序和/或提供“等效安全水平”的概率分析，可以接受较低的剩余强度。

按照具体损伤的可检性，适用条例中的不同内容。以运输类飞机为例：

- 对用所选检测程序可检出的意外冲击，采用 § 25.571(b)损伤容限条款。
- 对用所选检测程序无法检出的冲击（即属于图 12.2.1.2(a)中的区域 1 和区域 3 中的冲击），按 25.571(b)的损伤容限条款是不实际的，因此需要按条款 25.571(c)疲劳（安全寿命）评定。事实上由于在疲劳验证时存在初始损伤，后者通常被称为“安全寿命缺陷容限”或“放大的安全寿命”验证，或对旋翼机（按照 AC 29 - 2C MG8）称为“损伤容限安全寿命评估”。

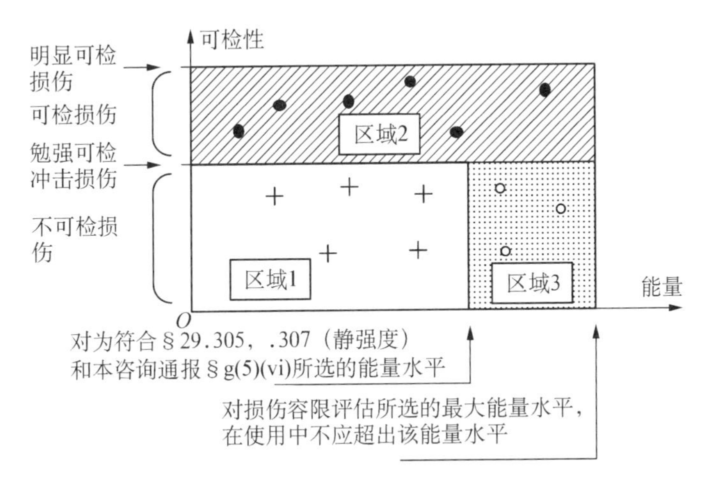

图 12.2.1.2(a)　超过极限载荷考虑情况的损伤（参考文献 AC29 - 2C MG8）

除对静强度要求定义的以外，必须定义截止值和门槛值：

- 要在风险分析中假设一个限制最大值的新能量截止值，该值应相应于极其不可能的事件（即按 ACJ 25.1309，低于每飞行小时 10^{-9} 次）；
- 一个新的可检门槛值，大于它的损伤会成为“目视明显可见”（在几次飞行内用巡回检查可检出的）。

在详细的定期检测中可检的损伤尺寸和这一新的明显可检损伤门槛值之间，剩余静强度要求在条例文件 25.571(b)予以规定。在没有进一步评定和恢复到极限载荷能力以前，不允许检出有这种损伤的飞机飞行。

还有第三种可检性门槛值，它对应于离散源损伤。图 12.2.1.2(b)显示了这些新的门槛值。

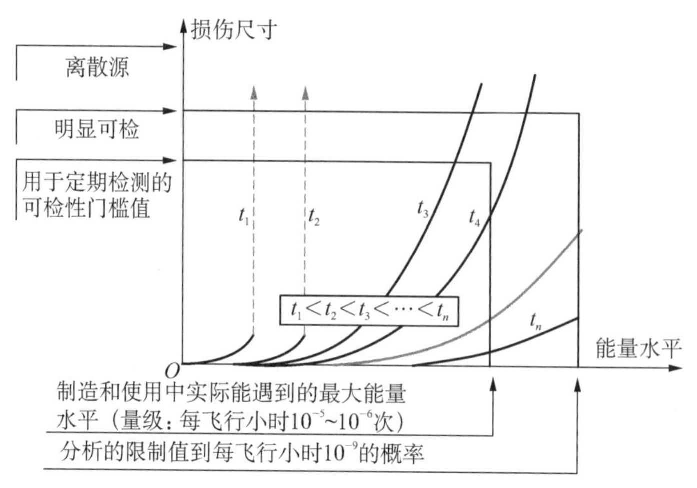

图 12.2.1.2(b)　附加的损伤尺寸和能量水平门槛值

如前所述，冲击损伤能使复合材料的剩余强度急剧下降。多数情况下，由于复合材料通常具有优良的疲劳阻抗，这种损伤不会扩展。预期复合材料结构中的意外冲击损伤通常不会出现疲劳扩展的事实，会产生需要相应于损伤容限评估条例（如§25.571(b)）解释的特殊内容，如图 12.2.1.2(c)所示。这个简图显示了复合材料中冲击损伤无扩展和金属结构中疲劳裂纹易于扩展的差别。图中的金属曲线所示，能够合理地得到检查间隔，使得金属结构中的疲劳损伤在强度降到低于限制载荷以前就能被安全地检出和修理。金属裂纹扩展的分析和试验已很成熟，可以支持这样的评定。

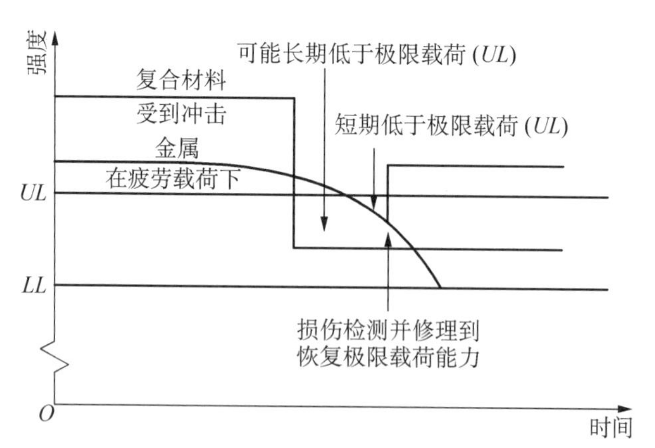

图 12.2.1.2(c)　复合材料无扩展损伤和金属疲劳裂纹损伤的比较（极限载荷 UL 和限制载荷 LL）

对于复合材料无扩展概念，含冲击损伤的结构能长期承受低于极限载荷的载荷，而不会使剩余强度进一步降到低于条例规定的临界门槛值（通常为限制载荷）。这一解释能得到如下的情况：允许复合材料结构在其剩余强度刚刚超过限制载荷的情况下长期飞行，如图 12.2.1.2(c)所示。不管复合材料结构的损伤扩展阻抗如何，必须检测出使剩余强度低于极限载荷的损伤并在发现后进行修理，这样，问题变成要确定合理的检测间隔，以达到或超过金属结构的安全性水平。

在 AC20-107B § 8(a)(6)(a)中阐述了如何选择检查间隔的问题：

对无扩展设计概念的情况，应把检查间隔定为维护计划的一部分。在选择这样的检查间隔时，要考虑带有假定损伤时所对应的剩余强度水平。

该指南指出，引起较大强度降的损伤检出必须早于引起较小强度降的损伤检出。损伤出现概率对确定检查间隔也起着重要的作用。例如，对机翼襟翼的检查通常应比垂尾更频繁，因为它受到更多的损伤威胁。在确定检查间隔时，既要考虑复合材料结构的能力，又要考虑使用历程。虽然金属结构对意外损伤有类似的考虑，但因其对外来物冲击的固有阻抗，疲劳损伤扩展在确定金属零件检查间隔时仍起主导作用。

二次胶接复合材料结构关注的另一个缺陷是脱粘或由零件制造或维修时产生但无法检出的弱胶接(表现为胶接强度为零)。在 14 CFR 25.573 中的规章阐述了这个问题。在 AC29-2C MGB 和 AC20-107B 中也概述了类似的情况，特别强调严格的胶接工艺和质量控制，使得不会发生脱粘和弱胶接。假设存在这种质量控制，则被隔离的脱粘或弱胶接问题就可以在损伤容限范围内被安全地处理。

在考虑复合材料结构的损伤严重性和出现概率时，使剩余强度降到低于限制载荷的损伤应是不太可能出现的。在确定检测间隔时，应考虑剩余强度曲线、损伤扩展阻抗、使用数据库和用户的维护能力。此外，应该把损伤容限的设计准则和证实复合材料结构的验证方法与随后的维护工作结合起来。最后，复合材料结构应有对损伤足够的容许能力，以便安全地实现经济的维修(如在定期的维护间隔进行详细的损伤检测和修理)。

12.2.2　损伤类型

为了阐述与损伤相关的结构设计要求，我们不妨将损伤分为 5 种。飞机上遇到的所有损伤都可以归为下面章节(和 AC20-107B § 8(a)(c))中讨论的 5 类损伤之一。同时，给出了与每种损伤相对应的结构设计要求和相关考虑。

12.2.2.1　第一类损伤

第一类损伤包括那些在定期检查或定向外场检查方法下可能漏检的损伤，也包括制造控制规范规定的拒收水平以下的制造异常。例子包括目视勉强可见冲击损伤、轻微环境退化、划痕、沟槽，以及允许的脱粘和孔隙率。含有这些损伤或缺陷的结构必须在整个飞机寿命期间保持承受极限载荷的能力。因此，验证必须特别关注关键部位含有这类损伤和缺陷的结构。必须建立可检损伤门槛值(见第 3 卷，12.4.6 节)，并证明结构在全寿命期内都具有可靠的使用寿命和承受极限载荷的能力。这些关于循环数和/或时间的限制是结构在使用过程中自始至终必须保持的，不需要进一步验证。当然，关键的环境因素也必须考虑。

12.2.2.2　第二类损伤

这一类损伤包括那些由确定的检测计划（即检测方法和间隔）能可靠检出的损伤。当用预定的技术发现损伤时，检测计划要求的详细检测也被认为是检测计划的一部分。这一类中的典型损伤包括目视可见的冲击损伤（尺寸从小到大），深沟槽或划痕，与制造工艺失误有关最初未检出的异常，可检出的分层或脱粘和主要的局部过热或环境退化。含有这类损伤的结构必须要保持限制载荷能力直到损伤被发现和修理。必须确定和验证可靠检出这类损伤的时间，还必须验证结构在此期间能保持限制载荷能力。

12.2.2.3　第三类损伤

第三类损伤是那些在发生后的几次飞行期间能被无专业复合材料检测技能的操作或地面维护人员可靠检出的损伤。这类损伤最初可以在飞行前的巡回检测中通过目视来发现，或由于外形、配合或者功能的缺失来发现。对于以上情况的任意一种，都应当进行额外的检测，以确定零件及其周围结构损伤的全部范围。第三类损伤的例子包括大的目视可见冲击损伤和产生明显标志的损伤（例如燃油泄漏，系统失灵，增压失效或舱内噪声）。含有这些损伤的结构在损伤被发现和修理之前，必须具有承受规定载荷的能力。这个载荷水平依赖于可靠地检出损伤所需的时间，也就是说，取决于损伤的可检性和位置。这个规定载荷要求应与认证机构协商确定，通常小于等于限制载荷。必须验证这类损伤能被可靠且快速检出。

第二类和第三类损伤的主要区别是检测花费的最长时间；第二类损伤可以存在一个或多个检测间隔（通常数千次飞行），而第三类损伤只能存在几次飞行。因此，结构验证时，含有第二类损伤的结构剩余强度试验前施加的重复载荷循环次数要比含有第三类损伤的结构多得多。

12.2.2.4　第四类损伤

这类损伤包括飞行机组人员知晓，且在着陆前需要限制飞行机动动作的离散源损伤。这类损伤包括由叶片断裂、鸟撞、严重的雷击，起落架轮胎爆裂和严重空中冰雹引起的损伤。含有这种级别损伤的结构必须在该次飞行途中保持“回家”的能力。由于在后续飞行前会进行结构修理，重复载荷验证局限于完成该次飞行。必须验证的加载工况和载荷水平在规章和相关咨询通报中定义，通常低于限制载荷水平（如飞行机动载荷限制值的70%）。

12.2.2.5　第五类损伤

第五类损伤包括由无法预测的异常地面或飞行事件造成的严重损伤，这类损伤在飞机设计时不予考虑。含此类损伤的结构在对损伤进行评估和修理（需要时）前，不得飞行。产生第五类损伤的典型例子是严重的服务车辆碰撞、异常飞行过载情况、异常的硬着陆、飞行中飞机零件丢失，也包括可能后续与相邻结构的高能量钝头撞击。这些场景在认证过程中并没有被验证。

因此，为了确保这类损伤也不会威胁到飞机安全，必须专门考虑并制订检测程序和培训计划，以确保任何异常事件都能被操作人员及时报告以便评估，而且还需要通过采用指定的检测手段来确定损伤程度。由于损伤可能是在远处(如载荷反应点)引起的，检测区域不应局限于紧邻实际事发位置(如撞击点)。因此，熟悉载荷路径和结构响应的工程人员必须参与评估。对于未修复的损伤或超出认证过程所覆盖的修理，可能需要进行结构承载能力验证。第 3 卷，12.3.3 节中包括了更多关于如何处理第五类损伤的讨论。

12.2.2.6　影响损伤分类的因素

影响损伤分类方法的因素众多。在这些因素中，最主要的是问题中与结构位置有关的检测方法和检测频率。例如，机身下部 8 cm(3 in)的孔洞，这种损伤在几次飞行内且在起飞前的巡回检测中就会被发现，因此可归入第三类损伤。然而，如果同样的损伤出现在机身顶部，那么它就可能一直存在，直到对该位置进行例行检测后才会被发现，因此，它属于第二类损伤。

类似地，问题中的检测方法及其检测损伤时的可靠度可能会对特定损伤的损伤类别确定产生影响。航空公司使用简单的检测程序能降低成本，但简单检测程序可能不能发现那些更先进(和高成本)的方法才能可靠地发现的更小的损伤。举例来说，考虑一个 10 cm(4 in)的分层损伤，用脉冲回波超声检测能可靠发现，但用肉眼无法看到。如果检测计划规定使用目视检测，由于无法看到而被归类为第一类损伤，因而结构在整个飞机寿命期间必须能承受极限载荷。然而，如果要求的检测方法是脉冲回波，那么同样的损伤由于可以被检出发现，应定义为第二类损伤。因此，结构在一个检测间隔内只需承受限制载荷。

在前面损伤类别的讨论中，对申请者来说可以考虑为最小必需的损伤级别来满足条例要求。申请者可以选择超出这些要求，对应每一类损伤都是更严重损伤的设计准则。例如，申请者可选择 8 cm(3 in)的孔来满足第一类损伤的要求，而不是归入第二类和第三类损伤。这种做法可减轻操作人员的维修负担和/或降低与修理有关的验证数据要求。由于含有此类损伤的结构在服役期间能承受极限载荷，因此不需要检测小于 8 cm(3 in)孔的损伤，检测计划可以略微宽松。另外，如果发现任何小于 8 cm(3 in)孔的损伤，也不需要修理结构(假设经重复载荷验证，任何更小尺寸的损伤都不会扩展成为比 8 cm(3 in)孔更严重的损伤)。

12.2.3　载荷和损伤的关系

图 12.2.3(a)所示为设计载荷水平和损伤严重程度的反比关系。与金属飞机部件的情况一样，也采用了极限强度和损伤容限设计原理来保持复合材料结构的可靠与安全运行。平衡好载荷与损伤设计要求，才能最大限度地降低失效概率。对于使用中可能经常出现的比较小的损伤来说，剩余强度设计要求就与非常高的载荷状态(很少出现，极限载荷)相对应。对比较严重的损伤状态，如出现概率很低的冲击事件产生的损伤状态，其设计要求要用实际可能出现的载荷的上限(限制载荷或接近

限制载荷)来评定。在设计中考虑的最严重损伤状态是在飞行中出现的损伤(如发动机爆裂)。飞行机组人员通常能知晓这种事件,并能通过限制飞机机动动作来保证持续安全飞行。根据特定结构和有关的具体载荷情况不同,持续安全飞行载荷的选取可以大到接近限制载荷(如机身的内压载荷)。

复合材料飞机结构的维护技术得益于使用损伤事件对结构性能影响的充分评估。然而,复合材料设计方法与维护技术之间的必要联系还没有得到重视,还需要得到民用航空公司和其他用户的认同。过去,按设计载荷条件选择损伤来设计结构尺寸的方法如图 12.2.3(a)所示,这不能满足所有的维护需求,还需要更完整的数据库来确定全部复合材料损伤情况对剩余强度的影响。剩余强度曲线形式的完整表征(即剩余强度相对于可测量的损伤尺度的关系)能有助于确定许用损伤限制(allowable damage limit, ADL)和临界损伤门槛值(critical damage threshold, CDT)与结构部位的关系,明确定义的 *ADL* 有助于操作人员准确地确定修理的需求。对损伤敏感区的较宽容的 *ADL*,使得有可能采用装饰性的修理来代替需使用大量设备和时间的结构修理,以降低维护成本。

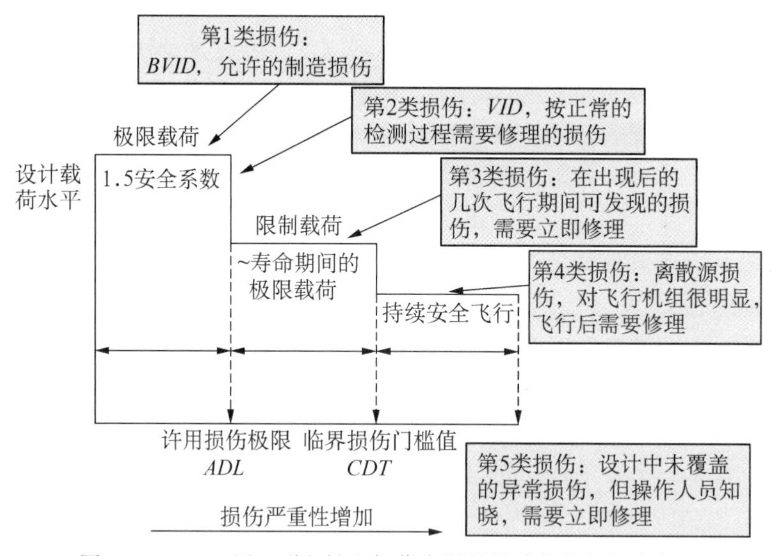

图 12.2.3(a) 用于耐久性和损伤容限的设计载荷与损伤考虑

当损伤的量值使得剩余强度降至 14 CFR 25.571(b)条例要求时,这个损伤量就称为临界损伤门槛值 *CDT*。希望将结构设计得能用实际使用的检测程序,发现和表征介于 *ADL* 和 *CDT* 之间的使用损伤,这一目标提供了飞机安全性和维护效益。按照定义,一旦发现这种量级的损伤,必须进行修理。必须用所选的检测方案,以极高的概率来发现接近 *CDT* 的损伤(即应当用规定的检测方案将其可靠地检测出来)。对维护计划的制订来讲,与该检测方案有关的临界损伤特性完整描述是很有价值的信息。与金属一样,针对较大 *CDT* 的损伤容限设计,能用经济的检测间隔和程序可靠地保证飞机的安全使用。

图 12.2.3(a)中 *ADL* 和 *CDT* 的定义，两者都意味着对典型载荷情况的安全裕度为零。*ADL* 和 *CDT* 损伤级别在结构表面上随载荷和其他设计因素而变。这样，它们对维修是有意义的，而不应将其看作是极限载荷和限制载荷的设计要求。设计要求和目标是在工业界和认证机构制订的通用指南范围内，针对一个给定的应用确定的。用于满足这些要求的设计准则，则取决于所选结构概念已有的数据库，变得更加针对具体的项目。

图 12.2.3(b)帮助说明了受到使用时间(即重复载荷和环境循环)作用的损伤要求。对结构中很可能存在较小损伤，并可能在制造中质量控制和使用中检测时被漏检的情况，结构应当在飞机寿命期内能够保持承受极限载荷的静强度。当在服役中使用详细目视检测技术时，通常把目视勉强可见冲击损伤 *BVID* 归类为不可检损伤的门槛值。如果所选用的服役检测方法能够检出损伤的尺寸和特征(如目视可见损伤，VID)的话，则把载荷要求降为限制载荷(或对明显可见损伤可能为接近限制载荷)。对带有这种损伤的结构，只要求其在检测间隔相应的时间周期内能够经受使用的环境。对不可检和可检损伤的情况，通常要在疲劳试验、损伤容限设计和维修时用一些系数来考虑重复载荷下的材料行为的变异性和检测技术的可靠性。复合材料结构的验证实践中，常常用载荷放大系数来减少为考虑材料变异性所需附加的试验循环数(见文献 12.2.3(a)-(b))。

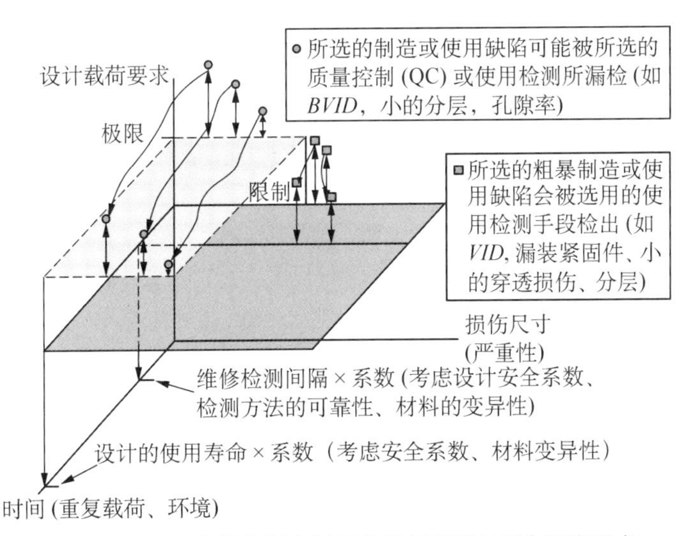

图 12.2.3(b)　含损伤复合材料的重复载荷与剩余强度要求

图 12.2.3(c)图示说明了损伤容限的另一重要方面，它与会产生较大损伤的偶发意外损伤和离散源冲击事件有关。这种损伤通常被当作是明显可见的，或假设在使用中出现离散源事件时机组成员是知道的，这两种情况都没有重复载荷的要求。在航空条例中规定了离散源损伤的要求。对明显可见损伤通常没有专门的损伤尺

寸要求，但将其归类为无需采用指定检测手段就必须检出的损伤（即大的穿透损伤或零件失效）。使用数据库已经表明，这种损伤确实出现过，并有可能在一个短的时间内被漏检，因而，好的破损安全设计实践应能保证带有明显可见损伤的结构可承受限制载荷。用于满足离散源损伤要求的分析与试验数据库通常用剩余强度曲线进行表征，也能用它作为明显可见损伤的设计准则。对胶接结构，有另外的要求来保证大脱胶情况时的破损安全（例如 14 CFR 23.573），这种要求与二次胶接的不可靠性有关。

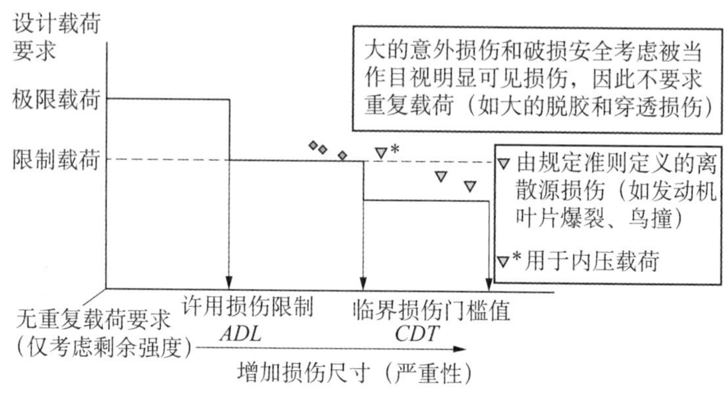

图 12.2.3(c) 复合材料结构中大损伤的剩余强度要求

AC29－2C MG8 提供了更多关于二次胶接脱粘程度和所需相关剩余强度要求的指南，包括对结构零件使用二次胶接来传递主要载荷。除非在生产过程中用无损检测的方法（NDI）就能证实每一关键胶接的极限强度，否则应确保其具有承受限制载荷的能力。后者在咨询通报中予以确认，它提供了其他一些选择来满足 14 CFR 27.573/29.573 的要求。

图 12.2.3(b)和 12.2.3(c)所示的损伤范围，已为传统的复合材料结构耐久性和损伤容限评定提供了基础，但在复合材料结构中，复杂的设计细节和二次载荷路径也会引起损伤起始和明显的扩展。因为很难分析这些细节和载荷路径，所以在进行大尺寸带构型的结构试验以前，常常无法确定所引起的损伤起始和扩展。因此，必须用设计的细节特征来阻止损伤扩展，或者必须使损伤扩展是可预计和稳定的（例如类似于金属的裂纹扩展）。在此情况下，可通过类似于金属结构的损伤容限设计和维修，来实现安全性要求。

12.2.4 符合性方法

覆盖含有损伤结构特性的条例使得结构保持较小的失效可能性，从而确保了可接受水准的安全级别。可采用确定性、概率或两者结合（称为半概率）的方法证明符合性。许多单独的因素和它们的统计分布有助于给出总的失效概率，这些因素包括损伤威胁，由这些威胁带来的物理损伤，载荷的发生，在重复载荷下的损伤扩展，带损伤结构的剩余静强度，检测方法检测到具体损伤的能力和检测频率，每个因素可处理成确定性的或概率性的。

从概念上讲，确定性方法没有直接表现出统计分布特性，但在各个方面（如威胁、强度、载荷）都采用了合理的保守值。而在另一面，概率性方法在每个方面都赋予了统计分布并确保了不安全事件的概率极低。半概率方法包含了对一些方面采用统计分布，但对其他则使用确定性关系。下面的内容讨论了已成功对运输机进行认证所用两种方法的各方面内容。

12.2.4.1　确定性符合性方法

本节描述了在下列基础上支持复合材料结构取证和维护的分析与试验方法：①建立剩余强度与损伤尺寸的关系；②确定损伤检测方法和最小可检损伤尺寸；③确定使承载能力降到极限载荷与限制载荷水平的损伤尺寸。介绍了实现损伤容限和破损安全设计的流程图。

已经表明按 14 CFR 25 进行认证的几个复合材料主结构具有优良的使用性能（见第 3 卷，14.3 章节）。这一使用经验以及部件试验（见文献 12.2.4.1(b)－12.2.4.1(e)）已经表明，目前的复合材料飞机主结构对环境退化和疲劳损伤具有优良的阻抗能力。这样，对于具有较厚蒙皮的复合材料主结构，就只有意外损伤是其损伤容限设计和维护计划主要考虑的问题。

对于民用飞机，薄蒙皮复合材料结构的使用损伤阻抗和修理已成为主要问题。为了使复合材料成本对航空公司是经济可行的，许用损伤限制 *ADL* 必须尽可能大，同时仍满足条例的极限载荷要求。为实现这一目标，需要有包括所有可能损伤类型与尺寸范围的试验数据和分析方法。

金属结构的损伤容限一直是采用断裂力学来表征循环载荷下的裂纹扩展、预计结构在预期使用载荷下的裂纹扩展速率，以及基于实际损伤检测可靠性考虑确定的检测间隔来证实（见文献 12.2.4.1(f)）。一般来说，由于碳纤维增强复合材料的 *S*－*N* 曲线比较平坦，而且这些损伤在飞机机翼/尾翼/机身使用载荷谱下不会扩展，因而通常不能用上述方法来确定检测计划。对目前使用的复合材料结构，采用了无扩展方法来证实民用飞机复合材料主结构对损伤容限要求的符合性。“缓慢扩展评估”和“阻止扩展评估”是另外的选择（见 AC 20－107B）。

如图 12.2.4.1(a)所示，基于损伤检测的概率，把勉强可检或更大的损伤尺寸与类型进行了分类。损伤尺寸的选择必须与确定的检测计划及相应的静强度的降低相一致。以下段落描述了损伤类型和尺寸。以下引用了对运输机的规章要求（即 14 CFR 25），但是对其他种类的飞机也有类似的要求（见第 3 卷 12.2 节）。

(1) 目视勉强可见冲击损伤（BVID）确定了在证实 14 CFR 23.305 极限载荷要求条款符合性的分析中准备使用的强度设计值。必须在设计阶段以前把确定这种损伤的范围作为所定义准则的一部分（见第 3 卷 12.4.6 节）。由于目前使用的主要检测方法是目视观察，所以使用了术语“目视可见”而不是“可检”。采用了 BVID 冲击能量的上限值 136 J(100 ft・lbf)，因为它是实际能预期遇到的上限值。

(2) 允许的损伤限制 *ADL* 定义为使剩余强度降低到 14 CFR 25.305 的极限载荷条款要求时的损伤，确定它是为了支持维护文件。只要给出带 *BVID* 损伤的结构强度相对设计极限载荷 *DUL* 为正裕度，则相应的 *ADL* 通常大于 *BVID*（见图 12.2.4.1(a)）。要用文件说明 *ADL* 可检性以及损伤种类和范围的特征，以支持维护计划。

(3) 最大设计损伤 *MDD* 确定了在证实 14 CFR 25.571(b)损伤容限要求条款符合性的分析中所使用的强度设计值。必须把确定这种损伤的范围作为设计以前要定义的准则的一部分。

(4) 临界损伤门槛值 *CDT* 的定义是使剩余强度降低到 4 CFR 25.571(b)的条例（或其他飞机的等效条例）要求时的损伤。只要带 *MDD* 损伤的结构强度在设计限制载荷 *DLL* 时有正的裕度，则相应的 *CDT* 将大于 *MDD*。用文件描述 *CDT* 可检性及这种损伤种类和范围的特征，以支持确定所需的检测方法和间隔。要证明采用所选的检测技术，能在小于相应 *CDT* 的实际损伤扩展到大于 *CDT* 以前能被高概率检出。

(5) 常规飞机使用时，易检损伤 *RDD* 能在少数几次飞行期间被检出。这种必要性要求损伤在能被充分检测到的同时又处于适当的检测位置。应该确定认为易检、但不是立刻明显可见损伤的最大范围。注意欧洲条例（即 CS 25.571(b)）为证明 *RDD* 符合性，允许使用的静载荷在 25.571(b)和 25.571(e)之间。

(6) 认为大于最大 *RDD* 的损伤是立刻目视明显可见的。除了飞行时由于离散源（螺旋桨爆裂、鸟撞等）引起的损伤外，不需要对目视明显可见损伤进行剩余强度分析。

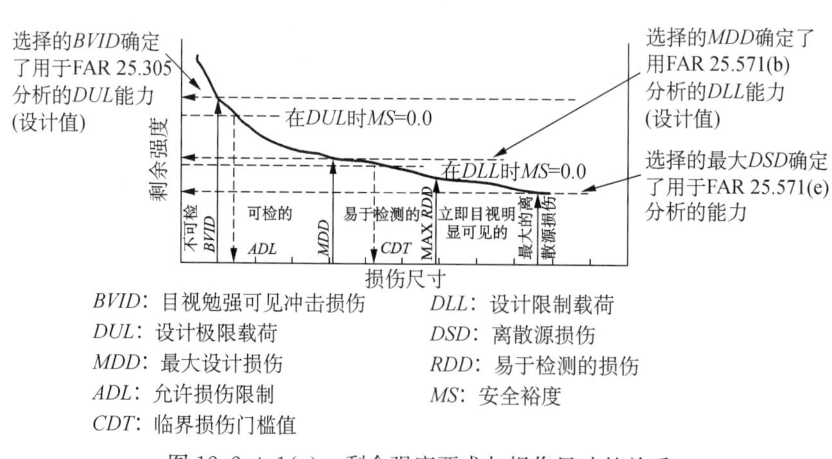

图 12.2.4.1(a) 剩余强度要求与损伤尺寸的关系

图 12.2.4.1(a)所示的剩余强度曲线始于极限强度附近，范围扩展到离散源损伤尺寸。这一范围包含对满足所有要求至为关键的损伤条件，例如：

(1) 支持 *ADL*（极限载荷水平）的损伤尺寸和状态，和准备放入结构修理手册

(SRM)中的可修理损伤尺寸。

(2) 相应于限制载荷设计值的 *CDT* 损伤。

(3) 相应于小于限制载荷但大于持续安全飞行载荷设计值的 *RDD*。

(4) 相应于持续安全飞行载荷设计值的“离散源”损伤。

由 NASA ACT 计划所建立的试验数据和分析方法(见文献 12.2.4.1(g)-12.2.4.1(j))表明,应该确定检测方法和识别出的损伤扩展机理,以保证在使用中出现的可能的意外损伤并限制结构的强度能力以前,将其发现并进行修理。目视检测是首选的损伤检测方法,小于限制载荷尺寸的损伤所相应的无扩展方法则是取证的基础。对于新的复合材料主结构应用,要对这些方法进行重新确认。

图 12.2.4.1(b)和 12.2.4.1(c)确定了为满足主结构元件(PSE)损伤容限要求所需的检测决定点、要求、研制任务、分析和行动。图 12.2.4.1(b)概述了损伤容限要求的水平,并能用于试验、分析和制订维护计划。图 12.2.4.1(c)定义了为建立损伤容限认证所需数据而使用的事件和行动的流程图。

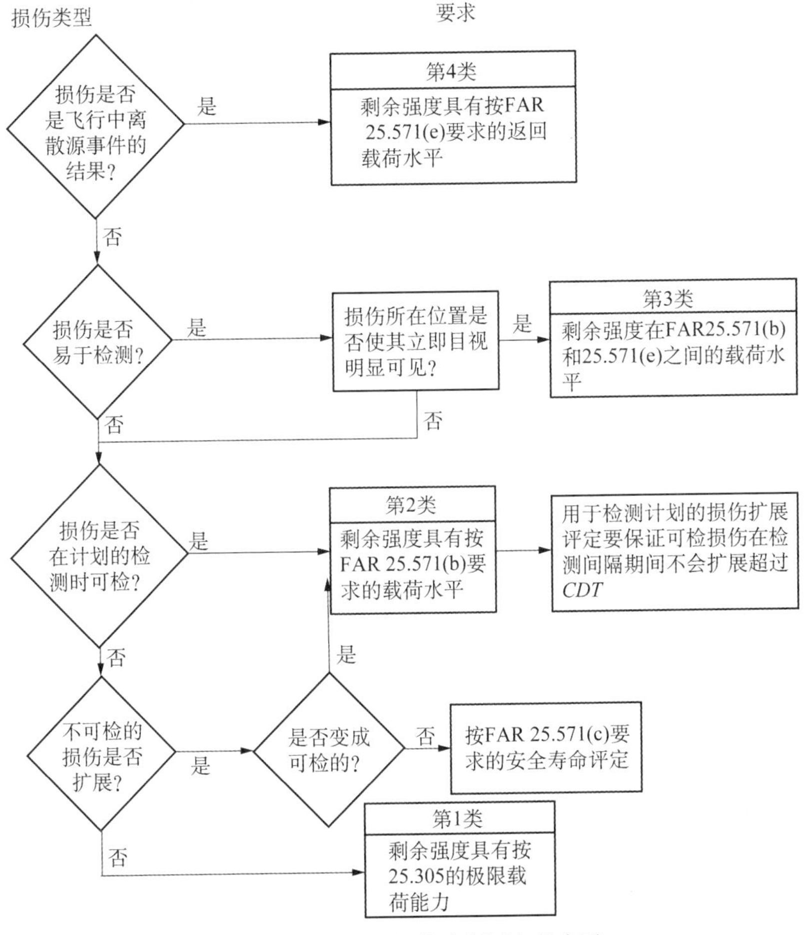

图 12.2.4.1(b)　损伤容限评定的水平

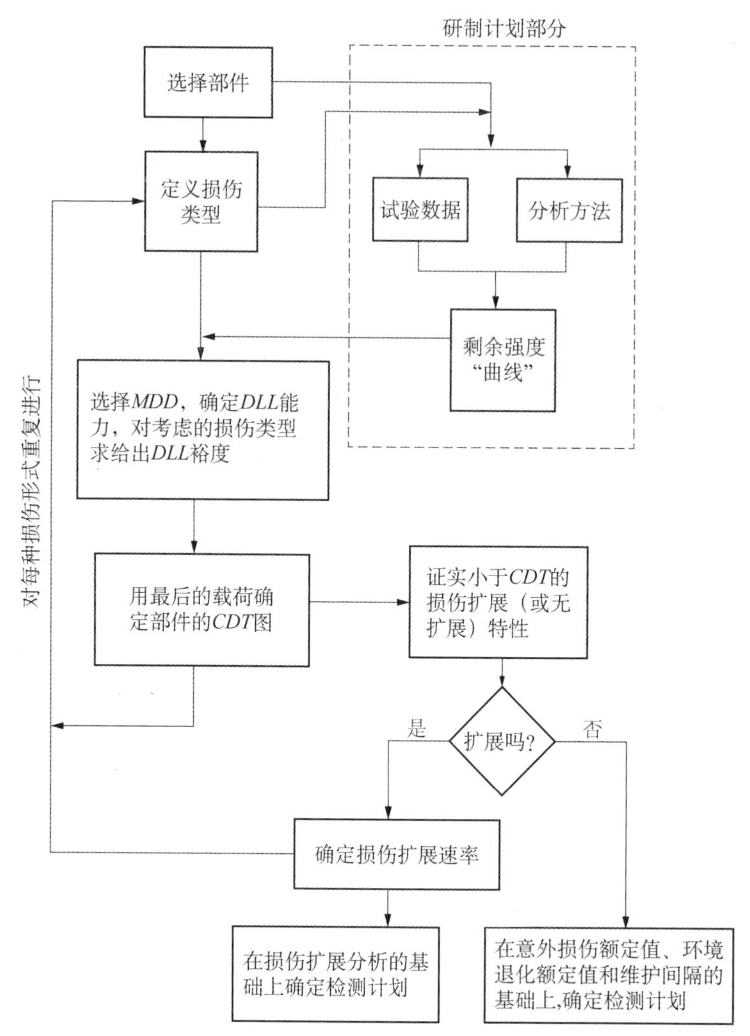

图 12.2.4.1(c)　用于破损安全载荷的损伤容限评定流程图

在无扩展情况和确定性符合性方法的情况下无法合理地确定检测间隔。相反，他们将以定性评级系统为基础，这个系统基于对意外损伤和环境退化的结构能力和飞机服役经验。这种方法详细的讨论在第 3 卷 12.4.4 节。

确定性符合性方法基于两组试验与分析的最小值。第一组用于证明含 *BVID* 尺寸损伤的结构在设计极限载荷下具有正的安全裕度，这个试验主要包括含 *BVID* 的试样和组合件。第二组用于证明含大损伤时在设计限制载荷下具有正的安全裕度；这个试验包括含穿透厚度损伤、蒙皮-桁条脱胶和大的冲击损伤等的组合件（如 5 桁条壁板）与部件结构等；认为这些损伤是最大设计损伤 *MDD*。要用试验来证明 *MDD* 尺寸的损伤是易于检测的，还要证明在使用载荷下 *MDD* 尺寸（或更小）的损伤不会扩展。

虽然这种方法满足条例的损伤容限要求，但可能无法提供足够的数据来支持结构修理手册中 ADL 的精确定义。因此，允许的损伤尺寸将会被保守地设置为较小的值，从而增加了民用飞机中薄复合材料蜂窝夹层面板的使用修理成本。

12.2.4.2　概率或半概率符合性方法

许多概率和半概率方法是可行的。文献 12.2.4.2(a)和(b)回顾了大多数已经提出的方法。每个方法阐述了复合材料设计和验证的各个方面。接下来的内容将重点讨论欧洲运输机的取证方法(见参考文献 12.2.4.1(e)，12.2.4.2(c)- 12.2.4.2(f))。它们最初是由 Aerospatiale 为 ATR 72 外翼的取证而研发的，后来又用于 A330/340 的副翼，随后一种概率方法由 Alenia 航空公司在对 ATR 的碳纤维尾翼和以后的 Airbus 飞机完成的。

半概率方法的基础是证明不安全事件发生的概率是极低的。失效概率由损伤存在于结构和含有该损伤的结构出现高于其强度的载荷的组合概率确定。“极其不可能”是指在每飞行小时发生事件的概率低于 10^{-9}。这个值是通过类比会引起灾难性后果的设备或系统失效，从咨询通报 25.1309 - 1A 导出的，因为主结构元件失效也是这样一种情况。对于不太关键的零件可以接受更高的失效概率。

考虑到损伤被检测出的可能性，这些方法中包含了检测计划(方法和频率)。具体地说，损伤在结构中出现概率是损伤发生和未被检测发现的组合概率。该方法更具体的目标是要确定这样的检测程序：它要保证下列组合是可接受的：即载荷具有“$k \cdot LL$”水平，同时存在的漏检意外冲击损伤使结构强度降低到“$k \cdot LL$”载荷水平。除了飞行的情况下冰雹撞击，载荷和损伤发生可视为独立的现象。

图 12.2.4.2(a)显示了冲击损伤能量、可检性和载荷要求之间的关系。沿着纵坐标，检出概率在检测门槛值和大 VID 限制之间起着一定的作用。沿着横坐标，包

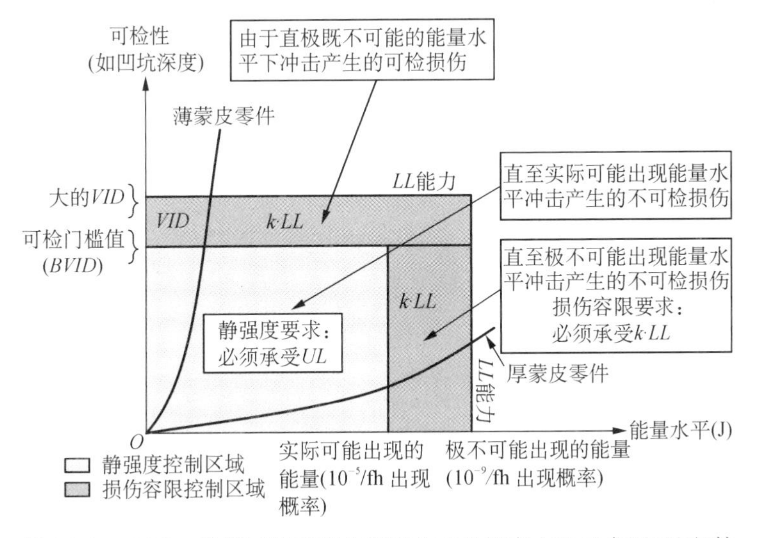

图 12.2.4.2(a)　确定可接受剩余强度水平的概率方法示意图(见文献 12.2.4.2(f))

括具体能量级别的出现概率。

文献 12.2.4.2(c)和(d)介绍了对一般方法的简化。在简化方法中，离散和连续损伤源没有任何区别，因此，在检测间隔期间对所有的损伤都同样对待。其次，这种方法不包括任何检出凹坑的概率——*BVID* 能量和凹坑深度的选取必须足够高以防止任何疏漏(即检出概率等于1.0)。这允许在完成一次检测周期时结构中至少存在一个意外损伤的概率(此时损伤结构的概率是最高的)可以写为(当 $n \cdot P_a < 0.1$ 时，可以认为近似等于)

$$1-(1-P_a)^n = nP_a \qquad (12.2.4.2(a))$$

失效概率可以写为

$$P_f = P_r n P_a \qquad (12.2.4.2(b))$$

式中：P_f 为失效概率；P_a 为每飞行小时的意外损伤概率；n 为检测间隔，用飞行小时表示；P_r 为飞行载荷(如突风)的出现概率，其强度与意外损伤的概率 P_a 相组合会导致灾难性破坏。

图 12.2.4.2(b)包括了图示公式 12.2.4.2(b)，并说明了所需的带损伤剩余强度对检测间隔和损伤发生概率的依赖性。该要求只用于载荷介于限制载荷和极限载荷之间时，此时损伤概率大于 10^{-9}。设置限制载荷和极限载荷发生的概率分别为 10^{-5} 和 10^{-9}，正如下面要讨论的那样，在“发生静载荷”以下。低于限制载荷应用离散源损伤的要求，并且由于损伤不会使结构特性低于极限载荷所以不需要检测。此外，损伤概率低于 10^{-9} 是可以接受的，既然低于极低可能的限制，那么在安全分析时

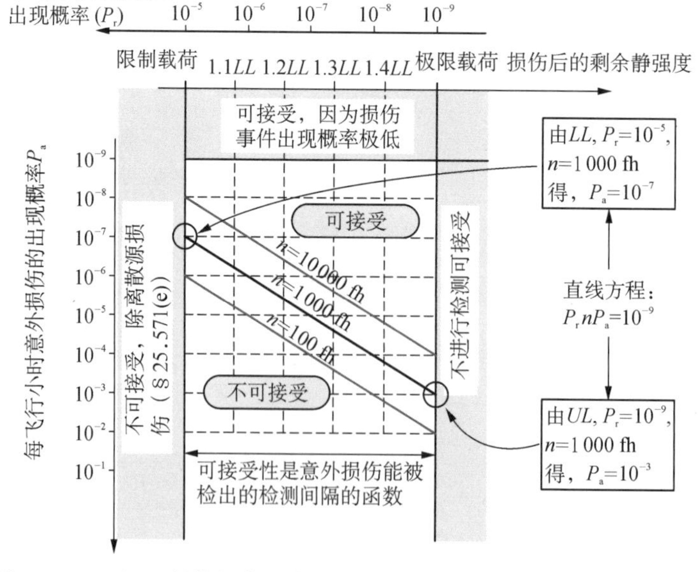

图 12.2.4.2(b) 损伤概率和检测间隔对所要求剩余静强度水平的影响

可以不必纳入考虑。在图中具体的检测频率要求显示为一条直线。可接受的失效概率(例如 $P_f = P_r \cdot n \cdot P_a \leqslant 10^{-9}$)情况处于要求的概率直线右上方。

图12.2.4.2(c)显示了该简化方法,该方法将在下面的内容中讨论。所有受低速冲击损伤的主结构元件(PSE)必须应用该简化方法。除意外冲击,承受高压应力的飞机外部蒙皮特别受关注。

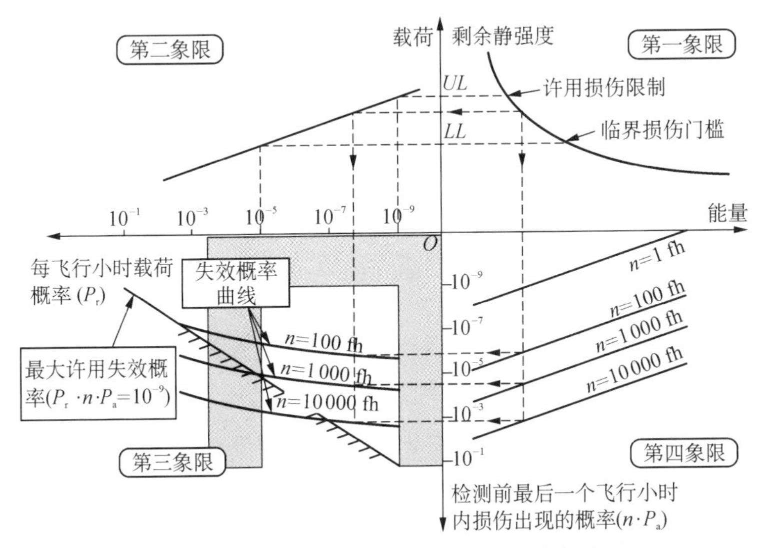

图12.2.4.2(c)　确定检测间隔的概率方法

冲击后剩余强度　第一象限包含了冲击能量和结构的剩余强度之间的关系。对感兴趣的结构位置,这种关系通过附有积木式试验的分析来确定。这个象限中的曲线反映了合适的统计基础和最恶劣的环境。在某些情况下,这种关系是由损伤面积与损伤能量的关系和剩余强度与损伤面积的关系联合决定的。

静载荷出现次数　第二象限描述了施加的载荷。具体地说,它含有用对数线性分布来描述的静载荷(在限制载荷和极限载荷之间)出现概率。在图中,静载荷出现概率随载荷均匀变化(按对数线性),载荷范围从 10^{-5} 次/飞行小时到 10^{-9} 次/飞行小时,其中 10^{-5} 次/飞行小时对应于限制载荷的静载荷而 10^{-9} 次/飞行小时对应于极限载荷的静载荷。10^{-5} 和 10^{-9} 概率值基于与突风载荷相关的研究,它分别与实际可能和极其不可能的事件相关。值得注意的是,在缺乏飞行记录和使用自动驾驶仪的情况下建立机动载荷概率的类似关系比较困难。因此为建立合适的载荷概率关系,需要进一步考虑非突风载荷控制的结构设计。

冲击威胁　第四象限利用一个对冲击能量的概率分布描述了冲击威胁。具体地说,检测间隔的最后一次飞行期间,有至少一个具体大小冲击能量的冲击事件造成的至少一个损伤的概率,以及造成对结构的影响概率。由于负纵坐标是检测间隔 $n \cdot P_a$ 最后一次飞行的损伤概率而不是单独的飞行时间 P_a,所以损伤概率是一个关于检测间隔的函数。这可以理解为按每飞行小时利用公式 12.2.4.2(a)来换算损伤威胁。

这种普遍方法考虑了由各种损伤源所构成的复杂威胁，它们包括只可能在两次定期详细检测之间出现的偶然源(例如一个可移动试样的坠落)，和可能在每次飞行中出现损伤的连续源(例如工具掉落，步行磨损，服务车辆的碰撞，跑道碎片的溅射)。对每种损伤源，用概率函数模型来描述所涉及的冲击能量(对数正态定律)。用来扩展图形的简化方法没有区分偶然源和连续源损伤，但是将风险与偶然源在整个检测间隔内平均地联系起来。

关于对冲击事件概率发生关系的发展将会在第 3 卷 12.9.1.1 节中讨论。

检测程序　第四象限在名义上描述了检测程序。这种普遍方法考虑了采用几种检测方法、具有不同周期的复杂维修程序。最初的损伤检测使用三种检测方法：普通目视检测，外部详细目视检测和内部详细目视检测。每种检测方法的效率用概率分布模型来描述，检出概率是损伤凹坑深度的函数(对数正态定律)。这些模型以统计学研究为基础，不仅要考虑检测方法不能发现的损伤，还要考虑那些在检测时未发现的可检损伤。后者在下一检测周期时必须要加以考虑。

简化方法假设检出概率为 1.0，因此，检测时间长度只包含在第四象限。正如上面所讨论的，每个检测间隔概率曲线利用公式 12.2.4.2(a)可以换算成每飞行小时的损伤威胁。需要指出的是，为简化起见，图中的概率规律被设定为对数线性的。事实上，它是非线性的，但近似对数线性。

如果图中包含检出概率，第四象限的概率关系可能就是描述损伤出现的可能性。由于缺少检测或者检测无法鉴定损伤时，可能会出现这种损伤已经出现和损伤没有被发现的组合概率。在可检测性与凹坑深度相关的条件下，检出概率作为冲击能量的函数描述了凹坑深度与能量以及可检测性与凹坑深度的组合关系。

失效概率　第三象限描述了失效概率。公式 12.2.4.2(b)定义了对确定情况的概率失效关系(冲击能量、检测间隔、剩余强度关系)。要求的概率定义为 $P_r \cdot n \cdot P_a = 10^{-9}$。由于负向纵轴与在检测间隔的最后一次飞行期间的概率 $n \cdot P_a$ 相关，而不是与单独的飞行小时 P_a 相关，图 12.2.4.2(b)中显示的多条曲线倒向一条单独的曲线。如果整个概率-失效曲线在要求直线的右上方，对一个具体的检测间隔可以证明损伤容限是可接受的。图中还显示了当检测间隔 n 增加，由于第四象限的损伤概率曲线在向下移动，在第三象限的概率-失效曲线也会向下移动。对图上的情况，最大可接受检测间隔是 1000fh，进一步增加检测间隔将会导致概率-失效曲线穿过需求概率直线。

用这种方法其他变化可获得一个可以接受的失效概率。其中一种方法在设计过程中起着专门的作用，包括选择期望的检测间隔，从第三象限的需求概率直线生成第一象限的需求剩余强度直线。必须这样设计结构，以至于它的剩余强度曲线在需求能力线和限制载荷上方。

注意实施上述方法的关键措施。包括：

- 对结构中的所有关键零件，采用积木式方法得到强度-能量曲线。
- 研究冲击损伤情况得到冲击威胁概率规律。
- 确认和验证载荷发生概率的关系。
- 对小于 *VID* 门槛值的所有损伤，一般通过全尺寸疲劳试验来证实无扩展概念。
- 进行剩余静强度试验来校核含损伤结构具有所假设的强度。

12.3 设计的发展和验证

12.3.1 损伤设计准则

在设计发展过程中，早期定义的典型结构设计准则用来确保最终设计同时符合认证机构要求和公司对项目的目标。将准则定义为符合相关损伤的要求而需要大量使用中出现损伤的模拟方法。通常使用标准的方法来确保满足符合性要求。与每种损伤类型相关的典型损伤威胁和通常用来模拟损伤的方法将会在下面的内容中讨论。并提供在损伤威胁和损伤指数中使用的典型参数作为参考。对一个特定结构使用的具体数值必须向认证机构证明。注意在讨论中省略了第 5 类损伤源，因为由定义来看这种损伤在设计中不予考虑。描述第 5 类损伤源的方法在第 3 卷 12.3.3 节中讨论。

正如第 3 卷 12.2.2.6 节讨论的，定义设计准则的目的更多是符合公司的目标，而非符合认证机构的要求。特定损伤源类别的准则通常围绕经济转动，要么提供比条例要求更高安全标准(例如额外载荷情况)，要么通过耐用结构减少维修成本(例如限制最小允许损伤的尺寸)。下面的讨论描述了关于符合，但实质上不超过认证要求的损伤尺寸。

12.3.1.1 第一类损伤

第一类损伤源包括环境和液体暴露、工具掉落、地面和飞行冰雹、跑道碎石、轮胎爆裂、雷击和胶黏剂/基体脱粘和分层。因此，通常要制定每种损伤对应的准则。

由工具掉落和跑道碎石产生的勉强可见冲击损伤 *BVID* 通常由标准冲头来模拟，即采用直径 13～25 mm(0.5～1.0 in)的半球形钢化冲头。有较高检出概率的最严重损伤(例如，90%的损伤有 95%置信度)，通过检出概率研究，可以建立与 *BVID* 相关的损伤级别。这样可以确保所有不需要结构承受极限载荷的损伤能以很高的概率被检出。第 3 卷 12.4.6 节含更多关于检出概率研究的细节讨论。

凹坑深度通常用于定义与冲击损伤相关所需检测级别的度量。典型的热固性材料体系第一类损伤最大凹坑深度的数值在 0.25～2.0 mm(0.01～0.08 in)，这部分取决于假定的目视检测强度(如普通目视检测或详细目视检测)和结构类型(即夹心板或层压板)。由增加这些凹坑深度值来考虑损伤发生和被检出之间产生的凹坑回弹，然后建立针对 *BVID* 凹坑深度的设计准则。凹坑回弹可能是时间、环境暴露、环境和/或载荷循环的任意组合引起的。凹坑回弹使用的典型数值是最初凹坑深度的30%～70%(也就是最初凹坑深度是回弹后深度的1.5～3倍)(见文献12.3.1.1(a)和12.3.1.1(b))。影响回弹的因素包括材料类型和结构。通常情况下，热固性材料和夹层结构分别比热塑性材料和层压结构呈现了更多的凹坑深度回弹。

当尝试建立与工具掉落和跑道碎石相关的*BVID*损伤级别时，典型的截止值范围从20～140J(15～105ft·lbf)，部分取决于冲击威胁暴露，它是与飞机零件位置和关心的表面是在外部还是在内部有关。确定性符合方法一律采用接近上边界的截止值，概率性方法则使用基于每飞行小时10^{-5}出现概率，并联合考虑所关注的特定位置的冲击威胁暴露的截止值。

当飞机在陆地上时的冰雹冲击(又称地面冰雹)通常利用模拟的雹石来实施。在历史上，已经利用棉花增强的冰雹小球(即ASTM F320-05)或者铅丸来达到此目的。然而，用这些冲击物生成的损伤与天然冰雹产生的损伤有显著的差异。具体来说，对于某些设计，自然冰雹在同一级别的可视性下生成了更大面积的分层，模拟冰雹在一个特定的冲击能量下会导致更严重的损伤(见参考文献12.3.1.1(c)和(d))。自然冰雹的模拟可以更好地支持损伤容限检测程序。

与地面冰雹相关的设计准则根据零件位置和其可拆卸性而不同。冰雹直径的普遍范围为10～25mm(0.4～1.0in)，而冲击能量界限范围在2～56J(18～500in·lbf)。当处理工具掉落和跑道碎石时，确定性符合方法采用了接近该范围上限的统一值(针对每个零件类型)，而概率性方法采用了与10^{-5}出现概率相关的尺寸和能量组合。

飞行中的小冰雹也被当作第一类损伤。通常使用10～25mm(0.4～1.0in)直径的模拟冰雹，其速度为飞行器的巡航速度。确定性符合方法一律使用接近冰雹尺寸和速度上限值的要求。概率性方法使用基于10^{-5}每飞行小时出现概率，并考虑飞机在非常严重的雹暴中飞行概率下这些变量的组合。在第3卷12.5.2.5节中将会有关于冰雹威胁的进一步讨论。

脱粘和分层准则通常定义为与可接受的制造缺陷相匹配。要求的尺寸随位置而变。典型的例子为一个正方形脱粘，边长12.7mm(0.5in)，或窄边为6.4mm(0.25in)很长的脱粘。

12.3.1.2　第二类损伤

应该考虑的第二类损伤，其来源包括更严重的冲击损伤和飞行冰雹。如果雷击对机组人员来说不一定易见，那么最大能量的雷击也要包括其中。设计还应考虑与制造过程故障相关的异常一直无法检出时维持飞机能力的鲁棒性。

目视可见损伤(VID)要求能承载限制载荷的能力，生成清晰VID的方法并没有被很好地标准化。对内部位置通常使用端头直径13～25mm(0.5～1.0in)的半球形钢质冲头，损伤威胁的大小、形状和速度在这些地方是相对受限的。然而，为了最佳模拟可能的威胁范围，用在外表面的冲头形状种类更多。举例来说，使用较大直径(例如 102 mm(4 in))钢质半球形冲头来处理一系列的威胁,这些威胁包括与服务车辆的可能碰撞。由于被当作第二类考虑的损伤必须清晰可见,其检出概率一直还未进行研究。

对这种损伤类型其冲击能量的水平有时候会受到限制。当采用能量限制值时,通常要与概率性或半概率性符合方法联合使用。在那种情况下,截止值的水平与位置有关,基于每个区域的暴露威胁和 10^{-9} 次每飞行小时出现概率的组合。得到的截止值范围为 35～240 J(26～176 ft・lbf)。

较严重的地面和飞行冰雹有时被处理为第二类损伤,这么做通常是与概率性符合方法结合在一起的。通常使用直径约 50 mm(2 in),能量为 32 J(280 in・lbf)的冰雹来模拟地面冰雹,同样直径,速度为飞机巡航速度的冰雹来模拟飞行冰雹。这些情况要与每飞行小时 10^{-9} 次的联合出现概率来处理。第 3 章 12.5.2.5 节包含了对冰雹威胁的进一步讨论。

12.3.1.3　第三类损伤

应考虑为第三类损伤的来源与第二类损伤相关,这些损伤对位置和严重程度使得未受过培训的人员也明显可见的。对有别于第二类损伤的第三类损伤,迄今一直不常使用明确的设计准则。

12.3.1.4　第四类损伤

认为对机组人员明显可见的损伤来源包括大型飞行冰雹、鸟撞、螺旋桨爆裂。最大能量雷击可能也可以归为这一类。与这些损伤相关的设计准则通常类似于持续安全飞行的要求,并在第 3 卷 12.2.1.2 节中讨论。然而,这些准则可能会包括对主结构的"无穿透"要求。

严重的飞行冰雹有时可以按第四类损伤来处理。通常使用飞机巡航速度下直径为 50～64 mm(2.0～2.5 in)的冰雹。要考虑与特定高度相关的尺寸和与巡航速度。第 3 卷 12.5.2.5 节包含对冰雹威胁的进一步讨论。

12.3.1.5　未定义事件造成的大型损伤

除了特殊来源引起的损伤之外,经常用未定义来源大型损伤情形确保最小级别的结构鲁棒性。特殊的损伤和需求载荷水平都在不断变化。这些例子有带一跨相邻蒙皮的中央筋条、含有大型开孔的大面积结构、在止裂结构间加强件的完全脱粘、载荷引入区域的一个或多个紧固件缺失。在这个类别中还包括需要断开铰接结构和高载荷引入区域单传力路径的破损安全情况。通常要求结构承受限制载荷的能力,但对机组人员明显可知的损伤事件,有时使用折减载荷(例如"返回"载荷)。需要注意的是,这种做法通常会对大多数结构位置导致保守的第三类损伤能力。

12.3.2　验证

虽然设计准则提供了指导产品和条例要求符合性的手段,但验证涉及要证明最终产品满足这些要求。第 3 卷 3.4.8 节中讨论了验证的几个主要方面。由于复合材料结构内部复杂的损伤状态以及受现有准确模拟水平所限,与损伤相关的结构能力验证通常要包含试验，还包含使用经过验证的分析技术来处理大量的损伤场景、位置和载荷。

下面各小节描述了与验证相关的典型工业实践。不同的损伤类型有不同的解决方法(例如，对于不同的公司或不同的应用)。这些不同的方法不能任意组合来验证符合性，而必须在整体规划下验证产品的安全性和符合性，而且必须被认证机构所接受。

在设计时并没有直接提到第五类损伤，因此前面的章节中不包含这类损伤。关于第五类损伤的讨论在第3卷12.3.3节。

12.3.2.1 第一类损伤

通常用B基准(或其他适用的基准)的设计值和环境修正因子的组合来处理第一类损伤的静强度要求。然而，由于它们独特的属性，对可接受的制造异常和BVID，得到的数值有些差异。

通常用试样和元件试验来得到考虑制造异常的设计值和环境修正因子。对某些异常(例如可接受的脱粘)在建立设计值时，有时用经验证的分析方法来对试验进行补充从而降低对试验的需求。因为考虑到可接受缺陷的尺寸较小，并且载荷的重新分配有限，较小规模的试验已经足够充分。通过用组合件、部件和全尺寸试验来验证存在这些异常的结构承载能力。作为组合件试验的一部分，环境影响与室温/大气湿度条件下进行的部件和全尺寸试验一起验证。可以调整载荷水平来考虑环境。由于材料的分散性，还可能必须增加静载荷，这取决于积木式试验的数量、分析验证以及与认证机构的协商。

虽然需要较大尺度的试验来获得典型损伤状态和/或围绕载荷重新分布时要使用组合件试验，*BVID*设计值是以相似的方式建立的。在使用组合件的情况下，设计值的确定或是通过使用由含损伤试样和元件试验中获得的统计降低系数(与所需基准级别相关)，或采用多个组合件试验的下限。环境降低系数可由组合件试验直接获得，或者从试样和元件试验获得。含有该种损伤结构的承载能力通常由部件级和全尺寸试验来验证。在含其他第一类损伤的全尺寸试验中，如果环境和材料的变异性没有直接体现在试验中，若适宜，需要引入载荷因子来加以考虑。

与第一类损伤相关的结构承受重复加载的能力一般通过在室温/大气湿度条件下部件或全尺寸试验来证明。在某些情况下，用关键环境条件下的组合件试验来进一步验证。对使用“无扩展”方法的应用，这些试验重点验证在要求的循环载荷下无有害的损伤扩展。通常要用载荷和寿命因子来处理所需的统计(例如B)基准，以及当试验没有考虑时需要考虑环境因子。这些因子的统计部分通常基于以往的实践(对所用与过去用过的类似材料和应用)或试样和元件级别的试验。

12.3.2.2 第二类损伤

含有第二类损伤(如VID)的结构承载能力一般使用经过验证的分析方法和/或直接由试验来验证。由于损伤状态的复杂性，经过验证的含冲击损伤静强度的分析方法通常是经验方法。在某些情况，已经表明用较简单的损伤(例如缺口)情况处理较为复杂的损伤偏于保守。然后直接用这些经过验证简单的损伤的分析方法来验证符合性，或者用来建立设计值。脱粘和/或分层情况的静强度一般按后面的方式处理。

静强度试验通常在组合件、部件和全尺寸级别上进行。环境因子通常在组合件尺度下确定，并用于更大级别试验的结果，这些试验通常在室温/大气湿度条件下进行。

含第二类损伤的结构承受重复载荷能力通常通过部件和全尺寸试验件中无有害损伤扩展来验证。一般来说，循环载荷模拟一个或多个检测间隔。由于在一次检测内有可能检测不出该损伤，有时要包含多个检测间隔。通常大尺寸结构循环载荷试验在室温/大气湿度条件下进行。用载荷和寿命因子来考虑由较低级别试验鉴别出的分散性和任意的环境影响。

12.3.2.3　第三类损伤

迄今为止，第三类损伤在工业界并没有得到广泛的处理。由于与第二类损伤最主要的区别是检出时间，第三类损伤与第二类损伤的验证通常只是在验证快速检出(由未受过培训的人员)的需求，和验证所需的静载荷能力之前施加重复载荷的循环次数上不同。为确保损伤检出，有时选择的重复载荷的循环次数比较保守(例如 50 次飞行)。

12.3.2.4　第四类损伤

通常用分析方法或设计值来处理与第四类(即离散源)损伤相关的各种剩余强度的评估。这些设计值一般由点设计试验或用经验证过方法进行的分析导出。通常验证试验在室温/大气湿度条件下的部件或全尺寸级别进行。对环境因素要用较低级别试验得到的因子对试验结果进行修正。由于大型损伤在大尺度试验时表现出较低的统计分散性，因此修正时通常不考虑分散性。

12.3.2.5　全尺寸试验

用“积木式方法”(见第 3 卷第 4 章)可以表明对要求(见第 3 卷第 3 章表 3.3.1)的符合性。为符合表 3.3.1 中的静力和疲劳/损伤容限要求，通常需要两个全尺寸试验件。当结构含有重要的金属部件，它对有效的验证和允许的载荷有限制时，这一点尤为重要。在金属结构疲劳试验前和进行试验时必须避免施加高载(与静强度或复合材料疲劳相关)，因为它会由于裂纹的迟滞导致非保守的疲劳试验结果。

积木式方法由一系列复杂度级别逐渐增加的试验(通常为了支持分析)组成，并定义为“试验金字塔”。金字塔顶端通常定义为一个或多个全尺寸试验(和/或一些高级别的部件试验)，金字塔基座定义为普通试验并主要关注得到许用值的统计基础。如果认证机构认同：有足够类似设计、材料体系和载荷条件下，通过分析方法来推广试样、元件和组合件试验结果的经验证明这种做法是适当的，可以避免大尺寸试验。

复合材料需要对处于金字塔较高级别的复杂结构进行大型试验。这个要求源于以下几个要素，包括：①复合材料对层间失效模式的敏感性，和对包含产生这些模式的二次载荷的试验需求；②难以准确预测复杂结构布置(例如接头)的应力状态，以及验证预测载荷和模式的需求；③为验证将较低尺度试验得到的材料/结构性能可推广用于最终结构的验证需求。大尺度试验的高成本和复杂度使得必须要有大量从低级别试验得到的信息。这已经成为运输机制造商的习惯做法，即对传统的全尺寸结构验证试验辅以有限的组合件或部件试验加以补充。

由于金属和复合材料部件有不同的敏感性，结构验证的现有基准方法(疲劳和损伤容限)比较复杂。当金属部件在主要元件载荷路径时，按金属的疲劳和损伤容限方法进行疲劳和损伤容限试验。用适于复合材料敏感性的疲劳谱来进行补充的部件和/或组合件试验。在某些情况，这些专用于复合材料的试验是"预生产"或"疲劳和损伤容限验证"试验件，并且在一个包括限制载荷和极限载荷的载荷顺序进行试验，这种载荷顺序不适合金属试验件的验证。

通常还没有普遍可接受的疲劳和损伤容限的补充或现成的试验顺序。任意特定项目的细节都将取决于应用和经验，并必须与认证机构协商。然而，图 12.3.2.5(a)所示为典型的 FAR 25 飞机试验顺序，是已被接受专用于复合材料验证的方法范例。当金属零件在机身主要的载荷路径时，这个例子可以作为一个补充的复合材料专用试验，或者当金属零件不在机身主要的载荷路径时，这个例子可以作为一个全机试验方法。旋翼飞机部件试验顺序在图 12.3.2.5(b)中给出。对商用飞机和

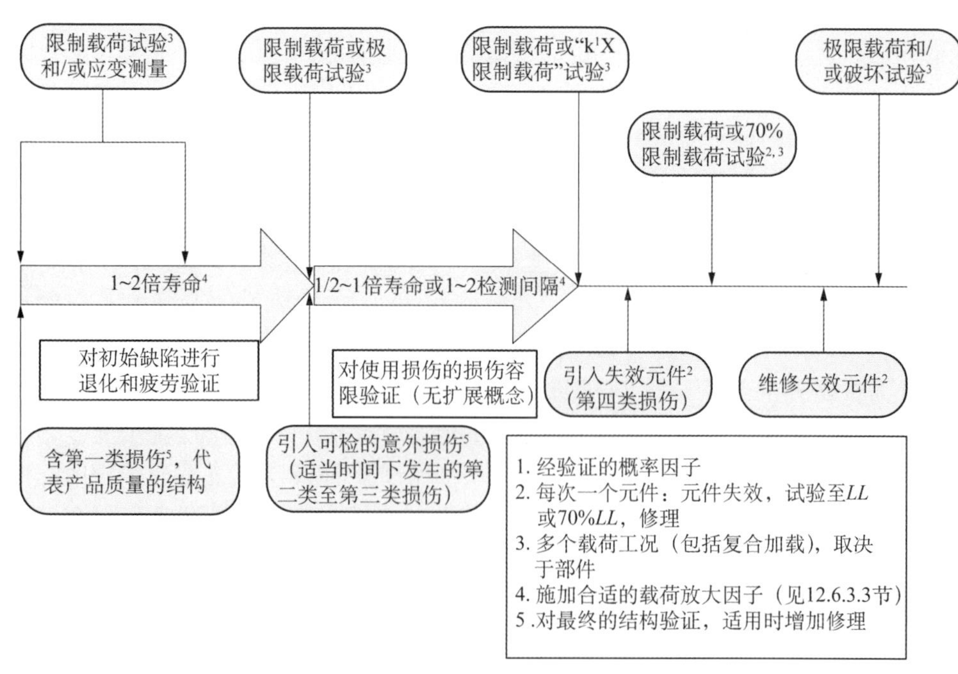

图 12.3.2.5(a) 例 1—全尺寸运输机结构试验的验证顺序

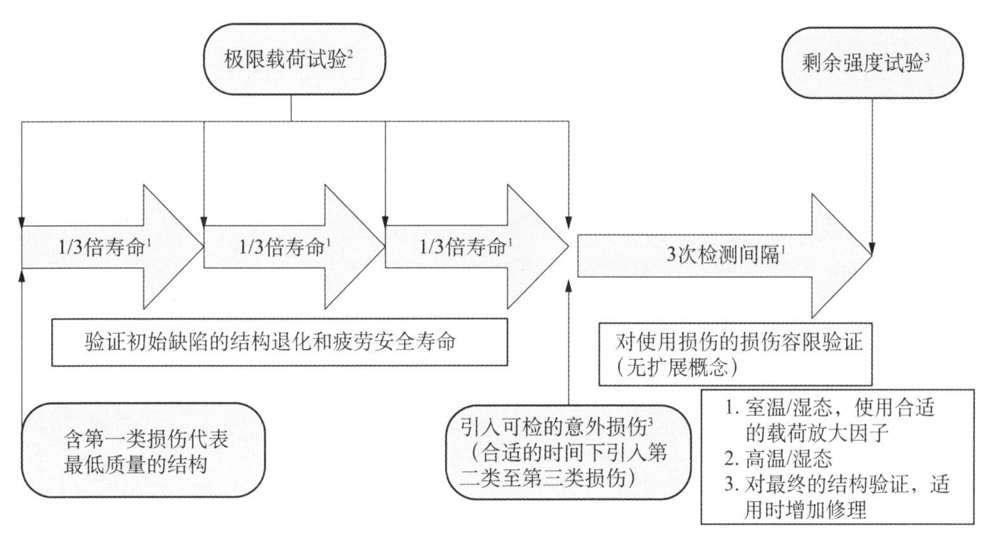

图 12.3.2.5(b)　旋翼飞机部件的试验顺序

旋翼飞机的具体实例在第 3 卷 12.8.1 节和 12.8.2 节中给出。这些试验方案是通用的,包含了要求的一些方面,但不是所有的。单独的、每个试验都不能被认为是一个完整的验证。下面的讨论将会识别这些特征,它们可能来自于为证明符合性的一个较高级别的金字塔试验的一部分。

试验开始的时候,在结构最关键的区域,对含有缺陷和意外损伤的试验件进行补充或现成的试验。缺陷和损伤都是在制造和使用中可能出现并在整个寿命期间存留在结构中具有代表性的(即第一类损伤)。因此,这些缺陷和损伤的尺寸通常在可检或可接受的限制值范围内,取其大者。若适用,冲击损伤事件可能受有经确认的能量截止水平。可用保守的缺陷与损伤尺寸和/或级别来证明结构的能力大于所要求的。然而,加在特定位置某类型的大范围损伤会掩盖不同的,而且可能更具代表性和关键性的失效载荷和模式扩展(例如大范围分层可能会阻止层间裂纹扩展),所以这种方法使用时应该小心。

在整个试验过程中,试验件应在若干检测间隔内进行检测来表征损伤状态的变化。在制造过程或完成后立即实行初始检测来记录任何内置异常。在引入故意损伤,和完成任何静力或疲劳试验阶段后要进行更多的检测。验证过程的有效性取决于对试验所有阶段的损伤检出和了解。

由于大型结构难以保持在一定的温度和湿度下,所以这种尺度的试验通常在大气环境进行。这些情况中,要么①用由试样、零件和组合件级别得到的环境因子来增加载荷,或者②试验只是用来证明:在关键位置由极限载荷引起的应变与预测的应变相符,且不大于关键环境下的许用值或设计值。在后一种情况中,在较小的尺度下,必须进行足够的试验来验证在关键环境条件下关键设计细节的强度。如图 12.3.2.5(b)所示,处理环境影响的其他方法是可行的,包括对疲劳和静态试验的不同阶段用不同的条件。

试验载荷通常由一个或多个载荷工况开始，这些载荷工况可能会达到限制载荷。这些初始加载能帮助将复杂结构的行为控制在预想的情况下，建立与后续结果比较的基准值，并为初始损伤的静态“无扩展”行为树立信心。有时，在单一的试验载荷情况中会将多种飞机载荷工况加以组合，但当它们相互作用，并且在实质上降低了结构关键部位的局部加载水平的时候不会采用这种方式。

最初的静力试验通常接着进行重复载荷的验证。这种最初的疲劳载荷试验目标是显示重复载荷不会造成任何损伤，也不会引起任何可接受缺陷或损伤的有害扩展。材料的分散性通过对载荷水平施加适用于所要施加循环数的放大因子来处理。这些因子的确定要考虑在试验中每种材料体系表现出的潜在失效模式（见第 3 卷 12.6.3 节），由此。材料分散性通常要足够高，使得单独使用寿命因子在经济上是不实际的。常用的载荷因子大约为 1.15，寿命因子在 1～2，它们的具体取值取决于相互的值，以及材料和失效模式。在大尺度疲劳试验中，标准作法使用至少 1.5 倍的寿命周期（例如 AC25 - 571 对金属结构已经明确了两倍的寿命）。在第 3 卷 12.6.3 节中包含了关于载荷和疲劳谱，包括截取值和编排问题的进一步讨论。

该尺度的结构通常是金属零件和复合材料零件的混杂结构，导致在重复载荷施加上的矛盾需求。具体来说，复合材料所需施加的载荷和寿命因子，对于金属零件产生了不具代表性的情况，会导致提前失效或裂纹迟滞。有一些基本策略可用于处理这类问题。第一种方法是采用两个单独的试验件，分别处理金属疲劳和复合材料疲劳。第二种方法是采用一个试验件同时处理金属和复合材料疲劳，其金属零件按完整性需求进行修理或更换。在这种情况下，对金属试验结果通过分析方法修正，以得到未施加载荷和寿命因子的载荷情况。第三种方法是对影响结构复合材料部分的载荷分量采用不同于金属部分载荷分量的因子。上面所有的情况需要经过仔细评估来确保不会在无意中对结构中金属细节引入非保守的结果。

在最初的疲劳验证时，在检测间隔期间，有时会利用静载荷试验来监控结构响应可能的变化。疲劳循环试验之后（在试验中的某些点），通常会继续进行为证明符合结构验证要求来说是必需的、一个或多个极限载荷试验。

试验后期通常会处理更严重的损伤，在某些情况下同时会处理修理。由使用中检测程序检出在结构的临界位置产生的损伤（第二类损伤），然后经受一个合适的循环水平（包括载荷和寿命因子），模拟在检测和维修损伤前偶然发生的加载。引入的损伤必须类似使用损伤的保守处理，并尽可能代表真实损伤的形式（见第 3 卷第 13 和 14 章）。这个阶段的加载可能包含不同的检测间隔，以此来说明在第一次检测时无法检测到损伤的概率。

剩余强度试验应该在疲劳试验之后开始。25.571(b)符合性要通过施加一个或多个限制载荷（认为是静态极限载荷）来证明。在概率和半概率符合性方法的情况下，可能要求大于限制载荷（即 $k \cdot LL$）的载荷水平，可能会需要维修。有时在试验后期会处理更多的严重损伤，至少要部分证明与 25.571(e)提出的离散源损伤要求的符合性。图 12.3.2.5(a)所示，可以先引入结构元件失效(代表某些第四类损伤)，并按要求的载荷水平进行静力试验，之后对其修理。但是这么做，通常一次只是一个元件，以避免严重损伤之间的相互影响，并因此使产生非典型结构的失效风险降到最低。只要累积的损伤和维修可以验证试验的目的，可以重复这个过程。

在全尺寸试验中，通常要包括对自然产生或人为损伤的修理，来验证与疲劳和静强度要求的修理的符合性。有时从试验一开始的试验件中就要包括典型的修理，以验证在整个飞机寿命期间的结构承载能力。然而，在许多情况下，修理只是在试验后期进行，因此它可以作为补充，并向较低尺度的试验(例如组合件)提供疲劳和静强度数据。必须对大型损伤和修理的具体位置和详细情况作出慎重的选择，以确保它们对于其他损伤是独立的，这样可以避免出现遗漏其他可能关键损伤模式的风险。

试验的最后部分包括施加一个或多个静力极限载荷。在许多情况下，执行最终的载荷状态至结构破坏。这种试验还包含对最恶劣环境的合适考虑。

12.3.3　第五类损伤的处理

在飞机服役的环境中，能发生(也已经发生过)导致损伤超过通常在设计研发过程中所考虑范围(即第五类损伤)的事件。虽然这些事件(例如由高能量、大面积冲击)造成的损伤非常严重，但不易从飞机外部检出。一架含有此类损伤的飞机在评估损伤程度、确定结构能力、修理损伤(如果需要的话)之前就允许起飞的话，飞机的安全性将受到威胁。如果损伤在长时间没有被检出，风险将会进一步提高。避免这些安全风险的唯一可行方法是由操作人员和服务人员立即报告这些事件。一旦事件被报告，需要具有必备技能的工程和维修人员进行重点的额外检测来确定损伤程度和部署一切必要的修理。

安全管理原则是处理已知异常事件(例如地面车辆与飞机结构的碰撞)的基础。这些事件的安全性必须通过涉及操作、维修和工程人员的关键接口来保证。结构应该具有足够的冲击损伤阻抗和损伤容限能力，使得不包括在那些事件中的小事件也能在设计中被安全地覆盖。超出设计考虑范围的地面车辆碰撞的程度，对那些目击这个事件的人员来说，必须是明显可见的，这样才可以确保操作人员或服务人员报告该事件。这个思想是冲击损伤阻抗设计准则的基本依据，也是为复合材料结构研发和认证进行的支持试验的基本依据。

操作人员或服务人员的报告具有重要的作用，并应通过对这些人员进行培训来强化，以确保他们报告重要的地面车辆碰撞，并且不依靠视觉线索来判断潜在的损伤程度。就这一点而言，所有接触飞机的人员都需要培训。在每天的飞机使用和维护检查过程中，必须培训操作人员和服务人员，提高他们对车辆碰撞会使飞机结构受损的意识。对报告异常事件的行为，操作和服务管理应该提倡一种“无责备”的态度。操作人员和服务人员无法量化由已知车辆碰撞造成的损伤时，他们能清楚地知道这一点也是十分重要的。

知晓事件后的维修人员必须是经过进行技能培训的，这些培训对开始下一航班前必须完成的检测是必要的。任何损伤的检测和后续修理都必须遵照文件化的维修程序中的技术限制来实现。在某些损伤级别下，可能需要工程人员参与修理方案的设计和验证，以确保飞机能够重新安全运营。

必须为航线维修人员、检测人员和负责航班安全的工程人员制订更多处置潜在损伤事件的细节(例如车辆碰撞)培训。想要航线维修人员对可能的损伤报告做出反应，就必须对他们在检测方面进行培训，使他们在飞机调度之前完成检测。培训开始时，必须清楚地认识外部的目测损伤可能是有限的，在内部可能也会存在损伤(例如，损坏和脱粘的加筋元件)。培训也必须逐渐灌输对检测技术和进行所需检测使用设备的知识。

处理一个已知的车辆碰撞时，所有相关人员都应了解，外部和内部的损伤程度将取决于结构位置和车辆碰撞的力量，同样也要考虑其他冲击变量(例如车辆与飞机接触部分的几何形状)。通常只能定性了解这些细节，或者在意外事件发生后估算这些细节。原始设备制造商(OEM)应该在维护文件中(现场人员能够获取这些文件)描述潜在的安全问题，并提供对在车辆碰撞中可能发生的飞机结构损伤的潜在的严重本质进行培训。这种指令使用了保守的方法，确保飞机对潜在损伤事件的安全响应，是值得推荐的。

飞机维护手册(AMM)通常包含对异常事件的条件检测。这是定义一个异常事件(例如一个已知的车辆碰撞)的专门检测程序的较好方法。条件检测中通常推荐使用仪器的外部无损检测(NDI)和/或内部目视检测(对疑似破损的框架和筋条以及所有目测看到的脱粘情况)。在车辆碰撞没有严重到让多个内部结构及其相关机械紧固件或者胶接件开裂的情况下，已有的大部分损伤容限准则和维修程序能够将其涵盖。尽管如此，飞机维护手册也应该对导致结构完整性丧失的事件做出保守的定义。

条件检测倾向于检测损伤细节，这些损伤可能不会被结构修理手册(SRM)涵盖。在确定结构修理手册中的许用损伤限制值 *ADL* 时，通常不会考虑飞机结构中受车辆碰撞潜在影响的(大面积)区域。因此，不能借助许用损伤限制值来确定是否需要进行更为严格的检测以及后续的维修。在车辆碰撞后，检测的范围必须包含已知的冲击接触区、相邻的结构加强件和可能受高载荷作用的边界条件。最后，异常地面车辆事件造成的损伤所需的必要修理设计和工艺细节也不会包含在结构修理手册中。处理方案完成以后，必须确保合适的工程人员和维修人员参与，并采用已批准的维修方案对相关的特定损伤进行修理。

当前的行业现状需要大量的结构数据来为结构修理手册未覆盖到的情况制订合适的复合材料维修方案。但只有飞机制造商拥有这些数据，因此在没有与飞机制造商建立业务关系的情况下，现场机构缺少这些信息。操作人员必须意识到，只有飞机制造商才能让飞机在最短时间内安全地回到运营状态。应仔细评审由外部维修机构做的较大修理。如果在结构修理中采用非飞机制造商提供的方法，那么应该让飞机制造商知晓所有解决措施以便其给出技术评价，这一点十分重要。

12.3.4　附加的设计研发指南

已经提出了一些提高受冲击的复合材料平板和部件性能的方法(见 12.3.4(a)和(b))。其中一种方法是使用韧性更好的树脂基体来增加复合材料的固有韧性；但是韧性的提高通常只是对中等和较大厚度的层压板有价值，而对较薄的层压板或者夹层面板几乎没有作用。该方法虽然提高了损伤阻抗，降低了维修费用，但同时也增加了材料成本，降低了基体在高温下的刚度，而且可能会降低大缺口结构的剩余强度。因此，在做出最后选择前必须要综合考虑这些因素。

下面是通过研发数据来支持验证和降低复合材料飞机结构维护成本的方法：

(1) 每个主结构元件上针对每一类可能发生的重要损伤的剩余强度曲线必须由分析和/或试验确定。

(2) 描述 *CDT* 可检性的特征参数、损伤类型和严重程度必须以文件方式记录下来，以支持维修方案制定。

(3) 与 14 CFR 25.571(e)类似，对于易检损伤，其威胁程度应该包括由地面车辆和地面操作设备的碰撞、舱门冲击、跑道碎石和飞出的轮胎冲击造成的冲击损伤。根据使用经验发现，与这些事件相关的损伤在其被检出并进行结构修理前，可能会在少量的航班中存留。必须通过对每一类事故进行损伤敏感性分析，建立所有损伤的严重程度信息库。

为了降低飞机运营时的损伤发生概率和维修费用，结构损伤设计工作应该与飞机维修计划制订工作配合进行。试验验证和分析可以说明复合材料结构是否满足极限强度设计值、损伤扩展、剩余强度和维护等要求。在中等载荷水平下，如果脱离数据和分析，单独研究设计极限载荷或限制载荷强度，那么将无法得到一个平衡的设计，也因此无法支持高效益的飞机维护。例如，在极限载荷下，强度分析中考虑的损伤很有可能在飞机服役期间发生，而极限载荷在飞机运营期间是不太可能发生的。相反，在限制载荷下，强度分析中考虑的损伤和限制载荷都有可能在飞机运营期间出现。在商用飞机运营中，一个包含各类损伤重要信息的数据库将有助于实现复合材料结构的低成本、高效使用。

12.4　缺陷和损伤检测

制造、服役和修理过程中的缺陷和损伤的检测能力是保证具体结构损伤容限的基础。制造时的质量控制检测，应当检测到超出“无损伤”结构设计假设范围的缺陷和意外损伤。为了在性能退化到不可接受的水平以前可靠地检测出损伤，维修检测计划必须把一种或多种检测方法与适当的检测安排结合在一起。修理检测必须能够检测出被修理结构原来不存在，但却在修理过程中被引入的缺陷。检测方法依赖于损伤的量化，而后者还将支持剩余强度评定。在进行结构设计和维护计划制订时，还必须考虑到检测的可达性。

制造时的质量控制计划通常要结合使用工艺过程控制和自动检测方法来保证结构合格。与之类似的是，修理质量通常也是通过工艺过程控制和检测来保证。但是，在非工厂环境下，检测方法的自动化程度往往相对较低。外场检测计划常常是多频次、相对简单的检测方法（通常用于开敞区域）与使用少、相对精密的检查方法（通常用于局部区域）的组合。必须很好地了解每种检测方法的能力（即检测能力门槛值、检测可靠性）与每个结构部位损伤状态的关系。因为冲击变量（即冲头几何形状、速度、冲击角度等）对具体部位的损伤状态有很大影响，所以，应根据对这些变量数值范围的预计，对可检测能力门槛值和可靠性进行量化。

检测方法可分为两个主要类型。第一类最普遍，包括用于概念研发、详细设计、生产和维护的破坏性检测与无损检测方法；第二类只包括在运营中，用于对冲击损伤进行定位和定量描述的无损评定方法（NDE）。第二类方法在剩余强度强度评估方面的有效性，主要依赖于满足结构完整性要求的体现全部关键损伤特征的技术数据库的建立。

具体检测技术的相关讨论见第 3 卷的第 13 章。第 3 卷的第 6 章讨论了制造商在生产中用到的各种缺陷和损伤检测方法。第 3 卷的第 14 章讨论了使用过程中用到的损伤检测量化技术。

12.4.1 飞机服役期检测程序

在飞机使用中，定期检测是尽早检测到那些不是由意外事件（如发动机爆破）引起的或不会导致明显故障的损伤的基础。由于时间和成本的原因，飞机结构历来主要依赖于目视检测方法，而不在大面积飞机结构上采用其他无损检测手段。运输类飞机上应用的，较典型的定期检测有：

- 巡回检测——远距离目视检测，以发现孔洞和大面积凹痕或纤维断裂（即易检损伤）。
- 一般目视检测——对较大范围的内部和/或外部区域进行仔细的目视检测，以发现冲击损伤的迹象（如凹坑、纤维断裂）或其他结构异常。需要有适当的光线和较好的可达性（如拆卸整流罩和检查口盖，使用梯子和工作平台）。也可能需要辅助检测工具（如镜子）和表面清洁。
- 详细目视检测——对局部区域的内部和/或外部区域进行近距离的仔细目视检测，以发现冲击损伤的迹象或其他结构异常。与一般目视检测一样，需要适当的光线和较好的可达性。辅助检测工具和技术会更复杂（如用透镜、在清洁表面上用光线斜射），也可能需要表面清洁。
- 专门详细检测——用无损方法（如超声、X 射线和剪切散斑）对具体局部区域的目视不可检损伤进行检测。

飞机制造商通常会制订一个检测计划，通过规定一个可接受的日程安排来实施以上各种检测。然而，实际的检测计划会由运营商来制订，并在他们拥有的飞机上实施，但其必须征得相关管理机构的同意。这些检测计划通常都是渐进式的，越是简单的技术，其应用越是频繁。具体来说，巡回检测的频率通常是每次飞行到几天一次。商用运输飞机的例行维护检查通常称为“A 检”、“B 检”和“C 检”。A 检通常一到两周实施一次，其中会包括一些一般目视检测。B 检也会包括一般目视检测，通常两到三个月实施一次。结构检测主要在 C 检中进行，其频率通常是一到三年一次。在 C 检中，一般目视检测和详细目视检测常常被结合用来初步发现损伤。对损伤特别敏感或是易于受到目视难检损伤（如蜂窝夹芯的液体侵入）的某些区域，会使用详细目视检测，某些情况下还会使用专门详细检测。最难接近的结构区域（如翼盒内部）通常会每几次（如 2～4 次）C 检安排一次检测。

如果在这些检测中发现损伤，就有必要另外进行定向检测以确定损伤是否已导致结构能力下降到所需水平以下从而需要进行修理。这些检测的对象至少包括能够用维修中常用的量具量规来测量的表面损伤尺寸（如位置、凹坑深度、裂纹长度）。无损检测（如脉冲回波和敲击法）也常被用于这些定向检测中，以评估不可见损伤（如分层）的损伤程度。在定向检测局限于表面损伤尺寸测量的情况下，剩余强度评估中会就存在不可见损伤的数量做出保守性假设。这些假设与结构位置、可见损伤指标息息相关，必须对由广泛的实际冲击损伤变量（如冲头、速度、能量、冲击角度）得到的冲击损伤进行详细研究后方能得到，而这些冲击损伤变量是与结构布局息息相关的。

设计过程中未考虑的异常事件（如硬着陆、擦尾、过载、车辆碰撞）对操作人员来说通常易于发现。这些事件导致的损伤可能是大面积的，但是却不明显和/或不可见。维修文件中（如结构修理手册、飞机维护手册）规定了异常事件情况下所需的专门检测。这通常包括对主要损伤的邻近区域（如果可行）和可能受到较高局部载荷的远距离区域（如反力点）的仪器检测。因为损伤可能不明显或不可见，所以不论外表损伤是否严重，基于飞机安全需求，所有这些事件都需上报。适当的步骤、相关人员（包括操作人员、维护人员以及机场人员）的培训以及“不责怪”文化都是确保其执行的关键因素。

12.4.2　损伤检测数据的研发

在新机型的研发过程中，飞机制造商采用一套检测方法来帮助满足研制和应用的目标，这些目标包括要鉴别：①具体结构细节的关键损伤形式和设计准则；②零件生产的工艺和质量控制；③可靠的外场维护方法。推荐把一系列冲击损伤引入典型结构进行冲击研究，来支持研发能应用的检测技术。应通过这些研究得到表征目视可见损伤的定义来用于例行常规的检查，和用更精确、但可靠的 NDE 方法以定量给出剩余强度。这些研究应该包括冲击事件的定量化，和对所产生的损伤用无损（如穿透式超声）和破坏（如横截面的显微镜观察）检测方法进行测量。应当指出，如第 3 卷 12.5 节中所讨论的，在用于具体结构构型和设计细节时，冲击研究提供了最有用的结果。

冲击研究检测结果的最明显目标，是确定所推荐使用检测方法的可检性极限与检出概率。比较服役用技术和更复杂的实验室方法所得的结果，为这两类参数的定量提供了坚实的基础。在冲击研究中所包括的冲击变量和结构构型的范围，使得可检性极限与检测概率可以随着所处理的这些变量而改变。有关检测概率的研究将在第 3 卷 12.4.6 节中进一步讨论。

冲击研究检测结果的另一个不太明显，但同样重要的目标，是研制对结构退化进行定量的技术。必须确定结构性能参数（即刚度、强度）的降低，来避免在剩余强度评定时做出过于保守的假设，从而避免导致过严的修理要求。冲击研究结果通过建立（外场测量的）损伤参数与（破坏评定所确定的）实际结构退化之间的关系，为实现这一目标提供了可能。值得注意的是，对冲击事件的度量与所产生的结构退化之间关系还几乎不了解，因为通常对引起损伤的事件（如冲头几何形状、能量水平、出现的时间等）还知之甚少，或完全不知道。

应该用破坏和无损评定（NDE）方法来尽可能增加冲击研究所得到的信息。研究中应包括飞机制造商推荐、用于外场维护的所有 NDE 方法。建立外场 NDE 技术和更精确的实验室评定（包括力学破坏试验和横截面的显微镜观察）之间的相关性，将有助于确定冲击损伤的关键特征。关于冲击事件导致的物理损伤将在第 3 卷的 12.5 节和 12.7 中进一步讨论。

通常只适用于在实验室进行的冲击检测方法包括：穿透式超声检查（TTU）、显微镜、热揭层、局部刚度降测量和剩余强度试验，最后一种方法在第 3 卷的 12.7.1.2 节中介绍。TTU 可以提供损伤的位置和尺寸等数据。横截面的显微镜观察用于观察基体裂纹和分层的效果最好，用染色剂渗透来增强的抛光圆柱形截面，会有助于确定这种基体裂纹是如何汇合形成子层的。把树脂烧蚀掉的破坏方法（称为对层压板的热揭层）是表征纤维损伤范围最有效的实验室方法，虽然这种方法最初用于由单向带制造的层压板，但也能用于像纺织物这样的其他材料形式。

脉冲反射式超声（PEU）和 X 射线法既能用于实验室也能用于外场。不管是否被推荐用在外场维护上，这两种方法都应当被考虑用来评估冲击研究损伤。PEU 可以测量层压板厚度方向上不同位置的分层范围，而 X 射线法可以提供以可见的形式显示出物理损伤的细节。

12.4.3　检测计划研发

研发检测计划时需要确定合适的检测方法和检测频率，从而确保排除不安全情况。一个极为重要的不安全情况就是长时间检测不到第三类损伤（例如能导致结构接近极限承载能力的损伤）。如第 3 卷的 12.2.1.2 章节中所论述的，可接受的损伤检出时间与损伤的严重程度成反比。

如果结构在重复加载情况下展示出可预测的损伤扩展，那么假设采用的检测技术能可靠地检测出损伤，则可以通过预测出的损伤扩展速度和可接受的强度降确定该结构的检测间隔。该方法不适用于损伤无扩展情况，因为强度不随时间变化而下降。

对于采用确定性的符合性方法的损伤无扩展情况，通常通过环境退化和意外损伤评级系统来确定检测间隔。该方法见第 3 卷 12.4.4 节。通过外部载荷发生概率，基于概率的符合性方法直接包含检测间隔的影响，这样就可以通过检测间隔的确定来保持所需的可靠度。

12.4.4　环境退化和意外损伤评级系统

环境退化和意外损伤评级（EDR/ADR）系统可用来研发能及时发现环境退化和意外损伤的初步结构检测流程。该方法遵守基于系统的 MSG－3 流程，而该流程由航空运输协会的维护指导团队研发。飞机的重要结构都应当进行评估。这些结构包括承受较大飞行载荷、地面载荷、压力或控制载荷，且自身的失效会对飞机安全所必需的结构完整性造成影响的零件、元件和组件（例如主结构件 PSE）。

EDR/ADR 评级系统需要根据结构布局、环境退化和意外损伤来确定等级。虽然各个等级都是具有主观性的，但是却为损伤的易感性和敏感性提供了简单的度量。等级可以用来确定合适的检查间隔。主结构件对损伤的易感性和敏感性越是高，或者结构形式越是脆弱，那么就应当使用越短的检查间隔。

结构等级主要与材料类型和结构形式有关。比如，蜂窝夹芯布局与其对应的层压板结构相比，对潮气入侵更为敏感。

EDR 描绘了暴露于不良环境导致结构退化的可能性以及结构对相应退化的敏感性。必须考虑促使复合材料变质的特定环境因素。这些因素包括热效应、液体敏感性、紫外线退化以及湿气侵入。这些环境因素的来源包括洒水、发动机热量以及加热毯。复合材料或胶黏剂的变质需要将非环境化学反应（如冰冻/解冻循环引起的脱粘或分层扩展）导致的损伤扩展考虑在内。在确定结构对不良环境的易感性时，结构的构造类型（如夹芯板还是层压板）也是关键考虑因素。

ADR 描绘了意外损伤的可能性以及结构强度对相应损伤的敏感性。意外损伤的来源包括地面和货舱操作设备、跑道碎石、冰雹、腐蚀、闪电、液体溢出、水的滞留以及飞机运营或维护过程中的人员错误。该评估中不考虑大尺寸的明显损伤（如发动机解体、鸟撞及地面设备的主要撞击等引起的损伤）。

确定这些等级的很多决定都基于以前的经验。拥有确定这些相对值的多数背景知识的，有时是运营方，有时却是制造商。尽管每个决定都需要同时从双方获得认可，但是运营方通常更了解损伤的易感性，而制造商往往更了解结构对损伤的敏感性。

在复合材料结构的 EDR/ADR 评估中，一般不考虑疲劳损伤扩展。原因在于大多复合材料结构在实际疲劳加载中都不会出现有害的损伤扩展。以上方法需要进行修正以解释该扩展是采用缓慢扩展方法还是阻滞扩展方法，或是一架特定飞机的服役经历是否表明有害扩展正在发生。

12.4.5 机群领先飞机计划

当新材料和/或复合材料应用到飞机上时，有时可以通过机群领先飞机计划来提供潜在问题的早期迹象，并以此来加强机群安全。该计划通常包括对若干在役飞机的监控，具体监控对象包括一系列操作参数(环境、飞行距离等)。该计划可以包括对冲击损伤、修理历史、已知制造或在役损伤的扩展、长期吸湿以及材料的长期生物化学变化的评估。还可以包括役期老化部件的拆除检测。如果识别出未预料到的响应，那么就可以对维护检测步骤进行调整以确保能够定期检出。另外，可以对衍生机型和未来机型的设计准则和步骤进行修改。

12.4.6 检出概率研究

通常需要通过研究来得到冲击损伤的可检门槛值和检出概率。因为飞机检测中通常利用可见迹象来进行初步检出，所以这些研究主要包括对包含不同严重程度冲击损伤板的多人目视观察，而目视观察的目的是尝试分辨出冲击位置。研究中采用一系列变量来模拟多种真实世界的检测情况。

- 检测人员可能具有不同的训练水平，其体现了各种相关操作和维护人员的知识范围。比如，很少或没有受过检测训练的人可以用来模拟地勤人员，而具有仪器检测和目视检测资质的检测人员可以代表维护检测人员。
- 通常采用与各个检测水平相搭配的一系列检视距离。约 50～76 cm 的距离被用来模拟详细目视检测，1.0～1.5 m 的距离被用来模拟一般目视检测，6.1 m 的距离被用来模拟巡回检测。
- 通常考虑由水平到垂直方向的各个不同面板角度。
- 照明在可检性中十分重要。通常模拟自然照明，而详细目视检测模拟中可以使用掠射光。
- 一般目视检测的模拟时间有时是有限的，这是为了体现出在相对短时间内所需检测的区域数量较大。然而，详细目视检测模拟中通常不对时间进行限制。
- 通常采用不同的板表面处理来体现不同油漆颜色和光泽度以及未喷漆、带底漆和喷漆后层压板的区别。

对结果进行统计分析后可以得到检出概率与关键损伤尺寸及其他变量的函数关系。虽然凹坑深度通常被作为损伤尺寸来确定可检性，但是裂纹尺寸有时也被用来确定层压板边缘冲击损伤的可检性。一个高检出概率(如置信度为 95%的 90%检出概率)被用来设定勉强可见损伤的门槛值。这使得 2 类损伤(如令结构承载能力降到极限载荷以下的损伤)被目视检出的可能性非常高。

在规定采用非目视方法进行初步损伤检出的场景中，进行检出概率量化时要采用相似的真实检测情况。

12.5 损伤阻抗

本节所提及的损伤阻抗，是指结构对各种具体事件导致的各种损伤的阻抗能力，它对设计师通常是结构重量方面的问题，对使用者来说是经济性方面的问题。考虑到对商用和军用飞机可能的威胁，损伤阻抗覆盖了各种损伤状态。有些损伤形式对结构性能构成的威胁大于其他的损伤，这取决于具体的结构构型和设计细节。下面将着重讨论已知的损伤阻抗机理，以及对不同应用选择具体材料形式或设计构型时可预期的性能折中方案。

12.5.1　影响因素

迄今为止最为关注的复合材料冲击损伤特征是分层和/或元件脱胶阻抗。20 世纪 80 年代到 90 年代，在通过材料研制改善这个性能方面做了大量的工作，其中包括韧性树脂体系、缝合、Z-pin 连接和纺织材料形式(不同程度的厚度方向增强)。还发现纤维的应力-应变性能对由纤维破坏控制的冲击损伤阻抗是很重要的。玻璃纤维和芳纶的高拉伸破坏应变，使其对冲击载荷下的破坏阻抗远高于碳纤维。最后，发现冲击损伤阻抗还取决于结构构型和局部设计细节。已经注意到，由材料和离散元件来加强的复合材料结构的不同冲击损伤特征是前者的例子。通过结构细节设计提高冲击损伤阻抗的例子包括：层压板铺层顺序设计、胶接元件处局部增厚、嵌入胶层、让分散的结构元件尽量靠近和设计冗余的机械紧固件等。

12.5.1.1　对以前冲击研究结果的概述

迄今为止，对复合材料损伤进行的大部分研究着重于复合材料响应的基本原理。在文献 12.5.1.1(a)-(d)中，综述了复合材料响应基本原理研究中有关损伤阻抗的概况。

过去进行的很多冲击研究都集中在较厚的机翼类结构方面(见参考文献 12.5.1.1(e)-(i))。用模拟的冲击威胁(通常用称为锤头的半球形冲头)对试样和组合件进行了冲击试验，这些试验与工业界考虑的在试验件上掉落的各种工具密切相关。虽然在某些情况下也使用了平面超声 C 扫描，但据结构级试验研究资料记载，评定对象通常为目视可见损伤和剩余强度，关于冲击的更详细研究和评估通常也只是针对试样级。例如在图 12.5.1.4 中所示的结果，是用 NASA 提出的标准试样(冲击试样尺寸为 180mm×300mm，加工后的 *CAI* 试样尺寸为 130mm×250mm)和 Boeing 提出的标准试样(冲击和 *CAI* 试样尺寸为 100mm×150mm)得到的特性。

从这些早期的试验中，发现所观察到的损伤状态和导致的剩余强度受到冲击能量的强烈影响，而与冲头的形状关系不大。还发现那时所研究的“脆性”环氧树脂层压板的主要破坏机理是横向裂纹和分层，其损伤面积主要取决于冲击能量。大面积分层的形成使层压板局部软化，降低了接触力，进而抑制了局部纤维破坏，直至穿透。基体损伤是造成 *CAI* 强度降低的主要原因，而经观察，受冲头几何形状影响的纤维破坏并没有对压缩强度退化有太大贡献。根据这些发现，并考虑到建立分析模型的方便性，使得人们在迄今为止的大部分复合材料冲击研究中，都采用了直径在 13～25mm 之间的半球形冲头。

到了 20 世纪 80 年代末，Northrop 和 Boeing 按照与美国空军的合同，广泛评估了机翼结构的冲击问题(见文献 12.5.1.1(j))。研究的重点是材料、层压板和结构几何特性的冲击损伤阻抗,采用了积木式试验方法,包括试样、3 根和 5 根筋条的加筋板和机翼盒段(多墙和多肋)。发现对试验结果有重要影响的变量包括:层压板厚度、层压板铺层、材料韧性(用层间 G_{IC}来定量)、筋条的形式、冲击部位和壁板的边界条件,用文件记录了试验和分析的结果,包括冲击的结构响应、所产生损伤的特征和 CAI 强度。图 12.5.1.1 给出了由这个广泛研究得到的结果。注意到了层压板厚度和冲击能量对所形成损伤(用目视可见凹坑深度来度量)的影响。如图 12.5.1.1 所示,已经用能量截止值,而不是目视可见限制值来界定厚结构的极限载荷要求。值得指出的是,在加筋结构中,当筋条凸缘和腹板受到冲击时,局部纤维的破坏变得格外重要。虽然产生这种损伤所需要的冲击能量也可以成为极限载荷设计时需要考虑的一个能量截止值,但这个值在图 12.5.1.1 中并没有标出。在确定限制载荷要求时,也还应考虑一些实际的冲击威胁水平,但用能量截止值是不合适的,因为飞机安全性取决于是否能检出实际可能出现的任何损伤。

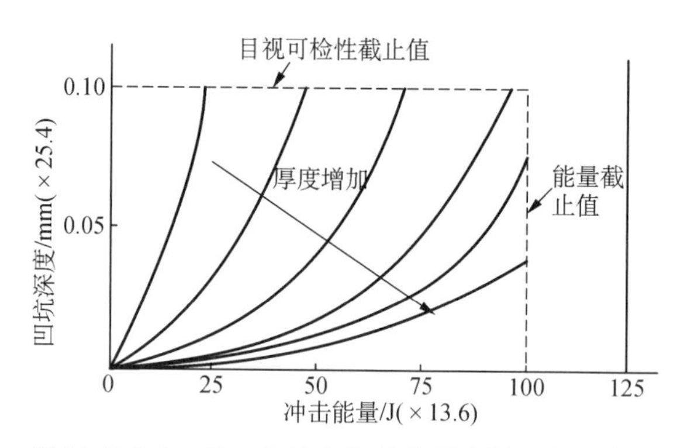

图 12.5.1.1 对一定冲击能量范围内层压板厚度对凹坑深度影响的试验结果

最近,Boeing 按照 NASA 的合同研究了较薄蒙皮的加筋机身和夹芯结构的冲击损伤阻抗问题(见文献 12.5.1.1(l)-(n))。在所设计的实验中评定了几种材料、层压板和结构变量,它也包括了与冲击事件有关的外部变量。用几种不同的破坏和无损方法来测量对基体和纤维的冲击损伤范围和形式。研究中包括了一些较厚的机身壁板,相当于外翼或尾翼壁板的厚度量级(蒙皮厚度约为 4.6 mm)。

与以前的研究情况一样,在机身级结构中,冲击能量和层压板厚度对产生的损伤有重要的影响(见文献 12.5.1.1(l))。在认为重要的外部变量中,冲头直径和形状对损伤阻抗、可检性和冲击后剩余强度的影响最大。在高冲击能量时,与通常会穿透层压板的较小冲头相比,较大直径的冲头能产生较大范围的损伤和较小的损伤迹象(即凹坑深度)。与机翼结构所考虑的较厚的层压板(5.1~13 mm)不同,对薄蒙皮(即 2.3 mm 厚)的机身结构,基体韧性对损伤面积的影响很小。影响冲击损伤阻抗的其他设计变量包括:筋条几何形状、在蒙皮/筋条界面上附加的胶层、碳纤维类型和对较厚层压板的基体韧性。还发现这些变量之间的某些相互作用也与单个变量的主要影响同样重要。试验与分析模拟的相关比较表明，用于支持加筋板的夹具对冲击时的结构动态响应有着重要的影响。这表明应当使壁板试验时的边界条件尽可能接近真实结构，或采用静压痕试验。

12.5.1.2　穿透冲击

对穿透整个层压板的高能量冲击事件，其冲击阻抗的研究还很少。文献 12.5.1.2 用刀形冲头进行了少量全碳纤维增强塑料(CFRP)和玻璃纤维增强塑料/碳纤维增强塑料(GFRP/CFRP)混杂层压板的穿透冲击，如图 12.5.1.2(a)所示。所选择的冲击能量足以实现穿透。对比穿透冲击所记录的力-位移结果，揭示了材料类型之间的明显差别。

图 12.5.1.2(b)给出了几种 CFRP 材料的曲线。AS4/938 丝束要比 AS4/938

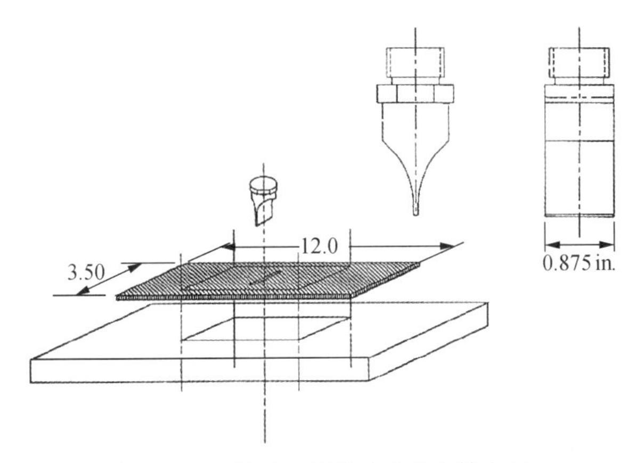

图 12.5.1.2(a)　穿透冲击的支持夹具

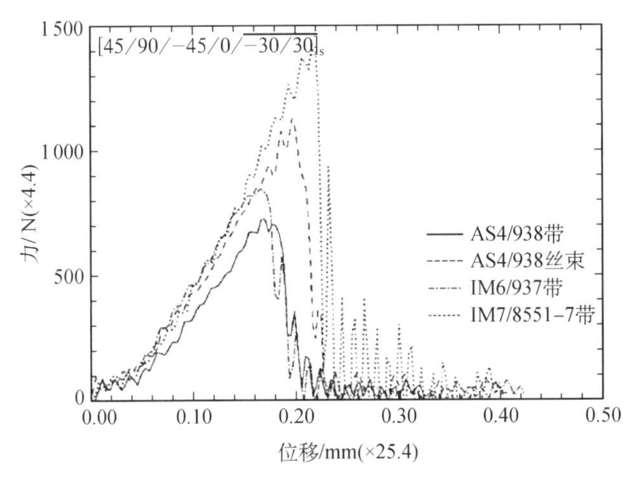

图 12.5.1.2(b)　对 AS4/938 丝束和带，IM6/3501 - 6 和 IM7/8551 - 7 的穿透冲击所记录的冲击结果

带具有更高的载荷，使得事件的能量约高 60%。产生这一差别的原因，可能是由于丝束铺放层压板的穿透区附近产生了较大的损伤。

IM6/937A 单向带结果表明，峰值载荷和总冲击能比 AS4/938 单向带的结果高 20%～25%。这两种材料所产生的损伤面积差不多，这一点从两者的树脂体系基本相当可以预计到。因此，能量的差别可能主要是由于 IM6 的刚度较高，从而层压板的弯曲刚度和纤维强度高一些。

穿透 IM7/8551－7 单向带的最大载荷比 IM6/937A 单向带高 40%，总冲击能高 65%。超声扫描的结果指出，在 IM7/8551－7 穿透区附近产生的损伤比其他材料的损伤小很多。产生能量差的原因包括：①IM7 纤维具有较高的弯曲刚度和纤维强度；②8551－7 的韧性较高，单位损伤吸收的能量增加。可是两者似乎都没有考虑主要的能量增加原因：超过冲头长度的裂纹范围需要附加的纤维破坏和相关的能量。因为 8551－7 树脂对基体损伤的阻抗会减少穿透物尖角处的应力集中，这种设想好像是合理的。要注意，目前研究所用的超声方法还不能辨别纤维破坏区。

图 12.5.1.2(c)给出了下列材料丝束铺放层压板的力-位移曲线：100%的 AS4/938，100%的 S2/938 和 50%AS4/50%S2/938 组成的面内混杂，其中单位宽度由 12 支丝束重复。由纤维刚度的差异可以预计，100%AS4/938 曲线的斜率要比 100%S2/938 的小一些，而面内混杂的斜率介于两者之间。S2/938 的总事件能量是 AS4/938 的两倍多，面内混杂的能量约在两者之间。与 AS4/938 和 S2/938 相比，面内混杂曲线的另一显著特点是较韧的破坏。

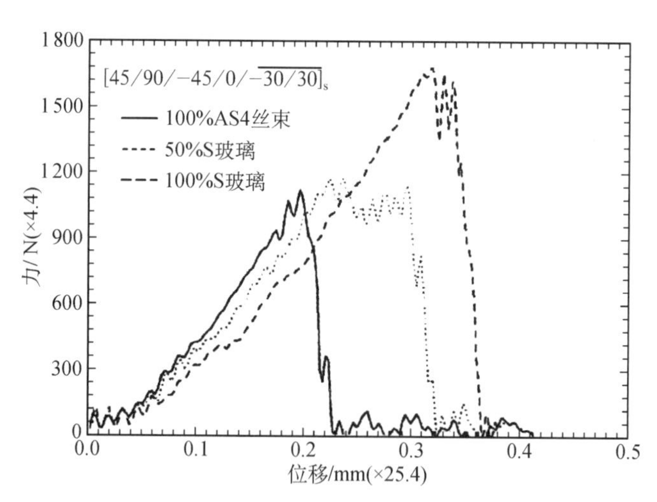

图 12.5.1.2(c) 记录的不同百分比 AS4 和 S2 丝束铺设层压板的穿透冲击试验结果

还观察到，铺层和/或厚度对所产生的损伤状态有重要影响。图 12.5.1.2(d)比较了 10 层和 16 层层压板的分层范围。弯曲刚度较高的 16 层层压板可能在裂纹尖端附近形成较大范围的基体撕裂和分层。

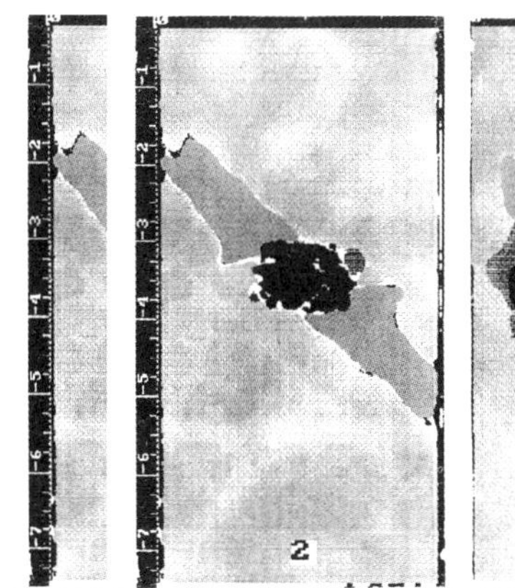

[45/90/−45/0/30/−30/0/−45/90/45]10 层　$[45/-45/0/90/30/-30/0/90]_S$16 层

图 12.5.1.2(d)　10 层和 16 层 AS4/938 带穿透试样的超声 C 扫描结果

12.5.1.3　高速冲击

此节留待以后补充。

12.5.1.4　材料类型和形式的影响

复合材料结构抵抗或容忍损伤的能力与组分树脂和纤维材料性能以及材料的形式密切相关。树脂基体的性能最重要,并包括了其塑性延伸和变形的能力,树脂应力-应变曲线下面的面积表明了材料吸收能量的能力。如能量释放率性能所指出的,损伤阻抗和损伤容限还与材料的层间断裂韧性 G 有关。取决于应用情况,G_{I},G_{II} 或 G_{III} 可能支配着总的 G 计算,这些参数代表了树脂抵抗 3 种断裂模式分层和损伤的能力。已经用新的韧性热固性层压板和较韧的热塑性材料体系试验,证实了树脂韧性对冲击损伤阻抗的有益影响。

已经研究了纤维性能对于冲击阻抗的影响。通常,用织物增强体制造的层压板比用单向带结构制造的层压板有较好的损伤阻抗,而碳纤维单向带层压板之间的差别则比较小。已经对混杂纤维结构复合材料,即在铺贴中用两种或更多种纤维混合的复合材料,进行了一些研究。例如,把一定比例的碳纤维用具有高延伸率的纤维(如玻璃纤维或芳纶)加以替换。这两种情况下的结果(见参考文献 12.5.1.4(a)-12.5.1.4(d))都证实损伤阻抗和冲击后剩余压缩强度均得到了改善,但无损时的基本性能则通常都有所降低。

图 12.5.1.4 给出了典型标准平板试样的试验结果,它区分了增韧复合材料(IM7/8551-7)和非增韧材料体系(AS4/3501-6)的冲击阻抗。增韧的材料抵抗横向载荷下的分层扩展,使得在给定冲击力水平下所产生的损伤直径较小。研究表明,Ⅱ型层间断裂韧性 G_{IIC} 是抵抗横向载荷条件下分层扩展的关键性能(见参考文献 12.5.1.4(e)和 12.5.1.4(f))。通过将基体韧化能够提高层压板的 G_{IIC},还发现 G_{IIC} 的值与层压板中层间韧性树脂层的厚度密切相关。具有这种微结构的复合材

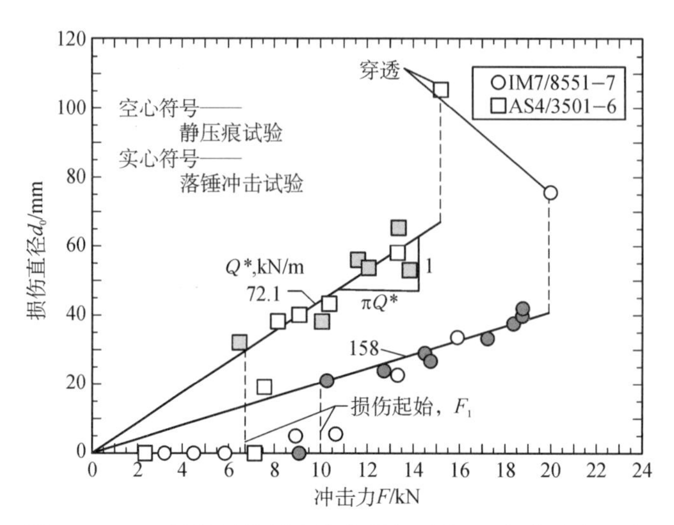

图 12.5.1.4　用预浸带制造的未增韧、增韧和夹胶层碳/环氧树脂层压板的冲击试验结果

料层压板提高了其分层阻抗，但对于层压板中全部使用韧化树脂的这些体系，湿热压缩性能可能会显著降低，大缺口的拉伸强度有所降低及其他一些缺点。

应该指出，图 12.5.1.4 中的结果与层压板厚度、铺层顺序及试样几何尺寸密切相关。对图中的两种材料，所有这些结构参数都保持不变。虽然损伤尺寸和冲击力之间的关系可能有所不同，但图 12.5.1.4 中的试验趋势与(层压板厚度类似的)加筋蒙皮壁板中跨(纵向和横向加筋元件的中心)处的冲击试验结果相类似。图 12.5.1.4 还表明，静压痕试验与落锤冲击事件得到的损伤尺寸是相似的。

某些纺织材料形式通过分层扩展阻抗和/或其他机理来抵消基体损伤的影响(见文献 12.5.1.4(g))。当结构受冲击时，用若干不同制造工艺实现的缝合并不能完全抑制基体损伤的形成和扩展，但缝合改善了对子层屈曲的阻抗，因此有助于提高与基体损伤相关的冲击后压缩(CAI)性能(见参考文献 12.5.1.4(h))。

12.5.1.5　损伤的深度

即使是较小的冲击力和能量，对薄复合材料的冲击也会产生穿透厚度的损伤。在接触区，损伤由纤维和基体损伤组成，超出了接触区，就只有基体损伤。接触区的直径只有冲头半径的几分之一，与厚度同一量级。例如，图 12.5.1.4 中冲击试验的接触区直径只有几毫米，而损伤直径则为 10～70 mm(用 12.7 mm 直径锤头进行冲击)。由于损伤范围远远超出了接触区，所以冲头的形状对损伤范围影响很小。另一方面，除了很大的冲击力和能量以外，对厚复合材料，冲击一般不会产生穿透厚度的损伤。

图 12.5.1.5 中对 36 mm 厚 AS4/环氧树脂复合材料给出了用射线测量到的损伤深度与冲击力的关系(见文献 12.5.1.5，射线照片是由宽度只有 38 mm 的试样侧

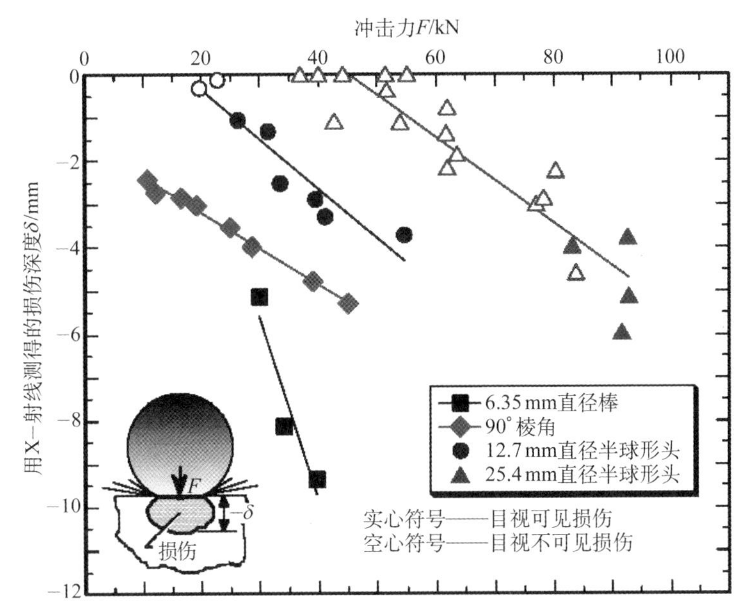

图 12.5.1.5　用不同形状冲头对 36 mm 厚 AS4/环氧树脂纤维缠绕箱体(FWC)得到的冲击损伤

边拍摄的)。这个材料代表了用于航天飞机固体发动机的纤维缠绕箱体(FWC),这个 FWC 由 0°(环向)和 ±56.5°(螺旋状)的层组成。冲击采用了下列冲头:直径 6.35 mm 的棒、90°的棱角和直径 12.7 mm 与 25.4 mm 的半球形冲头,冲头的质量是 5 kg,每个符号代表了几个试样的平均值。接触区的直径比厚度小得多,用棒得到的损伤最深,以下依次是棱角、小的半球形和大的半球形。棒冲头如同一个打孔机,因而在超过临界力以后,只需再增加一点力就能穿透复合材料。用棱角和半球形头得到的数据有相似的斜率,对较钝的压头,产生给定深度损伤需要的冲击力要大些。实心符号和空心符号分别表示从冲击表面看的目视不可见和目视可见损伤。用棒、棱角得到的所有损伤,和用小半球形头得到的大多数损伤都是目视可见的;但对 25.4 mm 的半球形头,深达 4 mm 的损伤也是目视不可见的。从而,冲头的形状对于厚复合材料的损伤深度和可见性都有重要的影响。同样要指出,图 12.5.1.5 中的冲击力要比图 12.5.1.4 的冲击力大得多。

12.5.1.6　层压板厚度的影响

与厚层压板相比,薄层压板的低速冲击损伤可能是更严重的问题,如图 12.5.1.6(a)和(b)所示。图 12.5.1.6(a)给出了所试验的两种不同凹坑深度情况的动能与厚度曲线关系。在所示的厚度范围内,产生给定损伤水平的损伤(用压痕深度表征)所需的动能,随厚度以大致 3/2 次幂增加。对与图 12.7.1.2.7(a)相同的复合材料,图 12.5.1.6(b)给出了静压痕试验的损伤直径与力的关系曲线,引发损伤的力也随厚度按大致 3/2 次幂增加。穿透 16 层复合材料的力为 3.1kN(700lbf),而

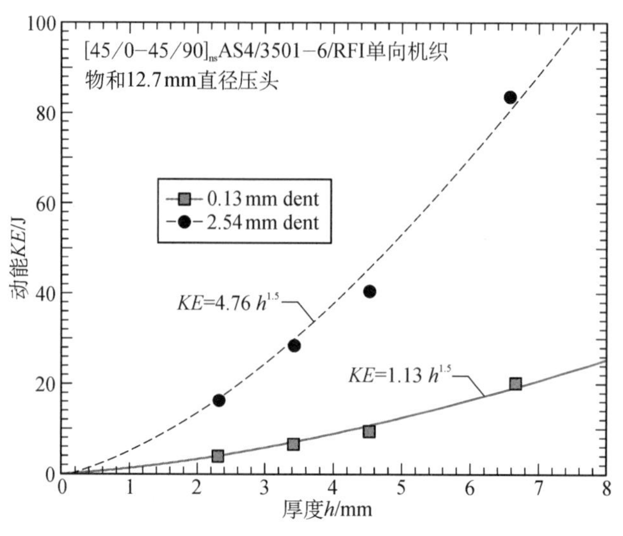

图 12.5.1.6(a)　给定凹坑深度的冲击响应

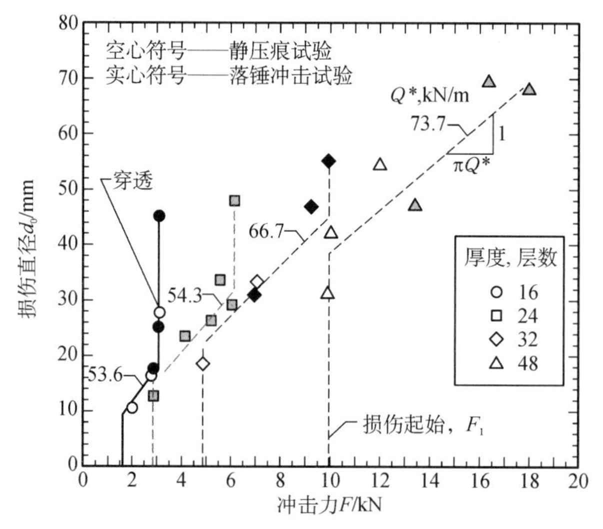

图 12.5.1.6(b)　用 12.7 mm 直径压头得到的[45/0/−45/90]$_{ns}$ AS4/3501－6/RFI 单向织物的损伤阻抗

即使再增加力也不会穿透 24 层、32 层、48 层的复合材料，而穿透力也随厚度的增大而增加。

如图 12.5.1.5 所示，对很厚的复合材料其损伤不沿厚度扩展，而损伤的层可能在面内拉伸载荷下破坏，并与其余的层脱胶。图 12.5.1.6(c)中给出了图 12.5.1.5 所用 36 mm 厚试样的剩余强度与损伤深度的关系，强度按无损强度进行归一化。每个符号都是几个试样的平均值，实心符号表示损伤层破坏时的应力，而空心符号表示其余层破坏时的应力(最大载荷)(所有的应力均用总面积计算)。损伤层在破坏

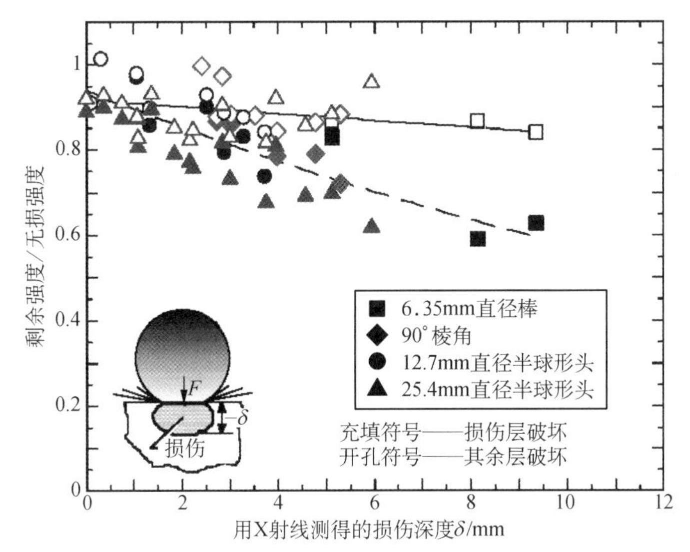

图 12.5.1.6(c)　用不同形状冲头对 36 mm 厚的 AS4/环氧树脂纤维缠绕箱体(FWC)冲击后得到的剩余拉伸强度

时与其余的层脱胶。对很浅的损伤，破坏起始是灾难性的，但较深的损伤则需要附加载荷以使其余的层破坏。与其余的层相比，损伤层的强度随损伤深度增加而降低的程度更大。根据表面裂纹分析(见参考文献 12.5.1.5)，损伤层的破坏与损伤深度的平方根成反比，而其余层的破坏则与无缺口层压板基本一样。

12.5.1.7　结构尺寸影响

试样与结构的冲击响应差别相当大。考虑一块板，其横向力和弯曲刚度为 k，自然频率为 ω，受到质量 m_i 的冲击。当 $\omega^2/(k/m_i)$ 的比值大于 100 时，其冲击响应基本上是准静态的(见文献 12.5.1.4(i))，即冲击时的力-位移关系和准静态加载时是一样的。从能量平衡考虑，冲击力由下式给出：

$$\frac{1}{2}m_i V_i^2 = \frac{1}{2}\frac{F_{max}^2}{k} + \frac{2}{5}\frac{F_{max}^{5/3}}{n^{2/3}} \qquad (12.5.1.7(a))$$

式中：

$$n = \frac{4}{3}E_2\sqrt{R_i} \qquad (12.5.1.7(b))$$

V_i 是冲头的速度，R_i 是球形冲头的半径，E_2 是厚度方向的模量。式 12.5.1.7(a)中右侧的第二项考虑了当地的压痕。于是当 k 与 n 相比为小量时，冲击力的增加与动能和弯曲刚度乘积的平方根成正比例；这样，随着尺寸的减小、厚度的增大和刚度的增加，冲击力随之增大。同时，损伤阻抗也随厚度增加而增大，并且，筋条能通过止裂而提高壁板的强度。

还应指出，当 $\omega^2/(k/m_i)$ 的比值小于 100 时，冲击响应是瞬态的（见参考文献 12.5.1.4(i)），即该板似乎表现得比较小，从而所产生的冲击力要大于 12.5.1.7(a)式给出的值。另一方面，损伤的扩展会降低冲击力。在 12.5.1.7(a)中，k 和 n 都随损伤的增加而减小，从而降低了 F_{max}。板对穿透的阻抗限制了冲击力的最大值，于是板的尺寸效应可能被损伤所抵消。

图 12.5.1.7(a)～(c)说明了尺寸的影响。图 12.5.1.7(a)对材料和铺层相同但尺寸不同的两个纤维缠绕圆筒，用直方图给出了降低爆破压力所需的最小动能（见文献 12.5.1.7(a)）。直径 45.7 mm 的圆筒，降低爆破压力的最小动能几乎是 14.6 mm 直径圆筒的 10 倍。

图 12.5.1.7(b)和(c)分别对不同尺寸 6.3 mm 准各向同性厚板，给出了冲击力及所产生损伤直径与动能的关系曲线（见文献 12.5.1.7(b)）。对给定的动能，冲击力和伴随的损伤尺寸随着板尺寸的增加而减少。当能量小于 41 J 时，53 cm 的方形

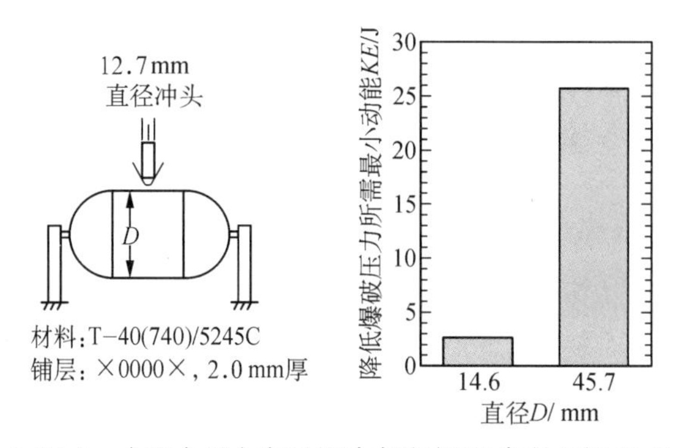

图 12.5.1.7(a)　小和大压力容器的冲击响应（见参考文献 12.5.1.7(a)）

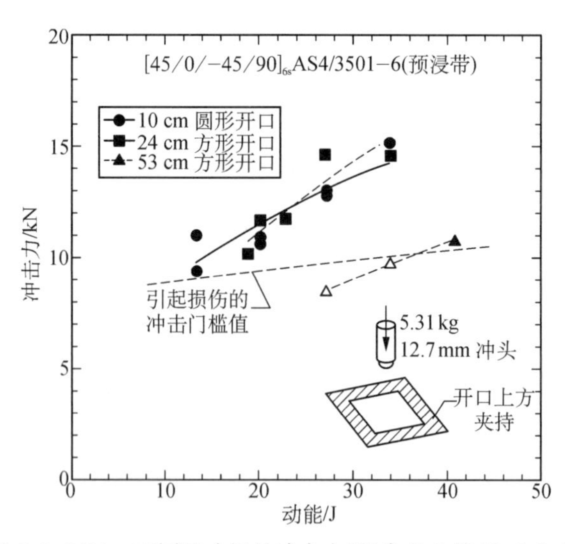

图 12.5.1.7(b)　不同尺寸板的冲击力（见参考文献 12.5.1.7(b)）

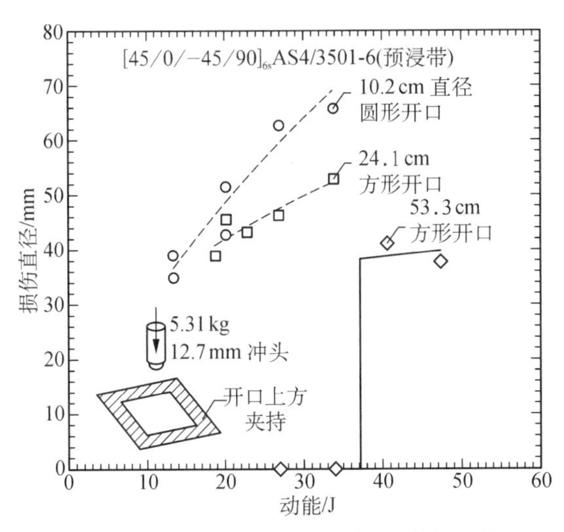

图 12.5.1.7(c) 不同尺寸小板的冲击损伤(见参考文献 12.5.1.7(b))

板几乎无法发现损伤。于是,引起损伤的能量门槛值随尺寸增加而增大,其情况与图 12.5.1.7(a)所示的爆破强度的能量门槛值相同。应该指出,由于损伤降低了弯曲刚度而降低了冲击力,小板的降低程度大于大板。这样对图 12.5.1.7(b)中两种最小的板,由于损伤引起的冲击力大小基本相同。

12.5.1.8 夹芯结构

夹芯增强设计中,芯子和面板厚度对冲击损伤阻抗具有重要作用。关键的芯子变量包括密度、厚度、格子形状和芯材。轻质低强的芯材需要考虑到面板在冲击物下的穿透损伤。其损伤范围以冲头的轮廓尺寸为限。另一方面,高密高强的芯材在冲击载荷下往往不易开裂,其损伤通常是面积略大于冲击物的一块凹陷区域。

迄今为止进行的大多数冲击试验和分析评定用的都是面板厚度在 0.8～3.8 mm (0.03～0.15 in)之间的夹芯壁板。发现芯子和受冲击外面板的损伤范围均逼近一个渐进线。例如,根据一个面板厚度量级为 2.0 mm 的壁板数据库可以发现,该渐进值略大于冲头直径,且取决于复合材料芯子与层压板材料的具体组合(见文献 12.5.1.1(n))。这种对大冲击损伤面积扩展的固有阻抗能力有助于减小对剩余强度的影响。

已经发现在很低的冲击水平下薄面板蜂窝壁板(面板厚度小于 0.5 mm(0.02 in))就会受到损伤,并使芯子出现环境退化(即湿气侵入),导致严重的耐久性问题。此外,有限的试验表明,厚面板夹芯结构(即 $t>5.1$ mm(0.20 in))的损伤直径有可能远大于冲头的直径,且表面目视可检性很差;但剩余强度试验则表明,由于 CAI 强度很高且没有相应的大范围贯穿厚度的明显损伤,这一损伤是非对称的。

某些夹芯材料的破坏机理并不限于冲击事件的局部区域,芯子损伤的扩展,使复合材料面板能吸收变形方向上的能量而无破坏。由于破坏的芯子不能在大面积上稳定支持面板，当存在较高的压缩或剪切载荷时，这种材料组合产生的损伤会对夹芯壁板的完整性构成威胁。此外，未损伤的面板在冲击后会回弹，也降低了对大块芯子破坏的目视可检性。文献 12.5.1.8 观察到这一现象。这些研究中所用的蜂窝芯子材料(用耐热树脂浸润的斜纹机织玻璃纤维织物)会使破坏扩展，它远大于通常出现在冲头下面的局部“芯子塌陷区”。图 12.5.1.8 所示为对这种损伤范围的测量结果。发现带有这种损伤的压缩剩余强度很低，因此，该研究中所采用的这种蜂窝芯子材料不是主结构应用中的良好候选材料。

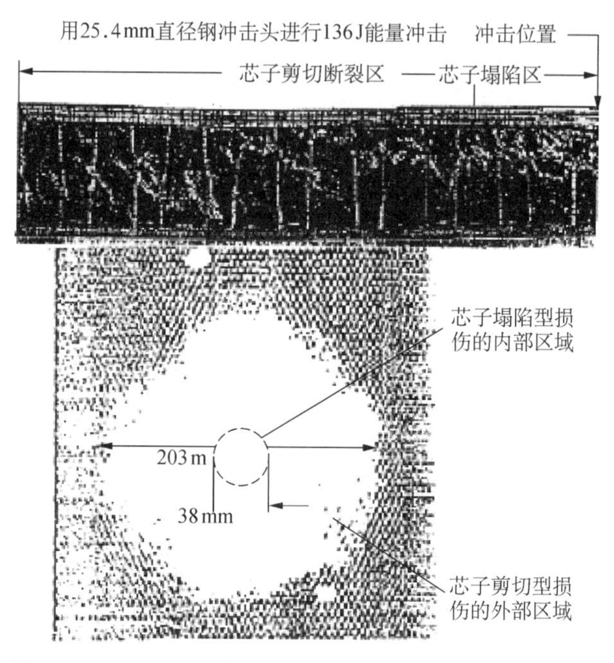

图 12.5.1.8(a) 不希望的芯子破坏模式的显微照片和透波 C 扫描数据(见参考文献 12.5.1.8)

参考文献 12.5.1.8(b)- 12.5.1.8(e)报道了带较薄面板的复合材料夹芯结构的冲击损伤相关的大量工作。该工作的主要内容是了解结构变量和冲击变量在损伤生成(包括面板回弹)过程中的作用。结构变量包括面板材料、面板厚度、芯子材料、芯子厚度、壁板尺寸、壁板曲率和边界条件。冲击变量包括冲头直径和冲击能量。发现较大冲头直径(如 76 mm)最易于导致大幅度超出面板损伤范围的芯子损伤。发现壁板曲率越大，损伤直径会越大，残余凹痕会越小。发现冲击事件导致的损伤会随着其与壁板支撑的距离的下降而增大。因此，对于既定事件，小尺寸壁板会比大尺寸壁板承受更多的损伤。有限的分析研究显示，冲头质量与目标质量的比大于 2 时，损伤的形成以能量耗散机制为主导；质量比小于 2 时，振动能量转移为主导。

对带有薄面板的夹芯材料，冲击会引起目视可见的芯子损伤，已经证实这种损伤会降低压缩和剪切强度。引起夹芯结构面板断裂的冲击损伤(连同孔隙率这种制造缺陷)使水分能侵入芯子内,也是个长期耐久性问题。

尽管一个夹芯设计的固有弯曲刚度会将冲击位置的影响最小化,但是特征损伤状态(CDS)会与内部加强件(如框、肋、边框和隔框)有一些联系。对于加强件以外发生的冲击,其预期特征损伤状态与冲击夹芯试验壁板时观察到的类似。发现对于许多材料和面板厚度量级为 2.03 mm 的组合,芯子和受冲击面板的冲击损伤的面内范围大致相同。图 12.5.1.8(b)所示为测得的芯子损伤范围与面板损伤范围之间的联系。该联系的机理在于,芯子在冲头下首先发生失效,其损伤显著地降低了夹心壁板的局部剪切刚度,然后面板损伤在芯子损伤的面内区域上方直接扩展。

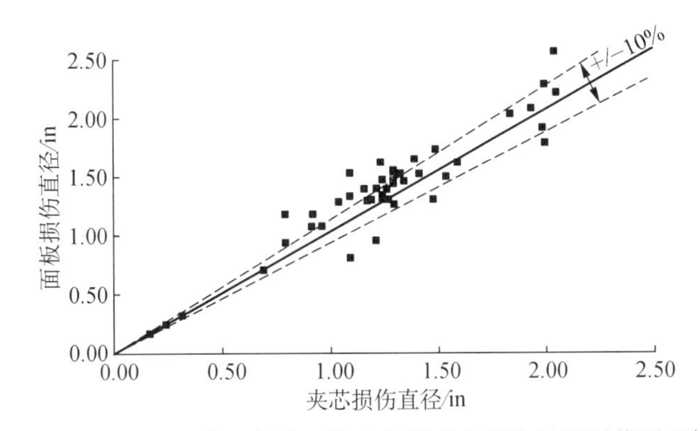

图 12.5.1.8(b)　夹芯板的面板和芯材冲击损伤的平面范围比较

12.5.2　设计问题和指南

在正常使用中,飞机会受到各种来源的潜在损伤,包括维护人员和工具、跑道碎石、维护设备、冰雹和雷击。即使在最初制造和装配时,零件也会遇到工具掉落、运输到装配位置过程中遭到的颠簸碰撞等。飞机结构必须能忍受这种合理水平的意外事故,而不需要翻修或停飞。提供必需的损伤阻抗是重要的设计内容,可惜,对设计师来说,提供适当的损伤阻抗可能并不总是最受欢迎的工作。损伤阻抗设计要求结构具有鲁棒性,常常还要额外增加超出承受结构载荷所需的材料,这也会影响材料、铺层、设计细节等的选择。因此,为了兼顾和满足最小重量和成本目标,压力还是很大的。

为了确定最低损伤阻抗,过去已经对飞机结构确定了很多要求。例如在美国国防部 JSSG-2006“飞机结构”(见参考文献 12.2(a))中就规定了对固定翼作战飞机的基本要求。大体来说,规范规定了冲击的类型和必须承受而不会伤害结构、不会出现湿气侵入、不需修理时的低能量水平。它提出意外事故的条款,例如工具掉落、冰雹和跑道碎石的冲击。还可以按其对损伤敏感性高低,对飞机进行分区。在有些情况下,民用航空公司的用户还提出特殊的损伤阻抗要求,或要求对高冲击威胁区的部件选择特殊的材料。

12.5.2.1 用对冲击的研究来确定关键损伤

为了对具体设计和检测方法确定其适用于外场维护的关键损伤细节，需要用具有构型的结构进行冲击研究，这些研究有助于确定对结构完整性最关键的设计特性。对冲击威胁的研究包括各种冲击情况和结构部位。根据以下的冲击后评估，识别出关键的损伤：①损伤目视可见性；②分层和纤维破坏的程度；③局部刚度的降低(即载荷路径的损坏)；④剩余强度。由于有大量影响损伤的材料、结构和外部变量，发现在具体的组合结构中，冲击研究提供了最有用的结果，因此，推荐采用包含典型设计细节和边界条件的大型结构构型来进行对冲击的研究。由于能把众多的冲击施加在单个的试验件上，这种研究是实际可行的。通常还需要用包含典型冲击损伤的较小的“积木式”壁板(即 3 根和 5 根桁条的加筋板)来定量研究剩余强度。

12.5.2.2 结构布置和设计细节

对冲击的研究，包括在结构不同位置以不同能量施加的一系列冲击；冲击研究的目的是要确定冲击能量、损伤可检性和损伤特性之间的关系。研究结果可用于确定结构冲击后剩余强度试验件上的冲击变量(能量、位置等)。

对设计细节的冲击。复合材料结构的损伤阻抗受到设计细节(例如材料形式、组分、铺层、厚度和结构构型)的极大影响，为了满足损伤阻抗的目标，关键是要从结构元件和组合件试验中得到早期设计研制数据。例如，在胶接或螺接结构中的冲击损伤累积的数据就与平板不同。设计研制数据应该考虑一系列的损伤情况，从已知使用中会引起耐久性或维护性问题的情况，到对极限和限制载荷的剩余强度要求有重要影响的损伤情况。

损伤阻抗要求的确定与结构类型有关。例如，对于要求不需修理或不容许湿气侵入的蜂窝夹芯操纵面，通常必须承受的冲击能量水平相当低，例如 0.5～0.7J(4～6 in・lbf)。保持这些零件很轻的理由，是要尽量减少质量和重量平衡问题，因此，其损伤阻抗相当低。由于这些零件容易用备件更换，同时是在车间进行修理，这种修理一般易于实现。但因为它们是轻结构，操作时必须仔细，以防在处置和运输过程中产生进一步的损伤。相反，对于一般很难从飞机上拆卸下的层压板主结构，其损伤阻抗要求通常必须比较高，例如 5.4J(48 in・lbf)。

损伤敏感区和细节。要特别当心飞机上的某些损伤敏感区，其例子是下机身和相邻的整流罩、内襟翼的下表面和舱门周围的区域，这些区域需要用较厚的结构增强，很可能是用玻璃纤维而不是碳纤维。此外，由于容易受到轮胎爆裂的损伤，轮舱区的结构也需要特别注意。类似地，推力反向装置附近的结构容易受到跑道上弹射的冰或其他碎片的损伤。

最小重量的结构，如整流罩结构，如果设计得太轻会有过多的维护问题，采用低密度蜂窝芯的夹芯结构是一个例子。同样，面板必须有最小厚度以防止水分进入芯子。设计时不应依赖面漆来阻碍水分进入。经验证实，漆常会被腐蚀或磨蚀，从而造成水分进入。

支持接头附近的薄蒙皮蜂窝夹芯区在部件安装和拆卸时特别容易受到损伤，因此，在接头的合理工作范围内要使用实心的层压板结构。

操纵面的后缘对损伤非常敏感。后部102mm处特别容易受到地面碰撞、操作的撞击以及雷击。由于涉及蒙皮与后缘的增强，对该区域的修理会很难。希望的设计方法是增加一个承载元件来承受后缘前方的载荷，而后缘本身的材料将是容易修理的，该材料的损伤不会危及该部件的结构完整性。终结的零件要避免使用充填剂，因为有开裂的趋势并会产生密封的问题。

12.5.2.3　机械冲击

此节留待以后补充。

12.5.2.4　鸟撞

此节留待以后补充。

12.5.2.5　地面冰雹

复合材料飞机结构应当能够抵抗飞机在地面上可能遇到的典型冰雹，以尽可能地减少雹灾后的修理量。朝向上方的表面受到的地面冰雹威胁最严重，但垂直表面也应当考虑地面冰雹威胁。在实践中，设定一个或更多最小厚度要求是实现地面冰雹阻抗性的通常方式。

冰雹威胁环境的历来的定义依据都是MIL-HDBK-310(见参考文献12.5.2.5(a)，从文献12.5.2.5(b)和(c)演化而来)。然而，对近来的冰雹数据评估后发现，实际的冰雹环境比该规范中描述的更恶劣。表12.5.2.5包含了该评估中得到的冰雹尺寸分布。所示"累积概率"指的是避免这种事件的概率。末端速度和动能是基于对冰雹形状、密度和平滑度的保守假设而估计得到的。与该表格研发有关的更多细节请参见12.9.2.1节。

表12.5.2.5　1955—2006年美国冰雹累积分布汇总

直径		体积		质量		末端速度		动能		发生的累积概率/%
in	cm	in³	cm³	lb	g	ft/s	m/s	in·lbf	J	
0.25	0.64	0.01	0.13	0.0003	0.12	32.29	9.84	0.05	0.01	
0.50	1.27	0.07	1.07	0.0021	0.97	45.66	13.92	0.83	0.09	
0.75	1.91	0.22	3.62	0.0072	3.26	55.93	17.05	4.21	0.47	21.70
1.00	2.54	0.52	8.58	0.0170	7.72	64.58	19.68	13.31	1.50	48.10
1.20	3.05	0.90	14.83	0.0294	13.34	70.74	21.56	27.61	3.10	64.70
1.25	3.18	1.02	16.76	0.0333	15.08	72.20	22.01	32.51	3.65	68.10
1.50	3.81	1.77	28.96	0.0575	26.06	79.09	24.11	67.41	7.57	81.40
1.70	4.32	2.57	42.15	0.0837	37.94	84.20	25.66	111.21	12.49	88.30
1.75	4.45	2.81	45.98	0.0913	41.39	85.43	26.04	124.88	14.03	89.60
1.76	4.47	2.85	46.78	0.0928	42.10	85.67	26.11	127.76	14.35	89.90

(续表)

直径		体积		质量		末端速度		动能		发生的累积概率/%
in	cm	in^3	cm^3	lb	g	ft/s	m/s	in·lbf	J	
2.00	5.08	4.19	68.64	0.1362	61.78	91.33	27.84	213.04	23.93	94.40
2.04	5.18	4.45	72.84	0.1446	65.56	92.24	28.11	230.60	25.91	95.00
2.25	5.72	5.96	97.73	0.1940	87.96	96.87	29.52	341.24	38.34	97.10
2.40	6.10	7.24	118.61	0.2354	106.75	100.05	30.49	441.75	49.63	98.10
2.50	6.35	8.18	134.07	0.2661	120.66	102.11	31.12	520.11	58.43	98.50
2.75	6.99	10.89	178.44	0.3541	160.60	107.09	32.64	761.49	85.55	99.30
2.76	7.01	11.01	180.40	0.3580	162.36	107.29	32.70	772.63	86.80	99.30
3.00	7.62	14.14	231.67	0.4597	208.50	111.85	34.09	1078.49	121.16	99.70
3.25	8.26	17.97	294.54	0.5845	265.09	116.42	35.48	1485.48	166.88	99.80
3.50	8.89	22.45	367.88	0.7301	331.09	120.82	36.82	1998.04	224.47	99.90
3.75	9.53	27.61	452.47	0.8979	407.22	125.06	38.12	2633.04	295.80	100.00
4.00	10.16	33.51	549.13	1.0898	494.22	129.16	39.37	3408.57	382.93	100.00
4.25	10.80	40.19	658.67	1.3071	592.80	133.13	40.58	4343.98	488.02	100.00
4.50	11.43	47.71	781.87	1.5516	703.68	136.99	41.75	5459.87	613.38	100.00

地面冰雹冲击的动能要求与冰雹的质量和末端速度以及冲击表面与冰雹速度矢量的相对方向息息相关。进行能量计算时,要利用速度在冲击表面法向上的分量。

冰雹冲击能量和相关冰雹尺寸的准则常常是基于结构的类型和方向而确定的。结构一般可以分为可拆卸的次结构和控制面、可拆卸的主结构、固定的次结构以及固定的主结构。按照该次序,各个分类对应的冰雹尺寸和能量要求逐渐提高。水平和垂直表面对应的冲击能量要求往往不同。

过去的冰雹准则依赖于可见性准则(如模拟冰雹不能导致任何可见损伤);然而,在为复合材料结构维护提供支持这一点上,更适当的要求与想要指定允许的损伤极限是一致的。具体来说,可以要求对于暴露于准则规定的地面冰雹的结构,其应当保持极限承载能力且结构的每个表面受冲击后不需进行结构修理(这里定义为下次营运飞行前所需的修理)。因此,如果结构在地面冰雹冲击后能够保持极限承载能力,那么冲击导致的表面开裂、凹坑、凹槽等满足地面冰雹准则。环境密封或用油漆进行的装饰性修理不认为是结构修理。

满足规定准则的最小厚度要求一般与结构布局(材料体系、层压板还是夹芯板构造、曲率、边界条件、夹芯材料以及密度等)及准则本身息息相关。常常需要结合试验、工程判断以及过去的经验来进行最小厚度要求的定义。过去在商用飞机结构上的试验已经表明,在地面冰雹对结构强度没有显著影响的部位,可以确定最小蒙皮厚度。

地面冰雹损伤和后续修理从根本上说是一个经济性问题，其涉及飞机性能与维修负担之间的妥协。不太严厉的地面冰雹准则会使得最小厚度要求降低，从而降低结构重量。然而，这些结构更易受冰雹损伤的影响，且需要修理或更换得更加频繁。航空公司十分想要高水平的冰雹冲击抗性，以避免相关的停飞时间和花费。使用可互换零件能够帮助降低停飞时间。但是，雹灾常常会影响多架飞机，从而导致备用零件供小于求。

希望将复合材料飞机结构设计得能承受一般的冰雹撞击能量，以使在遭受冰雹后需要的修理为最小。除了前缘会遭遇飞行中的冰雹损伤外，通常只在飞机地面停放时才会出现这种损伤。

12.5.2.6　飞行冰雹

某些结构，比如前缘、挡风玻璃以及朝向前方的机身结构，会受到飞行冰雹的冲击。飞行冰雹威胁一般认为与 12.5.2.5 中讨论的地面冰雹相同，因为研究已发现，空中的冰雹尺寸与地面上观察到的相同(见参考文献 12.5.2.5(c)和 12.5.2.6(a))。

因为冲击能量与冰雹相对冲击表面的法向速度有关，所以需要将飞行器空速和冰雹的末端速度进行矢量相加，相加的结果应当根据机体表面的指定点的冲击角度来进行修正。如图 12.5.2.6 所示。

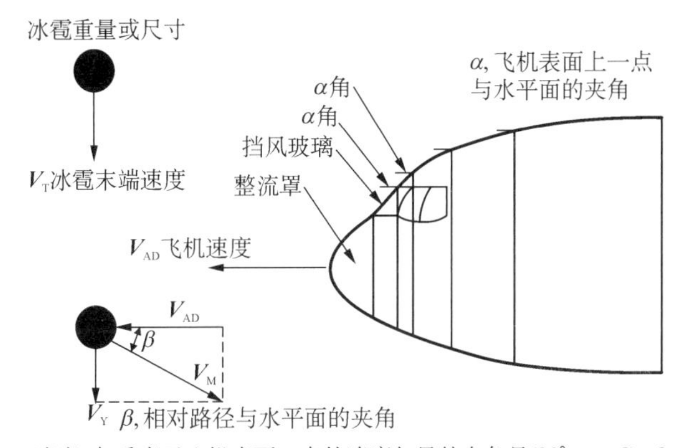

图 12.5.2.6　飞行冲击的速度矢量定义

比如，飞行冰雹冲击事件可以归结为两种基本的威胁情况，即在 90%的冰雹威胁下应当保持设计极限承载能力，在 99%极端冰雹威胁下应当能够继续安全飞行和着陆。在各个场景下，从累积冰雹威胁中选取适当的冰雹尺寸和末端速度，通过鸟撞的规章指南来确定相关巡航速度 V_c。中程和远程军用运输机的典型数据见表 12.5.2.6(见参考文献 12.5.2.6(b))。然后根据类型、方向以及计算得到的冲击能量，将朝向前方的结构表面进行区域划分。

对于商用运输机，选择固定主结构的冰雹威胁时遵从经济性和安全性准则。这些准则包括相对常见事件后“不需修理”以及极端事件后“持续安全飞行和着陆”。

表 12.5.2.6　中程和远程飞机的典型空速和冰雹直径

发生累积概率/%	飞行器空速 $KTAS$/(ft/s)	冰雹直径/in
90	375(633)	1.76
95	409(690)	2.04
99	455(768)	2.75

12.5.2.7　雷击

高能量的雷击能使复合材料表面结构产生严重的损伤。对民用飞机和旋翼飞机，FAA 的防雷击条款是 FAR25.581，23.867，27.601 和 29.610，燃油系统防雷击的要求是 25.954 和 23.954。系统的防雷击要求是 25.1316。咨询通报 AC 20－53 和 AC 20－136 给出了对这些条款的符合性措施。在 MIL－STD－1795“航宇飞行器的防雷击”、MIL－STD－1757“防雷击的鉴定试验技术”和 MIL－B－5087“航宇系统的连接、接地和防雷击”中规定了军用要求。

飞机上存在一些高雷击出现概率区，称之为雷击区。需要用导电材料来保护雷击区及其外部的复合材料结构，并将感应电流从附着区导出。对全复合材料机翼，即使附着区在机翼翼尖附近，也必须用导电层将其全部覆盖。

在紧固件和连接处，对闪电所引起的电流使电阻会产生热量，引起燃烧和分层。较小的闪电附着也会产生严重的分层，特别是翼尖和后缘。下面是减少修理要求的指南：

- 提供易于更换并具有适当导电性能的材料。
- 在翼尖和沿后缘处提供防护。
- 易于接近所有导电路径的附加装置。

12.5.2.8　操作和踩踏载荷

零件应当设计成对可能遇到的但超出其预定结构角色应该承受的载荷导致的损伤具有较高的抵抗能力。这些载荷包括正常制造、零件运输或维护过程中的操作载荷，还包括将其安装到较大结构上时遇到的踩踏载荷或其他载荷。通过协作设计活动(涉及结构工程、运营和客户)可以研发出相关要求。

对于安装到较大结构上的零件来说，这些载荷的大小常常与手、足、保养设备或者风施加载荷的容易程度息息相关。过去的经验已经证实，维修和服务人员会经常忽视飞机零件上的“请勿踩踏”标识。如果结构看上去可以支撑一个人，那么在他们的工作或任务的完成过程中，这个结构就可能被用来支撑和/或平衡一个人。相关人员会走过或站在某些复合材料结构部件上，因此这些复合材料结构部件应当被设计为能够经得起这些事件，其极限强度承载能力不会退化到规章要求以下。表 12.5.2.8(a)包含了一个飞机制造商为解决该问题所采用的加载要求。在该表中，“难以接近”指的是只有指尖能够触碰到(操作情况)以及难以在结构上立足(踩踏情况)。“容易接近”指的是能够用一只手紧握和悬挂(操作情况)以及允许以 2 倍重力加速度踩踏或单足跳到结构上(踩踏情况)。在确定这些接近水平时,应当考虑装配操作过程中的可接近性,原因在于零件的朝向与服役时不同或其周围的零件相比服役时较少。

表 12.5.2.8(a)　机上维修的操作和踩踏载荷示例

情况	可接近性	设计极限载荷/kN(lbf)	应用面积/cm^2(in^2)	承载要求
操作	困难	222(50)	24.4(4)	强度不下降到极限载荷以下
	容易	667(150)	24.4(4)	
踩踏	困难	1335(300)	122(20)	
	容易	2670(600)	122(20)	

职业健康与安全管理局(OSHA)为正常制造、零件运输或维护过程中产生的载荷定义了一些最低要求。表 12.5.2.8(b)包含了一个飞机制造商为解决该问题所采用的加载要求。应当通过分析来证实,结构在使用了任何操作装置或步骤后依然能够承受这些载荷。复合材料结构部件应当具有专门设计的附件,使得该部件在制造或从较大装配件拆卸下来时能够不受损地进行传送。另外,部件贮存时应当避免相关人员在部件上行走或悬挂,以免引起额外损伤。

表 12.5.2.8(b)　离机维修的操作和踩踏载荷示例

情况	要求	承载要求
操作	所有零件上都会应用一个 3g 惯性因子 on-aircraft 操作要求也适用	同表 12.5.2.8(a)
	为了给地面人员提供足够的安全保障,若零件会被升到超过 8 ft 高度,零件重量及其任何操作装置上会应用一个 5g 惯性因子	不会出现零件的灾难性失效
踩踏	应当以文件的形式向制造、维护和航空公司客户提供专门的操作说明,以保护或定位易受踩踏载荷损伤的零件。然而如果预料到零件会被踩踏,那么零件就应当根据表 12.5.2.8(a)中的相同踩踏载荷进行设计	同表 12.5.2.8(a)

除了冲击引起的载荷,还需要提出对(制造和使用环境下遇到的)正常操作和踩踏载荷的阻抗要求。下面是建议的考虑内容:

操作载荷:

- 很难接近——指只能用手指接近。
- 头顶容易接近——能用一只手抓住和悬挂。

踩踏载荷:

- 很难接近——指在结构上难于用一只脚立足。
- 从上面容易接近——指能以 2g 踏到或跳到结构上。

注意,必须要定义其中每一个条件相应的接触区域、位置和重量。

12.5.2.9 外露的边缘

不应该将层压板的边缘直接暴露在气流下,因为它们会出现分层。可选措施包括:

- 提供不会侵蚀的边缘防护,如共固化的金属边缘元件。
- 提供易于更换的牺牲材料来包裹边缘。
- 使板的前面边缘低于其前面相邻壁板的后缘。

12.5.2.10 液体渗入

此节留待以后补充。

12.5.2.11 过热

此节留待以后补充。

12.5.2.12 老化

此节留待以后补充。

12.5.2.13 化学污染

此节留待以后补充。

12.5.2.14 修理拆卸

此节留待以后补充。

12.5.3 试验问题

此节留待以后补充。

12.5.4 分析方法

此节留待以后补充。

12.6 耐久性和循环载荷下的损伤扩展

本节涵盖了与耐久性和循环载荷下损伤扩展有关的影响因素、设计问题和指南、试验问题以及分析方法。如第3卷12.1.1节所讨论的,耐久性是需要与损伤容限相结合考虑来满足经济性和功能目标的。本节中,耐久性与操作环境中损伤的起始有关,这里操作环境包括环境循环和循环机械载荷(疲劳载荷)。

一旦发生损伤起始,不管其原因是操作环境还是基于假设的初始缺陷或损伤状态,都必须考虑损伤在循环载荷下的扩展。已有缺陷或损伤在循环载荷下的潜在扩展将作为一部分内容在“无扩展”方法(见第3卷12.1.3节)、“缓慢扩展”、“抑制扩展”损伤容限方法(见第3卷12.6.2.2节)中进行评估。

12.6.1 影响因素

与金属相比,复合材料一般呈现优良的疲劳性能,其腐蚀阻抗也为飞机结构提供了较好的耐久性。复合材料结构设计师通常能利用观测到的常用材料高疲劳门槛值,来简化疲劳设计过程。

由于复合材料由多种组分组成，其强度与疲劳寿命的分散性增加，在疲劳/耐久性设计时必须予以特殊考虑。在图 12.6.1(见参考文献 12.6.1)中用 Weibull 形状参数 α 比较了复合材料与金属的疲劳寿命分散性。可能已注意到，较高的 Weibull 形状参数意味着数据分散性比较小。如图中所示，常用复合材料的 Weibull 形状参数近似为 1.25，而金属近似为 7.0。因此，与金属结构相比，以分散性分析为基础的复合材料结构验证方法更需要大量的试验件和/或更长的试验时间。

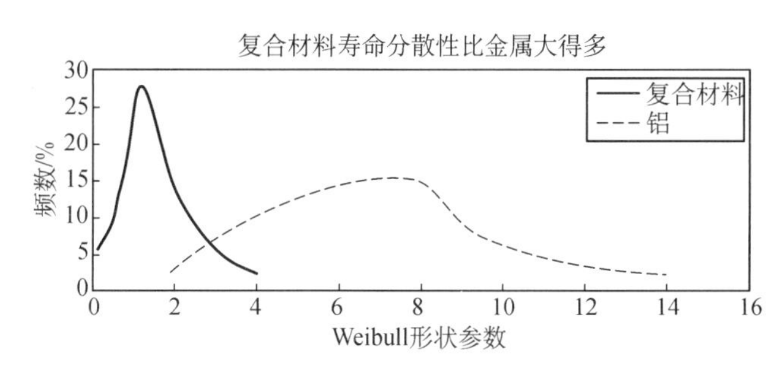

图 12.6.1　疲劳寿命分散性的比较，复合材料-金属

除了分散性大以外，还有其他两个因素对复合材料的损伤起始和损伤扩展有重要影响：①多种损伤模式；②无起控制作用的应变能释放机理。

因为复合材料由多种组分材料构成，疲劳损伤能在任何一种材料中、和/或沿任何一个材料的界面起始和扩展。可能的损伤模式包括纤维断裂、基体裂纹、纤维拉脱和多个分层。在损伤起始的过程中，不同模式的疲劳损伤可能随机地出现在复合材料任何位置，这取决于结构载荷形式和层压板的构型。一旦损伤起始，通过应变能释放来驱动它的扩展形成新的表面。然而，由于有很多损伤模式，且没有起控制作用的能量释放机理，所以没有明确的损伤扩展路径。已经发现，复合材料中的损伤扩展常常以(包括多种损伤类型的)渐进损伤区的形式推进。

不同于金属结构以单一模式损伤按自相似方式的扩展，对复合材料中复杂的损伤起始和扩展很难建立分析模型，因此，复合材料结构的耐久性大多通过进行适当的疲劳试验来保证。已经提出了几种疲劳试验方案，以克服分散性问题并利用复合材料的优越疲劳行为。第 3 卷 12.6.3 节中讨论了这些试验方案。

12.6.1.1　循环应力比 R 和谱效应

此节留待以后补充。

12.6.1.2　环境

此节留待以后补充。

12.6.2　设计问题和指南

12.6.2.1　设计细节

此节留待以后补充。

12.6.2.2 损伤容限的若干考虑

损伤容限设计方法可以保证损伤结构具有足够的剩余强度和刚度，以确保结构能够继续安全服役到损伤被例行维修检测发现及修理，或是继续安全服役至结构达到验证寿命(见第3卷12.1和12.2节)。尽管很多复合材料结构通过损伤(如冲击、分层和脱粘)“无扩展”方法来满足损伤容限要求，但是在某些受较高操作载荷的结构上，损伤在循环加载下受控(稳定)地扩展，该类结构可以相应地设计为满足损伤容限要求。

受控扩展行为的例子可参见旋翼飞机结构，比如转子叶片和柔性梁。贝尔M430 M/R和V22的复合材料倾转桨桨毂的验证中允许受控的分层扩展(见文献12.6.2.2(a))。如第3卷12.2.1节中所讨论的，AC 29-2C MG8中就威胁(包括固有缺陷、冲击损伤以及离散源损伤)评估和如何将制造、维护和检测过程绑定到验证方法上(如针对二次胶接结构)给出了指导意见。AC 29-2C MG8还列出了满足符合性的若干选项。符合性的主要选项是：①安全寿命评估，采用“无扩展”方法，即在部件寿命期内，损伤结构应当能够承受设计极限载荷；②破损-安全评估，即在若干检测间隔周期内，损伤结构应当能够承受设计限制载荷。在破损-安全评估中描述了3个方法：①“无扩展”，②“缓慢扩展”，③“阻滞扩展”。

不管给定结构所选的损伤容限方法是否允许任意类型或尺寸的损伤在检测间隔间的扩展，结构对损伤扩展的敏感性的评估依然是十分重要的。冲击损伤、分层以及脱粘的扩展通常是由压缩和剪切载荷(局部不稳定性会激发扩展)或面外载荷(压力或后屈曲情况导致的)驱动的。面内拉伸、热失配以及材料不连续性也会引起胶接装置(如转子桨叶根部用到的，见文献12.6.2.2(b))的脱粘。对所有临界加载情况，了解损伤扩展的循环载荷水平和相应的扩展速率是十分重要的。如果采用了“无扩展”方法，就必须证明操作载荷低于特定损伤的扩展门槛值。如果允许受控扩展，那么就必须确定扩展是缓慢、稳定且可预测的，从而能够可靠地制定出检测间隔。

12.6.3 试验问题

如第3卷12.6.1节所讨论的，已经提出了几种疲劳试验方案，以克服复合材料的疲劳分散性问题并利用复合材料的优越疲劳行为。包括：寿命因子、载荷因子以及载荷放大因子(载荷-寿命结合法)。本节列出了寿命因子和载荷放大因子的生成步骤。此外，还讨论了将这些因子应用到一个典型的载荷谱上。图12.6.3(见文献12.6.3)显示了寿命因子和载荷放大因子的生成步骤及其在一个典型的载荷谱上的应用(注意，更保守的方法是在低载荷截取前应用载荷放大因子)。本节还就疲劳谱截取和裁剪水平的确定以及复合材料结构验证的环境因子的确定给出了指导意见。

由于复合材料独特的疲劳行为(门槛值高、数据分散性大、多种疲劳损伤机制)，复合材料结构的耐久性验证的解决方法与金属结构不同。也由于其独特的疲劳行为，复合材料结构的耐久性大多是由试验而非分析保证的。推荐采用积木式方法进

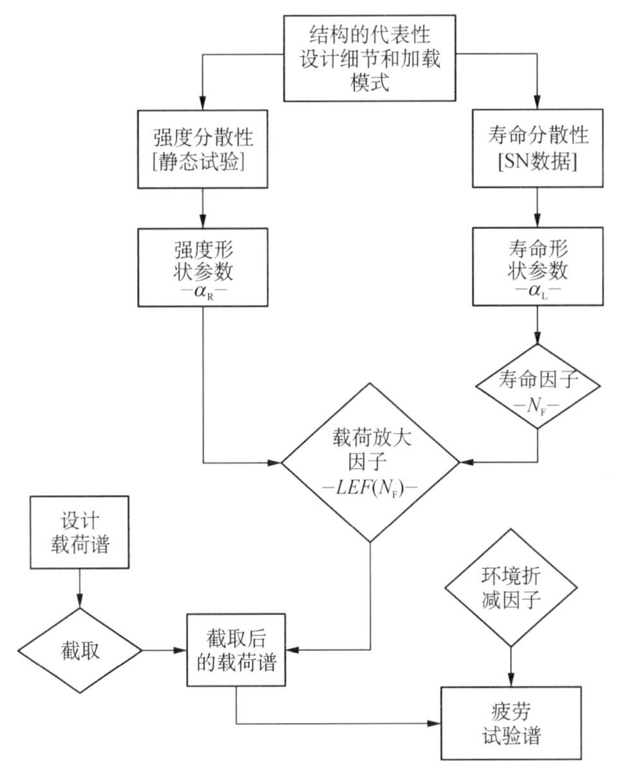

图 12.6.3　通过复合材料试验数据的分散性分析生成并应用寿命因子和载荷方法因子

行复合材料结构的耐久性验证。积木式试验的规划重点应当在于设计研发试验，包括试样级、元件级、元件组合级和组合件级。低层次试验中应当验证耐久性和疲劳寿命。试验规划中还应当考虑结构耐久性的环境效应。通过载荷放大因子方法和谱截取技术的恰当组合可以显著降低耐久性试验的时间和成本。大体来说，极限强度方法是偏保守的，应当针对高循环疲劳结构应用(如旋翼飞机部件)研发扩展数据库。

12.6.3.1　复合材料的分散性分析

复合材料分散性分析的主要目的是解释低层次积木式试验获取的数据的变异性和将这种现象的统计重要性引入到大尺度试验验证中。为了确定静强度和疲劳寿命的形状参数以进行全尺寸试验验证，试验矩阵应当通过试样和/或元件试验将设计细节和结构临界位置的加载模式包括进来。静强度分散性分析中通常会考虑材料、铺层顺序、加载模式、夹芯构造、结构以及环境效应等的影响。除了上述设计细节以外，疲劳分散性分析中还会考虑应力比的影响。

复合材料的分散性可以用 Weibull 分布或正态分布来分析。由于其形状参数可以提供数据分散性的相关信息，双参数 Weibull 分布常被用于复合材料的静态和疲劳分散性分析。复合材料试验数据中的疲劳分散性可以用很多不同的技术进行分析。这些技术可大体分为两类：独立分析和合并。联合 Weibull 和 Sendeckyj 就

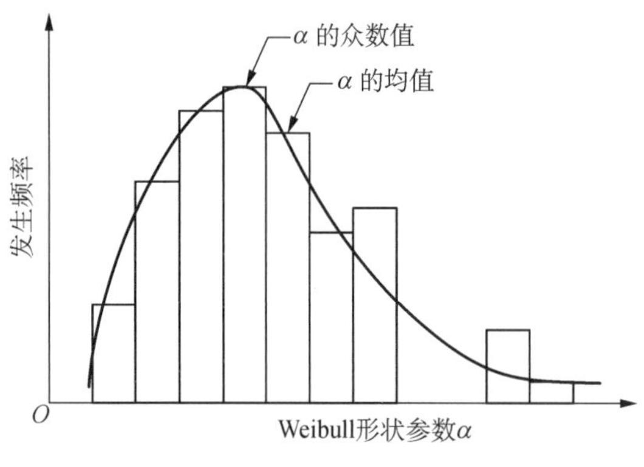

图 12.6.3.1(a) 采用带形状参数的 Weibull 分布进行分散性分析

是本节中讨论的两种合并技术。

首先，通过 Weibull 分析得到代表不同设计细节的不同数据集的形状参数。然后，得到对应其 Weibull 分布的形状参数，即强度或寿命形状参数。为保守起见，采用均值和众数值中的较小者(见图 12.6.3.1(a)的示例中，选作强度或寿命形状参数的是形状参数分布的众数值而非均值)。这分别称为众数强度形状参数或众数寿命形状参数。

确定疲劳寿命分散性需要进行大量的不同应力水平的重复性试验。为了在保持数据分析可靠性的同时减少成本和试验持续时间，推荐在疲劳分散性分析中采用合并方法，如联合 Weibull 或 Sendeckyj 磨损分析。参考文献 12.6.3.1 中采用独立 Weibull 法、联合 Weibull 法和 Sendeckyj 分析法(有和没有静态数据的情况下)对多个复合材料和胶黏剂体系进行了详细的疲劳寿命分散性分析。图 12.6.3.1(b)(见

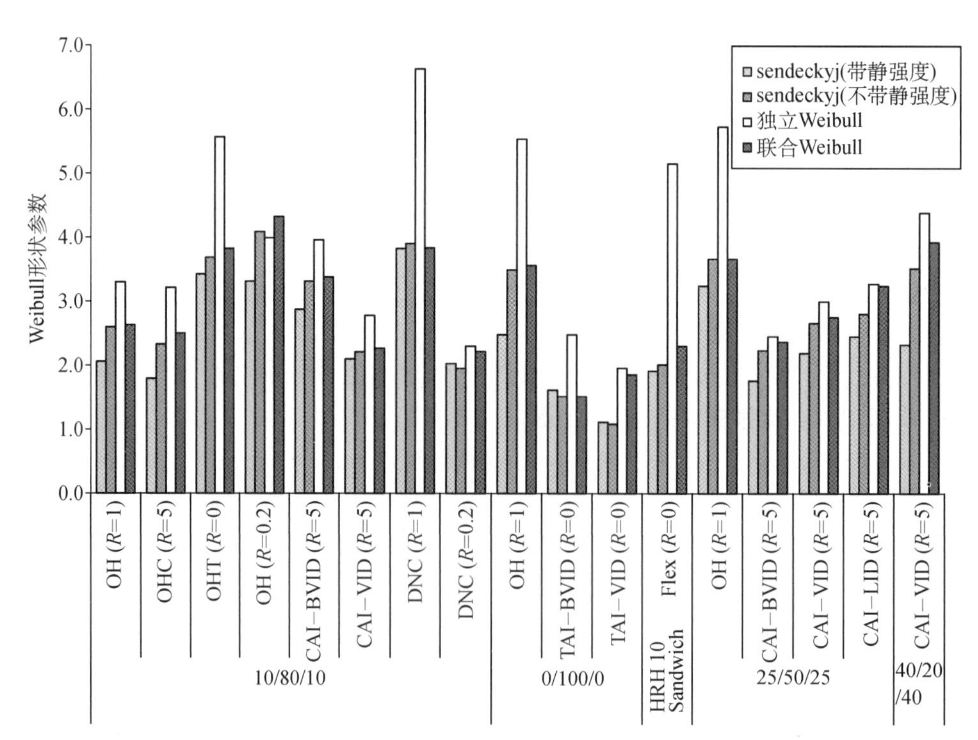

[OH(T/C)：开孔(拉伸/压缩)，CAI：冲击后压缩，TAI：冲击后拉伸，Flex：4 点弯曲，DNC：双开口压缩，BVID：勉强可见冲击损伤，VID：可见冲击损伤，LID：大冲击损伤]

图 12.6.3.1(b) 用不同的疲劳数据分析技术得到的复合材料织物材料的 Weibull 形状参数

文献 12.6.3.1)显示了用这 3 种技术对不同设计细节分析后得到的 Weibull 形状参数。参考文献 12.6.3.1 中还利用这些技术来生成寿命因子和载荷放大因子。然而，用于生成寿命因子和载荷放大因子的疲劳寿命分散性分析并不限于使用这 3 种技术。另外，基于参考文献 12.6.3.1 中所罗列的构造和工艺技术(如胶接接头)的复杂性，某些设计细节会需要使用不同的分析技术。

图 12.6.3.1(c)所示是接下来 3 个小节中列出的疲劳分散性分析步骤的比较。

分析特征	独立 Weibull	联合 Weibull	Sendeckyj
Weibull 假设	×	×	×
考虑多应力水平效应		×	×
允许每个应力水平下重复试件的数量不相等	×	×	×
容许每个应力水平下只有一个重复试件		×	×
允许单应力水平试验	×	×	
包括带终止端的试件		×	×
包括带全部终止端的应力水平			×
利用带终止端试样的剩余强度			×
包括静强度试件			×
提供拟合 SN 数据的信息			×
提供计算剩余强度的信息			×

图 12.6.3.1(c)　疲劳数据分散性分析技术的比较

12.6.3.1.1　独立 Weibull 方法

由于函数式简单且易于解读，Weibull 分布被用在复合材料尤其是小样本情况下的统计分析中。式(12.6.3.1.1(a))所示为通常采用的双参数 Weibull 分布的累积生存概率函数。

$$P(X \leqslant x) = e^{-(x/\beta)^{\alpha}} \tag{12.6.3.1.1(a)}$$

式中：x 为随机变量；α 为形状参数；β 为尺度参数。

通过 Gamma(Γ)分布函数可以分别计算样本均值 μ 和标准差 σ，见式(12.6.3.1.1(b))和式(12.6.3.1.1(c))。

$$\mu = \beta \cdot \Gamma\left(\frac{\alpha+1}{\alpha}\right) \tag{12.6.3.1.1(b)}$$

$$\sigma = \beta\sqrt{\Gamma\left(\frac{\alpha+2}{\alpha}\right) - \Gamma^2\left(\frac{\alpha+1}{\alpha}\right)} \tag{12.6.3.1.1(c)}$$

用最大似然估计法(MLE)或秩回归法可以通过一个迭代过程对形状参数和尺

度参数进行估计。对于小样本情况，在 X 轴的秩回归法(RRX)易于生成可靠结果，而最大似然估计法更适用于样本数据点超过 20 或 30 的情况。

在疲劳数据的单独 Weibull 分析中，首先要对各个应力水平进行分析，然后用形状参数的算术平均值来定义寿命分散性。因为 Weibull 分析只考虑某一时间某个应力水平下的数据，所以每个应力水平都应包括至少 5 个数据点。

对于每个应力水平下少于 5 个数据点的 $S-N$ 数据集，应当采用联合 Weibull 分析或 Sendeckyj 分析。

12.6.3.1.2 联合 Weibull 方法

在联合 Weibull 分析中，具有相同形状参数、不同尺度参数的 M 组数据被合并到一起(见文献 12.6.3.1.2)。用联合最大似然估计法可以得到共同的形状和尺度参数，如式(12.6.3.1.2(a))和式(12.6.3.1.2(b))所示。

$$\sum_{i=1}^{M}\left\{n_{fi}\cdot\left[\frac{\sum_{j=1}^{n_i}x_{ij}^{\alpha}\cdot\ln(x_{ij})}{\sum_{j=1}^{n_i}x_{ij}^{\alpha}}-\frac{1}{\alpha}-\frac{\sum_{j=1}^{n_{fi}}\ln(x_{ij})}{n_{fi}}\right]\right\}=0 \qquad (12.6.3.1.2(a))$$

$$\beta_i=\left(\frac{1}{n_{fi}}\cdot\sum_{j=1}^{n_i}x_{ij}^{\alpha}\right)^{1/\alpha} \qquad (12.6.3.1.2(b))$$

式中：x_{ij} 为第 i 个数据集的第 j 个数据点的值；n_i 为第 i 个数据组中的数据点的数量($i=1, 2, \cdots, M$)；n_{fi} 为第 i 个数据组中的失效数量($i=1, 2, \cdots, M$)。

对于所有应力水平下的失效数量相等(即 $n_{f1}, n_{f2}, n_{fi}=n_f$)这种特殊情况，式(12.6.3.1.2(a))可以简化为式(12.6.3.1.2(c))所示的形式。

$$\sum_{i=1}^{M}\left[\frac{\sum_{j=1}^{n_i}x_{ij}^{\alpha}\cdot\ln(x_{ij})}{\sum_{j=1}^{n_i}x_{ij}^{\alpha}}\right]-\frac{M}{\alpha}-\sum_{i=1}^{M}\left[\frac{\sum_{j=1}^{n_{fi}}\ln(x_{ij})}{n_{fi}}\right]=0 \qquad (12.6.3.1.2(c))$$

12.6.3.1.3 Sendeckyj 等效静强度模型

Sendeckyj 等效静强度(磨损)模型(见文献 12.6.3.1.3(a))开创性地将静强度、剩余强度与疲劳寿命联系起来。因此，分析中将静强度、疲劳寿命和剩余静强度数据合并起来，并转换为等效静强度数据。基于参考文献 12.6.3.1.3(b)所提磨损模型的结构和统计含义，基本的 Sendeckyj 模型如式(12.6.3.1.3(a))所示：

$$\sigma_e=\sigma_a\left[\left(\frac{\sigma_r}{\sigma_a}\right)^{1/S}+(n_f-1)\cdot C\right]^S \qquad (12.6.3.1.3(a))$$

式中：σ_e 为等效静强度；σ_a 为施加的最大循环应力；σ_r 为剩余强度；n_f 为疲劳循环数量；S 和 C 是拟合参数。

将最大幅度循环应力设为与疲劳失效的剩余强度相等，就可以得到式(12.6.3.1.3(b))中的幂律，这里 σ_u 是静强度。

$$\sigma_a \cdot (1 - C + C \cdot n_f)^S = \sigma_u \qquad (12.6.3.1.3(b))$$

采用 Sendeckyj 分析，每条 $S-N$ 曲线的疲劳寿命和剩余强度数据都可以转换为等效静强度数据点集合。然后，如 Sendeckyj 所描述的(见文献 12.6.3.1.3(a))，对该数据集进行 Weibull 分布拟合，得到寿命形状参数。

12.6.3.2　寿命因子方法

分散因子指的是特征断裂强度/循环寿命的下限值与设计断裂强度/循环寿命之比。它体现了为在有限样本数量的情况下以 γ 置信度获得所需可靠性而付出的代价。对于静强度和疲劳寿命来说，分散因子分别对应于静强度因子和寿命因子。已经成功地把寿命因子方法用于金属结构来保证结构耐久性，这种方法是对结构进行额外的疲劳寿命试验来达到所希望的可靠性水平(即循环载荷试验成功做到平均疲劳寿命就能证明设计寿命满足 B 基准可靠性)。寿命因子的潜在目标是保证设计寿命可以涵盖所有飞机中最弱的那一架在达到指定服役时间后所面临的状况。将平均循环载荷寿命与 A 基准或 B 基准循环寿命的比值定义为寿命因子，即 N_F，见式(12.6.3.2(a))(见参考文献 12.6.1)。

$$N_F = \frac{\Gamma\left(\dfrac{\alpha_L + 1}{\alpha_L}\right)}{\left\{\dfrac{-\ln(p)}{\chi_\gamma^2(2n)/2n}\right\}^{1/\alpha_L}} \qquad (12.6.3.2(a))$$

式中：α_L 为寿命形状参数；n 为试样数；p 为在 γ 置信度下所需达到的可靠度(A 基准下 $p=0.99$，B 基准下 $p=0.9$)；$\chi_\gamma^2(2n)$为在 γ 置信度下具有 $2n$ 自由度的卡方分布。

从式(12.6.3.2(a))中可以看到，试验的持续时间是根据材料的疲劳寿命分散性、试验件数量和要求的可靠性来确定的。例如，图 12.6.3.2(a)给出了典型复合材料和铝合金为满足 B 基准可靠性(即结构寿命超过设计寿命的概率为 90%，置信度为 95%)时所要求的试验寿命。如图所示，对铝合金结构，常规的 2 倍寿命试验就足以保证 B 基准可靠性，而对复合材料则要求 14 倍寿命才能保证同样的可靠性。图 12.6.3.2(b)和(c)分别列出和描绘了在复合材料的典型 Weibull 分布形状参数下所需的试验寿命。该式亦可在其他可靠度下使用。例如，疲劳情况下有时会采用 95%置信度水平下的 95%可靠度。

	$n=1$	$n=5$	$n=15$
复合材料，$\alpha=1.25$	13.558	9.143	7.625
金属，$\alpha=4.0$	2.093	1.851	1.749

图 12.6.3.2(a)　复合材料与金属的 B 基准寿命因子比较

α	平均值/B基准值		
	$n=1$	$n=5$	$n=15$
0.50	1616.895	603.823	383.569
0.75	103.327	53.584	39.596
1.00	28.433	17.376	13.849
1.25	13.558	9.143	7.625
1.50	8.410	6.056	5.206
1.75	6.032	4.552	3.999
2.00	4.726	3.694	3.298
2.25	3.921	3.151	2.848
2.50	3.385	2.780	2.539
2.75	3.006	2.513	2.314
3.00	2.726	2.313	2.144
3.50	2.342	2.034	1.906
4.00	2.093	1.851	1.749
5.00	1.793	1.625	1.553
6.00	1.621	1.493	1.438
7.00	1.509	1.407	1.362

图 12.6.3.2(b)　B基准寿命因子值与 Weibull 形状参数的关系

如文献 12.6.1 中所示，常用复合材料疲劳寿命分布 Weibull 形状参数的众位值是 1.25，也就是说，其疲劳寿命变异性系数大约是 0.805。对样本尺寸在 5～15 之间时所需试验寿命为 9.2～7.6。对单个试验件，如全尺寸部件试验，所需的寿命因子是 13.6。在工程计划中，这样的试验会耗费大量的金钱和时间。此外，延长的疲劳试验会使金属-复合材料混合结构中金属零件产生疲劳破坏，从而无法证实复合材料的可靠性。

寿命形状参数大于 4(某些金属结构的寿命形状参数是 4)的情况下，寿命因子对其变化不敏感。复合材料的众数寿命形状参数是 1.25，位于寿命因子-形状参数曲线(见图 12.6.3.2(c))的高敏感区域。因此，哪怕疲劳数据的分散性只提高一点点，也会导致寿命因子的显著下降，而寿命因子反映了在设计中为达到某个可靠度而需要的试验持续时间量(见文献 12.6.3.1)。寿命形状参数是从形状参数的分布得到的，而这意味着需要获得不同的关键结构细节件的大量 $S-N$ 曲线。因此，对于有多种失效模式的结构细节件而言，其 $S-N$ 数据的分散性比较大，而开孔试验数据由于应力集中的缘故，其分散性相对较小。应力的复杂状态、多种失效模式以及与复合材料有关的变异性，如批次变异性、多孔性、纤维偏转等，常常会使得静强

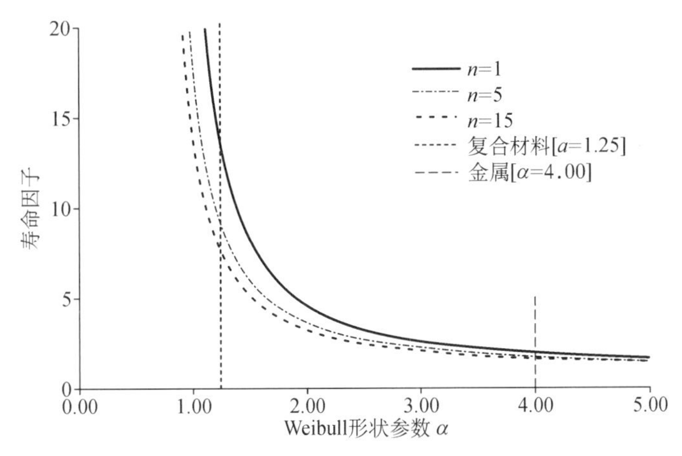

图 12.6.3.2(c)　疲劳寿命形状参数对寿命因子的影响

度和疲劳寿命的分散性较大。另一方面，开孔复合材料的应力集中使得试件的最终失效不受或少受上面所提的二次变量的聚集效应的影响。

12.6.3.3　利用分散性分析的载荷放大因子

为了降低复合材料结构疲劳试验的成本和时间，文献 12.6.1 和 12.6.3.1.3(a)发展了一种载荷因子和寿命因子的复合方法。这种方法的目的是增大疲劳试验时施加的载荷，以便用较短的试验周期获得同样的可靠性水平。所需的载荷放大倍数和试验寿命，取决于基准疲劳寿命和剩余强度二者的统计分布。

假设能用双参数 Weibull 分布来描述疲劳寿命和剩余强度，则可用试验持续时间 N 和强度形状参数 α_R 来表示载荷放大因子(LEF)，式(12.6.3.3(a))中给出了这一关系(见文献 12.6.1)

$$LEF = \frac{\left[\Gamma\left(\frac{\alpha_L + 1}{\alpha_L}\right)\right]^{\frac{\alpha_L}{\alpha_R}}}{\left\{\frac{-\ln(p)N^{\alpha_L}}{\chi^2_\gamma(2n)/2n}\right\}^{1/\alpha_R}} \tag{12.6.3.3(a)}$$

式中：α_R 为剩余强度分布的 Weibull 形状参数；α_L 为疲劳寿命分布的 Weibull 形状参数；L 为可靠性，对 B 基准为 0.9，对 A 基准为 0.99；γ 为置信度水平；N 为试验持续时间；n 为样本尺寸；Γ 为伽马函数；χ^2 为 χ^2 分布值。

带置信度的验证过程中能够使用 LEF 的其中一个关键特征是 LEF 与寿命因子之间的关系式(12.6.3.2(a))和式(12.6.3.3(a))简化为用试验持续时间 N 表示的等式：

$$LEF = \left(\frac{N_F}{N}\right)^{\frac{\alpha_L}{\alpha_R}} \tag{12.6.3.3(b)}$$

B 基准 LEF 作为试验持续时间 N 的函数，其分布如图 12.6.3.3(a)所示(见文

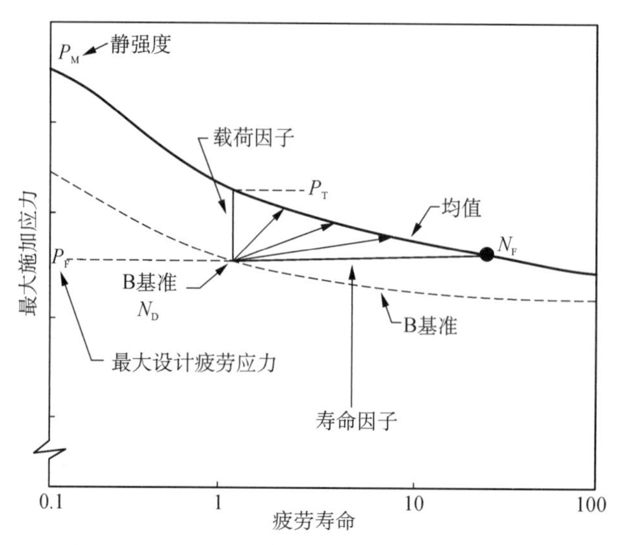

图 12.6.3.3(a) 复合材料载荷放大因子方法图解

献 12.6.1)。如果将重复载荷试验施加的最大载荷 P_F 提高到一倍寿命时的平均剩余强度 P_T,那么结构的 B 基准剩余强度就会等于设计最大疲劳应力。因此,重复载荷试验在应力 P_T 下做到一倍寿命,或是在应力 P_F 下做到 N_F 次循环,均可证实 B 基准可靠性。

对应一倍寿命的 LEF 称为载荷因子,是 P_T 与 P_F 之比,可表示为

$$LEF = \lambda \cdot \frac{\Gamma\left(\frac{\alpha_R + 1}{\alpha_R}\right)}{\left\{\frac{-\ln(R)}{\left[\chi_\gamma^2(2n)/2n\right]}\right\}^{1/\alpha_R}} \qquad (12.6.3.3(c))$$

式中:λ 是强度和寿命形状参数的函数,可表示为式(12.6.3.3(d))。除了 α_L 被 α_R 替换外,式(12.6.3.3(c))与式(12.6.3.3(a))的形式相同。加入新参数 λ 是为了使寿命因子和载荷因子具有相同的可靠度。

$$\lambda = \frac{\Gamma\left(\frac{\alpha_L + 1}{\alpha_L}\right)^{\alpha_L/\alpha_R}}{\Gamma\left(\frac{\alpha_R + 1}{\alpha_R}\right)} \qquad (12.6.3.3(d))$$

载荷因子方法需要提高疲劳载荷以确保在一倍试验持续时间内达到相同的可靠度。然而,对于金属/复合材料混合结构,超载会导致某些金属部件的裂纹扩展停滞、屈曲以及过早失效。LEF 方法允许使用相对较低的载荷放大因子来替代额外的寿命循环,从而降低了金属件的超载严重程度。在图 12.6.3.3(a)上可以得到一系列载荷因子和寿命因子的组合来平衡全机试验中的试验持续时间和金属超载问题。

如图 12.6.3.3(b)所示,载荷因子在很大程度上受到强度和寿命形状参数的影

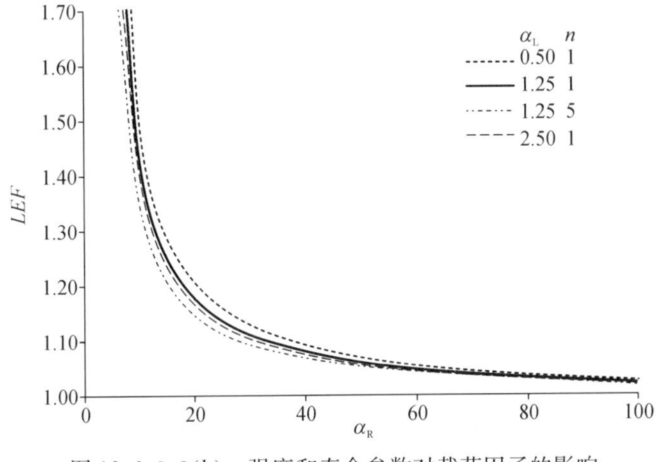

图 12.6.3.3(b)　强度和寿命参数对载荷因子的影响

响。因此，对于具有较小分散性的新型材料，其形状参数的增大会显著地降低 LEF。强度和寿命形状参数对 LEF 的影响与试验持续时间呈函数关系变化。具体来说，当试验持续时间增大时，寿命形状参数对 LEF 的影响也会增大。这可以理解为 N_F 只受寿命形状参数的影响。

需要注意的是，N_F，L_F 和 LEF 等式的形式不受限于本节所介绍的几种。某些航空从业人员采用的等式基于其他概念，如可靠性验证试验(RDT，见文献 12.6.3.3)以及利用 $S-N$ 曲线斜率而非剩余强度。

从式(12.6.3.3(a))可以看出，LEF 还取决于样本数量和所需的可靠性。对于 $\alpha_L=1.25$ 和 $\alpha_R=20.0$，A 基准和 B 基准 LEF 与试验持续时间 N 的关系曲线见图 12.6.3.3(c)。1 倍寿命、1.5 倍寿命以及 2 倍寿命试验所需的 LEF 见图 12.6.3.3(d)。图 12.6.3.3(d)以试验件数量为基础，可以看出，对于 B 基准可靠性，所需的载荷放大少于 18%。

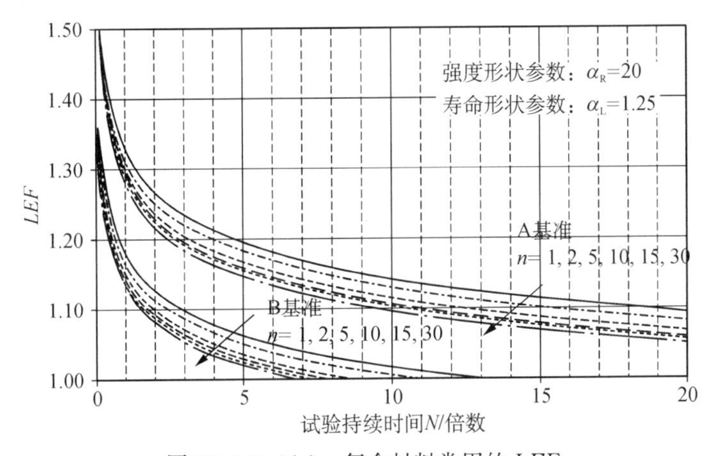

图 12.6.3.3(c)　复合材料常用的 LEF

样本数量	1 倍寿命试验		1.5 倍寿命试验		2 倍寿命试验	
	A 基准	B 基准	A 基准	B 基准	A 基准	B 基准
1	1.324	1.177	1.291	1.148	1.268	1.127
2	1.308	1.163	1.276	1.134	1.253	1.114
5	1.291	1.148	1.259	1.120	1.237	1.100
10	1.282	1.140	1.250	1.111	1.227	1.091
15	1.277	1.135	1.245	1.107	1.223	1.087
30	1.270	1.130	1.239	1.101	1.217	1.082

图 12.6.3.3(d)　对应 $\alpha_R=20.0$ 和 $\alpha_L=1.25$ 的典型 *LEF*

这种 *LEF* 方法提供了一种有效的途径来保证结构寿命的可靠性。然而,还有其他的影响也可能需要增大载荷,从而导致不希望出现的高载荷因子。例如,通常需要采用环境补偿因子以考虑服役中的环境影响,同时,通常对军用飞机采用一个谱严重因子。这样,1.18 的 *LEF* 系数,1.06 的环境补偿因子,再加上 1.20 的谱严重因子,使得总的疲劳试验系数达到 1.50。这样,或者会改变疲劳破坏的模式,或者将达到结构的静力强度。因此,在应用 *LEF* 方法时非常重要的问题就是要保证其疲劳破坏的模式不变。

全尺寸试验项目中,尤其是当部件中包含金属结构时,须认真考虑 *LEF* 的应用。断裂力学裂纹扩展分析可以用来评估 *LEF* 对金属件的影响。如果预测到金属件的过早开裂,那么可以就以下与审定机构达成一致,即试验结果可以在分析修正后代表名义谱下的金属件性能。在机身/压力舱试验案例中,可以达成一致认为,环向拉伸应力循环没有机身弯曲和剪切导致的剪切和压缩应力严重;从而将 *LEF* 应用到外部载荷上,但不应用到内部压力载荷上。结构中包括金属压力框时,这一点非常关键。

载荷-寿命结合法可以通过图 12.6.3.3(e)所示的两种方式来使用(见文献 12.6.3.1):①整个谱上采用相同的 *LEF*,而 *LEF* 是针对特定试验持续时间计算得到的;②基于载荷放大后的严重性,谱中的不同载荷块采用不同的 *LEF*。后者允许在高载荷上采用相对较低的 *LEF*,从而替换掉那些高载荷的额外重复。在避免非典型超载导致金属/复合材料混合结构的金属失效、屈曲失效以及分层屈曲导致的分层扩展这一点上,这尤其有用。然而,高载荷循环应当散布在整个谱中。这减轻了金属部件中意外出现的裂纹尖端塑性,而裂纹尖端塑性会改变裂纹扩展行为(和失效模式),需要另外做分析。

载荷放大因子(见图 12.6.3.3(d))是利用参考文献 12.6.1 中分析一个大规模复合材料数据库后得到的众数强度和寿命形状参数生成的,该数据库主要包括了热压罐成形 180℃固化的碳纤维/环氧树脂复合材料的试验数据。另外,这些数据主要是由层压板构造归结而来,相关分析主要基于纤维控制的失效。为了生成可靠的具

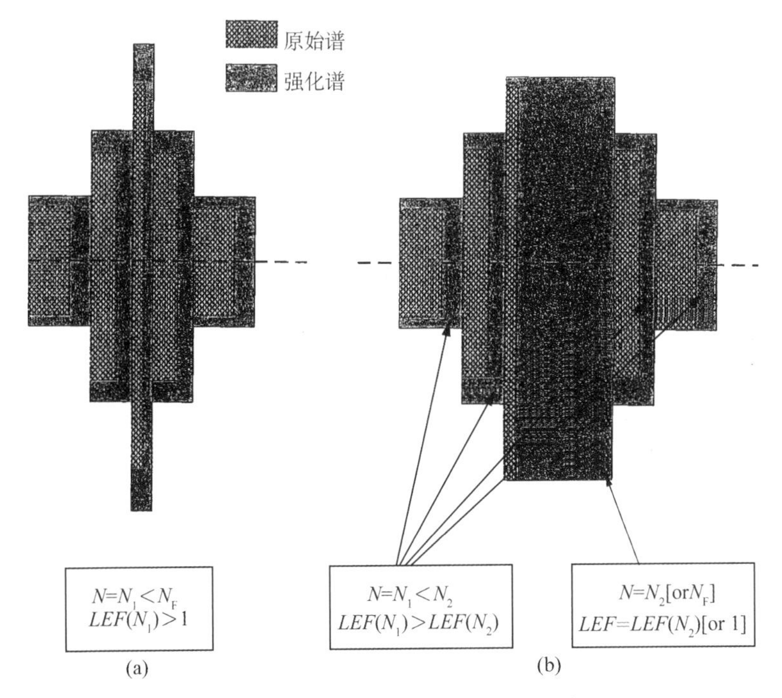

图 12.6.3.3(e)　载荷-寿命结合法的应用

(a) 载荷-寿命结合试验　(b) 载荷-寿命结合谱

有统计意义的载荷放大因子，需要大量的试验数据。图 12.6.3.3(f)所示是生成强度和寿命形状参数从而确定特定结构的寿命因子和载荷放大因子所需的最小试验矩阵。该试验矩阵必须考虑以下情况：

- 关键设计细节、加载模式以及应力比必须体现在试样和元件级试验中。
- 试件必须至少分 3 个材料批次制造，否则就得通过单层试验统计（如通过 Anderson-Darling 试验得到显著性水平为 $\alpha=0.01$）来证明批次间不存在显著变异性。
- 除了静态应力水平，每条 $S-N$ 曲线的试验矩阵都必须包含至少 3 个疲劳应力水平。对于利用了终止端剩余强度的分析技术而言，至少 2 个应力水平都必须在分析中发生疲劳失效，否则，每个应力水平都必须至少有 6 次疲劳失效。
- 基于疲劳分析技术（如，各项应力水平的分析，或利用联合 Weibull/Sendeckyj 分析将各个应力水平的疲劳数据合并），必须包含最小推荐试件数量，如图 12.6.3.3(f)所示。
- 用来生成强度形状参数的静强度分散性分析中包括至少 6 个静态试验数据集（至少 6 个 Weibull 形状参数）。
- 用来生成寿命形状参数的疲劳寿命分散性分析中包括至少 6 个疲劳试验数据集（至少 6 个 Weibull 形状参数）。

设计细节	试验方法	加载情况	环境情况	静强度关键设计细节	疲劳关键设计细节-循环试验 R 比(3 个应力水平)			
					R_1	R_2	R_3	R_4
1	方法 1	1	1	$B\times6$				
2	方法 2	2	1	$B\times6$				
3	方法 3	3	1	$B\times6$				
4	方法 4	4	1	$B\times6$				
5	方法 5	5	1	$B\times6$				
5	方法 5	5	2	$B\times6$				
1	方法 1	1	1					$B\times3\times F$
2	方法 2	2	1					$B\times3\times F$
3	方法 3	3	1		$B\times3\times F$			
4	方法 4	4	1				$B\times3\times F$	
5	方法 5	5	1			$B\times3\times F$		
5	方法 5	5	2			$B\times3\times F$		

注意：静强度关键：$B\times$(试件数量)；$B=\begin{cases}1，对于单层级别的批次变异性不明显的情况\\3，对于单层级别的批次变异性很明显的情况\end{cases}$

疲劳关键：$B\times$(试件数量)$\times F$；$F=\begin{cases}6，对于使用合并疲劳分析技术的情况\\6，对于使用独立疲劳分析技术的情况\end{cases}$

图 12.6.3.3(f) 生成寿命和载荷放大因子的最低试验要求

参考文献 12.6.3.1 中分析的复合材料数据显示出图 12.6.3.3(d)中的载荷放大因子对现代的复合材料来说比较保守，其原因在于材料和工艺技术以及试验方法的进步(如试验数据分散性减小)。因此，如果没有足够的试验数据，图 12.6.3.3(d)中的值可以用在全尺寸试验中(需要审定机构的认可)。但是，新型或创新型材料、材料形式或设计细节将可能需要强度和寿命形状参数的验证，以确保它们等价于或优于图 12.6.3.3(d)中的值。这至少需要先通过一个疲劳关键设计细节件和典型应力比(如，对于开孔试验，$R=-1$)得到典型试样/元件的 $S-N$ 数据，然后根据 $S-N$ 数据做疲劳寿命的分散性分析，如图 12.6.3.3(g)所示。

12.6.3.4 极限强度方法

极限强度方法采用增加静强度的裕度并与疲劳门槛值相结合的办法，来验证适当的疲劳寿命。文献 12.6.1 和 12.6.4 详细讨论了这种方法。这是一种保守的方法，但如果满足的话，就不再需要做结构疲劳试验。这种方法假设疲劳门槛值相对静强度的比例较高，为了采用极限强度方法，在结构设计中，要求其最大谱设计载荷不大于 B 基准疲劳门槛值。

极限强度方法已经在旋转翼飞机设计中得到一定应用，因为旋转翼飞机疲劳谱中的疲劳载荷循环数约比固定翼飞机高两个量级。这样高载荷循环数下的疲劳门

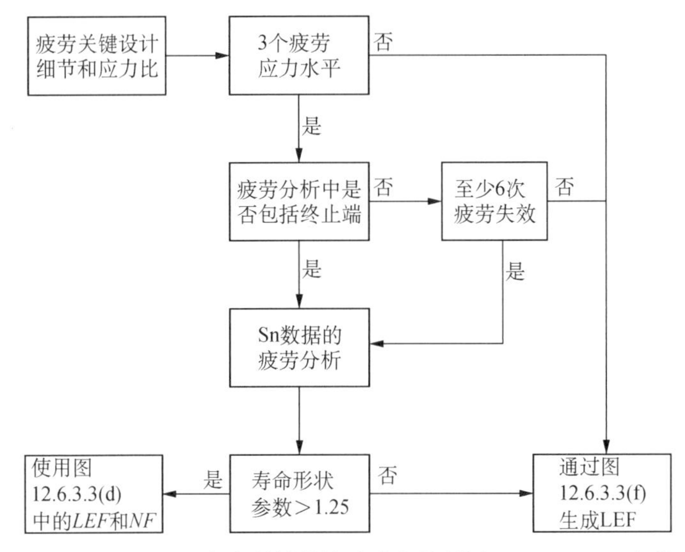

图 12.6.3.3(g)　复合材料结构试验中使用图 12.6.3.2(d)中的 *LEF* 需满足的最低要求

槛值还没有完全确定。为了应用这种方法，需要进一步研究以建立数据库。

12.6.3.5　谱的截除和截取

疲劳载荷常常需要通过截除和截取来修正。低载截除就是将频繁出现的低载荷循环从载荷谱中去除。截取就是降低不频繁出现的高载循环的载荷幅值(并非去除循环)。所以，在某些文献中，截取也被称为“高载截取”。如图 12.6.3.5(a)所示。

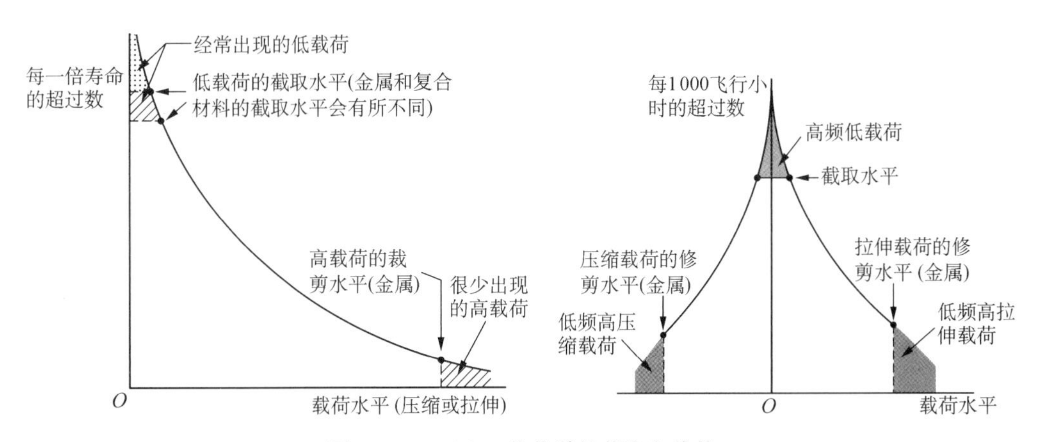

图 12.6.3.5(a)　载荷谱的截取和裁剪

在金属结构中，严重飞行载荷会导致裂纹扩展的停滞，因此常常会被截取到精心确定的门槛值。然而，低水平循环是重要的，会保留在试验谱中。

与金属不同，复合材料对低应力(应变)循环不太敏感，其疲劳寿命主要受高应力(应变)循环制约。还发现，复合材料行为不受疲劳载荷顺序的影响，这也许是由于材料的脆性所致。事实上，文献 12.6.3.5(a)和(b)的结果表明，在某些类型的疲劳载荷谱作用下，大多数的疲劳破坏是“准静态破坏”，这就是说，破坏的起始和扩展只发生在有限数量的高应力(应变)载荷循环下。文献 12.6.3.5(c)建立了一个广泛的数据库，来证实谱截取技术的正确性。文献 12.6.3.5(d)和(e)也成功地应用了这个技术来修正疲劳载荷谱。

因此对于复合材料结构，高载荷循环不应当截取。然而，低水平循环的截除是可取的，因为这样可以显著地减少疲劳试验的循环数，从而减少试验时间。比如，直升机动部件，如旋翼和传动部件以及暴露于螺旋桨尾流载荷的机身或尾翼部件，每倍寿命中经历着非常多的循环数，通常，30000 小时寿命经历的循环大于 10^9 次。

对于金属和复合材料混合结构来说，解决两种材料各自要求的冲突是一项挑战。在复合材料载荷谱应用了载荷放大因子和环境系数后，累计效应会导致金属部件的试验载荷显著高于裁剪水平。比较棘手的是，需要在确保合适的试验持续时间的同时，保持载荷足够低以避免阻滞金属件的裂纹扩展。解决该问题的其中一个方法是载荷-寿命谱结合法，如图 12.6.3.3(e)所示。还有一个方法就是在应用了载荷放大因子的疲劳试验(未应用环境系数)的过程中进行定期应用环境系数的静力试验。

既然复合材料试验的谱截取还没有一般的指导原则，通常只好把材料的疲劳门槛值用来进行载荷循环的截取，并认为低于疲劳门槛值的应力(应变)水平不会引起疲劳损伤(起始或扩展)。因此，理论上讲，可将其从谱中去除而不会改变试验的结果。然而，在实践中，截取的水平通常为 A 或 B 基准疲劳门槛值的某个百分比。

疲劳门槛值可以定义为将 B 基准缺陷扩展线外推至 10^7 次循环(对于旋转部件，10^8 次循环)得到的值。截取比定义为 $S-N$ 曲线上 10^7 或 10^8 次循环的应力(或者应变)与室温下临界环境中的 A 基准(或 B 基准)带损伤静强度之比。对每种 R 比、载荷和使用中预期的失效模式均这样处理。应该指出，在关键环境中，A 基准强度值会明显高于相应的限制载荷。截取水平的确定如图 12.6.3.5(b)所示。

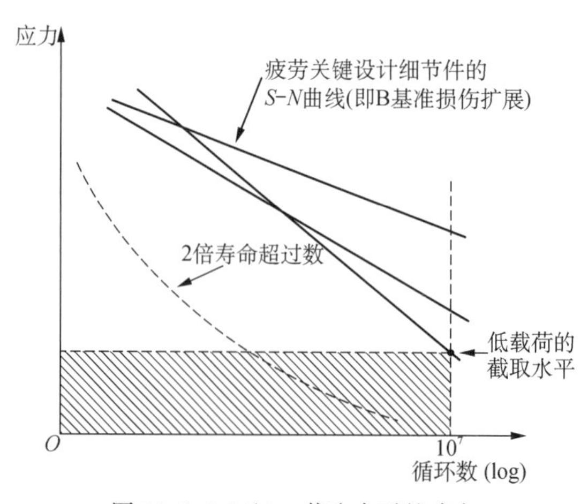

图 12.6.3.5(b) 截取水平的确定

可以看到，截取比值依赖于 R 比（S_{min}/S_{max}）和损伤类型（如孔与冲击或者分层的关系）。它也依赖于所用材料。由于这个原因，必须有覆盖材料、铺层和典型 R 比的试样和元件级试验数据，以建立覆盖所有情况的保守的截取水平。

作为一种替代方法，磨损方法（见第 3 卷 12.6.3.1.3 节）也可以用来确定截取水平。这种方法要求对每种 R 比、材料和损伤类型都有足够的数据，因此需要耗费较大的系列试验。磨损方程可以通过确定给定循环数下的 A（或者 B）基准剩余强度来确定截取水平。

12.6.3.6　试验环境

耐久性和损伤扩展试验必须验证结构在预期服役的环境条件下具备相应的承载能力。环境对重复载荷试验的作用必须按照实际使用情况给予恰当考虑。比如，

● 对于热带环境下大部分寿命期都在较低高度飞行的旋翼飞机或小型飞机来说，应当考虑其潮湿效应。

● 对于操作使用过程中会受相对高温影响的发动机舱结构来说，应当考虑高于地面环境的温度。

为了避免建立和维护环境箱而导致的额外成本，在通过适当的载荷放大因子修正施加载荷后，试验可以在室温常态环境下进行。通过分析、试样试验和元件试验确定在特定载荷类型和失效模式下从室温常态到服役条件所需的环境补偿系数，从而得到载荷放大因子。

12.6.3.7　损伤扩展

出于经济性考虑，缺陷扩展数据试验一般都在元件级别进行。用最简单的试件以二维布局代表具体设计的层压板（或夹芯板）。对于由于压力和后屈曲等原因而受面外载荷的结构，三维试件（如长桁拉脱）也是需要的。顾名思义，缺陷扩展试验起始于初始缺陷（如冲击损伤）；因此，不同于疲劳寿命要从初始制造质量开始算起，与缺陷扩展对应的循环试验要测试的是从初始缺陷状态开始的寿命。初始损伤可以是勉强可检损伤或者可检损伤（或者实际上在役检查中应用的任何水平的损伤）。缺陷还可以包括制造过程中无法检测出的或是相关制造规范所允许的制造缺陷。损伤必须能够代表制造和服役过程中可能出现的损伤类型。如 12.6.2.2 节所说，疲劳试验中需要考虑在役损伤。在综合考虑所选检查方法允许的最大损伤尺寸和/或对预期威胁（工具掉落、冰雹、跑道碎石等）的统计处理后，就可以确定损伤或缺陷的尺寸。损伤位置常常取决于损伤场景的统计分析和结构高载区域面临的威胁。试验的持续时间与损伤从发生到发现的时间间隔有关。带初始损伤的试件的静强度可以考虑作为基准，原因在于在缺陷扩展寿命的 log - log 曲线图上，它可以表示一次循环后的强度。

对于压缩和剪切载荷情况，必须小心确保试件不会屈曲或者通过支撑试件以避免循环载荷下的非代表性失效。元件级和组件级试验中施加的载荷应当模拟所加损伤附近的内部载荷。这一点在开孔压缩和冲击后压缩试验中比较关键。很多旋

翼飞机部件，如柔性梁等，都设计成承受层间剪切或剥离载荷。因此，在开口压缩或冲击后压缩试验之前，必须通过调整加载和开孔尺寸进行等效性证明。

理想情况下，循环加载过程中应当对变形或应变进行控制，因为其更能体现大型结构部件的缺陷扩展情况。在保持循环载荷水平不变的情况下，小试件上的局部应变将会随着初始缺陷的扩展而增大。与此不同的是，大部件上(如机身、机翼等)的局部应变却不会变，除非缺陷在总载荷路径上占了很大比例。对于损伤在主要载荷路径上的情况，循环加载过程中应当对载荷进行控制。

在定义“失效”，即确定终止缺陷扩展循环的条件时，应当考虑不止一个准则。试件在循环加载下的整体破坏是终止试验的最明显情况；但是试件刚度的下降(约10%)也应当被当作失效。某些试件也会出现严重分层，但却不继续扩展或是刚度下降。这种情况下，如果分层超过试件宽度的约80%，那么循环应当终止。在循环试验过程中，可以定期通过无损检测(如超声)来评估损伤或分层的尺寸。大试件中的损伤扩展不会引起明显的刚度降，因此定期无损检测会比较有用。定期无损检测还可以用来估算损伤扩展速率。

需要至少两个其他的数据点才能构建一条合理的平均缺陷扩展寿命 log - log 曲线。对碳纤维环氧树脂复合材料来说，施加的循环载荷应当大体上高于静强度(带初始损伤)的50%，从而使得缺陷扩展速率实际可用。经验证明，静强度的60%～70%作为起始点较好。根据首次选定的静强度百分比进行缺陷扩展试验后，试验结果可作为依据来选定第二次循环加载水平，可以是静强度的更高(更短的寿命)或更低(更长的寿命)百分比。

将B基准缺陷扩展寿命与两倍寿命疲劳载荷谱进行比较后，可以估计出影响复合材料结构缺陷扩展的各个应力水平(见图12.6.3.5(b))。

参考文献12.6.3.7(a)-(c)讨论了比奇“星舟”飞机的寿命因子的确定方法。

12.6.4 分析方法

本节将介绍在面内及面外循环加载下的基体开裂、几何不连续位置的分层起始以及损伤扩展的预测方法。多年来，复合材料的耐久性和损伤扩展评估主要依赖于试验方法，部分原因是缺少经验证的分析方法。然而，随着分析方法的持续发展，将分析与适当的试验数据结合，可以为结构细节设计中的损伤起始和扩展行为提供更加深刻的理解。第3卷12.6.4.1节将介绍耐久性和损伤起始分析，12.6.4.2节将介绍损伤扩展分析。最后，累积寿命预测(结合起始和扩展分析)将在12.6.4.3节中作详细介绍。

12.6.4.1 耐久性和损伤起始分析

耐久性分析旨在预测结构中损伤起始所需的载荷循环数(在给定的循环载荷水平下)。或者类似地，可以预测在给定的载荷循环数下能够产生损伤的载荷水平。损伤起始可能以基体开裂、分层或者任何其他可能的损伤形式出现。总的来说，本节所给出的分析方法可用于无缺陷或损伤的情况。

以下各小节包括面内耐久性(疲劳)分析、基体起裂分析以及分层起始分析。

12.6.4.1.1　面内疲劳分析

此节留待以后补充。

12.6.4.1.2　基体起裂分析

此节将阐述在循环载荷作用下基体开裂的预测方法。尽管标题强调的是循环载荷,但该方法仍适用于准静态加载和单调递增加载,并将在方法的第一步中详细介绍。为了保持方法描述的连贯性,两个算例分析放在第 3 卷 12.9.3.1 中介绍,以阐明细节。

基体开裂通常是复合材料层压板中第一个出现的损伤机理,并且常常会导致分层。下面将分三个步骤介绍特定层压板在已知载荷下的基体开裂的预测方法。该方法将计算得出的单层的拉伸主应力与测量得到的复合材料横向拉伸强度进行比较来预测基体起裂,并预测复合材料的寿命。另一种可行的方法是基于最大应变(见文献 12.6.4.1.2(a))或者应变不变量(见文献 12.6.4.1.2(b))。最后,其他基于原位强度理论或断裂力学的方法,由于它们考虑了应力分布的差异以及所选的代表性体单元与结构部件中基体开裂程度的差异,因此可能更加有效。基体起裂对于层间约束和单层厚度的依赖性很好地说明了这些因素的影响。以上提到的所有方法主要是针对预浸料成形的复合材料层压板,其中假设基体开裂会引起穿透厚度的"层裂纹"。这些方法在预测编织复合材料的基体起裂时可能也有效。此外,所给出的方法只能预测首条基体裂纹的萌生,而不能预测同一层内基体开裂纹的累积,也无法预测随着载荷或循环次数的增加基体裂纹扩展到其他层的情况。

步骤 1

假设当垂直于纤维的 2—3 平面内(见图 12.6.4.1.2(a))的最大拉伸主应力 σ_{tt} 超过复合材料的横向拉伸强度(见参考文献 12.6.4.1.2(c))时,基体将会开裂。为了预测基体开裂的起始,在分析中必须明确外加载荷 P 与 σ_{tt} 之间的关系。如果没有作为外加载荷 P 的函数的 σ_{tt} 的显式表达式,可以用曲线拟合的方法建立两者之间的关系。运用一系列可能的载荷值 P,在有限元分析中构建 P 与横向拉伸主应力 σ_{tt} 的关系曲线,如图 12.6.4.1.2(b)所示。通过分析,可以将计算得出的 σ_{tt} 依据残余湿热影响进行适当调整。为了得到拟合曲线,最少需要给出三组 $P-\sigma_{tt}$ 数据对。载荷 P 与 σ_{tt} 可能的形式如下:

$$P = a \cdot \sigma_{tt}^{b} \tag{12.6.4.1.2(a)}$$

式中:a 和 b 代表对离散有限元分析结果进行最小二乘回归分析所确定的参数。当横向拉伸应力 σ_{tt} 达到复合材料横向拉伸强度 σ_{ttc},即达到临界载荷 P_c 时,失效(基体开裂)发生。

步骤 2

由试验确定基体开裂的疲劳寿命曲线。通常采用横向拉伸或者三点弯曲(或四点弯曲)试验得出。然而,这些试验方法均存在不足(见文献 12.6.4.1.2(d)-(f)),

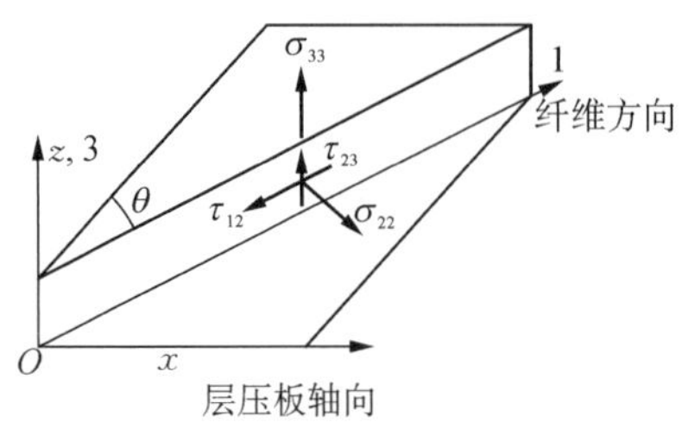

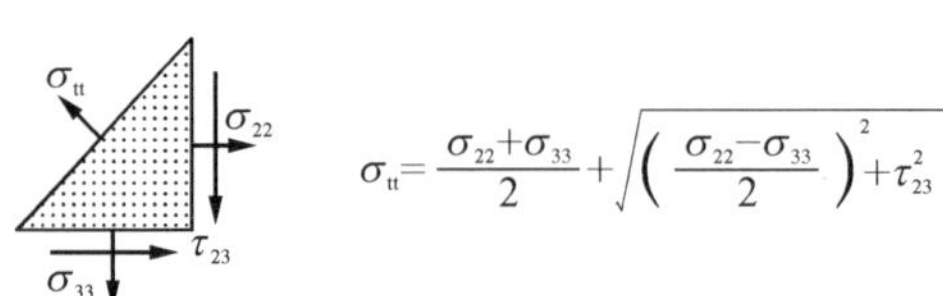

图 12.6.4.1.2(a) 横向拉伸主应力，偏轴层内的 σ_{tt}

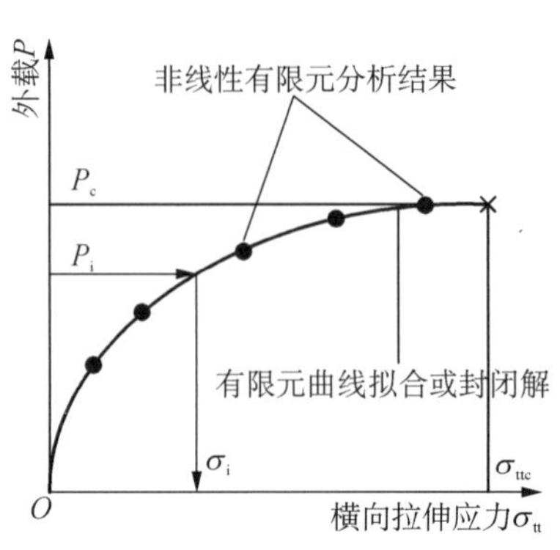

图 12.6.4.1.2(b) 单层横向拉伸应力与外载的关系

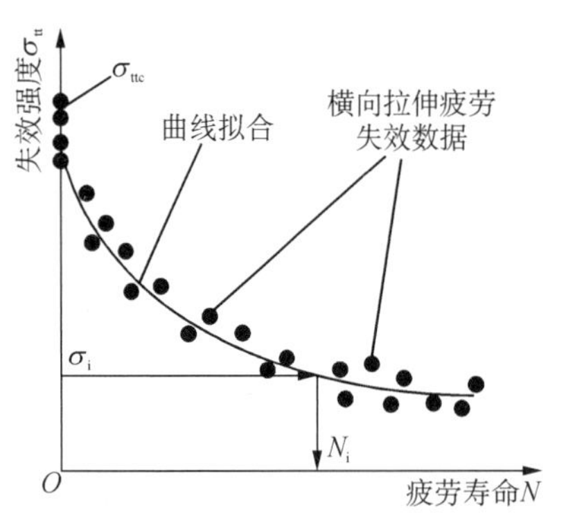

图 12.6.4.1.2(c) 基体开裂的疲劳寿命特性曲线

因此，可以采用其他方式。横向拉伸应力 σ_{ttmax}（其中“max”表示由循环载荷产生的最大应力）与失效循环数 N 的关系如图 12.6.4.1.2(c)所示（见参考文献 12.6.4.1.2(e)）。拟合的疲劳寿命曲线可表达为

$$\sigma_{ttmax}=\sigma_{ttc}-c\cdot N^d \tag{12.6.4.1.2(b)}$$

式中：σ_{ttc} 为准静态横向拉伸强度；c 和 d 为最小二乘回归分析所确定的参数。

以上过程只能够确定平均寿命。若要考虑分散性（见第 3 卷 12.6.3 节），则需要更多的步骤。首先，需要构建标准偏差为±1 的曲线以及对应的方程（见文献 12.6.4.1.2(e)）。

步骤 3

对于任意最大循环载荷 P_{max}（对应于图 12.6.4.1.2(b)中的 P_i），可以同时确定最大横向拉伸应力 σ_{ttmax}（对应于图 12.6.4.1.2(b)和 12.6.4.1.2(c)中的 σ_i）和疲劳寿命 N（对应于图 12.6.4.1.2(c)中的 N_i）。因此，将方程 12.6.4.1.2(b)中的 σ_{ttmax} 代入方程(12.6.4.1.2(a))，并替换 σ_{tt}，得到

$$P_{max}=a[\sigma_{ttc}-cN^d]^b \tag{12.6.4.1.2(c)}$$

将方程(12.6.4.1.2(c))转化为求以 P 为自变量的 N 的方程，得到

$$N=\left[\frac{1}{a^{1/b}\cdot c}\cdot(a^{1/b}\cdot\sigma_{ttc}-P_{max}^{1/b})\right]^{\frac{1}{d}} \tag{12.6.4.1.2(d)}$$

由方程(12.6.4.1.2(d))所得出的基体开裂疲劳寿命，可以直接按方程

(12.6.4.1.2(c))的形式与相关结构构型和载荷工况下的 $P-N$ 测量数据进行比较，如图 12.6.4.1.2(d)所示。关于该方法的应用算例可参见文献12.6.4.1.2(g)。

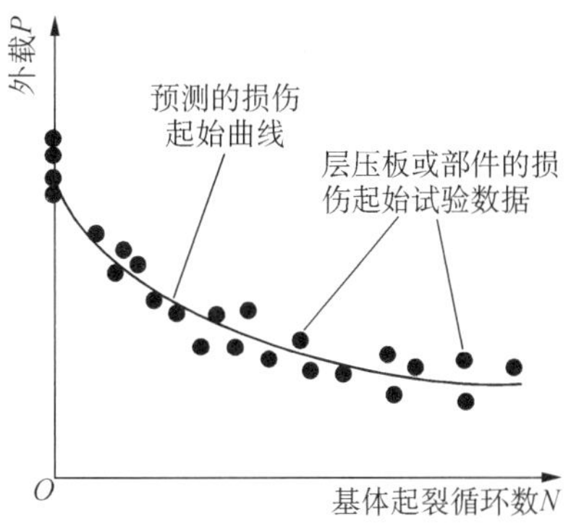

图 12.6.4.1.2(d) 基体开裂的预测与试验结果比较

12.6.4.1.3 分层起始分析

下面将阐述在循环加载情况下如何预测不连续处的分层起始。该方法同样适用于准静态载荷和单调递增载荷，并将在接下来的第一步中进行详细介绍。为了内容的连贯性，两个算例的内容将在第 3 卷 12.9.3.1 节中进行详细分析。

分层通常起始于不连续处，例如自由边、铺层递减区或者树脂开裂处。弹性分析将会揭示这些宏观的、层级水平的不连续处的应力奇异性。采用基于断裂力学的方法对此问题进行分析与表征，可避免分析应力奇异场时的不确定性，并且可合理利用能量释放率 G 所固有的体积效应。预测分层起始的无扩展能量释放率法包含以下几个步骤。首先，必须由分析得出总能量释放率 G_T，以及三种断裂模式（Ⅰ型为张开型，Ⅱ型为平面滑开型，Ⅲ型为撕开型）所产生的 G_T 的分量。然后，由试验建立断裂交互图(FID)，用于表征层间断裂韧性对于断裂模式的混合程度与循环载荷数的依赖性。最后，将计算得到的 G 和断裂模式的混合程度与试验确定的断裂交互图进行比较，来预测分层起始时的循环数。下面将对这三步进行详细介绍。

为预测在给定载荷下复合材料构件中不连续处的分层起始，需要先确定分层起始的临界能量释放率 G_{onset}。根据分析得出的总能量释放率 G_T 与分层长度 a 之间的关系曲线的形状，可以确定 G_{onset}，如图 12.6.4.1.3(a)所示。这些 G_T-a 关系曲线是由封闭解或数值分析技术(见第 3 卷 8.7.4 节)所得出的。其中最普遍的方法是在有限元分析中采用虚拟裂纹闭合技术(VCCT)。典型 G_T-a 关系曲线具有三种形状：G_T 单调递增，表明裂纹在起始后的不稳定扩展(见图 12.6.4.1.3(a)的图(a))；G_T 快速增长并达到平台，同样说明在裂纹起始后发生不稳定扩展(见图 12.6.4.1.3(a)-(b))；或者 G_T 在特定虚拟分层长度时达到最大值后减小，表明裂纹在起始后的稳定扩展状态(见图 12.6.4.1.3(a)的图(c))。在图(c)和图(b)的情况下，认为分层起始时的临界能量释放率 G_{onset} 分别对应于 G_T-a 曲线的峰值和平台值。对于情况(a)，G_T-a 曲线单调递增，认为 G_{onset} 发生在虚拟分层长度 a 处，这个位置对应于层压板或部件中刚度不连续处(见 12.6.4.1.3 节)，或者对应于由无损检测技术确定的最小可检缺陷尺寸所规定的分层长度。

如图 12.6.4.1.3(b)的图(a)所示，G_T-a 曲线随外部载荷 $P_3>P_2>P_1$ 的增加而增加。当 G_{onset} 达到由试验预先得到的混合断裂模式的层间断裂韧性 G_c 时，分层即开始扩展。为了得到能量释放率 G_c，首先需要确定断裂模式的混合度。对于二维问题，断裂模式的混合度通常可用模式混合比来表示，即 G_{II}/G_T。这个比值可以表示为虚拟分层长度的函数，以 VCCT 为例，如图 12.6.4.1.3(b)的图(b)所示。对于三维问题，必须考虑Ⅲ型断裂模式。

注意：如果随着分层的扩展，断裂模式混合度变化很大，那么单独用 G_T-a 曲线可能不足以描述裂纹扩展的稳定性。

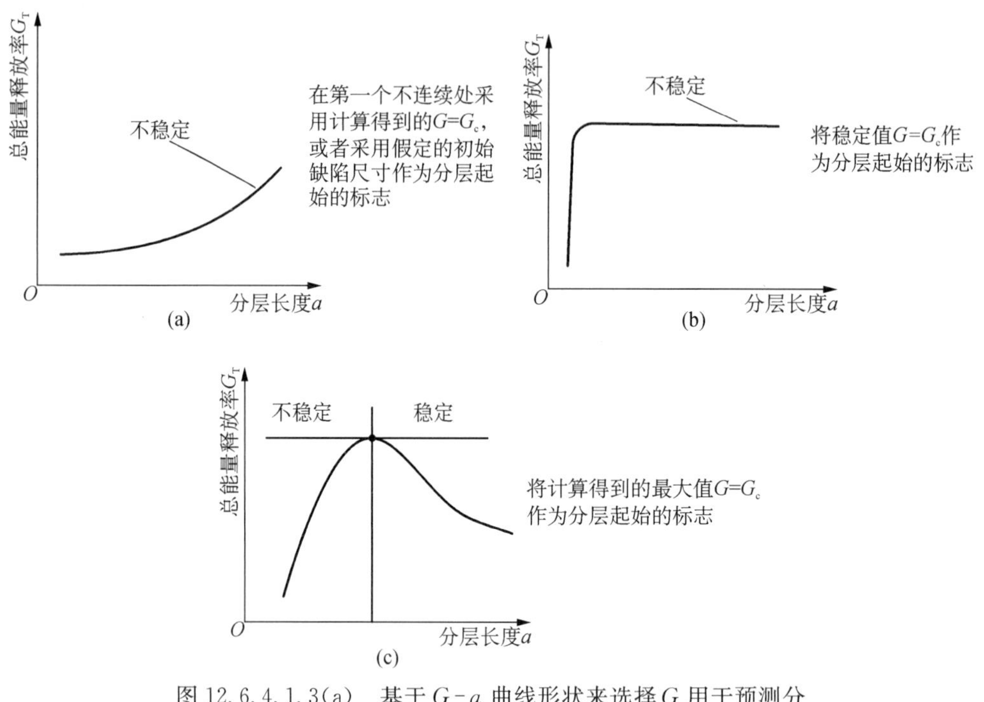

图 12.6.4.1.3(a) 基于 $G-a$ 曲线形状来选择 G 用于预测分层起始

(a) 单调递增的能量释放率 (b) 能量释放率趋于平缓 (c) 具有明显最大值的曲线

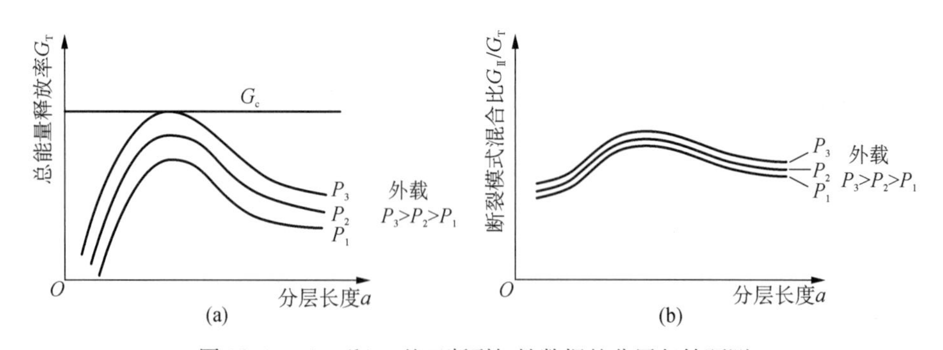

图 12.6.4.1.3(b) 基于断裂韧性数据的分层起始预测

(a) 能量释放率的分布依赖于外载荷 (b) 断裂模式混合比的分布依赖于外载荷

步骤 1

如果 P 与 G 的封闭解不可知,可以在有限元中运用虚拟裂纹闭合技术(VCCT),施加一系列载荷 P,并由此构建 P 与总能量释放率 G_T 之间的关系。G_T 的选择依赖于 G_T-a 关系曲线的形状,如图 12.6.4.1.3(a)所示。至少需要三个 $P-G_T$ 数据对来产生 $P-G_T$ 的关系曲线,如图 12.6.4.1.3(c)的图(a)所示。载荷 P 与 G_T 的关系可以表达为

$$P=\alpha\cdot G_T^b \tag{12.6.4.1.3(a)}$$

式中:α 与 b 代表对离散有限元分析结果进行最小二乘回归分析所确定的参数。

此外,利用 VCCT 计算出每一个 G_T 所对应的断裂模式混合比 G_{II}/G_T,生成图 12.6.4.1.3(c)的图(b)。此图可以表示为

$$\frac{G_{\mathrm{II}}}{G_T}=c\cdot G_T^d \tag{12.6.4.1.3(b)}$$

式中:G_{II}/G_T 是断裂模式混合比的度量,c 和 d 为离散有限元分析结果的最小二乘回归分析所确定的参数。将方程(12.6.4.1.3(b))中的 G_T 解出并代入方程(12.6.4.1.3(a))中,得到

$$P=\alpha\cdot\left(\frac{G_{\mathrm{II}}/G_T}{c}\right)^{\frac{b}{d}} \tag{12.6.4.1.3(c)}$$

再将 G_{II}/G_T 表达为 P 的函数,得到

$$\frac{G_{\mathrm{II}}}{G_T}=c\cdot\left(\frac{P}{\alpha}\right)^{\frac{d}{b}} \tag{12.6.4.1.3(d)}$$

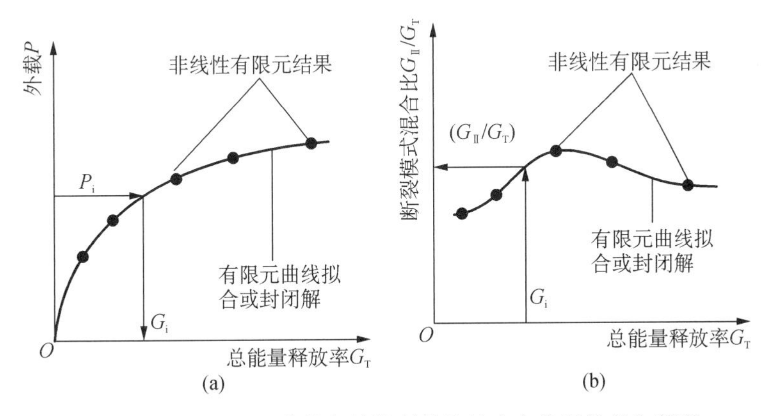

图 12.6.4.1.3(c)　外载与计算所得的总应变能释放率和断裂模式混合比的互相依赖关系

(a) 计算得到的总应变能释放率与外载的关系曲线　(b) 断裂模式的混合比依赖于计算得到的总应变能释放率

步骤 2

为了预测分层起始，必须确定一种混合模式的断裂准则。对于二维准静态问题，通过绘制出 G_c 与混合断裂模式比 G_{II}/G_T 的关系即可确定，如图 12.6.4.1.3(d)所示。图 12.6.4.1.3(d)中的数据是由纯Ⅰ型($G_{\text{II}}/G_T=0$)，纯Ⅱ型($G_{\text{II}}/G_T=1$)以及不同混合比的混合型(见第 1 卷 6.8.6 节)试验得出的。可以采用线性回归分析得到 G_c 与 G_{II}/G_T 的关系式。失效面可以将最大循环载荷 P_{max} 下的总能量释放率 G_{tmax} 与断裂模式混合比 G_{II}/G_T 和分层起始循环数 N 联系起来，如图 12.6.4.1.3(e)。由疲劳试验可得到失效面的数据(见第 1 卷 6.9.4 节)。图 12.6.4.1.3(d)中的准静态混合断裂模式的失效准则，对应于图 12.6.4.1.3(e)中的 $N=10^0(N=1)$ 平面。同样要注意，当分层起始的循环数很大时($N>10^6$)，G_{tmax} 可能不会随着模式混合度的变化而发生明显的变化。一旦有了这些计算结果和特性，就可以确定分层起始寿命了。

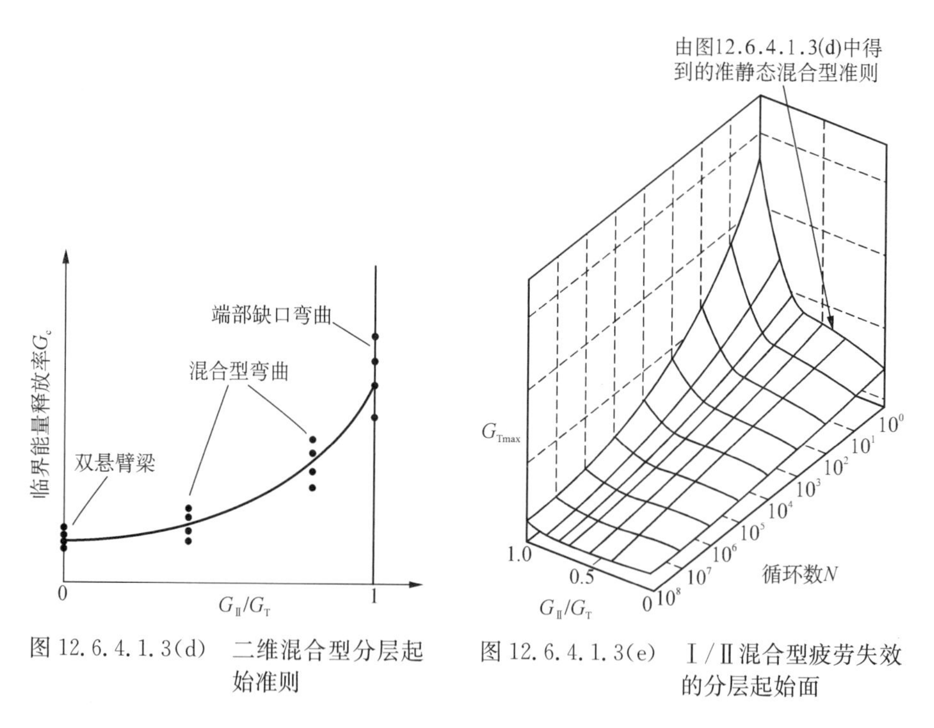

图 12.6.4.1.3(d) 二维混合型分层起始准则

图 12.6.4.1.3(e) Ⅰ/Ⅱ混合型疲劳失效的分层起始面

步骤 3

对于任意的最大循环载荷 P_{max}(对应于图 12.6.4.1.3(c)的图(a)的 P_i)，最大能量释放率 G_{Tmax}(对应于图 12.6.4.1.3(c)的图(a)和(b)中的 G_i)，以及对应的混合断裂模式比，G_{II}/G_T(对应于图 12.6.10.3(c)的图(b)中的$(G_{\text{II}}/G_T)_i$)都可以被确定。由图 12.6.4.1.3(e)中的破坏准则，我们可以获得 $G_{\text{II}}/G_T=$常数时合适的 G_{Tmax} 与 N 的关系曲线，如图 12.6.4.1.3(f)所示。对于混合比恒定的混合型裂纹，G_{Tmax} 与分层起始寿命 N 的关系可以表达为

$$G_{\mathrm{Tmax}} = G_{\mathrm{c}} - eN^{f} \qquad (12.6.4.1.3(\mathrm{e}))$$

式中：G_c 是图 12.6.4.1.3(d)中所示的混合断裂模式下的准静态层间断裂韧性，e 和 f 为最小二乘曲线拟合所确定的参数。

注意：如果需要的话，可以用图 12.6.4.1.3(d)中的准静态混合断裂模式失效准则的曲线拟合结果来替代方程(12.6.4.1.3(e))中的 G_c（见文献 12.6.4.1.2(g)）。

注意：以上给出的方法是用来预测平均寿命的。如果需要考虑分散性，则需要更多步骤(见第 3 卷 12.6.3 节)。例如，可以构造标准偏差为±1 的面，并得到相关方程(见参考文献 12.6.4.1.2(g))。

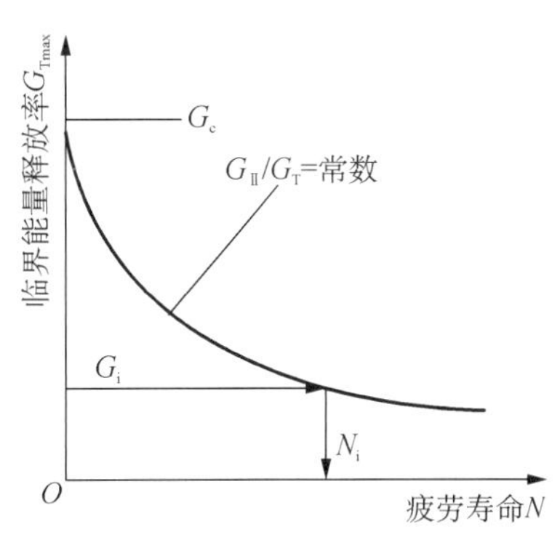

图 12.6.4.1.3(f)　恒定混合模式比的分层起始曲线

对于给定的载荷 P_i，可以确定相应的寿命 N_i，如图 12.6.4.1.3(f)所示。因此，从式(12.6.4.1.3(e))提取出 G_{Tmax} 并代入式(12.6.4.1.3(a))，并替换 G_{T}，得到

$$P = \alpha \cdot (G_{\mathrm{c}} - eN^{f})^{b} \qquad (12.6.4.1.3(\mathrm{f}))$$

将式(12.6.4.1.3)变换为 N 的表达式，得到

$$N = \left[\frac{1}{\alpha^{1/b} \cdot e} \cdot (\alpha^{1/b} \cdot G_{c} - P^{1/b})\right]^{\frac{1}{f}} \qquad (12.6.4.1.3(\mathrm{g}))$$

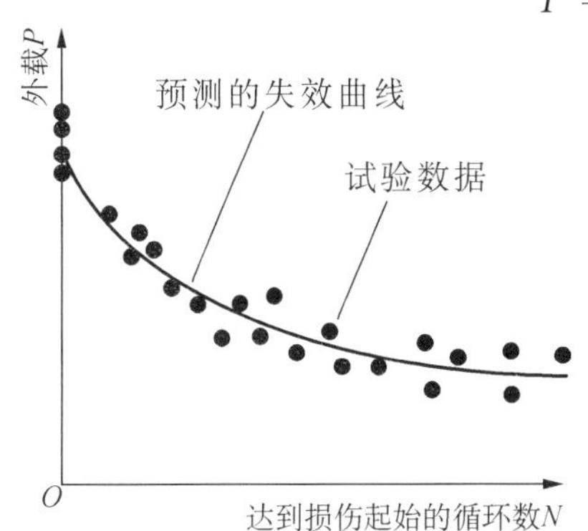

图 12.6.4.1.3(g)　分层起始预测与试验数据的比较

对于相关的结构构型和载荷状况，可以将方程(12.6.4.1.3(g))预测的分层起始时的疲劳寿命直接按方程(12.6.4.1.3(f))与测量的载荷循环数据结果进行比较，如图 12.6.4.1.3(g)所示。参考文献 12.6.4.1.2(g)中介绍了以上方法的应用案例。

12.6.4.2　损伤扩展分析

目前，预测复合材料在循环加载时的损伤/分层扩展方法并不成熟。对于大的穿透损伤、冲击损伤(多种损伤形式共存)或者开口和开槽结构还没有可用的分析方法。因此，工程师必须依赖试验来研究这些损伤的扩展速率。对于单分层或者脱粘，基于断裂力学的方法已经获得一定的成功，并将在 12.6.4.2.2 中进行介绍。

12.6.4.2.1　大的穿透损伤

此节留待以后补充。

12.6.4.2.2 分层和脱黏

下面将阐述利用基于层间断裂力学的方法分析在循环加载下分层及脱粘的扩展问题。需要注意的是，这里讨论的脱粘扩展与胶接接头的失效模式有关，而不包括明显的黏附失效(即假设胶接是初始完好的)。黏附失效的发生通常认为是胶接工艺或胶接面准备问题，对于此问题，分析和试验很难给出可重复的、量化的结果。这里介绍的分析方法可以用作预测在恒定幅值或者谱循环加载情况下产生任意长度分层或脱粘时的循环数。这些结果可用作损伤容限评估和检测方法及检查间隔的确定。若需对有关损伤扩展的损伤容限方法做进一步讨论(例如扩展控制、缓慢扩展、扩展阻止以及无扩展)可参见第3卷12.2.1节和12.6.2.2节。

门槛值扩展水平

由于复合材料疲劳寿命分析方法自身的特性及复杂性，以及复合材料疲劳试验结果的相当高的分散性，很难以合理的置信度来准确预测寿命。另外，分层和脱粘的扩展速率梯度($da/dN-\Delta G$)可能非常大，这意味着载荷的很小变化ΔG就能导致扩展速率da/dN的剧烈变化(见第1卷6.9.4节)。这会增加预测中的不确定性。正是由于这个原因，引入了由试验确定的疲劳特性的门槛值这个概念。疲劳门槛值是指部件在生命周期内(或者相邻检测间隔内)以该循环载荷水平以下不产生疲劳失效(损伤起始/扩展)的载荷值。这个门槛值的概念与金属材料设计时的耐久性极限类似。

基体开裂的门槛值可以由$S-N$数据确定(见第3卷12.6.4.1.2节)，分层起始的门槛值可以由G_{max}与N的数据确定(见第3卷12.6.4.1.3节)，分层或脱粘扩展的门槛值可以由da/dN与ΔG的关系确定(参见本节)。在本章结尾，将会介绍如何由da/dN与ΔG的关系所确定的复合材料层压板(见文献12.6.4.2.2(a)-(c))以及复合材料胶接接头(见参考文献12.6.4.2.2(d)-(g))的门槛值(无扩展)。用元件试验所确定的门槛值对结构进行“无扩展”分析验证，将会提高全尺寸验证试验的信心。

损伤扩展预测的断裂力学方法

这里介绍的基于断裂力学的损伤扩展评估方法目前仍在发展中。目前，这种方法的局限性有：①缺少部件中分层扩展的断裂韧度与试片级试验中的断裂韧度的对应关系；②需要得到da/dN与ΔG之间的关系，而这种关系很难得到；③缺少测试断裂模式的试验标准(见第1卷6.9.4节)。并且，如前所述，da/dN与ΔG的关系变化非常剧烈，这将导致预测的不确定性。以上这些局限性，以及断裂力学在分析复合材料及其构件的有效性在很大程度上尚未被证实，都导致了这些方法还没有被工业部门广泛采用。目前，还是经常采用纯经验公式和基于应力的半经验分层分析方法(见文献12.6.4.2.2(d)和(h))。已有学者将层间疲劳分析加入到商业有限元软件中(见文献12.6.4.2.2(i)和(j))，这将简化下面的分析过程。另外，将计算方法嵌入到有限元分析中可提高混合断裂模式的计算效率，并且不需要预知分层方向。

下面将阐述如何利用层间断裂力学的方法确定在给定的分层或脱粘路径下的

最大循环载荷 P_{nmax} 与循环数 N 的关系曲线。得出的曲线结果可用于恒定幅值和谱载时疲劳寿命预测(基于稳定的分层或脱粘扩展)。在给定路径下,应变能量释放率 G 是分层或脱粘长度(即 G 与 a 的关系曲线)以及混合断裂模式(即 G_{II}/G 与 a 的关系曲线)的函数,该方法假定它已由第 3 卷 8.7.4 节中的方法确定。

图 12.6.4.2.2 列出了疲劳寿命分析的总体步骤。这里举例分析一个 T 型加筋蒙皮(胶接)结构,其中蒙皮最上面两层之间存在分层(见文献 12.6.4.2.2(k)和(l))。除此之外,本方法可以应用到其他承受面外循环载荷或者其他可导致分层扩展的循环载荷情况下的带分层或脱粘的层压板或胶接接头的分析中。为预测在循环载荷下的分层或脱粘的扩展,将 G 表达为分层或脱粘长度和载荷水平(由 FEM 得出 G 与 a 的关系)的函数,并结合从标准复合材料或胶接断裂韧性试件(见第 1 卷 6.9.4 节)得到的分层扩展速率数据($\mathrm{d}a/\mathrm{d}N$ 与 ΔG 的关系)以及文献 12.6.4.2.2(d)中的胶接方法,以确定分层扩展到其临界长度时所需的疲劳循环数。

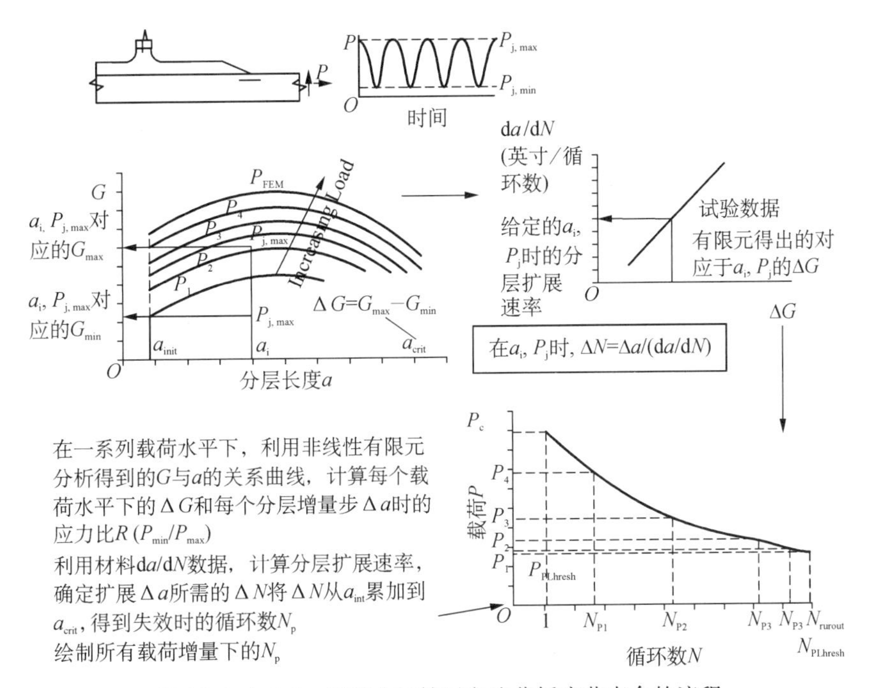

图 12.6.4.2.2 利用分层扩展方法分析疲劳寿命的流程

图 12.6.4.2.2 中的疲劳分析只用到 ΔG(即 $\Delta G = G_{max} - G_{min}$,在 P_{max} 和 P_{min} 载荷下总能量释放率的差),而并不考虑断裂模式的混合问题。一些针对高分子树脂基复合材料胶接接头的循环失效扩展的研究表明,在确定损伤扩展速率时(见文献 12.6.4.2.2(d),(e)和(g)),ΔG 比 ΔG_{I} 和 ΔG_{II} 都要重要。在这些参考文献中,失效起始于胶层,但通常会跳跃到复合材料的第一层并在第一层内扩展,这说明了在确定复合材料分层扩展速率时 ΔG 可能更加重要。然而,这个方法尚未被广泛建

立，并且在某些情况下需要考虑单一的断裂模式或者不同模式之间的混合。可以将疲劳试验得出的分层或脱粘扩展速率与应变能量释放率（da/dN 与 ΔG）的关系绘制成曲线，并可利用扩展速率与应变能的分析结果$(\Delta G)_{FEM}$耦合得到疲劳寿命的预测。

图 12.6.4.2.2 示意了在单载荷比（$R=P_{min}/P_{max}$）的恒幅疲劳加载下的分析流程。首先，对一系列载荷水平下，在每个分层增量步（Δa）中利用 $\Delta G=G_{max}-G_{min}$ 求出总应变能释放率范围。接下来，利用分层扩展速率试验数据（da/dN 与 ΔG，见第1卷 6.9.4 节）中的 ΔG，确定在每个分层长度和最大载荷水平对应的分层扩展速率 da/dN。分层扩展增量 Δa 除以扩展速率得到在特定载荷谱加载下扩展到一定长度的分层所需的循环数 ΔN。

最后，与每个分层扩展增量步对应的疲劳循环数（ΔN）累加，得到每种载荷水平的失效循环数 N_{pj}。在特定的载荷比 R 下，任意载荷幅值下，接头的疲劳寿命 N 就可以从 N_{pj}，P_{max}数据对构造的曲线中得出。为了处理谱载荷加载的情况，在不同载荷比 R 的情况下，P_{max}与 N 的关系曲线可以从疲劳试验数据中推导出，并可与损伤累积模型一起应用，例如 Miner 理论（尽管 Miner 理论的有效性还没有被公开发表的文章所证实）。

该方法可应用于旋翼机结构，例如 T 型加筋蒙皮接头以及单搭接胶接接头在恒幅载荷或谱载荷下的疲劳寿命分析，参见文献 12.6.4.2.2(m)和(n)。

12.6.4.2.3　冲击损伤

此节留待以后补充。

12.6.4.2.4　开口和开槽

此节留待以后补充。

12.6.4.3　累积寿命预测

结构部件的疲劳总寿命预测依赖于设计准则以及假设存在的初始缺陷。如果采用“无初始缺陷”假设，则认为加工时，结构无缺陷。在这种情况下，累积总寿命可能包括基体开裂时的循环数，加上分层起始时的循环数，再加上分层扩展到临界长度时的循环数。例如，在一个特定的无初始缺陷的结构部件中，失效前的累积总寿命 N_T，可以由基体开裂起始寿命 N_M，该裂纹引起的分层起始寿命 N_D，以及分层稳定扩展到有限的可接受尺寸时的寿命 N_G 累加得到。因此，有

$$N_T = N_M + N_D + N_G$$

而在其他极限失效状态下，可能需要将多个不连续处的起始和扩展寿命累加起来得到 N_T。例如，基体开裂和分层的累积会导致有效刚度和稳定性的损失，或者导致层压板或部件内的载荷重新分布，从而引起另一种失效机理，例如子层屈曲或纤维的拉伸或压缩失效。第 3 卷 12.9.3.1.2 中将介绍一个利用累加寿命方法分析旋翼桨毂柔性梁的例子。

在某些情况下，部件的设计准则包含了对缺陷或不可检损伤的假定。这些假定的缺陷尺寸可能基于以下因素，加工中允许的最大制造缺陷，或者服役中最小可检

损伤尺寸(见第 3 卷 12.1 和 12.2 节)。如果假定存在初始缺陷(分层或脱黏),则累积总寿命应只包括缺陷从假定的初始长度扩展到临界长度时所需的循环数。

12.7 剩余强度

损伤容限设计方法的重要概念之一是在损伤可以被定期的维修检测及修理中检测出来之前,或在达到寿命极限之前,保证含损伤结构在服役期内具有足够的剩余强度和刚度以满足其安全性。对于所承受的规定载荷水平,潜在的损伤征兆、需考虑的损伤程度、结构构型和所用的检测方法对损伤的检测能力决定着将要评估的损伤尺寸。本节讨论含损伤复合材料结构剩余强度特性的影响因子、含损伤结构的试验指南以及预测剩余强度的分析方法。

12.7.1 影响因子

本节讨论影响含损伤复合材料结构剩余强度的不同因素,包括材料性能、结构构型、载荷条件和结构内部损伤状态特性。为了建立剩余强度与损伤曲线的对应关系,必须构造分析方法和试验程序以阐明用于设计的这些变量。

12.7.1.1 损伤阻抗与剩余强度的关系

材料/结构对冲击事件的响应特性(损伤阻抗)与含给定损伤状态结构的强度(剩余强度)常常混淆,虽然这两者有时是相互关联的,但应该了解下面这些内容。损伤容限设计方法是用一种选定的检测方法能力来确定对剩余强度分析要考虑的损伤尺寸。这就意味着所需的损伤尺寸依赖于所选检测方法的损伤检测能力,而且通常与具体的能量水平无关。实际上这意味着对给定的损伤事件(冲击能量水平)下阻抗较大的"韧性"结构会需要更大的冲击能量才能达到与"脆性"结构相同的损伤可检性。在给定的相同损伤可检性水平下,韧性结构的剩余强度不一定会比脆性结构的大。

一些提高损伤阻抗的材料和结构特性会引起剩余强度下降,特别是对大的损伤尺寸,而另一些特性却对损伤阻抗和剩余强度都有好处。这些特性对损伤阻抗的影响已在 7.5 节讨论过,下面讨论对剩余强度的影响。与其他材料和结构特性比较研究的情况一样,必须考虑一些技术与经济问题来对给定复合材料设计的损伤阻抗和剩余强度进行平衡。应该牢记高损伤阻抗结构不一定具有高的损伤容限,反之亦然。

12.7.1.2 带冲击损伤的结构

12.7.1.2.1 材料的影响

材料参数,包括基体韧性、形式(单向带或织物)和铺层顺序,对损伤模式从而对损伤阻抗有重要影响。然而,材料性能还影响重复载荷下的损伤扩展和剩余强度。给定损伤的响应受诸多材料结构参数的联合影响,如子层压板的强度和刚度,或者缺口尖端的纤维断裂和基体开裂。

已完成了一些混杂纤维构造的复合材料(即在复合材料铺层中有两种或两种以上纤维混合)的研究工作,例如,将部分碳纤维用具有更高伸长率的纤维,如玻璃纤维或芳纶替代。这两种情况的结果(见参考文献 12.7.1.2.1(a)-(d))显示了在损伤阻抗和冲击后压缩强度方面的提高，然而，无损的基本性能通常降低。

在薄板结构中，例如两层或三层织物面板的夹层结构，材料对损伤阻抗和剩余强度有着显著的影响。研究表明，对于一类特定的材料(冲击前和冲击后)，压缩强度通常随着纤维断裂应变能力的增加而增加。具有较高应变能力的芳纶或玻璃纤维结构要比高强度碳纤维结构具有更大的冲击阻抗，然而，无损和含损伤芳纶或玻璃纤维结构的压缩强度却比碳纤维结构的要低。具有较高断裂应变的高模中强碳纤维组成的结构呈现出优越的冲击阻抗，同时保持较高的强度。

12.7.1.2.2 层间韧性的影响

在热固性材料中，名义基体韧性的变化影响着薄板结构的冲击阻抗，但通常对较厚结构的影响较小。然而，对于热塑性材料体系，通常，树脂断裂韧性(G_{IC}，G_{IIC}等)的较大增加会显著提高冲击阻抗与剩余强度。

虽然层间韧性对在冲击事件中所产生的损伤程度至关重要，但是，具有相同损伤状态(尺寸和类型)层压板的 *CAI* 却与材料的韧性无关(见参考文献 12.7.1.2.2(a)-(c))。文献 12.7.1.2.2(b)的模型(见 12.7.4.3.1 节)考虑了因子层屈曲引起的面内应力重新分配问题，对所研究的韧性和脆性树脂体系都有效。由于在一些材料和层压板铺层顺序(LSS)中可能出现分层扩展，更通用的模型要考虑面外应力。

图 12.5.1.3 和图 12.7.1.2.2 的比较表明，韧性材料具有较大的冲击损伤阻抗，但是对于直径大于 20 mm(0.8 in)的损伤，*CAI* 强度基本相同。虽然在图 12.7.1.2.2 中的曲线均与数据有良好的拟合，对于在 12.7.4.3.1 节所述的用于工程分析的这些材料和铺层顺序也已经达到了类似的精度(见参考文献 12.7.1.2.2(a)-(d))。

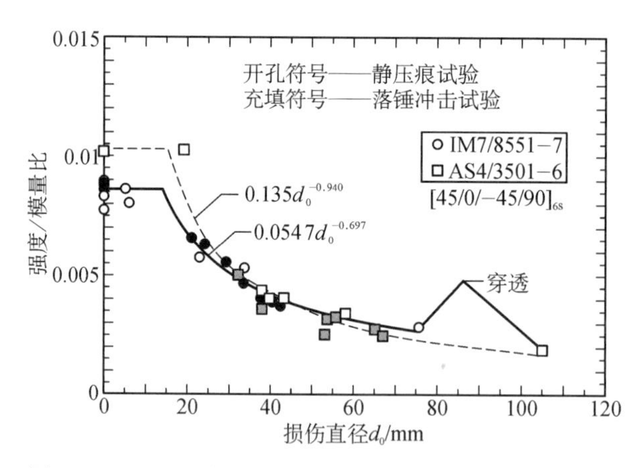

图 12.7.1.2.2 由预浸带制作的无增韧、增韧和夹胶膜碳/环氧层压板 *CAI* 试验结果(曲线为拟合数据)

12.7.1.2.3 铺层顺序的影响

层压板铺层顺序(LSS)能够以几种方式影响冲击后压缩强度 *CAI*。首先，层压板的弯曲刚度，出现在冲击过程中的破坏机理，都极其依赖于 LSS。冲击区域附近的载荷重新分配依赖于沿层压板厚度的损伤分布（例如，子层的 LSS 影响它们的稳定性）。最后，导致最终失效的损伤扩展也取决于 LSS。LSS 影响问题将在 12.7.4.3.1 节继续讨论。

以往所研究的许多冲击损伤状态取决于基体失效。基体裂纹的产生与形成子层压板的分层严重依赖于 LSS（见参考文献 12.7.1.2.2(a)-(d)）。已经发现相同的铺层顺序具有沿层压板厚度方向重复出现的特征损伤状态。从而，铺层能够被铺设成某一顺序，使损伤在层压板内集中在特定区域，图 12.7.1.2.3 显示的实验数据表明 LSS 对 *CAI* 强度有重要影响。

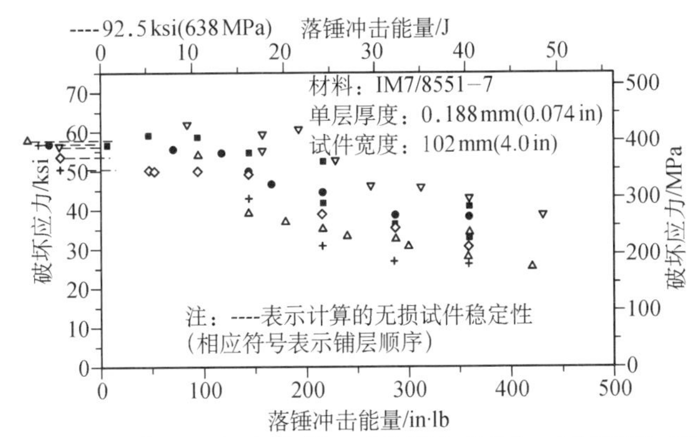

× $[45/90/-45/0]_{2s}$；■ $[45_2/90_2/-45_2/0_2]_{2s}$；+ $[45_2/90_2/-45_2/0_2]_s$；▽ $[30/60/90/-60/-30/0]_{2s}$
● $[30/60/90/-30/-60/0]_{2s}$；◇ $[45/(90/-45)_2/(0/45)_2/0]_s$；△ $[45/(0/-45)_2/(90/45)_2/90]_s$

图 12.7.1.2.3 *CAI* 性能与 LSS 关系的实验结果（取自文献 12.7.1.2.3）

12.7.1.2.4 层压板厚度的影响

有一些数据表明，对于给定的损伤尺寸，较厚的层压板具有较高的剩余强度，层压板和夹层板都观察到了这样的结论（见参考文献 12.7.1.2.4(a)和(b)）。多数强度数据来自开孔和大的穿透缺口。然而，基于因紧邻屈曲子层压板的局部压缩应力集中而引起的破坏，对于该性能的理解对精确预测 *CAI* 也是至关重要的。

12.7.1.2.5 厚度方向缝合

厚度方向缝合这样方法已被用于提高损伤阻抗和剩余强度，缝合的效应降低了因冲击引起的内部分层尺寸，抑制了损伤扩展。常规碳纤维/环氧试验表明对于相当的冲击能量水平，剩余强度增加高达 15%（然而，在相同损伤“可检性”准则比较时，剩余强度的增加会低一些）。然而，缝合工艺十分昂贵，该方法也许只考虑用在所选择的关键区域。另外，缝合会导致应力集中，垂直于缝合方向的拉伸强度通常会降低。

12.7.1.2.6 夹层结构

分析夹层板的冲击后压缩和/或剪切的剩余强度是非常复杂的。因为许多因素耦合并共同决定了结构的响应、损伤扩展以及最后的崩溃。这些因素包括初始变形、多尺度不稳定性以及由多处损伤所引起的面板内以及面板与夹芯界面间的载荷重新分布。并且，损伤状态的变化和夹芯固有的不连续特性会造成试验结果分散性很大。

文献 12.5.1.8(b)- 12.5.1.8(e)介绍了关于带薄面板的复合材料夹层结构的冲击损伤问题的大量研究成果。研究的主要目的在于理解构型和损伤变量对失效模式和剩余强度的影响。其中特殊关注的是内部夹芯已发生大面积损伤而表面面板的损伤很小的情况。除此之外，对穿透单个面板或者穿透整个夹层板的不同直径的机械加工孔也有研究。所研究的结构变量包括面板的材料和厚度，夹芯的材料、密度和厚度，夹层板的尺寸和曲率。

研究表明，夹层板冲击后压缩有两种主要的失效模式。第一种常被称为“面板断裂”，这种失效模式表现为沿垂直于载荷方向扩展的很窄的失效带(见图 12.7.1.2.6(a))。这个失效带结合了弯折带、纤维微屈曲和分层，并且初始时稳定扩展，之后不稳定扩展并引起试验件失效。损伤扩展一般起始于冲击损伤区的边缘，但也有一些证据表明，在某些情况下，损伤可能起始于冲击损伤区的中心(见参考文献 12.5.1.8(e)的附录 C)。这种失效模式通常发生在薄面板并且面板严重损伤的情况(见参考文献 12.5.1.8(c))。

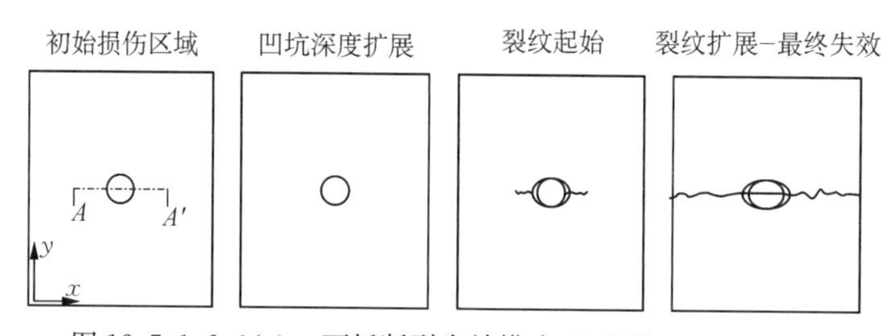

图 12.7.1.2.6(a) 面板断裂失效模式(见文献 12.5.1.8(c))

第二种主要的失效模式，有时被称为“凹坑扩展”或者“凹痕扩展”，是夹心压碎区沿垂直于载荷方向扩展并横穿板的宽度(见图 12.7.1.2.6(b))。通常，凹坑扩展首先发生，并可能引起面板断裂。对于足够宽的板，凹坑扩展可能由面板断裂引起的突然破坏而停止。但在一些情况下，尽管夹芯压溃扩展到整个宽度，而面板却无明显损伤。然而此时板的弯曲刚度和强度的大幅度减小从外部很难观察到，因此这种失效模式引起了大量关注。凹坑扩展这种失效模式发生在厚面板，夹芯密度大并且面板损伤小的情况(见参考文献 12.5.1.8(c))。

冲击后压缩的试验结果表明剩余强度与 C 扫描确定的损伤面积相关，并且随着损伤面积的增大，剩余强度趋于定值。另外，大直径冲头造成的冲击损伤状态相当于几何缺陷，可导致凹坑扩展失效模式，而且凹坑扩展失效载荷小于面板断裂失效时的载荷。

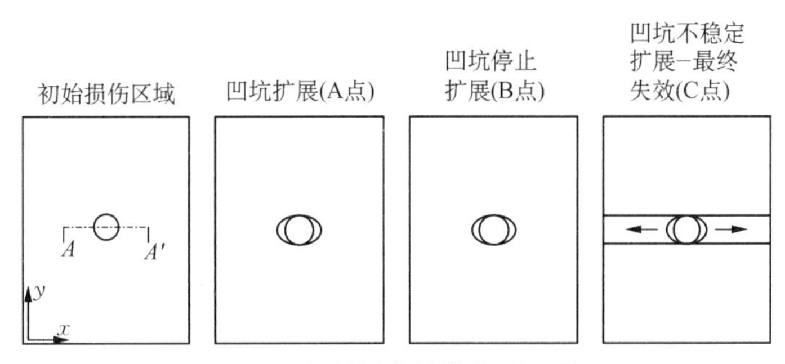

图 12.7.1.2.6(b)　凹坑扩展失效模式(见文献 12.5.1.8(c))

12.7.1.2.7　冲击特征损伤状态

低速冲击，如坠落工具的冲击与子弹冲击不同，表现为一种特殊问题。层压板表面的冲击，特别是钝器所造成的冲击，会导致严重的内部损伤而表面没有可见损伤。如横向剪切裂纹和分层所表明的，树脂的损伤特别严重，因此，树脂丧失了在压缩中对纤维的支持能力，同时局部的失效会导致总体结构的破坏。同样的，冲击会损伤纤维从而导致局部应力集中，这会大大降低拉伸、剪切或压缩强度。传统的碳/环氧体系，是相当脆的材料，对于不可检损伤，其拉伸和压缩强度会分别损失大约 50%和 60%。文献 12.7.1.2.7 中的图 12.7.1.2.7(a)展示了冲击后破坏应变与凹痕深度的关系曲线。AS4/3501－6 板，它由无纬布用树脂膜渗透工艺方法制成，有 16 层、24 层、32 层和 48 层厚。对于压缩，其冲击后破坏应变要比拉伸的低。拉伸的破坏应变比压缩的大是因为受损纤维区域的尺寸要比受损基体区域的尺寸小得多。

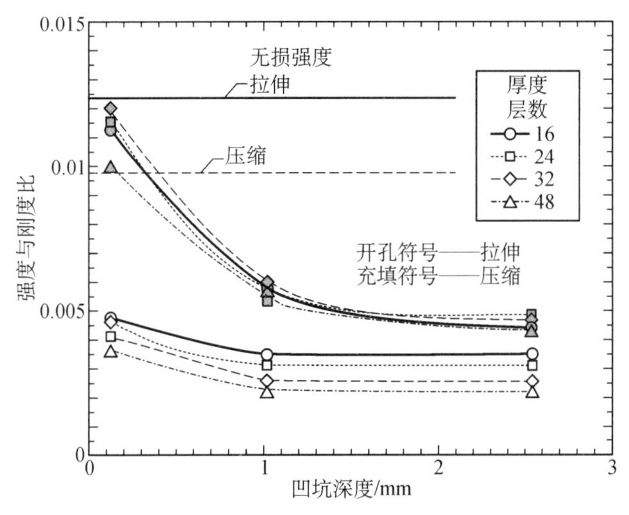

图 12.7.1.2.7(a)　$[45/0/-45/90]_{ns}$ AS4/3501－6/RFI 无纬布(12.7 mm(0.5 in)直径的冲头)的冲击后拉伸和压缩强度(见参考文献 12.7.1.2.7)

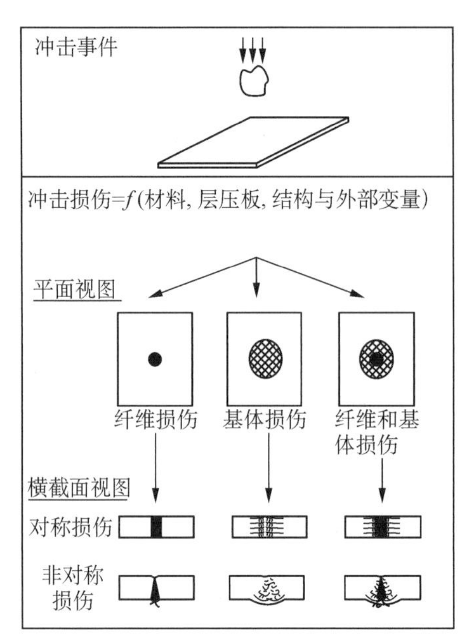

图 12.7.1.2.7(b)　层压复合材料潜在的冲击损伤状态(见文献 12.7.1.2.2(a))

许多论述冲击损伤特性的工作关注垂直于平板表面的冲击。图 12.7.1.2.7(b)展示了受球形物体低速冲击的平层压板的面内和横剖面损伤特性的图解过程。有三种主要的损伤,即纤维失效、基体损伤和纤维基体联合损伤。如图 12.7.1.2.7(b)下端所示,对称或非对称剖面进一步区分了各类损伤。正如 12.4 节所述,许多材料、结构和外部变量都影响着损伤尺寸和类型。

冲击损伤最普通的分类包括纤维和基体破坏。每类损伤对结构完整性的重要程度取决于载荷、部件功能和今后的使用情况。纤维损伤,如图所示,集中于冲击点附近。典型的基体损伤包括基体开裂和分层。基体损伤也集中于冲击点,但从冲击点向四周辐射,其尺寸依赖于冲击过程和分层阻抗。被冲击的层压板形成特征损伤状态(CDS),或厚度方向的纤维和基体破坏方式。已经发现这种 CDS 取决于层压板的铺层顺序(见文献 12.7.1.2.2(a),(b)和(d))。

许多因素影响着 CDS 的对称性。试验观察表明薄的层压板,特别是那些非均匀铺层顺序板,具有反对称的 CDS,其损伤产生于受冲击面的背面(见图 12.7.1.2.7(b)的底部)。非常厚的层压板也具有反对称的损伤,但是其损伤产生于靠近受冲击面一侧。由高分层阻抗材料组成的层压板,在相同冲击参数下,也具有比脆性材料更大的反对称 CDS 趋势。这可能与具体的损伤起始和扩展机理相关。

CDS 在受冲击影响的复合材料中的扩展趋势,对后续的检测与剩余强度预估至关重要。冲击损伤的范围随给定冲击事件的量级而变化,但是,基本的 CDS 趋于保持不变。使用前,在支持细节设计的冲击测量过程中,可以定义出具体构型的 CDS。在这样的研究过程中,破坏性的 CDS 实验室测量与采用适合实际使用的 NDE 方法获得的结果的相互关系,有助于建立与剩余强度的联系。例如,可以采用显微观测与超声穿透法(TTU)方式来定义 CDS 中所有的基体和纤维失效范围,同时,也可以采用凹痕深度和敲击来定义损伤的周界,随后能够利用该联合信息来预测剩余强度。特别是使用中得到的 NDE 数据可以定量地给出损伤尺寸,同时,定义了 CDS 的已有数据库可与剩余强度建立联系。

受压缩和剪切载荷的结构对存在于 CDS 中的纤维和基体损伤是敏感的。基体裂纹和分层能够局部破坏基本层压板,使其分成多个“子层压板”,在压缩和剪切载荷下,"子层压板"会失稳。图 12.7.1.2.7(c)显示了一个具有重复铺层顺序的准各向同性层压板的 CDS 图例(见参考文献 12.7.1.2.2(a),(b)和(d))。这与通常用于材料筛选冲击试验的标准试样的铺层顺序相同(见参考文献 12.7.1.2.2(c))。

图 12.7.1.2.7(c)显示了 CDS 中相邻层之间由横向裂纹桥接的楔形分层。这种方式在层压板的厚度方向连续出现,以内联分层螺旋形的方式朝着中心,反向向背面扩展。在特定 CDS 中的子层压板可能是变的,这取决于具体的铺层顺序。为鉴别子层压板的内部结构,给出用于微观评估的圆形横截面方法也许是最好的方式(见参考文献 12.5.1.1(l))。对圆截面的边界用染色渗透有助于使子层压板结构更明显。

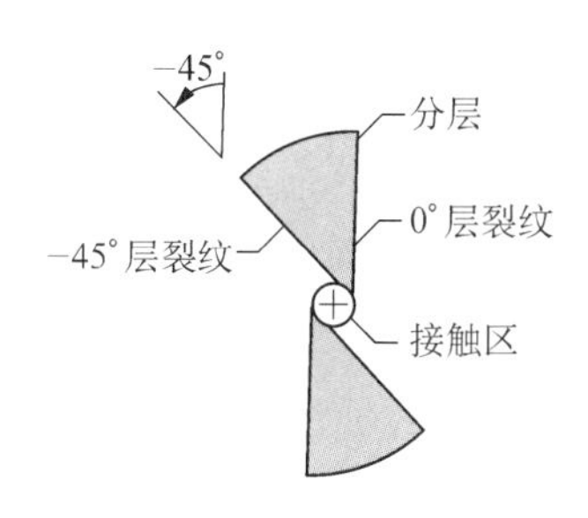

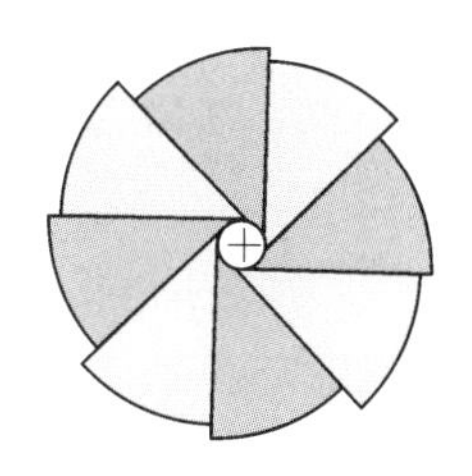

图 12.7.1.2.7(c)　准各向同性的铺层顺序且形成明显的子层压板的基体裂纹和分层(见参考文献 12.7.1.2.2(a)、12.7.1.2.2(b)和 12.7.1.2.2(d))

12.7.1.2.8　剩余强度-压缩/剪切载荷

使用带有圆形端头,直径为 25.4 mm(1.0 in)的冲头得到的试验数据表明,压缩强度随损伤尺寸而降低。但是,在所谓的"损伤容限应变"(对于脆性碳/环氧体系为 3000～3500 $\mu\varepsilon$(见参考文献 12.7.1.2.7)时,就变得平坦了。对极限载荷考虑,这是虽保守,但有效且常用的初步设计强度值。

压缩破坏预测依赖于带屈曲子层层压板观察到的破坏特性。对于有限的材料种类和层压板铺层顺序所得到的结果表明,起控制作用的失效模式伴随有局部面内压缩应力集中。对于增韧或非增韧基体的层压板,可以得到类似的压缩剩余强度曲线。图 12.7.1.2.2 给出了用于 12.5.1 节中范例的层间增韧(IM7/8551－7)和非增韧(AS4/3501－6)材料的归一化 *CAI* 曲线(注意,图 12.5.1.3 给出了相同试样的横向冲击试验结果)。

对于冲击后压缩 *CAI* 强度,分层扩展也许是一种关键的失效机理,它取决于具体的损伤尺寸、铺层方式和材料的分层扩展阻抗(见参考文献 12.7.1.2.8(a)和(b))。对这种失效模式的分析表明损伤扩展是趋于稳定的,需要更大的压缩应变使更大的损伤扩展。因此,由于面内应力重新分配引起的局部压缩破坏是起控制作用的模式,特别是对于较大的损伤尺寸。这能用考虑大直径子层压板能承受多大载荷来做物理解释，而它在非常低的压缩应变下就会屈曲。当达到引起子层屈曲所需的小载荷时，它对相邻结构的影响就如同大的开孔。在足够大的结构中，在屈曲子层压板出现足够的面外变形并有明显扩展之前，与已屈曲的冲击损伤相邻的材料就会在压缩下破坏。这是由于大的屈曲变形需要在相邻的未损伤材料中有足够的压缩应变。然而，应该把屈曲子层的分层扩展作为一种潜在的失效模式来评定，因为这已在一些很脆的材料中观察到了。要注意，具有更高面内压缩强度材料（例如，更高的纤维微屈曲强度）的进一步的发展，也许会有可能出现这种失效模式。

当CDS受纤维断裂控制时，拉伸和压缩剩余强度都会受到影响。虽然子层屈曲不是问题的焦点，伴随有局部纤维失效的复合材料剩余强度的预测仍然需要对有效刚度降的预测。由有效刚度降已经得知，可以采用预测应力集中的软化夹杂方法（见文献12.7.1.2.8(c)和(d)，12.7.1.2.2(b)）和缺口剩余强度失效准则（见文献12.7.1.2.8(e)-(g)和12.7.1.2.2(b)）。最近的研究表明，应变软化分析为后者提供了一种替代传统应用的半经验准则(见参考文献12.7.1.2.8(h)和(i)，12.7.1.2.4(a))。

当CDS既包括纤维失效又包括基体损伤（例如子层压板）时，也许需要多种方法的组合来预测压缩强度。在损伤中心的纤维损伤只对损伤尺寸较小时的强度有影响，此时子层压板屈曲时的应变比较高。当损伤较大时，在很低的应变下子层压板就屈曲，有效地掩盖了在CDS的中心局部纤维失效的影响。可以看到图12.7.1.2.2中带小损伤韧性材料的*CAI*结果受局部纤维失效的影响（见参考文献12.7.1.2.2(a)）。

图12.7.1.2.2显示了冲击后的压缩强度结果，类似于带孔或穿透裂纹试样的结果。由剩余强度曲线的形状可以得知，一开始，曲线随损伤尺寸的增加而急剧下降，随后在大损伤时曲线变得平缓。基于上述对子层压板剩余强度的分析，直径大于50mm(2in)的冲击损伤会趋于与开孔试样的压缩剩余强度曲线重合在一起。对于受压缩或剪切载荷的所有层压板和其他复合材料形式，是否有这种同样的趋势仍有待证明。

为支持细节设计，应确定给定材料形式和层压板的压缩剩余强度性能。如前所提及的，层压复合材料的厚度会有效地增加压缩剩余强度。已经发现缝合或纺织复合材料有非常平坦的剩余强度曲线，表明对缺口不敏感。这些例证强调了研究特殊设计细节（层压板、厚度、铺层和材料形式）的重要性。目前，还没有不用含缺口复合材料的强度数据，就能可靠预计复合材料压缩剩余强度的理论。有限的试验数据表明压缩剩余强度与缺口形状的相关性，高形状比的椭圆形损伤，得到的强度最低。

12.7.1.2.9 剩余强度-拉伸载荷

承受拉伸载荷结构的剩余强度的降低对纤维失效最敏感。如前面所讨论的，纤维失效局限于冲头的冲击区域，因此，冲头的尺寸和形状决定着纤维失效的程度。虽然由大直径物体的冲击产生最严重的威胁，但是罕见的严重冲击事件（例如维修车辆的碰撞）会在飞机结构的表面产生大面积的纤维损伤。分层和基体开裂通常不会降低受拉结构的完整性，然而，环绕纤维失效周围的基体损伤的联合影响却不应被忽略，因为前者实际上通过软化应力集中会增加拉伸剩余强度。

对承受拉伸载荷的结构，分层扩展通常不是可能出现的失效模式（见文献12.7.1.2.9(a)）。预期带有穿透裂纹结构的拉伸剩余强度要低于带有相同尺寸冲击损伤的结构（即软化的冲击损伤区域承受一些载荷）似乎是合理的。由冲击导致的穿透裂纹也许或多或少地比机械加工相同尺寸的缺口要严重。在一些材料中，穿透裂纹会包括超过可见损伤的纤维失效扩展区域，这进一步降低了剩余强度。另一些材料具有很大的环绕穿透裂纹的基体失效区域，这有助于软化应力集中且提供了更高的剩余强度。已经发现许多因素影响着复合材料的拉伸剩余强度，包括纤维、基体、制造工艺、混杂作用和铺层（见文献 12.7.1.2.9(b)，12.7.1.2.8(e)-(g)和12.7.1.2.8(i)）。与压缩情况一样，需要一些含缺口的剩余强度试验来建立可靠的失效准则。

12.7.1.2.10　*加筋壁板*

冲击部位对结构构型中的冲击损伤特性有重要影响，离散元件加筋壁板的 CDS 还取决于该元件是胶接还是机械紧固。离加强元件足够远的蒙皮的冲击与平板试验有类似的 CDS。出现在加强元件附近的冲击会产生刚硬得多的结构响应，并可能在加强元件内及其与蒙皮连接处出现破坏。脱胶和/或分层失效是胶接元件与蒙皮间常见的形式。这种失效的范围依赖于冲击事件和设计变量（例如，使用胶层、加强层以及材料分层阻抗）。分层会产生于蒙皮和加强件之间的界面，然后穿透到韧性低于胶黏剂的基本层压板的层间。当冲击出现在直接位于加强筋的上方的外蒙皮表面时，纤维失效通常出现在刀型、I 型或 J 型加强筋中。图 12.7.1.2.10(a)显示了这种局部失效的例子。对于这种损伤类型，纤维失效的分布是 CDS 的重要组分，因为它影响着横截面的弯曲性能（见文献 12.5.1.1(l)）。

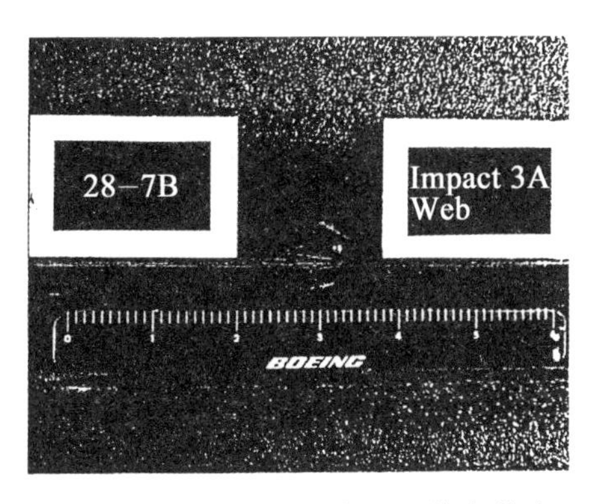

图 12.7.1.2.10(a)　在刀型筋条蒙皮壁板的加筋腹板损伤（见文献12.5.1.1(l)）

图 12.7.1.2.10(b)显示了试样与三梁加筋壁板冲击响应之间的差异。图中绘出了对于“硬”机翼蒙皮的冲击后压缩破坏应变与动能的曲线。试样和壁板的蒙皮名义厚度是 6.35 mm(1/4 in)，分别由[38/50/12]和[42/50/8]铺层制成（符号[38/50/12]表明 0°层、±45°层和 90°层所占的百分比）。螺接钛合金加强筋的间距是139.7 mm(5.5 in)。对于试样，采用直径为 12.7 mm(0.5 in)的落锤和 5 kg 的冲头，对壁板，采用直径为 25.4mm(1in)落锤和 11 kg 的冲头。两个用 54J 和 81J(40 ft · lbf 和 60 ft · lbf)能量冲击的壁板在横向中心线上被冲击了两次（仅在蒙皮上），一次在

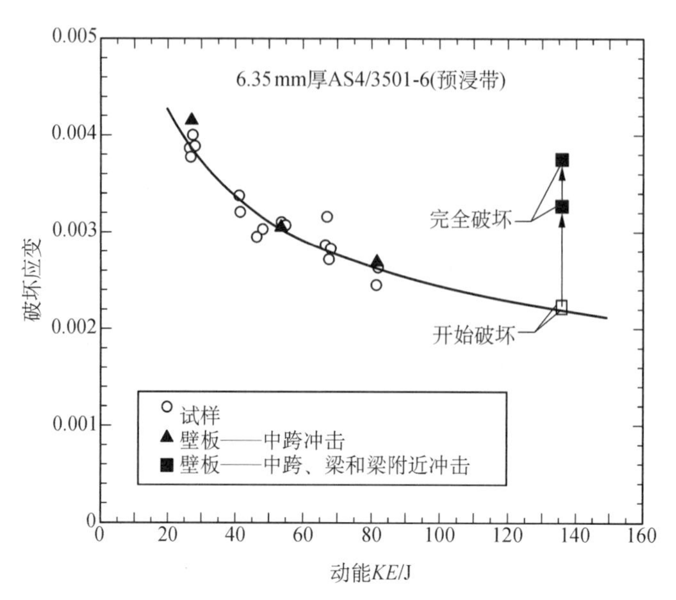

图 12.7.1.2.10(b) 试样和三螺接梁壁板的冲击响应(见参考文献 12.7.1.2.3)

中心梁和左梁间的中跨,一次在中心梁和右梁间的中跨。用 27 J(20 ft・lbf)能量冲击的壁板仅在中跨处冲击一次。三个用 136 J(100 ft・lbf)能量冲击的壁板每一个被冲击三次:一次在中跨处(在加强筋之间——仅在蒙皮上),一次在接近加强筋边缘的蒙皮上,一次在加强筋上。对试样结果拟合成曲线。对于试样和带有中跨冲击的壁板,破坏是灾难性的,而且,破坏应变基本上相等。带有多次 136 J(100 ft・lbf)冲击的壁板的破坏却不是灾难性的。在被加强筋止裂后,载荷增加了 36%~61%才最终破坏。对于带有多次 136 J(100 ft・lbf)冲击的壁板,其最终破坏应变与试样数据的推论相一致。这样,加强筋通过增加弯曲刚度而降低了壁板的有效尺寸,通过止裂而增加了强度。

结构壁板级的剩余强度预测包含比复合材料平板更多的分析步骤,因此,需要附加的积木式结构试验。该分析仍以定量的度量开始,它对关注的载荷提供 CDS 的有效性能。利用这个量来评估局部的应力或者应变集中,必须分析给定的结构构型对该应力集中的影响,来预测损伤扩展的开始。在冗余结构构型中,可能需要模拟扩展和载荷再分布来预测最终破坏。在复合材料结构中,并非经常能观测到损伤扩展,因为通常只进行较小损伤的试验。例如,在总的损伤扩展出现之前,加强筋处严重的冲击损伤需要有足够的壁板载荷(例如,壁板应变在 0.004 in/in 量级)。由于损伤开始时很小,可观测到动态扩展现象,从而相邻的加强元件不能阻止损伤扩展。当初始损伤足够大(例如,加强筋和相邻的蒙皮材料完全被切断的一个穿透切口)时,可以观察到损伤稳定扩展到相邻的加强元件,并且被阻止(见参考文献 12.7.1.2.10)。

12.7.1.3　带有穿透损伤的结构

在 20 世纪 90 年代初期，按照 NASA/Boeing 的合同，建立了一个处理穿透厚度的缺口的重要数据库。该项研究处理不同材料、缺口尺寸以及结构复杂性的响应。除了已有注释的，下面的讨论都是基于这些发现（见参考文献 12.7.1.3(a)-(e)，12.7.1.2.4(a)，12.7.1.2.8(g)，12.7.1.2.8(i)和 12.7.1.2.10)。

研究的主要部分是对蒙皮材料的铺贴采用丝束铺放（也称为纤维铺放），丝束铺放工艺采用预浸润的丝束作为原材料形式，多股丝束通过丝束铺放头以单股的形式铺设，如图 12.7.1.3(a)所示。这种工艺允许低成本地使用层内混杂材料，即有多种纤维的丝束以可重复的模式组合在每一个单层中的材料（例如，S2-玻璃），如图 12.7.1.3(b)所示。在这个过程中使用了这样的层内混杂，主要是出现在所有层中的混杂。

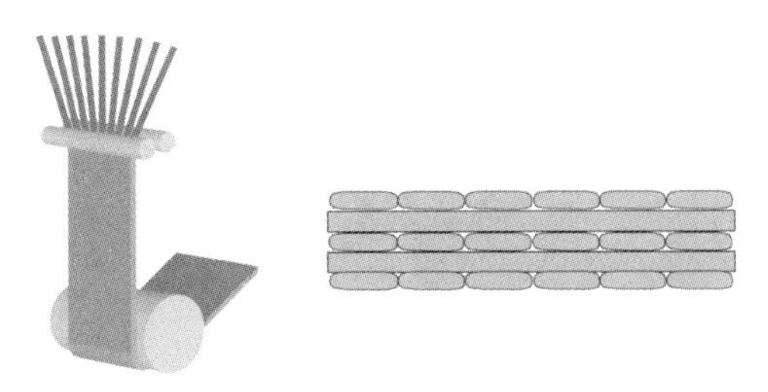

图 12.7.1.3(a)　自动丝束铺放

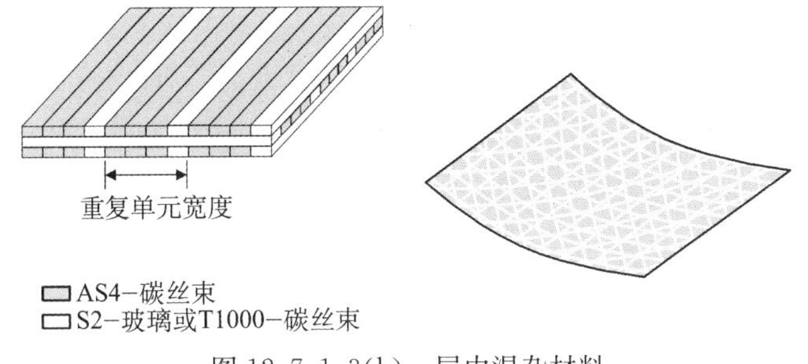

图 12.7.1.3(b)　层内混杂材料

拉伸

对含穿透厚度缺口的情况，许多变量对拉伸剩余强度响应有显著影响。通常，在小缺口强度（即“强度”）和大缺口强度（即“韧性”）之间存在一种折中；高强度通常伴随着低韧性，反之亦然。低强度、高韧性性能可用对缺口长度变化的敏感性较低来表征，导致剩余强度曲线比较平坦。

图 12.7.1.3(c)显示了对单一层压板的材料影响。基体增韧的材料（IM7/8551-7)表现高强度和低韧性，而脆性基体的材料（AS4/938)显示低强度但较高的韧性。一种 75%AS4/938 和 25%S2/938 的层内混杂表现出最高的韧性，体现为对缺口长度变化的敏感性非常低。要注意，尽管刚度比较低（即较高刚度的碳纤维被较低刚度的玻璃纤维替代）仍出现强度的增加，表明破坏应变有很大幅度的增加。如图所示，对损伤容限评估所关注的大缺口长度（例如，大于 250 mm(10 in))，不同材料的强度变化可达 30%～50%。

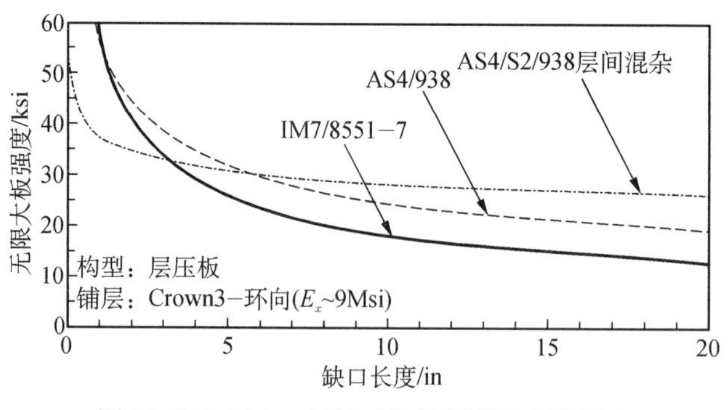

图 12.7.1.3(c) 材料对拉伸断裂强度的影响

文献 12.7.1.3(c)报道了对于缺口长度小于 63 mm(2.5 in)时混杂变量对拉伸断裂强度的影响。采用高应变玻璃纤维(S2)和碳纤维(T1000)混杂于基本的碳纤维(AS4)层压板。图 12.7.1.3(d)显示了 63 mm(2.5 in)缺口的结果。该混杂显示了缺口敏感性的降低和破坏以前有大量基体劈裂以及分层,如图 12.7.1.3(e)所示。AS4/S2 玻璃混杂还有显著的失效后的承载能力。

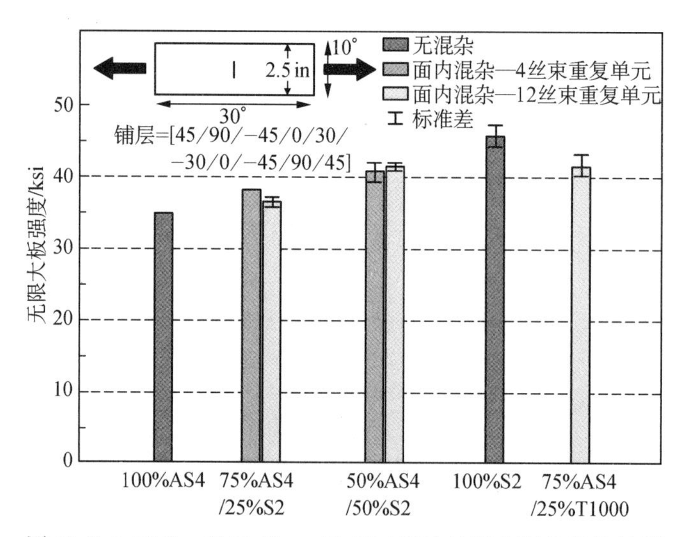

图 12.7.1.3(d) 对于 63 mm(2.5 in)裂纹的层内混杂的拉伸断裂强度

已经发现铺层对拉伸断裂强度具有与材料类似的影响,相对于较低模量的层压板,较高模量的层压板表现出较高的强度和较低的韧性。高模量的韧性树脂材料层压板具有类似于由线弹性断裂力学(LEFM)预测的缺口长度敏感性,而其他材料/层压板组合的敏感性就较低。图 12.7.1.3(f)显示了这种效应的典型值。

对于多数铺层形式,每个面板的每个表面都有一层平面机织织物层(由于制造的原因),使得它的拉伸断裂比仅有丝束的层压板有显著提高,如图 12.7.1.3(g)所

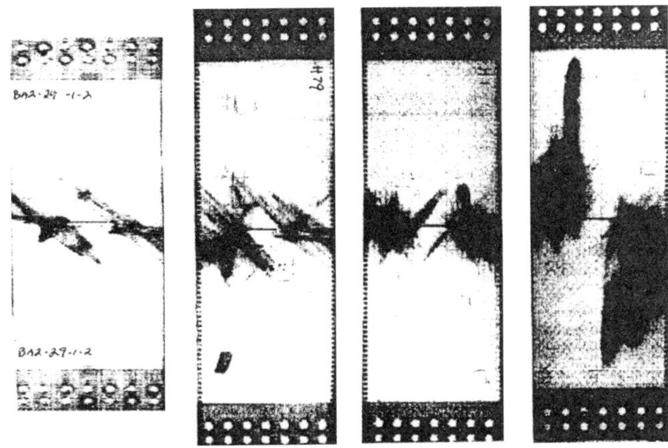

图 12.7.1.3(e)　已破坏断裂试件的超声扫描

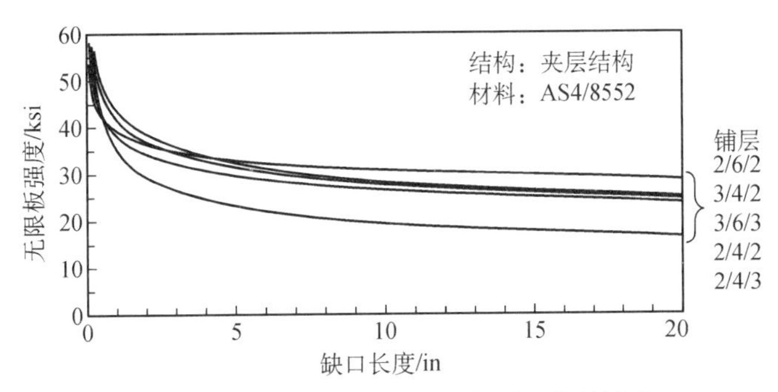

图 12.7.1.3(f)　铺层对拉伸断裂强度的影响

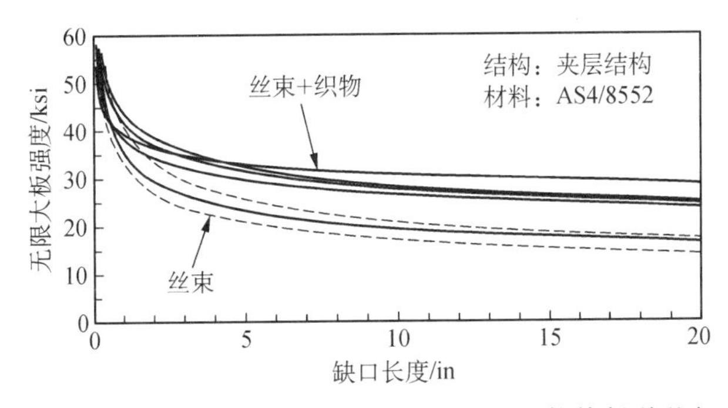

图 12.7.1.3(g)　织物表面层对 AS4/8552 拉伸断裂强度的影响

示。虽然还没有相同层压板的试验结果可供直接比较，但趋势是令人信服的。这种改进似乎是由于在破坏过程中织物层的附加能量吸收，和/或是因增加了织物产生的可重复的非均匀性而导致应力集中下降。

图 12.7.1.3(h)所示为 AS4/8552 夹层壁板与 AS4/938，AS4/S2/938 混杂和 IM7/8551-7 试验结果的比较，所有试验件的缺口尺寸均为 200～300 mm(8～12 in)。铺层的差异表现在材料内与材料之间，使比较混淆不清。AS4/8552 的结果最接近于刚度较小的 AS4/938 层压板，这表明通过加入表面织物层，可在不丧失脆性树脂材料拉伸-断裂优势的同时得到韧性树脂材料的冲击损伤阻抗的优势。

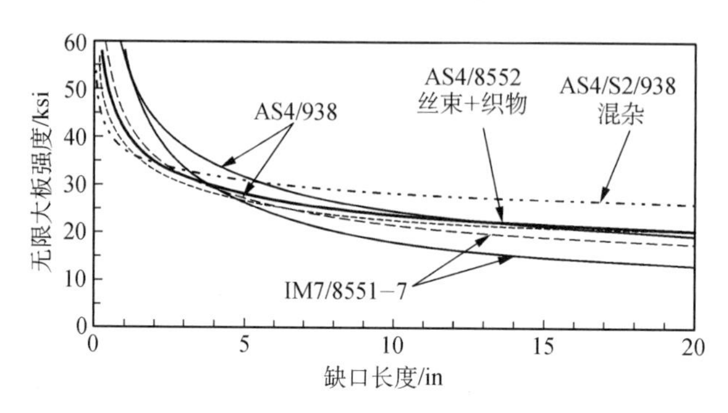

图 12.7.1.3(h)　AS4/8552(丝束/织物)夹层结构与 AS4/938(丝束)，AS4/S2/938 层内混杂(丝束)和 IM7/8551-7(单向带)层压板拉伸断裂结果的比较

还发现材料形式和工艺变量对拉伸断裂性能有显著影响。对 AS4/3501-6 单向带层压板的试验与 AS4/938 丝束和 AS4/938 单向带的结果比较如图 12.7.1.3(i)所示。这些数据表明，与丝束相比，单向带的拉伸断裂性能明显要低一些(即对于 230 mm(9 in)缺口大约 44%)。对这种差异最主要的贡献因素是在纤维铺放层压板中大范围可重复的非均匀性，它来源于单向带横截面上的几何非均匀性，这种特征能在超声扫描中获得，如图 12.7.1.3(j)所示。在单向带中，厚度更均匀和类似方向层与层拼接接头的偏置均使得非均匀性小得多，并且不可重复。应该注意到 AS4/3501-6 单向带壁板的树脂含量明显低于工艺规范。

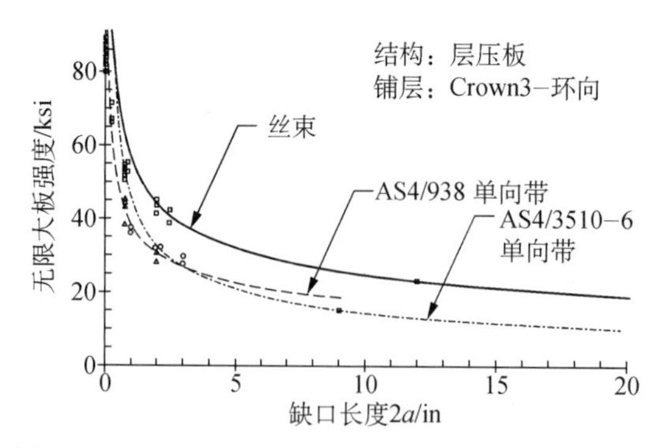

图 12.7.1.3(i)　丝束和单向带拉伸断裂强度的比较

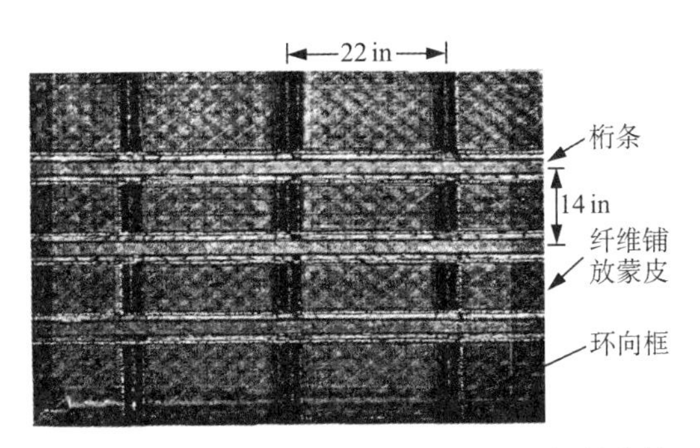

图 12.7.1.3(j)　超声扫描显示的可重复的非均匀性

然而，相对工艺参数，改进的丝束性能影响似乎没有那么大。图 12.7.1.3(k)比较了一系列壁板的结果。在所试验的所有缺口尺寸范围内，两种 32 丝束带壁板的拉伸断裂强度均比 12 丝束带壁板低，丝束相对单向带的大部分性能优势都消失了。然而，32 丝束带壁板对缺口尺寸稍低的敏感性，对超过 760～1 000 mm(30～40 in)的缺口会得到较高的性能。对低于该范围的缺口尺寸，它们的强度较低是由于以下因素的联合作用：

- 不同的丝束铺放头以及产生的带横截面几何尺寸的变化。
- 壁板厚度和相应的树脂含量的降低和/或纤维面积重量的下降(似乎由不同装袋方法所致)。
- 预浸带无捻纱的单向强度的降低。

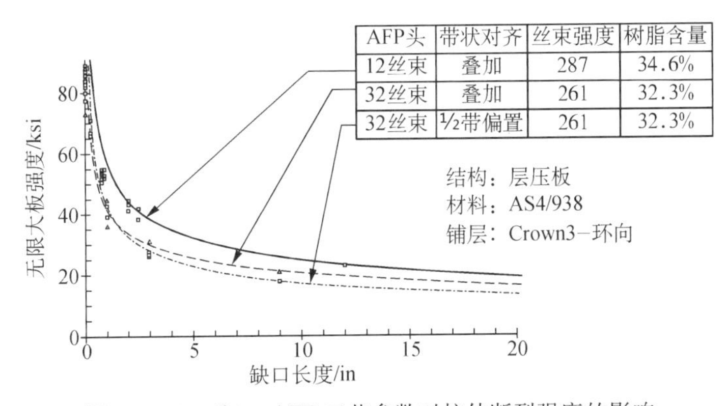

图 12.7.1.3(k)　AFP 工艺参数对拉伸断裂强度的影响

对于 32 丝束带壁板，一个附加因素是材料的老化(大约 2 年)，它会影响自动纤维铺放(AFP)的工艺特性。

该强度-韧性的权衡与金属结构不同。图 12.7.1.3(l)对比了脆性树脂(AS4/938)和韧性树脂(IM7/8551－7)复合材料与脆性(7075－T651)和韧性(2024－T3)铝的响应。

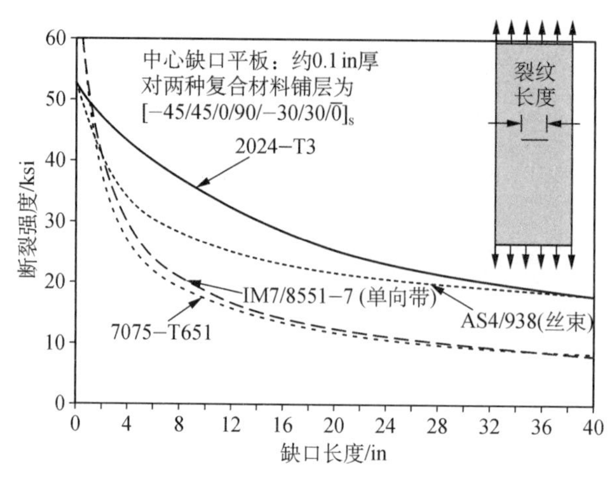

图 12.7.1.3(l) 复合材料和金属拉伸响应的比较

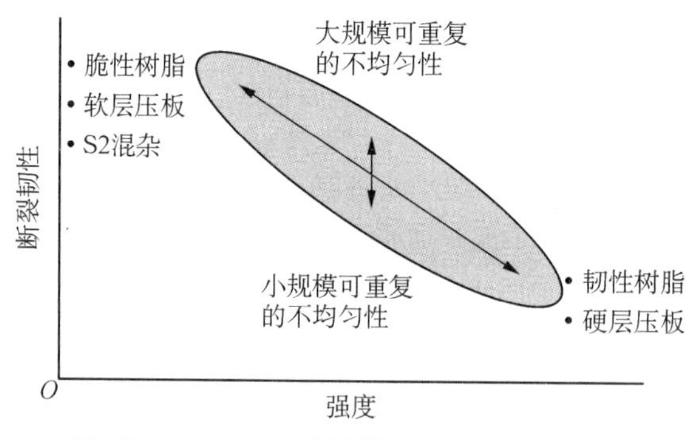

图 12.7.1.3(m) 在拉伸下的强度-韧性折中

图 12.7.1.3(m)概括了对复合材料拉伸断裂的强度-韧性权衡的影响因子。韧性树脂材料和硬(0°控制的)层压板导致较高的强度但较低的韧性，脆性树脂材料、软层压板和用 S2 -玻璃的层内混杂导致较低的强度和较高的韧性。大量的可重复的材料非均匀性看来提高了韧性，但对强度没有太大影响。与层压板种类相比基体韧性看来对性能的影响更大。

除了明显的强度-韧性折中以外，还观察到了非经典的材料响应。可以看到，在损伤形成之前，缺口尖端应变分布不太严重，比经典理论预测的更平缓，如图 12.7.1.3(n)所示。类似的分布用非局部材料模型预测，表明这样的性能也许是有效的。还发现出现了大的试件有限宽度的影响，特别是对那些显示出缺口长度敏感性有所降低的层压板/材料组合。如图 12.7.1.3(o)所示，各向同性有限宽度修正因子(与相似的正交各向异性因子只有很少的差异)不能解释这两种缺口/试件宽度比的数据差异的原因，这是由破坏前产生的明显损伤区和与试件边界的相互作用引起的。

多数处理穿透损伤的研究采用机械加工的缺口代表由穿透事件产生的损伤状态。文献 12.7.1.3(c)对有限的 22.2 mm(0.875 in)穿透裂纹和机械加工裂纹的拉伸断裂进行了比较。穿透裂纹的制造和导致的损伤在 12.5.1.2 节讨论，强度结果在图 12.7.1.3(p)中给出。对于较薄的试件(t=1.50～1.80 mm(0.059～0.074 in))，穿透试件的强度在机械加工裂纹强度的 10%以内。一个值得注意的例外是韧性树脂材料(IM7/8551-7)，它的冲击后拉伸断裂强度比带机械加工裂纹的试件低 20%，

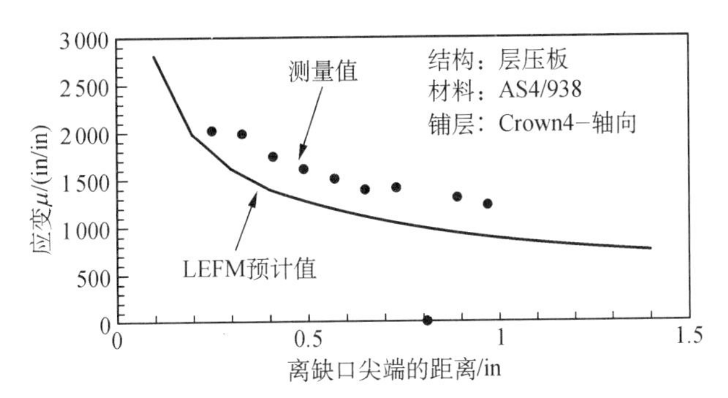

图 12.7.1.3(n)　在大缺口拉伸断裂试验观察到的非经典缺口尖端应变

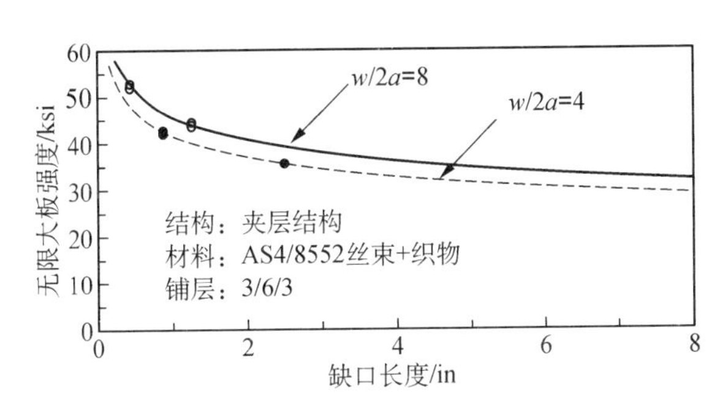

图 12.7.1.3(o)　准各向同性 AS4/8552 夹层结构的试件有限宽影响

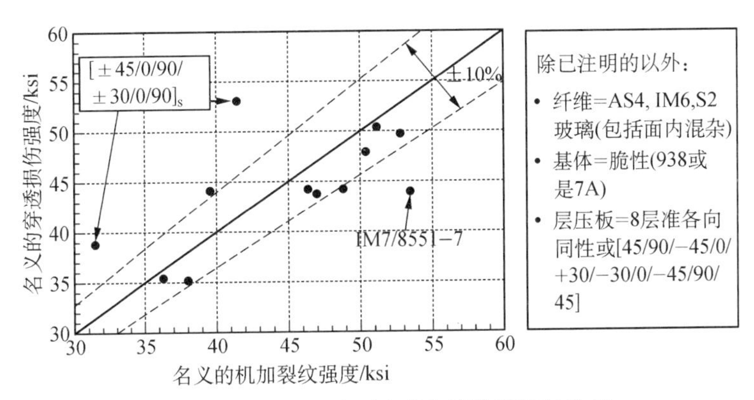

图 12.7.1.3(p)　穿透和机加裂纹强度的比较

有证据认为这些层压板的冲击穿透会导致由纤维断裂造成的有效裂纹的延长。在所试验的最厚的层压板中($t=3.00\,mm(0.118\,in)$)，带穿透冲击损伤试件的拉伸断裂强度要比带有机械加工裂纹的试件高20%。较薄层压板中响应的差异是因为在裂纹尖端附近有较大的分层，它降低了应力集中。

压缩

压缩断裂结果显示，压缩强度明显低于拉伸强度，如图12.7.1.3(q)所示。铺层的影响似乎要比拉伸情况小一些。压缩结果也表现出其缺口长度敏感性比线弹性断裂力学(LEFM)低。

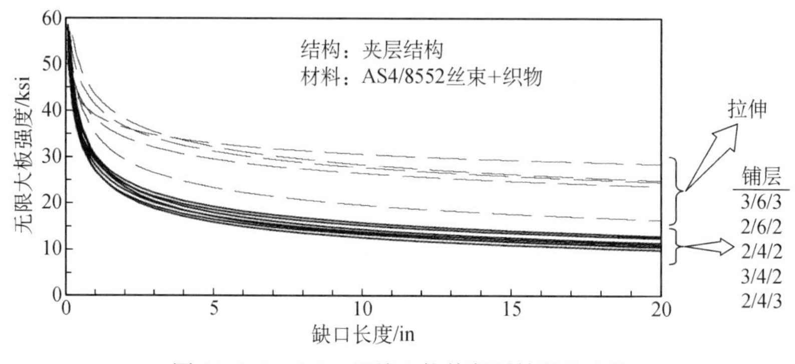

图12.7.1.3(q)　压缩和拉伸断裂结果的比较

与拉伸断裂的情况不同，拉伸断裂时有显著的试件有限宽度效应，同时缺口长度敏感性下降，而在压缩断裂时有限宽度效应与用各向同性修正因子预测的没有明显差异，如图12.7.1.3(r)所示。这表明在试件破坏前不存在大的损伤区，这与实验观察的结果相一致。

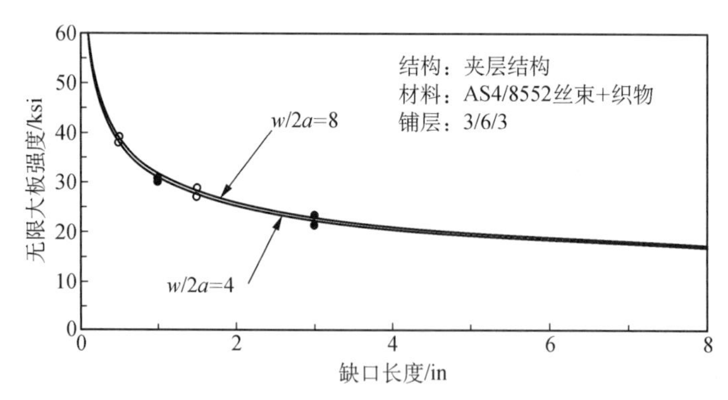

图12.7.1.3(r)　在压缩中试件有限宽度效应

在压缩试验中观察到的最严重的影响是厚度的影响。如图12.7.1.3(s)所示，各种材料、铺层、芯以及所有层压板/面板厚度在2.80～5.1mm(0.11～0.20in)之间结构的缺口强度均在平均曲线附近大约10%的范围以内。几种总面板厚度为11mm

(0.44 in)的夹层层压板的试验得到的强度比薄层压板高大约 25%。该性能在后续的研究中也可看到,结果如图 12.7.1.3(t)所示(见文献 12.7.1.2.4(b))。对材料和铺层变量的不敏感性以及对厚度强烈的敏感性表明,也许是局部失稳决定着破坏。

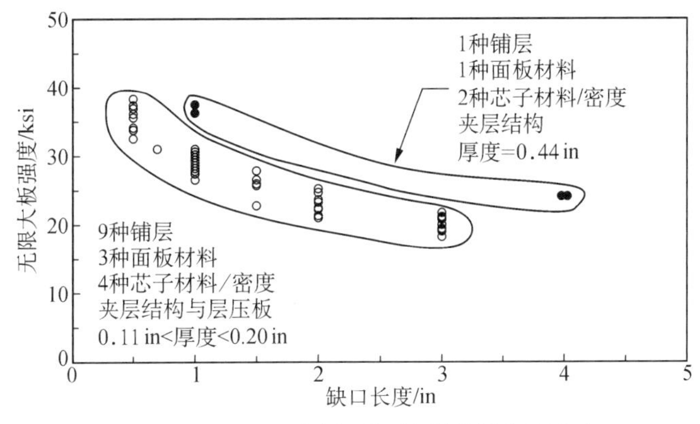

图 12.7.1.3(s)　厚度对压缩断裂强度的影响

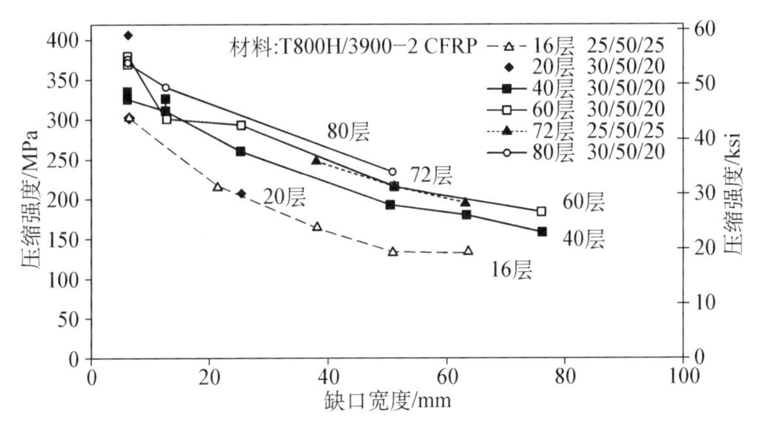

图 12.7.1.3(t)　厚度对压缩断裂强度的影响

12.7.1.3.1　蒙皮/筋条缝合壁板

对含有 20.3 cm(8.0 in)长切口(中间筋条也被切断)带有 π 型筋条的大型平面机翼壁板进行了拉伸试验(见文献 12.7.1.3.1(a)和(b)),蒙皮材料是由 54 层干态无纬布通过 Kevlar 29 纤维缝合而成。蒙皮的铺层为$[0/45/0/-45/90/-45/0/45/0]_{3s}$。加强筋材料由 36 层干态无纬布制成,铺层为$[0/45/0/-45/90/-45/0/45/0]_{2s}$。T 型截面加强筋由干态蒙皮织物制成的角型截面加强筋缝合而成,T 型截面加强筋的凸缘与蒙皮缝合在一起,而且壁板用 3501-6 树脂渗透。在应变为 0.0023 in/in 时,蒙皮断裂,断裂扩展到加强筋的边缘,且被阻止。随着载荷增加,断裂转向且沿平行于加强筋的方向扩展。在应变为 0.0034 in/in 时,加载夹持处发生破坏。因此,缝合的加强筋使破坏应变增加。

12.7.2　设计内容和指南

12.7.2.1　铺层顺序

当冲击损伤由纤维失效控制时(例如,文献 12.7.1.2.8(c)),希望通过把主要承载层铺放在纤维失效最少的位置。因为纤维失效通常首先出现在外表面附近,因此,主要承载层应该集中于层压板铺层顺序(LSS)的中心。试验数据表明均匀的 LSS 对于整体由基体损伤控制的 *CAI* 性能也许是最好的(见参考文献 12.7.2.1)。

12.7.2.2　夹层结构

当采用夹层材料组合时应格外注意,这种结构的主要冲击损伤出现在芯材内,而在面板上没有可见的表面损伤(对于某些蜂窝(见参考文献 12.7.1.2.2(d))和泡沫芯,已经鉴别出了这种冲击临界损伤状态(CDS))。对于承受压缩或者剪切载荷的结构,这样的损伤会不可检地扩展到临界尺寸。可以利用简单的冲击筛选试验来鉴别这种失效机理以及相应的剩余强度降。

12.7.3　试验内容

通常要进行结构剩余强度试验来支持冲击调查、细节设计研发和提供结构验证数据。图 12.7.3 给出了带有加筋的蒙皮壁板设计进行的这种试验结果。在这样的研究中可以采用多个冲击来鉴别关键的冲击位置,冲击点要相距足够远以避免相互作用。较小的试验壁板和元件中,多种冲击损伤尺寸能有助于建立剩余强度曲线的形状。这应该提供必需的积木式验证来分析确定与结构载荷路径有关的 *ADL* 和 *CDT*。支持结构构型分析的试验应该足够大,以允许载荷重新分配和有关的损伤累积/止裂。尤其要注意的是,应避免使用非常宽但很短的壁板来做剩余强度试验,因为损伤的影响会因长度不够而无法正确引入载荷所掩盖,这样的试验结果也许是非保守的。而且,试验壁板的蒙皮屈曲模式应与全尺寸结构相符合,否则在冲击损伤附近的局部应力不具有代表性,从而导致无效的破坏结果。

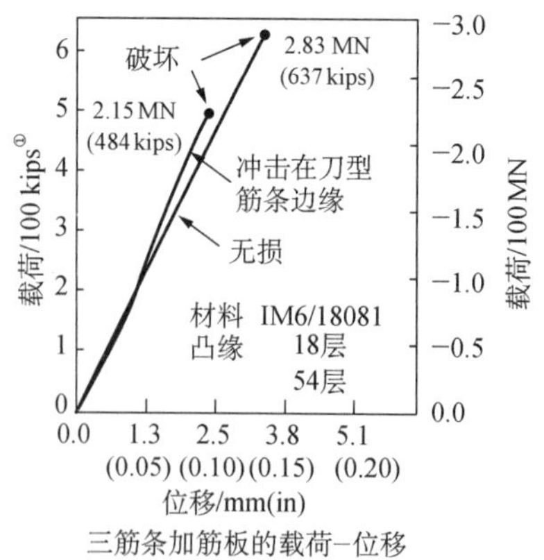

三筋条加筋板的载荷–位移

图 12.7.3　对于加筋结构构形的冲击后压缩强度试验结果(见参考文献 12.7.1.2.9(b))

① 1 kips = 4.448 kN

12.7.3.1　试样冲击试验

此节留待以后补充。

12.7.3.2　加筋板冲击试验

此节留待以后补充。

12.7.3.3　夹层板冲击试验

此节留待以后补充。

12.7.3.4　加筋板大型穿透损伤试验

此节留待以后补充。

12.7.3.5　夹层板大型穿透损伤试验

此节留待以后补充。

12.7.4　分析方法

12.7.4.1　大尺寸穿透损伤

在许多情况下，损伤容限评定需要考虑存在大缺口(即大于 150 mm(6 in))时的剩余强度。最希望得到能够由比较小的试验确定的小缺口强度外推到大缺口尺寸的分析方法。

本节关注含大尺寸穿透损伤的未加筋和加筋壁板的分析方法，这种损伤是由严重的意外或离散源损伤导致的。对商用运输机结构的金属蒙皮，离散源损伤通常由切口代表，切口的长度通常是两跨蒙皮，包括一个割断的加强筋或者框(见图 12.7.4.1(a))。MIL-A-83444 中的“破损安全止裂结构”引用了类似的构型。对复合材料层压板，切口对拉伸强度也给出了一个下界，见图 12.7.4.1(b)中切口、冲击损伤以及开孔的结果(见参考文献 12.7.4.1(a)、12.7.1.2.8(c)和 12.7.2.1)。

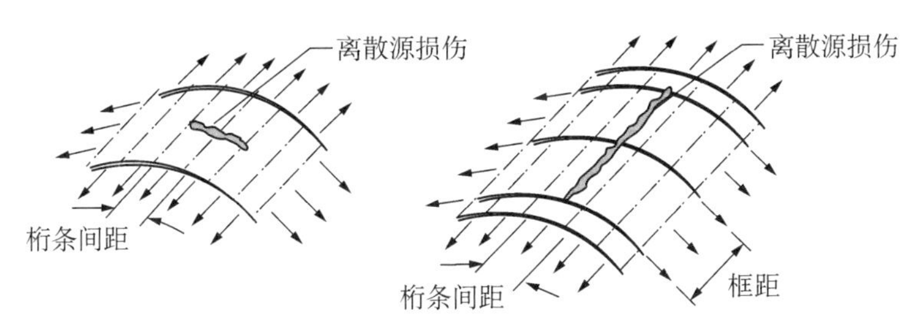

图 12.7.4.1(a)　离散源损伤简图

对带有类似裂纹的切口的复合材料断裂问题，已经开发了许多模型和方法，下面列出了将在下节中讨论的方法。所有的这些方法将复合材料结构描述成遵从经典层压板理论的各向异性连续介质。

(1) Mar-Lin 模型。

(2) 应变软化方法。

(3) 线弹性断裂力学(LEFM)。

(4) R-曲线方法。

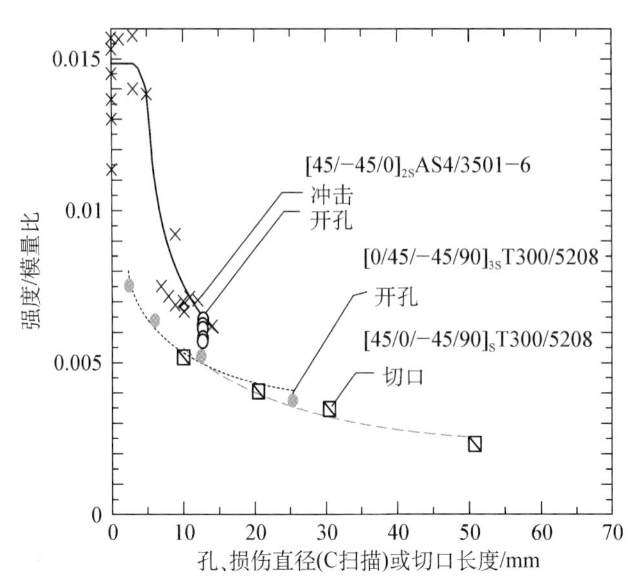

图 12.7.4.1(b) 含冲击损伤，开孔和切口层压板(预浸带)的拉伸强度(参考文献 12.7.4.1(a)，12.7.1.2.8(c)和 12.7.2.1)

断裂分析方法的主要目的是对超出材料表征期间试验覆盖的缺口尺寸和结构几何形状的情况提供失效预测。合适的模型必须依赖以物理现象为基础的理论，以确保这种外推法的能力，同时还需要将模型中自由度的数量减到最少，以降低对材料试验的要求。下面对不同的分析方法进行讨论，并简要评估它们预计试验数据的好坏程度。

失效准则概述 已有各种失效准则能预测缺口尺寸对无构型复合材料板的影响。参考文献 12.7.1.2.8(e)全面回顾了其中很多失效准则，并且评价了针对小缺口尺寸(即 1 in 以下)时的准确性。参考文献 12.5.1.2 探究了其中几个方法的功能，尤其是关于在由小缺口强度外推至更大缺口尺寸强度的潜在应用。每一个被评估过的方法都针对小缺口尺寸提供了独有的功能，大缺口的预测则依赖于关于裂纹尖端应力奇异性的基本假设。图 12.7.4.1(c)和 12.7.4.1(d)描述了这些影响，其中经典 LEFM、点应力和点应变都假设有平方根奇异性，而 Mar-Lin 方法采用了稍微放松的奇异性假设。有关四种方法具体的比较及其一系列材料、铺层和缺口尺寸的测试数据包含在 12.9.4.1 节。

有限元方法为飞机结构遇到的众多构型提供了灵活性和精确性。在有限元模型中，有两种方法处理损伤扩展对载荷重新分配的影响。某些渐进损伤方法在满足规定的失效准则时对单个单元的不同刚度性能进行削减(见参考文献 12.7.4.1(b))，在试件构型的损伤扩展建模方面已经获得了一定的成功，然而，巨大的计算量

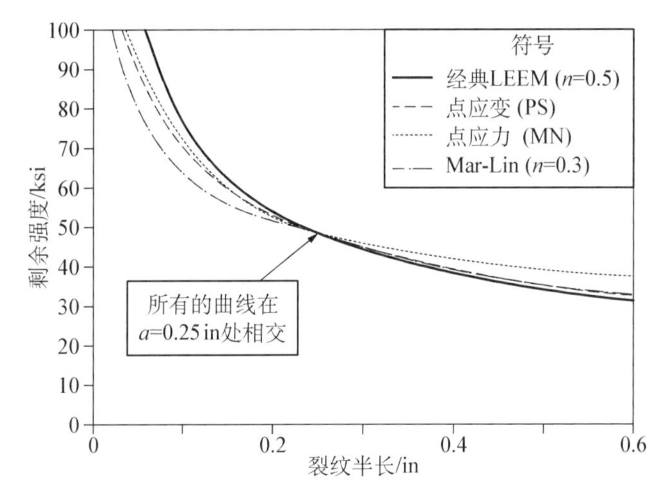

图 12.7.4.1(c)　在小裂纹范围内缺口强度预计理论曲线形状的比较

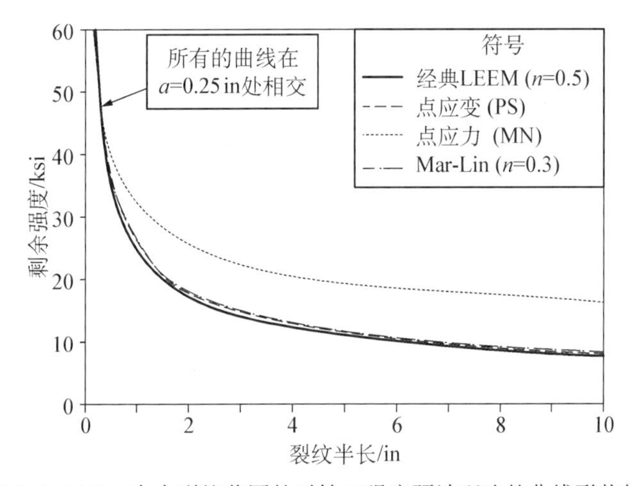

图 12.7.4.1(d)　在大裂纹范围的对缺口强度预计理论的曲线形状的比较

是把它们用于加筋结构所需的复杂模型时的巨大障碍。

然而，应变-软化模型(例如，文献 12.7.4.1(c)和(d))似乎具有与大规模结构分析相容所需的简化性。这样的模型已成功地应用于增强混凝土行业，同时，提供了在裂纹尖端区由于损伤形成而被软化时，处理总体载荷重新分配的能力，而无需进行详细的渐进损伤模型的计算工作。这些应变-软化模型采用非线性应力-应变法则，考虑了当应变增加超过临界值时，材料承载能力的下降。已经提出了一系列软化法则，在有限元模型中，能够采用非线性弹簧模拟这种性能。该模型可以利用小缺口试验结果校准，然后再扩展到大缺口构型。与建模和校准弯曲刚度降有关的内容正在被评估，对许多结构构型都关注刚度降，在这些构型中面外加载、载荷偏心以及弯曲载荷都是常见的。应变软化方法更详细的讨论在 12.7.4.1.2 节给出。

12.7.4.1.1 Power-Law(Mar-Lin)模型

文献 12.7.1.3(c)和(d)证实了，许多材料/层压板组合对缺口尺寸大幅变化的敏感性比由经典断裂力学所预计的低得多。Mar-Lin 模型(见文献 12.7.4.1.1(a)和(b))通过采用可变指数 n，处理这些降低的敏感性，来考虑非平方根奇异性。具体地，缺口破坏应力由下式给出：

$$\sigma_N^{\infty} = \frac{H_c}{(2a)^n} \tag{12.7.4.1.1}$$

式中：σ_N^{∞} 是无限大平板的缺口强度；H_c 是复合材料的断裂韧性。文献 12.7.4.1.1(a)和 12.7.4.1.1(b)的研究中，指数 n 与基体中裂纹的理论奇异性相关，尖端在纤维/基体界面上。对这种情况，奇异性是纤维/基体剪切模量比和泊松比的函数。采用这种方法，对通常的纤维/基体组合确定其奇异性在 0.25～0.35。

然而，这种理想化对多向复合材料层压板的穿透缺口是过分简化了。换句话说，能够采用该函数形式，但是可以简单地认为 H_c 和指数 n 是该模型中的两个自由度。该方法保持函数形式的优点，而不需要过分依赖理想简化模型的指数。图 12.7.4.1.1(a)显示了当 n 从 0.5(经典)变化到 0.1 时，指数 n 对剩余强度的影响。对 6.3mm(0.25in)的缺口，图中的每条曲线通过相同的点。降低指数 n，导致大缺口强度的大幅度增加。

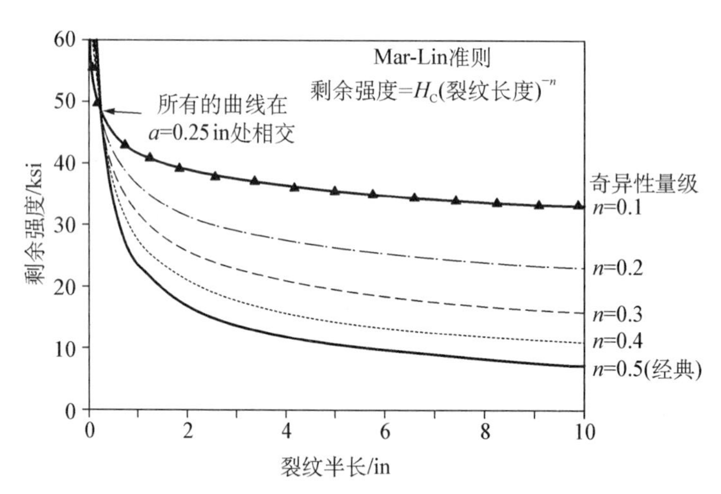

图 12.7.4.1.1(a) 在大裂纹范围奇异性对缺口强度预计理论曲线形状的影响

从测试数据确定适合的指数还没有很好的方法。12.9.4.2 节讨论了在参考文献 12.7.1.2.8(h)中使用的方法。

在本节所描述的这种 Power-Law 方法也已经成功地用于评估带构型结构的剩余强度(见文献 12.7.1.2.10 和 12.7.1.3(e))，这种方法模仿经常用于金属分析的方法，它应用经验或者半经验弹/塑性因子，来考虑构型对无构型缺口强度的影响

(见参考文献 12.7.4.1.1(c))。对方向性的和零件对零件的模量差异修正后，采用了对金属构型得到的因子。

应用这种带有弹-塑性构型因子的半经验 Power-Law 方法来预测带构型结构强度的实例包含在 12.9.4.3 节。

12.7.4.1.2　应变软化法则

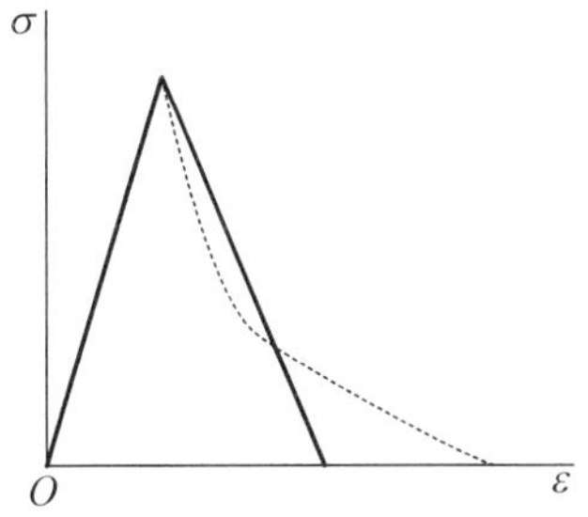

试验证据已经证实了复合材料有超过与最大承载能力相关的应变能力(见参考文献 12.7.1.2.8(i))。如图 12.7.4.1.2(a)所示，这种应变软化特性，在无缺口的或者小试样试验中不是十分明显，这是由于局部破坏后载荷重新分配很有限，破坏呈现脆性。然而，在缺口试件或者载荷能够重新分配的结构中，更容易观察到应变-软化响应。

图 12.7.4.1.2(a)　应变软化特性

迄今，在分析用于建筑业的非均匀材料(如混凝土)中，已有许多工程应用采用应变-软化方法。文献 12.7.4.1.2(a)和(b)大量记录了应变-软化方法在分析工程结构的断裂和破坏中的应用。已经将应变-软化方法应用于一些层压的复合材料问题(见参考文献 12.7.4.1.2(c)、文献 12.7.4.1(d)和 12.7.4.1(p))。这些方法对大缺口复合材料结构剩余强度的最重要应用是在文献 12.7.4.2.1(d)和(e)、文献 12.7.1.2(g)、文献 12.7.1.2.4(a)、文献 12.7.1.2.8(h)和(i)以及 12.7.1.3(e)中报道的一系列 NASA/Boeing 合同中所完成的。下列讨论基于该项研究的发现。

采用应变软化法则来模拟损伤扩展具有一些引人注意的特点。首先，它是广义连续介质方法，因此，比严格的渐进损伤模型(即用逐层评估和跟踪多种失效机理的方式)更适应于复杂有限元模型，后者是对结构构型恰当近似所要求的。该方法也能够处理由局部的损伤形成和扩展导致的载荷重新分配，以及对变形和其他潜在的失效模式产生的影响。

应变-软化法则通常用于几何非线性有限元分析中，作为非线性、非单调材料应力-应变曲线。总体分析成为结构破坏问题，如图 12.7.4.1.2(b)所示；损伤扩展驱使载荷重新分配向试件边缘扩展，直至没有足够的材料承受施加的载荷。

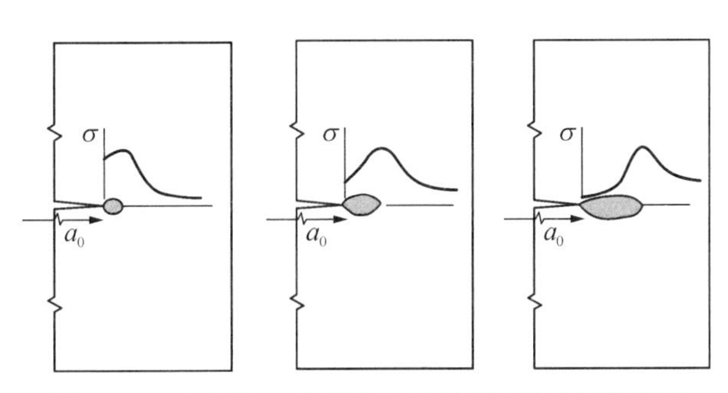

图 12.7.4.1.2(b)　由损伤扩展引起结构破坏的模型

应变-软化法则强烈地依赖于许多变量，包括材料、铺层、铺层顺序、制造工艺、环境以及加载。如图 12.7.4.1.2(c)所示，应变-软化曲线的形状对被预计的缺口强度响应有重要的影响。需用有较高最大应力但总断裂能量较低的材料法则来预计高强度、低韧性响应。这些法则也能预计在试验中观察到的较小的缺口尖端损伤区和小试件尺寸效应。相反，需要用具有低的最大应力但高的总断裂能量的法则来预计低强度、高韧性性能。它们也预计在试验中观察到的大缺口尖端损伤区和显著的试件尺寸效应。

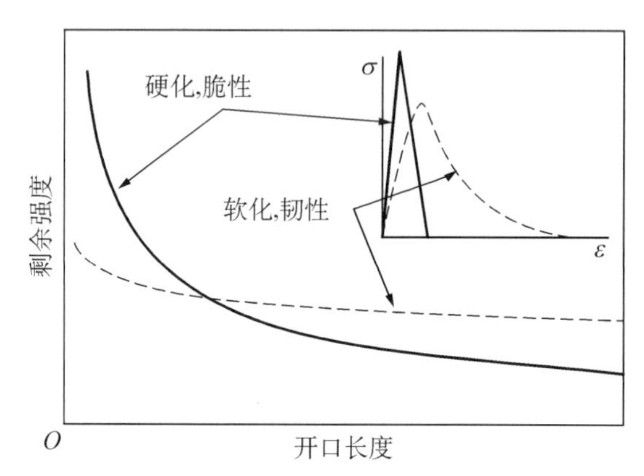

图 12.7.4.1.2(c) 应变软化材料法则对开口长度灵敏度的影响

对复合材料，尚未完全研发出确定这些变量具体组合应变-软化法则的有效方法，可以发现这些方法要么间接地把分析方法用小试样试验数据修正(例如，文献 12.7.4.1.2(e))，要么直接来自试验测量(例如，文献 12.7.4.1.2(f))。这些法则一旦确定，就可用于有限元模型来预计其他几何构型的响应。

在试图完成这种方法中遇到大量的困难，不是所有的问题都能得到满意的解决。这包含①应变软化模型的复杂性；②数值解问题；③单元尺寸和方程；④应变-软化法则的确定；和⑤对加强元件的载荷传递。关于这个问题目前的进展状况在 12.9.4.4 节中进行了总结。

12.9.4.5 节有使用应变-软化方法来预测无构型和带构型开口压缩强度的实例。

12.7.4.1.3 基于 LEFM 的方法

采用经典线性断裂力学，在距离裂纹尖端 r 处纤维方向的应变能够写成下列无限级数(见参考文献 12.7.4.1.3)：

$$\varepsilon_1 = Q(2\pi r)^{-1/2} + O(r^0) \qquad (12.7.4.1.3(a))$$

$$Q = K\xi/E_x \qquad (12.7.4.1.3(b))$$

$$\xi = [1 - (\nu_{xy}\nu_{yx})^{1/2}][(E_x/E_y)^{1/2}\sin^2\alpha + \cos^2\alpha] \qquad (12.7.4.1.3(c))$$

式中：r 是距裂纹尖端的距离，K 是通常的应力强度因子，x 和 y 是直角坐标系，x 轴垂直于裂纹，E 是弹性模量，ν 是泊松比，α 是纤维与 x 轴（垂直于裂纹）的夹角，同时 $O(r^0)$ 表明 r^0 阶和更大的项。对小的 r，$O(r^0)$ 项可以忽略。

对点应变失效准则，在 $r = d_0$ 处 $\varepsilon_1 = \varepsilon_{tuf}$，式中 ε_{tuf} 是纤维的极限拉伸断裂应变。因此，重新整理方程 12.7.4.1.3(a)，为

$$(2\pi d_0)^{1/2} = Q_c/\varepsilon_{tuf} \qquad (12.7.4.1.3(d))$$

和

$$K_Q = Q_c E_x/\xi = (2\pi d_0)^{1/2}\varepsilon_{tuf} E_x/\xi \qquad (12.7.4.1.3(e))$$

式中：下标 c 表示临界值；K_Q 是层压板断裂韧性。

能够采用方程 12.7.4.1.3(e) 预计断裂韧性，而不必进行断裂试验。弹性常数和纤维的断裂应变通常能够从材料供应商提供的数据和经典层压板理论获得。剩余强度能够通过使断裂韧性和应力强度因子相等计算出来，应力强度因子由弹性理论或者有限元分析确定。对带有胶接加强筋的壁板，其近似的应力强度因子在文献 12.7.1.3.1(a) 中给出。

12.7.4.1.4　R 曲线

对许多复合材料，归一化的特征尺寸 $(2\pi d_0)^{1/2}$ 不是常数而随着裂纹长度增加，特别是由脆性树脂制成的薄层压板。对由单向预浸带采用丝束铺放工艺（见文献 12.7.1.3.1(a)）制成的 13 层机身顶部层压板，其 $(2\pi d_0)^{1/2}$ 的值与损伤扩展的关系如图 12.7.4.1.4(a) 所示。射线测量的损伤扩展和由裂纹张开位移 COD 测量值所计算的结果具有很好的一致性（包括损伤扩展的裂纹长度与 COD 成正比，它由一个

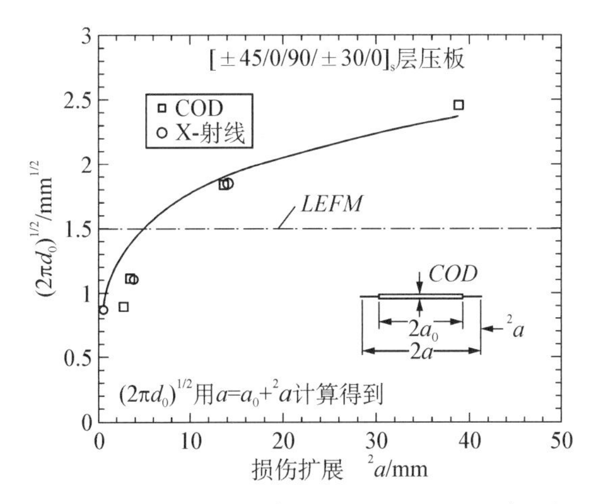

图 12.7.4.1.4(a)　丝束铺设的 AS4/938 机身顶部层压板的 R 曲线

（切口长度＝23 cm(9 in) 和宽度＝91 cm(36 in)）（见参考文献 12.7.1.3.1(a)）

位于切口两端的中线处的“位移计”来测量)。

图 12.7.4.1.4(a)中$(2\pi d_0)^{1/2}$的最大值比 *LEFM* 值约大 63%,而且最大损伤扩展是切口长度的三分之一。$(2\pi d_0)^{1/2}$的数值采用切口长度加扩展长度计算得到。图 12.7.4.1.4(a)中的曲线能够用作裂纹-扩展阻抗曲线(*R* 曲线),其失效由 *R* 曲线和裂纹驱动力曲线(*F* 曲线)的切点确定,后者由方程 12.7.4.1.3(d)和由弹性理论或有限元分析确定的应力强度因子计算得到。在 ASTM E561－86 标准(见文献 12.7.4.1.4)中,*R* 曲线和 *F* 曲线用应力强度因子表示。然而,对复合材料,方便的方式是用$(2\pi d_0)^{1/2}$代替应力强度因子对铺层和材料归一化。

12.9.4.6 节给出了 *R* 曲线方法应用于加筋板的实例。

12.7.4.2　单一分层和脱胶

12.7.4.1 节讨论了用类似裂纹、穿透切口表示的严重的意外事件和离散源损伤,它也能进行包含单个平面分层或者脱胶的层压板分析。注意到本小节中所讨论的是一个胶接接头失效模型的脱胶剩余强度,此模型不考虑明显的胶接失效(即胶接是初始完好的)。胶接失效的发生一般被认为是胶接工艺或者是胶接面制备问题,而这些问题的分析和试验不能获得重复的量化结果。

分层和/或脱胶往往起源于自由边、丢层处或者基体开裂处的不连续性。这些分层或脱胶是由使用中的载荷、环境因素,或者是由制造缺陷验收标准和/或使用中的检测手段局限性引起的。它们可能从日常服役过程中的小的初始缺陷扩展而来,也可能从疲劳载荷引起的损伤扩展而来。除了机械加载以外,分层或脱胶也可能是由温度和/或湿度引起的载荷所驱使的。正如前面 5.4.5 节所讨论的,分层对拉伸强度几乎没有影响,但分层对压缩或剪切加载(引起屈曲)或者对像在一些有很大的层间(平面外)应力的胶接接头却是危险的。下面给出分析单一平面内分层或脱胶的两种方法:①确定承受平面外载荷的层压板或胶接接头剩余强度的断裂力学方法(见 12.7.4.2.1 节),②确定含分层层压板压缩强度的子层屈曲方法(见 12.7.4.2.2 节)。由冲击产生损伤的分析方法(包括含多个分层层压板的子层屈曲分析)包含在 12.7.4.3 节中。

12.7.4.2.1　断裂力学方法

本节中所提出的方法提供了一种绘制承受面外载荷(即层压板中的层间拉力和/或剪切力,或者是胶接接头的剥离应力)的含单个分层或脱胶层压板剩余强度曲线的手段。本方法所生成的“剩余强度”曲线是相对一系列分层或脱胶长度的,与结构的最终失效无关。其他相关的失效模型,如分层区域的屈曲或子层屈曲,也应当被考虑。例如,代表最终失效的临界分层长度(即 a_{crit})的选择可能基于子层屈曲分析或基于其他失效准则。以下方法可以用来预测使分层或脱胶扩展到所选临界长度需要施加的载荷。剩余强度曲线还可以用来估计强度,实施损伤容限的评估,拓展检测极限或者确定使用中损伤的可接受性。

由于现有断裂力学测试和分析的诸多限制,用这里提到的方法对强度做出足够精确的定量评估是不太可能的。然而，可以对比较设计或者预测分层或脱胶在各种加载条件下的稳定性进行定性的评估。当前这种方法的局限性包括：①缺乏部件级分层扩展的断裂韧性与试样级试验所得出断裂韧性值之间广泛的联系；②缺乏适用于所有各种断裂模式的试验标准（见第 1 卷 6.8.6 节）。这些局限性，连同基于断裂力学的方法还没有在一系列复合材料和其部件上被验证的事实，使得这些方法没有被工业界广泛采用。与此同时，常常使用纯粹的经验方法和/或基于应力分析的半经验方法。对层压板的分析，可以采用如 5.5.2 节（分析面外载荷）所讨论的层间应力分析这种基于应力的方法。对胶接接头，可以采用诸如 A4EI 等封装好的程序代码（见第 3 卷 6.2 节讨论）。另外，还可以采用有限元法，如复合材料经济可承受性 *CAI* 计划所采用的"手册"方法。这种方法采用参数化模型和距奇异点某一距离的应力/应变计算方法来预计破坏（见参考文献 12.7.4.2.1(a)）。然而，这些预测方法依赖于从子元件级到部件级经验式修正，并且不能清晰地分析在准静态加载条件下分层或者脱胶的扩展。

下面的方法采用层间断裂力学和相关断裂韧性数据来评估在准静态面外加载条件下的分层或脱胶扩展，并且用来生成相关的剩余强度曲线（载荷与分层/脱胶长度曲线，即 $P-a$ 曲线）。载荷 P 一般可以表示为施加在结构子单元上任意载荷和/或力矩组合，它会产生促使分层或脱胶扩展的局部面外应力。例如，在文献 12.7.4.2.1(b)，Minguet 用一种总体-局部方法结合断裂力学来对各种机身载荷，包括局部轴向和弯曲加载，分析含分层框-蒙皮胶接接头。$P-a$ 曲线能用来预测含给定分层或脱胶长度层压板的剩余强度，或用来确定在给定加载条件下的最大允许长度。另外，$P-a$ 曲线的形状可以用来评估分层或脱胶在指定位置的稳定性。这在评估胶接复合材料接头或受有明显面外载荷其他结构的剩余强度时是很有用的。下面的程序假定作为分层或脱胶长度的函数的应变能释放率 G（即 $G-a$ 曲线）一直是用 8.7.4 节中所提出的方法之一连同用混合模式（即 $G_{\mathrm{II}}/G-a$ 曲线）一起来确定的。几个关键分层或脱胶位置（界面和/或路径）可能与给定的结构有关系，其中必须对每个位置都要生成 $P-a$ 曲线。可以通过试验或者 8.7.4 节中所讨论的方法来确定可能的关键分层或脱胶位置。

分析方法的概要如图 12.7.4.2.1(a)所示，所示的例子是含分层的 T 型加筋蒙皮（胶接接头），分层位于蒙皮最上面两层之间（见参考文献 12.7.4.2.1(b)至(d)）。但是这个方法是通用的，可用于任意含分层或者脱胶的层压板或胶接接头。利用 $G_{\mathrm{II}}/G-a$ 曲线，每一个分层长度的临界断裂韧性 G_c 可以用对这个分层长度在适当混合模式（G_{II}/G）下的试验数据来确定，如图 12.7.4.2.1.(a)所示。然后，通过比较有限元模型得到的 G（通常通过几个非线性加载步计算得到）和给定分层长度的 G_c，就可以预测分层扩展的载荷 P_c。然后，相对分层长度 a 的 P_c 被画出，用于预测作为分层长度函数的静强度和分层稳定性。

用于确定含分层或脱胶接构剩余强度的方法依赖于 P_c 相对分层长度的曲线形

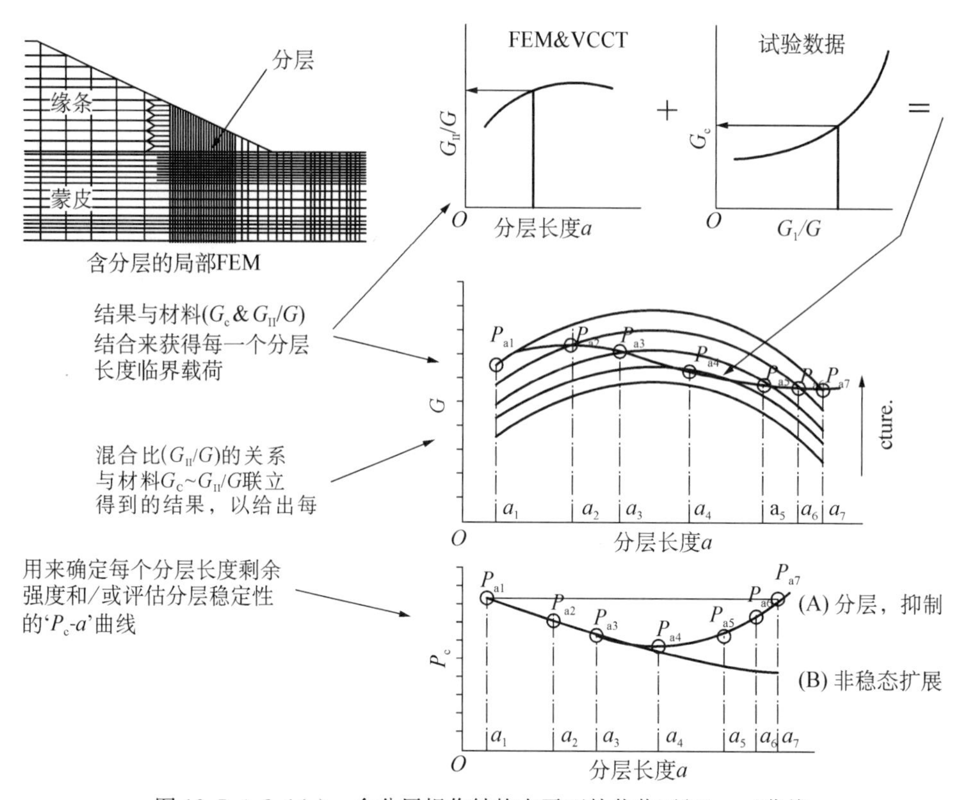

图 12.7.4.2.1(a)　含分层损伤结构在平面外载荷下‘P_c-a’曲线

状和特定的准则，如图 12.7.4.2.1(b)所示。通常 $P-a$ 曲线段斜率为负时，意味着分层或脱胶是不稳定的；一旦相对 a_{init} 的 P_c 达到临界值，层压板或接头就会失效(即会‘跳到’a_{crit})。斜率为正时，意味着分层或脱胶稳定，因为需要额外的载荷来使其进一步扩展。$P-a$ 曲线可以用来确定接头在任意分层或脱胶长度的剩余强度。在很多情况下，预测的强度依赖于所选择的准则。当预测有未知缺陷的试验件时，关于初始分层或脱胶尺寸的决定基于材料的物理属性(即固有缺陷尺寸)。对设计来说，可能需要结构在带初始损伤尺寸(基于制造可接受准则)的情况下承受极限载荷。对损伤容限评估来说，在所有分层和脱胶长度达到标准检查(见图 12.7.4.2.1(c))期间的可检尺寸时，结构应当能够承受限制载荷。损伤容限准则也在一定程度上允许制造错误(例如，评估小于止裂设计特性限制值，由胶接面污染或者制造错误所引起的大范围脱胶)。

在文献 12.7.4.2.1(d)中给出此方法用于 T 形加筋蒙皮接头和单搭接胶接接头的详细例子。这个方法也被用于美军主结构复合材料连接(PSCJ)项目来评估在比较复杂的隔框-帽型- T 型-侧壁接头中由于分层扩展引起的结构失效(见文献 12.7.4.2.1(e))。

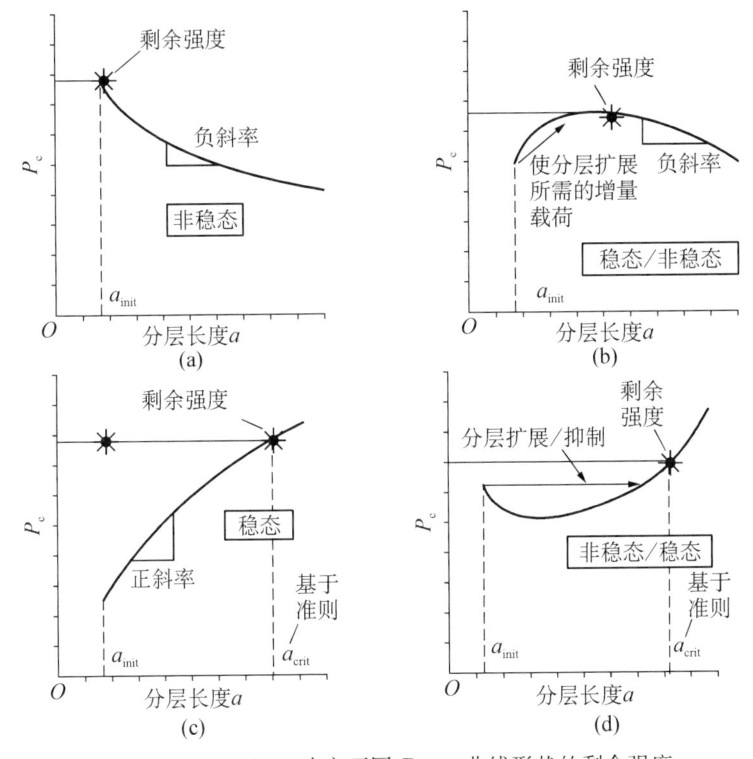

图 12.7.4.2.1(b)　确定不同 $P_c - a$ 曲线形状的剩余强度

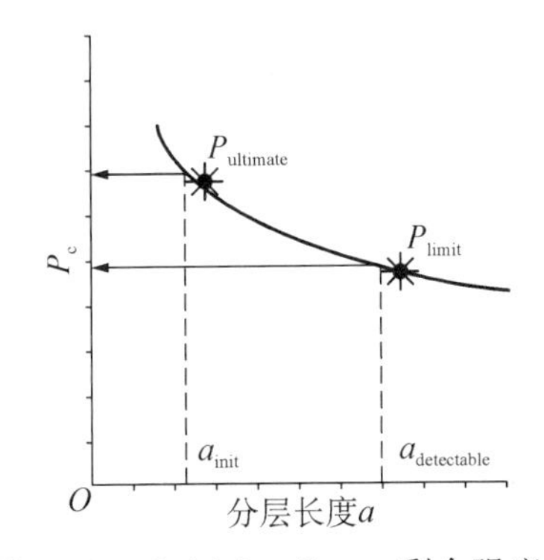

图 12.7.4.2.1(c)　$P_c - a$ 剩余强度曲线的使用

12.7.4.2.2　*子层屈曲方法*

含单一分层层压板在压缩和/或剪切载荷作用下的剩余强度可以通过考虑子层屈曲来近似。基本的流程是①分配由分层引起的子层压板之间的载荷；②确定引起首个子层屈曲的载荷；③实施载荷重新分配方案；④确定引起第二个子层屈曲的载荷；⑤再次实施载荷重新分配方案，和⑥施加附加载荷。整个流程中监控失效模型来预测失效。这个方法中有很多变量,并且关于这些变量的最佳选取没有达成共识。文献 12.7.4.2.2(a)和(b)中讨论了这个方法的一个应用。

用来预测子层屈曲的方法通常基于板理论,在 8.7.3.1 节中有讨论。正如其中讨论的,不同的方法关于弯曲刚度、边界条件和子层形状提出了一些假设。

当子层屈曲后载荷重新分配时,通常会用到两个假设中的一个。第一种情况,假设已屈曲的子层不能承受任何载荷,因此整个载荷需要重新分布到未屈曲的子层和分层周围的材料上。另外一种情况,假设已屈曲的子层不能承受任何附加载荷。在这种情况下,已屈曲的子层继续承受其屈曲载荷,并且所有附加载荷必须在剩余的未屈曲的子层和其周围的材料之间分配。显然,第一种情况预测的强度会比较低。

可以等同于结构失效的具体失效模式包括:①未屈曲子层压板的强度;②第 2 个子层压板的屈曲;③分层的扩展,或④直接与屈曲子层压板相邻的材料强度。在后面的情况中,屈曲子层压板起到柔性夹杂的作用,它会产生分层周围的应力集中。有各种失效准则用于预测未屈曲子层压板或与该子层压板相邻材料的强度(见第 3 卷 8.6 节)。最常用的是最大纤维应力或应变准则。

上面所述的方法适用于实体层压板结构,但也可以用于处理蜂窝面板,具体地,只有外层的子层压板可以屈曲而且必须往远离面板的方向屈曲。

12.7.4.3 冲击损伤

已经表明冲击损伤会降低结构在拉伸、压缩、剪切和联合载荷情况下的剩余强度。对损伤容限设计和维修,冲击后剩余强度是需要考虑的重要因素。几种不同的预计冲击后剩余强度方法已在文献中进行了阐述。依据在美国空军加筋机翼结构的合同期间所收集的大型数据库(见参考文献 12.5.1.1(j)),已研发了一种半经验分析方法。该分析预计了剩余强度,它与关键设计变量和冲击能量有关。虽然这样的方法支持了设计,但是,对只有很少或者没有冲击事件数据的使用问题,它有局限性。基于 CDS 定量测量的剩余强度预计方法已随之产生。

对预测蜂窝夹层板冲击后压缩强度已经做了很多努力,使用了各种各样的技术。每一种技术都解决了该问题的一个或多个方面,取得了不同的成效。然而,还没有很有效的方法能准确预测结构布置、壁板挠曲、渐进夹芯压塌、渐进面板损伤、面板稳定性和壁板稳定性的影响和复杂的相互作用。这些成果的总结可以在文献(例如,文献 12.7.4.3(a)-(c),和文献 12.5.1.8(e)的附录 C)中获得。

12.7.4.3.1 *子层屈曲方法*

当冲击损伤由基体裂纹和分层控制时,子层压板稳定性对压缩或者剪切应力重新分配和剩余强度下降是至关重要的(见参考文献 12.7.1.2.2(a)-(d))。为了预计子层压板的稳定性必须知道 CDS,例如,图 12.7.1.2.7(c)所示的 CDS 由 4 层厚、沿层压板厚度重复的非对称的子层压板决定,依赖于在铺层序列中重复层组的数量。

第 3 卷 12.7.4.2.2 节讨论的一般方法可以通过连续该过程很容易地推广到多

个分层，直至所有的子层压板屈曲，同样详细的假设也有多种选择。

文献 12.7.1.2.2(a)-(d)讨论了该方法的一个应用。一旦屈曲，假设子层压板承担不变的载荷，而在相邻的未损伤材料中产生应力集中。该应力集中与屈曲子层压板的有效刚度降有关，后者随初始屈曲应力和增加的载荷而变化。破坏时的刚度降可以通过屈曲应力与破坏时材料的局部压缩应变的匹配关系来估算。局部应变的试验测量表明，这些分析假设提供了确定在屈曲损伤边界上应力集中的合理精度(见参考文献 12.5.1.1(m))，*CAI* 的预计也已经由剩余强度试验证实(见参考文献 12.7.1.2.2(a)-(d))。预计 *CAI* 的工程方法已被成功地用于夹层壁板(见参考文献 12.7.4.3.1(a))。更多的方法，包括子层压板屈曲和相邻应力集中的有限元模拟，也已经用于预计层压复合材料的失效(见参考文献 12.7.4.3.1(b))。出现载荷重新分配的组合结构会需要这样的方法。

基本的子层压板稳定性分析包括四个步骤。首先，借助于 NDI 和把损伤模拟为一系列子层压板来表征损伤状态；第二，用包含非对称层压板铺层顺序(LSS)影响的模型预计子层压板的稳定性；第三，用考虑结构几何形状的模型来计算面内载荷的重新分配(如有限宽度效应)；最后，采用最大应变失效准则计算 *CAI* 强度。图 12.7.4.3.1(a)给出了该分析方法的典型结果。

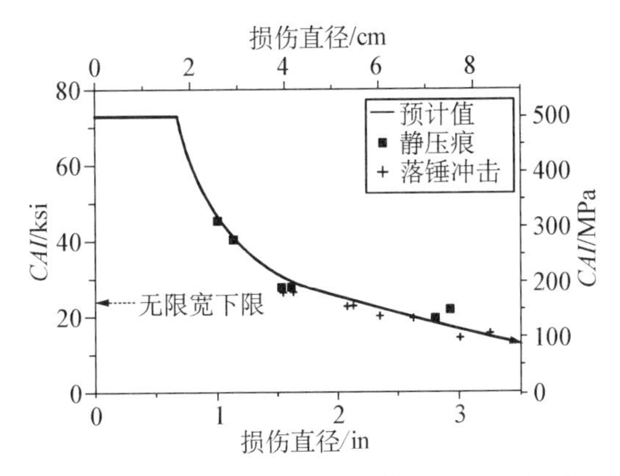

图 12.7.4.3.1(a)　对 AS6/3501-6，$[45/0/-45/90]_{5s}$，单层厚度=0.1880 mm(0.0074 in)和 127 mm(5 in)宽试件的分析和试验结果(见参考文献 12.7.1.2.2(c))

在文献 12.7.4.3.1(c)-(e)中，已建立了一个假设稍微不同的相似模型。承受压缩和剪切载荷的受冲击层压板，其剩余强度能够由考虑子层压板的相继屈曲以及在未屈曲子层压板中的载荷重新分配来估算，直至剩余层压板出现纤维模式失效。该模型需要输入来自 NDE 的数据，以确定将层压板划分为子层压板的分层位置、数量和几何尺寸。该损伤模型由 NDE 数据和保守的假设来创建。冲击区被简化为在分层边界胶接在一起的一连串子层压板，见图 12.7.4.3.1(b)。图 12.7.4.3.1(c)

中图示了失效分析，当一个子层压板屈曲时，假设它不再能承受任何载荷，同时所有的载荷在剩余的子层压板之间重新分配。尽管在NDE结果的解释以及损伤和失效模式的构建中提出了许多假设，但结果与不同材料和冲击能量下的冲击后压缩实验数据非常吻合(见图12.7.4.3.1(d)和(e))，这种吻合是由于模型的顺序性。因为铺层是一层接一层失效的，所以子层压板失效的精确数值并不重要，只要失效顺序是正确的。计算的整个精度是最终失效的子层压板的纤维模式失效的精度。

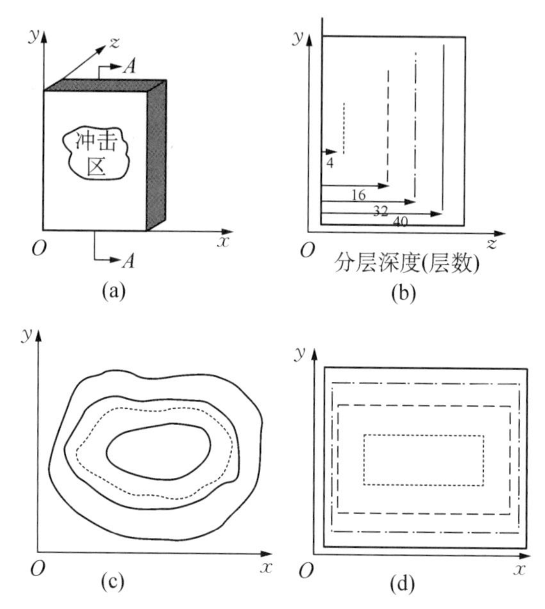

图12.7.4.3.1(b)　损伤模型的结构(AS4/3502，冲击能量为91.9N·m(67.8ft·lbf)

(a) 含损伤试件　(b) 穿过损伤区的横截面(AA)　(c) 主要分层的形状　(d) 在模型中采用的矩形分层(见参考文献12.7.4.3.1(c)-(e))

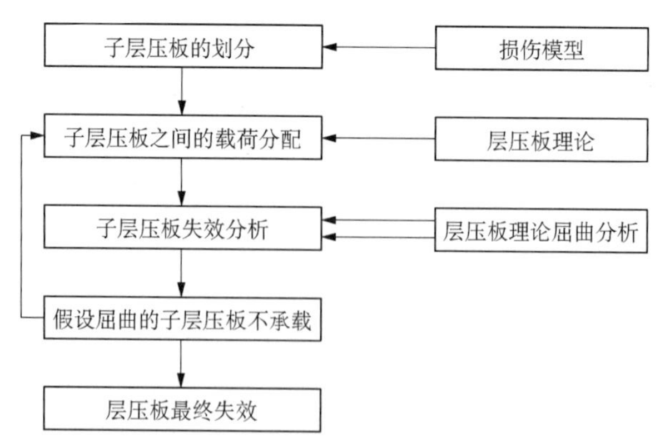

图12.7.4.3.1(c)　失效模型的图解描述(见参考文献12.7.4.3.1(c)-(e))

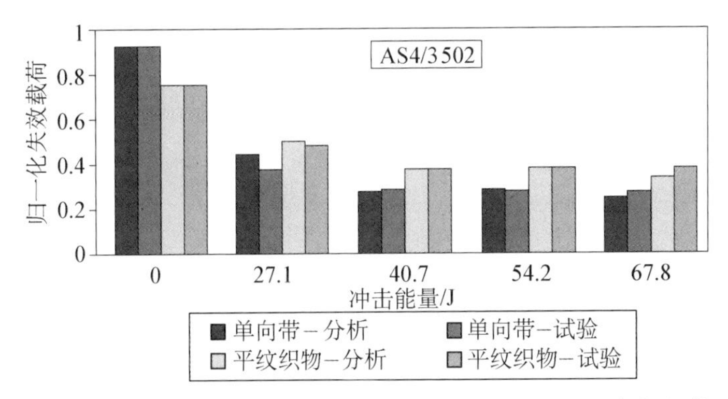

图 12.7.4.3.1(d)　失效载荷与冲击能量的关系(见参考文献 12.7.4.3.1(c)-(e))

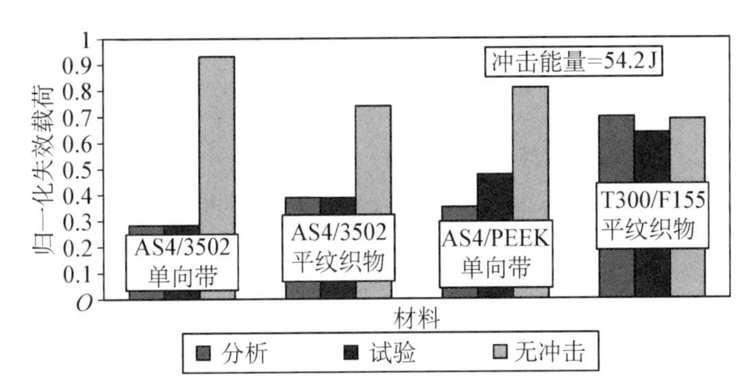

图 12.7.4.3.1(e)　失效载荷与材料的关系(见参考文献 12.7.4.3.1 (c)-(e)).

相似的分析能够用于夹层结构的压缩面板(见参考文献 12.7.4.3.1(f))。子层压板只能在远离芯材处屈曲,而且芯材具有稳定作用,所以预计值比对厚层压板更为保守。

12.7.4.3.2　应变软化方法

能用 12.7.4.1.2 节所讨论的对大穿透损伤的应变-软化方法处理冲击损伤情况。在文献 12.7.1.2.8(g)和 7.8.1.3(e)中所报道的研究中,冲击区内含损伤面板材料的材料法则由未损伤的材料法则换算,如图 12.7.4.3.2(a)所示,换算系数由含代表性冲击的较小试件的试验来确定。由冲击导致的凹痕通过降低节点处的芯材高度来近似,以最好地表示冲击试验的测量结果。值得注意的是,周界的近似受到需要补充应变-

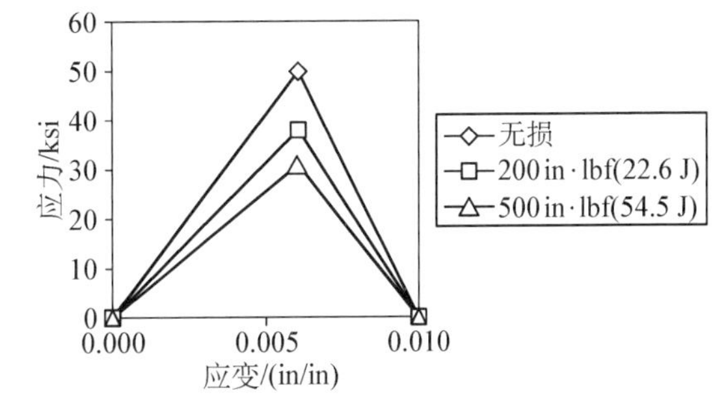

图 12.7.4.3.2(a)　用于冲击受损材料的应变-软化法则

软化法则的固定网格尺寸很大的限制。

已采用所述方法预计无构型的和有构型的受冲击压缩强度，无构型的结果汇总在图 12.7.4.3.2(b)中。用两个试验点标定材料法则，同时预计另外两个试验，预计值在试验结果的 10%以内。

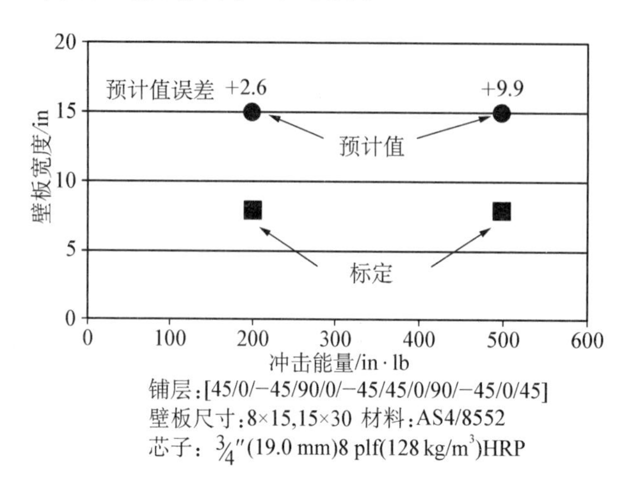

图 12.7.4.3.2(b)　无构型冲击压缩强度的应变软化预计

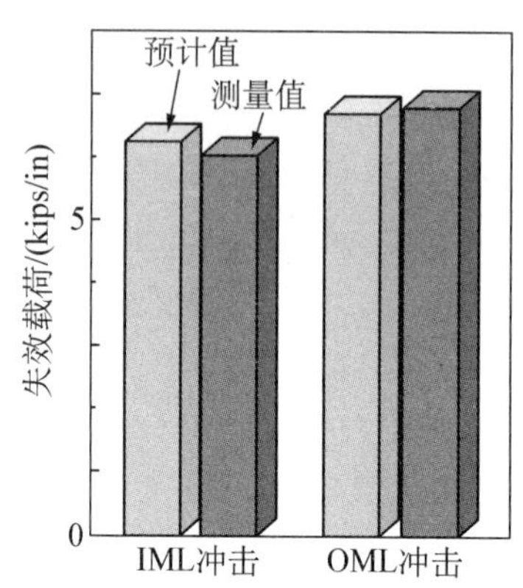

图 12.7.4.3.2(c)　冲击压缩失效载荷测量值与应变软化预计值的比较

还预计了两块带有周向框的 762 mm×1 118 mm(30 in×44 in)曲面壁板(半径 3.1 m(122 in))。两壁板均受到 22.6 J(200 in・lbf)的冲击损伤，其中一块壁板的内部(IML)面板受冲击，同时另一块在外(OML)面板受冲击。图 12.7.4.3.2(c)中，预计值与试验结果进行了比较，预计值在测量值的 7%以内。

12.7.4.4　切口和凹槽

幸运的是，对拉伸加载是危险的多数损伤，如切口和凹槽，在某种程度上都是可见的。试验已经表明对拉伸加载，带有开口层压板的剩余强度主要取决于开口宽度，基本上与开口形状无关。因此降低极限设计值以考虑直径 6.4 mm(0.25 in)孔的存在，也考虑了等长的边缘切口。这种切口可能在制造过程中产生，由于它们会被油漆填满，并因此没有检出，所以它是个特殊问题。应该完成足够的试验作为设计验证程序的一部分，以保证处于可见门槛值的切口和凹槽将不会使结构强度低于极限载荷要求。

对压缩和剪切控制的载荷情况，小切口和凹槽(小于等于 6.4 mm(0.25 in))也能影响剩余强度，对第一代脆性环氧基复合材料的压缩和剪切极限载荷要求，这样的损伤一直不是设计的决定因素，因为对这样的材料 BVID 更关键。然而，当采用增韧基体、织物或缝合复合材料时，小切口和凹槽对这样的载荷要求也是关键的。

清晰可见的较大切口或者凹槽，能使压缩、剪切、拉伸强度低于极限载荷要求。

12.7.4.1 节中所讨论的方法能够用于评估带有这种损伤水平的壁板。

12.8　应用/实例

在航宇工业中复合材料结构的应用已经进展到这样的水平：一些包括复合材料主结构部件的飞行器已取证/验证使用。本节讨论不同种类飞机的一些代表性应用。实例试图提供给读者一些知识，即飞行器主承包商是如何处理耐久性和损伤容限问题以及如何成功地满足适当的要求的。

要求在演变，不同飞行器的具体结构应用常常包括独特的特性，因此并不认为实例是达到损伤容限和耐久性的唯一途径，它们只是说明了这项任务的思想、关注的焦点以及范围，希望有助于今后的工作。

12.8.1　旋翼机

复合材料旋翼机(Sikorsky)在循环加载下的损伤容限方法，是把分析和积木式试验(从试样到全尺寸水平)结合在一起来证实带损伤复合材料部件所需的可靠性水平(A 基值或者 B 基值)。该方法证实在谱载荷下持续所需循环数后损伤无扩展，试验要在有代表性的环境下进行，并为考虑统计可靠性采用合适的载荷放大因子。在寿命疲劳试验结束时，证实剩余强度。

12.8.1.1　损伤

损伤应该代表在制造和使用过程中预期的损伤类型。由所选择的检测手段允许的最大损伤尺寸和预期威胁(工具坠落、冰雹、跑道碎石等)的统计处理相结合的办法来确定损伤尺寸。损伤的位置基于损伤情况的统计分析和结构受载最高区域可能遭遇的威胁。由于在使用期间常规检验是目视检测，必须证实在飞机的全部使用寿命期间不可见损伤无扩展。对可见损伤，必须证实至少 3 倍检查间隔无扩展。

12.8.1.2　环境

结构应该在使用中预期的最恶劣环境中进行试验。对多数旋翼机使用的复合材料，这意味对静力和剩余强度试验是高温湿态，对疲劳试验是室温湿态。为了避免建造和维修环境箱所增加的成本，试验可以在室温大气条件下进行，只要采用合适的载荷加速因子调整施加的载荷来考虑环境影响。这个因子由分析、试样和元件试验来确定，它给出了针对加载方式和特殊失效模式时从室温大气环境到使用条件的环境降低因子。

12.8.1.3　与关键失效模式有关的试验加载条件

在试验期间施加于元件和部件级的载荷应该模拟遭受损伤附近的内部载荷。在开孔压缩和冲击试验后压缩情况中这是关键的。许多旋翼机部件，如柔性梁，被设计成受层间剪切或剥离载荷，因此，在没有通过调整加载和孔尺寸证实它们的等同性以前，不直接使用开孔压缩或冲击后压缩试验。

12.8.1.4　试验载荷——载荷放大因子(LEF)

除考虑环境影响的载荷加速因子外，还要用载荷放大因子来考虑材料的变异性。全尺寸试件在寿命(由于每倍寿命中循环数特别多,对旋翼机通常为1倍)和施加载荷的组合条件下进行试验,使得成功的试验结束后,能证实所需的可靠性(A基准或B基准)。*LEF* 依赖于所用材料的静力和疲劳分散性。为了对分散性定量,足够的试样、元件以及部件级的试验是必需的,要用 Weibull 统计和文献 12.2.3(a)给出的方法来确定 *LEF*。

12.8.1.5 谱截除

直升机动部件,如旋翼和传动部件以及暴露于螺旋桨尾流载荷的机身或尾翼部件,每倍寿命中经历着非常多的循环数,通常,30 000 小时寿命经历的循环大于 10^9 次。由于这个原因,要确定截除水平以便从试验谱中去掉飞机寿命中不会使损伤扩展的载荷。

截除水平确定为 $S-N$ 曲线上 10^8 次循环的应力(或者应变)与室温湿态 A 基准(或 B 基准)损伤静强度之比。对每种 R 比、载荷和使用中预期的失效模式均这样处理。应该指出室温湿态 A 基准强度值会明显高于相应的限制载荷。截取水平的确定描绘在图 12.8.1.5 中。

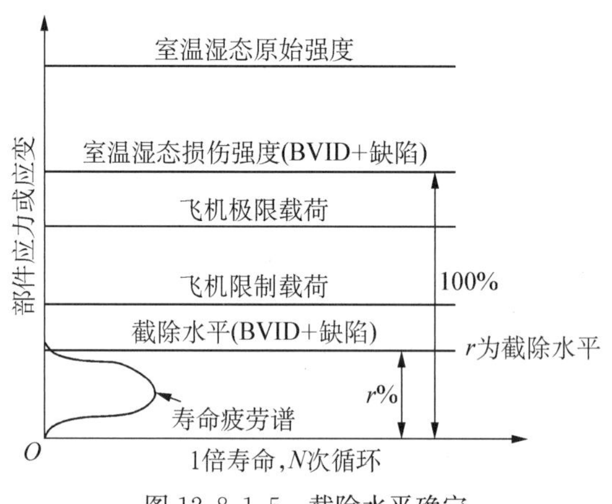

图 12.8.1.5 截除水平确定

可以看到截取比值依赖于 R 比(s_{min}/s_{max})和损伤类型(如孔与冲击或者分层的关系)。它也依赖于所用材料。由于这个原因,必须有覆盖材料、铺层和典型 R 比的试样和元件试验数据,以建立覆盖所有情况的保守的截除水平。

作为一种确定截除水平的替代方法,可以使用 Sendeckyj 提出(见文献 12.6.3.1.3(a)),和在文献 12.2.3(a)中讨论的磨损方程,这要求对每种 R 比,材料和损伤类型都有足够的数据,它们会是一项消耗性的系列试验。可以用文献 12.6.3.1.3(a)中的磨损方程,来确定截除水平作为给定循环数下的 A(或者 B)基准剩余强度。

12.8.1.6 剩余强度试验

在疲劳试验成功结束时,必须证实剩余强度,必须证实限制载荷或极限载荷能力,而这分别取决于目前的损伤为目视可见或不可见。对静力加载的环境应该是最恶劣的环境(对多数材料为高温湿态)。定期的剩余强度试验可以合并在疲劳试验过程中,以防止早期破坏或损伤扩展。在这样的情况下,最后成功的剩余强度试验标注的是当前被设计取证的循环数。

旋翼机复合材料在疲劳加载下的损伤容限取证方法如图 12.8.1.6 所示。

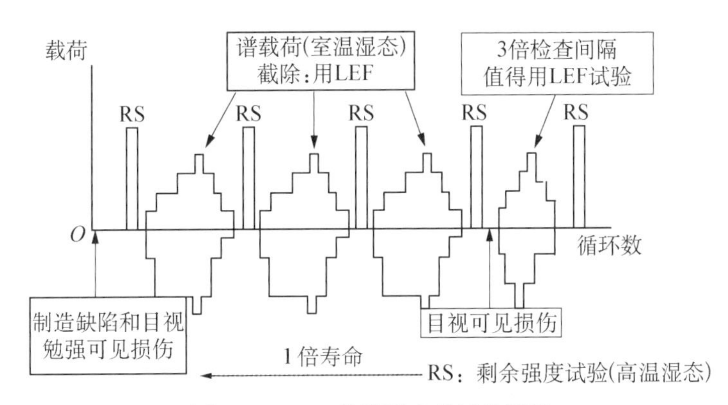

图 12.8.1.6　旋翼机疲劳试验简图

12.8.2　商用飞机(波音 777 尾翼扭力盒段)

用于商用飞机复合材料主结构元件取证的损伤容限方法包含分析和从试样到全尺寸水平的积木式试验(见文献 12.8.2)。该方法证实,在对最小两倍机体设计使用目标("寿命")的重复加载下,可检门槛值的损伤(BVID)无扩展。在施加重复载荷后,证实了几种损伤情况的剩余强度。结构的检测方案在维修程序、依据 FAR 25.571 制订的环境退化和意外损伤额定值的基础上编制。

本节概述了用于证实波音 B777 尾翼主扭力盒段结构的损伤容限的试验和分析。

12.8.2.1　耐久性-环境

材料和结构的环境耐久性已被下列试验证实:

- 在几个位置与支架(rack)相连壁板的长期暴露。该壁板定期回收,加工试件并试验,所得数据与基准数据比较。
- 3 桁条蒙皮壁板段、带有可模压塑料垫片(MPS)的螺接连接件和含富脂区层压板的温度-湿度循环。

12.8.2.2　耐久性-机械载荷

一系列试样、元件和组合件级试验用于证实在使用载荷和应变水平下,重复加载不造成损伤。下列试样试验进行到至少 10^6 载荷循环:

- 无缺口的层压板(边缘分层试验)。
- 含开孔的层压板。
- 带有加强垫的层压板。
- 螺接连接件(复合材料-复合材料,复合材料-钛合金)。

- 圆角细节件。

进行下列组合件试验，在复合材料结构中无损伤起始：

- 带胶接修理和“目视勉强可见冲击损伤”*BVID* 冲击的 5 筋条壁板，重复载荷试验到 2 倍寿命。

- 带有 *BVID* 冲击的水平安定面蒙皮对接壁板，2 倍寿命重复载荷试验加上 1 倍寿命的放大载荷试验。

- 垂直安定面与机身根部连接壁板，试验到 38 倍等效的寿命重复载荷。

另外，一件预生产的水平安定面试验盒段和 B777 水平安定面和垂直安定面试验到至少 2 倍寿命的重复载荷，在复合材料结构中无损伤起始。

12.8.2.3 损伤

B777 尾翼复合材料结构设计为耐腐蚀的，应变水平要使得在重复使用载荷下不出现损伤起始或(目视可见和不可见的损伤)扩展。因此，意外事件是复合材料结构损伤容限评估的唯一实际损伤源。

用以评估的损伤是在制造和使用过程中预期有代表性的类型和严重程度，损伤尺寸的确定基于所选检测方法的能力。带可检门槛值 *BVID* 损伤的结构必须能够承受极限载荷，并证实对飞机期望的使用寿命在使用载荷下“无损伤扩展”。如果表明有确定的损伤扩展，那么在使结构强度低于限制载荷能力之前，必须显示损伤是可检的。损伤通常施加在结构最关键的承载区。

对尾翼主扭力盒段，离散源损伤的主要来源是冲击物。因此，位于雷击区 3(无直接接触或扫掠雷击)的主扭力盒段，不受直接雷击影响。前缘是金属结构，设计成能防止对主盒段的鸟撞损伤。

12.8.2.4 损伤容限-“无扩展”试验

由于在使用期间 B777 复合材料结构的常规检测是目视检测，同时又由于复合材料结构典型损伤的特征扩展是不可见的，所以对损伤容限验证采用“无扩展”方法。对飞机使用寿命，必须证实在可检门槛值的损伤“无扩展”。对在定期检测中易检的可见损伤，必须证实其在至少 2 倍检查间隔中“无扩展”。这是为了保证损伤不会扩展超过临界损伤门槛值 *CDT*，含 *CDT* 的结构必须保持限制载荷能力。

已通过元件、组合件和部件级试验证实了小损伤的“无扩展”，试验进行到最少 2 倍寿命的重复载荷。下列元件和组合件重复载荷试验证实了无损伤扩展：

- 带 *BVID* 冲击的层压板。
- 在开口边缘带有 *BVID* 冲击的剪切壁板。
- 带有胶接修理和 *BVID* 冲击的 5 筋条壁板。
- 带有 *BVID* 冲击的水平安定面蒙皮对接接头壁板。
- 在腹板切口边缘带有 *BVID* 冲击的受剪梁。

对一件预生产的水平安定面试验盒段进行了一系列静力和重复谱载荷试验，以验证材料、设计概念、制造工艺、分析方法、损伤“无扩展”、极限和剩余强度能力。对含冲击损伤的复合材料结构，已经表明压缩是关键的加载模式，试验程序中的损伤重点是在压缩载荷最高的区域。

单个损伤具体位置的选择基于由 FE 模型计算得到的应变云图和先前指出的关键区域组合件壁板的试验结果。不同水平的损伤按试验顺序引入到试验件上三个不同的位置（见图 12.8.2.4）。

施加 *BVID*（小）损伤 　60%设计极限载荷 *DLL* 状态——应变测量 　重复载荷（疲劳谱）——1 倍寿命 　60% *DLL* 状态——应变测量 　重复载荷（疲劳谱）——1 倍寿命
施加目视可见损伤 　重复载荷（疲劳谱）——2 倍检验间隔 　100% *DLL* 状态
施加元件损伤 　70% *DLL* 状态——“持续安全飞行”载荷水平
修理目视可见和元件损伤 　设计极限载荷 *DUL* 条件 　断裂载荷

图 12.8.2.4　预生产的水平安定面试验盒段的试验顺序

施加的第一批损伤是 *BVID* 或“小”损伤，它们在试验开始前引入。小损伤定义为在距离小于 1.5 m(5 ft)处可见的损伤（可检门槛值或者 *BVID*），或能量水平小于 135J(1200in・lbf)的冲击结果，它是 *BVID* 的能量水平截止值。小损伤被引入到蒙皮壁板和梁的关键位置，以验证结构在含 *BVID* 时能够承受设计极限载荷。假设所有的 *BVID* 在试验程序过程中是不可检的而且不予修理。引入 *BVID* 后，试验盒段承受两倍寿命的重复载荷，其中包括 1.15 的载荷放大因子以考虑碳纤维增强塑料 $S-N$ 曲线中可能的数据分散性。施加的第二批损伤是“目视可见”损伤，这些损伤在完成两倍寿命的重复载荷后引入。目视可见损伤定义为在定期检测计划中易于检出的损伤，包括对蒙皮壁板和梁的凹痕和小切口。目视可见损伤随后承受等于两倍检查间隔的重复载荷试验，然后试验到设计限制载荷。

在试验盒段上的任何 *BVID* 或者目视可见损伤位置，都没有检测出明显的损伤扩展。在载荷循环的早期，检测出少量的“圆形”损伤和分层表面的分离（当分层表面接触在一起时，有时无法由 *NDI* 检测出分层），随后未出现损伤扩展。

12.8.2.5　损伤容限-剩余强度

对组合件和预生产试验盒段进行了剩余强度试验，以验证所需的载荷水平和证实分析方法。用下列组合件试验类型来证实限制和离散源水平损伤能力。

● 带有脱胶桁条的 5 筋条蒙皮壁板（限制载荷）。

- 带有目视可见冲击损伤的 5 筋条蒙皮壁板(限制载荷)。
- 带有一跨蒙皮切口的 5 筋条蒙皮壁板(限制载荷)。
- 带有切断中心桁条和一跨蒙皮切口的 5 筋条蒙皮壁板(持续安全飞行载荷)。

施加到预生产试验盒段的第三组损伤是“元件”损伤。这些损伤在完成上述目视可见损伤的重复载荷试验和限制载荷试验后引入。元件损伤定义为一个或者多个结构单元完全失效或者部分失效。引入 3 种损伤:桁条和蒙皮跨切口、前梁翼弦和相邻蒙皮切口以及后梁翼弦和相邻蒙皮切口。随后,试验盒段承受一系列“持续安全飞行”静力加载(大约 70%的尾翼设计限制载荷)。加载后,没有检测出明显的损伤扩展。

对下列损伤类型,用分析方法来验证 B777 尾翼结构的剩余强度能力,该方法已通过组合件和试验盒段结果证实。在损伤容限分析中,通过把试样试验得到的因子加到分析用材料性能输入上,来考虑环境影响。

- 脱粘桁条——载荷重新分配和局部失稳破坏分析。
- 蒙皮壁板上的目视可见冲击损伤——缺口断裂分析。
- 切口蒙皮——缺口断裂分析。
- 切口蒙皮和切断的桁条——缺口断裂分析。
- 切断的梁弦和切口蒙皮——有限元载荷重新分配分析。

12.8.2.6 检测计划

对 B777 尾翼的检测计划基于目视检测。由于“无扩展”方法已被采纳和证实,检测间隔基于环境退化和意外损伤额定值(*EDR*/*ADR*),而不是损伤扩展特性。对 B777,通常 4000 次飞行或两年进行一次 C 检测(以对部件和系统最大可能接近的方式对设备进行综合检测),以先到为准。一般对复合材料结构的外部监测检查安排为 2C 间隔。对复合材料结构的内部监测检查安排为 4C 间隔。

12.8.3 通用航空(Raytheon 星舟号)

12.8.3.1 引言

第一架飞机是由木材、织物和树脂制成的,在某种程度上,今天的复合材料飞机又重新返回到这些基本物质,但是现在,纤维是碳和 Kevlar,它们被放在高温固化的环氧树脂中。现代复合材料构造的好处是明显的:重量轻,弯曲刚度高,能够制造带有复杂曲率非常大的结构。它们被固化成一个整体件,消除了零件、连接件、组合装配件,以及有关的检测成本。民用飞机复合材料结构的取证包括通常应用于金属结构的所有强度、刚度以及损伤容限评估;然而,在复合材料结构的损伤容限评估中,虽然采用与金属结构相同的原则,但这些原则的使用必须考虑复合材料结构的特殊性能。

12.8.3.2　损伤容限评估

12.8.3.2.1　条例基础

自从 20 世纪 70 年代后期以来，损伤容限评估一直是运输类飞机结构（金属或复合材料）按（美国）联邦航空条例的 25 部取证的准则。星舟号是按 23 部小飞机条例中损伤容限要求取得适航证的第一架飞机。Raytheon 的工程师与 FAA 的专家合作建立了疲劳和损伤容限评估的专用条件，它在 1986 年专门为星舟号应用而首次发布，其后，这些条件已经编入联邦航空条例 23 部的主体。

损伤容限评估的目的是一样的，与飞机的尺寸无关，即使条例会包括不同的措辞。概括地说，目的是要在发布的检测方法基础上保证长期的安全性，该检测方法考虑了所用工艺固有的制造质量，并认同在使用期间会出现某种损伤。

12.8.3.2.2　典型的损伤情况和相关要求

通常考虑以下 3 种不同的损伤情况：

情况 1　初始品质——这覆盖制造工艺固有的项目和检验标准。情况 1 代表已交付的状态，因此，该结构必须能够满足用强度、刚度、安全性和寿命表示的所有要求。

情况 2　在装配或者使用过程中的损伤——在使用受载期间（通常表达为检验间隔的数量），来自情况 2 的损伤必须显示可预计的扩展或无扩展，同时必须能用规定的使用检测方法检出。而且，带这种损伤结构的剩余强度必须总是至少等于适用的剩余强度要求。

情况 3　离散源损伤——由情况 3 得到的损伤在飞行时对机组人员将是明显的（或在飞行前检查时可检出），因此，应使用特殊的剩余强度准则，它与安全地完成本次飞行有关。

12.8.3.2.3　损伤源和模式

直到本节，尚未讨论损伤模式、损伤程度或结构响应的细节。它简化了对要首先识别一般情况和潜在损伤源的评估，然后，由此鉴别可能的损伤模式和期望的结构响应。根据以上定义，建立如表 12.8.3.2.3 所示的矩阵是不太难的。

表 12.8.3.2.3　示例矩阵：损伤源和可能的模式

<table>
<tr><th colspan="2">情况 1</th><th colspan="2">情况 2</th><th colspan="2">情况 3</th></tr>
<tr><th>损伤源</th><th>损伤模式</th><th>损伤源</th><th>损伤模式</th><th>损伤源</th><th>损伤模式</th></tr>
<tr><td rowspan="3">制造过程</td><td rowspan="3">在检验敏感度中小的不完善和验收准则：
● 孔隙率
● 空隙
● 脱胶</td><td rowspan="2">工具
行李箱
冰雹
砂石</td><td rowspan="2">树脂开裂
分层
芯子压塌
穿透</td><td>严重的雷击</td><td>铺层烧焦
穿透</td></tr>
<tr><td>鸟撞</td><td>分层
芯子压塌
穿透</td></tr>
<tr><td>雷击</td><td>树脂烧焦
分层
松动的铆钉</td><td>螺旋桨破裂</td><td>穿透
切断的元件</td></tr>
</table>

（续表）

情况 1		情况 2		情况 3	
损伤源	损伤模式	损伤源	损伤模式	损伤源	损伤模式
		水浸	芯格损伤	发动机着火	树脂烧焦 分层
		循环加载	分层扩展 脱胶扩展	地面设备 飞机库门	穿透
		漏气	树脂烧焦		

从承载能力观点来看，来自情况 1 的损伤模式通常不是严重的问题，然而，必须通过制造规范和验收准则来识别和控制来自固有制造质量的可能损伤模式。给出这个以后，通常容易证明这些小的不完善在典型的商用飞机服役循环载荷下不会扩展。

情况 3 给出的损伤是问题的另一极端：这些损伤模式容易检测出来，而且在下一次飞行之前需要关注（除非可能是当局批准的飞往修理工厂的飞行）。因此，不关注检测和寿命。

最需要研究的是情况 2，典型的试验程序将在下节描述。

12.8.3.2.4　元件试验

为了评估在不同损伤模式下复合材料蜂窝结构的性能，通常要进行元件试验。对全尺寸试验件进行这些评估是可能的，但是这是一个冒险的方法，而且得到结果太晚，使得无法对最小重量和成本构造的设计进行指导。

静力试验　为证实容许情况 2 中损伤模式的试验，将包括没有穿透破坏的冲击试验、可检和更大尺寸的穿透试验、带有冰冻/融化循环的水浸试验和雷击试验。将对内部载荷分析，特别是有限元分析表明是关键的失效模式进行强度试验。

元件试验矩阵的静强度部分如表 12.8.3.2.4(a)所示。

表 12.8.3.2.4(a)　元件试验矩阵——静载荷

试验类型/损伤模式	拉伸（机身顶部）		压缩（机身底部）	剪切（机身侧面）
	环向	纵向		
无损	3	3	12	3
冲击	3	3	3	3
可检穿透	3	3	3	3
大型穿透	3	3	3	3

注：其中的数字表明重复试样数。

为了证实层压板分析，要把平均值和 B 基准试验结果与分析预测值进行比较，因此可能要对选择的加载状态进行大量无损试件的试验。为了确定特殊制造工艺不会引入不适当的变异性,这可能也是值得做的。

循环试验 循环加载的试验矩阵与上述的相同,只是现在要在多级应力水平下加载以确定缺陷扩展对循环应力水平的敏感性。另外,可能要在一个选择的条件下进行更多数量试件的试验来鉴别变异性,因为变异性影响缺陷扩展。一般来讲,对无损复合材料壁板的循环试验不大感兴趣。同样,在拉伸载荷下复合材料壁板对缺陷扩展不敏感,这种不敏感性能够由常幅试验证实,幅值为类似试件在静拉伸载荷下最大应力试验结果的 67%,如表 12.8.3.2.4(b)所示。除了常幅应力水平试验外,应该进行代表寿命变幅载荷的谱载荷试验,因为目前还没有工业界认可的预测寿命变幅载荷下缺陷扩展速率的分析方法。

表 12.8.3.2.4(b) 元件试验矩阵——循环加载

	拉伸			压缩				剪切		
应力水平	1	2	3	1	2	3	谱载荷	1	2	3
冲击	3			3	3	3	3	3	3	3
可检穿透	3			3	12	3	3	3	3	3

注:其中的数字表明重复试样数。

压力舱壳体的剩余强度 在遭受来自情况 3 所述损伤源的大尺寸损伤后,蜂窝结构在保持剩余强度方面具有特殊优点,这是由于蜂窝壳体刚度对裂纹膨胀给予巨大的阻抗,裂纹膨胀在薄蒙皮结构中是高裂纹扩展力源。通常要对承受模拟内部压力或内压和剪力联合作用的圆筒壁试样进行试验,来证实存在大穿透损伤时的剩余强度。

12.8.3.2.5 试验结果

图 12.8.3.2.5(b)给出以典型描述形式给出的元件试验结果所选实例,所示结果来自商务喷气机上机身壳体结构的典型试样。然而大型运输机的典型试样试验会得到不同的结果,因为承受基本压力和弯曲载荷需要不同的面板厚度和芯材密度。

拉伸 图 12.8.3.2.5(a)中,环向拉伸载荷来自内压,很明显,损伤容限设计不需要付出严重的重量代价。无损壁板必须承担极限设计压力,这意味着只用附加一点材料将能使该壁板满足带有大穿透损伤所需的剩余强度载荷。这是因为对这种压力情况所需的剩余强度大约是极限压力的 60%。在纵向拉伸载荷来自机身弯曲的情况下,如图 12.8.3.2.5(b)所示,剩余强度要求是限制载荷,即大约 67%的极限压力,这样,为了承受含大穿透损伤时的载荷,必须增加少量材料。在两种情况中,如果含冲击损伤的壁板承受极限载荷,会得到更坚固的结构,这可能是条例所要求的,除非冲击损伤易于检出。

压缩 如图 12.8.3.2.5(c)所示,相似的情况存在于来自机身弯曲的压缩载荷

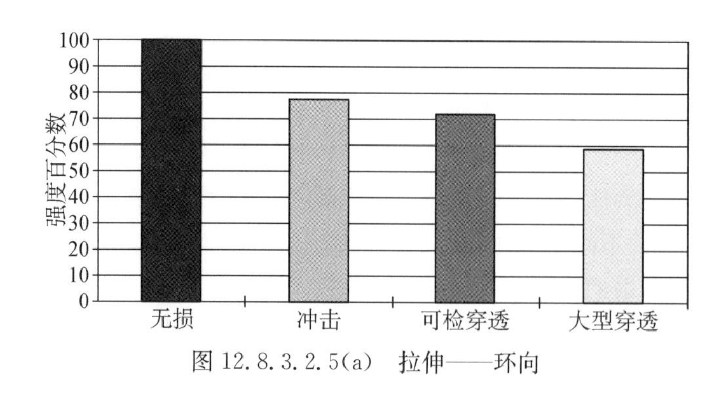

图 12.8.3.2.5(a) 拉伸——环向

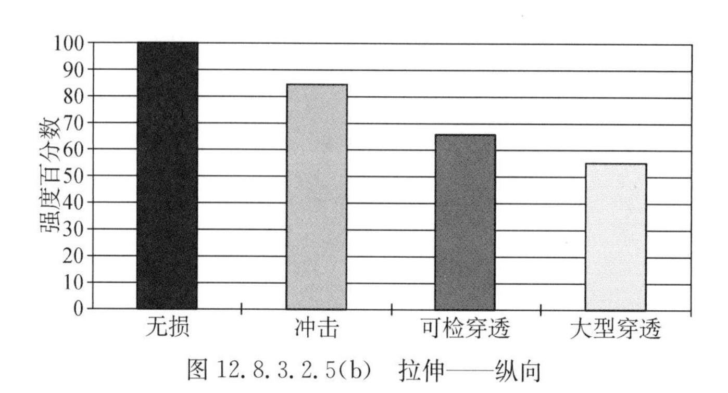

图 12.8.3.2.5(b) 拉伸——纵向

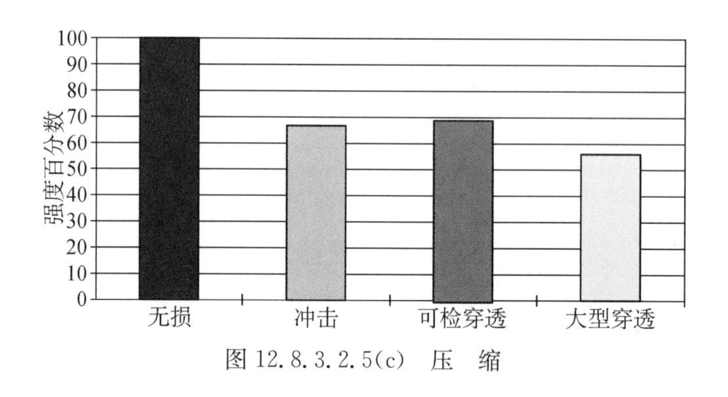

图 12.8.3.2.5(c) 压 缩

情况。带有大穿透损伤的剩余强度设计要求意味着用大约 85％的许用无损强度，但是如果冲击损伤对极限载荷是有利的，那么只要用 65％的无损强度。因为最大压缩载荷出现在机身底部由向下弯曲载荷情况产生，而下机身通常由装货或旅客地板结构增强，这不会有严重的代价。

剪切 最大剪切载荷沿着机身的侧面出现。再者，对带大穿透损伤时承受限制载荷(极限载荷的 67％)的设计要付出一些重量代价，能够使用大约 82％的最大无损强度。但是在这种情况下，82％的无损强度在极限载荷下要容纳冲击损伤。这绘于图 12.8.3.2.5(d)中。

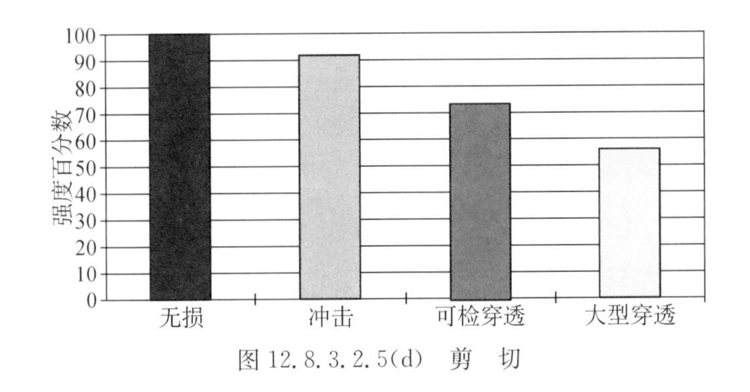

图 12.8.3.2.5(d)　剪　切

内压圆筒结果　图 12.8.3.2.5(e)给出了试验结果的汇总，显示了从无损到大块损伤的趋势。壁板穿透类型的大块损伤，只能在与地面支持设备的严重碰撞时才会产生，这些设备包括梯子、发动机推车、加油设备、行李搬运设备等。正如前面所及，这种类型的损伤应该是明显的并应在飞行前检出，但万一漏检呢？要进行试验以确定带有大型明显损伤的圆筒壁板的剩余强度。在图 12.8.3.2.5(e)中标注为 MIT 的试验点来自在 MIT 试验的蜂窝壁板圆筒(见文献 12.8.3.2.5)。揭示的趋势是典型的来自大小飞机压力容器结构的试验结果，当压力容器上带有的损伤越来越大时，剩余强度门槛值变得越来越明显。

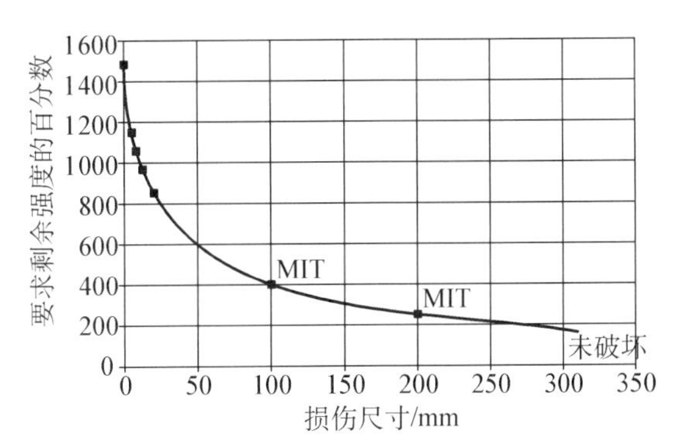

图 12.8.3.2.5(e)　圆筒壁试验结果(内压)

循环试验结果　图 12.8.3.2.5(f)中给出了在常幅压缩载荷下、大穿透损伤的典型常幅试验结果，并显示了对这些数据最有用的描述，即最佳拟合直线，这种曲线能用于评定所试验材料的重要的损伤容限特性。在缺陷扩展寿命中，分散性的大小能够通过绘制 B 基准应力-寿命线来评定，假设它平行于平均寿命曲线。随后，缺陷扩展门槛值可以由 B 基准寿命线外推到 10^7 次循环而确定(对受有高周载荷的旋转设备情况为 10^8 次)。

这些数据主要用于要以经济合理的方式进行全尺寸循环试验的结构，所有低于缺陷扩展门槛值的应力循环要从全尺寸试验谱中去除，而且，可以通过提高施加载荷的因子，以减少试验寿命次数来考虑缺陷扩展寿命中的分散性。

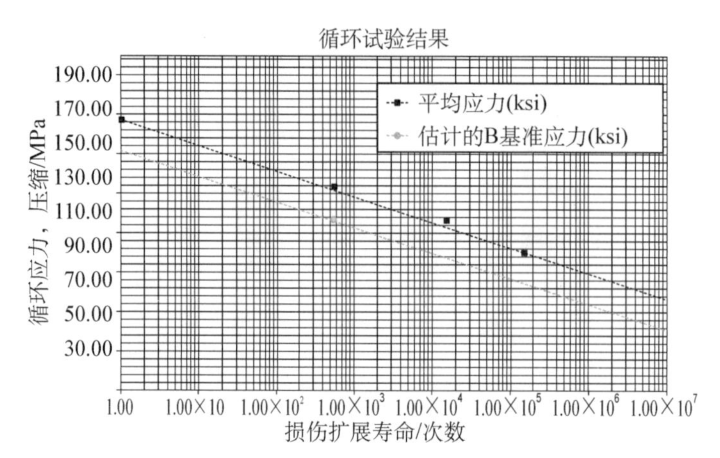

图 12.8.3.2.5(f) 压缩载荷下大穿透损伤常幅循环试验结果

12.8.3.2.6 全尺寸试验

全尺寸循环试验。主要承载结构的取证需要部件，如机翼、机身以及尾翼结构，通过代表至少两倍寿命预期任务的载荷顺序进行试验。每倍寿命由几千次载荷循环组成，包括机翼升力、机身反作用力、尾翼载荷、压力循环以及着陆载荷。在这些试验过程中，将用机械方式把损伤引入到结构上以模拟使用损伤，这些情况包括雷击、冰雹损伤、跑道损伤以及工具冲击。这些损伤模式将通过多达一倍寿命的疲劳试验，以证明结构实际上在全尺寸是损伤容限的，即损伤不会以非预期的方式扩展，而且总是被规定的检查检测出来。

较大的损伤可以在全尺寸循环试验的后期引入，以模拟与地面使用设备的冲击、与机库门和其他飞机碰撞(机库内鲁莽操作)、低劣的维修服务，以及所有在商用飞机加载、搬运和维修中意外发生的坏事情。较大的损伤模式应该在下次飞行之前检测出来，因此对这些模式的验证可以只包括较少的飞行循环载荷和剩余强度试验。

全尺寸剩余强度试验。在完成循环试验的寿命之后，机翼、机身和尾翼的主要部件将承受载荷试验以验证以下情况，即尽管受到了所有的载荷循环和遭受的损伤，剩余结构将仍能承受所需的剩余强度载荷(在飞机的使用寿命期间预期遭遇的飞行载荷和/或内压载荷，较大的损伤模式除外，因为它有专门的剩余强度准则)。

12.8.3.2.7 持续适航性检查

在对所获得试验结果的解释的基础上，要确定检测方法、门槛值时间以及检测频率并载入飞机手册中。通常要用一个因子，以便允许损伤存在于几个检查间隔，这取决于结构的关键性。还需要另一个因子来考虑缺陷扩展试验结果中揭示的分散性。

12.8.3.3 使用经历

在民用航空中复合材料主结构的使用经历是优异的。Beech 的星舟号自 20 世纪 80 年代后期一直在飞行，而且没有遇到过与主结构有关的问题。复合材料安定面结构一直在 Beech 1900 公务机上使用，自 20 世纪 80 年代中期以来每年通常飞行 2500 小时，同样没有报道过与复合材料有关的问题。

还证明了在紧急着陆事件中的安全性也是杰出的。一架星舟试验飞机的前起落架在着陆过程中破坏，飞机飞回机场，10 天后返回使用。所做的修理是从工厂取得了毛坯零件，切出所需的更换段，用胶接和螺接将它们连接到相应位置。

更为壮观的事件发生在 1994 年 2 月的丹麦。星舟 35 号机在起飞失败后，以大约 210 km/h(130 mi/h)的速度冲出跑道进入雪坝，机组人员和乘客受到震动但未受伤。没有燃油泄漏，没有座椅松动，没有挡风玻璃或者窗户玻璃破碎，或甚至开裂，机舱也未畸变，机舱门正常开启，机组人员和乘客解开他们座椅的安全带步行离开。由于高速撞击雪坝的力，右侧主起落架毁坏，另一个主起落架和前起落架剪断(不是拔出，但是铝锻件断裂)。右侧机翼尖端沿着地面滑行，结果给襟翼、翼梢小翼和方向舵造成损伤。断裂的前起落架和朝结构方向的力使前机身造成损伤。由于没有起落架，座舱下腹部在滑行中毁坏，损伤位于座椅之间的区域。

派来了一支队伍测量损伤，列出了所需的更换零件。随后，该飞机由 5 个技术员加上一个工程师、一个检测人员和一个服务经理组成的工作组就地修理。一些带有局部损伤的零件用星舟号结构修理大纲中规定的技术进行了修理，大纲允许损伤由受过培训的操作人员现场修理。对更大范围的损伤，毛坯零件从工厂送来备用，以便由它切割出更换的壁板，随后壁板被胶接和/或螺接到相应的位置。当然，飞机系统如起落架、液压系统、天线等，只是简单地用工厂备用零件替换。完成修理后，该飞机在 1994 年 7 月进行了飞行试验。这个过程先于计划和低于预算，保险公司和丹麦民航当局非常惊奇，他们都确信金属飞机会遭受更大的损伤，并会因为这样的事故而遭到毁灭性打击。

12.8.3.4　结论

现代制造方法能低成本以及低重量地生产商用飞机复合材料主要承载结构。为按 FAA 条例的 23 部或 25 部取证，这些结构需要进行损伤容限评估。合理的损伤情况和支持元件试验程序将极大地帮助损伤容限评估。

复合材料结构能被设计得允许大的损伤而付出小的重量代价。可能不要求设计在受到冲击损伤后承受极限载荷(它依赖于规定的检测)。然而，当复合材料结构设计为带冲击损伤情况下要承受极限载荷时，会得到更坚固的产品。实际上，FAR 23 条例在这个领域是十分特殊的，它要求在基于检测方法确定的可检性水平上，带冲击损伤时具有极限载荷能力。

复合材料结构对循环加载不太敏感，同时可从试验结果确定缺陷扩展门槛值。对全尺寸循环试验，为了建立试验寿命和使用寿命之间的关系，应该测定缺陷扩展寿命的分散性。这也会使全尺寸试验完成得比等同的金属结构更经济。

随着仔细的分析、合理的试验和先进制造技术的结合，能够期望复合材料主结构在民用飞机中会得到进一步的应用。

12.9 支持性说明

本部分包含了支持本章主要讨论的补充信息。放在这里是因为虽然很重要，但是或者是没有公开发表，或者是很难在公开领域获得。

12.9.1 符合性

12.9.1.1 飞机实际可能遇到的冲击能量威胁

如12.2节所讨论的，飞机复合材料结构的验证需要基于极限载荷来确定实际冲击能量截止值。一个保守的假设是设置在90%概率时的能量水平，这类似于处理B基准强度值的办法。这就意味着，实际能量截止值是按这样的方式选择的：在飞机寿命结束时，其中不超过10%的飞机受到的冲击的能量会等于或高于这一截止值。这10%对应于更严重损伤情况，并可能因此无法满足极限载荷要求，损伤容限考虑将证实其符合规定的安全水平。

在给定数量的飞行中，飞机未遭受能量水平等于或高于截止值的冲击的概率可以表达为

$$P_1 = (1 - P_a)^n$$

式中：P_1 为 n 次飞行中未遇到冲击能量等于或高于截止值，E_{co} 的冲击的概率；P_a 为1次飞行中遭受一次冲击能量等于或高于截止值，E_{co} 的冲击的概率；E_{co} 为能量截止值；n 为飞行次数。

事实上，低速冲击损伤风险是不太可能出现在实际飞行中的，但会出现在与每次飞行(即飞机服役)有关的各种操作中及定期检测中。与这些后续检查相关的风险由各次飞行来分担。

遇到能量 $E \geqslant E_{co}$ 的冲击且产生至少一个损伤的概率为

$$P = 1 - (1 - P_a)^n$$

式中：P 为在 n 次飞行中，遭受至少一次冲击且冲击能量等于或高于能量截止值 E_{co} 的概率。

对50000次飞行的情形(特别是对短程/中程商用飞机)，由10%的目标概率(即，$P = 0.10$)可以得到 $P_a = 2.1 \times 10^{-6}$；类似地，由1%的目标概率可以得到 $P_a = 2.1 \times 10^{-7}$，它对应于更高的能量截止值。

对运输机机翼结构，P_a 的这两个值通常小于限制载荷的出现概率(即约 10^{-5}/飞行小时)。“这类冲击比限制载荷事件出现得少”的说法是不合理的。因而，对大约平均持续1小时的一次飞行情况，可以保守地采用 10^{-5} 范围内的概率值 P_a(相应的 $P = 0.40$)。

然而，把与这些概率值有关能量水平进行定量还没有多少数据。为了说明这个方法，下面给出选自文献的某些值。

实际上，由于假设相关的事件是独立的，P_a 是两个概率的乘积：

$$P_a = \text{概率(冲击能量出现次数)} \times \text{概率(损伤能量} \geqslant E_{co}\text{)}$$

至于所关心的第二项，只有文献 12.9.1.1(a)中报告由外场调查所知的结果。根据对 1644 次冲击事件的分析，可以认为这一结果是相当全面的。虽然这些数据代表了美国海军的军用飞机(F-4，F-111，A-10 和 F-18)使用情况，但由于维护工具和操作都是类似的，所以也可以代表运输类飞机。在该研究中，通过在 F-15 机翼上得到的标定曲线，把在金属结构上观察到的 1644 个冲击凹坑转换成了能量水平，如图 12.9.1.1(a)所示。根据该文献，被调查飞机的冲击能量的上限大约为 48J(35 ft·lbf)。

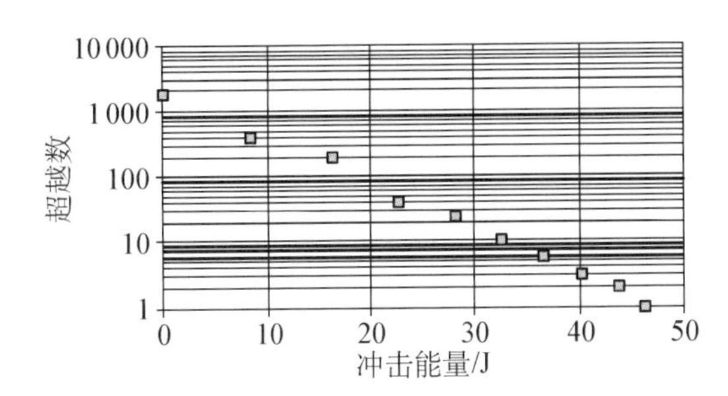

图 12.9.1.1(a)　1 倍飞机寿命的超越数-冲击能量水平

因为这个报告没有提到与所识别的每一个损伤和冲击部位相关的飞机寿命，所以不可能得出每飞行小时的冲击威胁。然而该调查提供了：①如果出现冲击，其预期能量的数量级；②超越数(N_e)-能量曲线的形状。可以假设曲线在该能量范围内是对数线性的，其斜率为 $-15\,\text{J}/\log(N_e)$($-11\,\text{ft}\cdot\text{lbf}/\log(N_e)$)。

超越给定能量水平时产生偶然的冲击的概率(P_e)可以很容易地通过这个曲线所描述的关系来获得：

$$P_e = 10^{-Energy/11} \quad \text{能量单位为 ft·lbf}$$
$$P_e = 10^{-Energy/15} \quad \text{能量单位为 J}$$

更严格地来说，通过外场调查(见文献 12.9.1.1(a))已构建了一个双参数的威布尔分布，其中形状参数等于 1.147，对应于能量单位为 J 和 ft·lb 的情况，尺度参数分别等于 8.2 或者 5.98。

文献 12.9.1.1(b)中发表了关于损伤出现概率的一些有用数据。这个报告中综述了从对美国航空公司、Delta 航空公司、联合航空公司、North Island 海军航空基地的访问和与 de Havilland 飞机公司的通信联系中所收集到的数据，并对 19 个运营商共享的 2100 架飞机记录进行了分析。总共 3814805 个飞行小时中，发现 1484 次维护引起的低速冲击损伤。文献中还报告了冰雹、雷击和鸟撞的统计，可惜对这些与维护和使用引起的损伤相关的能量水平还没有进行研究。

从这些数据可以估计低速冲击的出现概率是 3.9×10^{-4}/fh。因为这反映的是整架飞机的任意位置发生冲击事件的概率，而与特定零件或部位相关的概率应该会低一些。根据 AC 25-1309-1A 提供的定义，认为事件概率的范围在每小时 10^{-3}～10^{-5}是合理的。

图 12.9.1.1(b)所示为将这些外场统计数据(即冲击出现概率×能量超越概率)结合在一起得到的关系，具体地说，该曲线给出了在合理可能区间各种损伤出现概率(每飞行小时)的 P_a 值-冲击能量的关系。目标是在飞机寿命结束时“实际”能量水平覆盖了飞机总数的 90%($P_a = 2.1\times10^{-6}$)。假设损伤出现概率是可能区间(即 10^{-3})的上限，且每次飞行持续 1 小时，则在飞机寿命结束时“实际”能量水平覆盖飞机总数的 90%($P_a = 2.1\times10^{-6}$)的目标指的是：截止能量水平 E_{co}应不低于 40J (30ft·lbf)。如果更保守地假设 $P_a = 10^{-5}$，则相应的能量截止值是 30J(22ft·lbf)。相似的结果可以在文献 12.9.1.1(c)中获得。

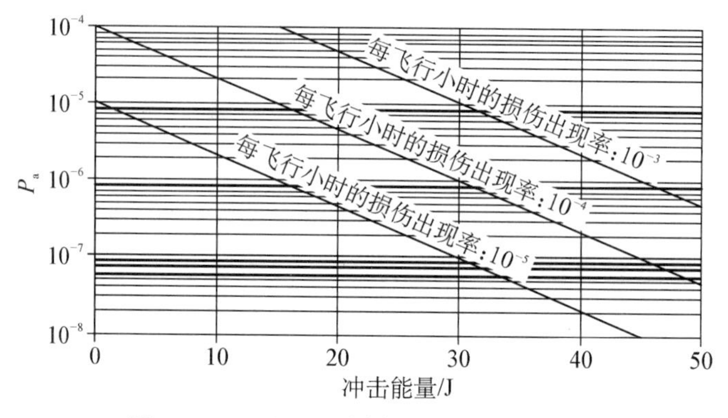

图 12.9.1.1(b) 不同水平冲击事件的概率

12.9.2 损伤阻抗

12.9.2.1 编制冰雹威胁分布

表 12.5.2.5 的冰雹详细尺寸累计概率分布基于美国国家海洋和大气管理局(NOAA)收集的 1955 年至 2006 年间 11 个美国的机场冰雹记录。这份数据是不完整的，其中只包含了“严重”的雹暴和一次雹暴中的最大冰雹尺寸(接近 6.4mm (0.25in))。需要冰雹的最小尺寸来将雹暴归类为“严重”，其直径范围从最初的 13.5mm(0.53in)到当前的 19.0mm(0.75in)。报告的数据包含位置和年月日。

对表中确认的每个冰雹尺寸所示的质量、速度和能量值是偏于保守的。在质量计算中，假定冰雹的密度是最大的冰密度，并忽略自然冰雹的多孔结构。利用基于光滑等效球体的关系式来计算末端速度。具体来说，末端速度的经验关系式为(见参考文献 12.9.2.1)

$$V_T = k \cdot m^{1/6}$$

式中：k 是经验常数 $= 14.0\ \dfrac{m}{sg^{1/6}}$。

最后，由于在相同冲击能量下，冲击物的直径越小，产生的损伤越严重，所以紧密球形直径的假设更加保守。

12.9.3　耐久性和损伤扩展

12.9.3.1　耐久性和损伤起始实例研究

可能需要针对提及的每个问题对图 12.6.4.1.2(b)和图 12.6.4.1.3(c)的图(a)中的外载荷 P_i 作专门的解释。特别是结构部件承受平面内和平面外混合载荷时更要作解释。下面总结了两个例子。

12.9.3.1.1　蒙皮/桁条脱胶强度和寿命

利用从全尺寸壁板切下的试件来进行二次胶接结构的失效研究，以此来验证蒙皮与凸缘或框之间的胶接面的完整性(见文献 12.9.3.1.1(a))。然而，这些壁板的生产是很昂贵的。因此，一个更简单的试验构型被提出，其可以详细地观察蒙皮/桁条界面的失效机理(见文献 12.6.4.1.2(c)，12.6.4.1.2(g)和 12.9.3.1.1(b))。试件包含有一个锥形的复合材料凸缘，用来代表胶接在复合材料蒙皮上的桁条或框的凸缘部分，如图 12.9.3.1.1(a)所示。多数情况下复合材料结构在飞行过程中会承受弯曲和薄膜载荷。在多轴外载荷作用下的损伤机理会很复杂，因为这不是几种载荷分量的简单混合而是包含了它们之间的相互作用。因此，还研究了复合材料胶接蒙皮/桁条结构在单轴和双轴(面内/面外)载荷条件下的损伤机理(见文献 12.9.3.1.1(b))。进行了拉伸、三点弯和拉/弯耦合下的单调加载试验来评估蒙皮和桁条界面的脱胶机理。凸缘尖端单位宽度的合力和合力矩 N_{xx} 和 M_{xx} 是由正应力 σ_{xx} 计算得到的(见图 12.9.3.1.1(a))。凸缘脱胶情况下，损伤起始时和最大载荷时的合力/合力矩是通过对凸缘尖端应力积分得到的，而应力值是通过几何非线性有限元分析获得的。上述结果在图 12.9.3.1.1(b)中画出。凸缘尖端力和力矩 N_{xx} 和 M_{xx} 与外载荷有关的损伤面是通过在多种外载荷 P 和 Q 混合加载下生成的一系列数据来拟合的(见图 12.9.3.1.1(c))。不用另外进行分析，失效面也可以用来评估多种载荷作用下相同结构。

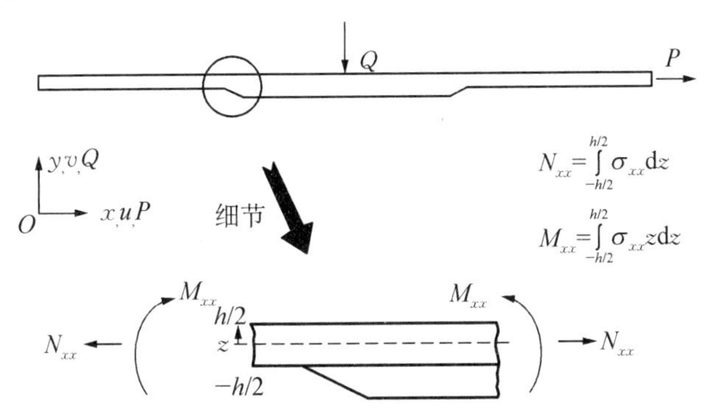

图 12.9.3.1.1(a)　蒙皮/桁条试样的载荷条件和凸缘尖端的合力和合力矩

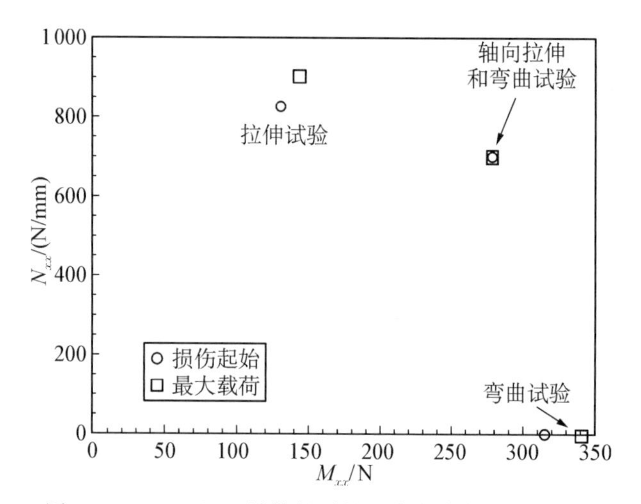

图 12.9.3.1.1(b)　计算得到的凸缘尖端合力和合力矩

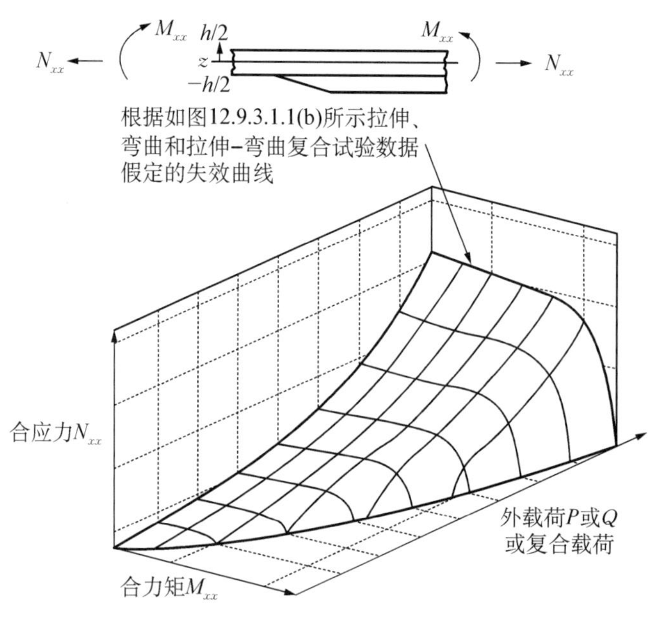

图 12.9.3.1.1(c)　计算得到的凸缘尖端合力和合力矩

对每一个感兴趣的结构和载荷，例如薄蒙皮、压缩载荷下的后屈曲桁条加筋壁板或增压机身，包线图可以通过一定数量的多轴蒙皮/桁条试样测试和相关分析来创建。多载荷工况的评估可以不要新的额外分析。这个方法可以将复杂构件中的基体开裂起始和分层起始与在比较简单的蒙皮/桁条试样试验中观察到的失效联系起来。这个方法首先是用封闭解或壳有限元模型计算壁板或机身的框或桁条的凸缘尖端合力和合力矩 N_{xx} 和 M_{xx}。然后，用简单的蒙皮/桁条试样试验生成的包络图，把计算得到的复杂结构合力和合力矩 N_{xx} 和 M_{xx} 与试样中相应的外载荷 P 建立关系。由图 12.6.4.1.2(b)得到外载荷 P 和基体开裂起始的最大主拉应力 σ_{tt} 之间的关系，分层起始的外载荷 P 和总的应变能释放率 G_t 之间的关系如图 12.6.4.1.3(c)的图(a)所示。失效可以用第 3 卷 12.6.4.1.2 节和 12.6.4.1.3 节中描述的指南来分析。失效累积寿命 N_T 可以通过计算基体开裂起始寿命 N_M 和分层起始寿命 N_D 的总和得到。如果分层起始是稳定的，可能还需要确定稳定扩展的寿命(见第 3 卷 12.6.4.2 节)。

注：用于模拟蒙皮/桁条界面(见图 12.9.3.1.1(a))、生成失效数据(见图 12.9.3.1.1(b))和设计曲线(见图 12.9.3.1.1(c))的实验室试样，其纤维/基体细节代表制件。例如，单层波纹，基体分布和孔隙率与固化后制成零件的关键受载区所见到的类似，其可以通过剖开零件横断面和显微镜观察来检验。

12.9.3.1.2　*旋翼毂柔性梁疲劳寿命*

在文献 12.9.3.1.2 中，取自全尺寸复合材料旋翼毂柔性梁的非线性渐变柔性梁层压板，在轴向拉伸和循环弯曲复合加载条件下进行了试验。施加循环弯曲载荷时，拉伸载荷保持不变。试件是分层失效的，分层起始于最外面的丢层组尖端处，并向柔性梁的更厚区域扩展。一旦丢层组的上下界面产生分层，就会由于非稳态分层沿着锥体长度方向扩展至较薄区域而产生最终的失效。

柔性梁的静态偏移试验显示了轴向载荷 P 不变时，横向载荷 V 和沿着锥形体的最大表面应变 ε_i 之间存在线性关系，如图 12.9.3.1.2(a)所示。对不同的轴向载

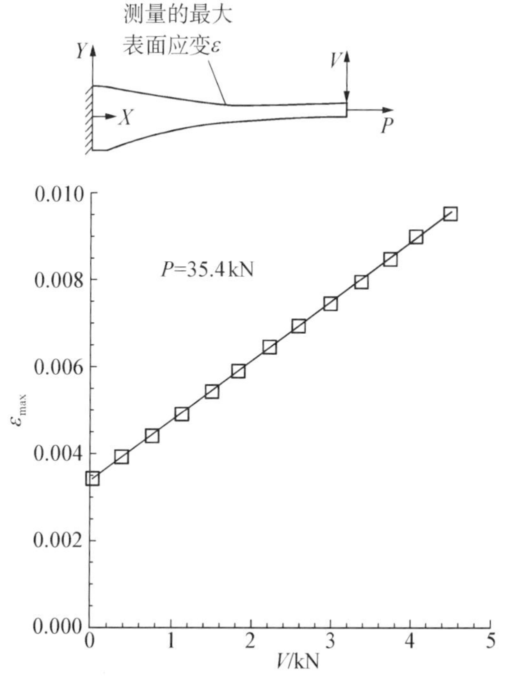

图 12.9.3.1.2(a)　不变轴向拉伸载荷下锥形柔性梁的最大测量表面应变与施加的横向载荷关系曲线

荷 P,可以得到横向载荷 V 和表面应变 ε_i 之间新的关系。如果重复上述流程,可以通过不同外载条件下产生的数据来拟合得到把轴向载荷 P、横向弯曲载荷 V 与沿着锥形体的最大表面应变 ε_i 联系在一起的曲面。拟合得到如 12.9.3.1.2(b)所示的包线图,它可用于评估相同构型的多个载荷工况,而无需进行额外的分析。通过封闭解或者有限元分析,可以得到分层起始时最大表面应变 ε_i(沿着锥形方向)和总应变能释放率 G_t 的关系,从而可以生成类似图 12.6.4.1.3(c)的图(a)的曲线图。现在可以用第 3 卷 12.6.4.1.3 节给出的指南来分析失效。需要进行多次迭代来确定多个丢层处的分层起始寿命,进而确定累积失效寿命。例如,在文献 12.9.3.1.2 中,累积疲劳寿命 N_T 是 N_{tc}(在丢层处形成横向基体裂纹的循环数)、N_1(沿着锥形区域向梁的厚的一端出现分层的循环数)、N_2(分层沿着锥形体方向扩展所对应的循环数)、N_{rc}(树脂囊上下端形成裂纹所对应的循环数)和 N_3(指向梁的较薄区域的非稳态分层起始所对应的循环数)的总和,即

$$N_T = N_{tc} + N_1 + N_2 + N_{rc} + N_3 \qquad (12.9.3.1.2)$$

文献 12.9.3.1.2 中,基于柔性梁验证试验中对失效过程的观察,假设 N_{rc},N_{tc} 和 N_2 相对 N_1 和 N_3 可以忽略不计。

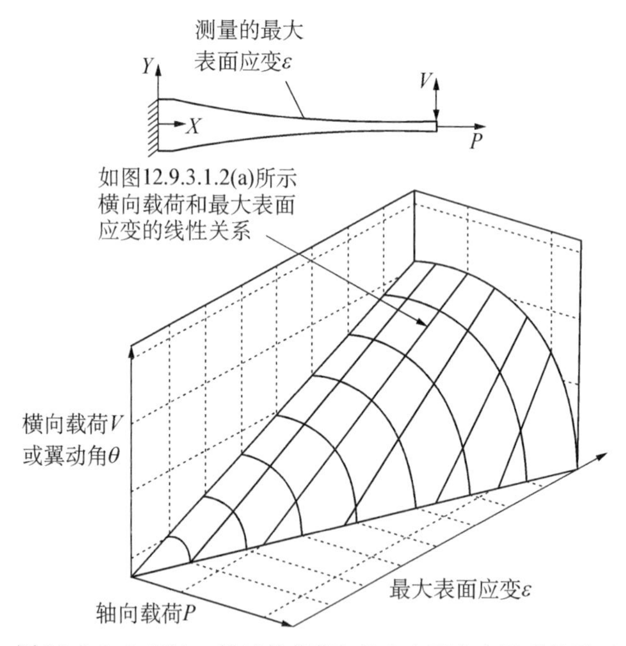

图 12.9.3.1.2(b) 描述外载荷与最大表面应变关系的平面

12.9.3.2 损伤扩展实例研究

下面的小节包含了在循环机械载荷下损伤起始和扩展的工程实例研究。

12.9.3.2.1　冲击损伤扩展试验(CEAT，Aerospatiale 等)

在 20 世纪 70 年代后期刚刚认识到低速冲击引起压缩强度降以后，就有很多复合材料研究组对受冲击后 CFRP 试验件的疲劳行为进行了研究。在得到的所有结果中，本节给出的内容是由法-德合作计划中得到的(见文献 12.9.3.2.1(a))，涉及的机构包括 CEAT，Aerospatiale，DASA 的 Munich 与 WIM(位于 Erding)。

这个计划用不同能量水平对代表真实结构铺层顺序的试样进行冲击，但其能量不高于产生目视可见冲击损伤所需的能量值。随后对这些试件进行压-压疲劳试验($R = 10$)来绘制不同能量水平下的 Wöhler 曲线，并监控损伤扩展和剩余静强度与时间的关系。

图 12.9.3.2.1(a)给出了不同能量水平冲击后 IM7/977－2 和 T800H/F655－2 材料的 Wöhler 曲线。在 10^6 循环时的持久极限与初始静强度的比值为 0.50～0.75；这意味着用极限载荷来确定(用这些材料制造的)结构尺寸时，应使疲劳载荷压低到某个水平，使得不可能出现由低能量冲击损伤带来的疲劳问题。

图 12.9.3.2.1(b)画出了(用 C 扫描测出的)T800H/F655－2 材料的损伤扩展

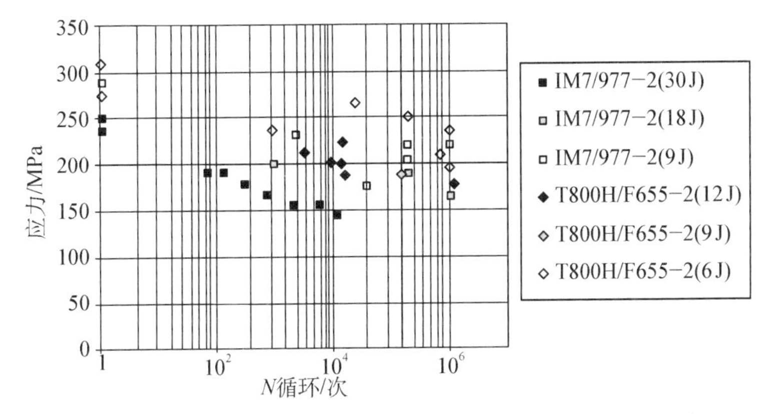

图 12.9.3.2.1(a)　冲击损伤层压板的失效应力与循环次数的关系

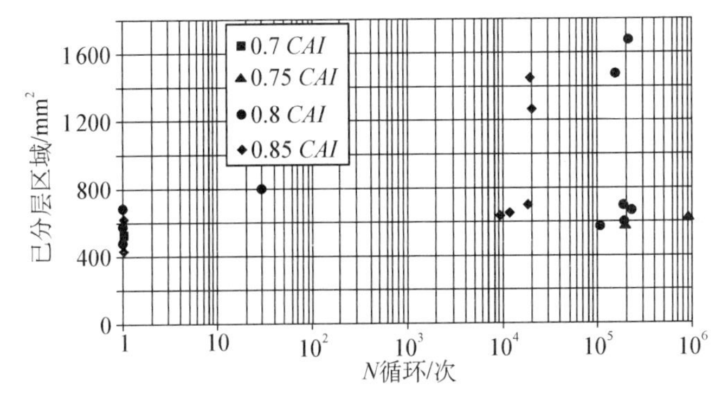

图 12.9.3.2.1(b)　冲击后分层尺寸与加载循环次数的关系

与疲劳循环数的关系，只有实际不会出现的疲劳应力(高于静强度的75%)需要进行这样的测量。该图表明，尽管是用对数轴，损伤扩展的开始也很接近试样寿命终结的时间(对该计划研究的所有情况，在85%和95%之间)才开始，且斜率很高。

这些结果表明，对所考虑的低速冲击损伤问题，采用稳定(或缓慢)扩展方法的取证也许是不可能的。这个结论也得到了其他实验室研究结果的支持，例如文献12.9.3.2.1(b)中介绍的结果。在这项研究中，由IM7/8552和HTA/6376双悬臂梁试样得出的Ⅰ型分层扩展数据是用 $da/dN-\Delta G$ 曲线来显示的。

除了这一材料固有的特性以外，在取证时采用缓慢扩展概念的另一挑战是缺乏预计冲击损伤疲劳扩展的分析工具。对单个分层情况已有一些方法，但它们不代表由冲击产生的复杂损伤状态。

12.9.4 剩余强度

12.9.4.1 无构型缺口强度封闭预测方法的比较

文献12.7.1.3(c)中讨论和比较了几个强度预计模型，包括平方根和指数定律方法。功能性评估中包括的4种主要模型是：线弹性断裂力学(LEFM)、Whitney-Nuismer点应力(WN，见文献12.9.4.1(a)和(b))、Poe-Sova(PS，见文献12.9.4.1(c)和12.7.4.1.3)和Mar-Lin(ML，见文献12.7.4.1.1(a)和(b))。当用单一缺口长度/破坏强度点校准时，发现WN和PS方法在功能上是等效的。在这些方法中使用的特征尺寸的影响降低了用母体LEFM曲线预计的小缺口强度值。随裂纹长度增加，这些特征尺寸方法和LEFM之间的差异收敛于一个常值，它与预计值相比很小。

LEFM，PS和ML方法在较宽的缺口尺寸范围下预计剩余拉伸强度的能力已在文献12.7.1.3(d)中进行了评估。这里对这些发现进行了综述。对夹层结构的拉伸和压缩的附加研究在文献12.7.1.2.4(a)和12.8.1.3(e)中进行了报道，有着相似的结果。

本项评估包括三种材料体系和三种铺层形式，分别如图12.9.4.1.1(a)和(b)所述。在每种情况下，用含63mm(2.5in)缺口的平均强度校准LEFM，PS和ML方法。改变ML指数 n，以确定奇异性，提供最大缺口强度的最佳预计。

材料	描　述
IM7/8551-7	中等模量碳纤维在粒子增韧的树脂中
AS4/938	标准模量碳纤维在未增韧的树脂中
S2/AS4/938	层内混杂，每层由一股S-玻璃纤维的丝束和3股标准模量碳纤维丝束交替的单向带组成，两者均在未增韧的树脂中

图12.9.4.1(a)　用于拉伸试验的材料描述

层压板	铺层方向	在载荷方向的相对刚度
Crown3 -轴向	[45/−45/90/0/60/−60/90/−60/60/0/90/−45/45]	软
Crown3 -环向	[−45/45/0/90/−30/30/0/30/−30/90/0/45/−45]	硬
Crown4 -轴向	[45/−45/90/0/60/−60/15/90/−15/−60/60/0/90/−45/45]	硬

图 12.9.4.1(b) 用于拉伸试验的铺层定义

图 12.9.4.1(c)包含被评估的五种材料/铺层组合,以及每种情况对 63 mm(2.5 in)和大缺口(200～300 mm(8～12 in))数据最佳拟合的奇异性。图 12.9.4.1(d)～(h)对每种构型的 LEFM, PS 和 ML 曲线与所有的试验数据进行了比较。除第一种情况外,平方根-奇异性方法对测得的大缺口能力给出了保守的估算。从绝对值看这种保守性也许不大,但与实际的能力相比的百分数就很大了。若大缺口的强度控制着设计,后者的关系决定了所需的材料。注意到 Mar-Lin 的功能性能避免过分的保守。

材料	铺层	相对刚度	"最佳"奇异性
IM7/8551 - 7	Crown3 -环向	硬	0.5
	Crown3 -轴向	软	0.3
AS4/938	Crown3 -环向	硬	0.3
	Crown4 -轴向	软	0.2
S2/AS4/938	Crown4 -轴向	软	0.1

图 12.9.4.1(c) 受拉伸材料/铺层组合的降低奇异性比较

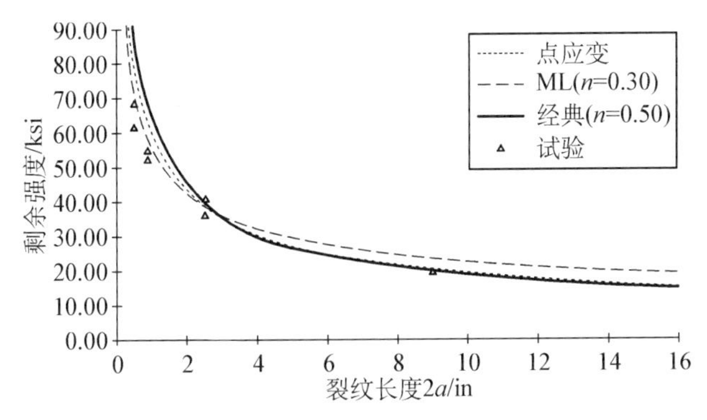

图 12.9.4.1(d) IM7/8551 - 7, Crown3 -环向拉伸试验的结果与不同失效准则的比较

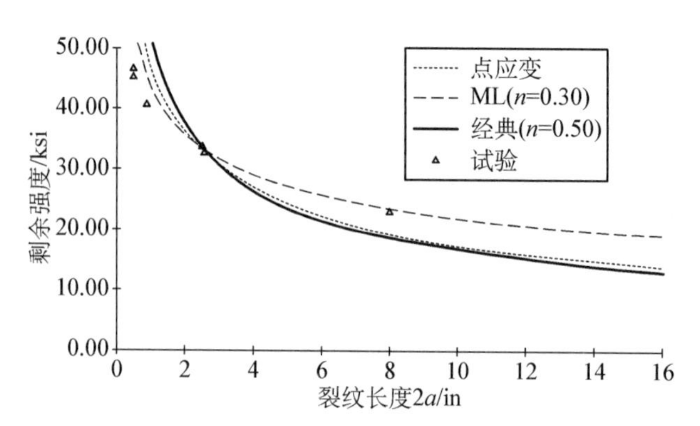

图 12.9.4.1(e) IM7/8551－7，Crown3－轴向拉伸试验的结果与不同失效准则的比较

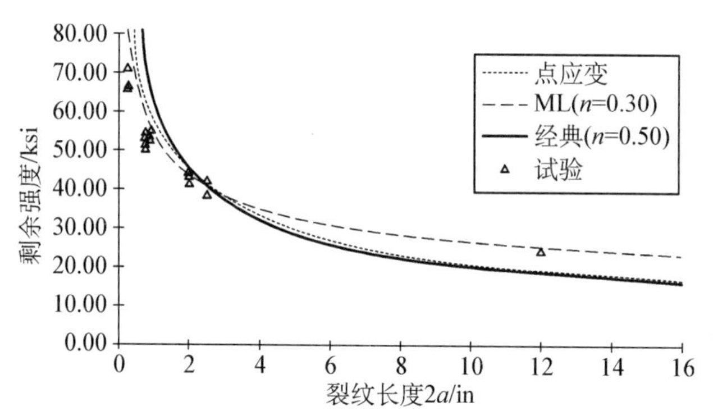

图 12.9.4.1(f) AS4/938，Crown3－环向拉伸试验结果与不同失效准则的比较

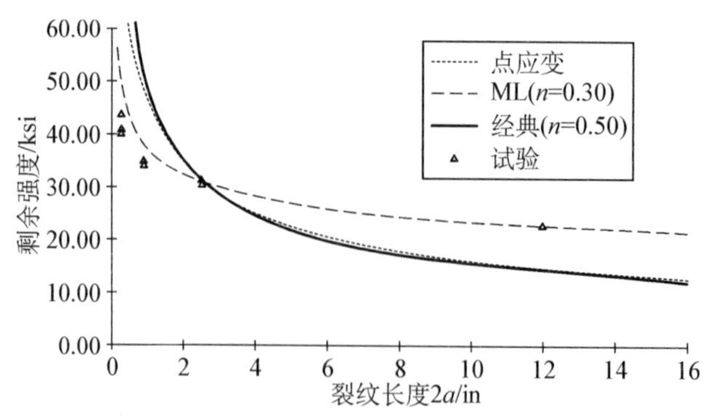

图 12.9.4.1(g) AS4/938，Crown4－轴向拉伸试验的结果与不同失效准则的比较

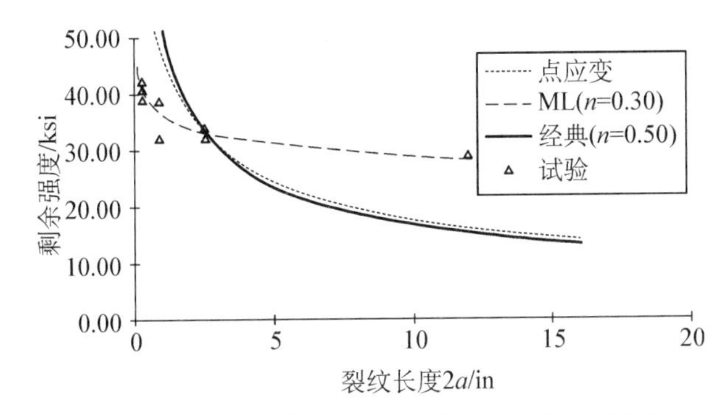

图 12.9.4.1(h) 25%-玻璃混杂，Crown4-轴向拉伸试验的结果与不同失效准则的比较

该方法也应用于采用较高韧性树脂(AS4/8552)面板的夹层结构。针对几种小缺口(22.2mm 和 63.5mm(0.875 和 2.5in))试件和单一大缺口(230mm(9in))壁板进行了试验。如图 12.9.4.1(i)所示，对 22.2mm 和 63.5mm(0.875 和 2.5in)的缺口数据，Mar-Lin 外推法明显比 LEFM 预计更准确，但是它高估了大缺口强度大约10%。“最好”的 Mar-Lin 曲线反映了在两个最大的缺口尺寸数据之间的拟合。该例显示了不存在相关的大缺口数据时保守选择指数的好处。

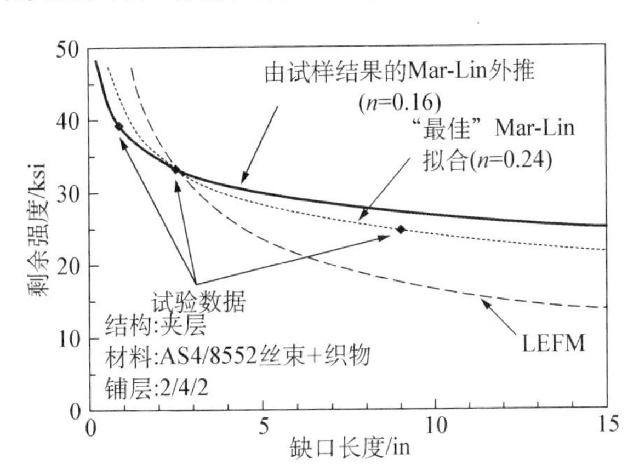

图 12.9.4.1(i) 将 AS4/8552 夹层结构的小缺口结果外推到大缺口尺寸

12.9.4.2 为确定 Mar-Lin 参数 H_c 和 n 的 NASA/Boeing ATCAS 方法

利用较小缺口(例如，小于等于 63mm(2.5in))的数据，Power-law 函数形式已被成功地用于(例如文献 12.7.1.2.4(a)和 12.7.1.3(d))预计无构型的大缺口强度(例如，200～300mm(8～12in))，采用下列过程确定 H_c 和 n 的数值。

(1) 利用各向同性的有限宽度修正因子 $FWFC$ 对每个试验数据点确定无限宽强度。

$$\sigma_N^\infty = FWFC \cdot \sigma_N \tag{12.9.4.2}$$

式中：$FWCF=\sqrt{\sec\left(\frac{\pi a}{W}\right)}$；$a$ 为缺口半长；W 为试件宽度。

注意，试验的所有数据采用相同的宽度与缺口长度之比（$W/2a$），避免不同比值数据带来的问题（见文献 12.7.1.3(c)）。

(2) 要求该曲线通过小缺口数据中最大（通常为 63 mm(2.5 in)）的强度平均值。这种要求决定了对任何所选 n 值的 H_c。

(3) 在缺乏大缺口数据的情况下，还没有建立一种经验证的精确方法以确定合适量级的奇异性。在文献 12.7.1.2.4(a)和 12.7.1.3(e)的研究中所推导和应用的方法，通常选取 n 为最小值，这导致：①实际的小缺口数据小于或者等于所得到的 Mar-Lin 曲线；②当缺口尺寸下降时，这两者之间的差异增大。如图 12.9.4.2 所示的方法，已被证明是合理的，由于小缺口响应通常用断裂韧性表征，而断裂韧性随缺口尺寸增加直至达到“母体”断裂韧性曲线。

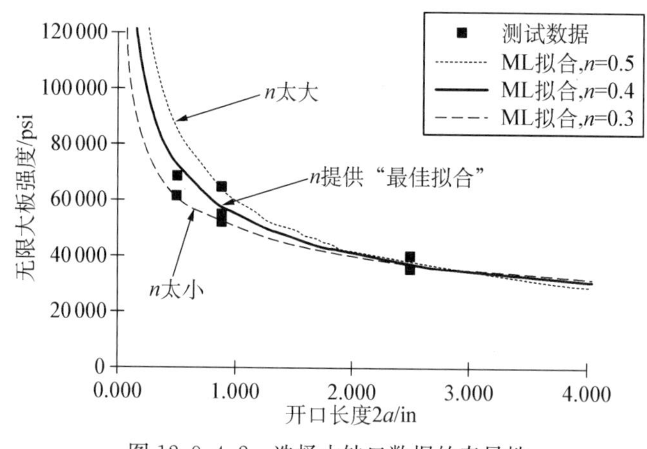

图 12.9.4.2　选择小缺口数据的奇异性

在选择外推法的指数时应该格外注意，因为很可能所选择的值过高地预计了大缺口的能力（即是偏危险的）。通常，验证试验应该采用足够大的缺口长度，以使外推的程度最小。在缺乏相关大缺口数据情况下，有必要选择稍微保守的指数，以避免潜在的设计缺陷。

12.9.4.3　利用构型因子预测结构损伤容限的实例

在文献 12.7.1.2.10 中，把基于降低奇异性方法的无构型缺口强度预计技术，并结合构型因子推广到结构构型，如图 12.9.4.3(a)所示，预计了 5 筋条壁板的响应，并与试验测量值进行了比较。该壁板由 AS4/938 丝束铺放制造，含一条贯穿蒙皮全跨和中心筋条的 360 mm(14 in)缺口。

在该试验壁板中，损伤从缺口尖端以稳定的方式在蒙皮内反对称扩展，直至相邻的筋条，在筋条处损伤扩展被阻止，最终破坏顺序是由相邻筋条外纤维破坏的发展导致的。由于分层扩展，并伴随有筋条外纤维破坏的扩展，蒙皮对筋条的载荷传

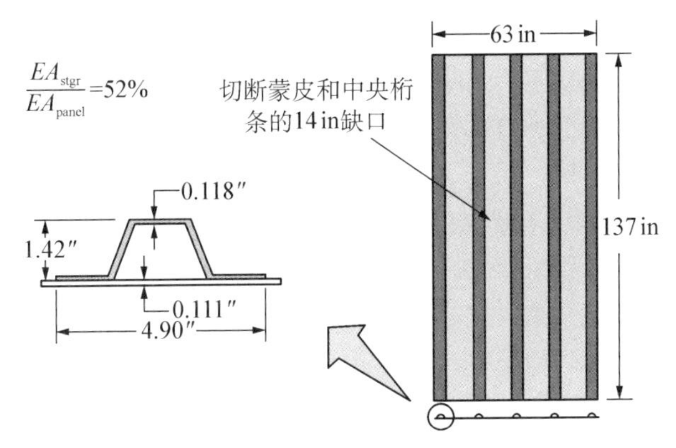

图 12.9.4.3(a) 5 筋条平壁板构型

递减少，在破坏过程中提供了附加的驱动力。

通过破坏前不同载荷水平下拍摄 X 射线照片的方法构造了剩余强度曲线，如图 12.9.4.3(b)所示。弹性预计曲线明显过高预计了相邻未切断刚性元件在降低蒙皮缺口尖端应力方面的有效性。类似于文献 12.7.4.1.1(c)所示的结果，基于弹塑性

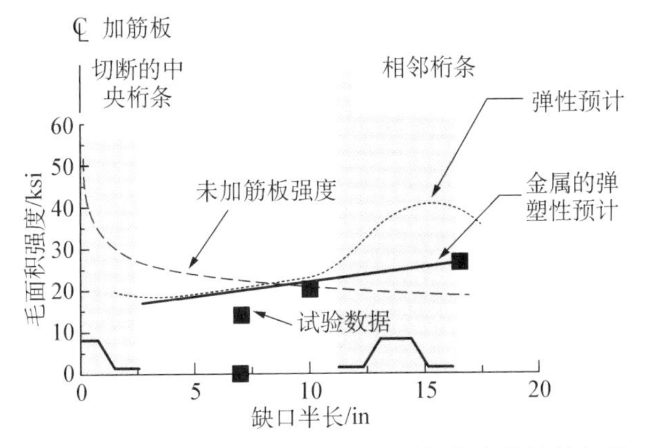

图 12.9.4.3(b) Crown5 -筋条拉伸损伤容限结果与预计的比较

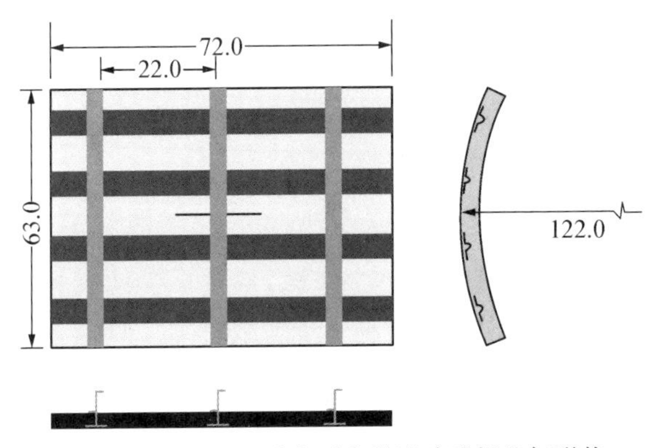

图 12.9.4.3(c) 受内压盒段试验壁板几何形状

分析和金属构型试验的预计方法提供了与观察到的性能非常好的一致性。这可能是一致的，然而，由于金属的构型包括机械固定的倒置帽形材，而所试验的构型具有共固化不倒置的帽形材。然而，重要的因素是非弹性性能的考虑降低了未切断刚性元件的有效性，减少了蒙皮-强度预计值。

一种相似的方法应用于置于受内压盒段试验夹具上、受双轴加载的两个曲面壁板。该壁板的总体布局如图 12.9.4.3(c)所示。这些壁板，称作壁板 11b 和 TCAPS-5，每种包含一条切断蒙皮和中心框的 560 mm(22 in)的纵向缺口。设计细节中的差异标明在图 12.9.4.3(d)和(e)中。壁板 11b 包括了具有较高环向模量的全碳蒙皮和含有能穿过全宽度筋条开口的螺接框。TCAPS-5 是具有较低环向模量碳-玻璃层内混杂蒙皮和较高刚度的螺接框。框下面的玻璃-织物垫使框和筋条凸缘直接螺接，同时开口的构型要窄得多。

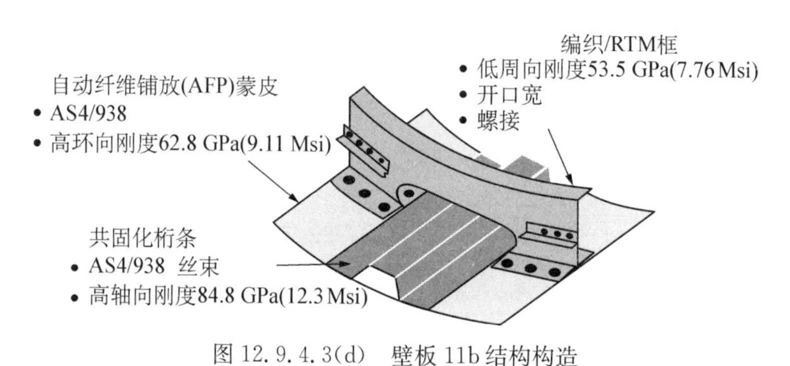

图 12.9.4.3(d)　壁板 11b 结构构造

编织/RTM框
• 高周向刚度65.8 GPa(9.55 Msi)
• 开口窄
• 螺接(包括通过桁条凸缘)
自动纤维铺放(AFP)蒙皮
• AS4/S2/938层内混杂
• 低环向刚度43.6 GPa(6.33 Msi)
• 玻璃纤维织物垫在框下面
共固化桁条
• IM6/3501-6单向带
• 高轴向刚度77.2 GPa(11.2 Msi)

图 12.9.4.3(e)　TCAPS-5 结构构造

两块壁板只承受内压，图 12.9.4.3(f)和(g)显示了每个壁板试验完成后的损伤状态。壁板 11b 的最大压力是 69.0 kPa(10.0 psi)，当时发生爆破而减压，损伤表现为大范围的分层和纤维破坏的集中区域，从缺口尖端到相邻的框扩展了大约 280 mm(11 in)。当由于气源限制无法进一步加载时，TCAPS-5 达到的最大压力是 107 kPa(15.5 psi)，尽管承受高出 55%的压力，它的由分层和纤维破坏区域表征的最终损伤状态量级也只有大约 80～100 mm(3～4 in)。

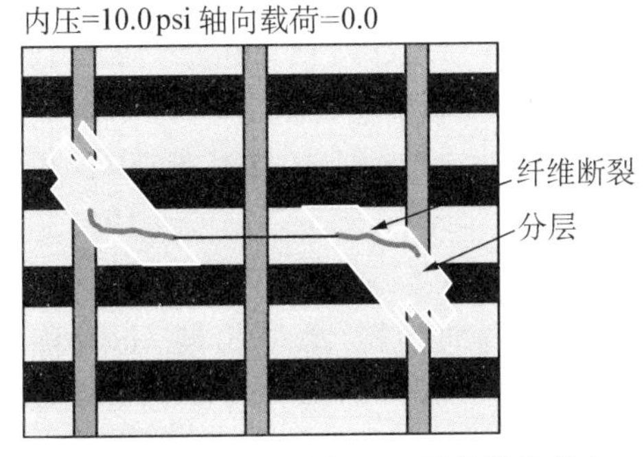

图 12.9.4.3(f)　壁板 11b 最终损伤状态

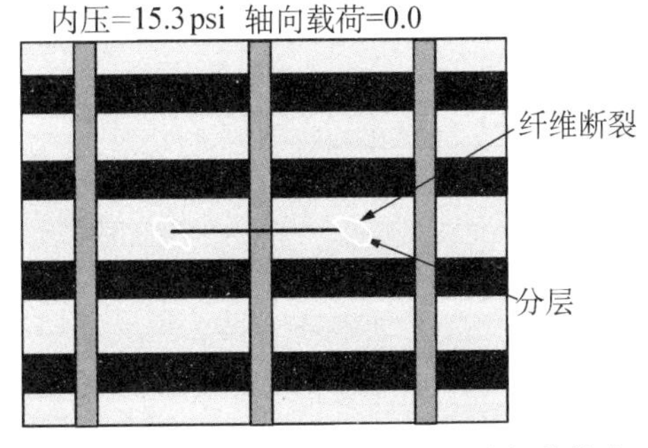

图 12.9.4.3(g)　TCAPS－5 最终损伤状态

采用从未加筋平板得到缺口强度数据的 Mar-Lin 外推法，结合金属的弹塑性构型修正因子来修正模量差异，预计了这些壁板的剩余强度响应。图 12.9.4.3(h)中将这些预计值与实际的损伤扩展进行了比较。对壁板 11b 蒙皮中的损伤扩展的预计十分准确，但是过高预计了载荷向未损伤的相邻框的传递，从而过高预计了有益的影响。在试验中获得的这种降低的载荷传递再次与蒙皮分层有关，它会使框有效地脱离蒙皮。TCAPS－5 的响应预计不十分准确，然而，该响应远超过它预计的能力。

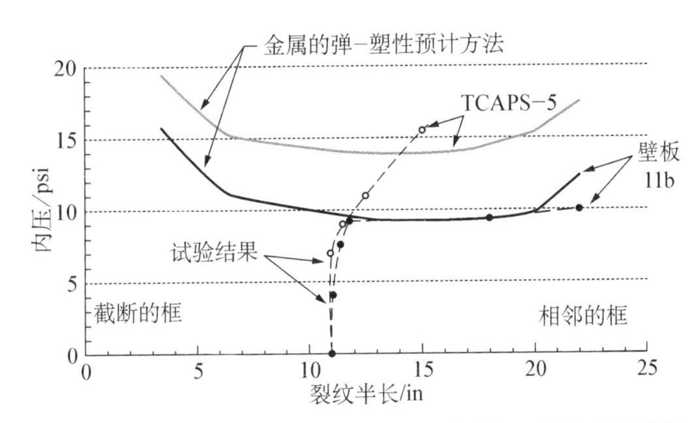

图 12.9.4.3(h)　在 Crown 内压盒段试验壁板上预计和测量的损伤扩展的比较

12.9.4.4　与实施应变-软化相关的问题

应变-软化模型的复杂性　能够以多种方式应用应变-软化法则，对具体问题所选择的方法依赖于加载和损伤扩展假设。对单轴面内加载，自相似裂纹扩展的假设合理时，能够使用单轴方式。在这种情况下，能够把其刚度非线性与应变-软化材料法则直接相关的单轴弹簧放置于裂纹面之间，如图 12.9.4.4(a)所示。多数有限元程序增加有简化实施这个方法的功能。

对多向面内加载，由于不能假设损伤扩展的方向，必须定义多向应变-软化法则。

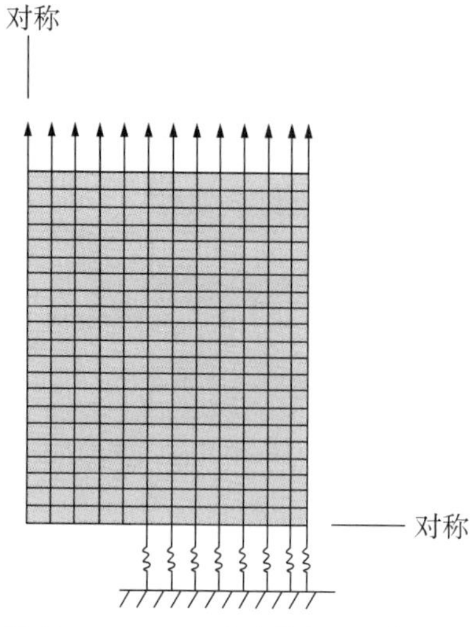

图12.9.4.4(a) 应变软化的弹簧方式

在文献 12.7.4.1.2(e)和(f)、文献 12.7.1.2.4(a)、文献 12.7.1.2.8(g)～(i)和 12.7.1.3(e)中，对层压板的两个正交各向异性方向定义了应变-软化法则，对交互作用采用 Hill 屈服函数。

对载荷、几何形状或沿零件厚度方向的损伤(如弯矩、后屈曲结构、面外加载、非对称损伤)有重要变化的情况，建模方法也必须允许沿厚度方向软化是可变的。在文献 12.7.4.1.2(e)中，通过在代表层压板的有限元厚度方向定义几个积分点，对每个点单独应用应变-软化关系来实现。然而，还要注意，由于应力-应变关系是对假设均匀层铺层顺序的整个层压板推导得出的，如果层压板性能沿厚度变化很大，需要更通用的方程。

数值解问题 涉及应变-软化材料法则问题的有限元解会有一些在静态结构分析中不常遇到的复杂性，特别是，当在足够大的面积上出现材料失效，和/或结构屈曲时，会遇到奇异刚度矩阵。在文献 12.7.4.1.2(e)研究中，选用了 ABAQUS，由于它具有多种完善的、非线性解算法，并能对正交各向异性材料的应变-软化响应建模。已经证明弧线长度方法，如 Riks(见文献 12.9.4.4(g))，在处理跳跃式稳定性问题中是有效的，而且对承受拉伸载荷的应变-软化问题初始建模也是有用的。然而，经常会遇到数值稳定性问题和非常漫长的求解时间，特别是当应变-软化曲线的卸载段变化非常急剧或者非常陡时。

有效地解决问题就是把一些数值困难减少到最小。类似于实际结构，在求解过程中，阻尼和惯性力使系统响应减弱，并大大降低数值噪声。当达到最大载荷时，出现局部失效，因而对系统的部件加速。当已经达到与系统失效有关的最小加速时，数值积分能够及时停止。已证明对承受压缩载荷的结构系统这是非常准确的失效准则(见文献 12.7.4.1.2(d))。

随后，ABAQUS 使用“stabilize”选项给整个模型施加阻尼来减少分析此类问题时遇到的数值问题。阻尼的施加要足够大来避免瞬态响应带来的数值困难，或者要足够小来避免对结果的重大影响。

单元尺寸和方程 由于单元尺寸对缺口尖端应变分布的影响，应变-软化法则和有限单元尺寸是相关的。较大的单元得到的应力集中不太严重，但范围大一些。这类似于存在应力集中时(见文献 12.9.4.4(b)和(c))非经典材料模型的响应(即 Cosserat，非局部)，而且也类似于由经典理论预计的实际应变分布的偏差。较大的单元尺寸导致应变-软化曲线具有更陡的卸载段(见文献 12.7.4.1.2(e))。

因此,有限元尺寸是在应变-软化方法中必须被确定的另一个自由度。幸运的是,复合材料中的损伤通常范围比较大(例如,与金属中裂纹尖端的塑性屈服相比),因此,发现比较大的单元(例如,大于等于 5.0 mm(0.20 in))可以提供较好的结果。为了精确地预计压缩时缺口长度和有限宽度的影响,所需的单元尺寸通常比拉伸的大。

基于非局部方程(即在某一点的应力依赖于该点的应变和该点附近的应变)的有限元分析能够克服这种对单元尺寸的依赖性。这种将应变-软化法则与非局部材料模型相结合的需求也已经在与土木工程结构相关的研究中见到(见文献 12.7.4.1.2(a),文献 12.9.4.4(d)和 12.7.4.1(d))。已经采用几种方法(不是单元尺寸)来考虑非局部响应。体现非局部分析的最广泛使用的方法建立在一种积分方法的基础上,它将加权平均应变确定为材料特性并称为材料的特征尺寸。另一个方法基于二阶差分法,应力计算中采用的应变基于该点应变值及其二阶导数。实际上,这两种方法是相关的,对所选择的加权函数,有一一对应的关系。提出的第三个方法包含一个重叠单元方程(见文献 12.9.4.4(d))。试图寻求这种方法的近似法(即搭接和偏置 8 节点元),如图 12.9.4.4(b)所示,但由于在试件和裂纹边界建模中的诸多困难而放弃。

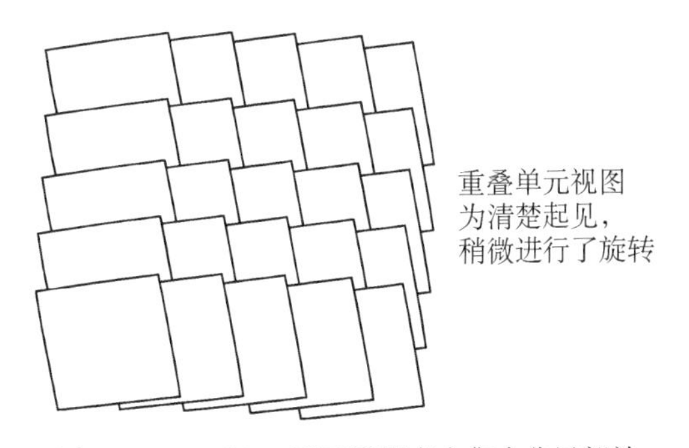

图 12.9.4.4(b)　用于模拟应力集中非局部效应的交错排列 8 节点壳元

单元方程和应变软化法则也是相互关联的。4 节点、8 节点和 9 节点壳元的有限研究表明,高阶元得到较高的断裂强度和大的损伤区(见文献 12.7.1.2.8(h))。

应变-软化法则的确定　用间接方法确定应变-软化法则,需要理解应变-软化曲线的关键特性,以及它们对结构响应的影响。对该法则进行迭代直至满足小缺口数据。支持该方法的试验结果尚未很好地建立,但是目标是具有足够的数据以处理缺口尺寸影响和试件有限宽影响。例如,在 NASA/Boeing 研究中,为确定拉伸法则,典型的试验数据由三种或者四种试件构型组成,如图 12.9.4.4(c)所示。用这种方式获得的法则通常用于预计缺口在 200～500 mm(8～20 in)范围内的构型响应。

缺口尺寸/mm(in)	试件宽度/mm(in)	宽度/缺口尺寸比
22.4(0.88)	89(3.5)	4
44.5(1.75)	89(3.5)	2
63.5(2.50)	254(10.0)	4
127(5.00)	254(10.0)	2

图 12.9.4.4(c)　在 NASA/Boeing 研究计划中确定应变-软化法则的典型试验

通过试凑法确定拉伸和压缩下应变-软化材料法则需要大量的试验，而且要大量计算。已经介绍了一些方法，它们用较少的试验，并借助能量法来确定这些法则(见文献 12.7.4.1.2(g))。这需要测量两个几何尺寸相同但缺口长度不同的试件的裂纹张开位移(COD)，用中心缺口试件来获得这一法则的努力是不成功的，两种试件的两个缺口长度均被测试。图 12.9.4.4(d)给出了四个试件组合得到的应变软化法则以及平均响应，它们的分散性太大，不可接受，这可能是由于不同缺口长度试件响应差值与试验误差相比太小所致。

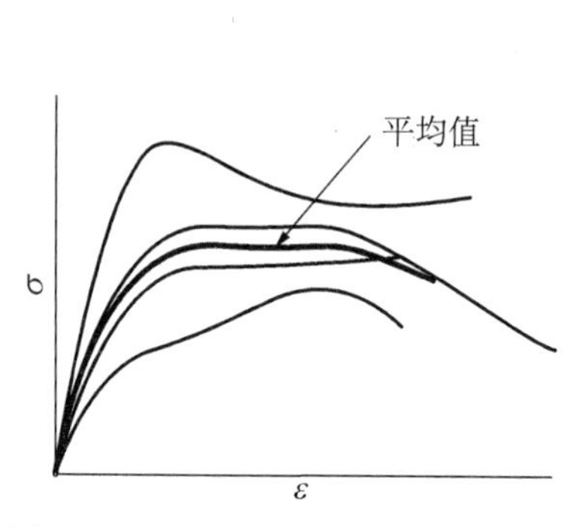

图 12.9.4.4(d) 由中心缺口试件采用能量法确定的应变-软化法则

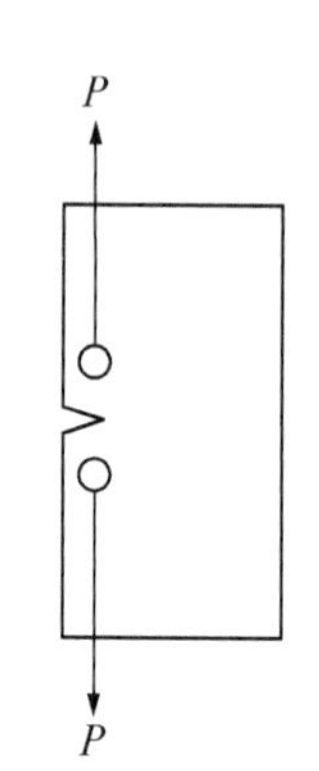

图 12.9.4.4(e) 确定应变-软化法则的超高紧凑拉伸试件

还研发了改进的试件几何形状(如英国哥伦比亚大学)，特别是正在评估如图 12.9.4.4(e)所示的超高紧凑拉伸试件。试件柔度对缺口长度更大的依赖性应该会解决与中心缺口试件有关的问题，正在进行试验测量和破坏性评估以提供对损伤扩展机理进一步的理解。与这种试件构型有关尚未解决的问题是弯曲应力分布对应变-软化法则的影响。

直接从试验测量来确定材料法则的任何方法，必须采用足够数量的试验以处理工艺产生的性能特性。

对加强元件的载荷传递 在带有加强元件的结构构型中，对蒙皮和加强筋间的载荷传递能力退化的建模，对预计最终失效是至关重要的。实际上，当损伤接近加强筋时会出现这种退化，它能由蒙皮中分层损伤，或者由胶接或机械连接屈服所产生。应变-软化模型不分别处理层压板中的分层损伤，同时需预计胶接或螺接连接屈服的模型保真性与结构级模型并不协调，处理这种情况的实用方法尚未建立。

12.9.4.5 应变-软化在缺口压缩中的应用

利用所述的方法预计了无构型的和有构型的缺口压缩强度。图 12.9.4.5(a)综述了无构型的结果。利用 3 个试验点来标定材料规律，同时预计另外两项试验。预计结果均在试验结果的 3%以内。

还对带有 100 mm(4 in)缺口的 762 mm×1118 mm(30 in×44 in)曲面壁板(半径

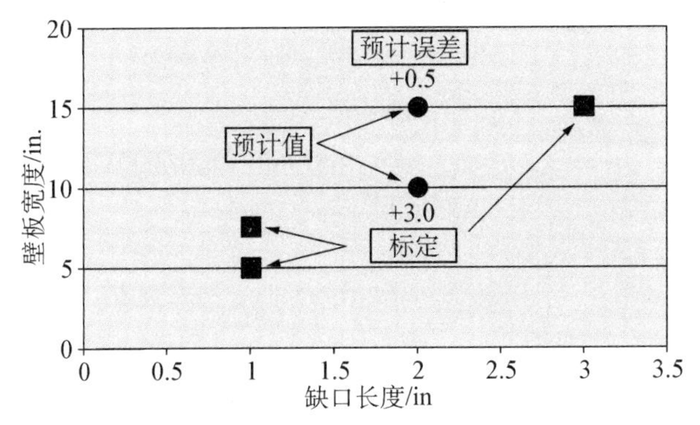

辅层:[45/0/−45/90/0/−45/45/0/90/−45/0/45]　壁板尺寸:1″开口—5×10,　7.5×10
材料:AS4/8552　(25 mm—127×254 mm),　(191×254 mm)
芯子:¾″(19.0 mm)8 pcf(128 kg/m³)HRP　2″开口—10×20,　15×20
(51 mm—254×508 mm),　(381×508 mm)
3″开口—15×30
(76 mm—381×762 mm),

图 12.9.4.5(a)　对无构型的缺口压缩强度应变软化预计

3100 mm(122 in))和带有 223.5 mm(8.8 in)缺口的 1.68 m×2.24 m(66 in×88 in)曲面壁板进行了预计。图 12.9.4.5(b)比较了预计与试验结果。预计结果均在测量值的 7%以内。

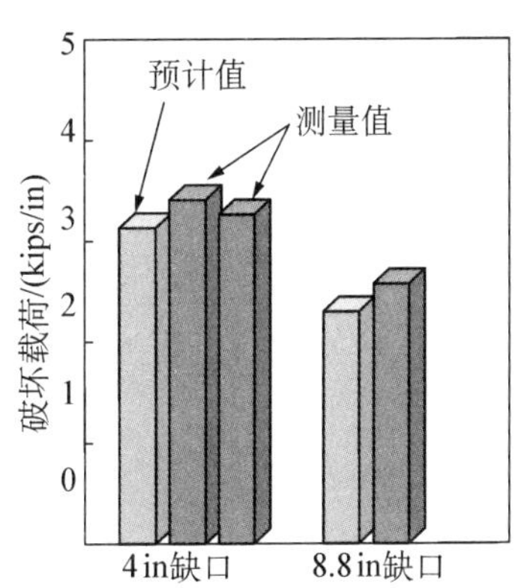

图 12.9.4.5(b)　测量的缺口压缩破坏载荷与应变软化预计值的比较

12.9.4.6　*R* 曲线实例

图 12.9.4.6(a)和(b)所示为带搭接板和帽型截面加强筋的平机身大壁板的拉伸破坏应变与切口长度的关系(见文献 12.7.1.3.1(a))。带有搭接板的壁板包含一条 25.4 cm(10.0 in)切口,带有帽型截面加强筋的壁板包含一条 35.6 cm(14.0 in)切口。两个壁板的中心加强筋均被切断,而且蒙皮是[−45/45/0/90/−30/30/0/30/−30/90/0/45/−45]AS4/938 丝束铺放的机身顶部层压板,搭接板的刚度是帽型截面加强筋刚度的 56%。试验中观察到的裂纹扩展的总量用指到“试验破坏”符号右侧的箭头线来表示。图 12.9.4.6(a)中带搭接板的壁板在施加应变为 0.00275 时发生灾难性破坏,在切口的两端各有大约 2.5 cm(1.0 in)的稳定撕裂。带帽型截面加强筋的壁板上的切口首先稳定扩展进入加强筋(在切口的两端各约 18 cm(7 in)),然后在施加应变为 0.00274 时发生灾难性破坏。

采用 LEFM 和 *R* 曲线计算的拉伸破坏应变与切口长度的关系也绘制于图 12.9.4.6(a)和(b)。文献 12.7.1.3.1(a)中用闭合形式的近似方程计算不同切口长

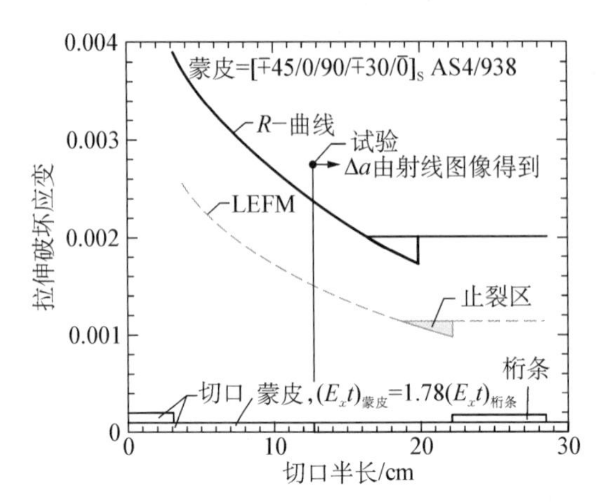

图 12.9.4.6(a)　对 3-筋条丝束铺放的机身顶部壁板 76 cm×213 cm(30 in×83.9 in)的测量和预测的破坏应变(文献 12.7.1.3.1(a))

度的 F 曲线。在文献 12.7.1.3.1(a)中类似于图 12.7.4.1.4(a)中的曲线的 F 曲线包线被用作 R 曲线。当切口(LEFM)的端头或者切口加上稳定扩展(R 曲线)的端头与加强筋的边界重合时，出现破坏应变跳跃。水平的虚线表明止裂的切口长度区，同时给出后续加载的破坏应变。对到达虚线左侧的切口长度，破坏是灾难性的。对搭接板和帽型截面加强筋，LEFM 预计值分别比试验值低 45%和 58%，而 R 曲线预计值分别比搭接板试验值低 14%，比帽型截面加强筋试验值高 16%。LEFM 和 R 曲线都准确地预计了破坏的性质，即灾难性与止裂的关系。

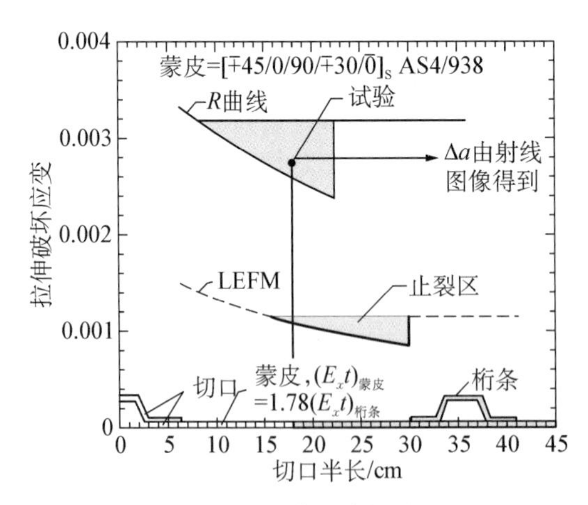

图 12.9.4.6(b)　对 5 筋条丝束铺放的 AS4/938 机身顶部壁板 63 in×137 in(160 cm×348 cm)的测量和预测的破坏应变(见文献 12.7.1.3.1(a))

应该指出，平面壁板结果不能直接用于带有纵向裂纹和内部压力的壳体，因为受内压壳的应力强度因子能够远大于平板(强度和爆破压力随着应力强度因子反向变化)。如图 12.9.4.6(c)所示，图中对各向同性的压力圆筒和球体给出了取自文献 12.9.4.6(a)的应力强度修正因子与 $a/(Rt)^{1/2}$ 的关系曲线。对带有切口等于两倍框距的宽体机身，其 $a/(Rt)^{1/2}$ 的值能够大到 5。在那种情况下，未加筋圆筒的应力强度因子是平面未加筋平板的五倍多。文献 12.9.4.6(b)和(c)中给出了特殊正交各向异性圆筒的分析结果。文献 12.9.4.6(d)中用带有纵向切口、直径 12in(30cm)的受内压复合材料圆筒试验验证了这些结果。框和止裂带不仅能降低应力强度因子(见文献 12.9.4.6(e))，也能使断裂转向和限制破坏(见文献 12.9.4.6(f))。

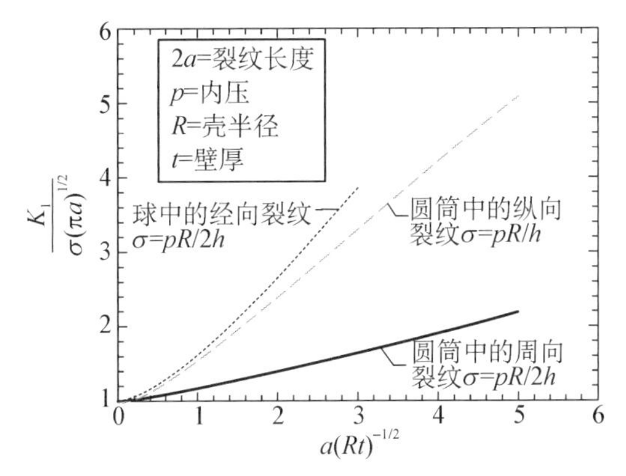

图 12.9.4.6(c)　带切口受内压壳体的应力强度修正因子(见文献 12.9.4.6(a))

文献 12.9.4.6(g)中，也已成功地将 R 曲线用于预计带加强筋、受内压、含离散源损伤曲面壁板的剩余强度。F 曲线是由考虑了面外位移的非线性有限元分析计算得到的。

参 考 文 献

12.1.3　Goranson U G. Damage Tolerance Facts and Fiction [C]. 14th Plantema Memorial Lecture presented at the 17th Symposium of the International Committee on Aeronautical Fatigue, Stockholm, June, 1993.

12.2(a)　JSSG-2006. Aircraft Structures [S]. US Dept of Defense Joint Service Specification Guide, 1998.

12.2(b)　NASA-STD-5019. Fracture Control Requirements for Spaceflight Hardware, US National Aeronautics and Space Administration, 2008 [S].

12.2(c)　MSFC-RQMT-3479. Fracture Control Requirements for Composite and Bonded Vehicle and Payload Structures [S]. US National Aeronautics and Space Administration, 2006.

12.2(d) MIL-HDBK-6870A. Inspection Program Requircments-Nondesfrultive for Aircaft and Missile Materials and parfs [S]. US Dept of defense Handbook, 2001.

12.2(e) Nettles A T, Hodge A J, Jackson J R. Simplification of Fatigue Test Requirements for Damage Tolerance of Composite Interstage Launch Vehicle Hardware [J]. NASA/TP-2010-216434, 2010.

12.2.1(a) AC 20-107B. Composite Aircraft Structure [S]. US Dept of Transportation-Federal Aviation Administration, 2009.

12.2.1(b) AC 29-2C MG8. Substantiation of Composite Rotorcraft Structure, in AC 29-2C Change 3, Certification of Transport Category Rotorcraft [S]. US Dept of Transportation-Federal Aviation Administration, 2008.

12.2.1(c) AC 25.571-C. Damage Tolerance and Fatigue Evaluation of Structure [S]. US Dept of Transportation-Federal Aviation Administration, 1998.

12.2.3(a) Whitehead R S, Kan H P, Cordero R, Seather E S. Certification Methodology for Composite Structures, Volumes I and II [R]. Report No. NADC-87042-60, October 1986.

12.2.3(b) Whitehead R S. Certification of Primary Composite Aircraft Structures [C]. ICAF Conference, Ottawa, Canada, 1987.

12.2.4.1(a) Quinlivan J T, Kent J A and Wilson D R. NASA-ACEE/Boeing 737 Graphite/Epoxy Horizontal Stabilizer Service [C]. 9th DoD/NASA Conference on Fibrous Composite in Structural Design, 1991.

12.2.4.1(b) McCarty J E, Johnson R W and Wilson D R. 737 Graphite/Epoxy Horizontal Stabilizer Certification [J]. AIAA Paper 82-0745.

12.2.4.1(c) Schreiber K H and Quinlivan J T. The Boeing 777 Empennage [R], Presented at ICCM-9 Madrid 1993.

12.2.4.1(d) Takai J, et. al. CFRP Horizontal Stabilizer Development Test Program [R]. Presented at ICCM-9, Madrid 1993.

12.2.4.1(e) Tropis A, Thomas M, Bounie J L, Lafon P. Certification of the Composite Outer Wing of the ATR 72 [R], I Mech E, 1993.

12.2.4.1(f) Hall J and Goranson U G. Principles of Achieving Damage Tolerance With Flexible Maintenance Programs for New. and Aging Aircraft [R]. presented at 13th Congress of the International Council of the Aeronautical Sciences/AIAA Aircraft Systems, Seattle, WA, August 26, 1982.

12.2.4.1(g) ACJ25.571 (a), Damage Tolerance and Fatigue Evaluation of Structure (Acceptable Means of Compliance) [S]. Dec. 18, 1985.

12.2.4.1(h) Dost E, Avery W, Finn S, Grande D, Huisken A, Ilcewicz L, Murphy D, Scholz D, Coxon B and Wishart R. Impact Damage Resistance of Composite Fuselage Structure [R]. NASA CR-4658, 1996.

12.2.4.1(i) Walker T, Scholz D, Flynn B, Dopker B, Bodine J, Ilcewicz L, Rouse M, McGowan D and Poe C Jr. Damage Tolerance of Composite Fuselage Structure [C]. Sixth NASA/DOD/ARPA Advanced Composite Technology Conference, NASA CP-3326, 1996.

12.2.4.1(j) Ilcewicz L, Smith P, Olson J, Backman B, Walker T and Metschan S [C].

Advanced Technology Composite Fuselage, Sixth NASA/DOD/ARPA Advanced Composite Technology Conference, NASA CP-3326, 1996.

12.2.4.2(a) Development of Probabilistic Design Methodology for Composite Structures [R]. Report DOT/FAA/AR-95/17, August 1997.

12.2.4.2(b) Probabilistic Design Methodology for Composite Aircraft Structures [R]. Report DOT/FAA/AR-99/2, June, 1999.

12.2.4.2(c) Rouchon J. Certification of Large Airplane Composite Structures, Recent Progress and New Trends in Compliance Philosophy [C]. 17 ICAS Congress, Stockholm 1990.

12.2.4.2(d) Rouchon J. How to Address the Situation of the No-Growth Concept in Fatigue, with a Probabilistic Approach-Application to Low Velocity Impact Damage with Composites [R]. ICAF 97, Edinburgh, Composite Workshop on Certification Issues.

12.2.4.2(e) Rouchon J. Effects of Low Velocity Impact Damage on Primary Composite Aircraft Structures-The Certification Issue [R]. Presented at the Mil-Handbook-17 Meeting, Fall 1999.

12.2.4.2(f) Morteau E, Fualdes C. Composites @ Airbus-Damage Tolerance Methodology [R]. Presented at FAA Workshop for Composite Damage Tolerance and Maintenance, July 19-21, 2006, Chicago, IL.

12.3.1.1(a) Thomas M. Study of the Evolution of the Dent Depth Due to Impact on Carbon/Epoxy Laminates, Consequences on Impact Damage Visibility and on in Service Inspection Requirements for Civil Aircraft Composite Structures [R]. presented at MIL-HDBK 17 meeting, March 1994, Monterey, CA.

12.3.1.1(b) Komorowski J P, Gould R W, Simpson D L. Synergy Between Advanced Composites and New NDI Methods [J]. Advanced Performance Materials, Vol. 5, No. 1-2, January 1998, pp. 137-151.

12.3.1.1(c) Halpin J C and Kim H. Managing Impact Risk for Composite Structures: Unifying Durability and Damage Tolerance Perspective [R]. CACRC Amsterdam, May 2007.

12.3.1.1(d) Halpin J C and Kim H. Does An Appropriate Test Protocol Exist for Characterizing the Hail Ice Threat Environment [R]. CACRC, Wichita, KA, Nov 2007.

12.3.4(a) Williams J G, O'Brien T K and Chapman A C. Comparison of Toughened Composite Laminates Using NASA Standard Damage Tolerance Tests [C]. NASA CP 2321, Proceedings of the ACEE Composite Structures Technology Conference, Seattle, WA, August, 1984.

12.3.4(b) Carlile D R and Leach D C. Damage and Notch Sensitivity of Graphite/PEEK Composite [C]. Proceedings of the 15th National SAMPE Technical Conference, October, 1983, pp. 82-93.

12.5.1.1(a) Richardson M D W, Wisheart M J. Review of Low Velocity Impact Properties of Composite Material [J]. Composites, Part A, 27A, 1996, pp. 1123-1131.

12.5.1.1(b) Abrate S, Impact on Laminated Composite Materials [J]. Composites, Vol. 24, No. 3, 1991, pp. 77-99.

12.5.1.1(c) Abrate S. Impact on Laminated Composites: Recent Advances [J]. Applied Mechanics Review, Vol.47, No.11, 1994, pp.517-544.

12.5.1.1(d) Cantwell W J and Morton J. The Impact Resistance of Composite Materials [J]. Composites, Vol.22, No.5, 1991, pp.55-97.

12.5.1.1(e) Rhoades M D, Williams J G and Starnes J H Jr. Effect of Impact Damage on the Compression Strength of Filamentary-Composite Hat-Stiffened Panels [J]. Society for the Advancement of Material and Process Engineering, Vol. 23, May, 1978.

12.5.1.1(f) Rhoades M D, Williams J G and Starnes J H, Jr. Low Velocity Impact Damage in Graphite-Fiber Reinforced Epoxy Laminates [C]. Proceedings of the 34th Annual Technical Conference of the Reinforced Plastics/Composites Institute, The Society of the Plastics Industry, Inc. 1979.

12.5.1.1(g) Byers B A. Behavior of Damaged Graphite/Epoxy Laminates Under Compression Loading [R]. NASA Contractor Report 159293, 1980.

12.5.1.1(h) Smith P J and Wilson R D. Damage Tolerant Composite Wing Panels for Transport Aircraft [R]. NASA Contractor Report 3951, 1985.

12.5.1.1(i) Madan R C. Composite Transport Wing Technology Development [R]. NASA Contractor Report 178409, 1988.

12.5.1.1(j) Horton R, Whitehead R, et al. Damage Tolerance of Composites-Final Report [R]. AF-WAL-TR-87-3030, 1988.

12.5.1.1(k) Horton R E. Damage Tolerance of Composites: Criteria and Evaluation [C], NASA Workshop on Impact Damage to Composites, NASA CP 10075, 1991, pp.421-472.

12.5.1.1(l) Dost E F, Avery W B, Finn S R, Grande D H, Huisken A B, llcewicz L B, Murphy D P, Scholz D B, Coxon R and Wishart R E. Impact Damage Resistance of Composite Fuselage Structure [R]. NASA Contractor Report 4658, 1997.

12.5.1.1(m) Dost E F, Finn S R, Stevens J J, Lin K Y and Fitch C E. Experimental Investigations into Composite Fuselage Impact Damage Resistance and Post-Impact Compression Behavior [C]. Proc. of 37th International SAMPE Symposium and Exhibition, Soc. for Adv. Of Material and Process Eng., 1992.

12.5.1.1(n) Scholz D B, Dost E F, Flynn B W, llcewicz L B, Lakes R S, Nelson K M, Sawicki A J and Walker T W. Advanced Technology Composite Fuselage-Materials and Processes [R]. NASA Contractor Report 4731, 1997.

12.5.1.2 Walker T H, Avery W B, Ilcewicz L I, Poe C C Jr and Harris C E. Tension Fracture of Laminates for Transport Fuselage-Part I: Material Screening [C]. Second NASA Advanced Technology Conference, NASA CP 3154, pp. 197-238, 1991.

12.5.1.4(a) Dorey G, Sidey G R and Hutchings J. Impact Properties of Carbon Fibre/Kevlar49 Fibre Hybrid Composites [J]. Composites, January 1978, pp.25-32.

12.5.1.4(b) Noyes, J V, et al. Wing/Fuselage Critical Component Development Program, Phase I Preliminary Structural Design [R]. Interim Report for the Period 1 Nov. 1977-31 Jan. 1978.

12.5.1.4(c) Rhodes Marvin D and Williams Jerry G. Concepts for Improving the Damage

Tolerance of Composite Compression Panels [C]. 51 DOD/NASA Conference on Fibrous Composites in Structural Design, January 27 - 29, 1981.

12.5.1.4(d) Nishimura A, Ueda N and Matsuda H S. New Fabric Structures of Carbon Fiber [C]. Proceedings of the 28th National SAMPE Symposium, April 1983, pp. 71 - 88.

12.5.1.4(e) Masters J E. Characterization of Impact Damage Development in Graphite/Epoxy Laminates, Fractographv of Modern Engineering Materials: Composites and Metals [S]. ASTM STP 948, ASTM, Philadelphia, Pa., 1987.

12.5.1.4(f) Evans R E and Masters J E. A New Generation of Epoxy Composites for Primary Structural Applications: Materials and Mechanics, Toughened Composites [S]. ASTM STP 937, ASTM, Philadelphia, Pa., 1987.

12.5.1.4(g) Poe C C Jr, Dexter H B and Raju I S. A Review of the NASA Textile Composites Research [R]. Presented at 38th Structures, Structural Dynamics, and Materials Conference, AIAA paper No. 97 - 1321, April 7 - 10, 1997.

12.5.1.4(h) Sharma Suresh K and Sankar, Bhavani V. Effects of Through-the-Thickness Stitching on Impact and Interlaminar Fracture Properties of Textile Graphite/Epoxy Laminates [R]. NASA Contractor Report 195042, University of Florida, Gainesville, Florida, February, 1995.

12.5.1.4(i) Jackson W C and Poe C C Jr. The Use of Impact Force as a Scale Parameter for the Impact Response of Composite Laminates [J]. Journal of Composites Technology & Research, Vol. 15, No. 4, Winter 1993, pp. 282 - 289.

12.5.1.5 Poe C C Jr. Impact Damage and Residual Tension Strength of a Thick Graphite/Epoxy Rocket Motor Case [J]. Journal of Spacecraft and Rockets, Vol. 29., No. 3, May-June 1992, pp. 394 - 404.

12.5.1.7(a) Lloyd B A and Knight G K. Impact Damage Sensitivity of Filament-Wound Composite Pressure Vessels [J]. 1986 JANNAF Propulsion Meeting, CPIA Publication 455, Vol. 1, Aug. 1986, pp. 7 - 15.

12.5.1.7(b) Jackson Wade C, Portanova, Marc A and Poe C C Jr. Effect of Plate Size on Impact Damage [R]. Presented at Fifth ASTM Symposium on Composite Materials in Atlanta, GA., May 4 - 6, 1993.

12.5.1.8(a) Smith P J, Thomson L W and Wilson R D. Development of Pressure Containment and Damage Tolerance Technology for Composite Fuselage Structures in Large Transport Aircraft [R]. NASA Contractor Report 3996, 1986.

12.5.1.8(b) Tomblin J S, Raju K S, Liew J and Smith B L. Impact Damage Characterization and Damage Tolerance of Composite Sandwich Airframe Structures [R]. Dept. of Transportation Report DOT/FAA/AR - 00/44, 2001.

12.5.1.8(c) Tomblin J S, Raju K S, Acosta J, Smith B and Romine N. Impact Damage Characterization and Damage Tolerance of Composite Sandwich Airframe Structures-Phase II [R]. Dept. of Transportation Report DOT/FAA/AR - 02/80, 2002.

12.5.1.8(d) Tomblin J S, Raju K S and Arosteguy G. Damage Resistance and Tolerance of Composite Sandwich Panels,-Scaling Effects [R]. Dept. of Transportation

Report DOT/FAA/AR - 03/75, 2004

12.5.1.8(e) Tomblin J S, Raju K S, Walker T and Acosta J F. Damage Tolerance of Composite Sandwich Airframe Structures-Additional Results [R]. Dept. of Transportation Report DOT/FAA/AR - 05/33, 2005

12.5.2.5(a) MIL - HDBK - 310. Global Climatic Data For Developing Military Products, 23 June 1997 [S].

12.5.2.5(b) MIL - STD - 210. Climatic Information to Determine Design and Test Requirements for Military Systems and Equipment [S], 1 June 1953.

12.5.2.5(c) Sissenwine N and Court A. Climatic Extremes for Military Equipment, Office of the Quartermaster General, Environmental Protection Branch [R]. Report No. 146, 1951.

12.5.2.6(a) Gringorten L L. Hailstone Extremes for Design [R]. AFCRL - TR - 72 - 0081, Air Force Surveys in Geophysics No. 238, AD743831, 1972.

12.5.2.6(b) Halpin J C. Unpublished operational studies in support of in-flight hail and bird strike risk assessments for military and civilian transport aircraft [G], 1995 to 2009.

12.5.2.7(a) AC20 - 53A. Protection of Airplane Fuel Systems Against Fuel Vapor Ignition Due to Lightning [S]. US Dept of Transportation-Federal Aviation Administration, 1985.

12.5.2.7(b) AC20 - 136A. Protection of Aircraft Electrical/Electronic Systems Against the Indirect Effects of Lightning [S]. US Dept of Transportation-Federal Aviation Administration, 2006.

12.5.2.7(c) MIL - STD - 464. Electromagnetic Environmental Effects Requirements for Systems [S]. US Dept. of Defense Interface Standard, 1997.

12.6.1 Whitehead R S, Kan H P, Cordero R and Saether E S. Certification Testing Methodology for Composite Structures, Volumes I and II [R]. Report No. NADC - 87042 - 60(DOT/FAA/CT - 86 - 39), October 1986.

12.6.2.2(a) Altman L K, Reddy D J and Moore H. Fail-Safe Approach for the V22 Composite Pro-protor Yoke, Composite Structures: Theory and Practice [S]. ASTM STP 1383, P. Grant and C. Q. Rousseau, Eds., American Society for Testing and Materials, 2000, pp 131 - 139.

12.6.2.2(b) Li J and Guymon S L. Robust Metal to Composite Hybrid Bonded Joint [C]. Proceedings of the American Helicopter Society Forum - 60, Baltimore, Maryland, June 7 - 10, 2004.

12.6.3 Halpin J C, Kopf J R and Goldberg W. Time Dependent Static Strength and Reliability for Composites [J]. Journal of Composite Materials, Vol. 4, 1970, pp. 462 - 474.

12.6.3.1 Seneviratne W P. Fatigue Life Determination of a Damage-Tolerant Composite Airframe [D]. WichitaStateUniversity, Wichita, KS, 2008.

12.6.3.1.2 Badaliance R and Dill H D. Compression Fatigue Life Prediction Methodology for Composite Structures [S]. NADC - 83060 - 60, Volumes I and II, September, 1982.

12.6.3.1.3(a) Sendeckyj G P. Fitting Models to Composite Materials Fatigue Data, Test

	Methods and Design Allowables for Fibrous Composites [S]. ASTM STP 734, 1981, pp 245 - 260.
12.6.3.1.3(b)	Halpin J C, Jerina K L and Johnson T A. Characterization of Composites for the Purpose of Reliability Evaluation, Analysis of Test Methods for High Modulus Fibers and Composites [S]. ASTM STP 521, American Society for Testing and Materials, 1973, pp 5 - 64.
12.6.3.3	Lu M-W and Rudy R J. Laboratory Reliability Demonstration Test Considerations [J]. IEEE Transactions On Reliability, VOL. 5, No. 1, Page 12 - 16, March 2001
12.6.3.4	Sanger K B. Certification Testing Methodology for Composite Structures [R]. Report No. NADC - 86132 - 60, January 1986.
12.6.3.5(a)	Ratwani M M and Kan H P. Compression Fatigue Analysis of Fiber Composites [S]. NADC - 78049 - 60, September 1979.
12.6.3.5(b)	Ratwani M M and Kan H P. Development of Analytical Techniques for Predicting Compression Fatigue Life and Residual Strength of Composites [S]. NADC - 82104 - 60, March 1982.
12.6.3.5(c)	Jeans L L, Grimes G C and Kan H P. Fatigue Spectrum Sensitivity Study for Ad-vanced'Composite Materials [S]. AFWAL - TR - 80 - 3130, Volume Mil, November 1980.
12.6.3.5(d)	Whitehead R S, et al. Composite Wing/Fuselage Program, Volume I - IV [S]. AFWAL - TR - 88 - 3098, August 1989.
12.6.3.5(e)	Horton R E, Whitehead R S, et al., Damage Tolerance of Composites, Volumes I - III [R]. AFWAL - TR - 87 - 3030, July 1988.
12.6.3.7(a)	Wong R and Abbott R. Durability & Damage Tolerance of Graphite/Epoxy Honeycomb Structures [C]. SAMPE 35th International Symposium, 1990.
12.6.3.7(b)	Abbott R. Damage Tolerance Evaluation of Composite Honeycomb Structures [C]. 43rd SAMPE International Symposium, 1998
12.6.3.7(c)	Abbott R. Damage Tolerance Certification of the All-Composite Pressure Cabin [S]. CAN - COM 2005.
12.6.4.1.2(a)	Sun C T. DOT/FAA/AR - 95/109 [S], May 1996.
12.6.4.1.2(b)	Gosse J and Christensen S. Strain Invariant Failure Criteria for Polymers in Composite Materials [C]. AIAA - 2001 - 1184, Proceedings of the 42nd AIAA/ ASME/ASCE/AHS/ASC Structures, Structural Dynamics, and Materials Conference, Seattle, WA, April, 2001.
12.6.4.1.2(c)	Minguet P J and O'Brien T K. Analysis of Test Methods for Characterizing Skin/Stringer Debonding Failures in Reinforced Composite Panels, Composite Materials: Testing and Design, Twelfth Volume [S]. ASTM STP 1274, August 1996, pp. 105 - 124.
12.6.4.1.2(d)	O'Brien T K, Chawan A D, DeMarco K and Paris I L. Influence of Specimen Configuration and Size on Composite Transverse Tensile Strength and Scatter Measured Through Flexure Testing [J]. ASTM Journal of Composites Technology and Research [J]. JCTR Vol. 25, No. 1, Jan. 2003, pp. 3 - 21.
12.6.4.1.2(e)	O'Brien T K, Chawan A D., Krueger, R, and Paris, l L, 'Transverse Tension

Fatigue Life Characterization Through Flexure Testing of Composite Materials [J]. International Journal of Fatigue, Vol. 24, Nos. 2 - 4, Feb.-April, 2002, pp. 127 - 146.

12.6.4.1.2(f) O'Brien T K and Krueger R. Analysis of Flexure Tests for Transverse Tensile Strength Characterization of Unidirectional Composites [J]. ASTM Journal of Composites Technology and Research, JCTR Vol. 25, No. 1, Jan. 2003, pp. 50 - 68.

12.6.4.1.2(g) Krueger R, Paris I L, O'Brien T K and Minguet P J. Fatigue Life Methodology for Bonded Composite Skin/Stringer Configurations [J]. ASTM Journal of Composites Technology and Research, JCTRER, Vol. 24, No. 2, April, 2002, pp. 56 - 79. Also see Erratum in Journal of Composites Technology and Research, Vol. 24, No. 3, July, 2002, pp. 212 - 213,

12.6.4.1.3 Paris I L, Krueger R and O'Brien T K. Effect of Assumed Damage and Location on the Delamination Onset Predictions for Skin-Stiffener Debonding [J]. Journal of the American Helicopter Society, Vol. 49, pp. 501 - 507, 2004..

12.6.4.2.2(a) Murri Gretchen B and Martin, Roderick H. Characterization of Mode I and Mode II De-lamination Growth and Thresholds in Graphite/Peek Composites, Composite Materials: Testing & Design [S]. ASTM STP 1059, 1990, pp. 251 - 270.

12.6.4.2.2(b) Ramkumar R L and Whitcomb J D. Characterization Of Mode I And Mixed-Mode De-lamination Growth In T300/5208 Graphite/Epoxy, Delamination and Debonding of Materials [S]. ASTM STP 876, W. S. Johnson, Ed., 1985, pp. 315 - 335.

12.6.4.2.2(c) Shiue Fuh-Wen, et al. A Virtual Containment Strategy for Filament Wound Composite Flywheel Rotors with Damage Growth [J]. Journal of Composite Materials, Vol. 36, No. 09/2002.

12.6.4.2.2(d) Johnson W S, et al. Applications of Fracture Mechanics to the Durability of Bonded Composite Joints [R]. FAA Final Report DOT/FAA/AR - 97/56, 1998.

12.6.4.2.2(e) Johnson W S and Butkus L M. Considering Environmental Conditions in the Design of Bonded Structures: A Fracture Mechanics Approach [J]. Fatigue & Fracture of Engineering Materials & Structures, Vol. 21, 1998.

12.6.4.2.2(f) Johnson W S, Mall S. A Fracture Mechanics Approach for Designing Adhesively Bonded Joints [G]. NASA Tech Memo 85694, September, 1983.

12.6.4.2.2(g) Mall S, Ramamurthy G and Rezaizdeh M A. Stress Ratio Effect on Cyclic Debonding in Adhesively Bonded Composite Joints [J]. Composite Structures, Vol. 8, 1987, pp. 31 - 45

12.6.4.2.2(h) Altman L K, Reddy D J and Moore H. Fail-Safe Approach for the V22 Composite Pro-protor Yoke, Composite Structures: Theory and Practice [S]. ASTM STP 1383, P. Grant and C. Q. Rousseau, Eds., American Society for Testing and Materials, 2000, pp 131 - 139.

12.6.4.2.2(i) Mabson G E, Deobald L R, Dopker B, Hoyt D M, Baylor J S, Graesser D L. Fracture Interface Elements For Static And Fatigue Analysis [C]. 16th

International Conference On Composite Materials (ICCM 16), 2007.

12.6.4.2.2(j)　Deobald L R, Mabson G E, Dopker B, Hoyt D. M., Baylor, J S, Graesser D L. In-terlaminar Fatigue Elements for Crack Growth Based On Virtual Crack Closure Technique [C]. AIAA/ASME/ASCE/AHS Structures, Structural Dynamics, and Materials Conference, 2007.

12.6.4.2.2(k)　Minguet P J. Analysis of the Strength of the Interface Between Frame and Skin in a Bonded Composite Fuselage Panel [C]. 38th AIAA/ASME/ASCE/AHS/ASC Structures, Structural Dynamics and Materials Conference, April 1997.

12.6.4.2.2(l)　Cvitkovich M K, O'Brien T K, Minguet P J. Composite Materials: Fatigue and Fracture, Seventh Volume [S]. ASTMSTP 1330, R. B. Bucinell, Ed., ASTM, 1998, pp. 97 – 121.

12.6.4.2.2(m)　Hoyt D M, Ward Stephen H and Minguet Pierre J. Strength and Fatigue Life Modeling of Bonded Joints in Composite Structure [J]. ASTM Journal of Composites Technology & Research, JCTRER, Vol. 24, No. 3, 2002, pp. 190 – 210.

12.6.4.2.2(n)　Rousseau C Q, Ferrie C, Hoyt D M, Ward S H. Detailed Analysis of a Complex Bonded Joint [R]. Presented at the American Helicopter Society (AHS) Hampton Roads Chapter Structures Specialists' Meeting, Williamsburg, VA, November 2001.

12.7.1.2.1(a)　Dorey G, Sidey G R and Hutchings J. Impact Properties of Carbon Fibre/Kevlar49 Fibre Hybrid Composites [J]. Composites, January 1978, pp. 25 – 32.

12.7.1.2.1(b)　Nishimura A, Ueda N, Matsuda H S. New Fabric Structures of Carbon Fiber [J]. Proceedings of the 28th National SAMPE Symposium, April 1983, pp. 71 – 88.

12.7.1.2.1(c)　Noyes J V, et al, Wing/Fuselage Critical Component Development Program, Phase I Preliminary Structural Design [R]. Interim Report for the Period 1 Nov. 1977 – 31 Jan. 1978.

12.7.1.2.1(d)　Rhodes Marvin D, Williams, Jerry G. Concepts for Improving the Damage Tolerance of Composite Compression Panels [C]. 5th DOD/NASA Conference on Fibrous Composites in Structural Design, January 27 – 29, 1981.

12.7.1.2.2(a)　Dost E F, Ilcewicz L B, Avery W B and Coxon B R. Effects of Stacking Sequence on Impact Damage Resistance and Residual Strength for Quasi-Isotropic Laminates, Composite Materials: Fatigue and Fracture (Third Volume) [S]. ASTM STP 1110, T. K. O'Brien, Ed., American Society for Testing and Materials, Phil., 1991, pp. 476 – 500.

12.7.1.2.2(b)　Dost E F, Ilcewicz L B, Gosse J H. Sublaminate Stability Based Modeling of Impact Damaged Composite Laminates [C]. in Proc. of 3rd Tech. Conf. of American Society for Composites, Technomic Publ. Co., 1988, pp. 354 – 363.

12.7.1.2.2(c)　Ilcewicz L B, Dost E F and Coggeshall R L. A Model for Compression After Impact Strength Evaluation [C]. in Proc. of 21st International SAMPE Tech. Conf., Soc. for Adv. of Material and Process Eng., 1989, pp. 130 – 140.

12.7.1.2.2(d)　Gosse J H and Mori P B Y. Impact Damage Characterization of Graphite/Epoxy Laminates [C]. in Proc. of 3rd Tech. Conf. of American Society for

Composites, Technomic Publ. Co., 1988, pp.344 - 353.

12.7.1.2.3 Horton R E and Whitehead R S. Damage Tolerance of Composites, Vol. I. Development of Requirements and Compliance Demonstration [R]. AFWAL - TR - 87 - 3030, July 1988.

12.7.1.2.4(a) Scholz D, et al. Advanced Technology Composite Fuselage-Materials and Processes [R], NASA CR - 4731, 1997.

12.7.1.2.4(b) Ward S H and Razi H. Effect of Thickness on Compression Residual Strength of Notched Carbon Fiber/Epoxy Composites [C]. 28th International SAMPE Technical Conference, Seattle, WA, November 4 - 7, 1996.

12.7.1.2.7 Portanova, Marc. Impact Testing of Textile Composite Materials [C]. Proceedings of Textile Mechanics Conference, NASALangleyResearchCenter, Hampton, VA., NASA CP - 3311, Dec.6 - 8, 1984.

12.7.1.2.8(a) Chai H, Babcock C D. Two-Dimensional Modeling of Compressive Failure in Delaminated Laminates [J]. J. Composite Materials, 19, 1985, pp.67 - 98.

12.7.1.2.8(b) Whitcomb J D. Predicted and Observed Effects of Stacking Sequence and Delamination Size on Instability Related Delamination Growth [J]. J. Composite Technology and Research, 11, 1989, pp.94 - 98.

12.7.1.2.8(c) Cairns, Douglas S. Impact and Post-Impact Response of Graphite/Epoxy and Kevlar/Epoxy Structures [R]. Technology Laboratory for Advanced Composites (TELAC), Dept. Of Aeronautics and Astronautics, Massachusetts Institute of Technology, Cambridge, MA, TELAC Report 87 - 15, August 1987.

12.7.1.2.8(d) Lekhnitskii S G. Anisotropic Plates, Gordon and Breach Science Publishers [M]. New York, N.Y., 1968, Chapter VI - 43.

12.7.1.2.8(e) Awerbuch J and Madhukar M S. Notched Strength of Composite Laminates: Predictions and Experiments-A Review [J]. J. of Reinforced Plastics and Composites, 4, 1985, pp.1 - 159.

12.7.1.2.8(f) Poe C C Jr. A Parametric Study of Fracture Toughness of Fibrous Composite Materials [J]. J. of Offshore Mechanics and Arctic Eng., Vol. Ill, 1989, pp. 161 - 169.

12.7.1.2.8(g) Walker T H, Minguet P J, Flynn B W, Carbery D J, Swanson G D and llcewicz L B. Advanced Technology Composite Fuselage-Structural Performance [R]. NASA Contractor Report 4732, 1997.

12.7.1.2.8(h) Dopker B, Murphy D, llcewicz L B, Walker T. Damage Tolerance Analysis of Composite Transport Fuselage Structure [C]. 35th AIAA/ASME/ASCE/AHS/ASC Structures, Structural Dynamics, & Materials Conference, AIAA Paper 94 - 1406, 1994.

12.7.1.2.8(i) llcewicz L B, Walker T H, Murphy D P, Dopker B, Schoiz D B and Cairns D S and Poe C C Jr. Tension Fracture of Laminates for Transport Fuselage-Part 4: Damage Tolerance Analysis [C]. Fourth NASA/DoD Advanced Composite Technology Conference, NASA CP - 3229, 1993, pp.265 - 298.

12.7.1.2.9(a) Lagace P A and Cairns D S. Tensile Response of Laminates to Implanted Delamina-tions [S]. Advanced Materials Technology 87, SAMPE, April 1987, pp.720 - 729.

12.7.1.2.9(b)　Madan R C. The Influence of Low-Velocity Impact on Composite Structures, Composite Materials: Fatigue and Fracture (Third Volume) [S]. ASTM STP 1110, T.K. O'Brien, Ed., American Society for Testing and Materials, Phil., pp.457 - 475.

12.7.1.2.10　Walker T, et al. Tension Fracture of Laminates for Transport Fuselage-Part III: Structural Configurations [C]. Fourth NASA Advanced Technology Conference, NASA CP - 3229, pp.243 - 264, 1994.

12.7.1.3(a)　llcewicz L, et al. Advanced Technology Composite Fuselage-Program Overview [R]. NASA CR - 4734, 1996.

12.7.1.3(b)　Walker T H, llcewicz L B, Bodine J B, Murphy D P and Dost E F. Benchmark Panels [J], NASA CP - 194969, August 1994.

12.7.1.3(c)　Walker T, et al. Tension Fracture of Laminates for Transport Fuselage-Part I: Material Screening [C]. Second NASA Advanced Technology Conference, NASA CP - 3154, pp.197 - 238, 1992.

12.7.1.3(d)　Walker T, et al. Tension Fracture of Laminates for Transport Fuselage-Part II: Large Notches [C]. Third NASA Advanced Technology Conference, NASA CP - 3178, pp.727 - 758, 1993.

12.7.1.3(e)　Walker T, et al. Damage Tolerance of Composite Fuselage Structure [C]. Sixth NASA/DOD/ARPA Advanced Composite Technology Conference, NASA CP - 3326, 1996.

12.7.1.3.1(a)　Poe C C Jr, Harris, Charles E, Coats, Timothy W and Walker T H. 'Tension Strength with Discrete Source Damage [C]. Fifth NASA/DoD Advanced Composites Technology Conference, Vol.I, Part 1, NASA CP - 3294, pp.369 - 437.

12.7.1.3.1(b)　Sutton J, Kropp Y, Jegley D and Banister-Hendsbee D. Design, Analysis, and Tests of Composite Primary Wing Structure Repairs [C]. Fifth NASA/DoD Advanced Composites Technology Conference, Vol. I, Part 2, NASA CP - 3294, pp.913 - 934.

12.7.2.1　Rhodes, Marvin D, Mikulus Jr, Martin M and McGowan Paul E. Effects of Orthotropy and Width on the Compression Strength of Graphite-Epoxy Panels with Holes [J]. AIAA Journal, Vol. 22, No. 9, September 1984, pp. 1283 - 1292.

12.7.4.1(a)　Poe C, C Jr. Fracture Toughness of Fibrous Composite Materials [J]. NASA TP 2370, November 1984.

12.7.4.1(b)　Chang F K and Chang K Y. A Progressive Damage Model for Laminated Composites Containing Stress Concentrations [J]. J. of Composite Materials, Vol.32, pp.834 - 855, 1987.

12.7.4.1(c)　Llorca J and Elices M. A Cohesive Crack Model to Study the Fracture Behavior of Fiber-Reinforced Brittle-Matrix Composites [J]. Int. J. of Fracture, Vol.54, pp.251 - 267, 1992.

12.7.4.1(d)　Mazars J and Bazant Z P, Eds. Strain Localization and Size Effects due to Cracking and Damage [C]. Proceedings of France-U. S. Workshop held at E. N. S de Cachan, University Paris, Sept. 1988, Elsevier, London, U. K.

12.7.4.1.1(a) Lin K Y and Mar J W. Finite Element Analysis of Stress Intensity Factors for Cracks at a Bi-Material Interface [J]. Int. J. of Fracture, Vol. 12, No. 2, pp. 521 - 531, 1977.

12.7.4.1.1(b) Mar J W and Lin K Y. Fracture Mechanics Correlation for Tensile Failure of Filamentary Composites with Holes [J]. Journal of Aircraft, Vol. 14, No. 7, pp. 703 - 704, 1977.

12.7.4.1.1(c) Swift T. Fracture Analysis of Stiffened Structure, Damage Tolerance of Metallic Structures: Analysis Methods and Application [S]. ASTM STP 842, J. Chang and J. Rudd, eds., ASTM, pp. 69 - 107, 1984.

12.7.4.1.2(a) Bazant Z P and Cedolin L. Stability of Structures: Elastic, Inelastic, Fracture and Damage Theories [M]. Oxford University Press, Inc., New York, 1991.

12.7.4.1.2(b) Bazant Z P and Planas J. Fracture and Size Effect in Concrete and Other Quasibrittle Materials [M]. CRC Press, Boca Raton, 1998.

12.7.4.1.2(c) Sutcliffe M P F and Fleck N A. Effect of Geometry on Compressive Failure of Notched Composites [J]. Int. J. of Fracture, Vol. 59, pp. 115 - 132, 1993.

12.7.4.1.2(d) Aronsson D B and Backlund J. Tension Fracture of Laminates With Cracks [J]. J. Composite Materials, Vol. 20, pp. 287 - 307, 1986.

12.7.4.1.2(e) Dopker B, et al. Composite Structural Analysis Supporting Affordable Manufacturing and Maintenance [C]. Sixth NASA Advanced Technology Conference, NASA CP - 3326, 1995.

12.7.4.1.2(f) Walker T, et al. Nonlinear and Progressive Failure Aspects of Transport Composite Fuselage Damage Tolerance, Computational Methods for Failure Analysis and Life Prediction [J]. NASA - CP - 3230, pp. 11 - 35, 1993.

12.7.4.1.2(g) Basham K D, Chong K P and Boresi A P. A New Method to Compute Size Independent Fracture Toughness Values for Brittle Materials [J]. Engineering Fracture Mechanics, Vol. 46, No. 3, pp. 357 - 363, 1993.

12.7.4.1.3 Poe C C Jr. A Unifying Strain Criterion for Fracture of Fibrous Composite Laminates [J]. Engineering Fracture Mechanics, Vol. 17, No. 2, pp. 153 - 171, 1983.

12.7.4.1.4 Standard Practice for R-Curve Determination [S]. ASTM designation: E 561 - 86, Volume 03.01 of 1988 Annual Book of ASTM Standards, c. 1988, pp. 563 - 574.

12.7.4.2.1(a) Engelstad, Stephen P, Actis, Ricardo L. Development of p-version Handbook Solutions for Analysis of Composite Bonded Joints [J]. Computers and Mathematics with Applications, Volume 46, Issue 1, July 2003, pp. 81 - 94.

12.7.4.2.1(b) Minguet P J. Analysis of the Strength of the Interface Between Frame and Skin in a Bonded Composite Fuselage Panel [C]. 38th AIAA/ASME/ASCE/AHS/ASC Structures, Structural Dynamics and Materials Conference, April 1997.

12.7.4.2.1(c) Minguet P J and O'Brien T K. Analysis of Skin/Stringer Bond Failure Using a Strain Energy Release Rate Approach [C]. Proceedings of the Tenth International Conference on Composite Materials (ICCM X), Vancouver, British Columbia, Canada, August 1995.

12.7.4.2.1(d) Hoyt D M, Ward Stephen H and Minguet Pierre J. Strength and Fatigue Life

Modeling of Bonded Joints in Composite Structure [J]. ASTM Journal of Composites Technology & Research, JCTRER, Vol.24, No.3, 2002, pp.190 - 210.

12.7.4.2.1(e)　Rousseau C Q, Catherine Ferrie DM Hoyt S H. Ward Detailed Analysis of a Complex Bonded Joint [R]. Presented at the AHS Hampton Roads Chapter Structures Specialists' Meeting, Williamsburg, VA, 30 October - 1 November 2001

12.7.4.2.2(a)　Bass M, Gottesman T and Fingerhut U. Criticality of Delaminations in Composite Material Structures [C]. Proceedings, 28th Israel Conference on Aviation and Astronautics, 1986, pp.186 - 190.

12.7.4.2.2(b)　Gottesman T and Green A K. Effect of Delaminations on Inplane Shear Mechanical Behaviour of Composites [C]. Proceedings of Mechanics and Mechanisms of Damage in Composites and Multi-Materials, MECAMAT, November 1989, pp.119 - 132.

12.7.4.3(a)　Moody R C and Vizzini A J. Damage Tolerance of Composite Sandwich Structures [R]. FAA report DOT/FAA/AR - 99/91, 2000.

12.7.4.3(b)　Hwang Y. Numerical Analysis of Impact-Damaged Sandwich Composites [D]. Ph.D. Thesis WichitaStateUniversity, 2003.

12.7.4.3(c)　Edgren F, Asp L E and Bull P H. Compressive Failure of Impacted NCF Composite Sandwich Panels-Characterization of the Failure Process [J]. Journal of Composite Materials, Vol.38, No.6, 2004, pp.495 - 514.

12.7.4.3.1(a)　Kassapoglou C. Compression Strength of Composite Sandwich Structures After Barely Visible Impact Damage [J]. J. Composite Technology and Research, 18, 1996, pp.274 - 284.

12.7.4.3.1(b)　Pavier M J and Clarke M P. Finite Element Prediction of the Post-Impact Compressive Strength of Fibre Composites [J]. Composite Structures, 36, 1996, pp.141 - 153.

12.7.4.3.1(c)　Gerhartz J J, Idelberger H and Huth H. Impact Damage in Fatigue Loaded Composite Structures [C]. 15th ICAF Conference, 1989.

12.7.4.3.1(d)　Girshovich S, Gottesman T, Rosenthal H, et al. Impact Damage Assessment of Composites, Damage Detection in Composite Materials [S]. ASTM STP 1128, J.E. Masters, Ed., American Society for Testing and Materials, Philadelphia, 1992, pp.183 - 199.

12.7.4.3.1(e)　Gottesman T, Girshovich S, Drukker E, et al. J. Residual Strength of Impacted Composites: Analysis and Tests [J]. Journal of Composites Technology and Research, JCTRER, Vol.16, No.3, July 1994, pp.244 - 255.

12.7.4.3.1(f)　Gottesman, T, Bass, M, and Samuel, A., Criticality of Impact Damage in Composite Sandwich Structures, Proceedings [J]. ICCM6 & ECCM2, Vol.3, Matthews et al., Eds., Elsevier Applied Science, 1987, pp.3.27 - 3.35.

12.8.2　A Fawcett, J Trostle and S Ward. 777 Empennage Certification Approach [C]. 11th International Conference on Composite Materials (ICCM - 11), Gold Coast, Australia, July 14 - 18, 1997.

12.8.3.2.5　Trop, David W. Damage Tolerance of Internally Pressurized Sandwich Walled

Graph-ite/Epoxy Cylinders [D]. MS Thesis, MIT, 1985.

12.9.1.1(a) Advanced Certification Methodology for Composite Structures [R]. Report No. DOT/FAA/AR - 96/111 or NAWCADPAX - 96 - 262 - TR, April 1997.

12.9.1.1(b) Development of Probabilistic Design Methodology for Composite Structures [R]. Report DOT/FAA/AR - 95/17, August 1997.

12.9.1.1(c) Tropis A, Thomas M, Bounie J L, Lafon P. Certification of the Composite Outer Wing of the ATR 72, I Mech E, 1993 [S].

12.9.2.1 Gokhale N, Hailstorms and Hailstone Growth [D]. State University of New York, 1975.

12.9.3.1.1(a) Minguet P J, Fedro M J, O'Brien T K, Martin R H, Ilcewicz L B, Awerbuch J and Wang A. Development of a Structural Test Simulating Pressure Pillowing Effects in a Bonded Skin/Stringer/Frame Configuration [C]. Proceedings, Fourth NASA/DoD Advanced Composites Technology Conference, Salt Lake City, UT, June 1993.

12.9.3.1.1(b) Krueger R, Cvitkovich M K, O'Brien T K and Minguet P J. ′Testing and Analysis of Composite Skin/Stringer Debonding Under Multi-Axial Loading [J]. Journal of Composite Materials, Vol. 34, No. 15, 2000, pp. 1264 - 1300.

12.9.3.1.2 Murri G B, O'Brien T K and Rousseau C Q. Fatigue Life Methodology for Tapered Composite Flexbeam Laminates [J]. Journal of the American Helicopter Society, Vol. 43, (2), April 1998, pp. 146 - 155.

12.9.3.2.1(a) Loriot G, Ansart Th. Fatigue damage behaviour and post-failure analysis in new generation of composite materials [R]. Test Report No. S - 93/5676000.

12.9.3.2.1(b) Ireman T, Thesken J C, Greenhalgh E, Sharp R, Gadke M, Maison S, Ousset Y, Rou-dolff F, La Barbera A. Damage Propagation in Composite Structural Element-Coupon Experiment and Analyses-Garteur collaborative programme (1996) [J]. Composite Structures, v. 36, pp. 209 - 220, Elsevier Science Ltd.

12.9.4.1(a) Nuismer R J and Whitney J M. Uniaxial Failure of Composite Laminates Containing Stress Concentrations, in Fracture Mechanics of Composites [J]. ASTM STP 593, American Society of Testing and Materials, pp. 117 - 142 (1975).

12.9.4.1(b) Whitney J M and Nuismer R J. Stress Fracture Criteria for Laminated Composites Containing Stress Concentrations [J]. J. Composite Materials, Vol. 8, pp. 253 - 265, 1974.

12.9.4.1(c) Poe C C Jr and Sova J A. Fracture Toughness of Boron/Aluminum Laminates with Various Proportions of 0° and ±45° Plies [J]. NASA Technical Paper 1707, 1980.

12.9.4.4(a) Riks E. An Incremental Approach to the Solution of Snapping and Buckling Problems [J]. International Journal of Solid Structures, Vol. 15, pp. 529 - 551, 1979.

12.9.4.4(b) Cairns D S, llcewicz L B, Walker T H and Minguet P J. The Consequence of Material Inhomogeneity on Fracture of Automated Tow Placed Structures With Stress Concentrations [C]. Fourth NASA/DoD Advanced Technology Conference, NASA CP - 3229, 1993.

12.9.4.4(c)　Nakamura S and Lakes R S. Finite Element Analysis of Stress Concentration Around a Blunt Crack in a Cosserat Elastic Solid [J]. Computer Methods in Applied Mechanics and Engineering, Vol. 66, pp. 257 - 266, 1988.

12.9.4.4(d)　Bazant Z P and Chang T P. Nonlocal Finite Element Analysis of Strain-Softening Solids [J]. Journal of Engineering Mechanics, Vol. 113, pp. 89 - 105, No. 1, 1987.

12.9.4.6(a)　Tada H, Paris P C and Irwin G. The Stress Analysis of Crack Handbook, 2nd Edition [M]. Paris Production Incorporated (and Del Research corp.), 226 Woodbourne Dr., St. Louis, Mi. 63105, 1985.

12.9.4.6(b)　Erdogan F, Ratwani M and Yuceoglu U. On the Effect of Orthotropy in a Cracked Cylindrical Shell [J]. International Journal of Fracture, Vol. 10, 1974, pp. 117 - 60.

12.9.4.6(c)　Erdogan F. Crack Problems in Cylindrical and Spherical Shells [J]. Mechanics of Fracture, Vol. 3, Noordhoff International, 1977, pp. 161 - 99.

12.9.4.6(d)　Graves, Michael J and Lagace, Paul A. Damage Tolerance of Composite Cylinders [J]. Composite Structures, Vol. 4, 1985, pp. 75 - 91.

12.9.4.6(e)　Yahsi, O Selcuk and Erdogan F. The Crack Problem in a Reinforced Cylindrical Shell [J]. NASA CP - 178140, June 1986.

12.9.4.6(f)　Ranniger C U, Lagace Paul A and Graves Michael J. Damage Tolerance and Arrest Characteristics of Pressurized Graphite/Epoxy Tape Cylinders [C]. Fifth Symposium on Composite Materials, ASTM STP 1230, 1995.

12.9.4.6(g)　Wang J T, Xue D Y, Sleight D W and Housner J M. Computation of Energy Release Rates for Cracked Composite Panels with Nonlinear Deformation [C]. AIAA Paper No. 95 - 1463, in Proceedings of the 36th AIAA/ASME/ASCE/AHS Structures, Structural Dynamics, and Materials Conference, April 10 - 14, 1995.

第 13 章　缺陷、损伤和检测

复合材料结构无论在初始制造过程中、使用过程中或是在对早先损伤进行修理的过程中都会产生缺陷和损伤。可以用各种不同的检测技术来测出缺陷和损伤，这些技术在不同区域的可用性以及在测出特定损伤和瑕疵的能力方面变化很大。下面的讨论着重在不同类型的缺陷和损伤以及它们的结构衍生物，也讨论检测技术(包括每种技术的强势和弱点)。

13.1　缺陷和损伤

损伤通常按发生阶段和物理异常两个方面来进行讨论，下面两小节着重在缺陷和损伤的起源以及它们本身的物理异常方面。

13.1.1　缺陷和损伤的起源

复合材料飞机部件会从制造或修理中产生缺陷和瑕疵，并在制造、运输和使用期间受到损伤，由于在运输期间的损伤起源与使用期间的相同，因此在下文中不单独进行讨论，同时在下面的讨论中对缺陷、瑕疵和损伤也不作明确的区分。

13.1.1.1　制造和修理

很多缺陷和损伤来自于初始的制造和修理过程中，它们包括孔隙、扭曲、局部树脂含量变异、劣质胶接、微裂纹、分层、不经意的边缘切割、表面擦伤和刮痕、受损的连接孔以及冲击损伤。这些缺陷和损伤的起源在于：

- 不够标准的材料。
- 不合适的工具。
- 不当的铺层。
- 夹杂物。
- 不当的固化。
- 不当的机加或喷砂。
- 处理不当。
- 不当的装配和紧固件安装。
- 工具坠落。

- 污染。

在最初铺贴或修理中铺贴期间会产生的典型质量问题是：过度的铺贴间隙或重叠、过度的纤维扭曲，不正确的铺贴顺序或方向、漏铺贴、错位铺贴、不恰当的压实、受污染的胶接表面以及材料切割/纤维断裂。

对复合材料结构最实际的关心是去除不适当的装配，在部件之间使用机械紧固件拉开间隙会造成大的内应力，它反过来会造成局部的分层或基体开裂，因此容许的间隙误差通常要小于在金属结构中发现的误差，所以要用硬的垫片把间隙减小到可接受的水平。

为了减少制造缺陷的潜在因素采用了很多不同的技术，来料的质量用详细的采购规格予以控制并接受检测试验，用详细的工艺规范以及程序来控制加工、铺贴、固化和随后的操作。完成了的部件也要用不同的检测技术来进行检查（见 13.2 节）。然而，质量检测方法不一定能检查出所有类型的缺陷。

大多数的制造损伤如果超过了能接受的极限将会被例行的质量检测测出。对于每个复合材料部件在部件检测期间应该有接受/拒收准则被采用，可接受的损伤将和随后的分析和试验程序结合在一起来显示损伤存在情况下的极限强度。然而，某些缺陷和损伤在特定极限的范围之外，可能检测不到，因此它们的存在必须假设为损伤容限设计的一部分。建立漏测的缺陷和损伤的尺寸大小是设计准则发展过程的一部分。

在制造过程中发生潜在的大尺寸缺陷或瑕疵有：受污染的胶接表面或内含物诸如预浸料背纸或在铺层时不经意遗留在层间的分离膜。现在的检测方法可能检测不出所有这种类型的缺陷，结果，现代设计实践在损伤容限准则中包括有大脱胶的影响。检测技术和进程中质量控制的进步可能导致不太严厉的准则，然而在没有合适的制造后检测技术，必须用严格的过程质量控制可靠地排除这种类型的缺陷。

13.1.1.2　使用

使用中损伤的特点是：它以随机的方式发生于使用期间，其损伤的特点、位置、大小以及发生的频率通常只能以统计方式预测，而且也只有在收集真实的数据之后。使用中的损伤通常被分为不可检和可检两类（即常常提到的不可见和可见）。部件必须以这样一种方法来进行设计，即结构全寿命期内在极限载荷下能容许存在的不可检损伤（依照所选择的检测方法），可检的损伤一定不能在被检出和修理之前使结构的承载能力低于限制载荷。使用中损伤威胁的来源有：

- 冰雹。
- 跑道上的碎片。
- 地面车辆、设备和结构。
- 闪电。
- 工具坠落。
- 鸟撞。

- 涡轮叶片和盘的分离。
- 热和火。
- 磨损。
- 不正确的重新装配。
- 射击损伤(军事上)。
- 雨蚀。
- 紫外线暴露。
- 温湿循环。
- 氧化退化。
- 反复载荷。
- 液体的浸入。
- 化学暴露。

在复合材料中受主要关注的是冲击事件,因为它们相对频繁地发生,并且会造成重大的不易看见的损伤。这种低速冲击损伤的来源有:坠落的工具和设备、跑道碎片、冰雹、鸟,以及与其他飞机或地面车辆的碰撞。飞机也会被高速冲击而受损,源自于一些不相关的事件(例如旋转机械的零件在涡扇发动机中出了故障,并且穿透发动机舱、飞机蒙皮以及支撑结构)。所有上述这些损伤会发生在军用或商用飞机上,军用飞机还可能受到高速冲击损伤(譬如战斗中)。

13.1.2 损伤类型

在复合材料中有很多种损伤类型会大大降低部件的剩余强度,这种剩余强度和/或刚度的降低与损伤的形式和大小有关,在复合材料和结构布局里损伤会以好几种尺度发生,它的范围从基体和纤维的损伤到元件断裂以及胶接或螺栓连接的失效,损伤的程度控制了复合材料部件在反复载荷下的寿命和剩余强度,因此确定损伤容限是至关重要的,也有一些损伤类型对剩余强度影响很小,但是,在某些情况下其中的一些损伤可能与环境效应和地空地循环联合在一起造成进一步的损伤。

冲击损伤的影响可以是很不相同的,取决于特定的设计和应用。在冲击损伤的情况下,压缩、剪切和拉伸强度都会降低,层压复合材料的压缩剩余强度取决于横向冲击引起的分层和纤维失效的程度,拉伸剩余强度主要受纤维失效的影响。冲击损伤还会影响到复合材料结构组件的环境抵抗能力或者相关飞机系统的完整性。例如冲击损伤可能会让湿气穿透到由薄面板构成的夹层结构的芯体里面,或者在加筋机翼壁板内提供了一条燃油泄漏的途径。这些影响对于复合材料应用的安全性和经济性必须有所了解。

13.1.2.1 基体瑕疵

基体瑕疵包括:裂纹、空隙、气泡等,这些瑕疵会降低材料的某些性能,但是很少对结构的强度或刚度产生至关重要的作用,除非它们广泛出现。

热载荷和机械载荷会产生基体开裂,也会在加工过程中由于部件的几何形状使纤维和基体体积变化产生孤立的基体裂纹。在很多情况下，基体裂纹对剩余刚度和强度有少许影响，局部出现时一般不影响设计，用于飞机上的大多数复合材料在工作应变的水平下不会呈现过于大面积的基体裂纹。

基体裂纹的累积会造成以合成树脂为主的基体刚度和强度的退化，譬如层间剪切和压缩强度，然而即使大范围的基体裂纹一般对拉伸性能也几乎没有影响。参考文献 13. 1. 2. 1(a)讨论了基体损伤对拉伸强度的影响。

经受飞机工作环境的芳纶/环氧材料由于在固化过程中引起高的剩余热应力会特别倾向于产生大面积开裂，用这种材料的面板所制的夹层壁板已经出现了使用问题，明确地说，地空地循环已促使湿气和/或航空燃油透过面板基体裂纹入侵到夹层芯体中。液体的入侵会进一步使夹层壁板退化，正如在 13. 1. 2. 12 节中所讨论的那样。

孔隙通常由制造厂控制在一定水平，不让其明显降低结构的性能，最近对经过长期使用后的复合材料组件进行拆卸发现其孔隙的水平大大高于今天生产的水平，这些较高的孔隙水平并不影响其有效性或使用寿命。

基体瑕疵可能发展成分层，这是较为危险的损伤形式，将在 13. 1. 2. 2 节中讨论它们。

13.1.2.2　分层和脱胶

分层和脱胶典型发生在层压板两层间界面上、沿着两种元件间的胶接线以及在夹层结构的面板和芯子之间。分层的形成是由于在层压板自由边界、基体裂纹或结构细节处(即高曲率、陡的层数变化)的应力集中，或由差的加工过程以及低能量冲击所造成的。脱胶的形成与分层相似。但最通常的原因是在两元件间沿胶接线无胶接力。分层和脱胶引起了对安全的威胁，因为它们把层压板或胶接连接件分开成很多的子层从而降低了结构的稳定性和强度，因此降低了胶接结构装配件的有效刚度。

在某些情况下，承受重复载荷时分层和脱胶会增长，继而在受压缩或剪切时造成灾难性的破坏。分层和脱胶的危险程度取决于：

● 尺寸大小。

● 在给定位置的分层数。

● 位置——层压板厚度内、结构内、自由边界附近、应力集中区、几何不连续处等。

● 载荷——分层和脱胶的性质取决于载荷类型，它们对层压板受拉伸载荷的情况下没有影响，然而，在受压和受剪情况下，分层附近子层压板和脱胶元件会屈曲，并造成载荷重新分配的机理，导致结构破坏。

13.1.2.3　纤维断裂

纤维断裂是至关重要的，因为结构通常是按纤维承受主要载荷来进行设计的(即纤维为主)。最常见的纤维断裂原因是冲击，所幸的是纤维破坏通常局限在冲击点的附近区域，且受冲击物体的大小和能量的约束。有一个例外是在一个大面积范围里受到高能钝体的冲击，它会打断内部结构元件诸如筋条、肋或梁，但是外部的复合材料层板蒙皮却相对无损。导致大面积纤维损伤的事件只有少数与使用有关，前面一个段落中已列出。

13.1.2.4 裂纹

裂纹的定义是穿过层压板整个厚度的断裂(或厚度的一部分)，包括纤维断裂和基体损伤。裂纹通常由冲击事件引起，但是过度的局部载荷也会造成裂纹(在壁板面积内或在紧固件的孔处)。大多数情况下，裂纹可被认为是比纤维断裂更一般的类型，因为基体开裂也包括在内。因此，同样可把这种思想应用于纤维断裂。

13.1.2.5 刻痕、划伤和坑槽

如果损伤仅局限于树脂的外层而对纤维没有任何损伤的话，那么刻痕、划伤或坑槽在复合材料结构中一般无关紧要，如果纤维受损了，强度就会减少，不像金属材料，复合材料基体的刻痕、划伤以及坑槽在重复载荷下不易扩展。

13.1.2.6 凹痕

凹痕通常是由冲击事件所引起的，它在夹层壁板上比层压板上更为明显，凹痕通常是潜在损伤的象征，在热固性层压板结构中这种损伤可能以下面的一种或几种形式出现:分层、基体开裂、纤维断裂、脱胶或子结构损伤。在夹层组合件内，凹痕潜在地表明夹层芯子损伤、纤维断裂和/或面板和芯子间脱胶。夹层结构薄面板处超过蜂窝芯子面积的凹痕常常只牵涉到芯子损伤。

13.1.2.7 贯穿

贯穿被定义为引起穿透面板或层压板的冲击损伤，产生贯穿的冲击能量通常大于导致凹痕的冲击能量，贯穿的边缘可以是相对干净或参差不齐，这取决于冲击事件的类型和能量，不管何种情况，它都可与分层、基体损伤和层压板内部的纤维断裂有关(除了实际贯穿的外部面积)。

13.1.2.8 受损伤紧固件孔

不恰当的钻孔、差的紧固件安装以及紧固件的遗漏可能在制造过程中产生，孔的伸长会在服役中受重复载荷循环而发生，紧固件孔的损伤也会在维修期间发生(当去除或更换螺钉或快速紧固件时)。当这类损伤只是局部一个或两个孔，那么它对多紧固件连接接头的影响是有限的。

13.1.2.9 磨蚀

在空气流过结构以及碎片、雨点等的侵犯下，在层压壁板的边缘或夹层边缘带会发生磨蚀，磨蚀使裸露表面的纤维局部强度减低并导致湿气的入侵。大多数情况下，磨蚀并不构成对安全的威胁，因为在成为严重事态之前一般会发现损伤的存在。

13.1.2.10 热损伤

热损伤一般发生在热温度源的附近(如发动机、空调组件、热探头、引流柱或其他系统)，通常显现的可见热损伤是由排气或部件表面的焦化造成的，但是难于由目

视来确定热损伤程度。

13.1.2.11　雷击损伤

暴露于雷击环境的复合材料组合件面积上包含有特殊的雷击防护系统(如铝网或火焰喷涂),通常可以防止雷击对复合材料组合件的损伤。发生防护系统被击穿事件时,损伤常被限制在蒙皮壁板的表面层。防雷击系统的损伤或退化会潜在地带来较大的损伤。罕见的高能量雷击也可能造成相当大的损伤。雷击对复合材料的损伤通常很易目测到。

13.1.2.12　组合损伤

一般来说,冲击事件造成综合损伤,由大物体造成的高能损伤(如涡轮叶片、服务车辆)会导致击碎元件和损坏附件,所造成的损伤可包括大量的纤维破坏、基体开裂、分层、打坏紧固件以及元件脱胶。由低能量冲击造成的损伤一般更为隐蔽,但是也包括纤维破坏、基体开裂以及多处分层的综合损伤。

13.1.2.13　由液体侵入夹层壁板造成的损伤

液体侵入损伤通常需要另外损伤的存在(如面板的裂缝),使湿气有通道进入到夹层芯子。有些设计细节(如直角边缘夹层封闭)也可能让液体通过泄漏进入到芯子里。一旦液体进入夹层部分,它会使芯子或它与面板的胶接性能退化。冻结和解冻循环、面板内外的压差以及液体胶接退化都会引起损伤的扩展。

13.2　检测方法

很多检测方法可用来测定前一节所讨论的损伤类型并确定其量级,这些方法一般分为两大类:无损的和有破坏性的。最频繁使用的是无损检测技术,因为它们不会伤害部件或影响其实施功能的能力,然而,它们在检测和/或确定某些缺陷和损伤类型中有局限性。破坏性检测技术的使用是有选择性的,因为通常它们会使部件变得不能用了,然而它们能检测出很多存在的缺陷和损伤,是无损检测技术所做不到的。

下面的分节中提供了每种类型最常用方法的概貌,在很多资料(如参考文献13.2(a)至13.2(h))中有更为透彻的讨论。6.0节和14.0节分别讨论了这些方法在制造期间确保质量并支持安全维护中的应用。

13.2.1　无损检测

无损检测(NDI)是用于检测和确定缺陷及损伤数量的主要方法,各种方法的费用、复杂性、能力、准确性和可靠性差异很大。

13.2.1.1　目视检测

用目视进行无损检测是最古老和最经济的NDI方法,因此,目视检测是制造商和修理技术人员例行的质量控制和损伤评估手段。幸运的是,大多数类型的复合材料表面损伤无论灼伤、斑痕、凹坑、穿透、磨损或碎片,都可以用目视方法来查实。一旦检出了损伤,就进一步检测其影响的区域。

用手电筒、放大镜、镜子和孔探仪来帮助进行复合材料的目视检测。用它们来放大不太容易发现的缺陷，并使得能对不大容易接近的区域进行目视检测。贫脂、富脂、折皱、铺层搭接、褪色(由于过热、雷击等)，任何原因造成的冲击损伤、外来物、气泡、离散等都是用目视检测易于辨认的偏差。

在有些情况下，目视检测足以保证制造质量。对于玻璃纤维/环氧树脂的热固性层压部件，通过使用明亮的背光看透部件，其质量可以很容易得到验证，这种技术适合于找到内含物、分层、裂缝以及在这种玻璃纤维部件内基体的缺陷累积如微裂纹和孔隙等(对于碳纤维或芳纶纤维通常用超声检测来充分验证其层压板的质量)。

不管纤维种类，目视检测可用于保证部件满足拉伸要求并评定部件的表面和外形，包括对起泡、压坑、异金属物、铺设的扭曲和折叠、表面粗糙度、表面多孔性以及起皱的检查。对于这类缺陷的接受/拒绝准则在制造商的工艺规范中给出。

目视检测不能发现芳纶或碳纤维复合材料内部的缺陷如分层、脱胶、基体开裂等。虽然有经验的技术人员常常可以(对零件和复合材料)猜测是否有任何内部损伤，但仍然需要用更精致的 NDI 方法来发现这些缺陷。此外，目视检测也可能查不出紧闭的表面裂纹和边缘分层。

因此需要用其他的无损试验方法来补充目视检测技术。因很多复合材料缺陷都暗藏在复合材料零件的结构内部(即在铺叠层的内部或在蜂窝芯子内)，这时可采用能分析(超)声信号衰减的专门处理技术，以确保复合材料内部的结构连续性。

13.2.1.2 敲击试验/兰姆波

敲击试验依据它的经济性和可用性位列第二。有时称为音频的或硬币敲击。这个技术使用音频的频率(10～20 Hz)，敲击试验的范围从一个简单的硬币敲击，用人耳来感受损伤的结构，到自动化的方法，把声音的变化记录下来。敲击试验或许是检测分层和/或脱胶最通用的技术。在有经验的人员手中，这是一个令人惊奇的准确方法。

这个方法采用一个实心的圆盘或重量轻的锤状工具敲击所检测的区域，如图13.2.1.2.(a)和(b)所示，并细听结构对于敲击的响应。清晰尖锐的铃状声音表明是一个胶接良好的整体结构，而低沉或砰砰的声响则表明是异常的区域。敲击的速率应当足够快，以便能产生足够的声响并用耳朵来辨别任何的声调差异。对于胶接在加筋条上的薄蒙皮、具有薄面板的蜂窝夹芯板，或者厚层压板的接近表面部分(例如旋翼飞机的叶片支座)，敲击试验都是有效的。同样，这个方法本身有可能把结构内部元件变化所产生音调改变误认为缺陷，而这实际上是设计的结果。应当在尽可能安静的地方，由熟悉零件内部构型的人员进行这个检测。

13.2.1.3 超声检测

已经证明超声检测是检测复合材料零件内部分层、空隙，或不一致情况的极有用工具，这些缺陷是用目视或敲击方法无法检出的。然而，有很多种超声技术，每种

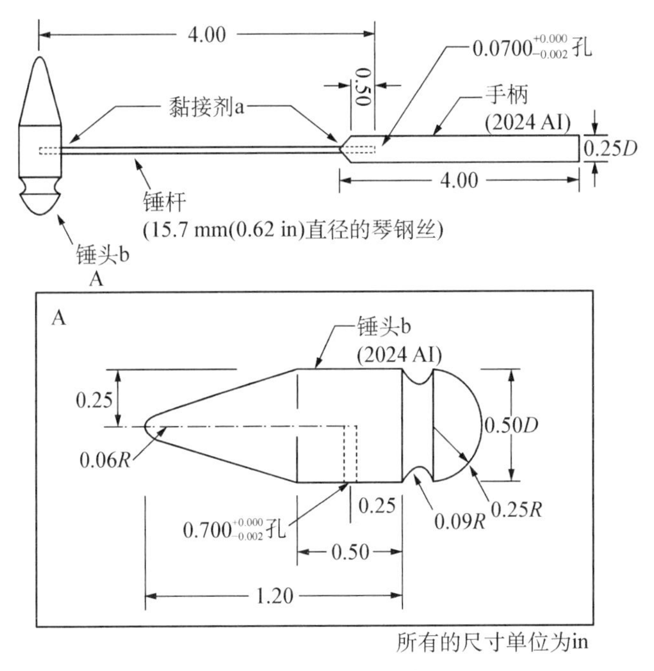

图 13.2.1.2(a) 敲击锤图样(美国空军)

a 如果需要,可以使用液态/糊状的胶黏剂。可以缩小手柄/锤头的开孔尺寸以进行干涉配合,进而避免黏合剂的使用

b 所有机械加工面的表面粗糙度要求都是125,参照MIL-STD-10

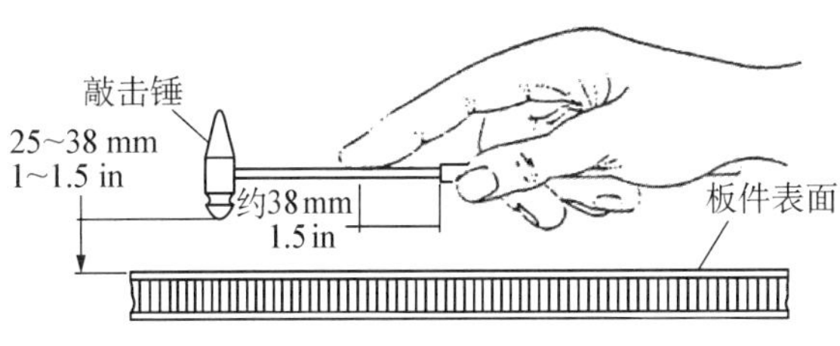

图 13.2.1.2(b) 敲击试验

技术都采用一个其频率高于音频的声波能量。一个高频(通常为几个MHz)声波被引入零件,所导引的声波行进方向或者垂直零件表面,或者沿着零件表面,或者相对零件表面呈某个规定的角度。因为只从一个方向声波可能不是可接收的,要使用不同的方向。然后,被监视所引入的声波沿指定路线穿过零件时是否有明显的变化。超声波的特性与光波相似,当超声碰到阻挡的物体时,波或能量或者被吸收,或者被反射回表面上,然后这个被干扰或削弱的声能被接收传感器接收,并转换送入示波器或曲线记录仪显示出来。操作者能够从这个显示中相对已知的正常区域,对比评价异常的显示。为了便于比较,要建立并利用参照的标准来标定超声设备。

超声技术在重复的制造环境下使用良好,但在修理环境下,面临安装在飞机上的众多不同复合材料零件及较复杂的结构形式，检测就稍微更困难些。这个参照标准也必须考虑到复合材料部件经过长期服役环境暴露，或者经过修理或修复所带来的变化。通常使用最广的两种超声技术是穿透超声（TTU）和脉冲反射，下面分别描述这两种技术。

超声穿透法——当零件的两边在检测中都可接近时，可以利用这个技术。超声穿透法的基本原理如图 13.2.1.3 所示。把高电压脉冲施加到变换器内的压电晶体上，这个晶体把电能变换成超声波形式的机械能，超声波透过零件到达接收传感器，机械能被转换回电能。这个方法工作时需要有一种（除了空气以外的）耦合剂。在生产环境下，零件被浸入水中，或者利用一个水喷淋系统。必须注意，当使用水以外的耦合材料时不要污染层压板。水溶的耦合工作良好，正在开发不需要耦合的新技术。可以在记录系统中画出输出，或者显示在仪表或示波器上。试验件内部的缺陷将干扰或吸收部分能量，从而改变接收传感器所检测的总能量，这样就能在显示中看出缺陷最后削减的能量。

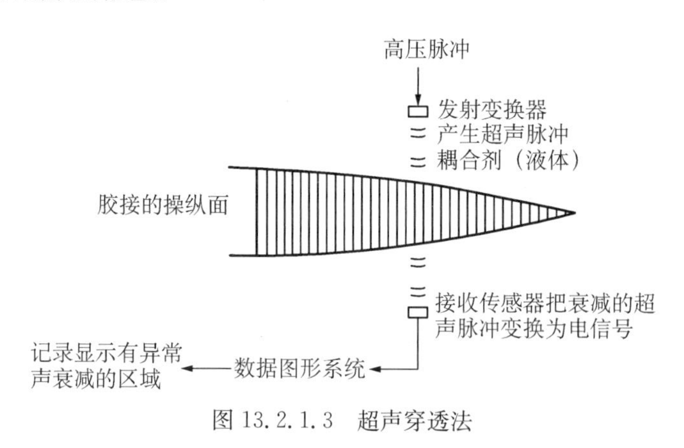

图 13.2.1.3　超声穿透法

脉冲反射法——可利用脉冲反射技术实现单侧的超声检测。在这个方法中，只有单独一个受高压脉冲激励的搜索单元，既作为发射变换器又作为接收传感器。这个单元把电能转化为超声波形式的机械能，声能通过一个特氟纶（聚四氟乙烯）或异丁烯酸酯接触头进入试验的零件，在试验零件内产生一个波形并被变换器元件所采集。所接收信号的任何幅值变化，或返回变换器所需时间的变化，都表明了缺陷的存在。在脉冲反射法中，把耦合剂直接涂在零件上面。

13.2.1.4　X 射线照相

射线照相（X 射线照相）难于用在碳纤维增强环氧复合材料零件上，因为纤维和树脂吸收特性相似，总体吸收率很低；而玻璃纤维和硼纤维更适用于这种检测方法。

大多数复合材料对 X 射线几乎都是透射的，所以必须使用低能 X 射线。可使用不透明的渗透剂（即碘化锌）增强表面破碎缺陷的可见度，但一般不能用在服役中的检测。注意使用渗透剂的方法有时被认为是有损的，因为它留在零件中不能去除。X 射线数字形式的增强技术(无论是底片扫描或直接用数字检测技术 DDA)也是有效的。因为有可能暴露于 X 射线管或散射的射线之下,应当始终用足够的铅隔离物防护操作者,重要的是,要始终与 X 射线源保持最小的安全距离。

尽管有它的不足,X 射线照相仍是个非常有用的 NDI 方法,可基本上观察到零件内部的情况。这个检测方法让 X 射线经常用于检测夹层结构零件中蜂窝芯湿气的进入,有时也能检测层压板的横向裂纹。内部的异常如角点处的分层、压塌的芯子、开花的芯子、芯格内的水分、泡沫胶连接中的空隙,以及内部细节的相对位置都可以通过 X 射线照相方法方便地看出。

这一方法利用 X 射线贯穿所试验的零件或组合件,并把射线被吸收的情况记录在对 X 射线敏感的胶片上。把曝光的胶片显影后,检测者就可分析在胶片上记录的暗度变化,建立部件内部细节相互关系的可视结果。因为这个方法记录的是沿零件厚度的总密度变化,所以当缺陷(例如分层)位于和射线相垂直的平面内时,它不是首选的检测方法。然而,当检测与 X 射线束中心线相平行的缺陷时,这是最有效的方法。虽然蜂窝 X 射线照相最易通过实验技术来分析,但因有图像结果,射线照相检验方法很容易得到解释。

图 13.2.1.4 所示为一个典型的射线照相装置。

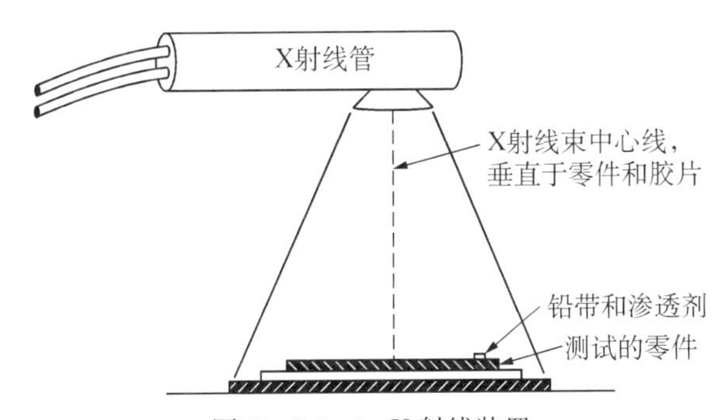

图 13.2.1.4　X 射线装置

13.2.1.5　剪切成像法

剪切成像法是一种光学 NDI 技术,通过测量目标表面反射光的变化(斑点图案)来检测缺陷。使用一个激光光源,把照明表面的原始影像用视频影像记录下来。然后,用加热、压力改变,或声振动来激励零件,在此期间产生二次视频影像。在视频显示器上就可看见由于脱胶或分层造成的表面轮廓变化。

在生产环境下用剪切成像法来迅速检测复合材料结构胶接组合件,包括碳/环氧蒙皮和 Nomex 芯子的夹层结构。在检测中包括抽局部真空引入应力,局部真空应力引起含空气的缺陷扩展,使表面轻微地变形;对比加真空前、后的情况,可检测出这种变形。经过计算机处理的视频影像对比,显示出缺陷是反射光波干涉中相长的与相消同心明、暗光圈。图 13.2.1.5 所示为目前使用的一个检测系统方案。

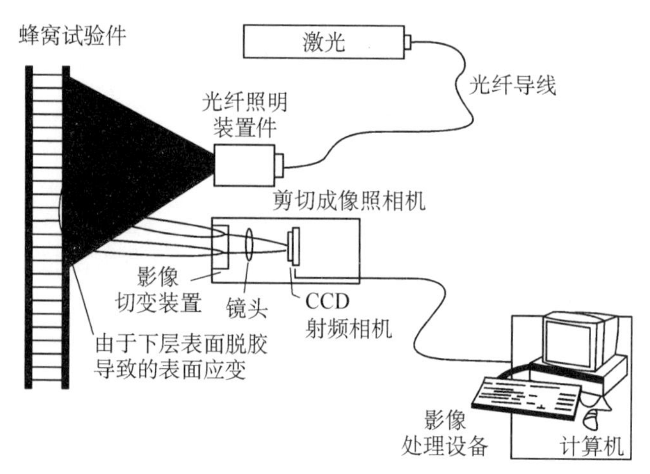

图 13.2.1.5 剪切成像术检测系统的组成

13.2.1.6 热成像法

热检测中包括了所有使用热敏装置来测量待检零件上温度变化的方法。热检测的基本原理是，当热流来自流向或通过试验件时，测量或测绘其表面温度。所有热成像技术均以正常、无缺陷表面与有缺陷表面在热传导率上的差异为基础。

目前有两种热成像检查方法可使用：①被动的方法，测量结构对瞬时加热的响应；②主动的方法，监控由循环应力作用在结构上产生的热。这两种方法通常都用红外照相机来监控结构表面的温度，其温度分布的异常显示了复合材料损伤的存在。它也能检测到蜂窝夹层结构内的湿气，已被用于航线飞机检测以冰或水的形式存在的湿气。

通常，用一个热源来增高待查试件的温度，同时观察表面的加热效应。由于没有缺陷的区域比有缺陷的区域传热更有效，被吸收或反射的热量表明了胶接的质量。影响热性能的缺陷类型包括脱胶、裂纹、冲击损伤、板件变薄以及水分浸入复合材料和蜂窝芯子等。对薄层压板或靠近表面的缺陷，热成像技术是最有效的检测方法。

应用最广泛的热成像检测技术是采用红外(IR)敏感系统来测量温度的分布。这类检测可对表面、部件或组合件提供迅速的单边非接触扫描。图 13.2.1.6 说明了这种系统的组成，可用于测量接近静态的热图谱。热源可以是简单的加热灯，只要能够对检测表面提供适当的热能即可，导致的温度升高只是几度，并在移走热输入后迅速消散。IR 相机记录下红外图谱，将所得到的温度数据进行处理，以提供定量的信息，操作者可分析图像并确定是否发现了缺陷。因为红外热成像技术是一个辐射测量方法，无须物理接触就可进行。

根据 IR 相机的空间分辨率和预期的损伤大小，每个影像可包含比较大的区域。此外，因为复合材料不像铝发散那么多的热量，有较高发射率的热成像技术能够以

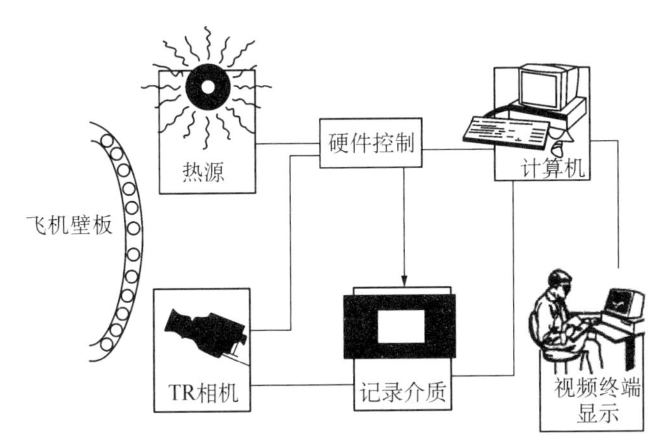

图 13.2.1.6　先进红外检测系统需要的典型组成部分

较小的热输入较好地确定损伤。必须了解结构的布置情况以确认没有把骨架也当成缺陷或损伤。热成像法可能替代湿度计来检测复合材料部件内的湿气。这种方法所需的设备是昂贵的，但是能很快对大面积进行检测。

13.2.1.7　湿度计

当对玻璃纤维加强塑料(GFRP)或芳纶纤维材料进行修理的时候，这些装置经常用于检测湿气的存在。它们也能检测芳纶蜂窝芯内部的湿气。然而该技术不能用于碳或任何其他的导体材料诸如金属或含碳的防静电镀层。

13.2.1.8　胶接试验器

该无损检测技术使用的仪器是基于机械阻抗测量法。胶接试验器主要用于检测复合材料分层和胶黏剂的脱胶。它是手提式的，很适合现场检测夹层结构面板与芯体的分离(当小的异常被忽视的时候)。大的缺陷如大范围的环境退化及夹层结构内的面板脱胶在谐振频率下很容易产生可度量的变化。

13.2.1.9　涡流法

涡流法仅被限制用在检测复合材料损伤以及检查修理的完整性，它通常用于检测金属结构紧固件孔边的裂纹而不用把紧固件拆卸下来。

13.2.2　破坏检测

有损检测通常用于处理无损检测方法所得不到的一些损伤信息，较为常见的方法是：

横截面法　包括对部件切割边缘的抛光，在放大镜下可以通过边缘来识别纤维的分布、纤维的方向、纤维的波纹度、多孔性、基体裂纹以及分层。

树脂试验法　可用于确定树脂固化的程度。这种方法经常用于估计玻璃化转变温度(通过热力学分析 TMA)以及反应的剩余热(通过示差扫描量热法 DSC)。

力学试验法　可用于整个部件或从部件上裁切的试样或元件，来确定部件的力学性能(如刚度、强度)。

树脂摄取法　包括从层压板中烧除树脂来确定纤维和孔隙组分。

揭层法　包括加热层压板使单层分离，这就提供了用放大镜来识别每层纤维断裂的可视性。

所有这些方法都会使被试部分不再可用，有时可利用裁剪下来的片料来做上述试验，这样就可确定实际部件的信息而不必使其受到破坏。

有损试验能提供在产品寿命周期内有价值的数据，在产品研发阶段，有损试验可用于建立在无损检测损伤机体和实际内部损伤状态之间的联系，它们也可用于评定固化是否合适以及评价纤维/树脂的分布。在生产过程中，有损试验方法能提供对部件质量的评估，无论用剪裁片料或用真实部件的局部检测。通过对结构的剪裁，有损检测技术也能确定使用环境下（受载、液体、温度、潮湿等等）对结构长期影响起作用。事故调查也依赖于有损检测的评估来确定结构失效的途径以及测量在出事的时候特定部件的性质。

13.2.3　实例

为了演示某些无损和有损检测方法，碳/环氧树脂层压板和蜂窝夹层结构（面板为碳/环氧树脂）受到直径为 1.27 cm（0.5 in）压头不同能量级的冲击，然后用前两节所述的方法进行检测，用于本例的热固性层压板是由 IM7/8552 碳/环氧树脂单向预浸料制成，铺层为$[+45, 90, -45, 0]_{2s}$；蜂窝夹层板是用同样材料的面板和铺层，与厚度为 1.27 cm（0.5 in）的铝蜂窝用胶膜粘在一起共固化而成。用了两种蜂窝，一种是 1/8－5052－0.001，其密度为 4.5 lb/ft^3，另一种是 1/8－5052－0.003，其密度为 12.0 lb/ft^3。

注：本节仅提供一个实例，根据层压板、冲击变量以及所用设备上设置的参数不同。可以得到很大不同的结果。

13.2.3.1　目测检查

所有受冲击的层压板照片显示在图 13.2.3.1（a），层压板两侧的图显示了可导致背面损伤的实例。

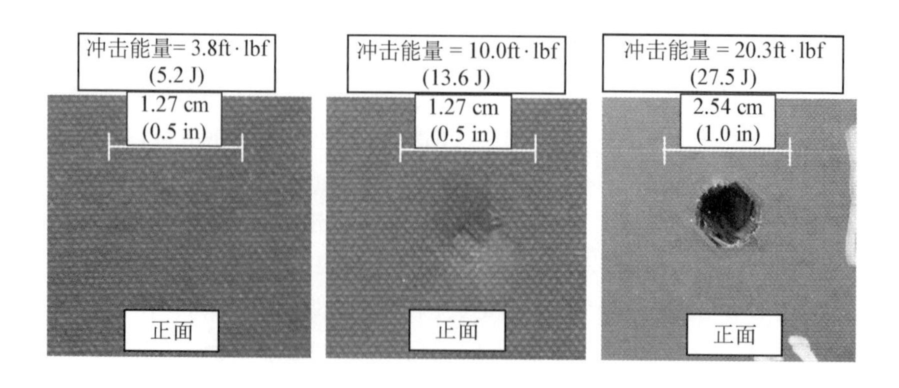

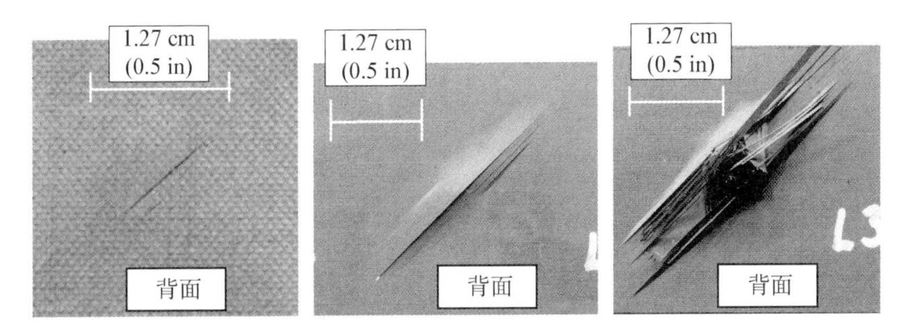

图 13.2.3.1(a)　受冲击的 16 层层压板的表面损伤

所有受冲击夹层结构的照片显示在图 13.2.3.1(b)。

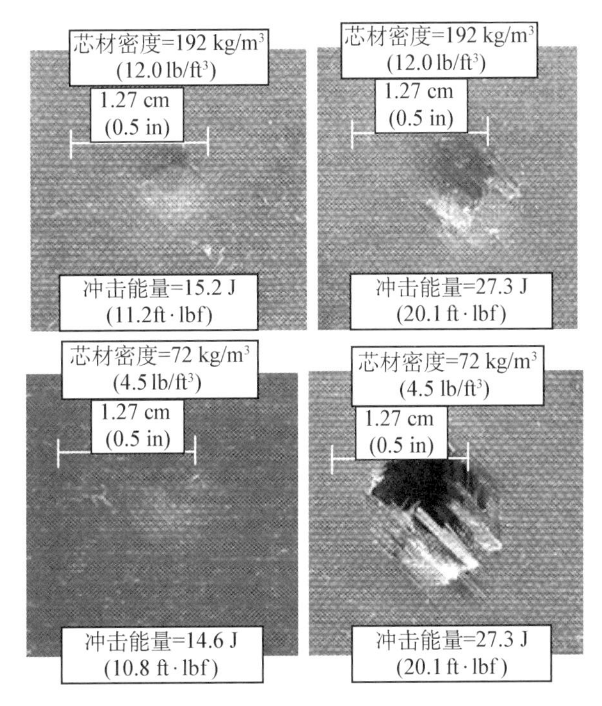

图 13.2.3.1(b)　16 层面板蜂窝夹层试样的表面损伤后的表面损伤

13.2.3.2　超声波检测

为本例所做的超声波检测是一种脉冲回波检测，试样浸没在水中，所用系统是 Wesdyne 10 轴浸没系统如图 13.2.3.2(a)所示，用于获得数据的参数列于表 13.2.3.2 中。

表 13.2.3.2　超声波参数

参数	值	参数	值
发送频率	1 MHz	脉冲宽度	500 ns
波束类型	纵向	抑制	200 Ω
声速/延迟	57 m in/μs	检测类型	脉冲回波

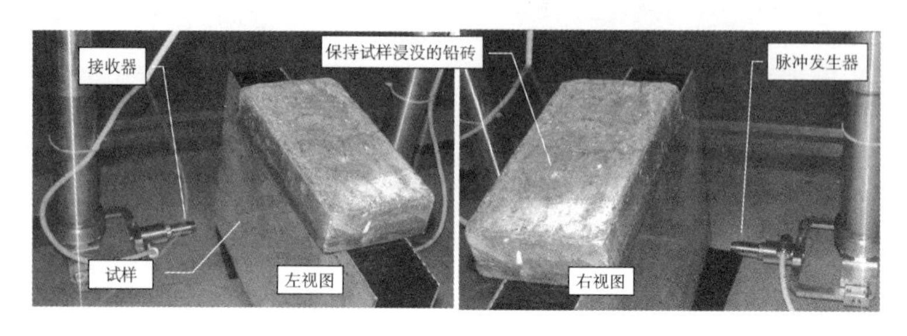

图 13.2.3.2(a)　超声系统

热固性层压板超声波图像显示于图 13.2.3.2(b)，冲击的程度显示在超声图像上，较大的冲击 13.6 J 和 27.5 J(10.0 ft・lbf 和 20.3 ft・lbf)显示了热固性层压板背面内壁的分层。夹层试样的超声波图像显示于图 13.2.3.2(c)，由冲击造成的夹层试样损伤程度在超声图像上很清晰，可以看到芯体密度对面板抵抗损伤的重要性。

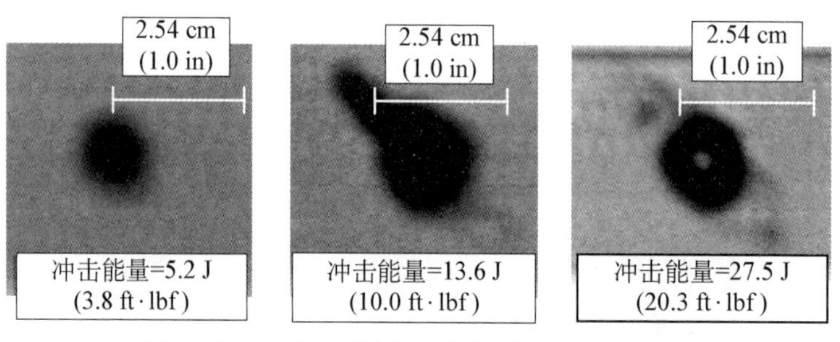

图 13.2.3.2(b)　热固性层压板的穿透超声检测

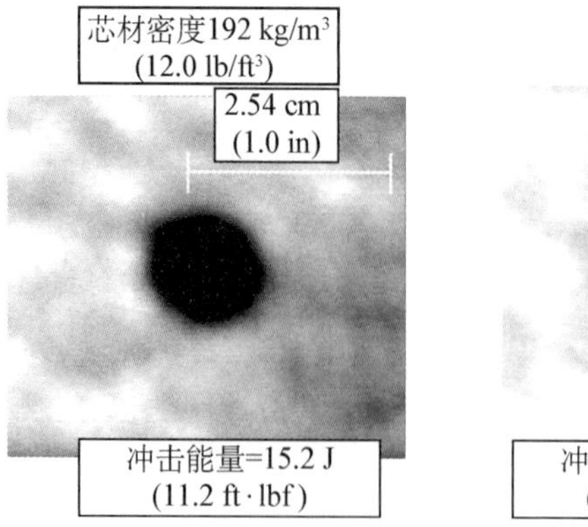

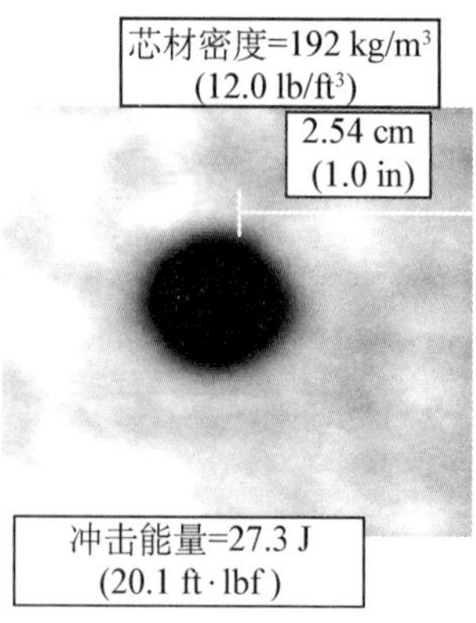

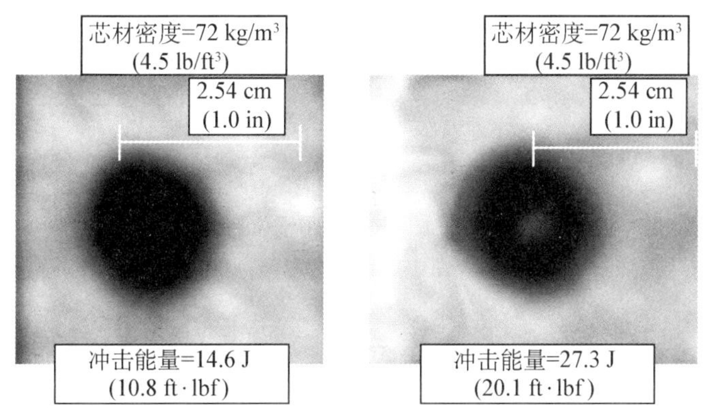

图 13.2.3.2(c)　夹层试样的穿透超声检测

13.2.3.3　X 射线照相

本研究所用的 X 射线照相是 Yxion 160 系统(见图 13.2.3.3(a)),用于本工作的系统设置如表 13.2.3.3 所示。

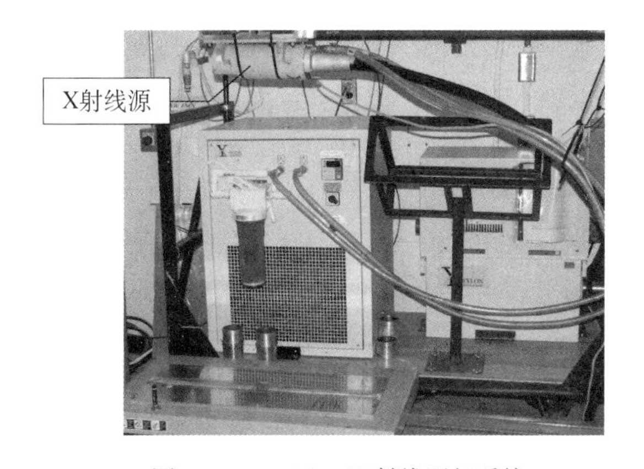

图 13.2.3.3(a)　X 射线照相系统

表 13.2.3.3　X 射线照相参数表

参数	值
千伏数	55 kV
毫安数	11.6 mA
焦斑	1 mm(0.04 in)
射线源至胶片距离	1.45 m(57 in)
胶片	Fuji，50 pb
处理	自动

需要用碘化锌组成的 X 射线不透光渗透剂来增强层压板内的分层显示,应用如

碘化锌那样的染色渗透剂在很多情况下可以被认为是“有损的”,因为分层包含了一种很具腐蚀性去不掉的物质。用一把刷子把渗透剂涂在试样的整个表面上,让其过上 5 min,然后把多余部分去掉。热固性层压板的 X 射线图像显示在图 13.2.3.3(b),冲击的程度可在图像上显现出来,较大的冲击显示了热固性层压板背面的分层情况。夹层试样的 X 射线图像显示在图 13.2.3.3(c),冲击对夹层试样造成的损伤程度从 X 射线图像上看得不清楚,因为铝蜂窝对 X 射线是不透明的并且还会把面板内的染色渗透剂“洗掉”。

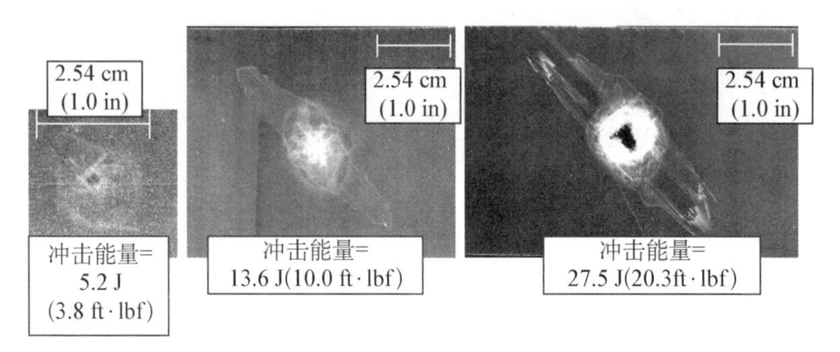

图 13.2.3.3(b)　热固性层压板的射线成像

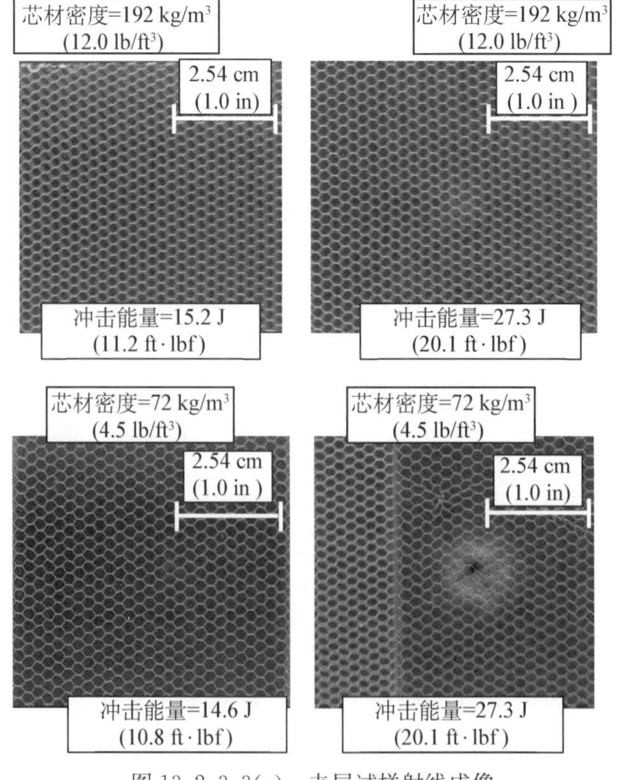

图 13.2.3.3(c)　夹层试样射线成像

13.2.3.4 剪切成像

用于本研究的剪切成像设备是激光技术公司(LTI)的LTI-5100模型系统,用热应力来实施(见图13.2.3.4(a))。为产生图像,每一试样用热空气枪加热大致10s,然后监测其随剪切成像系统冷却的情况。用于本次工作的参数设置列在表13.2.3.4中。

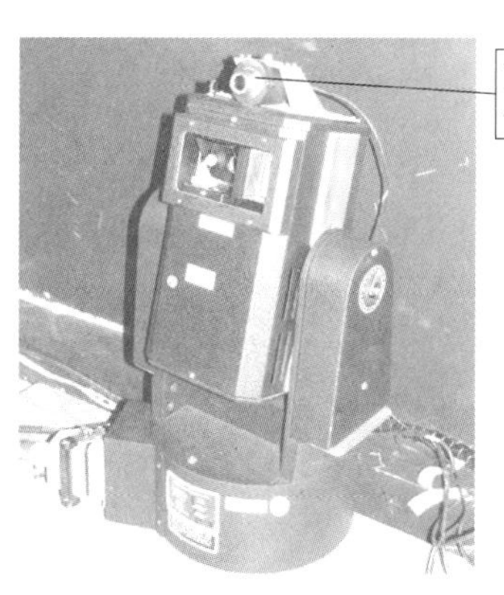

图13.2.3.4(a) 剪切成像系统

表13.2.3.4 剪切成像参数

参数	值
视图范围	30.5cm(12.0in)垂直高度
剪切	0.64cm(0.25in)水平/垂直;左/上 可调整
热水平	比周围高15°F(8.33℃)
检测器大小	320×256像素影像

热固性层压板的剪切成像见图13.2.3.4(b),所有的冲击地点在剪切成像的图像中显示了一些损伤的标示,用相似的加热方法对夹层试样做了剪切成像的评估。图13.2.3.4(c)再次显示了所有损伤处的一些损伤标示。

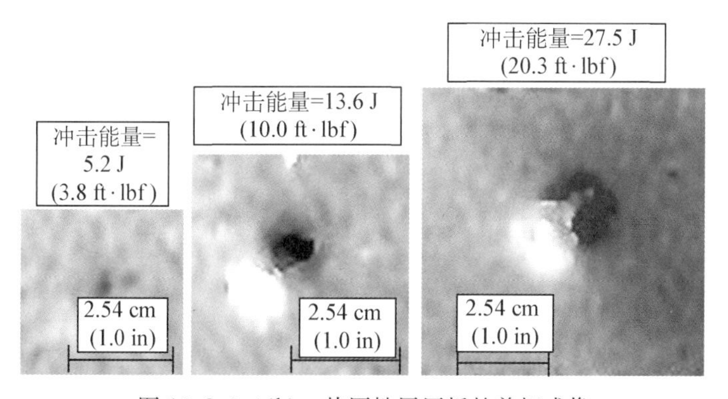

图13.2.3.4(b) 热固性层压板的剪切成像

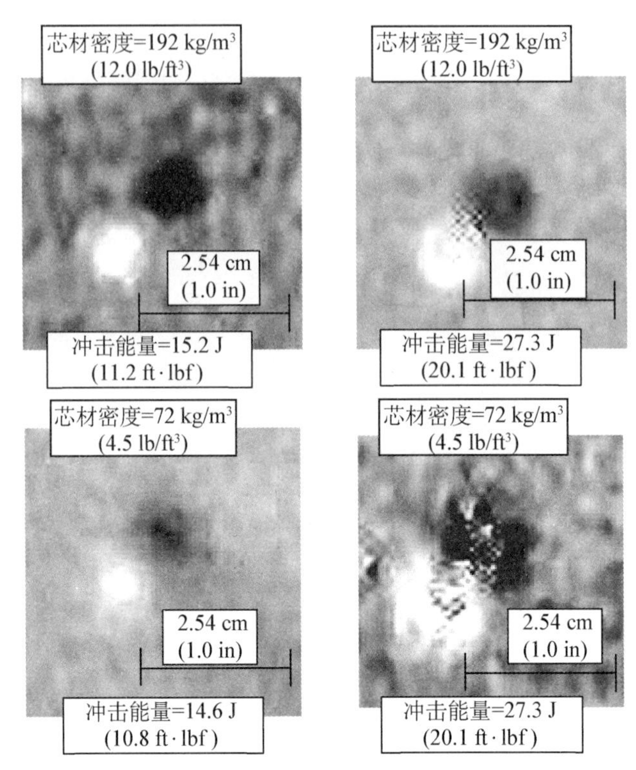

图 13.2.3.4(c) 夹层试样的剪切成像

13.2.3.5 热成像

在此呈现的图像是在热波成像(TWI)软件控制下用一台 FLIR SC6000 成像仪完成的,如图 13.2.3.5(a)所示,该系统利用来自闪光罩的脉冲加热均匀提高结构的表面温度进行试验。当结构冷却时,低穿透热发散度的区域(如孔隙或分层)将会比传

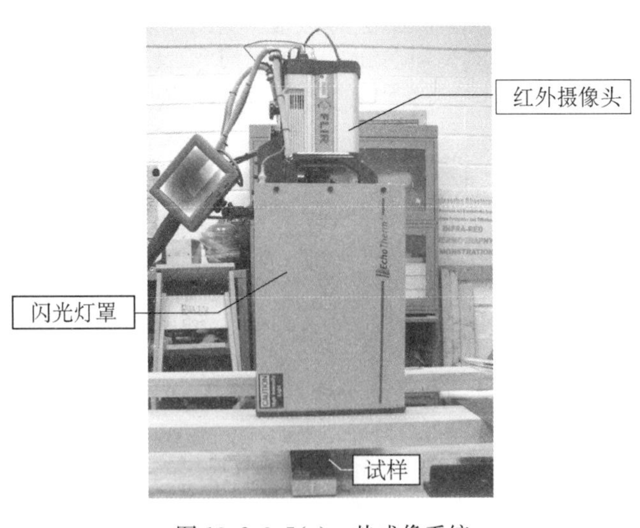

图 13.2.3.5(a) 热成像系统

导热较好的试样完好区域要保持较热的状态。表 13.2.3.5 概括了试验的参数设置。

表 13.3.2.5　热成像法参数

参数	值	参数	值
成像仪	FLIR SC6000	视界	13 in×12 in(33 cm×30 cm)
帧频	42 Hz	相机镜头距离	18 in(48 cm)
镜头	0.98 in(25 mm)	帧幅数	500(12 s)
热源	TWI 闪光罩	检测器大小	640×512 像素

一旦得到了热成像图像，它们可以以静态的帧幅或以数字电影方式来观察，图 13.2.3.5(b)显示了从热固性层压板和夹层试样顺序获得的多个单幅图像，在这些

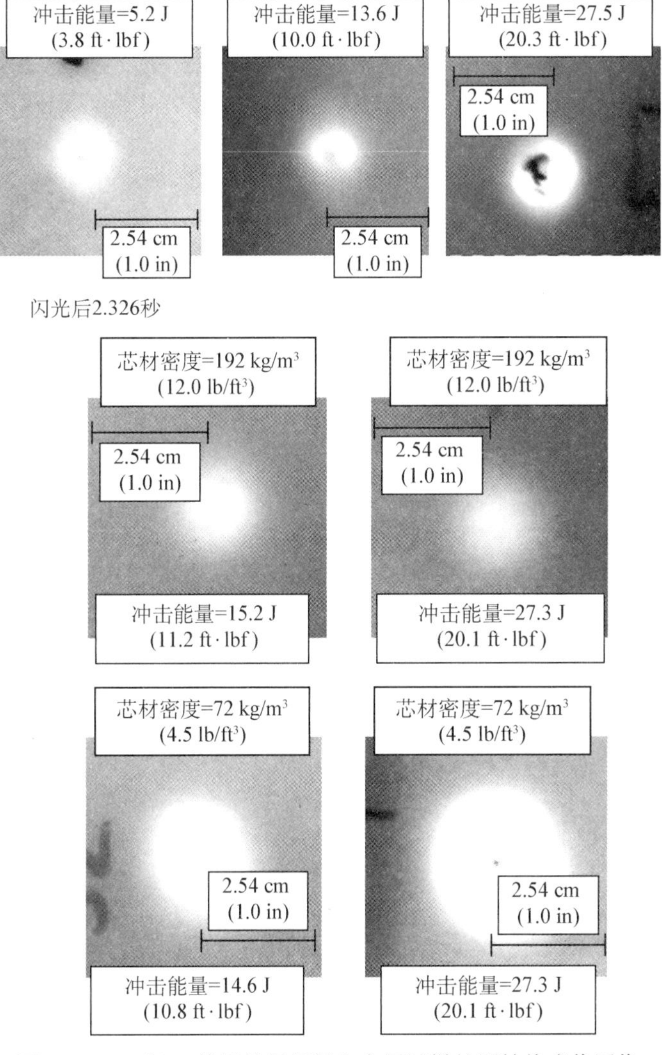

图 13.2.3.5(b)　热固性层压板和夹层试样的原始热成像图像

图像中唯一所做的后处理是减去闪光前的图像并调整了对比度，所有受冲击的地点显示出有白色圆形特征的损伤记号。

采用对热时序一阶和二阶导数形式的后处理也在数据中做了演绎，如图13.2.3.5(c)所示，使用一阶导数的特点拉平了背景的反差度，使得损伤地点的铺层本质细节变得明显。在后面几幅图像中背面分层的影响变成暖色和浅色区域而明显，这是因为失去纤维使能吸收热的材料减少的缘故。

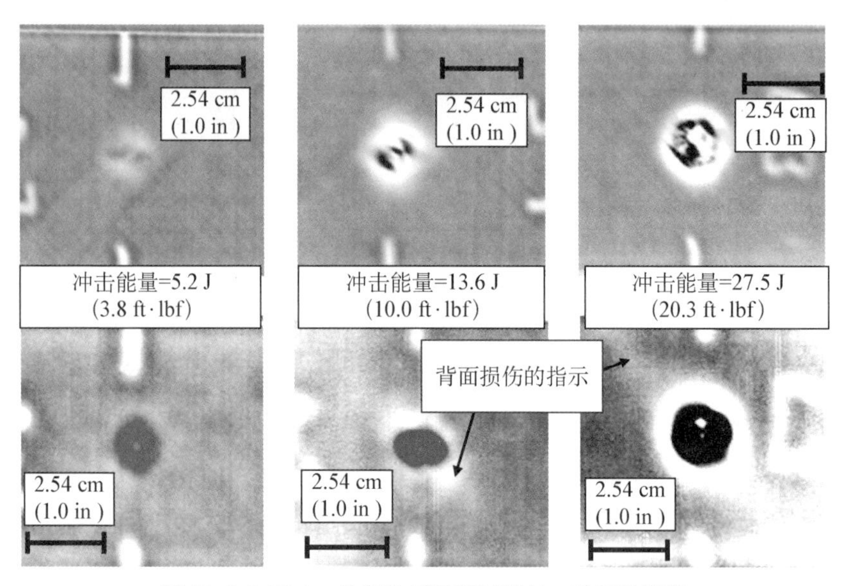

图 13.2.3.5(c) 热固性层压板试样的一阶导数图像

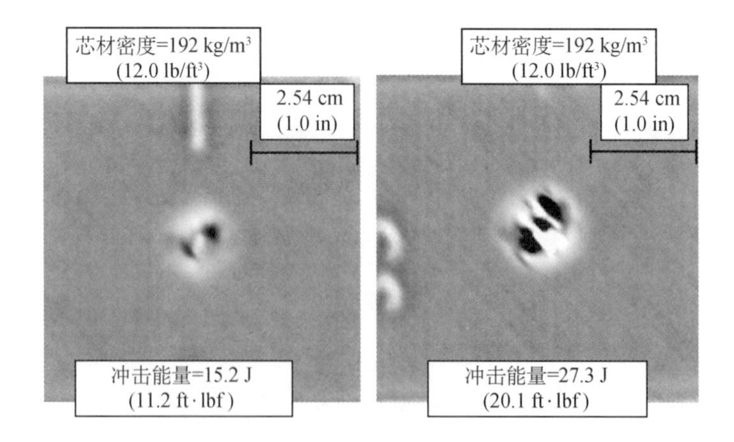

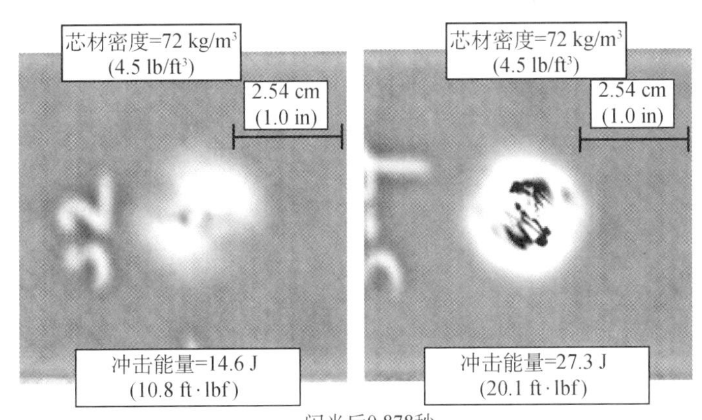

图 13.2.3.5(d)　夹层试样一阶导数的图像

13.2.3.6　有损检测(横截面)

本例的试样在穿过受冲击的地点横截并抛光其边缘如图 13.2.3.6(a)所示，每个图中的线条表示了试样被截开和抛光的地方以及显微镜照相视图的方向，由冲击事件所引起的损伤可以通过光学显微镜看见。

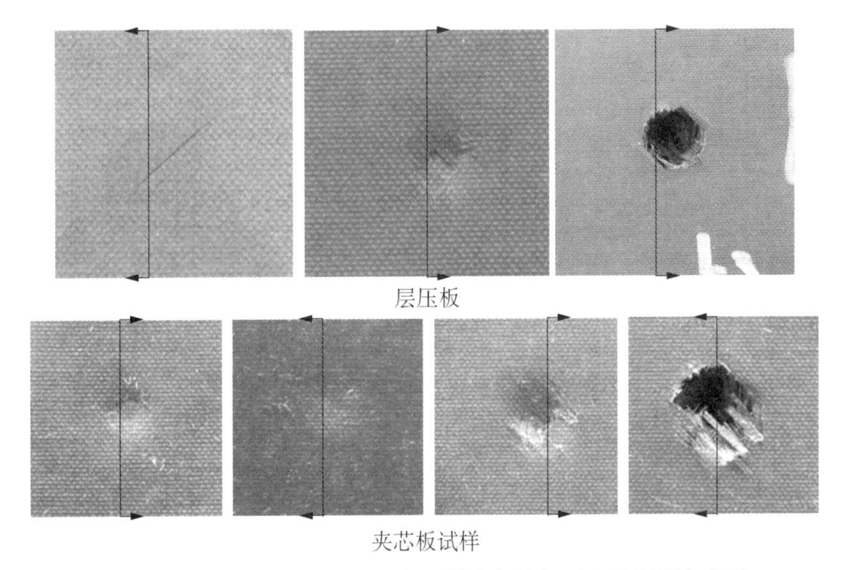

图 13.2.3.6(a)　热固性层压板试样在何处切开以及视图方向图

图 13.2.3.6(b)显示了在白色光下，放大 7 倍后每一层压板试样的横截面。

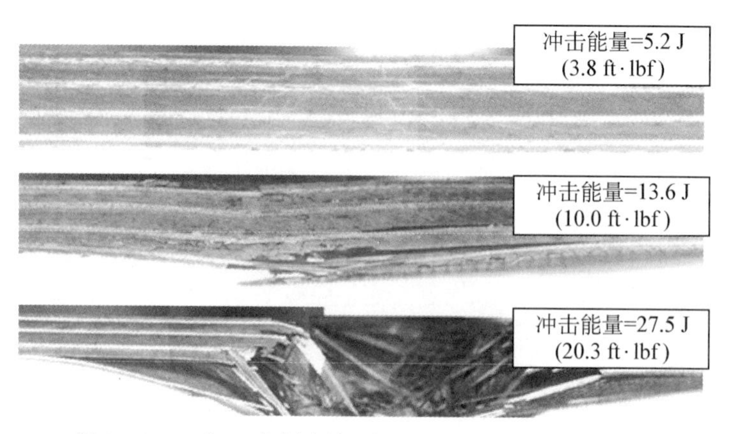

图 13.2.3.6(b) 本例中热固性层压板试样的横截面视图

图 13.2.3.6(c)显示了在白色光下，放大 7 倍后每一夹层试样的横截面。

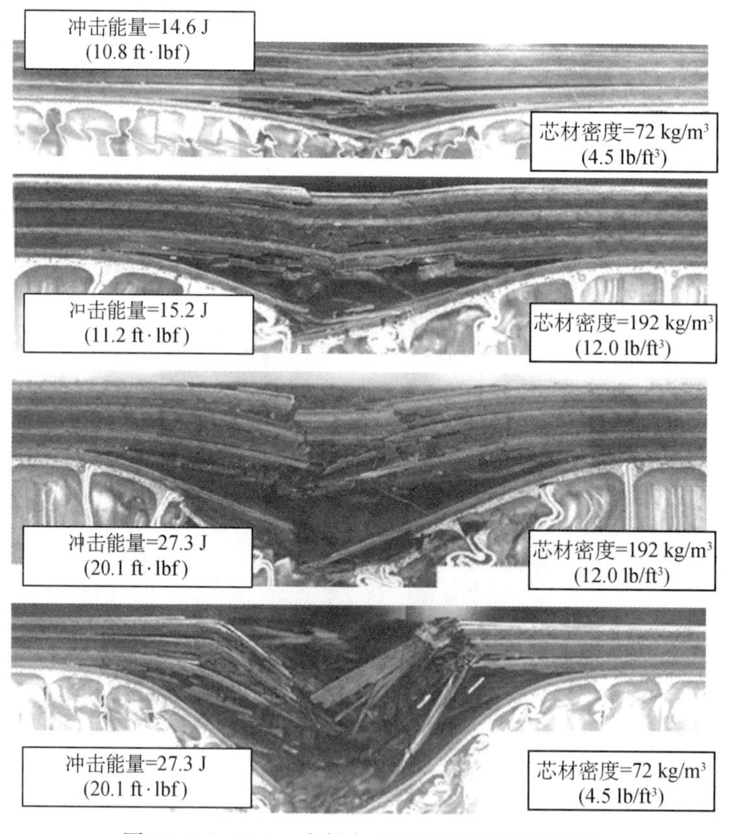

图 13.2.3.6(c) 本例中夹层试样的横截面视图

在某些例子中，特别当那些损伤不严重时，用一种荧光染料渗透剂，并且用一种紫外光源来使裂纹和分层有较好的亮度。试样中的两个例子在白光和紫外线光下的视图显示在图 13.2.3.6(d)。

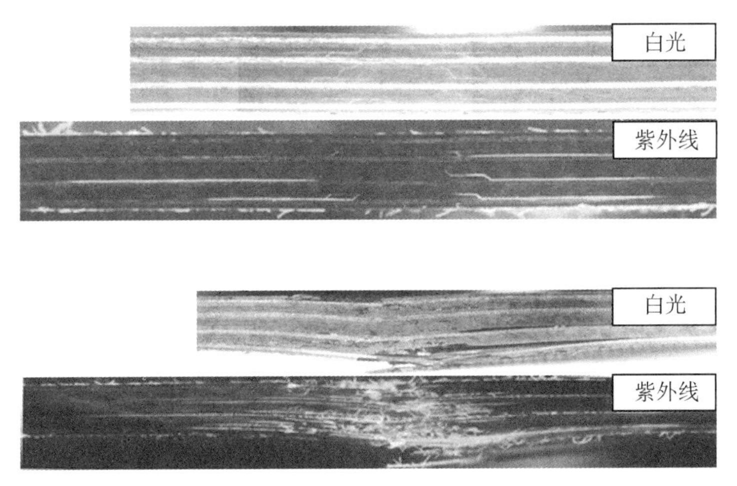

图 13.2.3.6(d)　在白光和紫外光下用染色荧光渗透剂时看到的两件试样横截面视图

参 考 文 献

13.1.2.1(a)　Gottesman T, Mickulinski M., Influence of Matrix Degradation on Composite Properties in Fiber Direction [C]. Engineering Fracture Mechanics, Vol 20, No.4, 1984, pp.667 - 674.

13.2(a)　Miracle D B, Donaldson S L. ASM Handbook, Volume 21: Composites [S]. (Volume Chairs), 2001.

13.2(b)　Composite Repair NDI and NDT Handbook [S]. ARP 5089, SAE, 1996.

13.2(c)　ASM Handbook, Volume 17: Nondestructive Evaluation and Quality Control [S]. 1996.

13.2(d)　Nondestructive Testing Handbook, 3rd Edition, Volume 3, Infrared and Thermal Testing [S]. ASNT, 2001.

13.2(e)　Nondestructive Testing Handbook, 3rd Edition, Volume 4, Radiographic Testing [S]. ASNT, 2002.

13.2(f)　Nondestructive Testing Handbook, 3rd Edition, Volume 7, Ultrasonic Testing [S]. ASNT, 2007.

13.2(g)　Nondestructive Testing Handbook, 3rd Edition, Volume 9, Special Nondestructive Testing Methods [S]. ASNT, 1995.

13.2(h)　Handbook of Nondestructive Evaluation [S]. Charles J. Hellier, 2001.

第 14 章　可支持性、维护与修理

本章讨论支持与维护复合材料结构的一些有关问题。讨论专指飞机结构，但是其指导原则也有助于其他复合材料应用情况。

14.1　引言

在使用过程中，通常需要对工程结构进行某种程度的维护，以保证其持续履行预定的功能。飞机结构维护可定义为保证其持续适航性所需要进行的一套工作。这是保持飞机安全性的损伤容限方法中一个必不可缺的部分。飞机维护包含了很多方面，但其中的很多问题将不在本章讨论，这些问题主要涉及意外损伤：意外损伤的检测、表征、处理及修理。

通常通过规定的检测计划、运行人员得知的一些异常事件，或者通过外形、光泽或功能的变化首先发现损伤。虽然可以规定其他的技术手段，但飞机检测计划通常依靠目视检查来进行初始的检测。一旦发现损伤，就必须加以表征。由于复合材料的损伤一般含有表面下方的部分，因此必须采用非目视方法来确定损伤的类型与范围。可以采用很多方法，它们各有其功效与局限。

了解损伤状态后必须对其加以处置。损伤可能经过或不作非结构修理（例如封补、加以气动光顺）成为可以接受的损伤，或者损伤足够严重而需要进行结构修理。通常依据原始设备制造商（OEM）所提供维护文件中的信息来做出这个决定。如果需要修理，必须确定适当的修理细则和程序并经批准。修理后的结构必须满足原始结构的所有规章要求，并满足众多的修理专用标准。在管理机构批准认可修理时还需要有足够的资料、数据来证实修理的效果。最后才实施修理。修理后的结构性能与修理质量有很大关系，因此需要有关于制造、组装和质量保证的详细规程，并在实施修理时严格遵循。

原始设备制造商（OEM）建立了众多涉及修理的文件，以确定适当的维护程序；其中关键的是结构修理手册（SRM），该手册规定了允许的损伤限，给出了修理的选择及方法程序。

可支持性是影响维护或支持难易的一些结构属性的汇总。这些属性的例子有，易于检测、材料选择、损伤阻抗和容限、耐久性以及易于修理。在设计过程中考虑这些问题有助于使维护费用降为最小。

为保证成功的修理工作，必须处理好各种各样的后勤考虑，其中包括人员培训、备件、修理材料、设施、技术数据和支持设备。

14.2　重要考虑事项

安全维护复合材料结构取决于众多学科的协同努力，包括地面与飞行人员、检测人员、修理技术员和工程师。损伤检测、处置和修理的不同步骤需要特殊的技巧。维护团队的每个成员应当经必要的培训并获得技能以完成各自的任务，并了解复合材料维护的所有领域以及其他团队成员的技能。他们应当了解其专门技术的局限，并在超出其局限的情况下知道和谁联系。特别是，他们应当认识到，当损伤超出了所批准维护文件包含的情况时，需要特殊的检测与修理指令。这种情况下，可能需要具有必须技能的其他队友来确定损伤的整个损伤程度，设计并证实一种修理方法，满足给定结构的适航性要求。

由于复合材料的复杂特性，除了原始设备制造商(OEM)，要设计并证实一种修理方法是困难的。诸如对金属结构进行修理设计时所应用的逆向工程技术，对于复合材料还没有成熟到能提供所需的安全水准。此外，必须有确实的数据以设计并证实一个修理能满足原设计的所有要求。这些数据包括原材料和修理材料的性能和许用值、内部载荷、所有设计要求，以及为确保修理完整性而验证其所用分析方法的试验数据。在很多情况下，原始设备制造商(OEM)并不愿意将这种信息透露给外部组织。

复合材料结构中的损伤类型与金属结构明显不同。意外冲击事件可能导致相当大的损伤，而只有很小或者甚至没有目视征兆。这提供了很多启示，其中有两个对于维护特别重要。首先，目视检出的损伤通常伴有非目视可见的损伤；需要用更加先进的无损检测(NDI)方法(例如敲击测试、脉冲回波)来充分表征这损伤。其次，严重的突发事件(例如高能勤务车辆碰撞、超越飞行包线的飞行)可能在没有任何目视征兆的情况下，或者在离开目视征兆的区域导致显著的损伤。必须建立程序以保证能够立即报告这些事件，并在下步飞行前进行适当的检测，以检出任何相关损伤并加以定量。

成功修理复合材料需要关注很多关键细节。螺接修理在很多方面与金属结构情况相似，但是可能需要不同的钻孔方法和紧固件类型。适当的装置紧固件是获得必需连接强度并将载荷传入修理补片的关键。胶接修理的质量取决于材料的质量、表面准备和加工处理。此外，由于修理后的检测还不足于保证胶接修理的完整性，重要的是要遵循所有规定的方法程序，包括过程质量控制中的程序。采购、存储、处理和(湿铺贴中)混合材料的特殊要求保证了材料的行为满足所需。通过适当去除污染和适当准备化学胶接的胶接表面，使得胶接面的缺陷降到最小。考虑了使用环境下修理特殊条件的详细处理程序，保证了修理材料的适当凝聚和固化，达到必要的黏合强度。

上面讨论的问题反映了复合材料结构维护中的某些重要考虑。在本手册第3卷第3.6节和参考文献14.2中，对复合材料维护中一些关键事项给出了更全面的讨论。

14.3 使用经验

要设计出可靠而成本效益高的设计细节，其第一步就是要清楚复合材料结构的历史。在20世纪60年代早期复合材料就被引入民用飞机工业，大多使用玻璃纤维。更先进纤维(例如硼、芳纶以及碳纤维)的发展，提供了比铝增大强度、降低重量、提高抗腐蚀性和提高抗疲劳能力的可能。这些新材料体系被称为先进复合材料，它们被逐渐而谨慎地引用，以保证其能力。虽然在当前的使用中可以发现所有这三种先进纤维，但是其中碳纤维是最常见的流行材料。

追踪某些早期的产品问题，复合材料的使用经验总的是良好的，对于厚的主结构件其使用经验非常好(见参见文献14.3(a))。在20世纪70年代中期，碳纤维部件被首先引入商业飞行服务。有重要意义的一个早期计划涉及有限的批量生产108个B737飞行扰流板。这些产品被分配到全世界五个不同的航空公司。除了运输航空公司员工的特别关注，波音公司负责该计划的工程师每年检查仍然保持运行的扰流板。在这年度检查的同时，把其中三个扰流板从飞机上拆下送回波音公司进行极限强度破坏试验。发现其剩余强度和刚度始终高于所需要的值。当需要时，由波音公司对这些构件进行修理。在这同一期间，道格拉斯和洛克希德公司也将一些非飞行安全的构件安装到他们自己的飞机上。

NASA于1975年启动了一个飞机能量效率计划(AirCraft Energy Efficiency, ACEE)。随着这个计划，波音、麦克唐纳道格拉斯和洛克希德马丁公司对次要和主要结构件进行设计、建造、取证并展开了小批生产，如表14.3(a)所示。作为这个计划的一部分，波音用碳-环氧复合材料重新设计并制造了五套737水平安定面。

表14.3(a) NASA的ACEE构件

制造商	次构件	主构件
波音	B727升降舵	B737水平安定面
道格拉斯	DC-10上后方向舵	DC-10垂直安定面
洛克希德	L-1011内副翼	L-1011垂直安定面

这些根据ACEE计划研发的碳纤维增强复合材料构件在使用中的性能良好。然而，应当指出，这些构件是由一些小而高度协同的团队所设计和制造的。在开始ACEE计划研发时，这些团队的很多成员已有几年关于先进复合材料的工作经验。

B727夹层结构升降舵和B737加筋蒙皮形式水平安定面的团队，在研发计划中考虑了可维护性。他们设计了修理和检测方案，并作为NASA合同义务的一部分，对每个构件编制和发布了维护计划手册。各航空公司(对B727升降舵为联合航空公司，对B737水平安定面为Delta和Mark航空公司)事实上也是团队的一部分，拟定这些文件。这两种构件在使用中遭受到不可避免的损伤。用预先确定的修理方案进行其修理，并在一个情况下采用与原始设备制造商(OEM)联合建立的特殊修理方法进行了修理。

在其退出使用后，对几个B737安定面进行了多次拆毁检查。这些检查的程度不同，最彻底的是最近由波音公司和国家航空研究所(NIAR)进行的。评估工作包括目视检查、产品级超声检查、拆解、显微镜检查，以及破坏性的物理与力学试验。被检查件已经经受了19300～55000次飞行，运行了17300～52000小时。发现复合材料结构的退化很小。发现了某些基体裂纹，主要在富脂区域和贫脂区域。所有安定面在上表面的内弦筋条尽头处出现脱胶。据信这些是因无紧固件筋条尽头上人员脚步的载荷所致。在下蒙皮板的肋-筋条交会处，发现有几个小的蒙皮-筋条脱胶。没有找出发生的确切原因，但是预计之外的拉拔载荷和/或制造缺陷似乎为其成因。发现了一个损伤与分层的情况，但是看来是因搬运而非使用中的载荷所致。拉伸与压缩试样试验以及3-筋条压损与轨道剪切试件试验，全都证实其剩余强度和在研发试验计划中得出的数值相当。金属结构也保持得很好。在组装中没有适当进行结合面密封和紧固件湿安装之处，发现了极有限的紧固件斑蚀和腐蚀。在参考文献14.3(b)-14.3(f)中有关于这些结果的更详细讨论。文献14.3(f)还包括了国家航空研究所(NIAR)目前对比奇飞机公司Starship飞机主机翼进行拆毁评估的讨论内容。

另一项使用评估工作始于1980年，涉及安装在法国航空公司A300飞机上的22个减速板、扰流板(14个用碳-环氧带制造，和8个用碳-环氧织物制造)。设计了螺接修理方法(临时修理用金属补片，永久修理用复合材料预固化补片)。截止A300B2/B4机队1998年退役，累计达到427353飞行小时和251186个飞行循环。使用最多的构件累计最多达33802飞行小时和17956个飞行循环。

在使用寿命期间，在飞机上和在实验室进行了无损检测(目视和超声检查)。对11个构件进行了静力试验，包括6个用碳-环氧带制造的(使用达17年)和5个用碳-环氧织物制造的(使用达12年)。由于组装中保护部分破损而未修复，在铝(7075)梁的中央结合处发现有几处细小腐蚀斑。在这计划的早期对后缘作了修改，用实心碳制造的改进零件替代原来的橡胶。采用单面紧固件束缚制造中产生的蒙皮-翼肋脱胶，修理了两个构件。发现从老龄构件中截取的试样中，其含湿量与在82%相对湿度和158℉(70℃)下进行加速老化的试件相似。这个静力试验证实，由于老化只导致细小的刚度变化或破坏模式/载荷变化(有关稳定性的破坏)。

于1989年投入使用的ATR 72外翼盒，是厚实心层压板结构的一个成功例子。截至2008年，累计超过了七百万飞行循环和六百万飞行小时。最大的单机应用已达57 900飞行循环和36 444飞行小时。使用经验很好，只报告有一次意外损伤；一架飞机以25 km/h(15 mile/h)的速度撞到机库大门。用螺接的碳-环氧和金属补片修理此复合材料外翼盒(见图14.3(a)和(b))，同时由于出现永久变形，更换了中央翼盒的所有金属零件。一架飞机在上蒙皮前缘的外铺层呈现了侵蚀，因而在设计中引入一个斜面，再没有报告其他的问题。即使在未用玻璃纤维织物材料来隔离铝零件和碳/环氧复合材料之处，腐蚀也不是个重大问题。

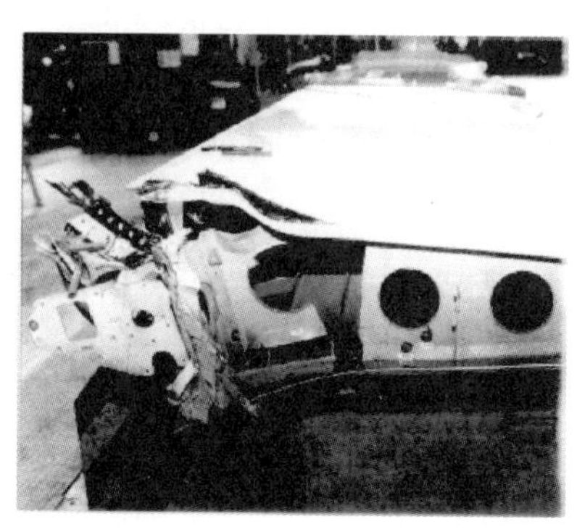

(a) 损伤的ATR 72碳机翼外翼盒：碳前梁和碳机翼蒙皮

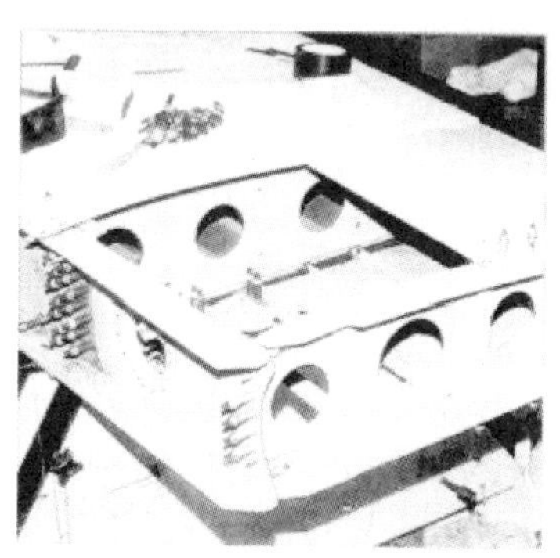

(b) 修理机翼蒙皮之前已修理的碳梁

图14.3　对严重受损ATR 72机翼的修理

这些构件的早期成功导致其更加普遍应用于生产环境。早期的生产应用包括副翼、襟翼、短舱和方向舵。这各式各样的构件提供了广泛的设计细节。普遍应用于生产环境，难免伴随着零件设计、制造、和检测人员在技术上的弱化。

复合材料比铝的比刚度和比强度逐步增加，再加上因燃油短缺与高昂费用引起的由重量驱使的一些要求，导致了薄蒙皮夹层结构的应用。当初设计这些复合材料部件时，并未充分考虑原铝部件的长期耐久性要求。使得问题进一步复杂的是，其损伤现象如分层和微裂纹都是新问题且比传统的铝结构更加复杂。

某些早期的复合材料构件特别是薄壁的夹层板，经历了一些耐久性问题；这些问题可以分为三类：对于冲击的低阻抗，流体浸入和侵蚀。这些部件为操纵面或次结构，例如固定后缘板，所强调的是重量和性能，蜂窝芯部件的面板通常仅有三层或更少连同一层Tedlar膜。这种办法对于刚度和强度是适当的，但是考虑到部件运作的使用环境、工具坠落，以及服务人员常常忽略了薄壁夹层部件的脆弱性，这样就不适当了。由于采用薄面板，这些构件的损伤，例如芯子压碎、冲击损伤和脱胶，是很容易用目视检查发现的。然而，有时损伤会被忽略；或者会因服务人员不愿推迟飞机离港，或不愿被别人发现其事故有损业绩记录而瞒报损伤。因此，损伤有时会遗漏，并通常因流体浸入芯子导致损伤扩展。非耐久设计细节(例如，不适当的芯子边界收尾)也会导致流体的浸入。

已经知道复合材料的抗侵蚀能力不如铝,因而通常避免将其用于前缘表面。然而,复合材料仍被应用于几何外形高度复杂的区域,只是通常增加一个防侵蚀的涂层。某些防侵蚀的涂层的耐久性和可维护性不如理想。另外一个不像前者那么明显的问题是,如果舱门或者壁板的边缘暴露在气流之中就可能被侵蚀。这种侵蚀可归因于不适当地设计或安装/配合。另一方面,由于以下原因,与这些复合材料部件相接触的或在其附近的金属结构可能呈现腐蚀损伤:

- 不适当地选择铝合金。
- 组装中金属部件的抗腐蚀密封胶损坏或者结合处的抗腐蚀密封胶损坏。
- 密封胶不足和/或在梁、肋和接头的接触面处缺乏玻璃纤维隔离层,因而出现接触腐蚀。

归结起来,已经证明很多生产型的碳-环氧夹层部件如后缘壁板、发动机外罩、前起落架舱门和整流罩等能够减少重量、有抗分层能力、改善了疲劳性能并能够防腐蚀。某些早期部件的服役记录不佳,可以归因于易碎性、含有非耐久的设计细节、工艺制造质量差、会渗水的面板(厚度不够),以及安装不好或紧固件的密封差。很多这些设计问题都是由于从发展计划如 NASA - ACEE 移植技术不充分所致。很多采用复合材料的飞行控制板和次结构板件,设计时未考虑到复合材料的适应性以及使用环境。结果很多构件在设计时趋向重量高效的夹层结构形式,采用仅有两到三层的面板。这些构件不仅损伤阻抗能力差,并且难于密封防止流体。

易碎性在这些薄壁夹层结构中有如此多的问题,但对于较厚的(夹层或实心的)主结构,如尾翼和机翼以及机身的抗扭盒就远非大问题了。更加健壮的结构例子有:波音 B787 的机翼、机身和尾翼,波音 B777 和空客系列复合材料尾翼的主抗扭盒,美国空军 B - 2 机翼和机身;ATR 72,美国空军 F - 22,美国海军/陆战队 F/A 18,以及英国皇家空军/皇家海军/美国海军陆战队 AV8B 猎兔犬外侧翼盒。除了其具有高损伤阻抗能力的主结构构件,最新的空客与波音飞机已经包含了改进的小厚度复合材料结构设计。然而,它们在使用中依然比主结构易于受到损伤,因为这些是厚度最小、以夹芯为主的结构。

14.4　检测

用检测来识别和量化在结构中出现的使用损伤或退化。对于飞机,由原始设备制造商 OEM 制订出规定检测频次和方法的检测计划,以满足损伤容限要求。关于检测计划的制订问题,在 12.4 节中讨论。

在飞机服役过程中对复合材料结构采用了各种各样的检测方法。表 14.4 汇总了常用的方法及其使用。关于这些方法的细节,在 13.3 节讨论。

表 14.4　通用的无损检测方法

方　法	结　构	检出的损伤	可靠性
目视	所有	表面损伤	好
敲击试验	薄层压板	接近表面的分层	好
	薄面板	缺胶	好
		接近表面的脱胶	好
		空隙	很差
		芯子膨胀(芯子损伤)	差
		在收口处连接不好	好
		在芯子拼接处连接不好	差
超声	所有	分层	好
		缺胶	好
	夹层结构	芯子压塌	差
		芯子膨胀(芯子损伤)	差
		芯子内有水分	差
射线照相术	所有	脱胶/分层	差
		拐角处分层	好
	夹层结构	接点分离	好
		芯子压塌	好
		芯子膨胀(芯子损伤)	好
		芯子内有水分	好
剪应力成像术	所有	脱胶/分层	好
热成像法	所有	脱胶/分层	好
	夹层结构	芯子内有水分	好

由于目视检查简单、省钱并具有大面积检测的能力，成为在外场对复合材料飞机结构损伤作初步检测时采用的主要技术。对一定区域进行初步损伤检测时，有时可能需要使用更为先进的无损检测方法。这种情况很少见，并通常局限于对损伤特别敏感、并对于飞机安全运行很关键的一些较小范围内。在得知服役中出现的事件(例如轮胎或发动机破裂、鸟撞、结构过载等)后，由工程人员确定的特殊检测，可能同时需要进行目视检查和其他的无损检测方法，以确定其整个范围。

对于已知损伤的表征，通常结合目视和其他更先进的无损检测方法来完成。目视检查可用于量化凹坑的深度、表面损伤的范围以及刮伤的长度。更加精良的无损检测方法用于确定表面损伤的程度。这些方法通常包括敲击试验或脉冲回波，以确定损伤的平面范围图。在某些情况下，可用附加的方法(例如错位散斑干涉法、剪应力成像术、热成像法、先进的超声技术、射线照相术)来支持这些技术，以确定损伤的平面范围图和/或损伤沿着厚度方向的分布。

在进行修理之后，检测还用于帮助保证修理的质量。这些检测问题将在第 14.7.6.2 节中讨论。

14.5　损伤评定

损伤评定是检测和(处置损伤的)修理之间的一个中间阶段;损伤评定的过程包括决定①是否对损伤的结构修理;②和如何修理或密封该损伤;③修理的性质(永久或临时修理);④为保证修理质量所需的检测以及⑤为保证所修理结构的剩余寿命所需的检测等。这些决定取决于损伤的检出部位、对损伤表征的精度、确定损伤烈度的可用手段,以及适当修理的设计与实施。

14.5.1　评定人员的授权

评定人员授权是其有权来解释检测的结果,并决定所需要的修理和结构的剩余寿命。这与评定人员所得到的信息及其专业知识有很大关系。在外场,评定人员的授权限于遵照制造商的说明书。在修理站和在制造商的设施内,只要得到工程方面的批准以及对民用飞机还得到管理当局批准,可以扩大其授权。对于大型的损伤,可能需要进行试验证实。

14.5.2　评定人员的资格

损伤评定是一个综合的过程。评定人员应当具有相应技术基础以理解检测结果、理解可能的设计信息,应当熟悉修理能力并具有需要的技能和经验。对于技术专业知识的要求随修理地点而不同,例如,在 FAR Part 65"资格证书:非机组成员的航空人员"中,规定了发放机械和修理人员证书的要求。对于民用飞机,外场的损伤评定由具有复合材料知识的适当等级持证机械人员,按照飞机制造商在维护手册和结构修理手册的规定进行。对于其他的外场情况,例如对于军用飞机,也有相似的标准,规定人员的技艺和经验要求。在修理站和制造商的场所内,这个评定应当由一个团队进行,其中包括工程设计和分析人员。

14.5.3　损伤评定的信息

损伤评定过程需要以下的信息:

损伤的表征

● 损伤的几何性质,包括损伤类型(分层、切口、孔等)、尺寸、形式。

● 损伤的部位,包括在零件上的位置(在复合材料层压板中应当考虑面内位置以及深度)、邻近的其他结构元件或系统、邻近的其他损伤和修理。

这个信息与检测能力有关。应当确定先前的修理或修改。应当确认一个部件符合原来的图纸。使用中的修理、修改或者甚至于替换一个不同零件,都可能改变修理的设计。

损伤导致的结构性能下降

在着手进行任何修理以前,评定人员必须考虑结构的设计要求和设计所依据的标准。

修理能力

下一节将详细介绍所推荐的复合材料结构修理方法。但是,在这个阶段必须评估修理能力和实施修理所可能的方法，决定是否进行修理及进行何种修理。例如，如果没有胶接设施或者没有足够时间进行固化，可能就要执行等效的螺栓连接的修理，或选择一个临时的修理，以便抵达某个有修理能力的场所。

14.5.4　对修理场所的考虑

进行损伤评估的信息依赖于进行损伤检测和修理的场所。表 14.5.4 概括了在不同场所时所可能得到的信息。

表 14.5.4　按场所的损伤评定

场所	损伤信息	设计信息	修理能力	评定者资格	评定者授权
外场	有限	有限的制造商指令	有限的手段和时间、设备条件	技师或修理者*	限于制造商的修理手册
修理站	部分 因修理站而异	部分的制造商的指令，某些功能及设计信息	部分， 因修理站而异	技师或修理者*以及工程支持	部分，需要制造商和民航管理部门的批准，或军方的场站工程处置权
制造商	完整的 设备和知识	完整，设计信息、分析能力、知识和取证的授权	所有设施，从复杂的修理到返修	工程与制造队伍	充分，对已取证的产品进行修改需经民航管理部门批准

* 具有复合材料知识的适当等级人员(FAR part 65)。

外场

在机场、航空公司、空军基地、海军航空母舰：

- 有限的检测设备，因而对实际损伤程度只有有限的认识(例如由于冲击损伤，上部蒙皮和漆层有目视可见的损伤，通过敲击发现有分层的迹象，但不知道分层的准确尺寸大小、深度和层数等)。
- 不知道该损伤对构件的结构完整性有何影响。
- 有限的修理能力。
- 时间受限。

在此情况下，构件设计者有责任根据其对结构的知识和对使用者检测和修理能力的了解，确定在外场条件下允许修理的最大损伤和其修理方法。对于民用飞机，FAA 规章 Part 43 要求，修理方法和人员应当是经 FAA 批准的。文献 14.5.4(a)中有一章涉及层压结构的修理(限于玻璃纤维情况)。标准的修理手册应当包括检测方法、可允许不加修理的最大损伤、可以修理的最大损伤及修理方法。

修理站

修理站的能力和等级各有不同。

修理站可能是航空公司、制造商、军用修理站的一个部分，或者是专门从事修理的设施。对于民用飞机，修理站必须得到FAA批准。AC 145－6(文献14.5.4(b))提供了信息和指南，来证明对14 CFP中第21，43，121，125，127，135和147各部分有关要求的符合性；这些要求涉及修理和更改含金属胶接和纤维增强材料结构时的程序和设施。

根据适当的工程处置权，修理站所修理的损伤可以超出制造商在修理手册中规定的界限。对于民用飞机，这种修理必须得到FAA(或其他民航管理部门)的批准。在美国军方，当所需的构件修理超过修理手册规定的限制时，要提交武器系统(飞机)计划管理人员以获得工程处置权。根据构件的损伤和外场的能力，这个工程处置可以指定进行外场修理、委派基地修理组，或者把构件移送基地进行修理。军用修理站常常按照原先制造商的技术条件在内部重新制造构件。

在修理站通常可以得到以下信息：

- 修理站的检测能力比外场能力强很多，但可能因为修理站的类型和级别而不同。
- 设计信息：制造商应当提供工程支持(图纸、特殊问题的区域、雷击防护、电磁发射等)。可能有分析手段来评价所设计修理的性能。
- 必须按修理类型来评定修理设施等级(例如对于胶接修理要包括所用的清洁房间、适当的存储与固化设施)。

制造商

当把构件送回制造商进行修理时，可以得到所有的资源用于检测、结构定义和可能的修理方法，可以进行大的修理或返修。制造商可能派出修理组在外场执行修理，这也是一种制造商的修理。

同样，这个修理必须进行证实，同时民用飞机要得到民航管理部门的批准。

14.6 修理设计和证实

14.6.1 修理设计准则

修理设计准则用于保证，经过修理的构件具有与未损伤构件同样的结构完整性和功能。修理设计准则应当由原先的制造商，或有管辖权的工程权威机构制定，用于编制结构修理手册(SRM)中的各项修理。当在SRM的范围内进行修理时，操作者或修理站将无保留地遵照执行。当设计的修理超出了SRM的限制，必须根据规定的修理准则，对修理进行证实和报请批准。

具体飞机的修理手册SRM通常将结构进行“分区”，显示其修理尺寸限和/或可接受的标准修理类型。进行分区可以允许在强度裕量大的区域进行较简单的修理。进行分区也限制了运营者去修理那些载荷复杂因而只应在原设备制造商(OEM)参与下修理的区域。

有三种不同类型的修理：临时(temporary)修理(也称为“时间限制”修理)，中间(interim)修理以及永久(permanent)修理。允许临时修理是为了允许飞机满足飞行时刻表;这些修理通常是有时间限制的,必须在时间限以前加以去除,代之以永久修理。中间修理需要有定期的检测,可以继续无限期地用于服役。永久修理是可以认为是终结行动的修理;因此,在很多情况下,除了对基本结构的定期检测外没有之后进行检测的要求。

对于永久修理,其修理准则基本与所修理构件原来设计所用的准则一样。这些准则是:恢复原构件的刚度,达到预计情况下的静强度直到极限载荷(静强度包括稳定性,除了后屈曲结构),保证在构件剩余寿命期的耐久性,满足原构件的损伤容限要求,以及恢复飞机系统的功能。此外,还有其他适用于修理情况的要求。这些要求是:使空气动力外形的改变为最小,重量惩罚为最小,载荷路径改变为最小,以及符合飞机运行计划。另外一个常常用于胶接修理情况的准则是,在没有修理补片的情况下,在某个时间周期内,维持限制载荷能力。在某些情况下,这是认证当局加上的要求,但是,这永远是一个好的设计原则,有助于弥补进行修理时的可能错误。

在原结构具有大安全裕度的区域,按照以上的准则可能导致修理后的强度显著低于原构件强度。因此,重要的是要在维修记录中准确记录所有的修理工作,保证其能够适当地影响今后的维护工作。例如,在规定最小允许损伤限 *ADL* 和许可的修理时,结构修理手册 SRM 常常包含对距离现有修理的最小间距要求。

14.6.1.1 构件的刚度

任何修理中的第一个考虑是更换已损伤的结构材料。刚度与修理材料的更换应当尽可能接近母体材料,特别对于大型修理。这就使得构件的载荷分布与总体动力特性的变化为最小。此外,很多轻重量的飞行器结构是按照比其强度要求更严格的刚度要求设计的,因此,对于这类结构的修理必须保持需要的刚度,以能满足其变形和稳定性的要求。

常常将固定的空气动力表面如机翼和尾翼设计成具有充分的弯曲和扭转刚度,以防在空气动力载荷下产生过大的挠曲。这是为了防止发散和防止操纵面(例如副翼)的操纵反效问题。可动表面常常对空气动力颤振问题很敏感,因而可能已对其刚度进行了仔细的剪裁,以获得不会产生颤振的自然频率。在第 14.6.1.7 节中讨论了增加重量的影响。

对于任何重大的刚度变化,都必须评估其对于结构动力特性的影响。刚度变化可能影响操纵面的颤振和作动舱门(例如起落架舱门)的变形。刚度降低可能导致在空气动力载荷下出现过度变形,这将会增大阻力或者在极端情况下引起结构损坏。

14.6.1.2 静强度和稳定性

任何修理都必须设计成,能在极端温度差异、吸湿程度和目视勉强可见损伤情况下承受极限设计载荷。因此,设计修理时需要知道精确的内力。如果不知道这些载荷,则修理选项就限于结构修理手册所规定的那些,因为这些做法是按照满足所有静强度和稳定性要求来设计并经取证的。

设计修理时特别关注载荷路径改变的问题。当必须恢复强度时，要注意修理刚度对结构内载荷分布的影响。如果补片的有效刚度低于原结构，这个补片可能没有承担其载荷份额。这可能导致结构中别的地方因载荷较高而过载，以及在紧靠补片处出现应力集中。这种低刚度的情况可能是由于采用了比原材料刚度(EA)低的补片，或者是由于紧固件的松配合或紧固件变形而不能传递全部载荷。相反，过度刚硬的补片可能吸引了超过其份额的载荷，使得补片本身或其所连接的区域出现过载。母体材料与补片之间的刚度失配可能引起剥离应力，这可能引起补片的脱胶。

承受压缩或受剪切的结构，例如某些机翼蒙皮、梁或肋的腹板以及机身结构(包括其外蒙皮和内部隔框)，其在极限设计载荷下的临界情况可能是稳定性而不是强度。可能出现两类稳定性破坏情况：

- **壁板屈曲** 一个蒙皮壁板，例如一段机翼蒙皮，可能在其主要支撑(例如梁和肋)之间出现屈曲。允许结构的某些部分在低于极限载荷时屈曲，以利用载荷重新分布的好处，达到极限载荷能力。对于稳定性关键的结构以及允许后屈曲的结构，所设计的修理不应当对屈曲及后屈曲模式有不利的影响。这种修理中必须考虑壁板的刚度以及连接到骨架时所提供的支持。在这种情况下，与母体材料的刚度匹配是最重要的。
- **局部皱褶和屈曲** 这是元件截面或其构件如梁凸缘的屈曲，是横截面的扭曲而不是沿长度或宽度方向的整体屈曲。在对这些结构元件修理时必须考虑恢复其局部的皱褶强度。

当分层或渗透削弱了对纤维支持之处出现单独纤维或纤维束的屈曲时，复合材料层压板可能在压缩载荷下产生破坏。由于微屈曲或局部铺层屈曲的危险性，对分层进行树脂注射修理时仅注入分层处而没有将分层的铺层适当地胶接在一起，这样的修理是不满意的。

14.6.1.3 耐久性

耐久性是指结构在飞行器整个寿命期间能有效实现其功能的能力。对于商用运输飞机，设计寿命可能大于 150 000 飞行小时；而很多军用战斗机是按照 4 000～6 000 飞行小时设计的。影响耐久性的因素包括温度和湿度环境(包含在第 14.6.1.8 和 14.6.1.9 节中)。

虽然母体复合材料结构可能不是耐久性关键件，但结构修理对于服役寿命期中重复载荷引起的损伤可能更加敏感。这是因为修理过程并不总是能很好控制的，同时修理本身在所暴露的区域内形成一些孤立的连接和不连续处。对于螺栓连接修理，应当避免紧固件孔有高挤压应力，因为可能在重复载荷下将孔拉长并导致紧固件的疲劳。胶接修理应当有良好的密封，因为在环境作用下会导致胶接修理脱胶。应当对所发现的超过 SRM 接受/拒绝准则的所有分层损伤进行修理，因为未修理的分层在持续压缩或剪切载荷下可能扩展。对夹层结构的螺栓连接修理必须进行密封。

14.6.1.4 损伤容限

设计的复合材料结构能够容忍不同程度的意外损伤。在实践中，这是通过降低设计应变，以使带冲击损伤的结构能够承受极限载荷。对于这些受损伤结构的修理，也必须能容忍预定水平的冲击损伤。这个冲击损伤的水平通常是由 OEM 会同认证机构确定的。当用金属进行复合材料构件的修理时，必须遵守金属结构的损伤容限要求。对金属加强片和构件也需要采取防电化学腐蚀和防雷击措施。

14.6.1.5 相关的飞机系统

修理中除了满足结构准则外，还需要与有关的飞机系统相容，这些系统包括：

- **燃油系统** 常常用结构来容纳燃油，例如很多飞机的"湿"机翼中那样。必须对修理处进行适当密封以防燃油泄漏。修理部位也可能受到燃油压力载荷。修理材料必须与燃油相容。

- **防雷击系统** 某些复合材料结构通过火焰喷涂层、胶接金属条带、金属丝网等来传导某些复合材料结构遭雷击产生的电流。结构修理时必须恢复其电连续性和结构强度。在燃油箱附近进行螺栓连接修理时必须避免形成电通路(见文献14.6.1.5)。

- **机械系统** 机械驱动的构件(例如起落架舱门或操纵面)在修理后必须运作正常。与相邻固定结构的间隙和配合可能是关键。在修理后可能需要重新调整传动装置或重新进行平衡。

- **嵌入的传感器或健康监测系统** 某些结构或构件可能已嵌入了诸如光纤等传感器。需要确定有这些特殊系统的存在，并在修理计划中考虑。

- **低可观测系统(low observable system)** 有几类分析系统和涂层可以降低一个飞机的雷达或其他特征。这些系统包括低可见(LO)涂层，雷达吸收结构(RAS)和雷达吸收材料(RAM)。修理或修改具有这些特殊涂层、特殊形状和外形或表面特征的构件，需要与这 LO 系统相匹配。关于如何完成这系统修理的数据通常是机密的，因此，这个修理应当考虑其安全方面，以及材料和数据的可能性。

14.6.1.6 空气动力光顺性

高性能飞行器依靠其平滑的外表面达到阻力最小。在原先制造中规定了平滑性的要求；通常对各区域规定了其要求的不同空气动力平滑度。结构修理手册 SRM 中可能规定了修理的平滑性与原先构件制造情况相一致的要求。

对空气动力学最关键的区域通常包括：机翼和尾翼的前缘，前发动机短舱和进气口区域，前机身和机身的翼上区域。次重要的区域一般包括机翼和尾翼的后缘和后机身区域。此外，也可能规定一些中间的区域。对于最关键的区域，通常把永久对接处的前向台阶限制为 0.13～0.51 mm(0.005～0.020 in)。在可动壁板、机械舱门和主要连接处，通常允许的前向台阶为 0.25～0.76 mm(0.010～0.030 in)。在设备(例如天线和航行灯)安装处，允许的台阶可达 0.51～1.02 mm(0.020～0.040 in)。在补片的铺层结束处所形成的所有尖锐边缘，应当加以平滑并沿边缘加以修薄。

无论要求是什么，在每个外部修理处都应当用结构和经济上可行的办法，尽量准确、平滑地恢复结构的空气动力外形。接受一个略微性能下降但是一个结构上更加合理修理，或者接受一个较容易并较快完成的修理，这里有一个折中的问题。

14.6.1.7　重量与平衡

与飞行器的整体重量相比，大多数修理的增重是可忽略的；但对于极大的修理或空间飞行器的修理可能是例外。

当修理改变了对动力响应敏感构件（例如可动的操纵面、转子叶片和旋转轴）的质量平衡时，修理的重量就成为重要的关注点。在这种情况下，有可能使所清除的损伤材料和修理中增加的材料一样多，以使重量和惯性矩只有小的变化。如果不能这样，则修理后必须对构件重新进行平衡。当一个修理引起的可动操纵面质量平衡超过了结构修理手册 SRM 所规定的限制时，就需要拆除并更换这个构件。通常将损伤的构件送到修理厂或原始设备制造商用原材料和工艺进行修理。

14.6.1.8　工作温度

大多数飞行器在使用中要经历极端的温度条件。对这些飞行器的修理也必须能够承受该飞行器所设计的极端温度条件。低温出现在高空飞行时，或者出现在极冷气候下地面存放的时候。很多飞机是按照最低服役温度－54℃（－65℉）进行设计的。其高温要求则随着飞行器的类型而变化；商业运输飞机和大多数旋翼飞机的最高温度为 71℃（160℉），通常出现在炎热天气地面吸热情况下。然而，对在起飞和初始爬升阶段经受严重载荷的构件，可能需要确认其在高达 93℃（200℉）的温度下承受设计极限载荷的能力。超音速运输机、战斗机和轰炸机一般承受高达 104℃（220℉）的空气动力加热，或者在特殊情况下高达 130℃（265℉），特别是在升力面的前缘处。暴露在发动机热力下的构件，例如发动机短舱和反推装置，可能需要在局部区域承受更高的温度。受到电气除冰作用的机翼前缘板可能也需要按更高温度设计。

工作温度影响到修理材料的选择，包括：预浸料修理的树脂体系，湿铺贴修理的树脂，以及胶接修理所用胶黏剂。必须选择在所需要温度下具有适当强度的材料。极端温度和环境暴露（特别是湿度）的组合，常常是修理设计时必须考虑的关键情况。

14.6.1.9　环境

修理部分可能暴露在下列各种环境条件的作用下：

- **流体**　盐水或盐雾，燃油或润滑剂，液压油，除漆剂，以及湿气。
- **机械载荷**　冲击，声振动或空气动力振动，以及运行载荷。
- **热循环**

对于聚合物基复合材料，湿气是最关键的。在高温下，吸湿降低了基体支持纤维的能力，从而降低了层压板在压缩和剪切载荷下的强度。在原先的设计中考虑了这个影响，同时允许的载荷通常受到用“湿-热”情况的限制；在胶接修理中也有这样的考虑。

吸湿可能从三方面影响胶接修理，在选择修理程序时必须考虑这些问题。

- **母体层压板起泡** 当加热“湿”层压板以使胶接修理处固化时，所吸收的水汽可能引起局部分层或起泡。在较低温度下进行胶接前的预先干燥、放慢加热速率和降低固化温度，都会减少起泡的趋势。
- **夹层结构蒙皮/芯子的毁坏** 当加热构件以使胶接修理固化时，蜂窝夹层结构芯格内的水分膨胀并可能形成足够的压力将蒙皮与芯子分开，特别当胶黏剂的强度由于温度和吸湿而降低时更容易出现这情况。相似地，这个过程可能严重到会使低密度芯子的芯子壁破裂。在结构修理手册 SRM 中通常规定采用预干燥的方法，防止这类胶层破坏。
- **胶层内的孔隙** 当把修理补片胶接到含有湿气层压板时，加热循环会将湿气驱入胶层使之产生孔隙，这种孔隙可能明显降低胶层的强度。通过预干燥受损的构件、降低固化温度和选择抗湿气的胶黏剂，可以使这个问题减为最小。

14.6.1.10 周围的结构

在修理过程中不得使周围的结构受到任何损伤；引起损伤的主要原因是工具的掉落、撬开真空袋材料时引起的擦伤，以及在修理部分固化过程中所施加的高温。如果有可能出现后一种损伤，应当选择能在足够低温下固化并有足够湿热性能的树脂。

14.6.1.11 临时修理

临时修理用于使飞机继续使用有限的时间，或者使得飞机能够返回某个维修基地。用于临时或中间修理的修理设计准则可以不太苛求，但如果准备把这临时修理在飞机上保留相当长的时间，则其修理设计准则可能会接近永久修理的情况。如果可能的话，永久修理更受到欢迎，因为临时修理可能损伤额外的母体结构，迫使进行更大的永久修理或将构件报废。在使飞机回复到运行状态以前，所有的临时修理必须经过适航当局(例如 DER)代表的批准。

适当的临时修理将使得飞机及其系统在功能上得以恢复，但这是临时性的。对静强度的要求并没有改变，虽然对于仅载有飞行机组人员的“摆渡”飞行允许一些可能的例外。在后面这种情况下，需要经过管理当局的批准，并将对重量、速度和刚度加上适当的限制。临时修理的刚度要求可以下降到不致引起总体屈曲或颤振的水平。损伤容限和耐久性的目标常常被严重降低或未予考虑，而用更加频繁的检测来进行弥补。

军用飞机临时修理的一个特殊子类是与其战斗损伤修理(ABDR)相关的修理。在此情况下，修理的设计准则将要求有足够的强度、刚度和功能恢复，以使飞机能飞到某个修理机构，或维持有限的飞行小时保持限定的飞行包线，或者按照一个可能的 ABDR 方案再飞一次任务。在军用情况下，有一个 ABDR 手册，其中推荐了要实施的一些修理类型。通常要求在短期内完成这些修理。当前的 ABDR 信念是要给运作机构的计划人员提供一些外场修理的选项。这些选项包括修理时间和在修理后可能具有的有限功能;任务计划人员就从这些选项中进行选择。ABDR 选项的可能范围,可以从摆渡飞行回家一直到完全 100%的恢复功能。在美国空军的 ABDR 计划中,包括了胶接修理作为其选项的一部分,供 ABDR 团队选择。当前的 ABDR 信念不仅仅关心结构,同时包括了所有系统,其中包括低可视系统和别的特殊系统。ABDR 的工程师和技术员团队被培训为一个在严峻环境下独立运作和决策的单位。

14.6.2 证实要求

成功地检测一个修理,还不足以保证修理的性能能够达到设计和实施的要求。如同原结构那样,必须用试验或者用有试验证据支持的分析,对修理进行证实;通常采用后一种方法。必须讨论和/或用试验支持的关键方面包括:修理材料的表征,螺接或胶接强度的表征,以及整个修理设计(即设计概念,相关的工艺过程,内载荷,结构尺寸设计(sizing)方法以及重复载荷能力)的形成与确认。

在建立支持这些问题所需要的试验数据库时,一般采用积木式方法;在不同的尺度下处理不同的方面,如图 14.6.2 所示。

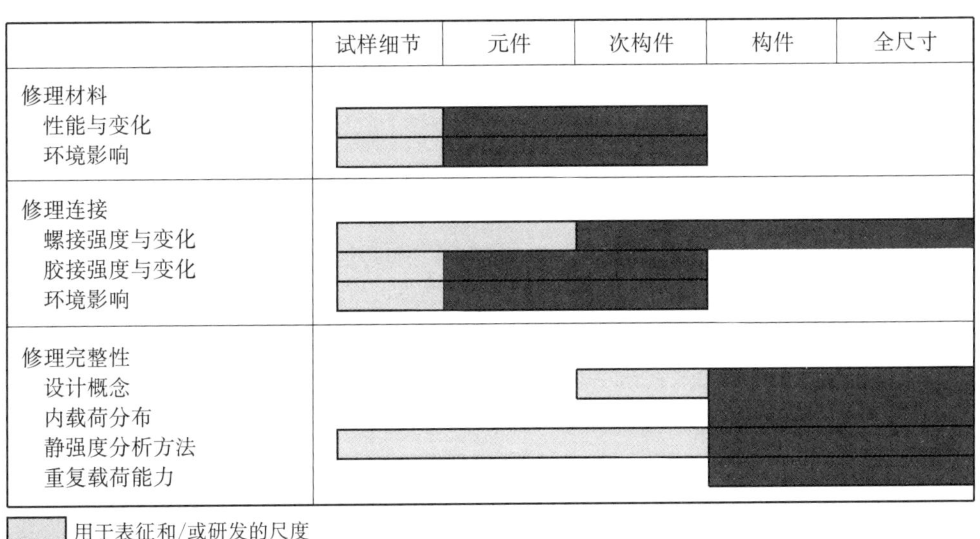

图 14.6.2 用于证实民用运输飞机修理的典型试验尺度

修理材料的表征包括,确定其刚度与强度特性、其变异性,以及环境对每种特性的影响。应当用经认可的试验方法和数据处理方法得出修理材料的许用值,反映所完成的试验总量、相应的材料与工艺控制以及结构的紧要程度。通常在试样级和结构细节级进行相关的试验。这个试验一般不像母体材料的试验那样广泛,同时也不包含足够的件数以获取基于统计的性能数据。一般对平均值加上大的减缩来确定许用的设计值,因为修理补片的材料和工艺参数(如纤维体积、压力、温度)通常比原部件相有更大变异性。无论通过直接试验损伤的试样或者间接地试验带有开孔的试样，通常都认为目视可见损伤对修理材料的影响也就是这个程度。应当得出修理材料批次之间的变异，对于湿铺贴材料，这可能会有些不确定性。

对于修理连接的表征包括确定螺接和胶接接头的柔度和强度，其中包括任何相应环境的影响。通常用两维接头试件进行表征的试验。其例子是用单螺栓或者双螺栓的试件，来获得挤压，挤压/旁路以及净拉伸值；以及用搭接胶接试件来获得接头剪切强度。

修理设计概念通常由设计、应力分析和制造方面的人员共同做出。用次构件来提供制造可行性和初步的性能数据。还必须如同 14.7.3.3 节和 14.7.4.3 节讨论的那样，建立尺寸设计和修理的分析方法。这些分析方法包含由于存在修理引发的载荷重新分布，修理补片的强度，围绕修理处未损伤材料的强度，以及螺接接头或胶接接头。需要沿着每个纤维方向进行分析，仔细注意如第 14.6.1.1 节所述限制硬点(hardpoints)的影响。必须认识到增大刚度并不相当于增大修理的安全系数。还必须考虑母体材料的环境要求，以及诸如封边带、开口及紧固件贯穿等细节。确立这些方法的相应试验通常为试样级到次构件级。

在更大的尺度上进行对关键修理特征和分析方法的证实。材料性能、接头强度和环境影响通常在元件和次构件试验中证实。由于有高载荷传递要求，很大的修理通常采用螺栓连接，需要构件和/或全尺寸试验来证实。构件和全尺寸试验还用于证实设计概念，载荷重新分布，尺寸设计方法和重复载荷能力。

值得指出的是，修理性能与修理材料以及母体结构与修理补片之间的载荷传输特性紧密相关。因此，为获得有代表性的试验结果，至关重要的是在制造任何尺度的试验件时，要将其材料及程序与进行使用中修理时的情况尽可能紧密匹配。在进行任何试验前，应当具备材料和工艺标准，以及预期在使用条件下实际处置材料、设备、环境和人员的修理程序。应当按材料标准采购、处置和存储材料，包括来料控制。相似地，试验件制造应当遵照工艺标准和修理程序。按 14.7.3 节和 14.7.4 节所述对螺接修理和胶接修理的最后证实，要严格关注所有的细节，包括损伤清除和修理部位准备、修理设计、适当使用材料、修理分析、材料和制造过程、检测以及由试验证据支持的设计值。

作为飞机研发和认证的一部分，原始设备制造商 OEM 通常得到为证实一系列修理选项所需要的数据。这个信息支持了其对于最可能出现的一些损伤情况，设计了一些特定修理，包含在结构修理手册 SRM 中。在使用中很可能出现一些损伤，它们超出了在 SRM 所能修理的损伤，其范围包括在关键区域的小损伤到由重大撞击导致的大面积损伤。原始设备制造商 OEM 有最好的条件来设计对这些情况的修理，因为其了解并能够利用结构构型、设计要求、内载荷以及材料性能与许用值。这些修理情况将需要证实用的数据，原始设备制造商也许已在其设计/取证工作中收集了这些数据；如果没有，则必须得到这些数据。由于为得到这些数据可能使得时间推延，对于 OEM 来讲，其精明的做法是在建立修理概念时考虑全部可能的修理，并产生证实的数据。

在设计和证实所有（超出 SRM 中所包含的）复合材料修理时，原始设备制造商 OEM 的关键性作用可能对当前的安全体系形成有害的压力。从运营者的观点，迅速完成无正式文件的修理对于运行成本的极小化是关键的。原始设备制造商 OEM 没有提供足够的资源，及时用经批准的修理来支持营运者，营运者就将为修理设计和/或批准积极寻找替代的资源。原始设备制造商必定会从竞争优势的观点或者因可能的数据误用，而担心普遍发布证实数据。解决这个困境的办法之一，是原始设备制造商 OEM 与一些维修服务机构 MRO 形成战略伙伴，由后者将发布关键信息与培训相结合以保证其正确使用。

14.7　复合材料结构的修理

14.7.1　引言

只有在经认定的人员按第 14.4 节介绍的检测方法确定了损伤的程度，并按照第 14.5 节进行了损伤评估之后，才能开始修理的任务。修理的目标是把损伤的结构恢复到所需要的能力，即恢复其强度、刚度、功能特性、安全性、服役寿命以及外观。理想情况下，修理将使结构恢复其原先的能力与外观。为了开始这个修理过程，必须知道构件的结构组成，并应按照第 14.6 节的考虑选择合适的设计准则。采用螺栓连接或胶接方法将桥接间隙或增强薄弱部分的新材料添加到损伤的构件上，重新建立受损构件传输载荷的连续性。因此，修理实际上就是一个把载荷由母体材料传入补片并从补片传入母体材料的连接过程。

修理设计准则、构件构型以及后勤要求将决定修理应当螺接还是胶接。在决定较合适的修理类型时，主要的考虑因素如下（见表 14.7.1）。

表 14.7.1　修理的考虑因素

情　况	螺接	胶接
小载荷，薄（<2.5 mm[0.10 in]）		×
大载荷，厚（>2.5 mm[0.10 in]）	×	×
高剥离应力	×	
蜂窝夹芯结构		×
干燥及清洁的连接表面	×	×
潮湿和/或有污染的连接表面	×	
需要密封	×	×
需要分解结构	×	
恢复无缺口强度		×

在任何情况下，特定构件的结构修理手册（SRM）将对所采用的修理类型给出

指导。

14.7.2 损伤清理和修理部位的准备

一旦确定了围绕损伤的修理范围，就可着手清除损伤。第一步是用手工打磨或其他机械方法清除表面涂层；通常禁止使用化学除漆剂，因为这会腐蚀复合材料的树脂体系，还会成为截留物进入蜂窝芯。清除了表面涂层和底漆并能清晰地确定损伤的铺层后，如果损伤只穿过部分层压板厚度时，就用砂磨或其他机械方法除去损伤的铺层；或者，如果损伤穿透整个层压板厚度，就可进行修割。在这两种情况下，准备好的部位应具有明确的几何形状和平滑的切口边角。必须切掉损伤的芯子，要特别小心不要损伤到对面（未损伤的）复合材料蒙皮的内表面。

一旦清除了损伤，必须检测修理区域有无水分和/或污染物的迹象。污染物（例如液压油或发动机滑油）将渗透到复合材料中因而使之极难得到清洁的胶接表面；污染物还可能使复合材料的力学性能下降。没有检出的水分将在高温固化过程中转化为水蒸气。当水蒸气在壁板内寻求出路时，会引起芯子的破坏和层压板脱胶。已发现，当被胶接到母体复合材料上的补片中水分含量高于名义值（0.3%重量水分含量）时，呈现出较低的胶接强度。对于室温固化的蜂窝夹层构件，不希望有水分的存在，特别是铝芯子材料的情况。关于应当如何在修理复合材料构件以前将其清洁和干燥，SAE ARP 4916（见文献 14.7.2(a)）和 ARP 4977（见文献 14.7.2(b)）给出了指导意见。

胶接修理时，对修理安装部位的准备通常包括对铺层的斜削打磨或台阶的切割。这样做是为了把载荷逐渐导入和引出修理的材料。对于外补片情况，用台阶式修补时的另外考虑是要把气流的干扰减到最小。SRM 中一般都规定了斜削角、搭接及台阶的长度。

14.7.3 螺栓连接修理

14.7.3.1 概念

螺栓连接修理中，可能包含一个外补片或内补片，形成单剪接头，或者包含两个补片（每边一个）形成双剪接头，如图 14.7.3.1 所示。在这两种情况下，载荷都是通过紧固件和补片用剪力传递的，但在双补片修理的情况下，载荷传递的偏心为最小。螺栓连接修理的主要缺点是，要在母体结构上钻出的新孔，造成应力集中削弱了结构，这变成了潜在的损伤起始点。

外部螺栓连接的补片是最容易的修理形式。补片以足够的面积搭接在母体蒙皮上，以便安装足够数量的紧固件来传递载荷。对于大型的修理，补片可以是有台阶的，并可在不同的行使用不同尺寸的紧固件以利于载荷传递。外补片的厚度可能受到空气动力考虑的限制，并由于中性轴偏置导致载荷偏心而受到限制。然而，因为可使用盲紧固件而能够只从一边进行安装，这种修理可以不需要从背面接近。如果不能使用外部补片，则可以使用内补片。当不能从背面接近时，则将补片剖分以便从蒙皮的椭圆或圆形开口中将其塞入。在某些情况下，必须把损伤沿主要载荷方

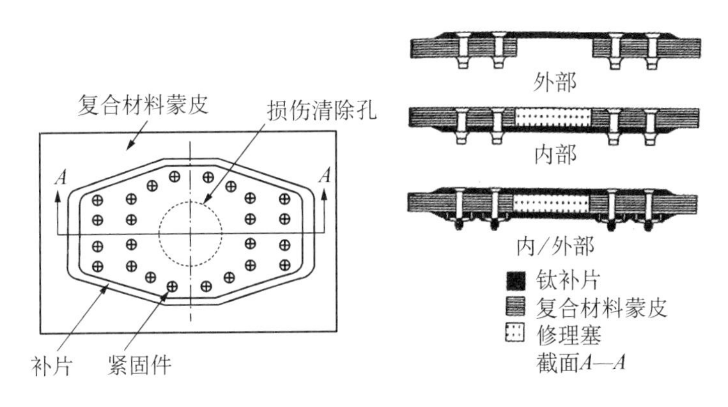

图 14.7.3.1　基本的修理连接(螺栓连接)

向扩大以增加修理的效力。由于硬件原因,内部螺栓连接的补片可能有与骨架元件互相干扰的问题。从载荷传递的观点,同时使用内补片和外补片的双补片修理是希望的修理方式,但是,这种修理比较复杂也可能比较重。

对于复杂的修理,可能需要多排紧固件的形式,以便逐渐把载荷由所修理的构件引入修理补片。事实上,载荷不可能在所有多排紧固件之间平均分配,但是仔细设计补片的几何形状、孔/紧固件间距、紧固件直径和间距,可以减轻第一排紧固件的高载荷。在经批准的修理手册或程序(SRM, TO 或 TM)中,通常没有规定这样复杂的修理,因而一般需要有工程输入来进行设计。

14.7.3.2　材料

对螺栓连接修理,只需要选择补片材料和紧固件。补片材料可以是铝、钛或钢,或者预固化的复合材料、碳/环氧,或玻璃纤维/环氧。在碳母体材料上用铝补片进行修理时,要在其中间铺一层玻璃纤维布,以防止电化学腐蚀。在修理承受高载荷的构件时,通常需要用钛或预固化的碳/环氧补片。对于承受高应变并伴有严重疲劳载荷环境的结构,采用碳/环氧补片进行修理可能更有效。如果预固化的碳/环氧补片与母体构件采用同样材料,进行相似的固化和检测并具有相同的铺层,则这个补片将具有与损伤的母体构件同样的强度与刚度。这一类补片的主要缺点是,它们不能与曲面或不规则表面一致,同时预固化过程中出现的翘曲可能导致配合不佳而需要加垫片。通常更喜欢采用钛合金金属补片修理主结构,因为补片可以成形以进行配合。

复合材料构件修理中,限于选择钛、蒙乃尔铜-镍合金、因科内尔铬镍铁合金或不锈钢的紧固件;紧固件的类型的选择则严格受限于结构修理手册 SRM。可在本卷的第 11 章找到有关复合材料紧固件的讨论。

一个通常的误解是,对螺栓连接修理的材料只需要很少的后勤支持。这是错误的,因为需要存储多种类型不同夹紧长度的紧固件。因为复合材料的紧固件价格昂贵,这样的存储代价很大。如果使用预固化的碳/环氧补片,需要有不同尺寸和厚度的补片，因为将其切割到一定尺寸时需要有专门的设备。

14.7.3.3　分析

按照第3卷第11.3节提供的螺栓接头分析办法，进行螺栓连接修理的分析。下面将提出主要的步骤，特别强调与修理有关的内容。

a) 估算通过修理部分传递的载荷

如同在引言中所定义的，修理是一个连接接头，载荷在该处由母体材料传入补片再传出。估算通过修理处传递的载荷，是修理分析的第一阶段。

在两种情况下需要进行修理分析，即①在编写SRM期间以及②当需要修理的损伤超过了SRM所允许的限制，需要运营者或修理站进行修理时(第14.5节讨论了修理授权和取证要求)。SRM是由原制造商编写的，他们从无损伤结构的分析中得到所有需要的信息。在第二种情况下，必须由制造商处获得有关载荷的信息。在特殊的情况下，特别是在临时修理时，可以用已知的母体结构设计用逆向工程反推出近似的载荷。应当小心地利用保守的近似值，即基于母体结构的几何形状、材料与铺层情况所能够承受的最大载荷所得出的值。

b) 修理部分分担的载荷

知道要通过修理处传递的载荷后，必须求出这个载荷在不同紧固件之间的分布，然后必须确定每个紧固件区域内在母体结构、补片、和紧固件之间的载荷分配。按照第3卷11.3.1节进行分析工作。

c) 局部破坏分析

● 母体结构——所修理的母体部分可能并不适合采用机械固定连接，这可能是由于没有足够的厚度或适当的铺层来提供对挤压的抵抗。因为不可能改变其铺层，唯一的办法是再胶接额外的铺层。然而，必须小心避免最后造成很不对称的铺层形式，还必须小心正确地估计挤压/旁路载荷比，并考虑所有可能的层压板破坏模式(见第3卷，图11.3.3(a))，以避免因修理部位周边的破坏而使损伤扩大。分析技术依照第3卷第11.3.2和11.3.3节进行。对于准备将这修理方案纳入SRM的情况，通常要实施一个试验计划，以验证所做的分析并证实所做的修理。

● 补片结构——在补片设计中，有按照分析的结果选择复合材料的材料类型、铺层及厚度的自由度。准备的补片可提供正确的强度、刚度、边距和螺栓间距。在准备使用复合材料补片的情况下，可以按照第3卷第11.3.2和11.3.3节进行分析。

● 紧固件——应当用试验或分析方法决定紧固件的刚度，并将其用于以后进行的整个修理分析。应确定紧固件的拉伸和剪切应力是否满足静强度和对疲劳载荷的要求。关于紧固件的选择问题，见第3卷第11.4.3节的讨论。

14.7.3.4　修理程序

本节介绍完成螺栓连接修理的一般程序。具体的修理程序在SRM，NAVAIR 01-1A-21(参考文献14.7.3.4(a))和空军的TO 1-1-690(参考文献14.7.3.4(b))

中给出。在本节的最后,将介绍一个典型螺栓连接修理的例子。螺栓连接的修理程序包括六个单独的步骤:①补片准备和钻导孔;②在母体蒙皮上给出孔的位置,并钻蒙皮导孔;③如果补片覆盖了蒙皮上已经存在的某些孔,把蒙皮上的孔复制到补片上;④对补片和蒙皮钻/铰孔;⑤安装补片和紧固件以及⑥将修理处密封。

第一步是在把补片固定到受损伤结构以前,要切割补片使其达到规定的形状和大小。在某些情况下,采购的修理补片是预先加工成形并预先钻孔的。如果要进行切割,应当使用适合这补片材料的车间标准加工程序。对金属补片需要锉磨,以防止沿所切割的周边出现裂纹起始源点。当在复合材料上钻导孔时,修理紧固件的孔最少必须离开现有紧固件四倍直径,并最少保持 2.5 倍紧固件直径的边距;这与金属情况不同,在金属情况下标准的边距是两倍直径。所用的具体导孔尺寸和钻头类型应当依据相应 SRM 的规定。

为了将补片在损伤区域就位,应当在构件上画出两条互相垂直的中心线以确定主载荷或几何方向。然后,画出孔的分布图样,钻出蒙皮上的导孔。接着,把补片的主方向对准母体结构的主方向。标记出补片的边界,以便能够将其恢复到同样的位置。取下补片之后,建议检查在补片周边与最外的孔之间是否有足够的边距,然后,将补片上的导孔进行扩孔。

应当支持复合材料蒙皮以防止其劈裂,然后用内部的紧固件重新连接补片,以便可以扩大角上的紧固件孔,接着对所有的孔进行铰孔。通常推荐对飞机构件采用(+0.06/−0.00 mm[+0.0025/−0.000 in])的允差。对于复合材料这就意味着通常不使用干涉的紧固件。

一旦把紧固件孔钻到全尺寸并进行铰孔,就要安装永久的紧固件。在安装以前应当使用夹紧长度计来测量每个紧固件的夹紧长度。因为不同的修理需要不同的紧固件,应当参考 SRM 了解许可的紧固件类型和安装程序。不过,所有的紧固件都应当用密封剂,并按适当的螺钉和螺栓扭矩进行湿安装。

在螺栓连接修理中使用密封剂,以防止水/湿气的侵入、化学损伤、电化学腐蚀和燃油泄漏。这也提供了外形的平滑性。必须将密封剂涂在清洁的上表面,通常在补片的周围贴上保护带,保护带平行于补片的边缘,在补片边缘和保护带之间存有小间隙,密封剂就涂在这个间隙内。

14.7.3.5　螺栓连接修理举例

作为一个说明的例子,这个对复合材料蒙皮穿透损伤的外补片螺栓连接修理例子取自 NAVAIR 01-1A-21(见参考文献 14.7.3.4(a))。如图 14.7.3.5 所示,这个修理适用于厚整体蒙皮的修理,孔直径可达 100 mm(4 in)。将一块金属板罩在孔的上面,用 40 个盲紧固件把板紧固到蒙皮上。假定这个修理只能够从单方向接近。用一块稀纱布来防止电化学腐蚀。这个修理对具体应用情况的适用性,取决于载荷的状态和层压板的厚度。

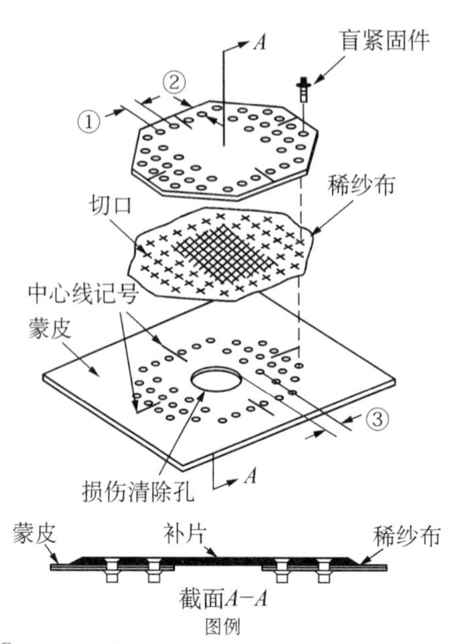

图 14.7.3.5　螺栓连接修理的修理布置，外补片

14.7.4　胶接修理

14.7.4.1　概念

最常使用的两种胶接修理，是使用外补片或者用使得母体材料相平齐的内补片，如图 14.7.4.1 所示。也常使用将这两者组合的修理方法。尽管外补片通常是阶梯式的，内修理却可能是阶梯式或斜削的；斜削的角度一般很小，以易于将载荷引入连接处并防止胶黏剂逸出；这坡度为 1/10～1/40 的厚度-长度比。修理材料和母体材料之间的胶层通过剪力把载荷由母体材料传给补片。外补片修理概念是这两者中较容易实现的，其缺点是有会引起剥离应力的载荷偏心，和会突出到空气流之中。可以图 14.7.4.1 所示通过台阶式补片，或使补片形成锥度，以降低补片边缘的应力集中。由于胶接修理的检测困难，与螺栓连接修理相比，胶接修理需要有较好的质量控制、训练有素的人员和较好的清洁度。

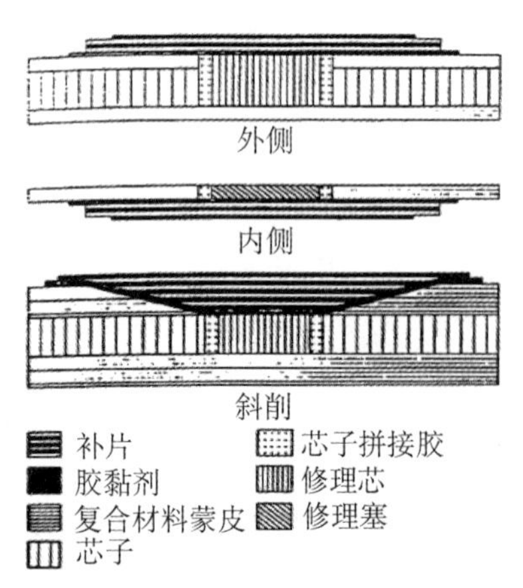

图 14.7.4.1　基本修理连接(胶接)

从载荷传递的观点看，图 14.7.4.1 的斜削式连接更加有效，因为其母体材料和补片的中性轴

很接近从而减少了载荷的偏心度。但是，在进行修理时这个构型有很多缺点。首先，为保持小斜度必须去除大量完好的材料；其次，必须非常精确地铺设替换的铺层，并将其安置在修理连接内；第三，如果不是在热压罐内进行胶接修理的固化，更换铺层的固化可能导致强度下降；第四，胶黏剂可能流到连接的底部，形成不均匀的胶层；以一系列小的台阶来近似这种斜削可能缓解这问题。由于这些原因，除非构件是轻微受载的情况，通常只在修理机构中进行这类修理，此时，如果在能够把构件拆下装入热压罐内，修理补片可能达到原先构件的同样强度。

虽然看起来这里只有两类通用的修理概念，但这多少有些误解，因为可以用很多不同的方法来实现这两类修理连接。可以将补片预固化，然后再二次胶接到母体材料上；这个方法最接近于螺栓连接的修理。补片可由预浸料制成，然后在胶黏剂固化时与之同时共固化；最后，可以用干布、糊状树脂制作补片，再进行共固化。后面的这个修理称为“湿”铺贴修理。固化循环的时间长度、固化温度和固化压力也可以变化，这就增加了可能的修理组合数。

胶接修理的设计，首先用一个相同方向修理层替代一个原铺层，然后按照需要增加附加层以满足刚度和强度要求。对修理选择的材料（即纤维、基体），材料形式（如预浸料、湿铺贴）和过程（例如固化温度、固化湿度）都会影响到这些附加层的数量和方向。通常，用热压罐固化原预浸料材料所完成的修理，如果需要任何附加层的话其所需也很少。其他导致较低刚度和/或强度的组合情况，可能需要大量的附加层。在有些情况下，可能不允许某些材料/形式/过程的组合，因为其所得出的修理违背了修理设计要求（例如空气动力光顺、质量平衡或界面要求）。

14.7.4.2 材料

胶接修理中需要同时选择修理材料和胶黏剂；不能独立进行这个选择，因为要共固化修理则胶黏剂和修理材料的固化参数必须一致。胶接修理还需要一些用于修理的工艺过程但不会残留在修理处的材料。用于胶接修理的很多需要特殊对待的材料，它们对存储时间和温度敏感，并可能在修理过程中需要可控的环境条件。

在空军的TO 1-1-690（见参考文献14.7.3.4(b)）和NAVAIR 01-1A-21（见参考文献14.7.3.4(a)）中，对胶接修理可用和需要的材料提供了很好的介绍。应当指出，和金属不同的是，这些修理材料的力学性能与所用的固化过程依赖极大。由于修理的固化过程通常不同于原构件的制造过程（固化温度和/或压力通常较低），材料供应商已经开发了对修理过程最优的独特材料。应当指出，修理材料的强度和刚度通常低于原先的构件材料。第2卷中专门有一节介绍修理材料的性能。

胶接修理的金属补片是用薄片材料制成的，他们彼此胶接在一起构成一个台阶式的补片。预固化的复合材料补片也使用了同样的方法，但其薄片由两个或多个单向层织物或单向带组成。由于可以在热压罐中进行预固化补片的固化，补片是用构造原先构件的复合材料制作的。

共固化的胶接修理，采用预浸料或者使用带糊状树脂的干织物（亦即“湿铺贴材料”)，这部分取决于准备采用的固化工艺(亦即，热压罐还是加热毯和真空)。预浸料能对复合材料内部提供均匀树脂的分布，但需要冷藏存储。湿铺贴修理所使用的树脂通常包括两个无需冷藏的组分。然而，混合这两个组分和把这混合的树脂涂刷到干织物上时，需要严守书面规定的章程，并由有经验的人员来达到一致的修理。对复合材料的所有修理材料都需要进行来料控制，或重新试验关键的性能，以保证所使用材料的品质。AC 145 - 6(见文献 14.5.4(b))讨论了修理材料的来料要求。

在第 14.10.3,4 节讨论了胶接修理中希望的胶黏剂性能。这里限于讨论可用的和正在使用的胶黏剂类型;这两类胶黏剂是胶膜和胶糊。提供的胶膜可能带有或不带网状衬布，典型的厚度在 0.064～0.25 mm(0.0025～0.01 in)之间。衬布可方便处理，形成更加均匀的胶层，并有助于减少电化学腐蚀。虽然胶膜的胶层厚度比糊状胶黏剂更加均匀，但有时由于修理构件的不可接近性或缺少冷存储设备，就需要使用糊状胶黏剂。在湿铺贴修理中几乎总使用糊状胶黏剂，因为其固化特性与糊状树脂更加兼容。和糊状树脂一样，糊状胶黏剂包含两个具有长存储期的单独的组分。相反，当用预浸料做修理补片时，膜状胶黏剂的使用比较普遍，因为其一般需要较高的温度和压力进行固化。

胶接修理需要很多辅助材料;它们不会成为修理的一部分，将修理完成后被清除并抛弃。辅助材料包括真空袋材料、稀纱布、吸胶布/透气材料、分离膜、胶带、擦拭材料和溶剂。这些材料的技术条件通常在具体的结构修理手册 SRM 中给出。

14.7.4.3　分析

从结构的角度，胶接修理处是一个胶接连接接头。如同在一个连接接头中那样，载荷从母体结构通过胶层进入补片(单搭接)，绕过母体结构的损伤部分。如果修理夹层结构，其芯子(修理后的原芯子或新更换的芯子)提供了对所诱发面外载荷的支持。这正是胶接修理对夹层结构非常有效的缘故。试验表明，对采用小嵌接角度(30∶1 或更大)的一个适当设计的典型胶接修理，将能有效地把载荷传入并传出该修理。胶接修理的修理分析按照第 3 卷 10.4 节的胶接接头指南进行。其主要步骤类同于螺栓连接的修理(第 14.7.3.3 节)，包括:

a) 估算修理部分传递的载荷

如同第 14.7.3.3 节的螺栓连接修理。如果分析方法是要匹配层压板或面板的原刚度和强度能力，则不需要在构件内的具体载荷。

b) 修理部分中载荷的分配

在胶接修理中载荷流是连续的;载荷流取决于被胶接体(母体和修理层压板)与胶黏剂的弹性特性以及修理的几何特征。在某些情况下，可以用搭接或盖板接头的模型来近似其几何特征。可用二维有限元模型来近似计算母体层压板、修理层压板(补片)和胶层中的载荷分布。可用非线性解来计入胶黏剂的非线性应力应变特性(见第 3 卷第 10.4.5 节)。

可以用几个专门开发的计算机程序来分析胶接修理。文献 147.4.3(a)中讨论了 PGLUE 程序(见文献 14.7.4.3(b)),A4EI 程序(见文献 14.7.4.3(c))和 ESDU8039 程序(见文献 14.7.4.3(d))。PGLUE 程序包括一个自动网格生成器,为所修理的含三维构件的壁板生成一个三维的有限元模型,其中包括三部分——一个带开孔的板,一个外部补片和一个连接补片与板件的胶层。分析中考虑了胶层的塑性。然而通过 ASIAC 得到的这个版本并未考虑有可能很关键的剥离应力。传统的胶接连接程序,例如 A4EI 和 ESDU8039,其模型只是通过修理处的一个切面,同时未考虑一个离散补片对于较大板件的影响。这两个胶接连接程序都允许台阶式的补片。A4EI 在胶层剪应力中考虑了塑性,但不能够预计剥离应力;而 ESDU8039 预计了连接的剥离应力但没有考虑塑性。

下面的一些分析方法为确定修理邻域的载荷传输提供了一种近似的方法。

c) 局部破坏分析

(1) 母体结构——如同螺栓连接修理的情况,母体结构是修理设计中的已知部分。胶接修理的优点在于将载荷以连续的方式引入到母体结构。比母体结构刚硬的修理补片(在修理材料的强度能力不如母体材料时)将会吸引额外的载荷进入母体结构的修理区域。在分析邻近修理的母体结构和分析修理本身时,必须考虑这种载荷的局部增大。

(2) 补片结构——见第 14.7.4.3.1 节所给的分析方法。

(3) 胶层——第 3 卷的第 10.4 节广泛讨论了胶黏剂连接的应力分析问题,但是目前还没有包括预计接头强度的失效准则。应当考虑到以下的因素:

- 接头的设计不应当使胶层成为危险的连接元素。
- 通过设计(采用斜削式或台阶式的被胶接体、充填等)应使剥离应力和横向剪切应力最小。
- 考虑胶黏剂的非线性应力-应变特性(通常用弹塑性应力-应变曲线来近似)。
- 考虑所测得胶黏剂弹性力学性能对其厚度的依变关系。
- 考虑胶黏剂的性能由于环境和长期退化而产生的改变。

14.7.4.3.1　修理分析方法

以下的修理分析方法考虑使用中的胶接修理方法,就像一个原始设备制造商 OEM 为在某个结构修理手册中提供这些修理方法时所作那样。假设已知许用值、设计准则、环境以及某些选项下的设计载荷。

胶接修理设计需要进行分析,以确定为在修理中获得正刚度和强度裕量所需的额外修理铺层数。有两种可用的分析方法,将在下面给出其细节情况。这两种分析方法都必须明白关键的设计环境,以使分析能够代表原来的设计意图。

首选的修理尺寸法(repair sizing approach)是确定修理的尺寸,使得修理的强度等于或大于原层压板或面板。这个方法需要使用原材料和修理材料的许用值。这个方法实质上是要保证修理的刚度将等于或大于原层压板的刚度;然而,对于性能较差的修理材料,可能会需要过多层数的额外修理铺层,从而限制了这些材料的使用。

另外一种方法是用作于在构件上的真实载荷来确定修理的尺寸。这个方法的优点是有可能导致所需的额外铺层较少，因而能够使用性能较次的材料。然而，这种修理的设计必须永远使得修理刚度等于或大于原构件中层压板或面板的刚度。

修理应当设计得保证其修理刚度与构件原层压板或面板的刚度一致。一个其刚度显著低于构件的修理，就不能获取并通过修理的区域传递载荷；这个修理就会传递较少的载荷，并导致靠近修理的原材料传递更多的载荷而有可能破坏。一个其刚度显著高于母体材料的修理，将比相邻的区域获取更多的载荷，导致修理的边沿破坏。一个适当设计的修理，其刚度比起构件中环绕修理的区域仅有细小的差异(偏向高的一侧)。

在下述的分析方法中，作了某些简化假设。为了精确计算蒙皮、补片和胶层内详细的载荷分布，通常需要非常精细的两维或三维有限元模型。通常需要非线性解以考虑胶层的非线性应力应变行为。然而，实验结果证明，只要遵循本节给出的指南和方法，在设计和分析一个适当的设计时并不需要用这些精致的分析方法。

对修理后板件的分析预计和由试验获得的应变片数据表明，为满足强度要求所需要的修理刚度增大，使得修理邻域内的应变局部增大。把这种比基板应变的相对应变增加，称为载荷增大系数 *LIF*。对于所有的修理分析，这修理应当设计成具有所可能最小的载荷增大系数 *LIF*，同时在修理中有正强度裕量。由于以下原因，强烈希望使得将 *LIF* 保持在 1.0 到 1.1 之间：

- 除非对于一个具体的结构可能有“软修理”，修理的刚度应当大于基板的刚度。对于软修理，必须考虑基板中邻近修理处的应力集中。

- 应当限制载荷增大系数 *LIF*，以避免修理外面的基板应变过度，并避免载荷环绕此构件有重大的重分配。严格地讲，应当将 *LIF* 限制为原先的基板安全裕量。此外，载荷增大系数>1.0 意味着原结构修理手册 SRM 的允许损伤限 *ADL* 在修理的邻域不是严格有效的；因为按定义，一个尺寸为 *ADL* 的损伤使得在损伤邻域的最终安全裕量降为 0.0，因此任何载荷的增大将产生负的裕量(注：处置这个问题的一种办法是，对结构修理手册 SRM 增加一项要求，说明一个允许损伤限 *ADL* 仅在远离任何存在的修理时才有效)。

- 对于按无缺口许用值设计的构件，对实用而言建议允许局部载荷增加达到 10%。对于按有缺口/受冲击许用值设计的构件，可以接受载荷增大系数 *LIF* 为 1.3(局部载荷增大 30%)的情况。后一种情况允许较大的 *LIF*，是由于出现以下情况组合的概率极小；这些情况是①原构件内的强度裕量小于 *LIF*−1.0；②在紧贴修理的关键部位出现肉眼可见冲击损伤，以及③特定构件经受极限设计载荷。

- 如果载荷增大系数 *LIF* 大于 1.1，则应当重新计算该构件的允许损伤限 ADL 并尽可能局限在围绕修理的一个区域内。对于具有高原始强度裕量的构件，可以允许较高的载荷增大系数。然而，必须评估在修理区域内对允许损伤的影响。

推荐用以下公式来计算因修理比层压板基板刚硬所导致的修理区域内局部载荷增大。这个公式基于的假设是，载荷增大等于修理区域内 40% 的 E_t 增加量。这个值根据的是某个原始设备制造商的子构件试验结果，如果可能应当加以验证。

$$载荷增大系数 = \left(0.6 + 0.4 \times \frac{E_{t,修理\_区域}}{E_{t,基板}}\right) \quad (14.7.4.3.1(a))$$

当确定在一个修理邻域内增大的载荷载荷时，必须考虑在有限宽度板件内一个离散修理的影响。对于 $d/w = 1$ 的情况，修理仅考虑板内的载荷 N_x^0，因为修理占据了整个板宽因而不能再从其他任何地方集聚载荷。反之，对于 $d/w = 0$ 的情况，修理要考虑在板内的载荷，再加上从其周围区域所集聚过来的附加载荷，这附加载荷取决于修理和基板的相对刚度 E_t。

因此，当 $d/w = 1$ 时，修理内的应变为

$$\varepsilon_{修理} = \frac{N_x^0}{E_{t,修理}} \quad (14.7.4.3.1(b))$$

而当 $d/w = 0$ 时，修理内的应变由下式给出，其中包括了载荷增大系数：

$$\varepsilon_{修理} = \frac{N_x^0}{E_{t,修理}}\left(0.6 + 0.4 \times \frac{E_{t,修理\_区域}}{E_{t,基板}}\right) \quad (14.7.4.3.1(c))$$

为了在这两种极端情况之间进行内插，将保守地采用一个开孔的经典有限宽修正系数(FWC)。在这个有限宽修正系数 FWC 公式中，将取基板内平均的“孔”尺寸作为其“直径”值 d，即

$$d = (D_1 + D_2)/2 \quad (14.7.4.3.1(d))$$

(见图 14.7.4.3.1(a))

图 14.7.4.3.1(a)　修理的尺寸

从而，得出这内插公式为

$$\varepsilon_{修理} = \varepsilon_{d/w=1} + (\varepsilon_{d/w=0} - \varepsilon_{d/w=1})FWC \quad (14.7.4.3.1(e))$$

综合载荷增大和有限宽度两种效应，最后的公式为

$$\varepsilon_{修理} = \frac{N_x^0}{E_{t,修理}}\left[1.0 + \left(0.4 \times \frac{E_{t,修理\_区域}}{E_{t,基板}} - 0.4\right)\left[\frac{3\left(1 - \frac{d}{w}\right)}{2 + \left(1 - \frac{d}{w}\right)^3}\right]\right] \quad (14.7.4.3.1(f))$$

以下各节给出胶接修理层压板时确定其尺寸的分析方法；包括对夹层板和实心

层压板的修理。夹层板有几个区域，每个区域具有不同的问题和分析方法。这些区域如图 14.7.4.3.1(b)所示，将在以下各节分别讨论。在修理跨越了多个区域时，需要分别对每个区域进行分析。相似地，当修理跨越了几个面板或层压板铺叠时，需要分别对每个铺叠区域进行分析。

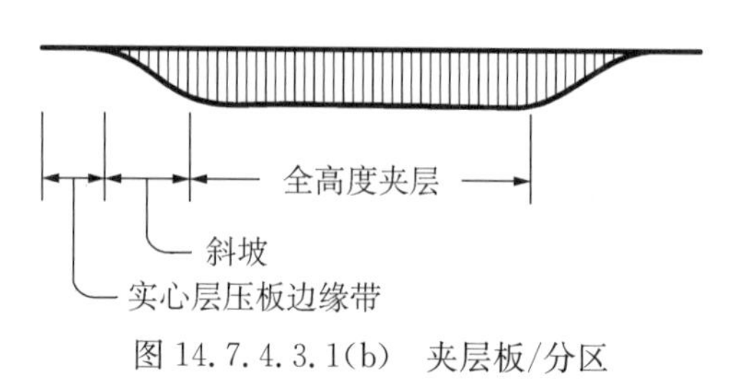

图 14.7.4.3.1(b) 夹层板/分区

14.7.4.3.2 远离紧固件区域的夹层板分析或实心层压板分析

本节介绍对夹层板或实心层压板所作胶接修理的基本分析步骤。本节适用于全高度夹层区域。芯子斜削区域(芯子斜坡)和边带紧固件部位将在随后两节讨论。这个分析适用于：

- 次结构件，主接头附近除外。
- 主结构件的薄面板夹层板区域。
- 采用 30：1 或 50：1 斜削比的嵌入式修理。
- 夹层板面板厚度直到 8 层的外补片修理。

有一些附加的考虑，这些考虑可能适用于接头区域以及主结构件的厚面板和实心层压板区域。

由于在待修理的区域内原构件的铺层可能有变化，因此在整个分析中必须分析修理区域内的各种单独的铺层情况。铺层的边界位置在零件图中给出(见图 14.7.4.3.2(a))，并可能在结构修理手册 SRM 中给出，或者，在某些情况下可能要等到清除了损伤并在构件中机械加工出嵌接的斜坡之后才能确定。

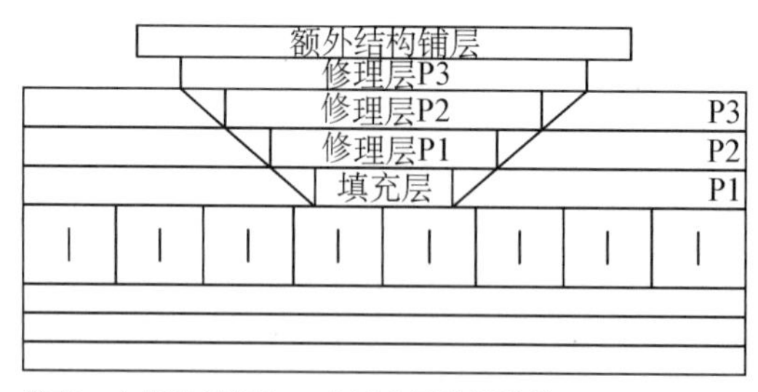

图 14.7.4.3.2(a) 修理的铺层

用以下各节给出的分析方法，并假定修理材料的性能不如原层压板的材料，则部分高度修理的结果将是保守的。这是由于分析方法需要增加足够的额外铺层以降低整个层压板内的应变，使得修理材料内有正裕量。对于部分高度修理，建议选取一种其强度性能尽可能接近原构件材料的修理材料。

在分析方法中采用了以下的下标组合来区分不同的量：

o——原构件；

r，r——所有修理层（替代的、额外的、部分高度修理中剩余的原铺层）；

r_0——原铺层以外的所有修理层（仅用于部分高度修理）。

原层压板的刚度计算

（1）由图纸中所引用的工艺说明书判定原构件的固化温度。

（2）判定此构件的最大设计温度和其他设计准则。

（3）判定原构件在待修区域的材料及其铺层方式。核查是否有其角度不是标准 0°，45°，−45°和 90°的任何铺层。构造层压板或面板在修理区域内的铺层表，每种不同的铺层区有一个单独的表。在表中指出要在实施修理前去除哪些铺层。

（4）用铺层表计算原构件面板或层压板的厚度 t_0。

（5）用铺层表确定原构件的以下轴向刚度和剪切刚度值：$E_{t,x,0}$，$E_{t,y,0}$，$G_{t,xy,0}$，$E_{t,45,0}$，$E_{t,-45,0}$；其中 x 方向与 0°铺层方向一致，并假设层压板包含 0°，90°，45°和−45°的铺层。如果没有给出其中任何铺层的角度，则可以忽略相应的刚度计算；如果有的铺层其角度不同于以上列出的四种，则同样必须计算这些铺层角度的刚度值。采用室温名义铺层模量（以与确定强度能力所用的应变许用值一致）。用经典层压板理论来计算面板或实心层压板的层压板[ABD]刚度矩阵。可在很多教科书和手册中找到计算的公式；公式的符号与 R. M. Jones 的 Mechanics of Composite Materials 一书相一致。采用以下公式：

$$\begin{bmatrix} N \\ M \end{bmatrix} = \begin{bmatrix} A & B \\ B & D \end{bmatrix} \begin{bmatrix} \varepsilon \\ \kappa \end{bmatrix} \tag{14.7.4.3.2(a)}$$

由于面板可能是非对称的，但是其受到芯子的约束，我们将只使用整个刚度矩阵的子矩阵[A]。将矩阵$[A]_{,0}$求逆，得到柔度矩阵 $[a]_{,0}$：$[a]=[A]^{-1}$。

当有些铺层角度不是 0°或 90°（例如为 45°或−45°）时，则必须旋转$[a]_{,0}$矩阵以计算沿着纤维方向的刚度值。对于纤维角度为 θ 的情况，用下式来旋转$[a]_{,0}$矩阵：

$$\begin{aligned} a^*_{11,0} = {} & a_{11}\cos^4\theta + (2a_{12}+a_{66})\sin^2\theta\cos^2\theta + a_{22}\sin^4\theta - \\ & 2a_{16}\cos^3\theta\sin\theta - 2a_{26}\cos\theta\sin^3\theta \end{aligned} \tag{14.7.4.3.2(b)}$$

$$\begin{aligned} a^*_{22,0} = {} & a_{11}\sin^4\theta + (2a_{12}+a_{66})\sin^2\theta\cos^2\theta + a_{22}\cos^4\theta + \\ & 2a_{16}\cos\theta\sin^3\theta + 2a_{26}\cos^3\theta\sin\theta \end{aligned} \tag{14.7.4.3.2(c)}$$

然后，用下式计算刚度值：

$$E_{t,x,0} = 1/a_{11,0}$$
$$E_{t,y,0} = 1/a_{22,0}$$
$$G_{t,xy,0} = 1/a_{66,0}$$
$$E_{t,45,0} = 1/a^*_{11,0} \quad (\theta = 45°)$$
$$E_{t,-45,0} = 1/a^*_{22,0} \quad (\theta = -45°)$$

修理层压板的刚度计算

(6) 选择希望的修理材料。参考结构修理手册 SRM 找可接受的修理材料。力求尽可能与原织物形式和带的等级相匹配。参考结构修理手册 SRM 查找可替换的修理材料。

(7) 构造修理铺层表。对于部分高度修理，表中包括剩余的原构件铺层。

(8) 由修理铺层表计算替代铺层的总厚度。对于部分高度修理，厚度中包括剩余的原构件铺层。在这些计算中：

- 不要包括填充层。
- 包括所有的修理铺层。
- 包括所有的额外修理铺层。
- 对于部分高度修理，包括剩余的原构件铺层。

用这个修理铺层表，确定修理的以下轴向刚度和剪切刚度值：$E_{t,r,x,r}$，$E_{t,r,y,r}$，$G_{t,r,xy,r}$，$E_{t,r,45,r}$，$E_{t,r,-45,r}$；其中 x 方向与 0°铺层方向一致，并假设层压板包含 0°，90°，45°和−45°的铺层。如果没有给出其中任何铺层的角度，则可以忽略相应的刚度计算；如果有的铺层其角度不同于以上列出的四种，则同样必须计算这些铺层角度的刚度值。计算中采用室温名义铺层模量。采用以下公式：

$$\begin{bmatrix} N \\ M \end{bmatrix} = \begin{bmatrix} A & B \\ B & D \end{bmatrix} \begin{bmatrix} \varepsilon \\ \kappa \end{bmatrix} \tag{14.7.4.3.2(d)}$$

由于面板可能是非对称的，但是其受到芯子的约束，我们将只使用整个刚度矩阵的子矩阵[A]。将矩阵$[A]_{r,r}$求逆，得到柔度矩阵$[a]_{r,r}$：

$$[a]_{r,r} = [A]^{-1}_{r,r} \tag{14.7.4.3.2(e)}$$

当有些铺层角度不是 0°或 90°(例如为 45°或−45°)时，则必须旋转[a]矩阵以计算沿着纤维方向的刚度值。对于纤维角度为 θ 的情况，用下式来旋转$[a]_{r,r}$矩阵：

$$a^*_{11,r,r} = a_{11}\cos^4\theta + (2a_{12} + a_{66})\sin^2\theta\cos^2\theta + a_{22}\sin^4\theta - 2a_{16}\cos^3\theta\sin\theta - 2a_{26}\cos\theta\sin^3\theta \tag{14.7.4.3.2(f)}$$

$$a^*_{22,r,r} = a_{11}\sin^4\theta + (2a_{12} + a_{66})\sin^2\theta\cos^2\theta + a_{22}\cos^4\theta + 2a_{16}\cos\theta\sin^3\theta + 2a_{26}\cos^3\theta\sin\theta \tag{14.7.4.3.2(g)}$$

然后，用下式计算基本的修理刚度值：

$$E_{t,r,x,r} = 1/a_{11,r,r}$$
$$E_{t,r,y,r} = 1/a_{22,r,r}$$
$$G_{t,r,xy,r} = 1/a_{66,r,r}$$
$$E_{t,r,45,r} = 1/a^{*}_{11,r,r} \quad (\theta = 45°)$$
$$E_{t,r,-45,r} = 1/a^{*}_{22,r,r} \quad (\theta = -45°)$$

(9) 对于部分高度嵌接接头修理,仅计算所有修理铺层的模量值。忽略原铺层,重复第 8 步骤。计算修理的厚度 t_{r0},不包括原铺层。在这些计算中:

- 不要包括填充层。
- 包括所有的替代铺层。
- 包括所有的额外修理铺层。

确定以下轴向模量值:$E_{t,r0,x}$, $E_{t,r0,y}$, $E_{t,r0,45}$, $E_{t,r0,-45}$;其中 x 方向与 0°铺层方向一致,并假设层压板包含 0°, 90°, 45°和−45°的铺层。这些值用于以下第 15 步的嵌接接头强度计算中,确定由修理铺层传递的载荷部分,和由原层压板铺层所传递的载荷部分。

修理刚度比检查

(10) 对每个纤维方向($i = 0°, 90°, 45°$ 及 $-45°$)计算载荷增大系数 LIF;该系数考虑因修理刚度增大而导致的修理部分载荷增加:

$$LIF_{i} = 1.0 + \left(0.4 \times \frac{E_{t,r,i,r}}{E_{t,i,0}} - 0.4\right)\left(\frac{3(1-d/w)}{2+(1-d/w)^{3}}\right) \quad (14.7.4.3.2(h))$$

其中:

$d = (D_1 + D_2)/2$　　(d = 基板上“孔”的平均尺寸)

$w = 2e_{max}$　　(w = 从板边缘到修理中线的距离中较大距离的两倍)

修理刚度的设计应当使得沿着每个纤维方向的载荷增大比处于 1.1~1.3。强烈希望使 LIF 保持低于 1.1。这个要求的原因是,要保持围绕该修理的原层压板中的应力集中为最小,要避免围绕该构件有显著的载荷重分布,并避免在修理的邻域出现无效的 SRM 许用损伤限(见图 14.7.4.3.2(b))。

为简单起见在这些计算中采用室温、名义刚度值,因为应变必须用室温、名义值来计算,以与发布的应变许用值相一致的。纤维方向的刚度值不因环境条件出现显著改变。此外,大多数修理至少需要一层额外的修理层,这将弥补在比较原构件刚度和修理刚度时基于室温性能而不是基于高温性能所出现的任何误差。

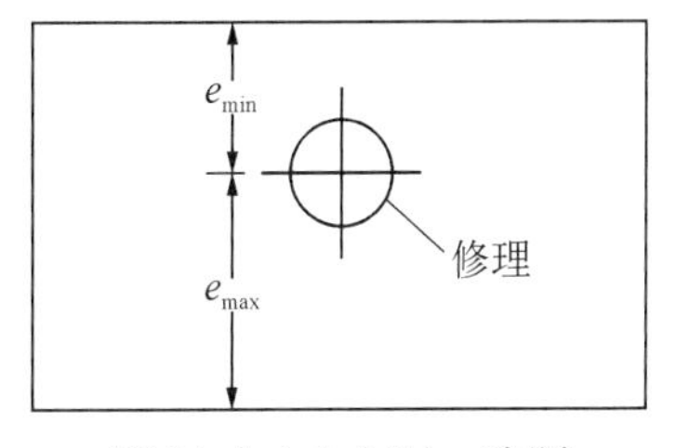

图 14.7.4.3.2(b)　边距

层压板强度分析方法 1:用原构件的强度能力

采用这个方法设计的修理能保证修理的强度等于或大于原材料的强度。这个方法还保证修理刚度等于或大于原构件的刚度。一般而言,这个方法是保守的,可用于不能获知结构内力的情况。

(11a) 这个方法中,按照以下方法确定原构件的强度。确定原构件在临界情况下,沿构件中每个纤维方向(例如,0°, 90°, +45°, −45°)的许用拉伸和压缩应变如下:

$$\begin{array}{l}\varepsilon^{\text{拉伸}}_{\text{许用},x}\\ \varepsilon^{\text{拉伸}}_{\text{许用},y}\\ \varepsilon^{\text{拉伸}}_{\text{许用},45}\\ \varepsilon^{\text{拉伸}}_{\text{许用},-45}\end{array}\qquad(14.7.4.3.2(\mathrm{i}))$$

$$\begin{array}{l}\varepsilon^{\text{压缩}}_{\text{许用},x}\\ \varepsilon^{\text{压缩}}_{\text{许用},y}\\ \varepsilon^{\text{压缩}}_{\text{许用},45}\\ \varepsilon^{\text{压缩}}_{\text{许用},-45}\end{array}\qquad(14.7.4.3.2(\mathrm{j}))$$

注意,对于织物层每层有两个纤维方向(例如,对于一个 0°铺层为 0°和 90°等)。

在适用的原始设备制造商(OEM)设计准则中,将规定使用的许用值类型:缺口的或无缺口的、夹层板或实心层压板等。应当从结构的 OEM 处得到所采用的许用值。

确定原构件在每个纤维方向的载荷/宽度能力:

$$\begin{array}{l}N^{\mathrm{t}}_{\text{能力},x}=\varepsilon^{\text{拉伸}}_{\text{许用},x}\times E_{\mathrm{t},x,0}\\ N^{\mathrm{t}}_{\text{能力},y}=\varepsilon^{\text{拉伸}}_{\text{许用},y}\times E_{\mathrm{t},y,0}\\ N^{\mathrm{t}}_{\text{能力},45}=\varepsilon^{\text{拉伸}}_{\text{许用},45}\times E_{\mathrm{t},45,0}\\ N^{\mathrm{t}}_{\text{能力},-45}=\varepsilon^{\text{拉伸}}_{\text{许用},-45}\times E_{\mathrm{t},-45,0}\end{array}\qquad(14.7.4.3.2(\mathrm{k}))$$

$$\begin{array}{l}N^{\mathrm{c}}_{\text{能力},x}=\varepsilon^{\text{压缩}}_{\text{许用},x}\times E_{\mathrm{t},x,0}\\ N^{\mathrm{c}}_{\text{能力},y}=\varepsilon^{\text{压缩}}_{\text{许用},y}\times E_{\mathrm{t},y,0}\\ N^{\mathrm{c}}_{\text{能力},45}=\varepsilon^{\text{压缩}}_{\text{许用},45}\times E_{\mathrm{t},45,0}\\ N^{\mathrm{c}}_{\text{能力},-45}=\varepsilon^{\text{压缩}}_{\text{许用},-45}\times E_{\mathrm{t},-45,0}\end{array}\qquad(14.7.4.3.2(\mathrm{l}))$$

对于仅具有 0°和 90°铺层的层压板,必须计算层压板的抗剪能力。确定许用剪切应变 $\gamma_{\text{许用},12}$和抗剪能力:

$$N_{\text{能力},12}=\gamma_{\text{许用},12}\times G_{\mathrm{t},xy,0}\qquad(14.7.4.3.2(\mathrm{m}))$$

(12a) 按以下确定修理的强度。确定修理在临界情况下沿构件中每个纤维方向(例如,0°, 90°, +45°, −45°)的许用拉伸和压缩应变:

$$\begin{aligned} &\varepsilon_{r,许用,x}^{拉伸} \\ &\varepsilon_{r,许用,y}^{拉伸} \\ &\varepsilon_{r,许用,45}^{拉伸} \\ &\varepsilon_{r,许用,-45}^{拉伸} \end{aligned} \tag{14.7.4.3.2(n)}$$

$$\begin{aligned} &\varepsilon_{r,许用,x}^{压缩} \\ &\varepsilon_{r,许用,y}^{压缩} \\ &\varepsilon_{r,许用,45}^{压缩} \\ &\varepsilon_{r,许用,-45}^{压缩} \end{aligned} \tag{14.7.4.3.2(o)}$$

注意:对于织物层每层有两个纤维方向(例如,对于一个 0°铺层为 0°和 90°等)。

在适用的原始设备制造商(OEM)设计准则将规定使用的许用值类型:缺口的或无缺口的、夹层板或实心层压板等。对修理材料必须使用与原层压板类型相同的许用值。

对每个纤维方向确定修理的拉伸和压缩载荷/宽度能力:

$$\begin{aligned} N_{r,能力,x}^{t} &= \varepsilon_{r,许用,x}^{拉伸} \times E_{t,r,x,r} \\ N_{r,能力,y}^{t} &= \varepsilon_{r,许用,y}^{拉伸} \times E_{t,r,y,r} \\ N_{r,能力,45}^{t} &= \varepsilon_{r,许用,45}^{拉伸} \times E_{t,r,45,r} \\ N_{r,能力,-45}^{t} &= \varepsilon_{r,许用,-45}^{拉伸} \times E_{t,r,-45,r} \end{aligned} \tag{14.7.4.3.2(p)}$$

$$\begin{aligned} N_{r,能力,x}^{c} &= \varepsilon_{r,许用,x}^{压缩} \times E_{t,r,x,r} \\ N_{r,能力,y}^{c} &= \varepsilon_{r,许用,y}^{压缩} \times E_{t,r,y,r} \\ N_{r,能力,45}^{c} &= \varepsilon_{r,许用,45}^{压缩} \times E_{t,r,45,r} \\ N_{r,能力,-45}^{c} &= \varepsilon_{r,许用,-45}^{压缩} \times E_{t,r,-45,r} \end{aligned} \tag{14.7.4.3.2(q)}$$

对于仅具有 0°和 90°铺层的层压板,必须检查层压板的抗剪能力。确定许用剪切应变 $\gamma_{r,许用,12}$ 和抗剪能力:

$$N_{r,能力,12} = \gamma_{r,许用,12} \times G_{r,xy,c} t_{r,c} \tag{14.7.4.3.2(r)}$$

(13a) 按照以下比较修理的强度和原层压板的强度能力。沿着每个纤维方向计算安全裕量;所有这些裕量必须≥0.0。

$$\begin{aligned} MS &= (N_{r,能力,x}^{t}/(N_{能力,x}^{t} LIF_{x})) - 1.0 \\ MS &= (N_{r,能力,y}^{t}/(N_{能力,y}^{t} LIF_{y})) - 1.0 \\ MS &= (N_{r,能力,45}^{t}/(N_{能力,45}^{t} LIF_{45})) - 1.0 \\ MS &= (N_{r,能力,-45}^{t}/(N_{能力,-45}^{t} LIF_{-45})) - 1.0 \end{aligned} \tag{14.7.4.3.2(s)}$$

$$MS = (N^{c}_{r,能力,x}/(N^{c}_{能力,x}LIF_{x})) - 1.0$$
$$MS = (N^{c}_{r,能力,y}/(N^{c}_{能力,y}LIF_{y})) - 1.0 \qquad (14.7.4.3.2(t))$$
$$MS = (N^{c}_{r,能力,45}/(N^{c}_{能力,45}LIF_{45})) - 1.0$$
$$MS = (N^{c}_{r,能力,-45}/(N^{c}_{能力,-45}LIF_{-45})) - 1.0$$

对于仅具有 0°和 90°铺层的层压板，必须计算其面内剪切的安全裕量。这个裕量必须≥0.0。

$$MS = (N_{r,能力,12}/N_{能力,12}) - 1.0 \qquad (14.7.4.3.2(u))$$

(14a) 确定原层压板与修理之间胶层的承载能力。这个分析中需要基于经验、按载荷/宽度·铺层给出的胶层承载能力数据；这数据是铺层搭接长度的函数。采用以下公式确定胶层承载能力：

对于嵌接修理：

$$N_{能力,胶接}(\mathrm{lbf/in}) = \sum_{1}^{\#替换铺层}[胶接能力(\mathrm{lbf/(in \cdot 铺层)})]_{f(按SRM搭接)} + \sum_{1}^{\#额外铺层}[胶接能力(\mathrm{lbf/(in \cdot 铺层)})]_{f(按SRM搭接)}$$

(14.7.4.3.2(v))

对于外补片修理：

$$N_{能力,胶接}(\mathrm{lbf/in}) = \sum_{1}^{\#修理铺层}[胶接能力(\mathrm{lbf/(in \cdot 铺层)})]_{f(按SRM搭接)}$$

(14.7.4.3.2(w))

这种分析限用于斜削比在 30∶1 到 50∶1 之间的嵌接修理，以及厚度达 4 层的夹芯面板外补片修理。对于湿铺贴修理、共固化预浸料修理和预固化补片修理，其胶层的承载能力将会不同。

(15a) 用以下方法比较胶层的强度和原层压板的强度能力。在铺层的每个纤维方向，确定胶接的安全裕量。所有这些裕量必须≥0.0。在部分高度修理时，公式中的刚度比($E_{t,r0,r}/E_{t,r,x,r}$)用于划分修理铺层和其余原铺层所承担的作用载荷；对于全高度修理，这个比值为 1.0。

对于嵌接修理：

$$MS_x = \left| \frac{N_{能力,胶接}}{\max(N^{t}_{能力,x}, N^{c}_{能力,x})LIF_x \dfrac{E_{t,r0,x}}{E_{t,r,x,r}}} \right| - 1.0$$

$$MS_y = \left| \frac{N_{能力,胶接}}{\max(N^{t}_{能力,y}, N^{c}_{能力,y})LIF_y \dfrac{E_{t,r0,y}}{E_{t,r,y,r}}} \right| - 1.0$$

$$MS_{45}=\left|\frac{N_{能力,胶接}}{\max(N^{t}_{能力,45},N^{c}_{能力,45})LIF_{45}\ \dfrac{E_{t,r0,45}}{E_{t,r,45,r}}}\right|-1.0$$

$$MS_{-45}=\left|\frac{N_{能力,胶接}}{\max(N^{t}_{能力,-45},N^{c}_{能力,-45})LIF_{-45}\ \dfrac{E_{t,r0,-45}}{E_{t,r,-45,r}}}\right|-1.0$$

(14.7.4.3.2(x))

对于外补片接修理：

$$MS_{x}=\left|\frac{N_{能力,胶接}}{\max(N^{t}_{能力,x},N^{c}_{能力,x})LIF_{x}}\right|-1.0$$

$$MS_{y}=\left|\frac{\tau_{许用}}{\max(N^{t}_{能力,y},N^{c}_{能力,y})LIF_{y}}\right|-1.0$$

$$MS_{45}=\left|\frac{\tau_{许用}}{\max(N^{t}_{能力,45},N^{c}_{能力,45})LIF_{45}}\right|-1.0$$

$$MS_{-45}=\left|\frac{\tau_{许用}}{\max(N^{t}_{能力,-45},N^{c}_{能力,-45})LIF_{-45}}\right|-1.0 \qquad (14.7.4.3.2(y))$$

式中：

$N^{t}_{能力,i}, N^{c}_{能力,i}$ = 原构件沿每个纤维方向的载荷 / 宽度能力(拉伸或压缩)

层压板强度分析方法 2:用作用的内载荷

仅针对构件上作用内力所设计的修理,可能使修理刚度小于原构件。无论作用载荷是多少,修理刚度应当等于或大于原构件的刚度。

(11b) 确定构件上的作用载荷。如果给出了作用外载荷,确定板内修理位置处的局部载荷。这个局部载荷应当按面内合力(N_x, N_y, N_{xy})计算。对于有弯矩的板件,计算**每个面板**的面内力合力(N_x, N_y, N_{xy}),或者,对实心层压板结构计算其顶部和底部处的内力合力(N_x, N_y, N_{xy})。

对于夹层区域,用($i = x, y, xy$)给出因弯矩作用产生的面板内力合力(假设相对于芯子厚度其为薄面板)：

$$N_i = \pm M_i/(t_{芯子}+t_{面板1}/2+t_{面板2}/2) \qquad (14.7.4.3.2(z))$$

对于实心层压板,因弯矩作用在顶部和底部产生的内力合力在下面给出(假设无层压板非对称效应)。注意,这些内力合力是保守的近似,因为使用了表面应变层压板的[A]矩阵(平均刚度)。一种替代的方法是应用层压板分析程序,来确定顶部和底部表面处的内力合力。

$$\begin{Bmatrix}\varepsilon^0\\ \kappa\end{Bmatrix}=\begin{bmatrix}a & 0\\ 0 & d\end{bmatrix}\begin{Bmatrix}N\\ M\end{Bmatrix}$$

$$\begin{aligned}\varepsilon_i^{\text{顶部}} &= \varepsilon_i^0-\kappa_i t/2\\ \varepsilon_i^{\text{底部}} &= \varepsilon_i^0-\kappa_i t/2\\ N_i^{\text{顶部}} &= A_{ij}^{\text{顶部}}\varepsilon_j^{\text{顶部}}\\ N_i^{\text{底部}} &= A_{ij}^{\text{底部}}\varepsilon_j^{\text{底部}}\end{aligned} \quad (14.7.4.3.2(\text{aa}))$$

对于铺层角度 θ 并非 0°或 90°(例如 45°或−45°)的情况,用以下公式计算这些铺层角度的面内力合力:

$$N_\theta = N_x\cos^2\theta + N_y\sin^2\theta + 2N_{xy}\cos\theta\sin\theta \quad (14.7.4.3.2(\text{ab}))$$

(12b) 用以下方法确定修理的强度:

确定修理在极限情况下沿构件中各个纤维方向(例如 0°, 90°, +45°, −45°)的允许拉伸和压缩应变:

$$\begin{aligned}&\varepsilon_{\text{r,许用},x}^{\text{拉伸}}\\ &\varepsilon_{\text{r,许用},y}^{\text{拉伸}}\\ &\varepsilon_{\text{r,许用},45}^{\text{拉伸}}\\ &\varepsilon_{\text{r,许用},-45}^{\text{拉伸}}\end{aligned} \quad (14.7.4.3.2(\text{ac}))$$

$$\begin{aligned}&\varepsilon_{\text{r,许用},x}^{\text{压缩}}\\ &\varepsilon_{\text{r,许用},y}^{\text{压缩}}\\ &\varepsilon_{\text{r,许用},45}^{\text{压缩}}\\ &\varepsilon_{\text{r,许用},-45}^{\text{压缩}}\end{aligned} \quad (14.7.4.3.2(\text{ad}))$$

注意,对于织物铺层,每层有两个纤维方向(例如,对于一个 0°铺层有 0°和 90°方向等)。在适用的原始设备制造商 OEM 设计准则中将规定使用的许用值类型:缺口的或无缺口的、夹层板或实心层压板等。对修理材料必须使用与原层压板类型相同的许用值。

对每个纤维方向确定修理的拉伸和压缩载荷/宽度能力:

$$\begin{aligned}N_{\text{r,能力},x}^{\text{t}} &= \varepsilon_{\text{r,许用},x}^{\text{拉伸}}\times E_{\text{t},r,x,r}\\ N_{\text{r,能力},y}^{\text{t}} &= \varepsilon_{\text{r,许用},y}^{\text{拉伸}}\times E_{\text{t},r,y,r}\\ N_{\text{r,能力},45}^{\text{t}} &= \varepsilon_{\text{r,许用},45}^{\text{拉伸}}\times E_{\text{t},r,45,r}\\ N_{\text{r,能力},-45}^{\text{t}} &= \varepsilon_{\text{r,许用},-45}^{\text{拉伸}}\times E_{\text{t},r,-45,r}\end{aligned} \quad (14.7.4.3.2(\text{ae}))$$

$$\begin{aligned}N_{\text{r,能力},x}^{\text{c}} &= \varepsilon_{\text{r,许用},x}^{\text{压缩}}\times E_{\text{t},r,x,r}\\ N_{\text{r,能力},y}^{\text{c}} &= \varepsilon_{\text{r,许用},y}^{\text{压缩}}\times E_{\text{t},r,y,r}\\ N_{\text{r,能力},45}^{\text{c}} &= \varepsilon_{\text{r,许用},45}^{\text{压缩}}\times E_{\text{t},r,45,r}\\ N_{\text{r,能力},-45}^{\text{c}} &= \varepsilon_{\text{r,许用},-45}^{\text{压缩}}\times E_{\text{t},r,-45,r}\end{aligned} \quad (14.7.4.3.2(\text{af}))$$

对于仅具有 0°和 90°铺层的层压板，必须检查层压板的抗剪能力。确定许用剪切应变 $\gamma_{r,许用,12}$和抗剪能力：

$$N_{r,能力,12} = \gamma_{r,许用,12} \times G_{r,xy,c} \times t_{r,c} \qquad (14.7.4.3.2(ag))$$

(13b) 按以下比较修理的强度和构件载荷。按每种载荷情况，对各个纤维方向计算安全裕量，并计算修理面板或实心层压板的顶部与底部表面处的安全裕量。所有这些安全裕量必须≥0.0。

$$\begin{aligned} MS &= (N^t_{r,能力,x}/(N_x LIF_x)) - 1.0 \\ MS &= (N^t_{r,能力,y}/(N_y LIF_y)) - 1.0 \\ MS &= (N^t_{r,能力,45}/(N_{45} LIF_{45})) - 1.0 \\ MS &= (N^t_{r,能力,-45}/(N_{-45} LIF_{-45})) - 1.0 \end{aligned} \qquad (14.7.4.3.2(ah))$$

$$\begin{aligned} MS &= (N^c_{r,能力,x}/(N_x LIF_x)) - 1.0 \\ MS &= (N^c_{r,能力,y}/(N_y LIF_y)) - 1.0 \\ MS &= (N^c_{r,能力,45}/(N_{45} LIF_{45})) - 1.0 \\ MS &= (N^c_{r,能力,-45}/(N_{-45} LIF_{-45})) - 1.0 \end{aligned} \qquad (14.7.4.3.2(ai))$$

对于仅具有 0°和 90°铺层的层压板，必须计算其面内剪切安全裕量。这个安全裕量必须≥0.0。

$$MS = (N_{r,能力,12}/N_{xy}) - 1.0 \qquad (14.7.4.3.2(aj))$$

(14b) 确定原层压板与修理之间胶层的承载能力。这个分析中需要基于经验、作为按载荷/宽度/铺层给出的胶层承载能力数据；这数据是铺层搭接长度的函数。采用以下公式确定胶层承载能力。

对于嵌接修理：

$$N_{能力,胶接}(\mathrm{lbf/in}) = \sum_{1}^{\#替换铺层} [胶接能力(\mathrm{lbf/(in \cdot 铺层)})]_{f(按SRM搭接)} + \sum_{1}^{\#额外铺层} [胶接能力(\mathrm{lbf/(in \cdot 铺层)})]_{f(按SRM搭接)} \qquad (14.7.4.3.2(ak))$$

对于外补片修理：

$$N_{能力,胶接}(\mathrm{lbf/in}) = \sum_{1}^{\#修理铺层} [胶接能力(\mathrm{lbf/(in \cdot 铺层)})]_{f(按SRM搭接)} \qquad (14.7.4.3.2(al))$$

这种分析限用于斜削比在 30∶1 到 50∶1 之间的嵌接修理，和厚度达 4 层的夹芯面板外补片修理。对于湿铺贴修理、共固化预浸料修理和预固化补片修理，其胶层的承载能力将有所不同。

(15b) 用以下方法比较胶层的强度和构件的载荷。对于每种载荷情况，在铺层的每个纤维方向，确定胶接的安全裕量。所有这些裕量必须≥0.0。在部分高度修理时，公式中的刚度比$(E_{t,r0,i}/E_{t,r,i,r})$用于划分修理铺层和其余原铺层所承担的作用载荷；对于全高度修理，这个比值为1.0。

对于嵌接修理：

$$
\begin{aligned}
MS_x &= \left|\frac{N_{能力,胶接}}{N_x LIF_x \dfrac{E_{t,r0,x}}{E_{t,r,x,r}}}\right| - 1.0 \\
MS_y &= \left|\frac{N_{能力,胶接}}{N_y LIF_y \dfrac{E_{t,r0,y}}{E_{t,r,y,r}}}\right| - 1.0 \\
MS_{45} &= \left|\frac{N_{能力,胶接}}{N_{45} LIF_{45} \dfrac{E_{t,r0,45}}{E_{t,r,45,r}}}\right| - 1.0 \\
MS_{-45} &= \left|\frac{N_{能力,胶接}}{N_{-45} LIF_{-45} \dfrac{E_{t,r0,-45}}{E_{t,r,-45,r}}}\right| - 1.0
\end{aligned}
\qquad (14.7.4.3.2(am))
$$

对于外补片修理：

$$
\begin{aligned}
MS_x &= \left|\frac{N_{能力,胶接}}{N_x LIF_x}\right| - 1.0 \\
MS_y &= \left|\frac{N_{能力,胶接}}{N_y LIF_y}\right| - 1.0 \\
MS_{45} &= \left|\frac{N_{能力,胶接}}{N_{45} LIF_{45}}\right| - 1.0 \\
MS_{-45} &= \left|\frac{N_{能力,胶接}}{N_{-45} LIF_{-45}}\right| - 1.0
\end{aligned}
\qquad (14.7.4.3.2(an))
$$

式中：N_i 为在给定载荷情况下沿每个纤维方向的作用载荷。

14.7.4.3.3 芯子分析

如果用同样或者用刚度和强度特性更高的芯子取代原芯子材料，则不需要对替代的芯子进行详细的分析。在所有情况下，替换芯子材料的芯子应当以具有相当或更好的横向剪切刚度以及带向与横向长度性能(length properties)。替换的芯子还必须具有与原芯子材料相等或更小的芯格尺寸，以免降低抗芯格内屈曲的能力。注意，通常不能基于密度或芯格尺寸来替代芯格材料，也就是说，如果没有详细的验证分析，用3 lb/ft^3 的芳纶芯子来取代3 lb/ft^3 的铝芯子就是不可接受的。

必须将替换的芯子胶接到原构件的芯子和面板上。有关其适当的拼接胶、各层芯子之间所需的重叠层(doubler plies)以及芯子的替换方法，参见结构修理手册

SRM。同样，如果采用 SRM 的材料并遵循其方法，则无需进行特殊的分析。

如果没有遵照上面的这些限定，则需要进行板的详细分析；分析包括板的变形和稳定性，面板皱曲，芯格内屈曲，芯子压塌，芯子剪切和芯子剪切折皱。如果使用了较高密度芯子，还必须证明拼接胶具有拼接较高密度芯子的抗剪切能力。对于这些分析的讨论，不在本节的范围之内。

14.7.4.3.4　*夹层板封边带的修理*

本节给出修理实心层压板封边带所的分析方法。

> 注意：这个分析方法限用于夹层板封边板的单行紧固件区域。有一些附加考虑还可以适用于夹层板的连接区域和实心夹层板的紧固件区域。未经咨询 OEM 的应力分析机构并获其认可，不应将此分析方法用于连接区域或主结构实心层压板的最终修理证实。

当设计并认可对封边板的修理时，必须考虑以下的限制和事项：

- 内(结合)面不得为台阶形的；修理必须有光滑的斜坡，以避免构件安装时引入高应力。
- 修理层可以延伸到芯子的斜坡，有必要修整芯子的厚度。
- 对于许用值或可用紧固件长度的限制，可能会限制修理的厚度。
- 有关相邻结构的间隙限制，可能会限制修理的厚度。
- 修理厚度增大突出到空气动力 OML 之上，这可能需要对修理区域内的构件边缘挖槽。

由于原构件的铺层方式在待修理区域的上方可能有变化，必须对修理区域上方每种独特的铺层情况进行以下完整的分析。铺层的边界位置在构件图上给出，也可能在结构修理手册 SRM 中给出，或者，在某些情况下必须在去除损伤并在构件内加工出嵌接斜坡后才能确定。

层压板刚度分析

封边带分析应当采用上面 14.7.4.3.2 节给出的分析方法。此外，还应当进行以下的弯曲刚度比较。

(1) 对原层压板计算以下轴弯曲刚度。$EI_{x,0}$，$EI_{y,0}$，$EI_{45,0}$，$EI_{-45,0}$；其中 x 沿着 0°铺层方向。采用室温名义模量值。计算采用以下公式：

用经典层压板理论计算面板或实心层压板的层压板刚度矩阵[ABD]。可在很多教科书和手册中找到这些公式，以下所采用的符号与 R. M. Jones 在 *Mechanics of Composite Materials* 一书中的符号一致。

$$\begin{bmatrix} N \\ M \end{bmatrix} = \begin{bmatrix} A & B \\ B & D \end{bmatrix} \begin{bmatrix} \varepsilon \\ \kappa \end{bmatrix} \qquad (14.7.4.3.4(a))$$

由于封边带或者为对称或者可认为其受到下部结构的约束，我们将只取用整个刚度矩阵中的子矩阵$[D]$。将$[D]_{,0}$矩阵求逆，得到弯曲柔度矩阵$[d]_{,0}$：$[d]=[D]^{-1}$。

当有些铺层角度不是0°或90°(例如为45°或−45°)时，则必须旋转$[d]_{,0}$矩阵以计算沿这些纤维方向的模量值。对于纤维角度为θ的情况，用下式来旋转$[d]_{,0}$矩阵：

$$d_{11,0}^{*}=d_{11}\cos^4\theta+(2d_{12}+d_{66})\sin^2\theta\cos^2\theta+d_{22}\sin^4\theta-2d_{16}\cos^3\theta\sin\theta-2d_{26}\cos\theta\sin^3\theta \quad (14.7.4.3.4(b))$$

$$d_{22,0}^{*}=d_{11}\sin^4\theta+(2d_{12}+d_{66})\sin^2\theta\cos^2\theta+d_{22}\cos^4\theta+2d_{16}\cos\theta\sin^3\theta+2d_{26}\cos^3\theta\sin\theta \quad (14.7.4.3.4(c))$$

然后用以下公式计算弯曲刚度：

$$\begin{aligned}EI_{x,0}&=1/d_{11,0}\\EI_{y,0}&=1/d_{22,0}\\EI_{45,0}&=1/d_{11,0}^{*}\quad(\theta=45°)\\EI_{-45,0}&=1/d_{22,0}^{*}\quad(\theta=-45°)\end{aligned} \quad (14.7.4.3.4(d))$$

(2) 相似地确定修理的弯曲刚度。对于部分高度修理，要包括余下的那些原构件铺层。计算以下的轴弯曲刚度：$EI_{r,x,r}$，$EI_{r,y,r}$，$EI_{r,45,r}$，$EI_{r,-45,r}$；其中x沿着0°铺层方向。

检查中采用下述方法：

- 不包括填充铺层。
- 包括所有修理铺层。
- 包括所有额外修理铺层。

采用以下公式：

$$\begin{bmatrix}N\\M\end{bmatrix}=\begin{bmatrix}A&B\\B&D\end{bmatrix}\begin{bmatrix}\varepsilon\\\kappa\end{bmatrix} \quad (14.7.4.3.4(e))$$

由于封边带或者为对称或者可认为其受到下部结构的约束，我们将只取用整个刚度矩阵中的子矩阵$[D]$。将$[D]_r$矩阵求逆，得到弯曲柔度矩阵$[d]_r$：

$$[d]_r=[D]_r^{-1} \quad (14.7.4.3.4(f))$$

当有些铺层角度不是0°或90°(例如为45°或−45°)时，则必须旋转$[d]_r$矩阵以计算沿着这些纤维方向的模量值。对于纤维角度为θ的情况，用下式来旋转$[d]_r$矩阵：

$$d_{11,r}^{*}=d_{11}\cos^4\theta+(2d_{12}+d_{66})\sin^2\theta\cos^2\theta+d_{22}\sin^4\theta-2d_{16}\cos^3\theta\sin\theta-2d_{26}\cos\theta\sin^3\theta \quad (14.7.4.3.4(g))$$

$$d_{22,r}^{*}=d_{11}\sin^4\theta+(2d_{12}+d_{66})\sin^2\theta\cos^2\theta+d_{22}\cos^4\theta+2d_{16}\cos\theta\sin^3\theta+2d_{26}\cos^3\theta\sin\theta \quad (14.7.4.3.4(h))$$

然后用以下公式计算弯曲刚度值：

$$\begin{aligned} EI_{r,x,r} &= 1/d_{11,r,r} \\ EI_{r,y,r} &= 1/d_{22,r,r} \\ EI_{r,45,r} &= 1/d^{*}_{11,r,r} \quad (\theta = 45^\circ) \\ EI_{r,-45,r} &= 1/d^{*}_{22,r,r} \quad (\theta = -45^\circ) \end{aligned} \tag{14.7.4.3.4(i)}$$

(3) 计算修理与原构件的弯曲刚度比

$$\begin{aligned} SR_x &= (EI_{r,x,r}/EI_{x,0}) \\ SR_y &= (EI_{r,y,r}/EI_{y,0}) \\ SR_x &= (EI_{r,45,r}/EI_{45,0}) \\ SR_y &= (EI_{r,-45,r}/EI_{-45,0}) \end{aligned} \tag{14.7.4.3.4(j)}$$

所有这些弯曲刚度比必须大于 1.0；对弯曲刚度比没有上限。

层压板强度分析方法 1：用原构件的强度能力

通常，必须对修理区的每个紧固件位置进行以下分析检查。

(4a) 确定该构件的封边带连接和受载的类型。

某些夹层板设计中采用浮动紧固件连接（例如具有超大尺寸孔的高浮动螺母板），这些板在紧固件孔处不经受挤压载荷，同时在封边带中通常没有显著的面内旁路载荷。在这些板件的封边带中的主要载荷是弯矩，弯矩由紧固件的面外载荷和封边带的边缘撬动力来平衡。对这些板修理能力的分析只需要考虑弯矩情况；不需要考虑抗挤压载荷与面内旁路载荷的能力。

其他夹层板设计中在封边带中采用标准的紧固件连接；这些板在封边带中经受紧固件孔的挤压载荷、面内旁路载荷以及面外弯矩。对这些板修理能力的分析必须考虑所有这些载荷情况。

(5a) 采用以下方法检查抗弯矩能力：

确定原构件在临界情况下沿构件中每个纤维方向（例如，0°，90°，+45°，−45°）的许用拉伸和压缩应变：

$$\begin{aligned} &\varepsilon^{\text{拉伸}}_{\text{许用},x} \\ &\varepsilon^{\text{拉伸}}_{\text{许用},y} \\ &\varepsilon^{\text{拉伸}}_{\text{许用},45} \\ &\varepsilon^{\text{拉伸}}_{\text{许用},-45} \end{aligned} \tag{14.7.4.3.4(k)}$$

$$\begin{aligned} &\varepsilon^{\text{压缩}}_{\text{许用},x} \\ &\varepsilon^{\text{压缩}}_{\text{许用},y} \\ &\varepsilon^{\text{压缩}}_{\text{许用},45} \\ &\varepsilon^{\text{压缩}}_{\text{许用},-45} \end{aligned} \tag{14.7.4.3.4(l)}$$

注意，对于织物铺层，每层有两个纤维方向(例如对于一个 0°铺层有 0°和 90°方向等)。在适用的原始设备制造商 OEM 设计准则中，通常将规定使用带缺口的许用值。所准备使用的许用值应当取自结构的原始设备制造商 OEM。

确定沿着每个纤维方向的原构件弯矩/宽度能力：

$$\begin{aligned} M^{t}_{能力,x} &= \varepsilon^{拉伸}_{许用,x} \times EI_{x,0}2/t_0 \\ M^{t}_{能力,y} &= \varepsilon^{拉伸}_{许用,y} \times EI_{y,0}2/t_0 \\ M^{t}_{能力,45} &= \varepsilon^{拉伸}_{许用,45} \times EI_{45,0}2/t_0 \\ M^{t}_{能力,-45} &= \varepsilon^{拉伸}_{许用,-45} \times EI_{-45,0}2/t_0 \end{aligned} \tag{14.7.4.3.4(m)}$$

$$\begin{aligned} M^{c}_{能力,x} &= \varepsilon^{压缩}_{许用,x} \times EI_{x,0}2/t_0 \\ M^{c}_{能力,y} &= \varepsilon^{压缩}_{许用,y} \times EI_{y,0}2/t_0 \\ M^{c}_{能力,45} &= \varepsilon^{压缩}_{许用,45} \times EI_{45,0}2/t_0 \\ M^{c}_{能力,-45} &= \varepsilon^{压缩}_{许用,-45} \times EI_{-45,0}2/t_0 \end{aligned} \tag{14.7.4.3.4(n)}$$

确定修理在临界情况下沿构件中每个纤维方向(例如 0°, 90°, +45°, −45°)的许用拉伸和压缩应变：

$$\begin{aligned} &\varepsilon^{拉伸}_{r,许用,x} \\ &\varepsilon^{拉伸}_{r,许用,y} \\ &\varepsilon^{拉伸}_{r,许用,45} \\ &\varepsilon^{拉伸}_{r,许用,-45} \end{aligned} \tag{14.7.4.3.4(o)}$$

$$\begin{aligned} &\varepsilon^{压缩}_{r,许用,x} \\ &\varepsilon^{压缩}_{r,许用,y} \\ &\varepsilon^{压缩}_{r,许用,45} \\ &\varepsilon^{压缩}_{r,许用,-45} \end{aligned} \tag{14.7.4.3.4(p)}$$

注意，对于织物铺层，每层有两个纤维方向(例如对于一个 0°铺层有 0°和 90°方向等)。在适用的原始设备制造商 OEM 设计准则中，通常将规定使用带缺口的许用值。对于修理材料，必须使用与原层压板相同类型的许用值。

确定沿着每个纤维方向修理在拉伸和压缩时的载荷/宽度能力：

$$\begin{aligned} M^{t}_{r,能力,x} &= \varepsilon^{拉伸}_{r,许用,x} \times EI_{r,x,r}2/t_{r,r} \\ M^{t}_{r,能力,y} &= \varepsilon^{拉伸}_{r,许用,y} \times EI_{r,y,r}2/t_{r,r} \\ M^{t}_{r,能力,45} &= \varepsilon^{拉伸}_{r,许用,45} \times EI_{r,45,r}2/t_{r,r} \\ M^{t}_{r,能力,-45} &= \varepsilon^{拉伸}_{r,许用,-45} \times EI_{r,-45,r}2/t_{r,r} \end{aligned} \tag{14.7.4.3.4(q)}$$

$$\begin{aligned} M^{c}_{r,能力,x} &= \varepsilon^{压缩}_{r,许用,x} \times EI_{r,x,r}2/t_{r,r} \\ M^{c}_{r,能力,y} &= \varepsilon^{压缩}_{r,许用,y} \times EI_{r,y,r}2/t_{r,r} \\ M^{c}_{r,能力,45} &= \varepsilon^{压缩}_{r,许用,45} \times EI_{r,45,r}2/t_{r,r} \\ M^{c}_{r,能力,-45} &= \varepsilon^{压缩}_{r,许用,-45} \times EI_{r,-45,r}2/t_{r,r} \end{aligned} \tag{14.7.4.3.4(r)}$$

采用以下公式比较修理的强度与原层压板的强度能力。计算每个纤维方向的安全裕量。所有这些安全裕量必须≥0.0。

$$
\begin{aligned}
MS &= (M^{t}_{r,\text{能力},x} - M^{t}_{\text{能力},x}) - 1.0 \\
MS &= (M^{t}_{r,\text{能力},y} - M^{t}_{\text{能力},y}) - 1.0 \\
MS &= (M^{t}_{r,\text{能力},45} - M^{t}_{\text{能力},45}) - 1.0 \\
MS &= (M^{t}_{r,\text{能力},-45} - M^{t}_{\text{能力},-45}) - 1.0
\end{aligned}
\qquad (14.7.4.3.4(s))
$$

$$
\begin{aligned}
MS &= (M^{c}_{r,\text{能力},x} - M^{c}_{\text{能力},x}) - 1.0 \\
MS &= (M^{c}_{r,\text{能力},y} - M^{c}_{\text{能力},y}) - 1.0 \\
MS &= (M^{c}_{r,\text{能力},45} - M^{c}_{\text{能力},45}) - 1.0 \\
MS &= (M^{c}_{r,\text{能力},-45} - M^{c}_{\text{能力},-45}) - 1.0
\end{aligned}
\qquad (14.7.4.3.4(t))
$$

(6a) 如果需要，用上面 14.7.3.2 节的 #2 强度分析方法检查面内承载能力。在适用的原始设备制造商(OEM)设计准则中，通常将规定这个分析使用带缺口的实心层压板许用值。

(7a) 如果需要，用以下方法检查挤压载荷承载能力：

确定原层压板在临界环境下的许用挤压应力 F^{bru}。用原层压板厚度计算原构件的挤压应力能力：

$$P_{\text{br},\text{能力}} = F^{bru}(\text{直径})(t_0) \qquad (14.7.4.3.4(u))$$

确定修理层压板在临界环境下的许用挤压应力 F^{bru}_{r}。用修理层压板厚度计算修理的挤压应力能力(压缩方法)：

$$P_{\text{br},\text{能力},r} = F^{bru}_{r}(\text{直径})(t_{r,c}) \qquad (14.7.4.3.4(v))$$

对修理计算挤压应力安全裕量，这个裕量必须≥0.0。这里假设对于原材料和修理材料，其挤压/旁路的交互作用是一样的；这是个合理的假设。

$$MS_{\text{br}} = (P_{\text{br},\text{能力},r}/P_{\text{br},\text{能力}}) - 1 \qquad (14.7.4.3.4(w))$$

层压板强度分析方法 2：用作用的载荷

通常，必须对修理区域内的每个紧固件位置进行以下的分析检查。

(4b) 确定构件上作用的载荷。这些载荷通常最多以四个部分给出(一般对一个具体构件并不出现所有这些)：

- 板平面内的紧固件载荷(这些产生紧固件孔上的挤压应力)。
- 垂直于板平面的紧固件载荷(这些产生封边带内的弯曲应力)。
- 封边带内在紧固件中线处的弯曲力矩。
- 封边带内的面内力合力(N_x，N_y，N_{xy})或应变(这些形成围绕紧固件孔的旁路应力)。这些力通常来自感生载荷(例如来自机翼或机身变形)或者来自直接作用的气动载荷。

(5b) 对于作用的面内力和力矩，用上面 14.74..3.2 节的 #1 强度分析方法。通常在适用的原始设备制造商 OEM 设计准则中，将规定这个分析使用带缺口的实心层压板许用值。依据作用载荷的类型，可能需要在紧固件中心线和芯子边缘处进行检查。

(6b) 用修理层压板的厚度 $t_{r,r}$，计算作用的挤压应力：

$$P_{br} = \text{最大面内紧固件载荷}$$
$$= (P_x^2 + P_y^2)^{1/2}/2$$
$$f_{br} = P_{br}/(\text{直径})(t_{r,r})$$

(7b) 计算此修理的挤压应力安全裕量。确定修理层压板在临界环境的许用挤压应力 F_r^{bru}。计算挤压安全裕量；安全裕量必须≥0.0。这里假设对于原材料和修理材料，其挤压/旁路的交互作用是一样的；这是个合理的假设。

$$MS_{br} = (F_r^{bru}/f_{br}) - 1 \qquad (14.7.4.3.4(x))$$

14.7.4.3.5 对芯子削减(斜坡)区域面板的修理

通过本节给出的方法可以完成对夹层板芯子斜坡区域的修理设计与证实。这里采用对修理设计和原构件的比较能力分析(comparative capability analyses)，因为由于几何特征及铺层的截止，斜坡段的分析极为复杂。

修理的设计应当对斜坡区的每个完整层和局部层增加替换铺层，使铺层截止的顺序与原构件相匹配。此外，可能需要基于下面所述的两个分析加上些额外铺层。在这两个分析得到不同的额外铺层层数时，应当按较大的层数将额外铺层覆盖整个修理区域。

应当按照上面 14.7.4.3.4 节所给出的方法，用一个相对能力分析，相对原**封边带**的层压板确定修理的尺寸。

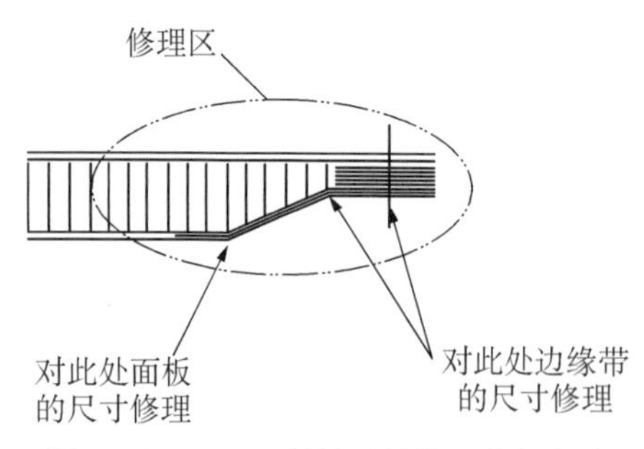

图 14.7.4.3.5 斜坡区域修理分析部位

还应当用上面 14.7.4.3.2 节的分析方法，对相应于芯子斜坡中“顶部”处**夹层面板**的层压板(见图 14.7.4.3.5)，进行一个相对能力分析，确定修理的尺寸。

由于在待修区域内原构件的铺层方式可能有变化，必须对修理区域内的每个独特铺层情况进行这个分析。铺层的边界位置在构件图上给出，也可能在结构修理手册 SRM 中给出，或者，在某些情况下必须在去除损伤并在构件内加工出嵌接斜坡后才能确定。

14.7.4.3.6　实心层压板紧固件区域的修理

除了对离开安装固定区域的夹层板封边带修理外(见 14.7.4.3.4 节),对实心层压板紧固件区域的修理将需要详细的应力分析,因为这些区域受到多轴向的载荷,分析方法复杂并且通常只有低安全裕量。

14.7.4.4　修理程序

本节将介绍完成二次胶接、预浸料共固化,以及进行湿铺贴修理所用的一般程序,具体的修理程序由 SRM, NAVAIR 01－1A－21(见文献 14.7.3.4(a))和空军的 TO 1－1－690(见文献 14.7.3.4(b))给出。胶接修理中需要严密控制修理的过程和修理环境。胶接连接的结构完整性在很大程度上依赖于工作区域的清洁度和其周围大气温度及湿度环境。其他重要因素还有技艺和相配构件的几何配合等。本节最后部分将介绍一个胶接修理的典型例子。

影响胶接修理的四项主要操作是:补片与母体部分的表面准备,涂抹胶黏剂,袋装和固化。因为所要进行的胶接修理类型、所使用的材料,以及所修理的构件不同,每项操作都可能不同。修理的尺寸可能受限于所允许的胶黏剂暴露时间。按照补片的图纸来铺贴复合材料带或织物、金属薄片或干织物材料。采用标准的车间程序,用预浸料来制造复合材料补片层压板。在浸润树脂前先把湿铺贴用的干织物层切割到需要的尺寸,以使修理时间最少。关于如何适当地混合树脂,可参考 SAE 文献 ARP 5256——树脂混合(见文献 14.7.4.4(a))和 NAVAIR 01－1A－21(见参考文献 14.7.3.4(a))的说明。用混合的树脂浸润干织物的方法见 SAE 文献 ARP 5319“修理铺层干织物的应用”(见参考文献 14.7.4.4(b))中的介绍。

在涂抹胶黏剂以前,必须用溶剂把修理补片和母体表面擦拭干净并让其干燥。此时,应当把复合材料的表面磨光(轻轻地喷砂比用手工打磨更加均匀);然后用无毛絮的布将表面擦干。金属补片有特殊的表面准备要求,这取决于用的是铝补片还是钛补片;应当严格遵守在结构修理手册 SRM 和 MIL－HDBK－337(见文献 14.7.4.4(c))中规定要求。首先把黏胶膜贴附在补片上,再进行修整,然后固定到损伤的区域。

袋装是把修理封闭起来准备固化的一个操作步骤。由于大多数修理是在热压罐之外进行,这里所述的过程将只涉及真空袋方法;这方法使得能够在大气压力下进行修理处的固化。当可以在热压罐内进行修理处固化时,就可能施加附加的压力和进行更高和更均匀的加热。图 14.7.4.4(a)所示为一个典型的袋装安排方式;其中补片的预浸料铺层将与胶黏剂进行共固化,并使用一个加热毯来提供热量。从补片的顶部开始,修理的袋装组合中包括:多孔的分离膜,用以防止吸胶层黏在修理层上;吸胶层,用来吸收多余的树脂(假设预浸料不是纯树脂型的);带孔的聚酯薄膜(mylar)隔离层,以便透气;均压板或压力板,帮助形成光滑的修理表面;透气层,为用真空源抽出袋内原先截留的空气提供通路;最后是橡胶的真空袋。在真空袋周围处用胶带进行密封。当胶接修理中使用金属补片或预固化的复合材料补片时,可能仍需要用袋装方式对胶粘层施加真空压力，但其形式会比较简单。

袋装过程的一个必要组成部分是，安置热电偶以检测固化过程中构件和修理部位的温度。需要在构件上安置热电偶，以保证构件不致过热。图 14.7.4.4(a)只显示了一根热电偶的金属线(更通常的做法是在真空袋内安置加热毯)。对于大型修理，需要更多的热电偶以反映整个修理区域的温度分布。采用适当袋装技术的目的之一，是要在修理处达到均匀的加热分布；为达到这个目的，某些情况下在袋内插入薄铝板或薄铜板，但此时必须小心避免刺破袋子。关于应当在何处安置热电偶，NAVAIR 01-1A-21(见文献 14.7.3.4(a))中有很好的说明。在 SAE ARP 5143"装袋"中(见文献 14.7.4.4(d))对适当的装袋技术给出了指导意见。

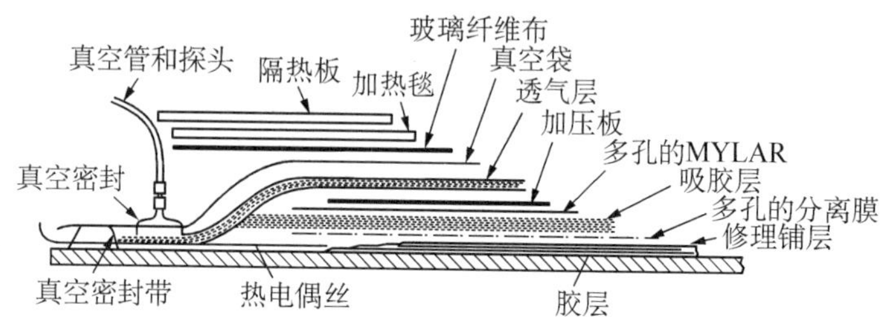

图 14.7.4.4(a) 真空袋铺放剖面示意图

通过加热而加速化学的交联过程，实现结构胶黏剂和复合材料树脂的固化过程。因此，为达到此目的，固化温度应当足够高，但应该小心避免达到可能损伤原先结构的温度。进行固化时应保持尽可能低的固化温度，这是安全的策略。当树脂和胶黏剂在过程中经受物理和化学变化的时候，加热的速率很重要。因此，树脂和胶黏剂的固化循环必须相容，并要遵照预定的时间-温度曲线，即遵照温度增加的速率、保温持续周期以及降温速率。如果修理中采用热压罐固化，必须按照固化的技术条件施加压力。通常按最大的热电偶读数来控制最大允许温度。固化时间则按照最小的热电偶读数来调整。当完成固化后，要等修理组合冷却后才解除真空压力。关于这方面的更多细节，参考 SAE ARP 5144"热固性树脂固化的加热"(见文献 14.7.4.4(e))。

加热毯(或者单独使用，或与修理器材一起使用)是胶接修理的固化中应用最广泛的。热压罐、烘箱和石英灯则是其他一些可接受的方法。

双真空袋处理的概念是几个可供选择的方法之一(见参考文献 14.7.4.4(f))；自 20 世纪 80 年代初以来就研究这些方法(见参考文献 14.7.4.4(g))，旨在为较厚层压板发展一些过程，改进复合材料层压修理补片的整体质量。海空军作战中心(Naval Air Warfare Center)1983 年的研究证明，双真空袋方法可在预浸料修理补片中形成较低的孔隙率、改善了树脂的分布、并改善了由树脂控制的力学性能(见参考文献 14.7.4.4(h))。这计划还研究把双真空袋过程作为排除气体、压实的中间步骤，并作为在大气环境中存储预浸料修理补片层压板的阶段性方法，供以后作为共胶接的外场修理补片，意图用单真空袋方法在飞机上进行最后的固化。1992 年，这项工作被推广到湿铺贴以及预浸料修理补片的双真空袋过程（见文献 14.7.4.4(i)）。近期的工作证实，采用针对具体在用的树脂体系优化其双真空袋工艺参数，例如排气和固化温度、加热速率、排气时间、真空水平、吸胶层数量等，可以进一步改善修理补片层板的整体质量（见文献 14.7.4.4(j)）。

为了用双真空袋过程制造湿铺贴修理层板，需要附加一个步骤，即把预浸的织物放置在如图 14.7.4.4(b)所示的排气组合系统内。

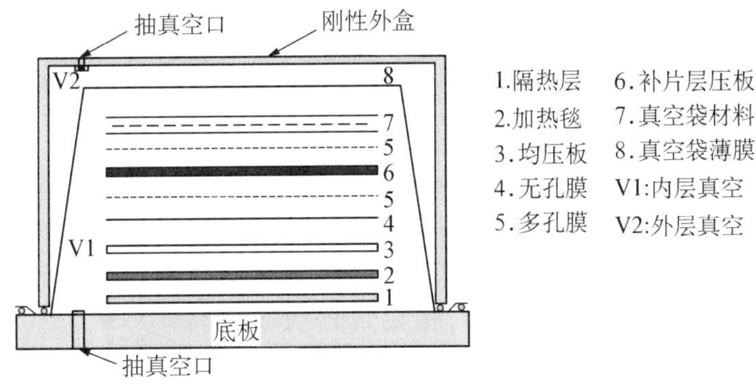

图 14.7.4.4(b)　典型的双真空袋排气组合系统

为了开始这个排气的过程，抽空内柔性真空袋内的空气。然后在内部真空袋上面把刚性外盒进行密封，再抽出刚性外盒与内柔性真空袋之间的空气。由于这个外盒是刚性的，第二次抽真空就可防止大气压力向下压到补片上面的内真空袋。这样，就可防止空气泡被“压缩”到层压板内，并便于内部真空排除空气泡。然后，把层压板加热到预定的排气温度，以降低树脂的黏性并进一步排除层压板内的空气和挥发物。通过加热毯进行加热，用直接安置在加热毯上的热电偶进行控制，以限制在排气循环中树脂演变的总量。

一旦完成了排气循环，就将连接在外刚性盒上的真空源排气，这样就使盒内重新恢复大气压力，并对内真空袋施加正压力。完成这个压实循环后，就从组合系统中取出层压板并准备进行固化。

在使用预浸料修理补片层板的情况下，将预浸料的铺层进行切割、铺叠、并放入图 14.7.4.4(b)所示的双真空排气组合系统内。在这个过程中，沿层压板的边缘放置热电偶，以保证层压板的所有区域达到需要的排气和压实温度。与湿铺贴的分段(staging)过程相反，在预浸料的分段过程中不需要吸胶材料。

为了开始这个分段过程，先将内真空袋和外部盒抽真空。然后将预浸料的层板加热到排气温度。一旦完成了排气循环，就把层压板在温度下压实使铺层形成一体。完成压实循环后，从这组合系统中取出完成分段处理后的预浸料层板，然后，或者准备加以存储，或者立即进行固化。

已经证明，这双真空袋方法能够生产出空隙含量低，压实程度良好，接近于用热压罐生产的层压板。但是，由于需要使用刚性的外真空盒，其使用受到一些限制。在共胶接的应用情况下，必须对补片层压板进行排气、压实，并离开飞机进行分段处理。因为分段处理的补片为可成形的，可以把这补片转移到飞机上，按照外廓成形，再用单真空袋过程共胶接到位并最后固化。这个两段的过程是必要的，因为在飞机上使用刚性真空盒组合系统，会产生一个可能足以进一步损伤母体结构的剥离载荷。相似地，这个真空盒组合系统也难于(如果不是不可能的话)安装在有外形轮廓的表面上。补片的整个尺寸也受到刚性外盒最大实际尺寸的限制(实际上，可相对移动的真空盒最大约 610 mm(24 in)宽和 610 mm(24 in)长)。

14.7.4.5　胶接修理举例

第一个胶接修理的例子，是对某个 16 层层压板贯穿损伤的简单斜削式修理；这个修理如图 14.7.4.5(a)所示，取自空军的 TO 1 - 1 - 690(见文献 14.7.3.4(b))。斜削层中，以取向和厚度相同的修理铺层来更换母体的铺层，斜削的斜度由 SRM 确定。在外、内模线(OML 和 IML)外侧，将附加铺层铺在修理处的顶部，来补偿更换铺层因真空压力固化带来的强度降和刚度降，并保护修理的部位。这些外部的铺层彼此相同，以保持板的对称性。其 0°和 45°的铺层为齿状，以防止较大铺层的剥离。从齿状的铺层方向，人们可以假想主轴载荷是在 0°方向并具有剪切分量。用标准的齿剪裁工具进行边缘剪裁，形成 3.18 mm(1/8 in)深的齿。

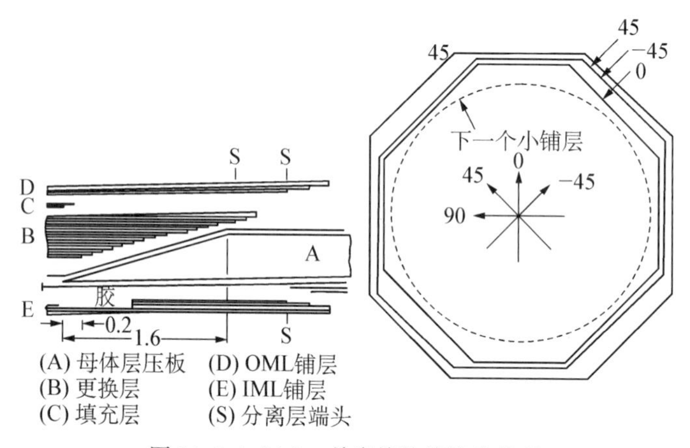

图 14.7.4.5(a)　单嵌接胶接接头修理

另一个较复杂的胶接修理例子如图 14.7.4.5(b)所示；这是对蒙皮及其下部加筋条贯穿损伤的修理；试验证实，这个外场修理可恢复原先的强度和刚度。用一个圆形的湿铺贴外补片来修理蒙皮；而以 Rohacell 泡沫材料为模具和填充材料，并用湿铺贴方法在上面铺放一个正方形复合材料补片，重建这 J 加筋条。

14.7.5　夹层结构(蜂窝芯)修理

由于服役损伤而进行的大多数结构修理是针对金属或复合材料夹层结构的。由于目前的复合材料构件大部分是轻型夹层结构，它们对损伤很敏感也容易受到损

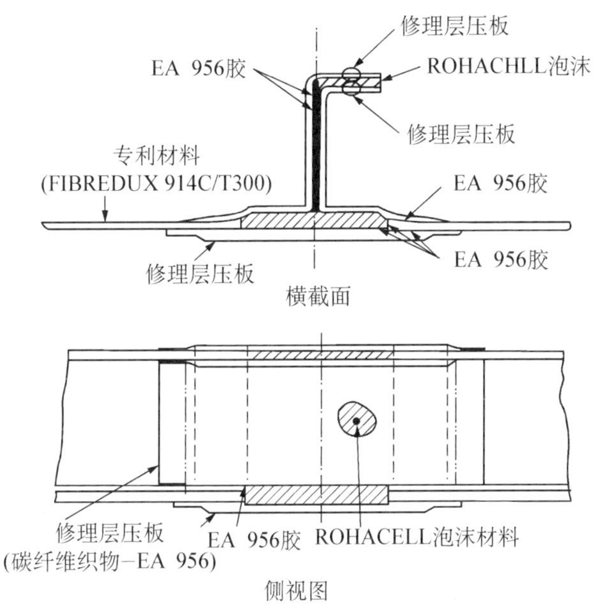

图 14.7.4.5(b)　J 加筋板件的外场修理

伤。可将对金属夹层结构修理所积累的修理经验用于复合材料夹层结构的修理。利用复合材料所额外具有的适应性，还可能实现平齐的斜削修理。

14.7.5.1　修理概念

由于夹层结构是一种胶接结构，同时其面板是薄板，因此对夹层结构的损伤一般采用胶接修理。所以，进行修理的工艺过程也与上面讨论的胶接修理相似，只是增加了对受损伤芯子的修复。在修理夹层结构的一个面板蒙皮时，应当记住有一半的面内载荷是通过该面板传递的，因此，如果修理的刚度不能接近未损伤的面板时，额外的弯矩会在面板和芯子之间引起剥离载荷。这样，通常只在薄蒙皮修理情况使用外补片，而对厚蒙皮修理则采用斜削修理。

14.7.5.2　芯子的修复

有三种通用的方法可以进行全高度芯子的更换，即芯子填充法、糊状胶黏法和胶膜/泡沫法。这三种方法如图 14.7.5.2(a)所示。芯子填充法用糊状胶黏剂充填的玻璃纤维絮状物更换受损伤的蜂窝芯，因而限于小损伤的情况。必须计算修理的重量并与 SRM 中所设定的飞行控制面重量及平衡限进行比较。其他两种方法可根据可能得到的胶黏剂选择使用。然而，糊状胶黏剂法的修理比胶膜/泡沫法重很多，特别是在损伤直径大于 102 mm(4 in)的情况下。胶膜/泡沫法所使用的发泡胶黏剂是一种薄的无支持环氧树脂膜，其中含有的发泡剂在固化过程中被释放而形成泡沫。这个膨胀的过程需要在正压力下进行，以形成坚固、高度结构化的泡沫。和膜状胶黏剂一样，发泡胶黏剂需要高温固化和冷藏存储。芯子更换通常用单独的固化循环完成，而不和补片进行共固化。

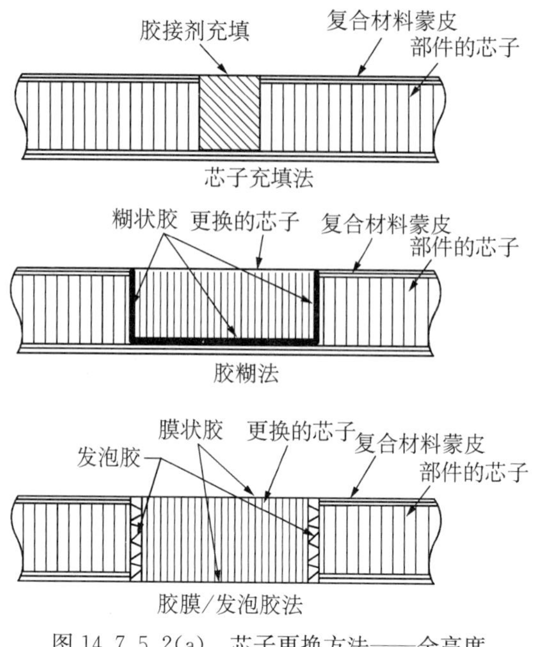

图 14.7.5.2(a)　芯子更换方法——全高度

对于部分高度的损伤，可以用不同的方法把更换的蜂窝芯固定到母体蜂窝芯上，如所图 14.7.5.2(b)所示。这两种方法介绍了预浸料/膜状胶黏剂胶接和湿铺贴胶接。在第 14.7.4.3 节中已讨论了这两种胶接方法。在 SAE ARP 4991"芯子修复"(见文献 14.7.5.2)中对如何进行简单构型的芯子修复有一般的说明。

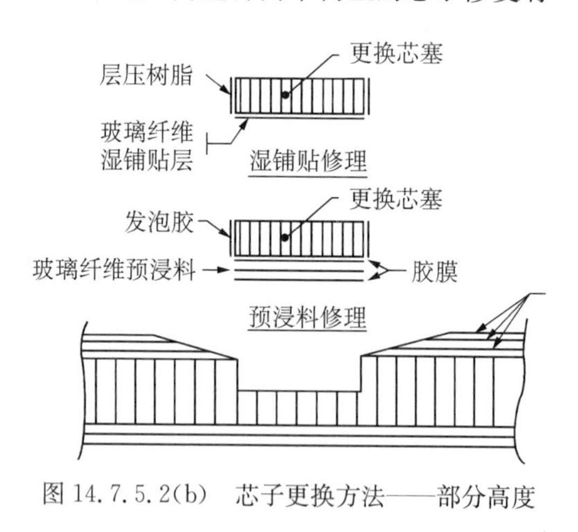

图 14.7.5.2(b)　芯子更换方法——部分高度

14.7.5.3　修理程序

进行芯子更换之后，分别按 14.7.3 节和 14.7.4 节所述对面板进行螺钉连接修理或胶接修理，实施对夹层结构的修理。在进行面板修理之前需要再执行一个步骤，即在暴露的芯子顶部胶接一个预固化的玻璃纤维塞，用于保持芯子和面板之间胶接的连续性。

通常用胶接的补片进行夹层结构的修理。对于夹层结构的胶接修理,必须坚持的特殊考虑有:必须将蜂窝芯彻底干燥以防止固化过程中出现面板脱胶;以及固化压力必须低,以防止蜂窝芯压塌。如果不能将蜂窝芯干燥,则采用低温(93℃(200℉))固化(如果 SRM 批准的话)。

偶尔也用螺栓连接的外补片对夹层结构进行修理。在此情况下,必须用芯子更换时所用的填充料,来充填螺栓将要穿过处的芯子部分,以增强蜂窝芯;充填区域的直径至少为螺栓孔直径的 3 倍。进行这类修理时应当使用限制夹紧力的特殊螺栓。

14.7.5.4　夹层结构修理举例

这个夹层结构的修理例子取自 NAVAIR 01 - 1A - 21(见文献 14.7.3.4(a)),显示的修理情况为操纵面带有全高度损伤、损伤的直径足够进行芯子更换。实际的修理步骤如图 14.7.5.4 所示。这些步骤包括:清除损伤的材料,干燥修理的区域,装配更换的芯子,使用有足够玻璃纤维絮片的充填胶糊(使胶黏剂与油灰相容)将更换芯子定位,对芯子机械加工使与构件的外形匹配,用发泡胶安装芯子并用加热毯固化,以及用另外的固化循环安装外补片。在这个例子中简略了最后固化的细节。除非补片是预固化的,否则袋装真空固化的情况将更为复杂。

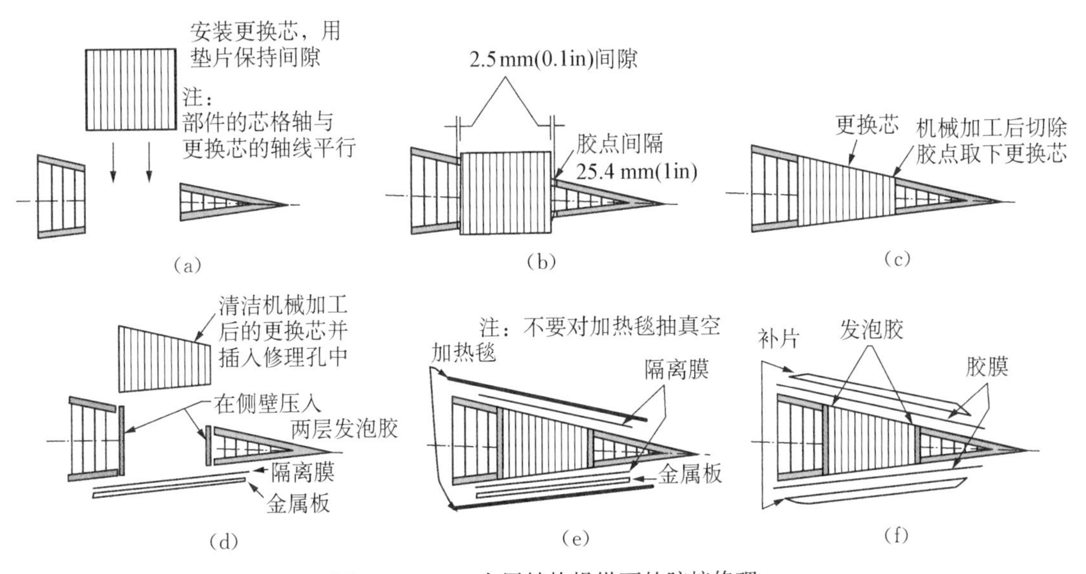

图 14.7.5.4　夹层结构操纵面的胶接修理

(a) 按照损伤蒙皮的大小与形状去掉对面的蒙皮　(b) 把更换芯固定到位　(c) 机械加工更换芯使与 OML 面平齐　(d) 铺设更换芯和发泡胶　(e) 用加热毯和正压力使发泡胶膨胀　(f) 用加热毯和真空袋胶接带有胶膜的补片

14.7.6　修理质量保证

14.7.6.1　过程中的质量控制

应当按照经批准的作业说明书进行修理,说明书包括要求在完成每个重要工作步骤时记录成功的检测。由两个技术人员(或者一个技术人员和一个检测人员)介入修理过程是有益的,以便一个技术人员执行修理步骤,同时另外一个技术人员或检测人员观察是否正确执行了修理步骤。

对螺栓连接的修理情况,需要检测其孔有无损伤和孔的尺寸。还需要对组装后的修理部分检测紧固件的安装情况。

对螺栓连接修理情况,需要注意很多事项以保证修理的质量;其中包括:使用正确的修理板件(即材料、尺寸和厚度)和紧固件(即类型和夹紧长度),钻孔质量,构件和修理板表面的准备,密封剂的施加,加垫片以防过度夹紧,紧固件安装,以及适当的设备标定。孔的尺寸和质量以及紧固件的安装尤其重要,因为修理的响应与接头的载荷传递特性密切相关。

对复合材料和胶黏剂需要保持广泛的记录,例如在冷藏库内的存储时间、加热的时间以及取出后在车间内的时间,以保证其在寿命期内。需要检测铺贴操作中纤维取向的正确性。必须监控固化循环以保证其符合技术条件。将其用于试片试验,以提供对修理、修理补片、和胶黏剂胶接质量的信心。

比之螺接修理,胶接修理需要更多的过程质量控制,以获得坚固的结构修理。受到当前修理后检测技术在评定修理补片和胶接完整性方面能力的限制,因此按照已批准的修理文件实施胶接修理就特别重要。某些需要监控的关键事项包括;预浸材料和胶黏剂的存储和外置时间,湿铺贴材料的混合与浸渍,修理补片铺层(亦即,层的方向和顺序),袋装,真空程序以及固化循环。对于大型的修理,要将小块的伴随板件随同修理一起固化;伴随板件用于试样试验,以提供对修理质量、修理补片和胶接的信心。在参考文献 14.2 中可找到更多有关可接受的胶接修理过程及过程中质量控制计划的详细介绍。

14.7.6.2 修理后的检测

应当对已经完成的修理进行检测以确定其结构的可靠与完整。用前面 14.4 节所述的无损检测方法来进行这个检测。

对于螺接修理,这个修理后查证相对简单。这个查证将包括检查密封胶挤出,修理板配合,紧固件类型,以及紧固件安装。如果发现任何紧固件未正确安装,则必须将其拆下并重新正确安装,或者更换。

对于胶接修理,通常在去除热胶接设备、真空袋、呼吸层和分离膜之后进行一个目视检测。关心的事项有修理补片或修理胶接面内的异常迹象(例如脱色区域、气泡或突起)。对于玻璃纤维修理补片,目视检测通常能够检出玻璃纤维补片内的脱胶层;这些异常可以通过层压板显现为褪色的区域。然而,对于碳补片,由于材料缺乏透明性,就无法目视检出修理或修理胶接面内的异常。还需要目视检测胶接修理边界的胶黏剂挤出情况。

然后,按正确的温度和真空剖面检查固化参数历史记录。真空和温度剖面超出规定的界限是修理不佳的标志,因而应当拆除修理并加以更换。然后,应当用敲击锤和/或脉冲回波超声设备对修理进行无损检测。对于层压板构件和具有 2～3 层以上面板的夹层构件，敲击测试方法通常不可靠；但是，如果已经证实其能够可靠地检出严重的缺陷，则可将其用于这些情况下。如果已经检出任何异常，必须将其与原始文件中对特定构件建立的允许胶接修理缺陷限值进行比较。如果发现修理有缺陷（即经判断任何检出的异常超出许可的限值），则应当拆除修理并加以更换。

14.8　金属结构的复合材料修理(CRMS)

可以用复合材料对铝、钢、和钛构件进行结构的修理、修复或增强。用胶接的复合材料加强件能减缓或停止疲劳裂纹扩展，替换由于腐蚀而耗损的结构区域，并从结构上增强裕量小或负裕量的区域，这个技术被称为金属胶接和飞机上常规复合材料胶接修理的组合技术。美国空军和澳大利亚皇家空军将此技术用于飞机修理，已有 25 年以上的历史，修理的飞机从 F－5 到 B747，C－130，C－141 以及 B1B；商业飞机制造商和航空公司也开始用这个技术来满足其各自的要求。

已经把硼纤维环氧、GLARE 和石墨环氧材料用作复合材料补片，来修复损伤的金属机翼蒙皮、机身段、地板梁和隔框。作为一种抑制裂纹扩展的元件，胶接的刚硬复合材料约束了开裂的区域，降低了金属内的总应力，并提供了围绕裂纹的替换载荷路径。作为一种结构增强或混合充填物，高模量纤维复合材料所形成的气动阻力可以忽略，而对其性能可以进行设计剪裁。

在决定应用复合材料修理金属（CRMS）时，对断裂力学、耐久性与损伤容限以及结构与热载荷谱的理解是非常重要的。第 14.3 节所介绍的复合材料结构修理技术和设计原理，也适用于设计金属结构的胶接加强件。要成功应用 CRMS 技术，需要了解层压板理论与特性、复合材料补片和金属结构各自的破坏模式，以及结构载荷与运行载荷。根据合理的材料许用值、可置信的金属表面准备，以及对结构修理后行为的充分了解，所作出的设计决定就将得出一个完全修复的结构。在设计和分析胶接的复合材料和金属加强件修理中，采用了有限元分析和封闭形式的分析解。美国空军（AFRL 材料部）建立了一个详尽的文件，其中囊括了先前已发表的有关这项技术的数据，并说明如何将 AFRL－ML－TR－1998－4113“金属结构的复合材料修理指南”作为入门手册，来进行复合材料加强件的评估、设计、分析和安装。在那些指南中，用 AFGROW 和 CalcuRep 软件程序可提供对损伤/修理情况的基本了解，并提供初始的加强件设计尺寸。

喷砂（硅烷）处理和使用磷酸阳极化抑制系统（PACS）的磷酸阳极化，是美国空军批准的唯一表面准备技术，适用于将耐久和可靠的胶接加强件安装到铝结构上。通常用 121℃（250℉）固化的薄膜胶黏剂把加强件胶接到金属结构上。安装过程的关键问题包括，进行良好的热固化控制，胶接表面具有并保持无水膜残迹（water break-free），经过化学和物理方式准备的胶接表面，技术人员的训练和取证，以及管理一个合乎质量要求的胶接场所。

二次胶接的预固化加强件和现场固化的加强件已被应用于各种结构几何情况，从机身框架到舱门开口到板状加强筋。采用真空袋在加强件与金属表面之间施加压力。用热压罐和一个从修理区域翻模的模具来准备预固化的加强件。

已经开发了一些检测方法，来监控胶接加强件下方的损伤扩展并评定胶接的质量。需要为每类修理应用建立一些程序，在使用过程中评估和管理这些修理。已用涡流检测来穿透胶接的硼加强件，评定裂纹扩展。由于胶接的硼加强件不会遮蔽胶接面和母体结构，常规的涡流技术在评定裂纹扩展时运作极佳。脉冲回波、透射传输超声和热成像也被应用于评定金属和复合材料加强件下的脱黏。这些技术已在14.3.1节中作了介绍。

总起来说，在用复合材料补片(加强件)来修理金属结构时，除了对金属表面的准备必须特殊小心，其余可使用14.3节所述的修理方法。然而，在14.3节中没有包括为保证金属构件或母体结构寿命所需要的结构分析技术。可以在有关飞机结构的一些教科书和手册中，找到关于金属断裂力学和耐久性与损伤容限的讨论。关于复合材料加强件和金属结构的材料和设计许用值，可在很多国防部DOD、原始设备制造商OEM和卖主的文献中找到。用复合材料修理金属(CRMS)时，不仅需要对修理补片与金属结构之间的胶接接头进行初始检测，还要定期检查源于金属结构损伤处的裂纹扩展。

14.9 维护文件

原始设备制造商OEM有责任建立并提供很多不同的源文件，这些文件包含维护、修改、返修和修理的信息。参考文献14.9对此作了很好的讨论。这些源文件包括维护计划数据，飞机维护手册，以及结构修理手册(SRM)。原始设备制造商OEM还发布一些服务通报，作为一种手段以共享对先前维护说明书做出的修改。

结构修理手册SRM或相当的文件常常是最复杂的维护文件，包含损伤处置、检测和修理的说明、指令。SRM通常包含经管理当局批准的数据，但是应当加以确认。这些数据包括对给定复合材料构件的补充检测、允许的损伤尺寸以及返修与修理指令。

14.9.1 确定允许的损伤限

结构修理手册规定飞行结构的允许损伤限*ADL*。这些限值表示在具体位置处在飞机的寿命期内无需结构修理而允许存在的损伤总量(注意，通常需要进行比较简单的维护工作(例如密封)，以使损伤在继续使用中是可以接受的。这些维护工作通常是为避免进一步结构退化和/或维持构件的功能所需要的)。不同的允许损伤限*ADL*适用于不同的损伤类型(例如分层、纤维断裂)。从维护的观点，希望有较大的*ADL*以使修理为最少。

如果在飞机寿命期不会出现有害的损伤扩展，这*ADL*就表示此损伤会使得结构能力降低到必需的条件(即安全裕量等于零)。如果可能出现有害的损伤扩展，则必须降低此*ADL*以考虑结构的退化。由于安全裕量在结构中因载荷水平和结构能力的改变而变化，*ADL* 也随部位而变化。然而，对于外场应用情况，用结构中每个点的 *ADL* 是不切实际的，因为可能无法忍受这大量的信息。此外，这种方法在准确确定损伤位置时也对维护人员提出了过分的要求。为此，定义了结构区域，对每个区域有一组适用的 *ADL*。这些区域可以是整个构件，但是更常见的情况是把构件细分为一些“区”。对于包含在此区域内的任何点，构件或区的 *ADL* 不得为非保守的，因此，必须取其为该区内任何点 *ADL* 的最小值。为使得保守性为最小从而使得 *ADL* 最大化，在选择区域的边界时应当使得区域内的 *ADL* 仅有小的变化。但是，这必须与希望将分区简单(较少的大区域)的愿望相平衡，以减少维护人员在确定损伤位置时的负担。

ADL 由原始设备制造商确定，因为精确的限值需要知道内载荷、结构定义以及设计要求。对于每种损伤类型计算单独的值，损伤类型可能包括刻痕、划伤、磕伤、裂纹、压痕、洞穿、分层和孔。对于每种损伤类型需要一种方法，作为结构变量和损伤度量指标的一个函数，来预计结构的剩余强度。在本卷第 12 章关于剩余强度的讨论中介绍了这类方法。还需要与建立损伤度量指标与关键设计要求(例如刚度)之间的关系。还必须考虑附近的损伤、修理、和/或构件细节(例如边缘、开口)对于 *ADL* 的影响。通常采用离开这些事项的最小距离来避免显著的交互作用。

在预计方法中采用的这些损伤度量指标，可以是按使用中的检测方法直接测得的尺寸(例如压痕深度、分层尺寸)，或者可能是与结构响应联系更直接的参数(例如剩余刚度、局部强度降)。但是，在后一情况下，必须在预计方法中所用的参数与使用中可测量的损伤度量指标之间，建立对应的关系。注意，在确定使用中的损伤度量指标时，应当仔细考虑每个操作者在各个位置将采用的特定检测方法。在剩余强度关系，以及关联结构响应参数与可测量的损伤度量指标中，常常包含保守的假设作为其中的一部分。

在其载荷与结构形式为已知的一系列方便位置，确定每种类型损伤的允许损伤限 *ADL*。对于具有相应有限元模型的构件，这个 *ADL* 可能针对每个有限单元。然后评估所得的这些 *ADL* 图(每种损伤类型有一个)，再考虑各个 *ADL* 的变化以及使得分区简单的目标，来确定分区的边界。如上所述，在一个具体区域的特定损伤模式，将取该区内所有各点关于该特定损伤模式的最小 *ADL*，作为其 *ADL*。通常，将确定一组区域来包含所有的损伤类型。

14.9.2　修理限制

在结构修理手册 SRM 中，在某些区域允许不同的修理类型，而在其他区域则不允许。此外，对各类修理有其尺寸限制，限制因修理位置而不同。后面这些限制称为修理尺寸限 *RSL*。如同对于允许损伤限 *ADL* 那样，构件通常基于其构型和/或载荷水平细分为若干区，尽管修理尺寸限 *RSL* 分区不同于 *ADL* 分区。

诸多考虑影响着对修理位置和修理尺寸的限制。如同在 14.6.1 节所讨论那样，任何修理必须满足所有的设计准则。例如，如果某种具体材料需要有过多的额外铺层来满足强度要求，由于不满足重量、平衡或空气动力光顺性要求，或者由于与相邻构件干扰，就可能不允许其使用。假设并不存在关于修理补片的限制载荷能力和/或不平衡要求；如果这个准则适用的话，这常常确定了胶接修理的尺寸限制。

其他考虑是较为定性的。在恢复被损构件强度、刚度和耐久性时所用修理材料和工艺过程的置信水平，常常影响到修理尺寸限。例如，由于关于其耐久性的不确定性，临时修理的 RSL 通常相当小。其他的定性考虑还包括构件和/或位置的关键程度、修理工艺的鲁棒性、对于材料外置时间的限制、对已获验证工艺的限制、局部工作温度以及使用经验等。

14.10 考虑可支持性的设计

14.10.1 前言

可支持性(supportability)是完整设计过程的一部分，用以保证将支持要求结合到设计中，并规定在运行或有用寿命期中支持系统的后勤资源。支持的资源要求包括：为保证复合材料构件在预期寿命期间维持其结构完整性所需的技艺、工具、设备、设施、备件、技术、文件、数据、材料和分析。当飞机或产品的承载能力受到威胁(例如损失了设计的功能)时，必须以最低的代价迅速复原受损结构。客户的要求可能会支配设计组在整个设计过程中必须体现的维护原理、材料的可用性以及修理能力。

因为飞行器在其寿命期内的运行和支持费用日益增大，迫使人们选择并优化其设计，使可支持性达到最好。对于任何新武器系统或商业运输机，寿命周期的费用常常是用户最关心的要求，其中包括研究和开发、购买、运行和支持以及废弃的费用。通常，与设计改变所带来效益即可生产性(producibility)增强、飞行器可用性(availability)改善以及运行和支持费用下降相比，其价值要远远超过短期的购买费用增加。如果在设计过程的初期不把可支持性结合到设计中，其直接结果会使航线利润受到损失和使战备状态时间(readiness)减少。非可支持设计的标志包括昂贵的备件、过长的修理时间，以及非必需的检测等。

飞机的用户对飞机的维护，通常只限于飞机回场、每日使用回场后、和在定期维护中进行。修理时间的限制在几分钟到几天之间。在每个情况下，含有复合材料构件的飞机用户都需要有耐久的结构，在其受到损伤时可用所可能的支持基础设施(包括技艺、材料、设备和技术数据)来修理结构。

复合材料的设计通常进行设计剪裁，即确定符合应用情况的材料、铺层的取向、增强概念和连接的机制，而使性能最高。这些高性能设计的可支持性通常较低，因为其应变水平增高、冗余的载荷路径较少，以及高度剪裁后的材料和几何特征。产品设计组应当集中注意改善可支持性的各种特性，包括修理材料与母体结构材料的兼容性、可用的设备和技能、改善子系统的可接近性以及延长复合材料修理材料的储存期等。应当选择能够抵抗固有或诱导损伤(特别是分层、低速冲击和冰雹损伤)的结构元件和材料。可支持性特征的每一个增强，都来自清楚了解飞机运行和维护环境及相应要求与特性的设计人员。其他设计考虑也对可支持性有影响，包括耐久性、可靠性、损伤容限和生存力。可支持的设计实际上综合了为提供高品质(性能、可承受性和可用性)产品所需的所有这些要求、准则和特性。

14.10.2　可检性

14.10.2.1　一般设计考虑

在复合材料结构件设计过程中,应当考虑制造商和客户都可能使用的检测方法。制造商在复合材料生产过程中可用的典型无损检测(NDI)方法有:目视检测、超声穿透法(TTU)、超声反射法、X 射线以及其他先进的 NDI 方法如增强的光学图像和热成像方法。大多数航空公司和军方运营者使用目视检测,辅以机械的(即某些形式的敲击试验)和电子的(即脉冲-回波和低频胶接试验)手段,来确定损伤的位置。由于目视检测的显著优点,在设计阶段应当对所有的构件,无论其是关键的主结构件或次要的结构例如整流包皮,为目视检测提供完整的外部和内部通路。如果目视检测表明可能有损伤,则可用更完善的检测技术以提供更准确的损伤评定。可以在第 13 章找到另外的一些建议。

无论对具体的构件选择层压板加筋蒙皮还是夹层结构形式,每类结构形式都有其可检性的问题。例如,使用帽形加筋条来加强层压板蒙皮时,虽然从结构的观点这样非常有效,但这在蒙皮和加筋条处形成了三个用任何方法都难于检测的区域(见图 14.10.2.1(a)中截面图(A));而另一方面,刀型加筋条就只有一个难于检测的区域(见图 14.10.2.1(a)中截面图(B))。帽形加筋条的胶带条和刀型形加筋条的滚条,造成了这些检测的困难;这些区域在制造过程中难于检测,由于对内表面的接近受限,运营中的操作人员在检测时就更加困难了。

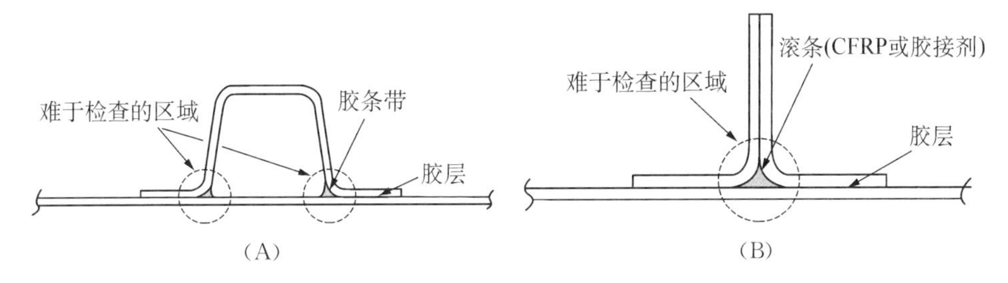

图 14.10.2.1(a)　层压板蒙皮加筋设计中难于检测的区域

(A) 闭合的帽形加筋构型　(B) 刀形加筋构型

对于夹层结构形式,在检测封闭的区域、被夹层结构蜂窝芯子吸附的流体、面板脱胶、泡沫芯和检测芯子内的损伤时,存在一些困难。另外,在对与夹层构件内面板胶接的加筋条或框架检测其胶接胶层时,操作者也有困难(见图 14.10.2.1(b))。当飞机运营者被迫使用一些主观的检测方法即敲

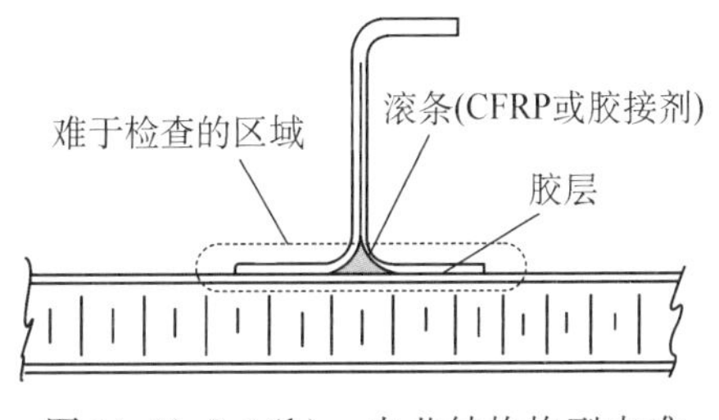

图 14.10.2.1(b)　夹芯结构构型中难于检测的区域

击试验方法时，其难点是缺少有关损伤大小和严重性的认识。这对运营者是个重大的问题。同时尽管夹芯结构形式从性能的角度看是非常有效的，但却往往是易碎的，容易受到损伤且难于检测。有趣的是，某些运营者从修理的观点看喜爱夹层结构更甚于层压板加筋蒙皮，但最后都对夹层结构耐久性和检测问题感到失望。

大多数复合材料结构件都含有金属接头或具有与金属构件的界面，希望保证能够目视检测这些金属构件的腐蚀和/或疲劳裂纹情况。此外，如果相配合的金属构件是铝材料的，重要的是能够检测其因与碳纤维接触是否出现了可能的电化学腐蚀问题。这可能需要卸除配合表面处的紧固件，因此，在这样的场合不应用盲紧固件。应当尽量少用钛的盲紧固件，因为，如果安装了这些紧固件，就难于进行检测来检验安装的正确性；当修理或更换一个构件时也很难将其拆下。

14.10.2.2 检测的可达性

复合材料结构部件不应该设计成为进行检测就必须将其拆卸的情况。可能难免某些分解，但应当尽可能少。这不仅降低运营者的维护负担，还将减少飞机无法服役的时间。

所有复合材料部件的设计都应当保证，在无需从飞机上拆卸任何零件（包括口盖壁板）时对其外表面的目视可达性。在某些情况下，可能不得不拆卸一些整流壁板，例如水平安定面-机身整流板，以接近安定面蒙皮-机身边肋的连接接头或梁-中央段的接头。

进行一项内部检测就意味着要拆下可拆卸零件，如检测孔板或口盖，以获得目视可达性。为了对具有肋、梁和长桁的抗扭盒进行内部检查，必须通过梁和肋上面的检测孔达到完全的目视可达性。这些检测孔的设计应使得维护技术人员能够通过手电筒和镜子，目视检测所有的内部结构。还必须具有对关键连接或固定接头的可接近性，可以拆下这些地方的销子，以便对连接或接头以及孔进行检测。

14.10.3 材料选择

14.10.3.1 引言

第3卷第5章提供了对先进复合材料的深入评价。第5章所介绍的每种复合材料都为设计者提供了优于金属材料的性能与成本，然而，如果在设计部件时只专注于部件的力学性能和热性能，而没有考虑将在何处使用这部件以及当有损伤将如何进行修理的问题，就不能体现出这些好处。设计者的目标必须是，要使设计的部件既是损伤容限的和损伤阻抗的，又是易于维护和修理的。本节将为设计者提供选择材料体系的指导意见。

14.10.3.2 树脂和纤维

选择树脂时，重要的是了解树脂体系将用于何处、树脂体系必须如何加工处理、其存储期和贮藏要求如何，以及其是否与周围的材料兼容。表14.10.3.2介绍了一般的树脂类型、其工艺条件和在可修理性方面的优缺点。可以在第5.4.2节找到关于这些材料的深入评价。

表 14.10.3.2 与树脂类型有关的可支持性问题

树脂类型	固化温度范围	压力范围	工艺选择	支持性优点	易修理性	损伤阻抗	支持性缺点
环氧树脂-未增韧	RT～180℃（350℉）	真空到690 kPa（100 psi）	热压罐，压机，真空袋，树脂传递模塑	挥发物少，低温处理，可用真空袋	好	差	存储时间有限
环氧树脂-增韧	RT～180℃（350℉）	真空到690 kPa（100 psi）	热压罐，压机，真空袋，树脂传递模塑	挥发物，低温处理，可用真空袋	好	好	存储时间有限
聚酯	RT～180℃（350℉）	真空到690 kPa（100 psi）	与环氧树脂相同	易于加工，用高温迅速固化，费用低	很好	好	高温性能差，健康问题（苯乙烯）
酚醛塑料	120～180℃（250～350℉）需后固化	真空袋到690 kPa（100 psi），低压导致高空隙含量	热压罐，压机模塑		差	差	固化时产生水汽，高温固化/后固化，空隙含量高
双马来酰亚胺（BMI）	180℃（350℉）需要200～260℃（400～500℉）后固化	310～690 kPa（45～100 psi）	热压罐，压机模塑，RTM	比聚酰亚胺低的加工处理压力	差	差	高温加工处理
聚酰亚胺	需180～370℃（350～700℉）后固化	590～1400＋kPa（85～200＋psi）	热压罐和压机模塑		差	差	成本，胶黏剂可供性，高压力
结构热塑性	260℃＋（500℉＋）	真空袋到1400 kPa（200 psi）	热压罐和压机模塑	可再次成形	差	很好	高温加工处理

关于复合材料结构可用的纤维，参见第 5.4.1 节。

就可支持性而言，选择的树脂体系种类和材料规范应尽可能少，这样将减少贮藏、存储期限制和库存控制等后勤问题。

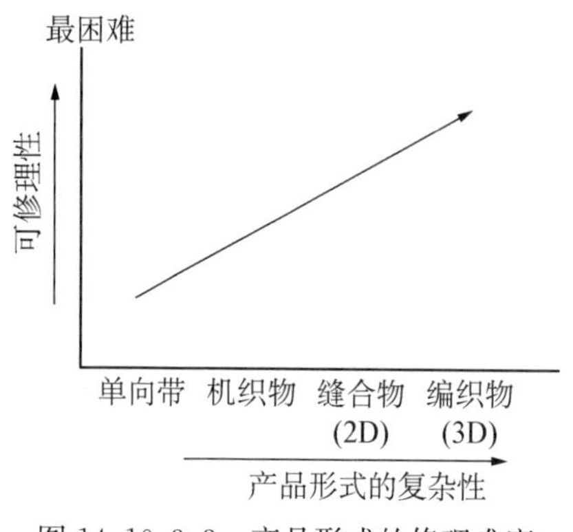

图 14.10.3.3 产品形式的修理难度

14.10.3.3 产品的形式

第 5.5 节中给出了可用复合材料的产品形式的详细介绍。

修理复合材料零件的目标是使其恢复原先具有的性能，同时使费用和重量的增加为最小。因此，在选择材料体系时应考虑不同形式产品对修理的难易程度。图 14.10.3.3 显示了各种产品形式对修理的相对难易程度。

14.10.3.4 胶黏剂

表 14.10.3.4 说明了将胶黏剂用于修理时的有关问题。

表 14.10.3.4 修理胶黏剂的有关考虑

考 虑	回 答
性能	胶黏剂体系必须能够通过一个补片材料传递结构载荷、热力载荷、声学载荷再传回母体结构。这个胶黏剂体系还必须能在飞行器环境的包线范围(即存在液压油、燃，污垢和振动-噪声条件)内工作，并传递这些载荷
服役使用温度	飞行器寿命期内结构表面的最大工作温度。排气段和前缘通常在比周围区域高 50%～500%的温度下工作。表面准备方法、胶黏剂的底胶、固化的工艺剖面、热沉(heat sinks)和涂层与处理，全都可能影响结构和相应修理的最大温度
与表面准备技术的相容性	表面准备可能是任何一种措施，从不进行任何处理，到包含有混合底层系统的电化学侵蚀表面。此外，表面可能被弄脏、含有氧化物、碳氢化合物或水汽，或者不能够与胶黏剂形成良好的化学结合
浸湿性	胶黏剂流经整个修理表面的能力。改善树脂的浸湿性可以减少贫脂的区域并相应降低孔隙度，使胶接面保持在允差内，一般会形成较可靠的胶接
胶接面的孔隙率	不加外部压力(即真空袋)进行固化，会增大截留固化过程所形成的挥发物可能性。按正确的顺序加热和加真空/压力将使孔隙率为最小，并因而通常提供较好的胶接。
修理区域温度差异的允差	所有修理区域具有变化的热量密度(下部结构，补片铺层递减)，这在胶黏剂固化过程中形成大范围的温度差异。能够在广大温度范围内固化良好的胶黏剂就比较适合于修理使用。此外，在修理过程中只有一小部分结构区域被加热，而其他结构区域仍然保持为周围环境温度——可能低至−23℃(−10℉)或高达 82℃(180℉)

（续表）

考　虑	回　答
在周围环境温度下的外置时间	在固化开始以前，修理需要有长时间进行组装。如果胶黏剂能够在周围环境温度下在数小时内处于稳定与完全融化的状态，就将得出较好而更可靠的修理
胶接面的厚度允差	均匀的胶接面能形成最好的载荷传递介质。要在波形和铺层不连续的结构上保持均匀的胶接面厚度是困难的。对 3～15mil 的胶接面有良好表现的胶黏剂，将得到最好的修理性能
固化时间	理想情况下，固化时间应当尽量短，以减少飞机的停飞时间。胶黏剂能够以 2.7～4.4℃/min(5～7℉/min)速率加热并在固化温度下的停留时间少于 2 小时，则是最好的。
固化压力	在修理应用情况下，只能用大气或机械的压力对补片进行压实。因为热压罐和相应的工具不易得到及部件难于拆卸，所以，真空袋或机械夹钳就是可选的加压装置
固化温度	修理应用的惯例是，使用一种能够满足所有性能约束又具有最低固化温度的胶黏剂。随着温度增高，可接受的固化允差会下降。此外，大多数热胶接控制单元是控制上温度限，所以固化温度的变化将是 +0 和 −22℃(−40℉)
在周围环境温度下的可存储性	因为很多材料必须冷藏以对交联的影响为最小，在周围环境温度下具有外置时间的胶黏剂就更适合于环境修理的应用。此外，某些修理设施还缺乏需要的冷存储设备而必须依赖临时的冷存储方法，例如冰冷设备或直接从分配中心及时供应修理材料

14.10.3.5　可支持性问题

表 14.10.3.5 提供了一系列要考虑的材料支持性问题。

表 14.10.3.5　材料的支持性问题

问　题	对支持的影响
只用热压罐固化	1. 在外场或小修理场站，没有可用设备 2. 为了修理必须拆卸并分解构件
压机固化	1. 在外场或小修理场站，没有可用设备 2. 为了修理必须拆卸并分解构件
高温固化	1. 在飞机修理时会损伤到周围的结构 2. 为了处理高温问题需要防护设备
运输	1. 干冰包装的要求可能有问题
需要冷藏存储	1. 在外场或小修理场站，没有可用设备

14.10.3.6　环境的有关问题

健康与安全——先进复合材料有一些公认的危害，知道这些危害，人们就可避免暴露其中以防护自己和他人。重要的是要研读并理解材料安全数据表(MSDS)，并正确处理所有的化学物品、树脂和纤维。有关进一步的信息，参见 SACMA 出版物“先进复合材料的安全处理”(见文献 14.10.3.6)。

碎片与废料的废弃——选择材料时必须考虑碎片和废料的废弃问题。应当按照联邦、州和当地法律,规定的碎片和废料的废弃办法。关于如何废弃未固化的材料,见第 14.10.5.6 节。

14.10.4 损伤阻抗、损伤容限和耐久性

在正常工作条件下,预计构件会受到不同来源(例如维护人员、工具、跑道碎片、服务设备、冰雹、雷击等)的损伤。在初始的制造和装配中,这些构件可能遭到同样或类似的情况。为了减少这些可预计损伤的影响,大多数复合材料构件都按照特定的损伤阻抗、损伤容限和耐久性指标进行设计。本节将讨论这些设计标准对可支持性的影响。(理想情况下,一个可支持的(supportable)飞机结构必须能够承受合理水平的损伤事件,而无需高昂的翻修或停飞。而可承受性(sustainability)则定义为在这些事件后没有显现损伤并具有所需要的剩余强度与刚度能力。)

14.10.4.1 损伤阻抗

损伤阻抗是对某个事件与其所造成损伤之间关系的度量。具有高损伤阻抗的材料或结构,因给定事件所招致的物理损伤较小。复合材料飞机结构,是按照在具有最可能出现事件引起的损伤时,仍能保持极限载荷能力来设计的。为了减少修理工作,损伤阻抗水平应当使得因频发事件导致的损伤处于可检性门槛值以下。由于通常用目视检查方法进行初始损伤检查,这意味着这些事件的损伤通常应是不可见的。基于对损伤的敏感性和剩余强度与刚度要求来进行结构分区,会有助于达到此目的。在确定这些要求时,涉及结构的类型(主结构或次结构)、构造方法(夹层板或实心层压板)以及其是可拆卸还是非可拆卸结构。实际上,损伤阻抗对可支持性是个关键参数,特别对于薄蒙皮构件。可在第 12.5 节找到有关损伤阻抗的更详细讨论。

可以通过增加层压板厚度,或者对夹层结构通过采用密实的芯子来改进损伤阻抗。然而,可见度的降低可能导致(在损伤容限中必须考虑的)不可见损伤的增加。选择具有高应变能力的增强纤维,也可能改进损伤阻抗。此外,选择增韧的基体材料可能显著增强损伤阻抗。选择把整体加筋板覆盖在蜂窝夹芯上的构型,通常将得到损伤阻抗更高的构型;因为其蒙皮通常更厚而可以通过蒙皮的弯曲吸收更多的冲击能量(这取决于冲击的位置)。夹层结构的另一个可支持性障碍,是冲击损伤后水分会浸入夹层板结构之中。

其他改善损伤阻抗的措施包括,在单向带外包一层织物布作为最外层,来防止擦伤、磨损和缓冲冲击作用,并在钻紧固件孔时减少纤维的断裂。不应当将层压板的边缘直接暴露在气流中,因为这样可能造成分层。避免分层的选项包括:采用不侵蚀的边缘防护、可更换的磨损材料,或者把板的前缘压在其前面相邻板的后缘下面。

对易于受到高能雷击区域的设计,应当利用可以更换的导电材料,对翼尖和后

缘表面提供保护，同时要能容易接近到所有导电路径的连接。

14.10.4.2　损伤容限

结构构件的损伤容限是该构件在带损伤时仍能维持其功能及所需强度与刚度能力的度量。在飞机设计中，损伤容限对可支持性有直接的影响。例如，一个具有很大损伤能够维持其所需功能的结构将很少需要大面积的修理；另一方面，一个只能容许小范围损伤的结构，将需要频繁的修理工作。

损伤容限是通过降低在损伤区域和强度/刚度关键区域的许用应变水平，和/或提供多个载荷路径而获得的。对于民用飞机复合材料构件，要求结构在带有小于或等于所用检测方法可检性门槛值的任何损伤时，能够承受设计极限载荷。因此，设计者必须确保对表面损伤有很高阻抗的结构，对于隐藏的损伤也是损伤容限的。较大的损伤对剩余强度要求较低。有关的更详细讨论，见第 12 章。

除了安全裕度接近于零的区域，复合材料结构能够容许比所需更为严峻的损伤，而仍能维持必要的结构能力。如果构件制造商按结构位置提供了允许损伤的尺寸，就可以利用这种增加了的抗损伤能力来减少修理的次数。

14.10.4.3　耐久性

结构耐久性是结构在整个服役寿命期内维持其强度与刚度的能力。一般而言，结构耐久性与维护的费用成反比。一个耐久的结构是在其服役寿命期内不会带来过多的维护费用的结构。按照损伤阻抗设计的碳纤维复合材料结构通常具有优异的耐久性，因为与金属相比，这种材料具有优异的抗腐蚀特性（假定没有电化学腐蚀）和疲劳特性。

在复合材料中，重复机械载荷导致的疲劳损伤通常起始于层压板边缘、缺口和应力不连续处的基体裂纹，然后可能发展成层间分层。目前很多低应变水平的设计所受的疲劳载荷通常低于可能引起基体广泛开裂的程度。紧固件孔的周围是个例外，如果在该处挤压应力高，孔的拉长可能导致螺栓的疲劳破坏，并因内力重新分配造成其他异常情况。因此，良好的可支持性设计应当有低挤压应力的特征。可以在第 12 章找到有关耐久性的一般讨论。

14.10.5　环境适应性

聚合物基复合材料在设计、修理和维护等很多方面都受到环境标准和规章的影响。很多人把环境适应性问题与正确处理有害废料联系起来。这当然是个重要的因素，但这绝不是要考虑的唯一因素。事实上，在我们考虑处理有害废料之前，已经错过了在一开始就大量减少废料产生的机会。在有害废料产生以前就设法将其减少的概念这就是污染防治的概念；可以早在初始设计阶段就启动这项污染防治工作。这样，就可极大节省为处理整个寿命期内修理和维护构件所产生有害废料所需的劳力、经费和文书工作。在本节将指出在设计和修理设计阶段要考虑的一些要素，以推进真实寿命期内的污染防治。本节将指出为促进真正的寿命循环污染防治工作，在设计和修理设计阶段考虑的因素。

14.10.5.1 取消/减少重金属

在镀层和各种处理中需要的重金属，不仅在制造过程中有环境适应性的困难，同时每当需要清除、修理和更换镀层时，都提出另外的难题。铬酸阳极化处理或阿洛丁氧化法过程的传统要求影响到大多数金属构件，但是，对聚合物基复合材料也遇到了相似的问题。典型的麻烦包括镀镉的紧固件和铬酸盐密封剂与底层涂料。当设计者在指定设计材料时，除了费用与质量还同时要考虑环境适应性，我们也许可以在一开始就取消使用这些材料。

目前已有非铬酸盐的密封剂与底层涂料可用，同时已经开始了研究和发展工作，以评估其对军用飞机长期使用的适应性。由于减少了有害的废料和减少了人员在有害材料中的暴露，一个非铬酸盐底层涂料和密封剂的设计标准将有利于整个寿命周期。

14.10.5.2 关于除漆要求的考虑

在设计聚合物基体复合材料构件过程中，必须考虑涂层的清除问题。对于大多数聚合物基复合材料，化学除漆剂是不可接受的，因为其活性成分既侵袭有机的涂层也侵袭基体材料。研磨除漆技术，如塑料介质喷丸(plastic media blasting)，对聚合物基复合材料是成功的，但其应用可能受到底板厚度和特定表面处理或涂层类型的限制。在制造中考虑除漆技术，可能只表现为对设计的较小改动，但设计更改在构件寿命循环的维护工作中却获得重大节省。

14.10.5.3 修理材料的存储期和存储稳定性

废物中的大部分是不能在其使用期内用完的材料。在最坏情况下，其中的某些材料被采购、安放在架上、然后被当作有害废料处理，而从未被送到修理中心；最好情况下，它们被存放在一些在被开启的容器内，但没有在存储期限内用完。以下是可以通过设计决策使废物最少的途径：

● 规定通用材料——如果材料是专门用于某个飞机或构件时，维修人员很难“用完”这材料。在很多情况下，材料制造商规定了其产品的“最低购买量”，即使只需要一品脱也规定至少购买几加仑材料。这些多余的材料常常就被放在架上，直到其不再可用而送去报废处理。可以规定只使用库存目录中已有的材料，或者使用各类型构件广泛采用的材料，使这个问题得以缓解。

● 规定长存储期的和/或室温存储的材料——显然，如果产品的存储期越长，同时对存储的限制条件、处理和运输要求越少，则在到达存储期前将材料消耗的机会也越大。设计者应当认识到，即使这些材料可能略微昂贵一些，或者可能不是这产品制造中所选的材料，也可能很适于进行修理和/或维护。

14.10.5.4 清洁要求

进行清洁是形成有害废物的一个主要维护过程。构件的结构常常确定了这个构件可选的清洁方法。以前使用的很多清洁过程利用了消耗臭氧的溶剂和其他有害化学物质，现正在被水性的清洁过程所取代。如果一个构件的结构担心水的浸入问题，则对此构件采用水性的清洁方法也有问题。用溶剂进行清洁的要求成了维修者的一个沉重负担——当对环境的限制更严格时，这情况更加严重。使设计的构件能容许进行水性清洁，这将简化整个寿命循环中的维护要求。

14.10.5.5　无损检测要求

对构件进行无损检测通常需要对其进行清洁和除漆（结果形成有害废物），否则是不需要除漆的。通常，无损检测要求是在设计阶段确定，并在整个寿命循环中保持不变，无论在检测中是否曾经发现有缺陷。周期性地回顾检测要求，这将有机会取消那些无价值的额外检测要求，从而节省金钱、时间，减少有害废物的产生。

14.10.5.6　寿命结束时的废弃考虑

与金属结构情况不同，还没有广泛分布的市场在等待购买废弃飞机的复合材料。已经有些先行者正在探索这些材料的使用问题。设计者应当与这些先行者保持接触，以便一旦发现某些聚合物复合材料的市场，就在选择设计材料时加以考虑。

生物-环境工程师认为，在切割和修整碳纤维层压板时机械加工中所产生的微粒是有害的粉末。美国政府与工业卫生学家会议（ACGIH）于 1997 年修订了 *TLV*（门槛限值）限制，为复合材料工人规定了放宽的复合材料纤维/粉尘暴露限值。过度的暴露将需要使用经过 NIOSH -检定的、带 HEPA 过滤器的呼吸器。复合材料和胶黏剂中使用的树脂可能引起某些工人的皮肤过敏，因此，应要求使用无硅/无毛絮的手套。这也保证了层压板上没有污染物。

在废物分析中，认为未固化的预浸料和树脂是有害的材料。在废弃材料的碎片前，应当将其固化，以使树脂惰化并减少有害材料（HazMat）的处理费用。重要的是，要保证把含有碳纤维的材料碎片进行（非焚烧的）掩埋；通过树脂烧蚀而烧焦的散小碳纤维可能危害呼吸，并形成一种电气公害。

14.10.6　可靠性和可维护性

结构的可维护性是通过设计阶段建立检测和维护方案来实现的。应当根据结构的方法、构型、材料选择等，由具有全面结构性能和运行特性知识的设计者来评定结构是否可维护。在评定中将包括的要素有，建立一个从开始到终结的终身检测方法、技术、防护方案和规定维护中的检测间隔。

14.10.7　互换性和可更换性

可以用各类方法进行复合材料结构的维修，这取决于所选择的支持计划和维护概念。必须确定的首要设计考虑之一，是易于用该方法来修理损伤的结构。不能轻易从飞机上拆下大型的整体结构件，例如机翼蒙皮壁板，因此，必须就地进行修理。然而，很多壁板是可以拆卸的，因此可以用一个新壁板来更换损伤的壁板。

易于维护可能对设计和周围的结构有直接的影响。通过在设计过程的早期建立维护的概念，可以在设计定型以前作一些折中调整。这样将对飞机运营者提供更多的维护选择，并将提供使用率更高的飞机，执行其设计的功能。

可拆卸壁板的设计，可能对维护的难易和相应的维护费用及停飞代价有重大影响。通常有两类用于结构维护的壁板——可互换的和可更换的。

- 可互换的壁板——可以不作任何修整、钻孔或按用户要求进行其他改动，就直接安装到飞机上。在设计可以互换的构件时，通过选择材料、允差和连接技术，以符合同一型号系列的飞机生产流程。
- 可更换的壁板——可能适合也可能不适合不同的飞机，一般在安装时需要修整和钻孔。

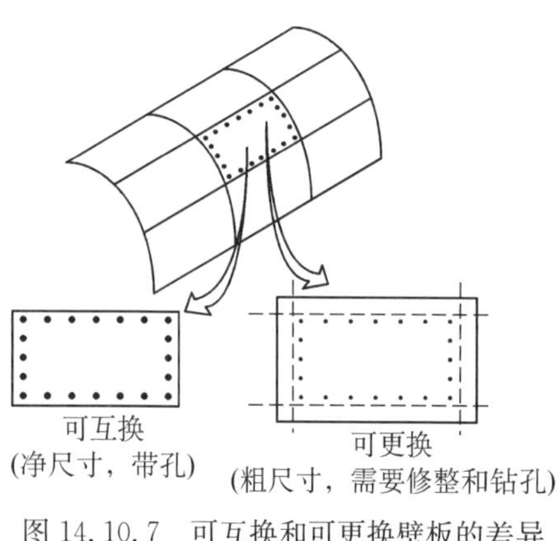

图 14.10.7 可互换和可更换壁板的差异

图 14.10.7 显示了可互换和可更换壁板之间的差异。

对于不可修理、高单元成本、经常损伤，或承受高载荷的构件，需要在设计过程的早期评定其互换性和可更换性(I 和 R)要求，以保证投资高效和运行的效率。典型情况下，I 和 R 构件由于其允差小、材料和设计品质要求高，在制造时更加昂贵。设计者必须保证能够用可拆卸的构件完全达到外形、配合和功能等方面的要求，并意识到由于热力和材料失配、构件编号改变以及制造技术不同，会改变构件的可更换或可互换能力。在某些情况下，I 和 R 是设计的要求，可在制造过程中采用大允差和用数控机床加工来达到此要求。

必须经常(小于 1000 飞行小时)拆卸以便于进行其他维护工作的构件，是典型的可互换壁板侯选件。有各种内部几何模线特征和紧固件配置的大型构件(机身蒙皮和具有固定接头的构件，即起落架舱门)是可更换壁板的侯选件。MIL-I-8500“可互换构件的应用”中提供了有关的要求和指南。

14.10.8 可接近性

可接近性是在结构设计考虑修理要求的一个重要的因素。应当提供充分的接近通路，以便进行适当的检测，对损伤结构进行准备、调整并安装修理构件，以及使用修理工具和胶接设备。有限的接近通路可能会限制修理方法，亦即，限于使用预固化的补片、使用机械紧固件代替共固化等。如果可能，最好能够从两侧接近。

14.10.9 可修理性

为了在飞机结构中有效使用复合材料，按照可修理性进行设计是必要条件。在设计阶段选择修理方法，将影响到铺层样式和设计应变水平的选取。重要的是，要在概念设计阶段就确立修理的原理，同时和构件设计一起进行修理设计。应当作为研发试验计划的一个部分，对候选的修理设计进行试验。应当尽量使修理概念和材料标准化，同时修理的考虑要适合于任何飞机结构构件的概念发展。本节列出了对设计方法的建议，这将改善复合材料飞机结构构件的可修理性。

14.10.9.1　一般设计方法

复合材料结构设计组采用的方法，需要以其从航空公司维护人员工作中得到的反映和认识为基础。可以通过修理车间或询问调查，得到航空公司和原始设备制造商(OEM)客户支持人员、工程人员以及商用飞机复合材料修理委员会(CACRC)的介入，来实现这一点。文献 14.10.9.1 是该委员会的一个报告，提供了一般的指导原则。这些努力所耗费的时间，将对飞机运营者的总体运行环境提供广泛了解。原始设备制造商 OEM 对 CACRC 的介入为处理运营者的问题作出贡献。CACRC 是基于目前和过去的经验提出的一些探索性标准和建议，供设计和维护将来的复合材料结构使用。

在波音/NASA 先进技术复合材料飞机结构(ATCAS)复合材料机身计划 Phase B 中，建立了如图 14.10.9.1(a)所示的维护发展的原理。在设计选择中必须考虑适用于服役环境的维护程序，例如检测和修理。对螺栓连接的修理应当考虑，对诸如加筋条和框架凸缘以及夹层结构的边缘带，应当有足够的边距以便安装修理螺栓。蒙皮应当有足够的厚度，以避免使用埋头修理紧固件时出现刀刃般的锐边。应当考虑使用织物的外铺层，以减少在层压板或面板上钻修理螺栓孔时出现的纤维断裂。应当将特定构件上所需的任何雷击防护系统都设计成可修理的。应当设想能够按一般的实践指南进行螺接或胶接修理。

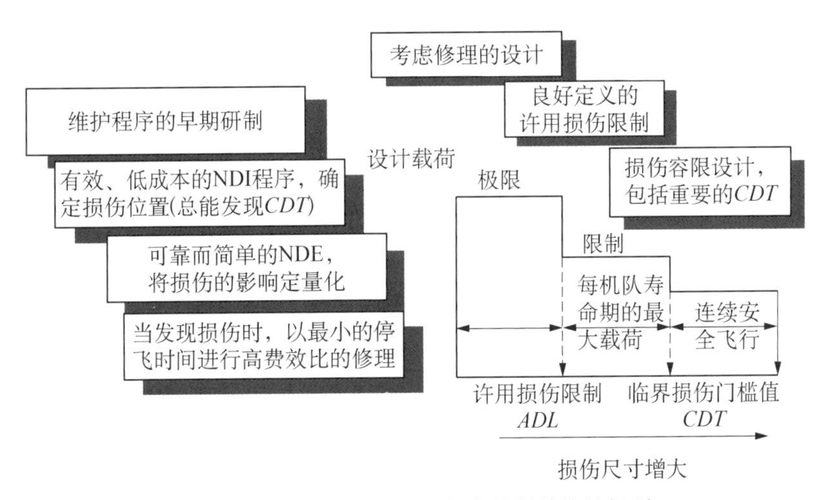

图 14.10.9.1(a)　可维护复合材料结构的规则

某些复合材料结构细节尽管从重量和费用上是有效的，但却难于修理。例如，封闭的帽形加筋条兼有制造不昂贵和最小重量的优点，但在修理中却对检测和固定造成了困难。还应当尽量限制盲紧固件的使用，因为在将其拆卸以进行修理和更换时有困难。在需要紧固件的地方，首选那些可以拆卸的。当拆卸紧固件进行修理时，因钻除盲紧固件而造成周围结构的损伤是十分常见的，这导致更多的修理费用和停飞时间。可能也会影响到材料的选择；设计者应避免在一个构件上使用固化温度不同的各种材料体系。例如，有时在177℃(350°F)下进行蒙皮和加筋条的预固化，然后为了制造方便用121℃(250°F)的胶黏剂进行二次胶接。当在177℃(350°F)下进行蒙皮或加筋条的修理时，就可能出现问题：胶接面上121℃(250°F)胶黏剂的完整性会受到损害而又不显现退化迹象的。

在发展设计概念的同时，应当进行并行的工作来确定维护的程序。在按照制造确定设计特征之后再建立维护的程序，这样一般将造成不必要的复杂修理设计和程序。

在概念发展中另一个对维护很关键的重要方面就是损伤容限设计的实现。必须确定图14.10.9.1(a)中定义的许用损伤限*ADL*和临界的损伤门槛值*CDT*，以支持结构修理手册和检测程序。

前者用于定期检测中迅速确定所需的修理，而后者应该足够大以使飞机在检测间隔之间能够安全运行。应该能根据对剩余强度和检测能力的认识，按照结构的不同位置确定*ADL*和*CDT*。可能永远不能够发现小于*ADL*的损伤，但必须总能通过所选的检测方法发现*CDT*级的损伤。

制造和耐久性考虑可能会制约某些区域的结构设计。这些考虑的具体例子有：最小厚度(以提供冲击损伤阻抗最小值和避免埋头紧固件处的尖锐刃边)，加筋条、肋和框架的凸缘宽度，螺栓间距及边距要求，以及逐渐的铺层削减和增加等。因此，按照这些考虑设计的结构区域，具有较高的损伤容限裕度。图14.10.9.1(b)显示了一个复合材料机身侧壁板的最小安全裕度，指出了"过度设计的"区域。这些区域的*ADL*和*CDT*大于其余的机身段。对于希望维护费用最小的运营者，这些分区的*ADL*和*CDT*信息应是有用的。结构修理手册经常指出构件上的关键区域，进行特殊指定的检测，因此分区的*ADL*和*CDT*信息可能会包括在这些手册中。

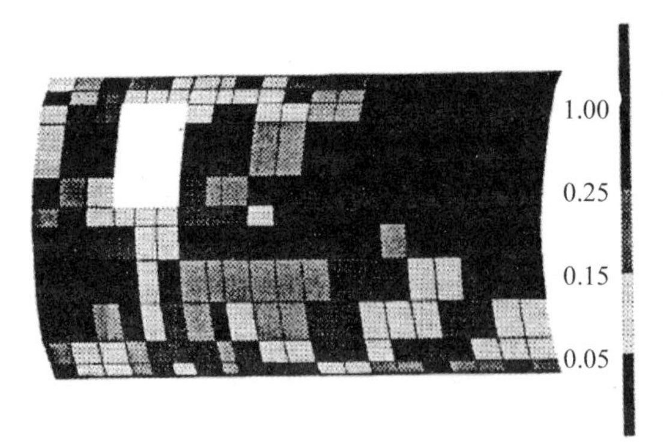

图14.10.9.1(b) 机身侧壁板在极限载荷下的强度安全裕度分布

再参见图14.10.9.1(a)，可维修复合材料结构的另一个要求，是建立无损检测(NDI)和无损评估(NDE)程序，以在定期维护中分别确定实际的损伤位置和进行定量的评定。当需要评定用其他较容易方法(例如目视)所发现损伤的影响时，才使用后者(可能需要用超声的方法)。

● **损伤等级**　发现了损伤就需采用有效的修理方法，以便运营者能利用现有的资源(工具、设备等)以最小的飞机停飞时间完成修理。为了建立适应各种损伤情况的修理概念，修理设计的原理是集中注意比较通用、不专对特定损伤的修理。这个方法是有利的，因为可以对各种等级的损伤进行一般的修理设计并建立对应的修理程序，而它们在一定范围内与具体的损伤情况是无关的。这样做的意图，是要极大地减少针对每个损伤情况建立修理方法的需要，提供高水平的可维护性。定义了适用于蒙皮/长桁构型的三个等级的损伤，如表 14.10.9.1 所示。

表 14.10.9.1　蒙皮/长桁损伤级别的定义，举例

标识	损伤描述	修　理
等级 0	蒙皮边缘分层或与加筋元件脱胶	用紧固件约束或注射树脂进行修理
等级 1	单个结构元件(蒙皮或加筋条)的关键损伤	机械紧固或胶接补片和/或接头
等级 2(和更高)	多处等级 1 损伤	与等级 1 相同

修理设计中应当把每一跨看成一个修理单元或积木块。应当设计好该单元(肋、框、长桁和/或蒙皮)的修复工作，以便能以较小的努力来处置大型的多跨损伤。对于夹层结构不太容易定义其结构单元；然而这个一般的原理仍然适用。这个方法的策略是，在设计过程一开始就考虑处理很多损伤的修理情况，以减轻维护的负担。

● **多重选择**　这个方法的另一个方面是，对给定的修理情况为运营者提供多种可能选择。例如，这些选择可能包括临时修理与永久修理，胶接的复合材料补片与螺接的复合材料或金属补片，或者湿铺贴或预浸料补片与预固化的胶接补片。运营者的选择将取决于损伤严重程度、可用的修理时间、运营者的设施和能力、检测/大修的时间表和/或当前的外场环境条件。

● **耐久性与重量的折衷**　由剩余强度分析和试验得出的认识，将最终导致对费用和重量的折中考虑，这影响到所有的直接运行费用(DOC)。制造费用和结构重量的少量增加，可能从损伤容限和耐久性增加所导致的维护费用降低中得到补偿。可能需要做出决定来平衡 *ADL* 和 *CDT*。例如，层压板拉伸缺口敏感度的试验结果可能显示，小缺口和大缺口的强度间可能呈现相反的关系。在这种情况下，可能会希望具有某个 *ADL* 能力，以避免必须修理小的损伤，又不要付出在 *CDT* 时的代价来允许有足够长检测间距和满意破损安全特性。

14.10.9.2　修理设计问题

● **蒙皮/长桁结构修理问题**　对实心层压板蒙皮/长桁设计，最常见的修理方法是采用机械连接的外蒙皮补片和嵌入的骨架拼接角材。机械连接修理在钻孔和组装中对准零件时需要仔细和精确。紧固件孔损坏是个特有的问题，通常采用的解决办法是，对所有层压板铺一层织物作为其最外层。即使还可能有其他一些方法来解决紧固件孔损坏的问题，在实际中常常总有很多情况会对一个良好的技工提出挑战，挑战其能否始终如一地钻出高质量的孔。在结构上确定钻孔位置包括对准标记和样板。每个蒙皮/长桁构件设计中，应使其层压板的铺层在 0°，90°，和 45°每个方向均有足够的厚度和层数，以使得可用机械连接的补片进行修理。

- **夹层结构修理问题** 一般采用斜削或阶梯式的补片，对夹层结构进行就地胶接修理。在修理操纵面和固定的次要结构薄面板时，典型的斜面/阶梯锥度是十分平缓的(例如，20∶1)。然而，在进行受载较大区域的夹层结构厚面板修理时，采用这种传统的平缓锥度斜面修理就要去除大量未损伤的材料，同时需要极大的补片。在这些情况下，可以联合使用斜削和外补片进行修理，以使修理尺寸为最小。出于空气动力的考虑或为了防止磨蚀，需要对某些构件进行表面平齐的修理。另外，厚面板需要厚补片，这可能需要特殊的工艺来获得适当的压实。在正常的外场处理中，采用真空压力和加热毯完成修理，补片和胶层的孔隙率是特别要关注的问题。由于考虑芯子所截留水分在汽化时造成的额外损伤，一般喜爱较低温度的固化。另外，周围的结构可能起到吸热器作用，使得难于用加热毯达到较高的温度并进行温度控制，并可能促使形成热梯度，造成周围结构的翘曲或退化。对于厚的夹层结构，可能需要在结构的两侧使用加热毯，以控制厚度方向的温度。再有，采用较高的温度进行固化一般会使处理的时间缩短，这对于减少受损伤飞机的非服役时间也是很吸引人的。

- **夹层结构水分入侵问题** 在设计可维修、可修理的夹层结构时，必须考虑水分入侵的问题。夹层结构设计必须考虑水分在芯子内的影响，一方面要使得水分的入侵为最小，同时要确定其存在对结构性能的影响。水分可能通过面板损伤处和构件边缘及端头密封处侵入结构，因此在设计耐久的夹层构件时必须特别注意。不幸的是，为了形成耐久的表面蒙皮就需要额外的厚度，而从性能的角度看这可能是不希望的。可以设计出耐久的边缘和端头。修理损伤的夹层结构时，通常在完成任何胶接修理以前都要执行一个干燥循环。这样做是要避免使任何截留的水分干扰固化循环。在真空袋加热固化循环中，已多次发生将表面蒙皮吹离夹层构件的事例。

14.10.9.3 编织、机织或缝纫结构的修理

本节留待以后补充。

14.11 后勤要求

14.11.1 培训

复合材料结构的维护和修理主要涉及检测员、修理技术人员和工程师。运行人员也在发现和报告存在的损伤和/或可能引起损伤的事件中，起到重要的作用。所有这些人员，每人都应当清楚与复合材料维护与修理相关的关键安全事项。联邦航空局 FAA 已经设置了一个课程来讨论这些事项(例如参考文献 14.2)，这也是进一

步学习复合材料技术特殊领域的坚强基础。这个课程的听众包括工程师、技术员、检测员以及其他与复合材料技术相关的职能部门。

检测员需要对使用复合材料中采用的检测技术进行专门的培训，良好的视力和听力也是对其有价值的属性。对复合材料修理的无损检测要求十分巨大，并需要有专门的技术。在美国汽车工程师协会 SAE 的文件 AIR 5279“复合材料和胶接结构检测员：培训文件”(见参考文献 14.11.1(a))中，包含了这个专门的培训。

修理技术员需要有专门的知识和技能，以合理地修理复合材料结构。由于复合材料的正交各向异性和与工艺相关的特性，要求技术人员能专注详细的细节并经过良好的训练。与常规金属修理技术人员不同的是，复合材料的技术人员不仅要会组装受损伤的构件，还要在修理过程中创建材料性能。在修理复合材料结构时，还需要能熟练进行复合材料分析和复合材料修理的工程人员进行支持。预期他们会在不同结构上、用很多不同类型的材料进行胶接修理。此外，由于不能用修理后检测来可靠地确定复合材料修理的质量和完整性，正确地进行修理就是至关紧要的。修理技术员必须在复合材料修理过程中进行培训，包括使用相关的工具和设备。此外，他们通常需要有良好的手眼协调。为取证需要正式的培训，这个培训应当包括课堂讲课以提供对复合材料进行工作的深入信息，此外还有实际操作教学以在实践中检验熟练程度。SAE 文件 AIR 4938(见参考文献 14.11.1(b))提供了一个此种培训的课程。这应当是作为一个复合材料技术员，在取得证书前用真实构件进行在职培训(OJT)的一个先决条件。

在复合材料修理中保持核心竞争力的一个关键，是要具有有经验和有技能的教师来给出不断的指示和教导，因为这个技能需要持续的学习和实践以变得精通。这个计划的基本意图是提供知识、技能和能力，以使技术员能够始终进行安全和有效的修理。该人事管理办公室现正考虑一个美国国防部范围的复合材料修理技术员工作丛书，以将这项技术所需要的技能正规化和标准化。对于在批准的修理站为民用飞机工作的修理人员，其所要求的人员资格和培训见联邦航空局咨询通报 FAA AC 145-6 的规定(见参考文献 14.5.4(b))。

支持复合材料结构修理设计的工程师，至少需要有可信任学术机构的理学学士程度或相当程度，以及关于飞机复合材料结构设计和分析的某些培训。最好在获取工业经验的同时得到这个设计/分析的培训。这个学士程度应当是力学、航空/航天或土木工程方面专注于材料力学的。需要对用各向异性材料和正交各向异性材料设计的结构有透彻的了解。这些工程师应当具有复合材料层压板理论和连接分析的知识，以便对修理进行分析验证。对于复杂的修理，例如那些对三维层压板完成的修理，除了较常规的分析技术外，可能还需要有限元模型分析的技术。在很多大学生、研究生和继续教育计划中提供了有关这些内容的可选课程，这对建立和维持复合材料修理设计的必要技艺是非常有用的。这些工程师还需要对管理机构的文件和程序有良好的理解，以便如果损伤和/或修理超出源文件所给出的范围就能遵循它们。需要有一个材料和工艺工程师来支持材料试验和复合材料工艺处理。这些工程师必须对热固性材料的化学和流变学有扎实的知识。SAE 文件 AIR 5278(见参考文献 14.11.1(c))对培训计划的课程提供了指导意见。

14.11.2 备件

外场修理的设施在空间、设备、加工能力、材料、训练有素的人员、和时间方面都受到限制。运行的要求则规定飞机要尽快恢复到服役状态,而要在每个外场单位都发展基地级的修理能力其费用是高昂的。因此,必须在飞机上或在大修车间内方便和迅速地修理损伤的复合材料飞机构件,或者必须将其拆下并以备份构件加以更换(R 和 R)。在后面一种情况下,如果相信这损伤的构件可以由负责的基地进行修理,就应当将其送到基地或原先的设备制造商处进行修理。某些情况下,如果不需要大量加工和设备,可以派遣一个基地修理组到外场单位进行修理。

在飞机设计和购买过程中,必须估计寿命循环中最可能的结构重大损伤。这个损伤可能是未预计到的飞行载荷作用、设计不足或制造不正确(内在损伤),或者是由于各种诱发损伤产生的结果;例如,飞行或地面运行中的机械冲击、雷击、过热、腐蚀、老化、流体浸入、化学污染、热应力,或飞行应力导致的损伤。通常,用基于概率分析和参照相似结构使用情况所得的维护活动之间的平均时间 *MTBMA* 和破坏之间的平均时间 *MTBF* 估计值,来确定修理和更换的速率,然后,由飞机采购机构用以确定初步的备件/更换构件供应要求。随着该构件的使用经验增加,可以对现行的供应要求进行调整。

通常把备件存储在指定飞机基地的封闭设施内。准确确定购买的备件数是很重要的,数量太少可能意味着在等待构件进行更换时要出现飞机的停飞或飞行限制,备件数量太多就意味要闲置宝贵的资源和构件成本。

从后勤支持的观点看,更喜欢可互换的构件。可以从供应基地领取或从别的飞机所废弃的物资得到预先钻孔的壁板,较容易地安装到受损伤的飞机上。对修配/配钻的(即可更换的)构件,进行安装时需要进行附加的工作,一旦经过修配,就只能用于其所修配的该特定飞机上;这样,或是将所拆下并修理的构件为该飞机专门保存起来,或者,把孔加以充填并重修边缘,然后多半还需要在基地进行加工以达到外廓匹配。然而,生产可互换的壁板较昂贵;如果考虑这些因素,可互换壁板和可更换壁板在寿命期的费用差别常常极小。

14.11.3 材料

另外一个后勤支持问题是修理材料。虽然飞机上的大多数结构构件是由一些复合材料的预浸料制造的,但出于支持的考虑,可能希望用一些不同的修理材料。修理所需要的材料由相应的修理手册规定。修理补片本身所选的修理材料,可以是预浸料或是带有铺层树脂的干布。无论使用哪种材料,在修理设计中应当使其强度和/或刚度与母体层压板相匹配。也必须能有完成任何胶接修理的胶黏剂。膜状胶黏剂虽然提供了优异的结构性能,但需要进行冷存储;在蜂窝芯组合中进行芯子拼接和充填小缝隙所使用的发泡胶黏剂也需要进行冷存储;层压树脂和糊状胶黏剂有室温存储的品种,但在较高温度下其性能下降。如果受损伤的结构具有防雷击的布置,则必须加以恢复,这样,在修理站必须有防雷击的系统,例如铜、镍或铝网。修理的材料和工艺必须按照相应结构修理手册的要求。

必须按照材料规范进行采购和控制所交给各修理设施的结构修理材料。可能需要进行某些来料试验以检验供应商的材料质量,AC－145－6(见文献 8.3.2.5(b))对此进行了讨论。

除了实际修理使用的材料外,修理站还必须备有在修理过程中需要使用的附加消耗材料,这些材料可能包括无孔的和多孔的氟化乙丙烯(FEP)隔离膜、剥离层、透气层、吸胶布、真空袋膜和胶黏带。如果带外廓的修理需要胶接成形的模具(喷溅模或结构)和脱模,则还需要模具材料。

虽然修理中的直接材料费用一般只占总费用的一小部分,但由于特殊的处理要求,如存储、安全、过程控制、采购和废物处理,可能导致显著的间接费用,这成为修理设计组在选择整个修理计划时要考虑的一个问题。将需要对储存期有限的胶黏剂和预浸料进行来料鉴定,并在超出制造商规定的储存期后重新进行鉴定,这个鉴定必须在实验室内由经过培训的人员进行,用适当的设备测量树脂和材料的性能。对材料强度和刚度进行的试片试验,需要拉伸和压缩试验设备及夹具。重新鉴定中通常检测由基体控制的性能,例如压缩、弯曲和横向剪切,以及检测树脂的物理性能如流动性、凝胶时间和玻璃化转变温度。由于材料的使用率和这些设施的费用,通常将这些设施配置在某个基地。

在最后的分析中,当某个修理设施着手支持一个新飞机时,一般很难预见应当准备就绪的相应修理材料的类型与总量。其结果,在为修理进行材料选择时,可用性(availability)常常成为一个重要的因素。

14.11.4　设施

在外场或基地内的复合材料修理设施,基本要求应包括铺贴区域、构件准备区域、构件固化区域和材料储存区域。需要有环境可控的区域,以防止胶接修理时修理的表面和材料受到灰尘、污物、油脂和水汽的污染。理想情况下,铺贴/胶接区域是封闭的,并具有一定的正压力以防止灰尘进入。这个区域的温度和湿度应当是可控的,最大为 24℃(75℉)和 50%相对湿度。应当使用图表记录仪来跟踪设施内的状态。MIL－A－83377(见文献 14.11.4)规定了铺贴室的一般要求,武器系统特殊技术手册的具体要求可以覆盖这要求。民用飞机运营者必须证实其满足联邦条例 21, 43, 121, 125, 127, 135 和 145 部 Title 14 中有关程序和设施的要求,AC－145－6(见文献 14.5.4(b))列出了可能需要的设施。

对在飞机上进行修理的情况,不大可能进行湿度和温度控制。在最好的情况下,可利用一个机库在其中进行修理,对环境和污染有所屏蔽。在最差的情况下,将不得不在停机坪上进行修理。这样就应当设计围绕修理区域的某种形式的遮蔽物。

应当在车间准备修理材料并将其密封在袋内，只在安装前的时刻才把袋子打开。

由于基地的修理/翻修设施所必须实现的修理任务，包括超出外场支持能力的修理直到不正常构件的再制造，所以这些设施必须基本相当于原设备制造商的现有设施。翻修设施必须具备所有的设备和加工能力，使飞机构件基本恢复其原先的强度、刚度、空气动力和电气要求。在基地内，地面和空间不像在外场环境下那样短缺，这就可能有分别的铺贴、胶接、加工制造、构件机械加工区域，以及构件和工具的存储区域。

在重新修改制作的过程中，构件脱离了飞机而成为可以移动的。因此，可以在基地使用大型的固定工业用冷存储、固化、机械及检测设备，来进行修理工作。基地还应当有一个三轴或四轴的芯子刀具和一些数控机床，使配件、芯子、骨架和模具获得精确的形状；并有足够的能力来储存并使用夹具与模具，或者制造这些夹具与模具。必须易于进入磷酸阳极化(PAA)生产线，以进行复合材料构件中金属骨架的表面准备工作。如果工作量证明有必要，也许值得考虑采用磨蚀的高压水切割设备，以迅速光滑地修整复合材料的板件。

14.11.5 技术数据

人员的技艺、设施与设备，这些只是复合材料结构修理中后勤支持要求的一部分，为了迅速、适当地支持飞机结构的复合材料修理，需要有各种形式的信息或技术数据。技术数据的范围从结构修理手册/军用技术手册、到构件图纸与 CAD 数据、到工程师使用的载荷数据册及有限元模型。如果顺利的话，在原先的飞机购买过程中已经获得了这些数据，并在具备初步运行能力(IOC)以前或之后不久就可加以使用。航空公司和修理站则可能没有这些数据，因而不得不向原设备制造商(OEM)申请提供。

对于预期通常出现的较小损伤(小于 102 mm(4 in))，可在结构修理手册(SRM)中找到其修理方法。随飞机还应当提供一个无损检测手册和一些 NDI 标准板，以能够准确地检测出复合材料板件的损伤。这些 SRM 应当对可以忽略(装饰性)、外场可以修理和不可修理的损伤情况，规定修理尺寸限。在手册中，应当对擦伤、刻痕、凹坑、分层、脱胶以及部分穿透和全部穿透等情况，提供尺寸和深度的限制；按照结构的“测绘图/分区”给出这些限制是最有用的。在手册中应当有构件的分解图解，附上每个子构件所包括的材料表。在可以忽略和外场可以修理的限值之内，所规定的修理方法应当能在外场的有限能力/条件下完成，并恢复结构的全部强度和刚度。修理方法中必须规定修理材料、设备和结构修理技术人员能够理解的逐步操作指令。

对于 SRM 中没有提供的，或超出了外场可修理限制的修理情况，必须咨询有资格的工程师。这些工程师需要查询确定飞机构件载荷情况的设计信息，查询提供设计要求和结构内载荷分布信息的飞机设计手册。随着飞机结构设计中日益增多使用有限元分析(FEA)，飞机采购机构会发现购买制造商所建立的 FEA 模型是有益的。否则，工程师将需要用 FEA 软件和工作站来进行重要结构修理的分析工作；这意味着工程部门也将需要一套全部标明尺寸的图纸，以在 FEA 模型中或图表分析中包括材料的性能和工艺条件。

14.11.6　支持设备

14.11.6.1　固化设备

基地和外场条件下通常可见的便携式加热和固化设备，其例子有加热毯、热黏合器、加热灯、加热枪和常规的烘箱。这些设备通常与真空袋联合使用，以在修理以前促进排湿，并对修理部位提供某些固化压力。可以用来制造预固化的复合材料修理补片，并把修理件胶接到构件上面。无论用哪种便携式热源，必须充分使用热电偶密切监控固化温度。

加热毯由耐热的柔性材料（如硅酮橡胶）和夹在其间的加热元件构成。可以把加热毯单独分区，使得修理区域有不同的加热条件。可以通过调节其功率来控制加热毯的温度，或者通过可变电阻器或热黏合器手动控制。加热毯的价格低廉并可按不同尺寸和形状购买。但毯的柔性和元件的耐久性则是其限制因素；外形高度复杂的修理区域有可能无法使用加热毯。

热黏合器是进行程序加热和抽真空的控制单元，由其自动按照操作者规定的固化循环对加热毯提供能源。这个热黏合器通过修理区域上面和周围布置的热电偶来监控胶层的温度，并按照固化要求改变对加热毯提供的功率。这样就保证了可以接受的固化温度。热黏合器中通常还包括一个真空泵。热黏合器的电拖动力为 30 A，必须有一个适当的能源（110 V）。如果准备在飞机上面使用这些设备，则这个热黏合器系统必须是防爆的，渗入热黏合器壳内的燃油蒸汽有可能造成爆炸的危险。

也用红外线加热灯和加热枪进行复合材料修理的高温固化，某些还可能有温度调节装置。加热灯可以使表面迅速加热；为避免周围结构的过热和损伤，监控固化温度是必不可少的。但是，当构件有外形轮廓或因为修理尺寸关系不能使用加热毯时，这些方法是有用的。加热枪可以使用通常的热空气源，进行小面积的修理。

基地内必须有工业烘箱，在外场环境下也值得有工业烘箱，以干燥并固化复合材料构件和修理件。这是些固定的基本设备，大多数基地将有几台不同规模的烘箱以适应工作量。采用允许执行多步加热和固化循环的程序自动控制烘箱，可以得到最大的便利。通常将由武器系统的特定要求，规定烘箱的温度能力和规模。对于真空袋修理，需要在烘箱内有多个真空管线及热电偶连接和一台真空泵。一个大型的（3 m×2.1 m×3.7 m×10 ft×7 ft×12 ft））260℃（500℉）能力的烘箱，需要 300 A，480 V 的供电源。

热压罐是增压的烘箱，在基地的设施中通常需要这种设备，以进行构件修理和制造。典型情况需要达到 586 kPa（85 psi）的压力，来最大限度压实复合材料预浸料层压板，以能进行大型的结构修理。因为构件已从飞机上拆下，热压罐的尺寸应当能够适应大型的构件及其相应的模具。和烘箱一样，热压罐应是自动控制的，适合于多步骤的固化循环，并具有许多真空管线和热电偶连接。热压罐应能提供689 kPa(100 psi)的压力和260℃(500℉)的温度，以完成环氧和双马来酰亚胺树脂的固化循环。应当用氮气来提供压力和进行惰化以防火灾或爆炸。由于固化过程所达到的高压力，需要有模具和胶接模具来支持飞机构件保持其正确的轮廓。由于热压罐中包含的基础设施(包括但不限于模具和胶接模具)，需要有经验的操作者和技术人员，以及其非常高昂的运行及采购费用，因此只限于在基地使用热压罐。

虽然可以在热压罐内制造并贮藏多个补片，但热压机可能是基地中用于制造较小无外廓要求预固化修理补片的有用设备。热压机还可用于试验室中制造试片和试验件，完成验收试验和存储期取证试验。

14.11.6.2　冷藏室

需要有能使材料保持−18℃(0℉)或更低温度的非无霜冷藏设备，以维持大多数预浸渍材料和胶黏剂的存储期；无霜冰箱要临时加热到0℃(32℉)以上进行除霜，可能会减少所冷藏材料的存储期。由于预浸渍材料的使用率为中等，并且由于武器系统的支持需要大量不同存储期限的材料，以及很长的提前采购期，基地需要有一些允许人员步入的冷藏设施，以具备足够容量来满足当地(以及可能还有外场)6到12个月的需要。对于大多数规范的材料，采购和制造商的提前时间比交付时间早8周到4个月。大冷藏设施相对便宜一些，因此，如果空间和武器系统的要求有规定，外场单位也可以选择购买一个。然而在很多情况下，箱式冷藏设施更适合于外场使用。万一电源和冷冻装置有故障，采用一个连接到24小时通报的警报系统，就可避免因存储期减少和/或材料的损失而付出高昂代价。AC 145－6(见文献14.5.4(b))已经对冷藏设施的控制和操作规定了专门的细则。

14.11.6.3　打磨/抛光棚

需要有与胶接与固化区域相分离的设施，对固化的复合材料进行除漆和机械加工。这个设施应当用安全的手段来清除机械加工中产生的尘埃。推荐使用向下或向侧面的通风棚，以去除构件上和空气中的尘埃。研磨和打磨的区域的布局必须能让尘埃无阻碍地进入过滤系统。工作台不得彼此遮挡，以防打磨的尘埃意外地进入相邻的工作区域并影响其他工作者。至少应当对技术人员配置一个车间真空系统，以收集复合材料的尘埃。

14.11.6.4　NDI设备

在外场和基地设施中都需要有损伤测定和检验设备，以进行复合材料构件的无损检测；可能需要X射线照相(X-ray)、热成像技术(infra-red)、超声和激光剪切成像检测设备，以进行修理前的损伤图绘制、过程中的检测和修理之后的检测。外场设备多半是小型和便携的，以便能够搬上飞机并降低设施和设备的费用。基地则通常同时需要便携的和固定的NDI设备。如果工作量和时间许可，在基地使用机器人技术来扫描整个飞机的损伤是实际可行的。通常需要采用某种方法将NDI数据归档，或者用数值方法或者用硬拷贝/胶卷，以跟踪损伤的扩展。

在评定结构和涂层的电性能时，以上所述也同样有效，例如对雷达天线罩和低可视结构。具有经常性雷达修理任务的外场和基地单位，可能需要一个静态雷达试验场以测试修理后的雷达罩。正在开发外场使用的改进型手持设备，以测量所修理下视结构的红外性能或电性能。基地可能需要一个单独的电气试验场，用于低可视(LO)结构。此外，特殊的 LO 武器系统可能需要一个飞越(fly-through)试验场，以检验多个修理的性能是否适当。

参 考 文 献

14.2　Seaton C, et al, Course Development: Critical Composite Maintenance and Repair Issues [R]. Report No. DOT/FAA/AR - TBD.

14.3(a)　Hoffman Daniel J. Service Experience With Early BCA Composite Applications [S]. CACRC Workshop, Amsterdam, May 9,2007.

14.3(b)　Salah L, Tomblin J, Davies C. Aging Effects Evaluation of a Decommissioned Boeing CFRP 737 Horizontal Stabilizer Phase III [S]. 10th Joint FAA/DoD/NASA Aging Aircraft Conference—April 16th-19th, 2007.

14.3(c)　Salah L, Tomblin J, Davies C. Aging Effects Evaluation of a Decommissioned Boeing CFRP 737 Horizontal Stabilizer Phase II [C]. 9th Joint FAA/DoD/NASA Aging Aircraft Conference, March 6 - 9,2006.

14.3(d)　Salah L, Tomblin J, Davies C, et al. Aging Effects Evaluation of a Decommissioned Boeing CFRP 737 Horizontal Stabilizer Phase I [S]. 8th Joint FAA/DoD/NASA Aging Aircraft Conference, January 31 - February 3,2005.

14.3(e)　Salah L, Tomblin J, Davies C, et al. Aging Effects Evaluation of a Decommissioned Boeing CFRP 737 - 200 Horizontal Stabilizer [S]. 8th Joint FAA/DoD/NASA Aging Aircraft Conference, January 2005.

14.3(f)　Tomblin J, Salah L. Aging of Composite Aircraft Structures—Beechcraft Starship and B737 Horizontal Stabilizer [C]. presented at the JAMS Conference, Everett, Washington, June 18,2008.

14.5.4(a)　Acceptable Methods, Techniques, and Practices—Aircraft Inspection and Repair, Volume II Airframe: Non-Metallic Structure [S]. 1994

14.5.4(b)　FAA Advisory Circular (AC) 145 - 6, Repair Stations for Composite and Bonded Aircraft Structure [S]. Federal Aviation Administration, 1996.

14.6.1.5　Lightning Direct Effects Handbook, AGATE - WP3. 1 - 031027 - 043 - Design Guideline [C]. NASA AGATE Program, March 2002.

14.7.2(a)　SAE Aerospace Recommended Practice (ARP) 4916, Masking and Cleaning of Epoxy and Polyester Matrix Thermosetting Composite Materials [S]. SAE International, Warrendale, PA, March 1997.

14.7.2(b)　SAE Aerospace Recommended Practice (ARP) 4977, Drying of Thermosetting Composite Materials [S]. SAE International, Warrendale, PA, August 1996.

14.7.3.4(a)　General Composite Repair [S]. Organizational and Intermediate Maintenance,

Technical Manual, NAVAIR 01 - 1A - 21, January 1994.

14.7.3.4(b) General Advanced Composite Repair Manual, Technical Manual [S]. TO 1 - 1 - 690, U.S. Air Force, July 1984.

14.7.4.3(a) Francis C F, Rosenzweig E, Dobyns A, et al. Development of Repair Methodology for the MH - 53E Composite Sponson [C]. in 1997 USAF Aircraft Structural Integrity Program Conference, San Antonio, TX, 2 - 4 December 1997.

14.7.4.3(b) Dodd S, Petter H, Smith H. Optimum Repair Design for Battle Damage Repair, Volume II: Software User's Manual [S]. WL - TR - 91 - 3100, McDonnell Douglas Corp., February 1992.

14.7.4.3(c) Hart Smith J. Adhesive-Bonded Scarf and Stepped-Lap Joints [R]. NASA CR 112237, Douglas Aircraft Co., January 1973.

14.7.4.3(d) Elastic Adhesive Stresses in Multistep Lap Joints loaded in Tension [S]. ESDU 80039, Amendment B, Engineering Sciences Data Unit International plc, London, November 1995.

14.7.4.4(a) SAE Aerospace Recommended Practice (ARP) 5256, Mixing Resins, Adhesives, and Potting Compounds [S]. SAE International, Warrendale, PA, March 1997.

14.7.4.4(b) SAE Aerospace Recommended Practice (ARP) 5319, Impregnation of Dry Fabric and Ply Lay-up [S]. SAE International, Warrendale, PA, July 2002.

14.7.4.4(c) US Air Force, MIL - HDBK - 337 Adhesive Bonded Aerospace Structure Repair [S]. December 1982.

14.7.4.4(d) SAE Aerospace Recommended Practice (ARP) 5143, Vacuum Bagging of Thermosetting Composite Repairs [S]. SAE International, Warrendale, PA, July 2002.

14.7.4.4(e) SAE Aerospace Recommended Practice (ARP) 5144, Heat Application for Thermosetting Resin Curing [S]. SAE International, Warrendale, PA, March 2000.

14.7.4.4(f) Westerman E A, Keller R L, Rutherford, P. Improved Processing for Field Level Repair [R]. The Boeing Company, Seattle, WA, Air Force Materials Directorate Wright Laboratory Report No. WL - TR - 97 - 4119, December 1997.

14.7.4.4(g) Burroughs B A, Hunziker R L. Manufacturing Technology for Non-Autoclave Fabrication of Composite Structures [R]. Air Force Contract F33615 - 80 - C - 5080, Final Report for period October 1980 - April 1984, Report No. AFWAL - TR - 85 - 4060.

14.7.4.4(h) Buckley L J, Trabocco R E, Rosenzweig E L. Non-Autoclave Processing for Composite Material Repair [R]. Naval Air Warfare Center, Warminster, PA, Report No. NADC - 83084 - 60, 1983.

14.7.4.4(i) Mehrkam P A, Cochran R C, DiBerardino M F. Composite Repair Procedures for the Repair of Advanced Aircraft Structures [R]. Naval Air Warfare Center, Warminster, PA, Report No. NAWCADWAR - 92091 - 60, September 1992.

14.7.4.4(j) Bergerson A, Marvin M, Whitworth D. Fabrication of a Void Free Laminate by Optimizing a Non-Autoclave Cure [M]. Society for the Advancement of Material and Process Engineering.

14.7.5.2 SAE Aerospace Recommended Practice (ARP) 4991, Core Restoration of

Thermosetting Composite Components [S]. SAE International, Warrendale, PA, February 2007.

14.9　Armstrong K B, Bevan G, Cole W. Care and Repair of Advanced Composites [C]. Society of Automotive Engineers, 2nd Edition, 2005.

14.10.3.6　Safe Handling of Advanced Composite Materials [S]. American Composites Manufacturers Association (former Suppliers of Advanced Composite Materials Association-SACMA), August 1996, Arlington, VA.

14.10.9.1　SAE Guidebook AE - 27, Guide for the Design of Durable, Repairable, and Maintainable Aircraft Composites [S]. SAE International, Warrendale, PA, August 1997.

14.11.1(a)　SAE Training Document AIR 5279, Composite and Bonded Structure Inspector: Training Document [S]. SAE International, Warrendale, PA, March 1999.

14.11.1(b)　SAE Training Document AIR 4938, Composite and Bonded Structure Technician/Specialist: Training Document [S]. SAE International, Warrendale, PA, September 1996.

14.11.1(c)　SAE Training Document AIR 5278, Composite and Bonded Structure Engineers: Training Document [S]. SAE International, Warrendale, PA, March 1999.

14.11.4　US Air Force, MIL - A - 83377 Adhesive Bonding (Structural) for Aerospace and Other Systems, Requirements for [S]. December 1997.

第 15 章　厚截面复合材料

15.1　引言和厚截面的定义

厚截面复合材料是指这类层压板，因受几何形状(厚度/跨度比)、材料组分(基体和纤维的刚度/强度性能)、叠层方案、工艺和使用载荷的影响呈现三维应力状态。例如，在复合材料多向层压板(织物或非织物)的单层中，所有载荷都会引起多轴应力，即使载荷仅仅是单轴的情况也是如此。当沿厚度方向的应力和应变达到某一严重程度时，分析、设计和试验中必须计及这些应力和应变。当它们的影响成为失效(即分层)、过度变形或振动的原因之一的情况下，即认为达到了严重程度。然而常规的薄板二维分析不能精确地预估这些应力和应变所引起的失效。通常这种二维分析根据传统的剪切和单轴拉伸/压缩试验得到的材料响应数据进行。在厚截面复合材料中，六个应力分量中任一个都可能对失效起重要作用，因此一个失效准则必须识别不同类型的失效模式，而失效模式与三维应力的每一个分量对某单一失效模式的贡献有关。单一失效模式是指由纤维、基体或界面控制的失效模式。对于厚截面复合材料来说，一个适当的失效准则必须考虑层压板下述的失效模式：

纤维控制的	**基体控制的**	**界面控制的**
纤维拔出	横向开裂	界面脱粘
纤维拉伸破坏	层内开裂	界面分层
纤维细观屈曲	层间开裂	压缩分层
纤维剪切破坏	边缘分层	

例如，用高刚度和高强度纤维增强单层铺成的厚截面复合材料常常存在严重的横向剪切和横向垂直变形(在薄板中三维应力的影响很小，可以忽略)。在动力学中，厚度效应还会受到短波长加载和高频振动的影响。由于复合材料固有的横向柔性高于纤维轴向柔性，因此复合材料的三维效应要比均质各向同性材料显著得多。加之，复合材料层压板的横向和层间强度很低，这就使它对基体裂纹和分层特别敏感。

另外也可以从很多层铺设制造的观点来定义厚截面复合材料，制造引入的应力可能是严重的，应特别关注。制造效应包括残余应力、起皱、微裂纹、发热、挥发物排除、压实、机械加工以及机械连接和/或胶接。为了使这些效应最小，需要特殊的树脂、工艺、模具和固化循环。

在厚截面复合材料中，一般有两个相互矛盾的目标，即制造引入的残余应力最小和最大的产品生产率（即要求达到完全固化的工艺时间最少）。加快固化周期，涉及急剧的加热和冷却速率，将导致较高的残余应力。另一方面，使全部零件厚度慢慢地同时达到完全固化，即使不是消除也会使制造引入的残余应力最小，但加长固化周期伴随着费用也增加。应特别注意，制造过程产生的残余应力事实上也可以有意引入来抵消或减轻叠加大的工作应力。

在厚层压板设计中，要求深入了解固化动力学和在此时间段内任一点的固化程度，对此固化模拟起着非常重要的作用，它甚至还能够预估固化周期内的工艺应力。对于预估以及防止应力和相关强度都较低的零件制造失败，这是一个重要的工具。

为了有效地设计复合材料厚板，结构分析师需要知道多轴强度和变形特性，但在确定多轴使用载荷下的材料响应之前，不可能了解厚板的全部潜能。在厚板设计、分析和相关的材料试验方面的技术进展，要比薄板复合材料在表征和应用方面通常可接受的技术进展缓慢得多。

图 15.1 给出了厚截面复合材料逐级分析方法的流程。

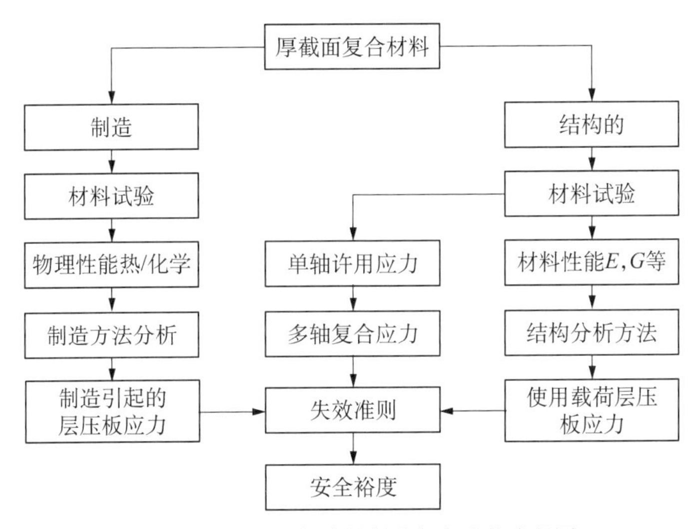

图 15.1　厚截面复合材料分析方法的流程图

15.2　厚截面复合材料 3D 分析要求的力学性能

本节的目的是定义三维（3D）点应力分析需要的正交各向异性刚度特性、失效强度和计算安全裕度所需要的应变许用值。这些内容包括：

(1) 定义目前传统二维（2D）分析的刚度特性（见第一卷中的 6.8 节）；

(2) 定义 3D 应力分析需要的附加刚度特性；

(3) 定义由实验确定 3D 刚度特性、失效强度和应变所要求的单轴加载(见15.2.3.1 节)和多轴加载(见 15.2.3.2 节)试验；

(4) 讨论利用 3D 单层特性预估层压板厚度方向刚度特性的方法(见 15.2.3 节)。

手册中使用的符号和术语(见第 3 卷中的 1.3.1 节)适用于 2D 和 3D 复合材料，单层坐标轴为 1，2，3,多向层压板坐标轴为 x，y，z。

15.2.1 复合材料 2D 分析

当厚度方向应力不重要时,复合材料 2D 分析方法(见第 3 卷中的 8.3 节)适用。对于单向层压板,厚度方向或 3 方向的应力较低($\sigma_3 = \tau_{23} = \tau_{31}$，平面应力),应力-应变关系为(见文献 15.2.1)：

$$\{\varepsilon_{ij}\} = [S]\{\sigma_{ij}\} \tag{15.2.1(a)}$$

$$\begin{Bmatrix} \varepsilon_1 \\ \varepsilon_2 \\ \gamma_{12} \end{Bmatrix} = \begin{bmatrix} S_{11} & S_{12} & 0 \\ S_{12} & S_{22} & 0 \\ 0 & 0 & S_{66} \end{bmatrix} \begin{Bmatrix} \sigma_1 \\ \sigma_2 \\ \tau_{12} \end{Bmatrix} \tag{15.2.1(b)}$$

用由简单试验获得的工程弹性常数

$$\begin{Bmatrix} \varepsilon_1 \\ \varepsilon_2 \\ \gamma_{12} \end{Bmatrix} = \begin{bmatrix} \dfrac{1}{E_1} & -\dfrac{\nu_{12}}{E_1} & 0 \\ -\dfrac{\nu_{21}}{E_2} & \dfrac{1}{E_2} & 0 \\ 0 & 0 & \dfrac{1}{G_{12}} \end{bmatrix} \begin{Bmatrix} \sigma_1 \\ \sigma_2 \\ \tau_{12} \end{Bmatrix} \tag{15.2.1(c)}$$

刚度相互关系为

$$\frac{\nu_{12}}{E_1} = \frac{\nu_{21}}{E_2} \tag{15.2.1(d)}$$

对于 2D 平面应力分析,四个独立的材料弹性性能为

$$E_1,\ E_2,\ G_{12},\ \nu_{12}$$

能够用 15.2.3.1 节讨论的确定刚度的相同试验,得到面内失效应力和应变。

15.2.2 复合材料 3D 分析

当厚度方向的应力和应变是重要的时候(施加值接近它们的许用值),则要求进行 3D 正交各向异性应力分析。当复合材料截面厚度增加或厚度较薄但有面外载荷(弯矩、侧向压力等)时,经常需要 3D 分析,因为这种状况下拐角半径处范围会引起层间拉伸应力或在梁或板中引起层间剪切应力。

15.2.2.1 单向层 3D 性能

对于正交各向异性单层,用下述应力-应变关系表达其 9 个独立的常数(见文献 15.2.1):

$$\begin{Bmatrix} \varepsilon_1 \\ \varepsilon_2 \\ \varepsilon_3 \\ \gamma_{23} \\ \gamma_{31} \\ \gamma_{12} \end{Bmatrix} = \begin{bmatrix} S_{11} & S_{12} & S_{13} & 0 & 0 & 0 \\ S_{12} & S_{22} & S_{23} & 0 & 0 & 0 \\ S_{13} & S_{23} & S_{33} & 0 & 0 & 0 \\ 0 & 0 & 0 & S_{44} & 0 & 0 \\ 0 & 0 & 0 & 0 & S_{55} & 0 \\ 0 & 0 & 0 & 0 & 0 & S_{66} \end{bmatrix} \begin{Bmatrix} \sigma_1 \\ \sigma_2 \\ \sigma_3 \\ \tau_{23} \\ \tau_{31} \\ \tau_{12} \end{Bmatrix} \tag{15.2.2.1(a)}$$

或用工程常数表达为

$$\begin{Bmatrix} \varepsilon_1 \\ \varepsilon_2 \\ \varepsilon_3 \\ \gamma_{23} \\ \gamma_{31} \\ \gamma_{12} \end{Bmatrix} = \begin{bmatrix} 1/E_1 & -\nu_{21}/E_2 & -\nu_{31}/E_3 & 0 & 0 & 0 \\ -\nu_{12}/E_1 & 1/E_2 & -\nu_{32}/E_3 & 0 & 0 & 0 \\ -\nu_{13}/E_1 & -\nu_{23}/E_2 & 1/E_3 & 0 & 0 & 0 \\ 0 & 0 & 0 & 1/G_{23} & 0 & 0 \\ 0 & 0 & 0 & 0 & 1/G_{31} & 0 \\ 0 & 0 & 0 & 0 & 0 & 1/G_{12} \end{bmatrix} \begin{Bmatrix} \sigma_1 \\ \sigma_2 \\ \sigma_3 \\ \tau_{23} \\ \tau_{31} \\ \tau_{12} \end{Bmatrix} \tag{15.2.2.1(b)}$$

对于正交各向异性材料,必定满足 3 个相互关系:

$$\frac{\nu_{12}}{E_1} = \frac{\nu_{21}}{E_2},\ \frac{\nu_{13}}{E_1} = \frac{\nu_{31}}{E_3},\ \frac{\nu_{23}}{E_2} = \frac{\nu_{32}}{E_3} \tag{15.2.2.1(c)}$$

对于正交各向异性单层,有 9 个独立的材料弹性性能:

$$E_1,\ E_2,\ E_3,\ G_{12},\ G_{13},\ G_{23},\ \nu_{12},\ \nu_{13},\ \nu_{23}$$

当材料的拉伸和压缩刚度不同时,如果两者的差别较小,实践中通常使用平均值;如果两者的刚度差别较大时,则使用能够反映出施加载荷特征的刚度(拉伸或压缩)。

15.2.2.2 多向正交各向异性层压板的 3D 性能

本节定义在 x, y 或 z 方向加载的多向均衡对称层压板 3D 分析所要求的柔度矩阵和相关的 9 个弹性常数。为了防止制造中引起热翘曲,实际上大多数使用的层压板是均衡和对称的。如果层压板是非均衡和非对称的,或相对于正轴方向的"偏轴"加载,则矩阵是带有 Chentsov 系数($\mu_{ij,kl}$)和耦合影响系数($\eta_{ij,i}$, $\eta_{i,ij}$)的满阵(见文献 15.2.1, 15.2.2.2)。

对于在 x, y 或 z 方向加载的均衡对称层压板,其柔度矩阵为

$$\begin{Bmatrix} \varepsilon_x \\ \varepsilon_y \\ \varepsilon_z \\ \gamma_{yz} \\ \gamma_{zx} \\ \gamma_{xy} \end{Bmatrix} = \begin{bmatrix} \overline{S}_{11} & \overline{S}_{12} & \overline{S}_{13} & 0 & 0 & 0 \\ \overline{S}_{12} & \overline{S}_{22} & \overline{S}_{23} & 0 & 0 & 0 \\ \overline{S}_{13} & \overline{S}_{23} & \overline{S}_{33} & 0 & 0 & 0 \\ 0 & 0 & 0 & \overline{S}_{44} & 0 & 0 \\ 0 & 0 & 0 & 0 & \overline{S}_{55} & 0 \\ 0 & 0 & 0 & 0 & 0 & \overline{S}_{66} \end{bmatrix} \begin{Bmatrix} \sigma_x \\ \sigma_y \\ \sigma_z \\ \tau_{yz} \\ \tau_{zx} \\ \tau_{xy} \end{Bmatrix} \tag{15.2.2.2(a)}$$

用有效工程弹性常数，此方程变为

$$\begin{Bmatrix} \varepsilon_x \\ \varepsilon_y \\ \varepsilon_z \\ \gamma_{yz} \\ \gamma_{zx} \\ \gamma_{xy} \end{Bmatrix} = \begin{bmatrix} \frac{1}{E_x} & -\frac{\nu_{yx}}{E_y} & -\frac{\nu_{zx}}{E_z} & 0 & 0 & 0 \\ -\frac{\nu_{xy}}{E_x} & \frac{1}{E_y} & -\frac{\nu_{zy}}{E_z} & 0 & 0 & 0 \\ -\frac{\nu_{xz}}{E_x} & -\frac{\nu_{yz}}{E_y} & \frac{1}{E_z} & 0 & 0 & 0 \\ 0 & 0 & 0 & \frac{1}{G_{yz}} & 0 & 0 \\ 0 & 0 & 0 & 0 & \frac{1}{G_{zx}} & 0 \\ 0 & 0 & 0 & 0 & 0 & \frac{1}{G_{xy}} \end{bmatrix} \begin{Bmatrix} \sigma_x \\ \sigma_y \\ \sigma_z \\ \tau_{yz} \\ \tau_{zx} \\ \tau_{xy} \end{Bmatrix} \tag{15.2.2.2(b)}$$

层压板有效刚度必须满足 3 个相互关系：

$$\frac{\nu_{xy}}{E_x} = \frac{\nu_{yx}}{E_y}, \frac{\nu_{xz}}{E_x} = \frac{\nu_{zx}}{E_z}, \frac{\nu_{yz}}{E_y} = \frac{\nu_{zy}}{E_z} \tag{15.2.2.2(c)}$$

多向层压板分析要求 9 个独立的有效材料弹性常数。

$$E_x, E_y, E_z, G_{xy}, G_{xz}, G_{yz}, \nu_{xy}, \nu_{xz}, \nu_{yz}$$

15.2.3　理论性能确定

在考虑用理论方法确定复合材料的力学性能时可以选择的最基础量级是单一组分或细观力学量级。在文献 15.2.4 的第 4 节中综述了复合材料细观力学的理论发展，使用细观力学分析可以根据组分数据确定 3D 层压板的性能，能够查阅到关于这个题目附加的信息和文献。

由于在复合材料结构分析中使用单层和层压板级的性能，所以本节仅讨论这些性能，而且分析都是线弹性的。

15.2.3.1　3D 单层性能确定

在 15.2 中列出了 3D 单层基本分析所要求的 9 个独立的材料弹性性能，即

$$E_1, E_2, E_3, G_{12}, G_{13}, G_{23}, \nu_{12}, \nu_{13}, \nu_{23} \quad (15.2.3.1(a))$$

这些性能中的 E_1，E_2，G_{12}，ν_{12} 很容易用常规的实验方法得到。15.2.3 节中讨论了面外性能的确定方法，在缺少这些性能的实验数据时，假设在 2-3 平面内横向各向同性是合理的。可以用文献 15.2.3.1(a)-(c)的实验数据来验证该假设的正确性。横向各向同性则意味着：

$$E_3 = E_2,\ G_{13} = G_{12},\ \nu_{13} = \nu_{12},\ G_{23} = \frac{E_2}{2(1+\nu_{23})} \quad (15.2.3.1(b))$$

即使用了这一简化假设，为全部了解 9 个独立的材料弹性性能，必须测定或评定 ν_{23}。在文献 15.2.3.1(a)-(c)中报告了 ν_{23} 的实验测定值，在文献 15.2.3.1(a)中给出了 T300/5208 压缩所确定的 ν_{23} 值。在文献 15.2.3.1(b)中给出了 T300/5208 拉伸和压缩所确定的 ν_{23} 值。文献 15.2.3.1(c)中给出了 AS4/3501-6 和 S2/3501-6 压缩所确定的 ν_{23} 值，也能够在表 15.2.3.1 中得到此值。

表 15.2.3.1　碳和 S2 玻璃纤维增强环氧的 3D 弹性常数（文献 15.2.3.1(c)）E, G 的单位 Msi(GPa)

	AS4/3501-6，59.5%纤维体积含量	S2/3601-6，56.5%纤维体积含量
E_1 [1]	16.48(113.6) (3.7)[2]	7.15(49.3) (4.0)
E_2 [1]	1.40(9.65) (3.6)	2.13(14.7) (2.2)
E_3 [1]	1.40[3](9.65)	2.13[3](14.7)
ν_{12} [1]	0.334 (3.0)	0.296 (4.1)
ν_{13} [1]	0.328 (1.2)	0.306 (2.8)
ν_{23} [1]	0.540 (1.6)	0.499 (1.4)
G_{12}	0.87[4](6.0)	0.98[4](6.8)
G_{13}	0.87[5](6.0)	0.98[4](6.8)
G_{23}	0.45[6](3.1)	0.71[4](4.9)

[1] E_1，E_2，ν_{12}，ν_{13} 和 ν_{23} 由厚平板压缩试件确定。
[2] 离散系数(%)。
[3] 假设 $E_3 = E_2$。
[4] G_{12} 由$[\pm 45]_{2s}$拉伸试验确定。
[5] 假设 $G_{13} = G_{12}$。
[6] 根据横向各向同性假设得到 G_{23}。

需要全部 9 个独立的弹性常数并不意味着 3D 分析对上面讨论的厚度方向材料性能都是敏感的。例如选择 ν_{23} 为 0.5 和 0.4(两者相差 20%)，但层压板或结构分析得到的应力或应变仅相差 2%。如果该性能是不确定的，就应该通过参数研究对特殊的材料性能的特别分析来评定这种敏感性。

同样，当某一材料性能存在强非线性时(即面内和厚度方向剪切模量)，使用线性分析并不影响层压板或结构的分析，在 3D 分析中同样应该这样处理。

15.2.3.2 3D 层压板性能确定

像 3D 单层性能一样，15.2 节中列出了 3D 层压板基本分析所要求的 9 个独立的材料弹性性能，即

$$E_x, E_y, E_z, G_{xy}, G_{xz}, G_{yz}, \nu_{xy}, \nu_{xz}, \nu_{yz} \tag{15.2.3.2}$$

用常规实验或理论方法很容易确定 E_x, E_y, G_{xy}, ν_{xy}。可以使用本手册第 3 卷中 8.3.1 节介绍的经典层压板理论来确定这些值，确定剩余的层压板面外性能就要比面内性能困难得多。层压板面外性能的实验数据很少，而且用来产生这些数据的试验方法正如文献 15.2.3.1(a)-(c)中使用的那样是非常特殊的。

发展了许多基于单层面内性能预估面外性能的理论方法(见文献 15.2.3.2(a)-(h))。这些方法基本上是用均质各向异性介质代替层压的非均质的正交各向异性介质，这种替代称为“模糊”，而形成的有效材料性能称为“模糊”性能。在复合材料结构分析中通常使用这些模糊的各向异性性能。如果平均的整体应力状态或平均位移对所做的分析是充分的，那么用模糊性能所做的分析就是所需要的全部分析。如果需要局部应力状态，则必须使用另外的分析技术，如“整体-局部”技术。在该方法中，用模糊的各向异性性能来确定整体应力状态，然后用该信息得出关注的指定区域的逐层的应力状态，这样一来就避免了对厚截面复合材料整体结构逐层分析的昂贵代价。使用这种整体-局部分析技术通常为处理复合材料厚板设计和分析问题的最合理的方法。

根据近似公式(见文献 15.2.3.2(a))到精确公式生成模糊的 3D 各向异性性能的所适用的解题方法并不包括弯曲-伸长耦合(见文献 15.2.3.2(c))，Pagano(见文献 15.2.3.2(c))和 Sun(见文献 15.2.3.2(b))给出的精确解有助于在个人计算机上的简单编程。事实上 Trethewey 等(见文献 15.2.3.2(d))和 Peros(见文献 15.2.3.2(e))已对 Pagano 解进行了编程，同时 Sun 在个人计算机上也对自己的解进行了编程。

表 15.2.3.2(a)和(b)包含用层压板理论(LPT)和用 Pagano, Sun 和 Roy 解所确定的两种材料体系和 6 种层压板构型的 3D 层压板弹性常数(见参考文献 15.2.3.2(g), (h))。表 15.2.3.1 列出了每一个分析所使用的输入单层的性能。对于介绍的全部情况，三个精确解(LPT, Pagano, Sun)对面内和厚度方向性能都得到了相同的结果，而 Roy 近似解的结果表明 Z 方向的性能在某些情况下的差别可达 12%。

由于产生 3D 实验数据的困难，限制了这些分析结果的数据验证，在文献 15.2.3.1(a)-(c)和 15.2.3.2(h), (i)中提供了已有的数据。表 15.2.3.2(c)包括 Pagano 使用线弹性理论的预估结果与文献 15.2.3.1(c)和文献 15.2.3.2(i)中实验数据的比较。

表 15.2.3.2(a)　各种 AS4/3501－6 层压板的 3D 有效性能

AS4/3501－6 层压板性能，E，G/Msi												
	$[0_2/90]_s$				$[0/90]_{2s}$				$[0/90/\pm45]_s$			
	LPT	Pagano	Sun	Roy	LPT	Pagano	Sun	Roy	LPT	Pagano	Sun	Roy
E_x	11.5	11.5	11.5	11.5	9.01	9.00	9.00	9.00	6.68	6.68	6.68	6.67
E_y	6.48	6.47	6.47	6.47	9.01	9.00	9.00	9.00	6.68	6.68	6.68	6.68
E_z		1.80	1.80	1.65		1.82	1.82	1.60		1.82	1.82	1.61
ν_{xy}	0.073	0.073	0.074	0.072	0.052	0.052	0.053	0.052	0.297	0.297	0.298	0.296
ν_{xz}		0.488	0.489	0.402		0.506	0.507	0.438		0.375	0.376	0.318
ν_{yz}		0.519	0.520	0.465		0.506	0.508	0.427		0.375	0.376	0.317
G_{xy}	0.870	0.870	0.870	0.870	0.870	0.870	0.870	0.870	2.58	2.57	2.57	2.57
G_{xz}		0.664	0.664	0.780		0.593	0.593	0.612		0.593	0.593	0.627
G_{yz}		0.536	0.536	0.503		0.593	0.593	0.573		0.593	0.593	0.519
	$[\pm30]_{2s}$				$[\pm45]_{2s}$				$[\pm60]_{2s}$			
	LPT	Pagano	Sun	Roy	LPT	Pagano	Sun	Roy	LPT	Pagano	Sun	Roy
E_x	6.84	6.84	6.84	6.84	2.94	2.94	2.94	2.94	1.77	1.77	1.77	1.77
E_y	1.77	1.77	1.77	1.77	2.94	2.94	2.94	2.94	6.84	6.84	6.83	6.85
E_z		1.66	1.66	1.50		1.82	1.82	1.71		1.66	1.66	1.74
ν_{xy}	1.14	1.41	1.41	1.13	0.691	0.691	0.691	0.689	0.295	0.295	0.295	0.294
ν_{xz}		−0.095	−.094	−0.197		0.165	0.165	0.211		0.390	0.390	0.434
ν_{yz}		0.390	0.390	0.434		0.165	0.165	0.211		−0.095	−.095	−.197
G_{xy}	3.43	3.43	3.42	3.42	4.28	4.28	4.27	4.27	3.43	3.43	3.42	3.42
G_{xz}		0.705	0.705	0.708		0.593	0.593	0.596		0.512	0.512	0.515
G_{yz}		0.512	0.512	0.515		0.593	0.593	0.596		0.705	0.705	0.708
	$[0_2/90]_s$				$[0/90]_{2s}$				$[0/90/\pm45]_s$			
	LPT	Pagano	Sun	Roy	LPT	Pagano	Sun	Roy	LPT	Pagano	Sun	Roy
E_x	79.3	79.3	79.3	79.3	62.1	62.1	62.1	62.1	46.1	46.1	46.1	46.0
E_y	44.7	44.6	44.6	44.6	62.1	62.1	62.1	62.1	46.1	46.1	46.1	46.1
E_z		12.4	12.4	11.4		12.5	12.5	11.0		12.5	12.5	11.1
ν_{xy}	0.073	0.073	0.074	0.072	0.052	0.052	0.053	0.052	0.297	0.297	0.298	0.296
ν_{xz}		0.488	0.489	0.402		0.506	0.507	0.438		0.375	0.376	0.318
ν_{yz}		0.519	0.520	0.465		0.506	0.508	0.427		0.375	0.376	0.317
G_{xy}	6.00	6.00	6.00	6.00	6.00	6.00	6.00	6.00	17.8	17.7	17.1	17.7
G_{xz}		4.58	4.58	5.38		4.09	4.09	4.22		4.09	4.09	4.32
G_{yz}		3.70	3.70	3.47		4.09	4.09	3.95		4.09	4.09	3.58

（续表）

	$[\pm 30]_{2s}$				$[\pm 45]_{2s}$				$[\pm 60]_{2s}$			
	LPT	Pagano	Sun	Roy	LPT	Pagano	Sun	Roy	LPT	Pagano	Sun	Roy
E_x	47.2	47.2	47.2	47.2	20.3	20.3	20.3	20.3	12.2	12.2	12.2	12.2
E_y	12.2	12.2	12.2	12.2	20.3	20.3	20.3	20.3	47.2	47.2	47.1	47.2
E_z		11.4	11.4	10.3		12.5	12.5	11.8		11.4	11.4	12.0
ν_{xy}	1.14	1.41	1.41	1.13	0.691	0.691	0.691	0.689	0.295	0.295	0.295	0.294
ν_{xz}		−0.095	−.094	−0.197		0.165	0.165	0.211		0.390	0.390	0.434
ν_{yz}		0.390	0.390	0.434		0.165	0.165	0.211		−0.095	−.095	−.197
G_{xy}	23.6	23.6	23.6	23.6	29.5	29.5	29.4	29.4	23.6	23.6	23.6	23.6
G_{xz}		4.86	4.86	4.88		4.09	4.09	4.11		3.53	3.53	3.55
G_{yz}		3.53	3.53	3.55		4.09	4.09	4.11		4.86	4.86	4.88

表 15.2.3.2(b) 各种 S2/3501-6 层压板的 3D 有效性能

S2/3501-6 层压板性能，E, G/Msi												
	$[0_2/90]_s$				$[0/90]_{2s}$				$[0/90/\pm 45]_s$			
	LPT	Pagano	Sun	Roy	LPT	Pagano	Sun	Roy	LPT	Pagano	Sun	Roy
E_x	5.52	5.52	5.52	5.52	4.68	4.68	4.68	4.68	3.89	3.89	3.89	3.89
E_y	3.83	3.83	3.83	3.83	4.68	4.68	4.68	4.68	3.89	3.89	3.89	3.89
E_z		2.38	2.38	2.30		2.40	2.40	2.29		2.40	2.40	2.32
ν_{xy}	0.166	0.166	0.166	0.165	0.136	0.136	0.136	0.135	0.281	0.281	0.281	0.281
ν_{xz}		0.405	0.405	0.359		0.435	0.435	0.393		0.362	0.362	0.329
ν_{yz}		0.459	0.459	0.427		0.435	0.435	0.392		0.362	0.362	0.329
G_{xy}	0.980	0.980	0.980	0.980	0.980	0.980	0.980	0.980	1.52	1.52	1.52	1.52
G_{xz}		0.870	0.870	0.918		0.823	0.823	0.830		0.823	0.823	0.838
G_{yz}		0.782	0.782	0.754		0.823	0.823	0.811		0.823	0.823	0.781
	$[\pm 30]_{2s}$				$[\pm 45]_{2s}$				$[\pm 60]_{2s}$			
	LPT	Pagano	Sun	Roy	LPT	Pagano	Sun	Roy	LPT	Pagano	Sun	Roy
E_x	4.45	4.45	4.45	4.45	2.88	2.88	2.88	2.88	2.26	2.26	2.26	2.26
E_y	2.26	2.26	2.26	2.26	2.88	2.88	2.88	2.88	4.45	4.45	4.45	4.45
E_z		2.30	2.30	2.16		2.40	2.40	2.33		2.30	2.30	2.44
ν_{xy}	0.546	0.546	0.546	0.545	0.468	0.468	0.468	0.467	0.278	0.278	0.278	0.277
ν_{xz}		0.200	0.200	0.136		0.267	0.267	0.284		0.387	0.387	0.406
ν_{yz}		0.387	0.387	0.406		0.267	0.267	0.284		0.200	0.200	0.136
G_{xy}	1.79	1.79	1.79	1.79	2.06	2.06	2.06	2.06	1.79	1.79	1.79	1.79
G_{xz}		0.895	0.895	0.895		0.823	0.823	0.823		0.762	0.762	0.763
G_{yz}		0.762	0.762	0.763		0.823	0.823	0.823		0.895	0.895	0.895

（续表）

S2/3501-6 层压板性能，E，G/GPa												
	$[0_2/90]_s$				$[0/90]_{2s}$				$[0/90/\pm 45]_s$			
	LPT	Pagano	Sun	Roy	LPT	Pagano	Sun	Roy	LPT	Pagano	Sun	Roy
E_x	38.1	38.1	38.1	38.1	32.3	32.3	32.3	32.3	26.8	26.8	26.8	26.8
E_y	26.4	26.4	26.4	26.4	32.3	32.3	32.3	32.3	26.8	26.8	26.8	26.8
E_z		16.4	16.4	15.9		16.5	16.5	15.8		16.5	16.5	16.0
ν_{xy}	0.166	0.166	0.166	0.165	0.136	0.136	0.136	0.135	0.281	0.281	0.281	0.280
ν_{xz}		0.405	0.405	0.359		0.435	0.435	0.393		0.362	0.362	0.329
ν_{yz}		0.459	0.459	0.427		0.435	0.435	0.392		0.362	0.362	0.329
G_{xy}	6.76	6.76	6.76	6.76	6.76	6.76	6.76	6.76	10.5	10.5	10.5	10.5
G_{xz}		6.00	6.00	6.33		5.67	5.67	5.72		5.67	5.67	5.78
G_{yz}		5.39	5.39	5.20		5.67	5.67	5.59		5.67	5.67	5.04
	$[\pm 30]_{2s}$				$[\pm 45]_{2s}$				$[\pm 60]_{2s}$			
	LPT	Pagano	Sun	Roy	LPT	Pagano	Sun	Roy	LPT	Pagano	Sun	Roy
E_x	30.7	30.7	30.7	30.7	19.9	19.9	19.9	19.9	15.6	15.6	15.6	15.6
E_y	15.6	15.6	15.6	15.6	19.9	19.9	19.9	19.9	30.7	30.7	30.7	30.7
E_z		15.9	15.9	14.9		16.5	16.5	16.1		15.9	15.9	16.8
ν_{xy}	0.546	0.546	0.546	0.545	0.468	0.468	0.468	0.467	0.278	0.278	0.278	0.277
ν_{xz}		0.200	0.200	0.136		0.267	0.267	0.284		0.387	0.387	0.406
ν_{yz}		0.387	0.387	0.406		0.267	0.267	0.284		0.200	0.200	0.136
G_{xy}	12.3	12.3	12.3	12.3	14.2	14.2	14.2	14.2	12.3	12.3	12.3	12.3
G_{xz}		6.17	6.17	6.17		5.67	5.67	5.67		5.25	5.25	5.26
G_{yz}		5.25	5.25	5.26		5.67	5.67	5.67		6.79	6.79	6.17

表 15.2.3.2(c)　$[0_2/90]_{ns}$层压板(文献 10.2.4.1(c))和$[0_3/90]_{ns}$层压板(文献 10.2.4.2(i))的理论和实验结果比较，E，G　　单位：Msi(GPa)

	AS4/3501-6$[0_2/90]_{ns}$		AS4/3501-6$[0_2/90]_{ns}$		AS4/3501-6$[0_3/90]_{ns}$	
	理论值	实验值	理论值	实验值	理论值	实验值
E_x	11.53(79.5)	11.63(1)(80.2) [4.0](2)[32]	5.52(38.1)	5.82(40.1) [6.9][32]	12.80(88.3)	12.90(1)(88.9)
E_y	6.47(44.6)		3.83(26.4)		5.27(36.3)	5.66(1)(39.0)
E_z	1.80(12.4)		2.38(16.4)		1.63(11.2)	1.64(1)(11.3)
ν_{xy}	0.073	0.069(1) [6.7][7](3)	0.166	0.166 [4.3][7]	0.090	0.120(1)
ν_{xz}	0.488	0.469(1) [3.0][14]	0.405	0.363 [2.7][14]	0.440	
ν_{yz}	0.519		0.459		0.452	

（续表）

	AS4/3501 - 6$[0_2/90]_{ns}$		AS4/3501 - 6$[0_2/90]_{ns}$		AS4/3501 - 6$[0_3/90]_{ns}$	
	理论值	实验值	理论值	实验值	理论值	实验值
G_{xy}	0.87(6.0)		0.98(6.8)		0.87(6.0)	0.70[(4)](4.8)
G_{xz}	0.73(5.0)		0.78(5.4)		0.72(5.0)	0.53[(4)](3.7)
G_{yz}	0.63(4.3)		0.64(4.4)		0.54(3.7)	0.66[(4)](4.6)

(1) 由厚平板压缩试件得到的数据。
(2) 离散系数(%)。
(3) 平均时数据点的数量。
(4) 由 losipascu 剪切试件得到的数据。

15.2.4 试件设计考虑

此节留待以后补充。

15.3 厚截面复合材料结构分析方法

此节留待以后补充。

15.4 厚截面复合材料 3D 分析所要求的物理性能分析

此节留待以后补充。

15.5 厚截面复合材料的工艺分析方法

此节留待以后补充。

15.6 失效准则

此节留待以后补充。

15.7 影响厚截面许用值(即安全裕度)的因素

此节留待以后补充。

15.8 厚板的验证问题

此节留待以后补充。

参 考 文 献

15.2.1 Jones R M. Mechanics of Composite Materials [M]. 1975 Edition, Hemisphere Publishing Corporation.

15.2.2.2 Lekhnitskii S G. Elasticity of an Anisotropic Body [G], p.30.

15.2.3 Engineering Materials Handbook [S]. Vol.1, Composites, ASM International, 1987.

15.2.3.1(a) Knight M. Three-Dimensional Elastic Moduli of Graphite/Epoxy Composites [J]. Journal of Composite Materials, Vol.16, 1982, pp.153-159.

15.2.3.1(b) Sandorf P E. Transverse Shear Stiffness of T300/5208 Graphite-Epoxy in Simple Bending [C]. Lockheed-California Co. Report No. LR 29763, Burbank, CA, Nov. 30, 1981.

15.2.3.1(c) Camponeschi E T, Jr. Compression Response of Thick-Section Composite Materials [C]. David Taylor Research Center Report No. DTRC SME-90-60, Oct. 1990.

15.2.3.2(a) Christensen R M, Zywicz E. A Three-Dimensional Constitutive Theory for Fiber Composite Laminated Media [J]. Journal of Applied Mechanics, Jan. 1990.

15.2.3.2(b) Sun C T, Li S. Three-Dimensional Effective Elastic Constants for Thick Laminates [J]. Journal of Composite Materials, Vol.22, No.7, July, 1988.

15.2.3.2(c) Pagano N J. Exact Moduli of Anisotropic Laminates, Mechanics of Composite Materials [M]. ed. G. Sendeckyj, Academic Press, 1984, pp.23-44.

15.2.3.2(d) Trethewey B R, Jr, Wilkins D J, Gillespie J W. Jr. Three-Dimensional Elastic Properties of Laminate Composites [C]. CCM Report 89-04, University of Delaware Center for Composite Materials, 1989.

15.2.3.2(e) Peros V. Thick-Walled Composite Material Pressure Hulls: Three-Dimensional Laminate Analysis Considerations [D]. University of Delaware Masters Thesis, Dec. 1987.

15.2.3.2(f) Herakovich C T. Composite Laminates With Negative Through-The-Thickness Poisson's Ratios [J]. Journal of Composite Materials, Vol.18, Sept., 1984.

15.2.3.2(g) Roy A K, Tsai S W. Three-Dimensional Effective Moduli of Orthotropic and Symmetric Laminates [J]. to appear in the Journal of Applied Mechanics, Trans. of ASME, 1991.

15.2.3.2(h) Roy A K, Kim R Y. Effective Interlaminar Normal Stiffness and Strength of Orthotropic Laminates [C]. Proceeding of the 45th Meeting of the Mechanical Failures Prevention Group, Vibration Institute, Willowbrook, IL, 1991, pp. 165-173.

15.2.3.2(i) Abdallah M, Williams T O, Muller C S. Experimental Mechanics of Thick Laminates: Flat Laminate Mechanical Property Characterization [R]. Hercules, Inc. IR&D Progress Report No. DDR 153253, Misc: 2/2-3249, June, 1990.

第16章　坠毁适航及能量管理

16.1　概论和一般指导原则

16.1.1　每节内容的组织

手册的这一章注重介绍与坠毁性能、能量吸收能力以及复合材料和结构的坠毁适航鉴定相关的大量问题，讨论主要依赖于来自旋翼机和通用航空工业的经验，因为在那里大量利用了复合材料以及专用于坠毁的设计理念。只要有可能，也参阅了开轮式赛车防撞结构研发的经验，但是这方面的资料可用率十分有限。另一方面，呈现在本章的大部分结果是在强化汽车研究和发展工作期间得来的。由于相关的复合材料技术还在继续发展，额外的应用和严峻的历史会引导将来的更新，以更为完整的冲击动力学和应用方法的特点来获得所希望的坠毁性能。

本章的主体是第16.2，16.3和16.4节，着重在大多数材料和结构的响应以及设计指导原则和分析工作。每一节都包含有详细的讨论：①影响坠毁响应的主要因素；②满足目标和要求的相关设计问题及指导原则；③试验方法和问题；④制造考虑；⑤分析预测方法以及在预测观察到的响应中该方法的成绩。16.2节的内容是用于工业和学术研究方法的全貌，用来确定实验室材料特性试样的能量吸收特点。16.3节集中于薄壁管状结构的静态和动态坠毁响应，该结构代表了现代典型汽车的前护栏。16.4节聚焦于闭室结构元件（典型的飞机底层地板元件）的坠毁适用特性。

第16.5节中有几个成功的坠毁适用设计的例子，它们出自于很多复合材料飞机、汽车以及围栏的应用，这些例子说明作为应用的功能，坠毁适航有多么不同的方面排在前列，它们包括赛车能量吸收元件的细节设计，原型飞机特定坠毁适航底层地板的设计，生产超级车其坠毁适用的主结构研发过程以及客车的前围栏结构坠毁适用发展中得到的教训。

16.1.2　坠毁适航的原则

坠毁适航设计的总目的是在相对温和的冲击下消除受伤和死亡，并且在所有严重的碰撞中使它们受伤害最小，一台坠毁适用的车辆也要控制其坠毁冲击损伤的程度，在使人员和材料损失最小的情况下，坠毁适航保护了资源、改善了有效性，且增加了终端用户的信心(见参考文献 16.1.2(a))。

很多影响参数需要予以考虑后才能把一个坠毁适航的最佳设计定下来，应使用一种完整系统的方法去包括所有涉及设计、制造、总性能和经济制约的参数。在这些参数中必须做出权衡以达到接近满足规范的最后设计。

近 10 年来在赛车设计中完成的坠毁适用特点的综合，不仅已为驾驶员改善了竞赛的安全性，而且提出了关于前面所述的人类所能容许的由坠毁引起伤害的界限问题。过去认为不能存活的加速度水平已常常造成少的受伤，这不能认为是任何一个特定的坠毁适航设计的结果，没有哪一个单独航行器的部件靠它自己能保护乘员不受极度的冲击(这种冲击在竞赛中会发生的)，倒不如认为航行器所有不同的部件必须在其中设计有坠毁适航的元素。应该对飞机或汽车的坠毁适航使用一种系统方法，特别是能量吸收的部件(如起落架和底层地板)，主航行器结构(如客舱)和次系统(如座椅和约束系统)必须设计成一起工作来吸收航行器的动能且在无伤害着落下让乘员减慢至停止。此外，一个保护性结构的壳体在坠毁期间必须在乘员区域的周围保持，以提供一个可生存的外壳。根据 NASA 兰利研究中心广泛的调查(见参考文献 16.1.2(b)-(d))，四个生存的必要条件是：保持足够的乘员空间，提供合适的乘员约束，使用能量吸收装置以及允许坠毁后从机体内有安全出口。

航行器冲击事件牵涉到多部件同时发生的结构响应，而且通常是能量吸收结构和装置经受来自于轴向坠落和弯曲的综合载荷。然而，事件的复杂性在于这些过程常常需要单独处理，而且通常能量吸收部件是在较为简单的载荷布局和受控制的垮塌下来设计的，以达到耗散能量的目的。总之，在坠毁期间耗散的总能量取决于整个航行器系统的变形，与此同时，按坠毁要求设计的个别简单几何形状的结构亚部件(如薄壁管状结构和底层地板的交叉)和相关连接件(如载荷限制切断的紧固件)能大大增加结构的坠毁适航性和生存能力，而其整个航行器的成本增加是可接受的。

手册的这一章关于坠毁适航和能量管理，其目标是总结多年来在工业界、政府机构和教育学院所学到的教训，并提出此领域最近的进展，它将覆盖两个方面的原则，一则用于复合材料主结构抗坠毁设计，如机身和乘员舱，再则用于基本能量吸收元素的特点鉴定，如薄壁管和底层地板的交叉。

16.1.3　与复合材料相关的问题

在现代飞机主要结构和地面车辆中复合材料的引入，给设计者们在处理坠毁适航方面提出了特殊的问题(见参考文献 16.1.2(a)，16.1.3(a)和(b))。目前在航空宇航、汽车和其他运输工业部分使用了大量复合材料，包括在热固性和热塑性的树脂内铺入短纤维、单向、编织和编织加强纤维构成的复合材料。很多聚合复合材料的脆性失效模式会使能量吸收可坠毁结构的设计很困难，图 16.1.3(a)比较了典型铝合金和碳-环氧复合材料在纯拉伸下的应力-应变曲线，曲线下面的阴影面积显示了两种材料在潜在能量吸收能力方面有着很大的不同。此外，金属结构是通过屈曲和/或手风琴样式含有大量局部塑性变形受载压损的，而复合材料结构是通过综合的断裂机理(见图 16.1.3(b))破坏的。这些机理包括一系列复杂的纤维断裂、基体开裂、纤维-基体脱胶以及层内和层间(分层)损伤机理。全部的响应主要依赖于一些参数，包括结构的几何形状、材料系统、坠毁速度和温度。然而，复合材料的特定能量吸收(见图 16.1.3(b))对坠毁管理应用特别有吸引力，而且，如经过适当的设计制造，这些材料能提供大量优于金属的好处。用复合材料来吸收坠毁能量必须来自于创新设计，该设计补偿了它们的低应变破坏性能。

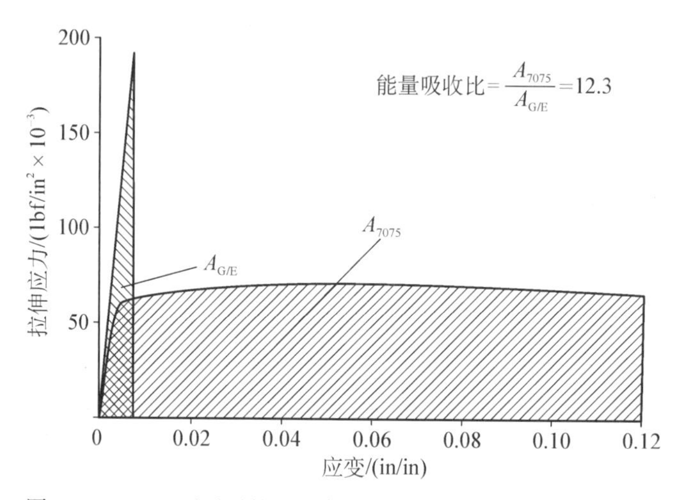

图 16.1.3(a)　可延展的金属合金(7075 铝)和脆性复合材料(一般碳/环氧)的应力-应变曲线

图 16.1.3(b)　某些典型金属和复合材料的坠毁性能

一般来说，复合材料的能量吸收性质不易预测，其原因部分是因为破坏机理的复杂性，它会同时发生或是在材料内部分阶段发生，还有部分是因为制造过程的可变性对坠毁性能的敏感，这种制造过程的变化在复杂部件中是很大的，再有在坠毁事件中，其撞击载荷与角度也各不相同。这些组合部件的能量吸收能力直接与几何形状及使用的材料有关。因此，通常需要用模块处理法进行大量的试验来设计坠毁适用的结构，其目的是为了验证所设计的结构布局是否能真正达到所期望的性能(见参考文献 16.1.3(c)和(d))。被分派设计坠毁适航结构任务的工程师在用复合材料时，有可能运用纤维材料及其构成、树脂系统、叠层顺序和相关的组合来调整结构的响应，另一种特别适合于复合材料能量吸收的方法是组合结构材料的合并使用，如蜂窝或泡沫芯夹层构造。通常，最合适的能量吸收技术取决于航行器的大小以及总体布局。对于一个给定的航行器，优化研究可能表明某些结构部件需要用金属材料来制造，而另一些结构部件则更适合用复合材料来设计。如果采用混合的方法，那么在设计不同材料的连接接头时要特别小心，因为整体坠毁适航结构的性能可能会比期望值低。

16.1.4　专门名词

坠毁适航性　航行器或一个部件在遭受坠毁事件时，对乘员、货物以及结构造成最小的或可接受的损伤的能力。然而，它也被认为是牵涉到设计理念发展的技术学科，即通过修改装配件结构几何形状或通过增加特定的限载装置来限制传递到航行器乘员身上的载荷，以耗散坠毁时的动能。

抗坠毁性　航行器或它的某一部分抵抗由坠毁事件造成的结构损伤和变形的能力，它是与能量吸收互为补充的理念。

能量吸收　航行器或结构元件耗散坠落造成动能的能力，从而阻止它不被传递到结构的其他部分以及乘员，它是与抗坠毁性互为补充但又相反的理念。

生存包线　人类能存活的航行器撞击速度范围。

G 数(过载系数)　在地面上航行器加速度 a 和重力加速度 g 之比，通常用于量化坠毁期间因突然阻止航行器运动所造成减速度的强度。

伤害准则　人体能承受的最大加速度、力和弯矩的数量定义，它是在坠毁试验样品碰撞时测量得到的。

主碰撞　这类碰撞受到外来物体的冲击，直接造成航行器结构大尺寸的变形，它能直接受益于引入坠毁适用的复合材料结构元件。

次碰撞　这类碰撞来自于主碰撞之后的加速度，具有乘员和航行器内饰之间相接触的特征。坠毁适航设计应顾及内部空间的布置以及次要结构的布局。

冲程　也可指压碎或位移(见图 16.1.4)，结构/材料在冲击事件中被牺牲的量(长度)。

冲击持续时间　在坠毁事件开始(通常假设开始于初始非零力的计量)和事件结束之间的全部时间。

峰值力　即所知的最大载荷，在载荷-冲程或力-时间图(见图 16.1.4)上的最大点。

平均压碎力　也可指维持载荷、位移或压碎力的时间平均值(见图 16.1.4)。

吸收能量 *AE*　在载荷-冲程图(见图 16.1.4)下的总面积。

能量吸收比 *SEA*　每单位压碎结构质量所吸收的能量。虽然在文献中能找到计算 *SEA* 的多种方法,在本文中 *AE* 被承受压碎结构的实际体积相除,该体积是冲程和单位长度质量的乘积(即密度乘以横截面积)。

压碎载荷效率　峰值力和平均压碎力之比。

冲程效率　在压碎开始和结束之间结构长度之比,通常以百分比给出。

压碎引发器　也就是我们所知道的启动机制,其设计特点是促进结构进一步垮塌,它能以柱塞插头、斜面或棱角的形式、嵌入层下落或沟槽的形式来显现。如果没有压碎引发器,复合材料结构破坏的趋势会不可预测,有时会以不稳定的方式破坏,从而提供低的能量吸收。

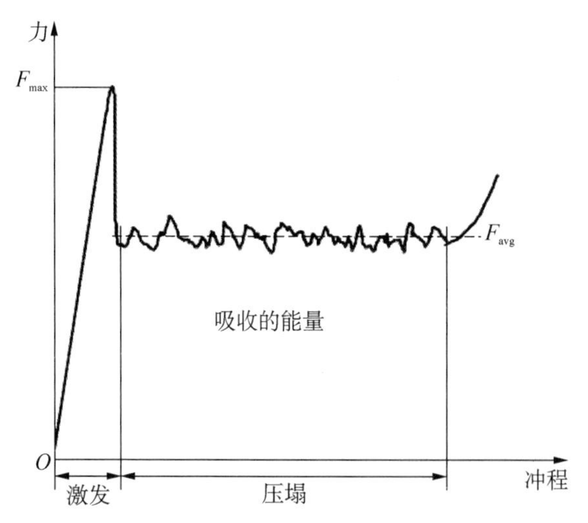

图 16.1.4　范例:载荷-冲程或力-位移历程

16.1.5　目前的研究和发展

在飞机坠毁适航性领域,近 10 年来很多研究的注意力集中在复合材料主坠毁结构的研发上(见参考文献 16.1.2(a), 16.1.3(a)和 16.1.5(a)-(c))。牵涉到复合材料坠毁适用特点内容的信息,通过美国军方赞助的研究计划,在军用旋翼机上可以获得。例如,在 ACAP(先进复合材料飞机计划)和 SARAP(能生存、价格合理、可修理飞机计划)研究期间发展的机身设计理念使用了易碎的、可压碎的混合复合材料夹层地板结构与复材强化机体结构合成一体的方案(见图 16.1.5(a))。对于固定翼飞机,NASA 和 FAA 已进行了广泛的研究活动,把通用航空(GA)飞机的非坠毁适航设计改装为有坠毁适航特征优点的飞机,如航空安全计划(ASP)中的案例。

自 1996 年起,欧盟(EU)已资助了三个研究计划(CRASURV -商用飞机坠毁可

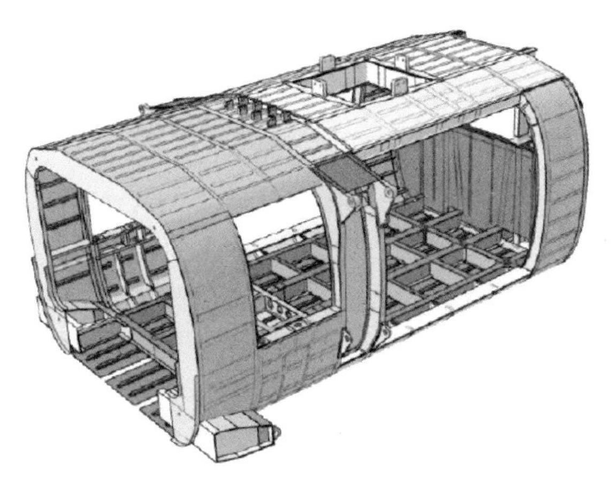

图 16.1.5(a)　旋翼机机舱和坠毁适航亚地板设计理念用于军方 SARAP 计划

生存性设计,HICAS-复合材料飞机结构的高速冲击,和 CRAHVI-高速冲击下飞机的坠毁适航性),牵涉到发展和确认有限元仿真工具来模拟复合材料能量吸收飞机结构的坠毁和冲击响应(见参考文献 16.1.5(d)和(e))。在 CRASURV 研究计划中,研究的聚焦点是发展坠毁适航底层地板系统,该系统提供了一个高强度的平台来维系座椅和抵抗翻转,且有一个可压碎区来吸收能量和把动载均匀分布到机身上。复合材料飞机结构的一个特殊特点是纵向底层地板梁和横向隔框的交叉,这是设计员所关心的问题,这些交叉点在坠毁到达座椅和乘员期间起了传递载荷有效路径的作用,而且常常防止能量吸收破坏模式的发生(见参考文献 16.1.5(f))。HICAS 计划聚焦于在高应变率下复合材料的试验和建模,CRAHVI 计划处理局部/整体建模来完成飞机的仿真以及在不同表面上的冲击(包括水)。

至于地面车辆的坠毁适用问题,在为大众生产的轿车市场与小体积超豪华车以及最早期赛车工业之间需要做出清晰的区分,其所使用的材料和制造方法(也就是赛车和超豪华车辆制造商们使用航空宇航级的技术)与高速度和高产量生产车辆所用的方法有根本的区别,但是坠毁适用的考虑以及设计准则可以跨业应用。

F1(方程式 1)赛车制造商们(见参考文献 16.1.5(g)和(h))或许是首先大量使用 CFRP(碳纤维加强塑料)为主结构的材料,目前大多数早期赛车制造商们,如印地赛车联盟(IRL)(见参考文献 16.1.5(h)),经常使用复合材料坠毁适用结构。一辆开轮式赛车驾驶员在事故中的可生存性是通过两方面的组合获得的,即存活单元(车架或盆)的抗坠毁能力与战略定向能量吸收装置(如车头)耗散坠毁能量以限制传递给存活单元的力(见参考文献 16.1.5(j)),如图 16.1.5(b)所示。近年来,超豪华车工业,在它们为数不限的生产车辆中,也补充完成了坠毁适用的主复合材料结构(如客舱)以及特定能量吸收结构(如前屈服区和门)。

对于轿车,近 20 年来由汽车复合材料联合会(ACC)的能量管理工作组带领的坠毁适用性研究活动还没有过渡到复合材料能量吸收结构部件的大量生产上，然而，ACC 的焦点计划 1(见图 16.1.5(c))已经演示了复合材料前部结构可以满足迎面坠毁安全要求(见参考文献 15.1.5(k)-(m))，从那时起，ACC 一直在发展研究复合材料结构的坠毁仿真预测工具，特别是前护栏结构，汽车护栏大小的管子其动力轴向压损已经成为复合材料坠毁仿真预测能力的基准，特别是 ACC 已经和政府机构(DOE)、国家实验室(ORNL, LLNL)、教育学院和软件公司(LSTC)一起工作来发展一种计算工具，它能使管子结构的坠毁性能特征化。通过由能量部门(DOE)支持的研究计划得到的有价值的信息是可用的。

图 16.1.5(b) 快速工程丰田大西洋赛车的复合材料部件

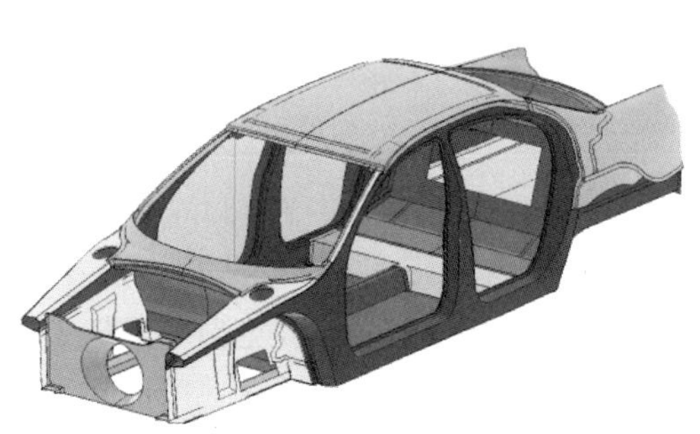

图 16.1.5(c) 为 ACC 焦点计划所作的通用轿车的白车身(BIW)(即车体外壳)

16.1.6 规范车体和安全标准的回顾

自 20 世纪 80 年代末，国际汽车联合会(FIA)已引入一系列的规范，保证赛车遵照严格的安全要求和建造质量，通过由联合会官员见证的试验形式，使赛车适用证书得以批准。这些准则包括一系列作用在底盘上的静载，它保证了存活单元的强度和完整性，以及一系列对能量吸收装置的位置和冲击特点的要求。每年这些要求的数目以及严谨性会增加，它与坠毁适航性的研究和发展同步，或是现实生活事故的反映。2003 季的 FIA 方程式 1 规范在参考文献 16.1.5(g)中作了总结，在这些规范中不断增加内容的想法在参考文献 16.1.2(b)中给出。例如，对车头盒上的迎面冲击要求由 10 m/s 39 kJ(1985—1987)到 12 m/s 56.2 kJ(1995)，一直到 14 m/s 76.44 kJ (2005 季)。同样，1995 年刚引入的侧向冲击结构要求从 5 m/s 9.8 kJ 增加到 1998 年的 7 m/s 19.1 kJ，一直到 2005 季的 10 m/s 39 kJ，并且从 2005 季开始伴随有一个静态的 push off 试验。在 F1 还是赛车的首要团队同时，对其他两个主要的高性能赛车团队(印地车和 CART)的坠毁适用要求就不十分严格，但本质上非常相似(见参考文献 16.1.2(b), 16.1.5(i)和(j))。

控制汽车车辆坠毁性能的主要联邦规范包含在 200 系列的联邦摩托车安全标准内(FMVSS)，例如标准第 208 条“乘员坠毁保护”规定受伤准则，车辆在每小时 30

英里的速度迎面撞进一个刚性屏障后必须满足该规定(见参考文献 16.1.5(l))。然而,标准第 214 条,它是由准静态部分和动态部分组成,准静态部分对横向装有圆柱形活塞的门结构的载荷偏转特点设置了严格的要求,动态部分在模拟人加速度测量上大多设置了限制。除了 FMVSS 规范(要求轿车制造商自我验证)外,由政府独立完成的其他坠毁试验结果发表在新车评估程序(NCAP)上。欧洲新车评估程序(Euro-NCAP)和美国高速公路安全保险研究院(IIHS)提出了不同于 FMVSS 强制性要求的试验方法,例如迎面试验以偏离中心的方式来完成而不是正面的方式,并且以较大的速度(40 mph)。Euro-NCAP 的坠毁试验虽然与 IIHS 试验很相似,但是在胸部受压准则方面稍微严格一些。

在 20 世纪 70 和 80 年代,联邦航空局(FAA)(见参考文献 16.1.2(b)- 16.1.2(d))提出了三条乘员安全要求,规定了座椅、约束和肩保护带的性能标准,有关乘员安全的最近重要规定(1988)要求所有新飞机具有经动力试验的座椅和约束,飞机坠毁适航发展中大多数集中在能量吸收起落架、防火油箱和改进能量吸收座椅设计上,因为 FAA 规范在它们的性能上强制施以直接和特定的约束,现代座椅坠毁适航要求是基于几十年前完成,在金属机身坠毁试验期间收集到的力脉冲测量上。现今的 FAA 规范允许,但是并不强制要求采用坠毁适航机身和底层地板设计,这种设计能减缓通过座椅和底层地板传给乘员的加速度脉冲。

军用旋翼机坠毁适航要求,一般比民用飞机严格,也已强调提高座椅和起落架的坠毁特性,并特别提到在驾驶舱和座舱地板下面引入坠毁力减弱结构的有益效果(见参考文献 16.1.6(a))。虽然早期报告中已指出需要在客舱周围有可压碎的、能量吸收结构的保护壳(见参考文献 16.1.2(a)和文献 16.1.6(b)),无论在头部或底层地板区域,目前对军用旋翼机或固定翼飞机的设计尚不存在相应的要求或标准。MIL - STD - 1290(它不再起作用)要求设计员分析演示特殊飞机设计的坠毁适航本质,但是并没有指出需要在政府官员的见证下取证。

参 考 文 献

16.1.2(a)　Desjardins S, Zimmerman R E, Merritt N A. Aircraft Crash Survival Design Guide [C]. US Army Aviation Systems Command, AVSCOM TR - 89 - D - 22E, Dec. 1989.

16.1.2(b)　VV AA. A Systems Approach to General Aviation Occupant Protection [C]. Simula Technologies, NASA Langley Research Center Final Report, TR - 00046, June 2000.

16.1.2(c)　VV AA. Recommendations for Injury Prevention in Transport Aviation Accidents [C]. Simula Technologies, NASA Langley Research Center Final Report, TR - 99112, February 2000.

16.1.2(d)　VV AA. Recommendations for Injury Prevention in Civilian Rotorcraft Accidents [C]. Simula Technologies, NASA Langley Research Center Final Report, TR -

00016, February 2000.

16.1.3(a) Cronkhite J D, Chung Y T, Bark L W. Crashworthy Composite Structures [C]. USAAVSCOM TR-87-D-10, US Army, Dec. 1987.

16.1.3(b) Jambor A, Beyer M. New Cars-New Materials [J]. Materials & Design, Vol. 18, No. 4-6, pp. 203-209, 1997.

16.1.3(c) Hull D. A unified approach to progressive crushing of fibre-reinforce composite tubes [J]. Composites Science and technology, 40, pp. 377-421, 1991.

16.1.3(d) Carruthers J J, Kettle A P, Robinson A M. Energy Absorption Capability and Crashworthiness of Composite Material Structures: A Review [J]. Applied Mechanics Reviews, 51, pp. 635-649, 1998.

16.1.5(a) Jones L E, Carden H D. Evaluation of energy absorption of new concepts of aircraft composite subfloor intersections [C]. NASA TP 2951, 1989.

16.1.5(b) Jackson K E, Fasanella E L, Kellas S. Development of a scale model composite fuselage concept for improved crashworthiness [J]. Journal of Aircraft, Vol. 38, No. 1, pp. 95-103, 2001.

16.1.5(c) Kay B. SARAP Virtual Prototype and Validation Program Overview [C]. AHS Technical Specialist Meeting on Rotorcraft Structures and Survivability, Oct. 2005.

16.1.5(d) McCarthy M A, Wiggenraad J F M. Numerical Investigation of a crash test of a composite helicopter subfloor structure [J]. Composite Structures, 51, pp. 345-359, 2001.

16.1.5(e) Johnson A F, Pickett A K. Impact and crash modeling of composite Structures: a challenge for damage mechanics [C]. ECCM, 1999.

16.1.5(f) Bannerman D C, Kindervater C M. Crashworthiness investigation of composite aircraft subfloor beam sections, Structural Impact and Crashworthiness [C]. Vol. 2: Conference Papers, Ed. J. Morton, Elsevier, pp. 710-722, 1984.

16.1.5(g) Savage G, Bomphray I, Oxley M. Exploiting the fracture properties of carbon fibre composites to design lightweight energy absorbing structures [J]. Engineering Failure Analysis, 11/5, pp. 677-694, 2004.

16.1.5(h) Bisagni C, Di Pietro G, Fraschini L, Terletti D. Progressive crushing of fiberreinforced composite structural components of a Formula 1 racing car [J]. Composite Structures, 68/4, pp. 491-503, 2005.

16.1.5(i) Saccone M. Composite Crashworthiness Design Procedures for Racecars [C]. 3rd SPE Automotive Composite Conference, Sept. 2003, and in 19th ASC/ASTM Joint Composites Technical Conference, Oct. 2004.

16.1.5(j) Roberts N, Huschilt T, McLarty D, et al. Composite design and manufacture of the Swift Toyota Atlantic Race Car [C]. 19th ASC/ASTM Joint Composites Technical Conference, Oct. 2004.

16.1.5(k) Botkin M, Fidan S, Jeryan R. Crashworthiness of a production vehicle incorporating a fiberglass reinforced composite front structure [C]. SAE Paper 971522, 1997.

16.1.5(l) Thornton P H, Jeryan R A. Crash energy management in composite automotive structures [J]. Int'l Journal of Impact Engineering, 7/2, pp. 167-180, 1988.

16.1.5(m) Xiao X, Johnson N L, Botkin M. Challenges in composite tube crush simulation [C]. ASC 18th Composite Technical Conference, Paper 154, 2003.

16.1.6(a)　MIL-STD-1290A (AV). Light fixed wing and rotary wing aircraft crash resistance [C]. US Army Aviation Systems Command, Sept. 1988.

16.1.6(b)　Cronkhite J D, Haas T J, Winter R, et al. Investigation of the crash impact characteristics of composite airframe structures [C]. 34th AHS Annual Forum, pp. 52-63, May 1978.

第17章　结构安全管理

17.1　简介

17.1.1　背景

复合材料结构的安全管理涉及寿命周期的各个阶段以及许多技术环节，包括设计、制造、维护、检测、飞机运行和规章要求等各个方面。实施任何安全管理体系的目的是为了保持并提高结构的安全性，其管理从最初投入使用开始并通过机队的改进而持续执行。

安全管理的主要目的是通过采用各种技术手段应对相关风险从而保证结构的安全性。依据风险的严重性和发生概率来评估风险。风险发生的概率通常采用各种可靠性评估方法来确定。虽然可靠性评估是确保和理解安全特性的必要的组成部分，但是遵守安全管理的基本原则是提高安全性的根本。因此，安全管理是结构可靠性概念的拓展。此外，传统的可靠性评估与事故链分析方法通常能够识别出安全状态的根源，而安全管理则致力于在此基础上进一步考虑其他的因素。这些因素包括作为确保安全性手段的某些间接关系以及反馈信息。

有关复合材料安全管理的早期工作总结了与结构安全性密切相关的各种要素以及它们之间的各种相互影响，并且给出了评估与管理风险的框架（见参考文献17.1.1(a)和(b)）。图17.1.1给出了飞机结构安全管理体系中部分要素之间的内在联系。

任何安全体系的管理都承认：①意外事故极少是由单个事件引起的；②安全管理需要了解事件起因之间的内在关系。一个综合安全管理体系应确保重要控制环节的贯彻执行。限制载荷下的结构完整性、破损安全、损伤容限和损伤阻抗、可控的损伤扩展、检测、定期检查以及风险管理等就是这样一些控制环节的例子，这些技术环节对若干不同的损伤威胁的风险控制是有必要的。

白宫航空安全委员会在其起草的一个最终报告中（见文献17.1.1(d)）给出了如下结论：应对运输类飞机进行客观的安全性度量并要求对其安全性进行改进，安全水平以及未来的提升取决于执行力。白宫航空安全委员会规定了运输类飞机的

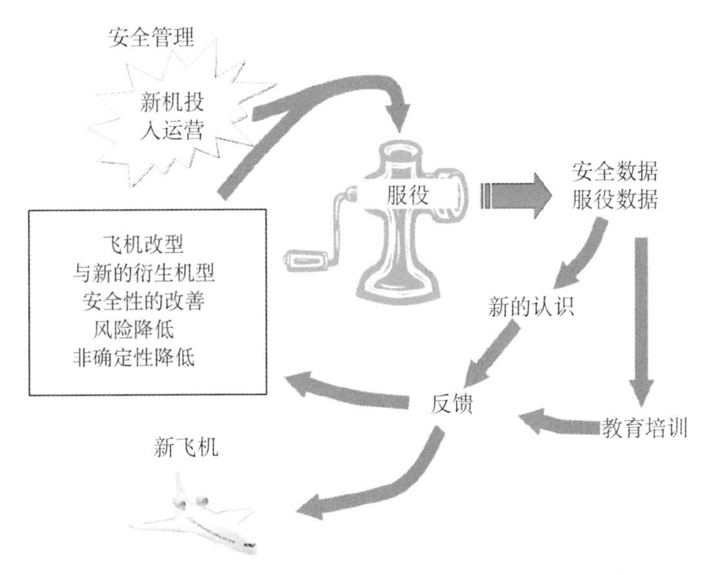

图 17.1.1　飞机结构的安全性由许多过程集成在一起，它们通过反馈机制而相互关联起来（文献 17.1.1(c)）

安全性基准，即“在超过 10^6 次的起落中只发生一起灾难性坠毁”以及“至 2007 年必须使得安全性提高五倍”。安全状态的度量包括每次飞行所发生的重大事故，而延迟离港和到达则被认为是安全隐患的征兆。

适航当局和工业部门致力于安全管理方法。例如，FAA 已经声明他们准备贯彻执行与“白宫航空安全委员会”的最终报告所给出的建议一致的 AC 120－92（见文献 17.1.1(e)）以及 FAA 指令 8040.4（见文献 17.1.1(f)）。FAA 指令 8040.4 建立了安全风险管理政策并规定了执行安全风险管理的方法，以此作为 FAA 进行决策的工具。

FAA 和国家运输安全委员会（NTSB）负责监督和公布突发事件与事故的经过。NTSB 公布诸如“飞机事故数据的年度调查”等年度报告，并提供可通过公共网站 http://www.ntsb.gov/ntsb/query.asp 获得交互式的查询功能。同时，FAA 也在网站 http://www.asias.faa.gov/ 上提供数据库，该数据库包括从 1978 年至今的通用航空和商用航空公司所发生的突发事件的数据记录。这些数据信息来源于多方面，其中包括 FAA 表格 8020－5 给出的突发事件报告。表 17.1.1 列出了来自于这些数据库中的描述事故起因的数据。

表 17.1.1　飞机安全记录：事故起因（1999 年 1 月至 2004 年 5 月）

起因	比例	起因	比例
飞行操作	24%	维护	13%
地勤人员	23%	外来物碎片	8%
湍流	21%	制造	2%

安全管理不仅取决于对安全特性的监控、数据分析和处理,而且依赖于经培训的从业人员的安全意识和从业水平。从业者的专业知识和对已批准的方法的遵照执行是保持与提高安全性的第一道防线。

17.1.2 目标及范围

在现阶段,本章的安排旨在给出在评估结构完整性时需要考虑的安全管理问题的一般信息。本章中的大多数实例涉及飞机。本章重点概述公认的安全管理过程、手段以及定量方法。在航空航天领域,飞行器结构的初始适航和持续适航是关注的焦点。

17.2 节:概述安全风险管理的实践。

17.3 节:列出某些与复合材料飞机结构有关的结构安全性和条例,以及如何访问互联网上更新的信息。

17.4 节:描述评估时需要考虑的涉及设计、制造、维护、运行和适航要求等方面的各种因素。

17.5 节:描述与结构安全管理有关的方法,重点关注危险的识别、风险分析和风险缓解。

17.6 节:给出某些结构安全管理的应用实例,包括一些正在研究的工作。

17.2 安全风险管理概述

17.2.1 定义

以下定义适用于本章。

安全性——通过持续的危险识别和风险管理过程,将对人身损害或财产损失的风险降低到并维持在一个可接受的水平或者低于该水平的状态。

管理——为提高安全性进行的资源配置。

体系——在某种运行或支撑环境下,为完成某种既定的目标,若干组分构成的一个整体。这些组分包括人、设备、信息、方法、装置、服务以及其他服务支援等。

危险——任何实际的或潜在的导致人身损伤、疾病或死亡的情况;引起系统、设备或财产的损坏或丧失的情况;或者损害环境的情况。危险是事故或突发事件发生的前提。

风险——在可信度最差的系统中,所预计的某种危险的潜在影响的严重性与可能性的组合。

17.2.2 安全风险管理过程

安全风险管理首先要识别安全隐患。成功的安全管理通过对安全水平程度的连续监控和定期评估以及总体安全水平的持续提高,来确保为维持可接受的安全水平而采取的必要的补救措施的执行。

安全风险管理的关键要素包括以下几个方面。

(1) 在系统的安全管理方面,通过对设计过程中危险的消除或控制,采用分析、设计以及管理方法来处置危险。

(2) 在报告机制和信息获取方面,重点是信息系统和文档资料的建立,包括为跟踪危险与解决危险而建立检查索引。

(3) 在可靠性工程方面,关注导致事故的故障分析,而且要重点关注故障以及故障率的降低问题。

有关安全管理及其可靠性问题的更深入的讨论参见相关文献(见文献 17.2.2(a)和(b))。

17.2.3 危险识别和初始安全评估

危险是一种可能导致故障、丧生或伤害的现实情况。依据事故的严重程度和发生概率来度量失效风险。在危险识别和分析时,首先要进行"危险描述"。对危险的具体组成要素进行识别后,分析研究具体风险的详细情况。针对任何危险的安全评估都依赖于:①在结构设计、制造、维护和运行中使用的文档和目录清单的编制方法;②现有规章要求的实施。不同专业的人的因素、培训和沟通、专业术语和语言也是初始安全评估的基本要素。

17.2.4 风险分析和策略

风险分析包括对风险概率、严重性以及缓解的表征。风险概率是指一种危险情况可能发生的机会,即发生概率。风险严重性是指一种危险情况可能带来的后果,指可预见的最坏情况。风险缓解给出消除潜在危险或降低风险概率或严重性的方法。

一旦对风险进行了表征,就可以实施若干策略。一种运行或者活动可能会被取消,这是因为继续这样的运行或者活动时,所造成的风险超出了所带来的好处。此种情况下,可选的处理办法是减少运行次数,或者采取措施来降低可接受的风险所导致的后果的严重程度,从而隔离风险的影响。作为应用这些策略的一个范例,相邻的碳和铝结构部件之间的电位差引起的腐蚀危险可以通过用钛替代铝来消除,或者通过使用玻璃纤维隔离层使碳复合材料和铝部件分离,以缓解腐蚀危险。

17.2.5 风险评估和缓解措施

一旦识别出危险并对风险进行了分析,则必须通过确定风险是否在安全目标之内从而处于可接受的水平来进一步评估风险。该评估依赖于与安全目标直接或紧密相关的若干定量指标。可接受的安全水平通常采用一系列安全指标和安全目标来表达。一般需要通过具有多功能的团队的技术工作来确定风险根源并选定风险缓解措施。

风险评估的两个例子区分了直接与间接指标。

(1) 部件失效历程是引起风险的直接指标。

(2) 因潜在的人员疲劳以及未能恰当诊断并修复失效部件而导致的风险会影

响按时起飞，因此飞机按时起飞是一种间接风险指标。

风险缓解措施与之前描述的策略有关，并且依赖于风险评估。其与风险评估的一个重要差别是当指标识别出潜在危险时，需要进一步分析以确定在处置风险时要直接处理的风险根源。

17.3 结构安全和规章

有许多与复合材料应用有关的安全规章。本节仅强调 CMH－17 当前版本中有关民用航空的规章。美国空军在其飞机结构完整性大纲（ASIP）实施过程中采用类似的理念（见文献 17.3(a)和(b)）。

17.3.1 资料来源

FAA 等认证机构颁布指南，以提供为证明与规章要求的符合性的支撑材料。

(1) FAA 的相关规章（FAR），咨询通报（AC），适航指令（AD），政策声明（PS）以及其他文件：www.faa.gov。

(2) FAA 技术报告（从 FAA 资助的研发计划中获得的技术数据）：http://actlibrary.tc.faa.gov。

(3) EASA AMC：http://www.easa.europa.eu。

(4) TCCA AC：http://www.tc.gc.ca/air/。

(5) SAE AIR 报告：http://www.sae.org。

(6) CMH－17 已经将一些规章指南编入到下列各章中：①第 3 卷第 3 章，飞机结构验证与符合性；②第 3 卷第 12 章，损伤阻抗、耐久性和损伤容限。

(7) 本节末尾列出了相关的通用参考资料，包括一系列有关安全管理的讨论（见文献 17.3.1(a)-(d)）。此外，讨论主题还涉及安全性与时间的关系，并认为在设计、制造、维护、检测、运行和规章要求均被包括的情况下，警戒性的风险管理才能取得成功（见文献 17.3.1(a)和(b)）。

17.3.2 规章

FAA 规章中的部分目录如下①，其中多数在国际规章组织中通过双边协定来体现。

(1) 14 CFR 23 部——正常类、实用类、特技类和通勤类飞机适航标准。

(2) 14 CFR 25 部——运输类飞机适航标准。

(3) 14 CFR 27 部——正常类旋翼航空器适航标准。

(4) 14 CFR 29 部——运输类旋翼航空器适航标准。

(5) 14 CFR 33 部——航空发动机适航标准。

(6) 14 CFR 35 部——螺旋桨适航标准。

---

① 完整目录见 CMH－17 第 3 卷第 3 章。

(7) 14 CFR 43 部——维护、预防性维护、修理和改装。

(8) 14 CFR 65 部——[审定：飞行机组以外的其他航空人员]。

(9) 子部 D——机械学，子部 E——维修人员。

(10) 14 CFR 145 部——维修场站。

(11) 14 CFR 183 部——委任代表。

(12) 特殊的维护条例。

(13) 14 CFR 91 部[一般运行和飞行规则]：子部 E——维护、预防性维护和改装。

(14) 14 CFR 121 部[运行要求：国内、国际和补充运行]：子部 L——维护、预防性维护和改装。

(15) 14 CFR 125 部[审定和运行：具有 20 座及以上容量或最大商载 6 000 lbf 及以上容量的飞机]：子部 G——维护。

(16) 14 CFR 135 部[运行要求：通勤和按需运行以及管理机内人员的规则]：维护、预防性维护和改装。

17.3.3　指导文件

指导文件的部分目录如下①：

(1) FAA AC 20 - 107B“复合材料飞机结构”[9/09]。

(2) TCCA AC 500 - 009 第 1 期“复合材料飞机结构”[12/04]。

(3) EASA AMC 20 - 29“复合材料飞机结构”[7/10]。

(4) FAA AC 23 - 20“聚合物基复合材料体系的材料采购和工艺规范的验收指南”[9/03]。

(5) FAA AC 21 - 26“复合材料结构制造的质量控制”[6/89]。

(6) FAA AC 145 - 6“复合材料和胶接飞机结构的维修场站”[11/96]。

(7) FAA PS ACE 100 - 2001 - 006“复合材料飞机结构的静强度验证”[12/01]。

(8) FAA PS ACE 100 - 2002 - 006“聚合物基复合材料体系的材料取证和等同”[9/03]。

(9) FAA PS ACE 100 - 2005 - 10038“复合材料次结构的验证”[04/05]。

(10) FAA PS - ACE 100 - 2005 - 10038“胶接接头和结构——技术问题和验证考虑”[9/05]。

17.4　结构安全评估考虑

本节将对结构的安全评估进行概述。更详细的具体论述参见 CMH - 17 第 3 卷的其他章节。安全考虑关注五个要素：设计、制造、维护、运行和适航要求，如图 17.4 所示。这五个要素的相互关系表明了结构完整性状态，或者，反之则定义了一种不安全状态。此外，每个要素的重要参数均具有不同程度的变异性，这会影响飞行器结构的完整性。设计数据的分散性、载荷的变化和人为因素的影响等就是这样

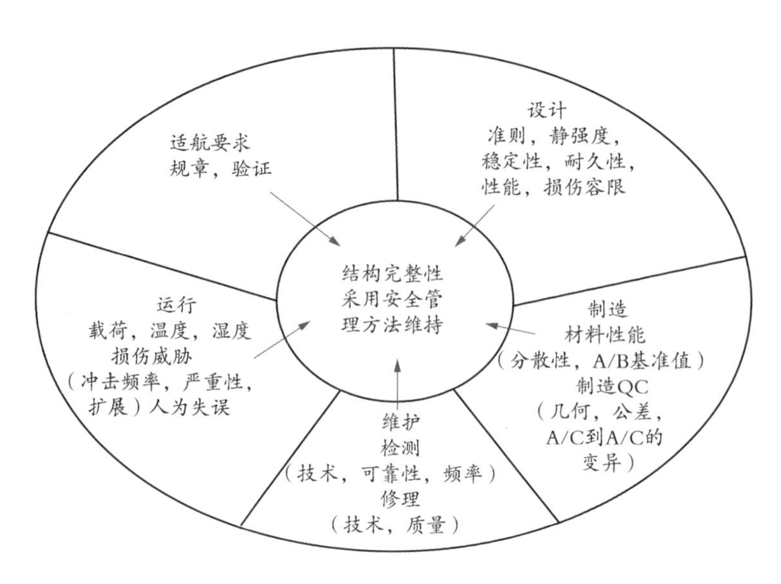

图 17.4 结构安全性涉及五个基本要素

一些实例。对于安全评估而言，重要的是应监控和记录可能改变给定参数变异性的任何条件。

任何安全评估都必须考虑参数变异性的影响以及它们之间的相互关系。这就特别需要对数据进行采集、处理和分析，其中涉及概率方法和确定性方法的综合应用。安全评估会形成一种迭代的过程，经此迭代过程，对上述各要素的实施方法和具体细节进行修正来降低风险。

17.4.1 设计

结构安全性设计是一个涉及很多影响因素的复杂过程，包括全部或者部分会发生反向的主要的内部定向载荷情况以及损伤和异常情况的各种影响。例如，在飞机结构设计中需要考虑的参数包括压缩强度、拉伸强度、剪切强度、屈曲、皱褶、受损剩余强度和离散源损伤。

17.4.2 制造

众多的工艺方法和尺度问题使得用于控制结构性能的可靠规范的制订工作变得复杂。此外，缺陷与工艺研发、结构验证、制造实施和后续质量控制有关。由制造工艺造成的许多缺陷影响结构性能。结构完整性受到与运行操作必然相关的有关概率事件的影响。

17.4.3 维护

维护过程包括定期的结构维护、检查和修理。与制造一样，维护也对包括强度、刚度、韧性、最大裂纹扩展、剩余强度等结构性能以及外载荷产生直接影响。维护期间产生的损伤或缺陷会导致载荷增大和强度降低。维护过程会导致一些异常情况，而这些异常情况可能会被漏检并丧失后续修理的机会。在采用二次胶接与其他胶接工艺进行修理时，方法不当会导致强度下降；而在采用螺接修理方法时，方法不当则会增大紧固件载荷。

17.4.4　操作

某些损伤威胁与不利的天气情况以及室外操作有关，后者涉及人为错误和地面设备等。极端天气会导致飞机遭受破坏性的大载荷，有时没有或者几乎没有警告来避免极端天气情况。这些影响，如风切变，会导致极端的载荷和飞行状况。严格执行与紧急状态有关的安全措施是避免情况恶化的必然要求。维护与服务舷梯相关的操作会造成多种潜在的安全威胁，如巡回检查不彻底、飞行控制系统检测不充分以及未报告的地面设备的钝头撞击造成的不可见损伤等。总之，仅通过目视检查很难确定结构的损伤程度与范围，通常需要进一步的无损试验评估来充分确定所有潜在的损伤。因此，需要对操作和服务人员进行培训以便报告潜在的损伤事件，而不是由他们自行进行判断。

17.4.5　适航要求

规章建立了型号设计、生产和适航认证的基础。政策和咨询材料可以作为与规章符合性证明方法的指导。随着时间的推移，基于详细分析和经验数据，工业界逐渐发展形成了满足规章要求的实际做法和标准。规章和指南材料也会随着时间而变化，这取决于安全历史记录、认证经验、服役反馈和新技术的考虑。

17.4.6　结构完整性

安全结构状态的概率取决于设计、制造、维护、检测、运行和适航要求的联合安全条件，如下列方程所示（见文献 17.1.1(a)和(c)）：

$$P(S_T) = P(S_D S_M S_I S_O S_R)$$

式中：S_T 为安全结构状态；S_D 为安全设计；S_M 为安全制造；S_I 为安全维护和检测；S_O 为安全运行；S_R 为安全适航要求。

在没有多年的数据收集和综合分析情况下，很难解决安全管理问题，该方程为此种情况的安全管理提供了一个理论框架。

这些因素（设计、制造、维护、运行和适航要求）被认为是为了维持所要求的结构完整性而预防不安全状态或失效的五个防卫层次。如图 17.4.6 所示，每个层次都包含了对导致失效负部分或全部责任的潜在损伤威胁或其他危险（由孔来表示）。这些危险包括设计薄弱环节、工艺差错、漏检或者适航要求不足。损伤威胁和其他危险包括在制造期间出现的薄弱部件或受损部件、冲击损伤、运行期间飞行员的失误或者维护工作很不足。这些危险可能单独发生，也可能共同发生。当所有的危险按某种确定的方式发生时，就会导致不安全状态，并使得结构丧失完整性。

本节的理论框架和概念性示意图所描述的安全管理，通常要求某种简化。每个要素可能需要被分成若干可以更加直接处理的部分，例如工程、质量控制和培训。

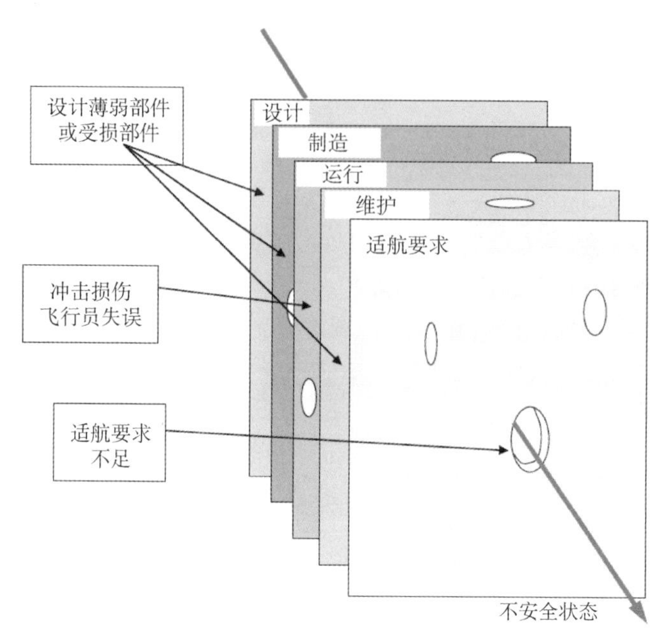

图 17.4.6　正如本例(见参考文献 17.4.6)所指出的那样，结构完整性涉及五个基本要素，单独的基本要素个别出现问题以及/或者共同出现问题均可能导致不安全状态

然而，所有要素的联合影响乃是获得安全性的根本。

17.4.6.1　寿命周期考虑

在结构应用阶段，会确认存在某种不安全条件，由此查明影响结构安全性的一个或多个因素处于不安全状态。例如，一个差的设计细节可能允许裂纹在二次载荷条件下发生扩展，而这一点在为了认证目的而完成的疲劳和损伤容限评定中并未考虑到。另一个例子是在有限数量的飞机上出现的制造问题，导致不能被现有的维护检查大纲发现的结构缺陷。其他例子则与不完善的运行、维护和适航要求相关。一旦发现了不安全情况，就需要应用安全管理原则来重建可接受的结构适航性。

通过所有相关专业的共同努力，应用安全管理原则一旦建立一个维持结构完整性的解决方案，那么可应用规章的强大威力，通过适航指令(AD)来确保方案的执行。这些受规章约束的解决方案通常会考虑在合理的时限内解决问题并必须维持安全性的实际意义。图 17.4.6.1 描述了一个涉及复合材料结构的假想情况，在服役期间该结构因不曾预料的意外损伤威胁而受损，该损伤威胁通常发生在服役期间，但不能被原始文件中规定的检查间隔可靠地覆盖。对于此种情况，在相对少的飞行次数之后，损伤应能被未经特殊培训的操作人员在巡回检查期间高概率地检出。AD 将规定在巡回检查期间所必需的结构检查以及保证结构完整性所要求的修理。从长远的观点来看，设计单位也应当提出一个针对飞机上该区域的永久性的设计修改，从而能够①通过具有更高损伤阻抗的设计特征来消除损伤威胁；②减轻

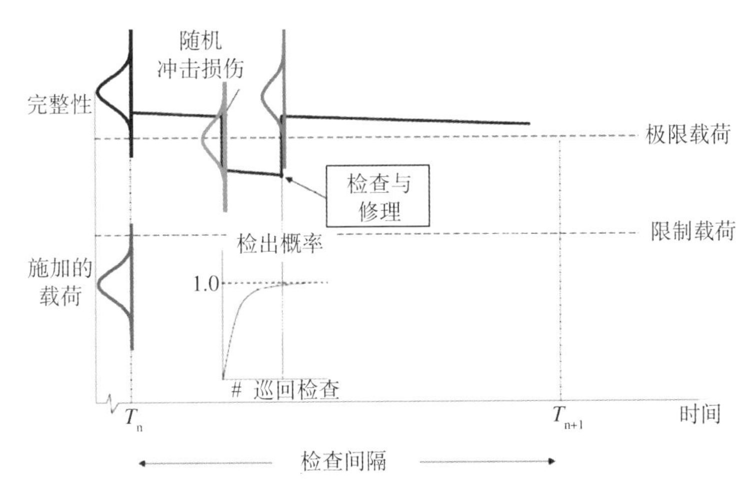

图 17.4.6.1 通过全寿命周期分析保持结构完整性的图示说明(见参考文献 17.1.1(c))

操作人员重复检查和维修的负担。

17.4.7 实例说明

维持结构完整性不仅取决于对每个要素的单独评估,更与对很多要素共同的相互作用的评估结果有关。以下例子说明了多种不安全条件的联合作用是如何导致整个系统的失效的。

17.4.7.1 261 航班

2000 年 1 月 31 日阿拉斯加航空公司 261 航班即一架 MD－83 飞机在距离加利福尼亚安卡帕岛北方大约 2.7 英里处坠入太平洋,报告(见文献 17.4.7.1)对事故进行了分析。报告依据如下的安全性要素分析了引起事故的不安全因素,这些不安全因素共同造成了飞机的灾难性破坏[楷体表示引自文献 17.4.7(a)]。对其中每个相关的不安全因素而言,当不存在其他的不安全因素时,其单独作用有可能会导致或者也可能不会导致飞机失事。

维护:阿拉斯加航空公司的维护人员在检查轴向间隙期间的维护失误以及能够表明润滑效果差的一段连续痕迹(第 187 页)。可以肯定至少漏掉了一次润滑机会或者在意外装配时造成润滑不足(第 172 页)。

操作:当水平安定面卡住时,机组人员使用自动驾驶仪不当(第 177 页)。

设计:安全委员会指出梯形螺杆和螺母的双螺纹设计对于磨损不能提供冗余量(第 163 页)。延长轴向间隙的检查间隔本应该由能证明这一延长不会造成潜在危险的充分的技术数据支持,但阿拉斯加航空公司并没有这样做(第 178 页)。

适航要求:阿拉斯加航空公司延长了 MD－83 飞机水平安定面部件的润滑间隔并获得联邦航空管理局的批准,该批准是基于波音公司对于推荐的润滑间隔的延长。这一润滑间隔的延长增加了因漏掉润滑或者因润滑不足而造成的螺旋起重组件的梯形螺母螺纹的过度磨损的可能性，因此，它是引起过度磨损的直接原因并导致阿拉斯加航空公司 261 航班失事(第 178 页)。

17.5 结构安全管理过程

如果组建结构安全管理(SSM)工作组或者与其相当机构的目的是用来实施以下结构安全管理方法的，那么该小组应包括设计、制造、维护、运行、规章/认证以及风险概率评估等各领域的学科专家以及股东。SSM 方法包括五个方面：①结构描述；②不安全状态和损伤威胁的确认；③风险分析；④风险评估；⑤风险缓解。

17.5.1 结构描述

一个充分可靠的安全分析需要对结构进行正确的描述。该描述是识别与记录由损伤威胁或其他危险引起的不安全状态的基础。SSM 工作组应提供有关结构的全面详细的信息和知识，例如所期望的功能特性和结构性能、设计细节与设计准则、当前的维护方法、运行指南、服役环境以及适用的规章与指南。有了这些信息资料，就能开发功能流程图。将评估结构安全性要考虑的各种因素和不安全状态之间的相互作用以及函数关系进行建模来实施安全性分析。

17.5.2 不安全状态和损伤威胁的识别

对于一种特定的复合材料应用而言，存在许多不安全状态。不安全状态定义为结构抗力的度量 R(如强度、稳定性、熔点、流体敏感性和寿命)小于相应的外部作用 S(如载荷、运行环境、流体暴露、服役时间)的状态。安全边界 g 定义如下：

$$g = R - S$$

结构抗力 R 也能够表示为外部作用和设计参数的函数，包括运行环境(温度、湿度)，制造技术/质量，损伤发生频率/尺寸/扩展，检测技术/可靠性/频率，修理技术/质量，结构细节以及相关的不确定性。外部作用 S 是运行条件，结构细节以及相关的不确定性的函数。根据上述定义，当 $g < 0$ 时则出现不安全状态，它是识别潜在不安全状态的基础。

通过研究对安全边界有不利影响的那些危险，如降低结构抗力和增加载荷作用，来识别损伤威胁。这些考虑已在 17.4 节中进行了讨论。

17.5.3 风险分析

本节的目的是对若干变量进行描述并提出对分析不安全状态的严重性和可能性均很重要的一种概率概念。可以通过确定性方法或者概率方法来评估风险。本章关注后一种方法。但是，应指出的是既然这两种方法都以相同的变量如部件尺寸、环境因素、材料属性和外载荷等为基础，那么它们应该是可以互补的。

确定性方法对设计中遇到的最坏情况或者极端情况进行定义。该方法试图通过规定安全系数以覆盖未知因素从而维持安全性。

概率方法采用统计表征并尝试给出设计期望的可靠度。该方法依靠所有不确定性变量的统计表征来确定风险的可能性。从统计意义来讲，数据量的大小对评判变量定义的优良程度是很重要的，而变量的定义反过来会影响其极值。

采用概率方法将风险定义为某种潜在的不安全状态的严重性与可能性的预测结果的组合；可能性描述了人们预期某个事件多久才会发生一次。安全边界 g 小于 0 的概率 P_f 是确定可能性的基础。

$$P_f = 概率(g < 0)$$

如 17.5.2 节所述，对结构安全评估的所有情况，安全边界 g 是许多外在因素和设计分析参数的函数。需要在分析之前对这些因素和参数进行识别和表征，其中有一部分在本质上是随机的。虽然这些参数的不确定性能够并且已经采用安全系数、降低系数、A/B 基准许用值、极限/限制载荷概念等予以考虑，但是其中某些不确定性参数只能采用概率分布函数来精确描述。SSM 学科专家应是获得这些信息的资源。

求解 P_f 不是一项容易的工作。有许多概率方法可用于特定的概率风险评估。但是，对于各自所关注的安全性考虑，应基于资源的可用性和 g 函数的复杂性为基础来选择概率方法。

通常，应该对蒙特卡罗仿真、对结构应用有效的概率算法、贝叶斯置信网络、概率故障树与事件分析以及/或者上述方法的某种混合算法进行研究和评价。研究应该：①对各种概率分析技术进行简要介绍并对其可应用性进行评价；②列出针对具体情况的最合适的可选技术。

一旦可能性被确定，就必须评估风险的严重性。严重性是预测某种不安全事件后果的一种度量。由最严重的风险、可信的预测结果来确定严重性。应考虑所有的影响因素以描述可信程度最高的严重性。需要指出的是，严重性的判断与可能性评估无关。

17.5.4　风险评估

安全性分析的目标是给出与每个不安全状态有关的所有风险的合适的缓解措施。虽然最严重的可信结果可能引起最高风险，可是出现最严重的可信结果的可能性通常很低。然而，严重性较低的结果的发生频率可能较高，因此可能导致比最严重情况更高的风险。两种结果的缓解措施可能不同，因此对两者都必须识别。这一点对专家组考虑所有可能的结果从而识别出最高风险并研究针对每种特定结果的有效缓解措施来说很重要。通常用如图 17.5.4 所示的风险矩阵来对风险进行分级并对其进行评估。

17.5.5　风险缓解

对风险进行评估后，研发若干可供选择的方法来处理风险。有效缓解风险包括确认可行的可选方法以及制订行动方案。该方案应对预测的剩余风险进行说明并制订定期的审查计划。定期审查的目的是检验所制定的方案对缓解风险的效果。

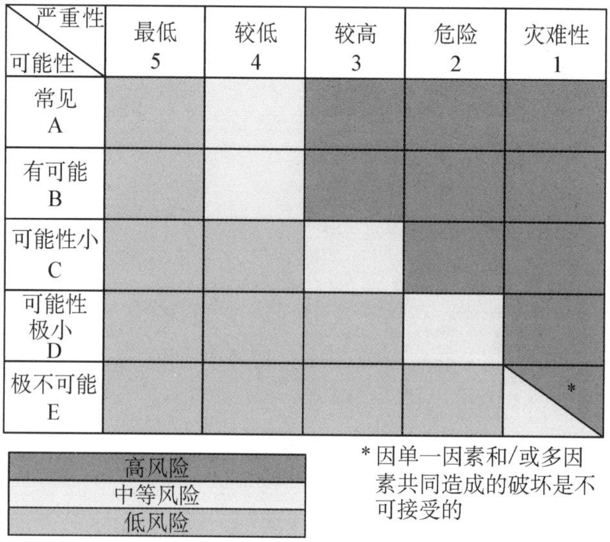

严重性 可能性	最低 5	较低 4	较高 3	危险 2	灾难性 1
常见 A					
有可能 B					
可能性小 C					
可能性 极小 D					
极不可能 E					*

高风险
中等风险
低风险

* 因单一因素和/或多因素共同造成的破坏是不可接受的

图 17.5.4　风险估计要求对事件的严重性和可能性进行独立评估(见文献 17.4.6)

图 17.5.5 描述了针对某种复合材料应用的缓解风险的原理。在这种情况下，在采取了通过变更检测计划而对修理设计进行持续的改进之后，维持了结构的完整性而且所期望的检测程序(方法、部位和间隔)是有效的。从服役中获得的有关结构退化率的数据提供了帮助修正检测和/或设计缺陷的必要信息。

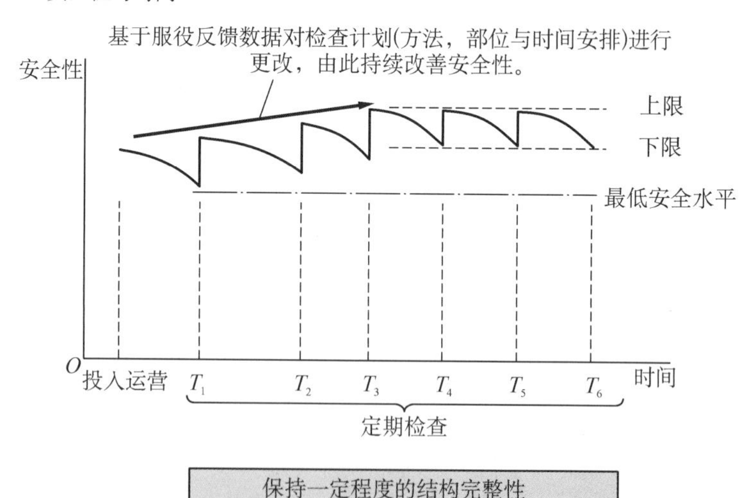

图 17.5.5　通过安全性的持续改善而保持一定的结构完整性(见文献 17.1.1(a))

17.6　结构安全管理的应用

本节就所关心的安全性问题，采用具体实例对实施结构安全管理的过程进行了阐述。安全管理包括对各种安全要素以及这些要素之间更为复杂的相互作用的考虑。本节对航空航天的安全管理现状进行了描述并结合超常修理实例给出了结论，这一现状助长了对原始制造商(OEM)的依赖程度减少的做法。数据很少依赖于原始制造商或者对数据的不合理使用都有可能导致不能通过鉴定的不符合规范的部件。金属胶接修理与复合材料修理的个案研究实例以真实事件为基础，说明了安全管理所涉及的可引起不安全状态的问题是多么的复杂多样。

17.6.1　应用：对被修理部件而言，很少依赖 OEM 所带来的问题

对被修理部件而言，对原始设备制造商(OEM)依赖程度的减少会滋生一种环境，使得结构完整性降低，从而增加不安全状态发生的概率。与此相关的两个主要问题包括：①有关从业人员和决策者实践培训的质量和有效性的限制规定；②进一步采纳标准化的数据库和操作的需求。

17.6.2　应用：涉及金属胶接的不符合规范的超常修理

该案例研究说明了各种不符合规范的操作是如何共同引起某种不安全状态的。不安全的工作涉及本章之前提到的五个要素之中的三个，包括设计、制造和适航要求。在此案例研究中，超常修理被定义为对零件进行大量的结构修理或者其修理明显超过 SRM 中规定的零件修理设计极限。该案例以某运输机的真实情况为例进行研究。

某大型航空公司的一位工程师对某一运输机缝翼楔形件超常修理的技术要求进行了研究，该缝翼因遇到强冰雹而沿其长度方向受损。该工程师对有关的服务通报与结构修理手册(SRM)进行了审查。SRM 对于受损组件给出了损伤修理极限(RDL)。具体来讲，SRM 仅描述和批准了合格的修理：①芯子和蒙皮的更换要小于零件长度的 50%；②损伤仅发生在一块蒙皮上。SRM 没有明确给出更换梁缘条的许可。

可以得出结论：这种超常修理肯定超出了 SRM RDL 强制要求的修理极限。还需注意的是，这种修理需要按照经 FAA ACO 办公室或者具有损伤容限评定授权的 DER 批准之后进行结构证实与损伤容限分析。

要求 MRO 按照最新的经批准的构型来重新制造楔形件。MRO 在其产品制造能力清单上列有楔形件，并承诺满足最新构型的要求，包括服务通报。MRO 具备所需的资源，如 DER 技术支持，来对零件进行修理使其符合要求。零件修理后返回航空公司，航空公司批准了修理及修理设计(见图 17.6.2(a)和(b))。然而，航空公司在安装楔形件的过程中调整偏差时，发现其构型与构型要求不匹配。暴露出以下的符合性问题，这些问题涉及适航指令、绘制的标记注释以及构型控制(模具轮廓线和组件)等。

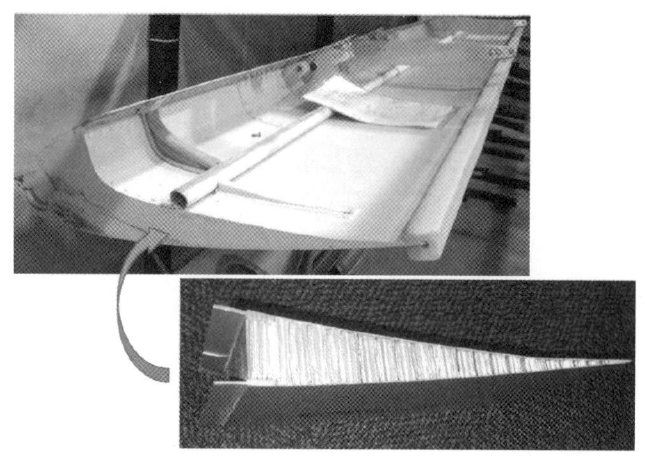
图 17.6.2(a) 运输机机翼的缝翼装配件(上图)与楔形件(下图)

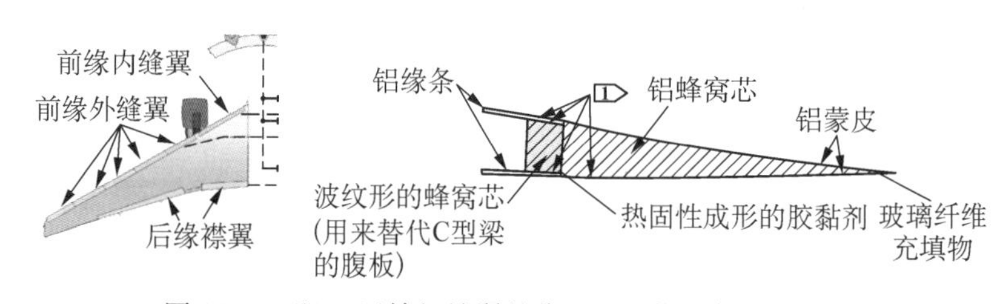

图 17.6.2(b) 运输机缝翼的位置以及楔形件的横截面

(1) MRO 工程授权文本参照了 OEM 工程图中的早期的标记注释。OEM 工程图中早期的标记注释(胶膜在 120℃(250°)时固化)不能用在最新的零件构型上(胶膜在 180℃(350°)时固化)。在 OEM 的服务通报中也参照了早期的标记注释。

(2) 修理场站的修理方法批准了包含标记注释错误的数据,依据该方法,颁布了由委派的工程代表审定通过的有关修理设计的 DER 8110-3 表单。

(3) 随后,操作人员,即质量/产品工程师,接受了修理场站有关修理方法的数据包,在操作人员对工程的证实中,说明数据符合已批准的 DER 8110-3 表单。

(4) MRO 使用的模具不合格,导致装配变形从而造成楔形件与缝翼配合不好。

(5) MRO 在修理中更换梁缘条时,使用了不合适的替代件。

三种安全要素共同导致零件结构丧失完整性。

(1) 设计:未对图纸和文档进行更新,造成修理设计不符合最新批准的构型。

(2) 制造:在修理实施过程中,使用了错误的固化温度,这一错误本可以通过仔细查看最新的 OEM 绘图要求予以避免。梁缘条安装不合理且使用了不合格的模具。

(3) 适航要求:虽然委任的工程代表遵循了修理方法,但是并未使用体现当前构型要求的最新图纸与文档。

随后被废弃的零件说明了如下的原则：对于安全管理，要求方法具有系统性、组织机构具有责任感以及保持对与不安全状态有关的每个要素的关注。例如，在各种处理过程中，信息反馈的闭环很重要，其中包括相关人员的监督与制衡。在本例中，为了保证某种安全状态而过分依赖 DER，MRO 技术人员和航空公司的工程人员所提供的方法，而未采取监督与制衡措施，很显然这是造成构型偏差的主要原因。此外，该实例也表明依赖他人以往的做法与说明来证明被修理零件的合格性是很危险的。因此，经培训的掌握广泛的技术和有生产经验的劳动力是安全管理的根本。

17.6.3　应用：有关复合材料不符合规范的超常修理

该案例研究说明了各种不符合规范的操作是如何一起导致某种不安全状态的。不安全的工作涉及本章之前提到的五个要素之中的四个，包括设计、维护、制造和适航要求。在此案例研究中，超常修理定义为对零件进行大量的结构修理或者维修程度明显超过 SRM 中规定的零件修理设计极限。该案例以某运输机的真实情况为例进行研究。

某航空公司接收了一个经大修的襟翼组件，发现组件不能正常安装。维护人员指出零件外形是造成这一装配问题的原因。基于这一初步评估结果，航空公司及其制造、修理与大修(MRO)承包商需查看模具以确认零件的外形偏差，该模具的外形符合 OEM 的**放样**数据。

与另一家工厂进行了签约，该工厂拥有基于 OEM 数据的襟翼组件的高精度模具，对该工厂已加工好的一件真实完好零件进行检查，同时使用坐标测量(CMM)装置(见图 17.6.3(a))进行实测，并将测量数据与 OEM 放样数模进行比较。当襟翼组件放置在模具上时，后缘高出外端轮廓线 3.8 cm(1.5 in)。

图 17.6.3(a)　放置在模具上的运输机的襟翼组件，检测时模具作为检查装置

为了判断该零件是否能通过修理而恢复到所要求的外形，将该零件进行了拆卸。移除下蒙皮和蜂窝芯材，仅将梁和下蒙皮完整保留(见图 17.6.3(b))。在拆卸过程中，观察到下列现象：

(1) 最初的 MRO 承包商已经移除并更换了大部分蜂窝芯材，包括横跨零件前、后缘的几段 50 cm(20 in)的芯材，超出了 SRM 规定的修理极限。

图 17.6.3(b) 不当使用 120℃(250℉)固化的胶膜进行修理

(2) 在对某些区域进行其他一些修理时，使用了 120℃(250℉)固化的预浸料修理材料及相应方法，尽管 SRM 限制这种类型的修理只能用于直径不大于 152 mm (6 in)的损伤。

(3) 很明显，采用对零件固化不合适的热胶黏剂和热覆盖层完成了最初的修理。从蒙皮因热覆盖层过热而燃烧的痕迹可以得出这一结论，这一过热现象通常由热胶黏剂的热电偶的不当使用以及/或者放置引起(见图 17.6.3(c))。

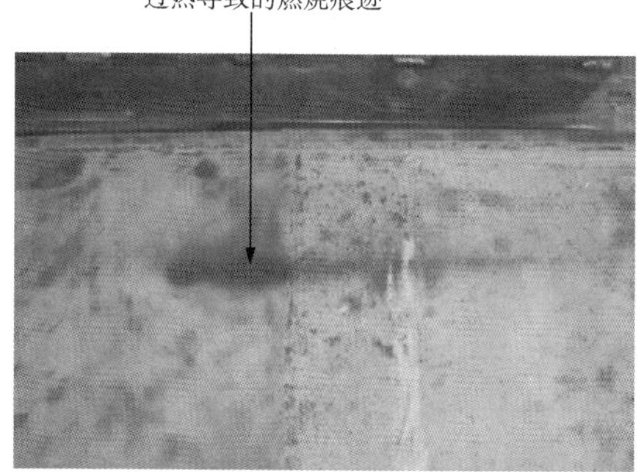

图 17.6.3(c) 明显由于热覆盖层的过热而导致的燃烧痕迹

(4) 在修理过程中不使用模具或使用外形不正确的模具，导致了梁的翘曲变形。在图 17.6.3(d)中，下蒙皮和蜂窝芯材已经被移除，因此梁与模具的外形不一致，甚至在零件的两端加很大的压力也使得两者不能协调起来。

(5) 没有关于最初修理的相关文件，包括对最初修理工厂的鉴定材料。

襟翼组件最终被认定为无用，随后将其废弃。

四种安全要素共同导致零件结构完整性的丧失。

(1) 设计：最初的 MRO 完成的主要修理超出了 SRM 的修理极限，但没有对修

图 17.6.3(d)　因未使用合适的模具而导致的梁的外形发生翘曲

理进行合适的证实，这可由缺少相关文件来佐证。

(2) 维护：既没有使用模具进行修理也没有将模具作为与 OEM 外形规范相符合的检查装置来使用。

(3) 制造：未按照 SRM 的规定进行固化工艺的选择与实施，或者没有对修理设计进行证实。对要求修理的区域，使用 120℃(250℉)固化温度的预浸料修理材料是不正确的，而且观察表明热电偶的放置以及/或者使用是不当的。

(4) 适航要求：万一将来需要进行修理的话，那么，由最初的不知名称的维修工厂所提供的文件的缺失将危及襟翼组件的结构完整性。

这一案例研究说明了如下原则：在实施安全管理时，要求重视五个安全要素中的每一个要素，以确保结构的完整性。合适的文件、对 SRM 指南的遵守、合适的固化工艺的使用以及当修理设计超出 SRM 的修理极限时应进行修理设计的证实，是具有资质的从业人员应该关注的安全问题。正如其他案例研究所表明的那样，最根本的要求是工人应接受培训并且具有广泛的技术和生产过程背景。

参 考 文 献

17.1.1(a)　Backman B. Composite Structures, Safety Management [M]. Elsevier Science Ltd, Amsterdam, ISBN 0-08-054809-1, 2008.

17.1.1(b)　Backman B. Composite Structure: Design, Safety and Innovation [M]. Elsevier Science Ltd, Amsterdam, ISBN 0-08-044545-4, 2005.

17.1.1(c)　Backman B. Damage Tolerance and Maintenance Workshop [C]. Chicago, IL, July 19, 2006 (http://www.niar.wichita.edu/niarworkshops).

17.1.1(d)　White House Commission on Aviation Safety and Security [R]. Final Report to President Clinton, June 26, 1988.

17.1.1(e)　FAA Advisory Circular 120-92, Introduction to Safety Management Systems for Air Operators [S]. June 22, 2006.

17.1.1(f)　FAA Order 8040.4, Safety Risk Management [S]. June 01, 1998.

17.2.2(a)　Doty L A. Reliability for the Technologies [M]. Industrial Press, New York, New York, 1985:1-9.

17.2.2(b)　Bazovsky I. Reliability Theory and Practice [M]. Prentice-Hall, Inc., Englewood

Cliffs, New Jersey, 1961:1 - 16.

17.3(a) Military Standard MIL - STD - 1530 (USAF), Aircraft Structural Integrity Program [S]. Airplane Requirements, 1 Sept. 1972.

17.3(b) JSSG - 2006, DOD Joint Service Specification Guide [J]. Aircraft Structures, October 1998.

17.3.1(a) Petersen D. Safety Management: A Human Approach (2nd ed.) [M]. Goshen, NY, 1988.

17.3.1(b) Wells A T. Commercial Aviation Safety (4th ed.) [M]. New York, McGraw Hill, 2003.

17.3.1(c) Wood R H. Aviation Safety Programs: A Management Handbook (3rd ed.) [M]. Englewood, CO, Jeppesen Sanderson (2003).

17.3.1(d) Leveson N G. A Systems-Theoretic Approach to Safety in Software-Intensive Systems [J]. IEEE Transactions on Dependable and Secure Computing, Vol.1, No. 1, pp. 66 - 86, January-March 2004.

17.4.6 FAA Air Traffic Organization, Safety Management System Manual [S]. Version 2.1 (May 2008).

17.4.7.1 NTSB/AAR - 02/01, PB2002 - 910402 National Transportation Safety Board [C]. Notation 7263E490 L'Enfant Plaza, S. W., Adopted December 30, 2002, Washington, D.C. 20594.

第18章　环境管理

18.1　引言

本章的目的是提供复合材料环境管理的有关信息。对所有类型材料再循环的要求在全球范围内正在增加而没有减少的可能。许多工业发现,对这类产品的环境管理采取积极主动的方法有助于避免制定复杂的条例,这类条例代价昂贵而且不如由市场解决有效。例如汽车及其部件的重新使用和再循环已由一个有效的、由旧零件商店、汽车破碎机和提取再循环车辆最大价值的销售商构成的全国网络完成。这个网络对报废车辆部件和材料的价值感兴趣,而不是由内心愿望去遵守条例所引导和推动的。

对复合材料建立一个类似网络的工作目前正在进行之中。它涉及尺寸缩减和基体分解技术的开发、组织收集系统与对再循环纤维和基体用途的识别等,或许更重要的是对复合材料生产和用户团体进行再循环需求和机会的教育。

与复合材料应用的其他方面相比,复合材料再循环的尝试仅处于早期发展阶段,因此本章的许多信息是不成熟的技术,但还是概述了最新技术的发展水平,并为那些对应用或开发复合材料还原、再利用和再循环技术感兴趣的人们提供一个方法。

18.1.1　范围

本章的范围是为复合材料的环境管理提供一个指南,它是为了控制环境的影响而仅适用于"还原,再利用,再循环",并不讨论诸如苯乙烯放射、毒性材料处理或危险废料处置等课题。复合材料制造和使用的某些方面,诸如轻重量(后面定义)、预浸料使用和混杂复合材料的使用等作为环境管理的内容来论述,本章中仅在再循环意义上讨论这些方面,更广泛的讨论请参照本手册的其他章节。

18.1.2　再循环的专门术语

主要种类(broad categories)——可再循环材料的一般分类,如玻璃、塑料、金属和纸张。

经纪人(broker)——指担当可再循环材料经销商和购买者之间的代理商或中

间人的个人或团体。

收集者(collector)——指公共或私人承运人，他们从居民、商业部门、机关学校和工业界收集无危险的废料和可以再循环的材料。

前置处理可再循环材料(comingled recyclable)——指几种可再循环材料混装在一个贮存器内。

处理设施(disposal facilities)——指固体废料的贮存器，包括那些打算永久性容留或销毁的地下填埋和燃烧的废料。

分离中心(drop-off center)——指一种收集方法，在分离中心将可再循环或可混合的材料单独分离到一个收集点，并放置到指定的贮存器内。

终止服务(end-of-service)——指部件一直用到破坏或废弃。

最终用户(end user)——为了再循环的目的购买或得到回收材料的机构，包括再循环工厂和混合工厂，但不包括废料填埋机构。

输出商(exports)——将废料和可再循环材料运到生产废料的州或地区之外。

生产商(generators)——固体废料的产生者。

输入商(imports)——为了加工或最终填埋，把固体废料和可再循环材料运到一个不产生这些废料的州或地区。

焚化炉(incinerator)——在可控条件下燃烧固体废料的炉子。

工业生产废料(industrial process waste)——制造加工期间产生的残余物。

工业废料(industrial waste)——在工业区内来自包装和管理部门抛弃的无毒废料，例如波纹箱、塑料膜、木质集装箱和办公纸张，但不包括制造加工产生的加工废料。

轻重量(lightweighting)——由使用较轻材料、细心设计、避免大余量设计和其他工程变化来减轻系统的重量。

大生产商(large generator)——产生足够量固体废料和可再循环材料，并保证自己处理这些材料的商业机构、机关学校或工业部门。

材料回收机构(material recovery facility, MRF)——将可再循环材料专门分类储存和加工或运输给再加工商的机构。

混合塑料(mixed plastic)——不专门分类的回收塑料(HDPE, LDPE)。

无毒的工业加工废料(nonhazardous industrial process waste)——既不是可回收资源行动副标题C下的市政固体废料，也不是有毒废料。

其他塑料(other plastic)——来自设备、家具、垃圾袋、杯罩、餐具、运动和娱乐设备的塑料以及其他非包装用的塑料制品。

其他固体废料(other solid waste)——包括在资源保存和回收行动副标题D下的无毒的固体废料，而不是市政固体废料，包括市政污泥、工业无毒废料、建筑和拆毁废料、农业废料和矿业废料。

塑料经营者(plastic handler)——对可再循环塑料进行分类、打包、粉碎、颗粒化和/或手中储存有足够量塑料的公司。

塑料再生者(plastic reclaimer)——进一步加工塑料的公司,至少要完成下述一种处理阶段之后:冲洗/净化、制成颗粒状或制成一个新产品。

消费后的材料/废料(postconsumer materials/waste)——曾作为消费物品已使用过,并以收集、再循环和填埋为目的,从市政固体废料转来的已回收的材料。不包括来自工业加工的材料,他们没有到达消费者手中,例如制造加工中破碎的玻璃。

消费前的材料/废料(preconsumer materials/waste)——制造加工中产生的材料,例如加工废料、边角料/切屑,也包括已报废的库存物品。

初级再循环(primary recycling)——为了生产出与原产品类似或相同的产品而再循环清洁的材料和产品。

加工商(processors)——中间操作者,他们以预备再循环材料(材料回收机构、废金属堆放场、纸张经营者)为目的,处理来自收集者和生产商的可再循环材料,他们在收集者和回收材料的最终使用者之间起中间人的作用。

第四级循环(quaternary recycling)——用焚化进行废料的能量转换。

回收(recovery)——以再循环为目的,将来自固体废料物流分流。不包括再利用和原始还原活动。

可再循环材料(recyclables)——从固体废料物流中回收,并已转运给加工商或再循环的最终用户的材料。

再循环(recycling)——指对报废材料的一系列活动:收集、分类、加工以及把它们改造为原材料,并用于制造新产品。但不包括作为燃料代用品和为产生能量而使用这些材料。

再循环设备(recycling plant)——把已回收的材料再加工成新产品的设备。

残渣(residues)——加工、焚化、颗粒化或完成再循环之后剩余的残渣,通常把残渣填埋地下。

再利用(reuse)——以原来的形式对市政固体废料的一个产品或部件的多次使用。

次级再循环(secondary recycling)——将混合材料或产品再循环制成产品,但其品质低于原来的产品。

缩减来源(source reduction)——在进入固体废料处理系统之前,为了减少材料的毒性或总量,而对诸如产品和包装材料进行的设计、制造、购买或使用。这可能涉及重新设计或包装、重新利用已制成的产品或包装以及延长产品寿命以推迟处置;也可称为“废料预防”。

分类(sortation)——为了再循环,把以前置处理过的材料进行分类的过程。

第三级再循环(tertiary)——指的是将一种材料完全分解为它的化学组分,并恢复到它原来品质的再循环。

转运站(trasfer station)——为了长距离运输,将固体废料从收集车辆转运到大货车或铁路车辆的机构。

废料特性研究(waste characterization studies)——为了规划地下填埋能力、确定最佳的处理规范和开发费效比合算的再循环项目,而对各个类别固体废料的鉴别和测量(重量或体积)。

废料的产生(waste generation)——在再循环、分解、填埋或焚烧之前,进入废料物流的材料和产品的总量(重量或体积)。

废料物流(waste stream)——来自家庭、商店、机关学校和制造厂的必须再循环、焚化或地下填埋的固体废料的总流量,或它的任意流程段,如"居民废料物流"或"可再循环废料物流"等。

废料的能量转换设备/燃烧炉(waste-to-energy facility/combustor)——将已回收的市政固体废料转换成可使用的能量形式的设备,通常通过燃烧来实现。

18.2 再循环的基础结构

为了复合材料的再循环,开发一个可行的基础结构,理论上应是复合材料供应商、制造商和最终用户的共同追求。这样一个基础结构由于将改善复合材料制造效率,改变复合材料不能再循环,因此金属是更好一点的观念,减小复合材料使用对环境的影响而有益于整个复合材料工业。本节列出了开发再循环基础结构的一些要求。

18.2.1 再循环基础结构开发模型

已经开发的其他材料的再循环基础结构,可为建立复合材料再循环方法提供指导。研究这些例子可以推进复合材料再循环的开发工作,并可避免其他工业所碰到的代价昂贵的错误。

一个重要的教训是:虽然一种材料实际的再循环技术是重要的,但后勤、教育和经济问题同等重要。先进的再循环技术只有与相协调的再循环来源、已再循环材料的稳定市场、有效的收集和运输系统以及对可再循环材料恰当处置的强化教育等结合为一个整体才能成功。

最成熟和最有效的再利用/再循环基础结构之一是汽车工业。汽车再循环商的一个大型的计算机化整体网络实现终止汽车使用、除去液体和蓄电池等有毒部件、对可再利用部件分类和拆卸车辆或库存车辆部件。将全部可利用部件拆卸后,把车辆破碎,并用磁性技术把黑色金属分离以及将"无价值"的轻重量材料和其他材料分离出来。其结果是,汽车中90%的钢材可以再循环,每年约有1200万吨钢材。汽车制造商正越来越注意可拆卸和再循环设计,并在产品中考虑了材料的可回收性。

一个使用者补偿再循环模式可能有启发性,该模式是为回应对镍镉(NiCd)蓄电池的镉含量引起的地下水污染的关注而开发的。由于旧NiCd蓄电池已广泛散布的特征,已在电子零售出口以预先付款和预留地址邮箱的方法建立了使用过的蓄电池的收集中心网络,当蓄电池装满邮箱时,则被打包递送和运输给全北美大陆统一的再循环机构。再循环商提取出镉并在一个平炉式炉子里与其他不锈钢废料一道处理镍含量。高镍含量增加不锈钢再循环的价值，并有助于支付加工费用。

与此相反，大量终止使用的复合材料和制造中产生的复合材料废料则通常是地下填埋(见文献 18.2.1(a)-(b))。虽然只有少量体积的固体废料处置问题，但没有任何价值回报。作为条例，各种产品再循环的强制性要求已产生效力，特别是在欧洲，不能再循环的材料将越来越少。先进复合材料虽可得到例如由于减重带来的较高的燃料效率，但若不实施再循环技术，将不能满足对环境影响的要求。

18.2.2　基础结构需求

尽管已有复合材料基体分解和保留高强度纤维的回收技术(见文献 18.2.1(b)和 18.2.2(a)-(d))，但这些技术仅处于实验室演示或小规模试验性阶段。为了完全实施这些技术，目前正致力于优化这些工艺方法和扩大其规模。

必须建立一个资源回收网络，或"背靠"已有的网络去收集并与消费后的用户沟通，将已用过的复合材料返回到回收机构(MRF)。由于使用中的先进复合材料量相对较小，最有效的运输系统可能包括一个材料转运站网络，它把再循环材料集中并整理成大的装载物。一个转运站可以接收来自一个州或大城市居民区的加工废料和已用过的复合材料货物，并把许多小型货物重新装到单个的大卡车或铁路货箱中。在这个整理过程中，为了维持再循环的价值，不同类型的复合材料必须保持分离。对于材料来说，在第一地点保持分离总比在之后进行分类容易得多。

18.2.3　再循环教育

尽管目前对热固性体系复合材料的还原、再利用和再循环已有方法，而且未用过的纤维、预浸料和其他制作它们的母体材料的交换服务是现成可用的，但由于缺乏对它们的了解而限制了其应用。生产部门和用户自己应该熟知再循环是他们做生意常规程序的基本步骤。在制订计划时，自上而下和自下而上都对再循环产生兴趣是最有效的，如果在车间、商店层面都没有实施，则管理部门制订的规划多半会失败，而如果没有管理部门的支持，单独的努力也不会成功。本章及文献的信息可以作为这种教育过程的一个开端。

18.3　复合材料再循环经济学

复合材料再循环经济学的完整讨论需要详尽和专门地针对各个类别复合材料的许多课题进行交流，这样的讨论超出了本节的范围。复合材料再循环经济学的一些综合考虑有助于设计和评估再循环项目，本节将讨论这些方面。

再循环的成本主要来自收集、运输和加工。这些成本理论上是由再循环材料得到的产品的价值来抵消。对于有毒废料(未固化树脂就是这样一类)，还存在与废料填埋有关的成本问题，称为"倒掉的费用"。在评估再循环运行成本时，应考虑减少或消除填埋成本。

除此之外，如果一个工业部门未能自己采取主动行动，那么根据已有的和将要颁布的环境法规将付出重大代价。对某些再循环计划，工业部门因将加给它们较重的负担而阻挠立法，结果导致一个低效率的再循环结构。对再循环做较好的尝试有重要的公共关系利益，而不做尝试会有很大的负面效应。复合材料在基本设施、运输、海底输油和其他工业部门的大规模应用最终要求进一步开发复合材料的再循环项目。

在判别材料再循环经济上最有利的方面，涉及几个方面的考虑。收集和运输成本的最小化是有效再循环一个不可缺少的要求。例如玻璃纤维较重，而且不产生高价值的再循环，这使成本可能过高。因此在临近材料来源的地方设置再循环机构是最有效的。

另一个重要要求是衍生出高价值的材料。例如尽管碳纤维复合材料可以在平炉里完全燃烧变成能量，但它们的价值只是缩减为能量含量。当前玻璃纤维再循环的一些技术是把复合材料研磨成细颗粒，并作为新复合材料的填充料，但这种填料必须同非常便宜的碳酸钙填料竞争，所以价值较低。这些技术的主要好处是废料不会有地下填埋问题，以及再循环的填料密度比矿物填料低，会使复合材料较轻。

回收可用状态下纤维的技术能够达到较高的再循环价值，并能支付整个再循环过程的费用。同研磨相比，回收玻璃纤维的技术有这个优点，但由于玻璃纤维的价格较低，为了从经济上作出判断，拔出纤维的费用必须很便宜。碳纤维较高的价值是这类材料再循环的一个优点，如果碳纤维能以足够好的状态从基体中抽出，同5美元/磅的低档次的纤维竞争，就能获得显著的价值，那么，再循环过程就可能在一个经济的基础上运行。

复合材料总是不得不同整体的金属竞争，在大多数情况下，金属实际上能恢复到它们原来的品质，称为第三级再循环。对于复合材料再循环，找到高价值的二级利用是取得竞争成功的一个必需要素。

对大多数类型的材料来说，再循环材料的循环市场都存在着一个问题(见文献18.3(a)-(b))，当再循环材料价值较高时，建立了昂贵的工厂和进行了投资，然而市场的变化给公司留下闲置的能力或在成本远高于价值的情况下去购买材料。这种市场波动的基本原因是一种锯齿状疼痛，在其中，首先大量的材料被再循环，但对于以前没有的一个产品，没有现成的买方，以及建立一个市场时，需求超过供给。纸张和塑料特别推动了这些波动。

这种循环变化使制造商处于依赖于不能够可靠地或经济地采购再循环材料的流量的状态。健全的制造过程应是：当可能时就利用再循环材料，当需要时则能够用首次使用的材料替代，这样一来就能够减轻这些问题。

18.4 复合材料废料物流

1991年(见文献18.2.1(a))和1995年(见文献18.2.1(b))对先进复合材料工

业进行了调查，以确定复合材料废料的类型、数量和目前的处置方法。如图 18.4(a)所示，制造产生的废料中，66％是未用过的预浸料，约 18％是固化后的零件，14％是边角料，1％或 2％来自零件精加工和胶接的蜂窝。因此先进复合材料消费前的废料由约 2/3 的预浸料废料和 1/3 的边角料和固化后的零件构成。

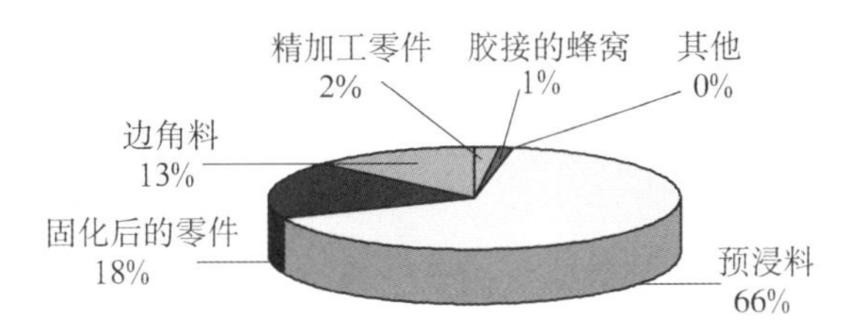

图 18.4(a)　报道的先进复合材料废料的材料类型分布

含有先进复合材料的许多军用和民用平台一般有很长的服役寿命，很难预估其中的复合材料部件什么时候终止服役进入复合材料废料物流。关于许多军用飞行器中复合材料的一项研究给出了要求再循环或最后在某一地点填埋的各类复合材料的类型和数量(见文献 18.2.1(b))。如图 18.4(b)所示，军用飞行器中复合材料大部分是碳纤维/环氧、芳纶纤维/环氧和碳/碳复合材料。

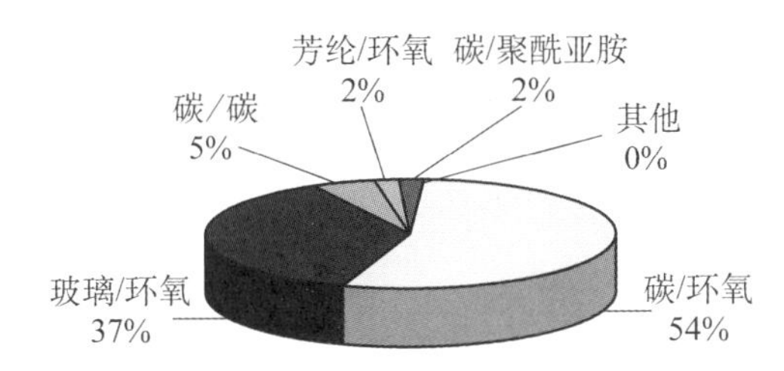

图 18.4(b)　1995 年先进复合材料的基体和纤维的分布

18.4.1　工艺废料

由于目前大多数复合材料制造工艺的特点，工艺废料成为全部复合材料废料物流的重要组成部分。另外也有部分废料物流必须在生产制造期间，而不是在终止服役时填埋，因此存在立即处置问题。

如图 18.4(a)所示，预浸料占工艺废料的最大部分，因此预浸料就成为减少废料来源和再循环工作的最重要的目标。另外，不用的纤维、固化剂和树脂也是工艺废料。通过仔细控制最小库存量的策略(见 18.5 节)，这些材料常常能够按实际配置或交换(见 18.7.2 节)。

18.4.2　已用过的复合材料废料

复合材料再循环的最大挑战或许是对已使用过复合材料的废料收集、分类、加工和再利用找到一个可行的方法。投入服役的材料在地理位置上多半是分散的，可能采集污染物时要求拆卸，同时可能包含没有记录的纤维和基体类型。复合材料部件制造后的退役年限可能是数十年，这使得很难制订再循环计划，以及很难优先考虑。尽管如此，如果复合材料要在委托的再循环系统内竞争，提出使用过复合材料的再循环课题是极重要的。

可以从纤维制造商的数据推断已生产的复合材料数量，另一种跟踪方法是记录各种飞行器和其他方面应用的复合材料的数量和种类，然后监视这些飞行器的采购水平。图18.4(b)给出了1995年各类先进复合材料实际用量的百分比分布图(见文献18.2.1(b))。

评定已用过的复合材料废料物流的最不确定性是含有复合材料部件的系统的退役日期，换句话说，是复合材料部件失效或破坏日期的不确定性。由于许多军用和民用飞机保持服役数十年，当其他部件迅速作废时，很难预估先进复合材料废料物流的程度和时间。

因为汽车的寿命周期很少变化，对汽车中应用的片状模塑料和其他复合材料可以进行更可靠的预估。聚合物和聚合物基复合材料目前占新汽车总重量的20%，并且稳步增加。与汽车大部分组分材料可以再循环相反，这些材料目前用汽车切碎机生成废料(ASR)，它是塑料、橡胶、玻璃和无机材料的混合物，通常是地下填埋。当前正在开发ASR的再循环技术，但这超出了本节的范围。在18.8.3.2节和18.8.3.5节将讨论片状模塑料的再循环技术。

18.5 减少复合材料废料物流的来源

减少废料量是减轻对环境影响的最好办法。不在首发地点的废料不需要负担再循环或填埋费用，因此，最优先考虑的应是努力减少废料的形成，减少废料来源在降低采购成本和减少再循环或填埋成本两方面都可直接获益。应该努力去验明废料来源，并减少或消除这些来源。下面介绍减少复合材料初级废料的方法。

18.5.1 恰好及时和刚好够用的材料投放

近年来，恰好及时库存控制系统对制造商的生产计划产生了一个较大的影响。在材料使用之前才投放材料所带来的好处包括降低库存量和储存要求以及更有效的生产流程。对于用存放期有限和要求冷藏的预浸料制成的复合材料来说，能得到更大的收益。应该十分注意对预浸料、树脂和其他存放期有限材料的库存量保持严格的控制。

收到预浸料时录入到计算机数据库内，并在存储之前贴上条形码标签，这样可以有效地跟踪预浸料的库存量。数据库内的信息可以同生产要求的下一步采购计划和时间相比较，也可以设置数据库系统来标识有到达截止期危险的材料，这样可以调整工艺过程以避免浪费。在某些情况下，如果试验证明不损害部件的质量，则已到达截止期的预浸料仍然可以使用。不再适合主结构严格要求的预浸料有时可以再转到要求较低的应用中，或再转给非关键结构使用。关于材料交换的信息见18.7节。

超量采购材料也是废料的一个重要来源。如果能同材料供应商协商安排好，做到准确的供应量和最小限度的余量也是减少废料形成的有效手段。

18.5.2　电子商务数据管理

电子商务是通过因特网用数字传送所要求的信息来确定和采购材料和元件的过程。用电子商务来预报复合材料数据可以减少库存量，并可减少订货至交货间的时间，也能够直接同库存管理连接以尽量减少废料。

18.5.3　废料最小化指南

本节提供复合材料生产和初级废料最小化实施方法指南。

18.5.3.1　预浸料

高效率的使用预浸料是废料最小化最有效的方法，预浸料剪裁的废料一般等于材料的 25%～50%，这类废料增加采购和处理成本。已尝试开发预浸料再循环的方法（见文献 18.2.1(a)-(c)，18.5.3.1(a)-(c)），但大多数方法不易实施。因此特别强调应努力优化预浸料剪裁形状的图样嵌套，可利用计算机程序来简化这项任务。

18.5.3.2　树脂

美国将未固化的树脂废料归类为有毒废料，并必须做相应的处理并随后处置。以处置为目的而进行的树脂固化被认为是有毒废料的处理过程，即使是在同一工厂为生产复合材料产品而按常规进行树脂固化，也要求有专门许可，除非和直到放松或修改这些要求。这对尽可能减少形成树脂废料是加倍重要的。仔细计划采购和采购刚好够用的树脂是树脂废料最小化的手段。

18.5.3.3　纤维

此节留待以后补充。

18.5.3.4　固化剂

此节留待以后补充。

18.5.3.5　热压罐材料

此节留待以后补充。

18.5.3.6　包装材料

此节留待以后补充。

18.5.4　轻重量

通过仔细的设计来降低复合材料部件的重量可以改善环境管理，这是因为减少了最终必须再循环或地下填埋的材料的消耗量。尽管减轻重量的主要动机是改善结构效率，但在没有额外成本的情况下会产生额外的利益。因此可以认为，减轻复合材料部件的重量是任何环境管理计划的一部分。

由于失效准则、材料性能和复杂加载工况下性能的不确定性，复合材料部件通常是超裕度设计，这种超裕度设计降低了复合材料与整体材料相比较的性能优势。目前正在努力改进复合材料的设计能力，这些能力的实施将有助于减少废料的产生。

18.6 复合材料零部件和材料的再利用

减少废料形成之后，对环境管理来说，下一步最好的方法包括系统、零部件和组分的再利用。一个完整的零部件在相同或类似应用中得到再利用能够最好地获得最大价值。本节提供复合材料零部件再利用的信息和概念。

18.6.1 复合材料零部件的再利用

再循环汽车的最大价值部分是来自可用的或可再制造零部件的再利用，这些零部件由分布的汽车零件大型网络拆卸分解和再出售。已用过的汽车零件通过完善的卫星连接的数据库网络编目并转发给买主，该网络在买主和卖主之间交换信息。从已损坏或已退出现役的飞行器上拆卸分解下来的复合材料零部件再分配的类似系统，能够回避成本问题和得到材料最大价值的回报。

18.6.2 加工成较小的零部件

终止服役或其他情况下剩余的复合材料零部件，有时能加工再成形为其他方面的应用。例如，可以用飞机构件制成帆船大梁。由于通常这样再利用回报的价值高于再循环，所以在将材料转送去再循环之前，应考虑是否可再成形或卖给能完成此职能的公司。把零部件加工成较小尺寸的最大困难在于找到与要求相符合的材料和相符合的几何形状。鉴于此，允许几何形状有某些灵活性的应用是有利的。

18.7 材料交换

通过未用过材料的再分配或再出售进行的材料交换，是减少废料和降低获得物成本的一个方法。在一个机构内或在机构之间都可以这样做，但常常借助于经纪人的帮助。本节叙述初级复合材料交换的指南和技术。

18.7.1 初级材料的再分配

备有严格证明文件并处于良好状态的过剩初级材料常常能在公司内再分配。如果材料出现某些降质，或超过了材料的截止期，有时能找到较低标准许可的应用。尽管不能作为严格控制的库存物的代用品，但对未固化废弃预浸料最通常的处理方法，除了地下填埋之外，是制成平板(见参考文献 18.2.1(b))。

18.7.2 复合材料交换服务机构

材料交换服务机构既买又卖剩余的材料，或对适宜于出售的材料进行编目，并能负担买主和卖主联系的费用。用此方法，大量的材料能够再出售。专门从事初级复合材料交换的材料服务机构帮助探明复合材料初级产品的来源和用户。这些公司应当就关于交换各种纤维、预浸料和其他初级产品的要求和机会方面详细的专门信息进行联系。

18.7.2.1　未用过材料的管理

如果未使用的材料要再卖给其他制造商，就必须对它们保持与新材料同样的管理，以便使混有未使用材料的部分满足规范。要求冷冻储存的热固性预浸料应该保持冷冻，这样就能很好地确定剩余的储存期。缺少冷冻或在室温下把材料放置一段未知的时间，这是一个常有的处理错误，但将导致部分固化，降低铺覆和黏附性能，造成材料无任何再使用价值。如果在零部件中使用这样的材料，由于它的状态是未知的，因此可能导致严重的安全事故。与此类似，对纤维、树脂和固化剂也应当给予恰当的管理。

18.7.2.2　包装

未用过的初级产品应当复原到原包装，并密封防潮、阻断空气和其他污染。如果原包装材料不适合或原包装太大而不适用于储存已减少了体积的初级产品，就应当使用与原防护性质对等的其他包装。未密封的包装能使材料的性能严重退化。

18.7.2.3　管理文件编制

对高要求应用的材料性能、组分和管理等必须提供资料。本节介绍复合材料和初级材料交换要求的一些类型。如果对剩余的初级产品进行了适当的管理，但没有提供适当的资料，就不能保证材料的质量，也不能有把握地使用该材料。例如对热固性预浸料，应当有跟踪履历书，它记录该材料暴露在大气中和暴露在非冷冻温度下的持续时间。当材料运送到材料交换服务机构或其他用户时，这个履历书应当和材料同时送达。

18.7.2.4　未用过材料说明书

一个说明未使用材料特征的完整说明书应当与材料一起发送。应当从原来的文件上复印纤维和基体的类型和其他信息，以便将复合材料信息告知交换服务机构和其他用户。

18.7.2.5　DOD(国防部)再出售限制

在许多情况下，DOD 对其支持项目的未使用材料的处理设置一些限制。为了防止(性能)恶化，这些限制能使未使用材料只有很小剩余价值时才不再出售或转移。试图从事交换复合材料初级产品的组织应当察觉任何相矛盾的法定的和合同的规定。

18.8　复合材料再循环

如果复合材料零部件或材料不可能再利用或再成形，那么对可再循环复合材料或初级材料的再循环提供次一级的最高价值回报。本节提供指导再循环和可再循环性设计的指南。

18.8.1　可拆卸和可再循环的设计

可拆卸和可再循环的设计能够极大地推动服役寿命终止的零部件和系统的再循环过程。许多要求约束了设计者，如重量、包络面、强度和韧性，所以在有些情况下包括可再循环性等额外因素难以实现。如果在完成设计时能既考虑到增强又能考虑到后面的可拆卸和可再循环，那么在设计过程中的各个决策点就能做出较好的选择。

18.8.1.1 紧固件

紧固件的选择对拆卸和再循环的难易程度有重要的影响，尽可能避免嵌入金属紧固件，因为在加工期间它们难以拆去，并存在一个污染源。目前在许多应用中对金属紧固件并没有一个合适的替代品，因此要求研制理想的紧固件，它应该与复合材料部件支持部分的材料相同，或者至少其材料与基体分解过程是相容的。

18.8.1.2 胶黏剂

只要可能，对热塑性基体应当选择与树脂相容的胶黏剂，这样经再循环的融化和混合操作之后它们会结合在一起。许多胶黏剂和热塑性塑料不相容，并可能使再循环的塑料或复合材料产生严重的降质。

研制了一种兼容剂，它能使在其他情况下几种(不相容的热塑性塑料)组分以混合的形式进行再循环。也有可能研制胶黏剂、基体和兼容剂体系，这将扩展可再循环胶黏剂可用范围及它们的性能。

各种熔焊工艺可用作可选择的胶接技术，它不引入外来材料，形成原本就可再循环的胶接。

18.8.1.3 混杂复合材料

使用多种类型纤维的复合材料，例如芳纶/碳纤维结构，要比使用单一纤维制成的结构更难以破碎和再循环，破碎和基体分解之后，剩余的混合纤维难以再利用，因此要比单一类型纤维的价值低。除非因为有重要的设计优点必须采用混杂复合材料之外，应尽量避免使用这类材料。

18.8.2 再循环后勤

再循环后勤对于保证已生产的再循环材料的性能、质量和经济寿命都是极为重要的。如果再循环收集系统的后勤效率低下或使进行收集的负担过重，那么再循环就将失败。

18.8.2.1 收集和运输

有效收集再循环材料是经济上成功的再循环项目最为基础的部分。

进入用户之前的废料(次等的或超期的)和工厂产生的其他废料，相对来说易于收集、储存和控制质量，所以有利于再循环。不符合技术条件而不能使用的零部件，由于已经知道其基体、纤维和工艺过程，同时又可以用最小的运输成本而买到，也有利于再循环。对复合材料制造商来说，可以在工厂内进行再循环，只需要支付废品和其他废料的费用，而不必再支付填埋费用，因此应想方设法使用这些材料。

碎片或碾碎的废品零部件能制成特别有吸引力的填充料和夹芯材料，因为他们与零部件的其余部分一样，由相同的基体和纤维构成(见文献 18.8.2.1(a)-(c))。例如，对于玻璃纤维船只制造业来说，制造商收集舱体和其他的碎料，将他们破碎，可以用做木质芯材的替代品。

18.8.2.2　纤维和基体的识别

保持聚合物废料物流分离大大推进了聚合物的再循环。一般来说，混合塑料没有用作结构材料的价值，因为不同聚合物的不相容性导致其只有很低的力学强度。而保持废料物流分离要比分离混合的废料物流容易得多。

与复合材料再循环的许多情况相类似，如果废料物流变成混合的，例如包含有乙烯基酯/玻璃纤维和碳纤维/环氧树脂，那么，要破碎和分解不同材料所要求的工艺条件将是效率很低的，而且由于掺合在一起，大大降低了回收纤维的价值。尽管能够用目视方法很容易地区分某些类型的纤维，但不借助于复杂的、成本高昂的试验，则无法区分不同类型的碳纤维。因此强烈劝告，在复合材料废料物流的整个收集、储存和再循环的过程中始终要保持废料分离。

18.8.2.2.1　傅里叶变换红外光谱

傅里叶变换红外光谱(FTIR)可以作为聚合物类体系的一种识别工具。例如，可以获取聚合物贮存器反射的红外线光谱，并与将要再循环的不同类型的聚合物已储存的光谱相对照，可以发现最好的匹配，然后将每一个贮存器输送到合适的储存料箱内。类似的技术可以用来识别复合材料的基体材料。表面涂层，如漆和雷达吸波材料使 FTIR 更困难，在试验之前，必须除去这些表面涂层。

18.8.2.2.2　密度测量计

密度的差别可以作为一种简单有效的方法来分离某些类型的聚合物和复合材料。例如为了分离聚合物，通过使用沿着一条简单水槽的方法能从其他塑料中分离出聚乙烯。使用加盐增加流体密度的相类似的工艺，可以有效地用来选择不同纤维和基体密度的聚合物复合材料。

18.8.2.2.3　成分编码

可以用一个编码系统来简化普通塑料的分类，在该系统中，分类等级压制在聚合物贮存器上。系统包括七类聚合物，如聚乙烯、聚丙烯、PVC 等。用户使用后，可以简单地按这些编号将贮存器分类。

18.8.2.2.4　废料物流的输送

此节留待以后补充。

18.8.3　复合材料再循环工艺流程

本节叙述为已固化复合材料再循环而开发的一些工艺。在 18.7.4 节中则讨论了预浸料废料的再循环或使用技术。

18.8.3.1　尺寸减小

通常将要再循环而不再使用的零部件用破碎或研磨的方法使其尺寸减小作为再循环工艺的第一步。可以使用市场上的钢刀破碎机，它能快速有效地把大多数复合材料切成碎片，使之更适合于运输、储存和后继加工。用研磨的方法将片状模塑料进一步缩减尺寸，形成填充粉末。这种粉末可以替代矿物填料制成新的片状模塑料，并能满足全部技术条件要求的性能。然而矿物填料的低成本，用此方法进行复合材料再循环的价值很低。要使再循环达到较高的价值，就要求留下的纤维有足够的长度/直径比以提高增强作用。

将尺寸缩减之后，再循环的复合材料可以直接加入新材料中来替代胶合板、泡沫或蜂窝芯，也可以将破碎的复合材料碎屑和新的基体材料一起制成像粗纸板一类的新复合材料。

18.8.3.2 基体的除去

为了复原纤维以便再利用，就必须将纤维从基体材料中分离出来。对于热固性和热塑性基体材料都可以使用热、化学和热化学方法很容易进行分解而基本上不会使纤维降解。本节叙述当前除去基体工艺的研发状况。

在研究再循环方法，特别是复合材料再循环的方法中，使用了四种除去基体的技术，它们是：催化转化、逆向气化、直接加温热解和在流化床中热解。每一种技术都存在问题，但每一种方法都可以进行技术改进使之在商业上可行。

复合材料基体的催化转化是在低温条件下除去基体材料的一项技术（见文献18.5.3.1(a)-(c)，18.8.3.2(a)-(d)），其过程是把基体转化为低相对分子质量的气体，下一步工艺是除去该气体，或作为燃料使用。有一个专利催化剂，在比较低的工艺温度下就可以除去基体，该温度约为250℃(482℉)，而且也能很好地保持纤维强度。低温也有助于保持能量和降低反应成本，增加商业上采用的机会。该技术已成功地分解了环氧基复合材料和其他聚合物基复合材料，但对PEEK和PMR－15基体则基本无效。目前实施该工艺涉及5～10 kg/h连续输送废复合材料碎片到反应器的能力，现正致力于将该工艺转变为试验性工厂规模的操作。

在能源部门的许可下，逆向气化技术已在密苏里大学的圣路易斯工作室应用于复合材料的再循环（见参考文献18.2.1(b)，18.2.2(c)）。该技术将复合材料废料和氧气加入反应器中，并在高温下反应，产生分离的纤维和可燃气体。要求高温带来的缺点是需要昂贵的反应器和较高的能量成本，但该技术有适用于任何有机基体材料的优点。

流化床燃烧技术已在英国诺丁汉大学得到应用，并正在努力从聚酯类片状模塑料中复原玻璃纤维，把SMC碾碎到尺寸小于25 mm，并用空气使其流体化，然后用一个气旋分离器把纤维复原。结果发现，复原纤维的拉伸强度大约是原纤维强度的50%，而且发现强度与流化床的温度有关。

18.8.3.3 纤维的再利用

从再循环的复合材料中提取纤维，代表工艺的最高价值和最大的经济驱动力。碳纤维成本高，在可以预见的将来也不会低于5美元/磅，以及有限的供应，这就为再循环提供了一个高价值的、可靠的市场，以及对任何成功的再循环项目提出了一个基本要求。

用再循环纤维制成的复合材料的力学性能受到纤维强度、长度分布和界面胶接的影响，制造工艺造成的缺陷引起纤维拉伸强度的降低是一个特别关注的问题，因为非常小的表面缺陷就可能有重大的影响，而一些可能的除去基体的方法就可能对纤维表面造成影响。

再循环纤维的一个潜在应用是它们同其他来源分离出来的再循环聚合物结合起来再制成低成本复合材料(见文献 18.8.3.3(a)-(b))。纤维因提供增强可能有助于减轻混合的聚合物或其他损害的影响。

18.8.3.4　除去基体的产品

基体分解产品的成分取决于除去基体所使用的工艺。低温催化转化基本上产生气体形式的低相对分子质量的碳氢化合物(见参考文献 18.2.2(a)，18.5.3.1(a)-(c)，18.8.3.2(a)-(d))。这种化合物可以蒸馏成化工原料或作为燃料使用。碳氢化合物的组成依赖于基体材料的组分。

适当控制工艺参数，用逆向气化除去基体能产生可燃烧的气体(见文献 18.2.2(b))。该气体可以用作驱动该工艺的能量，或者压缩、储存，为今后使用。

用流化床燃烧分解基体，基体在床中被氧化，产生能量和氧化产品。片状模塑料(SMC)含有碳酸钙填料，复合材料可以与煤一起燃烧，其结果可减少含硫氧化物的散发。

18.8.3.5　其他再循环和工艺方法

也能用研磨方法使复合材料废料再循环，或者将废料送到焚化炉中作为能源来重新获得它们的价值。这些技术由于不涉及纤维复原而不产生较高的价值，但对低价值的复合材料，如玻璃纤维和 SMC 或许是合适的。

用研磨的方法使 SMC 废料再循环的工艺已用了多年(见参考文献 18.8.3.5(a)-(g))。由于玻璃纤维便宜，因此再循环的玻璃纤维必须以很低的成本来复原，并且要求纤维复原型的再循环工艺在经济上是可行的。研磨方法比目前的纤维复原方法便宜，但研磨产品的价值很低，因为它们用作 SMC 中无机填料的代用品，而无机填料是成本很低的材料。

废料作为能量焚化是一个相对简单的工艺，对于某些类型的复合材料，它可能是最为经济可行的处理技术。某些基体材料可能产生有毒的排出物，因此要求有排出物控制清除器。碳纤维也有可能通过排气管道逸出、远距离散布，引起电线短路。废料变换为能量不认为是再循环的过程，尽管有时也被称为“第四级”再循环，但正确地说，地下填埋至少要更好一些。

对处理玻璃纤维增强塑料的各种技术已进行了评定，并定量确定了不同技术的经济可行性(见参考文献 18.8.3.5(h))。

18.8.4　废预浸料的再循环

预浸料材料构成了复合材料制造商造成的复合材料废料的一个主要部分，有调查说超过 65%，1995 年约产生了 190 万磅碳纤维废预浸料(见文献 18.2.1(b))。

产生的大多数废预浸料是铺设复合材料过程中无效的组合排样而导致的，在

18.5.3.1 节中介绍了减少产生废预浸料的方法，本节介绍废预浸料碎片再使用或再循环可以使用的方法。

重新使用废预浸料制成复合材料零部件将会使废预浸料获得最高的价值。对于已知的复合材料及其工艺特征，废预浸料中含有适当比例的未固化基体和未用过的纤维。再次将废预浸料重新组装加入到部件中，进行固化，就可以制成复合材料零部件，而不需要进行废预浸料处理了。

已成功地应用催化转化的方法除去预浸料的基体，可以完全地除去基体，并留下较高剩余拉伸强度的纤维(见文献 18.2.2(a)-(b)，18.3(b))。尽管有硅处理过的脱模层，仍可以使用该项技术，而且不需要除去这种脱模层。另外也注意到在系统的进口处，有预浸料阻塞的倾向。

麦道公司尝试了将再循环的废预浸料破碎后生产片状模塑料的技术(见文献 18.2.2(a))。目前正在开发预浸料废片再循环(见文献 18.8.4(a))或再利用(见文献 18.8.4(b))的其他方法。

参 考 文 献

18.2.1(a) Composite Prepreg Scrap Reclamation Program, McDonnell Douglas Corporation [R]. MDC 95P0078, Final Report, Contract Number N00014-90-CA-0002 for Great Lakes Composites Consortium, 1995.

18.2.1(b) Unser J F. Advanced Composites Recycling/Reuse Program [R]. Final Report, WL-TR-95-7014, Wright Laboratory, Armament Directorate, Eglin AFB, FL, April 1995.

18.2.2(a) Allred R E, Salas R M. Chemical Recycling of Scrap Composites [C]. Proc. AIA, SACMA, and NASA Joint Conference on Environmental, Safety, and Health Considerations, -Composite Materials in the Aerospace Industry, Phoenix, AZ, Oct. 20-21, 1994.

18.2.2(b) Eriksson P-A, Albertsson A-C, Boydell P, et al. Prediction of Mechanical Properties of Recycled Fiberglass Reinforced Polyamide 66 [J]. Polymer Composites, Vol.17, No.6, Dec. 1996, pp.830-839.

18.2.2(c) Unser J F, Staley T, Larsen D. Advanced Composites Recycling [J]. SAMPE Journal, Vol.32, No.5, Sept./Oct. 1996, pp.52-57.

18.2.2(d) Allred R E, Salas R M. Recycling Process for Aircraft Plastics and Composites [R]. Final Report, Contract F08635-93-C-0109, December 1993, AT-93-5133-FR-001.

18.3(a) Thayer A. Plastics Recycling Up, but End Markets Down [J]. Chemical & Engineering News, June 8, 1992, pp.6.

18.3(b) Alexander M. The Challenge of Markets: The Supply of Recyclables is Larger than the Demand [J]. EPA Journal, July/Aug. 1992, pp.29-33.

18.5.3.1(a) Allred R E, Salas R M, Gordon B W. Tertiary Recycling Process for Plastics, Composites, and Electronic Materials [C]. Proc. 40th Intl. SAMPE Symp. and

Exhib., Anaheim, CA, May 8-11,1995, pp.1794-1805.

18.5.3.1(b) Allred R E. Recycling Process for Scrap Composites and Prepregs [C]. Proc. 41th Intl. SAMPE Symp. and Exhib., Anaheim, CA, March 24-28,1996, pp.21-31.

18.5.3.1(c) Allred R E, Coons A B, Simonson R. Properties of Carbon Fibers Reclaimed from Composite Manufacturing Scrap by Tertiary Recycling [C]. Proc. 28th Intl. SAMPE Tech. Conf., Seattle, WA, Nov. 4-7,1996, pp.139-150.

18.8.2.1(a) Pettersson J. Recycled Reinforced Plastics as Replacement for Coremat and Plywood Cores in Sandwich Laminate: A Comparison of Mechanical Properties [S]. SPI 1996.

18.8.2.1(b) McDermott J. Fiberglass Recycling: Earning Respect [S]. Composite Fabrication, May 1996.

18.8.2.1(c) Process for Separating Fibres from Composite Materials [C]. International Patent Application, International Publications No: WO93/05883, Phoenix Fiberglass Inc., April 1,1993.

18.8.3.2(a) Allred R E, Doak T J, Coons A B, et al. Tertiary Recycling of Cured Composite Aircraft Parts [C]. Proc. Composites '97 Manufacturing and Tooling Conf., Society of Manufacturing Engineers, Dearborn, MI 1997, pp. EM97-110 to EM97-110-17.

18.8.3.2(b) Allred R E, Busselle L D. Economical Recycling Process for Mixtures of Electronic Scrap [C]. Proc. 1997 IEEE Int'l Symp. On Electronics and the Environment, IEEE, Piscataway, NJ, 1997, pp.115-120.

18.8.3.2(c) Allred R E, Doak T J, Gordon B W, et al. Catalytic Conversion Process for Recycling Navy Shipboard Plastic Wastes [C]. Polymeric Materials Science and Engineering, Vol.76, American Chemical Society, Washington, DC, 1994, pp.578-579.

18.8.3.2(d) Allred R E, Doak T J, Coons A B. Recycling Process for Automotive Plastics and Composites [C]. Proc. 12th Annual Am. Society for Composites Tech. Conf., Dearborn, MI, Oct. 6-8,1997.

18.8.3.3(a) Xanthos M, Grenci J, Patel S H, et al. Thermoplastic Composites from Maleic Anhydride Modified Post-Consumer Plastics, Polymer Composites, June 1995, Vol. 16, No.3, pp.204-214.

18.8.3.3(b) Kimura T, Takeuchi M, Nakanishi K. Recyclability of Waste Cord of Synthetic Fibers as Matrix Material of Thermoplastic Hybrid Composites, Proceedings of Tenth International Conference on Composite Materials (ICCM-10) [C]. 1996, Volume IV, pp.373-380.

18.8.3.5(a) Recycled SMC Now in Appearance Parts [J]. Plastics Technology, Oct. 1993, pp. 94.

18.8.3.5(b) Etterson J, Nilsson P. Recycling of SMC and BMC in Standard Process Equipment [J]. J. of Thermoplastic Composite Materials, Vol.7, Jan. 1994.

18.8.3.5(c) Inoh T, et. al. SMC Recycling Technology [J]. J. of Thermoplastic Composite Materials, Vol.7, Jan. 1994.

18.8.3.5(d) Mapleston, P. Auto Sector's Recycling Goals Keep Plastics on Hot Seat, Modern Plastics, May 1995, pp.48-56.

18.8.3.5(e) Allred R E. Recycling Process for Automotive Plastics and Composites [R]. Project Title: Tertiary Recycling Process for Polymer-Based Automotive Components, SBIR Phase I Final Report, NSF Award Number DMI - 9660673,1997.

18.8.3.5(f) Update on Recycling Automotive Plastics, Automotive Engineering, August 1997, pp. 41 - 44.

18.8.3.5(g) Design for Recycling [J]. Automotive Engineering, August 1997, pp. 46 - 48.

18.8.3.5(h) Fiber Reinforced Plastics: Planning for Profitable Reuse [R]. Recycling Feasibility Final Report, for Minnesota Technology, Inc. funded by and available from Minnesota Office of Environmental Assistance, 520 Lafayette Rd. St. Paul, MN 55155,1993.

18.8.4(a) Michaeli W, Oelgarth A. New Technologies for Processing of Non-Cured Prepreg Waste—Preparation of High-Strength DMC [C]. Proceedings, 41st International SAMPE Symposium, March, 1996, pp. 1551 - 1562.

18.8.4(b) Unser J. Reuse of Scrap Prepreg [C]. Proceedings of 42nd International SAMPE Symposium, May 4 - 8,1997, pp. 216 - 224.